T0213413

Springer Collected Works in Mathematics

More information about this series at http://www.springer.com/series/11104

Ferdinand Georg Frobenius
1849—1917

Ferdinand Georg Frobenius

Gesammelte Abhandlungen I

Editor
Jean-Pierre Serre

Reprint of the 1968 Edition

Springer

Author
Ferdinand Georg Frobenius (1849 – 1917)
Universität Berlin
Berlin
Germany

Editor
Jean-Pierre Serre
Paris Chaire d'Algebre et Geometrie
College de France
Paris
France

ISSN 2194-9875
Springer Collected Works in Mathematics
ISBN 978-3-662-48888-1 (Softcover)
978-3-642-49212-9 (Hardcover)

Library of Congress Control Number: 2012954381

Springer Heidelberg New York Dordrecht London

Printed on acid-free paper

Springer-Verlag GmbH Berlin Heidelberg is part of Springer Science+Business Media
(www.springer.com)

FERDINAND GEORG FROBENIUS

GESAMMELTE ABHANDLUNGEN

BAND I

Herausgegeben von

J-P. Serre

SPRINGER-VERLAG BERLIN HEIDELBERG GMBH

ISBN 978-3-642-49212-9 ISBN 978-3-642-49211-2 (eBook)
DOI 10.1007/978-3-642-49211-2

Softcover reprint of the hardcover 1st edition 1968

Library of Congress Catalog Card Number 68-55372

Titel-Nr. 1532

Préface

Cette édition des *Oeuvres* de Frobenius est divisée en trois tomes. Le premier comprend les mémoires n°s 1 à 21, publiés entre 1870 et 1880; le second, ceux publiés entre 1880 et 1896 (n°s 22 à 52); le dernier, ceux publiés entre 1896 et 1917 (n°s 53 à 107). Ainsi, les mémoires sur les fonctions abéliennes figurent dans le tome II, ainsi que celui sur la «substitution de Frobenius»; ceux sur les caractères sont dans le tome III.

Les textes se suivent par ordre chronologique, à l'exception des articles sur Kronecker et Euler, reportés à la fin du tome III; on trouvera également à cet endroit les adresses de l'Académie de Berlin à Dedekind, Weber et Mertens qui, bien que non signées, sont vraisemblablement dues à Frobenius.

Le tome I contient aussi des souvenirs personnels de C-L. Siegel qui a eu Frobenius comme professeur à l'Université de Berlin. Par contre, on ne trouvera aucune analyse des travaux de Frobenius, ni de leur influence sur les recherches ultérieures. Une telle analyse, en effet, eut été fort difficile à faire, et peu utile; comme me l'a écrit R. Brauer «... if the reader wants to get an idea about the importance of Frobenius work today, all he has to do is to look at books and papers on groups ...».

La publication de ces *Oeuvres* a été grandement facilitée par l'aide de diverses personnes, notamment W. Barner, P. Belgodère, R. Brauer, B. Eckmann, H. Kneser, H. Reichardt, Z. Schur, C-L. Siegel; je leur en suis très reconnaissant. Je dois également de vifs remerciements à la maison Springer-Verlag qui a mené à bien cette publication et m'a procuré le grand plaisir de la présenter au public.

Paris, Septembre 1968 — Jean-Pierre Serre

Erinnerungen an Frobenius

von Carl Ludwig Siegel

Über den Lebenslauf von Frobenius weiß ich nichts anderes auszusagen, als man vollständiger der biographischen Angabe im „Poggendorff" entnehmen würde. Jedoch hatte ich das Glück, in meinen ersten Studiensemestern bei Frobenius Kolleg zu hören, und möchte nun hier meine sehr persönlich und subjektiv gefärbten Erinnerungen an ihn wiedergeben, so gut das nach Ablauf von mehr als einem halben Jahrhundert noch möglich sein kann.

Als ich Herbst 1915 an der Berliner Universität immatrikuliert wurde, war gerade ein Krieg in vollem Gange. Obwohl ich die Hintergründe der politischen Ereignisse nicht durchschaute, so faßte ich in instinktiver Abneigung gegen das gewalttätige Treiben der Menschen den Vorsatz, mein Studium einer den irdischen Angelegenheiten möglichst fernliegenden Wissenschaft zu widmen, als welche mir damals die Astronomie erschien. Daß ich trotzdem zur Zahlentheorie kam, beruhte auf folgendem Zufall.

Der Vertreter der Astronomie an der Universität hatte angekündigt, er würde sein Kolleg erst 14 Tage nach Semesterbeginn anfangen – was übrigens in der damaligen Zeit weniger als heutzutage üblich war. Zu den gleichen Wochenstunden, Mittwoch und Sonnabend von 9 bis 11 Uhr, war aber auch eine Vorlesung von Frobenius über Zahlentheorie angezeigt. Da ich nicht die geringste Ahnung davon hatte, was Zahlentheorie sein könnte, so besuchte ich aus purer Neugier zwei Wochen lang dieses Kolleg, und das entschied über meine wissenschaftliche Richtung, sogar für das ganze weitere Leben. Ich verzichtete dann auf Teilnahme an der astronomischen Vorlesung, als sie schließlich anfing, und blieb bei Frobenius in der Zahlentheorie.

Es dürfte schwer zu erklären sein, weshalb diese Vorlesung über Zahlentheorie auf mich einen so großen und nachhaltigen Eindruck gemacht hat. Dem Stoff nach war es ungefähr die klassische Vorlesung von Dirichlet, wie sie uns in Dedekinds Ausarbeitung überliefert worden ist. Frobenius empfahl dann auch seinen Zuhörern den „Dirichlet-Dedekind" zur Benutzung neben dem Kolleg, und dieses war das erste wissenschaftliche Werk, das ich mir von meinem mühsam durch Privatunterricht verdienten Taschengeld anschaffte – wie etwa in jetziger Zeit ein Student sein Stipendium zur erstmaligen Erwerbung eines Motorfahrzeugs verwendet.

Frobenius sprach völlig frei, ohne jemals eine Notiz zu benutzen, und dabei irrte oder verrechnete er sich kein einziges Mal während des ganzen Semesters. Als er zu Anfang die Kettenbrüche einführte, machte es ihm offensichtlich Freude, die dabei auftretenden verschiedenen algebraischen Identitäten und Rekursionsformeln mit größter Sicherheit und erstaunlicher Schnelligkeit der Reihe nach anzugeben, und dabei warf er zuweilen einen leicht ironischen Blick ins Auditorium, wo die eifrigen Hörer kaum noch bei der Menge des Vorgetragenen mit ihrer Niederschrift folgen konnten. Sonst schaute er die Studenten kaum an und war meist der Tafel zugewendet.

Damals war es übrigens in Berlin nicht üblich, daß zwischen Student und Professor in Zusammenhang mit den Vorlesungen irgend ein wechselseitiger Kontakt zustande kam, außer wenn noch besondere Übungsstunden abgehalten wurden, wie etwa bei PLANCK in der theoretischen Physik. FROBENIUS hielt aber keine Übungen zur Zahlentheorie ab, sondern stellte nur hin und wieder im Kolleg eine an das Vorgetragene anschließende Aufgabe; es war dem Hörer freigestellt, eine Lösung vor einer der folgenden Vorlesungsstunden auf das Katheder im Hörsaal zu legen. FROBENIUS pflegte dann das Blatt mit sich zu nehmen und ließ es beim nächsten Kolleg ohne weitere Bemerkung wieder auf dem Katheder liegen, wobei er es vorher mit dem Zeichen „v" signiert hatte. Niemals wurde jedoch von ihm die richtige oder beste Lösung angegeben oder gar von einem Studenten vorgetragen.

Die Aufgaben waren nicht besonders schwierig, soweit ich mich entsinnen kann, und betrafen immer spezielle Fragen, keine Verallgemeinerungen; so sollte z. B. einmal im Anschluß an die Theorie der Kettenbrüche gezeigt werden, daß die Anzahl der Divisionen beim euklidischen Algorithmus für zwei natürliche Zahlen höchstens fünfmal die Anzahl der Ziffern der kleineren Zahl ist. Verhältnismäßig wenige unter den Zuhörern gaben Lösungen von Aufgaben ab, aber mich interessierten sie sehr und ich versuchte, sie alle zu lösen, wodurch ich dann auch einiges aus Zahlentheorie und Algebra lernte, was nicht gerade im Kolleg behandelt worden war.

Ich habe bereits erwähnt, daß ich nicht gut erklären kann, wodurch die starke Wirkung der Vorlesungen von FROBENIUS hervorgerufen wurde. Nach meiner Schilderung der Art seines Auftretens hätte die Wirkung eher abschreckend sein können. Ohne daß es mir klar wurde, beeinflußte mich wahrscheinlich die gesamte schöpferische Persönlichkeit des großen Gelehrten, die eben auch durch die Art seines Vortrages in gewisser Weise zur Geltung kam. Nach bedrückenden Schuljahren unter mittelmäßigen oder sogar bösartigen Lehrern war dies für mich ein neuartiges und befreiendes Erlebnis.

In meinem zweiten Semester, ehe noch das Militär auch mich für seine Zwecke zu mißbrauchen versuchte, hörte ich eine weitere Vorlesung bei FROBENIUS, über die Theorie der Determinanten, die sich wohl in vielem an KRONECKER anschloß. Vorher hatte ich in den Ferien noch ein Erlebnis, das ebenfalls mit FROBENIUS zusammenhing, wie sich allerdings erst viel später herausstellte. Ich erhielt nämlich mit der Post eine Vorladung zur Quästur der Universität, wodurch ich zunächst in Schrecken versetzt wurde. In der Zeit Kaiser Wilhelms des Zweiten pflegten vielfach die Mütter ihre Kinder dadurch zum Gehorsam zu ermahnen, daß sie ihnen mit dem Schutzmann drohten, und so kannte auch ich die Angst vor der Obrigkeit, die Gewalt über einen hat. Als ich nun voller Befürchtungen auf dem Sekretariat der Universität erschien, wurde mir dort zu meiner Verblüffung eröffnet, ich solle aus der Eisenstein-Stiftung einmalig den Betrag von 144 Mark und 50 Pfennigen bekommen.

Dies war kein Stipendium, um das man sich bewerben konnte, und andererseits war ich jedoch zu scheu, bei der Universitätsbehörde nachzufragen, aus welchem Grunde mir das Geld geschenkt wurde, sondern nahm es eben gehorsam an. Damals wußte ich auch noch nicht, wer EISENSTEIN gewesen war; erst viele Jahre später erfuhr ich bei einem Gespräche mit J. SCHUR, daß EISENSTEINs Eltern nach dem frühzeitigen Tode ihres Sohnes zur Erinnerung an ihn eine Stiftung gemacht hatten, aus deren Zinsen jährlich einem tüchtigen Studenten der Mathematik die genannte Summe ausgezahlt wurde. Als ich bei dieser Gelegenheit SCHUR erzählte, ich hätte die von FROBENIUS im Kolleg gestellten Aufgaben fleißig gelöst, da bezeichnete er es als höchst wahrscheinlich, daß Frobenius mich für jenen Eisenstein-Preis empfohlen hatte.

Danach hat es also Frobenius wohl doch nicht gänzlich abgelehnt, von der Existenz seiner Hörer Notiz zu nehmen, und er hat sogar gelegentlich ein menschliches Interesse für sie gezeigt. Aber für mich bot sich keine Gelegenheit, jemals mit ihm direkt zu sprechen. Ich wurde dann auch bald von der Militärbehörde als kriegsverwendungsfähig – so lautete wirklich das Wort! – zur Ausbildung nach Straßburg im Elsaß verschickt. Dort war ich, als Frobenius starb, in der psychiatrischen Klinik des Festungslazaretts zur Beobachtung auf meinen Geisteszustand interniert. Als ich mit dem Leben davon gekommen war und schließlich wieder anfing, mathematisch zu arbeiten, haben mich die Untersuchungen von Frobenius zur Gruppentheorie längere Zeit stark beschäftigt und dann meine Geschmacksrichtung auf algebraischem Gebiete dauernd beeinflußt.

Inhaltsverzeichnis Band I

1. De functionum analyticarum unius variabilis per series infinitas repraesentatione . . . 1
2. Über die Entwicklung analytischer Functionen in Reihen, die nach gegebenen Functionen fortschreiten . . . 35
3. Über die algebraische Auflösbarkeit der Gleichungen, deren Coefficienten rationale Functionen einer Variablen sind . . . 65
4. Über die Integration der linearen Differentialgleichungen durch Reihen . 84
5. Über den Begriff der Irreductibilität in der Theorie der linearen Differentialgleichungen . . . 106
6. Über die Determinante mehrerer Functionen einer Variabeln . . . 141
7. Über die Vertauschung von Argument und Parameter in den Integralen der linearen Differentialgleichungen . . . 154
8. Anwendungen der Determinantentheorie auf die Geometrie des Maaßes . 158
9. Über algebraisch integrirbare lineare Differentialgleichungen . . . 221
10. Über die regulären Integrale der linearen Differentialgleichungen . . . 232
11. Über das Pfaffsche Problem . . . 249
12. Zur Theorie der elliptischen Functionen (mit L. Stickelberger) . . . 335
13. Note sur la théorie des formes quadratiques à un nombre quelconque de variables . . . 340
14. Über lineare Substitutionen und bilineare Formen . . . 343
15. Über adjungirte lineare Differentialausdrücke . . . 406
16. Über homogene totale Differentialgleichungen . . . 435
17. Über die schiefe Invariante einer bilinearen oder quadratischen Form . . . 454
18. Theorie der linearen Formen mit ganzen Coefficienten . . . 482
19. Über Gruppen von vertauschbaren Elementen (mit L. Stickelberger) . . 545
20. Theorie der linearen Formen mit ganzen Coefficienten (Forts.) . . . 591
21. Über die Addition und Multiplication der elliptischen Functionen (mit L. Stickelberger) . . . 612

1.

De functionum analyticarum unius variabilis per series infinitas repraesentatione

Dissertation, Berlin (1870)

§ 1.

Cogitanti mihi de evolvendis functionibus analyticis unius variabilis in series secundum propositas functiones progredientes tria potissimum problemata se obtulerunt, primum, omnes functiones, quae evolvi possunt, investigandi, alterum, rationem, quae inter omnes eiusdem functionis evolutiones intercedit, indagandi, tertium, fines, quibus serierum convergentia continetur, assignandi. Quarum quaestionum tractationem duobus exemplis simplicibus illustrare in hac mihi commentatione proposui.

Manifestum est secundum eas functiones, quibus fractiones rationales omnes repraesentari possunt, ope integralis Cauchyani eas etiam functiones, quae rationalium characterem habent, evolvi posse. Methodos, quibus fractionum rationalium secundum functiones Laplaceanas et Besselianas evolutio absolvitur, cum diligentius examinarem, animadverti, omnes illas evolutiones multasque novas eadem ratione maxime elementari, qua series Tayloriana derivari solet, perfici posse. Quae analogia quo clarius illucescat, notam hanc demonstrationem paucis, si placet, explicemus.

§ 2.

Ponamus functionem $f(x)$ intra circulum $C(\varrho)$ radio ϱ circa initium coordinatarum descriptum neque latius uniformem continuamque esse, punctum x intra circulum $C(\varrho)$ iacere, punctum y circulum $C(\varrho')$, cuius radius ϱ' et ipso

ϱ minor, et valore absoluto quantitatis x maior est, percurrere. Constat, locum habere aequationem Cauchyanam:

$$f(x) = \frac{1}{2\pi i}\int \frac{f(y)\,dy}{y-x}$$

Iam denotante S summam seriei

$$S = \sum_{\nu\,0}^{n-1} \frac{x^\nu}{y^{\nu+1}}$$

est

$$x\,S = \sum_{\nu\,0}^{n-1} \frac{x^{\nu+1}}{y^{\nu+1}} \qquad y\,S = \sum_{\nu\,0}^{n-1} \frac{x^\nu}{y^\nu}$$

ergo

$$(y-x)\,S = 1 - \frac{x^n}{y^n}$$

vel

$$S = \frac{1}{y-x}\left(1 - \frac{x^n}{y^n}\right)$$

et

$$f(x) = \sum_{\nu\,0}^{n-1} c_\nu x^\nu + \frac{1}{2\pi i}\int \frac{f(y)\,dy}{y-x} \cdot \frac{x^n}{y^n}$$

si ponitur

$$c_\nu = \frac{1}{2\pi i}\int \frac{f(y)\,dy}{y^{\nu+1}}$$

Quia x minor est, quam y,*) residuum

$$\frac{1}{2\pi i}\int \frac{f(y)\,dy}{y-x}\,\frac{x^n}{y^n}$$

crescente n ultra omnem limitem decresit. Est ergo

$$f(x) = \sum_{\nu\,0}^{\infty} c_\nu\, x^\nu$$

si x intra circulum $C(\varrho)$, qui nullum functionis $f(x)$ punctum singulare continet, situm est. Si iacente x extra $C(\varrho)$ series reperta convergere non desineret, etiam $f(x)$ ultra hos fines uniformis et continua esset, quod suppositionibus nostris repugnat. Facile denique demonstratur, duas series $\sum_{\nu\,0}^{\infty} c_\nu\, x^\nu$ et $\sum_{\nu\,0}^{\infty} c'_\nu\, x^\nu$, nisi sit $c_\nu = c'_\nu$, toto convergentiae circulo aequales esse non posse.

---

*) Ex duabus quantitatibus complexis eam dicimus altera maiorem, quae valorem absolutum maiorem habet.

I.

§ 3.

Videamus nunc, quomodo eadem argumentatio ad eas functiones adhiberi possit, quarum $n$ta ex n primis factoribus producti infiniti constat. Si statuitur

$$P_0(x) = 1 \qquad P_n(x) = (x - a_0)(x - a_1) \ldots (x - a_{n-1})$$

est

$$P_{n+1}(x) + a_n P_n(x) = x P_n(x)$$

$$\frac{1}{P_n(x)} + \frac{a_n}{P_{n+1}(x)} = \frac{x}{P_{n+1}(x)}$$

Iam denotante S summam seriei

$$S = \sum_{\nu}{}_0^{n-1} \frac{P_\nu(x)}{P_{\nu+1}(y)}$$

est

$$x S = \sum_{\nu}{}_0^{n-1} \frac{x P_\nu(x)}{P_{\nu+1}(y)} = \sum_{\nu}{}_0^{n-1} \frac{P_{\nu+1}(x)}{P_{\nu+1}(y)} + \sum_{\nu}{}_0^{n-1} \frac{a_\nu P_\nu(x)}{P_{\nu+1}(y)}$$

$$y S = \sum_{\nu}{}_0^{n-1} \frac{y P_\nu(x)}{P_{\nu+1}(y)} = \sum_{\nu}{}_0^{n-1} \frac{P_\nu(x)}{P_\nu(y)} + \sum_{\nu}{}_0^{n-1} \frac{a_\nu P_\nu(x)}{P_{\nu+1}(y)}$$

$$(y - x) S = 1 - \frac{P_n(x)}{P_n(y)}$$

vel

$$\sum_{\nu}{}_0^{n-1} \frac{P_\nu(x)}{P_{\nu+1}(y)} = \frac{1}{y - x}\left[1 - \frac{P_n(x)}{P_n(y)}\right]$$

Sed priusquam ex hac formula functionum analyticarum evolutiones derivamus, de convergentia harum serierum disserendum est. Et quoniam haec quaestio generaliter absolvi non potest, plures casus memorabiles tractabimus. Qua in disquisitione maxime distinguendum est, utrum quantitates a_0, a_1 .. intra regionem finitam coerceantur, an ultra omnes limites crescant.

§ 4.

Sint $b_0, b_1 \,..\, b_{m-1}$ m quantitates diversae et finitae, ponamusque absolute convergere m series

$$\sum_{\nu 0}^{\infty} (a_{\varkappa+m\nu} - b_\varkappa)$$

denotante $\varkappa$ unum ex numeris $0, 1 \,..\, m-1$. Si

$$n = \lambda m + \mu \quad \text{et} \quad \mu < m$$

est, $P_n(x)$ in $m+1$ factores resolvimus, quorum est $\varkappa$ tus

$$(x - a_\varkappa)(x - a_{\varkappa+m}) \,.\,.\,.\, [x - a_{\varkappa+(\lambda-1)m}]$$

ultimus autem

$$(x - a_{\lambda m})(x - a_{\lambda m+1}) \,.\,.\,.\, (x - a_{\lambda m+\mu-1})$$

Atque ut verborum abundantiam, quantum fieri potest, evitemus, sequenti scribendi compendio semper abhinc utemur: Si $h_n(x)$ crescente n ad functionem exceptis singulis punctis finitam neque evanescentem continuo convergit et pro omnibus indicis n valoribus $\frac{f_n(x)}{g_n(x)} = h_n(x)$ est, $f_n(x) \backsim g_n(x)$ ponemus: Hae enim functiones, quod ad convergentiam serierum secundum eas progredientium attinet, aequivalentes sunt, exclusis iis argumenti valoribus, qui functionem $h_n(x)$ infinite vel parvam vel magnam reddunt et peculiares considerationes requirunt. Velut ex aequatione

$$(x - a_\varkappa)(x - a_{\varkappa+m}) \,.\,.\,.\, (x - a_{\varkappa+(\lambda-1)m})$$
$$= (x - b_\varkappa)^\lambda \left(1 - \frac{a_\varkappa - b_\varkappa}{x - b_\varkappa}\right) \,.\,.\,.\, \left(1 - \frac{a_{\varkappa+(\lambda-1)m} - b_\varkappa}{x - b_\varkappa}\right)$$

quoniam una cum serie $\sum_{\nu 0}^{\infty} (a_{\varkappa+m\nu} - b_\varkappa)$ etiam productum

$$\prod_{\nu 0}^{\infty} \left(1 - \frac{a_{\varkappa+m\nu} - b_\varkappa}{x - b_\varkappa}\right)$$

absolute convergit, derivatur aequivalentia

$$(x - a_\varkappa) \,.\,.\,.\, [x - a_{\varkappa+(\lambda-1)m}] \backsim (x - b_\varkappa)^\lambda$$

Itaque si

$$(x - b_0) \,.\,.\,.\, (x - b_{m-1}) = (\varphi x)^m$$

ponitur, facile perspicitur esse

$$P_n(x) \sim (\varphi x)^n$$

cum quotiens $\frac{P_n(x)}{(\varphi x)^n}$ in punctis $b_0, b_1 \ldots b_{m-1}$ infinitus, in punctis $a_0, a_1 \ldots a_{n-1}$ nihilo aequalis sit. Et quia differentiarum $b_\varkappa - a_\varkappa$, $b_\varkappa - a_{\varkappa+m} \ldots$ finitus tantum numerus quantitatem datam ε quamvis parvam superat, perspicitur esse

$$P_n(b_\varkappa) \sim \varepsilon_n^{\frac{n}{m}} \,.\, [(b_\varkappa - b_1) \,.\, (b_\varkappa - b_{\varkappa-1})\, (b_\varkappa - b_{\varkappa+1}) \,.\, (b_\varkappa - b_m)]^{\frac{n}{m}}$$

denotante ε_n quantitatem ultra omnem limitem decrescentem.

Quodsi radius convergentiae seriei $\sum_{\nu\,0}^{\infty} c_\nu x^\nu$ per ϱ denotatur, series $\sum_{\nu\,0}^{\infty} c_\nu P_\nu(x)$ convergit intra, divergit extra curvam, in qua functionis $\varphi(x)$ valor absolutus quantitati ϱ aequalis est.

Neque enim ad ea punctorum $a_0, a_1 \ldots$, quae forte extra fines convergentiae seriei $\sum_{\nu\,0}^{\infty} c_\nu P_\nu(x)$ iacent, in quibus haec series vel convergere vel divergere potest, si de functionum per hasce series repraesentatione agitur, respiciendum nobis est. Lineae, in quibus $\varphi(x)$ valorem absolutum ϱ habet, per $C(\varrho)$ designandae, quarum quodvis punctum ab m punctis fixis $b_0 \ldots b_{m-1}$ constans distantiarum productum habet, crescente ϱ a 0 ad ∞ magnam figurarum varietatem praebent. Primum ex m partibus diversis compositae sunt focos $b_0, b_1 \ldots b_{m-1}$ cingentibus. Crescente ϱ duae harum partium confluunt, curvamque lemniscatae modo duos focos amplectentem efficiunt. Paullatim omnibus deinceps ramis in unum collectis linea magis magisque circuli speciem praebet.*)

*) Toto hoc curvarum confocalium systemate $n-1$ puncta duplicia inveniuntur, quorum centrum gravitatis idem est, quod n focorum, radices aequationis $\frac{1}{x-b_0} + \ldots \frac{1}{x-b_{m-1}} = 0$. Lineae has curvas sub angulis rectis secantes ab Ill. Gauss consideratae sunt. (Tom III, pag. 27.)

Iam denotante ϱ radium convergentiae seriei $\sum_{\nu}{}_0^\infty \frac{c_\nu}{y^{\nu+1}}$, series $\sum_{\nu}{}_0^\infty \frac{c_\nu}{P_{\nu+1}(y)}$ convergit extra $C(\varrho)$, divergit intra. In punctis $b_0, b_1 \ldots b_{m-1}$ quomodo se habeat, ex indole functionis repraesentatae facilius, quam ex lege coefficientium colligitur. Si a unum ex punctis $a_0, a_1 \ldots$ est, extra $C(\varrho)$ situm, quod in serie $a_0, a_1 \ldots$ k vicibus reperitur, series $\sum_{\nu}{}_0^\infty \frac{c_\nu (y-a)^k}{P_{\nu+1}(y)}$ circa punctum a finita et continua est. Itaque $\sum_{\nu}{}_0^\infty \frac{c_\nu}{P_{\nu+1}(y)}$ sive finita, sive infinita est, ad iustum functionis repraesentatae valorem convergit.

§ 5.

Functio $f(y)$ extra curvam $C(\varrho)$ characterem functionis rationalis habeat, valoremque finitum servet, et in infinito evanescat. Variabilis y extra curvam $C(\varrho)$ iaceat, punctum x lineam $C(\varrho')$ percurrat $[\varrho < \varrho' < \varphi(y)]$, quae punctum infinitum sensu positivo circumplectatur. Est

$$f(y) = \sum_{\nu}{}_0^{n-1} \frac{c_\nu}{P_{\nu+1}(y)} + \frac{1}{2\pi i}\int \frac{f(x)\,dx}{y-x} \cdot \frac{P_n(x)}{P_n(y)}$$

si ponitur

$$c_\nu = \frac{1}{2\pi i}\int f(x)\, P_\nu(x)\, dx$$

Et quoniam $\frac{P_n(x)}{P_n(y)}$ crescente n in infinitum decrescit est

$$f(y) = \sum_{\nu}{}_0^\infty \frac{c_\nu}{P_{\nu+1}(y)}$$

quae series extra $C(\varrho)$ certe convergit. E. g., si $\varphi(x) < \varphi(y)$ est, fit

$$\frac{1}{y-x} = \sum_{\nu}{}_0^\infty \frac{P_\nu(x)}{P_{\nu+1}(y)}$$

Addi potest harum evolutionum coefficientes prorsus determinatos esse. Nam si series non ubique divergens

$\sum_{\nu}{}_0^\infty \frac{c_\nu}{P_{\nu+1}(y)}$ identice evanescit, certe punctum infinitum intra limites convergentiae iacet. Multiplicando igitur per y et ponendo $y = \infty$ invenitur $c_0 = 0$ etc. Iam series $\sum_{\nu}{}_0^\infty \frac{c_\nu}{P_{\nu+1}(y)}$, si extra curvam $C(\varrho)$ convergit, extra quam ex punctis $a_0, a_1 \ldots$ iacent $a_\alpha, a_\beta \ldots$, repraesentat functionem charactere rationalis praeditam, quae extra lineam $C(\varrho)$ non nisi in punctis $a_\alpha, a_\beta \ldots$ infinite magna certi ordinis fieri potest. Itaque si $f(y)$ in curva $C(\varrho)$ aut functionis rationalis characterem servare desinit, aut in puncto a, quod inter $a_0, a_1 \ldots$ minus quam k vicibus invenitur, $k$ti ordinis infinite magna evadit, seriei $\sum_{\nu}{}_0^\infty \frac{c_\nu}{P_{\nu+1}(y)}$ convergentia latius patere nequit. Si autem a inter a_0, $a_1 \ldots$ non minus, quam k vicibus reperitur, dico seriem $\sum_{\nu}{}_0^\infty \frac{c_\nu}{P_{\nu+1}(y)}$ aliis punctis non impedientibus ultra curvam $C(\varrho)$ convergere. Est enim

$$f(y) = \frac{g_0}{(y-a)^\varkappa} + \ldots \frac{g_{k-1}}{y-a} + g(y)$$

et series, quae functionem $g(y)$ repraesentat convergit latius et series, in quam $\frac{1}{(y-a)^\varkappa}$ $(\varkappa = 1, 2 \ldots k)$ evolvi potest, finito terminorum numero constat. Nam sit inter quantitates $a_0, a_1 \ldots, a_{n-1}$ $\varkappa$ta, quae ipsi a aequalis est, aequationem

$$\frac{1}{y-x}\left[1 - \frac{P_n(x)}{P_n(y)}\right] = \sum_{\nu}{}_0^{n-1} \frac{P_\nu(x)}{P_{\nu+1}(y)}$$

$(\varkappa - 1)$ vicibus secundum x differentiando et $x = a$ ponendo obtinetur formula

$$\frac{1}{(y-a)^\varkappa} = \frac{1}{1.2\ldots\varkappa-1} \sum_{\nu}{}_\varkappa^{n-1} \frac{P_\nu{}^{(\varkappa)}(a)}{P_{\nu+1}(y)}$$

Cognita igitur functione $f(y)$, de veris convergentiae seriei $\sum_{\nu}{}_0^\infty \frac{c_\nu}{P_{\nu+1}(y)}$ finibus facile est iudicium.

§ 6.

Si $f(x)$ intra curvam $C(\varrho)$ neque latius characterem functionis integrae habet, x intra hos fines iacet, y lineam $C(\varrho')$ $[\varrho > \varrho' > \varphi(x)]$ percurrit neque est ullum punctorum a_0, $a_1 \ldots$ aut in $C(\varrho')$ aut inter $C(\varrho)$ et $C(\varrho')$ situm, est

$$f(x) = \sum_{\nu}{}_0^{n-1} c_\nu P_\nu(x) + \frac{1}{2\pi i}\int \frac{f(y)\,dy}{y-x}\,\frac{P_n(x)}{P_n(y)}$$

$$c_\nu = \frac{1}{2\pi i}\int \frac{f(y)\,dy}{P_{\nu+1}(y)}$$

et

$$f(x) = \sum_{\nu}{}_0^{\infty} c_\nu P_\nu(x)$$

quae series intra curvam $C(\varrho)$ convergit, extra divergit. Sit non solum $\varrho > \varrho' > \varphi x$, sed etiam $\varrho > \varrho'' > \varphi x$, sintque ϱ' et ϱ'' ita electae, ut in anulari plani parte curvis $C(\varrho')$ et $C(\varrho'')$ terminata, nonnulla ex punctis a_0, $a_1 \ldots$ iaceant. Denique sit integrale

$$\frac{1}{2\pi i}\int \frac{f(y)\,dy}{P_{\nu+1}(y)}$$

per curvam $C(\varrho')$ extensum $= c'_\nu$, per $C(\varrho'')$ autem $= c''_\nu$, quae quantitates, si ad paucas exceptiones non respicimus, diversae sunt. Ex aequationibus

$$f(x) = \sum_{\nu}{}_0^{\infty} c'_\nu P_\nu(x) \qquad f(x) = \sum_{\nu}{}_0^{\infty} c''_\nu P_\nu(x)$$

ponendo $c'_\nu - c''_\nu = c_\nu$ perspicitur esse

$$\sum_{\nu}{}_0^{\infty} c_\nu P_\nu(x) = 0$$

quae series intra minorem curvarum $C(\varrho')$ et $C(\varrho'')$ certe convergit. Qua ex formula quia pluribus modis diversis omnem functionem evolvi posse sequitur, oritur quaestio gravissima, omnes eiusdem functionis evolutiones inveniendi, quae nullo negotio reducitur ad problema omnes cifrae evolutiones investigandi. Si plures series identice evanescentes repertae sunt multiplicando eas per constantes arbitrarias et addendo nova eiusdem generis series obtinetur. Itaque plures cifrae evolutiones S, $S' \ldots$ dicimus esse inter se independentes, si constantes h, h' ... ita determinari non possunt ut in serie $hS + h'S' + \dots$ omnes coefficientes evanescant. Quare problema propositum transformatur in quaestionem elegantiorem, systema completum evolutionum cifrae inter se independentium indagandi. Quodsi series $\sum_{\nu 0}^{\infty} c_\nu P_\nu(x) = 0$ intra curvam $C(\varrho)$ convergit puncta $a_0, a_1 \dots$ omnia circumplicantem, ponendo deinceps $x = a_0, a_1 \dots$ invenitur $c_0 = 0$, $c_1 = 0$ ... Quoniam igitur non existit series $\sum_{\nu 0}^{\infty} c_\nu P_\nu(x) = 0$, intra hanc lineam convergens, nascitur problema, omnes curvas $C(\varrho)$ quaerendi ita comparatas, ut habeatur series $\sum_{\nu 0}^{\infty} c_\nu P_\nu(x) = 0$ intra convergens, extra divergens.

§ 7.

Sit $\sum_{\nu 0}^{\infty} c_\nu P_\nu(x)$ ulla cifrae evolutio intra curvam $C(\varrho)$ convergens, extra divergens: Si puncta a_0, a_1 ... omnia intra $C(\varrho)$ iacerent, aequatio $\sum_{\nu 0}^{\infty} c_\nu P_\nu(x) = 0$, ut modo docuimus, locum habere non posset; si infinite multa non intra essent sita, series $\sum_{\nu 0}^{\infty} (a_{\varkappa+m\nu} - b_\varkappa)$ non omnes convergerent. Sit igitur a_n punctum non intra situm, cuius index maximus est. Statuendo

$$R(x) = -\sum_{\mu 0}^{n} c_\mu \frac{P_\mu(x)}{P_{n+1}(x)} \qquad Q_\nu(x) = \frac{P_{n+\nu}(x)}{P_{n+1}(x)}$$

functiones $Q_1(x)$, $Q_2(x)$ ... prorsus simile systema functionum constituunt atque $P_0(x)$, $P_1(x)$ ... et fit

$$R(x) = \sum_{\nu 1}^{\infty} c_{n+\nu} Q_\nu(x)$$

quae series intra $C(\varrho)$ convergit neque latius. Quodsi inter puncta a_0, a_1 ... a_n sunt, quae intra $C(\varrho)$ iaceant, $R(x)$ in his valorem finitum habet: alias enim seriei $\sum_{\nu 0}^{\infty} c_{n+\nu} Q_\nu(x)$ convergentia arctioribus limitibus coerceretur. Iam si in ipsa linea $C(\varrho)$ nullum ex punctis a_0, a_1 ... a_n inveniretur designato per a_α puncto extra iacente, in quo functionis $\varphi(a_\alpha)$ valor absolutus ϱ' quam minimus est, reperiri posset series $R(x) = \underset{\nu}{\Sigma_1^\infty} c'_{n+\nu}\, Q_\nu(x)$ intra $C(\varrho')$ convergens; neque differentiae $c_{n+\nu} - c'_{n+\nu}$ omnes evanescerent, quia $\varrho' > \varrho$ esset; haberetur igitur series $\underset{\nu}{\Sigma_1^\infty}(c_{n+\nu} - c'_{n+\nu})\, Q_\nu(x) = 0$, certe convergens intra lineam $C(\varrho)$, intra quam $a_{n+1}, a_{n+2} \ldots$ omnia essent sita; quod fieri non potest. Itaque nisi curva $C(\varrho)$ per unum ex punctis $a_0, a_1 \ldots$ transit, non existit series $\underset{\nu}{\Sigma_0^\infty} c_\nu P_\nu(x) = 0$ intra $C(\varrho)$ convergens, extra divergens.

Si autem $C(\varrho)$ per a_n transgreditur, iaceat x intra hanc lineam, sit $\varrho > \varrho' > \varphi(x)$, percurrat y circulum circa a_n descriptum extra $C(\varrho')$ iacentem neque ullum ex punctis $a_0, a_1 \ldots$ ab a_n diversum continentem. Si ex quantitatibus $a_0, a_1 \ldots a_{n-1}$ $k-1$ ipsi a_n aequales sunt, aequationem

$$\frac{1}{y-x} = \underset{\nu}{\Sigma_0^\infty} \frac{P_\nu(x)}{P_{\nu+1}(y)}$$

per $\frac{1}{2\pi i}(y-a_n)^{k-1}$ multiplicando et secundum y integrando invenitur

$$S_n = \Sigma_n^\infty c_{n\nu} P_\nu(x) = 0$$

$$c_{n\,\nu} = \left[\frac{1}{P_{\nu+1}(y)}\right]_{(y-a_n)^{-k}}$$

denotante $[f(x)]_{x^n}$ coefficientem ipsius x^n in evolutione functionis $f(x)$ secundum potestates argumenti progrediente. Hanc cifrae repraesentationem S_n intra $C(\varrho)$ convergentem, extra divergentem, ad a_n p e r t i n e r e dicimus.

Serierum $S_0, S_1 \ldots$ quia primi sunt termini $P_0(x)$, $P_1(x) \ldots$ constantes $h_0, h_1 \ldots$ ita determinari non possunt ut expressionis $h_0 S_0 + h_1 S_1 + \ldots$ omnes coefficientes evanescant. Ceterae autem cifrae evolutiones omnes in formam $h_0 S_0 + h_1 S_1 + \ldots$ redigi possunt. Nam si series $\underset{\nu}{\Sigma_0^\infty} c_\nu P_\nu(x) = 0$ intra curvam $C(\varrho)$ convergit nec latius, sit a_n ultimum punctorum $a_0, a_1 \ldots$ intra eam non situm et

$$G(x) = -\underset{\mu}{\Sigma_0^n} c_\mu P_\mu(x),$$

fit

$$\frac{G(x)}{P_{n+1}(x)} = \underset{\nu}{\Sigma_1^\infty} c_{n+\nu} Q_\nu(x)$$

Punctorum $a_0, a_1 \ldots, a_\alpha, a_\beta, a_\gamma$ non intra $C(\varrho)$, $a_\lambda, a_\mu, a_\nu \ldots (\lambda < \mu < \nu \ldots)$ intra $C(\varrho)$ iaceant. Ex quantitatibus $c_\alpha, c_\beta, c_\gamma \ldots$ quae manent arbitrariae, coefficientes $c_\lambda, c_\mu, c_\nu \ldots$ ita determinandi sunt, ut $\frac{G(x)}{P_n(x)}$ in punctis $a_\lambda, a_\mu \ldots$ valorem finitum servet; quod una tantum ratione fieri posse, facile perspicitur, cum ponitur primum $G(a_\lambda) = 0$, unde c_λ invenitur, deinde, si non $a_\lambda = a_\mu$, $G(a_\mu) = 0$, sin $a_\lambda = a_\mu$, $G'(a_\mu) = 0$, unde c_μ reperitur etc. Quantitates $c_{n+1}, c_{n+2} \ldots$ ex $c_0, c_1 \ldots c_n$ computantur ponendo deinceps in aequatione

$$\frac{G(x)}{P_{n+1}(x)} = \underset{\nu}{\Sigma_1^\infty} c_{n+\nu} Q_\nu(x)$$

et in iis, quae per differentiationem ex hac obtinentur, $x = a_{n+1}, a_{n+2} \ldots$ quod per harum serierum convergentiam licet. Duae igitur cifrae evolutiones, intra $C(\varrho)$ convergentes, in quibus $c_\alpha, c_\beta, c_\gamma \ldots$ congruunt, diversae esse nullo modo possunt. Perspicitur autem, constantes $h_\alpha, h_\beta \ldots$ ita posse determinari, ut $P_\alpha(x), P_\beta(x) \ldots$, in expressione $h_\alpha S_\alpha + h_\beta S_\beta \ldots$ eosdem habeant coefficientes, atque in serie $\underset{\nu}{\Sigma_0^\infty} c_\nu P_\nu(x)$. Itaque $S_0, S_1 \ldots$ systema completum evolutionum cifrae inter se independentium efficiunt.

§ 8.

Quantitatibus $a_0, a_1 \ldots$ una cum n ultra omnem limitem crescentibus, commoditatis causa ponamus

$$P_n(x) = \left(1 - \frac{x}{a_0}\right)\left(1 - \frac{x}{a_1}\right) \ldots \left(1 - \frac{x}{a_{n-1}}\right)$$

Convergente serie $\sum_{\nu}{}_0^\infty \frac{1}{a_\nu}$ quia convergit etiam productum

$$P(x) = \prod_{\nu}{}_0^\infty \left(1 - \frac{x}{a_\nu}\right)$$

ex aequatione

$$\frac{1}{x-y}\left(1 - \frac{P_n x}{P_n y}\right) = \sum_{\nu}{}_0^{n-1} \frac{P_\nu(x)}{a_\nu P_{\nu+1}(y)}$$

derivatur formula

$$\frac{1}{x-y}\left(1 - \frac{P x}{P y}\right) = \sum_{\nu}{}_0^{\infty} \frac{P_\nu(x)}{a_\nu P_{\nu+1}(y)}$$

Itaque ne deficere nostra nos methodus videatur, ostendamus, in seriem absolute convergentem et secundum has functiones $P_n(x)$ progredientem, expressionem $\frac{1}{x-y}$ omnino evolvi non posse. Quoniam $P_n(x)$ pro finitis argumenti x et omnibus indicis n valoribus quantitas finita est, nec nisi in punctis $a_0, a_1 \ldots$ evanescit, series $\sum_{\nu}{}_0^\infty c_\nu P_\nu(x)$ una cum serie $\sum_{\nu}{}_0^\infty c_\nu$ aut convergit aut divergit. Quare evolutio $\sum_{\nu}{}_0^\infty c_\nu P_\nu(x)$ aut pro nullo aut pro omnibus finitis ipsius x valoribus valet. Nisi igitur $f(x)$ ubique in finito functionis integrae characterem praebet, aequatio $f(x) = \sum_{\nu}{}_0^\infty c_\nu P_\nu(x)$ non existit, unde fractionem $\frac{1}{x-y}$ evolvi non posse patet. Iam formulae

$$\frac{1}{2\pi i}\int \frac{P_\nu(x)}{P_{n+1}(x)}\, dx = 0 \quad \left(\nu \gtrless n\right) \quad \frac{1}{2\pi i}\int \frac{P_n(x)}{a_n P_{n+1}(x)}\, dx = 1$$

integrationis via puncta $a_0, a_1 \ldots a_{n-1}$ simpliciter sensu negativo circumplicante, facile confirmantur. Itaque si

$$f(x) = \sum_{\nu}{}_0^\infty c_\nu P_\nu(x)$$

est, debet esse

$$c_\nu = \frac{1}{2\pi i}\int \frac{f(y)\, dy}{a_\nu P_{\nu+1}(y)}$$

et

$$\sum_{\nu}{}_0^{n-1} c_\nu P_\nu(x) = \frac{1}{2\pi i}\int f(y)\, dy \left[\frac{1}{x-y} - \frac{1}{x-y}\frac{P_n(x)}{P_n(y)}\right]$$

ergo

$$\Sigma_{n}^{\infty}{}_{\nu}\, c_\nu P_\nu(x) = \frac{1}{2\pi i}\int \frac{f(y)\, dy}{x-y} \frac{P_n x}{P_n y}$$

Functio igitur $f(x)$ ubique in finito charactere integrae praedita in seriem $\Sigma_0^\infty{}_\nu\, c_\nu P_\nu(x)$ evolvi potest, si $\int \frac{f(y)\, dy}{(y-x) P_n(y)}$ integrationis linea puncta $a_0 \ldots a_{n-1}$ circumplectente, crescente n ad nihilum tendit, si non, non potest.

§ 9.

Restat casus valde memorabilis, quo cum $a_0, a_1 \ldots$ in infinitum crescant, series $\Sigma_0^\infty{}_\nu \frac{1}{a_\nu}$ divergit. Quem saepenumero absolvere licet ope theorematis ex lectionibus, quas Ill. Weierstrass de functionum ellipticarum theoria habuit, sumpti:

„Si numeri integri positivi n' existunt ita comparati, ut series $\Sigma_0^\infty{}_\nu \frac{1}{a_\nu{}^{n'}}$ convergat et inter eos n minimus est, posito

$$g(x, a) = \frac{x}{a} + \frac{x^2}{2a^2} + \ldots \frac{x^{n-1}}{(n-1)a^{n-1}}$$

productum

$$\Pi_0^\infty{}_\nu \left(1 - \frac{x}{a_\nu}\right) e^{g(x, a_\nu)}$$

pro omnibus finitis ipsius x valoribus convergit.“

Quod ut probetur, demonstrandum est, posito

$$1 - \varphi_\nu(x) = \left(1 - \frac{x}{a_\nu}\right) e^{g(x, a_\nu)}$$

seriem $\Sigma_0^\infty{}_\nu\, \varphi_\nu(x)$ convergere. Potest $\varphi_\nu(x)$ secundum integras positivas argumenti x potestates in seriem ubique in finito convergentem evolvi, quae, quia $\varphi_\nu(0) = 0$ est membro constante caret. Est autem

$$\varphi'_\nu(x) = \frac{x^{n-1}}{a_\nu{}^n} e^{g(x, a_\nu)}$$

ergo

$$\varphi_\nu(x) \infty \frac{1}{a_\nu{}^n}$$

Convergente igitur $\underset{\nu}{\Sigma_0^\infty} \frac{1}{a_\nu{}^n}$, convergit etiam $\underset{\nu}{\Sigma_0^\infty} \varphi_\nu(x)$ —.

Quod ut exemplo illustremus, sit

$$P_n(x) = \left(1 - \frac{x}{1}\right)\left(1 - \frac{x}{2}\right) \cdots \left(1 - \frac{x}{n}\right)$$

est

$$P_n(x) = \left[\left(1 - \frac{x}{1}\right) e^{\frac{x}{1}} \cdots \left(1 - \frac{x}{n}\right) e^{\frac{x}{n}}\right] e^{-x\left(1 + \frac{1}{2} + \cdots \frac{1}{n}\right)}$$

vel

$$P_n(x) \infty e^{-x\left(1 + \frac{1}{2} + \cdots \frac{1}{n}\right)}$$

Posito

$$\varphi(n) = 1 + \tfrac{1}{2} + \cdots \frac{1}{n} - \lg(n)$$

est

$$\varphi(n) - \varphi(n-1) = \frac{1}{n} + \lg \frac{n-1}{n} = \lg\left(1 - \frac{1}{n}\right) e^{\frac{1}{n}}$$

et

$$\varphi(n) - \varphi(1) = \lg \underset{\nu}{\Pi_2^n} \left(1 - \frac{1}{\nu}\right) e^{\frac{1}{\nu}}$$

unde patet, ut notum est, $\varphi(\infty)$ esse finitam. Quare est

$$P_n(x) \infty \frac{1}{n^x}$$

seriesque $\underset{\nu}{\Sigma_0^\infty} c_\nu P_\nu(x)$ eandem convergentiae regionem habet ac series $\underset{\nu}{\Sigma_1^\infty} \frac{c_\nu}{\nu^x}$ excepto puncto infinito. Dicimus punctum x ad dextram puncti y iacere, si pars realis differentiae $x - y$ positiva est. Iacente igitur x ad dextram ipsius y, est

$$\frac{1}{x-y} = \underset{\nu}{\Sigma_0^\infty} \frac{P_\nu(x)}{(\nu+1)\, P_{\nu+1}(y)}$$

Manifestum est, functionem integram $n$ti gradus in

seriem $g(x) = \Sigma_{\nu 0}^{n} c_\nu P_\nu(x)$ evolvi posse. Quodsi $h(x)$ circa punctum infinitum functionis rationalis characterem habet est $h(x) = g(x) + f(x)$ et $f(\infty) = 0$. Iaceat x ad dextram omnium punctorum singularium functionis $f(x)$, a quibus per rectam C, axi ordinatarum parallelam seiungatur, percurrat y curvam ad laevam lineae C iacentem et puncta singularia cuncta sensu positivo circumeuntum. Habemus aequationem

$$f(x) = \Sigma_{\nu 0}^{n-1} c_\nu P_\nu(x) + \frac{1}{2\pi i}\int \frac{f(y)\,dy}{x-y}\,\frac{P_n(x)}{P_n(y)}$$

si est

$$c_\nu = \frac{1}{2\pi i}\int \frac{f(y)\,dy}{(\nu+1)\,P_{\nu+1}(y)}$$

et

$$f(x) = \Sigma_{\nu 0}^{\infty} c_\nu P_\nu(x).$$

Unde patet omnem functionem circa punctum infinitum charactere rationalis praeditam in seriem evolvi posse secundum functiones integras $P_n(x)$ progredientem et ad dextram omnium punctorum singularium convergentem.

II.

§ 10.

Venio nunc ad ea functionum systemata, quae ex functionis propositae in fractionem continuam evolutione originem ducunt. Si fractio continua

$$R_0(x) = \cfrac{1}{a_0 x - \cfrac{1}{a_1 x - \cfrac{1}{a_2 x - \dots}}}$$

in qua nec ullam quantitatum $a_0, a_1, a_2 \dots$ evanescere, nec infinite magnam evadere pro finitis indicis valoribus ponimus, in aliqua plani parte convergens est, $n$tam fractionem approximatam per $\frac{P_n(x)}{Q_n(x)}$ et residuum per $\frac{R_n(x)}{Q_n(x)}$ designo, ita, ut sit

$$P_{n+1}(x) + P_{n-1}(x) = a_n x P_n(x) \quad (n = 1,2.) \quad P_0 = 0, \ P_1 = 1 .$$

$$Q_{n+1}(x) + Q_{n-1}(x) = a_n x Q_n(x) \quad (n = 0,1.) \quad Q_{-1} = 0, \ Q_0 = 1 .$$

$$R_{n+1}(x) + R_{n-1}(x) = a_n x R_n(x) \quad (n = 0,1.) \quad R_{-1} = 1 .$$

Itaque si ponitur

$$S = \sum_{\nu}{}_0^n \, a_\nu \, Q_\nu(x) \, R_\nu(y)$$

est

$$x\,S = \sum_{\nu}{}_0^n [a_\nu x \, Q_\nu(x)] \, R_\nu(y) = \sum_{\nu}{}_0^n [Q_{\nu-1}(x) + Q_{\nu+1}(x)] \, R_\nu(y)$$

$$y\,S = \sum_{\nu}{}_0^n Q_\nu(x) \, [a_\nu y \, R_\nu(y)] = \sum_{\nu}{}_0^n Q_\nu(x) \, [R_{\nu-1}(y) + R_{\nu+1}(y)]$$

$$(y - x)\,S = 1 + Q_n(x) \, R_{n+1}(y) - Q_{n+1}(x) \, R_n(y)$$

Hac via satis elementari hoc invenitur formularum systema:

$$\sum_{\nu 1}^{n} a_\nu P_\nu(x) P_\nu(y) = \frac{P_n(x) P_{n+1}(y) - P_{n+1}(x) P_n(y)}{y-x}$$

$$\sum_{\nu 1}^{n} a_\nu P_\nu(x) Q_\nu(y) = \frac{1}{y-x} + \frac{P_n(x) Q_{n+1}(y) - P_{n+1}(x) Q_n(y)}{y-x}$$

$$\sum_{\nu 1}^{n} a_\nu P_\nu(x) R_\nu(y) = \frac{R_0(y)}{y-x} + \frac{P_n(x) R_{n+1}(y) - P_{n+1}(x) R_n(y)}{y-x}$$

$$\sum_{\nu 0}^{n} a_\nu Q_\nu(x) Q_\nu(y) = \frac{Q_n(x) Q_{n+1}(y) - Q_{n+1}(x) Q_n(y)}{y-x}$$

$$\sum_{\nu 0}^{n} a_\nu Q_\nu(x) R_\nu(y) = \frac{1}{y-x} + \frac{Q_n(x) R_{n+1}(y) - Q_{n+1}(x) R_n(y)}{y-x}$$

$$\sum_{\nu 0}^{n} a_\nu R_\nu(x) R_\nu(y) = \frac{R_0(x) - R_0(y)}{y-x} + \frac{R_n(x) R_{n+1}(y) - R_{n+1}(x) R_n(y)}{y-x}$$

$$\sum_{\nu 1}^{n} a_\nu (P_\nu(x))^2 = P_n(x) P'_{n+1}(x) - P_{n+1}(x) P'_n(x)$$

$$\sum_{\nu 1}^{n} a_\nu P_\nu(x) Q_\nu(x) = P_n(x) Q'_{n+1}(x) - P_{n+1}(x) Q'_n(x)$$

$$\sum_{\nu 1}^{n} a_\nu P_\nu(x) R_\nu(x) = R'_0 x + P_n(x) R'_{n+1}(x) - P_{n+1}(x) R'_n(x)$$

$$\sum_{\nu 1}^{n} a_\nu (Q_\nu(x))^2 = Q_n(x) Q'_{n+1}(x) - Q_{n+1}(x) Q'_n(x)$$

$$\sum_{\nu 0}^{n} a_\nu Q_\nu(x) R_\nu(x) = Q_n(x) R'_{n+1}(x) - Q_{n+1}(x) R'_n(x)$$

$$\sum_{\nu 0}^{n} a_\nu (R_\nu(x))^2 = -R'_0(x) + R_n(x) R'_{n+1}(x) - R_{n+1}(x) R'_n(x)$$

Eaedem formulae valent, si $P_n(x)$, $Q_n(x)$, $R_n(x)$ ad fractionem generaliorem

$$\cfrac{1}{a_0 x + b_0 - \cfrac{1}{a_1 x + b_1 - \cfrac{1}{a_2 x + b_2 - \dots}}}$$

referuntur.

Sunt $P_n(x)$ et $Q_n(x)$ functiones integrae $(n-1)$ ti et n ti gradus. $R_n(x)$ circa punctum infinitum in seriem secundum potestates descendentes ipsius x progredientem evolvi potest, quae a $-(n+1)$ ta potestate incipit et est

$$P_n(-x) = (-1)^{n-1} P_n(x)$$
$$Q_n(-x) = (-1)^n Q_n(x)$$
$$R_n(-x) = (-1)^{n+1} R_n(x)$$

Denique inter has functiones habetur relatio:

$$P_n(x) + R_n(x) = R_0(x) \,.\, Q_n(x)$$

unde patet, pro finitis indicis n valoribus seriem $R_n(x)$ eundem certe convergentiae circulum habere, ac seriem $R_0(x)$. Percurrente z circulum paulo maiorem C, evanescit integrale $\int \frac{P_n(z)\,dz}{z-x}$, si x extra C iacet, quia $P_n(x)$ functio integra est, et integrale $\int \frac{R_n(z)\,dz}{z-x}$, si x intra C iacet, quia $R_n(x)$ extra C nullum punctum singulare habet et in infinito evanescit. Unde colligitur, integrale

$$\frac{1}{2\pi i}\int \frac{R_0(z)\,Q_n(z)\,dz}{z-x}$$

si x intra C iacet, functionem $P_n(x)$, si extra iacet, functionem $-R_n(x)$ exhibere.

§ 11.

Iam quid ex formulis inventis sequatur, videamus, si est

$$R_0(x) = \frac{F(\alpha, \beta+1, \gamma+1, x^{-2})}{x F(\alpha, \beta, \gamma, x^{-2})}$$

designante, ut solet, $F(\alpha, \beta, \gamma, x)$ functionem hypergeometricam serie

$$1 + \frac{\alpha\beta}{\gamma} x + \frac{\alpha(\alpha+1)\beta(\beta+1)}{\gamma(\gamma+1)} \frac{x^2}{1.2} + \ldots$$

definitam. Est $a_0 = 1$ et

$$a_{2n-1} = \frac{(\beta+1).(\beta+n-1)(\gamma-\alpha+1).(\gamma-\alpha+n-1)}{\alpha.(\alpha+n-1)\,(\gamma-\beta).(\gamma-\beta+n-1)}\gamma(\gamma+2n-1)$$

$$a_{2n} = \frac{\alpha.(\alpha+n-1)(\gamma-\beta).(\gamma-\beta+n-1)}{(\beta+1).(\beta+n)(\gamma-\alpha+1).(\gamma-\alpha+n)}\;\frac{(\gamma+2n)}{\gamma}$$

unde ope theorematis § 9 memorati, posito

$$N = n^{\alpha-\beta-\frac{1}{2}}$$

facile derivantur aequivalentiae

$$a_{2n-1} \backsim N^{-2} \qquad a_{2n} \backsim N^2$$

Inter radices aequationis $1 - 2xz + z^2 = 0$, quarum productum $= 1$ est, ea, quae > 1 est, per $x + \sqrt{x^2 - 1}$, ea quae < 1 est, per $x - \sqrt{x^2 - 1}$ denotetur.

Ex iis, quae Ill. Thomé*) de fractione continua $R_0(x)$ demonstravit, sequitur, valente formula superiore, si n impar, inferiore, si n par est,

$$P_n(x) \backsim (x + \sqrt{x^2 - 1})^n \frac{N}{N^{-1}}$$

$$Q_n(x) \backsim (x + \sqrt{x^2 - 1})^n \frac{N}{N^{-1}}$$

$$R_n(x) \backsim (x - \sqrt{x^2 - 1})^n \frac{N}{N^{-1}}$$

exceptis in aequivalentia prima valoribus, pro quibus $R_0(x)$ evanescit, in altera et tertia iis, pro quibus infinite magna evadit. Vix opus est monere, per $R_0(x)$ eum tantum designari functionis $\dfrac{F(\alpha, \beta + 1, \gamma + 1, x^{-2})}{x F(\alpha, \beta, \gamma, x^{-2})}$ ramum, qui fractione continua repraesentatur et toto plano exclusa recta puncta -1 et $+1$ iungente, per $C(1)$ in posterum denotanda, functionis rationalis characterem habet, cum in linea $C(1)$ neque $R_0(x)$, neque $R_1(x)$, $R_2(x)$.. sint definitae.

Ex aequatione differentiali, cui satisfacit $F(\alpha, \beta, \gamma, x)$, perspicitur, aequationem $F(\alpha, \beta, \gamma, x) = 0$ multiplices radices non admittere. Iam formula

$$\beta\gamma F(\alpha,\beta,\gamma,x) - \beta(\gamma - \alpha) F(\alpha,\beta+1,\gamma+1,x) = \gamma(1-x) \frac{dF(\alpha,\beta,\gamma,x)}{dx}$$

docet aequationes

$$F(\alpha, \beta, \gamma, x) = 0 \quad \text{et} \quad F(\alpha, \beta + 1, \gamma + 1, x) = 0.$$

nullam habere radicem communem. Sit u una ex radicibus aequationis $F(\alpha, \beta + 1, \gamma + 1, x^{-2}) = 0$, extra $C(1)$ sita, quales pro certis elementorum α, β, γ valoribus existere,

*) Diarium Crellianum, Tom. 66 et 67.

Ill. Thomé exemplis probavit. Ex aequatione $P_n(x) + R_n(x) = R_0(x)\, Q_n(x)$ sequitur $P_n(u) = - R_n(u)$. Sit v una ex radicibus aequationis $F(\alpha, \beta, \gamma, x^{-2}) = 0$ extra $C(1)$ sita, et $S_n(x) = \frac{R_n(x)}{R_0(x)}$; ex formula $\frac{P_n(x)}{R_0(x)} + S_n(x) = Q_n(x)$ sequitur $S_n(v) = Q_n(v)$. Demonstravit autem Ill. Thomé, quotientem

$$R_n(x) \,.\, (x - v) : (x - \sqrt{x^2 - 1})^n \frac{N}{N-1}$$

ad talem functiönem convergere, quae pro $x = v$ valorem finitum obtineat. Itaque

$$\lim S_n(x) : (x - \sqrt{x^2 - 1})^n \frac{N}{N-1}$$

pro $x = v$ finitus est.

Unde manant aequivalentiae

$$P_n(u) \backsim (u - \sqrt{u^2 - 1})^n \frac{N}{N-1}$$

$$Q_n(v) \backsim (v - \sqrt{v^2 - 1})^n \frac{N}{N-1}$$

Ellipsi, in qua $x + \sqrt{x^2 - 1}$ valorem absolutum constantem ϱ servat, per $C(\varrho)$ denotata, si seriei $\sum_{\nu 0}^{\infty} c_\nu x^\nu$ radius convergentiae ϱ est, series $\sum_{\nu 0}^{\infty} c_\nu P_\nu(x)$ et $\sum_{\nu 0}^{\infty} c_\nu Q_\nu(x)$, si $\varrho > 1$ est, intra ellipsin $C(\varrho)$ convergunt, extra divergunt, series $\sum_{\nu 0}^{\infty} c_\nu R_\nu(x)$, si $\varrho < 1$ est, extra ellipsin $C\left(\frac{1}{\varrho}\right)$ convergit, intra divergit.

Ex formulis § 10 inventis manant series sequentes, quarum de convergentia facile est iudicium:

$$\Sigma_{1}^{\infty}{}_{\nu} \quad a_\nu P_\nu(x) R_\nu(y) = \frac{R_0(y)}{y-x}$$

$$\Sigma_{n+1}^{\infty}{}_{\nu} \, a_\nu P_\nu(x) R_\nu(y) = -\frac{P_n(x) R_{n+1}(y) - P_{n+1}(x) R_n(y)}{y-x}$$

$$\Sigma_{1}^{\infty}{}_{\nu} \quad a_\nu Q_\nu(x) R_\nu(y) = \frac{1}{y-x}$$

$$\Sigma_{n+1}^{\infty}{}_{\nu} \, a_\nu Q_\nu(x) R_\nu(y) = -\frac{Q_n(x) R_{n+1}(y) - Q_{n+1}(x) R_n(y)}{y-x}$$

$$\Sigma_{0}^{\infty}{}_{\nu} \quad a_\nu R_\nu(x) R_\nu(y) = \frac{R_0(x) - R_0(y)}{y-x}$$

$$\Sigma_{n+1}^{\infty}{}_{\nu} \, a_\nu R_\nu(x) R_\nu(y) = -\frac{R_n(x) R_{n+1}(y) - R_{n+1}(x) R_n(y)}{y-x}$$

$$\Sigma_{0}^{\infty}{}_{\nu} \int_x^\infty a_\nu [R_\nu(x)]^2 \, dx = R_0(x)$$

$$\Sigma_{n+1}^{\infty}{}_{\nu} \, a_\nu [R_\nu(x)]^2 = -[R_n(x) R'_{n+1}(x) - R_{n+1}(x) R'_n(x)]$$

$$\Sigma_{1}^{\infty}{}_{\nu} \quad a_\nu P_\nu(u) P_\nu(x) = 0$$

$$\Sigma_{1}^{\infty}{}_{\nu} \quad a_\nu Q_\nu(v) P_\nu(x) = \frac{1}{v-x}$$

$$\Sigma_{1}^{\infty}{}_{\nu} \quad a_\nu P_\nu(u) Q_\nu(x) = \frac{1}{x-u}$$

$$\Sigma_{0}^{\infty}{}_{\nu} \quad a_\nu Q_\nu(v) Q_\nu(x) = 0.$$

$$\Sigma_{1}^{\infty}{}_{\nu} \quad a_\nu P_\nu(u) R_\nu(x) = \frac{R_0(x)}{x-u}$$

$$\Sigma_{0}^{\infty}{}_{\nu} \quad a_\nu Q_\nu(v) R_\nu(x) = \frac{1}{x-v}$$

Itaque si de functione $f(y)$ idem ponitur, quod § 5, est

$$f(y) = \Sigma_{0}^{n}{}_{\nu} \, c_\nu R_\nu(y) + \frac{1}{2\pi i}\int \frac{Q_n(x) R_{n+1}(y) - Q_{n+1}(x) R_n(y)}{y-x} f(x) dx$$

$$c_\nu = \frac{a_\nu}{2\pi i}\int Q_\nu(x) f(x) \, dx$$

$$f(y) = \Sigma_{0}^{\infty}{}_{\nu} \, c_\nu R_\nu(y)$$

quae series extra curvam $C(\varrho)$ certe convergit, neque latius, nisi forte $f(y)$ ultra $C(\varrho)$ characterem functionis rationalis habet atque in ipsa linea $C(\varrho)$ tantummodo pro $y = v$ primi ordinis infinita fit. Qua conditione quia series $\frac{1}{y-v} = \Sigma_{0}^{\infty}{}_{\nu}\, a_\nu Q_\nu(v) R_\nu y$ toto plano exclusa linea $C(1)$ convergit, series functionem $f(y)$ repraesentans in curva $C(\varrho)$ convergere non desinit. Si de functione $f(x)$ idem statuitur, quod § 6, est

$$f(x) = \Sigma_{0}^{n}{}_{\nu}\, Q_\nu(x) + \frac{1}{2\pi i}\int \frac{Q_n(x) R_{n+1}(y) - Q_{n+1}(x) R_n(y)}{y-x} f(y)\, dy$$

$$c_\nu = \frac{a_\nu}{2\pi i}\int f(y) R_\nu(y)\, dy$$

$$f(x) = \Sigma_{0}^{\infty}{}_{\nu}\, c_\nu Q_\nu(x)$$

quae series intra ellipsin $C(\varrho)$ convergit, extra divergit. Haec omnia breviter enarravisse satis est, ad problemata § 6 proposita, quorum ad solutionem omnia nunc praeparata sunt, tractanda properamus.

§ 12.

Ad quamvis radicem v aequationis $R_0(x) = \infty$ extra $C(1)$ sitam pertinet cifrae evolutio

$$S = \Sigma_{0}^{\infty}{}_{\nu}\, a_\nu Q_\nu(v) Q_\nu(x) = 0$$

quae convergit, si x intra ellipsin, in qua v iacet, versatur, neque latius. Iam sit $\Sigma_{0}^{\infty}{}_{\nu}\, c_\nu Q_\nu(x)$ ulla cifrae evolutio intra lineam $C(\varrho)$ convergens. Punctorum v extra ullam ellipsin $C(\varrho)$ $(\varrho > 1)$ iacentium finitus est numerus. Nam quia $R_0(x)$ circa punctum infinitum in seriem secundum descendentes argumenti potestates progredientem evolvi potest, omnes aequationis $R_0(x) = \infty$ radices in spatio finito iacent. Omnem autem functionem in spatio finito, in quo ubique rationalis characterem habet, nisi in finito punctorum numero non evadere infinitam, Ill. Weierstrass demonstravit.*) Sint igitur $v_1, v_2 \dots v_n$ radices aequationis $R_0(x) = \infty$ non intra curvam $C(\varrho)$ sitae, $S_1, S_2 \dots S_n$ cifrae evolutiones ad eas pertinentes, $v_{n+1}, v_{n+2} \dots$ reliquae radices, intra $C(\varrho)$ iacentes. Consideremus functionem

$$R(x) = \underset{\nu}{\Sigma_0^\infty} c_\nu R_\nu(x)$$

quae series ubique extra $C(1)$ convergit. Quia

$$R_n(x)(x-v) : (x - \sqrt{x^2-1})^n \frac{N}{N-1}$$

convergit ad functionem, quae pro $x = v$ valorem finitum habet, $R(x)$ infinita fieri non potest, nisi primi ordinis in punctis $v_1, v_2 \dots v_n$ et $v_{n+1}, v_{n+2} \dots$

Iam series $\underset{\nu}{\Sigma_0^\infty} c_\nu P_\nu(x)$ et ipsa intra ellipsin $C(\varrho)$ convergit atque ex relatione

$$P_n(x) + R_n(x) = R_0(x)\, Q_n(x)$$

perspicitur esse

$$R(x) = \Sigma_0^\infty c_\nu R_\nu(x) = - \underset{\nu}{\Sigma_0^\infty} c_\nu P_\nu(x)$$

exceptis valoribus, in quibus $R_0(x) = \infty$ est. Sed quia $R(x) = \underset{\nu}{\Sigma_0^\infty} c_\nu R_\nu(x)$ certe extra lineam $C(1)$ rationalis characterem habet, aequatio $R(x) = - \underset{\nu}{\Sigma_0^\infty} c_\nu P_\nu(x)$, si in aliqua plani parte valet, pro omnibus ipsius x valoribus locum habere debet, pro quibus series $\underset{\nu}{\Sigma_0^\infty} c_\nu P_\nu(x)$ convergit. Primum igitur in punctis $v_{n+1}, v_{n+2} \dots$ finita esse $R(x)$ debet; deinde intra ellipsin $C(\varrho)$ functionis rationalis characterem habet. Quamobrem toto plano functionis rationalis charactere est praedita: Itaque est $R(x)$ functio rationalis, quae quia nisi in punctis $v_1, v_2 \dots v_n$ infinita esse non potest et in infinito evanescit, necessario formam habet

$$R(x) = \frac{h_1}{x-v_1} + \frac{h_2}{x-v_2} + \dots \frac{h_n}{x-v_n}$$

Si autem x intra $C(\varrho)$ iacet et v non intra, est

*) Diarium Crellianum, Tom. 52.

$$\frac{1}{x-v} = \sum_{\nu 0}^{\infty} a_\nu Q_\nu(v) R_\nu(x)$$

Est igitur

$$R(x) = \sum_{\nu 0}^{\infty} c_\nu R_\nu(x) = \sum_{\nu 0}^{\infty} a_\nu [h_1 Q_\nu(v_1) + .. h_n Q_\nu(v_n)] R_\nu(x)$$

Pluribus autem modis secundum functiones $R_\nu(x)$ evolvi functio non potest. Est ergo

$$c_\nu = a_\nu [h_1 Q_\nu(v_1) + \ldots h_n Q_\nu(v_n)]$$

Quare seriei $\sum_{\nu 0}^{\infty} c_\nu Q_\nu(x)$ coefficientes cum coefficientibus seriei $h_1 S_1 + .. h_n S_n$ congruunt. Completum igitur systema $S_1, S_2 \ldots$ esse demonstravimus: Independentes autem inter se nisi essent hae cifrae evolutiones, constantes $h_1, h_2 .. h_n$ ita determinari possent, ut omnes expressionis $h_1 S_1 + .. h_n S_n$ coefficientes evanescerent, sive ut esset $h_1 Q_\nu(v_1) + .. h_n Q_\nu(v_n) = 0$. Itaque quia

$$\frac{1}{x-v} = \sum_{\nu 0}^{\infty} a_\nu Q_\nu(v) R_\nu(x)$$

est, functio $\frac{h_1}{x-v_1} + \ldots \frac{h_n}{x-v_n}$ identice evanesceret, quod nisi $h_1 \ldots h_n$ omnes evanescunt, fieri non potest. Itaque $S_1, S_2 \ldots$ systema completum evolutionum cifrae inter se independentium constituunt, quod hac etiam ratione invenitur: Transeat ellipsis $C(\varrho)$ per punctum v, iaceat x intra $C(\varrho)$, percurrat y circulum circa v descriptum, extra $C(\varrho')$ iacentem ($\varrho > \varrho' > v + \sqrt{v^2 - 1}$) neque ullam aliam radicem aequationis $R_0(x) = \infty$ continentem. Iam aequationem fundamentalem

$$\frac{1}{y-x} = \sum_{\nu 0}^{\infty} a_\nu Q_\nu(x) R_\nu(y)$$

secundum y integrando, obtinetur

$$\sum_{\nu 0}^{\infty} a_\nu [R_\nu(y)]_{(y-v)^{-1}} Q_\nu(x) = 0$$

vel quia

$$[R_\nu(y)]_{(y-v)^{-1}} = Q_\nu(v) [R_0(y)]_{(y-v)^{-1}}$$

est

$$\sum_{\nu 0}^{\infty} a_\nu Q_\nu(v) Q_\nu(x) = 0$$

Quodsi series $\sum_{\nu 0}^{\infty} c_\nu Q_\nu(x) = 0$ existit intra ellipsin $C(\varrho)$ convergens, extra divergens, in ipsa linea $C(\varrho)$ una ex quantitatibus v iacere debet. Alias enim, si $v_1, v_2 .. v_n$ extra $C(\varrho)$ iacerent et $S_1 ... S_n$ ad ea pertinerent, series $\sum_{\nu 0}^{\infty} c_\nu Q_\nu(x)$, ut modo docuimus, in formam $h_1 S_1 + ... h_n S_n$ redigi posset latiusque convergeret, quia series $S_1 ... S_n$ extra $C(\varrho)$ convergunt. Observo denique, propter relationem $Q_n(-x) = (-1)^n Q_n(x)$ ex formula $\sum_{\nu 0}^{\infty} c_\nu Q_\nu(x) = 0$ manare aequationes $\sum_{\nu 0}^{\infty} c_{2\nu} Q_{2\nu}(x) = 0$ et $\sum_{\nu 0}^{\infty} c_{2\nu+1} Q_{2\nu+1}(x) = 0$.

In theoria serierum

$$\sum_{\nu 0}^{\infty} c_\nu P_\nu(x) \quad \text{et} \quad \sum_{\nu 0}^{\infty} c_\nu \frac{R_\nu(x)}{R_0(x)}$$

quae porsus eodem modo absolvitur, ac serierum

$$\sum_{\nu 0}^{\infty} c_\nu Q_\nu(x) \quad \text{et} \quad \sum_{\nu 0}^{\infty} c_\nu R_\nu(x)$$

hoc loco non commoramur.

§ 13.

Functio $f(x)$ in anulari plani parte, curvis $C(\varrho_0)$ et $C(\varrho)$ $(\varrho > \varrho_0)$ terminata nec latius characterem integrae habeat, et punctum x intra hos fines iaceat. Quantitates ϱ' et ϱ'_0 ita determinentur, ut

$$\varrho > \varrho' > x + \sqrt{x^2 - 1} > \varrho'_0 > \varrho_0$$

sit neque aut inter $C(\varrho)$ et $C(\varrho')$ aut inter $C(\varrho_0)$ et $C(\varrho'_0)$ aut in ipsis lineis $C(\varrho')$ et $C(\varrho'_0)$ ulla radix v aequationis $R_0(x) = \infty$ iaceat. Iam punctis y et y_0 curvas $C(\varrho')$ et $C(\varrho'_0)$ sensu positivo percurrentibus, est

$$f(x) = \frac{1}{2\pi i}\int \frac{f(y)\,dy}{y - x} + \frac{1}{2\pi i}\int \frac{f(y_0)\,dy_0}{x - y_0}$$

unde colligitur

$$f(x) = \sum_{\nu 0}^{\infty} [c_\nu Q_\nu(x) + c'_\nu R_\nu(x)]$$

si ponitur

$$c_\nu = \frac{a_\nu}{2\pi i}\int f(y)\, R_\nu(y)\, dy \qquad c'_\nu = \frac{a_\nu}{2\pi i}\int f(y_0)\, Q_\nu(y_0)\, dy_0.$$

Quae series extra $C(\varrho)$ divergit neque intra $C(\varrho_0)$ convergit excepto casu, quem sub finem §. 11 commemoravimus.

Accedamus nunc ad rationem inter plures eiusdem functionis evolutiones considerandam, cuius rei causa hanc totam quaestionem aggressi sumus. Sit

$$\Sigma_{\nu\,0}^{\infty}\,[c_\nu\, Q_\nu(x) - c'_\nu\, R_\nu(x)] = 0$$

ulla cifrae evolutio inter curvas $C(\varrho_0)$ et $C(\varrho)$ $(\varrho > \varrho_0)$ convergens. Posito

$$R(x) = \Sigma_{\nu\,0}^{\infty}\, c_\nu\, Q_\nu(x)$$

est etiam

$$R(x) = \Sigma_{\nu\,0}^{\infty}\, c'_\nu\, R_\nu(x)$$

Haec igitur functio, quoniam propter primam aequationem intra curvam $C(\varrho)$ propter alteram extra curvam $C(\varrho_0)$, atque ideo propter utramque toto plano characterem rationalis habet, esse debet functio rationalis, quae propter primam aequationem intra $C(\varrho)$ finita est propter alteram nisi in punctis $v_1, v_2, \ldots v_n$, non intra $C(\varrho)$ iacentibus, infinita esse non potest et in infinito evanescit. Ergo est

$$R(x) = \frac{h'_1}{x - v_1} + \ldots \frac{h'_n}{x - v_n}$$

et

$$\Sigma_{\nu\,0}^{\infty}\, c'_\nu\, R_\nu(x) = \Sigma_{\nu\,0}^{\infty}\, a_\nu\, [h'_1\, Q_\nu(v_1) + \ldots h'_n\, Q_\nu(v_n)]\, R_\nu(x)$$

quare $c'_\nu = a_\nu\,[h'_1\, Q_\nu(v_1) + \ldots h'_n\, Q_\nu(v_n)]$. Porro est:

$$\frac{1}{x - v} = \Sigma_{\nu\,0}^{\infty}\left(\frac{a_\nu}{2\pi i}\int \frac{R_\nu(y)\, dy}{y - v}\right) Q_\nu(x),$$

sive posito

$$\overline{R}_\nu(v) = \frac{\gamma}{\beta(\gamma-\alpha)} \frac{v^2-1}{2} Q'_\nu(v) - P_\nu(v)$$

$$\frac{1}{x-v} = \sum_\nu {}_0^\infty a_\nu \overline{R}_\nu(v) Q_\nu(x) \quad \text{et}$$

$$R(x) = \sum_\nu {}_0^\infty c_\nu Q_\nu(x) = \sum_\nu {}_0^\infty a_\nu [h'_1 \overline{R}_\nu(v_1) + \ldots h'_n \overline{R}_\nu(v_n)] Q_\nu(x)$$

unde colligitur $c_\nu = a_\nu [h'_1 \overline{R}_\nu(v_1) + \ldots + h_1 Q_\nu(v_1) + \ldots]$.

Posito igitur

$$S = \sum_\nu {}_0^\infty a_\nu Q_\nu(v) Q_\nu(x) = 0,$$

$$S' = \sum_\nu {}_0^\infty a_\nu [\overline{R}_\nu(v) Q_\nu(x) - Q_\nu(v) R_\nu(x)] = 0$$

completum esse systema $S_1, \ldots S_n$, $S'_1, \ldots S'_n$ manifestum est. Si autem constantes $h_1, \ldots h_n$, $h'_1, \ldots h'_n$ ita determinari possent, ut expressionis $h_1 S_1 + \ldots h_n S_n + h'_1 S'_1 + \ldots h'_n S'_n$ omnes coefficientes evanescerent, esset ipsius $R_\nu(x)$ coefficiens $h'_1 Q_\nu(v_n) + \ldots h'_n Q_\nu(v_n) = 0$, unde $h'_1 = 0, \ldots h'_n = 0$; omnes igitur seriei $h_1 S_1 + \ldots h_n S_n$ coefficientes evanescerent unde, $h_1 = 0, \ldots h_n = 0$. Constituunt igitur S_1, $S_2, \ldots, S'_1, S'_2 \ldots$ systema completum evolutionum cifrae inter se independentium facileque ut supra probatur, si existat series $\sum_\nu {}_0^\infty [c_\nu Q_\nu(x) - c'_\nu R_\nu(x)] = 0$ inter $C(\varrho_0)$ et $C(\varrho)$ convergens nec latius, et $\varrho_0 = 1$ esse, et in linea $C(\varrho)$ unum ex punctis v iacere.

§. 14.

Ex functionibus, quas modo tractavimus, maxime memorabiles sunt eae, quae sphaericae vocantur. A quibus profectus cum ad omnia quae exposui, pervenerim, haud alienum esse existimo paullo diligentius in earum theoriam inquirere. Aequationem hic fundamentalem

$$\frac{1}{y-x} = \sum_\nu {}_0^\infty (2\nu+1) P_\nu(x) Q_\nu(y)$$

al Ill. Heine repertam et duabus demonstrationibus munitam esse constat. Quarum prior ab Ill. Thomé rigorosa est facta. Alteram cognita vera integralium Laplaceanorum indole, aliquantum simplificare potui. Qua explicata tertiam ex methodo §. 10 adhibita manantem adiungam.

Ex identitatibus

$$-\int_0^{y-\sqrt{y^2-1}} \frac{d}{dz}\sqrt{\frac{1-2yz+z^2}{1-2xz+z^2}}\,dz = 1$$

$$-\frac{d}{dz}\sqrt{\frac{1-2yz+z^2}{1-2xz+z^2}} = \frac{(y-x)(1-z^2)}{(1-2yz+z^2)^{\frac{1}{2}}(1-2xz+z^2)^{\frac{3}{2}}}$$

$$\frac{1-z^2}{(1-2xz+z^2)^{\frac{3}{2}}} = \frac{1}{\sqrt{1-2xz+z^2}} + 2z\frac{d}{dz}\frac{1}{\sqrt{1-2xz+z^2}}$$

manifestum est esse

$$\frac{1}{y-x} = \int_0^{y-\sqrt{y^2-1}} \frac{dz}{\sqrt{1-2yz+z^2}}\left(\frac{1}{\sqrt{1-2xz+z^2}} + 2z\frac{d}{dz}\frac{1}{\sqrt{1-2xz+z^2}}\right)$$

Quodsi $z < x - \sqrt{x^2-1}$ est, series

$$\frac{1}{\sqrt{1-2xz+z^2}} = \sum_{\nu}{}_0^{\infty} P_\nu(x)\, z^\nu$$

per quam functiones $P_0(x)$, $P_1(x)$ ... definimus, convergit. Percurrente autem z rectam puncta 0 et $y-\sqrt{y^2-1}$ iungentum, semper est $z < x - \sqrt{x^2-1}$, si $y - \sqrt{y^2-1} < x - \sqrt{x^2-1}$ est. Hac igitur conditione est

$$\frac{1}{y-x} = \sum_{\nu}{}_0^{\infty}(2\nu+1)P_\nu(x)\int_0^{y-\sqrt{y^2-1}} \frac{z^\nu\,dz}{\sqrt{1-2yz+z^2}}$$

sive posito $$Q_n(y) = \int_0^{y-\sqrt{y^2-1}} \frac{z^\nu\,dz}{\sqrt{1-2yz+z^2}}$$

$$\frac{1}{y-x} = \sum_{\nu}{}_0^{\infty}(2\nu+1)P_\nu(x)\,Q_\nu(y).$$

Quare si $f(x)$ intra ellipsin $C(\varrho)$ characterem functionis integrae habet, x intra $C(\varrho)$ iacet, y lineam $C(\varrho')$ percurrit $(\varrho > \varrho' > x + \sqrt{x^2-1})$, est

$$f(x) = \frac{1}{2\pi i}\int dy \int_0^{y-\sqrt{y^2-1}} \frac{dz}{\sqrt{1-2yz+z^2}}$$

$$\left(\frac{1}{\sqrt{1-2xz+z^2}} + 2z\frac{d}{dz}\frac{1}{\sqrt{1-2xz+z^2}}\right)$$

cuius formulae ope $f(x)$ secundum functiones sphaericas evolvi potest.

In altera demonstratione, quam nunc aggredimur, symmetriae gratia etiam $P_n(x)$ per integrale repraesentemus. Si $z > x + \sqrt{x^2 - 1}$ est, series

$$\frac{1}{\sqrt{1 - 2xz + z^2}} = \Sigma_{\nu\,0}^{\infty} P_\nu(x) z^{-\nu-1}$$

convergit. Percurrente autem z ellipsin puncta $x - \sqrt{x^2-1}$ et $x + \sqrt{x^2-1}$ simpliciter circumeuntem, cuius omnibus in punctis $z > x + \sqrt{x^2-1}$ est, ex hac aequatione multiplicando per $z^n dz$ et integrando sequitur

$$P_n(x) = \frac{1}{2\pi i} \int \frac{z^n dz}{\sqrt{1 - 2xz + z^2}}.$$

Quod integrale non mutatur curva integrationis ita deformanda, ut puncta $x - \sqrt{x^2-1}$ et $x + \sqrt{x^2-1}$ complecti non desinat neque ullo negotio reducitur ad

$$P_n(x) = \frac{1}{i\pi} \int_{x-\sqrt{x^2-1}}^{x+\sqrt{x^2-1}} \frac{z^n dz}{\sqrt{1 - 2xz + z^2}}$$

percurrente z rectam puncta $x - \sqrt{x^2-1}$ et $x + \sqrt{x^2-1}$ iungentem. Itaque si t est variabilis realis a -1 ad $+1$ tendens, integrationis linea aequatione $z = x + t\sqrt{x^2-1}$ definitur. Unde concluditur

$$P_n(x) = \frac{1}{\pi} \int_{-1}^{+1} (x + t\sqrt{x^2-1})^n \frac{dt}{\sqrt{1-t^2}}$$

quod est notum integrale Laplaceanum ex fonte genuino deductum *).

Eadem methodus ope aequationis

$$\frac{1}{\sqrt{1 - 2xz + z^2}} = \Sigma_{\nu\,0}^{\infty} P_\nu(x) z^\nu$$

---

*) Eodem modo, si $\frac{1}{(1 - 2xy + y^2)^n} = \Sigma_{\nu\,0}^{\infty} F(x) y^\nu$ ponitur designante n quantitatem positivam, inveniuntur integralia functiones $F(x)$ repraesentantia, quae Ill. Heine via multo minus directa derivavit.

formulam

$$P_n(x) = \frac{1}{\pi} \int_{-1}^{+1} (x + t\sqrt{x^2-1})^{-n-1} \frac{dt}{\sqrt{1-t^2}}$$

exhibet. Itaque nunc functiones sphaericas utriusque generis ratione persymmetrica definimus per aequationes

$$P_n(x) = \frac{1}{i\pi} \int_{x-\sqrt{x^2-1}}^{x+\sqrt{x^2+1}} \frac{z^n\,dz}{\sqrt{1-2xz+z^2}} \qquad Q_n(x) = \int_0^{x-\sqrt{x^2-1}} \frac{z^n\,dz}{\sqrt{1-2xz+z^2}}$$

ex quibus primo aspectu perspicitur, functionem $Q_n(x)$ circumeunte x unum ex punctis $+1$ et -1 quantitate $i\pi P_n(x)$ augeri.

Denotantibus z_0 et z_1 duas ex quantitatibus

$$0,\ x - \sqrt{x^2-1},\ x + \sqrt{x^2-1},$$

radicibus aequationis $z^n\sqrt{1-2xz+z^2} = 0$, est

$$\int_{z_0}^{z_1} \frac{d}{dz}\left(z^n\sqrt{1-2xz+z^2}\right) dz = 0$$

vel

$$\int_{z_0}^{z_1} \frac{(n+1)z^{n+1} - (2n+1)xz^n + nz^{n-1}}{\sqrt{1-2xz+z^2}}\,dz = 0$$

unde duae simul manant formulae

$$(n+1)\,P_{n+1}(x) + n\,P_{n-1}(x) = (2n+1)\,x\,P_n(x)$$
$$(n+1)\,Q_{n+1}(x) + n\,Q_{n-1}(x) = (2n+1)\,x\,Q_n(x)$$

Itaque posito

$$S = \sum_{\nu}{}_0^n\,(2\nu+1)\,P_\nu(x)\,Q_\nu(y)$$

est

$$xS = \sum_{n}{}_0^n\,[(\nu+1)P_{\nu+1}(x) + \nu P_{\nu-1}(x)]\,Q_\nu(y)$$

$$yS = \sum_{\nu}{}_0^n\,P_\nu(x)\,[(\nu+1)\,Q_{\nu+1}(y) + \nu\,Q_{\nu-1}(y)]$$

$$(y-x)S = 1 + (n+1)\,[P_n(x)\,Q_{n+1}(y) - P_{n+1}(x)\,Q_n(y)]$$

vel

$$\sum_{\nu}{}_0^n(2\nu+1)P_\nu(x)Q_\nu(y)=\frac{1}{y-x}+\frac{(n+1)[P_n(x)Q_{n+1}(y)-P_{n+1}(x)Q_n(y)]}{y-x}$$

Si $\varrho < x - \sqrt{x^2-1}$ est, series $\sum_{\nu}{}_0^\infty P_\nu(x)\varrho^\nu$ convergit, omniaque eius membra infra limitem finitum iacent unde $P_n(x) < \frac{g}{\varrho^n}$ esse patet. Series autem

$$\sum_{\nu}{}_0^\infty Q_\nu(y)\sigma^\nu = \sum_{\nu}{}_0^\infty \int_0^{y-\sqrt{y^2-1}} \frac{(z\sigma)^n dz}{\sqrt{1-2yz+z^2}}$$

convergit, si pro omnibus ipsius z valoribus $z\sigma < 1$, vel si $\sigma < y + \sqrt{y^2-1}$ est. Itaque designante h quantitatem finitam $Q_n(y) < \frac{h}{\sigma^n}$ est. Unde facile colligitur, si

$$x+\sqrt{x^2-1} < y + \sqrt{y^2-1}$$

est, residuum

$$\frac{(n+1)\,[P_n(x)\,Q_{n+1}(y)-P_{n+1}(x)\,Q_n(y)]}{y-x}$$

ad nihilum convergere et esse

$$\frac{1}{y-x} = \sum_{\nu}{}_0^\infty (2\nu+1)\,P_\nu(x)\,Q_\nu(y).\ ^{*)}$$

Iam coefficientes harum serierum ad formam notam simpliciorem revocemus. Si est

$R_0(x)=0$, $R_1(x)=1$, $(n+1)R_{n+1}(x)+nR_{n-1}(x)=(2n+1)xR_n(x)$ expressio $P_n(x)\,Q_0(x) - R_n(x)$ eidem recursionis formulae satisfacit atque $Q_n(x)$ et pro $n=o$ valorem $Q_0(x)$, pro $n=1$ valorem $x\,Q_0(x)-1 = Q_1(x)$ obtinet. Quare est

$$Q_n(x) = P_n(x)\,Q_0(x) - R_n(x)$$

denotante $R_n(x)$ functionem integram. Est autem

---

*) Ex formulis §. 10 expositis totidem manant propositiones de functionibus sphaericis, quas brevitatis causa non perscribo, velut aequatio

$$\frac{1}{1-x^2} = \sum_{\nu}{}_0^\infty (2\nu+1)(Q_\nu(x))^2 = \sum_{\nu}{}_0^\infty (2\nu+1)\,Q_\nu(x^2).$$

$$Q_0(x) = \int\limits_0^{x-\sqrt{x^2-1}} \frac{dz}{\sqrt{1-2xz+z^2}} = \tfrac{1}{2}\lg\frac{x-1}{x+1} = \tfrac{1}{2}\int\limits_{-1}^{+1}\frac{dy}{y-x}$$

Iam posito

$$q_n(x) = \tfrac{1}{2}\int\limits_{-1}^{+1}\frac{P_n(y)\,dy}{y-x}$$

est

$$q_n(x) = \tfrac{1}{2}\int\limits_{-1}^{+1}\frac{P_n(x)\,dy}{y-x} + \tfrac{1}{2}\int\limits_{-1}^{+1}\frac{(P_n(y)-P_n(x))\,dy}{y-x}$$

vel

$$q_n(x) = P_n(x)\,Q_0(x) - r_n(x)$$

designante $r_n(x)$ functionem integram. Itaque est

$$Q_n(x) - q_n(x) = r_n(x) - R_n(x)$$

Sed $Q_n(\infty) = 0$ et $q_n(\infty) = 0$; functio autem integra $r_n(x) - R_n(x)$ in infinito evanescere nequit, nisi identice evanescit. Quare est

$$Q_n(x) = \tfrac{1}{2}\int\limits_{-1}^{+1}\frac{P_n(y)\,dy}{y-x}$$

Quae formula idcirco memorabilis est, quod eum tantum repraesentat functionis $Q_n(x)$ ramum, qui toto plano exclusa linea $C(1)$ uniformis et continuus est et in infinito evanescit.

Iam secundum functiones $Q_n(y)$ pluribus modis evolvi functionem non posse, per considerationes ex methodo coefficientium indeterminatorum haustas facile perspicitur. Itaque ex aequatione

$$Q_n(y) = \Sigma_{\nu}{}_0^{\infty}\left(\frac{1}{2\pi i}\int Q_n(x)\,P_\nu(x)\,dx\right)Q_\nu(y)$$

invenitur:

$$\frac{1}{2\pi i}\int Q_n(x)\,P\;(x)\,dx = 0\left(n \lesseqgtr \nu\right)\frac{2n+1}{2\pi i}\int Q_n(x)\,P_n(x)\,dx = 1$$

Est igitur $0 = \frac{1}{2\pi i}\int Q_n(x)\, P_\nu(x)\, dx =$

$$\frac{1}{2\pi i}\int P_\nu(x)\, dx\, \frac{1}{2}\int_{-1}^{+1} \frac{P_n(y)dy}{y-x} = \frac{1}{2}\int_{-1}^{+1} P_n(y)\, dy\, \frac{1}{2\pi i}\int \frac{P_\nu(x)dx}{y-x}$$

et

$$\int_{-1}^{+1} P_n(y)\; P_\nu(y)\, dy = 0 \quad \text{et} \quad \int_{-1}^{+1} [P_n(y)]^2\, dy = \frac{2}{2n+1}$$

Quarum formularum ope serierum secundum functiones $P_n(x)$ progredientium coefficientes determinari solent.

Denique etiam in seriem secundum functiones $R_n(x)$ progredientem ope formulae

$$\frac{1}{y-x} = \sum_\nu (2\nu+1)\, R_\nu(x) \frac{Q_\nu(y)}{Q_0(y)}$$

omnem functionem intra unam ellipsium $C(\varrho)$ charactere integrae praeditam evolvi posse, idque uno modo, hic commemorasse satis est.

VITA.

Natus sum Ferdinandus Georgius Frobenius Berolini anno 1849 die XXVI mensis Octobris patre Ferdinando, quem adhuc superstitem veneror, matre Elisabeth, e gente Friedrich, quam iam defunctam lugeo.

Fidei addictus sum evangelicae.

Gymnasium Joachimicum sub auspiciis Ill. Kiessling ab anno 1860 usque ad annum 1867 frequentavi.

Maturitatis testimonio munitus primum Universitatem Georgiam Augustanam Gottingensem adii, in qua per unum semestre ab Ill. Meyer et Stern in analysin et ab Ill. Weber in physicen introductus sum. Deinde numero civium Universitatis Fridericae Guilelmae a Rectore Magnifico de Langenbeck legitime adscriptus, per sex semestria disserentes audivi viros Ill. Dove, Kronecker, Kummer, Magnus, Quincke, Trendelenburg, Weierstrass.

Exercitationibus seminarii mathematici, quas moderantur Ill. Kummer et Weierstrass per quattuor semestria interfui.

Quibus omnibus viris optime de me meritis maximeque Ill. Kronecker, Kummer, Weierstrass, qui insignem semper benevolentiam in me contulerunt, gratias ago maximas.

THESES.

1. Kantius suam de spatio et tempore sententiam non satis gravibus argumentis confirmavit.
2. Tractationem calculi differentialis integralium definitorum theoria anteire debet.
3. Melius est, analysis superioris, quam geometriae recentioris syntheticae elementa in scholis doceri.

2.

Über die Entwicklung analytischer Functionen in Reihen, die nach gegebenen Functionen fortschreiten

Journal für die reine und angewandte Mathematik 73, 1–30 (1871)

Von den unendlichen Reihen, deren allgemeines Glied das Product einer beliebigen Constante c_n und einer bestimmten Function einer complexen Variabeln $F_n x$ ist, sind, so viel ich weiss, ausser den Potenzreihen nur die, welche nach Kreisfunctionen, Kugelfunctionen oder Cylinderfunctionen fortschreiten, bisher ausführlich behandelt worden*). Zwei andere Systeme von Functionen, welche etwas allgemeiner und reicher an Eigenthümlichkeiten sind als die eben erwähnten, will ich im folgenden untersuchen. Im ersten Beispiele werde ich für $F_n x$ das Product der ersten n Factoren eines unendlichen Productes, im zweiten den n^{ten} Näherungszähler oder den n^{ten} Näherungsnenner eines unendlichen Kettenbruchs wählen.

§. 1.

Sind $a_0, a_1, \ldots$ constante Grössen, die für endliche Werthe des Index ebenfalls endlich sind, und ist

$$P_0 x = 1, \quad P_n x = (x-a_0)(x-a_1)\ldots(x-a_{n-1}),$$

so gelten die Recursionsformeln:

$$P_{n+1}x + a_n P_n x = x P_n x, \quad \frac{1}{P_n x} + \frac{a_n}{P_{n+1}x} = \frac{x}{P_{n+1}x} (n = 0, 1, \ldots).$$

Werden vom Gebiete der Variabeln y die Punkte $0, a_0, a_1, \ldots$ ausgeschlossen, und wird gesetzt

$$S = \Sigma_0^{n-1} \frac{P_\nu x}{P_{\nu+1} y},$$

---

*) In der Theorie der Facultätenreihen ist es noch immer nicht gelungen, die nothwendigen und hinreichenden Bedingungen für die Entwickelbarkeit einer Function zu finden.

so ergiebt sich aus diesen Formeln:

$$xS = \Sigma_0^{n-1} \frac{xP_\nu x}{P_{\nu+1}y} = \Sigma_0^{n-1} \frac{P_{\nu+1}x}{P_{\nu+1}y} + \Sigma_0^{n-1} \frac{a_\nu P_\nu x}{P_{\nu+1}y},$$

$$yS = \Sigma_0^{n-1} \frac{yP_\nu x}{P_{\nu+1}y} = \Sigma_0^{n-1} \frac{P_\nu x}{P_\nu y} + \Sigma_0^{n-1} \frac{a_\nu P_\nu x}{P_{\nu+1}y},$$

$$(y-x)S = 1 - \frac{P_n x}{P_n y},$$

woraus folgt:

$$\Sigma_0^{n-1} \frac{P_\nu x}{P_{\nu+1}y} = \frac{1}{y-x}\left(1 - \frac{P_n x}{P_n y}\right).$$

Weiter lässt sich die Untersuchung nicht führen, ohne dass über die Grössen a_0, a_1, ... noch weitere beschränkende Annahmen gemacht werden. Ich werde daher zunächst voraussetzen, dass die Reihe Σa_ν unbedingt convergent ist.

Fällt x mit keinem der Werthe 0, a_0, a_1, ... zusammen, und werden die absoluten Beträge von x, a_0, a_1, ... mit ξ, α_0, α_1, ... bezeichnet, so ist, weil der absolute Betrag einer Summe nicht grösser ist als die Summe der absoluten Beträge, *)

$$P_n x = x^n\left(1 - \frac{a_0}{x}\right) \cdots \left(1 - \frac{a_{n-1}}{x}\right) < x^n\left(1 + \frac{\alpha_0}{\xi}\right) \cdots \left(1 + \frac{\alpha_{n-1}}{\xi}\right) < x^n \Pi_0^\infty \left(1 + \frac{\alpha_\nu}{\xi}\right).$$

Weil aber die Summe $\Sigma\alpha_\nu$ convergent ist, so convergirt auch das Product

$$\Pi\left(1 + \frac{\alpha_\nu}{\xi}\right)$$

gegen einen endlichen von Null verschiedenen Werth g, und mithin ist für alle Werthe von n

$$(1.) \qquad P_n x < g x^n.$$

In dieser Ungleichheit hat g für alle Punkte x eines um den Nullpunkt beschriebenen Kreises denselben Werth.

Unter den Grössen a_0, a_1, ... kann es, weil ihre Summe convergent ist, nur eine endliche Anzahl geben, deren absolute Beträge gleich ξ sind, falls es überhaupt solche giebt. Sei a_λ eine beliebige, deren absoluter Werth gleich ξ, a_μ irgend eine, deren absoluter Werth von ξ verschieden ist. Dann wird auf demselben Wege wie eben nachgewiesen, dass, wenn der von Null verschiedene endliche absolute Betrag des Ausdrucks

$$\Pi\left(1 - \frac{a_\lambda}{x}\right) \Pi\left(1 - \frac{\alpha_\mu}{\xi}\right)$$

*) Von zwei complexen Grössen nenne ich diejenige die grössere, welche den grösseren absoluten Werth hat.

mit h bezeichnet wird, für alle Werthe von n

$$(2.)\quad P_n x > h x^n$$

ist. Falls ξ von $\alpha_0, \alpha_1, \dots$ verschieden, ist h in dieser Ungleichheit für alle dem absoluten Betrage nach gleichen Werthe von x dieselbe Grösse.

In einem von $0, a_0, a_1, \dots$ verschiedenen Punkte x liegt also für jeden Werth von n der Quotient $\frac{P_n x}{x^n}$ zwischen zwei bestimmten Grenzen, deren untere nicht Null, und deren obere nicht unendlich ist. Daher nenne ich die beiden Functionensysteme

$$P_0 x,\ P_1 x, \dots \text{ und } x^0,\ x^1, \dots$$

für diesen Werth von x *äquivalent* und drücke ihre *Aequivalenz* aus durch die Formel

$$(3.)\quad P_n x \sim x^n,$$

welche gültig ist, so lange $P_n x$ und x^n von Null verschieden sind. Die Aequivalenz (3.) ersetzt die beiden Ungleichheiten (1.) und (2.).

Die Anzahl derjenigen unter den Grössen $a_0, a_1, \dots,$ welche nicht kleiner sind, als eine beliebig angenommene Grösse ϱ, ist endlich, etwa gleich m. Hat das Product dieser m Grössen den Werth p, so ist für $n > m$ $P_n 0 < \frac{p}{\sigma^m}\sigma^n$. Wenn die Reihe $\Sigma c_\nu x^\nu$ nicht absolut divergent ist, so sei σ grösser als Null und kleiner als der Radius ihres Convergenzkreises. Da dann alle Glieder der convergenten Reihe $\Sigma c_\nu \sigma^\nu$ kleiner sein müssen als eine gewisse Grösse q, so ist $c_n < \frac{q}{\sigma^n}$. Wählt man also $\varrho < \sigma$, so ist die Reihe $\Sigma_m^\infty c_\nu P_\nu 0 < \frac{pq}{\sigma^m} \Sigma_m^\infty \frac{\varrho^\nu}{\sigma^\nu}$ und mithin convergent. Hieraus und aus der Aequivalenz (3.) folgt aber, dass für jeden von $a_0, a_1, \dots$ verschiedenen Werth von x die beiden Reihen

$$\Sigma c_\nu P_\nu x \quad\text{und}\quad \Sigma c_\nu x^\nu$$

zugleich convergiren und divergiren.

Sei a_m die letzte der Grössen $a_0, a_1, \dots,$ welche einen bestimmten Werth a hat. Dann ist

$$\Sigma_0^\infty c_\nu P_\nu x = \Sigma_0^m c_\nu P_\nu x + P_{m+1} x\, \Sigma_{m+1}^\infty c_\nu \frac{P_\nu x}{P_{m+1} x}.$$

Aus dem eben bewiesenen folgt, dass die Reihe $\Sigma_{m+1}^\infty c_\nu \frac{P_\nu x}{P_{m+1} x}$ für jeden von $a_{m+1}, a_{m+2}, \dots$ verschiedenen Werth von x zugleich mit $\Sigma c_\nu x^\nu$ convergent und divergent ist. Liegt also a innerhalb des Convergenzkreises der Reihe

$\Sigma c_\nu x^\nu$, so convergirt $\Sigma_{m+1}^\infty c_\nu \frac{P_\nu x}{P_{m+1}x}$ für $x = a_m$ gegen einen endlichen Werth, und das Product von $P_{m+1}x$ in diese Reihe ist gleich Null. Daher bricht $\Sigma c_\nu P_\nu x$ für $x = a$ ab und ist mithin convergent. Wenn aber a ausserhalb des Convergenzkreises der Reihe $\Sigma c_\nu x^\nu$ liegt, so lässt sich über das Verhalten von $\Sigma c_\nu P_\nu x$ im Punkte a nichts allgemeines angeben *). Aus allen diesen Erörterungen ergiebt sich der Satz: *Der Convergenzbereich der Reihe $\Sigma c_\nu P_\nu x$ ist, wenn Σa_ν convergent ist, ein Kreis um den Nullpunkt, dessen Radius dem des Convergenzkreises der Reihe $\Sigma c_\nu x^\nu$ gleich ist.*

§. 2.

Seien ξ, α_0, α_1, ..., γ_0, γ_1, ... die absoluten Beträge von x, a_0, a_1, ..., c_0, c_1, ..., und sei

$$Q_n\xi = (\xi + \alpha_0)(\xi + \alpha_1)\ldots(\xi + \alpha_{n-1}).$$

Wenn für einen bestimmten Werth a von x, dessen absoluter Werth α ist, die Reihe $\Sigma c_\nu P_\nu x$ convergirt, so gilt dasselbe von $\Sigma c_\nu x^\nu$ und $\Sigma \gamma_\nu \xi^\nu$, also auch von $\Sigma \gamma_\nu Q_\nu \xi$. Daher liegen alle Glieder der Reihe $\Sigma \gamma_\nu Q_\nu \alpha$ unterhalb einer bestimmten Grenze g, oder es ist

$$\gamma_\nu < \frac{g}{Q_\nu \alpha}.$$

Mithin ist

$$\Sigma_n^\infty c_\nu P_\nu x < \Sigma_n^\infty \gamma_\nu Q_\nu \xi < g\,\Sigma_n^\infty \frac{Q_\nu \xi}{Q_\nu \alpha}.$$

Sind p, q, r drei positive Grössen und ist $p > q$, so ist auch

$$\frac{p}{q} > \frac{p+r}{q+r}.$$

Wenn also $\xi < \alpha$ ist, so ist

$$\frac{Q_\nu \xi}{Q_\nu \alpha} < \left(\frac{\xi}{\alpha}\right)^\nu,$$

und daher

$$\Sigma_n^\infty c_\nu P_\nu x < g\,\Sigma_n^\infty \left(\frac{\xi}{\alpha}\right)^\nu = \frac{g\alpha}{\alpha - \xi}\left(\frac{\xi}{\alpha}\right)^n.$$

Ist nun $\alpha' < \alpha$, so lässt sich eine bestimmte Zahl n von der Beschaffenheit angeben, dass dieser Ausdruck für *alle* Werthe von ξ, welche nicht grösser als α' sind, kleiner ist als eine beliebig angenommene Grösse ε. Daraus fliesst der Satz: *Innerhalb eines um den Nullpunkt beschriebenen Kreises, dessen Radius*

---

*) Vergl. *Gauss* Werke, Band III, pag. 143.

kleiner ist als der Convergenzradius der Reihe $\Sigma c_\nu P_\nu x$ ist dieselbe in gleichem Grade convergent. Nach bekannten Sätzen der Functionentheorie ergeben sich hieraus die wichtigen Folgerungen: 1) Die Reihe $\Sigma c_\nu P_\nu x$ stellt innerhalb ihres Convergenzbezirkes eine stetige Function dar, welche sich, wenn a ein bestimmter Punkt im Innern dieses Bereiches ist, in eine nach ganzen positiven Potenzen von $x-a$ fortschreitende convergente Reihe entwickeln lässt, also den Charakter einer ganzen Function hat. 2) Die Reihe kann differentiirt und integrirt werden, und zwar dadurch, dass die betreffenden Operationen an den einzelnen Gliedern ausgeführt werden.

Wenn y einen von $0, a_0, a_1, \ldots$ verschiedenen Werth hat, so folgt aus der Aequivalenz (3.) in §. 1, dass die beiden Reihen

$$\Sigma \frac{c_\nu}{y^{\nu+1}} \quad \text{und} \quad \Sigma \frac{c_\nu}{P_{\nu+1} y}$$

zugleich convergiren und divergiren. Haben aber k von den Grössen $a_0, a_1, \ldots$ den Werth a, der im Convergenzbereiche der Reihe $\Sigma \frac{c_\nu}{y^{\nu+1}}$ liegt, so ergiebt sich, wie eben, dass $\Sigma \frac{c_\nu (y-a)^k}{P_{\nu+1} y}$ in der Umgebung von a endlich und stetig ist. Daher kann die Reihe in denjenigen unter den Punkten $a_0, a_1, \ldots$, welche innerhalb ihres Convergenzbereiches liegen, falls sie nicht endlich bleibt, nur so unendlich werden, wie eine rationale Function, und muss, weil die durch sie dargestellte Function eine analytische ist, die keine hebbaren Unstetigkeiten bietet, gegen den wahren Werth dieser Function convergiren.

§. 3.

Ich nehme an, dass die Function fy ausserhalb des mit dem Radius ϱ um den Nullpunkt beschriebenen Kreises, den ich mit $C\varrho$ bezeichnen will, den Charakter einer rationalen Function habe, beständig endlich sei und im unendlichen verschwinde. Wenn dann y ausserhalb $C\varrho$ liegt und von $a_0, a_1, \ldots$ verschieden ist, x den sich im positiven Sinne um den Nullpunkt windenden Kreis $C\varrho'$ $(\varrho < \varrho' < y)$ durchläuft, so gilt die *Cauchy*sche Gleichung

$$fy = \frac{1}{2\pi i}\int \frac{fx\, dx}{y-x}.$$

Daher folgt aus der in §. 1 entwickelten Identität

$$(1.) \qquad \frac{1}{y-x} = \Sigma_0^{n-1} \frac{P_\nu x}{P_{\nu+1} y} + \frac{1}{y-x}\frac{P_n x}{P_n y}$$

die Gleichung

$$fy = \Sigma_0^{n-1} \frac{c_\nu}{P_{\nu+1}y} + \frac{1}{2\pi i}\int \frac{fx\,dx}{y-x} \frac{P_n x}{P_n y},$$

wenn gesetzt wird

$$c_\nu = \frac{1}{2\pi i}\int fx P_\nu x\,dx.$$

Sind ξ, η, α_0, α_1, ... die absoluten Beträge von x, y, a_0, a_1, ..., und ist $0 < \varepsilon < \frac{\eta - \xi}{2}$, so müssen von einem bestimmten Index m an die Grössen α_m, α_{m+1}, ... alle kleiner sein als ε. Daher ist für $n > m$

$$\frac{(x-a_m)(x-a_{m+1})\dots(x-a_n)}{(y-a_m)(y-a_{m+1})\dots(y-a_n)} < \frac{(\xi+\alpha_m)(\xi+\alpha_{m+1})\dots(\xi+\alpha_n)}{(\eta-\alpha_m)(\eta-\alpha_{m+1})\dots(\eta-\alpha_n)} < \left(\frac{\xi+\varepsilon}{\eta-\varepsilon}\right)^{n-m},$$

welcher Ausdruck, weil $\xi+\varepsilon < \eta-\varepsilon$ ist, bei wachsendem n unendlich klein wird. Daher nähert sich der Quotient $\frac{P_n x}{P_n y}$, wie auch aus den Betrachtungen des §. 1 folgt, der Grenze Null, und zwar für alle Punkte x des Kreises $C\varrho'$ in gleichem Maasse. Mithin sinkt auch der Rest

$$\frac{1}{2\pi i}\int \frac{fx\,dx}{y-x} \frac{P_n x}{P_n y}$$

bei wachsendem n unter jeden angebbaren Werth herab, und es ist

$$fy = \Sigma_0^\infty \frac{c_\nu}{P_{\nu+1}y}.$$

Wenn sich eine Function auf zwei verschiedene Weisen durch eine derartige Reihe darstellen liesse, so würde sich durch Subtraction der beiden Darstellungen eine Entwicklung der Null ergeben, $\Sigma \frac{c_\nu}{P_{\nu+1}y} = 0$, welche ausserhalb des grösseren der Convergenzkreise der beiden gleichwerthigen Reihen convergirte. Multiplicirt man mit y (oder $y-a_0$), und lässt man, was die Convergenz der Reihe erlaubt, y über alle Grenzen wachsen, so sieht man, dass c_0 kleiner als jede beliebige Grösse, also gleich Null ist. Ebenso zeigt man, dass c_1, c_2, ... sämmtlich verschwinden. Daher lässt sich fy nur auf eine einzige Weise nach diesen Functionen entwickeln.

Wenn ferner die Reihe $\Sigma \frac{c_\nu}{P_{\nu+1}y}$ ausserhalb der Curve $C\varrho$ convergirt, ausserhalb deren von den Punkten a_0, a_1, ... gelegen sind a_α, a_β, ..., so stellt sie eine Function dar, die den Charakter einer rationalen hat und ausserhalb $C\varrho$ nur in den Punkten a_α, a_β, ... von einer gewissen Ordnung unendlich gross werden kann. Verliert also fy auf der Curve $C\varrho$ den Charakter einer rationalen Function, oder wird es in einem Punkte a, der unter a_α, a_β, ... weniger als $k$mal vorkommt, von der k^{ten} Ordnung unendlich, so kann die Convergenz der Reihe $\Sigma\frac{c_\nu}{P_{\nu+1}y}$ nicht über $C\varrho$ hinausreichen. Denn sonst würde die analytische Function $\Sigma\frac{c_\nu}{P_{\nu+1}y}$ nicht innerhalb des ganzen Convergenzbereiches dieser Reihe, sondern nur ausserhalb $C\varrho$ mit der analytischen Function fy übereinstimmen, während doch eine in einem Theile der Ebene analytisch definirte Function darüber hinaus nur auf eine einzige Weise stetig und eindeutig fortgesetzt werden kann. Findet sich aber a unter a_0, a_1, ... nicht weniger als $k$mal, so muss die Reihe auch wirklich über $C\varrho$ hinaus convergiren, vorausgesetzt, dass auf dieser Curve keine andern Punkte liegen, die eine weitere Convergenz verhindern. Denn es lässt sich alsdann fy auf die Form bringen

$$fy = \frac{g_0}{(y-a)^k}+\frac{g_1}{(y-a)^{k-1}}+\cdots+\frac{g_{k-1}}{y-a}+gy.$$

Da gy für $y=a$ nicht mehr unendlich wird, so convergirt die Reihe für gy über $C\varrho$ hinaus. Die Reihe aber, in welche sich $\frac{1}{(y-a)^\varkappa}(\varkappa=1, 2, \ldots k)$ entwickeln lässt, besteht nur aus einer endlichen Gliederzahl. Denn ist a_{n-1} die $\varkappa^{\text{te}}$ der Grössen a_0, a_1, ..., welche gleich a ist, so erhält man, indem man die Gleichung (1.) $\varkappa-1$mal nach x differentiirt und dann $x=a$ setzt,

$$(2.)\qquad \frac{1}{(y-a)^\varkappa} = \frac{1}{1.2\ldots\varkappa-1}\Sigma_{\varkappa-1}^{n-1}\frac{P_\nu^{(\varkappa-1)}a}{P_{\nu+1}y}.$$

Nach diesen Erörterungen lässt sich, wenn fy hinreichend bekannt ist, der wahre Convergenzbezirk der Reihe $\Sigma\frac{c_\nu}{P_{\nu+1}y}$ leicht vor der Ausführung der Entwicklung angeben.

§. 4.

Wenn die Function fx innerhalb des Kreises $C\varrho$ und nicht darüber hinaus den Charakter einer ganzen Function hat, x in diesem Bereiche liegt, y die sich im positiven Sinne um den Nullpunkt windende Linie $C\varrho'$ $(\varrho>\varrho'>x)$ durchläuft, und keiner der Punkte a_0, a_1, ... auf $C\varrho'$ oder zwischen $C\varrho$ und $C\varrho'$ liegt, so folgt aus dem *Cauchy*schen Satze

$$fx = \frac{1}{2\pi i}\int\frac{fy\,dy}{y-x}$$

und aus der Formel (1.) in §. 3 die Gleichung

$$fx = \Sigma_0^{n-1} c_\nu P_\nu x + \frac{1}{2\pi i}\int \frac{fy\,dy}{y-x}\frac{P_n x}{P_n y},$$

wenn

$$c_\nu = \frac{1}{2\pi i}\int \frac{fy\,dy}{P_{\nu+1} y}$$

gesetzt wird, und daraus wie in §. 3

$$fx = \Sigma_0^\infty c_\nu P_\nu x.$$

Diese Reihe convergirt innerhalb der Curve $C\varrho$ und divergirt, was durch eine ähnliche Betrachtung wie in §. 3 gezeigt wird, ausserhalb derselben.

Sei nicht nur $\varrho > \varrho' > x$, sondern auch $\varrho > \varrho'' > x$, und seien, was bei hinreichend kleinen Werthen von x stets möglich ist, ϱ' und ϱ'' so gewählt, dass in dem ringförmigen, von den Kreisen $C\varrho'$ und $C\varrho''$ eingeschlossenen Theile der Ebene einige der Punkte a_0, a_1, ... liegen. Endlich habe das Integral

$$\frac{1}{2\pi i}\int \frac{fy\,dy}{P_{\nu+1} y}$$

über $C\varrho'$ ausgedehnt den Werth c'_ν, über $C\varrho''$ genommen den Werth c''_ν. Dann sind c'_ν und c''_ν im allgemeinen von einander verschieden, und es ergiebt sich aus den beiden Gleichungen

$$fx = \Sigma c'_\nu P_\nu x \quad \text{und} \quad fx = \Sigma c''_\nu P_\nu x,$$

wenn $c'_\nu - c''_\nu = c_\nu$ gesetzt wird,

$$\Sigma c_\nu P_\nu x = 0.$$

Da aus dieser Formel ersichtlich ist, dass sich jede Function auf mehrere verschiedene Weisen entwickeln lässt, so entsteht die Aufgabe, die *sämmtlichen* Darstellungen einer und derselben Function zu finden, welche offenbar gelöst ist, wenn alle Entwicklungen der Null angegeben sind. Wenn mehrere *Nullentwicklungen* gefunden sind, so ergiebt sich eine neue dadurch, dass jene mit willkürlichen Constanten multiplicirt und zu einander addirt werden. Die so erhaltene heisst *abhängig* von denen, aus welchen sie auf die angegebene Weise zusammengesetzt ist. Von einander *unabhängig* heissen dagegen die Nullentwicklungen S, S', ..., wenn die Constanten h, h', ... nicht so bestimmt werden können, dass in der Reihe $hS + h'S' + \ldots$ alle Coefficienten verschwinden. Durch diese Bemerkung wird die vorgelegte Aufgabe in das elegantere Problem transformirt, *ein vollständiges System von einander unabhängiger Nullentwicklungen aufzustellen.*

Ich werde zeigen, dass die Anzahl der von einander unabhängigen Nullentwicklungen, auf welche sich die sämmtlichen innerhalb eines bestimmten endlichen Kreises und darüber hinaus convergirenden zurückführen lassen, eine endliche ist. Unter dieser Voraussetzung lässt sich dass eben genannte Problem. noch genauer fassen. Sind überhaupt S_1, S_2, ... S_n mehrere innerhalb der Bereiche C_1, C_2, ... C_n unbedingt convergirende Reihen, sind keine zwei dieser Bezirke einander gleich, und sind sie so beschaffen, dass jeder vorhergehende den folgenden vollständig einschliesst, so convergirt die Reihe $S = h_1 S_1 + h_2 S_2 + \cdots + h_n S_n$, falls h_n von Null verschieden ist, innerhalb C_n und nicht weiter, weil sonst auch $S - h_1 S_1 - \cdots - h_{n-1} S_{n-1} = h_n S_n$ über C_n hinaus convergiren würde. Decken sich aber die Convergenzbezirke der Reihen S_1 und S_2, so kann der Convergenzbereich von $h_1 S_1 + h_2 S_2$ weiter sein. — Betrachtet man also die sämmtlichen Kreise $C\varrho$, welche als Convergenzgrenzen von Nullentwicklungen erscheinen, und ordnet man jedem dieser Kreise eine der Nullentwicklungen zu, welche bis zu ihm und nicht über ihn hinaus convergiren, so sind diese sämmtlich von einander unabhängig. Daher ist die Anzahl der Convergenzgrenzen aller Nullentwicklungen, welche innerhalb eines bestimmten Bereiches $C\varrho$ und darüber hinaus convergiren, nicht grösser, als die Anzahl der von einander unabhängigen Nullentwicklungen, durch welche sich jene sämmtlich linear ausdrücken lassen; mithin ist die Anzahl der Convergenzkreise von Nullentwicklungen, welche grösser sind als ein bestimmter Kreis $C\varrho$, ebenfalls eine endliche. Seien C_1, C_2, ... die Kreise, welche überhaupt als Convergenzgrenzen von Nullentwicklungen auftreten, und sei $C_1 > C_2 > \ldots$. Betrachtet man zuerst nur die Nullentwicklungen, die innerhalb C_1 convergiren, so lassen sie sich auf eine endliche Anzahl von einander unabhängiger S_1, S_1', ... zurückführen. Fasst man dann alle Nullentwicklungen in's Auge, welche innerhalb C_2 oder weiter convergiren, so lassen sie sich linear ausdrücken durch S_1, S_1', ... und einige neue S_2, S_2', ..., von denen keine von den übrigen und S_1, S_1', ... abhängt. Fährt man so fort, so erhält man ein vollständiges System von einander unabhängiger Nullentwicklungen, das ich ein *Fundamentalsystem* nennen will, und das sich durch folgende charakteristische Eigenschaften auszeichnet:

1. Jede aus den Reihen eines Fundamentalsystems zusammengesetzte Nullentwicklung convergirt innerhalb des Bereiches, innerhalb dessen die zu ihrer Darstellung gebrauchten Reihen des Fundamentalsystems sämmtlich convergiren *und nicht weiter*.

2. Zur Darstellung einer gegebenen Nullentwicklung kommen nur die Reihen eines Fundamentalsystems zur Verwendung, welche innerhalb desselben Bereiches wie die gegebene oder weiter convergiren.

3. Die Anzahl der willkürlichen Constanten, welche eine innerhalb eines gegebenen Bereiches convergirende Nullentwicklung enthalten kann, ist gleich der Anzahl der Reihen eines Fundamentalsystems, welche innerhalb dieses Bereiches oder darüber hinaus convergiren.

Wenn umgekehrt ein System von einander unabhängiger Nullentwicklungen die in einem dieser drei Sätze ausgesprochene Eigenschaft besitzt, so ist es ein Fundamentalsystem.

Nach diesen Erörterungen kehre ich noch einmal zum ursprünglichen Problem zurück, die sämmtlichen Entwicklungen einer gegebenen Function fx zu finden, die den im Anfang dieses §. angegebenen Bedingungen genügt. Keine dieser unendlich vielen Darstellungen kann über $C\varrho$ hinaus convergiren, weil sonst fx auch auf der Linie $C\varrho$ stets den Charakter einer ganzen Function haben müsste. Ist S die ganz bestimmte oben angegebene Reihe für fx, und sind S_1, S_1', ..., S_2, S_2', ..., ... die innerhalb C_1, C_2, ... convergirenden Nullentwicklungen eines Fundamentalsystems, so ist jede andere Darstellung der Function von der Form $S+h_1S_1+h_1'S_1'+\cdots+h_nS_n+h_n'S_n'+\cdots=S'$. Wenn die Constanten h, h', ..., deren Index gleich n ist, nicht alle gleich Null sind, die aber, deren Index grösser als n ist, sämmtlich verschwinden, so convergirt diese Reihe, falls $C_n \geqq C\varrho$ ist, innerhalb $C\varrho$ und nicht weiter; ist aber $C_n < C\varrho$, so convergirt sie nur innerhalb C_n. Denn wäre S' weiter convergent, so wäre es auch $S'-h_1S_1-h_1'S_1'-\cdots-h_{n-1}S_{n-1}-h_{n-1}'S_{n-1}'-\cdots=h_nS_n+h_n'S_n'+\cdots$, was zwar bei einem beliebigen System von einander unabhängiger Nullentwicklungen möglich ist, nicht aber bei einem Fundamentalsystem. Daraus ergiebt sich der Satz: *Die sämmtlichen Darstellungen einer gegebenen Function convergiren entweder innerhalb des Kreises, über den hinaus sie nicht mehr überall den Charakter einer ganzen Function hat oder innerhalb eines Convergenzbereiches einer Reihe eines Fundamentalsystems von einander unabhängiger Nullentwicklungen, der kleiner ist als jener Kreis.*

Ich gehe jetzt an die Lösung des entwickelten Problems.

§. 5.

Wenn die Nullentwicklung $\Sigma c_\nu P_\nu x$ zur Grenze ihres Convergenzbereiches den Kreis $C\varrho$ hat, so können die Punkte a_0, a_1, ... nicht sämmtlich innerhalb dieser Curve liegen; denn sonst fände man, indem man nach einander $x = a_0, a_1, \ldots$ setzte, $c_0 = 0$, $c_1 = 0$, ... Es kann auch nur eine endliche Anzahl derselben nicht innerhalb jener Linie liegen; denn sonst wäre die Reihe Σa_ν nicht convergent. Sei also a_n unter den nicht im Innern liegenden der, dessen Index am grössten ist. Setzt man

$$Rx = -\Sigma_0^n c_\nu \frac{P_\nu x}{P_{n+1} x}, \quad Q_\nu x = \frac{P_{n+\nu} x}{P_{n+1} x},$$

so gelten von dem Systeme der Functionen $Q_1 x$, $Q_2 x$, ... dieselben Sätze, wie von dem der Functionen $P_0 x$, $P_1 x$, ..., und es ist

$$Rx = \Sigma_1^\infty c_{n+\nu} Q_\nu x,$$

welche Reihe nur convergirt, so lange sich x innerhalb $C\varrho$ bewegt. In denen der Punkte $a_0, a_1, \ldots a_n$, welche etwa im Innern von $C\varrho$ liegen, hat Rx einen endlichen Werth, weil sonst der Convergenzbereich der Reihe $\Sigma_1^\infty c_{n+\nu} Q_\nu x$ enger sein müsste. Wenn nun keiner der Punkte $a_0, a_1, \ldots a_n$ auf der Linie $C\varrho$ läge, und wenn dann a_α einer der ausserhalb befindlichen wäre, dessen absoluter Betrag ϱ' ein Minimum, so liesse sich eine Darstellung $Rx = \Sigma_1^\infty c'_{n+\nu} Q_\nu x$ finden, die innerhalb $C\varrho'$ convergirte, und weil $\varrho' > \varrho$ wäre, würden die Differenzen $c_{n+\nu} - c'_{n+\nu}$ nicht sämmtlich verschwinden. Mithin würde die Nullentwicklung $\Sigma_1^\infty (c_{n+\nu} - c'_{n+\nu}) Q_\nu x$ zur Grenze ihres Convergenzbereiches die Curve $C\varrho$ haben, innerhalb deren $a_{n+1}, a_{n+2}, \ldots$ sämmtlich liegen; was aus dem oben angeführten Grunde unmöglich ist. Daraus folgt: *Nur solche Kreise können Convergenzbereiche von Nullentwicklungen begrenzen, welche durch einen der Punkte $a_0, a_1, \ldots$ hindurchgehen.*

Nach §. 4 kann $\frac{1}{a_n - x}$ in eine Reihe von der Form $\Sigma_1^\infty c_{n\,n+\nu} Q_\nu x$ entwickelt werden, welche im Innern des durch den Punkt a_n gehenden Kreises convergirt. Daraus ergiebt sich durch Multiplication mit $P_{n+1} x$ die in demselben Bereiche convergirende Nullentwicklung

$$S_n \equiv \Sigma_n^\infty c_{n\,\nu} P_\nu x,$$

in der $c_{n\,n} = 1$ ist, und die ich *zu a_n gehörig* nennen will. Verschwinden alle Coefficienten der Reihe $h_0 S_0 + h_1 S_1 + \cdots$, so ist h_0 als der von $P_0 x$ gleich 0, h_1 in Folge dessen als der von $P_1 x$ gleich 0 u. s. w., und daher sind die Nullentwicklungen $S_0, S_1, \ldots$ von einander unabhängig.

Sei ferner $Sx \equiv \Sigma c_\nu P_\nu x$ irgend eine Nullentwicklung, welche innerhalb eines gewissen Kreises $C\varrho$ convergirt, seien $a_\alpha, a_\beta, \ldots$ die nicht im Innern dieser Curve gelegenen unter den Punkten $a_0, a_1, \ldots$, deren Anzahl eine endliche ist, und a_λ, a_μ, ... ($\lambda < \mu < \ldots$) die übrigen im Innern von $C\varrho$ liegenden. Es müssen dann die Gleichungen bestehen $Sa_\lambda = 0$, aus der sich ein ganz bestimmter Ausdruck für c_λ durch a_α, a_β, ... ergiebt, sodann, wenn a_μ von a_λ verschieden, $Sa_\mu = 0$, wenn aber $a_\mu = a_\lambda$, $S'a_\mu = 0$, aus der c_μ durch dieselben Grössen ausgedrückt gefunden wird u. s. w. Daher müssen in zwei innerhalb $C\varrho$ convergirenden Nullentwicklungen, in welchen die Coefficienten von $P_\alpha x$, $P_\beta x$, ... einander gleich sind, auch alle übrigen gleichstelligen Coefficienten übereinstimmen. Nun können aber durch lineare Gleichungen, die eine successive Auflösung gestatten (und deren Determinante gleich 1 ist) die Constanten h_α, h_β, ... so bestimmt werden, dass in der innerhalb $C\varrho$ convergirenden Reihe $h_\alpha S_\alpha + h_\beta S_\beta + \cdots$ die Coefficienten von $P_\alpha x$, $P_\beta x$, ... beliebig gegebene Werthe c_α, c_β, ... annehmen. Dann stimmen aber alle gleichnamigen Coefficienten der Reihen S und $h_\alpha S_\alpha + h_\beta S_\beta + \cdots$ überein. Daher ist das System der von einander unabhängigen Nullentwicklungen S_0, S_1, ... vollständig, und weil zum Ausdruck von S nur diejenigen unter den Reihen S_0, S_1, ... gebraucht werden, welche innerhalb $C\varrho$ oder darüber hinaus convergiren, ein Fundamentalsystem.

Auf die Behandlung der Reihen von der Form

$$\Sigma_0^\infty c_\nu P_\nu x + \frac{c'_\nu}{P_{\nu+1} x}$$

gehe ich hier nicht ein. Die in ihrer Theorie anzuwendenden Methoden werde ich später (§. 10 und 11) erörtern.

§. 6.

Den Fall, in welchem die Summe der Grössen a_0, a_1, ... convergirt, habe ich jetzt vollständig durchgeführt. Zwei andere Fälle will ich noch kurz berühren, wenngleich es mir nicht gelungen ist, sie eben so erschöpfend zu behandeln.

Wenn die Reihe $\Sigma \frac{1}{a_\nu}$ unbedingt convergent ist, so werde ich der Bequemlichkeit wegen setzen

$$P_n x = \left(1 - \frac{x}{a_0}\right)\left(1 - \frac{x}{a_1}\right) \cdots \left(1 - \frac{x}{a_{n-1}}\right).$$

Weil unter der gemachten Annahme das Product

$$Px = \Pi_0^\infty \left(1 - \frac{x}{a_\nu}\right)$$

für endliche Werthe von x convergirt, so folgt aus der Formel

$$\frac{1}{x-y}\left(1-\frac{P_n x}{P_n y}\right) = \Sigma_0^{n-1}\frac{P_\nu x}{a_\nu P_{\nu+1} y}$$

die Gleichung

$$\frac{1}{x-y}\left(1-\frac{P x}{P y}\right) = \Sigma_0^{\infty}\frac{P_\nu x}{a_\nu P_{\nu+1} x}.$$

Es ist nicht ein Mangel dieser Methode, dass man nicht zu einer Entwicklung von $\frac{1}{y-x}$ gelangt: dieser Ausdruck lässt sich gar nicht in eine nach solchen Functionen fortschreitende Reihe entwickeln. Denn falls x mit keinem der Punkte a_0, a_1, ... zusammenfällt, so ist bei Anwendung der Bezeichnungen des §. 1 für alle Werthe von n

$$P_n x < \Pi_0^\infty\left(1+\frac{\xi}{\alpha_\nu}\right) \quad \text{und} \quad > \Pi\left(1-\frac{x}{a_\lambda}\right)\left(1-\frac{\xi}{\alpha_\mu}\right),$$

und mithin sind die beiden Reihen

$$\Sigma c_\nu P_\nu x \quad \text{und} \quad \Sigma c_\nu$$

zugleich convergent und divergent. Daher convergirt die Reihe $\Sigma c_\nu P_\nu x$ entweder gar nicht oder überall im Endlichen. Da ferner in allen Punkten x innerhalb eines mit dem Radius ϱ um den Nullpunkt beschriebenen Kreises für alle Werthe von n

$$P_n x < \Pi_0^\infty\left(1+\frac{\varrho}{\alpha_\nu}\right)$$

ist, so überzeugt man sich leicht, dass, wenn Σc_ν convergirt, die Reihe $\Sigma c_\nu P_\nu x$ innerhalb jedes endlichen Bereiches gleichmässig convergirt. Daher muss die durch sie dargestellte Function im Endlichen überall den Charakter einer ganzen Function haben, und mithin kann $\frac{1}{y-x}$ nicht in eine derartige Reihe entwickelt werden. Wenn x eine die Punkte a_0, a_1, ... a_n im positiven Sinne einfach umwindende geschlossene Curve durchläuft, so ist

$$\frac{1}{2\pi i}\int\frac{P_n x\, dx}{a_n P_{n+1} x} = -1, \quad \frac{1}{2\pi i}\int\frac{P_\nu x\, dx}{P_{n+1} x} = 0\ (\nu \gtrless n).$$

Ist also

$$fx = \Sigma_0^\infty c_\nu P_\nu x$$

so muss, weil diese Reihe dadurch integrirt werden kann, dass die Integration an ihren einzelnen Gliedern ausgeführt wird, die Gleichung bestehen

$$c_\nu = -\frac{1}{2\pi i}\int\frac{fy\, dy}{a_\nu P_{\nu+1} y}$$

und

$$\Sigma_0^{n-1} c_\nu P_\nu x = \frac{1}{2\pi i}\int fy\,dy\left(\frac{1}{y-x} - \frac{1}{y-x}\,\frac{P_n x}{P_n y}\right)$$

und mithin

$$\Sigma_n^\infty c_\nu P_\nu x = \frac{1}{2\pi i}\int \frac{fy\,dy}{y-x}\,\frac{P_n x}{P_n y}.$$

Die Function fx, die im Endlichen überall den Charakter einer ganzen Function hat, kann also in eine Reihe von der Form $\Sigma c_\nu P_\nu x$ entwickelt werden oder nicht, je nachdem das Integral

$$\int \frac{fy\,dy}{(y-x)P_n y},$$

in dem der Weg von y die Punkte $a_0, a_1, \dots a_{n-1}$ einschliesst, bei wachsendem n gegen Null convergirt oder nicht.

§. 7.

In dem Falle, in welchem $a_0, a_1, \dots$ über alle Grenzen hinaus wachsen, ohne dass $\Sigma \frac{1}{a_\nu}$ convergirt, lässt sich oft folgendes Theorem mit Vortheil anwenden, dass ich einer Vorlesung des Herrn *Weierstrass* über elliptische Functionen entnehme:

„*Wenn positive Zahlen m existiren, für welche* $\Sigma \frac{1}{a_\nu^m}$ *convergirt, und unter ihnen n die kleinste ist, und wenn*

$$g(x, a) = \frac{x}{a} + \frac{x^2}{2a^2} + \cdots + \frac{x^{n-1}}{(n-1)a^{n-1}}$$

gesetzt wird, so convergirt das Product

$$\Pi\left(1-\frac{x}{a_\nu}\right)e^{g(x,a_\nu)}$$

für alle endlichen Werthe von x.“

Um dies zu beweisen, muss man zeigen, dass, wenn

$$1-\varphi_\nu x = \left(1-\frac{x}{a_\nu}\right)e^{g(x,a_\nu)}$$

ist, die Reihe $\Sigma \varphi_\nu x$ convergirt. Da

$$\varphi_\nu' x = \frac{x^{n-1}}{a_\nu^n}\,e^{g(x,a_\nu)} \quad \text{und} \quad \varphi_\nu 0 = 0$$

ist, so ist

$$\varphi_\nu x = \frac{1}{a_\nu^n}\int_0^x x^{n-1}\,e^{g(x,a_\nu)}\,dx$$

und mithin

$$\varphi_\nu x \sim \frac{1}{a_\nu^n}.$$

Wenn also $\Sigma \frac{1}{a_\nu^n}$ convergirt, so ist auch $\Sigma \varphi_\nu x$ convergent.

Wird z. B.

$$P_n x = \left(1-\frac{x}{1}\right)\left(1-\frac{x}{2}\right)\cdots\left(1-\frac{x}{n}\right)$$

gesetzt, so ist

$$P_n x = \left[\left(1-\frac{x}{1}\right)e^{\frac{x}{1}}\left(1-\frac{x}{2}\right)e^{\frac{x}{2}}\cdots\left(1-\frac{x}{n}\right)e^{\frac{x}{n}}\right]e^{-x\left(1+\frac{1}{2}+\cdots+\frac{1}{n}\right)}$$

oder

$$P_n x \sim e^{-x\left(1+\frac{1}{2}+\cdots+\frac{1}{n}\right)},$$

und weil

$$1+\tfrac{1}{2}+\cdots+\frac{1}{n}-\lg n$$

für alle Werthe von n zwischen 1 und $\frac{1}{2}$ liegt

$$P_n x \sim \frac{1}{n^x}.$$

Wenn daher x zur rechten von y liegt, d. h., wenn der reelle Theil von $x-y$ positiv ist, so ist

$$\frac{1}{x-y} = \Sigma_0^\infty \frac{P_\nu x}{(\nu+1)P_{\nu+1}y}.$$

Es ist klar, dass jede ganze Function n^{ten} Grades gx in eine Reihe von der Form $\Sigma_0^n c_\nu P_\nu x$ entwickelt werden kann. Wenn ferner hx in der Umgebung des Unendlichkeitspunktes den Charakter einer rationalen Function hat, so lässt es sich zerlegen in eine ganze Function gx und eine Function fx, die für $x=\infty$ verschwindet. Es liege x zur rechten aller singulären Punkte von fx, von denen es durch die der Ordinatenaxe parallele Gerade C getrennt werde, und es durchlaufe y eine zur linken von C liegende geschlossene Curve, die alle singulären Punkte von fx im positiven Sinne umwinde. Dann ist

$$fx = \Sigma_0^{n-1} c_\nu P_\nu x + \frac{1}{2\pi i}\int \frac{fy\,dy}{x-y}\frac{P_n x}{P_n y}.$$

$$c_\nu = \frac{1}{2\pi i}\int \frac{fy\,dy}{(\nu+1)P_{\nu+1}y}$$

und

$$fx = \Sigma_0^\infty c_\nu P_\nu x.$$

Mithin kann jede Function, die in der Umgebung des unendlich fernen Punktes den Charakter einer rationalen hat, in eine nach den ganzen Functionen $P_n x$ fortschreitende und zur rechten aller singulären Punkte convergirende Reihe entwickelt werden.

Zur Ermittlung der Nullentwicklungen $\Sigma c_\nu P_\nu x$ genügen die im §. 5 gegebenen Erörterungen.

---

§. 8.

Ich gehe jetzt zu einer andern Klasse von Functionensystemen über, welche bei der Kettenbruchentwicklung gegebener Functionen auftreten. Unter der Annahme, dass keine der Grössen a_0, a_1, ... verschwindet oder für endliche Werthe des Index unendlich gross wird, und dass der Kettenbruch

$$R_0 x = \cfrac{1}{a_0 x - \cfrac{1}{a_1 x - \cfrac{1}{a_2 x - \dots}}}$$

in einem gewissen Theile der Ebene convergent ist, bezeichne ich den n^{ten} Näherungswerth mit $\frac{P_n x}{Q_n x}$ und den Rest $\frac{R_n x}{Q_n x}$, so dass die Gleichungen bestehen:

$$R_0 x = \frac{P_n x}{Q_n x} + \frac{R_n x}{Q_n x}$$

$$P_{n+1} x + P_{n-1} x = a_n x P_n x (n = 1, 2, \dots) \qquad P_0 = 0,\ P_1 = 1,\ \dots$$

$$Q_{n+1} x + Q_{n-1} x = a_n x Q_n x (n = 0, 1, \dots) \quad Q_{-1} = 0,\ Q_0 = 1,\ \dots$$

$$R_{n+1} x + R_{n-1} x = a_n x R_n x (n = 0, 1, \dots) \quad R_{-1} = 0,\ \dots$$

Wenn daher gesetzt wird

$$S = \Sigma_0^n a_\nu Q_\nu x R_\nu y,$$

so ist

$$xS = \Sigma_0^n (a_\nu x Q_\nu x) R_\nu y = \Sigma_0^n (Q_{\nu+1} x + Q_{\nu-1} x) R_\nu y,$$

$$yS = \Sigma_0^n Q_\nu x (a_\nu y R_\nu y) = \Sigma_0^n Q_\nu x (R_{\nu+1} y + R_{\nu-1} y),$$

$$(y - x) S = 1 + Q_n x R_{n+1} y - Q_{n+1} x R_n y.$$

Auf diesem höchst einfachen Wege ergiebt sich folgendes System von Formeln:

$$\Sigma a_\nu P_\nu x P_\nu y = \frac{P_n x P_{n+1} y - P_{n+1} x P_n y}{y-x}$$

$$\Sigma a_\nu P_\nu x Q_\nu y = \frac{1}{y-x} + \frac{P_n x Q_{n+1} y - P_{n+1} x Q_n y}{y-x}$$

$$\Sigma a_\nu P_\nu x R_\nu y = \frac{R_0 y}{y-x} + \frac{P_n x R_{n+1} y - P_{n+1} x R_n y}{y-x}$$

$$\Sigma a_\nu Q_\nu x Q_\nu y = \frac{Q_n x Q_{n+1} y - Q_{n+1} x Q_n y}{y-x}$$

$$\Sigma a_\nu Q_\nu x R_\nu y = \frac{1}{y-x} + \frac{Q_n x R_{n+1} y - Q_{n+1} x R_n y}{y-x}$$

$$\Sigma a_\nu R_\nu x R_\nu y = \frac{R_0 x - R_0 y}{y-x} + \frac{R_n x R_{n+1} y - R_{n+1} x R_n y}{y-x}$$

$$\Sigma a_\nu (P_\nu x)^2 = P_n x P'_{n+1} x - P_{n+1} x P'_n x$$

$$\Sigma a_\nu P_\nu x Q_\nu x = P_n x Q'_{n+1} x - P_{n+1} x Q'_n x$$

$$\Sigma a_\nu P_\nu x R_\nu x = R'_0 x + P_n x R'_{n+1} x - P_{n+1} x R'_n x$$

$$\Sigma a_\nu (Q_\nu x)^2 = Q_n x Q'_{n+1} x - Q_{n+1} x Q'_n x$$

$$\Sigma a_\nu Q_\nu x R_\nu x = Q_n x R'_{n+1} x - Q_{n+1} x R'_n x$$

$$\Sigma a_\nu (R_\nu x)^2 = -R'_0 x + R_n x R'_{n+1} x - R_{n+1} x R'_n x.$$

Dieselben Formeln gelten, wenn $P_n x$, $Q_n x$ und $R_n x$ sich auf den allgemeineren Kettenbruch

$$\cfrac{1}{a_0 x + b_0 - \cfrac{1}{a_1 x + b_1 - \cfrac{1}{a_2 x + b_2 - \cdots}}}$$

beziehen.

$P_n x$ und $Q_n x$ sind ganze Functionen $(n-1)^{\text{ten}}$ und n^{ten} Grades. Unter der Voraussetzung, dass sich $R_0 x$ in eine nach absteigenden Potenzen von x fortschreitende, in der Umgebung des Punktes $x=\infty$ convergente Reihe entwickeln lässt, deren Anfangsglied dann $\frac{1}{a_0 x}$ ist, kann $R_n x$ vermöge der Gleichung

$$R_n x = R_0 x Q_n x - P_n x$$

ebenfalls nach absteigenden Potenzen von x in eine Reihe entwickelt werden, welche mit der $-(n+1)^{\text{ten}}$ Potenz anfängt und für endliche Werthe des Index wenigstens denselben Convergenzbereich hat wie die Reihe für $R_0 x$.

§. 9.

Ich will nun untersuchen, welche Schlüsse sich aus den gefundenen Formeln ziehen lassen, wenn

$$R_0x = \frac{F(\alpha, \beta+1, \gamma+1, x^{-2})}{xF(\alpha, \beta, \gamma, x^{-2})}$$

gesetzt wird. In dieser Gleichung bezeichnet $F(\alpha, \beta, \gamma, x)$ wie gewöhnlich die hypergeometrische Function, welche innerhalb des mit dem Radius 1 um den Nullpunkt beschriebenen Kreises durch die Potenzreihe

$$1+\frac{\alpha\beta}{\gamma}x+\frac{\alpha(\alpha+1)\beta(\beta+1)}{\gamma(\gamma+1)}\frac{x^2}{1.2}+\cdots$$

definirt ist. R_0x aber bedeutet hier und im Folgenden nur den Zweig der Function $\frac{F(\alpha, \beta+1, \gamma+1, x^{-2})}{xF(\alpha, \beta, \gamma, x^{-2})}$, welcher durch den Kettenbruch dargestellt wird, also in der ganzen Ebene mit Ausnahme der die Punkte $+1$ und -1 verbindenden Geraden, die ich die Strecke $C1$ nennen will, den Charakter einer rationalen Function hat und im Unendlichen verschwindet. Dagegen ist festzuhalten, dass auf der Linie $C1$ sowohl R_0x als auch R_1x, R_2x, ... überhaupt nicht definirt sind.

In diesem Beispiele ist $a_0 = 1$ und

$$a_{2n-1} = \frac{(\beta+1)\dots(\beta+n-1)(\gamma-\alpha+1)\dots(\gamma-\alpha+n-1)}{\alpha\dots(\alpha+n-1)(\gamma-\beta)\dots(\gamma-\beta+n-1)}\gamma(\gamma+2n-1),$$

$$a_{2n} = \frac{\alpha\dots(\alpha+n-1)(\gamma-\beta)\dots(\gamma-\beta+n-1)}{(\beta+1)\dots(\beta+n)(\gamma-\alpha+1)\dots(\gamma-\alpha+n)}\frac{\gamma+2n}{\gamma}.$$

Ich nehme an, dass α, γ, $\gamma-\beta$ nicht verschwinden, und dass α, β, γ, $\gamma-\alpha$, $\gamma-\beta$ keine negative ganze Zahlen sind. Nach §. 7 ist

$$(x+1)(x+2)\dots(x+n) \backsim 1.2\dots n.n^x$$

und daher, weil $(n-1)^x \backsim n^x$ ist,

$$a_{2n-1} \backsim \frac{1.2\dots n-1.n^\beta.1.2\dots n-1.n^{\gamma-\alpha}}{1.2\dots n-1.n^\alpha.1.2\dots n-1.n^{\gamma-\beta}}\cdot n = n^{-2\alpha+2\beta+1}.$$

Auf diesem Wege ergiebt sich, wenn

$$N = n^{\alpha-\beta-\frac{1}{2}} \quad \text{oder} \quad = n^{-\alpha+\beta+\frac{1}{2}}$$

gesetzt wird, je nachdem n ungerade oder gerade ist, die Aequivalenz

$$a_n \backsim N^{-2}.$$

Von den Wurzeln der Gleichung $1-2xz+z^2=0$, deren Product gleich 1 ist, werde die, welche >1 ist, mit $x+\sqrt{x^2-1} = \varphi x$ und die, welche <1 ist, mit $x-\sqrt{x^2-1} = (\varphi x)^{-1}$ bezeichnet. Aus den Untersuchungen des Herrn *Thomé* über die Convergenz des Kettenbruchs R_0x *) lässt sich, wenn noch

$$S_nx = \frac{R_nx}{R_0x}$$

*) Dieses Journal, Band 66 pag. 322 und Band 67 pag. 299.

gesetzt wird, nachstehende Folgerung ziehen: Die Reihen

$$(1.)\quad \Sigma c_\nu P_\nu x \quad \text{und} \quad \Sigma c_\nu N(\varphi x)^\nu,$$
$$(2.)\quad \Sigma c_\nu Q_\nu x \quad \text{und} \quad \Sigma c_\nu N(\varphi x)^\nu,$$
$$(3.)\quad \Sigma c_\nu R_\nu x \quad \text{und} \quad \Sigma c_\nu N(\varphi x)^{-\nu},$$
$$(4.)\quad \Sigma c_\nu S_\nu x \quad \text{und} \quad \Sigma c_\nu N(\varphi x)^{-\nu}$$

haben, falls der Radius des Convergenzkreises der Reihe $\Sigma c_\nu x^\nu$ von 1 verschieden ist, dieselben Convergenzbereiche. Doch sind vom Gebiete der Grösse x in (3.) und (4.) die Strecke $C1$, auf der $R_n x$ unn $S_n x$ keine Bedeutung haben, und ausserdem in (1.) und (4.) die Punkte u, in denen $R_0 x$ ausserhalb $C1$ verschwindet, und in (2.) und (3.) die Punkte v, in denen es ausserhalb $C1$ unendlich wird, auszuschliessen.

Aus der linearen Differentialgleichung zweiter Ordnung, der die hypergeometrische Function genügt, lässt sich schliessen, dass die Gleichung $F(\alpha, \beta, \gamma, x) = 0$ keine mehrfachen Wurzeln hat. Daraus und aus der Formel

$$\beta\gamma F(\alpha, \beta, \gamma, x) - \beta(\gamma-\alpha) F(\alpha, \beta+1, \gamma+1, x) = \gamma(1-x)\frac{dF(\alpha, \beta, \gamma, x)}{dx}$$

folgt, dass die beiden Gleichungen

$$F(\alpha, \beta, \gamma, x) = 0 \quad \text{und} \quad F(\alpha, \beta+1, \gamma+1, x) = 0$$

keine Wurzel gemeinsam haben.

Ist u eine ausserhalb $C1$ gelegene Wurzel der Gleichung

$$F(\alpha, \beta+1, \gamma+1, x^{-2}) = 0$$

und v eine derselben Bedingung genügende Wurzel der Gleichung

$$F(\alpha, \beta, \gamma, x^{-2}) = 0\ *),$$

so folgt aus den Formeln

$$P_n x + R_n x = R_0 x Q_n x \quad \text{und} \quad \frac{P_n x}{R_0 x} + S_n x = Q_n x,$$

dass

$$P_n u = -R_n u \quad \text{und} \quad Q_n v = S_n v.$$

ist. Daher sind die Reihen

$$\Sigma c_\nu P_\nu u \quad \text{und} \quad \Sigma c_\nu N(\varphi u)^{-\nu},$$
$$\Sigma c_\nu Q_\nu v \quad \text{und} \quad \Sigma c_\nu N(\varphi v)^{-\nu}$$

zugleich convergent und divergent.

Auf demselben Wege wie in §. 2 lässt sich zeigen, dass die Reihen

---

*) Herr *Thomé* hat (dieses Journal, Band 67, pag. 309) gezeigt, dass wenigstens für gewisse Werthe der Elemente α, β, γ solche Wurzeln existiren.

(1.) (2.) (3.) und (4.) für alle Punkte eines ganz innerhalb ihres Convergenzgebietes liegenden Bereichs denselben Grad der Convergenz haben, und daraus lassen sich dann dieselben Folgerungen ziehen wie in dem genannten §.

Wenn einer der Punkte v innerhalb des Convergenzbezirks der Reihe $\Sigma c_\nu R_\nu x$ liegt, so bleibt die Reihe $\Sigma c_\nu S_\nu x = \Sigma c_\nu \frac{R_\nu x}{R_0 x}$ in der Umgebung von v endlich und stetig, und daher kann im Punkte v die erstere Reihe, wenn sie nicht endlich bleibt, nur von der ersten Ordnung unendlich werden und convergirt auch für $x = v$ gegen den wahren Werth der durch sie dargestellten analytischen Function.

Die Ellipse mit den Brennpunkten $+1$ und -1 und den Halbaxen $\frac{1}{2}(\varrho + \varrho^{-1})$ und $\frac{1}{2}(\varrho - \varrho^{-1})$, auf welcher der absolute Betrag von φx den constanten Werth ϱ hat, werde mit $C\varrho$ bezeichnet. Ist dann ϱ der Radius des Convergenzkreises der Reihe $\Sigma c_\nu x^\nu$, so convergiren die Reihen (1.) und (2.), wenn $\varrho > 1$, innerhalb der Ellipse $C\varrho$, und die Reihen (3.) und (4.) wenn $\varrho < 1$, ausserhalb der Ellipse $C\varrho^{-1}$ und nicht weiter.

Aus den in §. 8 gefundenen Formeln ergeben sich nun die folgenden Gleichungen:

$$\Sigma a_\nu P_\nu x R_\nu y = \frac{R_0 y}{y - x} \qquad \varphi x < \varphi y$$

$$\Sigma a_\nu Q_\nu x R_\nu y = \frac{1}{y - x} \qquad \varphi x < \varphi y$$

$$\Sigma a_\nu R_\nu x R_\nu y = \frac{R_0 x - R_0 y}{y - x} \qquad \varphi x > 1,\ \varphi y > 1$$

$$\Sigma a_\nu \int_x^\infty (R_\nu x)^2 dx = R_0 x \qquad \varphi x > 1$$

$$\Sigma a_\nu P_\nu u P_\nu x = 0 \qquad \varphi x < \varphi u \text{ und } x = u'$$

$$\Sigma a_\nu P_\nu u Q_\nu x = \frac{1}{x - u} \qquad \varphi x < \varphi u \text{ und } x = v$$

$$\Sigma a_\nu P_\nu u R_\nu x = \frac{R_0 x}{x - u} \qquad \varphi x > 1.$$

$$\Sigma a_\nu Q_\nu v P_\nu x = \frac{1}{v - x} \qquad \varphi x < \varphi v \text{ und } x = u$$

$$\Sigma a_\nu Q_\nu v Q_\nu x = 0 \qquad \varphi x < \varphi v \text{ und } x = v'$$

$$\Sigma a_\nu Q_\nu v R_\nu x = \frac{1}{x - v} \qquad \varphi x > 1$$

$$\Sigma a_\nu (P_\nu u)^2 = -R_0' u \qquad \Sigma a_\nu P_\nu u P_\nu u' = 0$$

$$\Sigma a_\nu (Q_\nu v)^2 = \left(\frac{1}{R_0 x (x - v)}\right)_{x=v} \qquad \Sigma a_\nu Q_\nu v Q_\nu v' = 0.$$

In diesen Formeln ist u' ein von u verschiedener Werth, für welchen $R_0 x$ verschwindet, und v' ein von v verschiedener, für welchen es unendlich wird.

In eine Reihe von der Form $\Sigma c_\nu R_\nu y$ kann eine Function nur auf eine einzige Weise entwickelt werden, wie sich aus Betrachtungen, die der Methode der unbestimmten Coefficienten zu Grunde liegen, leicht ergiebt. (Vergl. §. 3.) Wenn fy ausserhalb der Ellipse $C\varrho$ den Charakter einer rationalen Function hat, beständig endlich ist und im unendlichen verschwindet, und wenn y ausserhalb $C\varrho$ liegt, und x die Linie $C\varrho'$ $(\varrho < \varrho' < \varphi y)$ im positiven Sinne durchläuft, so ist

$$fy = \Sigma_0^n c_\nu R_\nu y + \frac{1}{2\pi i}\int \frac{Q_n x R_{n+1} y - Q_{n+1} x R_n y}{y-x} fx\, dx,$$

$$c_\nu = \frac{a_\nu}{2\pi i}\int Q_\nu x\, fx\, dx$$

und

$$fy = \Sigma_0^\infty c_\nu R_\nu y,$$

und diese Reihe convergirt sicher ausserhalb $C\varrho$ und auch nicht weiter, es sei denn, dass fy über $C\varrho$ hinaus den Charakter einer rationalen Function hat und auf dieser Linie nur in einem Punkte v unendlich von der ersten Ordnung wird. In diesem Falle kann der Convergenzbereich der die Function darstellenden Reihe nicht durch die Curve $C\varrho$ begrenzt sein, weil die Reihe

$$\frac{1}{y-v} = \Sigma a_\nu Q_\nu v R_\nu y$$

in der ganzen Ebene mit Ausnahme der Strecke $C1$ convergirt. (Vergl. §. 3.)

Werden über fx, x und y ähnliche Annahmen gemacht, wie im Anfange des §. 4, so ist

$$fx = \Sigma_0^n c_\nu Q_\nu x + \frac{1}{2\pi i}\int \frac{Q_n x R_{n+1} y - Q_{n+1} x R_n y}{y-x} fy\, dy,$$

$$c_\nu = \frac{a_\nu}{2\pi i}\int fy\, R_\nu y\, dy$$

und

$$fx = \Sigma_0^\infty c_\nu Q_\nu x,$$

und diese Reihe convergirt innerhalb $C\varrho$ und nicht weiter.

Wenn endlich fx in dem von den Ellipsen $C\varrho$ und $C\varrho_0$ $(\varrho > \varrho_0)$ begrenzten ringförmigen Stücke der Ebene den Charakter einer ganzen Function hat, und x in diesem Gebiete liegt, so bestimme man zwei Grössen ϱ' und

ϱ'_0 so, dass

$$\varrho > \varrho' > \varphi x > \varrho'_0 > \varrho_0$$

ist, und zwischen $C\varrho$ und $C\varrho'$ keiner der Punkte $\mathfrak{v}$ liegt. Durchlaufen dann y und y_0 die Curven $C\varrho'$ und $C\varrho'_0$ im positiven Sinne, so ist

$$fx = \frac{1}{2\pi i}\int\frac{fy\,dy}{y-x} + \frac{1}{2\pi i}\int\frac{fy_0\,dy_0}{x-y_0},$$

mithin

$$fx = \Sigma_0^\infty c_\nu Q_\nu x + c'_\nu R_\nu x,$$

wenn gesetzt wird

$$c_\nu = \frac{a_\nu}{2\pi i}\int fy\,R_\nu y\,dy \quad \text{und} \quad c'_\nu = \frac{a_\nu}{2\pi i}\int fy_0 Q_\nu y_0\,dy_0.$$

Diese Reihe divergirt ausserhalb $C\varrho$ und convergirt nicht innerhalb $C\varrho_0$ ausser in dem oben erwähnten Falle.

§. 10.

Zu jeder ausserhalb der Strecke $\dot{C}1$ liegenden Wurzel $\mathfrak{v}$ der Gleichung $R_0 x = \infty$ *gehört* eine Nullentwicklung

$$\Sigma a_\nu Q_\nu \mathfrak{v}\, Q_\nu x = 0,$$

welche innerhalb der Ellipse, auf welcher $\mathfrak{v}$ liegt, convergirt und nicht weiter. Die Anzahl der Punkte $\mathfrak{v}$, die ausserhalb einer bestimmten Ellipse $C\varrho$ $(\varrho > 1)$ liegen, ist eine endliche. Denn weil $R_0 x$ in der Umgebung des Unendlichkeitspunktes in eine nach absteigenden Potenzen von x fortschreitende convergente Reihe entwickelt werden kann, so liegen alle Wurzeln der Gleichung $R_0 x = \infty$, die der obigen Bedingung genügen, in einem endlichen Theile der Ebene, nämlich innerhalb des Convergenzkreises jener Reihe und ausserhalb $C\varrho$. Eine Function kann aber, wie Herr *Weierstrass* gezeigt hat *), in einem endlichen Bereiche, in dessen Innern *und an dessen Grenze* sie überall den Charakter einer rationalen hat, nur an einer endlichen Anzahl von Stellen unendlich werden. Sei nun

$$S \equiv \Sigma c_\nu Q_\nu x$$

irgend eine Nullentwicklung, die innerhalb der Ellipse $C\varrho$ convergirt, seien $\mathfrak{v}_1, \mathfrak{v}_2, \ldots \mathfrak{v}_n$ die nicht innerhalb $C\varrho$ liegenden Wurzeln der Gleichung $R_0 x = \infty$, $S_1, S_2, \ldots S_n$ die zu ihnen gehörigen Nullentwicklungen, $\mathfrak{v}_{n+1}, \mathfrak{v}_{n+2}, \ldots$

*) Dieses Journal Band 52, pag. 334.

die übrigen Wurzeln, die im Innern von $C\varrho$ liegen. Durch die Reihe $\Sigma c_\nu R_\nu x$, welche in der ganzen Ebene mit Aussnahme der Strecke $C1$ convergirt, wird eine Function Rx definirt, die ausserhalb $C1$ überall den Charakter einer rationalen hat und nur für die Werthe $x = v_1, v_2, \ldots v_n$ und $v_{n+1}, v_{n+2}, \ldots$ von der ersten Ordnung unendlich werden kann. Die Reihe $\Sigma c_\nu P_\nu x$ convergirt innerhalb der Ellipse $C\varrho$, und wenn x auf einen ausserhalb $C1$ und innerhalb $C\varrho$ gelegenen Theil der Ebene, in dem keiner der Punkte $v_{n+1}, v_{n+2}, \ldots$ liegt, beschränkt wird, so folgt aus den Gleichungen

$$P_n x + R_n x = R_0 x Q_n x \quad \text{und} \quad \Sigma c_\nu Q_\nu x = 0,$$

dass nicht nur

$$(1.) \quad Rx = \Sigma c_\nu R_\nu x,$$

sondern auch

$$(2.) \quad Rx = -\Sigma c_\nu P_\nu x$$

ist. Weil aber $\Sigma c_\nu P_\nu x$ innerhalb $C\varrho$ eine analytische Function darstellt, und Rx als eine analytische Function definirt ist, so muss die Gleichung (2.), die in einem Theile des Innern von $C\varrho$ gültig ist, für alle Punkte dieses Bereiches bestehen. Daher muss die Function Rx erstens für $x = v_{n+1}, v_{n+2}, \ldots$ endlich sein und zweitens überall innerhalb $C\varrho$ den Charakter einer rationalen haben. Sie hat also in der ganzen unendlichen Ebene den Charakter einer rationalen Function und muss mithin nach einem bekannten Satze der Functionentheorie eine rationale Function sein, die, weil sie nur in den Punkten $v_1, v_2, \ldots v_n$ von der ersten Ordnung unendlich werden kann und im unendlichen verschwindet, nothwendig die Form hat

$$Rx = \frac{h_1}{x-v_1} + \frac{h_2}{x-v_2} + \cdots + \frac{h_n}{x-v_n}.$$

Da aber

$$\frac{1}{x-v} = \Sigma a_\nu Q_\nu v R_\nu x$$

ist, so ergiebt sich

$$Rx = \Sigma c_\nu R_\nu x = \Sigma a_\nu (h_1 Q_\nu v_1 + \cdots + h_n Q_\nu v_n) R_\nu x.$$

Daher muss

$$c_\nu = a_\nu (h_1 Q_\nu v_1 + \cdots + h_n Q_\nu v_n)$$

sein, und mithin stimmen die beiden Reihen

$$S \quad \text{und} \quad h_1 S_1 + \cdots + h_n S_n$$

in ihren Coefficienten überein. Es ist also bewiesen, dass das System $S_1, S_2 \ldots$ vollständig ist.

Wären nun diese Nullentwicklungen nicht von einander unabhängig, könnten also die Constanten h_1, h_2, ... so bestimmt werden, dass alle Coefficienten des Ausdrucks $h_1 S_1 + \cdots + h_n S_n$ verschwänden, oder dass für alle Werthe von ν

$$h_1 Q_\nu v_1 + \cdots + h_n Q_\nu v_n = 0$$

wäre, so müsste auch

$$\Sigma a_\nu (h_1 Q_\nu v_1 + \cdots + h_n Q_\nu v_n) R_\nu x = \frac{h_1}{x - v_1} + \cdots + \frac{h_n}{x - v_n}$$

identisch verschwinden, was, wenn nicht h_1, h_2, ... h_n sämmtlich Null sind, unmöglich ist. Dass S_1, S_2, ... S_n von einander unabhängig sind, folgt auch daraus, dass die Determinante

$$\Sigma \pm Q_0 v_1 Q_1 v_2 \ldots Q_{n-1} v_n$$

von Null verschieden ist. Denn sie ist gleich dem Producte aus den Coefficienten der höchsten Potenzen der Functionen $Q_0 x$, $Q_1 x$, ... $Q_{n-1} x$ und aus den Differenzen der Grössen v_1, v_2, ... v_n.

Daher bilden S_1, S_2, ... ein vollständiges System von einander unabhängiger Nullentwicklungen, welches, da zur Darstellung einer beliebigen Nullentwicklung S nur die unter den Reihen S_1, S_2, ... zur Verwendung kommen, die in demselben Bereiche wie S oder weiter convergiren, ein Fundamentalsystem ist.

Sei S irgend eine Nullentwicklung, welche innerhalb der Ellipse $C\varrho$ convergirt, ausserhalb divergirt. Läge nun auf der Linie $C\varrho$ keiner der Punkte v, so würde, wenn v_1, v_2, ... v_n ausserhalb $C\varrho$ lägen, und S_1, S_2, ... S_n zu ihnen gehörten, S auf die Form $h_1 S_1 + \cdots + h_n S_n$ gebracht werden können und mithin über $C\varrho$ hinaus convergiren. Daraus folgt: *Nur solche Ellipsen begrenzen Convergenzbereiche von Nullentwicklungen, welche durch einen der Punkte* v_1, v_2, ... v_n *hindurchgehen.*

Sei

$$S' \equiv \Sigma c_\nu Q_\nu x - c'_\nu R_\nu x$$

eine zwischen den Curven $C\varrho$ und $C\varrho_0$ ($\varrho > \varrho_0$) convergirende Nullentwicklung. Setzt man

$$Rx = \Sigma_0^\infty c_\nu Q_\nu x,$$

so ist auch

$$Rx = \Sigma_0^\infty c'_\nu R_\nu x.$$

Da mithin diese Function wegen der ersten Gleichung innerhalb $C\varrho$, wegen der zweiten ausserhalb $C\varrho_0$ und daher wegen beider in der ganzen Ebene den Charakter einer rationalen hat, so muss sie eine rationale Function sein, die wegen der ersten Gleichung innerhalb $C\varrho$ stets endlich ist, wegen der zweiten nur in den nicht innerhalb $C\varrho$ liegenden Punkten $v_1, v_2, \dots v_n$ von der ersten Ordnung unendlich werden kann und für $x=\infty$ verschwindet. Also ist

$$Rx = \frac{h'_1}{x-v_1}+\dots+\frac{h'_n}{x-v_n}$$

und

$$\Sigma c'_\nu R_\nu x = \Sigma a_\nu (h'_1 Q_\nu v_1+\dots+h'_n Q_\nu v_n) R_\nu x,$$

also

$$c'_\nu = a_\nu (h'_1 Q_\nu v_1+\dots+h'_n Q_\nu v_n).$$

Ist ferner $R^0_\nu v$ das constante Glied in der Entwicklung von $R_\nu x$ nach Potenzen von $x-v$, so ist

$$\frac{1}{x-v} = \Sigma a_\nu R^0_\nu v\, Q_\nu x,$$

und diese Reihe convergirt im Innern der Ellipse, auf welcher v liegt. Daher ist

$$\Sigma c_\nu Q_\nu x = \Sigma a_\nu (h'_1 R^0_\nu v_1+\dots+h'_n R^0_\nu v_n) Q_\nu x$$

und mithin

$$c_\nu = a_\nu (h'_1 R^0_\nu v_1+\dots+h'_n R^0_\nu v_n+h_1 Q_\nu v_1+\dots+h_n Q_\nu v_n).$$

Setzt man also

$$S_\lambda \equiv \Sigma a_\nu Q_\nu v_\lambda Q_\nu x \quad \text{und} \quad S'_\lambda = \Sigma a_\nu (R^0_\nu v_\lambda Q_\nu x - Q_\nu v_\lambda R_\nu x),$$

so ist klar, dass das System der Nullentwicklungen $S_1, S_2, \dots, S'_1, S'_2, \dots$ vollständig ist.

Werden aber die Constanten $h_1, \dots h_n, h'_1, \dots h'_n$ so bestimmt, dass alle Coefficienten des Ausdrucks

$$h_1 S_1+\dots+h_n S_n+h'_1 S'_1+\dots+h'_n S'_n$$

verschwinden, so ist der Coefficient von $-a_\nu R_\nu x$ gleich $h'_1 Q_\nu v_1+\dots+h'_n Q_\nu v_n=0$, und mithin ist $h'_1=0, \dots h'_n=0$; daher sind alle Coefficienten der Reihe $h_1 S_1+\dots+h_n S_n$ gleich Null, und deshalb ist $h_1=0, \dots h_n=0$. Daher bilden $S_1, S_2, \dots S'_1, S'_2, \dots$ ein vollständiges System von einander unabhängiger Nullentwicklungen und zwar aus demselben Grunde wie oben ein Fundamentalsystem. Ferner gilt der Satz: *Die Convergenzbereiche von Nullentwicklungen werden begrenzt entweder von einer Ellipse, die durch einen der Punkte v geht, oder von einer solchen Ellipse und der Strecke* $C1$.

Auf die Theorie der Reihen

$$\Sigma c_\nu P_\nu x \quad \text{und} \quad \Sigma c_\nu S_\nu x,$$

welche nach denselben Methoden behandelt werden kann, wie die der Reihen

$$\Sigma c_\nu Q_\nu x \quad \text{und} \quad \Sigma c_\nu R_\nu x,$$

gehe ich hier nicht ein.

§. 11.

Nachdem ich die Theorie der Nullentwicklungen in den beiden durchgeführten Beispielen auf besonderen Wegen abgeleitet habe, will ich zum Schluss noch eine Methode erwähnen, die in beiden Fällen zum Ziele führt. Zu dem Zwecke stelle ich zunächst die Voraussetzungen, die ihrer Anwendung zu Grunde liegen, und die in den beiden behandelten Beispielen erfüllt sind, kurz zusammen.

1) Die Punkte, in welchen der absolute Betrag einer gewissen Function φx einen constanten Werth ϱ hat, mögen eine geschlossene Curve $C\varrho$ bilden, innerhalb deren die Function beständig kleiner, und ausserhalb deren sie überall grösser als ϱ sei. Ist dann $\varrho' > \varrho$, so wird die Linie $C\varrho$ von $C\varrho'$ vollständig eingeschlossen; denn alle Punkte, in denen $\varphi x \leqq \varrho$ ist, genügen auch der Bedingung $\varphi x < \varrho'$. Liegt φx für alle Werthe von x zwischen ϱ_1 und ϱ_2 ($\varrho_1 < \varrho_2$), und erfüllt die Gesammtheit der Curven $C\varrho$ die ganze Ebene, so ist der *Minimalbereich* $C\varrho_1$ keine Fläche, sondern aus Linien und Punkten zusammengesetzt, während $C\varrho_2$ keinen Punkt im endlichen hat. Die Reihen

$$(1.)\quad \Sigma c_\nu F_\nu x \quad \text{und} \quad \Sigma c_\nu (\varphi x)^\nu,$$

$$(2.)\quad \Sigma c_\nu G_\nu x \quad \text{und} \quad \Sigma c_\nu (\varphi x)^{-\nu}$$

mögen dieselben Convergenzbereiche haben. Ist daher ϱ der Radius des Convergenzkreises der Reihe $\Sigma c_\nu z^\nu$, so convergirt (1.), falls ϱ zwischen ϱ_1 und ϱ_2 liegt, innerhalb $C\varrho$ und (2.), falls ϱ^{-1} zwischen denselben Grenzen liegt, ausserhalb $C\varrho^{-1}$. Im Allgemeinen bilden die Linien $C\varrho$ ein System confocaler Curven, das durch die Gleichung $z = \varphi x$ in ein System um den Nullpunkt der z-Ebene beschriebener concentrischer Kreise abgebildet wird.

2) Für endliche Werthe des Index mögen die Functionen $F_0 x, F_1 x, \dots$ im endlichen überall den Charakter ganzer Functionen haben, während ihr Verhalten im unendlichen unbestimmt gelassen wird, und $G_0 x, G_1 x, \dots$ ausserhalb des Minimalbereichs $C\varrho_1$ den Charakter rationaler Functionen besitzen und für $x = \infty$ verschwinden, während über ihre Beschaffenheit in $C\varrho_1$ nichts festgesetzt wird. Seien $v_1, v_2, \dots$ die Punkte, für welche irgend eine der Functionen $G_0 x, G_1 x, \dots$ ausserhalb $C\varrho_1$ unendlich wird, so geordnet, dass $\varphi v_1 \geqq \varphi v_2 \geqq \dots$ ist. Ich nehme an, dass ausserhalb jedes endlichen Bereiches $C\varrho$ nur eine endliche Anzahl der Punkte v liegt. Die Functionen $G_0 x, G_1 x, \dots$ können in einem bestimmten Punkte v von verschiedener Ordnung unendlich

werden und zwar für endliche Werthe des Index nur von einer endlichen. Ich setze voraus, dass es für die Grössen dieser Ordnungen ein Maximum k giebt, das ich die Ordnungszahl des Punktes v nennen will.

Aus den Annahmen über die Art der Convergenz der Reihen (1.) und (2.) und über die Beschaffenheit der Functionen $F_n x$ und $G_n x$ folgt auf dem in §. 2 eingeschlagenen Wege, dass diese Reihen für alle Punkte eines innerhalb ihres Convergenzbezirks liegenden Bereichs denselben Grad der Convergenz besitzen.

3) Ist x von v verschieden und $\varphi x < \varphi y$, so sei

$$(3.)\qquad \frac{1}{y-x} = \Sigma F_\nu x\, G_\nu y.$$

Ist aber k die Ordnungszahl von v, $\varkappa \leqq k$ und

$$F_\nu^\varkappa v = \frac{1}{1.2\ldots\varkappa}(D_x^\varkappa F_\nu x)_{x=v},$$

so sei die Reihe

$$(4.)\qquad \frac{1}{(y-v)^\varkappa} = \Sigma F_\nu^{\varkappa-1} v\, G_\nu y$$

in der ganzen Ebene mit Ausnahme des Minimalbereichs oder auch mit Einschluss desselben convergent.

4) Nach den Functionen $G_0 x$, $G_1 x$, ... lasse sich eine gegebene Function nur auf eine einzige Weise entwickeln.

Diese Annahmen genügen, um die Theorie der Nullentwicklungen von der Form der Reihe (1.) vollständig begründen zu können.

Die Curve $C\varrho$ gehe durch den Punkt v, dessen Ordnungszahl k sei, x liege im Innern von $C\varrho$, ϱ' werde so gewählt, dass $\varrho > \varrho' > \varphi x$ ist, y durchlaufe einen um v beschriebenen Kreis, der ganz ausserhalb $C\varrho'$ liegt und keinen von v verschiedenen Punkt v' einschliesst. Wird dann die Gleichung (3.) mit $(y-v)^{\varkappa-1}$ multiplicirt und nach y integrirt, so ergiebt sich

$$\Sigma G_{\nu\varkappa} v\, F_\nu x = 0,$$

wenn $G_{\nu\varkappa} v$ der Coefficient von $(y-v)^{-\varkappa}$ in der Entwicklung von $G_\nu y$ nach Potenzen von $y-v$ ist. Diese Reihe convergirt sicher, wenn x innerhalb $C\varrho$ liegt. Ich will sie, wenn $v = v_\lambda$ ist, mit $S_{\lambda\varkappa}$ bezeichnen und die $\varkappa^{\text{te}}$ zu v_λ gehörige Nullentwicklung nennen.

Sei $C\varrho_0$ eine Linie, welche die Punkte v sämmtlich einschliesst, und seien $v_1, v_2, \ldots v_n$ diejenigen unter diesen Punkten, welche nicht innerhalb einer bestimmten Curve $C\varrho$ $(\varrho < \varrho_0)$ liegen; sei $\varrho' < \varrho$ und so gewählt, dass weder auf $C\varrho'$, noch zwischen $C\varrho$ und $C\varrho'$ ein Punkt v liege. Die Variabeln

x_0 und x mögen im positiven Sinne die Linien $C\varrho_0$ und $C\varrho'$, $x_1, x_2, \dots x_n$ aber Kreise durchlaufen, welche um $v_1, v_2, \dots v_n$ mit so kleinen Radien beschrieben sind, dass jeder nur einen einzigen der Punkte v einschliesst. Dann folgt aus (3.)

$$G_\mu y = \Sigma\Big(\frac{1}{2\pi i}\int F_\nu x_0 G_\mu x_0 dx_0\Big) G_\nu y.$$

Da sich aber nach den Functionen $G_0 y$, $G_1 y$, ... eine Function nur auf eine einzige Weise entwickeln lässt, so ergiebt sich daraus die Gleichung

$$\frac{1}{2\pi i}\int F_\nu x_0 G_\mu x_0 dx_0 = \varepsilon,$$

in der ε gleich 0 oder 1 ist, je nachdem ν von μ verschieden ist, oder nicht. Nun ist aber

$$\int F_\nu x_0 G_\mu x_0 dx_0 = \int F_\nu x G_\mu x dx + \int F_\nu x_1 G_\mu x_1 dx_1 + \dots + \int F_\nu x_n G_\mu x_n dx_n.$$

Sind also $k_1, k_2, \dots k_n$ die Ordnungszahlen von $v_1, v_2, \dots v_n$, so besteht die Gleichung

$$-\frac{1}{2\pi i}\int F_\nu x G_\mu x dx = F_\nu^0 v_1 G_{\mu 1} v_1 + F_\nu^1 v_1 G_{\mu 2} v_1 + \dots + F_\nu^{k_1-1} v_1 G_{\mu k_1} v_1 + \dots$$
$$+ F_\nu^0 v_n G_{\mu 1} v_n + \dots + F_\nu^{k_n-1} v_n G_{\mu k_n} v_n - \varepsilon = \Sigma' F_\nu^{\varkappa-1} v_\lambda G_{\mu\varkappa} v_\lambda - \varepsilon.$$

Ist nun $S \equiv \Sigma c_\nu F_\nu x$ irgend eine Nullentwicklung, die innerhalb $C\varrho$ convergirt, so erhält man durch Multiplication mit $G_\mu x$ und Integration über $C\varrho'$

$$\Sigma c_\nu \Sigma' F_\nu^{\varkappa-1} v_\lambda G_{\mu\varkappa} v_\lambda - c_\mu = 0.$$

Da die Reihe $\Sigma F_\nu^{\varkappa-1} v G_\nu x$ in der ganzen Ebene ausserhalb des Minimalbereichs $C\varrho_1$ convergirt, so ist, wenn $\varrho_1 < \varrho_1' < \varrho' < \varrho$ gewählt wird, $\Sigma F_\nu^{\varkappa-1} v \varrho_1'^{-\nu}$ convergent und daher $F_\nu^{\varkappa-1} v < g\varrho_1'^{\nu}$; und da $C\varrho$ den Convergenzbereich der Reihe $\Sigma c_\nu F_\nu x$ begrenzt, so ist $\Sigma c_\nu \varrho'^{\nu}$ convergent und daher $c_\nu < h\varrho'^{-\nu}$. Mithin ist die Reihe $\Sigma c_\nu F_\nu^{\varkappa-1} v < gh\Sigma \varrho_1'^{\nu}.\varrho'^{-\nu}$ und deshalb convergent. Setzt man also

$$\Sigma c_\nu F_\nu^{\varkappa-1} v_\lambda = h_{\lambda\varkappa},$$

so hat $h_{\lambda\varkappa}$ einen ganz bestimmten endlichen Werth, und es ist

$$c_\mu = \Sigma' h_{\lambda\varkappa} G_{\mu\varkappa} v_\lambda.$$

Daher stimmen die Coefficienten der Reihe S mit denen des Ausdrucks

$$\Sigma' h_{\lambda\varkappa} S_{\lambda\varkappa}$$

überein, und das System der zu den Punkten v gehörenden Nullentwicklungen ist vollständig.

Aus der in der ganzen Ebene mit Ausnahme des Minimalbereichs convergirenden Reihe (4.) ergeben sich durch Coefficientenvergleichung oder geschlossene Integration die Gleichungen

$$\Sigma F_\nu^{\varkappa-1} v\, G_{\nu\varkappa} v = 1$$

$$\Sigma F_\nu^{\varkappa-1} v\, G_{\nu\lambda} v = 0 \qquad (\lambda \gtrless \varkappa)$$

$$\Sigma F_\nu^{\varkappa-1} v\, G_{\nu\lambda} v' = 0 \qquad (\lambda = 1, 2, \ldots k'.)$$

Werden also die Constanten $h_{\lambda\varkappa}$ so bestimmt, dass alle Coefficienten der Reihe

$$\Sigma' h_{\lambda\varkappa} S_{\lambda\varkappa}$$

verschwinden, so muss für alle Werthe von μ

$$\Sigma' h_{\lambda\varkappa} G_{\mu\varkappa} v_\lambda = 0$$

sein. Multiplicirt man diese Gleichung mit $F_\mu^{\varkappa-1} v_\lambda$ und summirt man nach μ, so erhält man

$$h_{\lambda\varkappa} = 0.$$

Mithin bilden die Reihen $S_{\lambda\varkappa}$ ein vollständiges System von einander unabhängiger Nullentwicklungen und zwar ein Fundamentalsystem.

Geht $C\varrho$ durch v_λ, so ist oben gezeigt, dass $S_{\lambda\varkappa}$ innerhalb dieser Linie sicher convergirt. Wenn nun die Reihe noch über $C\varrho$ hinaus convergirte, so liesse sie sich linear durch die Nullentwicklungen ausdrücken, welche zu den nicht innerhalb $C\varrho$ liegenden Punkten v gehören. Da sich v_λ unter diesen nicht befindet, so wäre die Reihe $S_{\lambda\varkappa}$ von einer Anzahl von ihr verschiedener Nullentwicklungen des aufgestellten Fundamentalsystems abhängig, was nicht der Fall ist. Daher muss $S_{\lambda\varkappa}$ ausserhalb $C\varrho$ divergiren. Da nun der Convergenzbezirk jeder beliebigen Nullentwicklung mit dem irgend einer Reihe eines Fundamentalsystems übereinstimmen muss, so gilt der Satz: *Nur solche Curven $C\varrho$ begrenzen Convergenzbereiche von Nullentwicklungen, welche durch einen der Punkte v hindurchgehen.*

Sei ferner $\Sigma c_\nu F_\nu x - c'_\nu G_\nu x$ irgend eine Nullentwicklung, welche zwischen den Curven $C\varrho$ und $C\varrho_0$ $(\varrho > \varrho_0)$ convergirt, seien $v_1, v_2, \ldots v_n$ die nicht innerhalb $C\varrho$ gelegenen Punkte v, und sei $\varrho' < \varrho, > \varrho_0$ und so gewählt, dass zwischen $C\varrho$ und $C\varrho'$ kein Punkt v liegt. Mit $F_\nu^\varkappa v$ und $G_\nu^\varkappa v$ mögen die Coefficienten von $(x-v)^\varkappa$ in der Entwicklung von $F_\nu x$ und $G_\nu x$, mit $G_{\nu\varkappa} v$ der Coefficient von $(x-v)^{-\varkappa}$ in der von $G_\nu x$ nach Potenzen von $x-v$ bezeichnet werden. Multiplicirt man dann die Gleichung

$$\Sigma c_\nu F_\nu x - c'_\nu G_\nu x = 0$$

mit $G_\mu x$ und integrirt über $C\varrho'$, so erhält man

$$c_\mu - \Sigma c_\nu \Sigma' F_\nu^{\varkappa-1} v_\lambda G_{\mu\varkappa} v_\lambda - \Sigma c'_\nu \Sigma' G_\nu^{\varkappa-1} v_\lambda G_{\mu\varkappa} v_\lambda - \Sigma c'_\nu \Sigma' G_{\nu\varkappa} v_\lambda G_\mu^{\varkappa-1} v_\lambda = 0.$$

Setzt man also

$$\Sigma c_\nu F_\nu^{\varkappa-1} v_\lambda + c'_\nu G_\nu^{\varkappa-1} v_\lambda = h_{\lambda\varkappa} \quad \text{und} \quad \Sigma c'_\nu G_{\nu\varkappa} v_\lambda = h'_{\lambda\varkappa},$$

so ist

$$c_\mu = \Sigma' h_{\lambda\varkappa} G_{\mu\varkappa} v_\lambda + h'_{\lambda\varkappa} G_\mu^{\varkappa-1} v_\lambda$$

und

$$\Sigma c_\nu F_\nu x = \Sigma' h'_{\lambda\varkappa} G_\nu^{\varkappa-1} v_\lambda F_\nu x \pm \Sigma' \frac{h'_{\lambda\varkappa}}{(x - v_\lambda)^\varkappa}.$$

Da aber nach den Functionen $G_0 x$, $G_1 x$, ... eine Function nur auf eine einzige Weise entwickelt werden kann, so folgt aus

$$\Sigma c'_\nu G_\nu x = \Sigma' \frac{h'_{\lambda\varkappa}}{(x - v_\lambda)^\varkappa} = \Sigma' h'_{\lambda\varkappa} \Sigma F_\nu^{\varkappa-1} v_\lambda G_\nu x$$

die Gleichung

$$c'_\nu = \Sigma' h'_{\lambda\varkappa} F_\nu^{\varkappa-1} v_\lambda.$$

Setzt man also

$$S_{\lambda\varkappa} \equiv \Sigma G_{\nu\varkappa} v_\lambda F_\nu x \quad \text{und} \quad S'_{\lambda\varkappa} \equiv \Sigma G_\nu^{\varkappa-1} v_\lambda F_\nu x - F_\nu^{\varkappa-1} v_\lambda G_\nu x,$$

so bilden diese Reihen ein vollständiges System von einander unabhängiger Nullentwicklungen und zwar ein Fundamentalsystem. Zugleich ergiebt sich, dass $C\varrho$ durch einen der Punkte v hindurchgehen, und $C\varrho_0$, wenn nicht $c'_0, c'_1, \ldots$ sämmtlich verschwinden, der Minimalbereich sein muss.

Berlin, im October 1870.

3.

Über die algebraische Auflösbarkeit der Gleichungen, deren Coefficienten rationale Functionen einer Variablen sind

Journal für die reine und angewandte Mathematik 74, 254–272 (1872)

Ein grosser Theil der Untersuchungen über die Auflösbarkeit der algebraischen Gleichungen durch Wurzelgrössen beschäftigt sich nicht sowohl mit der Werthbestimmung der einzelnen Wurzeln als mit der Ermittelung ihrer gegenseitigen Beziehungen. Dazu sind alle Betrachtungen zu rechnen, welche sich auf den Begriff der Irreductibilität und die Lehre von den Substitutionen stützen, während diejenigen davon auszuschliessen sind, welche von der Auflösungsmethode der Gleichungen mittelst der *Lagrange*schen Resolvente Gebrauch machen. Die bezeichneten algebraischen Untersuchungen haben eine grosse Aehnlichkeit mit den analytischen Betrachtungen, bei denen die Grössen als nicht unabhängig von der Lage existirend angesehen werden, und diese Bemerkung legt den Gedanken nahe, jene abstracte Theorie möchte in dem besonderen Falle, wo die Coefficienten der Gleichung rationale Functionen einer Variablen sind, an Fasslichkeit und Anschaulichkeit dadurch gewinnen, dass sie in das der Analysis so bequeme geometrische Gewand eingekleidet würde. Der Ausführung des eben genannten Gedankens, auf den ich durch Betrachtungen über die durch algebraische Functionen integrirbaren linearen Differentialgleichungen geführt wurde, sind die folgenden Zeilen gewidmet, die nicht neue Resultate bringen, sondern nur eine bekannte Lehre von einer neuen Seite beleuchten wollen.

Je ausschliesslicher man bei diesen Untersuchungen auf die Ortsverhältnisse der betrachteten Grössen sein Augenmerk richtet, um so geringer sind die Hülfsmittel, mit denen man zum Ziele gelangt. Eine Probe, wie weit man dabei von Massverhältnissen absehen, und mit wie wenigen Vorbereitungen man auskommen kann, ist in §. 1 gegeben, wo sofort zur Ermittelung der von *Galois* entdeckten Relation zwischen den Wurzeln der auflösbaren Gleichungen von einem Primzahlgrade geschritten wird. Die folgenden Paragraphen enthalten fast nur die Zergliederung der im ersten angewandten Methode in ihre einzelnen Momente und die Uebersetzung der dort gebrauchten geometrischen Ausdrücke in die Sprache der Algebra und erfordern namentlich zur Erreichung des letzteren Zwecks die Kenntniss der in §. 3 entwickelten Hülfssätze aus der Analysis.

§. 1.

Unter einer durch Wurzelgrössen ausdrückbaren algebraischen Function y der unbeschränkt Veränderlichen x, deren Werthe wir uns durch die Punkte einer unbegrenzten Ebene repräsentirt denken, verstehen wir eine Grösse, die aus der Variablen und mehreren Constanten durch die in endlicher Anzahl angewandten Operationen der Addition, Subtraction, Multiplication, Division und Ausziehung von Wurzeln mit Primzahlexponenten gebildet ist. Die Stellen, an denen die Function unendlich gross wird, oder zwei im Allgemeinen verschiedene Werthe derselben einander gleich werden, sollen *singuläre* Stellen genannt und ein für alle Mal von dem Bereiche der Variablen ausgeschlossen werden. Wird dann für einen bestimmten Werth a von x über die Werthe der Wurzeln, welche zur Berechnung von y ausgezogen werden müssen, eine beliebige Festsetzung getroffen, und wird ferner eine stetige Aenderung der Function mit der Variablen postulirt, so erhält die Function sammt allen in ihrem Ausdrucke vorkommenden Wurzeln in jedem Punkte der Ebene einen Werth, der eindeutig definirt ist, wenn der Weg gegeben ist, auf dem die Variable von dem Anfangspunkte a ausgehend zu jenem Punkte gelangt. Beschreibt also x von a aus eine geschlossene Strecke, so geht der Anfangswerth y_0 von y in einen ganz bestimmten anderen Werth dieser Function über, und die Anzahl der Werthe, welche y so für $x=a$ annehmen kann, ist, da alle in den Ausdruck von y eingehenden Wurzeln nur eine endliche Anzahl von Werthen haben, ebenfalls eine endliche. Zwischen diesen verschiedenen Werthen bestehen aber gewisse Beziehungen, die sich in einem besonderen Falle folgendermassen zusammenfassen lassen:

Wenn die Anzahl der Werthe, welche eine durch Wurzelgrössen ausdrückbare algebraische Function einer Variablen an einer nicht singu-

lären Stelle dadurch annimmt, dass die Veränderliche von diesem Punkte ausgehend alle möglichen durch keinen singulären Punkt hindurchführenden geschlossenen Linien beschreibt, eine Primzahl ist, so bleiben auf allen Wegen, auf denen zwei dieser Werthe keine Aenderung erfahren, auch die übrigen sämmtlich ungeändert.

Die in dem Ausdruck von y vorkommenden Wurzeln, deren Exponenten wir als Primzahlen voraussetzen dürfen, ordnen wir so, dass auf die ersten Plätze in einer beliebigen Reihenfolge diejenigen zu stehen kommen, welche aus rationalen Functionen von x gezogen sind, auf die nächsten die, deren Radicanden rationale Functionen der Variablen und einer oder mehrerer aus rationalen Functionen von x gezogener Wurzeln sind, wieder in einer willkürlichen Aufeinanderfolge u. s. w. Wir beschränken dann die Veränderlichkeit des Punktes x in der Weise, dass wir ihn von a aus nur solche geschlossenen Linien beschreiben lassen, auf denen jene Wurzeln bis zu einer bestimmten $R = S^{\frac{1}{p}}$ hin keine Aenderung erleiden. In diesem Ausdrucke bedeutet p eine Primzahl und S eine rationale Function von x und einigen der vor R stehenden Wurzeln. Alsdann sind zwei Fälle möglich: Der Anfangswerth y_0 kann sich entweder immer noch in alle Werthe verwandeln, die er bei freier Bewegung der Veränderlichen zu erlangen vermochte, oder nur noch in eine gewisse Anzahl derselben. Nimmt R in der oben beschriebenen Reihe die letzte Stelle ein, so kehrt die Function auf allen geschlossenen Wegen zu ihrem Anfangswerthe zurück. Daher muss, wenn man der Reihe nach bei der ersten, zweiten, dritten Wurzel u. s. w. stehen bleibt, endlich einmal der zweite Fall eintreten. Ist R diejenige Wurzel, bei welcher dies zuerst geschieht, so gestatten wir bis auf weiteres der Veränderlichen nur solche von a anfangenden geschlossenen Wege, auf denen sich die vor R stehenden Wurzeln nicht ändern. Trotz der Beschränkung, die der Variablen damit auferlegt ist, kann dann die Function von dem Werthe y_0 ausgehend immer noch in jeden andern der Werthe, die sie an der Stelle a hat, übergehen. Es giebt aber einen Werth y_1, den y nicht mehr in dem Punkte a erreichen kann, ohne dass auf dem Wege, auf dem dies erfolgt, R eine Aenderung erfährt, also, da R^p seinen Anfangswerth wieder annimmt, in ϱR übergeht, wo ϱ eine primitive p^{te} Wurzel der Einheit ist. Wir bezeichnen mit A einen bestimmten Weg, auf dem y_0 in y_1 und R in ϱR übergeht.

Wenn sich auf einem beliebigen Wege B, auf dem y_0 ungeändert bleibt, R in σR verwandelt, so muss, wofern nicht $\sigma=1$ ist, $\varrho=\sigma^\beta$ sein. Durchläuft dann x erst die Strecke B in umgekehrter Richtung β Mal und darauf die Strecke A, einen Weg, den wir in leicht verständlicher Weise mit $B^{-\beta}A$ bezeichnen wollen, so erleidet R keine Aenderung, während y von y_0 ausgehend zu y_1 gelangt. Da aber nicht auf demselben Wege R in sich selbst und y_0 in y_1 übergehen kann, so muss $\sigma=1$ sein, also R auf einer Linie, auf der sich y_0 nicht ändert, ebenfalls ungeändert bleiben.

Beschreibt man alle Linien, auf denen R keine Aenderung erfährt, so möge y_0 in die Werthe

$$y_0,\ y_{01},\ \cdots\ y_{0\,q-1}$$

übergehen. Wenn sich diese auf dem Wege A^α in

$$y_\alpha,\ y_{\alpha 1},\ \cdots\ y_{\alpha\,q-1}$$

verwandeln, so stellen die Grössen $y_{\alpha\beta}$, falls α die Zahlen von 0 bis $p-1$ und β die von 0 bis $q-1$ durchläuft, alle Werthe dar, welche y an der Stelle a annehmen kann. Denn ist B ein beliebiger der dem Punkte x gestatteten Wege, und verwandelt sich R auf ihm in $\varrho^\alpha R (\alpha<p)$, so geht y_0 auf dem Wege $BA^{-\alpha}$, weil R auf ihm ungeändert bleibt, in $y_{0\beta} (\beta<q)$ und mithin auf B in $y_{\alpha\beta}$ über. Die genannten Werthe sind ferner sämmtlich von einander verschieden. Denn ist $y_{\alpha\beta}=y_{\gamma\delta}$, und sind B_β und B_δ bestimmte Wege, auf denen y_0 in $y_{0\beta}$ und $y_{0\delta}$, R aber in sich selbst übergeht, so bleibt y_0, also auch R, auf der Linie $B_\beta A^\alpha A^{-\gamma} B_\delta^{-1}$ ungeändert. Da sich folglich R auf dem Wege $A^{\alpha-\gamma}$ nicht ändert, so ist $\alpha=\gamma$. Wenn man aber die Veränderliche mit dem Anfangswerthe $y_{\alpha\beta}=y_{\alpha\delta}$ von y den Weg $A^{-\alpha}$ durchlaufen lässt, so gelangt man zu dem ganz bestimmten Endwerthe $y_{0\beta}=y_{0\delta}$, und in Folge dieser Gleichung ist $\beta=\delta$. Die Anzahl der Werthe, welche y im Punkte a annehmen kann, ist also pq. Setzen wir voraus, dass sie eine Primzahl ist, so muss $q=1$ sein, und y_0 auf einem Wege, auf dem R keine Aenderung erleidet, ebenfalls ungeändert bleiben.

Ist B ein Weg, auf dem sich y_0, also auch R nicht ändert, so kehrt R, also auch y_0 auf dem Wege $A^\alpha B A^{-\alpha}$ zu seinem Anfangswerthe zurück, und daher erfährt y_α auf dem Wege B keine Aenderung. Wir gelangen so zu dem Ergebnisse, dass auf einem Wege, auf welchem y_0 und die vor R stehenden Grössen die Werthe, von denen sie ausgegangen sind, wieder annehmen, auch die anderen $p-1$ Werthe der Function y ungeändert bleiben müssen.

Wir lassen jetzt die Schranken, welche wir der Veränderlichkeit des Punktes x gesetzt haben, allmälig fallen. Ist Q die Wurzel, welche in der oben bezeichneten Reihe ihren Platz unmittelbar vor R hat, so sei B ein Weg, auf dem sich die vor Q stehenden Grössen nicht ändern. Wenn auf ihm y_0 in y_β und y_1 in $y_{\alpha+\beta}$ übergeht, so erfahren auf der Linie

$$BA^\alpha B^{-1} A^{-1} = C$$

weder y_0 noch die vor R stehenden Grössen eine Aenderung, und daher bleiben auch $y_1, y_2, \ldots y_{p-1}$ ungeändert. Folglich geht auf der Strecke

$$A^{-1} C^{-1} B A^\alpha = B$$

y_2 in $y_{2\alpha+\beta}$, mithin y_3 in $y_{3\alpha+\beta}$ und allgemein y_λ in $y_{\alpha\lambda+\beta}$ über, wo die Indices nach dem Modul p zu nehmen sind.

Ist P die Wurzel, welche den Platz zunächst vor Q einnimmt, so sei jetzt B ein Weg, auf dem sich die vor P stehenden Grössen nicht ändern. Wenn auf ihm y_0 in y_β und y_1 in $y_{\alpha+\beta}$ übergeht, so erfahren auf der Linie

$$BA^\alpha B^{-1} A^{-1} = C$$

weder y_0 noch die vor Q stehenden Grössen eine Aenderung. Würde sich y_1 auf ihr ändern, also in y_γ übergehen, dessen Index $\gamma > 1$ ist, so würde sich nach dem eben Bewiesenen y_λ in $y_{\gamma\lambda}$ verwandeln. Es gäbe dann eine Zahl μ, welche der Congruenz

$$\gamma\mu + 1 \equiv \mu \mod p$$

genügte, und wenn y_μ auf der Linie B in y_ν überginge, so würde y_ν auf der Strecke

$$B^{-1} CAB = A^\alpha$$

unverändert bleiben, während es sich doch in $y_{\nu+\alpha}$ verwandelt. Auf der Linie C nimmt also y_1 seinen Anfangswerth wieder an und folglich auch $y_2, y_3, \ldots y_{p-1}$. Daraus schliesst man, wie oben, dass y_λ auf dem Wege B in $y_{\alpha\lambda+\beta}$ übergeht.

Indem man so fortfährt, findet man, dass das eben gewonnene Resultat auch richtig bleibt, wenn die Wahl der Linie B gar keiner Beschränkung unterliegt. Bleiben daher auf irgend einem Wege y_0 und y_1 ungeändert, ist also $\beta = 0$ und $\alpha = 1$, so erfahren auch $y_2, y_3, \ldots y_{p-1}$ auf ihm keine Aenderung.

§. 2.

Nach einem Fundamentalsatze der Algebra lässt sich jede rationale symmetrische Function der Wurzeln einer algebraischen Gleichung als eine rationale Function der Coefficienten der Gleichung darstellen. Damit aber eine rationale Function der Wurzeln einer Gleichung durch die bekannten Grössen rational ausgedrückt werden könne, ist es nicht immer erforderlich, dass sie symmetrisch sei, d. h. durch keine Substitution der Wurzeln eine Aenderung erfahre. Es genügt schon, wie *Galois* bemerkt hat, wenn sie durch keine Substitution eines gewissen Systems conjugirter Substitutionen, das man daher auch das der Gleichung eigene conjugirte System genannt hat, geändert wird, und diese Bedingung ist nicht nur hinreichend, sondern auch nothwendig. Die Ordnung des so bestimmten conjugirten Systems kann dadurch erniedrigt werden, dass einige irrationale Grössen unter die bekannten aufgenommen, oder, wie *Galois* dies bezeichnet, der Gleichung adjungirt werden. Die Eigenschaften dieses conjugirten Systems, das in der Theorie der durch Wurzelgrössen auflösbaren Gleichungen eine so grosse Rolle spielt, wollen wir für den Fall entwickeln, dass die Coefficienten der Gleichung rationale Functionen einer Variablen sind. Dabei werden wir aber eine andere Definition als die eben erwähnte zu Grunde legen.

Ist $f(x, y)$ eine ganze Function von x und y, die als Function der letzteren Variablen betrachtet keinen quadratischen Divisor hat und vom n^{ten} Grade ist, so nennen wir die Werthe von x, für welche zwei Wurzeln y der Gleichung $f(x, y) = 0$ einander gleich sind, oder eine unendlich gross ist, die *singulären* Stellen der durch diese Gleichung definirten algebraischen Function y von x. Unter der *Umgebung* eines bestimmten singulären oder nicht singulären Punktes verstehen wir die Fläche des Kreises, welcher durch den dem Punkte zunächst gelegenen singulären Punkt geht. Ist a eine beliebige nicht singuläre Stelle, so lassen sich die n Werthe von y, welche einem Punkte x in der Umgebung von a entsprechen, durch n in dieser Umgebung convergente, nach ganzen Potenzen von $x - a$ fortschreitende Reihen darstellen. Eine solche Reihe nennen wir nach dem Vorgange des Herrn *Weierstrass* ein *Element* der algebraischen Function y. Beschreibt jetzt x von a aus eine geschlossene Linie, die durch keinen singulären Punkt hindurchführt, so kann eins jener n Functionenelemente, da es nicht aufhören darf, der gegebenen Gleichung Genüge zu leisten, wenn es sich ändert, nur in ein anderes von ihnen übergehen. Es können sich aber nicht zwei verschiedene Wurzeln in dieselbe dritte verwandeln. Denn sonst würde diese auf dem umgekehrten Wege in jede der beiden ersteren übergehen. Eine solche Unbestimmtheit könnte aber nur in dem von uns ausgeschlossenen Falle eintreten, wo der von der Veränderlichen beschriebene Weg durch einen singulären Punkt hindurchführt. Wenn also x von a aus eine geschlossene Strecke beschreibt, so erfahren die Wurzeln der betrachteten Gleichung eine bestimmte Substitution. Stellt man sich daher vor, dass x von a aus der Reihe nach alle möglichen geschlossenen Linien beschreibt, so ergeben sich für diese Wurzeln eine gewisse Anzahl von Substitutionen. Sind S und T zwei derselben, A und B die Wege, auf denen sie erhalten werden, so befindet sich auch TS unter ihnen, da sie auf dem Wege AB erhalten wird. Mithin bilden diese Substitutionen ein conjugirtes System, das, wie man sich leicht überzeugt, von der Wahl des Ausgangspunktes a ganz unabhängig ist, und das wir *das conjugirte System der Gleichung* $f(x, y) = 0$ nennen.

Seien z, z', ... Elemente algebraischer Functionen von x, für die a kein singulärer Punkt ist, so dass wir sie uns durch Reihen, die nach ganzen Potenzen von $x-a$ fortschreiten, dargestellt denken können. Lässt man x von a aus alle geschlossenen Linien beschreiben, auf denen diese Functionenelemente keine Aenderung erleiden, so erfahren die Wurzeln der gegebenen Gleichung eine gewisse Anzahl von Substitutionen, welche sämmtlich in ihrem conjugirten Systeme enthalten sind. Wenn S und T zwei dieser Substitutionen sind, die auf den Wegen A und B erhalten werden, so ist auch TS unter ihnen, da es auf dem Wege AB erhalten wird, auf dem sich jene Reihen nicht ändern. Mithin bilden diese Substitutionen ein conjugirtes System, welches wir das conjugirte System der Gleichung $f(x, y) = 0$ nennen, wenn ihr die Functionenelemente z, z', ... *adjungirt* sind. Ehe wir die Eigenschaften des conjugirten Systems einer Gleichung, der mehrere algebraische Functionen adjungirt sind, untersuchen können, müssen wir zwei Hülfssätze aus der Analysis entwickeln, welche für den Fall, dass sich die Anzahl der adjungirten Functionenelemente auf Null reducirt, bekannte Theoreme der Functionentheorie sind.

§. 3.

I. *Sind* y, z, z', ... *Elemente algebraischer Functionen von* x, *welche in der Umgebung eines für keine dieser Functionen singulären Punktes* a *eindeutig definirt sind, und bleibt* y *ungeändert, wenn* x *von* a *ausgehend alle möglichen geschlossenen durch keinen singulären Punkt hindurchführenden Wege durchläuft, auf denen* z, z', ... *keine Aenderung erfahren, so lässt sich* y *durch* x, z, z', ... *rational ausdrücken.*

II. *Sind* z, z', ... *Elemente algebraischer Functionen von* x, *die in der Umgebung eines nicht singulären Punktes* a *eindeutig bestimmt sind, und ist* $f(x, y)$ *eine unzerlegbare ganze Function von* y, *deren Coefficienten rationale Functionen von* x, z, z', ... *sind, so giebt es von* a *ausgehende geschlossene Wege, auf denen* z, z', ... *ungeändert bleiben, und eine in der Umgebung von* a *eindeutig definirte Wurzel der Gleichung* $f(x, y) = 0$ *in eine beliebige andere eben da eindeutig definirte Wurzel derselben Gleichung übergeht.*

Wir nehmen zuerst an, dass nur ein Functionenelement z gegeben ist. Dies genüge einer irreductiblen Gleichung m^{ten} Grades, $\varphi(x, z) = 0$, deren übrige Wurzeln in der Umgebung von a durch die Functionenelemente

$$z_1, z_2, \ldots z_{m-1}$$

dargestellt sein mögen. Da die Gleichung $\varphi(x, z) = 0$ irreductibel ist, so giebt es nach einem zuerst von *Puiseux* aufgestellten und bewiesenen Satze $m-1$ Wege

$$A_1, A_2, \ldots A_{m-1},$$

auf denen z in die anderen Wurzeln übergeht. Auf ihnen möge sich y in

$$y_1, y_2, \ldots y_{m-1}$$

verwandeln, wo y_α nicht von y_β verschieden zu sein braucht. Beschreibt x von a ausgehend eine beliebige geschlossene Linie A, und gelangt z_α auf ihr zu dem Werthe z_β, so erfährt z und daher der Voraussetzung nach auch y auf dem Wege $A_\alpha A A_\beta^{-1} = B$ keine Aenderung. Auf der Strecke $A = A_\alpha^{-1} B A_\beta$ geht also y_α in y_β und demnach $z_\alpha^\lambda y_\alpha$ in $z_\beta^\lambda y_\beta$ über. Wenn daher x den Weg A durchläuft, so werden die Grössen

$$z^\lambda y, z_1^\lambda y_1, \ldots z_{m-1}^\lambda y_{m-1}$$

in derselben Weise unter einander vertauscht, wie

$$z, z_1, \ldots z_{m-1}.$$

Da mithin die algebraische Function

$$z^\lambda y + z_1^\lambda y_1 + \cdots + z_{m-1}^\lambda y_{m-1} = t_\lambda$$

auf keinem der von a ausgehenden geschlossenen Wege eine Aenderung erleidet, so muss sie eine rationale Function von x sein. Wird in den m Gleichungen, welche aus der eben gefundenen erhalten werden, indem der Zahl λ die Werthe von 0 bis $m-1$ ertheilt werden, z_α mit z_β vertauscht, so vertauschen sich nur die Werthe, die sich aus ihnen für y_α und y_β berechnen lassen, während der Werth, der sich aus ihnen für y ergiebt, ungeändert bleibt. Daher ist y eine symmetrische Function von

$$z_1, z_2, \ldots z_{m-1},$$

den Wurzeln der Gleichung

$$\frac{\varphi(x, s)}{s - z} = 0,$$

und lässt sich folglich durch x und z rational ausdrücken.

Um jetzt den zweiten Satz für den Fall zu beweisen, dass nur ein Functionenelement adjungirt ist, nehmen wir an, es seien

$$y_1, y_2, \ldots y_{n-1}$$

diejenigen Wurzeln der Gleichung $f(x, y) = 0$, in welche ihre Wurzel y übergehen kann, ohne dass z sich ändert, und

$$A_1, A_2, \ldots A_{n-1}$$

bestimmte Wege, auf denen sich y unter der genannten Bedingung in diese Wurzeln verwandelt. Ist dann A irgend ein Weg, auf dem sich z nicht ändert, so ist auch $A_\alpha A$ ein solcher Weg. Da mithin y auf ihm in eine der Wurzeln

$$y, y_1, \ldots y_{n-1}$$

etwa in y_β übergeht, so gelangt y_α auf der Strecke A zu dem Werthe y_β. Da ferner auf dieser Linie keine zwei Wurzeln in dieselbe dritte übergehen können, so erfahren jene n Wurzeln auf ihr eine bestimmte Substitution. Daher bleibt eine symmetrische Function derselben auf jedem Wege, auf dem z keine Aenderung erleidet, ebenfalls ungeändert und ist mithin eine rationale Function von x und z. Daher genügen sie einer Gleichung n^{ten} Grades, deren Coefficienten rational durch x und z ausdrückbar sind. Da aber der Annahme nach $f(x, y)$ keinen Divisor hat, dessen Coefficienten rationale Functionen von x und z sind, so muss die Gleichung $f(x, y) = 0$ vom n^{ten} Grade sein, und mithin y, ohne dass z eine Aenderung erfährt, in jede andere Wurzel derselben übergehen können.

Jetzt möge der Gleichung für y bereits ein Functionenelement z' adjungirt sein, und ihr ein neues, z, adjungirt werden, eine Wurzel einer irreductiblen Gleichung m^{ten} Grades $\varphi(x, z', z) = 0$. Mit Benutzung des eben bewiesenen Satzes, dass es Wege giebt, auf denen z, ohne dass z' sich ändert, in jede andere Wurzel dieser Gleichung übergeht, ergiebt sich auf dieselbe Weise wie oben, dass

$$yz^{\lambda} + y_1 z_1^{\lambda} + \cdots + y_{m-1} z_{m-1}^{\lambda} = t_{\lambda}$$

auf allen geschlossenen Wegen, auf denen z' keine Aenderung erfährt, ungeändert bleibt und mithin eine rationale Function von x und z' ist. Daraus folgt wieder leicht, dass sich y durch x, z und z' rational ausdrücken lässt. Mit Hülfe dieses Satzes wird dann der zweite Satz für den Fall bewiesen, dass zwei Functionenelemente adjungirt sind, mit dessen Hülfe der erste für den Fall, dass drei adjungirt sind, u. s. w.

§. 4.

Wenn die Substitutionen eines conjugirten Systems es gestatten, ein Element an die Stelle jedes andern zu setzen, so nennen wir nach *Cauchy* das System *transitiv*, im entgegengesetzten Falle *intransitiv*. Wenn die Substitutionen es gestatten, μ bestimmte Elemente auf die Plätze von μ beliebigen andern zu bringen, so nennen wir das System μ *Mal transitiv*. Mit Benutzung dieser Ausdrücke lässt sich der zweite Satz des vorigen Paragraphen auch folgendermassen aussprechen:

I. *Das conjugirte System einer irreductiblen Gleichung ist transitiv.*

Ist die Gleichung $f(x, y) = 0$ aber reductibel, und ist $g(x, y)$ ein irreductibler Divisor ihrer linken Seite, so kann eine Wurzel der Gleichung $g(x, y) = 0$ auf Wegen, auf denen sich die adjungirten Irrationalen nicht ändern, dieser Gleichung zu genügen nicht aufhören und daher nur in eine andere Wurzel derselben Gleichung übergehen. Denn nach einem Satze der Functionentheorie müssen mehrere in der Umgebung eines bestimmten Punktes definirte Functionenelemente, zwischen denen eine algebraische Gleichung besteht, dieselbe auch noch befriedigen, wenn die Veränderliche einen beliebigen Weg durchläuft, welcher durch keine Stelle hindurchführt, an der für eins jener Functionenelemente die Entwickelbarkeit nach ganzen positiven Potenzen der Aenderungen der Variablen aufhört. Wenn also $f(x, y)$ keinen quadratischen Divisor hat, so kann sich eine Wurzel der Gleichung $f(x, y)=0$ nicht in eine Wurzel der Gleichung $\frac{f(x, y)}{g(x, y)}=0$ verwandeln, und mithin ist das conjugirte System einer reductiblen Gleichung, die nicht für alle Werthe der Veränderlichen zwei gleiche Wurzeln hat, intransitiv. Daher lässt der vorige Satz folgende Umkehrung zu:

II. *Wenn das conjugirte System einer Gleichung, deren linke Seite keinen quadratischen Divisor hat, transitiv ist, so ist die Gleichung irreductibel.*

Nach einem Satze von *Cauchy* ist die Ordnung m eines μ Mal transitiven Systems conjugirter Substitutionen von n Elementen ein Vielfaches von $n(n-1)\ldots(n-\mu+1)$ und die des conjugirten Systems, welches von den μ bestimmte Elemente nicht verrückenden Substitutionen jenes Systems gebildet wird, gleich $\frac{m}{n(n-1)\ldots(n-\mu+1)}$. Daraus fliesst der Satz:

III. *Die Ordnung des conjugirten Systems einer irreductiblen Gleichung ist ein Vielfaches ihres Grades, und wird, wenn ihr eine ihrer Wurzeln adjungirt wird, durch ihren Grad getheilt.*

Aus dem Satze von *Cauchy* über die Zahlen, welche die Ordnung eines intransitiven Systems darstellen können, ergiebt sich ferner:

IV. *Die Ordnung des conjugirten Systems einer reductiblen Gleichung ohne quadratischen Theiler ist durch die Ordnungen der conjugirten Systeme ihrer irreductiblen Divisoren theilbar und in dem Producte dieser Ordnungen enthalten.*

Eine Verallgemeinerung der drei ersten Theoreme dieses Paragraphen bildet der leicht zu beweisende Satz:

V. *Wenn zwischen den ersten $\lambda+1$ ($\lambda=0, 1, \ldots \mu-1$) von μ Wurzeln einer Gleichung n^{ten} Grades keine Gleichung besteht, die in Bezug auf die $(\lambda+1)^{te}$ von einem geringeren als dem $(n-\lambda)^{ten}$ Grade ist, so ist das conjugirte System der Gleichung μ Mal transitiv, und seine Ordnung ist ein Vielfaches von $n(n-1)\ldots(n-\mu+1)$ und wird, wenn der Gleichung jene μ Wurzeln adjungirt werden, durch $n(n-1)\ldots(n-\mu+1)$ getheilt. Wenn dann zwischen jenen μ Wurzeln und einer $(\mu+1)^{ten}$ eine Gleichung besteht, die in Bezug auf diese von einem geringeren als dem $(n-\mu)^{ten}$ Grade ist, so ist das System genau μ Mal transitiv.*

Den Schluss dieser Reihe von Sätzen bildet endlich das Theorem:

VI. *Damit das conjugirte System einer Gleichung n^{ten} Grades von* *der Ordnung* 1.2...*n sei, ist erforderlich und hinreichend, dass eine bestimmte Wurzel nicht durch weniger als* $n-1$ *andere rational ausgedrückt werden könne.*

§. 5.

Der Gleichung n^{ten} Grades $f(x, y)=0$, die keinen quadratischen Divisor habe, mögen mehrere Elemente algebraischer Functionen, z', z'', ..., adjungirt sein, welche in der Umgebung eines Punktes a eindeutig definirt sind, den wir so wählen, dass er für keine der im Laufe der Untersuchung vorkommenden algebraischen Functionen eine Singularität besitzt. Dann darf die Veränderliche x im Folgenden nur solche von a ausgehenden geschlossenen Linien durchlaufen, die durch keinen singulären Punkt gehen, und auf denen die der Gleichung bereits adjungirten Irrationalen keine Aenderung erfahren. Sei $\varphi(x, z)=0$ eine irreductible Gleichung m^{ten} Grades, deren Coefficienten rationale Functionen von x, z', z'', ... sind, z_0 ein dieser Gleichung genügendes, in der Umgebung von a eindeutig definirtes Functionenelement. Wird jetzt der Gleichung $f(x, y)=0$ noch die Irrationale z_0 adjungirt, so möge Γ ihr conjugirtes System werden.

Durchläuft der Punkt x alle ihm gestatteten Wege, auf denen die Wurzeln der Gleichung $f(x,y)=0$ sämmtlich ungeändert bleiben, so geht z_0 in eine bestimmte Anzahl anderer Wurzeln der Gleichung $\varphi(x,z)=0$ über, die wir mit

$$z_0,\ z_{01},\ \ldots\ z_{0\varrho-1}\quad (Z_0)$$

bezeichnen wollen. Sei B_β ein bestimmter Weg, auf dem sich z_0 in $z_{0\beta}$ verwandelt, ohne dass die Wurzeln der Gleichung $f(x, y)=0$ eine Aenderung erfahren. Enthält die Gruppe Z_0 die Wurzeln nicht sämmtlich, so sei z_1 eine der übrigen Wurzeln. Da die Gleichung $\varphi(x, z)=0$ irreductibel ist, so giebt es einen Weg A_1, auf dem z_0 in z_1 übergeht. Auf diesem mögen sich die Wurzeln der Gruppe Z_0 in

$$z_1,\ z_{11},\ \ldots\ z_{1\varrho-1}\quad (Z_1)$$

verwandeln. Indem man so fortfährt, bringt man die Wurzeln der Gleichung $\varphi(x, z)=0$ in p Gruppen:

$$\begin{array}{lllll} z_0, & z_{01}, & \ldots & z_{0\,q-1}, & (Z_0) \\ z_1, & z_{11}, & \ldots & z_{1\,q-1}, & (Z_1) \\ . & . & \ldots & . & . \\ z_{p-1}, & z_{p-1\,1}, & \ldots & z_{p-1\,q-1}. & (Z_{p-1}) \end{array}$$

Dabei ist angenommen, dass die erste Wurzel z_α der Gruppe Z_α nicht in einer der vorhergehenden Gruppen enthalten ist, und dass sich die Gruppe Z_α aus Z_0 ergiebt, indem x einen bestimmten Weg A_α durchläuft.

Besteht nun die Gleichung $z_{\alpha\beta}=z_{\gamma\delta}$, in der wir α als nicht kleiner als γ voraussetzen dürfen, so bleibt z_0 auf dem Wege $B_\beta A_\alpha A_\gamma^{-1} B_\delta^{-1}$ ungeändert, und daher werden die Wurzeln der Gleichung $f(x,y)=0$ auf ihm einer Substitution T des conjugirten Systems Γ unterworfen. Da sich diese Wurzeln aber auf den Wegen B_β und B_δ nicht ändern, so müssen sie die Substitution T auf dem Wege $A_\alpha A_\gamma^{-1}$ erfahren. Nun giebt es aber einen Weg B, auf dem die Substitution T erhalten wird, ohne dass z_0 sich ändert. Da dann die Wurzeln der Gleichung $f(x,y)=0$ auf der Strecke $B^{-1}A_\alpha A_\gamma^{-1}$ keine Aenderung erleiden, so geht z_0 auf ihr in eine Wurzel $z_{0\lambda}$ der Gruppe Z_0 über, mithin auf der Strecke $B^{-1}A_\alpha$ in $z_{\gamma\lambda}$, und daher ist $z_\alpha=z_{\gamma\lambda}$. Nun ist α nicht kleiner als γ, und wenn α grösser ist als γ, so ist z_α nicht in der Gruppe Z_γ enthalten. Daher ist $\alpha=\gamma$ und $z_{\alpha\beta}=z_{\alpha\delta}$. Da aber zwei verschiedene Wurzeln, $z_{0\beta}$ und $z_{0\delta}$, auf dem Wege A_α nicht in dieselbe dritte $z_{\alpha\beta}=z_{\alpha\delta}$ übergehen können, so muss $\beta=\delta$ sein. Mithin kommt in jenen p Gruppen von je q Functionenelementen keine Wurzel der Gleichung m^{ten} Grades $\varphi(x,z)=0$ öfter als ein Mal vor, und daher ist $m=pq$.

Ist B ein bestimmter Weg, auf dem, ohne dass die Wurzeln der Gleichung $f(x,y)=0$ eine Substitution erfahren, z_0 in z_0' übergeht, und ist A irgend ein Weg, auf dem z_0 ungeändert bleibt, so erleidet z_0' auf der Strecke $B^{-1}AB$ keine Aenderung. Auf ihr wird aber dieselbe Substitution der y erhalten wie auf A. Ist aber A' ein beliebiger Weg, auf dem sich z_0' nicht ändert, so ist $BA'B^{-1}$ ein Weg, auf dem z_0 ungeändert bleibt, und dieselbe Substitution der y wie auf A' erhalten wird. Daher wird der Gleichung $f(x,y)=0$ dasselbe conjugirte System Γ eigen, welche Wurzel der Gruppe Z_0 ihr auch adjungirt wird.

Ist A ein Weg, auf dem $z_{\alpha\beta}$ keine Aenderung erleidet, so bleibt $z_{0\beta}$ auf der Strecke $A_\alpha A A_\alpha^{-1}=B$ ungeändert, und folglich werden die y auf ihr einer Substitution T des Systems Γ unterworfen. Ist also S_α die auf dem

Wege A_α erhaltene Substitution, so erfahren die y auf der Strecke $A = A_\alpha^{-1} B A_\alpha$ die Substitution $S_\alpha T S_\alpha^{-1}$. Alle Substitutionen von dieser Form bilden aber ein dem Systeme Γ ähnliches conjugirtes System Γ_α, das von dem Werthe von β ganz unabhängig ist. Das Ergebniss der bisherigen Erwägungen lässt sich so aussprechen:

I. *Die Wurzeln der Gleichung* $\varphi(x, z) = 0$ *zerfallen in* p *Gruppen von je* q *Wurzeln. Das conjugirte System, das der Gleichung* $f(x, y) = 0$ *eigen wird, wenn ihr eine Wurzel der irreductiblen Hülfsgleichung adjungirt wird, ist für alle Wurzeln einer Gruppe dasselbe. Die* p *conjugirten Systeme, welche erhalten werden, wenn aus jeder Gruppe eine Wurzel adjungirt wird, sind einander ähnlich.*

Dieses Theorem ist das erste einer Reihe von vier Sätzen. Um den Zusammenhang derselben deutlicher hervortreten zu lassen, sprechen wir es noch einmal in einer anderen Form aus:

II. *Durchläuft* x *alle Wege, auf denen eine Wurzel der Gruppe* Z_α *ungeändert bleibt, so erfahren die Wurzeln der Gleichung* $f(x, y) = 0$ *alle Substitutionen des conjugirten Systems* Γ_α *und keine anderen.*

Daran schliesst sich zunächst der Satz:

III. *Durchläuft* x *alle Wege, auf denen die Wurzeln der Gleichung* $f(x, y) = 0$ *keine Aenderung erfahren, so geht eine Wurzel der Gruppe* Z_α *in jede andere derselben Gruppe, aber in keine einer andern Gruppe über.*

Ist B ein bestimmter Weg, auf dem, ohne dass die y eine Substitution erfahren, z_0 in die Wurzel z_0' der Gruppe Z_0 übergeht, und ist A irgend ein Weg, auf dem die y keine Aenderung erleiden, so bleiben sie auch auf der Strecke BA ungeändert, und daher geht z_0 auf ihr in eine Wurzel z_0'' der Gruppe Z_0 über. Auf der Strecke A muss sich also z_0' in z_0'' verwandeln. Da demnach auf einem Wege, auf dem die y keine Substitution erfahren, eine Wurzel der Gruppe Z_0 nur in eine andere derselben Gruppe übergehen kann, so muss sich $z_{0\beta}$ auf der Strecke $A_\alpha B A_\alpha^{-1}$ in $z_{0\gamma}$, und daher $z_{\alpha\beta}$ auf B in $z_{\alpha\gamma}$ verwandeln. Sind ferner $z_{\alpha\beta}$ und $z_{\alpha\gamma}$ zwei beliebige Wurzeln der Gruppe Z_α, so geht auf dem Wege $A_\alpha^{-1} B_\beta^{-1} B_\gamma A_\alpha$, auf dem sich die y nicht ändern, $z_{\alpha\beta}$ in $z_{\alpha\gamma}$ über.

IV. *Durchläuft* x *alle Wege, auf denen die Wurzeln der Gruppe* Z_α *in einander übergehen, so erfahren die Wurzeln der Gleichung* $f(x,y) = 0$ *alle Substitutionen des conjugirten Systems* Γ_α *und keine anderen.*

Ist A irgend ein Weg, auf dem eine Wurzel der Gruppe Z_α in eine beliebige andere derselben Gruppe übergeht, so giebt es einen Weg B, auf dem dasselbe geschieht, ohne dass die y sich ändern. Dann bleibt jene Wurzel auf der Strecke AB^{-1} ungeändert, und daher erfahren die y auf ihr, also auch auf A, eine Substitution des Systems Γ'_α.

V. *Durchläuft x alle Wege, auf denen die Wurzeln der Gleichung $f(x,y)=0$ eine Substitution des conjugirten Systems Γ'_α erfahren, so geht eine Wurzel der Gruppe Z_α in jede andere derselben Gruppe, aber in keine einer andern Gruppe über.*

Ist A irgend ein Weg, auf dem eine Substitution des Systems Γ'_α erhalten wird, so giebt es einen Weg B, auf dem dasselbe geschieht, ohne dass $z_{\alpha\beta}$ sich ändert. Dann bleiben auf der Strecke $B^{-1}A$ die y ungeändert, und daher geht $z_{\alpha\beta}$ auf ihr, also auch auf A in eine andere Wurzel der Gruppe Z_α über.

§. 6.

I. *Wenn eine irreductible Gleichung dadurch reductibel wird, dass ihr alle Wurzeln einer anderen Gleichung adjungirt werden, so sind die irreductiblen Gleichungen, in die sie zerfällt, alle von demselben Grade. Die Coefficienten jeder von diesen Gleichungen lassen sich ohne Benutzung der Wurzeln der Hülfsgleichung durch eine ihrer eigenen Wurzeln rational ausdrücken.*

Nach dem Satze III §. 5 kann eine Wurzel der Gruppe Z_α nur in eine andere Wurzel derselben Gruppe übergehen, wenn der irreductiblen Gleichung $\varphi(x,z)=0$ alle Wurzeln der Gleichung $f(x,y)=0$ adjungirt werden. Eine symmetrische Function der in der Gruppe Z_α enthaltenen Wurzeln bleibt mithin auf allen Wegen, die dem Punkte x dann noch gestattet sind, ungeändert und lässt sich daher durch x und die adjungirten Functionenelemente rational ausdrücken. Folglich genügen die Wurzeln der Gruppe Z_α einer Gleichung q^{ten} Grades, deren Coefficienten rationale Functionen von x und den adjungirten Functionenelementen sind, und die irreductibel ist, weil eine Wurzel der Gruppe Z_α, ohne dass sich die y ändern, in jede andere Wurzel derselben Gruppe übergehen kann. Durchläuft x irgend einen Weg, auf dem $z_{\alpha\beta}$ ungeändert bleibt, so erfahren die y eine Substitution des conjugirten Systems Γ'_α, und mithin geht jede Wurzel der Gruppe Z_α in eine andere derselben Gruppe über. Daher erleiden die Coefficienten der Gleichung q^{ten} Grades, welcher die Wurzeln der Gruppe Z_α genügen, auf einem Wege, auf dem sich $z_{\alpha\beta}$ nicht ändert, ebenfalls keine Aenderung und lassen sich also durch x und $z_{\alpha\beta}$ rational ausdrücken. Aus den beiden Theilen des eben bewiesenen Satzes lassen sich zwei Folgerungen ziehen:

II. *Wenn eine irreductible Gleichung, deren Grad eine Primzahl ist, dadurch reductibel wird, dass ihr alle Wurzeln einer andern Gleichung adjungirt werden, so wird sie dadurch aufgelöst.*

III. *Wenn eine Gleichung, deren conjugirtes System mehr als ein Mal transitiv ist, dadurch reductibel wird, dass ihr alle Wurzeln einer andern Gleichung adjungirt werden, so wird sie dadurch aufgelöst.*

Denn wäre $q > 1$, so müsste, wie eben gezeigt ist, auf einem Wege, auf dem eine Wurzel z_α der Gruppe Z_α ungeändert bleibt, eine andere in ihr enthaltene Wurzel z'_α wieder in eine derselben Gruppe angehörige Wurzel übergehen. Da aber das conjugirte System der Gleichung $\varphi(x, z) = 0$ mehr als ein Mal transitiv ist, so giebt es einen Weg, auf dem z_α in sich selbst und z'_α in eine beliebige andere Wurzel dieser Gleichung übergeht. Mithin müsste $q = m$ sein, was der Voraussetzung widerspricht.

IV. *Zerfällt die linke Seite einer irreductiblen Gleichung, wenn ihr alle Wurzeln einer andern Gleichung adjungirt werden, in p unzerlegbare Factoren, so wird die Ordnung des conjugirten Systems der letzteren, wenn ihr eine Wurzel der ersteren adjungirt wird, durch p getheilt.*

Ist A ein beliebiger Weg, und ist $z_{\alpha\beta}$ die Wurzel, in welche z_0 auf ihm übergeht, so erfolgt auf der Strecke $AA_\alpha^{-1} = B$, weil sich z_0 auf ihr in $z_{0\beta}$ verwandelt, eine Substitution T des Systems Γ. Ist also S_α die auf A_α erhaltene Substitution, so erfahren die y auf dem Wege $A = BA_\alpha$ die Substitution $S_\alpha T$. Sind ferner T und T' zwei Substitutionen von Γ, und ist $S_\alpha T = S_\beta T'$, so ergiebt sich auf dem Wege $A_\alpha A_\beta^{-1}$ die Substitution $S_\beta^{-1} S_\alpha = T' T^{-1}$, die in dem Systeme Γ enthalten ist. Also geht z_0 auf ihm in eine Wurzel $z_{0\gamma}$ der Gruppe Z_0 und mithin auf A_α in $z_{\beta\gamma}$ über. Folglich ist $\alpha = \beta$ und daher auch $T = T'$. Sind demnach

$$T_0,\ T_1,\ \dots\ T_{r-1}$$

die Substitutionen von Γ, so besteht das conjugirte System der Gleichung $f(x, y) = 0$ aus den Substitutionen

$$\begin{array}{llll} T_0, & T_1, & \dots & T_{r-1}, \\ S_1T_0, & S_1T_1, & \dots & S_1T_{r-1}, \\ . & . & \dots & . \\ S_{p-1}T_0, & S_{p-1}T_1, & \dots & S_{p-1}T_{r-1}, \end{array}$$

und mithin ist seine Ordnung gleich pr. Damit ist die Behauptung erwiesen, in welcher der Satz III §. 4 als ein specieller Fall enthalten ist. Eine interessante Anwendung dieser beiden Theoreme giebt der folgende Satz:

V. *Wenn eine irreductible Gleichung, deren Grad n eine Primzahl ist, dadurch reductibel wird, dass ihr eine Wurzel einer irreductiblen Gleichung m^{ten} Grades adjungirt wird, so ist n ein Divisor von m.*

Die Ordnung des conjugirten Systems der irreductiblen Gleichung n^{ten} Grades ist durch n theilbar. Zerfällt sie, wenn ihr eine Wurzel einer irreductiblen Hülfsgleichung m^{ten} Grades adjungirt wird, in mehrere irreductible Factoren von den Graden a, b, c, ..., so ist, wie leicht zu sehen, die Ordnung des conjugirten Systems der nunmehr reductiblen Gleichung ein Divisor von $1.2\dots a.1.2\dots b.1.2\dots c\dots$ und mithin, da n eine Primzahl ist, und a, b, c, ... sämmtlich kleiner als n sind, nicht mehr durch n theilbar. Nun ist aber die Ordnung des ihr gegenwärtig eigenen conjugirten Systems ein Divisor der Ordnung des ihr vorher eigenen. Also muss die letztere dadurch, dass der Gleichung n^{ten} Grades die Wurzel der Hülfsgleichung adjungirt ist, durch ein Vielfaches von n getheilt worden sein. Die Zahl, durch welche sie getheilt wird, ist aber ein Divisor von m, und daher muss auch n in m enthalten sein.

VI. *Wenn sich das conjugirte System einer Gleichung, G, dadurch auf das conjugirte System Γ reducirt, dass ihr alle Wurzeln einer andern Gleichung adjungirt werden, so wird das System Γ dadurch nicht geändert, dass in den Cyclen aller seiner Substitutionen irgend eine Substitution von G ausgeführt wird.*

Ist A ein beliebiger der dem Punkte x gestatteten Wege und B ein Weg, auf dem ausser den bereits adjungirten Irrationalen noch die Wurzeln der Hülfsgleichung ungeändert bleiben, so wird auf A eine Substitution S von G und auf B eine Substitution T von Γ erhalten. Da die Wurzeln der Hülfsgleichung auf der Strecke $A^{-1}BA$ ebenfalls keine Aenderung erleiden, so muss die auf ihr bewirkte Substitution STS^{-1} in dem Systeme Γ enthalten sein. Diese wird aber bekanntlich erhalten, indem die Substitution S in den Cyclen von T ausgeführt wird.

VII. *Wenn sich das conjugirte System einer Gleichung, G, dadurch auf das conjugirte System Γ reducirt, dass ihr eine Wurzel einer irreductiblen Gleichung adjungirt wird, und wenn sich alle Wurzeln der letzteren durch eine von ihnen rational ausdrücken lassen, so wird das System Γ dadurch nicht geändert, dass in den Cyclen aller seiner Substitutionen irgend eine Substitution von G ausgeführt wird.*

Sind z_0 und z_1 zwei Wurzeln der irreductiblen Hülfsgleichung, so giebt es einen Weg A, auf dem z_0 in z_1 übergeht. Auch kann eine Zahl r von der Beschaffenheit gefunden werden, dass z_0 auf A^r zu ihrem Anfangswerthe zurückkehrt. Ist dann B irgend ein Weg, auf dem z_1 keine Aenderung erleidet, so bleibt, wenn die Veränderliche die Linie $ABA^{-1} = C$ beschreibt, z_0 ungeändert, also auch z_1, falls es sich durch x und z_0 rational ausdrücken lässt. Mithin erfährt z_0 und daher auch z_1 auf der Strecke $ACA^{-1} = A^2BA^{-2}$ ebenfalls keine Aenderung. Da folglich z_1 auf der Linie $A^{r-1}BA^{-(r-1)}$, wie eine wiederholte Anwendung dieses Schlusses zeigt, in sich selbst, auf A^{r-1} aber in z_0 übergeht, so muss z_0 auf einem Wege B, auf dem z_1 keine Aenderung erfährt, ebenfalls ungeändert bleiben.

Nun sind der Annahme nach alle Wurzeln der Hülfsgleichung rationale Functionen von x und z_0. Beschreibt also die Veränderliche alle Linien, auf denen eine dieser Wurzeln keine Aenderung erleidet, so hat sie auch alle Wege durchlaufen, auf denen alle Wurzeln ihre Anfangswerthe wieder annehmen. Mithin reducirt sich das conjugirte System einer Gleichung G, wenn ihr eine Wurzel der Hülfsgleichung adjungirt wird, auf das nämliche conjugirte System Γ, wie wenn ihr alle Wurzeln derselben adjungirt werden, und damit ist der behauptete Satz auf den vorigen zurückgeführt.

VIII. *Das conjugirte System, das einer Gleichung eigen wird, wenn ihr eine rationale Function ihrer Wurzeln adjungirt wird, besteht aus denjenigen Substitutionen des ihr vorher eigenen conjugirten Systems, durch welche jene Function nicht geändert wird.*

Dieser Satz ist eine unmittelbare Folge der Definition, die von dem conjugirten Systeme einer Gleichung, der gewisse algebraische Functionen adjungirt sind, aufgestellt worden ist. Es bleibt also noch übrig, die Uebereinstimmung dieser Definition mit der von *Galois* gegebenen nachzuweisen. Dies geschieht durch den Satz:

IX. *Jede rationale Function der Wurzeln einer Gleichung, welche durch die Substitutionen ihres conjugirten Systems nicht geändert wird, lässt sich durch die bekannten Grössen rational ausdrücken, und jede rationale Function der Wurzeln, welche sich durch die bekannten Grössen rational ausdrücken lässt, wird durch die Substitutionen ihres conjugirten Systems nicht geändert.*

Wenn die Veränderliche von einem nicht singulären Punkte aus alle geschlossenen Strecken durchläuft, die ihr gestattet sind, so erfahren die Wurzeln der gegebenen Gleichung die Substitutionen ihres conjugirten Systems. Eine rationale Function der Wurzeln, welche durch diese Substitutionen nicht geändert wird, ist folglich eine algebraische Function, die auf allen geschlossenen Linien ihren ursprünglichen Werth wieder erlangt, und mithin eine rationale Function der unabhängigen Variablen und der adjungirten Irrationalen. Lässt sich umgekehrt eine rationale Function der Wurzeln durch die bekannten Grössen rational ausdrücken, so erfährt sie auf keinem Wege, den die Veränderliche durchlaufen darf, und da die Wurzeln der gegebenen Gleichung auf solchen Wegen allen Substitutionen ihres conjugirten Systems unterworfen werden, durch keine dieser Substitutionen eine Aenderung.

Berlin, im October 1871.

4.

Über die Integration der linearen Differentialgleichungen durch Reihen

Journal für die reine und angewandte Mathematik 76, 214–235 (1873)

Wenn alle Integrale einer homogenen linearen Differentialgleichung λ^{ter} Ordnung in der Umgebung einer bestimmten Stelle, für die wir der Einfachheit halber den Nullpunkt der Constructionsebene wählen wollen, die Eigenschaft haben, mit einer gewissen Potenz der Variablen x multiplicirt, endlich zu bleiben, so muss dieselbe, wie zuerst Herr *Fuchs* (dieses Journal, Bd. 66, S. 146 und Bd. 68, 360) und nachher auf einem kürzeren Wege Herr *Thomé* (dieses Journal Bd. 74, S. 200) bewiesen hat, für alle Werthe von x, die eine gewisse Grenze nicht überschreiten, die Gestalt

$$p(x)x^{\lambda}y^{(\lambda)}+p_1(x)x^{\lambda-1}y^{(\lambda-1)}+\cdots+p_\lambda(x)y = 0$$

haben, wo $y^{(\varkappa)}$ die $\varkappa^{\text{te}}$ Ableitung von y nach x bedeutet, $p(x)$, $p_1(x)$, ... $p_\lambda(x)$ nach ganzen positiven Potenzen von x fortschreitende convergente Reihen sind, und $p(x)$ für $x=0$ nicht verschwindet. Hat umgekehrt eine lineare Differentialgleichung die angegebene Form, so werden auch alle ihre Integrale, mit einer bestimmten Potenz von x multiplicirt, endlich und haben daher in Folge der allgemeinen Gestalt der Integrale linearer Differentialgleichungen (vergl. d. Abh. d. Herrn *Fuchs*, dieses Journal Bd. 66, S. 136) in der Umgebung des Nullpunktes die Form

$$y = x^{\varrho}\sum_{\nu}{}_0^{\infty}\left(g_\nu^{(\varkappa)}+g_\nu^{(\varkappa-1)}\log x+g_\nu^{(\varkappa-2)}(\log x)^2+\cdots+g_\nu(\log x)^{\varkappa}\right)x^{\nu},$$

wo ϱ eine Wurzel einer gewissen, aus den Coefficienten der Differentialgleichung leicht zu bildenden Gleichung λ^{ten} Grades $f(\varrho)=0$ ist, und die Grössen $g_0^{(\varkappa)}$, $g_0^{(\varkappa-1)}$, ... g_0 nicht sämmtlich verschwinden.

Um zu zeigen, dass den λ Wurzeln dieser Gleichung wirklich λ von einander unabhängige Integrale entsprechen, vertheilt Herr *Fuchs* (dieses Journal, Bd. 68, S. 362) dieselben in Gruppen, in der Weise, dass er alle diejenigen Wurzeln zu einer Gruppe zusammenfasst, die sich nur um reelle ganze Zahlen unterscheiden. Sind dann ϱ_0, ϱ_1, ... ϱ_μ die Wurzeln einer Gruppe, so geordnet, dass, wenn $\alpha<\beta$ ist, $\varrho_\alpha-\varrho_\beta$ eine positive ganze Zahl ist, so beweist er zunächst, dass der Wurzel ϱ_0 ein Integral von der Form

$$y_0 = x^{\varrho_0} \Sigma g_\nu x^\nu$$

entspricht. Zu dem Zwecke vergleicht er die gegebene Differentialgleichung mit einer andern, die durch eine Reihe von der Form

$$\Sigma c_\nu x^\nu$$

befriedigt wird, in welcher c_ν dem absoluten Betrage nach grösser als g_ν ist. Indem er dann mittelst der letzteren Differentialgleichung die Berechnung der Coefficienten c_ν wirklich ausführt und aus ihren Werthen den Radius R des Convergenzbereiches der zweiten Reihe bestimmt, schliesst er, dass wenigstens innerhalb des mit dem Radius R um den Nullpunkt beschriebenen Kreises auch die Reihe für y_0 convergent ist. Nun macht er in der gegebenen Differentialgleichung die Substitution

$$y = y_0 \int z\, dx$$

und wendet auf die lineare Differentialgleichung $(\lambda-1)^{\text{ter}}$ Ordnung, die er für z findet, dieselben Schlüsse an.

Diese Beweismethode ist dieselbe, welche Herr *Weierstrass* benutzt hat, um allgemein die Existenz der Integrale für alle algebraischen Differentialgleichungen nachzuweisen. Daher war zu erwarten, dass bei den linearen einfachere Methoden zum Ziele führen würden. Indem ich diesen Gedanken verfolgte, fand ich, dass sich bei irgend einer Differentialgleichung von der oben angegebenen Form die Coefficienten der sie befriedigenden Reihen ebenso einfach berechnen lassen, und dass aus ihren Werthen der Convergenzbereich dieser Reihen mit wenig grösserer Mühe bestimmt werden kann, wie bei der speciellen Differentialgleichung, mit welcher Herr *Fuchs* die allgemeine vergleicht. Auch zeigte sich, dass sich auf diesem Wege die den Wurzeln einer Gruppe entsprechenden Integrale, in deren Entwickelungen meist Logarithmen auftreten, ohne Benutzung von Differentialgleichungen niedrigerer Ordnung direct berechnen lassen, und dass auch bei diesen Reihen aus der Form der Coefficienten die Ausdehnung des Convergenzbezirkes mit Leichtigkeit erschlossen werden kann.

§. 1.

Wenn über die Coefficienten der Differentialgleichung

$$(1.)\qquad p(x)x^\lambda y^{(\lambda)} + p_1(x)x^{\lambda-1}y^{(\lambda-1)} + \cdots + p^\lambda(x)y = 0,$$

deren linke Seite wir mit $P(y)$ bezeichnen wollen, die oben gemachten Annahmen gelten, denen zufolge alle ihre Integrale in der Umgebung des Nullpunktes, mit einer bestimmten Potenz von x multiplicirt, endlich werden, so bleiben diese Voraussetzungen auch bestehen, wenn man die Gleichung durch $p(x)$ dividirt. Zur Vereinfachung der Beweise nehmen wir daher zunächst an, dass $p(x) = 1$ ist. Wir setzen in die Differentialgleichung (1.) für y eine Reihe von der Form

$$(2.)\qquad g(x,\varrho) = \Sigma g_\nu x^{\varrho+\nu}$$

ein. Der Summationsbuchstabe ν durchläuft hier und im Folgenden, wenn die Grenzen der Summation nicht ausdrücklich angegeben sind, die Zahlen von 0 bis ∞. Man übersieht zunächst leicht, dass

$$P(\Sigma g_\nu x^{\varrho+\nu}) = \Sigma g_\nu P(x^{\varrho+\nu})$$

ist. Nun ist aber

$$P(x^\varrho) = x^\varrho f(x,\varrho),$$

wenn

$$(3.)\quad f(x,\varrho) = \varrho(\varrho-1)\dots(\varrho-\lambda+1)p(x)+\varrho(\varrho-1)\dots(\varrho-\lambda+2)p_1(x)+\dots+p_\lambda(x)$$

gesetzt wird. Folglich ist

$$P(g(x,\varrho)) = \Sigma g_\nu f(x,\varrho+\nu)x^{\varrho+\nu}.$$

Da sich $p_1(x)$, $p_2(x)$, ... $p_\lambda(x)$ in convergente, nach ganzen positiven Potenzen von x fortschreitende Reihen entwickeln lassen, so convergirt auch die Reihe

$$(4.)\qquad f(x,\varrho) = \Sigma f_\nu(\varrho)x^\nu,$$

deren Coefficienten ganze Functionen höchstens λ^{ten} Grades von ϱ sind. Daher nimmt die linke Seite der Differentialgleichung (1.), wenn für y die Function $g(x,\varrho)$ eingesetzt wird, die Gestalt

$$\Sigma(g_\nu f(\varrho+\nu)+g_{\nu-1}f_1(\varrho+\nu-1)+\dots+g_1 f_{\nu-1}(\varrho+1)+g f_\nu(\varrho))x^{\varrho+\nu}$$

an. (Vergl. d. Abh. des Herrn *Fuchs* dieses Journal Bd. 68 S. 375.) Soll also die Reihe (2.) die Differentialgleichung befriedigen, so müssen ihre Coefficienten durch die Recursionsformeln

$$(5.)\qquad \begin{cases} g f(\varrho) = 0, \\ g_1 f(\varrho+1)+g f_1(\varrho) = 0, \qquad \text{u. s. w.,} \\ g_\nu f(\varrho+\nu)+g_{\nu-1}f_1(\varrho+\nu-1)+\dots+g_1 f_{\nu-1}(\varrho+1)+g f_\nu(\varrho) = 0 \end{cases}$$

bestimmt werden. Nehmen wir an, dass gx^ϱ das wirkliche Anfangsglied der

Reihe (2.) ist, also g von Null verschieden ist, so muss ϱ, weil $gf(\varrho)=1$ ist, eine Wurzel der Gleichung λ^{ten} Grades $f(\varrho)=0$ sein. Da es aber vortheilhaft ist, wenn man ϱ zunächst als variabel betrachten kann, so wollen wir vorläufig von der Gleichung $gf(\varrho)=0$ absehen, und indem wir unter g eine willkürliche Function von ϱ verstehen, $g_1, g_2, \dots$ mittelst der Formel (5.) als Functionen von ϱ bestimmen. Man erkennt leicht, dass $g_\nu(\varrho)$ von der Form

$$(6.)\qquad g_\nu(\varrho) = \frac{g(\varrho)h_\nu(\varrho)}{f(\varrho+1)f(\varrho+2)\dots f(\varrho+\nu)}$$

ist, wo $h_\nu(\varrho)$ eine ganze Function von ϱ bedeutet. Für diese findet man durch Auflösung des Gleichungssystems, das man aus der Formel (5.) erhält, indem man für ν der Reihe nach die Zahlen 1, 2, ... ν setzt, den Werth

$$(7.)\qquad (-1)^\nu . h_\nu(\varrho) = \begin{vmatrix} f_1(\varrho+\nu-1) & f_2(\varrho+\nu-2) & \dots & f_{\nu-1}(\varrho+1) & f_\nu\ (\varrho) \\ f(\varrho+\nu-1) & f_1(\varrho+\nu-2) & \dots & f_{\nu-2}(\varrho+1) & f_{\nu-1}(\varrho) \\ 0 & f(\varrho+\nu-2) & \dots & f_{\nu-3}(\varrho+1) & f_{\nu-2}(\varrho) \\ \cdot & \cdot & \cdots & \cdot & \cdot \\ 0 & 0 & \dots & f\ (\varrho+1) & f_1\ (\varrho) \end{vmatrix}.$$

Wir beschränken die Veränderlichkeit von ϱ auf die Umgebungen der Wurzeln der Gleichung $f(\varrho)=0$. Diese Bereiche können wir, wie leicht zu sehen, da die Wurzeln der Gleichung $f(\varrho)=0$ alle dem absoluten Betrage nach unter einer gewissen Grenze liegen, so klein wählen, dass die Nenner der rationalen Functionen $g_\nu(\varrho)$ in dem Gebiete der Variabeln ϱ nur für Wurzeln der Gleichung $f(\varrho)=0$ verschwinden. Aber auch letzteres kann man durch eine passende Verfügung über die willkürliche Function $g(\varrho)$ verhindern. Werden nämlich die Wurzeln der Gleichung $f(\varrho)=0$ auf die oben angegebene Weise in Gruppen vertheilt, und ist das Maximum der Differenz zweier Wurzeln irgend einer Gruppe gleich ε, so braucht man nur

$$(8.)\qquad g(\varrho) = f(\varrho+1)f(\varrho+2)\dots f(\varrho+\varepsilon)C(\varrho)$$

zu setzen, wo $\varphi(\varrho)$ eine willkürliche Function von ϱ ist.

Alsdann sind die Functionen $g_\nu(\varrho)$ für alle in Betracht kommenden Werthe von ϱ endlich, und wenn die Reihe (2.) convergent ist, so ist $y=g(x,\varrho)$ ein Integral der Differentialgleichung

$$P(y) = f(\varrho)g(\varrho)x^\varrho.$$

Es kommt nun zunächst darauf an, die Convergenz der Reihe (2.) nachzuweisen.

§. 2.

Wenn $\nu > \varepsilon$ ist, so kann $f(\varrho+\nu+1)$ für keinen Werth im Gebiete der Veränderlichen ϱ verschwinden, und daher ergiebt sich aus der Formel (5.) die Gleichung

$$g_{\nu+1} = -\frac{1}{f(\varrho+\nu+1)}(g_\nu f_1(\varrho+\nu)+g_{\nu-1}f_2(\varrho+\nu-1)+\cdots+g f_{\nu+1}(\varrho)).$$

Bezeichnet man die absoluten Beträge der Functionen $f_\nu(\varrho)$ und $g_\nu(\varrho)$ mit $F_\nu(\varrho)$ und $G_\nu(\varrho)$, so folgt daraus, weil der absolute Werth einer Summe nicht grösser ist, als die Summe der absoluten Werthe der Summanden,

$$G_{\nu+1} \leqq \frac{1}{F(\varrho+\nu+1)}(G_\nu F_1(\varrho+\nu)+G_{\nu-1}F_2(\varrho+\nu-1)+\cdots+G F_{\nu+1}(\varrho)).$$

Sei R der Radius eines um den Nullpunkt beschriebenen Kreises, der beliebig wenig kleiner ist, als der, innerhalb dessen $p_1(x)$, $p_2(x)$, ... $p_\lambda(x)$ sämmtlich convergiren. Dann sind die Reihen

$$f(x, \varrho) = \Sigma f_\nu(\varrho) x^\nu$$

und

$$f'(x, \varrho) = \Sigma(\nu+1) f_{\nu+1}(\varrho) x^\nu$$

ebenfalls für alle Werthe von x, die dem absoluten Betrage nach nicht grösser als R sind, convergent. Wenn daher $M(\varrho)$ der grösste Werth ist, den der absolute Betrag von $f'(x, \varrho)$ auf der Peripherie des mit dem Radius R um den Nullpunkt beschriebenen Kreises annimmt, so ist nach einem bekannten Satze

$$F_{\nu+1}(\varrho) < \frac{1}{\nu+1} M(\varrho) R^{-\nu} < M(\varrho) R^{-\nu}$$

und folglich

$$G_{\nu+1} < \frac{1}{F(\varrho+\nu+1)}(G_\nu M(\varrho+\nu)+G_{\nu-1}M(\varrho+\nu-1)R^{-1}+\cdots+G M(\varrho) R^{-\nu}).$$

Bezeichnet man die rechte Seite dieser Ungleichheit mit $a_{\nu+1}$, so ist

$$a_{\nu+1} = \frac{G_\nu M(\varrho+\nu)}{F(\varrho+\nu+1)} + \frac{a_\nu F(\varrho+\nu)}{R F(\varrho+\nu+1)}$$

oder da $G_\nu < a_\nu$ ist,

$$a_{\nu+1} < a_\nu\left(\frac{M(\varrho+\nu)}{F(\varrho+\nu+1)} + \frac{1}{R}\frac{F(\varrho+\nu)}{F(\varrho+\nu+1)}\right).$$

Werden also die Grössen $b_\nu (\nu > \varepsilon)$ mittelst der Recursionsformel

$$b_{\nu+1} = b_\nu\left(\frac{M(\varrho+\nu)}{F(\varrho+\nu+1)} + \frac{1}{R}\frac{F(\varrho+\nu)}{F(\varrho+\nu+1)}\right)$$

berechnet, so ist bei passender Verfügung über b_ε

$$G_\nu < a_\nu < b_\nu.$$

Da aber $f(\varrho)$ eine ganze Function λ^{ten} Grades von ϱ ist, so nähert sich bei wachsendem ν der Quotient $\dfrac{f(\varrho+\nu)}{f(\varrho+\nu+1)}$ und folglich auch sein absoluter Betrag $\dfrac{F(\varrho+\nu)}{F(\varrho+\nu+1)}$ der Grenze Eins. Weil ferner $p(x)=1$ angenommen, also $f'(x,\varrho)$ eine ganze Function höchstens $(\lambda-1)^{\text{ten}}$ Grades von ϱ ist, und $M(\varrho)$ das Maximum dieser Function für die Werthe von x, deren absoluter Betrag gleich R ist, bedeutet, so ist leicht zu sehen, dass sich, wie auch am Ende dieses Paragraphen noch in aller Strenge erwiesen werden soll, $\dfrac{M(\varrho+\nu)}{F(\varrho+\nu+1)}$ bei wachsendem ν der Grenze Null nähert. Daher ist

$$\lim \frac{b_{\nu+1}}{b_\nu} = \frac{1}{R},$$

und mithin convergirt die Reihe $\Sigma b_\nu x^\nu$ und folglich auch

$$(2.) \qquad g(x,\varrho) = \Sigma g_\nu(\varrho) x^{\varrho+\nu}$$

innerhalb des mit dem Radius R um den Nullpunkt beschriebenen Kreises.

Für die Folgerungen, die wir im nächsten Paragraphen aus dem eben gewonnenen Resultate ziehen wollen, ist es noch wichtig zu zeigen, dass die Reihe (2.) für alle in Betracht kommenden Werthe von ϱ gleichmässig convergirt, dass sich also, wenn δ eine beliebig gegebene kleine Grösse ist, eine endliche Zahl $\varkappa$ angeben lässt, so dass der absolute Betrag der Summe

$$\Sigma_\varkappa^\infty g_\nu(\varrho) x^{\varrho+\nu}$$

für alle gestatteten Werthe von ϱ kleiner als δ ist. Zu dem Zwecke bezeichnen wir den absoluten Betrag von ϱ mit σ und die Maxima der absoluten Beträge der Functionen $p_1'(x)$, $p_2'(x)$, $\dots$ $p_\lambda'(x)$ für die Werthe von x auf dem mit dem Radius R um den Nullpunkt beschriebenen Kreise mit M_1, $M_2, \dots M_\lambda$. Wird dann *)

$$\psi(\sigma) = \sigma(\sigma+1)\dots(\sigma+\lambda-2)M_1 + \sigma(\sigma+1)\dots(\sigma+\lambda-3)M_2 + \dots + M_\lambda$$

gesetzt, so ist

$$M(\varrho) < \psi(\sigma).$$

---

*) Ich mache darauf aufmerksam, dass von hier an ϱ als unbeschränkt veränderlich aufzufassen ist, bis wieder $\varrho+\nu$ als Argument auftritt.

Ferner ist $f(\varrho) = \varrho^\lambda + (f(\varrho) - \varrho^\lambda)$, und da der absolute Betrag einer Summe nicht kleiner, als die Differenz der absoluten Beträge der Summanden ist, so ist

$$F(\varrho) \geqq \sigma^\lambda - [f(\varrho) - \varrho^\lambda],$$

wo für den in die eckigen Klammern eingeschlossenen Ausdruck sein absoluter Betrag zu setzen ist. Es ist aber

$$(9.) \quad f(\varrho) = \varrho(\varrho-1)\dots(\varrho-\lambda+1) + p_1(0)\varrho(\varrho-1)\dots(\varrho-\lambda+2) + \dots + p_\lambda(0).$$

Werden also die absoluten Beträge von $p_1(0)$, $p_2(0)$, ... $p_\lambda(0)$ mit P_1, P_2, ... P_λ bezeichnet und wird

$$\varphi(\sigma) = \sigma(\sigma+1)\dots(\sigma+\lambda-1) + P_1\sigma(\sigma+1)\dots(\sigma+\lambda-2) + \dots + P_\lambda - \sigma^\lambda$$

gesetzt, so ist

$$[f(\varrho) - \varrho^\lambda] < \varphi(\sigma)$$

und daher

$$F(\varrho) > \sigma^\lambda - \varphi(\sigma),$$

wenn nur σ gross genug gewählt wird, damit die rechte Seite dieser Ungleichheit positiv ist. Das ist aber stets zu erreichen, weil $\varphi(\sigma)$ nur vom $(\lambda-1)^{\text{ten}}$ Grade ist.

Aus den entwickelten Ungleichheiten folgt

$$\frac{M(\varrho+\nu)}{F(\varrho+\nu+1)} < \frac{\psi[\varrho+\nu]}{[\varrho+\nu+1]^\lambda - \varphi[\varrho+\nu+1]}.$$

Nun ist aber

$$[\varrho+\nu] < \nu+\sigma \quad \text{und} \quad [\varrho+\nu+1] > \nu-\sigma,$$

und da die positiven Functionen $\psi(\sigma)$ und $\sigma^\lambda - \varphi(\sigma)$ von einer gewissen Grenze an beständig mit dem Argumente wachsen, so ist für hinreichend grosse Werthe von ν

$$\frac{M(\varrho+\nu)}{F(\varrho+\nu+1)} < \frac{\psi(\nu+\sigma)}{(\nu-\sigma)^\lambda - \varphi(\nu-\sigma)}.$$

Der letztere Ausdruck nähert sich, da der Zähler eine ganze Function niedrigeren Grades von ν ist als der Nenner, bei wachsendem ν der Grenze 0. Damit ist zunächst der oben versprochene Nachweis gegeben, dass $\lim \frac{M(\varrho+\nu)}{F(\varrho+\nu-1)} = 0$ ist.

Da alle Wurzeln der Gleichung $f(\varrho) = 0$ in einem endlichen Bereiche liegen und ϱ sich nur in den nächsten Umgebungen derselben bewegen darf, so ist σ stets kleiner als eine bestimmte Grösse τ. Wenn ν nur genügend gross ist, so ist

$$\frac{M(\varrho+\nu)}{F(\varrho+\nu+1)} < \frac{\psi(\nu+\tau)}{(\nu-\tau)^{\lambda}-\varphi(\nu-\tau)}$$

und

$$\frac{F(\varrho+\nu)}{F(\varrho+\nu+1)} < \frac{(\nu+\tau)^{\lambda}+\varphi(\nu+\tau)}{(\nu-\tau)^{\lambda}-\varphi(\nu-\tau)}.$$

Haben diese Ungleichheiten von dem Werthe $\nu=\mu$ an Geltung, und werden die Grössen c_ν von $\nu=\mu$ an mittelst der Recursionsformel

$$c_{\nu+1} = c_\nu\left(\frac{\psi(\nu+\tau)}{(\nu-\tau)^{\lambda}-\varphi(\nu-\tau)}+\frac{1}{R}\,\frac{(\nu+\tau)^{\lambda}+\varphi(\nu+\tau)}{(\nu-\tau)^{\lambda}-\varphi(\nu-\tau)}\right)$$

berechnet, so ist, wenn $c_\mu > b_\mu$ gewählt wird, auch $b_\nu < c_\nu$. Da aber $\lim\frac{c_{\nu+1}}{c_\nu}=\frac{1}{R}$ ist, so muss, wenn r beliebig wenig kleiner als R ist, die Reihe $\Sigma c_\nu r^\nu$ convergent sein. Daher lässt sich eine endliche Anzahl von Gliedern so absondern, dass die Summe aller übrigen $\Sigma_\varkappa^\infty c_\nu r^\nu$ kleiner als eine beliebig gegebene Grösse $\delta r^{-\sigma}$ ist. Weil man $\varkappa > \mu$ wählen kann, so ist so ist dann um so mehr

$$[\Sigma_\varkappa^\infty g_\nu(\varrho)x^{\varrho+\nu}] < \delta$$

für sämmtliche Werthe von ϱ in den Umgebungen der Wurzeln der Gleichung $f(\varrho)=0$ und für die Punkte x innerhalb des mit dem Radius r um den Nullpunkt beschriebenen Kreises.

Mithin ist die Reihe (2.) für alle in Betracht kommenden Werthe von ϱ gleichmässig convergent und kann daher nach ϱ differentiirt werden, und zwar in der Weise, dass die Differentiation an ihren einzelnen Gliedern ausgeführt wird.

§. 3.

Seien $\varrho_0, \varrho_1, \dots \varrho_\mu$ die zu einer Gruppe gehörigen $\mu+1$ Wurzeln der Gleichung $f(\varrho)=0$, so geordnet, dass, wenn $\alpha<\beta$ ist, $\varrho_\alpha-\varrho_\beta$ eine positive ganze Zahl ist. Von diesen Grössen können einige unter einander gleich sein. Sind $\varrho_0, \varrho_\alpha, \varrho_\beta, \varrho_\gamma, \dots$ die unter einander verschiedenen Wurzeln der Gruppe, so ist $\varrho_0=\varrho_1=\dots=\varrho_{\alpha-1}$ eine αfache, $\varrho_\alpha=\varrho_{\alpha+1}=\dots=\varrho_{\beta-1}$ eine $(\beta-\alpha)$fache, $\varrho_\beta=\varrho_{\beta+1}=\dots=\varrho_{\gamma-1}$ eine $(\gamma-\beta)$fache u. s. w. Wurzel der Gleichung $f(\varrho)=0$. Da wir

$$(8.)\qquad g(\varrho) = f(\varrho+1)f(\varrho+2)\dots f(\varrho+\varepsilon)C(\varrho)$$

gesetzt haben, und $\varepsilon \geqq \varrho_0-\varrho_\mu$ ist, so ist $g(\varrho)$ für $\varrho=\varrho_0=\varrho_1=\dots=\varrho_{\alpha-1}$ von

Null verschieden und verschwindet für $\varrho = \varrho_\alpha = \varrho_{\alpha+1} = \cdots = \varrho_{\beta-1}$ von der α^{ten}, für $\varrho = \varrho_\beta = \varrho_{\beta+1} = \cdots = \varrho_{\gamma-1}$ von der β^{ten} u. s. w., allgemein also für $\varrho = \varrho_\varkappa$ höchstens von der $\varkappa^{\text{ten}}$ Ordnung. Dagegen verschwindet der Ausdruck $f(\varrho)g(\varrho)x^\varrho$ für $\varrho=\varrho_0=\varrho_1=\cdots=\varrho_{\alpha-1}$ von der α^{ten}, für $\varrho=\varrho_\alpha=\varrho_{\alpha+1}=\cdots=\varrho_{\beta-1}$ von der β^{ten} u. s. w. und allgemein für $\varrho = \varrho_\varkappa$ wenigstens von der $(\varkappa+1)^{\text{ten}}$ Ordnung. Daher muss seine $\varkappa^{\text{te}}$ Ableitung nach ϱ für $\varrho = \varrho_\varkappa$ verschwinden.

Nun ist die Function $g(x, \varrho)$ so bestimmt worden, dass

$$P(g(x, \varrho)) = f(\varrho)g(\varrho)x^\varrho$$

eine identische Gleichung ist. Wir differentiiren dieselbe $\varkappa$ Mal nach ϱ und und setzen dann $\varrho = \varrho_\varkappa$. Da die Differentiationen nach den beiden Variablen x und ϱ in willkürlicher Ordnung ausgeführt werden können, so ergiebt sich auf diese Weise, wenn man

$$(10.)\qquad \frac{d^\varkappa g(x, \varrho)}{d\varrho^\varkappa} = g^{(\varkappa)}(x, \varrho)$$

setzt, die Gleichung

$$P(g^{(\varkappa)}(x, \varrho_\varkappa)) = 0,$$

aus der hervorgeht dass

$$(11.)\qquad y = g^\varkappa(x, \varrho_\varkappa)$$

ein Integral der Differentialgleichung $P(y) = 0$ ist. Aus der Gleichung

$$(2.)\qquad g(x, \varrho) = x^\varrho \Sigma g_\nu(\varrho) x^\nu$$

ergiebt sich in Folge der gleichmässigen Convergenz dieser Reihe die Gleichung

$$(12.)\quad \begin{cases} g^\varkappa(x,\varrho_\varkappa) = x^{\varrho_\varkappa} \Sigma\Big(g_\nu^{(\varkappa)}(\varrho_\varkappa) + \varkappa g_\nu^{(\varkappa-1)}(\varrho_\varkappa)(\log x) + \frac{\varkappa(\varkappa-1)}{1.2} g_\nu^{(\varkappa-2)}(\varrho_\varkappa)(\log x)^2 + \cdots \\ \qquad\qquad \cdots + g_\nu(\varrho_\varkappa)(\log x)^\varkappa\Big) x^\nu. \end{cases}$$

Da $g(\varrho)$ für $\varrho = \varrho_\varkappa$ höchstens von der $\varkappa^{\text{ten}}$ Ordnung verschwinden kann, so können $g(\varrho_\varkappa)$, $g^{(1)}(\varrho_\varkappa)$, ... $g^{(\varkappa)}(\varrho_\varkappa)$ nicht alle gleich Null sein. Daraus folgt, dass dies Integral, um die von Herrn *Fuchs* (dieses Journal Bd. 66, S. 155) gewählte Ausdrucksweise zu benutzen, zum Exponenten $\varrho_\varkappa$ gehört.

Ist $\varkappa < \alpha$, so ist $(\log x)^\varkappa$ in $g^{(\varkappa)}(x, \varrho_\varkappa)$ mit $x^{\varrho_\varkappa} \Sigma g_\nu(\varrho_\varkappa) x^\nu$ multiplicirt. Da $g(\varrho_\varkappa) = g(\varrho_0)$ ist, diese Reihe also nicht identisch verschwindet, so ist $\varkappa$ der Exponent der höchsten in diesem Integrale wirklich auftretenden Potenz von $\log x$. Indem man diesen Schluss fortsetzt, findet man, dass allgemein in den zu gleichen Wurzeln der Gleichung $f(\varrho) = 0$ gehörigen Integralen der Differentialgleichung $P(y) = 0$ die Exponenten der höchsten in ihnen vorkommenden Potenzen von $\log x$ von einander verschieden sind. Daraus folgt, dass diese Integrale unter einander unabhängig sind, und da dasselbe von den zu verschiedenen Wurzeln gehörigen unmittelbar einleuchtet, so ergiebt sich schliesslich*), dass die λ zu den einzelnen Wurzeln der Gleichung $f(\varrho) = 0$ gehörigen Integrale $g^{(\varkappa)}(x, \varrho_\varkappa)$ alle unter einander unabhängig sind.

Das Integral $g^{(\varkappa)}(x, \varrho_\varkappa)(\varkappa = 0, 1, \dots \mu)$ ändert seine Form nicht, wenn dazu die Integrale $g^{(\varkappa-1)}(x, \varrho_{\varkappa-1}), \dots g(x, \varrho_0)$, mit willkürlichen Constanten multiplicirt, hinzugefügt werden. Folglich enthält das allgemeinste zur Wurzel $\varrho_\varkappa$ gehörige Integral $\varkappa+1$ willkürliche Constanten. Geht $g(x, \varrho)$ in $h(x, \varrho)$ über, wenn der willkürlichen Function $C(\varrho)$, welche in allen Coefficienten der Reihe $\Sigma g_\nu(\varrho) x^{\varrho+\nu}$ als Factor auftritt, der constante Werth Eins ertheilt wird, so ist $g(x, \varrho) = C(\varrho) h(x, \varrho)$ und daher

$$g^{(\varkappa)}(x, \varrho) = C h^{(\varkappa)}(x, \varrho) + \varkappa C^{(1)} h^{(\varkappa-1)}(x, \varrho) + \dots + C^{(\varkappa)} h(x, \varrho),$$

wo die oberen Indices die Ableitungen nach ϱ bezeichnen. Die Functionen $h^{(\varkappa)}(x, \varrho_\varkappa), h^{(\varkappa-1)}(x, \varrho_\varkappa), \dots h(x, \varrho_\varkappa)$ sind, wie ich hier nicht weiter ausführen will, unter einander unabhängig, und daher enthält $g^{(\varkappa)}(x, \varrho_\varkappa)$ die $\varkappa+1$ willkürlichen Constanten $C, C^{(1)}, \dots C^{(\varkappa)}$ und ist, auch ohne dass

$$g^{(\varkappa-1)}(x, \varrho_{\varkappa-1}), \quad \dots \quad g(x, \varrho_0),$$

mit willkürlichen Constanten multiplicirt, ihm hinzugefügt werden, das allgemeinste zur Wurzel $\varrho_\varkappa$ gehörige Integral.

Insbesondere enthält das zur Wurzel ϱ_0 gehörige Integral $g(x, \varrho_0)$ nur eine einzige willkürliche Constante. Mithin ist ein Integral der Differentialgleichung $P(y) = 0$ bis auf einen constanten Factor vollständig bestimmt durch die Bedingungen, dass es, durch x^ϱ dividirt, in der Umgebung des Nullpunktes eindeutig und für $x = 0$ selbst endlich sein soll, wenn ϱ der Gleichung $f(\varrho) = 0$ genügt, und von keiner anderen Wurzel derselben um eine positive ganze Zahl übertroffen wird.

Um zu vermeiden, dass die Coefficienten der Reihe $g(x, \varrho)$ für einen Werth im Bereiche der Variablen ϱ unendlich gross werden, haben wir

$$(8.) \qquad g(\varrho) = f(\varrho+1) f(\varrho+2) \dots f(\varrho+\varepsilon) C(\varrho)$$

gesetzt und ε gleich dem Maximum der Differenz zwischen zwei Wurzeln

*) Ausführlicher ist diese Schlussweise entwickelt in einer Abhandlung des Herrn *Thomé,* dieses Journal Bd. 74, p. 195.

irgend einer Gruppe gewählt. Wie leicht zu sehen, ist es aber auch gestattet, für ε irgend eine noch grössere ganze Zahl zu setzen. Dies ist besonders dann vortheilhaft, wenn man die Berechnung der Function $g(x, \varrho)$ bis zu einer bestimmten Potenz von x, etwa der $(\varrho+\varkappa)^{\text{ten}}$ wirklich ausführen will. Setzt man nämlich $\varepsilon = \varkappa$, so werden die Coefficienten $g_\nu(\varrho)$ sämmtlich ganze Functionen von ϱ, und man entgeht so der Unbequemlichkeit, gebrochene Functionen von ϱ differentiiren zu müssen. Die Function $C(\varrho)$ kann dann immer noch so gewählt werden, dass die willkürlichen Constanten die durch die Aufgabe vorgeschriebenen Werthe erhalten.

Eine andere Erleichterung der Rechnung ergiebt sich, wenn $p(x)$ nicht mehr, wie bisher, gleich Eins angenommen wird. Sind nämlich die Coefficienten der Differentialgleichung rationale Functionen, so kann man sie alle auf denselben Nenner bringen und mit diesem die ganze Gleichung multipliciren. Dann sind $p(x)$, $p_1(x)$, ... $p_\lambda(x)$ und folglich auch $f(x, \varrho)$ sämmtlich ganze Functionen von x. Wenn auch in diesem Falle die Functionen $g_\nu(\varrho)$ mittelst der Recursionsformel

$$(5.)\qquad g_\nu f(\varrho+\nu)+g_{\nu-1}f_1(\varrho+\nu-1)+\cdots+g f_\nu(\varrho) = 0$$

berechnet werden, so convergirt die Reihe $g(x, \varrho)$ innerhalb eines um den Nullpunkt beschriebenen Kreises, in dessen Innern $p(x)$ nirgends verschwindet. Der Beweis dieser Behauptung, auf den ich hier nicht näher eingehen will, lässt sich auf den in §. 2 gegebenen Convergenzbeweis zurückführen. Die Berechnung der Coefficienten $g_\nu(\varrho)$ wird bei der jetzigen Bedeutung von $f(x, \varrho)$ darum einfacher, weil die Functionen $f_\nu(\varrho)$, sobald ν den Grad der ganzen Function $f(x, \varrho)$ überschreitet, sämmtlich verschwinden.

§. 4.

Aus der Formel (12.) lassen sich mit Leichtigkeit die Bedingungen dafür herleiten, dass in dem zu einer Wurzel $\varrho_\varkappa$ der Gleichung $f(\varrho) = 0$ gehörigen Integral der Differentialgleichung $P(y) = 0$ keine Logarithmen auftreten. (Vergl. die Herleitung dieser Bedingungen in der Abh. des Herrn *Fuchs*, dieses Journal Bd. 68, S. 373—378.) Dazu ist zunächst erforderlich, dass die Gleichung $f(\varrho) = 0$ keine mehrfachen Wurzeln hat, da, wie oben gezeigt, von den zu α unter einander gleichen Wurzeln gehörigen Integralen wenigstens $\alpha-1$ Logarithmen enthalten. Die Wurzeln ϱ_0, ϱ_1, ... ϱ_μ der

Gruppe, zu welcher $\varrho_\varkappa$ gehört, sind also in diesem Falle sämmtlich unter einander verschieden.

Da der durch die Gleichung (12.) gegebene Ausdruck von $(g^{(\varkappa)}(x, \varrho_\varkappa))$ das allgemeinste zur Wurzel $\varrho_\varkappa$ gehörige Integral darstellt, so ist, damit dasselbe keine Logarithmen enthalte, nothwendig und hinreichend, dass die Functionen $g_\nu(\varrho)$ für $\varrho = \varrho_\varkappa$ sämmtlich von der $\varkappa^{\text{ten}}$ Ordnung verschwinden. Nun ist aber

$$(6.)\quad g_\nu(\varrho) = \frac{g(\varrho)h_\nu(\varrho)}{f(\varrho+1)f(\varrho+2)\dots f(\varrho+\nu)},$$

und $g(\varrho)$ verschwindet für $\varrho = \varrho_\varkappa$ von der $\varkappa^{\text{ten}}$ Ordnung. Daher darf

$$\frac{h_\nu(\varrho)}{f(\varrho+1)f(\varrho+2)\dots f(\varrho+\nu)} = H_\nu(\varrho)$$

für $\varrho = \varrho_\varkappa$ nicht unendlich werden. Weil aber

$$H_\nu(\varrho) = \frac{g_\nu(\varrho)}{g(\varrho)}$$

ist, so ergiebt sich aus der Gleichung (5.) für diese Functionen die Recursionsformel

$$H_\nu f(\varrho+\nu) + H_{\nu-1}f_1(\varrho+\nu-1) + \dots + Hf_\nu(\varrho) = 0.$$

Wenn also $H_{\nu-1}, H_{\nu-2}, \dots H$ für $\varrho = \varrho_\varkappa$ alle endlich sind, so ist es auch $H_\nu f(\varrho+\nu)$. Weil $H = 1$ ist, so ist daher $H_\nu(\varrho_\varkappa)$ für alle Werthe von ν endlich, wenn es für diejenigen nicht unendlich wird, für welche $\varrho_\varkappa+\nu$ gleich einer Wurzel der Gleichung $f(\varrho) = 0$ ist, also für die Werthe $\varrho_{\varkappa-1}-\varrho_\varkappa$, $\varrho_{\varkappa-2}-\varrho_\varkappa, \dots \varrho_0-\varrho_\varkappa$. Damit $H_\nu(\varrho_\varkappa)$ für $\nu = \varrho_{\varkappa-1}-\varrho_\varkappa$ endlich sei, ist nothwendig und hinreichend, dass $h_\nu(\varrho)$ für $\varrho = \varrho_\varkappa$ von der ersten Ordnung verschwindet. Für $\nu = \varrho_{\varkappa-2}-\varrho_\varkappa$ und $\varrho = \varrho_\varkappa$ ist dann

$$H_\nu(\varrho)f(\varrho+\nu) = \frac{h_\nu(\varrho)}{f(\varrho+1)f(\varrho+2)\dots f(\varrho+\nu-1)}$$

endlich, und folglich verschwindet $h_\nu(\varrho)$ von der ersten Ordnung. Damit $H_\nu(\varrho)$ auch endlich sei, ist daher nur noch erforderlich, dass auch $h'_\nu(\varrho_\varkappa)$ verschwindet. Indem man so fortfährt, findet man als nothwendige und hinreichende Bedingungen dafür, dass das zur Wurzel $\varrho_\varkappa$ gehörige Integral keine Logarithmen enthalte, die folgende:

Bedeutet $h_\nu(\varrho)$ die Determinante

$$(7.)\quad (-1)^\nu h_\nu(\varrho) = \begin{vmatrix} f_1(\varrho+\nu-1) & f_2(\varrho+\nu-2) & \dots & f_{\nu-1}(\varrho+1) & f_\nu(\varrho) \\ f(\varrho+\nu-1) & f_1(\varrho+\nu-2) & \dots & f_{\nu-2}(\varrho+1) & f_{\nu-1}(\varrho) \\ 0 & f(\varrho+\nu-2) & \dots & f_{\nu-3}(\varrho+1) & f_{\nu-2}(\varrho) \\ \cdot & \cdot & \dots & \cdot & \cdot \\ 0 & 0 & \dots & f(\varrho+1) & f_1(\varrho) \end{vmatrix},$$

so müssen die Gleichungen

$$h_\nu(\varrho) = 0 \quad \text{für} \quad \nu = \varrho_{\varkappa-1} - \varrho_\varkappa,$$
$$h'_\nu(\varrho) = 0 \quad \text{für} \quad \nu = \varrho_{\varkappa-2} - \varrho_\varkappa,$$
$$\cdot \qquad \cdot \qquad \cdot$$
$$h_\nu^{(\varkappa-1)}(\varrho) = 0 \quad \text{für} \quad \nu = \varrho_0 \; - \varrho_\varkappa$$

durch den Werth $\varrho = \varrho_\varkappa$ befriedigt werden.

§. 5.

Die Integration der linearen Differentialgleichung $P(y) = 0$ ist auf die Ermittlung der Function

$$(2.)\qquad g(x, \varrho) = \Sigma g_\nu(\varrho) x^{\varrho+\nu}$$

zurückgeführt, welche ausser der Variablen x noch den veränderlichen Parameter ϱ enthält. Zur Berechnung der Coefficienten $g_\nu(\varrho)$ fanden wir die Gleichung

$$(5.)\qquad g_\nu(\varrho) f(\varrho+\nu) + g_{\nu-1}(\varrho) f_1(\varrho+\nu+1) + \dots + g_1(\varrho) f_{\nu-1}(\varrho+1) + g(\varrho) f_\nu(\varrho) = 0.$$

Aus dieser soll jetzt eine andere Recursionsformel entwickelt werden, welche ebenso bequem zur Bestimmung der Functionen $g_\nu(\varrho)$ dienen kann.

Zu dem Zwecke führen wir die Bezeichnungen

$$(13.)\qquad G_\nu(\varrho) = \frac{g_\nu(\varrho)}{f(\varrho) g(\varrho)}$$

und

$$(15.)\qquad G(x, \varrho) = \Sigma G_\nu(\varrho) x^{\varrho+\nu} = \frac{g(x, \varrho)}{f(\varrho) g(\varrho)}$$

ein. Die Function $G(x, \varrho)$ ist, wenn ϱ veränderlich ist, vollständig durch die Bedingungen definirt, dass sie die Differentialgleichung

$$P(y) = x^\varrho$$

befriedigt, bei einem Umlaufe der Variablen x um den Nullpunkt in sich selbst, mit einer Constanten multiplicirt, übergeht und, durch x^ϱ dividirt, für

$x=0$ den Werth

$$(15.)\qquad G(\varrho) = \frac{1}{f(\varrho)}$$

annimmt. Die Coefficienten $G_\nu(\varrho)$ der Reihe (14.) können mittelst der identischen Gleichung

$$(16.)\qquad \Sigma G_\nu(\varrho) f(x, \varrho+\nu) x^{\varrho+\nu} = x^\varrho$$

gefunden werden. Aus derselben ergiebt sich nämlich, dass

$$(15.)\qquad G(\varrho) = \frac{1}{f(\varrho)}$$

ist, und dass für die Functionen $G_\nu(\varrho)$ dieselbe Recursionsformel (5.) wie für $g_\nu(\varrho)$ besteht. Da aber diese Recursionsformel eine in Bezug auf ϱ identische Gleichung ist, so kann man darin für ϱ auch $\varrho+1$, $\varrho+2$ u. s. w. setzen. Auf diese Weise gelangt man zu den Gleichungen

$$(17.)\quad \begin{cases} G_\nu(\varrho)\, f(\varrho+\nu)+G_{\nu-1}(\varrho)\, f_1(\varrho+\nu-1)+\cdots+G_1(\varrho)\, f_{\nu-1}(\varrho+1)+G(\varrho)f_\nu(\varrho)=0,\\ G_{\nu-1}(\varrho+1)\, f(\varrho+\nu)+G_{\nu-2}(\varrho+1)f_1(\varrho+\nu-1)+\cdots+G(\varrho+1)f_{\nu-1}(\varrho+1) =0,\\ \cdot \qquad \cdot \qquad \cdots \qquad \cdot \qquad \cdot \qquad \cdot \\ G_1(\varrho+\nu-1)f(\varrho+\nu)+G(\varrho+\nu-1)f_1(\varrho+\nu-1) =0. \end{cases}$$

Diese multipliciren wir der Reihe nach mit $f(\varrho)$, $f_1(\varrho)$, $\dots$ $f_{\nu-1}(\varrho)$ und addiren sie. Setzt man zur Abkürzung

$$f(\varrho)\, G_\nu(\varrho)+f_1(\varrho)\, G_{\nu-1}(\varrho+1)+\cdots+f_{\nu-1}(\varrho)\, G_1(\varrho+\nu-1)+f_\nu(\varrho)\, G(\varrho+\nu) = F_\nu,$$

so ergiebt sich auf diese Weise

$$F_\nu f(\varrho+\nu)+F_{\nu-1}f_1(\varrho+\nu-1)+\cdots+F_1 f_{\nu-1}(\varrho+1)+f(\varrho)G(\varrho)f_\nu(\varrho)=f(\varrho+\nu)\, G(\varrho+\nu)f_\nu(\varrho).$$

Da aber

$$f(\varrho)\, G(\varrho) = f(\varrho+\nu)\, G(\varrho+\nu) = 1$$

ist, so folgt aus der vorigen Gleichung

$$F_\nu f(\varrho+\nu)+F_{\nu-1}f_1(\varrho+\nu-1)+\cdots+F_1 f_{\nu-1}(\varrho+1) = 0.$$

Nun ist

$$F_1 = f(\varrho)\, G_1(\varrho)+f_1(\varrho)\, G(\varrho+1) = \frac{G_1(\varrho)}{G(\varrho)}+\frac{f_1(\varrho)}{f(\varrho+1)} = \frac{G_1(\varrho)f(\varrho+1)+G(\varrho)f_1(\varrho)}{G(\varrho)f(\varrho+1)} = 0.$$

Setzt man daher in der für F_ν gefundenen Recursionsformel $\nu=2$, so zeigt sich, dass auch $F_2=0$ ist u. s. w. Allgemein ist also $F_\nu=0$ oder

$$(17^*.)\qquad f(\varrho)\, G_\nu(\varrho)+f_1(\varrho)\, G_{\nu-1}(\varrho+1)+\cdots+f_{\nu-1}(\varrho)\, G_1(\varrho+\nu-1)+f_\nu(\varrho)\, G(\varrho+\nu) = 0.$$

Dies ist die zweite Form der Recursionsformel, mittelst deren man ebenfalls $G_\nu(\varrho)$ und $g_\nu(\varrho)$ berechnen kann.

Multiplicirt man sie mit $x^{\varrho+\nu}$ und summirt dann nach ν, so erhält man

$$(16^*.)\qquad \Sigma f_\nu(\varrho)G(x,\varrho+\nu) = x^\varrho.$$

Ist $f(x,\varrho)$ eine ganze Function von x, so ist diese Gleichung, deren linke Seite dann nur eine endliche Summe ist, eine Functionalgleichung, der $G(x,\varrho)$ genügen muss.

Aus dieser Gleichung werden wir im nächsten Paragraphen weitere Folgerungen ableiten. Um schon hier ihre Brauchbarkeit zu zeigen, wollen wir sie auf die beiden Fälle anwenden, wo $f(x,\varrho)$ eine ganze Function 0ten oder 1ten Grades ist.

Im ersten Falle ist

$$P(y) = ax^\lambda y^{(\lambda)} + a_1 x^{\lambda-1} y^{(\lambda-1)} + \cdots + a_\lambda y$$

mit den constanten Coefficienten $a, a_1, \dots a_\lambda$, also $P(y)=0$ die bekannte, zuerst von Cauchy (Exercices, Bd. I., S. 262) behandelte Differentialgleichung. Die Formel (16*.) lautet für diesen Fall

$$f(\varrho)G(x,\varrho) = x^\varrho.$$

Daher genügt

$$g(x,\varrho) = g(\varrho)x^\varrho$$

der Differentialgleichung

$$P(y) = f(\varrho)g(\varrho)x^\varrho,$$

wo für $g(\varrho)$ eine willkürliche Function C von ϱ genommen werden kann. Einer einfachen Wurzel ϱ der Gleichung

$$f(\varrho) = a_0\varrho(\varrho-1)\dots(\varrho-\lambda+1) + a_1\varrho(\varrho-1)\dots(\varrho-\lambda+2) + \cdots + a_\lambda = 0$$

entspricht daher das Integral Cx^ϱ, einer $\varkappa$fachen

$$x^\varrho(C^{(\varkappa)} + C^{(\varkappa-1)}\log x + \cdots + C(\log x)^\varkappa).$$

Im zweiten Falle *) ist

$$P(y) = (a+bx)x^\lambda y^{(\lambda)} + (a_1+b_1x)x^{\lambda-1}y^{(\lambda-1)} + \cdots + (a_\lambda+b_\lambda x)y,$$

wo die Constante a nicht verschwinden darf. Aus Gleichung (16*.) ergiebt sich die Relation

$$f(\varrho)G(x,\varrho) + f_1(\varrho)G(x,\varrho+1) = x^\varrho,$$

in welcher

$$f(\varrho) = a\varrho(\varrho-1)\dots(\varrho-\lambda+1) + a_1\varrho(\varrho-1)\dots(\varrho-\lambda+2) + \cdots + a_\lambda,$$
$$f_1(\varrho) = b\varrho(\varrho-1)\dots(\varrho-\lambda+1) + b_1\varrho(\varrho-1)\dots(\varrho-\lambda+2) + \cdots + b_\lambda$$

---

*) Ueber diese Differentialgleichung vergleiche man die Abhandlung von *Malmstèn*, dieses Journal, Bd. 39, S. 99.

zu setzen ist. Daraus folgt die Gleichung

$$G(x, \varrho) = \frac{x^\varrho}{f(\varrho)} - \frac{f_1(\varrho)}{f(\varrho)} G(x, \varrho+1),$$

durch deren wiederholte Anwendung sich ergiebt:

$$G(x, \varrho) = \Sigma_0^\varkappa (-1)^\nu \frac{f_1(\varrho) f_1(\varrho+1) \dots f_1(\varrho+\nu-1)}{f(\varrho) f(\varrho+1) \dots f(\varrho+\nu-1)} \frac{x^{\varrho+\nu}}{f(\varrho+\nu)}$$
$$+ (-1)^{\varkappa+1} \frac{f_1(\varrho) f_1(\varrho+1) \dots f_1(\varrho+\varkappa)}{f(\varrho) f(\varrho+1) \dots f(\varrho+\varkappa)} G(x, \varrho+\varkappa+1).$$

Aehnlich wie in diesem Falle kann man immer, wenn $f(x, \varrho)$ eine ganze Function von x ist, die Formel (16*.) zur Ermittlung des Restes der Reihe $G(x, \varrho)$ benutzen. Da wir wissen, dass diese Reihe convergent ist, so muss ihr Rest bei wachsendem $\varkappa$ unendlich klein werden, und daher ist schliesslich

$$G(x, \varrho) = \Sigma_0^\infty (-1)^\nu \frac{f_1(\varrho) f_1(\varrho+1) \dots f_1(\varrho+\nu-1)}{f(\varrho) f(\varrho+1) \dots f(\varrho+\nu-1)} \frac{x^{\varrho+\nu}}{f(\varrho+\nu)}.$$

Der Convergenzbereich dieser Reihe ist ein um den Nullpunkt beschriebener Kreis, in dessen Innern $p(x) = a + b(x)$ nicht verschwindet, auf dessen Peripherie also der Punkt $-\frac{a}{b}$ liegt.

Wenn man aus den beiden Gleichungen

$$f(\varrho) G(x, \varrho) + f_1(\varrho) \quad G(x, \varrho+1) = x^\varrho,$$
$$f(\varrho+1) G(x, \varrho+1) + f_1(\varrho+1) G(x, \varrho+2) = x^{\varrho+1}$$

x^ϱ eliminirt, so erhält man

$$f(\varrho) x G(x, \varrho) - (f(\varrho+1) - f_1(\varrho) x) G(x, \varrho+1) + f_1(\varrho+1) G(x, \varrho+2) = 0$$

oder

$$\frac{G(x, \varrho+1)}{G(x, \varrho)} = \frac{f(\varrho) x}{f(\varrho+1) - f_1(\varrho) x + f_1(\varrho+1) \frac{G(x, \varrho+2)}{G(x, \varrho+1)}}.$$

Daraus ergiebt sich für

$$G(x, \varrho) = \frac{x^\varrho}{f(\varrho) + f_1(\varrho) \frac{G(x, \varrho+1)}{G(x, \varrho)}}$$

die Kettenbruchentwicklung *)

$$G(x, \varrho) = \cfrac{x^\varrho}{f(\varrho) + \cfrac{f(\varrho) f_1(\varrho) x}{f(\varrho+1) - f_1(\varrho) x + \cfrac{f(\varrho+1) f_1(\varrho+1) x}{f(\varrho+2) - f_1(\varrho+1) x + \cdots}}}.$$

*) Vergl. *Euler*, Introductio in Analysin infinitorum, Tom. I., Cap. 18, 373.

Da dieser Kettenbruch mit der Reihe für $G(x, \varrho)$ Glied für Glied übereinstimmt, so convergirt er für dieselben Werthe von x, wie diese.

Ein specieller Fall der eben behandelten Reihe ist die hypergeometrische Reihe $F(\alpha, \beta, \gamma, x)$, welche der Differentialgleichung

$$(1-x^2)x^2y''+(\gamma-(\alpha+\beta+1)x)xy'-\alpha\beta xy = 0$$

genügt.

§. 6.

Wenn $f(x, \varrho)$ keine ganze Function ist, so steht auf der linken Seite der Gleichung (16*.) eine unendliche Reihe. Um ihren Convergenzbereich zu ermitteln, müssen wir die Grenze suchen, der sich $G(x,\varrho)$ bei wachsendem ϱ nähert. In dem Ausdrucke

$$f(\varrho)x^{-\varrho}G(x, \varrho)$$

ist der Coefficient von x^ν

$$f(\varrho)G_\nu(\varrho) = \frac{h_\nu(\varrho)}{f(\varrho+1)f(\varrho+2)\dots f(\varrho+\nu)},$$

wo die ganze Function $h_\nu(\varrho)$ durch die Gleichung (7.) in Form einer Determinante gegeben ist. Jedes Glied dieser Determinante ist ein Product von ν-Factoren, das aus jeder Verticalreihe ein Element enthält, und hat daher die Form

$$\pm f_{\mu_1}(\varrho)f_{\mu_2}(\varrho+1)\dots f_{\mu_\nu}(\varrho+\nu-1)$$

wo $\mu_1, \mu_2, \dots \mu_\nu$ Zahlen von 0 bis ν sind. Setzt man

$$p(x) = \Sigma a_\nu x^\nu,$$

so ist

$$\lim\frac{f_{\mu_\varkappa}(\varrho+\varkappa-1)}{f(\varrho+\varkappa)} = \frac{a_{\mu_\varkappa}}{a}, \qquad (\varrho=\infty)$$

und folglich

$$\lim\frac{f_{\mu_1}(\varrho)f_{\mu_2}(\varrho+1)\dots f_{\mu_\nu}(\varrho+\nu-1)}{f(\varrho+1)f(\varrho+2)\dots f(\varrho+\nu)} = \frac{a_{\mu_1}a_{\mu_2}\dots a_{\mu_\nu}}{a^\nu}.$$

Daher nähert sich $f(\varrho)G_\nu(\varrho)$ bei wachsendem ϱ der Grenze

$$b_\nu = \frac{(-1)^\nu}{a^\nu}\begin{vmatrix} a_1 & a_2 & \dots & a_{\nu-1} & a_\nu \\ a & a_1 & \dots & a_{\nu-2} & a_{\nu-1} \\ 0 & a & \dots & a_{\nu-3} & a_{\nu-2} \\ \cdot & \cdot & \dots & \cdot & \cdot \\ 0 & 0 & \dots & a & a_1 \end{vmatrix}.$$

Bedenkt man, wie die Gleichung (7.) aus der Formel (5.) abgeleitet wurde, so erhält man zur Berechnung von b_ν die Recursionsformel

$$a b_\nu + a_1 b_{\nu-1} + \cdots + a_\nu b = 0.$$

Mittelst derselben lässt sich der Beweis für die Convergenz der Reihe $\Sigma b_\nu x^\nu$ nach der in §. 2 angewandten Methode führen. Sind nämlich A_ν und B_ν die absoluten Beträge von a_ν und b_ν, so ist

$$B_{\nu+1} \leqq \frac{1}{A}(B_\nu A_1 + B_{\nu-1} A_2 + \cdots + B A_{\nu+1}).$$

Wenn nun für die Werthe von x auf dem mit dem Radius R um den Nullpunkt beschriebenen Kreise die Reihe für $p(x)$ convergent ist, und der absolute Betrag dieser Function den Werth M nicht überschreitet, so ist

$$A_\nu < M R^{-\nu}$$

und folglich

$$B_{\nu+1} < \frac{M}{A}(B_\nu R^{-1} + B_{\nu-1} R^{-2} + \cdots + B R^{-(\nu+1)}).$$

Bezeichnet man die rechte Seite dieser Ungleichheit mit $C_{\nu+1}$, so ist

$$C_{\nu+1} = \frac{M B_\nu}{A R} + \frac{C_\nu}{R}$$

oder, weil $B_\nu < C_\nu$ ist

$$\frac{C_{\nu+1}}{C_\nu} < \frac{M+A}{AR}.$$

Daher convergirt die Reihe $\Sigma C_\nu x^\nu$ und um so mehr $\Sigma b_\nu x^\nu$ innerhalb des mit dem Radius $\frac{AR}{M+A}$ um den Nullpunkt beschriebenen Kreises.

Nun ist aber

$$\Sigma a_\nu x^\nu . \Sigma b_\nu x^\nu = \Sigma(a b_\nu + a_1 b_{\nu-1} + \cdots + a_\nu b) x^\nu = a,$$

da $b = 1$ ist. Folglich ist

$$\Sigma b_\nu x^\nu = \frac{a}{p(x)}\ *)$$

---

*) Beiläufig ergiebt sich daraus der Satz:
Wenn für die Werthe von x auf dem mit dem Radius R um den Nullpunkt beschriebenen Kreise die Reihe $p(x) = \sum a_\nu x^\nu$ convergirt und dem absoluten Betrage nach die Grösse M nicht überschreitet und wenn ihr constantes Glied nicht verschwindet, sondern den absoluten Betrag A hat, so liegt keine Wurzel der Gleichung $p(x) = 0$ dem absoluten Betrage noch unter der Grenze $\frac{AR}{M+A}$.

und daher

$$\lim G(x, \varrho) = \frac{a}{p(x)} \lim \frac{x^\varrho}{f(\varrho)}, \qquad (\varrho = \infty).$$

Zu demselben Resultat gelangt man auf folgendem*) Wege: Die Function $G(x, \varrho)$ ist vollständig definirt durch die Bedingungen der Differentialgleichung $P(y) = x^\varrho$ zu genügen und, durch x^ϱ dividirt, in der Umgebung des Nullpunktes eindeutig und für $x = 0$ gleich $\frac{1}{f(\varrho)}$ zu werden. Setzt man

$$y = \frac{x^\varrho}{f(\varrho)} z,$$

so nimmt die Differentialgleichung $P(y) = x^\varrho$ die Form

$$\frac{p(x)}{f(\varrho)} x^\lambda z^{(\lambda)} + \frac{p_1(x, \varrho)}{f(\varrho)} x^{\lambda-1} z^{(\lambda-1)} + \cdots + \frac{p_{\lambda-1}(x, \varrho)}{f(\varrho)} x z^{(1)} + \frac{f(x, \varrho)}{f(\varrho)} z = 1,$$

wo $(p_\varkappa(x, \varrho))$ $(\varkappa = 1, 2, \ldots \lambda-1)$ eine ganze Function $\varkappa^{\text{ten}}$ Grades von ϱ ist. Die Coefficienten dieser Differentialgleichung sind für alle Werthe von ϱ, für die $f(\varrho)$ nicht verschwindet, bestimmte, endliche Functionen von x. Schliessen wir daher ausser den Wurzeln der Gleichung $f(\varrho) = 0$ noch alle Grössen, welche um positive ganze Zahlen kleiner als diese Wurzeln sind, vom Gebiete von ϱ aus, so hat diese Differentialgleichung nach einem weiter unten angeführten Satze ein ganz bestimmtes Integral, welches in der Umgebung des Nullpunktes eindeutig ist und für $x = 0$ den Werth 1 annimmt. Dasselbe bleibt, wie die im Anfang dieses Paragraphen angestellten Betrachtungen zeigen, nebst seinen Ableitungen endlich, wenn ϱ sich der Grenze ∞ nähert. Setzen wir $\varrho = \infty$, so lautet die Differentialgleichung, da der Coefficient von ϱ^λ in $f(x, \varrho)$ gleich $p(x)$ und in $f(\varrho)$ gleich a ist

$$\frac{p(x)}{a} z = 1,$$

und daraus ergiebt sich wieder

$$\lim f(\varrho) x^{-\varrho} G(x, \varrho) = \frac{a}{p(x)}.$$

Die Annahme, dass $p(x)$ von Eins verschieden ist, ist nur dann vortheilhaft, wenn dadurch $f(x, \varrho)$ zu einer ganzen Function von x wird. Ist dies nicht der Fall, so soll $p(x) = 1$ angenommen werden. Dann ist

$$\lim G(x, \varrho) = \lim \frac{x^\varrho}{f(\varrho)},$$

*) Diese Methode hat zuerst Herr *Thomé* (dieses Journal Bd. 66, S. 329) angewendet, um die Grenze zu ermitteln, der sich die Näherungsnenner der *Gauss*ischen Kettenbrüche nähern.

und daher convergirt die Reihe

$$(16^*.)\qquad \Sigma f_\nu(\varrho)G(x, \varrho+\nu) = x^\varrho$$

ebenso weit, wie

$$\Sigma\frac{f_\nu(\varrho)x^{\varrho+\nu}}{f(\varrho+\nu)}$$

oder wie

$$\Sigma f_\nu(\varrho)x^\nu = f(x, \varrho),$$

d. h., innerhalb des Kreises, in dessen Innern auch $G(x, \varrho)$, $G(x, \varrho+1)$, ... sämmtlich convergiren.

Damit diese Functionen in diesem Bereiche stets endlich bleiben, schliessen wir wie schon oben die Wurzeln der Gleichungen $f(\varrho) = 0$, $f(\varrho+1) = 0$, ... vom Gebiete von ϱ aus. Wenn man dann die Gleichungen

$$\Sigma f_\nu(\varrho)G(x, \varrho+\nu) = x^\varrho,$$
$$\Sigma f_\nu(\varrho+1)G(x, \varrho+\nu+1) = x^{\varrho+1} \quad \text{u. s. w.}$$

mit gewissen Coefficienten a, a_1, ... multiplicirt und addirt, so erhält man eine Gleichung von der Form

$$\Sigma a_\nu x^{\varrho+\nu} = \Sigma c_\nu G(x, \varrho+\nu).$$

Daraus schliesst man, dass eine Function, die, durch x^ϱ dividirt, in der Umgebung des Nullpunktes eindeutig ist und für $x = 0$ den nicht verschwindenden Werth a annimmt, in eine Reihe von der Form $\Sigma c_\nu G(x, \varrho+\nu)$ entwickelbar ist. Strenger lässt sich dieser Satz folgendermassen beweisen.

Ist $H(x)$ eine Function, die, durch x^ϱ dividirt, in der Umgebung des Nullpunktes eindeutig ist und für $x = 0$ nicht verschwindet, also von der Form $\Sigma c_\nu x^{\varrho+\nu}$, und ist ϱ keine Wurzel der Gleichung $f(\varrho) = 0$ noch um eine ganze Zahl kleiner als eine solche Wurzel, so ist eine Function $F(x)$ vollständig bestimmt durch die Bedingungen, dass sie der Differentialgleichung

$$P(y) = H(x)$$

genügen und in der Umgebung des Nullpunktes in eine Reihe von der Form $\Sigma a_\nu x^{\varrho+\nu}$ entwickelbar sein soll, in der a von Null verschieden ist. Denn diese Function $F(x)$ genügt auch der homogenen linearen Differentialgleichung

$$H(x)\frac{dP(y)}{dx} - H'(x)P(y) = 0,$$

deren zum Nullpunkt gehörige determinirende Fundamentalgleichung nach einem Satze des Herrn *Fuchs* (dieses Journal Bd. 68, S. 372) durch ϱ und die Wurzeln der Gleichung $f(\varrho)=0$ befriedigt wird. In Folge unserer Annahmen bildet ϱ entweder eine Gruppe für sich oder diejenige Wurzel einer Gruppe, deren reeller Theil am grössten ist. Das Integral dieser Differentialgleichung, welches zur Wurzel ϱ gehört, ist daher bis auf einen constanten Factor vollständig bestimmt.

Wenn umgekehrt die Function $F(x)$ durch die Reihe

$$F(x) = \Sigma a_\nu x^{\varrho+\nu}$$

gegeben ist, in der a nicht verschwindet, und die in einem um den Nullpunkt beschriebenen Kreise convergirt, so ist die Reihe

$$P(F(x)) = \Sigma c_\nu x^{\varrho+\nu}$$

ebenfalls convergent und hat ein von Null verschiedenes Anfangsglied $c=af(\varrho)$. Eine Function, welche die Differentialgleichung

$$P(y) = \Sigma c_\nu x^{\varrho+\nu}$$

befriedigt und, durch x^ϱ dividirt, in der Umgebung des Nullpunktes eindeutig ist und für $x=0$ den Werth $a=\frac{c}{f(\varrho)}$ annimmt, kann demnach von $F(x)$ nicht verschieden sein. Alle diese Bedingungen erfüllt aber die Reihe

$$\Sigma c_\nu G(x, \varrho+\nu).$$

Denn sie convergirt in dem Bereiche, in welchem $\Sigma c_\nu x^{\varrho+\nu}$ und $G(x, \varrho)$ convergiren und genügt der Differentialgleichung

$$P(y) = \Sigma c_\nu x^{\varrho+\nu},$$

weil

$$P(\Sigma c_\nu G(x, \varrho+\nu)) = \Sigma c_\nu P(G(x, \varrho+\nu))$$

und

$$P(G(x, \varrho+\nu)) = x^{\varrho+\nu}$$

ist. Daher muss

$$F(x) = \Sigma c_\nu G(x, \varrho+\nu)$$

sein.

So folgt z. B. aus der in §. 1 benutzten Relation

$$P(x^\varrho) = x^\varrho f(x, \varrho) = \Sigma f_\nu(\varrho) x^{\varrho+\nu}$$

die Gleichung

$$(16^*.) \qquad \Sigma f_\nu(\varrho) G(x, \varrho+\nu) = x^\varrho.$$

Dies ist eine einfache Verification der Formel, welche oben durch eine mühsame Rechnung abgeleitet wurde.

Wenn keine Wurzel der Gleichung $f(\varrho) = 0$ eine positive ganze Zahl oder Null ist, so lässt sich jede in der Umgebung des Nullpunktes eindeutige und stetige Function von x in eine Reihe entwickeln, welche nach den Functionen

$$G(x, 0), \quad G(x, 1), \quad \ldots$$

fortschreitet und innerhalb eines um den Nullpunkt beschriebenen Kreises convergirt, in dessen Innern sowohl die zu entwickelnde Function als auch die Entwickelungsfunctionen eindeutig und stetig sind.

Berlin, den 15. April 1873.

5.

Über den Begriff der Irreductibilität in der Theorie der linearen Differentialgleichungen

Journal für die reine und angewandte Mathematik 76, 236–270 (1873)

Das allgemeine Integral einer gewöhnlichen Differentialgleichung λ^{ter} Ordnung hängt nicht von einer, sondern von $\lambda+1$ unabhängigen Veränderlichen ab, von denen die eine, nach welcher die gesuchte Function in der gegebenen Gleichung differentiirt wird, die Variable genannt wird, die übrigen λ aber, welche nicht in die Differentialgleichung eingehen, als willkürliche Constanten bezeichnet werden. In Folge davon ist man gewohnt, eine Differentialgleichung als das Resultat der Elimination der willkürlichen Constanten aus einer Function und ihren Ableitungen aufzufassen.

In der neueren Zeit aber hat sich noch eine andere, von der früheren etwas abweichende Anschauung über die Differentialgleichungen geltend gemacht. Man bemerkte nämlich, dass, wenn ein so unbestimmter Ausdruck erlaubt ist, die Integrale der Differentialgleichungen meistens in höherem Maasse vieldeutig sind, als ihre Coefficienten, dass also, um bei dem einfachsten Falle stehen zu bleiben, die Integrale von Differentialgleichungen mit eindeutigen Coefficienten in der Regel mehrwerthige Functionen sind. Daher ist es jetzt auch gestattet, die Differentialgleichungen als Gleichungen aufzufassen, in deren Coefficienten die Vieldeutigkeit der sie befriedigenden Functionen ganz oder zum Theil verwischt erscheint, und die deshalb zur Definition mehrwerthiger Functionen in besonderer Weise geeignet sind.

Nach der ersten Anschauungsweise heisst eine Differentialgleichung λ^{ter} Ordnung vollständig integriren: einen ihr genügenden Ausdruck angeben, der λ von einander unabhängige willkürliche Constanten enthält; nach der zweiten: den Verlauf der sie befriedigenden analytischen Functionen durch die ganze Ebene, insbesondere in der Umgebung der Verzweigungs- und Unstetigkeitswerthe verfolgen. Die erste Aufgabe hat für die angewandte, die zweite für die reine Analysis höheres Interesse. Indessen ist nicht zu verkennen, dass der Unterschied zwischen beiden Betrachtungsweisen nicht so gross ist, wie es vielleicht den Anschein hat, und mehr die Form als die Sache angeht.

Meine Bemühungen, den Begriff der Irreductibilität, welcher für die ganze Mathematik und namentlich für die Theorie der algebraischen Gleichungen von einer so hervorragenden Wichtigkeit ist, auch in die Lehre von den Differentialgleichungen einzuführen, blieben so lange erfolglos, als ich die frühere Anschauungsweise festhielt. Den Grund davon wird eine Vergleichung mit den algebraischen Gleichungen leicht aufhellen. So lange man deren linke Seite als ein Product von linearen Factoren auffasst, sind sie stets reductibel. Geht man dagegen von einer auf irgend eine Weise, z. B. durch einen periodischen Kettenbruch gegebenen irrationalen Zahl aus und fragt nach den algebraischen Gleichungen mit rationalen Coefficienten, denen sie genügt, so wird man sofort darauf geführt, die eine, welche in allen andern als Factor auftritt, als irreductibel, die übrigen aber als reductibel zu bezeichnen.

Von der zweiten Anschauung über die Differentialgleichungen ausgehend, nenne ich eine Differentialgleichung, deren Coefficienten in einem gewissen Theile der Ebene eindeutig definirte analytische Functionen sind, irreductibel, wenn sie mit keiner Differentialgleichung niedrigerer Ordnung oder bei gleicher Ordnung niedrigeren Grades, deren Coefficienten in demselben Flächenstück einwerthige analytische Functionen sind, ein Integral gemeinsam hat. Dieser Definition gemäss ist z. B. jede algebraische Differentialgleichung, unter deren Integralen sich algebraische Functionen befinden, reductibel, weil sie mit einer algebraischen Differentialgleichung nullter Ordnung Integrale gemeinsam hat.

Weil aber von der allgemeinen Theorie der Differentialgleichungen wenig mehr, als der Satz des Herrn *Weierstrass* über die Existenz ihrer Integrale bekannt ist, so werde ich mich, um den Begriff der Irreductibilität zu erläutern, auf die Differentialgleichungen von einer höheren als der ersten Ordnung beschränken, deren Theorie allein genauer erforscht ist, auf die linearen. Und da es mir bei der Einführung eines neuen Begriffs weniger auf Allgemeinheit, als auf Genauigkeit ankommt, so werde ich nur die zuerst von Herrn *Fuchs* (dieses Journal Bd. 66, S. 146) untersuchte merkwürdige Klasse von homogenen linearen Differentialgleichungen in den Kreis meiner Untersuchungen ziehen, deren Integrale nur eine endliche Anzahl singulärer Stellen haben und an jeder derselben, a, mit einer endlichen Potenz von $x-a$ $\left(\text{oder } \frac{1}{x} \text{ für } a=\infty\right)$ multiplicirt, endlich bleiben. Wenn eine solche mit einer anderen von derselben Beschaffenheit aber niedrigerer Ordnung ein Integral gemeinsam hat, so soll sie reductibel, im entgegengesetzten Falle irreductibel genannt werden. Wo im Folgenden von einer linearen Differentialgleichung schlechthin gesprochen wird, soll stets eine solche darunter verstanden werden. Ehe ich aber an die Herleitung der Eigenschaften der irreductibeln linearen Differentialgleichungen gehen kann, muss ich zwei Hülfssätze beweisen, auf denen die weitere Entwicklung zum grössten Theile beruht.

§. 1.

Die Functionen $y_1, y_2, \dots y_\lambda$ seien durch λ nach ganzen positiven Potenzen von $x-x_0$ fortschreitende Reihen definirt, die innerhalb eines mit dem Radius r um den Punkt x_0 beschriebenen Kreises sämmtlich convergiren. Wir beschränken alsdann die Veränderlichkeit von x vorläufig auf die Fläche dieses Kreises. Besteht zwischen diesen Functionen eine homogene lineare Gleichung mit constanten Coefficienten

$$c_1 y_1 + c_2 y_2 + \cdots + c_\lambda y_\lambda = 0,$$

so ergiebt sich, indem man dieselbe wiederholt differentiirt, und aus ihr und den $\lambda-1$ ersten aus ihr abgeleiteten Gleichungen die Constanten $c_1, c_2, \dots c_\lambda$ eliminirt, das Verschwinden der Determinante

$$D = \Sigma \pm y_1 y_2^{(1)} \dots y_\lambda^{(\lambda-1)},$$

in der $y_\alpha^{(\beta)}$ die β^{te} Ableitung von y_α bedeutet. Aber auch umgekehrt folgt aus dem Verschwinden des Ausdrucks D, den wir *die Determinante der Functionen* $y_1, y_2, \dots y_\lambda$ nennen wollen, das Bestehen einer homogenen linearen Gleichung mit constanten Coefficienten zwischen den λ Functionen.

Um dies zu beweisen, nehmen wir zunächst an, dass die Unterdeterminante $(\lambda-1)^{\text{ten}}$ Grades, D', welche in der Entwicklung von D den Coefficienten von $y_\lambda^{(\lambda-1)}$ bildet, nicht identisch verschwindet. Löst man dann die $\lambda-1$ homogenen linearen Gleichungen

$$\text{(A.)} \quad \begin{cases} z_1 y_1 + z_2 y_2 + \cdots + z_\lambda y_\lambda = 0, \\ z_1 y_1^{(1)} + z_2 y_2^{(1)} + \cdots + z_\lambda y_\lambda^{(1)} = 0, \\ \cdot \quad \cdot \quad \cdots \quad \cdot \\ z_1 y_1^{(\lambda-2)} + z_2 y_2^{(\lambda-2)} + \cdots + z_\lambda y_\lambda^{(\lambda-2)} = 0 \end{cases}$$

nach den Unbekannten $z_1, z_2, \dots z_\lambda$ auf, so erhält man gemäss unserer Voraussetzung für die Verhältnisse

$$\frac{z_1}{z_\lambda}, \quad \frac{z_2}{z_\lambda}, \quad \dots \quad \frac{z_{\lambda-1}}{z_\lambda}$$

völlig bestimmte endliche Functionen. Diese müssen in Folge der Annahme $D=0$ auch die Gleichung

$$z_1 y_1^{(\lambda-1)} + z_2 y_2^{(\lambda-1)} + \cdots + z_\lambda y_\lambda^{(\lambda-1)} = 0$$

befriedigen. Mit Berücksichtigung derselben erhält man aus dem Gleichungssystem (A.) durch Differentiation das folgende:

$$(\text{B.})\quad \begin{cases} z_1' y_1 \quad + z_2' y_2 \quad + \cdots + z_\lambda' y_\lambda \quad = 0, \\ z_1' y_1^{(1)} \quad + z_2' y_2^{(1)} \quad + \cdots + z_\lambda' y_\lambda^{(1)} \quad = 0, \\ \cdot \qquad \cdot \qquad \cdots \qquad \cdot \\ z_1' y_1^{(\lambda-2)} + z_2' y_2^{(\lambda-2)} + \cdots + z_\lambda' y_\lambda^{(\lambda-2)} = 0, \end{cases}$$

in welchem $z_\varkappa'$ die Ableitung von $z_\varkappa$ bezeichnet. Da aber durch die Gleichungen (A.) die Verhältnisse

$$\frac{z_1}{z_\lambda}, \quad \frac{z_2}{z_\lambda}, \quad \ldots \quad \frac{z_{\lambda-1}}{z_\lambda}$$

vollständig bestimmt werden, so müssen sich aus dem mit (A.) identischen Gleichungssystem (B.) für die Verhältnisse

$$\frac{z_1'}{z_\lambda'}, \quad \frac{z_2'}{z_\lambda'}, \quad \ldots \quad \frac{z_{\lambda-1}'}{z_\lambda'}$$

dieselben Werthe ergeben, oder es muss für $\varkappa = 1, 2, \ldots \lambda-1$

$$\frac{z_\varkappa}{z_\lambda} = \frac{z_\varkappa'}{z_\lambda'}, \quad \frac{d}{dx}\frac{z_\varkappa}{z_\lambda} = 0, \quad \frac{z_\varkappa}{z_\lambda} = \frac{c_\varkappa}{c_\lambda}$$

sein, wenn $c_1, c_2, \ldots c_\lambda$ Constanten sind, von denen c_λ willkürlich, aber von Null verschieden ist. Aus der ersten Gleichung des Systems (A.) folgt daher die Relation

$$(\text{C.})\qquad c_1 y_1 + c_2 y_2 + \cdots + c_\lambda y_\lambda = 0.$$

Wenn $D'=0$ ist, aber die Unterdeterminante $(\lambda-2)^{\text{ten}}$ Grades D'', welche in D' den Coefficienten von $y_{\lambda-1}^{(\lambda-2)}$ bildet, nicht identisch verschwindet, so ergiebt sich auf demselben Wege eine Relation von der Form

$$c_1 y_1 + c_2 y_2 + \cdots + c_{\lambda-1} y_{\lambda-1} = 0,$$

in welcher $c_{\lambda-1}$ von Null verschieden ist. Indem man so weiter schliesst, beweist man, dass aus der Annahme $D=0$ stets eine Gleichung von der Form (C.) folgt, in welcher die Constanten $c_1, c_2, \ldots c_\lambda$ nicht sämmtlich verschwinden, wenn man bedenkt, dass auch die Gleichung $y_1=0$ unter dieser Form enthalten ist.

Im Folgenden sollen mehrere Functionen von einander unabhängig genannt werden, wenn zwischen ihnen keine homogene lineare Gleichung mit constanten Coefficienten besteht. Alsdann können wir den Satz aussprechen:

Wenn mehrere Functionen von einander unabhängig sind, so ist ihre Determinante von Null verschieden; wenn sie aber nicht von einander unabhängig sind, so ist ihre Determinante gleich Null.

Derselbe ist zunächst nur für das Innere des mit dem Radius r um den Punkt x_0 beschriebenen Kreises bewiesen. Nach einem bekannten Theorem der Functionentheorie ergiebt sich daraus seine Gültigkeit für alle Theile der Ebene, nach denen hin man die λ Functionen sämmtlich fortsetzen kann, vorausgesetzt, dass man unter $y_1, y_2, \dots y_\lambda$ stets simultane Werthe dieser Functionen versteht, d. h. solche, welche sie annehmen, wenn sie alle auf demselben Wege fortgesetzt werden.

Man leitet den bewiesenen Satz gewöhnlich aus der Theorie der linearen Differentialgleichungen ab. Es kam mir hier darauf an, ihn unabhängig von dieser Lehre zu begründen.

§. 2.

Seien wieder eine oder mehrere Functionen $u, v, w, \dots$ durch Reihen definirt, die nach ganzen positiven Potenzen von $x-x_0$ fortschreiten und in der Umgebung des Punktes x_0 convergiren. Wir nehmen an, dass dieselben sich über die ganze Ebene mit Ausschluss einer endlichen Anzahl singulärer Stellen fortsetzen lassen und an jedem singulären Punkte, a, mit einer endlichen Potenz von $x-a$ $\left(\text{oder } \frac{1}{x} \text{ für } a=\infty\right)$ multiplicirt, endlich bleiben. Denkt man sich, dass die unabhängige Veränderliche x von x_0 aus alle möglichen durch keinen singulären Punkt hindurchführenden geschlossenen Wege durchläuft, so gehen die gegebenen Functionenelemente in die sämmtlichen verschiedenen Zweige der Functionen $u, v, w, \dots$ über. Von diesen setzen wir voraus, dass sie sich alle in der Form

$$c_1 y_1 + c_2 y_2 + \cdots + c_\lambda y_\lambda$$

darstellen lassen, wo $c_1, c_2, \dots c_\lambda$ Constanten sind und $y_1, y_2, \dots y_\lambda$ von einander unabhängige Zweige der Functionen $u, v, w, \dots$ bezeichnen, oder, um diese im Folgenden oft wiederkehrende Bedingung kürzer auszudrücken, wir nehmen an, dass unter den verschiedenen Zweigen der Functionen $u, v, w, \dots$ nur λ von einander unabhängige enthalten sind.

Setzt man nun

$$\Sigma \pm y y_1^{(1)} \dots y_\lambda^{(\lambda)} = D y^{(\lambda)} + D_1 y^{(\lambda-1)} + \dots + D_\lambda y,$$

so ist D als Determinante von λ unter einander unabhängigen Functionen von Null verschieden, und die lineare Differentialgleichung

$$P = y^{(\lambda)} + \frac{D_1}{D} y^{(\lambda-1)} + \dots + \frac{D_\lambda}{D} y = 0$$

hat die Functionen $y_1, y_2, \dots y_\lambda$ und daher auch ihre linearen Verbindungen $u, v, w, \dots$ zu particulären Integralen. Durchläuft x irgend einen geschlossenen Weg, so verwandelt sich $y_\varkappa$ der Annahme nach in einen Ausdruck von der Form

$$c_{\varkappa 1} y_1 + c_{\varkappa 2} y_2 + \dots + c_{\varkappa \lambda} y_\lambda,$$

und daher gehen $D, D_1, \dots D_\lambda$ nach dem Multiplicationstheorem der Determinanten in sich selbst über, multiplicirt mit der Determinante

$$C = \Sigma \pm c_{11} c_{22} \dots c_{\lambda\lambda}.$$

Wenn die Constante C für irgend einen der geschlossenen Wege, die x durchlaufen kann, den Werth Null hätte, so würde D auf dieser Linie in $CD = 0$ übergehen und mithin ein Zweig der Function D identisch verschwinden. Dann müsste aber die analytische Function D überhaupt gleich Null sein, was nicht angeht. Da also C für jeden Weg einen bestimmten, von Null verschiedenen, endlichen Werth hat, so kann der Bruch $\frac{CD_\varkappa}{CD}$ durch C gehoben werden, und folglich sind die Coefficienten der linearen Differentialgleichung $P = 0$ eindeutige Functionen von x. Da sie aber ebenso wie $u, v, w, \dots$ an jeder Stelle, a, mit einer endlichen Potenz von $x - a$ $\left(\text{oder } \frac{1}{x} \text{ für } a = \infty\right)$ multiplicirt, endlich bleiben, so müssen sie rationale Functionen von x sein. Weil deren Nenner alle zusammen nicht unendlich oft verschwinden können, so besitzt die Differentialgleichung $P = 0$ nur eine endliche Anzahl singulärer Punkte *) und hat mithin in Folge der Beschaffenheit

---

*) Die singulären Punkte einer linearen Differentialgleichung sind nicht identisch mit den singulären Punkten der sie befriedigenden Functionen. Die letzteren sind diejenigen Stellen, an denen die Entwickelbarkeit der Integrale, die ersteren diejenigen, an denen, falls der Coefficient der höchsten Ableitung gleich Eins ist, die Entwickelbarkeit der Coefficienten nach ganzen positiven Potenzen der Aenderung des Arguments aufhört. Zu den singulären Punkten der Differentialgleichung gehören ausser den singulären Punkten der Integrale noch die ausserwesentlich singulären Stellen. (Vergl. die Abh. des Herrn *Fuchs,* dieses Journal, Bd. 68, S. 378.)

ihrer Integrale die Form

$$y^{(\lambda)}+\frac{p_1}{p}y^{(\lambda-1)}+\frac{p_2}{p^2}y^{(\lambda-2)}+\cdots+\frac{p_\lambda}{p^\lambda}y = 0,$$

wo $p, p_1, \ldots p_\lambda$ ganze Functionen sind, p keinen quadratischen Divisor hat, und $p_\varkappa$, wenn p vom μ^{ten} Grade ist, den $\varkappa(\mu-1)^{\text{ten}}$ Grad nicht überschreitet. Damit ist der Satz bewiesen:

Wenn mehrere über die ganze Ebene fortsetzbare analytische Functionen nur eine endliche Anzahl singulärer Stellen haben und an jeder derselben, mit einer endlichen Potenz der Aenderung des Arguments multiplicirt, endlich bleiben, und wenn unter ihren verschiedenen Zweigen nur λ von einander unabhängige enthalten sind, so genügen sie einer linearen Differentialgleichung λ^{ter} Ordnung.

Functionen der angegebenen Art sind z. B. die Wurzeln einer algebraischen Gleichung, deren Coefficienten rationale Functionen einer Variablen sind. Von diesen gilt also der Satz:

Wenn sich die Wurzeln einer algebraischen Gleichung durch λ unter ihnen und nicht durch weniger als λ linear mit constanten Coefficienten ausdrücken lassen, so genügen sie einer linearen Differentialgleichung λ^{ter} Ordnung.

Man kann umgekehrt die Frage aufwerfen, unter welchen Bedingungen eine lineare Differentialgleichung algebraische Integrale hat. Wenn eine Differentialgleichung durch eine Wurzel y einer irreductibeln algebraischen Gleichung zwischen x und y befriedigt wird, so müssen ihr auch die sämmtlichen verschiedenen Zweige der Function y, d. h. alle Wurzeln jener irreductibeln Gleichung genügen. Wenn diese sich durch μ von ihnen linear mit constanten Coefficienten ausdrücken lassen, so genügt y einer linearen Differentialgleichung μ^{ter} Ordnung, die nur algebraische Integrale hat, während die gegebene Differentialgleichung ausserdem noch andere haben kann. Die Frage nach der Integrabilität einer linearen Differentialgleichung durch algebraische Functionen zerlegt sich somit in die zwei Fragen, ob eine lineare Differentialgleichung mit einer andern niedrigerer Ordnung Integrale gemeinsam hat, und ob sie nur algebraische Functionen zu Integralen hat *). Und das erstere Problem ist es, auf das ich in diesem Aufsatze die Aufmerksamkeit zu lenken wünsche.

---

*) Vergl. *Abel,* oeuvres complètes, Tom. II., pag. 189.

§. 3.

Wir gehen nach diesen vorbereitenden Sätzen an die Exposition des in der Einleitung definirten Begriffs einer irreductibeln linearen Differentialgleichung.

Unter den sämmtlichen Zweigen einer Function, die einer linearen Differentialgleichung λ^{ter} Ordnung mit eindeutigen Coefficienten genügt, können nicht mehr als λ von einander unabhängige enthalten sein. Befinden sich unter ihnen nur μ solche, wo $\mu < \lambda$ ist, so genügt die Function nach dem im §. 2 entwickelten Satze einer linearen Differentialgleichung μ^{ter} Ordnung, und mithin ist die gegebene Differentialgleichung λ^{ter} Ordnung reductibel. Daraus folgt umgekehrt:

I. *Die Anzahl der unter einander unabhängigen Zweige jedes particulären Integrals einer irreductibeln linearen Differentialgleichung ist genau gleich der Ordnung der Differentialgleichung.*

Wenn aber die Differentialgleichung λ^{ter} Ordnung reductibel ist und mit einer μ^{ter} Ordnung ($\mu < \lambda$) ein Integral gemeinsam hat, so befinden sich unter den verschiedenen Zweigen dieser Function, da sie einer linearen Differentialgleichung μ^{ter} Ordnung genügt, nicht mehr als μ, jedenfalls also weniger als λ von einander unabhängige. Daraus schliesst man:

II. *Unter den Integralen einer reductibeln linearen Differentialgleichung befinden sich stets einige, unter deren verschiedenen Zweigen weniger von einander unabhängige enthalten sind, als die Ordnung der Differentialgleichung angiebt.*

Wenn eine Function y eine lineare Differentialgleichung befriedigt, so genügen derselben auch die sämmtlichen verschiedenen Zweige dieser Function Angenommen, y ist ein Integral einer irreductibeln Differentialgleichung μ^{ter} Ordnung, so befinden sich unter ihren verschiedenen Zweigen genau μ von einander unabhängige $y_1, y_2, \ldots y_\mu$, durch die sich alle andern linear ausdrücken lassen. Wenn nun y noch einer andern Differentialgleichung, λ^{ter} Ordnung, genügt, so müssen auch $y_1, y_2, \ldots y_\mu$ dieselbe befriedigen und folglich auch der Ausdruck $c_1 y_1 + c_2 y_2 + \cdots + c_\mu y_\mu$, in dem die Constanten $c_1, c_2, \ldots c_\mu$ ganz willkürlich sind, d. h., das allgemeine Integral der irreductibeln Differentialgleichung. Somit gilt der Satz:

III. *Wenn eine lineare Differentialgleichung mit einer irreductibeln ein Integral gemeinsam hat, so hat sie auch alle Integrale mit ihr gemeinsam.*

Wenn eine Differentialgleichung λ^{ter} Ordnung reductibel ist, so hat sie mit einer μ^{ter} Ordnung ($\mu < \lambda$) ein Integral y gemeinsam. Die verschiedenen

Zweige dieser Function lassen sich durch einige von ihnen, $y_1, y_2, \dots y_\nu$, die unter einander unabhängig sind, linear ausdrücken. Ihre Anzahl ν kann höchstens gleich μ sein. Dann genügt y nach dem Satze des §. 2 einer Differentialgleichung ν^{ter} Ordnung, deren allgemeines Integral $c_1 y_1 + c_2 y_2 + \cdots + c_\nu y_\nu$ ist. Jeder Differentialgleichung, der y genügt, müssen aber auch $y_1, y_2, \dots y_\nu$ genügen. Daher befriedigt $c_1 y_1 + c_2 y_2 + \cdots + c_\nu y_\nu$ die reductible Differentialgleichung λ^{ter} Ordnung. Daraus fliesst der Satz:

IV. *Wenn eine lineare Differentialgleichung reductibel ist, so giebt es eine lineare Differentialgleichung niedrigerer Ordnung, mit der sie alle Integrale gemeinsam hat.*

Die letztere kann wieder reductibel sein. Dann giebt es wieder eine lineare Differentialgleichung niedrigerer Ordnung, mit der sie alle Integrale gemeinsam hat, und wenn diese noch nicht irreductibel ist, auch für sie eine. Da aber die Ordnungen dieser verschiedenen Differentialgleichungen eine abnehmende Reihe bilden, die nicht mehr als λ Glieder enthalten kann, so schliesst man:

V. *Wenn eine lineare Differentialgleichung reductibel ist, so giebt es eine oder mehrere irreductible Differentialgleichungen, mit denen sie alle Integrale gemeinsam hat.*

Ich mache aber gleich darauf aufmerksam, dass es hier nicht, wie bei den reductibeln algebraischen Gleichungen stets *mehrere* irreductible Differentialgleichungen geben muss, mit denen eine reductible alle Integrale gemeinsam hat, und dass, wenn es mehrere giebt, die Summe ihrer Ordnungen kleiner sein kann, als die Ordnung der reductibeln Differentialgleichung.

§. 4.

Wenn die lineare Differentialgleichung $P = 0$ mit der linearen Differentialgleichung niedrigerer Ordnung $Q = 0$ alle Integrale gemeinsam hat, so kann sie, da sie ausserdem Integrale hat, welche Q nicht annulliren, auch singuläre Stellen haben, an denen die Nenner der Coefficienten von Q nicht verschwinden. Umgekehrt kann aber auch die Differentialgleichung $Q = 0$, trotzdem alle ihre Integrale die Gleichung $P = 0$ befriedigen, singuläre Stellen haben, an denen die Coefficienten von P nicht unendlich werden. Ist a eine solche, so kann hier freilich kein Integral der Differentialgleichung $Q = 0$ unstetig werden oder sich verzweigen, da sonst auch ein Integral von $P = 0$

und folglich auch diese Differentialgleichung selbst an a einen singulären Punkt hätte. Daher muss a ein ausserwesentlich singulärer Punkt der Differentialgleichung $Q=0$ sein.

Der Unterschied zwischen einem nicht singulären und einem ausserwesentlich singulären Punkte einer Differentialgleichung μ^{ter} Ordnung $Q=0$ besteht bekanntlich darin, dass an einer nicht singulären Stelle a sich μ Integrale finden lassen, deren Entwickelungen nach ganzen positiven Potenzen von $x-a$ der Reihe nach mit

$$(x-a)^0, \quad (x-a)^1, \quad \ldots \quad (x-a)^{\mu-1}$$

anfangen, an einer ausserwesentlich singulären Stelle a aber μ Integrale, deren Entwickelungen nach ganzen positiven Potenzen von $x-a$ mit

$$(x-a)^{\varrho_1}, \quad (x-a)^{\varrho_2}, \quad \ldots \quad (x-a)^{\varrho_\mu}$$

beginnen, wo die unter einander verschiedenen positiven ganzen Zahlen ϱ_1, $\varrho_2, \ldots \varrho_\mu$ nicht mit den Zahlen $0, 1, \ldots \mu-1$ übereinstimmen, also nicht sämmtlich kleiner als μ sind. Ist

$$Q = y^{(\mu)}+q_1 y^{(\mu-1)}+\cdots+q_\mu y$$

und

$$f(x,\varrho) = \varrho(\varrho-1)\ldots(\varrho-\mu+1)+(x-a)q_1\varrho(\varrho-1)\ldots(\varrho-\mu+2)+\cdots+(x-a)^\mu q_\mu,$$

so sind $\varrho_1, \varrho_2, \ldots \varrho_\mu$ die Wurzeln der Gleichung μ^{ten} Grades

$$f(a,\varrho) = 0,$$

welche Herr *Fuchs* die zum singulären Punkte a gehörige *determinirende Fundamentalgleichung* nennt. Wenn eine ihrer Wurzeln grösser als $\lambda-1$ ist, so ist a auch für die Differentialgleichung λ^{ter} Ordnung $P=0$ ein ausserwesentlich singulärer Punkt. Daraus ergiebt sich der Satz:

I. *Wenn eine lineare Differentialgleichung mit einer andern niedrigerer Ordnung alle Integrale gemeinsam hat, so sind alle singulären Punkte der letzteren, welche es nicht zugleich für die erstere sind, ausserwesentlich singuläre Punkte, für welche die Wurzeln der zugehörigen determinirenden Fundamentalgleichung kleiner als die Ordnung der ersten Differentialgleichung sind.*

Wenn eine Differentialgleichung reductibel ist, so giebt es eine Differentialgleichung niedrigerer Ordnung, mit welcher sie alle Integrale gemeinsam hat. Nun hat die letztere in der Umgebung einer singulären Stelle a stets solche Integrale, die bei einem Umlauf der Variablen um den Punkt a in sich selbst, mit einer Constanten multiplicirt, übergehen. Daher muss eins derjenigen Integrale der reductibeln Differentialgleichung, welchen dieselbe Eigenschaft zukommt, einer Differentialgleichung niedrigerer Ordnung genügen. Die Anzahl dieser Integrale ist im Allgemeinen eine endliche, wenn man zwei Integrale, deren Quotient constant ist, nicht als verschieden betrachtet. Wenn die reductible Differentialgleichung nicht gerade von dieser Regel eine Ausnahme macht, so kann man eine bestimmte Anzahl von ihren Integralen angeben, unter welchen sich die befinden müssen, die eine Differentialgleichung niedrigerer Ordnung befriedigen. Da dieser allgemeine Fall somit eine besondere Beachtung verdient, so stellen wir uns die Aufgabe, die Bedingungen zu ermitteln, unter denen er keine Ausnahme erleidet.

Wenn ein Integral einer linearen Differentialgleichung λ^{ter} Ordnung bei einem Umlauf von x um a in sich selbst, mit r multiplicirt, übergeht, so ist r eine Wurzel einer bestimmten Gleichung λ^{ten} Grades, welche Herr *Fuchs* die zum singulären Punkte a gehörige Fundamentalgleichung nennt. Ist r eine einfache Wurzel derselben, so giebt es nur ein einziges Integral, welches bei einem Umlauf der Variablen um a mit r multiplicirt wird (vergl. d. Abh. d. Herrn *Fuchs*, dieses Journal, Bd. 66, S. 132, insbesondere das Gleichungssystem (5.)). Ist aber r eine $(\varkappa+1)$fache Wurzel, so entsprechen ihr genau $\varkappa+1$ unter einander unabhängige Integrale. Diese haben in der Umgebung von a die Gestalt

$$y = \varphi_0+\varphi_1\log(x-a)+\cdots+\varphi_\varkappa(\log(x-a))^\varkappa,$$

wo $\varphi_0, \varphi_1, \dots \varphi_\varkappa$ Functionen sind, die bei einem Umlauf von x um a in sich selbst mit r multiplicirt übergehen, und die auch zum Theil identisch verschwinden können. Der Exponent der höchsten in diesen Integralen wirklich vorkommenden Potenz von $\log(x-a)$ kann nicht grösser als $\varkappa$ sein. Wenn er gleich $\varkappa$ ist, so entspricht der Wurzel r nur ein einziges Integral, in dem keine Logarithmen vorkommen.

Dem Beweise dieser Behauptung schicken wir eine allgemeine Bemerkung voraus. Ist y_μ ein Integral von der Form

$$y_\mu = \varphi_{\mu,0}+\varphi_{\mu,1}\log(x-a)+\cdots+\varphi_{\mu,\mu}(\log(x-a))^\mu,$$

wo $\varphi_{\mu,\mu}$ von Null verschieden ist, so geht y_μ bei einem Umlauf von x um a in $y_\mu+2\pi i\mu y_{\mu-1}$ über, wo

$$y_{\mu-1} = \varphi_{\mu-1,0}+\varphi_{\mu-1,1}\log(x-a)+\cdots+\varphi_{\mu-1,\mu-1}(\log(x-a))^{\mu-1}$$

ist, und $\varphi_{\mu-1,\mu-1} = \varphi_{\mu,\mu}$, also von Null verschieden ist. Da $y_{\mu-1}$ ebenfalls ein Integral der Differentialgleichung sein muss, so schliessen wir daraus: Wenn der Wurzel r ein Integral entspricht, in welchem die höchste vorkommende Potenz von $\log(x-a)$ die μ^{te} ist, so entspricht ihr auch ein Integral, in welchem diese Potenz die ν^{te} ist, wo ν irgend eine Zahl von 0 bis $\mu-1$ sein kann.

Wenn daher der Wurzel r ein Integral entspricht, in welchem die höchste auftretende Potenz von $\log(x-a)$ die $\varkappa^{\text{te}}$ ist, so entsprechen ihr $\varkappa+1$ Integrale, $y_0, y_1, \dots y_\varkappa$, in denen diese Potenz der Reihe nach die 0te, 1te, ... $\varkappa^{\text{te}}$ ist, und die desshalb unter einander unabhängig sind. Da einer $(\varkappa+1)$fachen Wurzel r nicht mehr als $\varkappa+1$ von einander unabhängige Integrale entsprechen, so muss sich jedes Integral, y_0', das bei einem Umlauf von x um a in sich selbst mit r multiplicirt, übergeht, in der Form

$$y_0' = c_0 y_0 + c_1 y_1 + \dots + c_\varkappa y_\varkappa$$

darstellen lassen. Vergleicht man auf beiden Seiten dieser Gleichung die Coefficienten von $(\log(x-a))^\varkappa$, so erkennt man, dass $c_\varkappa = 0$ ist; vergleicht man dann die von $(\log(x-a))^{\varkappa-1}$, so findet man, dass auch $c_{\varkappa-1} = 0$ ist, u. s. w. Daher ist $y_0' = c_0 y_0$, also von y_0 nicht verschieden.

Damit umgekehrt die Differentialgleichung nur ein einziges Integral besitzt, welches bei einem Umlauf von x um a in sich selbst übergeht, multiplicirt mit der $(\varkappa+1)$fachen Wurzel r der zu a gehörigen Fundamentalgleichung, darf der Exponent der höchsten Potenz von $\log(x-a)$, welche in den der Wurzel r entsprechenden Integralen vorkommt, nicht kleiner als $\varkappa$ sein. Sei, um dies zu beweisen, y_0 das Integral, das bei einem Umlaufe von x um a mit r multiplicirt wird. Ist $\varkappa > 0$, so muss die Differentialgleichung noch andere zur Wurzel r gehörige Integrale haben, und da y_0 das einzige Integral seiner Art sein soll, so müssen dieselben Logarithmen enthalten. Nach der oben gemachten Bemerkung muss aber, wenn der Wurzel r überhaupt Integrale mit Logarithmen entsprechen, sich unter ihnen auch eins von der Form

$$y_1 = \varphi_{1,0} + \varphi_{1,1} \log(x-a)$$

befinden. Da nach einem Satze des Herrn *Fuchs* (dieses Journal Bd. 68, S. 356) der Coefficient der höchsten in einem Integrale auftretenden Potenz von $\log(x-a)$ ebenfalls die Differentialgleichung befriedigt, und da derselbe bei einem Umlaufe von x um a mit r multiplicirt wird, so muss, bei passender Verfügung über den in y_1 enthaltenen constanten Factor, $\varphi_{1,1} = y_0$ und daher

$$y_1 = \varphi_{1,0} + y_0 \log(x-a)$$

sein. Wenn noch ein zweites Integral existirt, in welchem die höchste vorkommende Potenz von $\log(x-a)$ die erste ist, so hat es die Form

$$y_1' = \varphi_{1,0}' + y_0 \log(x-a).$$

Daher ist

$$y_1' - y_1 = \varphi_{1,0}' - \varphi_{1,0} = c_0 y_0,$$

weil diese Differenz zweier Integrale die Differentialgleichung befriedigt und bei einem Umlauf von x um a mit r multiplicirt wird. Jedes der Wurzel r entsprechende Integral, welches $\log(x-a)$ nur in der ersten Potenz enthält, lässt sich also durch y_0 und y_1 linear ausdrücken. Wenn aber $\varkappa > 1$ ist, so entsprechen der Wurzel r mehr als zwei unter einander unabhängige Integrale. In diesen müssen also höhere Potenzen von $\log(x-a)$ auftreten, und folglich giebt es unter ihnen auch eins von der Form

$$y_2 = \varphi_{2,0} + \varphi_{2,1} \log(x-a) + y_0 (\log(x-a))^2.$$

Ist

$$y_2' = \varphi_{2,0}' + \varphi_{2,1}' \log(x-a) + y_0 (\log(x-a))^2$$

ein zweites von derselben Form, so ist

$$y_2' - y_2 = (\varphi_{2,0}' - \varphi_{2,0}) + (\varphi_{2,1}' - \varphi_{2,1}) \log(x-a) = c_0 y_0 + c_1 y_1.$$

Daher lassen sich alle Integrale, welche $\log(x-a)$ höchstens in der zweiten Potenz enthalten, durch y_0, y_1, y_2 linear ausdrücken. Indem man so weiter schliesst, erkennt man, dass wenn der Wurzel r nur ein einziges Integral ohne Logarithmen entsprechen soll, die höchste Potenz von $\log(x-a)$, welche in den der Wurzel r entsprechenden Integralen vorkommt, die $\varkappa^{\text{te}}$ sein muss. Wir können also den Satz aussprechen:

II. *Damit eine lineare Differentialgleichung nur eine endliche Anzahl von Integralen besitzt, welche bei einem Umlauf der Variablen x um eine singuläre Stelle a in sich selbst, mit einer Constanten multiplicirt, übergehen, ist nothwendig und hinreichend, dass die Wurzeln der zum Punkte a gehörigen Fundamentalgleichung entweder alle unter einander verschieden sind, oder dass die höchste Potenz von* $\log(x-a)$, *welche in den einer* $(\varkappa+1)$*fachen Wurzel entsprechenden Integralen wirklich vorkommt, die $\varkappa^{\text{te}}$ ist.*

Erinnert man sich nun des Ausgangspunktes dieser ganzen Entwickelung, so gelangt man zu dem Satze:

III. *Wenn die Wurzeln der Fundamentalgleichung, welche zu einer singulären Stelle a einer reductibeln linearen Differentialgleichung gehört, alle unter einander verschieden sind, oder wenn die höchste Potenz von* $\log(x-a)$, *welche in den einer* $(\varkappa+1)$*fachen Wurzel entsprechenden Integralen vorkommt,* *die $\varkappa^{te}$ ist, so muss eins der Integrale, welche in der Umgebung von a keine Logarithmen enthalten, und deren Anzahl höchstens gleich der Ordnung der Differentialgleichung ist, einer Differentialgleichung niedrigerer Ordnung genügen.*

Wenn man nun eine Differentialgleichung λ^{ter} Ordnung, die einen singulären Punkt von der angegebenen Beschaffenheit besitzt, integriren kann, d. h. wenn man den Verlauf ihrer Integrale durch die ganze Ebene zu verfolgen vermag, so wird man durch diesen Satz in den Stand gesetzt, die Frage, ob sie reductibel oder irreductibel ist, zu entscheiden. Man hat nämlich nur zu ermitteln, ob sich unter den Integralen, die bei einem Umlauf von x um a in sich selbst, mit einer Constanten multiplicirt, übergehen, eins befindet, unter dessen verschiedenen Zweigen weniger als λ von einander unabhängige enthalten sind. Zur Ausführung dieser Untersuchung ist nur die Kenntniss der linearen Relationen erforderlich, welche zwischen den Integralen der verschiedenen, den einzelnen singulären Punkten entsprechenden Fundamentalsysteme bestehen *).

In besonders einfacher Weise lässt sich die Bedingung dafür, dass eine gegebene Differentialgleichung λ^{ter} Ordnung mit einer μ^{ter} Ordnung alle Integrale gemeinsam hat, angeben, wenn keine der zu den singulären Punkten gehörigen Fundamentalgleichungen mehrfache Wurzeln hat. Man verbinde eine Verzweigungsstelle a mit allen andern durch Linien L, die durch keinen Verzweigungspunkt hindurchführen. Das bei der gemachten Annahme vollständig bestimmte System der Integrale, welche bei einem Umlauf um eine Verzweigungsstelle in sich selbst übergehen, multiplicirt mit den verschiedenen Wurzeln der zu ihr gehörigen Fundamentalgleichung, soll das diesem singulären Punkte entsprechende Fundamentalsystem genannt werden. Es seien $y_1, y_2, \dots y_\lambda$ die Integrale des zum Verzweigungspunkte a, $z_1, z_2, \dots z_\lambda$ die des zu einem andern b gehörigen Fundamentalsystems, und es verwandle sich $y_\varkappa$, wenn es von a längs der nach b führenden Linie L fortgesetzt wird, in $c_{\varkappa,1}z_1+c_{\varkappa,2}z_2+\dots+c_{\varkappa,\lambda}z_\lambda$. Alsdann müssen unter diesen λ linearen Ausdrücken μ sein, welche von den λ Functionen $z_1, z_2, \dots z_\lambda$ nur μ enthalten, oder es muss, bei passend gewählter Bezeichnung der Integrale, auf der Linie L

$$\begin{array}{ll} y_1 & \text{in} \quad c_{1,1}z_1+c_{1,2}z_2+\dots+c_{1,\mu}z_\mu, \\ y_2 & \text{in} \quad c_{2,1}z_1+c_{2,2}z_2+\dots+c_{2,\mu}z_\mu, \\ \cdot & \quad\cdot \quad\cdot \quad\cdot \quad\cdots \quad\cdot \\ y_\mu & \text{in} \quad c_{\mu,1}z_1+c_{\mu,2}z_2+\dots+c_{\mu,\mu}z_\mu \end{array}$$

*) Vergl. über diese Relationen d. Abh. d. Herrn *Fuchs*, dieses Journal, Bd. 75 S. 212.

übergehen, während die Coefficienten $c_{1,\mu+1}$, $c_{1,\mu+2}$, ... $c_{1,\lambda}$, $c_{2,\mu+1}$, ... $c_{\mu,\lambda}$ sämmtlich verschwinden. Dass diese Bedingung für den auf den Linien L auszuführenden Uebergang von a zu jedem andern Verzweigungspunkte erfüllt wird, ist nothwendig und hinreichend, damit die gegebene Differentialgleichung λ^{ter} Ordnung mit einer μ^{ter} Ordnung alle Integrale gemeinsam hat.

Die Nothwendigkeit dieser Bedingung folgt aus dem oben entwickelten Satze, nach welchem, da keine der zu den Verzweigungspunkten gehörigen Fundamentalgleichungen mehrfache Wurzeln besitzt, μ von den Integralen des jedem singulären Punkte entsprechenden Fundamentalsystems der Differentialgleichung μ^{ter} Ordnung genügen müssen. Dass sie aber auch hinreichend ist, erkennt man, indem man jeden von einem Punkte a' in der Umgebung von a ausgehenden geschlossenen Weg nach der *Puiseux*schen Methode durch eine Reihe von Elementarcontouren ersetzt, d. h. von geschlossenen Strecken, die von a' längs der a mit einem andern Verzweigungspunkt b verbindenden Linie L nach einem nahe vor b liegenden Punkte b' dieses Weges, dann von b' in einem sehr kleinen Kreise um b herum und zuletzt von b' längs L nach a' zurückführen.

Wenn demnach keine der zwei singulären Punkten einer linearen Differentialgleichung λ^{ter} Ordnung zugehörigen Fundamentalgleichungen mehrfache Wurzeln hat, und wenn in den linearen Relationen, welche bei einer bestimmten Verbindung dieser beiden Stellen die Integrale des der einen entsprechenden Fundamentalsystems durch die Integrale des der andern entsprechenden ausdrücken, keiner der λ^2 Coefficienten verschwindet, so ist die Differentialgleichung irreductibel. Dies ist auch schon der Fall, wenn sich unter den linearen Ausdrücken für die λ Integrale des dem ersten Punkte entsprechenden Fundamentalsystems nicht μ finden lassen ($\mu = 1, 2, \ldots \lambda-1$), welche nur μ von den Integralen des dem zweiten Punkte entsprechenden enthalten.

§. 5.

Als Beispiel für die eben entwickelte Lösung des aufgestellten Problems will ich die Differentialgleichung

$$x(1-x)y''+(\gamma-(\alpha+\beta+1)x)y-\alpha\beta y = 0$$

behandeln, der die hypergeometrische Reihe

$$F(\alpha,\beta,\gamma,x) = 1+\frac{\alpha\beta}{\gamma}x+\frac{\alpha(\alpha+1)\beta(\beta+1)}{\gamma(\gamma+1)1.2}x^2+\cdots$$

genügt. Ihre singulären Stellen sind die Punkte 0, ∞ und 1. Damit an keiner derselben in den Entwickelungen der Integrale Logarithmen auftreten, nehmen wir an, dass γ, $\alpha+\beta-\gamma$ und $\alpha-\beta$ keine ganzen Zahlen sind. Alsdann hat keine der zu den Verzweigungspunkten gehörigen Fundamentalgleichungen mehrfache Wurzeln. Die den singulären Stellen entsprechenden Fundamentalsysteme werden gebildet *)

für den Werth ∞ von den Integralen

$$v=\left(\frac{1}{x}\right)^{\alpha}F\left(\alpha,\alpha-\gamma+1,\alpha-\beta+1,\frac{1}{x}\right),\quad v'=\left(\frac{1}{x}\right)^{\beta}F\left(\beta,\beta-\gamma+1,\beta-\alpha+1,\frac{1}{x}\right),$$

für den Werth 0 von

$$u=F(\alpha,\beta,\gamma,x),\qquad u'=x^{1-\gamma}F(\alpha-\gamma+1,\beta-\gamma+1,2-\gamma,x),$$

für den Werth 1 von

$$w=F(\alpha,\beta,\alpha+\beta-\gamma+1,1-x),\quad w'=(1-x)^{\gamma-\alpha-\beta}F(\gamma-\alpha,\gamma-\beta,\gamma-\alpha-\beta+1,1-x).$$

Um diese Functionen eindeutig definiren zu können, schliessen wir die negative Abscissenaxe vom Gebiete der Variabeln x (oder $1-x$ bei w und w') aus, indem wir längs derselben durch die Constructionsebene einen Schnitt führen. In der so entstandenen Fläche ist die Function $\log(x)$ eindeutig definirt, wenn ihr im Punkte 1 der Werth 0 ertheilt wird, ebenso die Function x^n auch für gebrochene und irrationale Werthe des Exponenten, wenn dafür der durch die Gleichung

$$x^n = e^{n\log x}$$

bestimmte Werth genommen wird. Für die Stelle a wählen wir den Punkt 1, weil der Convergenzbereich der Reihen w und w' sowohl mit dem der Reihen u und u', als auch mit dem der Reihen v und v' ein Stück gemeinsam hat. Aus diesem Grunde ist es hier auch unnöthig, die Stelle 1 mit den Punkten 0 und ∞ durch Linien zu verbinden. Zwischen den Integralen der den verschiedenen singulären Punkten entsprechenden Fundamentalsysteme bestehen dann folgende Relationen:

$$w = \frac{\Pi(\alpha+\beta-\gamma)\Pi(-\gamma)}{\Pi(\alpha-\gamma)\Pi(\beta-\gamma)}\,u+\frac{\Pi(\alpha+\beta-\gamma)\Pi(\gamma-2)}{\Pi(\alpha-1)\Pi(\beta-1)}\,u',$$

$$w' = \frac{\Pi(\gamma-\alpha-\beta)\Pi(-\gamma)}{\Pi(-\alpha)\Pi(-\beta)}\,u+\frac{\Pi(\gamma-\alpha-\beta)\Pi(\gamma-2)}{\Pi(\gamma-\alpha-1)\Pi(\gamma-\beta-1)}\,u',$$

$$w = \frac{\Pi(\alpha+\beta-\gamma)\Pi(\beta-\alpha-1)}{\Pi(\beta-\gamma)\Pi(\beta-1)}\,v+\frac{\Pi(\alpha+\beta-\gamma)\Pi(\alpha-\beta-1)}{\Pi(\alpha-\gamma)\Pi(\alpha-1)}\,v',$$

$$w' = \frac{\Pi(\gamma-\alpha-\beta)\Pi(\beta-\alpha-1)}{\Pi(-\alpha)\Pi(\gamma-\alpha-1)}\,v+\frac{\Pi(\gamma-\alpha-\beta)\Pi(\alpha-\beta-1)}{\Pi(-\beta)\Pi(\gamma-\beta-1)}\,v'.$$

*) Die hier benutzten Eigenschaften der hypergeometrischen Reihe findet man in der Abhandlung des Herrn *Kummer*, dieses Journal, Bd. 15, S. 52—60 und in *Gauss*' Werken, Bd. 3, S. 207—220.

Diese Gleichungen sind für alle Punkte der Flächenstücke gültig, welche den Convergenzbereichen der auf ihrer rechten und auf ihrer linken Seite stehenden Reihen gemeinsam sind.

Damit die gegebene Differentialgleichung zweiter Ordnung reductibel ist, also mit einer erster Ordnung ein Integral gemeinsam hat, muss entweder in jedem der beiden Ausdrücke für w einer der Coefficienten verschwinden oder in jedem der beiden Ausdrücke für w'. Da $\Pi(x)$ für keinen endlichen Werth von x verschwindet und für alle negativen ganzen Zahlen unendlich gross wird, so zeigt der blosse Anblick der obigen Gleichungen, dass diese Bedingung erfüllt ist, wenn entweder α (oder β) oder $\gamma-\alpha$ (oder $\gamma-\beta$) eine ganze Zahl ist. Bedeutet ν eine positive ganze Zahl oder Null, so ist demnach die gegebene Differentialgleichung in folgenden acht Fällen reductibel:

1) $\alpha=\nu+1$. In Folge der bekannten Relation

$$F(\alpha,\beta,\gamma,x) = (1-x)^{\gamma-\alpha-\beta}F(\gamma-\alpha,\gamma-\beta,\gamma,x)$$

ist das Integral

$$u'=x^{1-\gamma}F(\alpha-\gamma+1,\beta-\gamma+1,2-\gamma,x)=x^{1-\gamma}(1-x)^{\gamma-\alpha-\beta}F(1-\alpha,1-\beta,2-\gamma,x).$$

Da aber $1-\alpha=-\nu$ ist, so bricht die Reihe $F(1-\alpha,1-\beta,2-\gamma,x)$ ab und stellt eine ganze Function ν^{ten} Grades dar. Die Gleichung

$$F(1-\alpha,1-\beta,2-\gamma,x) = 0$$

hat, wie man aus der linearen Differentialgleichung zweiter Ordnung ersehen kann, der ihre linke Seite genügt, keine mehrfachen Wurzeln. Daher ist

$$u' = Cx^{1-\gamma}(1-x)^{\gamma-\alpha-\beta}(x-a_1)(x-a_2)\ldots(x-a_\nu),$$

wo die Grössen $0,\ 1,\ a_1,\ a_2,\ \ldots\ a_\nu$ sämmtlich unter einander verschieden sind. Die Stellen $a_1,\ a_2,\ \ldots\ a_\nu$ sind die ausserwesentlich singulären Punkte der Differentialgleichung erster Ordnung, welche von den Integralen u', v' und w', die sich nur um constante Factoren unterscheiden, befriedigt wird. Die Exponenten, zu denen das Integral der linearen Differentialgleichung erster Ordnung in den Umgebungen dieser Punkte gehört, sind dem oben entwickelten Satze gemäss kleiner als die Ordnung der reductibeln Differentialgleichung, also sämmtlich gleich 1.

2) $\alpha=-\nu$. In diesem Falle ist

$$u = F(\alpha,\beta,\gamma,x)$$

eine ganze Function ν^{ten} Grades, und die lineare Differentialgleichung erster Ordnung, der u, v und w genügen, hat nur ausserwesentlich singuläre Stellen.

3) $\gamma-\alpha=\nu+1$. In diesem Falle ist

$$u' = x^{1-\gamma}F(\alpha-\gamma+1,\beta-\gamma+1,2-\gamma,x)$$

nebst v und w das Integral der Differentialgleichung erster Ordnung.

4) $\gamma-\alpha=-\nu$. In diesem Falle genügt

$$w' = (1-x)^{\gamma-\alpha-\beta}F(\gamma-\alpha,\gamma-\beta,\gamma-\alpha-\beta+1,1-x)$$

nebst u und v' der Differentialgleichung erster Ordnung.

Durch die Vertauschung von α mit β, bei welcher die Differentialgleichung ungeändert bleibt, ergeben sich daraus die übrigen vier Fälle. Die ermittelten Bedingungen lassen sich folgendermassen zusammenfassen:

I. *Damit die Gausssche Differentialgleichung reductibel sei, ist nothwendig und hinreichend, dass eine der hypergeometrischen Reihen mit dem vierten Elemente* x, $1-x$, $\frac{1}{x}$, $\frac{1}{1-x}$, $\frac{x-1}{x}$, $\frac{x}{x-1}$, *welche, mit einer Potenz von* x *oder* $1-x$ *multiplicirt, ihr genügen, nur aus einer endlichen Anzahl von Gliedern besteht.*

Um die Bedeutung dieser Bedingung in ein helleres Licht zu setzen, wollen wir als ein zweites Beispiel die allgemeine Differentialgleichung zweiter Ordnung mit drei singulären Punkten behandeln, dabei aber einen andern Weg einschlagen, der die Kenntniss der Relationen, die zwischen den Integralen der den verschiedenen Verzweigungspunkten entsprechenden Fundamentalsysteme bestehen, nicht voraussetzt. Diese Differentialgleichung, welche zuerst von *Riemann* (Beiträge zur Theorie der durch die *Gauss*sche Reihe $F(\alpha,\beta,\gamma,x)$ darstellbaren Functionen) vollständig integrirt ist, besitzt die merkwürdige Eigenschaft, dass ihre Constanten vollständig bestimmt sind, wenn die Exponenten gegeben sind, zu welchen die Integrale der den singulären Punkten entsprechenden Fundamentalsysteme gehören. (Vergl. die Abh. des Herrn *Fuchs*, dieses Journal, Bd. 66, S. 160.) Durch eine lineare Transformation der unabhängigen Veränderlichen kann man die drei singulären Stellen stets nach den Punkten 0, ∞ und 1 verlegen. Sind dann α und α' die Wurzeln der zu 0, β und β' die der zu ∞, γ und γ' die der zu 1 gehörigen determinirenden Fundamentalgleichung, so hat die Differentialgleichung die Gestalt

$$x^2(1-x)^2y''-((\alpha+\alpha'-1)+(\beta+\beta'+1)x)x(1-x)y' \\ +(\alpha\alpha'+(\gamma\gamma'-\alpha\alpha'-\beta\beta')x+\beta\beta'x^2)y = 0.$$

Die Summe der Wurzeln der zu den singulären Punkten gehörigen determinirenden Fundamentalgleichungen ist nach einem Satze des Herrn *Fuchs* (dieses Journal Bd. 66 S. 142 und 145) bei einer Differentialgleichung λ^{ter} Ordnung mit μ endlichen singulären Punkten gleich $(\mu-1)\frac{\lambda(\lambda-1)}{2}$. Daher muss

$$\alpha+\alpha'+\beta+\beta'+\gamma+\gamma' = 1$$

sein. Ein Integral einer linearen Differentialgleichung erster Ordnung geht auf jedem geschlossenen Wege in sich selbst, mit einer Constanten multiplicirt, über. Daher kann eine lineare Verbindung der beiden Integrale des zu einer singulären Stelle gehörigen Fundamentalsystems mit zwei Coefficienten, die beide von Null verschieden sind, nicht eine Differentialgleichung erster Ordnung befriedigen, es müsste denn die Differenz der beiden Exponenten eine ganze Zahl sein und trotzdem die Entwicklungen der Integrale keine Logarithmen enthalten. Wenn also die gegebene Differentialgleichung reductibel ist, so erkennt man daraus, dass, möge jene Differenz eine ganze Zahl sein oder nicht, stets das ihrer Integrale, welches einer Differentialgleichung erster Ordnung genügt, zu einem der beiden dem singulären Punkte entsprechenden Exponenten gehören muss. Die Bezeichnung der Wurzeln der zu den singulären Punkten gehörigen determinirenden Fundamentalgleichungen sei so gewählt, dass das der Differentialgleichung erster Ordnung genügende Integral in den Umgebungen der Punkte 0, ∞, 1 zu den Exponenten α, β, γ gehört.

Die allgemeine Form einer Differentialgleichung erster Ordnung ist

$$y'-\left(\frac{\alpha_1}{x-a_1}+\frac{\alpha_2}{x-a_2}+\cdots+\frac{\alpha_\mu}{x-a_\mu}\right)y = 0,$$

die ihres Integrals also

$$y = C(x-a_1)^{\alpha_1}(x-a_2)^{\alpha_2}\dots(x-a_\mu)^{\alpha_\mu}.$$

Ihre singulären Stellen sind die Punkte a_1, a_2, ... a_μ, ∞. Ist α_0 der Exponent, der zum Punkte ∞ gehört, so ist

$$\alpha+\alpha_1+\cdots+\alpha_\mu = 0.$$

Die Differentialgleichung erster Ordnung, mit der die gegebene ein Integral gemeinsam hat, kann ausser den Punkten 0, ∞ und 1 nur noch ausserwesentlich singuläre Stellen haben, deren Exponenten kleiner als 2, also gleich 1 sein müssen. Daher hat ihr Integral die Gestalt

$$y = Cx^\alpha(1-x)^\gamma(x-a_1)(x-a_2)\dots(x-a_\nu),$$

wo die Grössen 0, 1, a_1, ... a_ν alle unter einander verschieden sind.

Da zum Punkte ∞ der Exponent β gehört, und die Summe aller Exponenten gleich Null sein muss, so ist

$$\alpha+\beta+\gamma+\nu = 0$$

und daher

$$\alpha+\beta+\gamma=-\nu, \qquad \alpha'+\beta'+\gamma'=\nu+1.$$

Dies ist also die nothwendige Bedingung dafür, dass die gegebene Differentialgleichung reductibel ist. Um zu zeigen, dass sie auch hinreichend ist, machen wir die Substitution

$$y = x^{\alpha}(1-x)^{\gamma}z.$$

Dann erhält man für z eine lineare Differentialgleichung zweiter Ordnung mit den drei singulären Stellen 0, ∞ und 1. Sind a und a', b und b', c und c' die zugehörigen Exponenten, so ist

$$a+b+c=-\nu, \qquad a'+b'+c'=\nu+1,$$

und da ausserdem

$$a=0, \quad a'=\alpha'-\alpha, \qquad c=0, \quad c'=\gamma'-\gamma,$$

ist, so muss

$$b=-\nu, \qquad b'=\beta'-\beta-\nu$$

sein. Daher lautet die Differentialgleichung, der z genügt,

$$x(1-x)z''+((\alpha-\alpha'+1)-(-\nu+\beta'-\beta-\nu+1)x)z'-(-\nu)(\beta'-\beta-\nu)z = 0.$$

Ihr genügt das Integral (vergl. d. Abh. von *Riemann*, Art. VIII. S. 21)

$$u = F(-\nu, \beta'-\beta-\nu, \alpha-\alpha'+1, x),$$

also eine ganze Function ohne quadratischen Theiler, die in den Punkten 0 und 1 nicht verschwindet, wenn nicht etwa $\alpha'-\alpha$ eine positive ganze Zahl ist.

In diesem Falle genügt ihr die ganze Function

$$v = x^{\nu}F\left(-\nu, \alpha'-\alpha-\nu, \beta-\beta'+1, \frac{1}{x}\right),$$

wenn nicht auch $\beta'-\beta$ eine positive ganze Zahl ist. Alsdann wird sie befriedigt von der ganzen Function

$$w = F(-\nu, \beta'-\beta-\nu, \gamma-\gamma'+1, 1-x),$$

wenn nicht auch $\gamma'-\gamma$ eine positive ganze Zahl ist. Da die Summe der drei Differenzen $\alpha'-\alpha$, $\beta'-\beta$ und $\gamma'-\gamma$ gleich $2\nu+1$ ist, so muss, wenn sie alle positiv und grösser als Null sind, wenigstens eine nicht grösser als ν sein.

Ist dies $\alpha'-\alpha$, so ist

$$u' = x^{\alpha'-\alpha}F(\alpha'-\alpha-\nu, \gamma-\gamma'+\nu+1, \alpha'-\alpha+1, x),$$

ist es $\beta'-\beta$, so ist

$$v' = x^{\nu+\beta'-\beta} F\left(\beta'-\beta-\nu, \gamma-\gamma'+\nu+1, \beta'-\beta+1, \frac{1}{x}\right),$$

ist es $\gamma'-\gamma$, so ist

$$w' = (1-x)^{\gamma'-\gamma} F(\gamma'-\gamma-\nu, \alpha-\alpha'+\nu+1, \gamma'-\gamma+1, 1-x)$$

eine ganze Function, welche die Differentialgleichung befriedigt.

Wir gelangen also zu dem Resultate:

II. *Damit die allgemeine (Riemannsche) Differentialgleichung zweiter Ordnung mit drei singulären Punkten reductibel sei, ist es nothwendig und hinreichend, dass die Summe dreier Exponenten, unter denen sich von jedem singulären Punkte einer befindet, gleich einer ganzen Zahl ist.*

§. 6.

Die in §. 3 entwickelten Sätze, welche die Analogie zwischen den irreductibeln algebraischen Gleichungen und den irreductibeln linearen Differentialgleichungen ins Licht setzen, sind nach einer Methode bewiesen, welche sich bei algebraischen Gleichungen nur in dem speciellen Falle anwenden lässt, wenn ihre Coefficienten rationale Functionen einer Veränderlichen sind. Wir wollen sie jetzt auf einem anderen Wege herleiten, der mit dem bei algebraischen Gleichungen üblichen grössere Aehnlichkeit hat und weitere Aufschlüsse über den Charakter der reductibeln Differentialgleichungen giebt (Vergl. *Libri*, dieses Journal, Bd. 10, S. 193, sowie die Abhandl. des Herrn *Brassinne* im Anhange von *Sturm*, Cours d'analyse (tome II., Note III.)).

Sind

$$P = y^{(\lambda)}+p_1 y^{(\lambda-1)}+\cdots+p_\lambda y$$

und

$$Q = y^{(\mu)}+q_1 y^{(\mu-1)}+\cdots+q_\mu y$$

zwei Differentialausdrücke, und ist $\lambda \geqq \mu$ und $\lambda-\mu=\nu$, so kann man P, wie leicht zu sehen, auf die Form

$$P = Q^{(\nu)}+r_1 Q^{(\nu-1)}+\cdots+r_\nu Q+r_0 R$$

bringen, wo $Q^{(\varkappa)}$ die $\varkappa^{\text{te}}$ Ableitung von Q nach x, $r_\varkappa$ eine rationale Function von x, die auch Null sein kann, und R einen Differentialausdruck bedeutet, dessen Ordnung $\varrho<\mu$ ist, und in welchem der Coefficient der höchsten Ableitung von y gleich 1 ist. Aus dieser Gleichung folgt, dass alle gemeinsamen Integrale der beiden Differentialgleichungen $P=0$ und $Q=0$ auch R

annulliren. Da wir Gleichungen von derselben Gestalt noch mehrfach benutzen werden, so schreiben wir sie in der abgekürzten Form

$$P \equiv R \pmod{Q}.$$

In einer solchen Congruenz bedeuten P, Q und R Differentialausdrücke, in denen der Coefficient der höchsten Ableitung von y gleich 1 ist, und deren Ordnungen λ, μ, ϱ den Ungleichheiten

$$\lambda \geqq \mu > \varrho$$

genügen. Wenn alle Integrale der Differentialgleichung $Q = 0$ auch P annulliren, so folgt aus der Congruenz

$$P \equiv R \pmod{Q},$$

dass sie auch sämmtlich die Differentialgleichung $R = 0$ befriedigen. Demnach hat die Differentialgleichung ϱ^{ter} Ordnung $R = 0$ μ von einander unabhängige Integrale. Eine lineare Differentialgleichung mit eindeutigen Coefficienten kann aber nicht mehr von einander unabhängige Integrale besitzen als ihre Ordnung angiebt, ohne identisch zu verschwinden. (Vergl. §. 1.) Daraus folgt:

I. *Wenn die Differentialgleichung $P = 0$ mit der Differentialgleichung $Q = 0$ alle Integrale gemeinsam hat, so lässt sich P in der Form*

$$P = Q^{(\nu)} + r_1 Q^{(\nu-1)} + \cdots + r_\nu Q$$

darstellen, oder es ist

$$P \equiv 0 \pmod{Q}.$$

Wenn die Differentialgleichung $P = 0$ mit der irreductibeln Differentialgleichung $Q = 0$ ein Integral y gemeinsam hat, so ist die Ordnung von Q nicht höher als die von P. Ist dann

$$P \equiv R \pmod{Q},$$

so genügt y auch der Differentialgleichung $R = 0$. Da aber die irreductible Differentialgleichung $Q = 0$ mit der Differentialgleichung niedrigerer Ordnung $R = 0$ kein Integral gemeinsam haben kann, so muss R identisch verschwinden und daher

$$P \equiv 0 \pmod{Q}$$

sein. Somit gilt der Satz:

II. *Wenn eine lineare Differentialgleichung mit einer irreductibeln ein Integral gemeinsam hat, so hat sie auch alle Integrale mit ihr gemeinsam.*

Sind P und P_1 zwei Differentialausdrücke von den Ordnungen λ und λ_1, so kann man die Differentialgleichung, der die gemeinsamen Integrale der beiden Differentialgleichungen $P=0$ und $P_1=0$ genügen, nach der Methode des grössten gemeinsamen Divisors bestimmen. Dazu dienen, wenn $\lambda \geqq \lambda_1$ ist, die Congruenzen

$$\begin{aligned} P &\equiv P_2 \pmod{P_1}, \\ P_1 &\equiv P_3 \pmod{P_2}, \\ &\cdot \quad \cdot \quad \cdot \\ P_{\mu-1} &\equiv P_{\mu+1} \pmod{P_\mu}. \end{aligned}$$

Ist $\lambda_\varkappa$ die Ordnung von $P_\varkappa$, so ist $\lambda \geqq \lambda_1 > \lambda_2 > \cdots$, und daher muss $\lambda_\varkappa$ spätestens für $\varkappa = 1+\lambda_1$ verschwinden. Ist $\lambda_{\mu+1}=0$, λ_μ aber von Null verschieden, so ist $P_{\mu+1}$ entweder gleich y oder gleich Null. Im ersten Falle werden die beiden Differentialgleichungen gemeinsam nur durch $y=0$ befriedigt, d. h., sie haben kein Integral mit einander gemeinsam. Im andern Falle müssen alle gemeinsamen Integrale von $P=0$ und $P_1=0$ auch die Differentialgleichung $P_\mu=0$ befriedigen und alle Integrale der letzteren auch den beiden ersteren genügen. Daraus folgt der Satz:

III. *Wenn eine lineare Differentialgleichung reductibel ist, so giebt es eine lineare Differentialgleichung niedrigerer Ordnung, mit der sie alle Integrale gemeinsam hat.*

Ist nun $P=0$ eine reductible Differentialgleichung, und $Q=0$ eine Differentialgleichung niedrigerer Ordnung, mit der sie alle Integrale gemeinsam hat, so ist

$$P \equiv 0 \pmod{Q}.$$

Die linke Seite jeder reductibeln Differentialgleichung hat daher die Form

$$P = Q^{(\nu)}+r_1 Q^{(\nu-1)}+\cdots+r_\nu Q.$$

Bisher haben wir mit dem Buchstaben P einen Differentialausdruck bezeichnet. Jetzt soll derselbe als Operationssymbol benutzt werden. Wir schreiben nämlich

$$y^{(\lambda)}+p_1 y^{(\lambda-1)}+\cdots+p_\lambda y = P(y),$$

so dass P eine an der Function y auszuführende Operation bezeichnet, nämlich

$$P(y) = \left(\frac{d^\lambda}{dx^\lambda}+p_1\frac{d^{\lambda-1}}{dx^{\lambda-1}}+\cdots+p_\lambda\right)(y).$$

Die Bedingung dafür, dass die Differentialgleichung $P(y)=0$ mit $Q(y)=0$ alle Integrale gemeinsam hat, die bisher durch die Congruenz $P\equiv 0 \pmod{Q}$ ausgedrückt wurde, kann jetzt auch in der Form

$$P(y) = R(Q(y))$$

geschrieben werden, wo die Operation

$$R(y) = \left(\frac{d^\nu}{dx^\nu} + r_1 \frac{d^{\nu-1}}{dx^{\nu-1}} + \cdots + r_\nu\right)(y)$$

an dem Differentialausdruck μ^{ter} Ordnung $Q(y)$ zu vollziehen und $\lambda = \mu + \nu$ ist.

Ist w das allgemeine Integral der Differentialgleichung $R(y) = 0$ und u ein Integral der Differentialgleichung $Q(y) = w$, so annullirt die Function u auch $P(y)$, hat also nur eine endliche Anzahl singulärer Stellen und ist an jeder derselben, a, mit einer endlichen Potenz von $x - a$ $\left(\text{oder } \frac{1}{x} \text{ für } a = \infty\right)$ multiplicirt, endlich. Dasselbe gilt demnach auch von der Function $w = Q(u)$, und mithin hat auch $R(y) = 0$ die Form, welche hier stets für die linearen Differentialgleichungen vorausgesetzt wird.

Die Differentialgleichung $Q(y) = w$ mit den ν in w enthaltenen willkürlichen Constanten ist also für die reductible Differentialgleichung als Integralgleichung zu betrachten, aus der man jene durch Differentiation und Elimination der willkürlichen Constanten herleiten kann.

Wir können demnach das Resultat aussprechen:

IV. *Wenn eine lineare Differentialgleichung λ^{ter} Ordnung mit einer μ^{ter} Ordnung $Q(y) = 0$ alle Integrale gemeinsam hat, so genügt jedes ihrer Integrale einer Differentialgleichung von der Form $Q(y) = w$, in welcher w ein Integral einer bestimmten Differentialgleichung $(\lambda - \mu)^{\text{ter}}$ Ordnung ist.*

Umgekehrt ist jede lineare Differentialgleichung reductibel, wenn sie durch eine Differentialgleichung von der Form $Q(y) = w$ integrirt wird. Diese Gestalt der Integralgleichungen ist die charakteristische Eigenschaft der reductibeln linearen Differentialgleichungen.

§. 7.

Jeder lineare Differentialausdruck

$$P(y) = y^{(\lambda)} + p_1 y^{(\lambda-1)} + \cdots + p_\lambda y$$

lässt sich auf die Form

$$P(y) = R(Q(y))$$

bringen, wo

$$Q(y) = y^{(\mu)} + q_1 y^{(\mu-1)} + \cdots + q_\mu y$$

und

$$R(y) = y^{(\nu)} + r_1 y^{(\nu-1)} + \cdots + r_\nu y$$

zwei lineare Differentialausdrücke sind und $\lambda = \mu + \nu$ ist, vorausgesetzt, dass man die Bedingung fallen lässt, dass die Coefficienten von $Q(y)$ und $R(y)$ rationale Functionen sein sollen. Indem man die Coefficienten derselben Ableitungen von y auf beiden Seiten der Gleichung $P(y) = R(Q(y))$ einander gleich setzt, erhält man zur Bestimmung der λ unbekannten Functionen q_1, q_2, ... q_μ, r_1, r_2, ... r_ν ebenso viele Differentialgleichungen. Damit dann die Differentialgleichung $P(y) = 0$ mit einer μ^{ter} Ordnung von derselben Form alle Integrale gemeinsam hat, muss es möglich sein, diesen λ Differentialgleichungen durch λ rationale Functionen zu genügen.

Wir wollen auf dem angedeuteten Wege die Bedingung dafür ermitteln, dass die Differentialgleichung λ^{ter} Ordnung $P(y) = 0$ mit einer $(\lambda-1)^{\text{ter}}$ Ordnung alle Integrale gemeinsam hat. Zu dem Zwecke ist es zunächst erforderlich, die λ Functionen q_1, q_2, ... $q_{\lambda-1}$ und r so zu bestimmen, dass die Gleichung

$$y^{(\lambda)} + p_1 y^{(\lambda-1)} + \cdots + p_\lambda y$$
$$= \frac{d}{dx}(y^{(\lambda-1)} + q_1 y^{(\lambda-2)} + \cdots + q_{\lambda-1} y) + r(y^{(\lambda-1)} + q_1 y^{(\lambda-2)} + \cdots + q_{\lambda-1} y)$$

zu einer identischen wird. Setzt man

$$z = e^{\int r\,dx}, \quad z_1 = q_1 z, \quad \ldots \quad z_{\lambda-1} = q_{\lambda-1} z,$$

so nimmt dieselbe die Form

$$z(y^{(\lambda)} + p_1 y^{(\lambda-1)} + \cdots + p_\lambda y) = \frac{d}{dx}(z y^{(\lambda-1)} + z_1 y^{(\lambda-2)} + \cdots + z_{\lambda-1} y)$$

an, aus der man erkennt, dass z der Multiplicator (integrirende Factor) der Differentialgleichung $P(y) = 0$ ist. (Vergl. die Abh. des Herrn *Thomé*, dieses Journal, Bd. 75, S. 272.) Zur Bestimmung von $z_\varkappa$ erhält man die Gleichung

$$z p_\varkappa = \frac{dz_{\varkappa-1}}{dx} + z,$$

welche, wenn $z_\lambda = 0$ gesetzt wird, für $\varkappa = 1, 2, \ldots \lambda$ gültig ist. Daraus ergiebt sich

$$(1.) \qquad z_\varkappa = z p_\varkappa - \frac{d(z p_{\varkappa-1})}{dx} + \frac{d^2(z p_{\varkappa-2})}{dx^2} - \cdots + (-1)^\varkappa \frac{d^\varkappa z}{dx^\varkappa}.$$

Da $z_\lambda = 0$ ist, so genügt z der linearen Differentialgleichung

$$(2.) \qquad P'(z) = \frac{d^\lambda z}{dx^\lambda} - \frac{d^{\lambda-1}(z p_1)}{dx^{\lambda-1}} + \cdots + (-1) z p_\lambda = 0.$$

Damit die gegebene Differentialgleichung λ^{ter} Ordnung $P(y) = 0$ mit einer $(\lambda-1)^{\text{ter}}$ Ordnung von derselben Form alle Integrale gemeinsam hat, müssen

$\frac{z'}{z}, \frac{z_1}{z}, \ldots \frac{z_{\lambda-1}}{z}$ rationale Functionen sein. In Folge der Relation

$$\frac{z_\varkappa}{z} = p_\varkappa - \frac{d}{dx}\left(\frac{z_{\varkappa-1}}{z}\right) - \frac{z_{\varkappa-1}}{z} \cdot \frac{z'}{z}$$

sind diese Bedingungen sämmtlich erfüllt, wenn $\frac{z'}{z}$ eine rationale Function ist, oder genauer, wenn z einer linearen Differentialgleichung erster Ordnung von der hier vorausgesetzten Form genügt. Damit also eine lineare Differentialgleichung λ^{ter} Ordnung mit einer $(\lambda-1)^{\text{ter}}$ Ordnung alle Integrale gemeinsam habe, ist nothwendig und hinreichend, dass die lineare Differentialgleichung λ^{ter} Ordnung, der ihr Multiplicator genügt, mit einer erster Ordnung das Integral gemeinsam hat. Dieses Theorem ist ein specieller Fall des allgemeineren Satzes:

I. *Wenn eine lineare Differentialgleichung λ^{ter} Ordnung mit einer μ^{ter} Ordnung alle Integrale gemeinsam hat, so hat die lineare Differentialgleichung λ^{ter} Ordnung, der ihr Multiplicator genügt, mit einer $(\lambda-\mu)^{\text{ter}}$ Ordnung alle Integrale gemeinsam.*

Ehe wir denselben beweisen, wollen wir kurz an die Eigenschaften der Multiplicatoren einer linearen Differentialgleichung erinnern. Zu dem Zwecke sehen wir vorläufig von der Differentialgleichung (2.) ab, verstehen unter z eine unbestimmte Function von x, unter $z_\varkappa$ den durch die Gleichung (1.) definirten linearen Differentialausdruck $\varkappa^{\text{ter}}$ Ordnung und setzen

$$(3.) \quad P(y, z) = zy^{(\lambda-1)} + z_1 y^{(\lambda-2)} + \cdots + z_\lambda y.$$

Dieser Differentialausdruck, welcher zwei unbestimmte Functionen, y und z, nebst ihren Ableitungen bis zur $(\lambda-1)^{\text{ten}}$ Ordnung enthält, ist sowohl in Bezug auf $y, y^{(1)}, \ldots y^{(\lambda-1)}$, als auch in Bezug auf $z, z^{(1)}, \ldots z^{(\lambda-1)}$ eine homogene lineare Function, in welcher der Coefficient von $y^{(\lambda-1)}$ gleich z und der von $z^{(\lambda-1)}$ gleich $(-1)^{\lambda-1}y$ ist. Seine charakteristische Eigenschaft besteht darin, dass, wenn v irgend ein Integral der Differentialgleichung $P'(z) = 0$ bedeutet,

$$(4.) \quad vP(y) = \frac{d}{dx}P(y, v)$$

ist. Mithin wird die Differentialgleichung

$$\frac{d}{dx}P(y, z) - zP(y) = 0,$$

welche in Bezug auf z von der λ^{ten} Ordnung ist, und in welcher der Coefficient von $z^{(\lambda)}$ gleich $(-1)^{\lambda-1}y$ ist, durch alle Integrale v der Differentialgleichung $P'(z) = 0$ befriedigt.

Zwei lineare Differentialgleichungen λ^{ter} Ordnung, welche dieselben Integrale haben, und in denen die Coefficienten der λ^{ten} Ableitungen der unbekannten Functionen übereinstimmen, müssen aber identisch sein, da ihre Differenz eine lineare Differentialgleichung $(\lambda-1)^{\text{ter}}$ Ordnung ist, die λ von einander unabhängige Integrale besitzt.

Daher ist die linke Seite der eben aufgestellten Differentialgleichung mit $(-1)^{\lambda-1} y P'(z)$ identisch, oder es ist

$$(5.)\qquad \frac{d}{dx} P(y, z) = z P(y) - (-1)^{\lambda} y P'(z).$$

Setzt man in dieser Identität für y irgend ein Integral u der Differentialgleichung $P(y) = 0$, so erhält man

$$(6.)\qquad (-1)^{\lambda-1} u P'(z) = \frac{d}{dx} P(u, z),$$

entsprechend dem bekannten Satze, dass die Multiplicatoren der Differentialgleichung $P'(z) = 0$ die Integrale der ursprünglichen Differentialgleichung $P(y) = 0$ sind.

Nach diesen Vorbereitungen kehren wir zu der Voraussetzung zurück, dass die Differentialgleichung λ^{ter} Ordnung $P(y) = 0$ mit einer μ^{ter} Ordnung $Q(y) = 0$ alle Integrale gemeinsam hat oder dass

$$(7.)\qquad P(y) = R(Q(y))$$

ist. Wenn $R'(z)$ und $R(y, z)$ für $R(y)$ dieselbe Bedeutung haben, wie $P'(z)$ und $P(y, z)$ für $P(y)$, und wenn w irgend ein Integral der Differentialgleichung $R'(z) = 0$ ist, so ist (4.)

$$w R(y) = \frac{d}{dx}(R(y, w)).$$

Ersetzt man in dieser Identität y durch $Q(y)$, so erhält man

$$w P(y) = \frac{d}{dx} R(Q(y), w).$$

Daraus geht hervor, dass w ein Multiplicator von $P(y) = 0$ ist, also der Differentialgleichung $P'(z) = 0$ genügt. Dieselbe hat also mit der Differentialgleichung $(\lambda-\mu)^{\text{ter}}$ Ordnung $R'(z) = 0$ alle Integrale gemeinsam, womit das oben ausgesprochene Theorem bewiesen ist. Beiläufig ergiebt sich noch der Satz:

II. *Wenn die lineare Differentialgleichung $P(y) = 0$ mit $Q(y) = 0$ alle Integrale gemeinsam hat und $P(y) = R(Q(y))$ ist, so ist jeder Multiplicator von $R(y) = 0$ auch ein Multiplicator von $P(y) = 0$.*

Da die Differentialgleichung λ^{ter} Ordnung $P'(z) = 0$ mit der ν^{ter} Ordnung $R'(z)=0$ alle Integrale gemeinsam hat, so ist $P'(z)=S'(R'(z))$, wo $S'(z)$ ein Differentialausdruck μ^{ter} Ordnung ist. Ebenso aber, wie aus $P(y)=R(Q(y))$ folgt $P'(z)=S'(R'(z))$, ergiebt sich aus dieser Gleichung $P(y)=T(S(y))$. Daher steht zu vermuthen, dass $S(y)=Q(y)$ ist. Dies beweisen wir folgendermassen:

Die Identität (5.) lautet für die Differentialgleichung $R(y)=0$

$$\frac{d}{dx}R(y,z) = zR(y)-(-1)^{\nu}yR'(z).$$

Ersetzt man darin y durch $Q(y)$, so erhält man

$$(-1)^{\nu}R'(z)Q(y) = zP(y)-\frac{d}{dx}R(Q(y),z).$$

Nimmt man für z irgend ein Integral v der Differentialgleichung $P'(z)=0$, so ergiebt sich daraus und aus Gleichung (4.)

$$(-1)^{\nu}R'(v)Q(y) = \frac{d}{dx}[P(y,v)-R(Q(y),v)].$$

Folglich ist $R'(v)$ ein Multiplicator der Differentialgleichung $Q(y)=0$. Ist also $Q'(z)=0$ die lineare Differentialgleichung μ^{ter} Ordnung, der die Multiplicatoren von $Q(y)=0$ genügen, so ist

$$Q'(R'(v)) = 0.$$

Mithin wird die lineare Differentialgleichung λ^{ter} Ordnung

$$Q'(R'(z)) = 0,$$

in welcher der Coefficient von $z^{(\lambda)}$ gleich Eins ist, durch alle Integrale v der Differentialgleichung λ^{ter} Ordnung $P'(z)=0$ befriedigt und muss daher mit derselben identisch sein.

Wir können folglich den Satz aussprechen:

III. *Genügen die Multiplicatoren der linearen Differentialgleichungen*

$$P(y)=0,\qquad Q(y)=0,\qquad R(y)=0$$

den linearen Differentialgleichungen

$$P'(y)=0,\qquad Q'(y)=0,\qquad R'(y)=0,$$

so muss, wenn

$$P(y) = R(Q(y))$$

ist, auch

$$P'(y) = Q'(R'(y))$$

sein.

Um einen besseren Einblick in das Wesen dieses Satzes zu gewähren, will ich noch einen anderen Beweis für denselben mittheilen, der mehr rechnend verfährt. Ist $\frac{1}{v_0}$ ein Integral der Differentialgleichung $P(y)=0$, in welcher der Coefficient von $y^{(\lambda)}$ nicht gleich Eins zu sein braucht, und setzt man

$$y = \frac{1}{v_0}\int z\,dx,$$

so ergiebt sich für z eine lineare Differentialgleichung $(\lambda-1)^{\text{ter}}$ Ordnung $Q(z)=0$. Wird der Coefficient von $z^{(\lambda-1)}$ in $Q(z)$ gleich dem von $y^{(\lambda)}$ in $P(z)$, dividirt durch v_0, angenommen, so ist

$$P(y) = Q\left(\frac{dv_0 y}{dx}\right).$$

Indem man diese Umformung wiederholt anwendet, bringt man $P(y)$ auf die Form

$$P(y) = v_\lambda \frac{d}{dx} v_{\lambda-1} \frac{d}{dx} v_{\lambda-2} \cdots \frac{d}{dx} v_1 \frac{d}{dx} v_0 y.$$

Daher ist $\frac{1}{v_\lambda}$ ein Multiplicator der Differentialgleichung $P(y)=0$. Um aber ihre sämmtlichen Multiplicatoren zu ermitteln, ist es bei dieser Form von $P(y)$ am einfachsten, das *Lagrange*sche Verfahren der partiellen Integration anzuwenden. Es ist nämlich

$$\int z P(y)\,dx$$

$$= (v_\lambda z)\left(v_{\lambda-1}\frac{d}{dx}v_{\lambda-2}\cdots\frac{d}{dx}v_0 y\right) - \int\left(v_{\lambda-1}\frac{d}{dx}v_\lambda z\right)\left(\frac{d}{dx}v_{\lambda-2}\frac{d}{dx}v_{\lambda-3}\cdots\frac{d}{dx}v_0 y\right)dx.$$

Setzt man daher zur Abkürzung

$$P(y,z) =$$

$$(v_\lambda z)\left(v_{\lambda-1}\frac{d}{dx}v_{\lambda-2}\cdots\frac{d}{dx}v_0 y\right) - \left(v_{\lambda-1}\frac{d}{dx}v_\lambda z\right)\left(v_{\lambda-2}\frac{d}{dx}v_{\lambda-3}\cdots\frac{d}{dx}v_0 y\right)$$

$$+\left(v_{\lambda-2}\frac{d}{dx}v_{\lambda-1}\frac{d}{dx}v_\lambda z\right)\left(v_{\lambda-3}\frac{d}{dx}v_{\lambda-4}\cdots\frac{d}{dx}v_0 y\right) - \cdots + (-1)^{\lambda-1}\left(v_1\frac{d}{dx}v_2\cdots\frac{d}{dx}v_\lambda z\right)(v_0 y)$$

und

$$P'(z) = v_0\frac{d}{dx}v_1\frac{d}{dx}v_2\cdots\frac{d}{dx}v_\lambda z,$$

so gelangt man durch wiederholte Anwendung der partiellen Integration zu der Gleichung

$$\int z P(y)\,dx = P(y,z) + (-1)^\lambda \int y P'(z)\,dx$$

oder

$$\frac{d}{dx} P(y, z) = zP(y) - (-1)^{\lambda} y P'(z).$$

Daher ist $P'(z) = 0$ die Differentialgleichung, der die Multiplicatoren von $P(y) = 0$ genügen müssen. Es gilt also der Satz:

IV. *Die Multiplicatoren der linearen Differentialgleichung*

$$v_{\lambda} \frac{d}{dx} v_{\lambda-1} \frac{d}{dx} v_{\lambda-2} \cdots \frac{d}{dx} v_1 \frac{d}{dx} v_0 y = 0$$

genügen der linearen Differentialgleichung

$$v_0 \frac{d}{dx} v_1 \frac{d}{dx} v_2 \cdots \frac{d}{dx} v_{\lambda-1} \frac{d}{dx} v_{\lambda} y = 0.$$

Setzt man nun

$$Q(y) = v_{\mu} \frac{d}{dx} v_{\mu-1} \cdots \frac{d}{dx} v_1 \frac{d}{dx} v_0 y,$$

$$R(y) = v_{\lambda} \frac{d}{dx} v_{\lambda-1} \cdots \frac{d}{dx} v_{\mu+1} \frac{d}{dx} y,$$

so ist

$$P(y) = R(Q(y)).$$

In Folge des eben hergeleiteten Satzes ist dann aber

$$Q'(z) = v_0 \frac{d}{dx} v_1 \cdots \frac{d}{dx} v_{\mu-1} \frac{d}{dx} v_{\mu} z,$$

$$R'(z) = \frac{d}{dx} v_{\mu+1} \cdots \frac{d}{dx} v_{\lambda-1} \frac{d}{dx} v_{\lambda} z$$

und daher

$$P'(z) = Q'(R'(z)).$$

Umgekehrt kann man auch durch wiederholte Anwendung dieses Satzes das Theorem (IV.) ableiten.

§. 8.

Wir wollen hier noch einen anderen Beweis für das erste Theorem des vorigen Paragraphen mittheilen, welcher dasselbe mit der in §. 4 entwickelten Lösung unseres Problems in Zusammenhang bringt und über die Multiplicatoren einer linearen Differentialgleichung weitere Aufschlüsse giebt.

Sind $y_1, y_2, \ldots y_{\lambda}$ irgend λ unter einander unabhängige Integrale der linearen Differentialgleichung λ^{ter} Ordnung $P(y) = 0$, so sind die λ Functionen

$z_1, z_2, \dots z_\lambda$, welche durch die Gleichungen

$$\begin{array}{ll} (1.) & z_1 y_1 + z_2 y_2 + \cdots + z_\lambda y_\lambda = 0, \\ (2.) & z_1 y_1^{(1)} + z_2 y_2^{(1)} + \cdots + z_\lambda y_\lambda^{(1)} = 0, \\ & \cdot \quad \cdot \quad \cdots \quad \cdot \quad \cdot \\ (\lambda-1.) & z_1 y_1^{(\lambda-2)} + z_2 y_2^{(\lambda-2)} + \cdots + z_\lambda y_\lambda^{(\lambda-2)} = 0, \\ (\lambda.) & z_1 y_1^{(\lambda-1)} + z_2 y_2^{(\lambda-1)} + \cdots + z_\lambda y_\lambda^{(\lambda-1)} = 1 \end{array}$$

bestimmt sind, ebenfalls unter einander unabhängig. Denn bestände zwischen ihnen eine Relation von der Form

$$(0.) \quad z_1 c_1 + z_2 c_2 + \cdots + z_\lambda c_\lambda = 0,$$

so würde sich aus den Gleichungen (0.), (1.), ... ($\lambda-1$.) ergeben, dass die Determinante

$$\Sigma \pm c_1 y_2 y_3^{(1)} \dots y_{\lambda-1}^{(\lambda-3)} y_\lambda^{(\lambda-2)} = 0$$

wäre. Daher müsste auch ihre Ableitung

$$\Sigma \pm c_1 y_2 y_3^{(1)} \dots y_{\lambda-1}^{(\lambda-3)} y_\lambda^{(\lambda-1)} = 0$$

sein. Dann würden aber die Gleichungen (0.), (1.), ... ($\lambda-2$.) zur Folge haben, dass auch der Ausdruck

$$z_1 y_1^{(\lambda-1)} + z_2 y_2^{(\lambda-1)} + \cdots + z_\lambda y_\lambda^{(\lambda-1)}$$

verschwände, während er doch den Werth 1 hat.

Die Functionen $y_1, \dots y_{\varkappa-1}, y_{\varkappa+1}, \dots y_\lambda$ genügen der linearen Differentialgleichung $(\lambda-1)^{\text{ter}}$ Ordnung

$$(\Sigma \pm y^{\lambda-1} y_1^{\lambda-2} \dots y_{\varkappa-1}^{\lambda-\varkappa} y_{\varkappa+1}^{\lambda-\varkappa-1} \dots y_\lambda) : (\Sigma \pm y_1^{\lambda-2} \dots y_{\varkappa-1}^{\lambda-\varkappa} y_{\varkappa+1}^{\lambda-\varkappa-1} \dots y_\lambda) = 0,$$

deren linke Seite wir mit

$$Q(y) = y^{(\lambda-1)} + q_1 y^{\lambda-2} + \cdots + q_{\lambda-1} y$$

bezeichnen wollen. Wenn man die Gleichungen (1.), (2.), ... (λ.) der Reihe nach mit $q_{\lambda-1}, q_{\lambda-2}, \dots q_1, 1$ multiplicirt und dann addirt, so erhält man

$$z_\varkappa Q(y_\varkappa) = 1, \quad z_\varkappa = \frac{1}{Q(y_\varkappa)}.$$

Daher ist $z_\varkappa$ ein Multiplicator der Differentialgleichung $P(y) = 0$. (Vergl. die Abh. des Herrn *Thomé,* dieses Journal, Bd. 75, S. 271.) Denn die Differentialgleichung λ^{ter} Ordnung

$$\frac{d}{dx} \frac{Q(y)}{Q(y_\varkappa)} = 0$$

wird durch die λ von einander unabhängigen Integrale $y_1, y_2, \dots y_\lambda$ der

Differentialgleichung $P(y)=0$ befriedigt und mithin ist

$$\frac{P(y)}{Q(y_\varkappa)} = \frac{d}{dx}\frac{Q(y)}{Q(y_\varkappa)}.$$

Die Functionen $z_1, z_2, \dots z_\lambda$ sind also λ unter einander unabhängige Multiplicatoren der Differentialgleichung $P(y)=0$. Auch zu jedem andern System von λ unter einander unabhängigen Integralen $\eta_1, \eta_2, \dots \eta_\lambda$ dieser Differentialgleichung kann man mittelst der Gleichungen (1.), (2.), ... (λ.) λ von einander unabhängige Multiplicatoren $\zeta_1, \zeta_2, \dots \zeta_\lambda$ ermitteln. Ist nun

$$\text{(A.)} \qquad y_\varkappa = a_{\varkappa 1}\eta_1 + a_{\varkappa 2}\eta_2 + \cdots + a_{\varkappa\lambda}\eta_\lambda,$$

so ergiebt sich aus den Gleichungen (1.), (2.), ... (λ.)

$$\begin{aligned}
\Sigma(a_{1\varkappa}z_1 + a_{2\varkappa}z_2 + \cdots + a_{\lambda\varkappa}z_\lambda)\eta_\varkappa &= 0,\\
\Sigma(a_{1\varkappa}z_1 + a_{2\varkappa}z_2 + \cdots + a_{\lambda\varkappa}z_\lambda)\eta_\varkappa^{(1)} &= 0,\\
\cdot \quad \cdot \quad \cdots \quad \cdot \quad \cdot \qquad & \cdot\\
\Sigma(a_{1\varkappa}z_1 + a_{2\varkappa}z_2 + \cdots + a_{\lambda\varkappa}z_\lambda)\eta_\varkappa^{(\lambda-2)} &= 0,\\
\Sigma(a_{1\varkappa}z_1 + a_{2\varkappa}z_2 + \cdots + a_{\lambda\varkappa}z_\lambda)\eta_\varkappa^{(\lambda-1)} &= 1.
\end{aligned}$$

Daher ist

$$a_{1\varkappa}z_1 + a_{2\varkappa}z_2 + \cdots + a_{\lambda\varkappa}z_\lambda = \zeta_\varkappa.$$

Bezeichnet man also in der Determinante $\Sigma \pm a_{11}a_{22}\dots a_{\lambda\lambda}$ den Coefficienten von $a_{\alpha\beta}$, dividirt durch die Determinante, mit $b_{\alpha\beta}$, so ist

$$\text{(B.)} \qquad z_\varkappa = b_{\varkappa 1}\zeta_1 + b_{\varkappa 2}\zeta_2 + \cdots + b_{\varkappa\lambda}\zeta_\lambda.$$

Daraus schliesst man mit Hülfe des in §. 2 bewiesenen Satzes, dass $z_1, z_2, \dots z_\lambda$ die Integrale einer linearen Differentialgleichung λ^{ter} Ordnung $P'(z)=0$ mit rationalen Coefficienten sind.

Wenn nun die Differentialgleichung λ^{ter} Ordnung $P(y)=0$ mit einer μ^{ter} Ordnung von derselben Form $Q(y)=0$ alle Integrale gemeinsam hat, so kann man in jedes Fundamentalsystem von Integralen der ersten Differentialgleichung μ von einander unabhängige Integrale der zweiten aufnehmen. Sind aber $y_1, y_2, \dots y_\mu$ und $\eta_1, \eta_2, \dots \eta_\mu$ zwei Fundamentalsysteme von Integralen der Differentialgleichung $Q(y)=0$, so bestehen zwischen ihnen allein μ lineare Relationen, und daher muss $a_{\alpha\beta}=0$ sein, wenn $\alpha < \mu+1$ und $\beta > \mu$ ist. Mithin ist $b_{\alpha\beta}=0$, wenn $\alpha > \mu$ und $\beta < \mu+1$ ist. Denn eine Determinante $(\lambda-1)^{\text{ten}}$ Grades muss identisch verschwinden, wenn in ihr alle Elemente, welche μ Colonnen mit mehr als $\lambda-1-\mu$ Zeilen gemeinsam haben, gleich Null sind. Zwischen $z_{\mu+1}, z_{\mu+2}, \dots z_\lambda$ und $\zeta_{\mu+1}, \zeta_{\mu+2}, \dots \zeta_\lambda$

bestehen also $\lambda - \mu$ lineare Gleichungen. Da nun unter den sämmtlichen verschiedenen Zweigen der Functionen $y_1, y_2, \dots y_\mu$ nur μ von einander unabhängige enthalten sind, so lassen sich alle Zweige der Functionen $z_{\mu+1}, z_{\mu+2}, \dots z_\lambda$ durch diese $\lambda - \mu$ Zweige linear ausdrücken. Dieselben genügen daher einer linearen Differentialgleichung $(\lambda - \mu)^{\text{ter}}$ Ordnung, mit der die Differentialgleichung $P'(z) = 0$ alle Integrale gemeinsam hat.

§. 9.

Bisher haben wir nur solche Differentialgleichungen betrachtet, deren Integrale nur eine endliche Anzahl singulärer Stellen haben, und an jeder derselben, a, mit einer endlichen Potenz von $x - a$ $\left(\text{oder } \frac{1}{x} \text{ für } a = \infty\right)$ multiplicirt, endlich werden. Um den Satz, der hier noch bewiesen werden soll, nicht unnöthigen Beschränkungen unterwerfen zu müssen, wollen wir jetzt allgemein lineare Differentialgleichungen in Betracht ziehen, deren Coefficienten überall eindeutige Functionen sind, und eine solche irreductibel nennen, wenn sie mit keiner Differentialgleichung niedrigerer Ordnung, deren Coefficienten ebenfalls überall eindeutige Functionen sind, ein Integral gemeinsam hat. Die in den Paragraphen 2, 3 und 6 entwickelten Sätze lassen sich genau nach denselben Methoden auch für solche Differentialgleichungen beweisen.

Wenn eine Differentialgleichung $P = 0$ von der früher vorausgesetzten Form in dem früheren Sinne reductibel ist, so ist sie es auch in dem jetzigen Sinne. Wenn sie ferner nach der neuen Definition reductibel ist, so giebt es eine Differentialgleichung niedrigerer Ordnung, mit der sie alle Integrale gemeinsam hat, und die folglich zu der besonderen Klasse von Differentialgleichungen gehört, von der wir bis jetzt gehandelt haben. Daher ist die Differentialgleichung $P = 0$ auch in dem früheren Sinne reductibel. Daraus folgt, dass eine Differentialgleichung von der bisher betrachteten Form nach der jetzigen Definition reductibel oder irreductibel ist, je nachdem sie es nach der früheren war.

In der schon oben erwähnten Abhandlung beweist Herr *Brassinne* den Satz, dass eine Differentialgleichung reductibel ist, wenn sie zwei Integrale y_0 und y_1 besitzt, zwischen denen die Beziehung $y_1 = x y_0$ besteht. Dieser Satz ist nur ein specieller Fall folgendes allgemeinen Theorems:

Wenn von zwei verschiedenen Integralen einer homogenen linearen

Differentialgleichung mit eindeutigen Coefficienten das eine ein homogener linearer Differentialausdruck mit eindeutigen Coefficienten von dem andern ist, so ist die Differentialgleichung reductibel.

Seien $q_0, q_1, \dots q_\mu$ eindeutige Functionen von x und sei

$$Q(y) = q_0 y^{(\mu)} + q_1 y^{(\mu-1)} + \dots + q_\mu y$$

ein homogener linearer Differentialausdruck μ^{ter} Ordnung von y. Seien ferner y_0 und y_1 zwei unter einander unabhängige Integrale der linearen Differentialgleichung

$$P(y) = p_0 y^{(\lambda)} + p_1 y^{(\lambda-1)} + \dots + p_\lambda y = 0,$$

deren Coefficienten eindeutige Functionen von x sind. Zwischen diesen bestehe die Beziehung

$$y_1 = Q(y_0).$$

Wenn dann, wider die Behauptung des obigen Satzes, $P(y) = 0$ irreductibel ist, so hat die lineare Differentialgleichung $P(Q(y)) = 0$ mit $P(y) = 0$ alle Integrale gemeinsam, weil sie eins, y_0, mit ihr gemeinsam hat. Ist daher y irgend ein Integral der Differentialgleichung $P(y) = 0$, so ist auch $Q(y)$ ein solches. Mithin wird diese Differentialgleichung durch die Functionen

$$y_0, \quad Q(y_0), \quad Q(Q(y_0)) = Q^2(y_0), \quad Q(Q^2(y_0)) = Q^3(y_0), \quad \dots$$

befriedigt. Da sie aber nicht mehr als λ unter einander unabhängige Integrale haben kann, so muss es in der Reihe dieser Integrale eins, $Q^\nu(y_0)$, geben, welches sich durch die vorhergehenden linear ausdrücken lässt, während diese noch unter einander unabhängig sind, oder es muss eine Gleichung von der Form

$$a_0 y_0 + a_1 Q(y_0) + \dots + a_\nu Q^\nu(y_0) = 0$$

bestehen, in der a_ν von Null verschieden ist, während zwischen den Functionen

$$y_0, \quad y_1 = Q(y_0), \quad \dots \quad y_{\nu-1} = Q^{\nu-1}(y_0)$$

keine homogene lineare Relation mit constanten Coefficienten besteht. Die Zahl ν muss, weil y_1 der Annahme nach ein von y_0 verschiedenes Integral ist, grösser als Eins sein. Ist $\nu < \lambda$, so lassen sich $\lambda - \nu$ Integrale, y_ν, $y_{\nu+1}, \dots y_{\lambda-1}$ finden, welche zusammen mit $y_0, y_1, \dots y_{\nu-1}$ ein vollständiges System unter einander unabhängiger Integrale bilden. Wir setzen nun

$$f(r) = a_0 + a_1 r + \dots + a_\nu r^\nu$$

und

$$\frac{f(r) - f(s)}{r - s} = f_1(r) + f_2(r) s + \dots + f_\nu(r) s^{\nu-1},$$

also

$$f_1(r) = a_1+a_2r+\cdots+a_\nu r^{\nu-1},$$
$$f_2(r) = a_2+a_3r+\cdots+a_\nu r^{\nu-2},$$
$$\cdot \quad \cdot \quad \cdot \quad \cdots \quad \cdot$$
$$f_\nu(r) = a_\nu.$$

Ist ferner

$$R(y) = f_1(r)y+f_2(r)Q(y)+\cdots+f_\nu(r)Q^{\nu-1}(y),$$

so ist

$$R(Q(y)) = f_1(r)Q(y)+f_2(r)Q^2(y)+\cdots+f_\nu(r)Q^\nu(y).$$

Da aber

$$f_\nu(r)Q^\nu(y_0) = a_\nu Q^\nu(y_0) = -a_0y_0-a_1Q(y_0)-\cdots-a_{\nu-1}Q^{\nu-1}(y_0)$$

ist, so folgt aus der letzten Gleichung

$$R(Q(y_0)) = -a_0y_0+(f_1(r)-a_1)Q(y_0)+\cdots+(f_{\nu-1}(r)-a_{\nu-1})Q^{\nu-1}(y_0)$$
$$= r(f_1(r)y_0+f_2(r)Q(y_0) \quad +\cdots+f_\nu(r)Q^{\nu-1}(y_0))-f(r)y_0.$$

Ist daher r eine Wurzel der Gleichung $f(r)=0$, so ist

$$R(Q(y_0)) = rR(y_0).$$

Mithin muss jedes Integral y der irreductibeln Differentialgleichung $P(y)=0$ der Differentialgleichung

$$R(Q(y)) = rR(y)$$

genügen. Daher ist

$$R(y_2) = R(Q(Q(y_0))) = rR(Q(y_0)) = r^2R(y\ )$$

und allgemein, wenn $\varkappa < \nu$ ist

$$R(y_\varkappa) = r^\varkappa R(y_0).$$

Wenn nun die Variable x von einem bestimmten Punkte aus irgend einen geschlossenen Weg durchläuft, so muss sich y_0 in einen Ausdruck von der Form

$$c_0y_0+c_1y_1+\cdots+c_{\nu-1}y_{\nu-1}+c_\nu y_\nu+\cdots+c_{\lambda-1}y_{\lambda-1}$$

verwandeln. Die Function $R(y_0)$ geht auf diesem Wege in

$$(c_0+c_1r+\cdots+c_{\nu-1}r^{\nu-1})R(y_0)+c_\nu R(y_\nu)+\cdots+c_{\lambda-1}R(y_{\lambda-1})$$

über, und folglich lassen sich alle Zweige dieser Function durch

$$R(y_0), \quad R(y_\nu), \quad \ldots \quad R(y_{\lambda-1})$$

linear mit constanten Coefficienten ausdrücken. Daher befriedigt $R(y_0)$ eine lineare Differentialgleichung höchstens $(\lambda-\nu+1)^{\text{ter}}$ Ordnung mit eindeutigen Coefficienten. Die Differentialgleichung $P(y)=0$ hat demnach mit einer Differentialgleichung niedrigerer Ordnung ein Integral

$$R(y_0) = f_1(r)y_0+f_2(r)y_1+\cdots+f_\nu(r)y_{\nu-1}$$

gemeinsam, kann also nicht irreductibel sein.

Berlin, den 24. April 1873.

6.

Über die Determinante mehrerer Functionen einer Variabeln

Journal für die reine und angewandte Mathematik 77, 245–257 (1874)

Zur Darstellung des allgemeinen Integrals einer completen linearen Differentialgleichung durch die Integrale der reducirten gebraucht man gewisse aus diesen Integralen und ihren Ableitungen rational gebildeten Ausdrücke, welche als Auflösungen eines Systems linearer Gleichungen die Form von Quotienten zweier Determinanten haben. Diese Ausdrücke sind, wie ich bemerkt habe, zugleich die Multiplicatoren der Differentialgleichung. Da durch diese Beobachtung die Beziehungen zwischen den Integralen und den Multiplicatoren einer linearen Differentialgleichung, welche in der letzten Zeit von den verschiedensten Seiten her die Aufmerksamkeit auf sich gelenkt haben, ein erhöhtes Interesse gewinnen, so scheint es mir der Mühe werth, dieselben kurz zusammenzustellen. Weil sie aber rein formaler Natur sind, so will ich sie auch, ohne wesentliche Benutzung analytischer Sätze aus der Theorie der linearen Differentialgleichungen, auf rein rechnendem Wege beweisen. Alsdann bilden sie eine Theorie der Determinanten, welche aus λ Functionen einer Veränderlichen und ihren Ableitungen bis zur $(\lambda-1)$ten Ordnung gebildet sind, und welche an merkwürdigen Eigenschaften nicht minder reich sind, als die von *Jacobi* ausführlich behandelten Functionaldeterminanten.

§. 1.

Sind $y_1, y_2, \cdots y_\lambda$ Functionen einer Veränderlichen x, und ist $y_\alpha^{(\beta)}$ die βte Ableitung von y_α, so nenne ich den Ausdruck

$$\Sigma \pm y_1 y_2^{(1)} \cdots y_\lambda^{(\lambda-1)} = \begin{vmatrix} y_1 & y_2 & \cdots y_\lambda \\ y_1^{(1)} & y_2^{(1)} & \cdots y_\lambda^{(1)} \\ . & . & \cdots \\ y_1^{(\lambda-1)} & y_2^{(\lambda-1)} & \cdots y_\lambda^{(\lambda-1)} \end{vmatrix}$$

die Determinante dieser λ Functionen und bezeichne ihn mit $D(y_1, y_2, \cdots y_\lambda)$. Ist y eine Function von x und multiplicirt man die Determinante

$$\begin{vmatrix} y & 0 & 0 & \cdot\cdot 0 \\ y^{(1)} & y & 0 & \cdot\cdot 0 \\ y^{(2)} & 2y^{(1)} & y & \cdot\cdot 0 \\ \cdot & \cdot & \cdot & \cdot\cdot\cdot \\ y^{\lambda(-1)} & (\lambda-1)y^{(\lambda-1)} & \frac{(\lambda-1)(\lambda-2)}{1.\,2}y^{(\lambda-2)} & \cdot\cdot y \end{vmatrix} = y^\lambda$$

mit $D(y_1, y_2, \cdots y_\lambda)$, indem man ihre Zeilen mit den Colonnen der letzteren zusammensetzt, so gelangt man zu der Gleichung

$$(1.)\quad D(y_1 y, y_2 y, \cdots y_\lambda y) = y^\lambda\, D(y_1, y_2, \cdots y_\lambda).$$

Setzt man insbesondere $y = \frac{1}{y_1}$, so verschwinden in der auf der linken Seite stehenden Determinante die Elemente der ersten Colonne bis auf das erste, welches gleich 1 wird, und daher reducirt sie sich auf die Determinante der λ—1 Functionen

$$\frac{d}{dx}\frac{y_2}{y_1} = \frac{D(y_1, y_2)}{y_1^2}, \cdots \frac{d}{dx}\frac{y_\lambda}{y_1} = \frac{D(y_1, y_\lambda)}{y_1^2}.$$

Setzt man also

$$D(y_1, y_2) = y_2', \cdots D(y_1, y_\lambda) = y_\lambda',$$

so ist

$$D(y_1, y_2, \cdots y_\lambda) = \frac{1}{y_1^{\lambda-2}}\, D(y_2', y_3', \cdots y_\lambda').$$

Aus dieser Formel ergiebt sich zunächst ein einfacher Beweis für das Theorem:

Wenn mehrere Functionen unter einander unabhängig sind, so ist ihre Determinante von Null verschieden; wenn sie aber nicht unter einander unabhängig sind, so ist ihre Determinante gleich Null.

In diesem Satze sind, wie es in der Theorie der linearen Differentialgleichungen üblich ist, mehrere Functionen unter einander unabhängig genannt, wenn zwischen ihnen keine homogene lineare Gleichung mit constanten Coefficienten besteht. Der zweite Theil desselben ist leicht zu beweisen. Um auch den ersten Theil zu begründen, nehmen wir an, es sei für λ—1 Functionen bewiesen, dass, wenn ihre Determinante verschwindet, zwischen ihnen eine lineare Relation besteht, und zeigen, dass dann für

λ Functionen dasselbe gilt. Da die Richtigkeit der Behauptung für eine Function einleuchtet, so ist sie damit allgemein bewiesen.

Wenn y_1 nicht identisch verschwindet, was einer linearen Relation zwischen $y_1, y_2, \cdots y_\lambda$ gleichkommt, so folgt aus dem Verschwinden der Determinante $D(y_1, y_2, \cdots y_\lambda)$, dass auch $D(y_2', y_3', \cdots y_\lambda') = 0$ ist. Mithin besteht eine Gleichung von der Form

$$c_2 y_2' + c_3 y_3' + \cdots + c_\lambda y_\lambda' = 0.$$

Durch Division mit y_1^2 ergiebt sich daraus

$$c_2 \frac{d}{dx} \frac{y_2}{y_1} + c_3 \frac{d}{dx} \frac{y_3}{y_1} + \cdots + c_\lambda \frac{d}{dx} \frac{y_\lambda}{y_1} = 0$$

und durch Integration

$$c_1 y_1 + c_2 y_2 + \cdots + c_\lambda y_\lambda = 0,$$

womit die Behauptung erwiesen ist.

Aus der Formel

$$D(y_1, y_2, \cdots y_\lambda) = \frac{1}{y_1^{\lambda-2}} D(y_2', y_3', \cdots y_\lambda')$$

folgt

$$D(y_1, y_2, y_3) = \frac{1}{y_1} D(y_2', y_3'),\ D(y_1, y_2, y_4) = \frac{1}{y_1} D(y_2', y_4'), \cdots$$
$$D(y_1, y_2, y_\lambda) = \frac{1}{y_1} D(y_2', y_\lambda'),$$

ferner

$$D(y_2', y_3', \cdots y') = \frac{1}{y_2'^{\lambda-3}} D(D(y_2', y_3'), D(y_2', y_4'), \cdots D(y_2', y_\lambda')).$$

Indem man diese Formeln mit einander combinirt, gelangt man zu der Gleichung

$$D(y_1, y_2, \cdots y_\lambda) = \frac{1}{D(y_1, y_2)^{\lambda-3}} D(D(y_1, y_2, y_3), D(y_1, y_2, y_4), \cdots D(y_1, y_2, y_\lambda)).$$

Durch wiederholte Anwendung dieser Schlussweise findet man endlich den Satz:

Sind $u_1, u_2, \cdots u_\mu, v_1, v_2, \cdots v_\nu$ Functionen von x und ist
$w_1 = D(u_1, u_2, \cdots u_\mu, v_1), w_2 = D(u_1, u_2, \cdots u_\mu, v_2), \cdots w_\nu = D(u_1, u_2, \cdots u_\mu, v_\nu),$
so ist

$$(2.)\quad D(u_1, u_2, \cdots u_\mu, v_1, v_2, \cdots v_\nu) = \frac{D(w_1, w_2, \ldots w_\nu)}{D(u_1, u_2, \ldots u_\mu)^{\nu-1}}.$$

§. 2.

Ein specieller Fall der eben entwickelten Formel ist die Gleichung

$$D(y_1,\cdots y_{\varkappa-1},y_{\varkappa+1},\cdots y_\lambda,y_\varkappa,y)=\frac{D(D(y_1,\ldots y_{\varkappa-1},y_{\varkappa+1},\ldots y_\lambda,y_\varkappa),\ D(y_1,\ldots y_{\varkappa-1},y_{\varkappa+1},\ldots y_\lambda,y))}{D(y_1,\ldots y_{\varkappa-1},y_{\varkappa+1},\ldots y_\lambda)},$$

welche sich auch in der Form

$$(3.)\quad \frac{D(y_1,\ldots y_{\varkappa-1},y_{\varkappa+1},\ldots y_\lambda)}{D(y_1,y_2,\ldots y_\lambda)}\,\frac{D(y,y_1,\ldots y_\lambda)}{D(y_1,y_2,\ldots y_\lambda)}=-\frac{d}{dx}\,\frac{D(y,y_1,\ldots y_{\varkappa-1},y_{\varkappa+1},\ldots y_\lambda)}{D(y_1,y_2,\ldots y_\lambda)}$$

schreiben lässt. Wir nehmen an, dass die Functionen $y_1, y_2, \cdots y_\lambda$ unter einander unabhängig sind, und setzen zur Abkürzung

$$(4.)\quad z_\varkappa=(-1)^{\lambda+\varkappa}\,\frac{D(y_1,\ldots y_{\varkappa-1},y_{\varkappa+1},\ldots y_\lambda)}{D(y_1,y_2,\ldots y_\lambda)},$$

$$(5.)\quad P(y)=(-1)^{\lambda}\,\frac{D(y,y_1,\ldots y_\lambda)}{D(y_1,y_2,\ldots y_\lambda)}$$

$$(6.)\quad P(y,z_\varkappa)=(-1)^{\varkappa-1}\,\frac{D(y,y_1,\ldots y_{\varkappa-1},y_{\varkappa+1},\ldots y_\lambda)}{D(y_1,y_2,\ldots y_\lambda)}.$$

Alsdann lautet die Gleichung (3.)

$$(7.)\quad z_\varkappa\,P(y)=\frac{d}{dx}\,P(y,z_\varkappa).$$

Die Determinante

$$\begin{vmatrix} y_1 & y_2 & \cdots & y_\lambda \\ y_1^{(1)} & y_2^{(1)} & \cdots & y_\lambda^{(1)} \\ \cdot & \cdot & \cdots & \cdot \\ y_1^{(\lambda-2)} & y_2^{(\lambda-2)} & \cdots & y_\lambda^{(\lambda-2)} \\ y_1^{(\varkappa)} & y_2^{(\varkappa)} & \cdots & y_\lambda^{(\varkappa)} \end{vmatrix}$$

hat, wenn $\varkappa < \lambda-1$ ist, den Werth Null, wenn aber $\varkappa = \lambda-1$ ist, den Werth $D(y_1, y_2, \cdots y_\lambda)$. Indem man dieselbe nach den in der letzten Zeile stehenden Elementen entwickelt, gelangt man zu dem System der Gleichungen

$$(8.)\quad \begin{cases} y_1\,z_1+y_2\,z_2+\cdots+y_\lambda\,z_\lambda=0, \\ y_1^{(1)}\,z_1+y_2^{(1)}\,z_2+\cdots+y_\lambda^{(1)}\,z_\lambda=0, \\ \cdot\qquad\cdot\qquad\cdot\cdot\qquad\cdot\qquad\cdot, \\ y_1^{(\lambda-2)}z_1+y_2^{(\lambda-2)}z_2+\cdots+y_\lambda^{(\lambda-2)}z_\lambda=0, \\ y_1^{(\lambda-1)}z_1+y_2^{(\lambda-1)}z_2+\cdots+y_\lambda^{(\lambda-1)}z_\lambda=1. \end{cases}$$

Setzt man

$$(9.)\quad s_{\alpha,\beta}'=y_1^{(\alpha)}\,z_1^{(\beta)}+y_2^{(\alpha)}\,z_2^{(\beta)}+\cdots+y_\lambda^{\alpha}\,z_\lambda^{(\beta)},$$

so kann man dieselben kürzer in der Form

$$s_{0,0}=0,\quad s_{1,0}=0,\cdots\quad s_{\lambda-2,0}=0,\quad s_{\lambda-1,0}=1$$

darstellen. Nun ist aber

$$\frac{d\,s_{\varkappa-1,0}}{dx}=s_{\varkappa,0}+s_{\varkappa-1,1},$$

$$\frac{d^2\,s_{\varkappa-2,0}}{dx^2}=s_{\varkappa,0}+2\,s_{\varkappa-1,1}+s_{\varkappa-2,2},$$

$$.\qquad .\qquad .\qquad .\qquad .$$

$$\frac{d^{\varkappa}\,s_{0,0}}{dx^{\varkappa}}=s_{\varkappa,0}+\varkappa\,s_{\varkappa-1,1}+\frac{\varkappa(\varkappa-1)}{1.\,2}\,s_{\varkappa-2,2}+\cdots+s_{0,\varkappa}.$$

Ist $\varkappa<\lambda-1$, so ergiebt sich aus diesen Gleichungen, dass allgemein $s_{\alpha,\beta}=0$ ist, wenn $\alpha+\beta<\lambda-1$ ist. Wenn $\varkappa=\lambda-1$ gesetzt wird, so folgt aus ihnen mit Hülfe der bekannten Identität

$$(1-1)^{\mu}=1-\mu+\frac{\mu(\mu-1)}{1.\,2}-\cdots+(-1)^{\mu}=0,$$

dass $s_{\lambda-1,0}$, $s_{\lambda-2,1}$, $\cdots$ abwechselnd gleich $+1$ und -1 sind. Ist endlich $\varkappa=\lambda$, so schliesst man auf dieselbe Weise, dass $s_{\lambda,0}=-s_{\lambda-1,1}=+s_{\lambda-2,2}=\cdots=(-1)^{\lambda}s_{0,\lambda}$ ist. Es gilt also der Satz:

Der Ausdruck

$$(9.)\qquad s_{\alpha,\beta}=y_1^{(\alpha)}\,z_1^{(\beta)}+y_2^{(\alpha)}\,z_2^{(\beta)}+\cdots+y_\lambda^{(\alpha)}\,z_\lambda^{(\beta)}$$

ist, wenn $\alpha+\beta<\lambda-1$ *ist, gleich Null, und wenn* $\alpha+\beta=\lambda-1$ *ist, gleich* $(-1)^{\beta}$.

Unter den soeben entwickelten Relationen befinden sich die Gleichungen

$$(10.)\quad\begin{cases} z_1\;\;y_1+z_2\;\;y_2+\cdots+z_\lambda\;\;y_\lambda=0,\\ z_1^{(1)}\,y_1+z_2^{(1)}\,y_2+\cdots+z_\lambda^{(1)}\,y_\lambda=0,\\ \quad.\qquad\quad.\qquad\cdots\qquad.\qquad.,\\ z_1^{(\lambda-2)}y_1+z_2^{(\lambda-2)}y_2+\cdots+z_\lambda^{(\lambda-2)}y_\lambda=0,\\ z_1^{(\lambda-1)}y_1+z_2^{(\lambda-1)}y_2+\cdots+z_\lambda^{(\lambda-1)}y_\lambda=(-1)^{\lambda-1}.\end{cases}$$

Wäre $D(z_1, z_2, \cdots z_\lambda)=0$, so würde aus den Gleichungen $s_{0,0}=0$, $s_{0,1}=0$, $\cdots$ $s_{0,\lambda-2}=0$ folgen, dass auch $s_{0,\lambda-1}$ verschwände, während dieser Ausdruck doch den Werth $(-1)^{\lambda-1}$ hat. Daher sind die Functionen z_1, z_2, $\cdots$ z_λ unter einander unabhängig. Vergleicht man die Gleichungen (8.) mit den Gleichungen (10.), so erkennt man, dass die Beziehung zwischen den Functionen y_1, y_2, $\cdots y_\lambda$ und z_1, z_2, $\cdots$ z_λ eine reciproke ist, abgesehen vom

Vorzeichen bei geradem λ. Aus jeder Relation zwischen diesen beiden Systemen von Functionen kann man daher eine neue herleiten, indem man

$$\text{mit}\quad \begin{array}{ll} y_1, \dots & y_\lambda,\ z_1, \dots z_\lambda \\ (-1)^{\lambda-1}z_1, \dots & (-1)^{\lambda-1}z_\lambda\ \ y_1, \dots y_\lambda \end{array}$$

vertauscht. Auf diese Weise ergiebt sich z. B. aus der Gleichung (4.)

$$(11.)\quad y_\varkappa = (-1)^{\varkappa-1}\frac{D(z_1, z_2, \dots z_{\varkappa-1}, z_{\varkappa+1}, \dots z_\lambda)}{D(z_1, z_2, \dots z_\lambda)}.$$

In Folge dessen nennen wir $z_1, z_2, \dots z_\lambda$ die den Functionen $y_1, y_2, \dots y_\lambda$ *adjungirten* Functionen *).

§. 3.

Wenn man durch zeilenweise Zusammensetzung das Product der beiden Determinanten

$$\begin{vmatrix} y_1 & \cdot\cdot\, y_\varkappa & y_{\varkappa+1} & \cdot\cdot\, y_\lambda \\ \cdot & \cdots & \cdot & \cdots \\ y_1^{(\varkappa-1)} & \cdot\cdot\, y_\varkappa^{(\varkappa-1)} & y_{\varkappa+1}^{(\varkappa-1)} & \cdot\cdot\, y_\lambda^{(\varkappa-1)} \\ y_1^{(\varkappa)} & \cdot\cdot\, y_\varkappa^{(\varkappa)} & y_{\varkappa+1}^{(\varkappa)} & \cdot\cdot\, y_\lambda^{(\varkappa)} \\ \cdot & \cdots & \cdot & \cdots \\ y_1^{(\lambda-1)} & \cdot\cdot\, y_\varkappa^{(\lambda-1)} & y_{\varkappa+1}^{(\lambda-1)} & \cdot\cdot\, y_\lambda^{(\lambda-1)} \end{vmatrix} \quad \begin{vmatrix} 1 & \cdot\cdot\, 0 & 0 & \cdot\cdot\, 0 \\ \cdot & \cdots & \cdot & \cdots \\ 0 & \cdot\cdot\, 1 & 0 & \cdot\cdot\, 0 \\ z_1 & \cdot\cdot\, z_\varkappa & z_{\varkappa+1} & \cdot\cdot\, z_\lambda \\ \cdot & \cdots & \cdot & \cdots \\ z_1^{(\lambda-\varkappa-1)} & \cdot\cdot\, z_\varkappa^{(\lambda-\varkappa-1)} & z_{\varkappa+1}^{(\lambda-\varkappa-1)} & \cdot\cdot\, z_\lambda^{(\lambda-\varkappa-1)} \end{vmatrix}$$

bildet, deren eine gleich $D(y_1, y_2, \cdots y_\lambda)$, und deren andere gleich $D(z_{\varkappa+1}, z_{\varkappa+2}, \cdots z_\lambda)$ ist, so erhält man

$$\begin{vmatrix} y_1 & \cdot\cdot\, y_\varkappa & s_{0,0} & \cdot\cdot\, s_{0,\lambda-\varkappa-1} \\ \cdot & \cdots & \cdot & \cdots \\ y_1^{(\varkappa-1)} & \cdot\cdot\, y_\varkappa^{(\varkappa-1)} & s_{\varkappa-1,0} & \cdot\cdot\, s_{\varkappa-1,\lambda-\varkappa-1} \\ y_1^{(\varkappa)} & \cdot\cdot\, y_\varkappa^{(\varkappa)} & s_{\varkappa,0} & \cdot\cdot\, s_{\varkappa,\lambda-\varkappa-1} \\ \cdot & \cdots & \cdot & \cdots \\ y_1^{(\lambda-1)} & \cdot\cdot\, y_\varkappa^{(\lambda-1)} & s_{\lambda-1,0} & \cdot\cdot\, s_{\lambda-1,\lambda-\varkappa-1} \end{vmatrix}.$$

Da in dieser Determinante alle Elemente verschwinden, welche die ersten $\varkappa$ Zeilen mit den letzten $\lambda-\varkappa$ Colonnen gemeinsam haben, so reducirt sie sich auf das Product der beiden Determinanten

$$\begin{vmatrix} y_1 & \cdot\cdot\, y_\varkappa \\ \cdot & \cdots \\ y_1^{(\varkappa-1)} & \cdot\cdot\, y_\varkappa^{(\varkappa-1)} \end{vmatrix} \quad \begin{vmatrix} s_{\varkappa,0} & \cdot\cdot\, s_{\varkappa,\lambda-\varkappa-1} \\ \cdot & \cdots \\ s_{\lambda-1,0} & \cdot\cdot\, s_{\lambda-1,\lambda-\varkappa-1} \end{vmatrix}.$$

---

*) Ich hatte ursprünglich den Ausdruck „reciproke Functionen“ gebraucht, habe ihn aber mit dem Ausdruck „adjungirte Functionen“ vertauscht, nachdem die Arbeit des Herrn *Fuchs* (dieses Journ. Bd. 76) zu meiner Kenntniss gekommen war.

Die erste ist gleich $D(y_1, y_2, \cdots y_\varkappa)$. In der andern verschwinden alle Elemente auf der linken Seite der Diagonale, die von rechts oben nach links unten führt. Daher ist in ihrer Entwicklung das einzige nicht verschwindende Glied

$$(-1)^{\frac{1}{2}(\lambda-\varkappa)(\lambda-\varkappa-1)} s_{\lambda-1,0}\, s_{\lambda-2,1} \cdots s_{\varkappa,\lambda-\varkappa-1} = 1.$$

Wir gelangen so zu der Gleichung

$$D(y_1, y_2, \cdots y_\lambda)\, D(z_{\varkappa+1}, z_{\varkappa+2}, \cdots z_\lambda) = D(y_1, y_2, \cdots y_\varkappa).$$

Setzt man $\varkappa = 0$, so lautet dieselbe

$$(12.)\quad D(y_1, y_2, \cdots y_\lambda)\, D(z_1, z_2, \cdots z_\lambda) = 1.$$

Daraus geht wieder hervor, dass, wenn $y_1, y_2, \cdots y_\lambda$ unter einander unabhängig sind, auch zwischen $z_1, z_2, \cdots z_\lambda$ keine lineare Relation bestehen kann. Als Resultat dieser Entwicklung können wir die Sätze aussprechen:

Das Product aus der Determinante mehrerer Functionen und der Determinante der ihnen adjungirten Functionen ist gleich 1.

Bedeutet $\alpha, \beta, \gamma, \cdots \varrho, \sigma, \tau, \cdots$ *eine Permutation der Zahlen* $1, 2, \cdots \lambda$, *so ist*

$$(13.)\quad D(y_\alpha, y_\beta, y_\gamma, \cdots) = \varepsilon\, D(z_\varrho, z_\sigma, z_\tau, \cdots)\, D(y_1, y_2, \cdots y_\lambda)$$

und

$$(14.)\quad D(z_\alpha, z_\beta, z_\gamma, \cdots) = \varepsilon\, D(y_\varrho, y_\sigma, y_\tau, \cdots)\, D(z_1, z_2, \cdots z_\lambda),$$

wo $\varepsilon = +1$ *oder* -1 *ist, je nachdem die Permutation zur ersten oder zweiten Klasse gehört.*

Aus diesem Satze ergiebt sich ein einfacher Beweis für die Formel (2.). Sind nämlich die den Functionen

$$u_1, u_2, \cdots u_\mu, v_1, v_2, \cdots v_\nu$$

adjungirten Functionen

$$u_1', u_2', \cdots u_\mu', v_1', v_2', \cdots v_\nu',$$

und setzt man

$$w_\varkappa = D(u_1, u_2, \cdots u_\mu, v_\varkappa),$$

so ist auch

$$w_\varkappa = (-1)^{\varkappa-1} D(v_1', v_2' \cdots v_{\varkappa-1}', v_{\varkappa+1}', \cdots v_\nu')\, D(u_1, u_2, \cdots u_\mu, v_1, v_2, \cdots v_\nu).$$

Sind ferner die den Functionen $v_1', v_2', \cdots v_\nu'$ adjungirten Functionen $v_1'', v_2'', \cdots v_\nu''$, so ist

$$v_\varkappa'' = (-1)^{\nu+\varkappa} \frac{D(v_1', v_2', \ldots v_{\varkappa-1}', v_{\varkappa+1}', \ldots v_\nu')}{D(v_1', v_2', \ldots v_\nu')}$$

$$= \frac{(-1)^{\nu-1} w_\varkappa}{D(v_1', v_2', \ldots v_\nu')\, D(u_1, u_2, \ldots u_\mu, v_1, v_2, \ldots v_\nu)} = \frac{(-1)^{\nu-1} w_\varkappa}{D(u_1, u_2, \ldots u_\mu)}.$$

Daher ist

$$\frac{D(u_1, u_2, \dots u_\mu, v_1, v_2, \dots v_\nu)}{D(u_1, u_2, \dots u_\mu)} = \frac{1}{D(v'_1, v'_2, \dots v'_\nu)} = D(v_1'', v_2'', \cdots v_\nu'')$$

$$= \frac{D(w_1, w_2, \dots w_\nu)}{(D(u_1, u_2, \dots u_\mu))^\nu},$$

oder

$$(2.) \quad D(u_1, u_2, \cdots u_\mu, v_1, v_2, \cdots v_\nu) = \frac{D(w_1, w_2, \dots w_\nu)}{(D(u_1, u_2, \dots u_\mu))^{\nu-1}}.$$

§. 4.

Bisher haben wir nur von den Grössen $z_\varkappa$ gehandelt. Jetzt wenden wir uns zur Betrachtung der Ausdrücke

$$(6.) \quad P(y, z_\varkappa) = (-1)^{\varkappa-1} \frac{D(y, y_1, \dots y_{\varkappa-1}, y_{\varkappa+1}, \dots y_\lambda)}{D(y_1, y_2, \dots y_\lambda)}.$$

Die Determinante

$$\begin{vmatrix} y & y_1 & \cdot\cdot\, y_\lambda \\ y^{(1)} & y_1^{(1)} & \cdot\cdot\, y_\lambda^{(1)} \\ \cdot & \cdot & \cdot\cdot\cdot \\ y^{(\lambda-1)} & y_1^{(\lambda-1)} & \cdot\cdot\, y_\lambda^{(\lambda-1)} \\ y^{(\varkappa)} & y_1^{(\varkappa)} & \cdot\cdot\, y_\lambda^{(\varkappa)} \end{vmatrix}$$

verschwindet identisch, wenn $\varkappa < \lambda$ ist. Entwickelt man sie nach den in der letzten Zeile stehenden Elementen, so gelangt man zu der Gleichung

$$y^{(\varkappa)} D(y_1, y_2, \cdot\cdot y_\lambda) - y_1^{(\varkappa)} D(y, y_2, \cdot\cdot y_\lambda) + \cdots + (-1)^\lambda y_\lambda^{(\varkappa)} D(y, y_1, \cdot\cdot\, y_{\lambda-1}) = 0.$$

Daraus ergiebt sich durch Division mit $D(y_1, y_2, \cdots y_\lambda)$

$$(15.) \quad y^{(\varkappa)} = y_1^{(\varkappa)} P(y, z_1) + y_2^{(\varkappa)} P(y, z_2) + \cdots + y_\lambda^{(\varkappa)} P(y, z_\lambda) \quad (\varkappa < \lambda).$$

Wir stellen uns nun die Aufgabe, eine Function $P(y, z)$ zu bilden, welche sowohl in Bezug auf y, als auch in Bezug auf z ein homogener linearer Differentialausdruck $(\lambda-1)$ter Ordnung ist und für $z = z_\varkappa$ den Werth $P(y, z_\varkappa)$ annimmt. Setzt man

$$P(y, z) = Yz + Y_1 z^{(1)} + \cdots + Y_{\lambda-1} z^{(\lambda-1)},$$

wo $Y, Y_1, \cdots Y_{\lambda-1}$ homogene lineare Differentialausdrücke $(\lambda-1)$ter Ordnung von y bedeuten, so hat man zur Bestimmung dieser λ unbekannten Coefficienten die λ linearen Gleichungen

$$P(y, z_\varkappa) = Y z_\varkappa + Y_1 z_\varkappa^{(1)} + \cdots + Y_{\lambda-1} z_\varkappa^{(\lambda-1)},$$

deren Determinante $D(z_1, z_2, \cdots z_\lambda)$ von Null verschieden ist. Daher ist die Function $P(y, z)$ durch die Bedingungen, denen sie genügen soll, vollständig bestimmt. Um sie bequem zu ermitteln, schlagen wir den Weg ein, auf dem man die *Lagrange*sche Interpolationsformel herzuleiten pflegt. Wir bilden zuerst einen homogenen bilinearen Differentialausdruck, der für $z = z_1, \dots z_{\varkappa-1}, z_{\varkappa+1}, \dots z_\lambda$ verschwindet und für $z = z_\varkappa$ den Werth $P(y, z_\varkappa)$ hat. Ein solcher ist

$$D(y, y_1, \dots y_{\varkappa-1}, y_{\varkappa+1}, \dots y_\lambda)\, D(z, z_1, \dots z_{\varkappa-1}, z_{\varkappa+1}, \dots z_\lambda).$$

Indem wir dann die sämmtlichen so gebildeten Ausdrücke zusammenzählen, erhalten wir

$$(16.)\quad P(y, z) = D(y, y_2, y_3, \cdots y_\lambda)\, D(z, z_2, z_3, \cdots z_\lambda)$$
$$+ D(y, y_1, y_3, \cdots y_\lambda)\, D(z, z_1, z_3, \cdots z_\lambda) + \cdots + D(y, y_1, y_2, \cdots y_{\lambda-1})\, D(z, z_1, z_2, \cdots z_{\lambda-1}).$$

Daraus folgt

$$(17.)\quad P(y_\varkappa, z) = (-1)^{\varkappa-1} \frac{D(z, z_1, \dots z_{\varkappa-1}, z_{\varkappa+1}, \dots z_\lambda)}{D(z_1, z_2, \dots z_\lambda)}.$$

Für diese Ausdrücke gelten die den Relationen (15.) analogen Gleichungen

$$(18.)\quad z^{(\varkappa)} = z_1^{(\varkappa)} P(y_1, z) + z_2^{(\varkappa)} P(y_2, z) + \cdots + z^{(\varkappa)} P(y_\lambda, z) \quad (\varkappa < \lambda).$$

Aus der Gleichung (3.) ergiebt sich

$$\frac{D(z_1, \dots z_{\varkappa-1}, z_{\varkappa+1}, \dots z_\lambda)}{D(z_1, z_2, \dots z_\lambda)} \cdot \frac{D(z, z_1, \dots z_\lambda)}{D(z_1, z_2 \dots z_\lambda)} = -\frac{d}{dz} \frac{D(z, z_1 \dots z_{\varkappa-1}, z_{\varkappa+1}, \dots z_\lambda)}{D(z_1, z_2, \dots z_\lambda)}.$$

Daher folgt aus den Gleichungen (11.) und (17.) wenn man noch

$$(19.)\quad P'(z) = (-1)^\lambda \frac{D(z, z_1, \dots z_\lambda)}{D(z_1, z_2, \dots z_\lambda)}$$

setzt,

$$(20.)\quad y_\varkappa\, P'(z) = (-1)^{\lambda-1} \frac{d}{dx} P(y_\varkappa, z).$$

§. 5.

Die Ausdrücke $P(y)$ und $P'(z)$ sind als Determinantenquotienten definirt, und die Function $P(y, z)$ ist als eine Summe von Determinantenproducten dargestellt. Wir wollen jetzt alle diese Ausdrücke auf die Form von Determinanten bringen.

In Folge der Gleichung (12.) ist

$$P(y) = (-1)^\lambda \frac{D(y, y_1, \dots y_\lambda)}{D(y_1, y_2, \dots y_\lambda)} = (-1)^\lambda D(y, y_1, \cdots y_\lambda)\, D(z_1, z_2, \cdots z_\lambda)$$

oder gleich

$$(-1)^\lambda \begin{vmatrix} y & y_1 & \cdot\cdot & y_\lambda \\ y^{(1)} & y_1^{(1)} & \cdot\cdot & y_\lambda^{(1)} \\ \cdot & \cdot & \cdots & \\ y^{(\lambda)} & y_1^{(\lambda)} & \cdot\cdot & y_\lambda^{(\lambda)} \end{vmatrix} \begin{vmatrix} 1 & 0 & \cdot\cdot & 0 \\ 0 & z_1 & \cdot\cdot & z_\lambda \\ \cdot & \cdot & \cdots & \\ 0 & z_1^{(\lambda-1)} & \cdot\cdot & z_\lambda^{(\lambda-1)} \end{vmatrix}.$$

Mithin ist

$$(21.)\quad P(y) = (-1)^{\lambda} \begin{vmatrix} y & s_{0,0} & s_{0,1} & \cdot\cdot & s_{0,\lambda-1} \\ y^{(1)} & s_{1,0} & s_{1,1} & \cdot\cdot & s_{1,\lambda-1} \\ \cdot & \cdot & \cdot & \cdot\cdot\cdot & \\ y_{\lambda}^{(\lambda)} & s_{\lambda,0} & s_{\lambda,1} & \cdot\cdot & s_{\lambda,\lambda-1} \end{vmatrix}$$

und ebenso

$$(22.)\quad P'(z) = (-1)^{\lambda} \begin{vmatrix} z & z^{(1)} & \cdot\cdot & z^{(\lambda)} \\ s_{0,0} & s_{0,1} & \cdot\cdot & s_{0,\lambda} \\ \cdot & \cdot & \cdot\cdot\cdot & \cdot \\ s_{\lambda-1,0} & s_{\lambda-1,1} & \cdot\cdot & s_{\lambda-1,\lambda} \end{vmatrix}.$$

Die Gleichung (15.) geht, wenn man, wie oben,

$$-P(y,z) + Yz + Y_1 z^{(1)} + \cdots + Y_{\lambda-1} z^{(\lambda-1)} = 0$$

setzt, in

$$-y^{(\varkappa)} + Y s_{\varkappa,0} + Y_1 s_{\varkappa,1} + \cdots + Y_{\lambda-1} s_{\varkappa,\lambda-1}$$

über. Indem man aus diesen $\lambda+1$ homogenen linearen Gleichungen die $\lambda+1$ Grössen

$$-1,\ Y,\ Y_1, \cdots Y_{\lambda-1}$$

eliminirt, findet man die Gleichung

$$\begin{vmatrix} P(y,z) & z & z^{(1)} & \cdot\cdot & z^{(\lambda-1)} \\ y & s_{0,0} & s_{0,1} & \cdot\cdot & s_{0,\lambda-1} \\ y^{(1)} & s_{1,0} & s_{1,1} & \cdot\cdot & s_{1,\lambda-1} \\ \cdot & \cdot & \cdot & \cdot\cdot\cdot & \\ y^{(\lambda-1)} & s_{\lambda-1,0} & s_{\lambda-1,1} & \cdot\cdot & s_{\lambda-1,\lambda-1} \end{vmatrix} = 0.$$

Auf der linken Seite ist der Coefficient von $P(y,z)$ die Determinante $\Sigma \pm s_{0,0}\, s_{1,1} \cdots s_{\lambda-1,\lambda-1}$. In derselben verschwinden alle Elemente oberhalb der Diagonale, welche von rechts oben nach links unten führt. Daher reducirt sie sich auf das Glied

$$(-1)^{\frac{1}{2}\lambda(\lambda-1)}\, s_{0,\lambda-1}\, s_{1,\lambda-2} \cdots s_{\lambda-1,0} = 1.$$

Mithin ist

$$(23.)\quad P(y,z) = -\begin{vmatrix} 0 & z & z^{(1)} & \cdot\cdot & z^{(\lambda-1)} \\ y & s_{0,0} & s_{0,1} & \cdot\cdot & s_{0,\lambda-1} \\ y^{(1)} & s_{1,0} & s_{1,1} & \cdot\cdot & s_{1,\lambda-1} \\ \cdot & \cdot & \cdot & \cdot\cdot\cdot & \\ y^{(\lambda-1)} & s_{\lambda-1,0} & s_{\lambda-1,1} & \cdot\cdot & s_{\lambda-1,\lambda-1} \end{vmatrix}.$$

Die Gleichungen (7.) und (20.) geben den Werth der Ableitung von $P(y,z)$ an, wenn entweder y einen der Werthe $y_1, y_2, \cdots y_\lambda$ oder z einen der Werthe $z_1, z_2, \cdots z_\lambda$ hat. Allgemein lässt sich diese Ableitung folgendermaassen berechnen:

In der Gleichung (23.), welche nach x differentiirt werden soll, denke man sich für $s_{\alpha,\beta}$ seinen Werth aus Formel (9.) eingesetzt. Alsdann möge die Ableitung der Determinante auf der rechten Seite der Gleichung (23.) wenn $z, z_1, \cdots z_\lambda$ als constant betrachtet werden, den Werth P_1, wenn aber $y, y_1, \cdots y_\lambda$ als constant betrachtet werden, den Werth P_2 haben. Nach einem bekannten Satze der Differentialrechnung ist unter diesen Voraussetzungen

$$\frac{d}{dx} P(y, z) = P_1 + P_2.$$

In dieser Gleichung ist

$$P_1 = -\begin{vmatrix} 0 & z & \cdot\cdot & z^{(\lambda-2)} & z^{(\lambda-1)} \\ y & s_{0,0} & \cdot\cdot & s_{0,\lambda-2} & s_{0,\lambda-1} \\ \cdot & \cdot & \cdots & & \cdot \\ y^{(\lambda-2)} & s_{\lambda-2,0} & \cdot\cdot & s_{\lambda-2,\lambda-2} & s_{\lambda-2,\lambda-1} \\ y^{(\lambda)} & s_{\lambda,0} & \cdot\cdot & s_{\lambda,\lambda-2} & s_{\lambda,\lambda-1} \end{vmatrix}, P_2 = -\begin{vmatrix} 0 & z & \cdot\cdot & z^{(\lambda-2)} & z^{(\lambda)} \\ y & s_{0,0} & \cdot\cdot & s_{0,\lambda-2} & s_{0,\lambda} \\ \cdot & \cdot & \cdots & & \cdot \\ y^{(\lambda-2)} & s_{\lambda-2,0} & \cdot\cdot & s_{\lambda-2,\lambda-2} & s_{\lambda-2,\lambda} \\ y^{(\lambda-1)} & s_{\lambda-1,0} & \cdot\cdot & s_{\lambda-1,\lambda-2} & s_{\lambda-1,\lambda} \end{vmatrix}.$$

Die Determinante

$$(-1)^\lambda \begin{vmatrix} z & 0 & z & \cdot\cdot & z^{(\lambda-1)} \\ s_{0,0} & y & s_{0,0} & \cdot\cdot & s_{0,\lambda-1} \\ \cdot & \cdot & \cdot & \cdots & \\ s_{\lambda,0} & y^{(\lambda)} & s_{\lambda,0} & \cdot\cdot & s_{\lambda,\lambda-1} \end{vmatrix}$$

verschwindet identisch, weil die Elemente der ersten Colonne mit denen der dritten übereinstimmen. Entwickelt man sie nach den in der ersten Colonne stehenden Elementen, von denen nur drei von Null verschieden sind, so erhält man

$$z\,P(y) - s_{\lambda-1,0}\,P_1 + s_{\lambda,0}\,P(y, z) = 0.$$

Auf ähnliche Weise gelangt man zu der Gleichung

$$y\,P(z) - s_{0,\lambda-1}\,P_2 + s_{0,\lambda}\,P(y, z) = 0.$$

Nun ist aber

$$s_{\lambda-1,0} = 1, \quad s_{0,\lambda-1} = (-1)^{\lambda-1}, \quad s_{0,\lambda} = (-1)^\lambda\, s_{\lambda,0}.$$

Mithin ergiebt sich aus den vorigen Gleichungen

$$(24.)\quad \frac{d}{dx} P(y, z) = z\,P(y) - (-1)^\lambda\, y\,P'(z).$$

§. 6.

Von den entwickelten Relationen wollen wir einige Anwendungen auf die Theorie der linearen Differentialgleichungen machen. Aus den Gleichungen (7.) und (11.) ergiebt sich unmittelbar der Satz:

Von zwei Systemen adjungirter Functionen enthält jedes die Multiplicatoren der linearen Differentialgleichung, deren Integrale die Functionen des andern sind, und in welcher der Coefficient der höchsten Ableitung gleich eins ist.

Ist daher

$$(25.)\quad P(y) = \frac{d^\lambda y}{dx^\lambda} + p_1 \frac{d^{\lambda-1} y}{dx^{\lambda-1}} + \cdots + p_\lambda y,$$

so ist

$$(26.)\quad P'(z) = \frac{d^\lambda z}{dx^\lambda} - \frac{d^{\lambda-1}(p_1 z)}{dx^{\lambda-1}} + \cdots + (-1)^\lambda p_\lambda z$$

und

$$(27.)\quad P(y, z) = z\frac{d^{\lambda-1} y}{dx^{\lambda-1}} + \left(p_1 z - \frac{dz}{dx}\right)\frac{d^{\lambda-2} y}{dx^{\lambda-2}} + \left(p_2 z - \frac{d(p_1 z)}{dx} + \frac{d^2 z}{dx^2}\right)\frac{d^{\lambda-3} y}{dx^{\lambda-3}}$$
$$+ \cdots + \left(p_{\lambda-1} z - \frac{d(p_{\lambda-2} z)}{dx} + \cdots + (-1)^{\lambda-1}\frac{d^{\lambda-1} z}{dx^{\lambda-1}}\right) y.$$

Ist p eine gegebene Function von x, und ist y ein Integral der completen linearen Differentialgleichung

$$P(y) = p,$$

so folgt aus den Gleichungen (7.) und (15.)

$$y^{(\varkappa)} = y_1^{(\varkappa)}\int z_1\, p\, dx + y_2^{(\varkappa)}\int z_2\, p\, dx + \cdots + y_\lambda^{(\varkappa)}\int z_\lambda\, p\, dx.$$

Daraus ergiebt sich der Satz:

Sind $y_1, y_2, \cdots y_\lambda$ von einander unabhängige Integrale der homogenen linearen Differentialgleichung λ ter Ordnung $P(y) = 0$, in welcher der Coefficient der höchsten Ableitung gleich 1 *ist, und sind $z_1, z_2, \cdots z_\lambda$ die ihnen adjungirten Functionen, so ist*

$$y = y_1\int z_1\, p\, dx + y_2\int z_2\, p\, dx + \cdots + y_\lambda\int z_\lambda\, p\, dx$$

das allgemeine Integral der vollständigen linearen Differentialgleichung $P(y) = p$.

Die Formel (3.) lautet für $\varkappa = \lambda$

$$\frac{D(y, y_1, \dots y_\lambda)}{D(y_1, y_2, \dots y_\lambda)} = -\frac{D(y_1, y_2, \dots y_\lambda)}{D(y_1, y_2, \dots y_{\lambda-1})}\frac{d}{dx}\frac{D(y, y_1, \dots y_{\lambda-1})}{D(y_1, y_2, \dots y_\lambda)}.$$

Setzt man zur Abkürzung

$$D_\varkappa = D(y_1, y_2, \cdots y_\varkappa),\ D_0 = 1,$$

so gelangt man durch wiederholte Anwendung dieser Formel zu der Gleichung

$$(28.)\quad P(y) = \frac{D_\lambda}{D_{\lambda-1}} \frac{d}{dx} \frac{D_{\lambda-1}^2}{D_\lambda D_{\lambda-2}} \frac{d}{dx} \cdots \frac{d}{dx} \frac{D_1^2}{D_2 D_0} \cdot \frac{d}{dx} \frac{y}{D_1}.$$

Für $\varkappa = 1$ ergiebt sich aus der Formel (2.)

$$\frac{D(z, z_1, \ldots z_\lambda)}{D(z_1, z_2, \ldots z_\lambda)} = -\frac{D(z_1, z_2, \ldots z_\lambda)}{D(z_2, z_3, \ldots z_\lambda)} \frac{d}{dx} \frac{D(z, z_2, \ldots z_\lambda)}{D(z_1, z_2, \ldots z_\lambda)}.$$

Bedenkt man, dass

$$D(z_{\varkappa+1}, z_{\varkappa+2}, \cdots z_\lambda) = \frac{D_\varkappa}{D_\lambda}$$

ist, so findet man durch wiederholte Anwendung dieser Formel die Gleichung

$$(29.)\quad P'(z) = \frac{1}{D_1} \frac{d}{dx} \frac{D_1^2}{D_2 D_0} \frac{d}{dx} \cdots \frac{d}{dx} \frac{D_{\lambda-1}^2}{D_\lambda D_{\lambda-2}} \frac{d}{dx} \frac{D_\lambda z}{D_{\lambda-1}}.$$

Den in den Gleichungen (28.) und (29.) enthaltenen Satz kann man so aussprechen:

Die Multiplicatoren der linearen Differentialgleichung

$$v_\lambda \frac{d}{dx} v_{\lambda-1} \frac{d}{dx} \cdots \frac{d}{dx} v_1 \frac{d}{dx} v_0 y = 0$$

genügen der linearen Differentialgleichung

$$v_0 \frac{d}{dx} v_1 \frac{d}{dx} \cdots \frac{d}{dx} v_{\lambda-1} \frac{d}{dx} v_\lambda z = 0.$$

Berlin, im Juni 1873.

7.

Über die Vertauschung von Argument und Parameter in den Integralen der linearen Differentialgleichungen

Journal für die reine und angewandte Mathematik 78, 93–96 (1874)

Der Satz über die Vertauschung von Argument und Parameter in den mit Logarithmen behafteten Integralen der algebraischen Functionen ist bereits von *Abel* (Oeuvres complètes, tom. II., pag. 58) auf die Integrale von Functionen ausgedehnt worden, welche homogene lineare Differentialgleichungen mit rationalen Functionen als Coefficienten befriedigen. *Jacobi* (dieses Journal, Bd. 32, S. 189) hat dem Resultate eine elegantere Form gegeben, und in der neuesten Zeit hat Herr *Fuchs* (dieses Journal, Bd. 76, S. 177) an dasselbe neue Untersuchungen angeknüpft. Beim Studium der *Jacobi*schen Arbeit machte ich die Bemerkung, dass die in seiner etwas complicirten Formel auftretenden Ausdrücke eine sehr einfache Bedeutung haben, dass sie nämlich die bekannten Darstellungen der Integrale gewisser completer linearer Differentialgleichungen durch die Integrale der reducirten sind. Ich will hier jenen Satz in der Form, auf die ich ihn gebracht habe, kurz herleiten, ohne auf die Entwickelungen, mittelst deren es mir gelungen ist, in den Sinn der *Jacobi*schen Formel einzudringen, näher einzugehen, und ohne die in seiner Abhandlung theils bewiesenen, theils vorausgesetzten Relationen zu benutzen.

Wenn man die beiden gewöhnlichen linearen Differentialgleichungen

$$(1.)\quad P_x(y) = p_0(x)y+p_1(x)\frac{dy}{dx}+\cdots+p_\lambda(x)\frac{d^\lambda y}{dx^\lambda}\qquad\text{und}$$

$$(2.)\quad P'_{x'}(z) = q_0(x')z+q_1(x')\frac{dz}{dx'}+\cdots+q_\lambda(x')\frac{d^\lambda z}{dx'^\lambda}$$

vollständig integriren kann, so kann man auch das allgemeine Integral der partiellen Differentialgleichung

$$(3.)\quad P_x P'_{x'}(w) = 0$$

angeben. Bilden nämlich $y_1, y_2, \dots y_\lambda$ ein vollständiges System von einander unabhängiger Integrale der Differentialgleichung (1.), und sind $f'_1, f'_2, \dots f'_\lambda$ willkürliche Functionen von x', so ist $f'_1 y_1+f'_2 y_2+\cdots+f'_\lambda y_\lambda$ ihr allgemeines Integral, und daher genügt w der Differentialgleichung

$$(4.)\quad P_{x'}(w) = f'_1 y_1+f'_2 y_2+\cdots+f'_\lambda y_\lambda.$$

*) Diese Abhandlung erschien zuerst als Gelegenheitsschrift am 31. Oct. 1873 zur Feier des fünfzigjährigen Jubiläums des Herrn Director *Bonnell*.

Ist ζ'_x eine Function von x' allein, welche die Differentialgleichung $P'_{x'}(z) = f'_x$ befriedigt, also, ebenso wie f'_x, eine willkürliche Function von x', so ist $\zeta'_1 y_1 + \zeta'_2 y_2 + \cdots + \zeta'_\lambda y_\lambda$ ein particuläres Integral der Differentialgleichung (4.), da wir annehmen können, dass $y_1, y_2, \ldots y_\lambda$ die Variable x' nicht enthalten. Wenn also $z'_1, z'_2, \ldots z'_\lambda$ von einander unabhängige Integrale der Differentialgleichung $P'_{x'}(z) = 0$ und $\eta_1, \eta_2, \ldots \eta_\lambda$ willkürliche Functionen von x sind, so ist

$$(5.)\qquad w = \zeta'_1 y_1 + \cdots + \zeta'_\lambda y_\lambda + \eta_1 z'_1 + \cdots + \eta_\lambda z'_\lambda$$

das allgemeine 2λ willkürliche Functionen enthaltende Integral von (4.) und folglich auch von der partiellen Differentialgleichung (3.).

Wenn $p_0(x), p_1(x), \ldots p_\lambda(x)$ ganze Functionen von x sind, so kann man

$$P_x\left(\frac{1}{x-x'}\right),$$

falls dem absoluten Betrage nach $x' < x$ ist, in eine nach ganzen positiven Potenzen von x' fortschreitende Reihe entwickeln, die positive Potenzen von x nur in endlicher, negative aber in unendlicher Anzahl enthält. Ist

$$\Sigma C_{\alpha\beta} x^\alpha x'^\beta$$

das Aggregat der Glieder mit positiven Exponenten, so kommt $C_{\alpha\beta}$ in dem Gliede

$$P_x\left(\frac{x'^\beta}{x^{\beta+1}}\right)$$

vor und ist gleich dem Coefficienten von x^α in

$$P_x\left(\frac{1}{x^{\beta+1}}\right).$$

Beschreibt also ξ einen den Nullpunkt der Constructionsebene im positiven Sinne einfach umwindenden Kreis, so ist

$$(6.)\qquad C_{\alpha\beta} = \frac{1}{2\pi i}\int P_\xi\left(\frac{1}{\xi^{\beta+1}}\right)\frac{d\xi}{\xi^{\alpha+1}}.$$

Das Aggregat der Potenzen von x mit negativen Exponenten ist der Coefficient von ξ^{-1} in der Entwickelung des Ausdrucks

$$\frac{1}{x-\xi} P_\xi\left(\frac{1}{\xi-x}\right)$$

nach Potenzen von ξ, falls dem absoluten Werthe nach $x > \xi > x'$ angenommen wird. Jenes Aggregat ist also gleich

$$\frac{1}{2\pi i}\int \frac{1}{x-\xi} P_\xi\left(\frac{1}{\xi-x'}\right) d\xi.$$

Der Werth dieses Integrals lässt sich leicht ermitteln. Es ist nämlich eine Summe von $\lambda+1$ Gliedern von der Form

$$\frac{1}{2\pi i}\int \frac{p_x(\xi)}{x-\xi}\frac{d^x}{d\xi^x}\left(\frac{1}{\xi-x'}\right)d\xi = \frac{(-1)^x}{2\pi i}\int \frac{p_x(\xi)}{x-\xi}\frac{d^x}{dx'^x}\left(\frac{1}{\xi-x'}\right)d\xi.$$

Nun ist aber, da x ausserhalb und x' innerhalb des von ξ beschriebenen Kreises liegt,

$$\frac{p_\varkappa(x')}{x-x'} = \frac{1}{2\pi i}\int \frac{p_\varkappa(\xi)}{x-\xi}\,\frac{d\xi}{\xi-x'}$$

und daher

$$\frac{d^\varkappa}{dx'^\varkappa}\left(\frac{p_\varkappa(x')}{x-x'}\right) = \frac{1}{2\pi i}\int \frac{p_\varkappa(\xi)}{x-\xi}\,\frac{d^\varkappa}{dx'^\varkappa}\left(\frac{1}{\xi-x'}\right)d\xi.$$

Setzt man also

$$(7.)\qquad P'_{x'}(z) = -p_0(x')z+\frac{d(p_1(x')z)}{dx'}-\cdots+(-1)^{\lambda-1}\frac{d^\lambda(p_\lambda(x')z)}{dx'^\lambda},$$

so ist das zu berechnende Integral gleich

$$P'_{x'}\left(\frac{1}{x'-x}\right).$$

Wir gelangen so zu der von *Jacobi* gefundenen Formel

$$(8.)\qquad P_x\left(\frac{1}{x-x'}\right)-P'_{x'}\left(\frac{1}{x'-x}\right) = \Sigma C_{\alpha\beta}\,x^\alpha\,x'^\beta.$$

Wenn man bei der Entwickelung der linken Seite dieser Gleichung $x'>x$ annimmt, so erhält man für $C_{\alpha\beta}$ noch die Bestimmung

$$(9.)\qquad C_{\alpha\beta} = \frac{1}{2\pi i}\int P'_\xi\left(\frac{1}{\xi^{\alpha+1}}\right)\frac{d\xi}{\xi^{\beta+1}}.$$

Wir nehmen jetzt an, dass die Functionen

$$F(x,x')\qquad\text{und}\qquad F'(x',x)$$

den vollständigen linearen Differentialgleichungen

$$P_x(y)=\frac{1}{x-x'}\qquad\text{und}\qquad P'_{x'}(z)=\frac{1}{x'-x}$$

genügen. Dann ist

$$u = F(x,x')-F'(x',x)$$

eine Lösung der partiellen Differentialgleichung

$$P_xP'_{x'}(u) = P'_{x'}\left(\frac{1}{x-x'}\right)-P_x\left(\frac{1}{x'-x}\right).$$

Sind ferner

$$F_\alpha(x)\qquad\text{und}\ F'_\beta(x')$$

Integrale der Differentialgleichungen

$$P_x(y)=x^\alpha\qquad\text{und}\qquad P'_{x'}(z)=x'^\beta,$$

so befriedigt die Function

$$v = \Sigma C_{\alpha\beta}F_\alpha(x)F'_\beta(x')$$

die partielle Differentialgleichung

$$P_xP'_{x'}(v) = \Sigma C_{\alpha\beta}x^\alpha x'^\beta.$$

In Folge der Gleichung (8.) ist daher $w=u-v$ eine Lösung der partiellen Differentialgleichung

$$P_x P'_{x'}(w) = 0,$$

und mithin ist

$$F(x, x') - F'(x', x) = \Sigma C_{\alpha\beta} F_\alpha(x) F'_\beta(x') + \zeta'_1 y_1 + \cdots + \zeta'_\lambda y_\lambda + \eta_1 z'_1 + \cdots + \eta_\lambda z'_\lambda.$$

Es sei nun über die in den Functionen $F_\alpha(x)$ und $F'_\beta(x')$ enthaltenen willkürlichen Constanten eine bestimmte Verfügung getroffen. Dann können, da

$$F(x, x') - \zeta'_1 y_1 - \cdots - \zeta'_\alpha y_\lambda \quad \text{und} \quad F'(x', x) + \eta_1 z'_1 + \cdots + \eta_\lambda z'_\lambda$$

die allgemeinen Integrale der Differentialgleichungen

$$P_x(y) = \frac{1}{x - x'} \quad \text{und} \quad P'_{x'}(z) = \frac{1}{x' - x}$$

sind, die Functionen $F(x, x')$ und $F'(x', x)$ stets so gewählt werden, dass

$$(10.) \qquad F(x, x') - F'(x', x) = \Sigma C_{\alpha\beta} F_\alpha(x) F'_\beta(x')$$

wird. Umgekehrt überzeugt man sich leicht, dass, wenn $F(x, x')$ und $F'(x', x)$ eindeutig definirt sind, die Functionen $F_\alpha(x)$ und $F'_\beta(x')$ stets so gewählt werden können, dass die Gleichung (10.) erfüllt wird. Da nun eine Gleichung zwischen zwei Ausdrücken, die vieldeutige Grössen enthalten, wenn sie vollkommen ist, keinen anderen Sinn haben kann, als dass jedem Werthe der linken Seite ein Werth der rechten, und umgekehrt, entspricht, so haben wir den Satz bewiesen:

Wenn

$$P_x(y) = p_0(x) y + p_1(x) \frac{dy}{dx} + \cdots + p_\lambda(x) \frac{d^\lambda y}{dx^\lambda}$$

und

$$P'_{x'}(z) = -p_0(x') z + \frac{d(p_1(x') z)}{dx'} - \cdots + (-1)^{\lambda-1} \frac{d^\lambda (p_\lambda(x') z)}{dx'^\lambda}$$

ist, und wenn die Functionen

$$F(x, x'), \qquad F'(x', x), \qquad F_\alpha(x), \qquad F'_\beta(x')$$

die Differentialgleichungen

$$P_x(y) = \frac{1}{x - x'}, \quad P'_{x'}(z) = \frac{1}{x' - x}, \quad P_x(y) = x^\alpha, \quad P'_{x'}(z) = x'^\beta$$

befriedigen, so ist

$$F(x, x') - F'(x', x) = \Sigma C_{\alpha\beta} F_\alpha(x) F'_\beta(x'),$$

wo die Summationsbuchstaben der endlichen Doppelsumme von Null an alle positiven Werthe durchlaufen, für welche

$$C_{\alpha\beta} = \frac{1}{2\pi i} \int P_\xi\left(\frac{1}{\xi^{\beta+1}}\right) \frac{d\xi}{\xi^{\alpha+1}} = \frac{1}{2\pi i} \int P'_\xi\left(\frac{1}{\xi^{\alpha+1}}\right) \frac{d\xi}{\xi^{\beta+1}}$$

einen nicht verschwindenden Werth hat.

Berlin, im Mai 1873.

8.

Anwendungen der Determinantentheorie auf die Geometrie des Maaßes

Journal für die reine und angewandte Mathematik 79, 185–247 (1875)

Im Jahre 1868 wurde ich durch eine von der philosophischen Facultät der Berliner Universität gestellte Preisfrage dazu veranlasst, mich mit den Anwendungen der Determinantentheorie auf die Geometrie des Maasses zu beschäftigen, und ich schrieb damals über diesen Gegenstand einige Abhandlungen, von deren Veröffentlichung ich bisher durch anderweitige Arbeiten abgehalten war. Inzwischen kam mir die Abhandlung des Herrn *Darboux*, Sur les relations entre les groupes de points, de cercles et de sphères dans le plan et dans l'espace, (Annales de l'Ecole Normale, 2e Série, Tome I, année 1872 pag. 323) zu Gesicht, gerade während ich dabei war, einen kurzen Abriss aus meinen Untersuchungen zusammenzustellen. In dieser fand ich einen grossen Theil der von mir behandelten metrischen Relationen und geometrischen Constructionen auf eine sehr elegante und originelle Weise entwickelt. Während indessen bei Herrn *Darboux* die geometrischen Constructionen mit den metrischen Relationen in keiner Verbindung stehen, ist es gerade einer der Hauptzwecke meiner Arbeit, zu zeigen, wie sich aus wenigen metrischen Beziehungen die Auflösungen complicirter geometrischer Aufgaben mit der grössten Leichtigkeit und Einfachheit ablesen lassen.

Theils aus diesem Grunde und theils wegen der Schwierigkeit, diejenigen meiner Resultate, welche in jener Abhandlung nicht enthalten sind, abgetrennt von den übrigen darzustellen, will ich meine Entwicklungen hier im Auszuge mittheilen.

Da die Relationen, welche in der Ebene bestehen, auf demselben Wege gefunden werden, wie die entsprechenden im Raume, so will ich auf sie nicht näher eingehen, dafür aber vor den räumlichen Gebilden die auf der Kugeloberfläche betrachten. Ich citire die dritte Auflage der Determinantentheorie des Herrn *Baltzer* mit B. und die Abhandlung des Herrn *Darboux* mit D.

I.
Relationen in Systemen von Kreisen, Punkten und Hauptkreisen auf der Kugel.

§. 1.

Ein Kreis auf einer Kugel vom Radius 1 hat zwei sphärische Mittelpunkte, die Gegenpunkte sind, und vier sphärische Radien, von denen sich je zwei demselben Centrum zugehörige zu 2π ergänzen. Sind Centrum und Radius eines Kreises gegeben, so verstehen wir unter seinem Innern denjenigen der beiden von ihm begrenzten Theile der Kugeloberfläche, auf dem sein Centrum liegt, oder den andern, jenachdem sein Radius kleiner oder grösser als π ist, und unter seinem positiven Drehungssinn den entgegengesetzten des Zeigers einer Uhr, welche im Innern des Kreises auf der Kugeloberfläche liegt. Sei F einer der beiden Schnittpunkte von zwei sich schneidenden Kreisen, und seien G und H die Punkte, welche auf den beiden Kreisen im positiven Sinne unmittelbar auf F folgen. Geht man dann dem festgesetzten Drehungssinne gemäss von der Tangente FG zur Tangente FH über, so beschreibt man den Winkel, den die beiden Kreise am Punkte F einschliessen. Nun lehrt die Anschauung, dass die Winkel, welche zwei Kreise an ihren beiden Schnittpunkten einschliessen, einander zu 2π ergänzen. Trotzdem können wir von *dem* Winkel zweier Kreise reden, so lange wir nur den Cosinus des Winkels in Betracht ziehen. Wenn andere Functionen des Winkels gebraucht werden, so wollen wir, falls die Centralaxe der beiden Kreise gegeben ist, einen ihrer beiden Schnittpunkte, z. B. den links von der Centralaxe liegenden, vor dem andern bevorzugen. Ist dieser F, und verbindet man ihn mit den Mittelpunkten A und B durch diejenigen Hauptbögen, welche gleich den Radien der beiden Kreise sind, so ist der Winkel AFB gleich dem von den beiden Kreisen gebildeten Winkel.

Wenn daher φ der Winkel zweier sich schneidenden Kreise mit den Radien r und s und a ihre Centralaxe ist, so ist

$$(1.)\qquad \sin r \sin s \cos\varphi = \cos a - \cos r \cos s.$$

Für den Fall nicht reeller Schnittpunkte oder nicht reeller Kreise wird der Winkel φ durch diese Gleichung bis auf das Vorzeichen definirt. Ist der zweite Kreis ein Hauptkreis, so ist $\sin r \cos\varphi = \cos a$, oder wenn p den Abstand des Centrums des Kreises r von dem Hauptkreise bezeichnet,

$$(2.)\qquad \cos\varphi = \frac{\sin p}{\sin r}.$$

Der Abstand eines Punktes von einem Hauptkreise ist positiv oder negativ zu nehmen, je nachdem der Punkt auf derselben Seite des Hauptkreises liegt, wie dessen Pol oder nicht. Ist der erste Kreis ein Punkt und der zweite ein Hauptkreis, so ist demnach

$$(3.)\quad \lim \sin r \cos\varphi = \sin p.$$

Ist der zweite Kreis ein Punkt, und τ die Länge der von ihm an den ersten gelegten sphärischen Tangente, so ist $\cos a = \cos r \cos\tau$ und daher

$$(4.)\quad \lim \sin s \cos\varphi = -2\cot r \sin^2\frac{\tau}{2}\cdot$$

Sind beide Kreise Punkte und τ ihr Abstand, so ist

$$(5.)\quad \lim \sin r \sin s \cos\varphi = -2\sin^2\frac{\tau}{2}\cdot$$

Die Relationen, welche in Systemen von Kreisen gelten, enthalten daher die, welche in Gruppen von Punkten, Kreisen und Hauptkreisen bestehen, als specielle Fälle unter sich.

Zum Coordinatendreieck wählen wir ein dreirechtwinkliges Dreieck, dessen erste, zweite und dritte Ecke dem positiven Drehungssinne gemäss auf einander folgen. Unter den Coordinaten eines Punktes verstehen wir die Cosinus seiner sphärischen Abstände von den Ecken des Coordinatendreiecks.

§. 2.

In einem Systeme von fünf Kreisen nenne ich $r_\varkappa$ den Radius des $\varkappa^{\text{ten}}$ Kreises und $x_\varkappa$, $y_\varkappa$, $z_\varkappa$ die Coordinaten seines Centrums. In einem zweiten Systeme bezeichne ich die analogen Grössen mit Strichen. Ist dann $c_{\varkappa\lambda}$ der Cosinus der Centralaxe des $\varkappa^{\text{ten}}$ Kreises im ersten und des λ^{ten} im zweiten System und $\varphi_{\varkappa\lambda}$ der Winkel, unter dem sich diese beiden Kreise schneiden, so ist

$$\sin r_\varkappa \sin r'_\lambda \cos\varphi_{\varkappa\lambda} = c_{\varkappa\lambda} - \cos r_\varkappa \cos r'_\varkappa = x_\varkappa x'_\lambda + y_\varkappa y'_\lambda + z_\varkappa z'_\lambda - \cos r_\varkappa \cos r'_\lambda.$$

Man bilde nun das Product der beiden identisch verschwindenden Determinanten

$$(0,\, x,\, y,\, z,\, \cos r)(0,\, x',\, y',\, z',\, -\cos r').$$

Diese Symbole bezeichnen Determinanten, deren Zeilen man erhält, indem man den in ihnen vorkommenden Grössen der Reihe nach die Indices 1, 2, ... 5 ertheilt. Alsdann erkennt man, dass

$$(6.)\quad \Sigma \pm \cos\varphi_{11} \ldots \cos\varphi_{55} = 0$$

ist, und dass auch in zwei Systemen von mehr als fünf Kreisen die analogen Determinanten verschwinden. Dieselbe Gleichung findet man, indem man in der Determinante

$$\begin{vmatrix} 1 & \cos r_1' & \dots & \cos r_5' \\ \cos r_1 & c_{11} & \dots & c_{15} \\ \cdot & \cdot & \dots & \cdot \\ \cos r_5 & c_{51} & \dots & c_{55} \end{vmatrix},$$

welche in Folge der bekannten Relation (B. §. 17, 3)

$$(7.)\qquad \Sigma \pm c_{11} \dots c_{44} = 0$$

verschwindet, die Elemente der ersten Zeile, mit $\cos r_\varkappa$ multiplicirt, von denen der $(\varkappa+1)^{\text{ten}}$ subtrahirt.

Haben die vier ersten Kreise des ersten Systems denselben Orthogonalkreis R, und nimmt man diesen zum letzten Kreise des zweiten Systems, so verschwinden in der Determinante (6.) die Elemente der letzten Colonne bis auf das letzte, und daher besteht zwischen den Winkeln, in denen vier Kreise mit gemeinsamem Potenzcentrum von vier beliebigen andern geschnitten werden, die Relation

$$(8.)\qquad \Sigma \pm \cos \varphi_{11} \dots \cos \varphi_{44} = 0.$$

Ist R' der Orthogonalkreis der drei ersten Kreise des zweiten Systems, und wird R' von R rechtwinklig geschnitten, so kann man R' zum vierten Kreise des ersten Systems wählen. Da dann in der Determinante (8.) die Elemente der letzten Zeile bis auf das letzte verschwinden, so besteht zwischen den Winkeln zweier Systeme von Kreisen, deren Orthogonalkreise sich rechtwinklig schneiden, die Relation

$$(9.)\qquad \Sigma \pm \cos \varphi_{11} \cos \varphi_{22} \cos \varphi_{33} = 0.$$

Die Bedingung, dass R mit R' einen rechten Winkel bildet, ist erfüllt, wenn die Kreise des zweiten Systems dieselbe Potenzlinie haben, weil dann unter ihren unzählig vielen Orthogonalkreisen stets einer ist, der R rechtwinklig schneidet, ferner wenn die Mittelpunkte der drei Kreise des zweiten Systems auf einem Hauptkreise liegen, der durch den Mittelpunkt von R geht, oder wenn sich die drei Kreise des zweiten Systems mit R in einem Punkte schneiden, oder wenn die sechs Kreise beider Systeme durch einen Punkt gehen. Ist das zweite System mit dem ersten identisch, so bleibt nur noch der letzte Fall möglich, und daher ist alsdann die Gleichung (9.) die Bedingung dafür, dass sich die drei Kreise in einem Punkte schneiden. Die gewonnenen Resultate lassen sich in dem Satze zusammenfassen:

Die Determinante, gebildet aus den Cosinus der Winkel, in denen n Kreise von n andern geschnitten werden, verschwindet, wenn $n > 4$ ist, unbedingt; wenn $n = 4$ ist, falls die vier Kreise des einen Systems dasselbe Potenzcentrum haben; wenn $n = 3$ ist, falls sich die Orthogonalkreise der beiden Systeme rechtwinklig schneiden.

Einen speciellen Fall der Formel (9.) will ich gleich hier erwähnen. Wenn die drei Kreise des ersten Systems dieselbe Potenzlinie haben, und r'_1 und r'_2 mit r_1 und r_2 zusammenfallen, r'_3 aber ein beliebiger Kreis ist, der die Kreise r_1, r_2, r_3 in den Winkeln φ_1, φ_2, φ_3 schneidet, so ist

$$\begin{vmatrix} 1 & \cos(r_1 r_2) & \cos\varphi_1 \\ \cos(r_2 r_1) & 1 & \cos\varphi_2 \\ \cos(r_3 r_1) & \cos(r_3 r_2) & \cos\varphi_3 \end{vmatrix} = 0,$$

wo $(r_1 r_2)$ den Winkel der Kreise r_1 und r_2 bezeichnet. In dieser Determinante ist der Coefficient von $\cos\varphi_1$

$$-(\cos(r_3 r_1) - \cos(r_3 r_2)\cos(r_2 r_1)) = \sin(r_3 r_2)\sin(r_2 r_1),$$

weil ganz allgemein $(r_3 r_1) = (r_3 r_2) + (r_2 r_1)$ ist. Lässt man den Factor $\sin(r_1 r_2)$ weg, so erhält man zwischen den Winkeln, in denen drei Kreise mit gemeinsamer Potenzlinie von einem beliebigen vierten geschnitten werden, die Beziehung

$$(10.) \qquad \sin(r_2 r_3)\cos\varphi_1 + \sin(r_3 r_1)\cos\varphi_2 + \sin(r_1 r_2)\cos\varphi_3 = 0.$$

Ist z. B. $\varphi_3 = \frac{\pi}{2}$, so ist

$$(11.) \qquad \frac{\sin(r_1 r_3)}{\cos\varphi_1} = \frac{\sin(r_2 r_3)}{\cos\varphi_2},$$

in Worten:

Die Sinus der Winkel, unter denen alle Kreise eines Büschels einen unter ihnen schneiden, verhalten sich wie die Cosinus der Winkel, unter denen sie einen Orthogonalkreis desselben schneiden.

Daraus folgt:

Die Kreise, welche mit einem bestimmten Kreise einen rechten Winkel bilden, schneiden die Kreise, welche durch zwei feste Punkte desselben gehen, unter Winkeln von proportionalen Cosinus.

Die Kreise, welche durch zwei feste Punkte eines bestimmten Kreises gehen, schneiden die Kreise, welche mit diesem Kreise einen rechten Winkel bilden, unter Winkeln von proportionalen Cosinus.

Auf die Umkehrungen dieser Sätze komme ich unten (§. 5) zurück. Hier möge noch folgende Bemerkung Platz finden. Sind A, B, C die Mittelpunkte der Kreise r_1, r_2, r_3, und ist F einer ihrer Schnittpunkte, so ist in den Dreiecken ACF und BCF

$$\frac{\sin(r_1 r_3)}{\sin(ACF)} = \frac{\sin(AC)}{\sin(AF)} \quad \text{und} \quad \frac{\sin(r_2 r_3)}{\sin(BCF)} = \frac{\sin(BC)}{\sin(BF)}.$$

Wenn aber die gemeinschaftliche Centralaxe der betrachteten Kreise stets in einerlei Sinn durchlaufen wird, so ist $ACF = BCF$. Folglich ist

$$\frac{\sin(r_1 r_3)}{\sin(r_2 r_3)} = \frac{\sin(AC)}{\sin(CB)} : \frac{\sin(AF)}{\sin(FB)},$$

und daher, wenn D der Aehnlichkeitspunkt der beiden Kreise r_1 und r_2 ist,

$$\frac{\sin(r_1 r_3)}{\sin(r_2 r_3)} = \frac{\sin(AC)}{\sin(CB)} : \frac{\sin(AD)}{\sin(DB)}$$

oder mit Anwendung der gewöhnlichen Bezeichnung des Doppelverhältnisses

$$(12.) \qquad \frac{\cos\varphi_1}{\cos\varphi_2} = (ABCD).$$

Wir haben also den Satz:

Das Potenzcentrum aller Kreise, welche zwei gegebene Kreise unter Winkeln schneiden, deren Cosinus in einem constanten Verhältniss stehen, theilt, verbunden mit dem Aehnlichkeitspunkt der beiden Kreise, ihre Centralaxe nach einem Doppelverhältniss, das jenem constanten Verhältnisse gleich ist.

Wir knüpfen noch einmal an die Formel (9.) an. Wenn zwischen den Winkeln, in denen drei gegebene Kreise von drei anderen Kreisen geschnitten werden, die Beziehung

$$(13.) \qquad \cos\varphi_{\varkappa 3} = k_1 \cos\varphi_{\varkappa 1} + k_2 \cos\varphi_{\varkappa 2}$$

besteht, in der k_1 und k_2 zwei von $\varkappa$ unabhängige Parameter sind, so ist $\Sigma \pm \cos\varphi_{11} \cos\varphi_{22} \cos\varphi_{33} = 0$, und daher bildet der Orthogonalkreis R der gegebenen Kreise mit dem Orthogonalkreise R' der Schnittkreise einen rechten Winkel. Lässt man also den dritten Schnittkreis r'_3 der Bedingung (13.) gemäss variiren, so bleibt der Kreis R' ungeändert, weil er durch die Bedingung, die beiden ersten Schnittkreise und den Kreis R rechtwinklig zu schneiden, vollständig bestimmt ist. Daraus ergiebt sich der Satz:

Alle Kreise, welche drei gegebene Kreise unter Winkeln schneiden, deren Cosinus dieselben drei linearen Functionen von den Cosinus der Winkel

sind, in denen die drei gegebenen Kreise von zwei bestimmten Kreisen geschnitten werden, haben mit dem Orthogonalkreise der gegebenen Kreise dasselbe Potenzcentrum.

§. 3.

Wir stellen uns jetzt die Aufgabe, zu ermitteln, welche Werthe die linken Seiten der im vorigen Paragraphen behandelten Gleichungen in dem Falle annehmen, dass die Bedingungen, unter denen sie verschwinden, nicht erfüllt sind.

Sind 1, 2 und 3 drei Punkte deren $\varkappa^{\text{ter}}$ die Coordinaten $x_\varkappa$, $y_\varkappa$, $z_\varkappa$ hat, so nenne ich nach *v. Staudts* Vorgange den Ausdruck

$$m = \sin(123) = \Sigma \pm x_1 y_2 z_3$$

den Sinus des sphärischen Dreiecks (123). Sind 1, 2, 3, 4 die Mittelpunkte von vier Kreisen, so setze ich

$$(14.) \quad m_1 = \sin(432), \quad m_2 = \sin(413), \quad m_3 = \sin(421), \quad m_4 = \sin(123),$$

wobei eine dem *Möbius*schen „Gesetz der Kanten" (B. §. 17, 2) analoge Regel befolgt ist. In einem zweiten System von vier Kreisen bezeichne ich die entsprechenden Grössen mit Strichen. Ferner setze ich

$$(15.) \quad r_{\varkappa\lambda} = \sin r_\varkappa \sin r'_\lambda \cos\varphi_{\varkappa\lambda} = c_{\varkappa\lambda} - \cos r_\varkappa \cos r'_\lambda .$$

Alsdann gelangt man durch Multiplication der beiden Determinanten

$$(x, y, z, \cos r) = -(m_1 \cos r_1 + \cdots + m_4 \cos r_4)$$

und

$$(x', y', z', -\cos r') = (m'_1 \cos r'_1 + \cdots + m'_4 \cos r'_4)$$

zu der Gleichung

$$(16.) \quad \Sigma \pm r_{11} \ldots r_{44} = -(m_1 \cos r_1 + \cdots + m_4 \cos r_4)(m'_1 \cos r'_1 + \cdots + m'_4 \cos r'_4).$$

Dieselbe Formel findet man, indem man die Determinante $\Sigma \pm r_{11} \ldots r_{44}$ auf die Form

$$\begin{vmatrix} 1 & \cos r'_1 & \ldots & \cos r'_4 \\ \cos r_1 & c_{11} & \ldots & c_{14} \\ \cdot & \cdot & \cdots & \cdot \\ \cos r_4 & c_{41} & \ldots & c_{44} \end{vmatrix}$$

bringt und dann nach den in der ersten Zeile und Colonne stehenden Elementen entwickelt (B. §. 3, 16 u. §. 16, 2 u. 3).

Aus der Gleichung (16.) ergiebt sich wieder für zwei Systeme von fünf Kreisen die Relation

$$(6.)\qquad \Sigma \pm r_{11} \ldots r_{55} = 0.$$

Denn diese Determinante fünften Grades ist (B. §. 6, 1) die vierte Wurzel aus der Determinante des adjungirten Systems. In letzterer sind aber zufolge der Gleichung (16.) die Elemente von je zwei parallelen Reihen proportional, und daher verschwindet sie identisch.

Um aus der Formel (16.) weitere Folgerungen ziehen zu können, müssen wir den Ausdruck

$$m_1 \cos r_1 + \cdots + m_4 \cos r_4$$

genauer untersuchen. Wenn die Punkte 1, 2 und 3 auf einem Hauptkreise liegen, so ist $m_4 = 0$. Diesem Hauptkreise ertheilen wir diejenige Richtung, in welcher man sich vom Punkte 1 nach dem Punkte 2 bewegen muss, wenn man den Punkt 3 nicht passiren will. Durch diese Festsetzung ist das Zeichen des Abstandes h des Punktes 4 von dem Hauptkreise bestimmt. Die drei Abschnitte, in welche der Hauptkreis durch die Punkte 1, 2 und 3 getheilt wird, und deren Summe 2π beträgt, nennen wir

$$a_1 = (23), \quad a_2 = (31), \quad a_3 = (12).$$

Alsdann ist

$$m_x = \sin a_x \sin h \qquad (x = 1,\ 2,\ 3)$$

und daher

$$m_1 \cos r_1 + \cdots + m_4 \cos r_4 = \sin h (\sin a_1 \cos r_1 + \cdots + \sin a_3 \cos r_3).$$

Wenn die Punkte 1, 2 und 3 nicht auf einem Hauptkreise liegen, so benutzen wir zur Umformung des betrachteten Ausdrucks die bekannte Relation (B. §. 17, 3)

$$(17.)\qquad c_1 m_1 + \cdots + c_4 m_4 = 0,$$

in welcher $c_1, \ldots c_4$ die Cosinus der Abstände eines beliebigen Punktes von den Punkten 1, ... 4 bedeuten. Sind $\tau_1, \ldots \tau_4$ die von diesem Punkte an die Kreise gezogenen Tangenten, so ist

$$c_x = \cos r_x \cos \tau_x$$

und folglich

$$(18.)\qquad m_1 \cos r_1 \cos \tau_1 + \cdots + m_4 \cos r_4 \cos \tau_4 = 0.$$

Ist der willkürliche Punkt das Centrum des Orthogonalkreises der drei ersten Kreise, dessen Radius wir mit R_4 bezeichnen, so ist $\tau_1 = \tau_2 = \tau_3 = R_4$ und daher mit Weglassung des Index 4

$$(19.)\qquad m_1 \cos r_1 + \cdots + m_4 \cos r_4 = -m \sin r \operatorname{tang} R \cos (rR),$$

wo (rR) den Winkel der beiden Kreise r und R bezeichnet. Wenn sich R dem Werthe $\frac{1}{2}\pi$ nähert, so wird gleichzeitig $\operatorname{tang} R = \infty$ und $m = 0$. Die Grenze des eben betrachteten Ausdrucks ist dann, wie oben gezeigt,

$$\sin h(\sin a_1 \cos r_1 + \cdots + \sin a_3 \cos r_3).$$

Lassen wir die beiden Kreise r und R zusammenfallen, so ist daher

$$(20.)\qquad \lim m \operatorname{tang} R \;=\; -(\sin a_1 \cos r_1 + \cdots + \sin a_3 \cos r_3).$$

Wenn von den vier Mittelpunkten keine drei auf einem Hauptkreise liegen, so ergiebt sich aus der Gleichung (19.), dass der Ausdruck

$$(21.)\qquad m_\varkappa \sin r_\varkappa \operatorname{tang} R_\varkappa \cos(r_\varkappa R_\varkappa)$$

denselben Werth hat, wenn man $\varkappa = 1, 2, 3$, oder 4 setzt. Da die Beziehung eines Systems von vier Kreisen zu dem Systeme ihrer vier Orthogonalkreise eine reciproke ist, so ist, wenn $M_\varkappa$ in dem Systeme der Orthogonalkreise dieselbe Bedeutung hat, wie $m_\varkappa$ in dem Systeme der gegebenen Kreise, auch

$$(22.)\qquad M_\varkappa \sin R_\varkappa \operatorname{tang} r_\varkappa \cos(r_\varkappa R_\varkappa)$$

und daher auch

$$(23.)\qquad \frac{m_\varkappa \cos r_\varkappa}{M_\varkappa \cos R_\varkappa}$$

eine constante Grösse. In Folge davon ergeben sich aus der Gleichung (18.) die Relationen

$$(24.)\qquad \Sigma \frac{\cos \tau_\varkappa}{\operatorname{tang} r_\varkappa \operatorname{tang} R_\varkappa \cos(r_\varkappa R_\varkappa)} = 0 \quad \text{und} \quad \Sigma M_\varkappa \cos R_\varkappa \cos \tau_\varkappa = 0,$$

und wenn $T_1, \ldots T_4$ die von dem willkürlichen Punkte an die Kreise $R_1, \ldots R_4$ gezogenen Tangenten sind,

$$(25.)\qquad \Sigma \frac{\cos T_\varkappa}{\operatorname{tang} r_\varkappa \operatorname{tang} R_\varkappa \cos(r_\varkappa R_\varkappa)} = 0 \quad \text{und} \quad \Sigma m_\varkappa \cos r_\varkappa \cos T_\varkappa = 0.$$

Mit Hülfe der Formel (19.) kann man die Gleichung (16.) auf die Form

$$(26.)\qquad \Sigma \pm r_{11} \ldots r_{44} \;=\; -m \sin r \operatorname{tang} R \cos(rR)\, m' \sin r' \operatorname{tang} R' \cos(r'R')$$

bringen. Haben die vier Kreise des ersten Systems denselben Orthogonalkreis, so ist auch $\cos(rR) = 0$, und daher

$$(27.)\qquad \Sigma \pm r_{11} \ldots r_{44} \;=\; 0$$

oder

$$(28.)\qquad m_1 \cos r_1 + \cdots + m_4 \cos r_4 \;=\; 0,$$

wie sich aus (18.) unmittelbar ergiebt, indem man den willkürlichen Punkt mit dem Centrum des Orthogonalkreises zusammenfallen lässt. Aus der Formel (16.) geht noch hervor, dass die Gleichung (27.) stets erfüllt ist, wenn die vier Kreise des einen Systems Hauptkreise sind.

Die Relation (26.) kann noch eleganter geschrieben werden. Wenn drei Kreise r_1, r_2, r_3 von einem Kreise $r(=r'_4)$ in den Winkeln φ_1, φ_2, φ_3 und drei andere Kreise r'_1, r'_2, r'_3 von einem Kreise $r'(=r_4)$ in den Winkeln φ'_1, φ'_2, φ'_3 geschnitten werden, so ist

$$(29.)\quad \begin{vmatrix} \cos(rr') & \sin r'_1\cos\varphi'_1 & \ldots & \sin r'_3\cos\varphi'_3 \\ \sin r_1\cos\varphi_1 & r_{11} & \ldots & r_{13} \\ \cdot & \cdot & \ldots & \cdot \\ \sin r_3\cos\varphi_3 & r_{31} & \ldots & r_{33} \end{vmatrix} = -m\operatorname{tg}R\; m'\operatorname{tg}R'\cos(rR')\cos(r'R).$$

Sind die Kreise r und r' insbesondere die Orthogonalkreise der beiden betrachteten Systeme von drei Kreisen, so ist

$$(30.)\quad \Sigma\pm r_{11}r_{22}r_{33} = -m\operatorname{tang}R\; m'\operatorname{tang}R'\cos(RR'),$$

oder wenn A die Centralaxe der beiden Orthogonalkreise ist,

$$(31.)\quad \Sigma\pm r_{11}r_{22}r_{33} = mm'\Big(1-\frac{\cos A}{\cos R\cos R'}\Big).$$

Durch Division der Formeln (30.) und (29.) ergiebt sich die Gleichung

$$(32.)\quad \frac{\Sigma\pm\cos\varphi_{11}\cos\varphi_{22}\cos\varphi_{33}}{\Sigma\pm\cos\varphi_{11}\ldots\cos\varphi_{44}} = \frac{\cos(RR')}{\cos(r_4R)\cos(r'_4R')}.$$

Sind $R_1, \ldots R_4$ und $R'_1, \ldots R'_4$ die Orthogonalkreise von zwei Systemen von vier Kreisen, und ist $R_{\varkappa\lambda} = \sin R_\varkappa \sin R'_\lambda\cos(R_\varkappa R'_\lambda)$, so zeigt die Gleichung (30.), dass die Determinante $\Sigma\pm R_{11}\ldots R_{44}$ bis auf einen leicht heraustretenden Factor gleich der zu $\Sigma\pm r_{11}\ldots r_{44}$ adjungirten Determinante ist. Indessen mag es hier genügen, auf die Relationen, die sich aus dieser Bemerkung ergeben, hingewiesen zu haben.

Werden vier Kreise mit gemeinsamem Orthogonalkreise R von vier beliebigen anderen geschnitten, so ist nach Gleichung (27.)

$$\begin{vmatrix} r_{11} & \ldots & r_{13} & \sin r_1\cos\varphi_1 \\ \cdot & \ldots & \cdot & \cdot \\ r_{41} & \ldots & r_{43} & \sin r_4\cos\varphi_4 \end{vmatrix} = 0,$$

wo $\varphi_\varkappa$ für $\varphi_{\varkappa 4}$ geschrieben ist. Mit Hülfe der Formel (30.) kann man diese Gleichung nach den in der letzten Colonne stehenden Elementen entwickeln und erhält nach Unterdrückung des Factors $m'\operatorname{tang}R'\cos(RR')$ zwischen den Winkeln, in denen vier Kreise mit demselben Potenzcentrum von einem beliebigen anderen geschnitten werden, die Relation

$$(33.)\quad m_1 \sin r_1 \cos\varphi_1 + \cdots + m_4 \sin r_4 \cos\varphi_4 = 0.$$

Wendet man diese auf vier beliebige Schnittkreise an, so erhält man vier lineare Gleichungen, aus denen wieder die Formel (27.) resultirt. Die Gleichung (33.) besteht auch zwischen den Winkeln, in denen vier beliebige Kreise von einem Hauptkreise geschnitten werden.

§. 4.

Wir wenden uns jetzt zu den Formeln, welche aus den bisher entwickelten durch Polarisation gefunden werden. Wenn der Cosinus des Winkels, unter dem sich zwei Kreise schneiden, gleich Eins ist, so sagen wir, dass sich die beiden Kreise berühren. Demnach hat jede Tangente eines Kreises eine bestimmte Richtung, und folglich haben zwei Kreise nur zwei gemeinschaftliche Tangenten. Um die Länge von einer derselben zu bestimmen, muss man sie von ihrem Berührungspunkte mit dem ersten Kreise in positiver Richtung bis zu ihrem Berührungspunkte mit dem zweiten Kreise durchlaufen. Ist daher τ die Länge der einen gemeinschaftlichen Tangente, so ist die Länge der anderen $2\pi-\tau$. Mithin ist der Cosinus der gemeinschaftlichen Tangente eine eindeutig definirte Function.

Ist a die Centralaxe der beiden Kreise r und s, so ist

$$(34.)\quad \cos r \cos s \cos\tau = \cos a - \sin r \sin s.$$

Ist der Kreis s ein Hauptkreis, p der Abstand des Mittelpunktes des Kreises r von demselben und φ der Winkel (rs), so ist

$$(35.)\quad \lim \cos s \cos\tau = -2 \tang r \cos^2 \tfrac{1}{2}\varphi.$$

Sind r und s beide Hauptkreise, so ist

$$(36.)\quad \lim \cos r \cos s \cos\tau = -2\cos^2 \tfrac{1}{2}\varphi.$$

Ist in zwei Systemen von fünf (oder mehr) Kreisen $\tau_{\varkappa\lambda}$ die gemeinsame Tangente der Kreise $r_\varkappa$ und r'_λ, so ist

$$(37.)\quad \Sigma \pm \cos\tau_{11} \ldots \cos\tau_{55} = 0.$$

Unter der Aehnlichkeitsaxe dreier Kreise verstehen wir den Hauptkreis, welcher sie unter gleichen Winkeln schneidet. Daher ist die Aehnlichkeitsaxe die Polare des Potenzcentrums der drei Polarkreise, d. h. des Punktes, von welchem aus die Tangenten an die drei Polarkreise gleich lang sind. Der Polarkreis des Orthogonalkreises dreier Kreise ist ein Kreis, dessen gemeinsame Tangenten mit den drei Polarkreisen Quadranten sind, und den wir daher ihren *Quadrantenkreis* nennen wollen. Da das Potenzcentrum der Mittelpunkt des Orthogonalkreises ist, so gelten die Sätze:

Das Centrum des Quadrantenkreises dreier Kreise ist der Pol ihrer Aehnlichkeitsaxe, und sein Radius ist das Complement des Winkels, unter dem die Aehnlichkeitsaxe die drei Kreise schneidet.

Der Quadrantenkreis dreier Kreise ist derjenige Parallelkreis ihrer Aehnlichkeitsaxe, dessen Breite gleich dem Winkel ist, unter dem die Aehnlichkeitsaxe die drei Kreise schneidet.

Die Hauptkreise, welche mit drei gegebenen Kreisen die Aehnlichkeitsaxe gemeinsam haben, umhüllen ihren Quadrantenkreis.

Wenn nun in Gleichung (37.) die vier ersten Kreise des ersten Systems dieselbe Aehnlichkeitsaxe haben, so haben sie auch denselben Quadrantenkreis. Nimmt man diesen zum fünften Kreise des zweiten Systems, so erhält man zwischen den gemeinsamen Tangenten von vier Kreisen mit derselben Aehnlichkeitsaxe und vier beliebigen andern Kreisen die Relation

$$(38.)\qquad \Sigma \pm \cos\tau_{11} \ldots \cos\tau_{44} = 0.$$

Endlich sagt die Gleichung

$$(39.)\qquad \Sigma \pm \cos\tau_{11} \cos\tau_{22} \cos\tau_{33} = 0$$

aus, dass der Quadrantenkreis der Kreise des einen Systems mit den Kreisen des andern Systems dieselbe Aehnlichkeitsaxe hat. Diese Bedingung ist stets erfüllt, wenn die Kreise des einen Systems denselben Aehnlichkeitspunkt haben, also dieselben beiden Hauptkreise berühren. Zwischen den Tangenten, welche ein beliebiger Kreis mit drei Kreisen gemeinsam hat, die denselben Aehnlichkeitspunkt haben, ergiebt sich daraus die Relation

$$(40.)\qquad \sin\tau_{23}\cos\tau_1 + \sin\tau_{31}\cos\tau_2 + \sin\tau_{12}\cos\tau_3 = 0.$$

Ist $\tau_3 = \frac{1}{2}\pi$, so ist folglich

$$(41.)\qquad \frac{\cos\tau_1}{\cos\tau_2} = \frac{\sin\tau_{13}}{\sin\tau_{23}}.$$

Um diese Gleichung einfacher deuten zu können, construiren wir die Polare des Centrums von r_3, die wir auch den Aequatorialkreis von r_3 nennen. Diese ist die Aehnlichkeitsaxe des Schnittkreises und der beiden Hauptkreise, welche die gemeinsamen Tangenten der Kreise r_1, r_2, r_3 bilden. Wenn einer dieser beiden Hauptkreise jene Aehnlichkeitsaxe in O schneidet und die beiden Kreise r_1 und r_2 in O_1 und O_2 berührt, so ist $OO_1 = \frac{1}{2}\pi \pm \tau_{13}$

und $OO_2 = \frac{1}{2}\pi \pm \tau_{23}$ und daher

$$(42.)\quad \frac{\cos\tau_1}{\cos\tau_2} = \frac{\cos(OO_1)}{\cos(OO_2)},$$

in Worten:

Wenn ein Kreis mit zwei Hauptkreisen dieselbe Aehnlichkeitsaxe hat, so verhalten sich die Cosinus der Tangenten, die er mit allen die beiden Hauptkreise berührenden Kreisen gemeinsam hat, wie die Cosinus der Abstände der Berührungspunkte mit einem der beiden Hauptkreise von dessen Schnittpunkte mit jener Aehnlichkeitsaxe.

Daraus ergeben sich die Sätze:

Die Kreise, welche einen bestimmten Hauptkreis zur Aehnlichkeitsaxe haben, haben mit den Kreisen, welche zwei unter jenen Kreisen enthaltene Hauptkreise berühren, Tangenten von proportionalen Cosinus gemeinsam.

Die Kreise, welche zwei feste Hauptkreise berühren, haben mit den Kreisen, welche mit jenen Hauptkreisen dieselbe Aehnlichkeitsaxe haben, Tangenten von proportionalen Cosinus gemeinsam.

Die Aehnlichkeitsaxe aller Kreise, welche mit zwei gegebenen Kreisen Tangenten gemeinsam haben, deren Cosinus in einem constanten Verhältniss stehen, theilt, verbunden mit der Potenzlinie der beiden Kreise, den Winkel ihrer Aequatorialkreise nach einem Doppelverhältniss, das jenem constanten Verhältnisse gleich ist.

Endlich ergiebt sich der Satz:

Alle Kreise, welche mit drei gegebenen Kreisen Tangenten gemeinsam haben, deren Cosinus dieselben drei linearen Functionen von den Cosinus der Tangenten sind, welche die drei gegebenen Kreise mit zwei bestimmten Kreisen gemeinsam haben, besitzen zusammen mit der Aehnlichkeitsaxe der gegebenen Kreise dieselbe Aehnlichkeitsaxe.

Ist $c_{\varkappa\lambda}$ der Cosinus der Centralaxe der Kreise $r_\varkappa$ und r'_λ, und

$$(43.)\quad t_{\varkappa\lambda} = \cos r_\varkappa \cos r'_\lambda \cos\tau_{\varkappa\lambda} = c_{\varkappa\lambda} - \sin r_\varkappa \sin r'_\lambda,$$

so ist

$$(44.)\quad \Sigma \pm t_{11}\dots t_{44} = -(m_1 \sin r_1 + \dots + m_4 \sin r_4)(m'_1 \sin r'_1 + \dots + m'_4 \sin r'_4).$$

Sind $p_1, \dots p_4$ die Abstände der Mittelpunkte der Kreise des ersten Systems von einem beliebigen Hauptkreise, so ist

$$(45.)\quad m_1 \sin p_1 + \dots + m_4 \sin p_4 = 0.$$

Schneidet dieser Hauptkreis den Kreis $r_\varkappa$ unter dem Winkel $\varphi_\varkappa$, so ist

$$\sin p_\varkappa = \cos\varphi_\varkappa \sin r_\varkappa$$

und daher

$$(46.) \quad m_1 \sin r_1 \cos\varphi_1 + \cdots + m_4 \sin r_4 \cos\varphi_4 = 0.$$

Sei T die Aehnlichkeitsaxe der Kreise r_1, r_2, r_3 und zugleich die Grösse des Winkels, unter dem dieselbe die drei Kreise schneidet. Indem man dann den willkürlichen Hauptkreis mit T zusammenfallen lässt, erhält man mit Weglassung des Index 4

$$(47.) \quad m \sin r_1 + \cdots + m_4 \sin r_4 = m \sin r\left(1 - \frac{\cos(rT)}{\cos T}\right),$$

wo (rT) den Winkel der Kreise r und T bezeichnet. Daher ist

$$(48.) \quad \Sigma \pm t_{11} \dots t_{44} = 0$$

sowohl, wie Formel (44.) zeigt, wenn die Kreise des einen Systems Punkte sind, als auch, wie aus Formel (47.) hervorgeht, wenn die Kreise des einen Systems dieselbe Aehnlichkeitsaxe haben. Nach (47.) haben endlich vier Kreise dieselbe Aehnlichkeitsaxe unter der Bedingung

$$(48^*.) \quad m_1 \sin r_1 + \cdots + m_4 \sin r_4 = 0.$$

Sind τ_1, τ_2, τ_3 die gemeinsamen Tangenten eines Kreises r mit den Kreisen r_1, r_2, r_3 und τ_1', τ_2', τ_3' die eines Kreises r' mit den Kreisen r_1', r_2', r_3', und ist τ die gemeinsame Tangente der Kreise r und r', so ist

$$(49.) \quad \left\{ \begin{aligned} &\begin{vmatrix} \cos\tau & \cos r_1' \cos\tau_1' & \dots & \cos r_3' \cos\tau_3' \\ \cos r_1 \cos\tau_1 & t_{11} & \dots & t_{13} \\ \cdot & \cdot & \dots & \cdot \\ \cos r_3 \cos\tau_3 & t_{31} & \dots & t_{33} \end{vmatrix} \\ &= -m \operatorname{tang} r \, m' \operatorname{tang} r' \left(1 - \frac{\cos(r'T)}{\cos T}\right)\left(1 - \frac{\cos(rT')}{\cos T'}\right). \end{aligned} \right.$$

Sind in dieser Formel r und r' die Quadrantenkreise der Kreise der beiden Systeme, C ihre Centralaxe, also der Winkel der beiden Aehnlichkeitsaxen, so ist

$$\cos r \cos r' \cos\tau = \cos C - \sin r \sin r'$$

oder

$$\sin T \sin T' \cos\tau = \cos C - \cos T \cos T'.$$

Da ferner der Abstand des Centrums von r' von dem Hauptkreise T gleich $\frac{1}{2}\pi - C$ ist, so ist

$$\cos(r'T) = \frac{\cos C}{\sin r'} = \frac{\cos C}{\cos T'}.$$

Setzt man diese Werthe ein, so erhält man

$$(50.) \quad \Sigma \pm t_{11} t_{22} t_{33} = -m m' \left(1 - \frac{\cos C}{\cos T \cos T'}\right).$$

Liegen die Mittelpunkte der drei Kreise des ersten Systems auf einem Hauptkreise, so ist die rechte Seite dieser Formel mit Hülfe der Grenzgleichung

$$(51.)\quad \lim m \operatorname{tang} T = \sin a_1 \sin r_1 + \sin a_2 \sin r_2 + \sin a_3 \sin r_3$$

umzuformen.

Zwischen den gemeinsamen Tangenten von vier Kreisen mit derselben Aehnlichkeitsaxe und einem beliebigen anderen Kreise ergiebt sich aus Formel (48.) die Relation

$$(52.)\quad m_1 \cos r_1 \cos \tau_1 + \cdots + m_4 \cos r_4 \cos \tau_4 = 0.$$

Dieselbe Gleichung besteht zwischen den von einem Punkte an vier beliebige Kreise gezogenen Tangenten.

§. 5.

Um von der Fruchtbarkeit dieser Untersuchungen eine Vorstellung zu geben, wollen wir zeigen, dass die Formel (30.) vollständig zur Lösung des Problems ausreicht, einen Kreis zu construiren, der drei gegebene Kreise unter gegebenen Winkeln schneidet.

Gegeben seien die Kreise r_1, r_2, r_3, die sich nicht in einem Punkte schneiden. Zwei Kreise $r = r'_1$ und $s = r'_2$ mögen den Kreis $r_\varkappa$ in den Winkeln $\varphi_\varkappa = \varphi_{\varkappa 1}$ und $\psi_\varkappa = \varphi_{\varkappa 2}$ schneiden. Ferner sei r'_3 ein Kreis, der nicht durch einen Schnittpunkt der Kreise r und s hindurchgeht, sonst aber ganz willkürlich liegt. Schneidet r'_3 den Kreis $r_\varkappa$ unter dem Winkel $\varphi_{\varkappa 3}$, so ist

$$(30.)\quad \Sigma \pm r_{11} r_{22} r_{33} = -m \operatorname{tang} R\, m' \operatorname{tang} R' \cos(RR').$$

Ist also $\cos(RR') = 0$, so verschwindet auch $\Sigma \pm r_{11} r_{22} r_{33}$, und daher müssen in dieser Determinante, falls der Kreis r'_3 keiner weiteren Beschränkung unterworfen werden soll, die Elemente der beiden ersten Colonnen proportional sein. Es muss also

$$(53.)\quad \frac{\cos\varphi_1}{\cos\psi_1} = \frac{\cos\varphi_2}{\cos\psi_2} = \frac{\cos\varphi_3}{\cos\psi_3} = k$$

sein, wo k ein von dem Werthe des Index unabhängiger Parameter ist. Umgekehrt folgt aus diesen Gleichungen, dass die Determinante und mithin auch $\cos(RR')$ verschwindet, da in Folge der gemachten Annahmen sowohl $m \operatorname{tang} R$, als auch $m' \operatorname{tang} R'$ von Null verschieden ist. Wegen der Willkürlichkeit des Kreises r'_3 besagt die Gleichung $\cos(RR') = 0$, dass jeder

Kreis R', welcher r und s orthogonal schneidet, auch mit R einen rechten Winkel bildet, oder dass die Kreise r, s und R dieselbe Potenzlinie haben. Hält man die Kreise r_1, r_2, r_3 und s fest, lässt aber r alle Kreise durchlaufen, welche der Bedingung (53.) genügen, so geht r stets durch die Schnittpunkte von R und s. Hält man aber r, s und r_1 fest, und lässt r_2 und r_3 unter der Beschränkung (53.) variiren, so bleibt R fest, weil dieser Kreis durch die Bedingungen, durch die Schnittpunkte von r und s zu gehen und r_1 orthogonal zu schneiden, völlig bestimmt ist. Wir haben also die Sätze:

Alle Kreise, welche drei gegebene Kreise unter Winkeln von proportionalen Cosinus schneiden, gehen durch zwei feste Punkte ihres Orthogonalkreises.

Alle Kreise, welche zwei gegebene Kreise unter Winkeln von proportionalen Cosinus schneiden, schneiden einen bestimmten durch deren Schnittpunkte gehenden Kreis rechtwinklig.

Die Umkehrungen dieser Sätze sind schon am Ende des §. 2 erwähnt. Auch ist daselbst gezeigt, dass

$$(54.) \qquad k = \frac{\sin(rR)}{\sin(sR)} = (ABCD)$$

ist, wenn A, B und C die Mittelpunkte der Kreise r, s und R sind und D der Aehnlichkeitspunkt der Kreise r und s ist.

Um über die Lage der beiden im ersten Satze vorkommenden festen Punkte des Kreises R genaueren Aufschluss zu erhalten, suchen wir die Potenzlinie des Büschels der Kreise zu bestimmen, welche die drei gegebenen Kreise unter Winkeln von proportionalen Cosinus schneiden. Dieselbe ist derjenige Kreis des Büschels, der ein Hauptkreis ist. Wählen wir diesen Kreis für s, und nennen p_1, p_2, p_3 die Abstände der Mittelpunkte der Kreise r_1, r_2, r_3 von s, so ist

$$\cos\psi_x = \frac{\sin p_x}{\sin r_x}$$

und daher

$$k = \frac{\sin r_x \cos\varphi_x}{\sin p_x}.$$

Wir construiren drei mit den Kreisen r_x concentrische Kreise, deren Radien r'_x durch die Gleichung

$$(55.) \qquad \sin r'_x = \sin r_x \cos\varphi_x$$

bestimmt sind. Dieselben werden, wie leicht zu sehen, von den Sehnen umhüllt, welche die Kreise $r_\varkappa$ bezüglich unter den Winkeln $\varphi_\varkappa$ schneiden. Alsdann ist

$$\frac{\sin p_\varkappa}{\sin r'_\varkappa} = \frac{1}{k},$$

der Hauptkreis s schneidet also die drei Hülfskreise r'_1, r'_2, r'_3 unter gleichen Winkeln und ist daher ihre Aehnlichkeitsaxe. Aus dieser Betrachtung ergiebt sich der Satz:

Variiren drei Winkel so, dass sich die Verhältnisse ihrer Cosinus nicht ändern, so umhüllen die Sehnen, welche drei gegebene Kreise bezüglich unter diesen drei Winkeln schneiden, drei veränderliche Kreise mit fester Aehnlichkeitsaxe; und alle Kreise, welche die drei gegebenen Kreise unter diesen drei Winkeln schneiden, gehen durch die Schnittpunkte ihres Orthogonalkreises mit jener Aehnlichkeitsaxe.

Ist F ein Schnittpunkt der Kreise r und $r_\varkappa$, die den Winkel $\varphi_\varkappa$ bilden, so schneidet die in F an r gelegte Tangente den Kreis $r_\varkappa$ unter dem Winkel $\varphi_\varkappa$, ist also auch eine Tangente des Kreises $r'_\varkappa$. Ist daher $2\tau_\varkappa$ die Länge der Sehne, welche den Kreis $r_\varkappa$ unter dem Winkel $\varphi_\varkappa$ schneidet, so sind τ_1, τ_2, τ_3 die Tangenten, welche der Kreis r mit den Kreisen r'_1, r'_2, r'_3 gemeinsam hat. Da folglich das eben behandelte Problem von der polaren Aufgabe nicht wesentlich verschieden ist, und wir durch deren Lösung über die Lage des Kreises r neue Aufschlüsse erhalten müssen, so wollen wir die zu den gewonnenen Resultaten polaren Sätze kurz durchgehen.

Alle Kreise, welche mit drei gegebenen Kreisen Tangenten von proportionalen Cosinus gemeinsam haben, berühren zwei feste Hauptkreise, welche mit den drei gegebenen Kreisen dieselbe Aehnlichkeitsaxe haben.

Alle Kreise, welche mit zwei gegebenen Kreisen Tangenten von proportionalen Cosinus gemeinsam haben, werden von einem bestimmten zu deren Centralaxe normalen Hauptkreise unter denselben Winkeln geschnitten wie die gemeinsamen Tangenten der beiden Kreise.

Variiren drei Bogen so, dass sich die Verhältnisse ihrer Cosinus nicht ändern, so beschreiben die Punkte, welche auf den Tangenten dreier gegebenen Kreise bezüglich um diese Bogen von den Berührungspunkten entfernt liegen, drei veränderliche Kreise mit festem Potenzcentrum; und alle Kreise, welche mit den drei gegebenen Kreisen Tangenten von der Länge dieser Bogen gemeinsam haben, berühren die beiden durch jenes Potenzcentrum gehenden

Hauptkreise, welche mit den drei gegebenen Kreisen dieselbe Aehnlichkeitsaxe haben.

Nunmehr ist die Aufgabe, einen Kreis zu construiren, welcher drei gegebene Kreise r_1, r_2, r_3 unter den Winkeln φ_1, φ_2, φ_3 schneidet (oder mit drei gegebenen Kreisen r'_1, r'_2, r'_3 die Tangenten τ_1, τ_2, τ_3 gemeinsam hat), vollständig gelöst. Man construire drei Hülfskreise r'_1, r'_2, r'_3, die Enveloppen der Sehnen, welche die drei gegebenen Kreise bezüglich unter den Winkeln φ_1, φ_2, φ_3 schneiden. (Man construire drei Hülfskreise r_1, r_2, r_3, die Orte der Punkte, welche auf den Tangenten der drei gegebenen Kreise bezüglich um die Bogen τ_1, τ_2, τ_3 von den Berührungspunkten entfernt liegen.) Sei R der Orthogonalkreis der Kreise r_1, r_2, r_3, T' die Aehnlichkeitsaxe der Kreise r'_1, r'_2, r'_3 und zugleich die Grösse des Winkels, unter dem sie diese Kreise schneidet, und seien F und G die Schnittpunkte des Orthogonalkreises mit der Aehnlichkeitsaxe. Durch das Centrum von R ziehe man die beiden Hauptkreise f und g, welche mit der Aehnlichkeitsaxe den Winkel T' bilden. Alsdann sind die beiden Kreise r und r', welche durch F und G gehen und f und g berühren, die verlangten Kreise. Die beiden mit ihnen concentrischen Kreise, deren Radien r und $2\pi - r'$ sind, nennen wir ***conjugirte Schnittkreise.***

Aus den entwickelten Sätzen ergeben sich noch zwei andere, weniger symmetrische Constructionen.

Man lege durch F und G einen beliebigen Kreis s, welcher die Kreise R, r_1, r_2, r_3 in den Winkeln ψ, ψ_1, ψ_2, ψ_3 schneide, construire einen Winkel φ gemäss der Proportion

$$(56.) \qquad \frac{\sin\varphi}{\sin\psi} = \frac{\cos\varphi_x}{\cos\psi_x},$$

so ist der durch F und G gehende Kreis, welcher mit R den Winkel φ einschliesst, der verlangte.

Oder:

Man construire irgend einen Kreis, welcher f und g berührt. Dieser habe mit den Kreisen r'_1, r'_2, r'_3 die Tangenten σ_1, σ_2, σ_3 gemeinsam, und sein Berührungspunkt Q mit f sei von dem Punkte O, in dem sich f und T' schneiden, um $OQ = \sigma$ entfernt. Construirt man dann den Bogen τ gemäss der Proportion

$$(57.) \qquad \frac{\cos\tau}{\cos\sigma} = \frac{\cos\tau_x}{\cos\sigma_x},$$

so ist unter den Kreisen, die f und g berühren, derjenige der verlangte, welcher f in dem Punkte P berührt, dessen Entfernung von O, $OP=\tau$ ist.

Wir betrachten noch einige besonders interessante Fälle, in denen die Proportion (53.) erfüllt ist. Wie schon erwähnt, nennen wir zwei Kreise r und s, welche drei gegebene Kreise unter supplementären Winkeln schneiden, conjugirte Schnittkreise. Für solche ist $\cos\varphi_x=-\cos\psi_x$ und daher $\sin(rR)=\sin(Rs)$. Wäre $(rR)=\pi-(Rs)$, also $(rs)=\pi$, so würden die Kreise r und s, da sie durch F und G gehen, zusammenfallen und sich nur durch den Drehungssinn unterscheiden. Daher ist $(rR)=(Rs)$. Da ferner $(ABCD)=-1$ ist, so haben wir die Sätze:

Der Orthogonalkreis dreier Kreise geht durch die Schnittpunkte von je zwei conjugirten Schnittkreisen und halbirt die von ihnen gebildeten Winkel.

Das Potenzcentrum dreier Kreise ist der innere Aehnlichkeitspunkt von je zwei conjugirten Schnittkreisen.

In dem ersten derselben ist die Lösung der Aufgabe enthalten, zu einem Schnittkreise dreier gegebenen Kreise den conjugirten zu construiren.

Für den Fall, dass die Winkel φ_1, φ_2, φ_3 (oder die Tangenten τ_1, τ_2, τ_3) unter einander gleich sind, ergeben sich ferner die Sätze:

Alle Kreise, von denen drei gegebene Kreise unter gleichen Winkeln geschnitten werden, gehen durch die Schnittpunkte ihres Orthogonalkreises mit ihrer Aehnlichkeitsaxe.

Alle Kreise, welche mit zwei gegebenen Kreisen gleiche Winkel bilden, schneiden den Kreis rechtwinklig, welcher durch deren Schnittpunkte geht und ihren Aehnlichkeitspunkt zum Centrum hat.

Alle Kreise, welche mit drei gegebenen Kreisen Tangenten von gleicher Länge gemeinsam haben, berühren die beiden, durch deren Potenzcentrum gehenden Hauptkreise, welche mit jenen dieselbe Aehnlichkeitsaxe haben.

Alle Kreise, welche mit zwei gegebenen Kreisen Tangenten von gleicher Länge gemeinsam haben, werden von ihrer Potenzlinie unter demselben Winkel geschnitten, wie die gemeinsamen Tangenten der beiden gegebenen Kreise.

Alle diese Sätze gelten auch umgekehrt. Man kann mit ihrer Hülfe den Kreis construiren, welcher vier gegebene Kreise unter gleichen Winkeln schneidet. Bestimmt man nämlich für je drei derselben die Schnittpunkte ihres Orthogonalkreises mit ihrer Aehnlichkeitsaxe, so liegen die acht erhaltenen Punkte auf dem gesuchten Kreise. Sein Centrum ist der Schnittpunkt der vier Normalen, welche von den Potenzcentren je dreier der gegebenen Kreise auf ihre Aehnlichkeitsaxe gefällt sind.

Wenn der Kreis r mit den drei gegebenen Kreisen r_1, r_2, r_3 sowohl gleiche Winkel bildet, als auch gleiche Tangenten gemeinsam hat, so muss er sie in Folge der Relation

$$(58.)\qquad \operatorname{tang}\tau_\varkappa = \sin\varphi_\varkappa \operatorname{tang} r_\varkappa$$

alle drei berühren, wofern nicht die Radien der gegebenen Kreise unter einander gleich sind. Daher gilt der Satz:

Die beiden Berührungskreise dreier gegebenen Kreise gehen durch die Schnittpunkte ihres Orthogonalkreises mit ihrer Aehnlichkeitsaxe und berühren die beiden vom Potenzcentrum ausgehenden Hauptkreise, welche mit den drei gegebenen Kreisen die Aehnlichkeitsaxe gemeinsam haben.

Daraus ergiebt sich ohne Mühe die *Gergonne*sche Construction: Seien S und T das Potenzcentrum und die Aehnlichkeitsaxe der drei gegebenen Kreise, ϱ und ϱ' ihre Berührungskreise und L und M deren Berührungspunkte mit dem Kreise r_1. Da S der Aehnlichkeitspunkt der beiden Kreise ϱ und ϱ' ist, so liegen L, M und S auf einem Hauptkreise, der Aehnlichkeitsaxe von ϱ, ϱ' und r_1. Da ferner T die Potenzlinie der beiden Kreise ϱ und ϱ' ist, so schneiden sich die beiden Tangenten des Kreises r_1 in L und M in einem Punkte von T, dem Potenzcentrum von ϱ, ϱ' und r_1. Folglich liegt der Pol von LM bezüglich des Kreises r_1 auf T und daher der Pol von T bezüglich r_1 auf LM. Also sind L und M die Schnittpunkte des Kreises r_1 und der Verbindungslinie des Potenzcentrums der drei gegebenen Kreise mit dem Pole ihrer Aehnlichkeitsaxe bezüglich des Kreises r_1.

§. 6.

Wir wenden uns jetzt zu einer genaueren Betrachtung der Relation (6.). Wenn vier Kreise $r_1, \dots r_4$ von einem fünften r in den Winkeln $\varphi_1, \dots \varphi_4$ und vier andere Kreise $r'_1, \dots r'_4$ von einem fünften r' in den Winkeln $\varphi'_1, \dots \varphi'_4$ geschnitten werden, so hat man zufolge (6.) zur Berechnung des Winkels φ, unter dem sich r und r' schneiden, die Gleichung

$$\begin{vmatrix} \cos\varphi & \cos\varphi'_1 & \dots & \cos\varphi'_4 \\ \cos\varphi_1 & \cos\varphi_{11} & \dots & \cos\varphi_{14} \\ \cdot & \cdot & \cdots & \cdot \\ \cos\varphi_4 & \cos\varphi_{41} & \dots & \cos\varphi_{44} \end{vmatrix} = 0.$$

Entwickelt man die Determinante mit Hülfe der Formel (32.) nach den in der ersten Zeile und Colonne stehenden Elementen, so erhält man

$$(59.)\qquad \cos\varphi = \Sigma \frac{\cos(R_\varkappa R'_\lambda)}{\cos(r_\varkappa R_\varkappa)\cos(r'_\lambda R'_\lambda)} \cos\varphi_\varkappa \cos\varphi'_\lambda .$$

Wenn insbesondere die Kreise des zweiten Systems $(r'_\varkappa)$ mit den Orthogonalkreisen der Kreise des ersten Systems $(R_\varkappa)$ und folglich die Kreise $r_\varkappa$ mit den Kreisen $R'_\varkappa$ zusammenfallen, so nimmt diese Gleichung die einfache Gestalt an

$$(60.)\qquad \cos\varphi = \Sigma \frac{\cos\varphi_\varkappa \cos\varphi'_\varkappa}{\cos(r_\varkappa R_\varkappa)} .$$

Zu einem Systeme von fünf Kreisen $(r_\varkappa)$ construire man ein zweites, dessen Kreise $(r'_\varkappa)$ die des ersten, jedesmal mit Ausschluss von einem, unter gleichen Winkeln $(\varphi_\varkappa)$ schneiden. Bezeichnet man den Winkel $(r_\varkappa r'_\varkappa)$ mit $\psi_\varkappa$, so ist

$$\begin{vmatrix} \cos\psi_1 & \cos\varphi_2 & \dots & \cos\varphi_5 \\ \cos\varphi_1 & \cos\psi_2 & \dots & \cos\varphi_5 \\ \cdot & \cdot & \dots & \cdot \\ \cos\varphi_1 & \cos\varphi_2 & \dots & \cos\psi_5 \end{vmatrix} = 0.$$

Nun ist aber

$$\begin{vmatrix} a_1 & 1 & \dots & 1 \\ 1 & a_2 & \dots & 1 \\ \cdot & \cdot & \dots & \cdot \\ 1 & 1 & \dots & a_n \end{vmatrix} = (a_1-1)\dots(a_n-1)\left(\frac{1}{a_1-1}+\dots+\frac{1}{a_n-1}+1\right),$$

und daher

$$(61.)\qquad \Sigma \frac{\cos\varphi_\varkappa}{\cos\varphi_\varkappa - \cos\psi_\varkappa} = 1.$$

Wenn der Kreis r die vier Kreise $r_1, \dots r_4$ unter demselben Winkel φ schneidet, so erhält man aus Formel (59.) zur Berechnung dieses Winkels die Gleichung

$$(62.)\qquad \frac{1}{\cos^2\varphi} = \Sigma \frac{\cos(R_\varkappa R_\lambda)}{\cos(r_\varkappa R_\varkappa)\cos(r_\lambda R_\lambda)} .$$

Einen bequemeren Ausdruck, in dem die Orthogonalkreise nicht vorkommen, findet man durch directe Anwendung der Formel (6.). Aus dieser folgt nämlich

$$\begin{vmatrix} \frac{1}{\cos^2\varphi} & 1 & \dots & 1 \\ 1 & \cos\varphi_{11} & \dots & \cos\varphi_{14} \\ \cdot & \cdot & \dots & \cdot \\ 1 & \cos\varphi_{41} & \dots & \cos\varphi_{44} \end{vmatrix} = 0$$

oder

$$\begin{vmatrix} 1 & 1 & \dots & 1 \\ 1 & \cos\varphi_{11} & \dots & \cos\varphi_{14} \\ \cdot & \cdot & \dots & \cdot \\ 1 & \cos\varphi_{41} & \dots & \cos\varphi_{44} \end{vmatrix} = -\operatorname{tang}^2\varphi\,\Sigma\pm\cos\varphi_{11}\dots\cos\varphi_{44} = \left(\frac{\operatorname{tang}\varphi(m_1\cos r_1+\dots+m_4\cos r_4)}{\sin r_1\dots\sin r_4}\right)^2.$$

Zieht man in der Determinante auf der linken Seite die Elemente der ersten Zeile von denen der übrigen ab, so geht sie in

$$16\Sigma\pm\sin^2\frac{\varphi_{11}}{2}\dots\sin^2\frac{\varphi_{44}}{2}$$

über und kann (B. §. 3, 17) in vier Factoren zerlegt werden. Setzt man daher zur Abkürzung

$$\Pi(a\pm b\pm c) = (a+b+c)(a+b-c)(a-b+c)(a-b-c),$$

so erhält man zur Berechnung des Winkels φ die Gleichung

$$(63.)\quad \begin{cases} \operatorname{tang}\varphi(m_1\cos r_1+\dots+m_4\cos r_4) \\ = 4\sin r_1\dots\sin r_4\sqrt{\Pi\left(\sin\frac{\varphi_{12}}{2}\sin\frac{\varphi_{34}}{2}\pm\sin\frac{\varphi_{13}}{2}\sin\frac{\varphi_{42}}{2}\pm\sin\frac{\varphi_{14}}{2}\sin\frac{\varphi_{23}}{2}\right)}. \end{cases}$$

Der Radius r des Kreises, der die vier gegebenen Kreise unter demselben Winkel φ schneidet, ist leicht zu finden. Lässt man nämlich in der Gleichung (17.) den willkürlichen Punkt mit dem Mittelpunkte von r zusammenfallen, so ist

$$c_\varkappa = \sin r\sin r_\varkappa\cos\varphi+\cos r\cos r_\varkappa$$

und daher

$$\Sigma m_\varkappa(\sin r_\varkappa\cos\varphi+\cos r_\varkappa\operatorname{cotg} r) = 0$$

oder

$$(64.)\quad \frac{\operatorname{cotg} r}{\cos\varphi} = -\frac{m_1\sin r_1+\dots+m_4\sin r_4}{m_1\cos r_1+\dots+m_4\cos r_4}.$$

Daraus ergiebt sich wieder die Bedingung (28.), unter der die vier Kreise denselben Orthogonalkreis, und die Bedingung (48*.), unter der sie dieselbe Aehnlichkeitsaxe haben.

Ist s der Radius des Kreises, welcher mit den gegebenen Kreisen Tangenten von gleicher Länge gemeinsam hat, so führt die polare Betrachtung zu der Formel

$$(65.)\quad \frac{\operatorname{tang} s}{\cos\tau} = -\frac{m_1\cos r_1+\dots+m_4\cos r_4}{m_1\sin r_1+\dots+m_4\sin r_4},$$

woraus sich noch die merkwürdige Relation

$$(66.)\quad \frac{\operatorname{tang} s}{\operatorname{tang} r} = \cos\varphi\cos\tau$$

ergiebt. Zur Bestimmung von τ dient die Gleichung

$$(67.)\quad \begin{cases} \operatorname{tang}\tau\,(m_1\sin r_1+\cdots+m_4\sin r_4) \\ = 4\cos r_1\ldots\cos r_4\sqrt{\Pi}\left(\sin\frac{\tau_{12}}{2}\sin\frac{\tau_{34}}{2}\pm\sin\frac{\tau_{13}}{2}\sin\frac{\tau_{42}}{2}\pm\sin\frac{\tau_{14}}{2}\sin\frac{\tau_{23}}{2}\right). \end{cases}$$

Die Bedingung dafür, dass vier Kreise von demselben fünften berührt werden, ist daher, wie auch Herr *Darboux* (D. p. 347) angegeben hat,

$$(68.)\quad \sin\frac{\varphi_{12}}{2}\sin\frac{\varphi_{34}}{2}\pm\sin\frac{\varphi_{13}}{2}\sin\frac{\varphi_{42}}{2}\pm\sin\frac{\varphi_{14}}{2}\sin\frac{\varphi_{23}}{2} = 0$$

oder

$$(69.)\quad \sin\frac{\tau_{12}}{2}\sin\frac{\tau_{34}}{2}\pm\sin\frac{\tau_{13}}{2}\sin\frac{\tau_{42}}{2}\pm\sin\frac{\tau_{14}}{2}\sin\frac{\tau_{23}}{2} = 0.$$

Wir schliessen hier gleich einige verwandte Formeln an. Ist ϱ ein Berührungskreis von drei gegebenen Kreisen r_1, r_2, r_3, so ist nach Formel (29.)

$$\begin{vmatrix} 1 & 1 & \ldots & 1 \\ 1 & \cos\varphi_{11} & \ldots & \cos\varphi_{13} \\ \cdot & \cdot & \ldots & \cdot \\ 1 & \cos\varphi_{31} & \ldots & \cos\varphi_{33} \end{vmatrix} = -\left(\frac{m\operatorname{tang}R\cos(\varrho R)}{\sin r_1\sin r_2\sin r_3}\right)^2.$$

Zieht man in dieser Determinante die Elemente der ersten Zeile von denen der übrigen ab, so erhält man die Gleichung

$$(70.)\quad 4\sin r_1\sin r_2\sin r_3\sin\frac{\varphi_{23}}{2}\sin\frac{\varphi_{31}}{2}\sin\frac{\varphi_{12}}{2} = m\operatorname{tang}R\cos(\varrho R).$$

Das weggelassene Vorzeichen $\pm$ bezieht sich darauf, dass die beiden Berührungskreise den Orthogonalkreis unter complementären Winkeln schneiden. Sind die drei Kreise Hauptkreise, so geht (70.) in eine bekannte Formel über (*Baltzer,* El. d. Math., Buch II., §. 5, 12).

In ähnlicher Weise ergiebt sich aus Formel (49.) die Gleichung

$$(71.)\quad 4\cos r_1\cos r_2\cos r_3\sin\frac{\tau_{23}}{2}\sin\frac{\tau_{31}}{2}\sin\frac{\tau_{12}}{2} = m\operatorname{tang}\varrho\left(1-\frac{\cos(\varrho T)}{\cos T}\right).$$

§. 7.

Für zwei Systeme von vier Kreisen erhält man durch Multiplication der beiden verschwindenden Determinanten

$$\begin{vmatrix} 0 & 0 & 0 & 0 & -1 \\ 0 & x_1 & y_1 & z_1 & \cos r_1 \\ \cdot & \cdot & \cdot & \cdot & \cdot \end{vmatrix}\begin{vmatrix} 0 & 0 & 0 & 0 & 1 \\ 0 & x_1' & y_1' & z_1' & -\cos r_1' \\ \cdot & \cdot & \cdot & \cdot & \cdot \end{vmatrix}$$

die Relation

$$(72.)\quad \begin{vmatrix} -1 & \cos r_1' & \dots & \cos r_4' \\ \cos r_1 & r_{11} & \dots & r_{14} \\ \cdot & \cdot & \dots & \cdot \\ \cos r_4 & r_{41} & \dots & r_{44} \end{vmatrix} = 0$$

oder

$$(73.)\quad \begin{vmatrix} -1 & \cot r_1' & \dots & \cot r_4' \\ \cot r_1 & \cos\varphi_{11} & \dots & \cos\varphi_{14} \\ \cdot & \cdot & \dots & \cdot \\ \cot r_4 & \cos\varphi_{41} & \dots & \cos\varphi_{44} \end{vmatrix} = 0.$$

Auch verschwinden alle ähnlich gebildeten Determinanten höheren Grades. Indem man in der Determinante (72.) die erste Zeile, mit $\cos r_\varkappa$ multiplicirt, zur $(\varkappa+1)^{\text{ten}}$ addirt, erkennt man, dass jene Formel von der Gleichung (7.) nicht verschieden ist.

Auf demselben Wege, auf dem die Formel (59.) gefunden wurde, ergiebt sich aus (73.) die Gleichung

$$(74.)\quad \Sigma \frac{\cos(R_\varkappa R_\lambda')}{\cos(r_\varkappa R_\varkappa)\cos(r_\lambda' R_\lambda')} \cot r_\varkappa \cot r_\lambda' + 1 = 0,$$

oder wenn die Kreise des zweiten Systems die des ersten, jedesmal mit Ausnahme von einem, rechtwinklig schneiden,

$$(75.)\quad \Sigma \frac{1}{\operatorname{tang} r_\varkappa \operatorname{tang} R_\varkappa \cos(r_\varkappa R_\varkappa)} + 1 = 0.$$

Durch Transformation der Gleichung

$$(76.)\quad \Sigma \pm c_{11} c_{22} c_{33} = mm'$$

oder durch Multiplication der Determinanten

$$\begin{vmatrix} 0 & 0 & 0 & -1 \\ x_1 & y_1 & z_1 & \cos r_1 \\ \cdot & \cdot & \cdot & \cdot \end{vmatrix} \begin{vmatrix} 0 & 0 & 0 & 1 \\ x_1' & y_1' & z_1' & -\cos r_1' \\ \cdot & \cdot & \cdot & \cdot \end{vmatrix}$$

erhält man für zwei Systeme von drei Kreisen die Relation

$$(77.)\quad \begin{vmatrix} -1 & \cos r_1' & \dots & \cos r_3' \\ \cos r_1 & r_{11} & \dots & r_{13} \\ \cdot & \cdot & \dots & \cdot \\ \cos r_3 & r_{31} & \dots & r_{33} \end{vmatrix} = -mm'.$$

Ist $r_3'(r_3)$ die Centralaxe der Kreise r_1 und r_2 (r_1' und r'), deren Länge wir mit a (a') bezeichnen, so ist

$$m = \sin a \cos(aa'), \quad m' = \sin a' \cos(aa')$$

und daher

$$(78.)\quad \begin{vmatrix} -1 & \cos r_1' & \cos r_2' \\ \cos r_1 & r_{11} & r_{12} \\ \cos r_2 & r_{21} & r_{22} \end{vmatrix} = -\sin a \sin a' \cos(aa').$$

Durch die polare Betrachtung findet man die Formeln

$$(79.)\quad \begin{vmatrix} -1 & \sin r_1' & \dots & \sin r_4' \\ \sin r_1 & t_{11} & \dots & t_{14} \\ \cdot & \cdot & \dots & \cdot \\ \sin r_4 & t_{41} & \dots & t_{44} \end{vmatrix} = 0$$

oder

$$(80.)\quad \begin{vmatrix} -1 & \operatorname{tang} r_1' & \dots & \operatorname{tang} r_4' \\ \operatorname{tang} r_1 & \cos \tau_{11} & \dots & \cos \tau_{14} \\ \cdot & \cdot & \dots & \cdot \\ \operatorname{tang} r_4 & \cos \tau_{41} & \dots & \cos \tau_{44} \end{vmatrix} = 0.$$

Ferner ist

$$(81.)\quad \begin{vmatrix} -1 & \sin r_1' & \dots & \sin r_3' \\ \sin r_1 & t_{11} & \dots & t_{13} \\ \cdot & \cdot & \dots & \cdot \\ \sin r_3 & t_{31} & \dots & t_{33} \end{vmatrix} = -mm'$$

und

$$(82.)\quad \begin{vmatrix} -1 & \sin r_1' & \sin r_2' \\ \sin r_1 & t_{11} & t_{12} \\ \sin r_2 & t_{21} & t_{22} \end{vmatrix} = -\sin a \sin a' \cos(aa').$$

§. 8.

Drei Kreise r_1, r_2, r_3 mögen von einem vierten $r(=r_0')$ in den Winkeln φ_1, φ_2, φ_3 und drei andere r_1', r_2', r_3' von einem vierten $r'(=r_0)$ in den Winkeln φ_1', φ_2', φ_3' geschnitten werden. Setzt man in der Relation

$$(7.)\quad \Sigma \pm c_{00} \dots c_{33} = 0$$

zwischen den Cosinus der Centralaxen dieser beiden Systeme von vier Kreisen

$$c_{00} = r_{00} + \cos r_0 \cos r_0' = \sin r \sin r' \cos(rr') + \cos r \cos r',$$

$$c_{\varkappa 0} = r_{\varkappa 0} + \cos r_\varkappa \cos r_0' = \sin r \sin r_\varkappa \cos \varphi_\varkappa \quad + \cos r \cos r_\varkappa,$$

$$c_{0\lambda} = r_{0\lambda} + \cos r_0 \cos r_\lambda' = \sin r' \sin r_\lambda' \cos \varphi_\lambda' \quad + \cos r' \cos r_\lambda',$$

so erhält man die Gleichung

$$(83.)\quad \begin{vmatrix} \cos(rr')+\cot r\cot r' & \sin r_1'\cos\varphi_1'+\cos r_1'\cot r' & \dots & \sin r_3'\cos\varphi_3'+\cos r_3'\cot r' \\ \sin r_1\cos\varphi_1 \ +\cos r_1\cot r & c_{11} & \dots & c_{13} \\ \cdot & \cdot & \dots & \cdot \\ \sin r_3\cos\varphi_3 \ +\cos r_3\cot r & c_{31} & \dots & c_{33} \end{vmatrix} = 0.$$

Wir nehmen an, dass in keinem der beiden Systeme die Mittelpunkte der drei Kreise auf einem Hauptkreise liegen. Sind

$$a_1 = (23), \quad a_2 = (31), \quad a_3 = (12)$$

die Centralaxen im ersten und a_1', a_2', a_3' die im zweiten Systeme, so setzen wir

$$(84.)\qquad a_{\varkappa\lambda} = \frac{\sin a_\varkappa \sin a_\lambda' \cos(a_\varkappa a_\lambda')}{m m'}$$

oder

$$(85.)\qquad a_{\varkappa\lambda} = \frac{1}{\sin a_\varkappa' \sin a_\lambda} \, \frac{\cos(a_\varkappa a_\lambda')}{\sin(a_\varkappa a_\lambda)\sin(a_\varkappa' a_\lambda')}$$

oder endlich

$$(86.)\qquad a_{\varkappa\lambda} = \frac{\cos(h_\varkappa h_\lambda')}{\sin h_\varkappa \sin h_\lambda'},$$

wenn $h_\varkappa$ und h_λ' in den von den Mittelpunkten gebildeten Dreiecken die zu den Seiten $a_\varkappa$ und a_λ' gehörigen Höhen sind. Alsdann sind

$$\Sigma \pm c_{11} c_{22} c_{33} = m m' \quad \text{und} \quad \Sigma \pm a_{11} a_{22} a_{33} = \frac{1}{m m'}$$

reciproke Determinanten, d. h. $a_{\varkappa\lambda}(c_{\varkappa\lambda})$ ist der Coefficient von $c_{\varkappa\lambda}(a_{\varkappa\lambda})$ in der ersten (zweiten) Determinante, dividirt durch die ganze Determinante. Daher erhält man, indem man die Determinante (83.) nach den in der ersten Zeile und Colonne stehenden Elementen entwickelt, die Gleichung

$$(87.)\qquad \begin{cases} \Sigma a_{\varkappa\lambda}(\sin r_\varkappa \cos\varphi_\varkappa + \cos r_\varkappa \cot r)(\sin r_\lambda' \cos\varphi_\lambda' + \cos r_\lambda' \cot r') \\ \qquad = \cos(rr') + \cot r \cot r' = \dfrac{\cos a}{\cos r \cos r'}, \end{cases}$$

wo a die Centralaxe der beiden Kreise r und r' ist.

Sind die Winkel $\varphi_\varkappa$ und φ_λ' alle gleich $\frac{1}{2}\pi$, also $r = R$ und $r' = R'$, und ist A die Centralaxe der Kreise R und R', so ergeben sich aus den Formeln (83.) und (87.) die Relationen

$$(88.)\qquad \begin{vmatrix} \dfrac{\cos A}{\cos R \cos R'} & \cos r_1' & \dots & \cos r_3' \\ \cos r_1 & c_{11} & \dots & c_{13} \\ \cdot & \cdot & \dots & \cdot \\ \cos r_3 & c_{31} & \dots & c_{33} \end{vmatrix} = 0$$

und

$$(89.)\quad \Sigma a_{\varkappa\lambda}\cos r_\varkappa \cos r'_\lambda = \frac{\cos A}{\cos R \cos R'}.$$

Sind die Winkel $\varphi_\varkappa = \frac{1}{2}\pi$, die Winkel φ'_λ einander gleich, und $r' = \frac{1}{2}\pi$, also $r = R$ und $\varphi'_\lambda = T'$, und ist B der Abstand des Potenzcentrums der Kreise des ersten Systems von der Aehnlichkeitsaxe der Kreise des zweiten Systems, so ist

$$(90.)\quad \begin{vmatrix} \frac{\sin B}{\cos R \cos T'} & \sin r'_1 & \dots & \sin r'_3 \\ \cos r_1 & c_{11} & \dots & c_{13} \\ \cdot & \cdot & \dots & \cdot \\ \cos r_3 & c_{31} & \dots & c_{33} \end{vmatrix} = 0$$

oder

$$(91.)\quad \Sigma a_{\varkappa\lambda}\cos r_\varkappa \sin r'_\lambda = \frac{\sin B}{\cos R \cos T'}.$$

Ist endlich C der Winkel, unter dem die Aehnlichkeitsaxe der Kreise des ersten die der Kreise des zweiten Systems schneidet, so ist

$$(92.)\quad \begin{vmatrix} \frac{\cos C}{\cos T \cos T'} & \sin r'_1 & \dots & \sin r'_3 \\ \sin r_1 & c_{11} & \dots & c_{13} \\ \cdot & \cdot & \dots & \cdot \\ \sin r_3 & c_{31} & \dots & c_{33} \end{vmatrix} = 0$$

oder

$$(93.)\quad \Sigma a_{\varkappa\lambda}\sin r_\varkappa \sin r'_\lambda = \frac{\cos C}{\cos T \cos T'}.$$

Mit Hülfe der Formel (89.) kann man die Gleichung (87.) auf die Gestalt

$$(94.)\quad \begin{cases} \cot r \cot r' \operatorname{tang} R \operatorname{tang} R' \cos(RR') + \cot r\, \Sigma a_{\varkappa\lambda}\cos r_\varkappa \sin r'_\lambda \cos\varphi'_\lambda \\ +\cot r'\, \Sigma a_{\varkappa\lambda}\sin r_\varkappa \cos\varphi_\varkappa \cos r'_\lambda + \Sigma a_{\varkappa\lambda}\sin r_\varkappa \cos\varphi_\varkappa \sin r'_\lambda \cos\varphi'_\lambda = \cos(rr') \end{cases}$$

bringen. Nimmt man für den Kreis r den Orthogonalkreis R, so ist daher

$$(95.)\quad \Sigma a_{\varkappa\lambda}\cos r_\varkappa \sin r'_\lambda \cos\varphi'_\lambda = \cot r'(\operatorname{tg} R \operatorname{tg} r' \cos(Rr') - \operatorname{tg} R \operatorname{tg} R' \cos(RR')).$$

Setzt man diesen Werth in die Gleichung (94.) ein, so ergiebt sich endlich noch

$$(96.)\quad \begin{cases} \Sigma a_{\varkappa\lambda}\sin r_\varkappa \cos\varphi_\varkappa \sin r'_\lambda \cos\varphi'_\lambda = \cot r \cot r'(\operatorname{tg} r \operatorname{tg} r' \cos(rr') + \\ \operatorname{tg} R \operatorname{tg} R' \cos(RR') - \operatorname{tg} r \operatorname{tg} R' \cos(rR') - \operatorname{tg} R \operatorname{tg} r' \cos(Rr')) \end{cases}$$

oder

$$(97.)\qquad \Sigma a_{\varkappa\lambda}\sin r_\varkappa\cos\varphi_\varkappa\sin r'_\lambda\cos\varphi'_\lambda = -\operatorname{tg}R\operatorname{tg}R'\begin{vmatrix} 0 & \cot r' & \cot R' \\ \cot r & \cos(rr') & \cos(rR') \\ \cot R & \cos(Rr') & \cos(RR') \end{vmatrix}.$$

Nimmt man in den Gleichungen (95.) und (96.) für r und r' die Radien der Berührungskreise, so werden ihre linken Seiten mit denen der Gleichungen (91.) und (93.) identisch. Indessen will ich auf die Relationen, die sich aus dieser Bemerkung ergeben, hier nicht näher eingehen, da sie sich alle aus den in §. 5 entwickelten Sätzen direct beweisen lassen.

Aus den Gleichungen (91.) und (93.) kann noch eine andere Gruppe von Formeln hergeleitet werden, wie ich durch ein Beispiel erläutern will. Die Aehnlichkeitsaxe dreier, mit den Kreisen r_1, r_2, r_3 concentrischen Kreise, deren Radien r_1, $2\pi-r_2$, $2\pi-r_3$ sind, nennen wir eine innere Aehnlichkeitsaxe der Kreise r_1, r_2, r_3. Schneidet sie den Kreis r_1 unter dem Winkel T_1, so bildet sie mit r_2 und r_3 den Winkel $\pi-T_1$. Aus der Formel (91.) ergiebt sich nun der Satz:

Sind B, B_1, B_2, B_3 die Abstände eines beliebigen Punktes von den Aehnlichkeitsaxen T, T_1, T_2, T_3 dreier Kreise, so ist

$$(98.)\qquad \frac{\sin B}{\cos T}+\frac{\sin B_1}{\cos T_1}+\frac{\sin B_2}{\cos T_2}+\frac{\sin B_3}{\cos T_3} = 0.$$

Daraus folgt:

Die Cosinus der Winkel, unter denen drei Kreise von zweien ihrer vier Aehnlichkeitsaxen geschnitten werden, verhalten sich wie die Sinus der Abstände derselben von dem Schnittpunkte der beiden andern Aehnlichkeitsaxen.

§. 9.

Wir lassen jetzt das zweite System von drei Kreisen mit dem ersten zusammenfallen. Werden die drei Kreise r_1, r_2, r_3 von einem Kreise r in den Winkeln φ_1, φ_2, φ_3 und von einem Kreise s in den Winkeln ψ_1, ψ_2, ψ_3 geschnitten, so ist

$$(99.)\qquad \begin{cases} \cot r\cot s\operatorname{tg}^2 R+\cot r\,\Sigma a_{\varkappa\lambda}\cos r_\varkappa\sin r_\lambda\cos\psi_\lambda+\cot s\,\Sigma a_{\varkappa\lambda}\cos r_\varkappa\sin r_\lambda\cos\varphi_\lambda \\ \qquad +\cot r\cot s\,\Sigma a_{\varkappa\lambda}\sin r_\varkappa\cos\varphi_\varkappa\sin r_\lambda\cos\psi_\lambda = \cos(rs), \end{cases}$$

oder, indem man die beiden ersten Summen mit Hülfe der Formel (95.) eliminirt,

$$(100.)\quad \begin{cases} \Sigma a_{\varkappa\lambda} \sin r_\varkappa \cos\varphi_\varkappa \sin r_\lambda \cos\psi_\lambda \\ = \cos(rs) + \operatorname{tg}^2 R \cot r \cot s - \operatorname{tg} R(\cot r \cos(sR) + \cot s \cos(rR)). \end{cases}$$

Man kann jene beiden Summen noch auf eine andere Art eliminiren. Lässt man nämlich die beiden Kreise r und s zusammenfallen, so erhält man zur Berechnung des Radius eines Kreises, welcher drei gegebene Kreise unter den Winkeln φ_1, φ_2, φ_3 schneidet, die quadratische Gleichung

$$(101.)\quad \cot^2 r \operatorname{tg}^2 R + 2\cot r\, \Sigma a_{\varkappa\lambda} \cos r_\varkappa \sin r_\lambda \cos\varphi_\lambda + \Sigma a_{\varkappa\lambda} \sin r_\varkappa \cos\varphi_\varkappa \sin r_\lambda \cos\varphi_\lambda = 1.$$

Werden ihre Wurzeln mit r und $2\pi - r'$ bezeichnet, sind also r und r' die Radien zweier conjugirten Schnittkreise, so ist daher

$$(102.)\quad \Sigma a_{\varkappa\lambda} \cos r_\varkappa \sin r_\lambda \cos\varphi_\lambda = \operatorname{tg}^2 R \frac{\cot r' - \cot r}{2}$$

und

$$(103.)\quad \Sigma a_{\varkappa\lambda} \cos r_\varkappa \sin\varphi_\varkappa \cos r_\lambda \sin\varphi_\lambda = 1 - \operatorname{tg}^2 R \cot r \cot r'.$$

Mit Hülfe der Relation (102.) kann man die Gleichung (99.) auf die Form

$$(104.)\quad \Sigma a_{\varkappa\lambda} \sin r_\varkappa \cos\varphi_\varkappa \sin r_\lambda \cos\psi_\lambda = \cos(rs) - \operatorname{tg}^2 R \frac{\cot r \cot s' + \cot s \cot r'}{2}$$

bringen. Daraus folgt, indem man $s = R$ setzt,

$$(105.)\quad \cos(rR) = \operatorname{tg} R \frac{\cot r + \cot r'}{2},$$

eine Relation, mittelst deren jede der beiden Formeln (100.) und (104.) aus der andern abgeleitet werden kann. Ferner ergiebt sich aus der Gleichung (104.) der Satz:

Der Winkel zweier Schnittkreise von drei gegebenen Kreisen ist gleich dem Winkel der beiden conjugirten Schnittkreise.

Aus den hier entwickelten Formeln lassen sich alle in §. 5 erhaltenen Resultate von neuem ableiten, wobei sich eine grosse Anzahl von metrischen Relationen für die dort behandelte Figur ergeben. Ich will hier nur einzelne Hauptpunkte herausgreifen.

Zu drei gegebenen Kreisen r_1, r_2, r_3 construire man drei Hülfskreise r'_1, r'_2, r'_3, die Enveloppen der Sehnen, welche die drei gegebenen Kreise bezüglich unter den Winkeln φ_1, φ_2, φ_3 schneiden. Dann ist

$$(55.)\quad \sin r_\varkappa \cos\varphi_\varkappa = \sin r'_\varkappa,$$

und daher nimmt die Gleichung (101.) die Form an

$$\cot^2 r \operatorname{tg}^2 R + 2\cot r\, \Sigma a_{\varkappa\lambda} \cos r_\varkappa \sin r'_\lambda + \Sigma a_{\varkappa\lambda} \sin r'_\varkappa \sin r'_\lambda = 1.$$

Ist B der Abstand des Potenzcentrums der gegebenen Kreise von der Aehnlichkeitsaxe T' der Hülfskreise, so ist demnach in Folge der Formeln (91.) und (93.)

$$(106.)\qquad \cot^2 r \operatorname{tang}^2 R + 2\cot r \frac{\sin B}{\cos R \cos T'} + \operatorname{tang}^2 T' = 0.$$

Wenn es möglich sein soll, dieser Gleichung durch drei Werthe r, s und t zu genügen, so müssen ihre Coefficienten verschwinden. Dies ist aber, wie leicht zu sehen, nur der Fall, wenn die Kreise r_1, r_2, r_3 durch dieselben beiden Punkte gehen. Betrachten wir also die Kreise r, s, t als die gegebenen und r_1, r_2, r_3 als drei Schnittkreise, so folgt daraus, dass alle Kreise, welche drei gegebene Kreise unter gleichen Winkeln schneiden, durch dieselben beiden Punkte gehen. Da zu diesen Schnittkreisen auch der Orthogonalkreis und die Aehnlichkeitsaxe der Kreise r, s, t gehören, so ergiebt sich wieder der Satz:

Alle Kreise, welche von drei gegebenen Kreisen unter gleichen Winkeln geschnitten werden, gehen durch die Schnittpunkte ihres Orthogonalkreises mit ihrer Aehnlichkeitsaxe.

Wenn die Kreise r_1, r_2, r_3 von dem Kreise s unter den Winkeln ψ_1, ψ_2, ψ_3 und von dem Kreise s' unter den supplementären Winkeln geschnitten werden, so ist

$$(102.)\qquad \Sigma a_{\varkappa\lambda} \cos r_\varkappa \sin r_\lambda \cos\psi_\lambda = \operatorname{tang}^2 R \frac{\cot s' - \cot s}{2}.$$

Ist $s_\varkappa$ der Radius eines Kreises, welcher den Kreis $r_\varkappa$ unter dem Winkel $\psi_\varkappa$, r_λ und r_μ aber unter den Winkeln $\pi - \psi_\lambda$ und $\pi - \psi_\mu$ schneidet, und ist $s'_\varkappa$ der Radius des conjugirten Schnittkreises, so sind $s, \dots s_3$, $s', \dots s'_3$ die Radien der acht Kreise, welche die drei gegebenen Kreise unter den Winkeln ψ_1, ψ_2, ψ_3 schneiden, falls der Sinn, in dem die letzteren zu durchlaufen sind, unbestimmt gelassen wird. Aus der Formel (102.) ergiebt sich nun die Relation

$$(107.)\qquad \cot s + \cot s_1 + \cot s_2 + \cot s_3 = \cot s' + \cot s'_1 + \cot s'_2 + \cot s'_3.$$

Insbesondere gilt der Satz:

Construirt man die acht Kreise, welche drei gegebene Kreise berühren, so ist die Summe der Cotangenten der Radien der vier Kreise, welche eine gerade Anzahl der gegebenen Kreise positiv berühren, gleich der Summe der Cotangenten der Radien der vier Kreise, welche eine ungerade Anzahl der gegebenen Kreise positiv berühren.

Auf ähnliche Weise ergiebt sich aus der Formel (104.) die Relation

$$(108.)\quad \begin{cases} \cos(rs)+\cos(rs_1)+\cos(rs_2)+\cos(rs_3) \\ = \cos(rs')+\cos(rs'_1)+\cos(rs'_2)+\cos(rs'_3). \end{cases}$$

§. 10.

Zum Schluss erwähnen wir noch einige specielle Fälle, die man aus den entwickelten Formeln erhält, indem man die gegebenen Kreise alle oder zum Theil in Punkte oder Hauptkreise übergehen lässt.

Bilden die beiden Kreise r und s den Winkel φ, so ist, wenn s in einen Punkt übergeht,

$$(4.)\quad \lim \sin s \cos\varphi = -2\cot r \sin^2 \tfrac{1}{2}\tau,$$

wo τ die von diesem Punkte an r gelegte Tangente ist. Daher besteht zwischen den Tangenten, welche von fünf Punkten an fünf Kreise gelegt werden können, nicht nur die Gleichung (37.), sondern auch nach Formel (6.) die Relation

$$(109.)\quad \Sigma \pm \sin^2\frac{\tau_{11}}{2}\cdots\sin^2\frac{\tau_{55}}{2} = 0.$$

Reduciren sich die fünf Kreise auch auf Punkte, so ist diese Gleichung nicht verschieden von der bekannten Relation zwischen den Quadraten der Strecken, welche fünf Punkte einer Kugel mit fünf anderen Punkten derselben (oder einer anderen) Kugel verbinden.

Für zwei Systeme von vier Punkten ist nach (16.)

$$(110.)\quad \Sigma \pm \sin^2\frac{\tau_{11}}{2}\cdots\sin^2\frac{\tau_{44}}{2} = -\tfrac{1}{16}(m_1+\cdots+m_4)(m'_1+\cdots+m'_4),$$

wie für den Fall, dass das zweite System von dem ersten nicht verschieden ist, bereits *Joachimsthal* angegeben hat (B. §. 16, 7). In diesem Falle lässt sich die Determinante auf der linken Seite in vier Factoren zerlegen, und man erhält als Bedingung dafür, dass vier Punkte auf einem Kreise liegen, die Gleichung

$$(111.)\quad \sin\frac{\tau_{12}}{2}\sin\frac{\tau_{34}}{2} \pm \sin\frac{\tau_{13}}{2}\sin\frac{\tau_{42}}{2} \pm \sin\frac{\tau_{14}}{2}\sin\frac{\tau_{23}}{2} = 0,$$

welche mit dem Ptolemäischen Lehrsatze identisch ist. Dieselbe Bedingung wird durch die leicht zu verificirende Gleichung

$$(112.)\quad m_1+\cdots+m_4 = 0$$

ausgedrückt.

Für zwei Systeme von drei Punkten ist (30.)

$$(113.)\qquad \Sigma\pm\sin^2\frac{\tau_{11}}{2}\sin^2\frac{\tau_{22}}{2}\sin^2\frac{\tau_{33}}{2} = \tfrac{1}{8}m\,\mathrm{tang}\,R\; m'\,\mathrm{tang}\,R'\cos(RR'),$$

wo R und R' die Radien der umgeschriebenen Kreise der von den beiden Punktgruppen gebildeten Dreiecke sind. Fallen die beiden Systeme zusammen, so geht diese Formel in eine bekannte Gleichung über (vgl. §. 6).

Sind p_1, p_2, p_3 die Abstände dreier Punkte von einem Hauptkreise und p'_1, p'_2, p'_3 die dreier anderen Punkte von einem anderen Hauptkreise, so findet man nach Formel (96.) den von diesen beiden Hauptkreisen gebildeten Winkel φ aus der Gleichung

$$(114.)\qquad \Sigma a_{\varkappa\lambda}\sin p_\varkappa \sin p'_\lambda = \cos\varphi.$$

Werden die Seiten eines Dreiecks von einem Kreise r in den Winkeln φ_1, φ_2, φ_3 und die eines anderen Dreiecks von einem Kreise r' in den Winkeln φ'_1, φ'_2, φ'_3 geschnitten, und ist a die Centralaxe der beiden Kreise, so ist nach (87.)

$$(115.)\qquad \Sigma a_{\varkappa\lambda}\cos\varphi_\varkappa\cos\varphi'_\lambda = \frac{\cos a}{\cos r\cos r'},$$

wo sich die Ausdrücke $a_{\varkappa\lambda}$ auf die beiden Gruppen von Punkten beziehen, welche von den Polen der Dreiecksseiten gebildet werden. Daraus ergeben sich die bekannten Gleichungen für die Radien der einem sphärischen Dreieck ein- und angeschriebenen Kreise.

II.

Relationen in Systemen von Kugeln, Punkten und Ebenen.

§. 1.

Unter dem Winkel φ zweier Kugeln mit reellen Radien r und s und einer reellen Schnittcurve verstehen wir den Winkel zweier nach demselben Punkte der Schnittcurve führenden Radien oder dessen Nebenwinkel, je nachdem r und s gleiche oder entgegengesetzte Zeichen haben. Da folglich das Quadrat der Centralaxe zweier solchen Kugeln

$$(1.)\qquad d = r^2+s^2-2rs\cos\varphi$$

ist, so soll der Winkel zweier Kugeln, die sich nicht in reellen Punkten schneiden, oder die selbst imaginär sind, durch diese Gleichung definirt werden. Geht die zweite Kugel in einen Punkt über, so ist

$$(2.)\qquad \lim s\cos\varphi = \frac{d-r^2}{-2r} = -\frac{t}{2r},$$

wo t die Potenz des Punktes in Bezug auf die Kugel r ist. Reducirt sich auch die erste Kugel auf einen Punkt, so ist

$$(3.)\quad \lim rs\cos\varphi = -\frac{d}{2},$$

wo d das Quadrat der Entfernung der beiden Punkte ist. Ist die zweite Kugel eine Ebene, und ist p ihr Abstand von dem Mittelpunkte der ersten Kugel, so ist

$$(4.)\quad \cos\varphi = \frac{p}{r}.$$

Geht daher die erste Kugel in einen Punkt über, so ist

$$(5.)\quad \lim r\cos\varphi = p.$$

In einem Systeme von sechs Kugeln nenne ich $r_\varkappa$ den Radius der $\varkappa^{\text{ten}}$ Kugel und $x_\varkappa$, $y_\varkappa$, $z_\varkappa$ die orthogonalen Coordinaten ihres Centrums. In einem zweiten Systeme bezeichne ich die analogen Grössen mit Strichen. Ist dann $d_{\varkappa\lambda}$ das Quadrat der Centralaxe der $\varkappa^{\text{ten}}$ Kugel im ersten und der λ^{ten} im zweiten Systeme und $\varphi_{\varkappa\lambda}$ der Winkel, unter dem sich diese beiden Kugeln schneiden, so ist

$$\begin{aligned} r_\varkappa r'_\lambda \cos\varphi_{\varkappa\lambda} &= \tfrac{1}{2}(r_\varkappa^2+r_\lambda'^2-d_{\varkappa\lambda}) \\ &= x_\varkappa x'_\lambda + y_\varkappa y'_\lambda + z_\varkappa z'_\lambda + \tfrac{1}{2}(r_\varkappa^2-x_\varkappa^2-y_\varkappa^2-z_\varkappa^2+r_\lambda'^2-x_\lambda'^2-y_\lambda'^2-z_\lambda'^2). \end{aligned}$$

Durch Multiplication der beiden identisch verschwindenden Determinanten

$$(0, x, y, z, 1, \tfrac{1}{2}(r^2-x^2-y^2-z^2))(0, x', y', z', \tfrac{1}{2}(r'^2-x'^2-y'^2-z'^2), 1)$$

ergiebt sich daher zwischen den Winkeln zweier Systeme von sechs Kugeln die Relation

$$(6.)\quad \Sigma\pm\cos\varphi_{11}\ldots\cos\varphi_{66} = 0.$$

Zwischen den Winkeln, in denen fünf Kugeln mit gemeinsamem Potenzcentrum von fünf beliebigen andern geschnitten werden, besteht die Gleichung

$$(7.)\quad \Sigma\pm\cos\varphi_{11}\ldots\cos\varphi_{55} = 0.$$

Ferner ist (Man vergleiche zum Beweise die analogen Herleitungen auf Seite 188.) die Bedingung

$$(8.)\quad \Sigma\pm\cos\varphi_{11}\ldots\cos\varphi_{44} = 0$$

nothwendig und hinreichend dafür, dass die Orthogonalkugel R der vier Kugeln des ersten Systems mit der Orthogonalkugel R' derer des zweiten einen rechten Winkel bildet. Sie ist stets erfüllt, wenn die vier Kugeln des einen Systems dieselbe Potenzlinie haben. (D. p. 352.)

Endlich ist

$$(9.)\qquad \Sigma \pm \cos\varphi_{11} \ldots \cos\varphi_{33} = 0,$$

wenn die Centralebenen der beiden Systeme auf einander senkrecht stehen, was z. B. stets bewirkt werden kann, wenn die Kugeln des einen Systems dieselbe Potenzebene haben. Wir können also den Satz aussprechen:

Die Determinante, gebildet aus den Cosinus der Winkel, in denen n Kugeln von n anderen geschnitten werden, verschwindet, wenn $n > 5$ ist, unbedingt; wenn $n = 5$ ist, falls die fünf Kugeln des einen Systems dasselbe Potenzcentrum haben; wenn $n = 4$ ist, falls sich die Orthogonalkugeln der beiden Systeme rechtwinklig schneiden; wenn $n = 3$ ist, falls die Centralebenen der beiden Systeme auf einander senkrecht stehen.

Der letzte Theil dieses Satzes ist nicht umkehrbar.

§. 2.

Wir betrachten jetzt das Product der beiden Determinanten

$$(x, y, z, 1, \tfrac{1}{2}(r^2 - x^2 - y^2 - z^2))(x', y', z', \tfrac{1}{2}(r'^2 - x'^2 - y'^2 - z'^2), 1),$$

welches gleich

$$\Sigma \pm r_{11} \ldots r_{55}$$

ist, wenn

$$r_{\varkappa\lambda} = r_\varkappa r'_\lambda \cos\varphi_{\varkappa\lambda}$$

gesetzt wird.

Den ersten Factor entwickeln wir nach den in der letzten, den zweiten nach den in der vorletzten Colonne stehenden Elementen. Seien 1, 2, ... 5 die Mittelpunkte der fünf Kugeln des ersten Systems,

$$v_1 = (2345), \quad v_2 = (3451), \quad \ldots \quad v_5 = (1234)$$

die Volumina der von ihnen gebildeten Tetraeder, $t_\varkappa$ die Potenz des Coordinatenanfangs, d. h. eines beliebigen Punktes, in Bezug auf die $\varkappa^{\text{te}}$ Kugel.

Dann ist

$$(x, y, z, 1, \tfrac{1}{2}(r^2 - x^2 - y^2 - z^2)) = v_1 t_1 + \cdots + v_5 t_5.$$

Beschreibt man um den Coordinatenanfang eine beliebige Kugel mit dem Radius r, welche die Kugeln $r_1, \ldots r_5$ unter den Winkeln $\varphi_1, \ldots \varphi_5$ schneidet, so ist in Folge der bekannten Relation

$$(10.)\qquad v_1 + \cdots + v_5 = 0$$

der Ausdruck

$$v_1 t_1 + \cdots + v_5 t_5 = v_1(t_1 - r^2) + \cdots + v_5(t_5 - r^2) = -2r(v_1 r_1 \cos\varphi_1 + \cdots + v_5 r_5 \cos\varphi_5).$$

Daher gelangt man auf dem angedeuteten Wege zu der Formel (D. p. 364)

$$(11.)\quad \begin{cases} \Sigma\pm r_{11}\dots r_{55} \\ = -36\,r r'(v_1 r_1 \cos\varphi_1+\dots+v_5 r_5\cos\varphi_5)(v_1' r_1'\cos\varphi_1'+\dots+v_5' r_5'\cos\varphi_5'). \end{cases}$$

Da folglich in der zu $\Sigma\pm r_{11}\dots r_{66}$ adjungirten Determinante die Elemente von je zwei parallelen Reihen proportional sind, so verschwindet dieselbe identisch, und daher ist auch ihre fünfte Wurzel

$$(6.)\quad \Sigma\pm r_{11}\dots r_{66} = 0.$$

Aus der Gleichung (11.) ergiebt sich der Satz:

Sind $v_1, \dots v_5$ die Volumina der von den Mittelpunkten fünf gegebener Kugeln $r_1, \dots r_5$ gebildeten Tetraeder und $\varphi_1, \dots \varphi_5$ die Winkel, unter denen dieselben von einer willkürlichen Kugel r geschnitten werden, so ist der Ausdruck

$$(12.)\quad r(v_1 r_1\cos\varphi_1+\dots+v_5 r_5\cos\varphi_5) = k$$

von der Lage und Grösse dieser Kugel unabhängig.

In Folge dessen verschwindet der Ausdruck, wenn die fünf gegebenen Kugeln dieselbe Orthogonalkugel haben, da seine Glieder einzeln verschwinden, wenn man für r die Orthogonalkugel wählt. Somit ergiebt sich aus der Identität (11.) wieder die Bedingungsgleichung (7.).

Wenn die fünf Kugeln kein gemeinsames Potenzcentrum haben, und $R_\varkappa$ der Radius der Kugel ist, welche sie alle mit Ausnahme der $\varkappa^{\text{ten}}$ rechtwinklig schneidet, so erhält man, indem man den willkürlichen Punkt mit dem Mittelpunkte der Kugel $R_\varkappa$ zusammenfallen lässt,

$$r(v_1 r_1\cos\varphi_1+\dots+v_5 r_5\cos\varphi_5) = v_\varkappa r_\varkappa R_\varkappa\cos(r_\varkappa R_\varkappa),$$

wo $(r_\varkappa R_\varkappa)$ der von den Kugeln $r_\varkappa$ und $R_\varkappa$ gebildete Winkel ist.

Daraus geht hervor, dass der Ausdruck

$$(12^*.)\quad v_\varkappa r_\varkappa R_\varkappa\cos(r_\varkappa R_\varkappa) = k$$

für alle Werthe des Index $\varkappa$ denselben Werth hat.

Mit Hülfe der eben ausgeführten Umformung kann die Gleichung (11.) auf die Gestalt

$$(13.)\quad \Sigma\pm r_{11}\dots r_{55} = -36\,r R\cos(rR)v\,r' R'\cos(r'R')v'$$

gebracht werden, wo auf der rechten Seite der Index $\varkappa$ weggelassen ist. Wenn daher vier Kugeln $r_1, \dots r_4$ von einer fünften $r(=r_5')$ in den Winkeln $\varphi_1, \dots \varphi_4$ und vier andere $r_1', \dots r_4'$, von einer fünften $r'(=r_5)$

in den Winkeln $\varphi'_1, \ldots \varphi'_4$ geschnitten werden, so ist

$$(14.)\quad \begin{vmatrix} \cos(rr') & r'_1\cos\varphi'_1 & \ldots & r'_4\cos\varphi'_4 \\ r_1\cos\varphi_1 & r_{11} & \ldots & r_{14} \\ \cdot & \cdot & \cdots & \cdot \\ r_4\cos\varphi_4 & r_{41} & \ldots & r_{44} \end{vmatrix} = -36 v R v' R' \cos(rR')\cos(r'R).$$

Sind die Kugeln r und r' insbesondere die Orthogonalkugeln R und R' der beiden betrachteten Systeme von vier Kugeln, so ist (D. p. 356)

$$(15.)\quad \Sigma \pm r_{11} \ldots r_{44} = -36 v v' R R' \cos(RR').$$

Lässt man die Kugeln in Punkte übergehen, so ergeben sich als specielle Fälle dieser Relation die von Herrn *Siebeck* (dieses Journal Bd. 62) entwickelten Sätze über das Product zweier Tetraedervolumina mit den Radien ihrer umgeschriebenen Kugeln. Durch Division der Formeln (15.) und (14.) ergiebt sich

$$(16.)\quad \frac{\Sigma \pm \cos\varphi_{11} \ldots \cos\varphi_{44}}{\Sigma \pm \cos\varphi_{11} \ldots \cos\varphi_{55}} = \frac{\cos(R_5 R'_5)}{\cos(r_5 R_5)\cos(r'_5 R'_5)}.$$

In der Gleichung (15.) wählen wir zur vierten Kugel des zweiten (ersten) Systems die Centralebene der drei ersten Kugeln des ersten (zweiten) Systems. Ist $a(a')$ der Inhalt des von den Mittelpunkten der drei ersten Kugeln des ersten (zweiten) Systems gebildeten Dreiecks und φ der Winkel (aa'), so ist

$$\lim \frac{v}{r'_4} = 3a\cos\varphi \quad \text{und} \quad \lim \frac{v'}{r_4} = 3a'\cos\varphi.$$

Ist $P(P')$ der Punkt, in dem die Potenzlinie der drei Kugeln des ersten (zweiten) Systems von der Centralebene der drei Kugeln des zweiten (ersten) geschnitten wird, $t(t')$ die gemeinschaftliche Potenz des Punktes $P(P')$ in Bezug auf die Kugeln des ersten (zweiten) Systems und d das Quadrat der Entfernung der Punkte P und P', so ist

$$-2RR'\cos(RR') = d - t - t'$$

und daher

$$(17.)\quad \Sigma \pm r_{11} r_{22} r_{33} = 2aa'\cos(aa')(d-t-t').$$

Zum Schluss erwähnen wir noch einige Folgerungen, die sich aus dem in diesem Paragraphen gefundenen Satze

$$(12.)\quad v_1 r_1 \cos\varphi_1 + \cdots + v_5 r_5 \cos\varphi_5 = \frac{k}{r}$$

ziehen lassen, wo k eine von der Lage und Grösse der Kugel r unabhängige Constante bezeichnet. Aus der Formel (12*.) und aus der Identität (10.) ergiebt sich

$$(18.)\qquad \frac{1}{r_1 R_1 \cos(r_1 R_1)} + \cdots + \frac{1}{r_5 R_5 \cos(r_5 R_5)} = 0.$$

Nimmt man für die Kugel r eine Ebene und bezeichnet man ihren Abstand von dem Mittelpunkt der Kugel $r_\varkappa$ mit $p_\varkappa$, so ist $r_\varkappa \cos\varphi_\varkappa = p_\varkappa$ und daher folgt aus Formel (12.)

$$(19.)\qquad v_1 p_1 + \cdots + v_5 p_5 = 0,$$

wie man direct beweist, indem man diese Ebene zur yz-Ebene macht und die Determinante

$$(x, 1, x, y, z) = 0$$

nach den in der ersten Colonne stehenden Elementen entwickelt.

Ist die willkürliche Ebene die Aehnlichkeitsebene T_5 der vier ersten Kugeln, d. h. die Ebene, welche diese vier Kugeln alle unter demselben Winkel T_5^* schneidet, so ist

$$v_1 r_1 + \cdots + v_5 r_5 = v_5 r_5 + \frac{v_1 p_1 + \cdots + v_4 p_4}{\cos T_5} = v_5 r_5 \left(1 - \frac{\cos(r_5 T_5)}{\cos T_5}\right).$$

Das Zeichen T_5 bedeutet zugleich die Grösse des Winkels, unter dem die vier ersten Kugeln von ihrer Aehnlichkeitsebene geschnitten werden, und die Stellung dieser Ebene, ebenso wie das Zeichen r sowohl für eine Kugel als auch für die Grösse ihres Radius gebraucht ist. Daher bedeutet $(r_5 T_5)$ den Winkel der Kugel r_5 und der Ebene T_5.

In Folge der eben entwickelten Gleichung haben fünf Kugeln dieselbe Aehnlichkeitsebene unter der Bedingung

$$(20.)\qquad v_1 r_1 + \cdots + v_5 r_5 = 0.$$

Wenn in der Relation (12.) die Kugel r mit der Kugel ϱ_5 zusammenfällt, welche die Kugeln $r_1, \ldots r_4$ berührt, so ist mit Weglassung des Index 5

$$\frac{k}{\varrho} = v_1 r_1 + \cdots + v_4 r_4 + v r \cos(r\varrho) = v r \left(\cos(r\varrho) - \frac{\cos(rT)}{\cos T}\right),$$

und daher nach Formel (12*.)

$$(21.)\qquad R\cos(rR) = \varrho\cos(r\varrho) - \frac{\varrho}{\cos T}\cos(rT).$$

Da R, T und ϱ nur von der Lage und Grösse der vier ersten Kugeln abhängen, so bedeutet r in dieser Gleichung eine willkürliche Kugel. Indem man diese der Reihe nach mit R, T und ϱ zusammenfallen lässt, erhält man drei Gleichungen, aus denen sich durch Elimination von $\cos(R\varrho)$ und $\cos(T\varrho)$ ergiebt

$$(22.)\qquad R^2\cdot\frac{1}{\varrho^2}+\frac{2B}{\cos T}\cdot\frac{1}{\varrho}+\operatorname{tang}^2(T) = 0,$$

wo $B = R\cos(RT)$ den Abstand des Potenzcentrums von der Aehnlichkeitsebene bezeichnet.

Construirt man um die Mittelpunkte der vier ersten Kugeln vier Hülfskugeln mit den Radien

$$r_1' = r_1\cos\varphi_1, \quad \ldots \quad r_4' = r_4\cos\varphi_4,$$

so ist

$$\frac{k}{r} = v_1 r_1' + \cdots + v_4 r_4' + v_5 r_5 \cos(rr_5) = v_5 r_5\left(\cos(rr_5) - \frac{\cos(r_5 T')}{\cos(T')}\right),$$

wo T' die Aehnlichkeitsebene der Kugeln r_1', ... r_4' bedeutet. Eliminirt man aus dieser Gleichung und der Formel (12*.) die Constante k, so erhält man

$$(21^*.)\qquad R\cos(sR) = r\cos(rs) - \frac{r}{\cos T'}\cos(sT'),$$

wo $r_5 = s$ und $R_5 = R$ gesetzt ist. Lässt man in dieser Relation die willkürliche Kugel s der Reihe nach mit R, T' und r zusammenfallen, so erhält man drei Gleichungen, aus denen sich durch Elimination von $\cos(rR)$ und $\cos(rT')$ ergiebt

$$(22^*.)\qquad R^2\cdot\frac{1}{r^2}+\frac{2B}{\cos T'}\cdot\frac{1}{r}+\operatorname{tang}^2 T' = 0,$$

wo $B = R\cos(RT')$ den Abstand des Potenzcentrums der gegebenen Kugeln von der Aehnlichkeitsebene der Hülfskugeln bezeichnet. Auf die Gleichung (22*.), welche zur Berechnung der Radien der beiden Kugeln dient, die vier gegebene Kugeln r_1, ... r_4 unter gegebenen Winkeln φ_1, ... φ_4 schneiden, komme ich unten (§. 9) noch einmal zurück.

Wenn in der Relation (11.) die fünf Kugeln in Punkte übergehen, so lautet sie

$$(23.)\qquad \Sigma \pm d_{11}\ldots d_{55} = 288(v_1 d_1 + \cdots + v_5 d_5)(v_1' d_1' + \cdots + v_5' d_5'),$$

wo d_1, ... d_5 (d_1', ... d_5') die Quadrate der Abstände eines beliebigen Punktes von den fünf Punkten des ersten (zweiten) Systems bedeuten. Daraus ergiebt sich der Satz:

Sind $v_1, \dots v_5$ die Volumina der von fünf Punkten gebildeten Tetraeder, und ist $d_\varkappa$ das Quadrat der Entfernung eines beliebigen Punktes vom $\varkappa^{ten}$ Punkte, so ist der Ausdruck

$$v_1 d_1 + \dots + v_5 d_5 = k$$

von der Lage dieses Punktes unabhängig und verschwindet, wenn die fünf Punkte auf einer Kugel liegen.

Diesen Satz hat *Möbius* im 26. Bande dieses Journals aus der von *Lagrange* entdeckten Eigenschaft des Schwerpunktes abgeleitet. Lässt man den willkürlichen Punkt mit dem Mittelpunkt der dem Tetraeder v_5 umschriebenen Kugel R_5 zusammenfallen, so erhält man

$$k = (v_1 + \dots + v_4) R^2 + v_5 d_5 = v_5 (d_5 - R_5^2) = v_5 t_5,$$

wo t_5 die Potenz des fünften Punktes in Bezug auf die Kugel R_5 bedeutet. Daraus folgt (vergl. *Bauer,* Bemerkungen über einige Determinanten geometrischer Bedeutung, Sitzungsberichte d. math. phys. Classe d. Acad. d. Wissenschaften zu München, Jahrgang 1872, p. 351):

In einem System von fünf Punkten ist das Product aus dem Volumen des von irgend vier derselben gebildeten Tetraeders und der Potenz des fünften in Bezug auf die diesem Tetraeder umschriebene Kugel constant.

Aus der Gleichung $t_1 v_1 = \dots = t_5 v_5$ und der Formel (10.) folgt

$$\frac{1}{t_1} + \dots + \frac{1}{t_5} = 0,$$

D. h. *Die Summe der reciproken Potenzen jedes von fünf gegebenen Punkten in Bezug auf die durch die vier anderen gehende Kugel ist gleich Null.*

§. 3.

Wenn in der Formel (9.) die drei Kugeln r_1, r_2, r_3 dieselbe Potenzebene haben, r_1' und r_2' mit r_1 und r_2 zusammenfallen, r_3' aber eine beliebige Kugel ist, die mit r_1, r_2, r_3 die Winkel $\varphi_1, \varphi_2, \varphi_3$ bildet, so ist

$$\begin{vmatrix} 1 & \cos(r_1 r_2) & \cos\varphi_1 \\ \cos(r_2 r_1) & 1 & \cos\varphi_2 \\ \cos(r_3 r_1) & \cos(r_3 r_2) & \cos\varphi_3 \end{vmatrix} = 0,$$

oder nach Unterdrückung des Factors $\sin(r_1 r_2)$

$$(24.) \qquad \sin(r_2 r_3)\cos\varphi_1 + \sin(r_3 r_1)\cos\varphi_2 + \sin(r_1 r_2)\cos\varphi_3 = 0,$$

wo man für $(r_2 r_3)$, $(r_3 r_1)$ und $(r_1 r_2)$, um sie von ihren Ergänzungen zu 2π

zu unterscheiden, die Winkel der Kreise nehmen muss, in denen die drei Kugeln von einer durch ihre gemeinsame Centralaxe gehenden Ebene geschnitten werden.

Wenn in der Formel (8.) die vier Kugeln $r_1, \dots r_4$ dieselbe Potenzlinie haben, r'_1, r'_2, r'_3 mit r_1, r_2, r_3 zusammenfallen, r'_4 aber eine beliebige Kugel ist, die $r_1, \dots r_4$ in den Winkeln $\varphi_1, \dots \varphi_4$ schneidet, so ist

$$\begin{vmatrix} 1 & \cos(r_1 r_2) & \cos(r_1 r_3) & \cos\varphi_1 \\ \cos(r_2 r_1) & 1 & \cos(r_2 r_3) & \cos\varphi_2 \\ \cos(r_3 r_1) & \cos(r_3 r_2) & 1 & \cos\varphi_3 \\ \cos(r_4 r_1) & \cos(r_4 r_2) & \cos(r_4 r_3) & \cos\varphi_4 \end{vmatrix} = 0.$$

oder nach Unterdrückung des Factors $\sin(r_1 r_2 r_3)$

$$(25.)\quad \begin{cases} \sin(r_4 r_3 r_2)\cos\varphi_1 + \sin(r_4 r_1 r_3)\cos\varphi_2 + \sin(r_4 r_2 r_1)\cos\varphi_3 \\ \qquad\qquad + \sin(r_1 r_2 r_3)\cos\varphi_4 = 0. \end{cases}$$

Hier bedeutet $\sin(r_1 r_2 r_3)$ den Sinus der von den drei Radien gebildeten Ecke, welche einen der beiden gemeinsamen Schnittpunkte der vier gegebenen Kugeln mit den Mittelpunkten der Kugeln r_1, r_2, r_3 verbinden. Vertauscht man den einen Schnittpunkt mit dem andern, so wechselt $\sin(r_1 r_2 r_3)$ das Zeichen. Die vier in der letzten Formel vorkommenden Sinus beziehen sich alle auf denselben Schnittpunkt.

Werden fünf Kugeln mit gemeinsamem Potenzcentrum von fünf beliebigen andern geschnitten, so ist nach Formel (7.)

$$\begin{vmatrix} r_{11} & \dots & r_{14} & r_1\cos\varphi_1 \\ \cdot & \dots & \cdot & \cdot \\ r_{51} & \dots & r_{54} & r_5\cos\varphi_5 \end{vmatrix} = 0,$$

wo $\varphi_\varkappa$ für $\varphi_{\varkappa 5}$ geschrieben ist. Entwickelt man diese Determinante mit Hülfe der Relation (15.) nach den in der letzten Colonne stehenden Elementen, so erhält man nach Unterdrückung des Factors $-36 R v'_5 R'_5 \cos(RR'_5)$ die Gleichung

$$(26.)\quad v_1 r_1 \cos\varphi_1 + \dots + v_5 r_5 \cos\varphi_5 = 0,$$

die oben aus der Beziehung (12.) abgeleitet worden ist.

Werden fünf Kugeln $r_1, \dots r_5$ von einer sechsten r in den Winkeln $\varphi_1, \dots \varphi_5$ und fünf andere Kugeln $r'_1, \dots r'_5$ von einer sechsten r' in den Winkeln $\varphi'_1, \dots \varphi'_5$ geschnitten, so hat man nach Formel (6.) zur Berechnung des Winkels $(rr') = \varphi$ die Gleichung

$$\begin{vmatrix} \cos\varphi & \cos\varphi_1' & \dots & \cos\varphi_5' \\ \cos\varphi_1 & \cos\varphi_{11} & \dots & \cos\varphi_{15} \\ . & . & \dots & . \\ \cos\varphi_5 & \cos\varphi_{51} & \dots & \cos\varphi_{55} \end{vmatrix} = 0.$$

Entwickelt man diese Determinante mit Hülfe der Formel (16.) nach den in der ersten Zeile und Colonne stehenden Elementen, so erhält man die Gleichung

$$(27.) \qquad \cos\varphi = \Sigma \frac{\cos(R_\varkappa R_\lambda')}{\cos(r_\varkappa R_\varkappa)\cos(r_\lambda' R_\lambda')} \cos\varphi_\varkappa \cos\varphi_\lambda'.$$

Wenn insbesondere die Kugeln des zweiten Systems die des ersten, jedes Mal mit Ausnahme von einer, rechtwinklig schneiden, so ist

$$(28.) \qquad \cos\varphi = \Sigma \frac{\cos\varphi_\varkappa \cos\varphi_\varkappa'}{\cos(r_\varkappa R_\varkappa)}.$$

Construirt man zu einem System von sechs Kugeln ein zweites, dessen Kugeln die des ersten, jedes Mal mit Ausschluss von einer, unter gleichen Winkeln ($\varphi_\varkappa$) schneiden, und bezeichnet man den Winkel ($r_\varkappa r_\varkappa'$) mit $\psi_\varkappa$, so ist

$$(29.) \qquad \Sigma \frac{\cos\varphi_\varkappa}{\cos\varphi_\varkappa - \cos\psi_\varkappa} = 1.$$

Wenn die Kugel r die fünf Kugeln $r_1, \dots r_5$ unter demselben Winkel φ schneidet, so erhält man aus Formel (27.) zur Berechnung dieses Winkels die Gleichung

$$(30.) \qquad \frac{1}{\cos^2\varphi} = \Sigma \frac{\cos(R_\varkappa R_\lambda)}{\cos(r_\varkappa R_\varkappa)\cos(r_\lambda R_\lambda)}.$$

Durch directe Anwendung der Formel (6.) findet man für φ die Gleichung

$$(31.) \qquad 3k \operatorname{tang}\varphi = 2r_1 \dots r_5 \sqrt{\left(-2\Sigma \pm \sin^2\frac{\varphi_{11}}{2} \cdots \sin^2\frac{\varphi_{55}}{2}\right)},$$

in der k dieselbe Bedeutung hat, wie in Gleichung (12.). Für den Radius r findet man aus (12.)

$$(32.) \qquad r = \frac{k}{\cos\varphi(v_1 r_1 + \dots + v_5 r_5)}.$$

Aus (31.) folgt, dass fünf Kugeln von derselben Kugel berührt werden unter der Bedingung (D. p. 369)

$$(31^*.) \qquad \Sigma \pm \sin^2\frac{\varphi_{11}}{2} \cdots \sin^2\frac{\varphi_{55}}{2} = 0.$$

Wenn der Cosinus des Winkels, den zwei Kugeln bilden, gleich 1 ist, so sagen wir, dass die Kugeln sich berühren. Ist ϱ eine Berührungskugel der Kugeln $r_1, \dots r_4$, so ist nach Formel (14.)

$$\begin{vmatrix} 1 & 1 & \dots & 1 \\ 1 & \cos\varphi_{11} & \dots & \cos\varphi_{14} \\ \cdot & \cdot & \dots & \cdot \\ 1 & \cos\varphi_{41} & \dots & \cos\varphi_{44} \end{vmatrix} = -\left(\frac{6vR\cos(R\varrho)}{r_1\dots r_4}\right)^2$$

oder unter Anwendung der in I. §. 6 gebrauchten Umformung

$$(33.)\quad \begin{cases} 3vR\cos(R\varrho) \\ = 2r_1\dots r_4\sqrt{-\Pi\left(\sin\frac{\varphi_{12}}{2}\sin\frac{\varphi_{34}}{2}\pm\sin\frac{\varphi_{13}}{2}\sin\frac{\varphi_{42}}{2}\pm\sin\frac{\varphi_{14}}{2}\sin\frac{\varphi_{23}}{2}\right)}. \end{cases}$$

§. 4.

Unter dem Innern einer Kugel verstehen wir den Raum, in welchem ihr Centrum liegt, oder den, in welchem es nicht liegt, je nachdem ihr Radius positiv oder negativ ist. Die innere Normale betrachten wir als die positive Normale sowohl der Kugel als ihrer Berührungsebene in dem Fusspunkte. Der Winkel zweier Kugeln ist der Winkel ihrer positiven Normalen in einem gemeinschaftlichen Punkte. Zwei auf einander liegende Ebenen nennen wir nur dann zusammenfallend, wenn ihre positiven Normalen gleiche (nicht entgegengesetzte) Richtungen haben. Diesen Definitionen gemäss umhüllen die gemeinsamen Berührungsebenen zweier Kugeln nicht zwei, sondern nur einen Berührungskegel, dessen Spitze der Aehnlichkeitspunkt der beiden Kugeln ist. Ferner haben drei Kugeln nur eine Aehnlichkeitsaxe, die gerade Linie, welche sie unter gleichen Winkeln schneidet, und vier Kugeln nur eine Aehnlichkeitsebene, die Ebene, welche mit ihnen gleiche Winkel bildet.

Ist t das Quadrat der gemeinsamen Tangente zweier Kugeln r und s, φ ihr Winkel und d das Quadrat ihrer Centralaxe, so ist ganz allgemein

$$(34.)\quad t = d-(r-s)^2 = 4rs\sin^2\tfrac{1}{2}\varphi.$$

Ist die erste Kugel ein Punkt, so ist t dessen Potenz in Bezug auf die andere Kugel. Sind beide Kugeln Punkte, so ist t das Quadrat ihrer Entfernung. Ist s eine Ebene und p ihr Abstand von dem Centrum von r, so ist

$$(35.)\quad \lim\frac{t}{s} = 4r\sin^2\tfrac{1}{2}\varphi = 2(r-p).$$

Geht r in einen Punkt über, so ist daher

$$(36.)\quad \lim\frac{t}{s} = -2p.$$

Sind r und s Ebenen, so ist

$$(37.)\qquad \lim\frac{t}{rs} = 4\sin^2\tfrac{1}{2}\varphi.$$

Ist in zwei Systemen von sechs Kugeln $t_{\varkappa\lambda}$ das Quadrat der gemeinsamen Tangente der $\varkappa^{\text{ten}}$ Kugel des ersten und der λ^{ten} des zweiten Systems, so erhält man durch Multiplication der beiden Determinanten

$$\begin{vmatrix} 0 & 0 & 0 & 0 & 0 & 0 & 1 \\ 0 & x_1 & y_1 & z_1 & r_1 & 1 & x_1^2+y_1^2+z_1^2-r_1^2 \\ . & . & . & . & . & . & . \end{vmatrix}$$

und

$$\begin{vmatrix} 0 & 0 & 0 & 0 & 0 & 1 & 0 \\ 0 & -2x_1' & -2y_1' & -2z_1' & 2r_1' & x_1'^2+y_1'^2+z_1'^2-r_1'^2 & 1 \\ . & . & . & . & . & . & . \end{vmatrix}$$

zwischen den gemeinsamen Tangenten zweier Systeme von sechs Kugeln die Gleichung (D. p. 366)

$$(38.)\qquad \begin{vmatrix} 0 & 1 & \dots & 1 \\ 1 & t_{11} & \dots & t_{16} \\ . & . & \dots & . \\ 1 & t_{61} & \dots & t_{66} \end{vmatrix} = 0.$$

Für zwei Systeme von fünf Kugeln ergiebt sich durch Multiplication der Determinanten

$$\begin{vmatrix} 0 & 0 & 0 & 0 & 0 & 1 \\ x_1 & y_1 & z_1 & r_1 & 1 & x_1^2+y_1^2+z_1^2-r_1^2 \\ . & . & . & . & . & . \end{vmatrix} \begin{vmatrix} 0 & 0 & 0 & 0 & 1 & 0 \\ -2x_1' & -2y_1' & -2z_1' & 2r_1' & x_1'^2+y_1'^2+z_1'^2-r_1'^2 & 1 \\ . & . & . & . & . & . \end{vmatrix}$$

die Relation

$$(39.)\qquad \begin{vmatrix} 0 & 1 & \dots & 1 \\ 1 & t_{11} & \dots & t_{15} \\ . & . & \dots & . \\ 1 & t_{51} & \dots & t_{55} \end{vmatrix} = 576(v_1r_1+\dots+v_5r_5)(v_1'r_1'+\dots+v_5'r_5').$$

Nun ist aber mit Weglassung des Index 5

$$v_1r_1+\dots+v_5r_5 = vr\Big(1-\frac{\cos(rT)}{\cos T}\Big),$$

wo T die Aehnlichkeitsebene der vier ersten Kugeln ist. Daher nimmt die Gleichung (39.) die Gestalt an

$$(40.)\qquad \begin{vmatrix} 0 & 1 & \dots & 1 \\ 1 & t_{11} & \dots & t_{15} \\ . & . & \dots & . \\ 1 & t_{51} & \dots & t_{55} \end{vmatrix} = 576\,vv'rr'\Big(1-\frac{\cos(rT)}{\cos T}\Big)\Big(1-\frac{\cos(r'T')}{\cos T'}\Big).$$

Die Determinante, welche man durch Zusammensetzung der beiden Systeme von Elementen

$$\begin{vmatrix} 0 & 0 & 0 & 0 & 0 & 1 \\ x_1 & y_1 & z_1 & r_1 & 1 & \frac{1}{2}(r_1^2-x_1^2-y_1^2-z_1^2) \\ . & . & . & . & . & . \\ x_4 & y_4 & z_4 & r_4 & 1 & \frac{1}{2}(r_4^2-x_4^2-y_4^2-z_4^2) \end{vmatrix} \begin{vmatrix} 0 & 0 & 0 & 0 & 1 & 0 \\ x_1' & y_1' & z_1' & -r_1' & \frac{1}{2}(r_1'^2-x'^2-y_1'^2-z_1'^2) & 1 \\ . & . & . & . & . & . \\ x_4' & y_4' & z_4' & -r_4' & \frac{1}{2}(r_4'^2-x_4'^2-y_4'^2-z_4'^2) & 1 \end{vmatrix}$$

erhält, ist gleich der Summe von sechs Determinantenproducten, von denen die beiden letzten verschwinden. Das vierte hat den Werth $-36vv'$ und die Summe der drei ersten ist unter Anwendung der Bezeichnungen des §. 8 gleich $36vv'\Sigma a_{\varkappa\lambda}r_\varkappa r_\lambda'$. Nun ist aber, wie wir später zeigen werden,

$$(76.)\qquad \Sigma a_{\varkappa\lambda}r_\varkappa r_\lambda' = \frac{\cos C}{\cos T\cos T'},$$

wo C den Winkel der beiden Aehnlichkeitsebenen T und T' bezeichnet. Daher gelangen wir zu dem Resultate

$$(41.)\qquad \begin{vmatrix} 0 & 1 & \dots & 1 \\ 1 & t_{11} & \dots & t_{14} \\ . & . & \dots & . \\ 1 & t_{41} & \dots & t_{44} \end{vmatrix} = 288vv'\left(1-\frac{\cos C}{\cos T\cos T'}\right).$$

Aus der Gleichung (40.) ergiebt sich zwischen den Tangenten, welche fünf Kugeln mit derselben Aehnlichkeitsebene mit fünf beliebigen anderen gemeinsam haben, die Beziehung

$$(42.)\qquad \begin{vmatrix} 0 & 1 & \dots & 1 \\ 1 & t_{11} & \dots & t_{15} \\ . & . & \dots & . \\ 1 & t_{51} & \dots & t_{55} \end{vmatrix} = 0.$$

Wenn in der Formel (41.) die Mittelpunkte der vier Kugeln des ersten Systems auf einer Ebene liegen, so ist $v = 0$, gleichzeitig aber $\cos T = 0$ ausser in dem Falle, wo die vier Kugeln dieselbe Aehnlichkeitsaxe haben, und wo T unbestimmt ist. Zwischen den Tangenten, welche vier Kugeln mit derselben Aehnlichkeitsaxe mit vier beliebigen anderen Kugeln gemeinsam haben, besteht daher die Relation

$$(43.)\qquad \begin{vmatrix} 0 & 1 & \dots & 1 \\ 1 & t_{11} & \dots & t_{14} \\ . & . & \dots & . \\ 1 & t_{41} & \dots & t_{44} \end{vmatrix} = 0.$$

Wenn in diesem Falle die drei ersten Kugeln des ersten Systems denselben Aehnlichkeitspunkt haben, so kann für r_4 jede beliebige Kugel genommen werden. Wählt man dafür die gemeinsame Berührungsebene der drei ersten Kugeln des zweiten Systems, so erhält man die Relation

$$(44.)\qquad \begin{vmatrix} 0 & 1 & \cdots & 1 \\ 1 & t_{11} & \cdots & t_{13} \\ \cdot & \cdot & \cdots & \cdot \\ 1 & t_{31} & \cdots & t_{33} \end{vmatrix} = 0.$$

§. 5.

Zwischen den Winkeln, in denen vier gegebene Kugeln von vier andern geschnitten werden, möge die Beziehung

$$(45.)\qquad \cos\varphi_{\varkappa 4} = k_1\cos\varphi_{\varkappa 1}+k_2\cos\varphi_{\varkappa 2}+k_3\cos\varphi_{\varkappa 3}$$

bestehen, wo k_1, k_2, k_3 drei von $\varkappa$ unabhängige Parameter sind. Alsdann ist

$$\Sigma\pm\cos\varphi_{11}\ldots\cos\varphi_{44} = 0$$

und daher nach Formel (15.) $\cos(RR') = 0$. Daher ist R' die Orthogonalkugel der vier Kugeln r_1', r_2', r_3' und R, bleibt also ungeändert, wenn r_4' gemäss der Bedingung (45.) variirt.

Alle Kugeln, welche vier gegebene Kugeln unter Winkeln schneiden, deren Cosinus dieselben vier homogenen linearen Functionen von den Cosinus der Winkel sind, in denen die vier gegebenen Kugeln von drei bestimmten Kugeln geschnitten werden, haben mit der Orthogonalkugel der gegebenen Kugeln dasselbe Potenzcentrum.

Ist die Kugel r_4' willkürlich und ist

$$(46.)\qquad \cos\varphi_{\varkappa} = k_1\cos\varphi_{\varkappa 1}+k_2\cos\varphi_{\varkappa 2},$$

so ist wieder $\cos(RR') = 0$, und daher schneidet jede Kugel R', welche mit r_1', r_2', r_3' einen rechten Winkel bildet, auch R orthogonal oder die Kugeln r_1', r_2', r_3' und R haben dieselbe Potenzlinie. Da diese schon durch die Kugeln r_1', r_2' und R bestimmt ist, so erhält man, indem man die Kugel r_3' gemäss der Bedingung (46.) variiren lässt, den Satz:

Alle Kugeln, welche vier gegebene Kugeln unter Winkeln schneiden, deren Cosinus dieselben vier homogenen linearen Functionen von den Cosinus der Winkel sind, unter denen die vier gegebenen Kugeln von zwei bestimmten Kugeln geschnitten werden, gehen durch zwei feste Punkte der Orthogonalkugel der gegebenen Kugeln.

Auf analoge Weise ergeben sich aus der Formel (41.) die Sätze:

Wenn die $\varkappa^{te}$ von vier gegebenen Kugeln mit drei festen Kugeln die Tangenten $\sqrt{t_{\varkappa 1}}$, $\sqrt{t_{\varkappa 2}}$, $\sqrt{t_{\varkappa 3}}$ und mit einer veränderlichen Kugel die Tangente $\sqrt{t_\varkappa}$ gemeinsam hat, und wenn

$$(47.)\qquad t_\varkappa = \frac{k_1 t_{\varkappa 1} + k_2 t_{\varkappa 2} + k_3 t_{\varkappa 3} + k_4}{k_1 + k_2 + k_3}$$

ist, so hat die veränderliche Kugel mit den drei festen Kugeln eine feste Aehnlichkeitsebene.

Wenn die $\varkappa^{te}$ von vier gegebenen Kugeln mit zwei festen Kugeln die Tangenten $\sqrt{t_{\varkappa 1}}$ und $\sqrt{t_{\varkappa 2}}$ und mit einer veränderlichen Kugel die Tangente $\sqrt{t_\varkappa}$ gemeinsam hat, und wenn

$$(48.)\qquad t_\varkappa = \frac{k_1 t_{\varkappa 3} + k_2 t_{\varkappa 2} + k_3}{k_1 + k_2}$$

ist, so hat die veränderliche Kugel mit den beiden festen Kugeln eine feste Aehnlichkeitsaxe.

Wir wenden uns jetzt zu der Lösung der beiden Probleme, eine Kugel zu finden, die vier gegebene Kugeln unter gegebenen Winkeln schneidet, oder die mit ihnen Tangenten von gegebener Länge gemeinsam hat.

Wenn in der Formel (15.) r'_3 und r'_4 willkürliche Kugeln sind, so ist R' irgend eine Orthogonalkugel der Kugeln r'_1 und r'_2, die wir hier mit r und s bezeichnen wollen. Die Winkel $\varphi_{\varkappa 1}$ und $\varphi_{\varkappa 2}$ mögen $\varphi_\varkappa$ und $\psi_\varkappa$ heissen. Ist dann

$$(49.)\qquad \frac{\cos\varphi_1}{\cos\psi_1} = \frac{\cos\varphi_2}{\cos\psi_2} = \frac{\cos\varphi_3}{\cos\psi_3} = \frac{\cos\varphi_4}{\cos\psi_4} = k,$$

so ist $\Sigma \pm \cos\varphi_{11} \ldots \cos\varphi_{44} = 0$ und daher $\cos(RR') = 0$. Daher bildet jede Kugel R', die r und s rechtwinklig schneidet, auch mit R einen rechten Winkel, und mithin haben die Kugeln r, s und R dieselbe Potenzebene. Indem man die Kugel s gemäss der Bedingung (49.) variiren lässt, erhält man den Satz:

Alle Kugeln, welche vier gegebene Kugeln unter Winkeln von proportionalen Cosinus schneiden, gehen durch einen festen Kreis ihrer Orthogonalkugel.

Man zeigt leicht, dass

$$(50.)\qquad k = \frac{\sin(rR)}{\sin(sR)} = (ABCD)$$

ist, wenn A, B, C die Mittelpunkte der Kugeln r, s, R und D der Aehnlichkeitspunkt der Kugeln r und s ist. Unter den Kugeln, welche durch die Schnittcurve von r und R gehen, befindet sich auch eine Ebene. Wählt man diese für die Kugel s und nennt man $p_1, \dots p_4$ ihre Abstände von den Mittelpunkten der Kugeln $r_1, \dots r_4$, so ist

$$\cos\psi_x = \frac{p_x}{r_x}, \quad k = \frac{r_x \cos\varphi_x}{p_x}.$$

Wir construiren vier mit den gegebenen concentrische Kugeln mit den Radien

$$(51.) \qquad r'_x = r_x \cos\varphi_x.$$

Diese werden von den Ebenen umhüllt, welche die gegebenen Kugeln bezüglich unter den Winkeln $\varphi_1, \dots \varphi_4$ schneiden. Alsdann ist

$$\frac{p_x}{r'_x} = \frac{1}{k},$$

oder die Ebene s schneidet die vier Hülfskugeln unter gleichen Winkeln und ist daher ihre Aehnlichkeitsebene.

Variiren vier Winkel so, dass sich die Verhältnisse ihrer Cosinus nicht ändern, so umhüllen die Ebenen, welche vier gegebene Kugeln bezüglich unter diesen Winkeln schneiden, vier veränderliche Kugeln mit fester Aehnlichkeitsebene, und eine Kugel, welche die gegebenen Kugeln bezüglich unter diesen Winkeln schneidet, geht durch den Schnittpunkt ihrer Orthogonalkugel mit jener Aehnlichkeitsebene.

Ist F ein Schnittpunkt der Kugeln r und r_x, die den Winkel φ_x bilden, so schneidet die in F an die Kugel r gelegte Berührungsebene die Kugel r_x unter dem Winkel φ_x, ist also eine Berührungsebene der Kugel r'_x. Ist daher $\sqrt{t_x}$ der Radius des Kreises, in welchem diese Ebene die Kugel r_x schneidet, so sind $t_1, \dots t_4$ die Quadrate der Tangenten, welche die Kugel r mit den Kugeln $r'_1, \dots r'_4$ gemeinsam hat.

Wir brechen jetzt diese Untersuchung für einen Augenblick ab und wenden uns zur Formel (41.). In dieser betrachten wir die Kugeln $r'_1, \dots r'_4$ als gegeben, r_3 und r_4 als willkürlich und bezeichnen r_1 und r_2 mit r und s, t_{1x} und t_{2x} mit t_x und u_x. Ist dann

$$(52.) \qquad t_1 - u_1 = t_2 - u_2 = t_3 - u_3 = t_4 - u_4 = k,$$

so verschwindet die Determinante auf der linken Seite der Formel (41.) und daher ist

$$\cos C = \cos T \cos T',$$

wo T irgend eine Ebene bedeutet, welche die Kugeln r und s unter gleichen Winkeln schneidet, also durch ihren Aehnlichkeitspunkt geht. Ist T

insbesondere eine ihrer gemeinsamen Berührungsebenen, so ist

$$\cos C = \cos T'.$$

Die gemeinsamen Berührungsebenen der Kugeln r und s haben also mit den gegebenen Kugeln $r'_1, \ldots r'_4$ die Aehnlichkeitsebene T' gemeinsam, d. h. sie werden von derselben unter dem Winkel T' geschnitten. Daher steht die Centralaxe der Kugeln r und s auf der Ebene T' senkrecht, und ihr gemeinsamer Berührungskegel bildet mit ihr den Winkel T'. Derselbe ändert sich folglich nicht, wenn die Kugel r fest bleibt, s aber gemäss der Bedingung (52.) variirt.

Alle Kugeln, welche mit vier gegebenen Kugeln Tangenten gemeinsam haben, deren Quadrate sich um dieselbe Grösse unterscheiden, haben denselben Aehnlichkeitspunkt, und ihre gemeinsamen Berührungsebenen haben mit den gegebenen Kugeln dieselbe Aehnlichkeitsebene.

Eine der Gleichung (50.) analoge Beziehung erhält man durch folgende Betrachtung. Ist r' irgend eine Kugel, welche mit den gegebenen Kugeln $r'_1, \ldots r'_4$ dieselbe Aehnlichkeitsebene hat, und sind t und u die Quadrate der Tangenten, welche die Kugeln r und s mit r' gemeinsam haben, so ist $t-u=k$. Für r' kann man die Kugel wählen, welche durch die Schnittcurve des oben erwähnten Kegels mit der Ebene T' geht und diesen Kegel berührt, da diese, ebenso wie der Kegel die Ebene T' unter dem Winkel T' schneidet. Ist O der Schnittpunkt einer Kante des Kegels mit T' und sind P und Q ihre Berührungspunkte mit r und s, so ist $OP^2 = t$, $OQ^2 = u$ und

$$(53.) \qquad t-u = t_\varkappa - u_\varkappa.$$

Unter den Kugeln, welche jenen Kegel berühren, befindet sich auch ein Punkt S, die Spitze des Kegels. Wählt man diesen für s, so ist

$$u_\varkappa = d_\varkappa - r'^2_\varkappa,$$

wo $d_\varkappa$ das Quadrat der Entfernung des Punktes S von dem Centrum des Kreises $r'_\varkappa$ ist. Construirt man vier mit den Kugeln $r'_\varkappa$ concentrische Kugeln, deren Radien $r_\varkappa$ durch die Gleichung

$$(54.) \qquad r^2_\varkappa = t_\varkappa + r'^2_\varkappa$$

bestimmt sind, so ist

$$k = t_\varkappa - u_\varkappa = -(d_\varkappa - r^2_\varkappa).$$

Es sind also die Tangenten, die sich von S an die Kugeln $r_1, \ldots r_4$ ziehen lassen, von gleicher Länge, oder S ist das Potenzcentrum der Kugeln $r_1, \ldots r_4$.

Variiren vier Strecken so, dass sich die Differenzen ihrer Quadrate nicht ändern, so beschreiben die Punkte, welche auf den Tangenten von vier gegebenen Kugeln bezüglich um diese Strecken von den Berührungspunkten entfernt liegen, vier veränderliche Kugeln mit festem Potenzcentrum; und eine Kugel, welche mit den vier gegebenen Kugeln Tangenten von der Länge dieser Strecken gemeinsam hat, berührt die durch jenes Potenzcentrum gehenden Ebenen, welche mit den gegebenen Kugeln dieselbe Aehnlichkeitsaxe haben.

Aus den entwickelten Sätzen ergeben sich drei Constructionen der Kugel r, welche vier gegebene Kugeln $r_1, \dots r_4$ unter gegebenen Winkeln $\varphi_1, \dots \varphi_4$ schneidet (mit vier gegebenen Kugeln $r'_1, \dots r'_4$ Tangenten von gegebener Länge $\sqrt{t_1}, \dots \sqrt{t_4}$ gemeinsam hat), von denen wir hier nur eine ausführen wollen.

Man construire die Hülfskugeln $r'_1, \dots r'_4$, die Enveloppen der Ebenen, welche die gegebenen Kugeln bezüglich unter den Winkeln $\varphi_1, \dots \varphi_4$ schneiden. (Man construire die Hülfskugeln $r_1, \dots r_4$, die Orte der Punkte, welche auf den Tangenten der gegebenen Kugeln bezüglich um die Strecken $\sqrt{t_1}, \dots \sqrt{t_4}$ von den Berührungspunkten entfernt liegen.) Durch das Centrum der Orthogonalkugel R der Kugeln $r_1, \dots r_4$ lege man einen geraden Kegel, dessen Kanten mit der Aehnlichkeitsebene T' der Kugeln $r'_1, \dots r'_4$ den Winkel T' bilden. Alsdann sind die beiden Kugeln r und r', welche diesen Kegel berühren und durch die Schnittcurve der Ebene T' mit der Kugel R gehen, die verlangten.

Die beiden mit ihnen concentrischen Kugeln, deren Radien r und $-r'$ sind, welche also die gegebenen Kugeln unter supplementären Winkeln schneiden, nennen wir *conjugirte Schnittkugeln*. Von diesen beweist man, wie in I. §. 5 die Sätze:

Die Orthogonalkugel von vier Kugeln geht durch die Schnittcurve von je zwei conjugirten Schnittkugeln und halbirt die von ihnen gebildeten Winkel.

Das Potenzcentrum von vier Kugeln ist der innere Aehnlichkeitspunkt von je zwei conjugirten Schnittkugeln.

Ferner ergeben sich die Sätze:

Alle Kugeln, welche vier gegebene Kugeln unter gleichen Winkeln schneiden, gehen durch die Schnittcurve ihrer Orthogonalkugel mit ihrer Aehnlichkeitsebene.

Alle Kugeln, welche drei gegebene Kugeln unter gleichen Winkeln schneiden, haben deren Aehnlichkeitsaxe zur Potenzlinie.

Alle Kugeln, welche zwei gegebene Kugeln unter gleichen Winkeln schneiden, haben deren Aehnlichkeitspunkt zum Potenzcentrum.

Alle Kugeln, welche mit vier gegebenen Kugeln Tangenten von gleicher Länge gemeinsam haben, berühren den durch deren Potenzcentrum gehenden Kegel, dessen Berührungsebenen mit den gegebenen Kugeln dieselbe Aehnlichkeitsebene haben.

Alle Kugeln, welche mit drei gegebenen Kugeln Tangenten von gleicher Länge gemeinsam haben, haben deren Potenzlinie zur Aehnlichkeitsaxe.

Alle Kugeln, welche mit zwei gegebenen Kugeln Tangenten von gleicher Länge gemeinsam haben, haben deren Potenzebene zur Aehnlichkeitsebene.

Endlich ergiebt sich daraus:

Die beiden Berührungskugeln von vier gegebenen Kugeln gehen durch die Schnittcurve ihrer Orthogonalkugel mit ihrer Aehnlichkeitsebene und berühren die durch das Potenzcentrum gehenden Ebenen, welche mit den vier gegebenen Kugeln die Aehnlichkeitsebene gemeinsam haben.

Auf dem am Ende des §. 5, I. angegebenen Wege ergiebt sich aus diesem Satze die *Gergonne*sche Lösung des *Apollonius*schen Berührungsproblems.

§. 6.

Für ein System von sechs und ein zweites von fünf Kugeln erhält man durch Multiplication der Determinanten

$$\begin{vmatrix} 0 & x_1 & y_1 & z_1 & 1 & \frac{1}{2}(r_1^2-x_1^2-y_1^2-z_1^2) \\ 0 & x_2 & y_2 & z_2 & 1 & \frac{1}{2}(r_2^2-x_2^2-y_2^2-z_2^2) \\ . & . & . & . & . & . \\ 0 & x_6 & y_6 & z_6 & 1 & \frac{1}{2}(r_6^2-x_6^2-y_6^2-z_6^2) \end{vmatrix} \quad \begin{vmatrix} 0 & 0 & 0 & 0 & 1 & 0 \\ 0 & x_1' & y_1' & z_1' & \frac{1}{2}(r_1'^2-x_1'^2-y_1'^2-z_1'^2) & 1 \\ . & . & . & . & . & . \\ 0 & x_5' & y_5' & z_5' & \frac{1}{2}(r_5'^2-x_5'^2-y_5'^2-z_5'^2) & 1 \end{vmatrix}$$

die Relation

$$(55.)\qquad \begin{vmatrix} 1 & r_{11} & \dots & r_{15} \\ 1 & r_{21} & \dots & r_{25} \\ . & . & \dots & . \\ 1 & r_{61} & \dots & r_{65} \end{vmatrix} = 0.$$

Für ein System von fünf und ein zweites von vier Kugeln ergiebt sich auf dem in §. 2 angegebenen Wege durch Multiplication der Determinanten

$$\begin{vmatrix} x_1 & y_1 & z_1 & 1 & \frac{1}{2}(r_1^2-x_1^2-y_1^2-z_1^2) \\ x_2 & y_2 & z_2 & 1 & \frac{1}{2}(r_2^2-x_2^2-y_2^2-z_2^2) \\ \cdot & \cdot & \cdot & \cdot & \cdot \\ x_5 & y_5 & z_5 & 1 & \frac{1}{2}(r_5^2-x_5^2-y_5^2-z_5^2) \end{vmatrix} \begin{vmatrix} 0 & 0 & 0 & 1 & 0 \\ x_1' & y_1' & z_1' & \frac{1}{2}(r_1'^2-x_1'^2-y_1'^2-z_1'^2) & 1 \\ \cdot & \cdot & \cdot & \cdot & \cdot \\ x_4' & y_4' & z_4' & \frac{1}{2}(r_4'^2-x_4'^2-y_4'^2-z_4'^2) & 1 \end{vmatrix}$$

die Gleichung

$$(56.)\quad \begin{vmatrix} 1 & r_{11} & \dots & r_{14} \\ 1 & r_{21} & \dots & r_{24} \\ \cdot & \cdot & \dots & \cdot \\ 1 & r_{51} & \dots & r_{54} \end{vmatrix} = -36v'r(v_1r_1\cos\varphi_1+\dots+v_5r_5\cos\varphi_5),$$

wo, wie in §. 2, $\varphi_1, \dots \varphi_5$ die Winkel sind, unter denen die Kugeln $r_1, \dots r_5$ von einer beliebigen Kugel r geschnitten werden. Für den Fall, dass die Radien der Kugeln verschwinden, geht diese Relation in eine von Herrn *Bauer* in der oben (§. 2) citirten Abhandlung (S. 345) entwickelte Formel über. Ist r die Orthogonalkugel R der vier ersten Kugeln des ersten Systems, so ist

$$r(v_1r_1\cos\varphi_1+\dots+v_5r_5\cos\varphi_5) = vr_5R\cos(r_5R).$$

Dividirt man daher die Gleichung (56.) durch r_5, so erhält man

$$(57.)\quad \begin{vmatrix} \frac{1}{r'} & r_1'\cos\varphi_1' & \dots & r_4'\cos\varphi_4' \\ 1 & r_{11} & \dots & r_{14} \\ \cdot & \cdot & \dots & \cdot \\ 1 & r_{41} & \dots & r_{44} \end{vmatrix} = -36vv'R\cos(r'R),$$

wo $\varphi_1', \dots \varphi_4'$ die Winkel sind, in denen die Kugeln des zweiten Systems von der Kugel r' $(=r_5)$ geschnitten werden. Ist r' insbesondere die Aehnlichkeitsebene T' der vier Kugeln des zweiten Systems, so ist

$$(58.)\quad \begin{vmatrix} 0 & r_1' & \dots & r_4' \\ 1 & r_{11} & \dots & r_{14} \\ \cdot & \cdot & \dots & \cdot \\ 1 & r_{41} & \dots & r_{44} \end{vmatrix} = -36vv'\frac{B}{\cos T'},$$

wo B der Abstand des Potenzcentrums der Kugeln des ersten von der Aehnlichkeitsebene derer des zweiten Systems ist. Die Gleichung (58.) hat die Form

$$\frac{B}{\cos T'} = k_1r_1'+\dots+k_4r_4',$$

wo die Grössen $k_1, \dots k_4$ ungeändert bleiben, wenn die Radien $r_1', \dots r_4'$ ihre Zeichen wechseln. Aus dieser Bemerkung ergeben sich für die acht

Aehnlichkeitsebenen von vier Kugeln eine Reihe von Beziehungen, auf die ich hier nicht näher eingehen will.

Ist in der Gleichung (57.) die vierte Kugel des zweiten Systems r'_4 die Orthogonalkugel r der Kugeln des ersten Systems, so folgt aus ihr die Formel

$$(59.)\qquad \begin{vmatrix} 1 & r_{11} & \dots & r_{13} \\ \cdot & \cdot & \dots & \cdot \\ 1 & r_{41} & \dots & r_{43} \end{vmatrix} = -12 v f' R \cos(f'R),$$

wo f' die Fläche des von den Mittelpunkten der Kugeln des zweiten Systems gebildeten Dreiecks und $(f'R)$ der Winkel ist, den die Ebene dieses Dreiecks mit der Kugel R bildet.

§. 7.

Für zwei Systeme von fünf Kugeln erhält man durch Multiplication der beiden Determinanten

$$\begin{vmatrix} 0 & 0 & 0 & 0 & 0 & 1 \\ 0 & x_1 & y_1 & z_1 & 1 & \frac{1}{2}(r_1^2-x_1^2-y_1^2-z_1^2) \\ \cdot & \cdot & \cdot & \cdot & \cdot & \cdot \end{vmatrix} \begin{vmatrix} 0 & 0 & 0 & 0 & 1 & 0 \\ 0 & x'_1 & y'_1 & z'_1 & \frac{1}{2}(r_1'^2-x_1'^2-y_1'^2-z_1'^2) & 1 \\ \cdot & \cdot & \cdot & \cdot & \cdot & \cdot \end{vmatrix}$$

die Relation (D. p. 364)

$$(60.)\qquad \begin{vmatrix} 0 & 1 & \dots & 1 \\ 1 & r_{11} & \dots & r_{15} \\ \cdot & \cdot & \dots & \cdot \\ 1 & r_{51} & \dots & r_{55} \end{vmatrix} = 0.$$

Diese ist zwar nicht verschieden von der bekannten Relation (B. §. 16, 13) zwischen den Quadraten der Strecken, welche fünf Punkte des Raumes mit fünf anderen verbinden, aber weit brauchbarer für die verschiedenartigsten Anwendungen, da sie zwei mal fünf unbestimmte Parameter $r_1, \dots r_5$, $r'_1, \dots r'_5$ enthält, denen man endliche, verschwindende oder unendlich grosse Werthe beilegen kann. Wenn man durch diese dividirt, so nimmt die Formel (60.) die Gestalt an (D. p. 383)

$$(61.)\qquad \begin{vmatrix} 0 & \frac{1}{r'_1} & \dots & \frac{1}{r'_5} \\ \frac{1}{r_1} & \cos\varphi_{11} & \dots & \cos\varphi_{15} \\ \cdot & \cdot & \dots & \cdot \\ \frac{1}{r_5} & \cos\varphi_{51} & \dots & \cos\varphi_{55} \end{vmatrix} = 0.$$

Seien $R_1, \dots R_5$ die Orthogonalkugeln der fünf Kugeln des ersten Systems, $V_1, \dots V_5$ die Volumina der von den Mittelpunkten der Orthogonalkugeln gebildeten Tetraeder, und sei

$$R_{\varkappa\lambda} = R_\varkappa R'_\lambda \cos(R_\varkappa R'_\lambda).$$

Entwickelt man die Relation (60.) mit Hülfe der Formel (15.) nach den in der ersten Zeile und Colonne stehenden Elementen, so erhält man die Gleichung

$$(62.) \qquad \Sigma v_\varkappa v'_\lambda R_{\varkappa\lambda} = 0.$$

Da die Kugeln $r_1, \dots r_5$ die Orthogonalkugeln der Kugeln $R_1, \dots R_5$ sind, so ist auch

$$(63.) \qquad \Sigma V_\varkappa V'_\lambda r_{\varkappa\lambda} = 0.$$

Dividirt man die Relation (61.) durch $\Sigma \pm \cos\varphi_{11} \dots \cos\varphi_{55}$ und entwickelt sie mit Hülfe der Formel (16.) nach den in der ersten Zeile und Colonne stehenden Elementen, so findet man

$$(64.) \qquad \Sigma \frac{\cos(R_\varkappa R'_\lambda)}{\cos(r_\varkappa R_\varkappa)\cos(r'_\lambda R'_\lambda)} \frac{1}{r_\varkappa r'_\lambda} = 0.$$

Ebenso ist

$$(65.) \qquad \Sigma \frac{\cos(r_\varkappa r'_\lambda)}{\cos(r_\varkappa R_\varkappa)\cos(r'_\lambda R'_\lambda)} \frac{1}{R_\varkappa R'_\lambda} = 0.$$

Fallen die Kugeln $r'_\varkappa$ mit den Kugeln $R_\varkappa$ zusammen, so nehmen die Formeln (62.) und (64.) die Gestalt an

$$(66.) \qquad \Sigma v_\varkappa V_\varkappa r_\varkappa R_\varkappa \cos(r_\varkappa R_\varkappa) = 0$$

und (D. p. 384)

$$(67.) \qquad \Sigma \frac{1}{r_\varkappa R_\varkappa \cos(r_\varkappa R_\varkappa)} = 0.$$

Durch Multiplication der beiden Determinanten

$$\begin{vmatrix} 0 & 0 & 0 & 0 & 1 \\ x_1 & y_1 & z_1 & 1 & \frac{1}{2}(r_1^2 - x_1^2 - y_1^2 - z_1^2) \\ \cdot & \cdot & \cdot & \cdot & \cdot \end{vmatrix} \begin{vmatrix} 0 & 0 & 0 & 1 & 0 \\ x'_1 & y'_1 & z'_1 & \frac{1}{2}(r_1'^2 - x_1'^2 - y_1'^2 - z_1'^2) & 1 \\ \cdot & \cdot & \cdot & \cdot & \cdot \end{vmatrix}$$

erhält man die Relation (D. p. 356)

$$(68.) \qquad \begin{vmatrix} 0 & 1 & \dots & 1 \\ 1 & r_{11} & \dots & r_{14} \\ \cdot & \cdot & \dots & \cdot \\ 1 & r_{41} & \dots & r_{44} \end{vmatrix} = -36 v v'.$$

Wir dividiren die letzte Zeile (Colonne) durch r_4 (r'_4) und wählen für r'_4 (r_4) die Centralebene der drei ersten Kugeln des ersten (zweiten) Systems. Ist $f(f')$ die Fläche des von den Mittelpunkten der Kugeln des ersten (zweiten) Systems gebildeten Dreiecks, so ist

$$\lim \frac{v}{r'_4} = \tfrac{1}{3} f \cos(ff'), \quad \lim \frac{v'}{r_4} = \tfrac{1}{3} f' \cos(ff')$$

und daher (D. p. 361)

$$(69.) \qquad \begin{vmatrix} 0 & 1 & \dots & 1 \\ 1 & r_{11} & \dots & r_{13} \\ . & . & \dots & . \\ 1 & r_{31} & \dots & r_{33} \end{vmatrix} = -4ff' \cos(ff').$$

Wir dividiren die letzte Zeile (Colonne) durch $r_3(r'_3)$. Sei $l(l')$ die Centralaxe der Kugeln r_1 und r_2 (r'_1 und r'_2). Wir construiren die gerade Linie, welche l und l' rechtwinklig schneidet, und beschreiben um einen Punkt derselben eine Kugel, $r'_3(r_3)$, welche durch die Mittelpunkte von r_1 und r_2 (r'_1 und r'_2) geht. Dann ist $\cos(ff') = \cos(ll')$, und wenn jener Punkt ins Unendliche rückt

$$\lim \frac{f}{r'_3} = \tfrac{1}{2} l, \quad \lim \frac{f'}{r_3} = \tfrac{1}{2} l'$$

und daher

$$(70.) \qquad \begin{vmatrix} 0 & 1 & 1 \\ 1 & r_{11} & r_{12} \\ 1 & r_{21} & r_{22} \end{vmatrix} = -ll' \cos(ll').$$

§. 8.

Wenn vier Kugeln $r_1, \dots r_4$ von einer fünften r unter den Winkeln $\varphi_1, \dots \varphi_4$ und vier andere Kugeln $r'_1, \dots r'_4$ von einer fünften r' unter den Winkeln $\varphi'_1, \dots \varphi'_4$ geschnitten werden, so ist nach Formel (60.)

$$\begin{vmatrix} \cos(rr') & \frac{1}{r'} & r'_1 \cos\varphi'_1 & \dots & r'_4 \cos\varphi'_4 \\ \frac{1}{r} & 0 & 1 & \dots & 1 \\ r_1 \cos\varphi_1 & 1 & r_{11} & \dots & r_{14} \\ . & . & . & \dots & . \\ r_4 \cos\varphi_4 & 1 & r_{41} & \dots & r_{44} \end{vmatrix} = 0.$$

Diese Determinante entwickeln wir mit Hülfe der Formeln (15.), (57.), (68.)

und (69.) nach den in der ersten Zeile und Colonne stehenden Elementen. Die Seitenflächen des von den Mittelpunkten 1, 2, 3, 4 der Kugeln $r_1, \dots r_4$ gebildeten Tetraeders $v = (1234)$ seien

$$(71.)\qquad a_1 = (432),\quad a_2 = (413),\quad a_3 = (421),\quad a_4 = (123),$$

die zugehörigen Höhen $h_1, \dots h_4$. In dem zweiten Systeme mögen die analogen Grössen mit Strichen bezeichnet werden. Ferner sei $(a_\varkappa a'_\lambda)$ der Winkel der positiven Normalen der Ebenen $a_\varkappa$ und a'_λ und

$$(72.)\qquad a_{\varkappa\lambda} = \frac{a_\varkappa a'_\lambda \cos(a_\varkappa a'_\lambda)}{9vv'} = \frac{\cos(h_\varkappa h'_\lambda)}{h_\varkappa h'_\lambda}.$$

Dann gelangt man auf dem angedeuteten Wege zu der Formel

$$(73.)\qquad \left\{\begin{aligned} &\Sigma a_{\varkappa\lambda} r_\varkappa \cos\varphi_\varkappa r'_\lambda \cos\varphi'_\lambda \\ &= \frac{1}{rr'}(rr'\cos(rr') + RR'\cos(RR') - rR'\cos(rR') - Rr'\cos(Rr')) \end{aligned}\right.$$

oder

$$(74.)\qquad \Sigma a_{\varkappa\lambda} r_\varkappa \cos\varphi_\varkappa r'_\lambda \cos\varphi'_\lambda = -RR' \begin{vmatrix} 0 & \frac{1}{r'} & \frac{1}{R'} \\ \frac{1}{r} & \cos(rr') & \cos(rR') \\ \frac{1}{R} & \cos(Rr') & \cos(RR') \end{vmatrix}$$

oder endlich mit Hülfe der Gleichung (70.)

$$(75.)\qquad \Sigma a_{\varkappa\lambda} r_\varkappa \cos\varphi_\varkappa r'_\lambda \cos\varphi'_\lambda = \frac{ll'\cos(ll')}{rr'},$$

wo l die Centralaxe der Kugeln r und R und l' die der Kugeln r' und R' bedeutet.

Sind die Kugeln r und r' insbesondere die Aehnlichkeitsebenen T und T' der beiden Systeme von vier Kugeln, so ist

$$(76.)\qquad \Sigma a_{\varkappa\lambda} r_\varkappa r'_\lambda = \frac{\cos C}{\cos T \cos T'},$$

wo C der von den Aehnlichkeitsebenen gebildete Winkel ist.

§. 9.

Fallen in der Formel (60.) die beiden Systeme zusammen, so erhält man zur Berechnung des Radius r einer Kugel, welche vier gegebene Kugeln $r_1, \dots r_4$ unter gegebenen Winkeln $\varphi_1, \dots \varphi_4$ schneidet, die quadratische Gleichung

$$(77.)\quad \begin{vmatrix} 1 & \frac{1}{r} & r_1\cos\varphi_1 & \dots & r_4\cos\varphi_4 \\ \frac{1}{r} & 0 & 1 & \dots & 1 \\ r_1\cos\varphi_1 & 1 & r_{11} & \dots & r_{14} \\ \cdot & \cdot & \cdot & \dots & \cdot \\ r_4\cos\varphi_4 & 1 & r_{41} & \dots & r_{44} \end{vmatrix} = 0.$$

In dieser Gleichung ist der Coefficient von $\frac{1}{r^2}$ nach Formel (15.) gleich $36\,v^2R^2$. Das constante Glied ist, nach den Formeln (68.) und (69.) entwickelt

$$36\,v^2(\Sigma a_{\varkappa\lambda}r_\varkappa\cos\varphi_\varkappa r_\lambda\cos\varphi_\lambda-1).$$

Construirt man vier mit den Kugeln $r_\varkappa$ concentrische Hülfskugeln, deren Radien $r'_\varkappa = r_\varkappa\cos\varphi_\varkappa$ sind, so ist dieser Ausdruck nach Formel (76.) bis auf den Factor $36\,v^2$

$$\Sigma a_{\varkappa\lambda}r'_\varkappa r'_\lambda-1 = \frac{1}{\cos^2T'}-1 = \mathrm{tang}^2\,T',$$

wenn T' die Aehnlichkeitsebene der Hülfskugeln ist. Endlich ist der Coefficient von $-\frac{2}{r}$ gleich

$$\begin{vmatrix} 0 & r'_1 & \dots & r'_4 \\ 1 & r_{11} & \dots & r_{14} \\ \vdots & \cdot & \dots & \cdot \\ 1 & r_{41} & \dots & r_{44} \end{vmatrix}.$$

Wenn man in dieser Determinante die Elemente der ersten Colonne, mit $\frac{1}{2}(r_\lambda^2-r_\lambda'^2)$ multiplicirt, von denen der $(\lambda+1)^{\text{ten}}$ Colonne subtrahirt, so wird deren $(\varkappa+1)^{\text{tes}}$ Element

$$r_{\varkappa\lambda}-\tfrac{1}{2}(r_\lambda^2-r_\lambda'^2) = \tfrac{1}{2}(r_\varkappa^2+r_\lambda^2-d_{\varkappa\lambda})-\tfrac{1}{2}(r_\lambda^2-r_\lambda'^2) = r_\varkappa r'_\lambda\cos(r_\varkappa r'_\lambda).$$

Daher hat die Determinante nach Formel (58.) den Werth

$$-36\,v^2\frac{B}{\cos T'},$$

wo B der Abstand des Centrums von R von der Ebene T' ist. Daher nimmt die quadratische Gleichung (77.) die Form an (20.)

$$(78.)\quad R^2\frac{1}{r^2}+\frac{2B}{\cos T'}\,\frac{1}{r}+\mathrm{tang}^2\,T' = 0.$$

Ihre Wurzeln bezeichnen wir mit r und $-r'$, so dass r und r' die Radien zweier conjugirten Schnittkugeln sind. Dann ist

$$(79.)\quad \frac{1}{r}-\frac{1}{r'} = -\frac{2B}{R^2\cos T'}$$

und

$$(80.)\quad \frac{1}{rr'} = -\frac{\operatorname{tang}^2 T'}{R^2}.$$

Aus der Determinantenform dieser Coefficienten geht hervor, dass

$$(81.)\quad \frac{1}{r}-\frac{1}{r'} = k_1 r_1+\cdots+k_4 r_4$$

und

$$(82.)\quad \frac{1}{rr'} = \Sigma k_{\varkappa\lambda} r_\varkappa r_\lambda+\frac{1}{R^2}$$

ist, wo die Grössen $k_\varkappa$ und $k_{\varkappa\lambda}$ ungeändert bleiben, wenn die Radien $r_1, \dots r_4$ ihre Zeichen wechseln. Aus dieser Bemerkung ergeben sich fünf Relationen zwischen den Radien der 16 Kugeln, welche vier gegebene Kugeln unter gegebenen Winkeln schneiden, insbesondere vier gegebene Kugeln berühren (wobei die Radien der gegebenen Kugeln nicht, wie bisher stets vorausgesetzt wurde, bis auf das Vorzeichen genau gegeben sind). Die eine dieser Relationen, die sich aus der Formel (82.) ergiebt, ist in dem Satze enthalten:

Die Summe der reciproken Producte der Radien zweier conjugirten Berührungskugeln, welche eine gerade Anzahl der gegebenen Kugeln positiv berühren, ist gleich der Summe der reciproken Producte der Radien zweier conjugirten Berührungskugeln, welche eine ungerade Anzahl der gegebenen Kugeln positiv berühren.

Durch die Mittheilung dieses Satzes wurde Herr *Schubert* veranlasst, auch die andern vier Relationen aufzusuchen, die sich aus der Formel (81.) ergeben. (Zeitschrift für Math. und Phys. 1869, S. 506). Auf die einfachste Form gebracht, lassen sich dieselben in dem Satze zusammenfassen:

Die Summe der reciproken Radien von vier Berührungskugeln, unter denen keine zwei conjugirte sind, und von denen zusammen jede der gegebenen Kugeln zwei Mal positiv und zwei Mal negativ berührt wird, ist gleich der Summe der reciproken Radien der vier conjugirten Berührungskugeln.

§. 10.

Aus den in §. 1 ausgeführten Erörterungen und den Formeln (60.) und (61.) ergiebt sich der allgemeine Satz:

Sind zwei Systeme von fünf Elementen, Punkten, Ebenen oder Kugeln, gegeben und bezeichnet $b_{\varkappa\lambda}$, *wenn das* $\varkappa^{te}$ *Element des ersten und das* λ^{te} *des zweiten Systems Punkte sind, das Quadrat ihrer Entfernung, wenn sie ein Punkt und eine Ebene sind, den senkrechten Abstand, wenn ein Punkt und eine Kugel, die Potenz, wenn zwei Ebenen, den negativen halben Cosinus ihres Winkels, wenn eine Kugel und eine Ebene, den Cosinus ihres Winkels multiplicirt mit dem Radius, wenn zwei Kugeln, den negativen doppelten Cosinus, multiplicirt mit den Radien, ist ferner* $b_{00} = 0$ *und* $b_{\varkappa 0}(b_{0\varkappa})$ *gleich* 0 *oder* 1, *je nachdem das* $\varkappa^{te}$ *Element des ersten (zweiten) Systems eine Ebene ist, oder nicht, so ist*

$$(83.) \qquad \Sigma \pm b_{00} b_{11} \ldots b_{55} = 0.$$

Sind z. B. $t_1, \ldots t_4$ die Potenzen eines Punktes in Bezug auf vier Kugeln, $t'_1, \ldots t'_4$ die eines andern Punktes in Bezug auf vier andere Kugeln, so hat man zur Berechnung des Quadrates der Entfernung d dieser beiden Punkte von einander die Gleichung

$$(84.) \qquad \begin{vmatrix} 0 & -2 & 1 & \ldots & 1 \\ -2 & -2d & t'_1 & \ldots & t'_4 \\ 1 & t_1 & r_{11} & \ldots & r_{14} \\ \cdot & \cdot & \cdot & \ldots & \cdot \\ 1 & t_4 & r_{41} & \ldots & r_{44} \end{vmatrix} = 0.$$

Wenn von den beiden Systemen von fünf Elementen das eine nur Punkte und das andere nur Punkte und Ebenen enthält, so lässt sich der obige Satz durch Einführung einer eigenthümlichen Art zu messen folgendermassen erweitern:

Ist ein System von fünf Punkten und ein zweites System von fünf Punkten oder Ebenen gegeben, und ist $b_{\varkappa\lambda}$, *wenn das* λ^{te} *Element des zweiten Systems ein Punkt ist, das Quadrat seiner Entfernung von dem* $\varkappa^{ten}$ *Punkte des ersten Systems, dividirt durch das Quadrat des ihrer Verbindungslinie parallelen Halbmessers eines festen Ellipsoids, wenn es aber eine Ebene ist, ihr Abstand von jenem Punkte, dividirt durch den Abstand der parallelen Berührungsebene vom Centrum des Ellipsoids, ist ferner* $b_{00} = 0$, $b_{\varkappa 0} = 1$ *und* $b_{0\varkappa} = 0$ *oder* 1, *je nachdem das* $\varkappa^{te}$ *Element des zweiten Systems eine Ebene ist oder nicht, so ist*

$$(85.) \qquad \Sigma \pm \beta_{00} \beta_{11} \ldots \beta_{55} = 0.$$

Ein specieller Fall, der in diesem allgemeinen Satze nicht enthalten ist, ist der folgende: Sind vier Punkte und eine Ebene gegeben, und ist $\partial_{\varkappa\lambda}$ das Quadrat der Entfernung des $\varkappa^{ten}$ vom λ^{ten}, dividirt durch das Quadrat des ihrer Verbindungslinie parallelen Halbmessers eines festen Ellipsoids, und $\pi_\varkappa$ der Abstand des $\varkappa^{\text{ten}}$ Punktes von der Ebene, dividirt durch den Abstand des Centrums jenes Ellipsoids von der parallelen Berührungsebene, so ist

$$(86.)\qquad \begin{vmatrix} -\frac{1}{2} & 0 & \pi_1 & \dots & \pi_4 \\ 0 & 0 & 1 & \dots & 1 \\ \pi_1 & 1 & \partial_{11} & \dots & \partial_{14} \\ \cdot & \cdot & \cdot & \dots & \cdot \\ \pi_4 & 1 & \partial_{41} & \dots & \partial_{44} \end{vmatrix} = 0.$$

Wenn in jedem der beiden Systeme von fünf Punkten oder Ebenen ein Punkt enthalten ist, so kann die Determinante sechsten Grades in der Relation (83.) in eine Determinante vierten Grades transformirt werden. Ist nämlich in zwei Systemen von vier Ebenen $c_{\varkappa\lambda}$ der Cosinus des Winkels zwischen der $\varkappa^{\text{ten}}$ Ebene des ersten und der λ^{ten} Ebene des zweiten Systems, so ist

$$(7.)\qquad \Sigma \pm c_{11} \dots c_{44} = 0,$$

eine Gleichung, die aus der Relation (83.) hervorgeht, indem man in beiden Systemen für die vier ersten Elemente Ebenen, für das fünfte aber eine Kugel wählt. Wir nehmen zu dem ersten Systeme von vier Ebenen noch einen Punkt P, zu dem zweiten noch einen Punkt P' hinzu. Dann kann man die $\varkappa^{\text{te}}$ Ebene des ersten Systems durch einen Punkt $P_\varkappa$ ersetzen, dessen Verbindungslinie mit P auf der Ebene senkrecht steht. Ist nämlich $PP_\varkappa = r_\varkappa$, und multiplicirt man die $\varkappa^{\text{te}}$ Zeile der Determinante (7.) mit $r_\varkappa$, so wird das λ^{te} Element dieser Zeile $r_\varkappa c_{\varkappa\lambda}$ oder gleich der Differenz der Abstände der Punkte $P_\varkappa$ und P von der λ^{ten} Ebene des zweiten Systems. Diese Ebene kann man ebenfalls durch einen Punkt P'_λ ersetzen, dessen Verbindungslinie mit P' auf ihr senkrecht steht. Multiplicirt man die λ^{te} Colonne der Determinante (7.) mit $r'_\lambda = P'P'_\lambda$, so wird das λ^{te} Element der $\varkappa^{\text{ten}}$ Zeile $r_\varkappa r'_\lambda c_{\varkappa\lambda}$. Wir haben also den Satz:

Sind zwei Systeme von vier Elementen, Punkten oder Ebenen, gegeben, zu denen die Punkte P und P' als fünfte hinzukommen, und ist $c_{\varkappa\lambda}$, wenn das $\varkappa^{\text{te}}$ Element des ersten und das λ^{te} des zweiten Ebenen sind, der Cosinus ihres Winkels, wenn sie Punkte $P_\varkappa$ und P'_λ sind, das Product der Strecken $PP_\varkappa$ und $P'P'_\lambda$ mit dem Cosinus ihres Winkels, wenn das eine ein Punkt $P_\varkappa(P'_\lambda)$ und das andere eine Ebene ist, die Differenz der Abstände der Punkte $P_\varkappa$ und P (P'_λ und P') von jener Ebene, so ist

$$(87.)\qquad \Sigma \pm c_{11} \dots c_{44} = 0.$$

§. 11.

Wir erwähnen noch einige specielle Fälle der entwickelten allgemeinen Sätze. Sind $d_1, \ldots d_4$ die Quadrate der Entfernungen eines Punktes von den Ecken eines Tetraeders v und $d'_1, \ldots d'_4$ die Quadrate der Entfernungen eines anderen Punktes von den Ecken eines anderen Tetraeders v', so erhält man zur Berechnung des Quadrats der Entfernung d dieser beiden Punkte von einander die Gleichung

$$(88.)\quad \begin{vmatrix} d & 1 & d'_1 & \ldots & d'_4 \\ 1 & 0 & 1 & \ldots & 1 \\ d_1 & 1 & d_{11} & \ldots & d_{14} \\ \cdot & \cdot & \cdot & \cdots & \cdot \\ d_4 & 1 & d_{41} & \ldots & d_{44} \end{vmatrix} = 0 \text{ oder } d = -\frac{1}{288 v v'} \begin{vmatrix} 0 & 1 & d'_1 & \ldots & d'_4 \\ 1 & 0 & 1 & \ldots & 1 \\ d_1 & 1 & d_{11} & \ldots & d_{14} \\ \cdot & \cdot & \cdot & \cdots & \cdot \\ d_4 & 1 & d_{41} & \ldots & d_{44} \end{vmatrix}.$$

Sind $d_1, \ldots d_4$ die Quadrate der Entfernungen eines Punktes von den Ecken des ersten Tetraeders und $p'_1, \ldots p'_4$ die Abstände einer Ebene von den Ecken des zweiten, und ist p der Abstand des Punktes von der Ebene, so ist

$$(89.)\quad \begin{vmatrix} p & 0 & p'_1 & \ldots & p'_4 \\ 1 & 0 & 1 & \ldots & 1 \\ d_1 & 1 & d_{11} & \ldots & d_{14} \\ \cdot & \cdot & \cdot & \cdots & \cdot \\ d_4 & 1 & d_{41} & \ldots & d_{44} \end{vmatrix} = 0 \quad \text{oder} \quad p = -\frac{1}{288 v v'} \begin{vmatrix} 0 & 0 & p'_1 & \ldots & p'_4 \\ 1 & 0 & 1 & \ldots & 1 \\ d_1 & 1 & d_{11} & \ldots & d_{14} \\ \cdot & \cdot & \cdot & \cdots & \cdot \\ d_4 & 1 & d_{41} & \ldots & d_{44} \end{vmatrix}.$$

Sind $p_1, \ldots p_4$ die Abstände einer Ebene von den Ecken des ersten Tetraeders und $p'_1, \ldots p'_4$ die einer anderen Ebene von den Ecken des zweiten, so hat man zur Berechnung des Winkels φ, den diese beiden Ebenen einschliessen, die Gleichung

$$(90.)\quad \begin{vmatrix} -\frac{1}{2}\cos\varphi & 0 & p'_1 & \ldots & p'_4 \\ 0 & 0 & 1 & \ldots & 1 \\ p_1 & 1 & d_{11} & \ldots & d_{14} \\ \cdot & \cdot & \cdot & \cdots & \cdot \\ p_4 & 1 & d_{41} & \ldots & d_{44} \end{vmatrix} = 0 \text{ oder } \cos\varphi = \frac{1}{144 v v'} \begin{vmatrix} 0 & 0 & p'_1 & \ldots & p'_4 \\ 0 & 0 & 1 & \ldots & 1 \\ p_1 & 1 & d_{11} & \ldots & d_{14} \\ \cdot & \cdot & \cdot & \cdots & \cdot \\ p_4 & 1 & d_{41} & \ldots & d_{44} \end{vmatrix}.$$

Aus geometrischen Gründen ist klar, dass diese Relation nur von den Differenzen der Abstände abhängen kann. Setzt man

$$p_x - p_4 = q_x \quad \text{und} \quad p'_x - p'_4 = q'_x,$$

bezeichnet man die Kanten (41), (42), (43) des ersten (zweiten) Tetraeders mit r_1, r_2, r_3 (r'_1, r'_2, r'_3) und setzt

$$c_{\varkappa\lambda} = r_\varkappa r'_\lambda \cos(r_\varkappa r'_\lambda),$$

so können die eben aufgestellten Relationen transformirt werden in

$$(91.)\quad \begin{vmatrix} \cos\varphi & q'_1 & q'_2 & q'_3 \\ q_1 & c_{11} & c_{12} & c_{13} \\ q_2 & c_{21} & c_{22} & c_{23} \\ q_3 & c_{31} & c_{32} & c_{33} \end{vmatrix} = 0 \text{ oder } \cos\varphi = -\frac{1}{36vv'} \begin{vmatrix} 0 & q'_1 & q'_2 & q'_3 \\ q_1 & c_{11} & c_{12} & c_{13} \\ q_2 & c_{21} & c_{22} & c_{23} \\ q_3 & c_{31} & c_{32} & c_{33} \end{vmatrix}.$$

Mit Hülfe der in §. 8 eingeführten Bezeichnungen kann man diese Determinanten nach den in der ersten Zeile und Colonne stehenden Elementen entwickeln und erhält

$$(92.)\quad \cos\varphi = \sum_{\varkappa,\lambda}{}_1^4 a_{\varkappa\lambda} p_\varkappa p'_\lambda \quad \text{und} \quad \cos\varphi = \sum_{\varkappa,\lambda}{}_1^3 a_{\varkappa\lambda} q_\varkappa q'_\lambda.$$

(Vergl. Formel (67.).) Die zweite Relation kann man mittelst der Gleichung (B. §. 17, 2)

$$a_{\varkappa 1} + a_{\varkappa 2} + a_{\varkappa 3} + a_{\varkappa 4} = 0$$

aus der ersten ableiten. Mit Hülfe derselben kann man die erste auch auf die Form bringen

$$(93.)\quad \cos\varphi = -\Sigma a_{\varkappa\lambda}(p_\varkappa - p_\lambda)(p'_\varkappa - p'_\lambda) \qquad (\varkappa < \lambda).$$

Sind in einem rechtwinkligen Coordinatensysteme $x_\varkappa, y_\varkappa, z_\varkappa$ $(x'_\varkappa, y'_\varkappa, z'_\varkappa)$ die Coordinaten der $\varkappa^{\text{ten}}$ Ecke des ersten (zweiten) Tetraeders, und lässt man die beiden Ebenen der Reihe nach mit den drei Coordinatenebenen zusammenfallen, so erhält man drei Gleichungen, deren erste

$$\Sigma a_{\varkappa\lambda}(x_\varkappa - x_\lambda)(x'_\varkappa - x'_\lambda) = -1$$

ist. Ist daher $b_{\varkappa\lambda}$ das Product der beiden Kanten, welche in den beiden Tetraedern die $\varkappa^{\text{ten}}$ Ecken mit den λ^{ten} verbinden, multiplicirt mit dem Cosinus des von ihnen gebildeten Winkels, so erhält man durch Addition dieser drei Gleichungen

$$(94.)\quad \Sigma a_{\varkappa\lambda} b_{\varkappa\lambda} = -3 \qquad (\varkappa < \lambda).$$

Sind d_{23}, d_{31} und d_{12} die Quadrate der Seiten eines Dreiecks, p_1, p_2, p_3 die Abstände einer und p'_1, p'_2, p'_3 die einer anderen Ebene von den drei Ecken, so hat man zur Berechnung des Winkels φ der beiden Ebenen die Gleichung

$$(95.)\quad \begin{vmatrix} -\frac{1}{2} & -\frac{1}{2}\cos\varphi & 0 & p_1 & p_2 & p_3 \\ -\frac{1}{2}\cos\varphi & -\frac{1}{2} & 0 & p_1' & p_2' & p_3' \\ 0 & 0 & 0 & 1 & 1 & 1 \\ p_1 & p_1' & 1 & 0 & d_{12} & d_{13} \\ p_2 & p_2' & 1 & d_{21} & 0 & d_{23} \\ p_3 & p_3' & 1 & d_{31} & d_{32} & 0 \end{vmatrix} = 0.$$

Auch diese Relation enthält nur die Differenzen der Abstände. Ist $q_\varkappa = p_\varkappa - p_3$ und $q_\varkappa' = p_\varkappa' - p_3'$, so ist

$$(96.)\quad \begin{vmatrix} 1 & \cos\varphi & q_1 & q_2 \\ \cos\varphi & 1 & q_1' & q_2' \\ q_1 & q_1' & c_{11} & c_{12} \\ q_2 & q_2' & c_{21} & c_{23} \end{vmatrix} = 0,$$

wo $c_{11} = d_{13}$, $c_{22} = d_{23}$, und wenn die Seiten des Dreiecks mit $a_1 = \sqrt{d_{23}}$, $a_2 = \sqrt{d_{31}}$, $a_3 = \sqrt{d_{12}}$ bezeichnet werden, $c_{12} = a_2 a_1 \cos(a_2 a_1)$ gesetzt ist. Sei ferner

$$a_{\varkappa\lambda} = a_\varkappa a_\lambda \cos(a_\varkappa a_\lambda),$$

wo $(a_\varkappa a_\lambda)$ den Winkel der positiven Richtungen der Seiten $a_\varkappa$ und a_λ (also den Aussenwinkel des Dreiecks) bezeichnet. Dann ergiebt sich durch Entwickelung dieser Determinanten

$$(97.)\quad \begin{cases} \Sigma a_{\varkappa\lambda}(q_\varkappa q_\lambda - 2q_\varkappa q_\lambda' \cos\varphi + q_\varkappa' q_\lambda') = 4f^2 \sin^2\varphi + (q_1 q_2' - q_1' q_2)^2 \\ \text{und} \\ \Sigma a_{\varkappa\lambda}(p_\varkappa p_\lambda - 2p_\varkappa p_\lambda' \cos\varphi + p_\varkappa' p_\lambda') = 4f^2 \sin^2\varphi + P^2, \end{cases}$$

wo zur Abkürzung

$$P = \begin{vmatrix} 1 & p_1 & p_1' \\ 1 & p_2 & p_2' \\ 1 & p_3 & p_3' \end{vmatrix}$$

gesetzt ist.

Betrachten wir endlich drei Ebenen und zwei Punkte. Sei $\varphi_{\varkappa\lambda}$ der Winkel der $\varkappa^{\text{ten}}$ und der λ^{ten} Ebene, $p_\varkappa$ $(p_\varkappa')$ der Abstand des ersten (zweiten) Punktes von der $\varkappa^{\text{ten}}$ Ebene und d das Quadrat der Entfernung der beiden Punkte. Dann ist

$$(98.)\quad \begin{vmatrix} 0 & -\frac{1}{2}d & 1 & p_1 & p_2 & p_3 \\ -\frac{1}{2}d & 0 & 1 & p_1' & p_2' & p_3' \\ 1 & 1 & 0 & 0 & 0 & 0 \\ p_1 & p_1' & 0 & 1 & \cos\varphi_{12} & \cos\varphi_{13} \\ p_2 & p_2' & 0 & \cos\varphi_{21} & 1 & \cos\varphi_{23} \\ p_3 & p_3' & 0 & \cos\varphi_{31} & \cos\varphi_{32} & 1 \end{vmatrix} = 0.$$

Setzt man $q_\varkappa = p_\varkappa - p_\varkappa'$, so kann man diese Gleichung auf die Form

$$(99.)\quad \begin{vmatrix} d & q_1 & q_2 & q_3 \\ q_1 & 1 & \cos\varphi_{12} & \cos\varphi_{13} \\ q_2 & \cos\varphi_{21} & 1 & \cos\varphi_{23} \\ q_3 & \cos\varphi_{31} & \cos\varphi_{32} & 1 \end{vmatrix} = 0$$

bringen. Sei m der Sinus der von den Normalen der drei Ebenen gebildeten Ecke, r_1, r_2, r_3 die Richtungen ihrer Schnittlinien, $\alpha_1 = \sin\varphi_{23}$, $\alpha_2 = \sin\varphi_{31}$, $\alpha_3 = \sin\varphi_{12}$ und

$$\alpha_{\varkappa\lambda} = \frac{\alpha_\varkappa \alpha_\lambda \cos(r_\varkappa r_\lambda)}{m^2},$$

so ergiebt sich durch Entwicklung dieser Determinante die Gleichung

$$(100.)\quad \Sigma\alpha_{\varkappa\lambda} q_\varkappa q_\lambda = d.$$

Berlin, im Mai 1874.

9.

Über algebraisch integrirbare lineare Differentialgleichungen

Journal für die reine und angewandte Mathematik 80, 183–193 (1875)

§. 1.

Eine homogene lineare Differentialgleichung mit eindeutigen Coefficienten, deren Integrale sämmtlich algebraische Functionen der Variabeln sind, gehört zu der allgemeineren, zuerst von Herrn ***Fuchs*** (dieses Journal Bd. 66, pag. 146) untersuchten Klasse von linearen Differentialgleichungen, die nur eine endliche Anzahl singulärer Stellen haben und an jeder derselben endlich bleiben, wenn sie mit einer endlichen Potenz der Aenderung des Arguments (d. h. wenn die Stelle a im Endlichen liegt, $x-a$, wenn sie aber im Unendlichen liegt, $\frac{1}{x}$) multiplicirt werden. Daher hat sie die Form

$$P = p_0 p^{\lambda} y^{(\lambda)} + p_1 p^{\lambda-1} y^{(\lambda-1)} + \cdots + p_{\lambda} y = 0,$$

wo p eine für die singulären Werthe verschwindende ganze Function μ^{ten} Grades ohne quadratischen Theiler und $p_{\varkappa}$ eine ganze Function höchstens $\varkappa(\mu-1)^{\text{ten}}$ Grades ist.

Wenn ein Zweig y_1 einer algebraischen Function eine lineare Differentialgleichung mit eindeutigen Coefficienten befriedigt, so müssen ihr auch alle übrigen Zweige dieser Function Genüge leisten, d. h. alle Wurzeln der irreductibeln Gleichung, deren eine Wurzel y_1 ist, und deren Coefficienten rationale Functionen von x sind. Es muss sich daher, falls alle Integrale einer solchen Differentialgleichung λ^{ter} Ordnung algebraisch sind, eine algebraische Gleichung vom Grade $\nu(\geqq \lambda)$ in Bezug auf y und ohne quadratischen Theiler angeben lassen, deren Coefficienten rationale Functionen von x sind, und von deren Wurzeln λ ein vollständiges System von einander unabhängiger Integrale bilden, während sich die übrigen $\nu-\lambda$ durch jene λ Wurzeln linear mit constanten Coefficienten ausdrücken lassen. Sind $y_1, y_2, \dots y_\nu$ die Wurzeln jener Gleichung, so können die Constanten $c_1, c_2, \dots c_\nu$ auf unzählig viele Weisen so gewählt werden, dass die $1.2\dots\nu$ Werthe, welche die Function $y = c_1 y_1 + c_2 y_2 + \cdots + c_\nu y_\nu$ dadurch annimmt, dass die ν Wurzeln auf alle möglichen Weisen unter einander vertauscht werden, sämmtlich von einander verschieden sind. Alsdann lassen sich aber nach einem bekannten Satze von *Abel* und *Galois* $y_1, y_2, \dots y_\nu$ und mithin auch ihre linearen Verbindungen als rationale Functionen von y und x darstellen. Wir gelangen so zu dem Ergebniss:

Wenn alle Integrale einer homogenen linearen Differentialgleichung mit eindeutigen Coefficienten algebraische Functionen sind, so besitzt sie ein Integral, durch welches sich alle andern rational ausdrücken lassen.

Dieser Satz giebt Veranlassung zu der Frage, in welchem Umfange seine Umkehrung richtig sei, oder bestimmter gefasst, zu dem Problem, alle Functionen y zu finden, welche einer Differentialgleichung von der Form $P = 0$ genügen, deren Integrale *nicht* alle algebraische Functionen sind, sich aber doch sämmtlich durch y rational ausdrücken lassen. Die Lösung dieser Aufgabe muss uns zu einer charakteristischen Eigenschaft der algebraisch integrirbaren linearen Differentialgleichungen führen.

§. 2.

Lemma: ***Wenn sich alle Zweige einer transcendenten analytischen Function durch einen unter ihnen rational ausdrücken lassen, so lassen sie sich alle durch denselben linear ausdrücken.***

Beweis: Ist y ein Element einer transcendenten analytischen Function von x, so muss jede algebraische Gleichung zwischen x und y eine Identität sein, also gültig bleiben, wenn unter y eine von x unabhängige Variable verstanden wird. Wenn nun y auf einer durch keinen singulären Punkt hindurchführenden geschlossenen Linie A in z übergeht, so muss z, falls es ein von y verschiedenes Element der betrachteten analytischen Function ist, der Annahme nach eine rationale Function von y sein,

$$z = f(y),$$

deren Coefficienten rationale Functionen von x sind. Geht y auf dem in umgekehrter Richtung durchlaufenen Wege A, den wir mit A^{-1} bezeichnen, in u über, so ist auch $u = g(y)$ eine rationale Function von y und x. Dann nimmt u auf dem Wege A den Werth y an. Nun nimmt aber $u = g(y)$ auf dem Wege A, auf dem sich y in z verwandelt, den Werth $g(z)$ an. Daher muss

$$y = g(z)$$

sein. Aus den beiden ermittelten Relationen ergiebt sich die algebraische

Gleichung

$$y = g(f(y))$$

zwischen x und y, welche nach der Voraussetzung identisch gelten muss. Folglich muss auch, wenn y und z zwei von x unabhängige Variabeln sind, die Gleichung $z = f(y)$ durch die Gleichung $y = g(z)$ aufgelöst werden. Von zwei unbeschränkt veränderlichen Grössen kann aber nur dann jede eine rationale Function der andern sein, wenn jede eine lineare Function der andern ist. Daher lassen sich alle Zweige der untersuchten transcendenten Function linear durch y ausdrücken.

§. 3.

Wenn die Integrale der linearen Differentialgleichung $P = 0$ nicht sämmtlich algebraische Functionen sind, sich aber alle durch das Integral y rational ausdrücken lassen, so kann y keine algebraische Function sein. Auch darf es keine eindeutige Function sein. Denn eine eindeutige Function, die nur eine endliche Anzahl singulärer Stellen hat und an jeder derselben endlich bleibt, wenn sie mit einer endlichen Potenz der Aenderung der Variabeln multiplicirt wird, ist eine rationale Function. y aber ist keine algebraische, also auch keine rationale Function. Da nun alle Zweige der mehrwerthigen transcendenten Function, welche durch das Element y bestimmt ist, ebenfalls die Differentialgleichung $P = 0$ befriedigen, so müssen sie sich alle rational durch y ausdrücken lassen, und folglich nach dem eben bewiesenen Lemma ganze oder gebrochene lineare Functionen von y sein.

Auf einem geschlossenen Wege A verwandle sich y in einen Ausdruck von der Form $y_1 = ky + r$, in welchem k und r rationale Functionen von x sind. Dann geht y, wenn x die Strecke A zwei Mal hintereinander durchläuft, also auf einem Wege, den wir mit A^2 bezeichnen wollen, in $y_2 = k(ky+r)+r = k^2y+(k+1)r$, auf dem Wege A^3 in $y_3 = k^3y+(k^2+k+1)r$ u. s. w. über. Da diese Functionen nicht alle unter einander unabhängig sein können, so besteht zwischen einer gewissen Anzahl von ihnen eine lineare Gleichung mit constanten Coefficienten $cy + c_1y_1 + \cdots + c_\nu y = 0$, die als algebraische Gleichung zwischen x und y eine Identität sein muss. In derselben muss also der Coefficient von y, $c + c_1k + c_2k^2 + \cdots + c\ k^\nu = 0$ sein. Daher ist k, als Wurzel einer algebraischen Gleichung mit constanten Coefficienten, eine constante Grösse. Dieselbe ist von Null verschieden, da sonst die rationale Function $y_1 = r$ auf dem Wege A^{-1} in die transcendente Function y übergehen würde. Wenn demnach y auf einem geschlossenen Wege in eine ganze lineare Function $ky+r$ übergeht, so ist k eine von Null verschiedene Constante. Wir untersuchen zuerst den Fall, wo alle Zweige der Function y diese Form haben, sodann den, wo einige Zweige gebrochene lineare Functionen von y sind.

§. 4.

Sind y und $ky+r$ zwei Integrale der Differentialgleichung $P=0$, so muss auch r dieselbe befriedigen. Wenn nun x von einer bestimmten Ausgangsstelle an andere und andere geschlossene Wege durchläuft, so nimmt sowohl die Constante k, als auch die rationale Function r in den Ausdrücken $ky+r$, in die y übergeht, andere und andere Werthe an. Da aber die Functionen r sämmtlich der Differentialgleichung $P=0$ genügen, so müssen sie sich durch eine gewisse Anzahl unter ihnen $r_1, r_2, \dots r_\nu$, die unter einander unabhängig sind, linear ausdrücken lassen. Die verschiedenen Zweige der Function y haben daher alle die Form

$$ky + k_1 r_1 + k_2 r_2 + \cdots + k_\nu r_\nu$$

und folglich die der Function

$$t = \begin{vmatrix} y^{(\nu)} & y^{(\nu-1)} & \dots & y \\ r_1^{(\nu)} & r_1^{(\nu-1)} & \dots & r_1 \\ r_2^{(\nu)} & r_2^{(\nu-1)} & \dots & r_2 \\ \cdot & \cdot & \dots & \cdot \\ r_\nu^{(\nu)} & r_\nu^{(\nu-1)} & \dots & r_\nu \end{vmatrix} : \begin{vmatrix} r_1^{(\nu-1)} & \dots & r_1 \\ r_2^{(\nu-1)} & \dots & r_2 \\ \cdot & \dots & \cdot \\ r_\nu^{(\nu-1)} & \dots & r_\nu \end{vmatrix} = y^{(\nu)} + q_1 y^{(\nu-1)} + \cdots + q_\nu y$$

alle die Form kt. Diese Function ist, da $r_1, r_2, \dots r_\nu$ unter einander unabhängig sind, nicht identisch unendlich, und da auch $y, r_1, r_2, \dots r_\nu$ unter einander unabhängig sind, nicht identisch Null. Demnach ist $\frac{d\log t}{dx}$ eine überall eindeutig definirte Function und folglich, weil sie an jeder Stelle endlich bleibt, wenn sie mit einer endlichen Potenz der Aenderung der Variabeln multiplicirt wird, eine rationale Function von x. Dieselbe muss, weil t die eben erwähnte Eigenschaft gleichfalls besitzt, die Form

$$\frac{\alpha_1}{x-a_1} + \frac{\alpha_2}{x-a_2} + \cdots + \frac{\alpha_\mu}{x-a_\mu}$$

haben. Daher ist

$$t = \alpha (x-a_1)^{\alpha_1} (x-a_2)^{\alpha_2} \dots (x-a_\mu)^{\alpha_\mu}.$$

Nun genügt y der completen linearen Differentialgleichung

$$y^{(\nu)}+q_1 y^{(\nu-1)}+\cdots+q_\nu y = t,$$

und die Functionen $r_1, r_2, \ldots r_\nu$ bilden ein vollständiges System von einander unabhängiger Integrale der reducirten Differentialgleichung

$$y^{(\nu)}+q_1 y^{(\nu-1)}+\cdots+q_\nu y = 0.$$

Sind daher $s_1, s_2, \ldots s_\nu$ die ihnen adjungirten Functionen, so ist nach bekannten Regeln (*Baltzer,* Determinanten §. 9, 4. Vergl. dieses Journal Bd. 77 pag. 256)

$$y = r_1\int s_1 t\,dx + r_2\int s_2 t\,dx + \cdots + r_\nu\int s_\nu t\,dx = T.$$

Umgekehrt überzeugt man sich leicht davon, dass der für die Function y ermittelte Ausdruck T allen an sie gestellten Anforderungen genügt, er müsste denn eine algebraische Function darstellen.

Die charakteristische Eigenschaft der Function T besteht darin, dass sich alle ihre Zweige in der Form $kT+r$ darstellen lassen. Es ist also noch zu ermitteln, unter welchen Bedingungen eine Function y, die auf jedem geschlossenen Wege in einen Ausdruck von der Form $ky+r$ übergeht, einer algebraischen Gleichung genügt. In diesem Falle muss für jeden Weg, für welchen $k=1$ ist, $r=0$ sein. Denn ginge y auf der Linie A in $y+r$ über, so würde es sich auf A^2 in $y+2r$, auf A^3 in $y+3r$ u. s. w. verwandeln, also unzählig viele Werthe annehmen, folglich keine algebraische Function sein. Daher können wir $r=(1-k)u$ setzen. Wenn dann y auf dem Wege A in $ky+(1-k)u$ übergeht, so verwandelt es sich auf A^2 in $k^2y+(1-k^2)u$, auf A^3 in $k^3y+(1-k^3)u$ u. s. w. Da eine algebraische Function, wenn die Variable einen geschlossenen Weg mehrmals durchläuft, schliesslich wieder zu dem Ausgangswerthe zurückkehrt, so muss es eine Zahl α geben, für welche $k^\alpha y+(1-k^\alpha)u = y$ oder $(1-k^\alpha)(y-u)=0$ ist. Dann ist entweder $y=u$ eine rationale, also eindeutige Function und folglich für alle Wege $k=1$, oder es ist $1-k^\alpha=0$ und folglich k eine Einheitswurzel. Geht y auf dem Wege A in $ky+(1-k)u$ und auf B in $ly+(1-l)v$ über, wo k und l von Eins verschieden sein mögen, so lassen sich die beiden Einheitswurzeln k und l als Potenzen einer einzigen Einheitswurzel ϱ darstellen, $k=\varrho^\alpha$, $l=\varrho^\beta$, und man kann ϱ so wählen, dass α und β keinen Divisor gemeinsam haben. Denn wäre γ ihr grösster gemeinsamer Divisor, so brauchte man nur ϱ durch ϱ^γ zu ersetzen. Bestimmt man dann zwei ganze Zahlen α' und β' so, dass $\alpha\alpha'+\beta\beta'=1$ ist, so geht y auf dem Wege $A^{\alpha'}B^{\beta'}=C$ in einen Ausdruck von der Form $\varrho y+(1-\varrho)w$ über. Daher verwandelt es sich auf dem Wege $C^{\alpha}A^{-1}$ in $y+(1-\varrho^{\alpha})(w-u)$ und auf $C^{\beta}B^{-1}$ in $y+(1-\varrho^{\beta})(w-v)$. Da in diesen Ausdrücken die Coefficienten von y gleich Eins sind, so müssen die von y unabhängigen Glieder verschwinden. Nun ist aber vorausgesetzt, dass $k=\varrho^{\alpha}$ und $l=\varrho^{\beta}$ von Eins verschieden sind. Daher ist $w=u$ und $w=v$ und folglich $v=u$. Oder wenn y auf irgend einem Wege A in $ky+(1-k)u$ übergeht, so ist u für alle Wege eine und dieselbe Function. Wenn also der Ausdruck T eine algebraische Function darstellen soll, so muss in demselben $\nu=1$ sein.

Auf einem Wege, auf dem y den Werth $ky+(1-k)u$ annimmt, geht $y-u$ in $k(y-u)$ über. Da keiner der Exponenten, zu denen die verschiedenen Einheitswurzeln k gehören, den Grad der irreductibeln Gleichung, der y genügt, überschreiten darf, so kann eine Zahl $\varkappa$ so bestimmt werden, dass $k^{\varkappa}$ für alle Werthe von k gleich 1 ist. Dann ist $(y-u)^{\varkappa}=v$ eine eindeutige algebraische, also eine rationale Function. Folglich ist $y=u+\sqrt[\varkappa]{v}$. Damit also der Ausdruck T eine algebraische Function darstellt, muss

$$r=1,\quad r_1=u,\quad s_1=\frac{1}{u},\quad t=u\frac{d}{dx}\sqrt[\varkappa]{w}$$

sein, wo u und w $\left(=\frac{v}{u^{\varkappa}}\right)$ rationale Functionen sind.

§. 5.

Wir nehmen jetzt an, dass sich unter den verschiedenen Zweigen der Function y auch solche befinden, die sich als *gebrochene* lineare Functionen von y darstellen lassen. Diese können wir auf die Form $s+\frac{v}{y-u}$ bringen, wo s, u und v rationale Functionen von x sind, von denen v nicht identisch verschwinden kann, da sonst die transcendente Function y in die rationale Function s übergehen könnte.

Die sämmtlichen Zweige der Function y lassen sich durch eine gewisse Anzahl von ihnen linear ausdrücken, zwischen denen selbst keine lineare Gleichung mit constanten Coefficienten besteht. In einem solchen vollständigen Systeme unter einander unabhängiger Functionen mögen sich

$$y_1=s_1+\frac{v_1}{y-u_1},\quad y_2=s_2+\frac{v_2}{y-u_2},\quad \dots\quad y_\nu=s_\nu+\frac{v_\nu}{y-u_\nu}$$

als gebrochene, $y_{\nu+1}$, $y_{\nu+2}$, ... als ganze Functionen von y darstellen lassen.

Ist dann $s+\frac{v}{y-u}$ irgend eine andere gebrochene Function, in welche y auf dem Wege A übergeht, so ist

$$s+\frac{v}{y-u} = c_1 y_1 + c_2 y_2 + \cdots + c_\nu y_\nu + c_{\nu+1} y_{\nu+1} + c_{\nu+2} y_{\nu+2} + \cdots,$$

und diese Gleichung muss, als algebraische Gleichung zwischen x und y, identisch gelten. Daher muss u einer der Functionen $u_1, u_2, \ldots u_\nu$ gleich sein. Denn sonst gäbe es, da jede der Gleichungen $u-u_1=0$, $u-u_2=0, \ldots$ $u-u_\nu=0$ nur eine endliche Anzahl von Wurzeln hätte, unzählig viele Werthe von x, für die u mit keiner der Functionen $u_1, u_2, \ldots u_\nu$ gleichwerthig wäre. Für jeden dieser Werthe fände man aus der obigen Gleichung, indem man sie nach Potenzen von $y-u$ entwickelt und die Coefficienten von $\frac{1}{y-u}$ auf beiden Seiten vergleicht, $v=0$. Als rationale Function müsste daher v, da es für unzählig viele Werthe verschwände, identisch Null sein, was nicht angeht. Daher muss u einer der Functionen u_1, $u_2, \ldots u_\nu$ gleich sein, und ebenso s, weil y auf dem Wege A^{-1} in $u+\frac{v}{y-s}$ übergeht.

Die ganzen linearen Functionen von y, in die sich y verwandeln kann, sind von der Form $ky+r$, wo r eine rationale Function und k eine von Null verschiedene Constante ist. Es kommt darauf an zu zeigen, dass diese Constante unendlich viele verschiedene Werthe annimmt, wenn x der Reihe nach alle möglichen geschlossenen Linien durchläuft, auf denen y in eine ganze lineare Function von y übergeht. Verwandelt sich y auf dem Wege A in $s+\frac{v}{y-u}$ und auf einem anderen Wege A' in $s'+\frac{v'}{y-u}$, wo u für beide Wege dieselbe Function sei, so nimmt es auf dem Wege $A'A^{-1}$ den Werth

$$s'+\frac{v'}{u+\frac{v}{y-s}-u} = \frac{v'}{v}y-\frac{v'}{v}s+s'$$

an, und da dies eine ganze lineare Function von y ist, so ist der Coefficient $\frac{v'}{v}$ von y eine Constante k oder es ist $v'=kv$. Wäre nun k nur einer endlichen Anzahl von Werthen fähig, so könnte demnach auch die Function v in allen vorkommenden gebrochenen linearen Functionen von y, in denen u die nämliche Bedeutung hat, nur eine endliche Anzahl von Werthen annehmen. Da auch s und u nur eine endliche Anzahl von Werthen haben können, so würde es überhaupt nur eine endliche Anzahl gebrochener Functionen von y geben, in die y übergehen könnte. Verwandelt sich y auf dem Wege A in $s+\frac{v}{y-u}$ und auf B in $ky+r$, so geht es auf AB in $s+\frac{v}{ky+r-u}$ über und folglich ist $\frac{u-r}{k}=u'$, wo jede der beiden Grössen u und u' einen der Werthe $u_1, u_2, \ldots u_\nu$ hat. Daher könnte auch r nur eine endliche Anzahl verschiedener Werthe annehmen. Es könnte also y überhaupt nur in eine endliche Anzahl verschiedener Werthe übergehen. Durchläuft x irgend einen durch keinen singulären Punkt hindurchführenden geschlossenen Weg C, so werden die verschiedenen Zweige der Function y nur unter einander vertauscht. Denn wenn sowohl y_α als auch y_β in y_γ übergingen, so würde y_γ auf C^{-1} sowohl in y_α als auch in y_β übergehen und daher $y_\alpha = y_\beta$ sein. Eine ganze rationale symmetrische Function der verschiedenen Zweige der Function y wäre also eine eindeutige und folglich nach einem schon öfter angewandten Schlusse eine rationale Function von x. Mithin wäre y eine Wurzel einer algebraischen Gleichung. deren Coefficienten rationale Functionen von x wären. Da aber y eine transcendente Function ist, so muss die Zahl der Werthe von k unbegrenzt sein.

Nun giebt es nur eine endliche Anzahl von Einheitswurzeln, welche zu einem Exponenten gehören, der eine gewisse Grenze, z. B. ν, nicht überschreitet. Daher muss eine Linie B existiren, auf der y in $ky+r$ übergeht, wo k keine solche Einheitswurzel ist. Verwandelt sich y auf dem Wege A in $ky+r$, so geht es auf AB in

$$s+\frac{k^{-1}v}{y-k^{-1}(u-r)}, \quad \text{auf } AB^2 \text{ in} \quad s+\frac{k^{-2}v}{y-k^{-2}(u-(1+k)r)}$$

u. s. w. über. Da folglich jeder der Ausdrücke

$$u, \quad k^{-1}(u-r), \quad k^{-2}(u-(1+k)r), \quad k^{-2}(u-(1+k+k^2)r), \quad \ldots$$

einer der Functionen $u_1, u_2, \ldots u_\nu$ gleich sein muss, so besteht eine Gleichung von der Form

$$k^{-\alpha}(u-(1+k+k^2+\cdots+k^{\alpha-1})r) = k^{-\beta}(u-(1+k+k^2+\cdots+k^{\beta-1})r),$$

in der α und β zwei von einander verschiedene ganze Zahlen zwischen Null und ν bedeuten. Daraus folgt

$$(k^\alpha - k^\beta)(r-(1-k)u) = 0,$$

und da k keine Einheitswurzel ist, deren Exponent $\leqq \nu$ ist,

$$u = \frac{r}{1-k}.$$

Indem man alle Linien A, auf denen y in eine gebrochene lineare Function von y übergeht, mit der Linie B zusammenstellt, erkennt man, dass für jede derselben der Ausdruck u eine und dieselbe Function bedeutet. Da y auf dem Wege A^{-1} in $u+\frac{v}{y-s}$ übergeht, so ist auch $s=u$. Die verschiedenen Werthe von v können sich daher, wie schon oben gezeigt, nur durch constante Factoren von einander unterscheiden, und demnach sind alle gebrochenen Functionen, in die sich y verwandeln kann, von der Form $u+\frac{kv}{y-u}$, wo u und v in allen dieselbe Bedeutung haben.

Geht y auf der Linie A in $u+\frac{v}{y-u}$ und auf B in $ky+r$ über, so nimmt es auf AB den Werth $u+\frac{k^{-1}v}{y-k^{-1}(u-r)}$ an und daher ist $k^{-1}(u-r)=u$ oder $r=(1-k)u$. Alle verschiedenen Werthe von y sind daher in einer der beiden Formen $ky+(1-k)u$ und $u+\frac{kv}{y-u}$ enthalten, wo nur die Constante k für die verschiedenen Zweige verschiedene, und zwar unzählig viele Werthe hat. Alle Zweige der Function $y-u$ haben somit eine der beiden Formen $k(y-u)$ oder $\frac{kv}{y-u}$, und alle Zweige der Function $\frac{y-u}{\sqrt{v}}=z$ eine der beiden Formen kz oder $\frac{k}{z}$. Folglich ist $\left(\frac{d\log z}{dx}\right)^2=w$ eine eindeutige und mithin eine rationale Function von x. Damit aber z an jeder Stelle endlich bleibt, wenn es mit einer endlichen Potenz der Aenderung des Arguments multiplicirt wird, muss diese rationale Function die Form

$$w = \frac{w_2}{w_0^2}$$

haben, wo w_0 eine ganze Function μ^{ten} Grades ohne quadratischen Theiler und w_2 eine ganze Function höchstens $(2\mu-2)^{\text{ten}}$ Grades bedeutet. Umgekehrt ist leicht zu zeigen, dass der für die Function y ermittelte Ausdruck

$$y=u+\sqrt{v}\,e^{\int\sqrt{w}\,dx}=U$$

allen an sie gestellten Anforderungen genügt, wofern er nicht eine algebraische Function darstellt.

In diesem Falle ist auch $z=e^{\int\sqrt{w}\,dx}$ eine algebraische Function. Dieselbe ist dadurch charakterisirt, dass alle ihre Zweige die Form kz oder $\frac{k}{z}$ haben. Damit sie algebraisch sei, muss eine Zahl x so bestimmt werden können, dass $k^{\varkappa}$ für alle vorkommenden Werthe von k gleich 1 ist. (Vergl. §. 4.) Dann kann $z^{\varkappa}$ auf einem Wege, auf dem es sich ändert, nur in $z^{-\varkappa}$ übergehen, und daher ist $z^{\varkappa}+z^{-\varkappa} = 2t$ eine eindeutige algebraische, also eine rationale Function von x. Demnach ist

$$y = u+\sqrt{v}\sqrt[\varkappa]{t+\sqrt{t^2-1}}.$$

(Vergl. *Abel,* œuvres complètes, tom. I, p. 33.)

§. 6.

Wir sind zu dem Resultate gelangt, dass eine Differentialgleichung von der Form $P=0$ algebraisch integrirbar ist, wenn sie ein Integral besitzt, durch welches sich alle ihre andern Integrale rational ausdrücken lassen, es sei denn, dass dieses Integral eine der beiden Formen T oder U hat. Dies Ergebniss lässt sich in einem besonders wichtigen Falle eleganter aussprechen.

Eine Differentialgleichung von der Form $P=0$ nenne ich irreductibel, wenn sie mit keiner Differentialgleichung niedrigerer Ordnung von derselben Form ein Integral gemeinsam hat, im entgegengesetzten Falle reductibel (siehe dieses Journal Bd. 76 pag. 236). Die Differentialgleichung, der T genügt, wird auch durch $r_1, r_2, \dots r_\nu$ befriedigt. Jede dieser rationalen Functionen genügt aber einer Differentialgleichung erster Ordnung von der Form $P=0$. Solange also ν von Null verschieden ist, genügt T einer reductibeln Differentialgleichung. Ist aber $\nu=0$, so ist $T=t$ und genügt einer Differentialgleichung erster Ordnung von der Form $P=0$.

Die Differentialgleichung, der U genügt, wird auch durch Ausdrücke von der Form $kU+(1-k)u$ befriedigt, in denen k, falls U eine transcendente Function ist, unzählig viele Werthe annehmen kann. Daher genügt ihr auch die rationale Function u und folglich ist sie reductibel, so lange u von Null verschieden ist. Ist aber $u=0$, so genügt $y=\sqrt{v}\,e^{\int\sqrt{w}\,dx}$ der Differentialgleichung

$$\left(\frac{d\log\left(\frac{y}{\sqrt{v}}\right)}{dx}\right)^2 = w$$

oder der linearen Differentialgleichung zweiter Ordnung

$$\frac{d^2y}{dx^2}-\left(\frac{v'}{v}+\frac{1}{2}\frac{w'}{w}\right)\frac{dy}{dx}+\left(\frac{3}{4}\left(\frac{v'}{v}\right)^2-\frac{1}{2}\frac{v''}{v}+\frac{1}{4}\frac{v'w'}{vw}-w\right)y = 0.$$

Es lässt sich zeigen, dass dieselbe, falls y eine transcendente Function ist, nur reductibel ist, wenn w ein Quadrat ist. Aus unsern Betrachtungen ergiebt sich nun der Satz:

Wenn eine irreductible lineare Differentialgleichung $P = 0$ von einer höheren als der zweiten Ordnung ein Integral besitzt, durch welches sich alle andern rational ausdrücken lassen, so sind alle ihre Integrale algebraische Functionen.

Berlin, den 15. Januar 1875.

10.

Über die regulären Integrale der linearen Differentialgleichungen

Journal für die reine und angewandte Mathematik 80, 317—333 (1875)

Die Integrale einer homogenen linearen Differentialgleichung, deren Coefficienten in der Umgebung des Nullpunktes eindeutige analytische Functionen sind, haben die Form *)

$$x^{\varrho}\left(u_0(lx)^{\varkappa}+u_1(lx)^{\varkappa-1}+\cdots+u_{\varkappa}\right),$$

wo $u_0, u_1, \ldots u_{\varkappa}$ nach ganzen positiven und negativen Potenzen von x in Reihen entwickelt werden können, oder sie sind lineare Verbindungen mehrerer Ausdrücke von der angegebenen Gestalt. Die Coefficienten jener Potenzreihen hat man bisher nur in dem Falle ermitteln können, wenn sie negative Potenzen der Variabeln nur in endlicher Anzahl enthalten. Dergleichen Integrale sind daher *reguläre* Integrale genannt worden **). Nachdem Herr *Fuchs* eingehend diejenigen Differentialgleichungen behandelt hatte, welche ausschliesslich reguläre Integrale enthalten, hat Herr *Thomé* die Untersuchung auch auf solche ausgedehnt, welche nur eine beschränkte Anzahl regulärer Integrale haben, und ist dabei zu einigen bemerkenswerthen Ergebnissen gelangt. Der Begriff der Irreductibilität, welchen ich in die Theorie der linearen Differentialgleichungen eingeführt habe ***), gestattete mir, einige seiner Sätze auf eine sehr einfache Weise und ohne die mindeste Rechnung abzuleiten. Den Weg, welchen ich dabei eingeschlagen habe, gedenke ich hier kurz mitzutheilen. Der besseren Uebersicht wegen schicke ich in den drei ersten Paragraphen einige formale Betrachtungen voraus.

§. 1.

Wir beschäftigen uns im folgenden mit Differentialgleichungen von der Form

*) *Fuchs*, dieses Journal Bd. 66 pag. 16.

**) *Thomé*, dieses Journal Bd. 75 pag. 266.

***) Dieses Journal Bd. 76 pag. 236.

$$P_0 y + P_1 Dy + \cdots + P_\alpha D^\alpha y = 0,$$

deren Coefficienten in der Umgebung des Nullpunktes den Charakter rationaler Functionen haben, also nach ganzen Potenzen von x in Reihen entwickelt werden können, welche negative Potenzen nur in endlicher Anzahl enthalten. Wo ich daher von Differentialgleichungen schlechthin spreche, sind stets lineare von der angegebenen Gestalt darunter zu verstehen. Die linke Seite derselben bezeichne ich mit $P(y)$ oder auch nur mit P.

Setzt man in dem Differentialausdruck $P(y)$ an die Stelle der unbestimmten Function y die Function x^ϱ, so erhält man einen Ausdruck $P(x^\varrho)$, den ich die ***charakteristische Function*** der Differentialgleichung $P = 0$ oder des Differentialausdrucks P nennen werde. Ebenso, wie $P_0, P_1, \dots P_\alpha$ kann auch

$$x^{-\varrho} P(x^\varrho) = P_0 + P_1 x^{-1}\varrho + \cdots + P_\alpha x^{-\alpha}\varrho(\varrho-1)\dots(\varrho-\alpha+1)$$

nach aufsteigenden Potenzen von x in eine Reihe entwickelt werden, die negative Potenzen nur in endlicher Anzahl enthält, und deren Coefficienten ganze Functionen höchstens α^{ten} Grades von ϱ sind. Den Coefficienten des Anfangsgliedes dieser Reihe $f(\varrho)$, nenne ich die ***determinirende Function****) der Differentialgleichung $P = 0$ oder des Differentialausdrucks P.

Wenn ein Differentialausdruck $P(y)$ gegeben ist, so ist auch seine charakteristische Function $P(x^\varrho)$ bekannt. Umgekehrt ist aber auch durch die charakteristische Function, d. h. durch eine ganze Function von ϱ, multiplicirt mit x^ϱ, der Differentialausdruck vollständig bestimmt. Denn eine ganze Function von ϱ kann man stets und nur auf eine Weise auf die Form

$$g(\varrho) = \Sigma a_\nu \varrho(\varrho-1)\dots(\varrho-\nu+1)$$

bringen. Ist nämlich $\Delta g(\varrho) = g(\varrho+1) - g(\varrho)$, so ist

$$a_\nu = \left[\frac{\Delta^\nu g(\varrho)}{1.2\dots\nu}\right]_{\varrho=0}.$$

---

*) Die Gleichung $f(\varrho) = 0$ ist von Herrn *Fuchs* (dieses Journal Bd. 68 pag. 15) die *„determinirende Fundamentalgleichung“* genannt worden. Ich schlage vor, dafür kurz *„determinirende Gleichung“* zu sagen. Damit ist ihre Bedeutung hinlänglich hervorgehoben, und zugleich der Vortheil gewonnen, ihre linke Seite *„determinirende Function“* nennen zu können. Ist β der Grad von $f(\varrho)$, so nennt Herr *Thomé* (dieses Journal Bd. 75 pag. 267) die Zahl $\alpha - \beta = h$ den *„charakteristischen Index“* der Differentialgleichung $P = 0$. Indessen scheint es mir überflüssig, für den Grad jener Function einen besonderen Namen einzuführen.

Ist also $f(x, \varrho)$ eine ganze Function von ϱ, deren Coefficienten Functionen von x sind, so ist der Differentialausdruck, dessen charakteristische Function $x^\varrho f(x, \varrho)$ ist,

$$\Sigma \frac{\Delta^\nu f(x, \varrho)}{1.2\ldots\nu} D^\nu y,$$

wo sich das Zeichen Δ auf den Parameter ϱ bezieht, und nach Ausführung der Operation $\varrho = 0$ zu setzen ist *).

Um von der charakteristischen und der determinirenden Function einer Differentialgleichung ein anschaulicheres Bild zu erhalten, denke ich mir dieselbe, was durch Multiplication mit einer geeigneten Potenz von x stets möglich ist, auf die Form

$$A(y) \equiv A_0 y + A_1 x D y + \cdots + A_\alpha x^\alpha D^\alpha y = 0 \text{**})$$

gebracht, wo die Reihen $A_0, A_1, \ldots A_\alpha$ nur positive Potenzen von x enthalten und für $x = 0$ nicht sämmtlich verschwinden. Diese Form der linken Seite einer Differentialgleichung will ich ihre *Normalform* nennen. Die charakteristische Function des Differentialausdrucks A

$$A(x^\varrho) = x^\varrho (A_0 + A_1 \varrho + \cdots + A_\alpha \varrho(\varrho-1)\ldots(\varrho-\alpha+1))$$

enthält, durch x^ϱ dividirt, nur positive Potenzen von x und verschwindet für $x = 0$ nicht identisch. Ihr constantes Glied ist die determinirende Function. Umgekehrt ist leicht zu sehen, dass ein Differentialausdruck die Normalform hat, wenn seine charakteristische Function jene beiden Bedingungen erfüllt. Von diesem Kriterium werde ich in den nächsten Paragraphen Gebrauch machen.

§. 2.

Ist

$$A(y) \equiv P_0 y + P_1 D y + \cdots + P_\alpha D^\alpha y$$

ein homogener linearer Differentialausdruck, so heisst

$$\mathrm{A}(\eta) \equiv P_0 \eta - D(P_1 \eta) + \cdots + (-1)^\alpha D^\alpha (P_\alpha \eta)$$

---

*) Mit Hülfe dieser Bemerkung kann man einige häufig gebrauchte Umformungen linearer Differentialgleichungen leicht ausführen. Geht z. B. der Differentialausdruck $P_x(y) \equiv P_0 y + P_1 D_x y + \cdots + P_\alpha D_x^\alpha y$ durch die Substitution $x = t^{-1}$ in $Q_t(y)$ über, so ist $P_x(x^{-\varrho}) \equiv Q_t(t^\varrho)$. Ist daher $P_x(x^{-\varrho}) = x^\varrho f(x, \varrho)$ die charakteristische Function des Ausdrucks P, so ist $Q_t(t^\varrho) = t^\varrho f(t^{-1}, -\varrho)$ die des transformirten Ausdrucks. Bringt man diese auf die Form $\Sigma Q_\nu \varrho(\varrho-1)\ldots(\varrho-\nu+1)$, so ist $Q_t(y) \equiv Q_0 y + Q_1 t D_t y + \cdots + Q_\alpha t^\alpha D_t^\alpha y$. In ähnlicher Weise kann man die Substitutionen $x = \log t$ und $x = e^t$ durchführen.

**) Wir bedienen uns des Zeichens $\equiv$, um die Identität von zwei Differentialausdrücken zu bezeichnen.

der *adjungirte* Differentialausdruck*). Bekanntlich ist

$$\eta A(y) - y\,\mathrm{A}(\eta) \equiv DP(y,\eta),$$

wo $P(y,\eta)$ sowohl in Bezug auf y, als auch in Bezug anf η ein homogener linearer Differentialausdruck ist. Die Coefficienten dieses bilinearen Differentialausdrucks sind ganze lineare Functionen von $P_0, P_1, \dots P_\alpha$ und ihren Ableitungen. Setzt man in der obigen Identität $y = x^{-\varrho-\nu-1}$ und $\eta = x^\varrho$, wo ν eine positive oder negative ganze Zahl ist, so erhält man

$$x^\varrho A(x^{-\varrho-\nu-1}) - x^{-\varrho-\nu-1}\mathrm{A}(x^\varrho) = DP(x^{-\varrho-\nu-1}, x^\varrho).$$

Die linke Seite dieser Gleichung, in welcher nur ganze Potenzen von x vorkommen, ist also die Ableitung einer Potenzreihe, enthält folglich x^{-1} nicht. Ist aber

$$A(x^\varrho) = \Sigma f_\lambda(\varrho) x^{\varrho+\lambda}$$

die charakteristische Function von A, so ist der Coefficient von x^{-1} in $x^\varrho A(x^{-\varrho-\nu-1})$ gleich $f_\nu(-\varrho-\nu-1)$; und ist

$$\mathrm{A}(x^\varrho) = \Sigma \varphi_\lambda(\varrho) x^{\varrho+\lambda}$$

die charakteristische Function von A, so ist der Coefficient von x^{-1} in $x^{-\varrho-\nu-1}\mathrm{A}(x^\varrho)$ gleich $\varphi_\nu(\varrho)$. Daher ist**)

$$\varphi_\nu(\varrho) = f_\nu(-\varrho-\nu-1), \qquad f_\nu(\varrho) = \varphi_\nu(-\varrho-\nu-1),$$

oder es ist

$$\mathrm{A}(x^\varrho) = \Sigma f_\nu(-\varrho-\nu-1) x^{\varrho+\nu}$$

die charakteristische Function des adjungirten Differentialausdrucks, durch deren Angabe dieser Differentialausdruck, wie oben gezeigt, völlig bestimmt ist.

Wenn A die Normalform hat, so verschwindet $f_\nu(\varrho)$ für negative ν, aber nicht für $\nu = 0$. Dasselbe gilt von $\varphi_\nu(\varrho) = f_\nu(-\varrho-\nu-1)$ und folglich hat nach dem am Ende des vorigen Paragraphen entwickelten Kriterium auch $\mathrm{A}(\eta)$ die Normalform ***). Zwischen den determinirenden Functionen beider Differentialausdrücke bestehen alsdann die Beziehungen †)

$$\varphi(\varrho) = f(-\varrho-1), \qquad f(\varrho) = \varphi(-\varrho-1).$$

Die beiden determinirenden Functionen sind demnach von gleichem Grade ††).

---

*) *Fuchs*, dieses Journal Bd. 76 pag. 183.

**) Vergl. *Jacobi*, Mathematische Werke, Bd. I, pag. 369.

***) Vergl. *Fuchs*, dieses Journal Bd. 76 pag. 180.

†) Vergl. *Fuchs*, dieses Journal Bd. 76 pag. 180. *Thomé*, dieses Journal Bd. 76. pag. 284.

††) *Thomé*, dieses Journal Bd. 75 pag. 276.

Beiläufig will ich noch erwähnen, dass sich die ermittelte Relation zwischen den beiden charakteristischen Functionen

$$A(x^\varrho) = x^\varrho f(x, \varrho) \qquad \text{und} \qquad \mathrm{A}(x^\varrho) = x^\varrho \varphi(x, \varrho)$$

auf die elegante Form

$$\varphi(x, \varrho) = \Sigma \frac{x^\nu}{1.2\ldots\nu} D^\nu \Delta^\nu f(x, -\varrho-1)$$

bringen lässt, wo sich das Zeichen D auf die Variable x und das Zeichen Δ auf den Parameter ϱ bezieht.

§. 3.

Sind A und B zwei Differentialausdrücke, so bezeichne ich mit $AB \equiv C$ den Differentialausdruck, den man erhält, indem man die durch das Zeichen A ausgedrückte Operation auf den Ausdruck B anwendet, und nenne C aus A und B (in dieser Reihenfolge) *zusammengesetzt*. Wenn die Coefficienten von A und B, wie wir hier voraussetzen, in der Umgebung des Nullpunktes den Charakter rationaler Functionen haben, so gilt dies auch von den Coefficienten von C. Sind

$$A(x^\varrho) = x^\varrho f(x, \varrho) = \Sigma f_\lambda(\varrho) x^{\varrho+\lambda},$$
$$B(x^\varrho) = x^\varrho g(x, \varrho) = \Sigma g_\mu(\varrho) x^{\varrho+\mu},$$
$$C(x^\varrho) = x^\varrho h(x, \varrho) = \Sigma h_\nu(\varrho) x^{\varrho+\nu}$$

die charakteristischen Functionen dieser Differentialausdrücke, so ist

$$C(x^\varrho) = AB(x^\varrho) = A(\Sigma g_\mu(\varrho) x^{\varrho+\mu}) = \Sigma g_\mu(\varrho) A(x^{\varrho+\mu})$$

oder

$$\sum_\nu h_\nu(\varrho) x^\nu = \sum_{\lambda,\mu} f_\lambda(\varrho+\mu) g_\mu(\varrho) x^{\lambda+\mu}.$$

Daraus geht hervor, dass, wenn zwei der Differentialausdrücke A, B, C die Normalform haben, auch der dritte sie haben muss. Indem man dann auf beiden Seiten dieser Gleichung $x = 0$ setzt, erhält man zwischen den determinirenden Functionen der drei Differentialausdrücke die Relation

$$h(\varrho) = f(\varrho) . g(\varrho).$$

Wir sprechen diese für die Theorie der linearen Differentialgleichungen sehr wichtige Beziehung in Form eines Satzes so aus*):

Ist ein Differentialausdruck aus zweien oder mehreren Differentialaus-

---

*) Vergl. *Thomé*, dieses Journal Bd. 76, pag. 284 unten und 285 oben. Ein specieller Fall dieses Satzes ist bereits von Herrn *Fuchs* (dieses Journal Bd. 68, pag. 20, Satz II.) gegeben worden.

drücken in der Normalform zusammengesetzt, so hat er ebenfalls die Normalform, und seine determinirende Function ist das Product aus den determinirenden Functionen seiner Bestandtheile.

Der Grad von $h(\varrho)$ ist demnach die Summe der Grade von $f(\varrho)$ und $g(\varrho)$ *). Beiläufig erwähne ich noch, dass sich die zwischen den charakteristischen Functionen von A, B und C ermittelte Beziehung auf die Form

$$h(x,\varrho) = \Sigma \frac{x^\nu}{1.2\ldots\nu} \Delta^\nu f(x,\varrho)\,.\,D^\nu g(x,\varrho)$$

bringen lässt.

§. 4.

Nach diesen formalen Betrachtungen wenden wir uns jetzt zu dem eigentlichen Gegenstande unserer Untersuchung. Herr *Fuchs* **) hat gezeigt, dass die Aufgabe der Integration der linearen Differentialgleichungen auf die Lösung von zwei Problemen zurückkommt, die, wie es bis jetzt den Anschein hat, völlig von einander unabhängig sind. Das erste besteht darin, den Charakter der Integrale der Differentialgleichung in der Umgebung der singulären Stellen zu ergründen, das andere darin, die linearen Beziehungen zu ermitteln, welche zwischen zwei, in den Umgebungen von zwei singulären Punkten definirten, vollständigen Systemen von einander unabhängiger Integrale bestehen. Die Fragen, welche ich in meiner Abhandlung *„Ueber den Begriff der Irreductibilität in der Theorie der linearen Differentialgleichungen“* (dieses Journal Bd. 76, pag. 236) angeregt habe, stehen in engster Beziehung zu dem zweiten Probleme. An dieser Stelle dagegen handelt es sich ausschliesslich um das erste Problem, um die Untersuchung einer linearen Differentialgleichung von der in §. 4 angegebenen Gestalt in der Umgebung einer bestimmten Stelle, für welche ich der Einfachheit halber den Nullpunkt gewählt habe. Dies ist der durchgreifende Unterschied zwischen dem Begriff der Irreductibilität, den ich hier benutzen werde, und dem in der eben citirten Abhandlung definirten Begriffe.

Eine lineare Differentialgleichung, deren Coefficienten in der Umgebung des Nullpunktes den Charakter rationaler Functionen haben, nenne ich *reductibel*, wenn sie mit einer linearen Differentialgleichung niedrigerer Ordnung, deren Coefficienten in der Umgebung des Nullpunktes denselben

---

*) *Thomé*, dieses Journal, Bd. 76, pag. 282.

**) Dieses Journal Bd. 66, pag. 19 und Bd. 75, pag. 206.

Charakter haben, ein Integral gemeinsam hat, im entgegengesetzten Falle *irreductibel.* Die meisten der Sätze und Beweise, welche ich in der oben erwähnten Abhandlung gegeben habe, gelten auch für diesen abweichenden Begriff der Irreductibilität. Die Einführung dieses Begriffs hat den Zweck, das oben angeführte erste Problem wieder in zwei Aufgaben zu zerspalten, nämlich erstens *), zu erkennen, ob eine gegebene Differentialgleichung reductibel ist oder nicht und zweitens, die Natur der Integrale der irreductibeln Differentialgleichungen zu ermitteln.

In dieser Abhandlung wollen wir uns aber nur mit einem bemerkenswerthen Falle der ersten Aufgabe beschäftigen, zu welchem man durch folgende Betrachtungen gelangt. Wenn eine Differentialgleichung $C = 0$ ein reguläres Integral besitzt, so hat sie auch eins von der Form $x^\varrho v$, wo v eine nach ganzen positiven Potenzen von x fortschreitende Reihe ist, die für $x = 0$ nicht verschwindet **). Dies genügt aber der Differentialgleichung erster Ordnung

$$B_1 \equiv (\varrho v + x v')y - x v D y = 0,$$

und daher ist die gegebene Differentialgleichung reductibel. Als ein besonderer Fall der ersten Aufgabe bietet sich demnach die zuerst von Herrn *Thomé* aufgeworfene Frage dar, wie eine Differentialgleichung beschaffen sein muss, damit sich unter ihren Integralen auch reguläre befinden.

§. 5.

Wenn man einen Ausdruck von der Form

$$w = x^\varrho (w_0 (lx)^\varkappa + w_1 (lx)^{\varkappa-1} + \cdots + w_\varkappa),$$

wo $w_0, w_1, \ldots w_\varkappa$ in der Umgebung des Nullpunktes den Charakter rationaler Functionen haben, in einen Differentialausdruck B einsetzt, so erhält man, wie leicht zu übersehen,

$$B(w) = u = x^\varrho (u_0 (lx)^\varkappa + u_1 (lx)^{\varkappa-1} + \cdots + u_\varkappa),$$

wo $u_0, u_1, \ldots u_\varkappa$ in der Umgebung des Nullpunktes ebenfalls den Charakter

---

*) Ein specieller Fall dieser Aufgabe ist bereits von Herrn *Thomé* behandelt worden (dieses Journal Bd. 76, pag. 292), nämlich die Frage, ob eine gegebene Differentialgleichung mit einer von der ersten Ordnung ein Integral gemeinsam hat.

**) *Fuchs,* dieses Journal Bd. 68, pag. 4 und 5.

rationaler Functionen haben *). Wenn daher in dem Ausdrucke

$$v = x^{\sigma}(v_0(lx)^{\lambda}+v_1(lx)^{\lambda-1}+\cdots+v_{\lambda})$$

die nach ganzen Potenzen von x fortschreitenden Reihen $v_0, v_1, \dots v_{\lambda}$ insgesammt oder zum Theil negative Potenzen in unendlicher Anzahl enthalten, so kann die Differentialgleichung $B=v$ kein reguläres Integral haben. Denn hätte sie eins, $y=w$, so wäre $u=v$ und daher **)

$$\varkappa=\lambda, \quad x^{\varrho}u_0=x^{\sigma}v_0, \quad x^{\varrho}u_1=x^{\sigma}v_1, \quad \dots,$$

was den Annahmen widerspricht.

Die Integrale der Differentialgleichung $AB=0$ genügen entweder der Differentialgleichung $B=0$ oder, wenn man mit u irgend ein Integral der Differentialgleichung $A=0$ bezeichnet, der Differentialgleichung $B=u$. Seien $v_1, v_2, \dots v_{\mu}$ die von einander unabhängigen *regulären* Integrale der Differentialgleichung $B=0$ und $v_1, v_2, \dots v_{\mu}, w_1, w_2, \dots w_{\nu}$ die von $AB=0$. Dann sind $B(w_1)=u_1, \dots B(w_{\nu})=u_{\nu}$ Integrale, und zwar nach der obigen Bemerkung reguläre Integrale der Differentialgleichung $A=0$. Dieselben sind unter einander unabhängig. Denn wäre $c_1u_1+\cdots+c_{\nu}u_{\nu}=0$, so wäre $B(c_1w_1+\cdots+c_{\nu}w_{\nu})=0$ und folglich $c_1w_1+\cdots+c_{\nu}w_{\nu}$ ein Integral, und zwar ein reguläres Integral der Differentialgleichung $B=0$. Daher wäre

$$c_1w_1+\cdots+c_{\nu}w_{\nu} = b_1v_1+\cdots+b_{\mu}v_{\mu},$$

während doch diese Functionen unter einander unabhängig sein sollen. Die Differentialgleichung $A=0$ hat also wenigstens ν reguläre Integrale, und damit ist der Satz bewiesen:

1. *Die Differentialgleichung $AB=0$ hat nicht weniger reguläre Integrale als $B=0$ und nicht mehr als $A=0$ und $B=0$ zusammen.*

Die beiden Grenzen für die Zahl der regulären Integrale von $AB=0$ fallen zusammen, wenn $A=0$ gar keine regulären Integrale hat. Daraus folgt:

2. *Wenn die Differentialgleichung $A=0$ keine regulären Integrale hat, so genügen die regulären Integrale von $AB=0$ sämmtlich der Differentialgleichung $B=0$.*

Ferner ergeben sich die Folgerungen:

---

*) Die wirkliche Ausrechnung gestaltet sich am einfachsten mit Hülfe der aus der Gleichung $B(x^{\varrho})=x^{\varrho}g(x,\varrho)$ durch $\varkappa$fache Differentiation nach ϱ abgeleiteten Gleichung $B(x^{\varrho}(lx)^{\varkappa})=D_{\varrho}^{\varkappa}(x^{\varrho}g(x,\varrho))$.

**) *Fuchs,* dieses Journal, Bd. 68, pag. 4. *Thomé,* dieses Journal, Bd. 74, pag. 195.

3. *Eine aus mehreren Differentialgleichungen zusammengesetzte Differentialgleichung hat nicht mehr reguläre Integrale als die einzelnen Differentialgleichungen, aus denen sie besteht, zusammen.*

4. *Setzt man mehrere Differentialgleichungen zusammen, die keine regulären Integrale haben, so erhält man wieder eine Differentialgleichung, die keine regulären Integrale hat.*

Wenn die Differentialgleichung γ^{ter} Ordnung $C=0$ ein reguläres Integral hat, so hat sie, wie am Ende des vorigen Paragraphen bemerkt wurde, mit einer Differentialgleichung erster Ordnung $B_1=0$ ein reguläres Integral gemeinsam. Daher lässt sich C auf die Form *)

$$C \equiv A'B_1$$

bringen, wo A' ein Differentialausdruck $(\gamma-1)^{\text{ter}}$ Ordnung ist. Wenn $A'=0$ auch ein reguläres Integral hat, so ist wieder

$$A' \equiv A''B_2,$$

wo $B_2=0$ eine Differentialgleichung erster Ordnung mit einem regulären Integrale, und A'' ein Differentialausdruck $(\gamma-2)^{\text{ter}}$ Ordnung ist. Indem man so fortfährt, bringt man C auf die Form

$$C \equiv AB,$$

wo

$$B \equiv B_\beta B_{\beta-1}\dots B_2 B_1.$$

ist und $B_1=0, \dots B_\beta=0$ Differentialgleichungen erster Ordnung mit einem regulären Integrale sind, $A=0$ aber eine Differentialgleichung $(\gamma-\beta)^{\text{ter}}$ Ordnung ohne reguläre Integrale ist. Nach Satz 2 genügen daher die regulären Integrale der Differentialgleichung $C=0$ sämmtlich der Differentialgleichung $B=0$. Soll also $C=0$ lauter reguläre Integrale haben, so muss $C \equiv B$ sein.

5. *Eine Differentialgleichung, die nur reguläre Integrale hat, lässt sich aus lauter Differentialgleichungen erster Ordnung zusammensetzen, deren jede ein reguläres Integral hat.*

Dieser Satz gilt auch umgekehrt. Denn der Differentialgleichung $B=0$ genügt erstens das (reguläre) Integral y_1 von $B_1=0$. Ferner genügt ihr, wenn z das (reguläre) Integral von $B_2=0$ ist, das Integral der Differentialgleichung $B_1=z$. Dies ist aber, wenn w der Coefficient von Dy in

---

*) Vgl. dieses Journal Bd. 76, p. 257.

B_1 ist, nach der Formel für die Integration completer linearer Differentialgleichungen erster Ordnung

$$y = y_1 \int \frac{z}{w} \frac{dx}{y_1},$$

also ebenfalls ein reguläres Integral *). Indem man so weiter schliesst, erhält man den Satz:

6. *Setzt man Differentialgleichungen erster Ordnung, deren jede ein reguläres Integral hat, zusammen, so erhält man eine Differentialgleichung, die lauter reguläre Integrale hat.*

Wir haben vorher gezeigt, dass jeder Differentialausdruck C, der überhaupt durch ein reguläres Integral annullirt wird, auf die Form AB gebracht werden kann, wo $A = 0$ keine regulären Integrale hat, und $B = 0$ aus lauter Differentialgleichungen erster Ordnung zusammengesetzt ist, deren jede ein reguläres Integral hat. Nach Satz 6. hat daher $B = 0$ nur reguläre Integrale und nach 2. hat $C = 0$ ausser den Integralen von $B = 0$ weiter kein reguläres Integral. Wir gelangen so zu den wichtigen Sätzen:

7. *Die regulären Integrale einer linearen Differentialgleichung, deren Coefficienten in der Umgebung des Nullpunktes den Charakter rationaler Functionen haben, genügen für sich wieder einer linearen Differentialgleichung von derselben Beschaffenheit.*

8. *Ist $B = 0$ die Differentialgleichung, der die regulären Integrale der Differentialgleichung $C = 0$ genügen, und bringt man C auf die Form AB, so hat die Differentialgleichung $A = 0$ keine regulären Integrale.*

Wenn $A = 0$ und $B = 0$ zwei Differentialgleichungen sind, die lauter reguläre Integrale haben, so lassen sie sich nach Satz 5. aus lauter Differentialgleichungen erster Ordnung zusammensetzen, deren jede ein reguläres Integral hat. Dasselbe gilt demnach auch von der Differentialgleichung $AB = 0$, und daher hat dieselbe nach Satz 6. lauter reguläre Integrale. Als Verallgemeinerung von 6. erhalten wir daher den Satz:

9. *Setzt man mehrere Differentialgleichungen zusammen, die lauter reguläre Integrale haben, so erhält man wieder eine Differentialgleichung, die nur reguläre Integrale hat.*

Hat $B = 0$ lauter reguläre Integrale, A aber nicht, so kann man A nach Satz 7. auf die Form SR bringen, wo $R = 0$ lauter reguläre Integrale

---

*) *Fuchs,* dieses Journal Bd. 66, pag. 35.

hat, $S=0$ aber keins. Dann ist $C\equiv AB\equiv S(RB)$, und die regulären Integrale von $C=0$ genügen nach Satz 2. sämmtlich der Differentialgleichung $RB=0$. Diese aber hat nach Satz 9. lauter reguläre Integrale. Daraus ergiebt sich der Satz:

10. ***Wenn die Differentialgleichung $B=0$ lauter reguläre Integrale hat, so hat $AB=0$ genau so viel, wie $A=0$ und $B=0$ zusammengenommen.***

Zum Schluss will ich noch für den Satz 7. einen zweiten Beweis mittheilen. Sei $u=x^{\varrho}(u_0 z^{\varkappa}+u_1 z^{\varkappa-1}+\cdots+u_{\varkappa})$ eine ganze Function $\varkappa^{\text{ten}}$ Grades von z, und seien Δu, $\Delta^2 u$, ... ihre Differenzen. Bedeuten u_0, u_1, ... $u_{\varkappa}$ Functionen von x, die in der Umgebung des Nullpunktes den Charakter rationaler Functionen haben, und setzt man $z=\frac{lx}{2\pi i}$, so ist u die Form eines regulären Integrals einer Differentialgleichung $C=0$. Dasselbe geht, falls x den Nullpunkt einmal umkreist, in $r(u+\Delta u)$ über $(r=e^{2\pi i\varrho})$, bei einem nochmaligen Umlaufe in $r^2(u+2\Delta u+\Delta^2 u)$ u. s. w.*). Daher sind auch Δu, $\Delta^2 u$, ... Integrale von $C=0$ und zwar, wie aus ihrer Form hervorgeht, reguläre. Alle Werthe, in die u übergehen kann, ohne dass x die Umgebung des Nullpunktes verlässt, lassen sich durch u, Δu, $\Delta^2 u$, ... linear mit constanten Coefficienten ausdrücken, sind also wieder reguläre Integrale. Da ein beliebiges reguläres Integral die Gestalt $au+bv+cw+\cdots$ hat, wo a, b, c, ... Constanten sind, und v, w, ... Functionen von derselben Beschaffenheit wie u, so kann ein reguläres Integral bei einem Umlaufe von x um den Nullpunkt immer nur wieder in ein reguläres übergehen.

Betrachtet man nun die Gesammtheit der regulären Integrale von $C=0$, so müssen sie sich alle durch eine gewisse Anzahl unter ihnen y_1, y_2, ... y_β, die unter einander unabhängig sind, linear ausdrücken lassen. Jedes derselben, $y_{\varkappa}$, geht bei einem Umlaufe des Argumentes x um den Nullpunkt wieder in ein reguläres Integral, also in einen Ausdruck von der Form $c_{\varkappa 1}y_1+\cdots+c_{\varkappa\beta}y_\beta$ über. Daher sind **) die Coefficienten des Differentialausdrucks

$$B\equiv\begin{vmatrix} y & y_1 & \cdots & y_\beta \\ Dy & Dy_1 & \cdots & Dy_\beta \\ \cdot & \cdot & \cdots & \cdot \\ D^\beta y & D^\beta y_1 & \cdots & D^\beta y_\beta \end{vmatrix} : \begin{vmatrix} y_1 & \cdots & y_\beta \\ Dy_1 & \cdots & Dy_\beta \\ \cdot & \cdots & \cdot \\ D^{\beta-1} y_1 & \cdots & D^{\beta-1} y_\beta \end{vmatrix}$$

*) *Hamburger*, dieses Journal, Bd. 76, pag. 122.

**) Vgl. dieses Journal Bd. 76, pag. 241.

in der Umgebung des Nullpunktes eindeutige Functionen und bleiben, wie aus ihrer Zusammensetzung hervorgeht, endlich, wenn sie mit einer gewissen Potenz von x multiplicirt werden, haben also den Charakter rationaler Functionen. Damit ist Satz 7. bewiesen.

Ich will noch erwähnen, dass sich mehrere Sätze dieses Paragraphen auch als Eigenschaften der adjungirten Differentialgleichung ausdrücken lassen mit Hülfe des Reciprocitätssatzes der linearen Differentialgleichungen, den ich gleichzeitig mit Herrn *Thomé* gefunden*) habe, und den ich auf die elegante Form gebracht habe:

11. ***Sind*** A ***und*** B ***die adjungirten Differentialausdrücke von*** A ***und*** B***, so ist*** $\mathrm{B}\mathrm{A}$ ***der adjungirte Differentialausdruck von*** AB***.***

Oder allgemeiner:

Ist ein Differentialausdruck aus mehreren zusammengesetzt, so ist der adjungirte Differentialausdruck aus den adjungirten in der umgekehrten Reihenfolge zusammengesetzt.

Mit Hülfe desselben folgert man z. B. aus Satz 5. und 6.:

12. ***Wenn eine Differentialgleichung lauter reguläre Integrale hat, so hat auch die adjungirte Differentialgleichung lauter reguläre Integrale.***

Ein sehr einfacher Beweis des erwähnten Reciprocitätssatzes, bei dem die *Integrale* der Differentialgleichung gar nicht in Betracht kommen, beruht auf folgenden Ueberlegungen:

1) Wenn die Differentialausdrücke

$$A \equiv A_0 y + A_1 Dy + \cdots + A_\alpha D^\alpha y$$

und

$$\mathrm{A} \equiv \mathrm{A}_0 y + \mathrm{A}_1 Dy + \cdots + \mathrm{A}_\alpha D^\alpha y$$

adjungirt sind, so ist

$$A \equiv \mathrm{A}_0 y - D(\mathrm{A}_1 y) + \cdots + (-1)^\alpha D^\alpha(\mathrm{A}_\alpha y)$$

und

$$\mathrm{A} = A_0 y - D(A_1 y) + \cdots + (-1)^\alpha D^\alpha(A_\alpha y).$$

Ist daher v eine Function von x, so ist

$$A(vy) = \mathrm{A}_0 vy - D(\mathrm{A}_1 vy) + \cdots + (-1)^\alpha D^\alpha(\mathrm{A}_\alpha vy).$$

Der adjungirte Differentialausdruck von $A(vy)$ ist demnach

$$\mathrm{A}_0 vy + \mathrm{A}_1 v Dy + \cdots + \mathrm{A}_\alpha v D^\alpha y = v\,\mathrm{A}(y).$$

*) Dieses Journal Bd. 76, pag. 263; *Thomé,* dieses Journal Bd. 76, pag. 277.

2) Der adjungirte Differentialausdruck von

$$A(D^{\varkappa}y) \equiv A_0 D^{\varkappa}y + A_1 D^{1+\varkappa}y + \cdots + A_{\alpha} D^{\alpha+\varkappa}y$$

ist

$$(-1)^{\varkappa} D^{\varkappa}(A_0 y) + (-1)^{\varkappa+1} D^{\varkappa+1}(A_1 y) + \cdots + (-1)^{\varkappa+\alpha} D^{\varkappa+\alpha}(A_0 y) \equiv (-1)^{\varkappa} D^{\varkappa} \mathrm{A}(y).$$

Daher ist zu $A(v D^{\varkappa} y)$ der adjungirte Differentialausdruck

$$(-1)^{\varkappa} D^{\varkappa}(v \mathrm{A}(y)).$$

3) Sind A und B adjungirt zu A und B, so ist unmittelbar klar, dass A+B adjungirt ist zu $A+B$ *). Dasselbe gilt von einer grösseren Anzahl von Differentialausdrücken. Ist daher

$$B \equiv B_0 y + B_1 Dy + \cdots + B_{\beta} D^{\beta} y,$$

so ist

$$AB \equiv A(B_0 y) + A(B_1 Dy) + \cdots + A(B_{\beta} D^{\beta} y)$$

und daher der adjungirte Differentialausdruck

$$B_0 \mathrm{A}(y) - D(B_1 \mathrm{A}(y)) + \cdots + (-1)^{\beta} D^{\beta}(B_{\beta} \mathrm{A}(y)) \equiv \mathrm{B}\mathrm{A}(y).$$

Nachdem so der Satz für zwei Differentialausdrücke bewiesen ist, lässt er sich ohne weiteres auf mehrere ausdehnen.

§. 6.

Wir schicken den folgenden Untersuchungen einige Bemerkungen über Differentialgleichungen erster Ordnung

$$B \equiv uy + vxDy = 0$$

voraus, deren linke Seite wir in der Normalform voraussetzen. Die Werthe u_0, v_0, welche u und v für $x=0$ annehmen, sind daher endlich und nicht beide Null. Das Integral von $B=0$ ist

$$y = e^{-\int \frac{u\,dx}{vx}}.$$

Ist daher v_0 von Null verschieden, so ist y von der Form $x^c F(x)$, wo $F(x)$ eine nach ganzen positiven Potenzen von x fortschreitende Reihe ist, die für $x=0$ nicht verschwindet; y ist also ein reguläres Integral. Wenn aber v für $x=0$ von der n^{ten} Ordnung verschwindet, so ist y von der Form

*) *Hesse*, dieses Journal Bd. 54, pag. 232.

$$e^{\frac{c_n}{x^n}+\cdots+\frac{c_1}{x}} x^c F(x),$$

also kein reguläres Integral. Die charakteristische Function des Differentialausdrucks B ist $x^\varrho(u+v\varrho)$, seine determinirende Function $u_0+v_0\varrho$. Dieselbe ist im ersten Falle eine ganze Function ersten Grades von ϱ, im anderen Falle eine Constante.

Wenn eine Differentialgleichung nur reguläre Integrale hat, so lässt sie sich nach Satz 5. des vorigen Paragraphen aus lauter Differentialgleichungen erster Ordnung zusammensetzen, deren jede ein reguläres Integral hat. Die determinirende Function einer jeden ist daher vom ersten Grade, und da nach §. 3. die determinirende Function der gegebenen Differentialgleichung das Product aller dieser determinirenden Functionen ersten Grades ist, so ist ihr Grad der Ordnung der Differentialgleichung gleich.

1. *Wenn eine Differentialgleichung lauter reguläre Integrale hat, so ist der Grad ihrer determinirenden Function ihrer Ordnung gleich* *).

Bekanntlich ist die gefundene Bedingung nicht nur nothwendig, sondern auch hinreichend, und kommt die Begründung der Umkehrung des eben aufgestellten Satzes auf einen Convergenzbeweis hinaus **).

Wenn die Differentialgleichung $C=0$ unter ihren Integralen β reguläre hat, so lässt sich C nach §. 5, Satz 7. auf die Form AB bringen, wo $A=0$ keine und $B=0$ lauter reguläre Integrale hat. Die determinirende Function $g(\varrho)$ der Differentialgleichung β^{ter} Ordnung $B=0$ ist daher vom β^{ten} Grade. Ist $f(\varrho)$ die determinirende Function von A, so ist die von $C\equiv AB$ nach dem in §. 3 bewiesenen Satze

$$h(\varrho) = f(\varrho).g(\varrho),$$

und daher ist der Grad von $h(\varrho)$ wenigstens gleich β. Daraus folgt ***):

2. *Die Anzahl der regulären Integrale einer linearen Differentialgleichung ist nicht grösser als der Grad ihrer determinirenden Function.*

Von einem Ausdruck

$$x^\varrho(u_0(lx)^\varkappa+u_1(lx)^{\varkappa-1}+\cdots+u_\varkappa),$$

in dem die nach ganzen positiven Potenzen von x fortschreitenden Reihen

---

*) *Fuchs*, dieses Journal Bd. 66, pag. 26 und Bd. 68, pag. 8. *Thomé*, dieses Journal Bd. 74, pag. 200.

**) *Fuchs*, dieses Journal Bd. 66, pag. 29. Vergl. auch dieses Journal Bd. 76, pag. 218.

***) *Thomé*, dieses Journal Bd. 74, pag. 204, Bd. 75, pag. 268.

$u_0, u_1, \ldots u_\varkappa$ für $x=0$ nicht sämmtlich verschwinden, sagen wir, er *gehöre zum Exponenten* ϱ *). Da die Differentialgleichung $B=0$ nur reguläre Integrale hat, so kann man ein vollständiges System von einander unabhängiger Integrale angeben, die der Reihe nach zu den Wurzeln der determinirenden Gleichung $g(\varrho)=0$ von B gehören. Weil aber $h(\varrho)=f(\varrho)g(\varrho)$ ist, so sind die Wurzeln der Gleichung $g(\varrho)=0$ β von den Wurzeln der Gleichung $f(\varrho)=0$. Es ergiebt sich also der Satz **):

3. ***Die regulären Integrale einer linearen Differentialgleichung gehören zu eben so vielen Wurzeln ihrer determinirenden Gleichung.***

Wenn die Anzahl β der regulären Integrale von $C=0$ gleich dem Grade von $h(\varrho)$ ist, so muss $f(\varrho)$ eine Constante sein. Diese Bedingung lässt sich umkehren: Die determinirende Function einer Differentialgleichung γ^{ter} Ordnung $C=0$ sei vom β^{ten} Grade, und C lasse sich auf die Form AB bringen, wo A von der $(\gamma-\beta)^{\text{ten}}$ Ordnung ist und zur determinirenden Function eine Constante hat, während über B nichts vorausgesetzt ist. Dann kann man daraus schliessen, dass $C=0$ genau β reguläre Integrale hat. Denn weil C von der γ^{ten} und A von der $(\gamma-\beta)^{\text{ten}}$ Ordnung ist, so ist B von der β^{ten} Ordnung; und weil $f(\varrho)$ eine Constante und $h(\varrho)$ vom β^{ten} Grade ist, so ist $g(\varrho)$ vom β^{ten} Grade. Nach der Umkehrung von Satz 1. hat daher $B=0$ lauter reguläre Integrale. Die Differentialgleichung $A=0$ aber, deren determinirende Function vom nullten Grade ist, kann nach Satz 2. reguläre Integrale nicht haben. Folglich hat nach §. 5, 2. die Differentialgleichung $C\equiv AB=0$ genau β reguläre Integrale.

Die eben gefundene nothwendige und hinreichende Bedingung lässt sich am bequemsten mit Hülfe der adjungirten Differentialgleichung ausdrücken. Sind nämlich A, B und Γ die adjungirten Differentialausdrücke von A, B und C, so folgt aus der Gleichung $C\equiv AB$ nach dem Reciprocitätssatze

$$\Gamma \equiv \mathrm{BA}.$$

Ferner sind nach §. 2. die determinirenden Functionen von A und A von gleichem Grade, also beide Constanten. Es gilt also der Satz ***):

4. ***Damit eine Differentialgleichung γ^{ter} Ordnung, deren determinirende Function vom β^{ten} Grade ist, genau β reguläre Integrale habe, ist nothwendig***

*) *Fuchs,* dieses Journal Bd. 66, pag. 35.
**) *Thomé,* dieses Journal Bd. 74, pag. 210.
***) *Thomé,* dieses Journal Bd. 76, pag. 285.

und hinreichend, dass die adjungirte Differentialgleichung mit einer Differentialgleichung $(\gamma-\beta)^{ter}$ *Ordnung, deren determinirende Function eine Constante ist, alle Integrale gemeinsam habe.*

Ist z. B. $\beta=\gamma-1$, soll also $C=0$ genau $\gamma-1$ reguläre Integrale haben, so kann $h(\varrho)$ nicht von einem niedrigeren als dem $(\gamma-1)^{\text{ten}}$ Grade sein, aber auch nicht von einem höheren. Denn sonst wäre $h(\varrho)$ vom γ^{ten} Grade, und $C=0$ hätte lauter reguläre Integrale. Nach den Bemerkungen, die ich am Anfang dieses Paragraphen über die Gestalt der Integrale der Differentialgleichungen erster Ordnung gemacht habe, kann man demnach den Zusatz aussprechen *):

5. *Damit die Anzahl der regulären Integrale einer linearen Differentialgleichung* γ^{ter} *Ordnung genau gleich* $\gamma-1$ *sei, ist nothwendig und hinreichend, dass ihre determinirende Function vom* $(\gamma-1)^{ten}$ *Grade sei, und dass die adjungirte Differentialgleichung ein Integral von der Form*

$$e^{\frac{c_n}{x^n}+\cdots+\frac{c_1}{x}}\sum_{\nu}{}_0^{\infty} a_\nu x^{\varrho+\nu}$$

besitze.

§. 7.

Da sich uns im Laufe unserer Untersuchung keine irreductibeln Differentialgleichungen dargeboten haben, so dürfte es nicht überflüssig sein, zu zeigen, dass es überhaupt solche giebt. Sei $h(x,\varrho)$ eine ganze Function γ^{ten} Grades von ϱ, deren Coefficienten in der Umgebung des Nullpunktes den Charakter ganzer Functionen haben und für $x=0$ nicht sämmtlich verschwinden. Dann giebt es, wie in §. 1 gezeigt wurde, eine Differentialgleichung γ^{ter} Ordnung $C=0$, deren charakteristische Function $C(x^\varrho)=x^\varrho h(x,\varrho)$ ist. Nun sei $h(x,\varrho)=\Sigma h_\nu(\varrho)x^\nu$ so gewählt, dass $h(\varrho)=1$ und $h_1(\varrho)$ vom γ^{ten} Grade ist. C hat dann die Gestalt

$$C_0 y + C_1 x^2 D y + C_2 x^3 D^2 y + \cdots + C_\gamma x^{\gamma+1} D^\gamma y,$$

wo C_0 und C_γ für $x=0$ nicht verschwinden. Wäre diese Differentialgleichung reductibel, so gäbe es eine Differentialgleichung niedrigerer Ordnung $B=0$, mit der sie alle Integrale gemeinsam hätte **), und es wäre $C\equiv AB$, wo die Ordnungen α und β von A und B kleiner als γ sind, und $\alpha+\beta=\gamma$

---

*) *Thomé*, dieses Journal Bd. 75, pag. 278.

**) Dieses Journal Bd. 76, pag. 244 und pag. 258.

ist. Unter Anwendung der Bezeichnungen des §. 3 wäre dann

$$\Sigma h_\nu(\varrho)x^\nu = \Sigma f_\lambda(\varrho) + {}_\mu g_\mu(\varrho) x^{\lambda+\mu},$$

also

$$h(\varrho) = f(\varrho)g(\varrho),$$

$$h_1(\varrho) = f(\varrho) + {}_1 g_1(\varrho) + g(\varrho) f_1(\varrho) \quad \text{u. s. w.}$$

Da $h(\varrho)$ eine Constante ist, so wären nach der ersten Gleichung auch $f(\varrho)$ und $g(\varrho)$ Constanten, und daher wäre nach der zweiten eine ganze Function γ^{ten} Grades $h_1(\varrho)$ gleich einer ganzen Function, deren Grad die grösste der beiden Zahlen α und β nicht übersteigt, was nicht angeht. Damit ist die Existenz von irreductibeln Differentialgleichungen beliebiger Ordnung nachgewiesen.

Berlin, den 22. April 1875.

11.

Über das Pfaffsche Problem

Journal für die reine und angewandte Mathematik 82, 230–315 (1875)

Einleitung.

Das *Pfaff*sche Problem ist nach den Vorarbeiten *Jacobis* (dieses Journal Bd. 2, S. 347; Bd. 17, S. 128; Bd. 29, S. 236) hauptsächlich von Herrn *Natani* (dieses Journal Bd. 58, S. 301) und von *Clebsch* (dieses Journal Bd. 60, S. 193, Bd. 61, S. 146) zum Gegenstand eingehender Untersuchungen gemacht worden. In seiner ersten Arbeit führt *Clebsch* die Lösung der Aufgabe auf die Integration mehrerer Systeme homogener linearer partieller Differentialgleichungen zurück mittelst einer indirecten Methode, von der er später (Bd. 61, S. 146) selbst sagt, dass sie nicht vollständig geeignet sei, die Natur der betreffenden Gleichungen ins rechte Licht zu setzen. Desshalb hat er in der zweiten Arbeit die Aufgabe auf einem andern directen Wege angegriffen, aber nur solche Differentialgleichungen

$$X_1\,dx_1 + X_2\,dx_2 + \cdots + X_p\,dx_p = 0$$

behandelt, für welche die Determinante der Grössen

$$a_{\alpha\beta} = \frac{\partial X_\alpha}{\partial x_\beta} - \frac{\partial X_\beta}{\partial x_\alpha}$$

von Null verschieden ist.

Es scheint mir wünschenswerth, dass auch der allgemeinere Fall, in welchem diese Determinante nebst einer Anzahl ihrer partialen Determinanten verschwindet, durch eine ähnliche directe Methode erledigt werde, um so mehr, als ich für diesen Fall aus den citirten Arbeiten nicht die Ueberzeugung gewinnen kann, dass die für die Integration der *Pfaff*schen Differentialgleichung entwickelten Methoden wirklich zum Ziele führen müssen. (Vergl. § 22, Anm. I, § 23, Anm. I.). Unter der erwähnten Annahme kommt man gleich beim ersten Schritte zur Lösung des Problems nicht auf eine einzige, sondern auf ein System mehrerer homogener linearer partieller Differentialgleichungen. Ein solches muss aber gewissen Integrabilitätsbedingungen genügen, wenn es ein von einer Constanten verschiedenes Integral haben soll (Vgl. z. B. *Clebsch,* dieses Journal Bd. 65, S. 257). *Clebsch* sagt (Bd. 60, S. 196), in der *Natani*schen Arbeit sei nicht gezeigt worden, wie man von den auftretenden simultanen Systemen ein Integral finden könne, ein Vorwurf, den er später (Bd. 61, S. 146, Anm.) wieder zurücknimmt. Ich vermisse aber bei beiden Autoren, falls die Determinante $|a_{\alpha\beta}|$ verschwindet, einen strengen Beweis für die Verträglichkeit der zu integrirenden partiellen Differentialgleichungen.

Clebsch unterscheidet bei dem *Pfaff*schen Problem zwei Fälle, welche er den *determinirten* und den *indeterminirten* nennt. Die Bedingungen für das Eintreten des ersteren sind von *Jacobi* (Bd. 29, S. 242) und von Herrn *Natani* (Bd. 58, S. 316) entwickelt worden. Die Kriterien aber, mit Hülfe deren man jene beiden Fälle von einander unterscheiden kann, hat *Clebsch* nicht richtig erkannt. Er scheint den Unterschied in Folgendem gesucht zu haben: Wenn in dem System $a_{\alpha\beta}$ der höchste Grad nicht verschwindender Unterdeterminanten gleich $2m$ ist (Bd. 60, S. 208), so tritt der determinirte Fall ein; wenn dieser Grad aber $2m+1$ ist (l. c. S. 218), der indeterminirte. Ich werde aber zeigen, dass in einer Determinante, in welcher alle partialen Determinanten $(2m+2)^{\text{ten}}$ Grades Null sind, auch diejenigen $(2m+1)^{\text{ten}}$ Grades sämmtlich verschwinden müssen. Wäre also die von *Clebsch* angegebene Unterscheidung richtig, so würde der indeterminirte Fall überhaupt nicht eintreten können.

Die linke Seite einer linearen Differentialgleichung erster Ordnung wird von *Clebsch* zum Zwecke der Integration auf eine kanonische Form zurückgeführt, die sich durch grosse formale Einfachheit auszeichnet. Indem ich aber darauf ausging, die Berechtigung der aufgestellten kanonischen Formen aus inneren Gründen herzuleiten (Vgl. *Kronecker*, Berl. Monatsberichte 1874, Januar, über Schaaren von quadratischen Formen, S. 16), kam ich auf eine neue Weise, das *Pfaff*sche Problem zu formuliren, die ich zunächst auseinandersetzen will.

§. 1.

Neue Formulirung des *Pfaff*schen Problems.

In dem linearen Differentialausdruck erster Ordnung

$$(1.)\qquad a_1 dx_1 + \cdots + a_n dx_n = \Sigma a\, dx$$

seien $a_1, \ldots a_n$ gegebene (analytische) Functionen der unabhängigen Variablen $x_1, \ldots x_n$. Da hier die Untersuchung in solcher Allgemeinheit geführt werden soll, dass kein specieller Fall von ihr ausgeschlossen bleibt, so können z. B. $a_n, \ldots a_{k+1}$ Null sein, und $x_n, \ldots x_{k+1}$ in $a_1, \ldots a_k$ nicht vorkommen, so dass der betrachtete Ausdruck in Wirklichkeit nur k Variable enthält.

Wir transformiren den Differentialausdruck (1.) durch Gleichungen

$$(2.)\quad x_\alpha = \varphi_\alpha(x'_1, \dots x'_n), \qquad (\alpha = 1, \dots n)$$

welche die Veränderlichkeit von $x_1, \dots x_n$ nicht beschränken, in denen also $\varphi_1, \dots \varphi_n$ n unabhängige (analytische) Functionen von $x'_1, \dots x'_n$ sind. Dann sind auch umgekehrt

$$(2^*.)\quad x'_\alpha = \varphi'_\alpha(x_1, \dots x_n)$$

n unabhängige Functionen von $x_1, \dots x_n$. Setzt man

$$x_{\alpha\beta} = \frac{\partial x_\alpha}{\partial x'_\beta}, \quad x'_{\alpha\beta} = \frac{\partial x'_\alpha}{\partial x_\beta},$$

so ist

$$(3.)\quad dx_\alpha = \sum_\beta x_{\alpha\beta} dx'_\beta \qquad \text{und} \qquad (3^*.)\quad dx'_\alpha = \sum_\beta x'_{\alpha\beta} dx_\beta,$$

und durch die Substitutionen (2.) und (3.) geht der Differentialausdruck (1.) in einen andern von der Form

$$(1^*.)\quad a'_1 dx'_1 + \dots + a'_n dx'_n = \Sigma a' dx'$$

über, in welchem $a'_1, \dots a'_n$ Functionen der neuen Variablen $x'_1, \dots x'_n$ sind, während sich durch die inversen Substitutionen (2*.) und (3*.) der Differentialausdruck (1*.) in (1.) verwandelt.

Zwei lineare Differentialausdrücke erster Ordnung, welche auf diese Weise in einander transformirt werden können, sollen *äquivalent* genannt werden.

Es könnte allgemeiner scheinen, zwei Differentialausdrücke (1.) und (1*.), in denen die Anzahl der Grössen x derjenigen der Grössen x' nicht nothwendig gleich zu sein braucht, äquivalent zu nennen, wenn es möglich ist, zwischen den unter sich unabhängigen Variablen x und den unter sich ebenfalls unabhängigen Variablen x' solche Relationen aufzustellen, dass identisch

$$(4.)\quad \Sigma a dx = \Sigma a' dx'$$

wird. Es lässt sich aber leicht zeigen, dass zwei nach dieser Definition äquivalente Differentialausdrücke auch stets durch Substitutionen von der Form (2.) und (3.) in einander übergeführt werden können. Denn ist etwa die Anzahl k der Variablen x kleiner als die Anzahl n der Variablen x', so füge man zu den ersteren noch $n-k$ neue unabhängige Variable hinzu, die in dem Differentialausdruck (1.) nicht vorkommen. Die Relationen zwischen den Veränderlichen x und x' sollen die Veränderlichkeit der Grössen x (und ebenso die der Grössen x') nicht beschränken. Es darf sich also aus ihnen keine von den Grössen x' (oder x) freie Gleichung allein zwischen den Variablen x (oder x') herleiten lassen. Wenn durch diese Relationen, unter denen p unabhängige seien, die Gleichung (4.) eine identische wird, so bleibt sie es auch, wenn man zu ihnen noch $n-p$ andere (etwa lineare) hinzufügt. Diese kann man stets so wählen (am einfachsten in der Form $x_\alpha = x'_\beta$), dass sie zusammen mit den p gegebenen Relationen die Veränderlichkeit der n Grössen x (oder x') nicht beschränken. Löst man die so gebildeten n Gleichungen nach einem der beiden Variablensysteme auf, so nehmen die Transformationsgleichungen die Gestalt (2.) oder (2*.) an.

Umgekehrt wollen wir uns nun, wenn (1.) und (1*.) zwei *gegebene* Differentialausdrücke bedeuten, die Aufgabe stellen, zu entscheiden, ob sie äquivalent sind oder nicht, und falls sie es sind, die weitere Aufgabe, alle Substitutionen zu finden, durch welche der eine in den anderen übergeht.

§. 2.

Die bilineare Covariante.

Wenn die Differentialausdrücke (1.) und (1*.) äquivalent sind, und durch die Substitutionen (2.) oder (2*.) in einander übergehen, so muss die Gleichung (4.) richtig bleiben, wenn man unter $x_1, \dots x_n$ irgend welche Functionen einer oder mehrerer unabhängigen Variablen $u, v, \dots$ und unter $x'_1, \dots x'_n$ die durch die Gleichungen (2*.) bestimmten Functionen derselben Variablen versteht.

Es muss also

$$\Sigma a \frac{\partial x}{\partial u} = \Sigma a' \frac{\partial x'}{\partial u}, \qquad \Sigma a \frac{\partial x}{\partial v} = \Sigma a' \frac{\partial x'}{\partial v}$$

sein und daher auch

$$\frac{\partial}{\partial v}\left(\Sigma a \frac{\partial x}{\partial u}\right) - \frac{\partial}{\partial u}\left(\Sigma a \frac{\partial x}{\partial v}\right) = \frac{\partial}{\partial v}\left(\Sigma a' \frac{\partial x'}{\partial u}\right) - \frac{\partial}{\partial u}\left(\Sigma a' \frac{\partial x'}{\partial v}\right)$$

oder ausgerechnet

$$\sum_{\alpha,\beta}\left(\frac{\partial a_\alpha}{\partial x_\beta} - \frac{\partial a_\beta}{\partial x_\alpha}\right)\frac{\partial x_\alpha}{\partial u}\frac{\partial x_\beta}{\partial v} = \sum_{\alpha,\beta}\left(\frac{\partial a'_\alpha}{\partial x'_\beta} - \frac{\partial a'_\beta}{\partial x'_\alpha}\right)\frac{\partial x'_\alpha}{\partial u}\frac{\partial x'_\beta}{\partial v}.$$

Setzt man

$$\frac{\partial x_\alpha}{\partial u} = u_\alpha, \quad \frac{\partial x_\alpha}{\partial v} = v_\alpha, \quad \dots$$

$$\frac{\partial x'_\alpha}{\partial u} = u'_\alpha, \quad \frac{\partial x'_\alpha}{\partial v} = v'_\alpha, \quad \dots$$

so können u_α, v_α, ... als ganz willkürliche, von den übrigen vorkommenden Grössen völlig unabhängige Variable betrachtet werden, wie man am einfachsten einsieht, indem man für x_α die lineare Function $u_\alpha u + v_\alpha v + \cdots$ mit willkürlichen Constanten u_α, v_α, ... setzt. Zufolge der Gleichungen (3.) und (3*.) sind sie mit u'_α, v'_α, ... durch die Gleichungen

$$\begin{aligned} &(5.) \quad u_\alpha = \sum_\beta x_{\alpha\beta} u'_\beta, \quad v_\alpha = \sum_\beta x_{\alpha\beta} v'_\beta, \quad \ldots \\ &(5^*.) \quad u'_\alpha = \sum_\beta x'_{\alpha\beta} u_\beta, \quad v'_\alpha = \sum_\beta x'_{\alpha\beta} v_\beta, \quad \ldots \end{aligned} \qquad (\alpha = 1, 2, \ldots n),$$

verbunden. Setzt man ferner zur Abkürzung

$$(6.) \qquad a_{\alpha\beta} = \frac{\partial a_\alpha}{\partial x_\beta} - \frac{\partial a_\beta}{\partial x_\alpha}, \qquad a'_{\alpha\beta} = \frac{\partial a'_\alpha}{\partial x'_\beta} - \frac{\partial a'_\beta}{\partial x'_\alpha},$$

so zeigen die entwickelten Formeln, dass durch die Substitutionen (5.) oder (5*.) nicht nur

$$(7.) \qquad \Sigma a_\alpha u_\alpha = \Sigma a'_\alpha u'_\alpha,$$

sondern gleichzeitig auch

$$(8.) \qquad \Sigma a_{\alpha\beta} u_\alpha v_\beta = \Sigma a'_{\alpha\beta} u'_\alpha v'_\beta$$

wird. Diese Gleichungen werden vermöge der Substitutionen (5.) oder (5*.) zu identischen, wenn die Variablen $x_1, \ldots x_n$ und $x'_1, \ldots x'_n$ und ihre Functionen a_α, a'_α, $a_{\alpha\beta}$, $a'_{\alpha\beta}$, $x_{\alpha\beta}$, $x'_{\alpha\beta}$ sämmtlich durch u, v, ... ausgedrückt werden, also auch, wenn für u, v, ... wieder Functionen von irgend welchen anderen Variablen gesetzt werden. Nimmt man nun die Anzahl der unabhängigen Variablen u, v, ... gleich n und für $x_1, \ldots x_n$ unabhängige Functionen derselben, so können auch umgekehrt u, v, ... wieder als Functionen von $x_1, \ldots x_n$ dargestellt werden. Die Grössen a_α, $a_{\alpha\beta}$, $x'_{\alpha\beta}$ werden dann wieder die gegebenen Functionen von $x_1, \ldots x_n$; die Grössen a'_α, $a'_{\alpha\beta}$, $x_{\alpha\beta}$ aber müssen mittelst der Gleichungen (2*.) als Functionen von $x_1, \ldots x_n$ dargestellt werden, damit die Gleichungen (7.) und (8.) vermöge der Substitutionen (5.) oder (5*.) zu identischen werden.

Damit die Differentialausdrücke (4.) äquivalent seien, ist demnach die algebraische Aequivalenz der Formen (7.) und (8.) eine nothwendige Bedingung. Es wird sich aber zeigen, dass sie auch die hinreichende Bedingung ist.

Die Grössen $u_1, \ldots u_n$ und $v_1, \ldots v_n$ bedeuten offenbar die Verhältnisse der nach zwei verschiedenen Richtungen genommenen Differentiale der Variablen $x_1, \ldots x_n$. Da also, wenn d und δ Differentiale nach verschiedenen Richtungen bezeichnen,

$$\Sigma a_{\alpha\beta} dx_\alpha \delta x_\beta = \Sigma a'_{\alpha\beta} dx'_\alpha \delta x'_\beta$$

ist, so soll der bilineare Differentialausdruck

$$(9.)\quad \delta(\Sigma a\,dx) - d(\Sigma a\,\delta x) = \Sigma(\delta a\,dx - da\,\delta x) = \Sigma a_{\alpha\beta} dx_\alpha \delta x_\beta$$

die ***bilineare Covariante*** des Differentialausdrucks (1.) genannt werden. (Vgl. ***Lipschitz,*** dieses Journal, Bd. 70, S. 73.)

Nunmehr zerfällt die ganze Untersuchung in zwei Theile. Zunächst sind die nothwendigen und hinreichenden Bedingungen für die algebraische Aequivalenz zweier Formenpaare, bestehend aus einer linearen und aus einer alternirenden bilinearen Form, zu untersuchen. Sodann ist festzustellen, ob weitere analytische Bedingungen nothwendig sind, damit zwei gegebene lineare Differentialausdrücke (und daher auch ihre bilinearen Covarianten) in einander transformirt werden können. (Vgl. ***Christoffel,*** dieses Journal, Bd. 70, S. 60.) Bei der ersten Untersuchung ist demnach das Hauptaugenmerk darauf zu richten, für zwei äquivalente Formenpaare *alle* Substitutionen zu ermitteln, durch welche das eine in das andere übergeht. Denn nur so wird man in den Stand gesetzt zu entscheiden, ob sich unter ihnen auch solche befinden, welche geeignet sind, zwei Differentialausdrücke (1.) und (1*.) in einander zu transformiren.

Wir schicken daher der Hauptuntersuchung zwei vorbereitende Abschnitte voraus, einen algebraischen über die Aequivalenz der oben genannten Formenpaare und einen analytischen über die Integrabilitätsbedingungen für ein System linearer Differentialgleichungen erster Ordnung.

Ueber lineare Gleichungen und alternirende bilineare Formen.

§. 3.

Ueber adjungirte Systeme homogener linearer Gleichungen.

Gegeben seien m unabhängige homogene lineare Gleichungen

$$(10.)\qquad a_1^{(\mu)}u_1+\cdots+a_n^{(\mu)}u_n=0,\qquad (\mu=1,\dots m)$$

zwischen den $n(>m)$ Unbekannten $u_1, \dots u_n$. Ist

$$a_1u_1+\cdots+a_nu_n=0$$

irgend eine lineare Verbindung derselben, so rechnen wir sie auch zum System (10.). Auch kann dies System durch m unabhängige lineare Verbindungen seiner Gleichungen ersetzt werden. Die Determinanten m^{ten} Grades, die sich aus den Coefficienten $a_\alpha^{(\mu)}$ bilden lassen, und die wegen der Unabhängigkeit der Gleichungen nicht sämmtlich verschwinden, werden bei einer solchen Umformung alle mit demselben von Null verschiedenen Factor multiplicirt.

Sind $A_1, \dots A_n$ und $B_1, \dots B_n$ irgend zwei *particuläre* Lösungen der Gleichungen (10.), so ist auch $aA_1+bB_1, \dots aA_n+bB_n$ eine Lösung. Mehrere particuläre Lösungen

$$A_1^{(\varkappa)},\quad \dots\quad A_n^{(\varkappa)},\qquad (\varkappa=1,\dots k)$$

sollen daher *unabhängig* oder *verschieden* heissen, wenn $c_1A_\alpha^{(1)}+\cdots+c_kA_\alpha^{(k)}$ nicht für $\alpha=1, \dots n$ verschwinden kann, ohne dass $c_1, \dots c_k$ sämmtlich gleich Null sind, mit andern Worten, wenn die k linearen Formen $A_1^{(k)}u_1+\cdots+A_n^{(k)}u_n$ unabhängig sind.

Da die Determinanten m^{ten} Grades der Grössen $a_\alpha^{(\mu)}$ nicht alle verschwinden, so kann man die Grössen $U_\alpha^{(\nu)}$ so wählen, dass die Determinante

$$D=\begin{vmatrix} a_1^{(1)} & \dots & a_n^{(1)} \\ \cdot & \dots & \cdot \\ a_1^{(m)} & \dots & a_n^{(m)} \\ U_1^{(1)} & \dots & U_n^{(1)} \\ \cdot & \dots & \cdot \\ U_1^{(n-m)} & \dots & U_n^{(n-m)} \end{vmatrix}$$

von Null verschieden ist. Bezeichnet man mit $A_\alpha^{(\nu)}$ den Coefficienten von $U_\alpha^{(\nu)}$ in D, so ist

$$(11.)\qquad a_1^{(\mu)}A_1^{(\nu)}+\cdots+a_n^{(\mu)}A_n^{(\nu)}=0,\qquad (\mu=1,\dots m;\ \nu=1,\dots n-m),$$

und daher sind

$$(12.)\qquad A_1^{(\nu)},\ \dots\ A_n^{(\nu)},\qquad (\nu=1,\dots n-m)$$

$n-m$ Lösungen der Gleichungen (10.).

Ist $\varkappa, \ldots \lambda, \varrho, \ldots \sigma$ eine positive Permutation der Zahlen $1, \ldots n$, so sollen die Determinante m^{ten} Grades $\Sigma \pm a_\varkappa^{(1)} \ldots a_\lambda^{(m)}$ und die Determinante $(n-m)^{\text{ten}}$ Grades $\Sigma \pm A_\varrho^{(1)} \ldots A_\sigma^{(n-m)}$ *complementäre* Determinanten der beiden Elementensysteme $a_\alpha^{(\mu)}$ und $A_\alpha^{(\nu)}$ genannt werden. Nach einem bekannten Satze ist die letztere Determinante das Product aus der ersteren in D^{n-m-1}. Die Determinanten m^{ten} Grades des Systems $a_\alpha^{(\mu)}$ verhalten sich daher, wie die complementären Determinanten $(n-m)^{\text{ten}}$ Grades des Systems $A_\alpha^{(\nu)}$. Da die Determinanten m^{ten} Grades des Systems $a_\alpha^{(\mu)}$ nicht sämmtlich verschwinden, und D von Null verschieden ist, so sind auch die Determinanten $(n-m)^{\text{ten}}$ Grades des Systems $A_\alpha^{(\nu)}$ nicht alle Null, und daher sind die $n-m$ Lösungen (12.) unabhängig.

Mehr als $n-m$ verschiedene Lösungen können aber die Gleichungen (10.) nicht haben. Denn sind $B_1^{(\nu)}, \ldots B_n^{(\nu)} (\nu = 1, \ldots n-m+1)$ $n-m+1$ Lösungen, und ist $c_1 B_\alpha^{(1)} + \cdots + c_{n-m+1} B_\alpha^{(n-m+1)} = B_\alpha$, so ist auch $B_1, \ldots B_n$ eine Lösung. Unter den Determinanten m^{ten} Grades des Systems $a_\alpha^{(\mu)}$ sei etwa $M = \Sigma \pm a_1^{(1)} \ldots a_m^{(m)}$ von Null verschieden. Ueber die Constanten $c_1, \ldots c_{n-m+1}$ kann man so verfügen, dass irgend $n-m$ der Grössen $B_1, \ldots B_n$ gleich Null sind, weil $n-m$ homogene lineare Gleichungen mit $n-m+1$ Unbekannten $c_1, \ldots c_{n-m+1}$ stets eine Lösung zulassen. Macht man aber $B_{m+1} = \cdots = B_n = 0$, so folgt aus den m linearen Gleichungen $a_1^{(\mu)} B_1 + \cdots + a_m^{(\mu)} B_m = 0$ mit nicht verschwindender Determinante M, dass auch $B_1 = \cdots = B_m = 0$ ist. Folglich sind die $n-m+1$ Lösungen $B_1^{(\nu)}, \ldots B_n^{(\nu)}$ nicht unabhängig. Mithin haben m unabhängige homogene lineare Gleichungen zwischen n Unbekannten genau $n-m$ verschiedene Lösungen, und daher haben irgend m homogene lineare Gleichungen zwischen n Unbekannten wenigstens $n-m$ verschiedene Lösungen.

Sind $c_1, \ldots c_{n-m}$ *willkürliche Constanten*, so soll

$$A_1 = \Sigma c_\nu A_1^{(\nu)}, \quad \ldots \quad A_n = \Sigma c_\nu A_n^{(\nu)}$$

die *allgemeinste Lösung* der Gleichungen (10.) heissen. Aus ihr kann jede particuläre Lösung erhalten werden, indem man den willkürlichen Constanten bestimmte Werthe ertheilt. Sind daher $B_1^{(\nu)}, \ldots B_n^{(\nu)} (\nu = 1, \ldots n-m)$ irgend $n-m$ verschiedene Lösungen, so ist $B_\alpha^{(\nu)} = c_{\nu,1} A_\alpha^{(1)} + \cdots + c_{\nu,n-m} A_\alpha^{(n-m)}$, und die Determinanten $(n-m)^{\text{ten}}$ Grades des Systems $B_\alpha^{(\nu)}$ unterscheiden sich von den entsprechenden des Systems $A_\alpha^{(\nu)}$ nur durch den von Null verschiedenen Factor $|c_{\varrho\sigma}|$. Daher verhalten sie sich, wie die complementären Determinanten m^{ten} Grades des Systems $a_\alpha^{(\mu)}$.

Bedeuten von nun an die Grössen (12.) irgend $n-m$ verschiedene Lösungen der Gleichungen (10.), so sind

$$(13.)\qquad A_1^{(\nu)}u_1+\cdots+A_n^{(\nu)}u_n = 0$$

$n-m$ unabhängige homogene lineare Gleichungen zwischen den Unbekannten $u_1, \dots u_n$, und zufolge der Relationen (11.) sind

$$(14.)\qquad a_1^{(\mu)}, \dots a_n^{(\mu)} \quad (\mu = 1, \dots m)$$

m verschiedene Lösungen derselben. Die beiden Systeme linearer Gleichungen (10.) und (13.), und ebenso die Systeme ihrer Coefficienten $a_\alpha^{(\mu)}$ und $A_\alpha^{(\nu)}$ sollen einander *zugeordnet* oder *adjungirt* genannt werden. Zwischen ihren allgemeinsten Lösungen besteht die Relation

$$(11^*.)\qquad a_1A_1+\cdots+a_nA_n = 0.$$

Die Coefficienten des einen Gleichungssystems sind die Lösungen des andern. Die Determinanten m^{ten} Grades des Systems $a_\alpha^{(\mu)}$ verhalten sich, wie die complementären Determinanten $(n-m)^{\text{ten}}$ Grades des zugeordneten Systems $A_\alpha^{(\nu)}$. Allgemeiner lässt sich zeigen, dass, wenn $k>n-m$ ist, jede aus $n-k$ $(<m)$ Colonnen des Systems $a_\alpha^{(\mu)}$ gebildete partiale Determinante $(n-k)^{\text{ten}}$ Grades bis auf eine Potenz von D eine lineare homogene Function der aus den übrigen k Colonnen des zugeordneten Systems $A_\alpha^{(\nu)}$ gebildeten Determinanten $(n-m)^{\text{ten}}$ Grades ist*).

Richtet man in dem System der $n-m$ verschiedenen Lösungen (12.) der Gleichungen (10.) sein Augenmerk nicht auf die Werthe aller Unbekannten, sondern nur auf die einer gewissen Anzahl $u_1, \dots u_k$, so fragt es sich, ob auch die Lösungen

$$(\alpha.)\qquad A_1^{(\nu)}, \quad \dots \quad A_k^{(\nu)} \qquad (\nu = 1, \dots n-m)$$

unabhängig sind. Diese Frage hat nur dann eine Bedeutung, wenn $k \geqq n-m$ ist. Die Bedingungen, unter denen alsdann jene Lösungen nicht unabhängig sind, ergeben sich ohne weiteres aus dem letzten Satze, lassen sich aber auch leicht direct ableiten. Ist $A_\alpha = \sum\limits_\nu c_\nu A_\alpha^{(\nu)}$, so ist $A_1, \dots A_n$ eine Lösung der Gleichungen (10.). Da die Lösungen (α.) nicht unabhängig sind, so kann man die Constanten $c_1, \dots c_{n-m}$ so bestimmen, dass $A_1, \dots A_k$ Null sind. Folglich genügen die Grössen $A_{k+1}, \dots A_n$ den Gleichungen

$$(\beta.)\qquad a_{k+1}^{(\mu)}u_{k+1}+\cdots+a_n^{(\mu)}u_n = 0 \quad (\mu = 1, \dots m)$$

*) Wenn man die m linearen Formen (10.) durch irgend eine lineare Substitution und die $n-m$ linearen Formen (13.) durch die transponirte Substitution transformirt, so erhält man wieder zwei Systeme zugeordneter linearer Formen.

und sind, weil die Lösungen (12.) unabhängig sind, nicht sämmtlich Null. Daher müssen in dem Elementensystem

$$(\gamma.)\quad \begin{cases} a_{k+1}^{(1)} & \dots & a_n^{(1)} \\ \cdot & \dots & \cdot \\ a_{k+1}^{(m)} & \dots & a_n^{(m)} \end{cases}$$

alle Determinanten $(n-k)^{\text{ten}}$ Grades verschwinden.

Wenn umgekehrt in dem System $(\gamma.)$ alle Determinanten $(n-k)^{\text{ten}}$ Grades verschwinden, so sind in *jedem* System von $n-m$ verschiedenen Lösungen die Werthe der ersten k Unbekannten nicht unabhängig. Denn unter jener Voraussetzung sind (Vgl. §. 4.) die Gleichungen $(\beta.)$ unter einander verträglich, und daher kann man eine particuläre Lösung der Gleichungen (10.) erhalten, indem man $A_1 = \dots = A_k = 0$ setzt und $A_{k+1}, \dots A_n$ aus den Gleichungen $(\beta.)$ bestimmt. Da sich diese particuläre Lösung aus jedem System (12.) von $n-m$ verschiedenen Lösungen zusammensetzen lassen muss, so können die Constanten $c_1, \dots c_{n-m}$ so bestimmt werden, dass $c_1 A_\alpha^{(1)} + \dots + c_{n-m} A_\alpha^{(n-m)}$ für $\alpha = 1, \dots k$ verschwindet.

§. 4.

Ueber den Zusammenhang der partialen Determinanten eines Elementensystems.

In dem nach Zeilen und Colonnen geordneten Elementensystem $a_{\alpha\beta}$, in welchem die Anzahl der Zeilen derjenigen der Colonnen nicht gleich zu sein braucht, sei eine partiale Determinante m^{ten} Grades, etwa $M = \Sigma \pm a_{11} \dots a_{mm}$, von Null verschieden. Damit dann die partialen Determinanten $(m+1)^{\text{ten}}$ Grades sämmtlich verschwinden, ist nach einem Satze des Herrn *Kronecker* (*Baltzer*, Det. §. 4, 7; dieses Journal Bd. 72, S. 152) nur erforderlich, dass alle diejenigen Null sind, deren Elemente man erhält, indem man zu den Elementen von M die irgend einer Zeile und Colonne des Systems $a_{\alpha\beta}$ hinzufügt, also alle Determinanten

$$\begin{vmatrix} a_{11} & \dots & a_{1m} & a_{1\sigma} \\ \cdot & \dots & \cdot & \cdot \\ a_{m1} & \dots & a_{mm} & a_{m\sigma} \\ a_{\varrho 1} & \dots & a_{\varrho m} & a_{\varrho\sigma} \end{vmatrix},$$

wo man für ϱ und σ nur alle Paare von Zahlen, die grösser als m sind, zu setzen braucht.

Alsdann ist

$$\begin{vmatrix} a_{11} & \dots & a_{1m} & a_{11}A_1+\dots+a_{1n}A_n \\ \cdot & \cdot & \cdot & \cdot \\ a_{m1} & \dots & a_{mm} & a_{m1}A_1+\dots+a_{mn}A_n \\ a_{\alpha 1} & \dots & a_{\alpha m} & a_{\alpha 1}A_1+\dots+a_{\alpha n}A_n \end{vmatrix} = 0,$$

als eine homogene lineare Function von $A_1, \dots A_n$, deren Coefficienten theils identisch, theils nach Voraussetzung verschwinden. (*Kronecker*, *Baltzer*, Det. §. 8, 3).

Ist nun $A_1, \dots A_n$ eine Lösung der Gleichungen

$$(\alpha.) \qquad a_{\mu 1}u_1+\dots+a_{\mu n}u_n=0, \quad (\mu=1,\dots m)$$

so reducirt sich die obige Gleichung auf $M(a_{\alpha 1}A_1+\dots+a_{\alpha n}A_n)=0$. Da M von Null verschieden ist, so müssen folglich alle Lösungen der Gleichungen (α.) auch die Gleichungen

$$(\beta.) \qquad a_{\alpha 1}u_1+\dots+a_{\alpha n}u_n=0 \quad (\alpha=1,\dots m,\ m+1, m+2,\dots)$$

befriedigen. Weil aber die m unabhängigen Gleichungen (α.) $n-m$ verschiedene Lösungen haben, so haben auch die Gleichungen (β.) $n-m$ unabhängige Lösungen.

Wenn umgekehrt mehr als m Gleichungen zwischen n ($>m$) Variablen $n-m$ verschiedene Lösungen haben, so müssen in dem System der Coefficienten alle partialen Determinanten $(m+1)^{\text{ten}}$ Grades verschwinden. Denn nimmt man irgend $m+1$ dieser Gleichungen, so könnten dieselben, wenn nicht alle Determinanten $(m+1)^{\text{ten}}$ Grades ihrer Coefficienten verschwänden, wenn sie also unabhängig wären, nicht mehr als $n-m-1$ verschiedene Lösungen besitzen.

Seien nun $A_1^{(\nu)}, \dots A_n^{(\nu)}$ ($\nu=1,\dots n-m$) irgend $n-m$ verschiedene Lösungen der Gleichungen (α.), also auch der Gleichungen (β.). Greift man irgend m dieser Gleichungen heraus, so sind dieselben entweder unabhängig oder nicht. Im ersteren Falle verhalten sich die Determinanten m^{ten} Grades, die sich aus ihren Coefficienten bilden lassen, wie die complementären Determinanten $(n-m)^{\text{ten}}$ Grades der Lösungen $A_\alpha^{(\nu)}$. Aber auch im andern Falle bleibt dieser Satz richtig, weil dann die partialen Determinanten m^{ten} Grades der Coefficienten alle verschwinden. Wir ziehen daraus den Schluss: (Vgl. *Kronecker,* Berl. Monatsberichte, 1874, April, Ueber die congruenten Transf. etc., letzte Seite.)

I. *In einem Elementensystem, in welchem alle partialen Determinanten $(m+1)^{ten}$ Grades verschwinden, verhalten sich die aus irgend m Zeilen gebildeten*

partialen Determinanten m^{ten} Grades, wie die entsprechenden aus irgend m andern Zeilen gebildeten partialen Determinanten m^{ten} Grades.

Entsprechend heissen hier solche Determinanten m^{ten} Grades, die aus den nämlichen m Colonnen (in derselben Reihenfolge) gebildet sind. Sind also P und Q zwei aus m bestimmten Zeilen gebildete Determinanten m^{ten} Grades, und P' und Q' die entsprechenden aus m beliebigen andern Zeilen gebildeten Determinanten, so ist $PQ' = P'Q$. Wenn daher P' und Q beide von Null verschieden sind, so kann auch P nicht verschwinden. Daraus ergiebt sich der Satz:

II. ***Kann man aus einem Elementensystem, in welchem alle partialen Determinanten $(m+1)^{ten}$ Grades verschwinden, m Zeilen und m Colonnen so auswählen, dass weder in den m Zeilen noch in den m Colonnen alle partialen Determinanten m^{ten} Grades gleich Null sind, so muss auch die diesen Zeilen und Colonnen gemeinschaftliche partiale Determinante m^{ten} Grades von Null verschieden sein.***

Dieser Satz lässt sich auch in folgender Weise herleiten. In dem Elementensystem $a_{\alpha\beta}$ seien alle partialen Determinanten $(m+1)^{\text{ten}}$ Grades Null. Ferner sei $M = \Sigma \pm a_{11} \ldots a_{mm} = 0$. In den ersten m Zeilen möge sich aber auch eine von Null verschiedene Determinante m^{ten} Grades befinden. In Folge der letzten Annahme müssen alle Werthe von $u_1, \ldots u_n$, welche den Gleichungen (α.) genügen, auch die Gleichungen (β.) befriedigen. Nun kann man aber den Gleichungen (α.) genügen, indem man $u_{m+1} = \cdots = u_n = 0$ setzt, und $u_1, \ldots u_m$ aus den Gleichungen $a_{\mu 1}u_1 + \cdots + a_{\mu m}u_m = 0$ $(\mu = 1, \ldots m)$ bestimmt, die nach der Voraussetzung $M = 0$ mit einander verträglich sind. Da die so erhaltenen Werthe auch den Gleichungen (β.) genügen, so muss

$$a_{\alpha 1}u_1 + \cdots + a_{\alpha m}u_m = 0 \quad (\alpha = 1, \ldots m, m+1, m+2, \ldots)$$

sein. Folglich müssen in dem System

$$a_{\alpha 1}, \quad \ldots \quad a_{\alpha m} \quad (\alpha = 1, \ldots m, m+1, m+2, \ldots)$$

alle Determinanten m^{ten} Grades verschwinden. Sind also nicht alle Determinanten m^{ten} Grades in diesem System Null, so kann man daraus umgekehrt den Schluss ziehen, dass M von Null verschieden sein muss, womit Satz II. bewiesen ist.

Nehmen wir jetzt an, dass das System $a_{\alpha\beta}$ aus gleich viel Zeilen und Colonnen besteht und symmetrisch ($a_{\alpha\beta} = a_{\beta\alpha}$) oder alternirend ($a_{\alpha\beta} = -a_{\beta\alpha}$, $a_{\alpha\alpha} = 0$) ist. Dann sind die partialen Determinanten m^{ten} Grades, die aus irgend m

Zeilen gebildet sind, denen, die aus den gleichnamigen m Colonnen gebildet sind, der Reihe nach bis auf das Zeichen gleich. Nennt man also eine partiale Determinante, deren Diagonale nur Elemente aus der Diagonale der ganzen Determinante enthält, eine Hauptunterdeterminante, so ergiebt sich aus Satz II. die Folgerung:

III. *Wenn in der Determinante eines symmetrischen oder eines alternirenden Systems alle partialen Determinanten* $(m+1)^{ten}$ *Grades verschwinden, so muss in jedem System von* m *Zeilen, in welchem irgend eine partiale Determinante* m^{ten} *Grades nicht verschwindet, auch die Hauptunterdeterminante von Null verschieden sein.*

In jedem System von m Zeilen, in welchem die Hauptunterdeterminante Null ist, müssen also auch alle andern partialen Determinanten m^{ten} Grades verschwinden. Dies tritt stets ein, wenn das System $a_{\alpha\beta}$ alternirend und m ungerade ist. Denn alsdann sind die Hauptunterdeterminanten m^{ten} Grades schiefe Determinanten unpaaren Grades, und daher identisch Null. Daraus ergeben sich die Sätze:

IV. *Ist in einer schiefen Determinante* m *der höchste Grad nicht verschwindender Unterdeterminanten, so ist* m *nothwendig eine gerade Zahl und unter den nicht verschwindenden partialen Determinanten* m^{ten} *Grades befinden sich auch Hauptunterdeterminanten.*

V. *Wenn in einer schiefen Determinante die partialen Determinanten* $2\,r^{ten}$ *Grades alle verschwinden, so sind auch die* $(2r-1)^{ten}$ *Grades sämmtlich Null.*

Da diese Eigenschaften der schiefen Determinanten für die folgenden Untersuchungen von grosser Wichtigkeit sind, so wollen wir sie noch auf einem andern Wege ableiten.

§. 5.

Schiefe Determinanten.

Ist $A_{\alpha\beta}$ der Coefficient von $a_{\alpha\beta}$ in der verschwindenden Determinante $M = \Sigma \pm a_{11} \ldots a_{mm}$, so ist $A_{\alpha\alpha} A_{\beta\beta} = A_{\alpha\beta} A_{\beta\alpha}$. Ist nun M eine schiefe Determinante und m eine gerade Zahl $(=2r)$, so ist $A_{\alpha\beta} = -A_{\beta\alpha}$ und $A_{\alpha\alpha} = A_{\beta\beta} = 0$. Daher ist $A_{\alpha\beta} = 0$. Oder:

Die Determinante M ist das Quadrat einer ganzen Function von $a_{\alpha\beta}$. Wenn sie also Null ist, so verschwindet sie von der zweiten Ordnung, und daher ist auch ihre Ableitung $\frac{\partial M}{\partial a_{\alpha\beta}} = 2 A_{\alpha\beta} = 0$. Wenn also eine schiefe

Determinante $2r^{\text{ten}}$ Grades verschwindet, so sind auch ihre partialen Determinanten $(2r-1)^{\text{ten}}$ Grades sämmtlich Null.

Den (*Pfaff*schen) Ausdruck, dessen Quadrat die Determinante M ist, und in welchem das Glied $a_{12}a_{34}\dots a_{m-1,m}$ den Coefficienten $+1$ hat, bezeichnen wir nach *Jacobi* mit $(1, 2, \dots m)$. Für solche Ausdrücke gilt ein dem Determinantensatze des Herrn *Kronecker* ganz analoges Theorem:

I. *Wenn der Pfaffsche Ausdruck r^{ten} Grades $(1, 2, \dots 2r)$ von Null verschieden ist, aber alle Ausdrücke $(r+1)^{ten}$ Grades verschwinden, die man aus $(1, 2, \dots 2r, \varrho, \sigma)$ erhält, indem man für ϱ, σ alle verschiedenen Paare ungleicher Zahlen setzt, die grösser als $2r$ sind, so verschwinden alle Ausdrücke $(\alpha, \beta, \gamma \dots)$ vom $(r+1)^{ten}$ Grade.*

Dieser Satz ergiebt sich aus dem allgemeineren Satze:

II. *Wenn in einer schiefen Determinante eine Hauptunterdeterminante $2r^{ten}$ Grades von Null verschieden ist, aber alle Hauptunterdeterminanten $(2r+2)^{ten}$ Grades verschwinden, welche man aus jener erhält, indem man irgend zwei Zeilen und die gleichnamigen Colonnen hinzufügt, so verschwinden alle partialen Determinanten $(2r+1)^{ten}$ Grades.*

Sei $m = 2r$, sei $M = \Sigma \pm a_{11} \dots a_{mm} = (1, 2, \dots m)^2$ von Null verschieden und sei für alle verschiedenen Paare ungleicher Zahlen ϱ, σ, die grösser als $2r$ sind,

$$\begin{vmatrix} a_{11} & \dots & a_{1m} & a_{1\varrho} & a_{1\sigma} \\ \cdot & \cdot & \cdot & \cdot & \cdot \\ a_{m1} & \dots & a_{mm} & a_{m\varrho} & a_{m\sigma} \\ a_{\varrho 1} & \dots & a_{\varrho m} & a_{\varrho\varrho} & a_{\varrho\sigma} \\ a_{\sigma 1} & \dots & a_{\sigma m} & a_{\sigma\varrho} & a_{\sigma\sigma} \end{vmatrix} = (1, 2, \dots m, \varrho, \sigma)^2 = 0.$$

Da der Grad dieser verschwindenden schiefen Determinante $2r+2$ eine gerade Zahl ist, so sind nach dem oben bewiesenen Satze auch ihre partialen Determinanten $(2r+1)^{\text{ten}}$ Grades alle Null, z. B. ist der Coefficient von $a_{\sigma\varrho}$

$$\begin{vmatrix} a_{11} & \dots & a_{1m} & a_{1\sigma} \\ \cdot & \cdot & \cdot & \cdot \\ a_{m1} & \dots & a_{mm} & a_{m\sigma} \\ a_{\varrho 1} & \dots & a_{\varrho m} & a_{\varrho\sigma} \end{vmatrix} = 0,$$

falls ϱ von σ verschieden ist. Ist $\varrho = \sigma$, so verschwindet diese Determinante identisch. Nach dem Satze des Herrn *Kronecker* folgt aber daraus, dass alle partialen Determinanten $(2r+1)^{\text{ten}}$ Grades verschwinden. Daher verschwinden auch alle partialen Determinanten $(2r+2)^{\text{ten}}$ Grades, und folglich auch die Quadratwurzeln aus den Hauptunterdeterminanten $(2r+2)^{\text{ten}}$ Grades, die *Pfaff*schen Ausdrücke $(r+1)^{\text{ten}}$ Grades $(\alpha, \beta, \gamma \ldots)$.

Ferner ergiebt sich, dass das Verschwinden aller Hauptunterdeterminanten $(2r+2)^{\text{ten}}$ Grades auch das aller partialen Determinanten $(2r+1)^{\text{ten}}$ Grades nach sich zieht, vorausgesetzt, dass eine Hauptunterdeterminante $2r^{\text{ten}}$ Grades von Null verschieden ist. Sollte keine Hauptunterdeterminante $2r^{\text{ten}}$ Grades von Null verschieden sein, dagegen irgend eine Hauptunterdeterminante $(2r-2)^{\text{ten}}$ Grades, so würde sich auf dieselbe Weise ergeben, dass alle partialen Determinanten $(2r-1)^{\text{ten}}$ Grades und folglich auch alle $(2r+1)^{\text{ten}}$ Grades verschwänden. Indem man diesen Schluss weiter fortsetzt, gelangt man zu dem Satze:

III. *Wenn in einer schiefen Determinante alle Hauptunterdeterminanten* $2r^{\text{ten}}$ *Grades Null sind, so verschwinden auch alle partialen Determinanten* $(2r-1)^{\text{ten}}$ *Grades.*

Wenn man in der schiefen Determinante

$$(\alpha.)\quad \begin{vmatrix} a_{11} & \ldots & a_{1n} & a_1 \\ \cdot & \cdot & \cdot & \cdot \\ a_{n1} & \ldots & a_{nn} & a_n \\ -a_1 & \ldots & -a_n & 0 \end{vmatrix}$$

die letzte Colonne weglässt, und wenn in dem übrig bleibenden Elementensysteme

$$(\beta.)\quad \begin{cases} a_{11} & \ldots & a_{1n} \\ \cdot & \cdot & \cdot \\ a_{n1} & \ldots & a_{nn} \\ -a_1 & \ldots & -a_n \end{cases}$$

alle partialen Determinanten $(2r+1)^{\text{ten}}$ Grades verschwinden, so sind in der Determinante $(\alpha.)$ alle partialen Determinanten $(2r+2)^{\text{ten}}$ Grades Null, als lineare homogene Functionen von partialen Determinanten $(2r+1)^{\text{ten}}$ Grades des Systems $(\beta.)$. Nach Satz III. verschwinden daher auch alle partialen Determinanten $(2r+1)^{\text{ten}}$ Grades der Determinante $(\alpha.)$. Damit also in der Determinante $(\alpha.)$ alle partialen Determinanten $(2r+1)^{\text{ten}}$ Grades verschwinden, ist nothwendig und hinreichend, dass dies in dem System $(\beta.)$ der Fall ist.

In der schiefen Determinante $\Sigma \pm a_{11} \dots a_{nn}$ sei der höchste Grad nicht verschwindender Unterdeterminanten $m = 2r$. Dann haben die linearen Gleichungen

$$(\gamma.) \qquad a_{\alpha 1} u_1 + \cdots + a_{\alpha n} u_n = 0 \qquad (\alpha = 1, \dots n)$$

$n-m$ verschiedene Lösungen. Je nachdem für alle diese Lösungen auch

$$(\delta.) \qquad a_1 u_1 + \cdots + a_n u_n = 0$$

ist, oder nicht, d. h. je nachdem die Gleichung ($\delta.$) eine lineare Combination der Gleichungen ($\gamma.$) ist, oder nicht, sind auch in dem System ($\beta.$) und folglich auch in der Determinante ($\alpha.$) alle partialen Determinanten $(m+1)^{\text{ten}}$ Grades Null, oder nicht.

§. 6.

Simultane Transformation einer bilinearen Form und mehrerer Paare linearer Formen.

Die bilineare Form

$$W = \Sigma a_{\alpha\beta} u_\alpha v_\beta$$

gehe durch Substitutionen

$$(\alpha.) \qquad u_\alpha = \sum_\beta x_{\alpha\beta} u'_\beta, \quad v_\alpha = \sum_\beta y_{\alpha\beta} v'_\beta,$$

deren Determinanten von Null verschieden seien, in

$$W' = \Sigma a'_{\alpha\beta} u'_\alpha v'_\beta$$

über. Dann ist (*Weierstrass,* Berl. Monatsberichte, 1868, Mai, S. 311) jede partiale Determinante m^{ten} Grades des einen der beiden Coefficientensysteme $a_{\alpha\beta}$ und $a'_{\alpha\beta}$ eine homogene lineare Function der partialen Determinanten m^{ten} Grades des andern. Daher sind alle partialen Determinanten m^{ten} Grades des Systems $a'_{\alpha\beta}$ Null oder von Null verschieden, je nachdem es die des Systems $a_{\alpha\beta}$ sind. Der höchste Grad nicht verschwindender Unterdeterminanten ist folglich für beide Systeme derselbe.

Ausser der bilinearen Form sei noch ein Paar linearer Formen

$$\sum_\alpha a_{\alpha,n+1} u_\alpha \quad \text{und} \quad \sum_\beta a_{n+1,\beta} v_\beta$$

gegeben, welche durch die Substitutionen ($\alpha.$) in

$$\Sigma a'_{\alpha,n+1} u'_\alpha \quad \text{und} \quad \Sigma a'_{n+1,\beta} v'_\beta$$

übergehen mögen. Dann verwandelt sich die bilineare Form*):

*) Die Methode, welche ich hier zur Untersuchung der simultanen Transformation einer bilinearen Form und eines oder mehrerer Paare linearer Formen gebraucht habe, ist bereits von Herrn *Stickelberger* (De problemate quodam ad duarum formarum bilinearium vel quadraticarum transformationem pertinente. Diss. inaug. Berolini 1874. pag. 10) und von Herrn *Darboux* (*Liouv.* Journ. Ann. 1874, p. 351) angewendet.

$$\sum_{\alpha,\beta}{}_1^n a_{\alpha\beta} u_\alpha v_\beta + v_{n+1} \sum_{\alpha}{}_1^n a_{\alpha,n+1} u_\alpha + u_{n+1} \sum_{\beta}{}_1^n a_{n+1,\beta} v_\beta + a_{n+1,n+1} u_{n+1} v_{n+1},$$

wo $a_{n+1,n+1}$ eine willkürliche Grösse ist, oder kürzer die Form

$$\sum_{\alpha,\beta}{}_1^{n+1} a_{\alpha\beta} u_\alpha v_\beta$$

durch jene Substitutionen, verbunden mit

$$u_{n+1} = u'_{n+1}, \quad v_{n+1} = v'_{n+1},$$

in

$$\sum_{\alpha,\beta}{}_1^{n+1} a'_{\alpha\beta} u'_\alpha v'_\beta,$$

wo $a'_{n+1,n+1} = a_{n+1,n+1}$ ist. Daher muss nicht nur in der Determinante n^{ten} Grades $\Sigma \pm a_{11} \ldots a_{nn}$, sondern auch in der $(n+1)^{\text{ten}}$ Grades $\Sigma \pm a_{11} \ldots a_{nn} a_{n+1,n+1}$ der höchste Grad nicht verschwindender Unterdeterminanten invariant sein. Sind ausser der bilinearen Form noch k Paare linearer Formen

$$\sum_\alpha a_{\alpha,n+\varkappa} u_\alpha \quad \text{und} \quad \sum_\beta a_{n+\varkappa,\beta} v_\beta \qquad (\varkappa = 1, \ldots k)$$

gegeben, welche durch die Substitutionen (α.) in

$$\Sigma a'_{\alpha,n+\varkappa} u'_\alpha \quad \text{und} \quad \Sigma a'_{n+\varkappa,\beta} v'_\beta$$

übergehen, so verwandelt sich die bilineare Form

$$\sum_{\alpha,\beta}{}_1^{n+k} a_{\alpha\beta} u_\alpha v_\beta,$$

in welcher die Grössen $a_{n+\varkappa,n+\lambda}$ willkürlich sind, durch jene Substitutionen verbunden mit

$$u_{n+\varkappa} = u'_{n+\varkappa}, \quad v_{n+\varkappa} = v'_{n+\varkappa}, \qquad (\varkappa = 1, \ldots k)$$

in

$$\sum_{\alpha,\beta}{}_1^{n+k} a'_{\alpha\beta} u'_\alpha v'_\beta,$$

wo $a'_{n+\varkappa,n+\lambda} = a_{n+\varkappa,n+\lambda}$ ist. Daher muss auch in der Determinante

$$\Sigma \pm a_{11} \ldots a_{nn} a_{n+1,n+1} \ldots a_{n+k,n+k}$$

der höchste Grad nicht verschwindender Unterdeterminanten invariant sein. Z. B. muss dies in der Determinante

$$\begin{vmatrix} a_{11} & \ldots & a_{1n} & a_{1,n+1} & \ldots & a_{1,n+k} \\ \cdot & \cdot & \cdot & \cdot & \cdot & \cdot \\ a_{n1} & \ldots & a_{nn} & a_{n,n+1} & \ldots & a_{n,n+k} \\ a_{n+1,1} & \ldots & a_{n+1,n} & 0 & \ldots & 0 \\ \cdot & \cdot & \cdot & \cdot & \cdot & \cdot \\ a_{n+k,1} & \ldots & a_{n+k,n} & 0 & \ldots & 0 \end{vmatrix}$$

der Fall sein, in der die willkürlichen Grössen gleich Null gesetzt sind.

§. 7.

Simultane congruente Transformation einer alternirenden bilinearen und einer linearen Form. Die Invariante p.

Wenn die alternirende bilineare Form

$$W = \sum_{\alpha,\beta}{}_1^n a_{\alpha\beta} u_\alpha v_\beta$$

durch *congruente* (*Kronecker,* Berl. Monatsberichte, 1874, April) Substitutionen von nicht verschwindender Determinante

$$(5.)\qquad u_\alpha = \sum_\beta x_{\alpha\beta} u'_\beta, \quad v_\alpha = \sum_\beta x_{\alpha\beta} v'_\beta \qquad (\alpha = 1, \dots n)$$

in

$$W' = \sum a'_{\alpha\beta} u'_\alpha v'_\beta$$

übergeht, so ist auch W' eine alternirende bilineare Form. Geht durch diese Substitution die lineare Form

$$U = \sum_\alpha a_\alpha u_\alpha$$

in

$$U' = \sum a'_\alpha u'_\alpha$$

über, so soll das Formenpaar U, W dem Formenpaar U', W' *äquivalent* heissen.

Sind umgekehrt zwei Formenpaare, jedes bestehend aus einer linearen und aus einer alternirenden bilinearen Form, gegeben, so soll entschieden werden, ob sie äquivalent sind, oder nicht, und im ersteren Falle sollen alle Substitutionen gefunden werden, durch welche das erste Formenpaar in das zweite übergeht. Da die Coefficienten a_α alle Null sein können, so enthält diese Aufgabe das Problem der congruenten Transformation einer alternirenden bilinearen Form als speciellen Fall.

Durch die Substitution (5.) geht auch die lineare Form $\sum -a_\beta v_\beta$ in $\sum -a'_\beta v'_\beta$ über. Aus den Erörterungen in §. 6 folgt daher, dass in den beiden Determinanten

$$(15.)\qquad \begin{vmatrix} a_{11} & \dots & a_{1n} \\ \cdot & \cdot & \cdot \\ a_{n1} & \dots & a_{nn} \end{vmatrix}$$

und

$$(16.)\qquad \begin{vmatrix} a_{11} & \dots & a_{1n} & a_1 \\ \cdot & \cdot & \cdot & \cdot \\ a_{n1} & \dots & a_{nn} & a_n \\ -a_1 & \dots & -a_n & 0 \end{vmatrix}$$

die höchsten Grade nicht verschwindender Unterdeterminanten Invarianten sind.

In der schiefen Determinante (15.) ist der höchste Grad nicht verschwindender Unterdeterminanten m eine gerade Zahl $2r$, und unter den von Null verschiedenen partialen Determinanten m^{ten} Grades befinden sich auch Hauptunterdeterminanten (§. 4, IV.). Wo es nöthig ist, können wir daher ohne Beschränkung der Allgemeinheit annehmen, dass

$$M = \Sigma \pm a_{11} \dots a_{mm}$$

von Null verschieden ist.

In der schiefen Determinante (16.) sind dann alle partialen Determinanten $(m+3)^{\text{ten}}$ Grades Null. Es ist nun *erstens* möglich, dass auch die $(m+2)^{\text{ten}}$ Grades sämmtlich verschwinden. Dann müssen, da $m+2$ eine gerade Zahl ist, auch die $(m+1)^{\text{ten}}$ Grades alle Null sein, während die m^{ten} Grades offenbar nicht alle Null sind. Oder es ist *zweitens* möglich, dass in der Determinante (16.) die partialen Determinanten $(m+2)^{\text{ten}}$ Grades nicht alle verschwinden. Ausser diesen beiden Fällen ist kein dritter möglich.

Dieser zwischen den beiden oben gefundenen Invarianten bestehende Zusammenhang ermöglicht es, sie auf eine einzige Invariante zurückzuführen. Der höchste Grad nicht verschwindender Unterdeterminanten ist für die Determinante (15.) in beiden Fällen $2r$, für die Determinante (16.) aber im ersten Falle $2r$, im anderen $2r+2$. Das arithmetische Mittel aus diesen beiden Invarianten, das wir mit p bezeichnen wollen, ist im ersten Falle $2r$, also gerade, im anderen $2r+1$, also ungerade. Daher muss auch umgekehrt der höchste Grad nicht verschwindender Unterdeterminanten, falls p gerade ist, für (15.) und (16.) gleich p, wenn p aber ungerade ist, für (15.) gleich $p-1$ und für (16.) gleich $p+1$ sein. Das arithmetische Mittel p aus den höchsten Graden der in (15.) und (16.) nicht verschwindenden Unterdeterminanten ist demnach eine Invariante, welche die oben genannten Invarianten beide ersetzt. Ich werde aber zeigen, dass für die Aequivalenz zweier Formenpaare die Uebereinstimmung der Invariante p nicht nur eine nothwendige, sondern auch die hinreichende Bedingung ist. Nennen wir daher die Gesammtheit der Formenpaare, welche mit einem gegebenen äquivalent sind, eine *Classe* von Formenpaaren, so können wir alle Formenpaare mit der Invariante p zur p^{ten} Classe rechnen.

Der Unterschied zwischen Formenpaaren gerader und ungerader Classe lässt sich, wenn man $a_{\alpha 0} = a_\alpha$ und $a_{0\beta} = -a_\beta$ setzt, nach §. 5, (I.) kurz so charakterisiren (Vgl. *Jacobi*, dieses Journal, Bd. 29, S. 242, *Natani*, dieses Journal, Bd. 58, S. 316):

Ist der *Pfaff*sche Ausdruck r^{ten} Grades

$$(\text{I.}) \quad (1, 2, \ldots m)$$

von Null verschieden, während die *Pfaff*schen Ausdrücke $(r+1)^{\text{ten}}$ Grades

$$(\text{II.}) \quad (1, 2, \ldots m, \varrho, \sigma) = 0$$

sind, wo für ϱ, σ alle verschiedenen Paare ungleicher Zahlen von $m+1$ bis n zu setzen sind, so ist die Invariante p gleich $m(=2r)$ oder $m+1(=2r+1)$, je nachdem die *Pfaff*schen Ausdrücke $(r+1)^{\text{ten}}$ Grades

$$(\text{III.}) \quad (1, 2, \ldots m, \varrho, 0), \quad (\varrho = m+1, \ldots n)$$

alle oder nicht alle verschwinden.

Ist $m = n$, so ist $p(=n)$ immer gerade, und die Bedingungen (II.) und (III.) fallen weg. Ist $m = n-1$, so fallen die Bedingungen (II.) weg, und p ist gerade $(=n-1)$ oder ungerade $(=n)$, je nachdem der Ausdruck (III.) verschwindet oder nicht (*Jacobi*, dieses Journal Bd. 2, S. 356).

Ist in der Determinante (15.) m der höchste Grad nicht verschwindender Unterdeterminanten, so lassen sich die n Formen

$$a_{\alpha 1} u_1 + \cdots + a_{\alpha n} u_n, \quad (\alpha = 1, \ldots n)$$

welche die Ableitungen von $-W$ nach $v_1, \ldots v_n$ sind, alle aus m unter ihnen linear zusammensetzen. Nach der Bemerkung am Ende des §. 5 ist in der Determinante (16.) der höchste Grad nicht verschwindender Unterdeterminanten m oder $m+2$, je nachdem sich die Form

$$U = a_1 u_1 + \cdots + a_n u_n$$

aus jenen Formen linear zusammensetzen lässt, oder nicht.

Wenn die Determinante (15.) der bilinearen Form W nicht verschwindet, so sind ihre n Ableitungen n unabhängige Linearformen von n Variablen, und jede andere Linearform derselben Variablen lässt sich aus ihnen zusammensetzen. In Bezug auf eine bilineare Form W von verschwindender Determinante aber zerfallen die Linearformen U in zwei Gruppen. Für die Formen der einen Gruppe ist der höchste Grad nicht verschwindender Unterdeterminanten in (16.) ebenso gross, wie in (15.). Sie bilden mit W ein Formenpaar gerader Classe, und lassen sich aus den Ableitungen von W linear zusammensetzen. Für die Formen der anderen Gruppe ist der höchste Grad nicht verschwindender Unterdeterminanten in (16.) um zwei grösser, als in (15.). Sie bilden mit W ein Formenpaar ungerader Invariante und lassen sich nicht aus den Ableitungen von W linear zusammensetzen.

§. 8.

Die Aequivalenz der Formenpaare von gerader Invariante $p = 2r$.

Um zu beweisen, dass die Uebereinstimmung der Invariante p, die wir zunächst als gerade ($= m = 2r$) voraussetzen wollen, für zwei Formenpaare nicht nur eine nothwendige, sondern auch die hinreichende Aequivalenzbedingung ist, kommt es darauf an, eine Substitution zu finden, durch welche das eine in das andere übergeht. Eine solche pflegt man mit Hülfe der zugehörigen Formen abzuleiten (*Aronhold*, dieses Journal Bd. 62 S. 316). Dies beruht darauf, dass man zu einer zugehörigen Form die transformirte kennt, ohne dass man die Substitution zu kennen braucht, durch welche das eine Formensystem in das andere übergeht. Wir werden uns hier von einem ganz ähnlichen Gedanken leiten lassen.

Wenn die Substitution (5.) gegeben ist, so kann man zu einer beliebigen linearen Form $\Sigma c_\alpha u_\alpha$ die transformirte Form $\Sigma c'_\alpha u'_\alpha$ finden. Umgekehrt kann man aber auch, falls man eine hinreichende Anzahl von linearen Formen aufzufinden vermag, zu denen man ohne Kenntniss der Substitution (5.) die transformirten angeben kann, die Gleichungen $\Sigma c_\alpha u_\alpha = \Sigma c'_\alpha u'_\alpha$ zur Ermittlung der Substitution (5.) benutzen. Zu solchen linearen Functionen gelangt man im vorliegenden Falle durch folgende Ueberlegung.

Wenn durch die Substitution (5.) nicht nur die bilineare Form W in W' und die lineare Form U in U' übergeht, sondern auch die linearen Formen

$$U_\varrho = a_1^{(\varrho)} u_1 + \cdots + a_n^{(\varrho)} u_n \qquad (\varrho = 1, 2, \ldots)$$

sich in

$$U'_\varrho = a_1^{(\varrho)\prime} u'_1 + \cdots + a_n^{(\varrho)\prime} u'_n$$

verwandeln, so muss nach §. 6 in der Determinante

$$(\alpha.) \qquad \begin{vmatrix} a_{11} & \ldots & a_{1n} & a_1 & a_1^{(1)} & \ldots & a_1^{(k)} \\ \cdot & \cdot & \cdot & \cdot & \cdot & \cdot & \cdot \\ a_{n1} & \ldots & a_{nn} & a_n & a_n^{(1)} & \ldots & a_n^{(k)} \\ -a_1 & \ldots & -a_n & 0 & 0 & \ldots & 0 \\ -a_1^{(1)} & \ldots & -a_n^{(1)} & 0 & 0 & \ldots & 0 \\ \cdot & \cdot & \cdot & \cdot & \cdot & \cdot & \cdot \\ -a_1^{(k)} & \ldots & -a_n^{(k)} & 0 & 0 & \ldots & 0 \end{vmatrix}$$

der höchste Grad nicht verschwindender Unterdeterminanten derselbe sein, wie in der analogen aus den Coefficienten der transformirten Formen gebildeten Determinante. Sind die linearen Formen U_ϱ ganz beliebige, so wird jener Grad im Allgemeinen eine Zahl l sein, auf deren Ermittlung hier nichts ankommt. Für specielle Linearformen kann er aber auch kleiner als l sein, und dann ist er für die transformirten Formen ebenfalls kleiner als l. Genügen also die Coefficienten der Formen U_ϱ den Gleichungen, welche ausdrücken, dass jener Grad kleiner als l ist, so genügen die Coefficienten von U'_ϱ Gleichungen, die aus den Coefficienten von W' und U' ebenso zusammengesetzt sind, wie jene Gleichungen aus den Coefficienten von W und U. Die Anzahl dieser Gleichungen ist um so grösser, je kleiner der höchste Grad nicht verschwindender Unterdeterminanten in (α.) ist. Da er nicht kleiner als m sein kann, so wollen wir möglichst viele unabhängige Linearformen U_ϱ so zu bestimmen suchen, dass jener Grad in (α.) gleich m ist*).

Die Anzahl solcher Formen kann nicht grösser als r sein. Denn ist in der Determinante (α.) $k = r+1$, und sind alle partialen Determinanten $(2r+1)^{\text{ten}}$ Grades Null, so verschwinden auch alle Hauptunterdeterminanten $(2r+2)^{\text{ten}}$ Grades. Z. B. ist, wenn $\alpha, \beta, \dots \varepsilon$ irgend $r+1$ verschiedene Zahlen von 1 bis n sind,

$$\begin{vmatrix} a_{\alpha\alpha} & \dots & a_{\alpha\varepsilon} & a_\alpha^{(1)} & \dots & a_\alpha^{(r+1)} \\ \cdot & \cdot & \cdot & \cdot & \cdot & \cdot \\ a_{\varepsilon\alpha} & \dots & a_{\varepsilon\varepsilon} & a_\varepsilon^{(1)} & \dots & a_\varepsilon^{(r+1)} \\ -a_\alpha^{(1)} & \dots & -a_\varepsilon^{(1)} & 0 & \dots & 0 \\ \cdot & \cdot & \cdot & \cdot & \cdot & \cdot \\ -a_\alpha^{(r+1)} & \dots & -a_\varepsilon^{(r+1)} & 0 & \dots & 0 \end{vmatrix} = \begin{vmatrix} a_\alpha^{(1)} & \dots & a_\varepsilon^{(1)} \\ \cdot & \cdot & \cdot \\ a_\alpha^{(r+1)} & \dots & a_\varepsilon^{(r+1)} \end{vmatrix}^2 = 0.$$

In dem System $a_\alpha^{(\varrho)}$ sind also alle Determinanten $(r+1)^{\text{ten}}$ Grades Null, und daher sind die Formen $U_1, \dots U_{r+1}$ nicht unabhängig. Ich werde aber beweisen, dass sich stets r unabhängige Formen $U_1, \dots U_r$ so bestimmen lassen, dass in der Determinante

$$(17.)\quad \begin{vmatrix} a_{11} & \dots & a_{1n} & a_1 & a_1^{(1)} & \dots & a_1^{(r)} \\ \cdot & \cdot & \cdot & \cdot & \cdot & \cdot & \cdot \\ a_{n1} & \dots & a_{nn} & a_n & a_n^{(1)} & \dots & a_n^{(r)} \\ -a_1 & \dots & -a_n & 0 & 0 & \dots & 0 \\ -a_1^{(1)} & \dots & -a_n^{(1)} & 0 & 0 & \dots & 0 \\ \cdot & \cdot & \cdot & \cdot & \cdot & \cdot & \cdot \\ -a_1^{(r)} & \dots & -a_n^{(r)} & 0 & 0 & \dots & 0 \end{vmatrix}$$

*) Herr *Darboux* (*Liouv.* Journ. Ann. 1874 p. 350) hat Determinanten von der Form (α.) in die Untersuchung der Aequivalenz quadratischer Formen eingeführt. Er lässt aber die Formen U_ϱ allgemein, d. h. verfügt so über dieselben, dass in (α.) der höchste Grad nicht verschwindender Unterdeterminanten möglichst gross ist.

alle partialen Determinanten $(2r+1)^{\text{ten}}$ Grades verschwinden. Daraus folgt aber auf die nämliche Weise wie oben, dass die Formen $U, U_1 \dots U_r$ nicht unabhängig sind, also, da $U_1 \dots U_r$ unabhängig sind, dass zwischen ihnen eine Relation von der Form

$$(18.)\qquad U = c_1 U_1 + \dots + c_r U_r$$

besteht. Ich werde nun zweitens beweisen, dass in dieser Relation $c_1, \dots c_r$ beliebig *gegebene* Werthe haben können, mit zwei Einschränkungen, die dadurch bedingt sind, dass U eine gegebene Form ist, und dass $U_1 \dots U_r$ unabhängig sein sollen. Wenn nämlich die Coefficienten von U nicht alle Null sind, so dürfen $c_1, \dots c_r$ nicht alle gleich Null angenommen werden; wenn aber U identisch verschwindet, so müssen $c_1, \dots c_r$ alle Null sein, und die Relation (18.) muss sich auf $U=0$ reduciren.

Da in der Determinante (16.) m der höchste Grad nicht verschwindender Unterdeterminanten ist, so haben die Gleichungen

$$(\beta.)\qquad \begin{cases} a_{\alpha 1} u_1 + \dots + a_{\alpha n} u_n + a_\alpha u = 0, & (\alpha = 1, \dots n) \\ a_1\ u_1 + \dots + a_n\ u_n = 0 \end{cases}$$

$n+1-m$ unabhängige Lösungen. In denselben sind auch die Werthe der ersten n Unbekannten unabhängig, es müssten denn $a_1, \dots a_n$ alle verschwinden (§. 3.). In diesem Falle ergeben sich aus den Gleichungen $(\beta.)$ $n-m$ verschiedene Werthe für $u_1, \dots u_n$.

Damit nun auch in der schiefen Determinante

$$(\gamma.)\qquad \begin{vmatrix} a_{11} & \dots & a_{1n} & a_1 & a_1^{(1)} \\ \cdot & \cdot & \cdot & \cdot & \cdot \\ a_{n1} & \dots & a_{nn} & a_n & a_n^{(1)} \\ -a_1 & \dots & -a_n & 0 & 0 \\ -a_1^{(1)} & \dots & -a_n^{(1)} & 0 & 0 \end{vmatrix},$$

welche eine Zeile und Colonne mehr enthält als (16.), alle partialen Determinanten $(m+1)^{\text{ten}}$ Grades verschwinden, ist nach den Erörterungen am Ende des §. 5 nothwendig und hinreichend, dass die Gleichung

$$a_1^{(1)} u_1 + \dots + a_n^{(1)} u_n = 0$$

durch alle Lösungen der Gleichungen $(\beta.)$ befriedigt wird. Die Coefficienten

$$(\delta.)\qquad a_1^{(1)}, \quad \dots \quad a_n^{(1)}$$

müssen also allen Gleichungen genügen, welche

$$(\varepsilon.)\qquad A_1 u_1 + \dots + A_n u_n = 0$$

darstellt, wenn für $A_1, \dots A_n$ der Reihe nach alle Werthe gesetzt werden, die sich aus den Gleichungen (β.) für die n ersten Unbekannten ergeben. Die Anzahl dieser Gleichungen ist höchstens $n+1-m$, die Anzahl ihrer Lösungen also mindestens $n-(n+1-m) = m-1$. Unter denselben befindet sich zufolge der letzten Gleichung (β.) auch $a_1, \dots a_n$. Hat nun die Relation (18.) die Gestalt $U = 0$, so nehme man für (δ.) eine beliebige Lösung der Gleichungen (ε.). Hat dagegen jene Relation die Gestalt $U = c_1 U_1$, wo c_1 von Null verschieden ist, so muss man

$$a_1^{(1)} = \frac{a_1}{c_1}, \quad \dots \quad a_n^{(1)} = \frac{a_n}{c_1}$$

setzen. Hat die Relation (18.) aber keine dieser beiden Gestalten, so nehme man für (δ.) eine von $a_1, \dots a_n$ unabhängige Lösung. Dann ist in der Determinante (γ.) m der höchste Grad nicht verschwindender Unterdeterminanten.

Es seien nun bereits k unabhängige Formen $U_1, \dots U_k$ so bestimmt, dass in der Determinante (α.) alle partialen Determinanten $(m+1)^{\text{ten}}$ Grades verschwinden. Wenn ferner die Relation (18.) die Gestalt $U = c_1 U_1 + \dots + c_k U_k$ hat, wo $c_1, \dots c_k$ auch alle oder zum Theil Null sein können, so sei ihr bereits Genüge geschehen. Hat sie aber nicht diese Gestalt, so seien $U_1, \dots U_k$ auch von U unabhängig.

Alsdann haben die Gleichungen

$$(\zeta.) \quad \begin{cases} a_{\alpha 1} u_1 + \dots + a_{\alpha n} u_n + a_\alpha u + a_\alpha^{(1)} u_{n+1} + \dots + a_\alpha^{(k)} u_{n+k} = 0, & (\alpha = 1, \dots n) \\ a_1 u_1 \quad + \dots + a_n u_n \quad = 0, & \\ a_1^{(\varkappa)} u_1 + \dots + a_n^{(\varkappa)} u_n = 0 & (\varkappa = 1, \dots k) \end{cases}$$

$n+1+k-m$ verschiedene Lösungen. Damit dann auch in der Determinante

$$\begin{vmatrix} a_{11} & \dots & a_{1n} & a_1 & a_1^{(1)} & \dots & a_1^{(k)} & a_1^{(k+1)} \\ \cdot & \cdot & \cdot & \cdot & \cdot & \cdot & \cdot & \cdot \\ a_{n1} & \dots & a_{nn} & a_n & a_n^{(1)} & \dots & a_n^{(k)} & a_n^{(k+1)} \\ -a_1 & \dots & -a_n & 0 & 0 & \dots & 0 & 0 \\ -a_1^{(1)} & \dots & -a_n^{(1)} & 0 & 0 & \dots & 0 & 0 \\ \cdot & \cdot & \cdot & \cdot & \cdot & \cdot & \cdot & \cdot \\ -a_1^{(k)} & \dots & -a_n^{(k)} & 0 & 0 & \dots & 0 & 0 \\ -a_1^{(k+1)} & \dots & -a_n^{(k+1)} & 0 & 0 & \dots & 0 & 0 \end{vmatrix}$$

alle partialen Determinanten $(m+1)^{\text{ten}}$ Grades verschwinden, ist nothwendig und hinreichend, dass alle Lösungen der Gleichungen ($\zeta.$) auch die Gleichung

$$a_1^{(k+1)} u_1 + \cdots + a_n^{(k+1)} u_n = 0$$

befriedigen. Es muss also

$$(\eta.) \qquad a_1^{(k+1)}, \quad \ldots \quad a_n^{(k+1)}$$

allen Gleichungen genügen, die man aus

$$(\vartheta.) \qquad A_1 u_1 + \cdots + A_n u_n = 0$$

erhält, indem man für $A_1, \ldots A_n$ der Reihe nach alle Werthe setzt, die sich für die ersten n Unbekannten aus den Gleichungen ($\zeta.$) ergeben. Die Anzahl der Gleichungen ($\vartheta.$) beträgt höchstens $n+1+k-m$; sie haben daher wenigstens $n-(n+1+k-m) = m-k-1$ verschiedene Lösungen. Zufolge der letzten $k+1$ Gleichungen ($\zeta.$) befinden sich darunter

$$(\iota.) \qquad a_1, \quad \ldots \quad a_n,$$

$$(\varkappa.) \qquad a_1^{(\varkappa)}, \quad \ldots \quad a_n^{(\varkappa)} \qquad (\varkappa = 1, \ldots k).$$

Wenn die Relation (18.) die Gestalt $U = c_1 U_1 + \cdots + c_k U_k$ hat, so sind von diesen $k+1$ Lösungen nur die k letzten unabhängig. Die Gleichungen ($\vartheta.$) haben dann noch $m-2k-1$ von diesen verschiedene Lösungen, also mindestens eine, so lange $k < r$ ist. Irgend eine dieser $m-2k-1$ Lösungen nehme man für ($\eta.$).

Wenn die Relation (18.) aber die Gestalt $U = c_1 U_1 + \cdots + c_k U_k + c_{k+1} U_{k+1}$ hat, wo c_{k+1} von Null verschieden ist, so ist nach den getroffenen Festsetzungen die Lösung ($\iota.$) von den k Lösungen ($\varkappa.$) unabhängig. Daher ist auch die Lösung

$$a_1^{(k+1)} = \frac{a_1 - c_1 a_1^{(1)} - \cdots - c_k a_1^{(k)}}{c_{k+1}}, \quad \ldots \quad a_n^{(k+1)} = \frac{a_n - c_1 a_n^{(1)} - \cdots - c_k a_n^{(k)}}{c_{k+1}}$$

von den k Lösungen ($\varkappa.$) unabhängig, und muss für ($\eta.$) genommen werden, damit der Relation (18.) genügt wird. Dieser Fall tritt, wenn nicht schon vorher, spätestens für $k = r-1$ ein.

Ist aber $k < r-1$, so ist noch der dritte Fall möglich, dass die Relation (18.) keine der beiden erwähnten Gestalten hat. Dann sind nach der Annahme die $k+1$ Lösungen ($\iota.$) und ($\varkappa.$) unabhängig, und die Gleichungen ($\vartheta.$) haben noch $m-2k-2 (> 0)$ von diesen verschiedene Lösungen, von denen man irgend eine für ($\eta.$) nehmen kann.

Da man also immer, so lange $k < r$ ist, noch eine neue von $U_1, \ldots U_k$ unabhängige Form U_{k+1} finden kann, welche den gestellten Bedingungen

Genüge leistet, so ist damit bewiesen, dass sich r unabhängige lineare Formen $U_1, \dots U_r$ so bestimmen lassen, dass in der Determinante (17.) m der höchste Grad nicht verschwindender Unterdeterminanten ist, und dass zwischen ihnen und der Form U eine vorgeschriebene Relation (18.) besteht.

§. 9.

Die reducirte Form der Formenpaare gerader Classe.

Da die Formen $U_1, \dots U_r$ unabhängig sind, so sind die partialen Determinanten r^{ten} Grades ihrer Coefficienten nicht alle Null. Sei etwa

$$R = \Sigma \pm a_1^{(1)} \dots a_r^{(r)}$$

von Null verschieden. Dann ist auch die partiale Determinante $2r^{\text{ten}}$ Grades

$$\begin{vmatrix} a_{11} & \dots & a_{1r} & a_1^{(1)} & \dots & a_1^{(r)} \\ \cdot & \cdot & \cdot & \cdot & \cdot & \cdot \\ a_{r1} & \dots & a_{rr} & a_r^{(1)} & \dots & a_r^{(r)} \\ -a_1^{(1)} & \dots & -a_r^{(1)} & 0 & \dots & 0 \\ \cdot & \cdot & \cdot & \cdot & \cdot & \cdot \\ -a_1^{(r)} & \dots & -a_r^{(r)} & 0 & \dots & 0 \end{vmatrix} = R^2$$

der Determinante (17.) von Null verschieden. Dagegen verschwinden in der Determinante

$$\begin{vmatrix} a_{11} & \dots & a_{1n} & a_1^{(1)} & \dots & a_1^{(r)} \\ \cdot & \cdot & \cdot & \cdot & \cdot & \cdot \\ a_{n1} & \dots & a_{nn} & a_n^{(1)} & \dots & a_n^{(r)} \\ -a_1^{(1)} & \dots & -a_n^{(1)} & 0 & \dots & 0 \\ \cdot & \cdot & \cdot & \cdot & \cdot & \cdot \\ -a_1^{(r)} & \dots & -a_n^{(r)} & 0 & \dots & 0 \end{vmatrix},$$

welche eine Unterdeterminante von (17.) ist, alle partialen Determinanten $(2r+1)^{\text{ten}}$ Grades. Unter den Gleichungen

$$(\alpha.) \quad a_{\alpha 1} u_1 + \dots + a_{\alpha n} u_n + a_\alpha^{(1)} u_{n+1} + \dots + a_\alpha^{(r)} u_{n+r} = 0, \quad (\alpha = 1, \dots n)$$

$$(\beta.) \quad a_1^{(\varrho)} u_1 + \dots + a_n^{(\varrho)} u_n = 0 \qquad (\varrho = 1, \dots r)$$

sind daher nur $2r$, die r ersten und die r letzten, unter einander unabhängig. Um sie aufzulösen, kann man für $u_1, \dots u_n$ irgend eine Lösung der Gleichungen $(\beta.)$ nehmen. Denn da R von Null verschieden ist, kann man immer aus den r ersten Gleichungen $(\alpha.)$ dazu passende Werthe von $u_{n+1}, \dots u_{n+r}$ finden. Sind nun

$$\begin{matrix} A_1, & \dots & A_n, & A_{n+1}, & \dots & A_{n+r} \\ B_1, & \dots & B_n, & B_{n+1}, & \dots & B_{n+r} \end{matrix}$$

irgend zwei Lösungen der Gleichungen (α.) und (β.), sind also

$$A_1, \; \dots \; A_n \quad \text{und} \quad B_1, \; \dots \; B_n$$

irgend zwei Lösungen der Gleichungen (β.), so ist

$$a_{\alpha 1} B_1 + \cdots + a_{\alpha n} B_n + a_\alpha^{(1)} B_{n+1} + \cdots + a_\alpha^{(r)} B_{n+r} = 0, \quad (\alpha = 1, \dots n)$$
$$a_1^{(\varrho)} A_1 + \cdots + a_n^{(\varrho)} A_n = 0 \qquad (\varrho = 1, \dots r).$$

Multiplicirt man daher die n ersten Gleichungen der Reihe nach mit $A_1, \dots A_n$ und addirt sie, so erhält man in Folge der r letzten Gleichungen

$$\sum_{\alpha,\beta}{}_1^n a_{\alpha\beta} A_\alpha B_\beta = 0.$$

Es verschwindet also die bilineare Form W, wenn man für die Variablen irgend zwei Lösungen der Gleichungen $U_1 = 0, \dots U_r = 0$ setzt.

Es lässt sich leicht zeigen, dass diese Gleichungen die kleinste Anzahl congruenter linearer Relationen bilden, die zwischen den Variablen der bilinearen Form W bestehen müssen, damit sie verschwindet. Denn sei $W = \Sigma a_{\alpha\beta} u_\alpha v_\beta$ eine bilineare Form, die nicht alternirend zu sein braucht, und über deren Determinante vorläufig nichts vorausgesetzt wird. Seien ferner

$$U_\varrho = a_1^{(\varrho)} u_1 + \cdots + a_n^{(\varrho)} u_n \quad (\varrho = 1, \dots r)$$

r unabhängige lineare Formen, wo r zunächst eine unbestimmte Zahl ist. Wir nehmen an, dass $W = 0$ ist, wenn für die Variablen irgend zwei Lösungen der Gleichungen $U_1 = 0, \dots U_r = 0$ gesetzt werden.

Ist dann $B_1, \dots B_n$ irgend eine Lösung dieser Gleichungen, ist also

$$(\gamma.) \qquad a_1^{(\varrho)} B_1 + \cdots + a_n^{(\varrho)} B_n = 0, \quad (\varrho = 1, \dots r)$$

so ist

$$\sum_\alpha (\sum_\beta a_{\alpha\beta} B_\beta) u_\alpha$$

eine lineare Form, welche verschwindet, wenn die Formen $U_1, \dots U_r$ sämmtlich Null sind. Daher müssen sich r Multiplicatoren $B_{n+1}, \dots B_{n+r}$ so bestimmen lassen, dass

$$\sum_\alpha (\sum_\beta a_{\alpha\beta} B_\beta) u_\alpha = -B_{n+1} U_1 - \cdots - B_{n+r} U_r$$

ist. Die Werthe der Multiplicatoren bestimmen sich aus r der n Gleichungen

$$(\delta.) \qquad \sum_\beta a_{\alpha\beta} B_\beta + a_\alpha^{(1)} B_{n+1} + \cdots + a_\alpha^{(r)} B_{n+r} = 0, \qquad (\alpha = 1, \dots n)$$

welche so auszuwählen sind, dass in ihnen die Determinante r^{ten} Grades der Coefficienten $a_\alpha^{(\varrho)}$ nicht verschwindet. Die so bestimmten Werthe genügen dann auch den übrigen $n-r$ Gleichungen (δ.). Die Gleichungen (γ.) und (δ.) sind zusammen $n+r$ Gleichungen zwischen den Grössen $B_1, \dots B_n, B_{n+1}, \dots B_{n+r}$, und alle Werthe der Unbekannten, welche $2r$ dieser Gleichungen (nämlich die r Gleichungen (γ.) und passende r der Gleichungen (δ.)) befriedigen, genügen auch den übrigen $n-r$. Daher müssen in der aus den Coefficienten dieser Gleichungen gebildeten Determinante

$$\begin{vmatrix} a_{11} & \dots & a_{1n} & a_1^{(1)} & \dots & a_1^{(r)} \\ \cdot & \cdot & \cdot & \cdot & \cdot & \cdot \\ a_{n1} & \dots & a_{nn} & a_n^{(1)} & \dots & a_n^{(r)} \\ -a_1^{(1)} & \dots & -a_n^{(1)} & 0 & \dots & 0 \\ \cdot & \cdot & \cdot & \cdot & \cdot & \cdot \\ -a_1^{(r)} & \dots & -a_n^{(r)} & 0 & \dots & 0 \end{vmatrix}$$

alle partialen Determinanten $(2r+1)^{\text{ten}}$ Grades verschwinden. Wenn daher in der Determinante $\Sigma \pm a_{11} \dots a_{nn}$, welche eine partiale Determinante jener Determinante ist, m der höchste Grad nicht verschwindender Unterdeterminanten ist, so ist es nicht möglich, weniger als $\frac{m}{2}$ oder $\frac{m+1}{2}$ congruente lineare Relationen zwischen den Variablen $u_1, \dots u_n$ und $v_1, \dots v_n$ so zu bestimmen, dass die bilineare Form W verschwindet.

Nach dieser Abschweifung kehren wir zu unseren ursprünglichen Annahmen zurück. Seien $U'_{r+1}, \dots U'_n$ irgend $n-r$ lineare Formen von $u_1, \dots u_n$, welche zusammen mit $U_1, \dots U_r$ n unabhängige Formen bilden. Die nämlichen Formen mit den Variablen $v_1, \dots v_n$ mögen mit $V_1, \dots V_r$, $V'_{r+1}, \dots V'_n$ bezeichnet werden. Führt man diese Grössen als neue Variable in W ein, und bezeichnet in der transformirten Form den Factor von U_ϱ mit $V_{r+\varrho}$ und den von V_ϱ mit $-U_{r+\varrho}$, so wird

$$W = \Sigma_\varrho{}_1^r\, U_\varrho V_{r+\varrho} - U_{r+\varrho} V_\varrho + W_1,$$

wo W_1 eine bilineare Form von $U'_{r+1}, \dots U'_n;\ V'_{r+1}, \dots V'_n$ ist, die identisch verschwindet. Denn sie wird, ebenso wie W, gleich Null, wenn die $2r$ Grössen U_ϱ und V_ϱ verschwinden, also ohne dass zwischen ihren Variablen eine Relation besteht.

Da die auf W angewendete Substitution eine congruente war, so bleibt W eine alternirende Form. In einer solchen unterscheiden sich aber die Factoren von U_ϱ und $-V_\varrho$ nur durch die Bezeichnung der Variablen, d. h. die Coefficienten der linearen Function $V_{r+\varrho}$ der Variablen $U_1, \dots U_r, U'_{r+1}, \dots U'_n$ stimmen mit den Coefficienten der linearen Function $U_{r+\varrho}$ der Variablen $V_1, \dots V_r, V'_{r+1}, \dots V'_n$ der Reihe nach überein. Daher muss auch, wenn, durch die ursprünglichen Variablen ausgedrückt,

$$U_{r+\varrho} = a_1^{(r+\varrho)} u_1 + \dots + a_n^{(r+\varrho)} u_n$$

ist,

$$V_{r+\varrho} = a_1^{(r+\varrho)} v_1 + \dots + a_n^{(r+\varrho)} v_n$$

sein.

Die Gleichung

$$U = c_1 U_1 + \dots + c_r U_r \tag{18.}$$

und die Gleichung

$$W = \sum_{\varrho}{}_1^r U_\varrho V_{r+\varrho} - U_{r+\varrho} V_\varrho \tag{19.}$$

enthalten eine eigenthümliche Umgestaltung des gegebenen Formenpaares. Ehe wir aber weitere Folgerungen daraus ziehen, wollen wir kurz die Frage erledigen, ob die Formen U und W noch in einer anderen, als der hier gelehrten Weise auf die Formen (18.) und (19.) reducirt werden können.

Sei r eine vorläufig beliebige Zahl, und seien

$$U_\varrho = a_1^{(\varrho)} u_1 + \dots + a_n^{(\varrho)} u_n \qquad (\varrho = 1, \dots 2r)$$

$2r$ lineare Formen, die zunächst nicht unabhängig zu sein brauchen. Ist ferner

$$V_\varrho = a_1^{(\varrho)} v_1 + \dots + a_n^{(\varrho)} v_n,$$

so ist

$$\sum_{\varrho}{}_1^r U_\varrho V_{r+\varrho} - U_{r+\varrho} V_\varrho = \sum_{\alpha,\beta}{}_1^n a_{\alpha\beta} u_\alpha v_\beta$$

eine alternirende bilineare Form. Ausserdem betrachten wir die lineare Form

$$\sum_{\varrho}{}_1^r c_\varrho U_\varrho = \sum_{\alpha}{}_1^n a_\alpha u_\alpha,$$

wo $c_1, \dots c_r$ gegebene Constanten sind.

Die Coefficienten dieser beiden Formen sind durch die Gleichungen

$$a_{\alpha\beta} = \sum_{\varrho}{}_1^r a_\alpha^{(\varrho)} a_\beta^{(r+\varrho)} - a_\alpha^{(r+\varrho)} a_\beta^{(\varrho)},$$

$$a_\alpha = \sum_{\varrho}{}_1^r c_\varrho a_\alpha^{(\varrho)}$$

bestimmt. Durch zeilenweise Zusammensetzung der beiden Elementensysteme

$$\begin{array}{cccccccc} a_1^{(1)} & \dots & a_1^{(r)} & a_1^{(r+1)} & \dots & a_1^{(2r)} \\ \cdot & \cdot & \cdot & \cdot & \cdot & \cdot \\ a_n^{(1)} & \dots & a_n^{(r)} & a_n^{(r+1)} & \dots & a_n^{(2r)} \\ 0 & \dots & 0 & c_1 & \dots & c_r \\ 0 & \dots & 0 & 1 & \dots & 0 \\ \cdot & \cdot & \cdot & \cdot & \cdot & \cdot \\ 0 & \dots & 0 & 0 & \dots & 1 \\ -1 & \dots & 0 & 0 & \dots & 0 \\ \cdot & \cdot & \cdot & \cdot & \cdot & \cdot \\ 0 & \dots & -1 & 0 & \dots & 0 \end{array} \qquad \begin{array}{cccccc} a_1^{(r+1)} & \dots & a_1^{(2r)} & -a_1^{(1)} & \dots & -a_1^{(r)} \\ \cdot & \cdot & \cdot & \cdot & \cdot & \cdot \\ a_n^{(r+1)} & \dots & a_n^{(2r)} & -a_n^{(1)} & \dots & -a_n^{(r)} \\ c_1 & \dots & c_r & 0 & \dots & 0 \\ 1 & \dots & 0 & 0 & \dots & 0 \\ \cdot & \cdot & \cdot & \cdot & \cdot & \cdot \\ 0 & \dots & 1 & 0 & \dots & 0 \\ 0 & \dots & 0 & 1 & \dots & 0 \\ \cdot & \cdot & \cdot & \cdot & \cdot & \cdot \\ 0 & \dots & 0 & 0 & \dots & 1 \end{array}$$

erhält man daher die Determinante

$$(20.)\qquad \left|\begin{array}{ccccccccccc} a_{11} & \dots & a_{1n} & a_1 & a_1^{(1)} & \dots & a_1^{(r)} & a_1^{(r+1)} & \dots & a_1^{(2r)} \\ \cdot & \cdot & \cdot & \cdot & \cdot & \cdot & \cdot & \cdot & \cdot & \cdot \\ a_{n1} & \dots & a_{nn} & a_n & a_n^{(1)} & \dots & a_n^{(r)} & a_n^{(r+1)} & \dots & a_n^{(2r)} \\ -a_1 & \dots & -a_n & 0 & 0 & \dots & 0 & c_1 & \dots & c_r \\ -a_1^{(1)} & \dots & -a_n^{(1)} & 0 & 0 & \dots & 0 & 1 & \dots & 0 \\ \cdot & \cdot & \cdot & \cdot & \cdot & \cdot & \cdot & \cdot & \cdot & \cdot \\ -a_1^{(r)} & \dots & -a_n^{(r)} & 0 & 0 & \dots & 0 & 0 & \dots & 1 \\ -a_1^{(r+1)} & \dots & -a_n^{(r+1)} & -c_1 & -1 & \dots & 0 & 0 & \dots & 0 \\ \cdot & \cdot & \cdot & \cdot & \cdot & \cdot & \cdot & \cdot & \cdot & \cdot \\ -a_1^{(2r)} & \dots & -a_n^{(2r)} & -c_r & 0 & \dots & -1 & 0 & \dots & 0 \end{array}\right| .$$

Da jedes der beiden Systeme, aus denen diese Determinante zusammengesetzt ist, nur $2r$ Colonnen enthält, so müssen in derselben alle partialen Determinanten $(2r+1)^{\text{ten}}$ Grades verschwinden.

Dieser Satz lässt sich leicht umkehren. Wenn in der Determinante (20.) alle partialen Determinanten $(2r+1)^{\text{ten}}$ Grades verschwinden, so gilt dies auch für das Elementensystem, das man aus (20.) durch Unterdrückung der $(n+1)^{\text{ten}}$ Colonne erhält. Die aus den letzten $2r$ Zeilen und Colonnen gebildete Determinante ist gleich 1, also nicht 0. Bestimmt man daher die Werthe der Unbekannten

$$v_1, \quad \dots \quad v_n, \quad -V_{r+1}, \quad \dots \quad -V_{2r}, \quad V_1, \quad \dots \quad V_r$$

aus $2r$ linearen Gleichungen, deren Coefficienten die Elemente der letzten $2r$ Zeilen jenes Elementensystems sind, so genügen dieselben auch jeder Gleichung, deren Coefficienten die Elemente irgend einer Zeile desselben bilden. Aus den $2r$ Gleichungen

$$a_1^{(\varrho)} v_1 + \cdots + a_n^{(\varrho)} v_n = V_\varrho \qquad (\varrho = 1, \ldots 2r)$$

folgen also die Gleichungen

$$a_1 v_1 + \cdots + a_n v_n = c_1 V_1 + \cdots + c_r V_r,$$

$$a_{\alpha 1} v_1 + \cdots + a_{\alpha n} v_n = a_\alpha^{(1)} V_{r+1} + \cdots + a_\alpha^{(r)} V_{2r} - a_\alpha^{(r+1)} V_1 - \cdots - a_\alpha^{(2r)} V_r \qquad (\alpha = 1, \ldots n).$$

Multiplicirt man die letztere mit u_α und summirt nach α, so erhält man, wenn man noch zur Abkürzung

$$a_1^{(\varrho)} u_1 + \cdots + a_n^{(\varrho)} u_n = U_\varrho \qquad (\varrho = 1, \ldots 2r)$$

setzt,

$$(19.) \qquad \sum_{\alpha,\beta}{}_1^n a_{\alpha\beta} u_\alpha v_\beta = \sum_{\varrho}{}_1^r U_\varrho V_{r+\varrho} - U_{r+\varrho} V_\varrho.$$

Da die Determinante (11.) eine Unterdeterminante von (20.) ist, so müssen auch in ihr alle partialen Determinanten $(2r+1)^{\text{ten}}$ Grades verschwinden. Daraus ergiebt sich leicht, dass auf dem oben angegebenen Wege alle Transformationen der Formen U und W in die Formen (18.) und (19.) gefunden werden.

§. 10.

Allgemeinste Transformation zweier Formenpaare von gleicher Invariante $p = 2r$ in einander.

Unter den im vorigen Paragraphen gemachten Voraussetzungen müssen in der Determinante (15.), die eine Unterdeterminante von (20.) ist, alle partialen Determinanten $(2r+1)^{\text{ten}}$ Grades verschwinden, weil sie durch Zusammensetzung der beiden Elementensysteme

$$\begin{matrix} a_1^{(1)} \ldots a_1^{(r)} \; a_1^{(r+1)} \ldots a_1^{(2r)} \\ \cdot \quad \cdot \quad \cdot \quad \cdot \quad \cdot \quad \cdot \\ a_n^{(1)} \ldots a_n^{(r)} \; a_n^{(r+1)} \ldots a_n^{(2r)} \end{matrix} \qquad \begin{matrix} a_1^{(r+1)} \ldots a_1^{(2r)} \; -a_1^{(1)} \ldots -a_1^{(r)} \\ \cdot \quad \cdot \quad \cdot \quad \cdot \quad \cdot \quad \cdot \\ a_n^{(r+1)} \ldots a_n^{(2r)} \; -a_n^{(1)} \ldots -a_n^{(r)} \end{matrix}$$

entsteht. Wenn in diesen Systemen die Determinanten $2r^{\text{ten}}$ Grades sämmtlich Null wären, wenn also die $2r$ Formen $U_1, \ldots U_{2r}$ nicht unabhängig wären, so würden auch in (15.) alle partialen Determinanten $2r^{\text{ten}}$ Grades verschwinden. Ist also $2r$ gleich dem höchsten Grade m der in (15.) nicht verschwindenden Unterdeterminanten, so müssen jene $2r$ Formen unabhängig sein. Folglich ist die rechte Seite der Gleichung (19.) eine alternirende bilineare Form der $2.2r$ *unabhängigen* Variablen $U_1, \ldots U_{2r}; V_1, \ldots V_{2r},$

während die rechte Seite von (18.) eine lineare Form von $U_1, \dots U_r$ ist. Diese Formen sollen die ***reducirten Formen*** von U und W genannt werden.

Bei dieser Reduction ist weiter keine Annahme über das gegebene Formenpaar gemacht worden, als dass seine Invariante p den Werth $m = 2r$ habe. Ist also ein zweites Formenpaar derselben Invariante gegeben, so lässt es sich auf die Gestalt

$$\Sigma a'_{\alpha\beta} u'_\alpha v'_\beta = \sum_\varrho {}_1^r U'_\varrho V'_{r+\varrho} - U'_{r+\varrho} V'_\varrho,$$

$$\Sigma a'_\alpha u'_\alpha = \sum_\varrho {}_1^r c_\varrho U'_\varrho$$

bringen, wo $U'_1, \dots U'_{2r}$ $2r$ unabhängige lineare Formen von $u'_1, \dots u'_n$, und $V'_1, \dots V'_{2r}$ die nämlichen Formen von $v'_1, \dots v'_n$ sind, und wo man für $c_1, \dots c_r$ dieselben Grössen nehmen kann, wie in (18.) *).

Setzt man daher

$$U_\varrho = U'_\varrho \quad \text{und} \quad V_\varrho = V'_\varrho \qquad (\varrho = 1, \dots 2r),$$

so wird das erste Formenpaar mit dem zweiten identisch. Da $U_1, \dots U_{2r}$ (und ebenso $U'_1, \dots U'_{2r}$) unabhängig sind, so kann man zu diesen $2r$ linearen Formen noch $n-2r$ andere $U_{2r+1}, \dots U_n$ ($U'_{2r+1}, \dots U'_n$) hinzufügen, die mit ihnen zusammen n unabhängige Formen von $u_1, \dots u_n$ ($u'_1, \dots u'_n$) bilden. Löst man dann die Gleichungen

$$U_\alpha = U'_\alpha \qquad (\alpha = 1, \dots n)$$

nach $u_1, \dots u_n$ oder $u'_1, \dots u'_n$ auf, so erhält man eine Substitution, welche mit der congruenten die beiden gegebenen Formenpaare in einander überführt. Folglich ist für zwei Formenpaare die Uebereinstimmung der Invariante $p = 2r$ die hinreichende Aequivalenzbedingung **).

Es ist leicht zu beweisen, dass auf diesem Wege alle (congruenten) Transformationen der beiden Formenpaare in einander gefunden werden. Denn sei (5.) irgend eine Substitution, vermöge deren

$$\Sigma a_{\alpha\beta} u_\alpha v_\beta = \Sigma a'_{\alpha\beta} u'_\alpha v'_\beta \quad \text{und} \quad \Sigma a_\alpha u_\alpha = \Sigma a'_\alpha u'_\alpha$$

---

*) Sollten $a_1, \dots a_n$ alle Null sein, so wäre dies nur möglich, wenn auch $a'_1, \dots a'_n$ alle verschwinden.

**) Dazu kommt noch selbstverständlich die Bedingung, dass zugleich mit $a_1, \dots a_n$ auch $a'_1, \dots a'_n$ alle verschwinden.

wird. Dann lassen sich, wenn $c_1, \dots c_r$ gegebene Constanten sind, $2r$ unabhängige lineare Formen U'_ϱ von $u'_1, \dots u'_n$ so bestimmen, dass

$$\Sigma a'_{\alpha\beta} u'_\alpha v'_\beta = \Sigma U'_\varrho V'_{r+\varrho} - U'_{r+\varrho} V'_\varrho \quad \text{und} \quad \Sigma a'_\alpha u'_\alpha = \Sigma c_\varrho U'_\varrho$$

ist, wo V'_ϱ dieselbe Function von $v'_1, \dots v'_n$ ist, wie U'_ϱ von $u'_1, \dots u'_n$. Wenn nun U'_ϱ und V'_ϱ durch die inverse Substitution (5*.) in U_ϱ und V_ϱ übergehen, so verwandeln sich diese Gleichungen durch dieselbe in

$$\Sigma a_{\alpha\beta} u_\alpha v_\beta = \Sigma U_\varrho V_{r+\varrho} - U_{r+\varrho} V_\varrho \quad \text{und} \quad \Sigma a_\alpha u_\alpha = \Sigma c_\varrho U_\varrho.$$

Nach §. 9 sind daher die Functionen U_ϱ und V_ϱ unter denen enthalten, welche durch das in §. 8 und §. 9 angegebene Verfahren gefunden werden. Zu den aus (5.) folgenden $2r$ Gleichungen $U_\varrho = U'_\varrho$ kann man stets noch $n-2r$ hinzufügen, welche zusammen mit jenen $2r$ die Gleichungen (5.) vollständig ersetzen. Bringt man also von zwei gegebenen Formenpaaren das eine in einer bestimmten und das andere in der allgemeinsten Weise auf die reducirte Form, so enthalten die Gleichungen

$$U_\varrho = U'_\varrho \qquad (\varrho = 1, \dots 2r)$$

die allgemeinste (congruente) Transformation der beiden Formenpaare in einander. Jede Transformation kann folglich auf eine solche Gestalt gebracht werden, dass sie nur $p (= 2r)$ nothwendige, dagegen $n-p$ überflüssige Gleichungen enthält, welche fortgelassen werden können, ohne dass die Substitution aufhört, das eine Formenpaar in das andere überzuführen.

§. 11.

Die Aequivalenz der Formenpaare von ungerader Invariante $p = 2r+1$.

Der Fall, dass die Invariante p des gegebenen Formenpaars eine ungerade Zahl $m+1 = 2r+1$ ist, dass also in der Determinante (15.) m, in (16.) aber $m+2$ der höchste Grad nicht verschwindender Unterdeterminanten ist, lässt sich leicht auf den eben behandelten zurückführen. In diesem Falle gehört die lineare Form U zu der zweiten der in §. 7 näher charakterisirten Gruppen, lässt sich aber leicht durch Subtraction einer anderen linearen Form

$$U_0 = a_1^{(0)} u_1 + \dots + a_n^{(0)} u_n$$

in eine Form der ersten Gruppe verwandeln.

Man kann z. B. $U_0 = U$ nehmen. Die allgemeinste derartige Form erhält man aber, indem man $U_0 - U$ gleich einer homogenen linearen Function der Ableitungen von W mit willkürlichen Coefficienten setzt. Da dann die Invariante des Formenpaares $U-U_0$, W gleich $2r$ ist, so kann man die linearen Formen

$$U_\varrho = a_1^{(\varrho)} u_1 + \cdots + a_n^{(\varrho)} u_n, \qquad (\varrho = 1, \ldots 2r)$$
$$V_\varrho = a_1^{(\varrho)} v_1 + \cdots + a_n^{(\varrho)} v_n,$$

so bestimmen, dass

$$(18^*.) \qquad U = U_0 + \sum_\varrho {}_1^r c_\varrho U_\varrho,$$

$$(19^*.) \qquad W = \sum_\varrho {}_1^r U_\varrho V_{r+\varrho} - U_{r+\varrho} V_\varrho$$

wird, wo $c_1, \ldots c_r$ beliebig gegebene Constanten sind, die im Falle $U_0 = U$ alle gleich Null sein müssen, sonst aber nicht alle verschwinden dürfen. Wenn umgekehrt die Formen U und W in irgend einer Weise auf die Gestalt (18*.) und (19*.) gebracht sind, so ist die Invariante des Formenpaars $U-U_0$, W gleich $2r$, und daher wird U_0 in der oben angegebenen Weise gefunden, und dann liefert das in §. 8 und §. 9 angegebene Verfahren die Formen $U_1, \ldots U_{2r}$. Der hier eingeschlagene Weg führt also zu der allgemeinsten Reduction des gegebenen Formenpaars auf die Formen (18*.) und (19*.).

Aus diesen Gleichungen folgt aber, dass

$$a_{\alpha\beta} = \sum_\varrho {}_1^r a_\alpha^{(\varrho)} a_\beta^{(r+\varrho)} - a_\alpha^{(r+\varrho)} a_\beta^{(\varrho)},$$

$$a_\alpha = c_0 + \sum_\varrho {}_1^r c_\varrho a_\alpha^{(\varrho)}$$

ist. Daher entsteht die Determinante (16.) durch Zusammensetzung der beiden Elementensysteme

$$\begin{array}{cccccccc} 0 & a_1^{(0)} & a_1^{(1)} & \ldots & a_1^{(r)} & a_1^{(r+1)} & \ldots & a_1^{(2r)} \\ . & . & . & . & . & . & . & . \\ 0 & a_n^{(0)} & a_n^{(1)} & \ldots & a_n^{(r)} & a_n^{(r+1)} & \ldots & a_n^{(2r)} \\ 1 & 0 & 0 & \ldots & 0 & c_1 & \ldots & c_r \end{array} \qquad \begin{array}{ccccccccc} -a_1^{(0)} & 0 & a_1^{(r+1)} & \ldots & a_1^{(2r)} & -a_1^{(1)} & \ldots & -a_1^{(r)} \\ . & . & . & . & . & . & . & . \\ -a_n^{(0)} & 0 & a_n^{(r+1)} & \ldots & a_n^{(2r)} & -a_n^{(1)} & \ldots & -a_n^{(r)} \\ 0 & 1 & c_1 & \ldots & c_r & 0 & \ldots & 0. \end{array}$$

Da nun in der Determinante (16.) der höchste Grad nicht verschwindender Unterdeterminanten $2r+2$ ist, so können in diesen Systemen nicht alle Determinanten $(2r+2)^{\text{ten}}$ Grades verschwinden, und daher sind in dem Elementensystem

$$a_\alpha^{(0)} \quad a_\alpha^{(1)} \quad \ldots \quad a_\alpha^{(r)} \quad a_\alpha^{(r+1)} \quad \ldots \quad a_\alpha^{(2r)} \qquad (\alpha = 1, \ldots n)$$

nicht alle Determinanten $(2r+1)^{\text{ten}}$ Grades Null. Folglich sind die $2r+1$ linearen Formen $U_0, U_1, \ldots U_{2r}$ unabhängig, und die rechten Seiten der

Gleichungen sind eine lineare und eine alternirende bilineare Form der $2r+1$ *unabhängigen* Variablen $U_0, U_1, \dots U_{2r}$. Dieselben sollen die *reducirten Formen* von U und W genannt werden.

Nunmehr lassen sich die im vorigen Paragraphen für die Formenpaare gerader Invariante abgeleiteten Sätze ohne Weiteres auf die ungerader Invariante übertragen. Für zwei gegebene Formenpaare ist die Uebereinstimmung der Invariante p die hinreichende Aequivalenzbedingung. Die allgemeinste Transformation zweier Formenpaare p^{ter} Klasse in einander wird gefunden, indem man das eine in einer bestimmten, das andere in der allgemeinsten Weise auf die reducirte Form bringt, und dann die p Variablen der einen reducirten Form denen der andern der Reihe nach gleich setzt. Jede Substitution kann auf eine solche Gestalt gebracht werden, dass sie nur p nothwendige, dagegen $n-p$ überflüssige Gleichungen enthält.

§. 12.

Ueber die Transformation einer bilinearen Form in eine andere mit weniger Variablen.

Die Ableitungen der bilinearen Form

$$W = \sum_{\alpha,\beta}{}_1^n a_{\alpha\beta} u_\alpha v_\beta$$

(die nicht alternirend zu sein braucht) mögen mit

$$U_\alpha = \frac{\partial W}{\partial u_\alpha} = \sum_\beta a_{\alpha\beta} v_\beta, \quad V_\beta = \frac{\partial W}{\partial v_\beta} = \sum_\alpha a_{\alpha\beta} u_\alpha$$

bezeichnet werden. Geht sie durch die Substitutionen

$$(\alpha.) \qquad u_\alpha = \sum_\varkappa{}_1^n x_{\alpha\varkappa} u'_\varkappa, \quad v_\beta = \sum_\lambda{}_1^n y_{\beta\lambda} v'_\lambda,$$

deren Determinanten von Null verschieden sind, in

$$W' = \sum a'_{\varkappa\lambda} u'_\varkappa v'_\lambda$$

über, so ist

$$a'_{\varkappa\lambda} = \sum_{\alpha,\beta} a_{\alpha\beta} x_{\alpha\varkappa} y_{\beta\lambda},$$

oder wenn

$$\sum_\beta a_{\alpha\beta} y_{\beta\lambda} = U_{\alpha\lambda}, \quad \sum_\alpha a_{\alpha\beta} x_{\alpha\varkappa} = V_{\beta\varkappa}$$

gesetzt wird,

$$a'_{\varkappa\lambda} = \sum_\alpha x_{\alpha\varkappa} U_{\alpha\lambda} = \sum_\beta y_{\beta\lambda} V_{\beta\varkappa}.$$

Die Form W' möge nur die Variablen $u'_1, \dots u'_m;\ v'_1, \dots v'_m$ enthalten. Bezeichnet also ν eine Zahl von $m+1$ bis n, $\varkappa$ und λ aber Zahlen von 1 bis n, so muss

$$a'_{\varkappa\nu} = 0, \quad a'_{\nu\lambda} = 0$$

sein. Da aber die Determinante $|x_{\alpha\varkappa}|$ der n linearen Gleichungen

$$a'_{\varkappa\nu} = \sum_\alpha x_{\alpha\varkappa} U_{\alpha\nu} = 0 \qquad (\varkappa = 1, \dots n)$$

von Null verschieden ist, so muss

$$U_{\alpha\nu} = \sum_\beta a_{\alpha\beta} y_{\beta\nu} = 0$$

sein, es müssen also

$$(\beta.) \qquad y_{1\nu}, \quad \dots \quad y_{n\nu} \qquad (\nu = m+1, \dots n)$$

$n-m$ Lösungen der Gleichungen

$$(\gamma.) \qquad U_\alpha = \sum_\beta a_{\alpha\beta} v_\beta = 0 \qquad (\alpha = 1, \dots n)$$

sein. Da die Determinante n^{ten} Grades $|y_{\beta\lambda}|$ von Null verschieden ist, so können auch nicht alle partialen Determinanten $(n-m)^{\text{ten}}$ Grades des Systems $y_{\beta\nu}$ verschwinden, und daher sind die $n-m$ Lösungen (β.) unabhängig. Ebenso sind

$$(\delta.) \qquad x_{1\nu}, \quad \dots \quad x_{n\nu} \qquad (\nu = m+1, \dots n)$$

$n-m$ unabhängige Lösungen der Gleichungen

$$(\varepsilon.) \qquad V_\beta = \sum_\alpha a_{\alpha\beta} u_\alpha = 0 \qquad (\beta = 1, \dots n).$$

Damit aber die Gleichungen (γ.) oder (ε.) $n-m$ verschiedene Lösungen haben, müssen in dem Elementensystem $a_{\alpha\beta}$ alle partialen Determinanten $(m+1)^{\text{ten}}$ Grades verschwinden.

Wenn umgekehrt diese Bedingung erfüllt ist, so haben die Gleichungen (γ.) $n-m$ verschiedene Lösungen (β.) und die Gleichungen (ε.) $n-m$ verschiedene Lösungen (δ.). Da die Lösungen (β.) unabhängig sind, so kann man die Grössen

$$y_{1\mu}, \quad \dots \quad y_{n\mu} \qquad (\mu = 1, \dots m)$$

so bestimmen, dass die Determinante n^{ten} Grades $|y_{\beta\lambda}|$ nicht Null ist. Desgleichen kann man die Grössen

$$x_{1\mu}, \quad \dots \quad x_{n\mu} \qquad (\mu = 1, \dots m)$$

so wählen, dass $|x_{\alpha\varkappa}|$ nicht verschwindet. Dann verwandelt sich die Form W durch die Substitutionen (α.) in eine Form W', welche nur noch m Variablen jeder Reihe enthält, und wie oben bewiesen, ist dies die allgemeinste Weise, eine bilineare Form, in deren Coefficientensysteme alle partialen Determinanten $(m+1)^{\text{ten}}$ Grades verschwinden, in eine andere von m Variablenpaaren zu transformiren.

Wenn die Form W symmetrisch oder alternirend ist, so sind die Gleichungen (γ.) mit den Gleichungen (ε.) identisch. Daher kann man zunächst

$$y_{\alpha\nu} = x_{\alpha\nu} \qquad (\nu = m+1, \dots n)$$

und dann auch

$$y_{\alpha\mu} = x_{\alpha\mu} \qquad (\mu = 1, \dots m)$$

wählen, so dass die Substitutionen (α.) congruent werden. (Vgl. ***Darboux***, ***Liouv***. Journ., Ann. 1874, p. 359—365.)

Ueber die Integrabilitätsbedingungen für ein System linearer Differentialgleichungen erster Ordnung.

§. 13.

Ueber adjungirte Systeme totaler und partieller Differentialgleichungen.

Sei

$$(21.)\qquad a_1^{(\mu)}dx_1+\cdots+a_n^{(\mu)}dx_n = 0 \qquad (\mu=1,\ldots m)$$

ein System von $m(<n)$ unabhängigen linearen Differentialgleichungen erster Ordnung, deren Coefficienten $a_\alpha^{(\mu)}$ gegebene Functionen von $x_1, \ldots x_n$ sind. Die Differentialgleichungen heissen unabhängig, wenn keine unter ihnen aus den anderen linear zusammengesetzt werden kann, oder wenn die Determinanten m^{ten} Grades der Coefficienten nicht alle verschwinden. Multiplicirt man sie mit irgend welchen Functionen von $x_1, \ldots x_n$ und addirt sie, so sagen wir von einer solchen linearen Verbindung

$$(22.)\qquad a_1 dx_1+\cdots+a_n dx_n = 0,$$

sie gehöre ebenfalls dem Systeme (21.) an. Auch kann dieses Gleichungssystem durch irgend m unabhängige lineare Verbindungen seiner Gleichungen ersetzt werden.

Es kann sein, dass sich unter den linearen Verbindungen der Differentialausdrücke (21.) auch eine findet, welche das vollständige Differential df einer Function $f(x_1,\ldots x_n)$ ist. Dann nennen wir die Gleichung $f=\alpha$, wo α eine willkürliche Constante ist, ein Integral der Differentialgleichungen (21.). Mehrere Functionen $f_1, f_2, \ldots$ sind bekanntlich unabhängig oder nicht, je nachdem ihre Differentiale $df_1, df_2, \ldots$ unabhängige lineare Functionen der Differentiale $dx_1, \ldots dx_n$ sind, oder nicht. Aus dieser Bemerkung folgt, dass m Differentialgleichungen (21.) nicht mehr als m unabhängige (verschiedene) Integrale haben können. Denn es lassen sich überhaupt nicht mehr als m verschiedene Verbindungen der Differentialausdrücke (21.) bilden, also auch nicht mehr als m solche, die vollständige Differentiale sind.

Ein System von m linearen Differentialgleichungen, das m unabhängige Integrale hat, soll ein *vollständiges System* genannt werden. Ist $m=n-1$ (oder n), so ist das System (21.) stets ein vollständiges.

Je nachdem sich der Ausdruck

$$df = \frac{\partial f}{\partial x_1}dx_1+\cdots+\frac{\partial f}{\partial x_n}dx_n$$

linear aus den Ausdrücken (21.) zusammensetzen lässt, oder nicht, verschwinden in dem Elementensystem

$$(23^*.)\quad \begin{cases} a_1^{(1)} & \ldots & a_n^{(1)} \\ \cdot & \ldots & \cdot \\ a_1^{(m)} & \ldots & a_n^{(m)} \\ \dfrac{\partial f}{\partial x_1} & \ldots & \dfrac{\partial f}{\partial x_n} \end{cases}$$

alle oder nicht alle Determinanten $(m+1)^{\text{ten}}$ Grades. Setzt man aber diese Determinanten gleich Null, so erhält man ein System homogener linearer partieller Differentialgleichungen (Vgl. *Hamburger*, dieses Journal Bd. 81, S. 252), das demnach ebenso viele Lösungen hat, wie das System (21.) Integrale. Damit aber alle Determinanten $(m+1)^{\text{ten}}$ Grades in (23*.) verschwinden, ist nothwendig und hinreichend, dass alle Werthe von $u_1, \ldots u_n$, welche den Gleichungen

$$(10.)\quad a_1^{(\mu)}u_1+\cdots+a_n^{(\mu)}u_n = 0 \qquad (\mu = 1, \ldots m)$$

genügen, auch die Gleichung

$$\frac{\partial f}{\partial x_1}u_1+\cdots+\frac{\partial f}{\partial x_n}u_n = 0$$

befriedigen. Sind also

$$(12.)\quad A_1^{(\nu)}, \ \ldots \ A_n^{(\nu)} \qquad (\nu = 1, \ldots n-m)$$

$n-m$ verschiedene Lösungen der Gleichungen (10.), so sind

$$(23.)\quad A_1^{(\nu)}\frac{\partial f}{\partial x_1}+\cdots+A_n^{(\nu)}\frac{\partial f}{\partial x_n} = 0 \qquad (\nu = 1, \ldots n-m)$$

$n-m$ unabhängige partielle Differentialgleichungen, denen jede Function f genügt, welche, gleich einer willkürlichen Constanten gesetzt, ein Integral der totalen Differentialgleichungen (21.) bildet. Daher soll (23.) oder (23*.) das dem System totaler Differentialgleichungen (21.) *adjungirte* oder *zugehörige* System partieller Differentialgleichungen genannt werden. (Vgl. *Boole,* Differential-Equations, Suppl. Vol. Chapt. XXV, p. 75–78.) Ist das System (21.) ein vollständiges, so ist die Anzahl m der Lösungen der partiellen Differentialgleichungen (23.) gleich der Differenz zwischen der Anzahl der unabhängigen Variablen n und der Anzahl der Gleichungen $n-m$.

Ein solches System wird nach *Clebsch* (dieses Journal, Bd. 65, p. 258) ein vollständiges genannt.

Sei jetzt umgekehrt ein System von $n-m$ unabhängigen partiellen Differentialgleichungen (23.) gegeben. Zu demselben rechnen wir auch jede lineare Verbindung dieser Gleichungen. Haben dieselben eine Lösung f, so haben die linearen Gleichungen

$$(13.)\qquad A_1^{(\nu)}u_1+\cdots+A_n^{(\nu)}u_n=0 \qquad (\nu=1,\ \ldots\ n-m)$$

die Lösung

$$u_1=\frac{\partial f}{\partial x_1},\quad \ldots\quad u_n=\frac{\partial f}{\partial x_n}.$$

Sind nun

$$(14.)\qquad a_1^{(\mu)},\quad \ldots\quad a_n^{(\mu)} \qquad (\mu=1,\ \ldots\ m)$$

m unabhängige Lösungen der Gleichungen (13.), so lässt sich aus ihnen jede particuläre Lösung, also auch die eben erwähnte, linear zusammensetzen. Folglich lässt sich der Ausdruck

$$\frac{\partial f}{\partial x_1}dx_1+\cdots+\frac{\partial f}{\partial x_n}dx_n$$

aus den Ausdrücken

$$a_1^{(\mu)}dx_1+\cdots+a_n^{(\mu)}dx_n \qquad (\mu=1,\ \ldots\ m)$$

linear zusammensetzen, und daher ist nach der obigen Definition die Gleichung $f=\alpha$ ein Integral der Differentialgleichungen (21.). Da dieselben gebildet werden, indem jede Lösung der linearen Gleichungen (13.) in die Gleichung

$$dx_1\,u_1+\cdots+dx_n u_n\ =\ 0$$

eingesetzt wird, so können sie auch erhalten werden, indem die Determinanten $(n-m+1)^{\text{ten}}$ Grades des Elementensystems

$$(21^*.)\qquad \left\{\begin{matrix} A_1^{(1)} & \ldots & A_n^{(1)} \\ \cdot & \ldots & \cdot \\ A_1^{(n-m)} & \ldots & A_n^{(n-m)} \\ dx_1 & \ldots & dx_n \end{matrix}\right.$$

gleich Null gesetzt werden.

Das Gleichungssystem (21.) oder (21*.) soll das dem System partieller Differentialgleichungen (23.) *zugeordnete* oder *adjungirte* System totaler Differentialgleichungen genannt werden.

Die Anzahl der Lösungen der partiellen Differentialgleichungen (23.) ist gleich der Anzahl der Integrale der zugeordneten totalen Differentialgleichungen (21.). Je nachdem die einen ein vollständiges System bilden oder nicht, bilden auch die anderen ein solches oder nicht. Die Bedingungen dafür, dass das System totaler Differentialgleichungen (21.) oder das adjungirte System partieller Differentialgleichungen (23.) ein vollständiges ist, sollen die ***Integrabilitätsbedingungen*** genannt werden.

§. 14.

Ableitung der Integrabilitätsbedingungen aus der *Jacobi-Clebsch*schen Theorie der partiellen Differentialgleichungen.

Damit das System partieller Differentialgleichungen (23.) ein vollständiges sei, ist nach *Jacobi* und *Clebsch* (dieses Journal, Bd. 65, S. 258) die folgende Bedingung nothwendig und hinreichend.

Sind

$$A(f) = A_1 \frac{\partial f}{\partial x_1} + \cdots + A_n \frac{\partial f}{\partial x_n} = 0,$$

$$B(f) = B_1 \frac{\partial f}{\partial x_1} + \cdots + B_n \frac{\partial f}{\partial x_n} = 0$$

irgend zwei der Differentialgleichungen (23.) (oder lineare Verbindungen derselben), so muss auch

$$A(B(f)) - B(A(f)) = (A(B_1) - B(A_1)) \frac{\partial f}{\partial x_1} + \cdots + (A(B_n) - B(A_n)) \frac{\partial f}{\partial x_n} = 0$$

dem Systeme angehören. Es müssen also alle Werthe

$$u_1 = a_1, \quad \ldots \quad u_n = a_n,$$

welche den Gleichungen (13.) genügen, auch die Gleichung

$$\sum_\alpha (A(B_\alpha) - B(A_\alpha)) a_\alpha = 0$$

befriedigen, welche ausgerechnet

$$\sum_{\alpha,\beta} \left(A_\beta \frac{\partial B_\alpha}{\partial x_\beta} - B_\beta \frac{\partial A_\alpha}{\partial x_\beta} \right) a_\alpha = 0$$

lautet. Nun ist aber

$$\Sigma A_\alpha a_\alpha = 0, \quad \Sigma B_\alpha a_\alpha = 0$$

und daher

$$\sum_\alpha \frac{\partial A_\alpha}{\partial x_\beta} a_\alpha = -\sum_\alpha A_\alpha \frac{\partial a_\alpha}{\partial x_\beta}, \quad \sum_\alpha \frac{\partial B_\alpha}{\partial x_\beta} a_\alpha = -\sum_\alpha B_\alpha \frac{\partial a_\alpha}{\partial x_\beta}.$$

An Stelle der obigen Gleichung kann man also setzen

$$-\sum_{\alpha,\beta} A_\beta B_\alpha \frac{\partial a_\alpha}{\partial x_\beta} + \sum_{\alpha,\beta} B_\beta A_\alpha \frac{\partial a_\alpha}{\partial x_\beta} = 0,$$

oder wenn man zur Abkürzung

$$(6.) \qquad a_{\alpha\beta} = \frac{\partial a_\alpha}{\partial x_\beta} - \frac{\partial a_\beta}{\partial x_\alpha}$$

setzt,

$$\sum a_{\alpha\beta} A_\alpha B_\beta = 0.$$

In dieser Gleichung braucht man für $A_1, \dots A_n$; $B_1, \dots B_n$ nur je zwei verschiedene Reihen der Grössen (12.) und für $a_1, \dots a_n$ nur der Reihe nach die Grössen (14.) zu nehmen. Dann ist sie auch (Vgl. *Clebsch*, dieses Journal Bd. 65, S. 258) erfüllt, wenn man

$$a_\alpha = \sum_\mu m_\mu a_\alpha^{(\mu)}, \quad A_\alpha = \sum_\varrho r_\varrho A_\alpha^{(\varrho)}, \quad B_\alpha = \sum_\sigma s_\sigma A_\alpha^{(\sigma)}$$

setzt. Denn ihre linke Seite geht, wenn man

$$(6^*.) \qquad a_{\alpha\beta}^{(\mu)} = \frac{\partial a_\alpha^{(\mu)}}{\partial x_\beta} - \frac{\partial a_\beta^{(\mu)}}{\partial x_\alpha}$$

setzt, in

$$\sum \left(m_\mu a_{\alpha\beta}^{(\mu)} r_\varrho A_\alpha^{(\varrho)} s_\sigma A_\beta^{(\sigma)} + \left(a_\alpha^{(\mu)} \frac{\partial m_\mu}{\partial x_\beta} - a_\beta^{(\mu)} \frac{\partial m_\mu}{\partial x_\alpha} \right) r_\varrho A_\alpha^{(\varrho)} s_\sigma A_\beta^{(\sigma)} \right)$$

über, wo sich die Summation auf alle Indices erstreckt. Dieser Ausdruck ist aber aus den Summen

$$\sum_{\alpha,\beta} a_{\alpha\beta}^{(\mu)} A_\alpha^{(\varrho)} A_\beta^{(\sigma)}, \quad \sum_\alpha a_\alpha^{(\mu)} A_\alpha^{(\varrho)}, \quad \sum_\beta a_\beta^{(\mu)} A_\beta^{(\sigma)}$$

linear zusammengesetzt, von denen die erste nach der Annahme, die beiden anderen nach Gleichung (11.) verschwinden.

Damit das System totaler Differentialgleichungen (21.) ein vollständiges sei, ist also nothwendig und hinreichend, dass die m alternirenden bilinearen Formen (Covarianten)

$$W_\mu = \sum_{\alpha,\beta} a_{\alpha\beta}^{(\mu)} u_\alpha v_\beta$$

verschwinden, wenn für die Variablen irgend zwei Lösungen der linearen

Gleichungen (10.) gesetzt werden. Bedeutet (22.) (wie stets im Folgenden) irgend eine der Gleichungen (21.) oder eine lineare Verbindung derselben, so verschwindet dann auch die Covariante

$$W = \Sigma a_{\alpha\beta} u_\alpha v_\beta,$$

wenn zwischen den Variablen die linearen Gleichungen (10.) nebst den congruenten bestehen.

§. 15.

Directe Ableitung der Integrabilitätsbedingungen nach *Deahna*.

Das im vorigen Paragraphen erhaltene Resultat hat *Deahna* (dieses Journal, Bd. 20, S. 340) direct ohne Zurückführung der totalen Differentialgleichungen auf partielle abgeleitet. Sein Beweis ist, in einer mehr symmetrischen und algebraischen Form dargestellt, der folgende.

Haben die totalen Differentialgleichungen (21.) m verschiedene Integrale $f_1 = \alpha_1, \dots f_m = \alpha_m$, so nehme man zu den m unabhängigen Functionen $f_1, \dots f_m$ noch $n-m$ andere Functionen $t_1, \dots t_{n-m}$ von $x_1, \dots x_n$ hinzu, welche zusammen mit jenen n unabhängige Functionen bilden. Dann sind auch $x_1, \dots x_n$ n unabhängige Functionen von $f_1, \dots f_m, t_1, \dots t_{n-m}$, und folglich ist die Determinante

$$\Sigma \pm \frac{\partial x_1}{\partial f_1} \cdots \frac{\partial x_m}{\partial f_m} \frac{\partial x_{m+1}}{\partial t_1} \cdots \frac{\partial x_n}{\partial t_{n-m}}$$

von Null verschieden. Daher können in den letzten $n-m$ Colonnen dieser Determinante, d. h. in dem Elementensystem $\frac{\partial x_\alpha}{\partial t_\nu}$ nicht alle partialen Determinanten $(n-m)^{\text{ten}}$ Grades verschwinden. Es gehe nun der Differentialausdruck (22.) in

$$g_1 df_1 + \cdots + g_m df_m + h_1 dt_1 + \cdots + h_{n-m} dt_{n-m}$$

über, wenn man $f_1, \dots f_m, t_1, \dots t_{n-m}$ an Stelle von $x_1, \dots x_n$ als unabhängige Variable einführt. Da (22.) verschwindet, wenn $df_1, \dots df_m$ Null sind, so muss

$$h_1 dt_1 + \cdots + h_{n-m} dt_{n-m} = 0$$

sein, ohne dass zwischen den Variablen $t_1, \dots t_{n-m}$ eine Relation besteht, es muss also

$$(\alpha.) \qquad h_\nu = a_1 \frac{\partial x_1}{\partial t_\nu} + \cdots + a_n \frac{\partial x_n}{\partial t_\nu} = 0 \qquad (\nu = 1, \dots n-m)$$

sein. Folglich muss auch (Vgl. §. 2)

$$(\beta.)\qquad \frac{\partial}{\partial t_\sigma}\Big(\sum_\alpha a_\alpha \frac{\partial x_\alpha}{\partial t_\varrho}\Big) - \frac{\partial}{\partial t_\varrho}\Big(\sum_\alpha a_\alpha \frac{\partial x_\alpha}{\partial t_\sigma}\Big) = \sum_{\alpha,\beta} a_{\alpha\beta} \frac{\partial x_\alpha}{\partial t_\varrho}\frac{\partial x_\beta}{\partial t_\sigma} = 0$$

sein.

Die Gleichungen ($\alpha.$) und ($\beta.$) gelten unter der Voraussetzung, dass in den Functionen a_α und $a_{\alpha\beta}$ die Variablen $x_1, \dots x_n$ durch $t_1, \dots t_{n-m}$, $\alpha_1, \dots \alpha_m$ ausgedrückt sind. Wenn aber ihre linken Seiten als Functionen der n unabhängigen Variablen $t_1, \dots t_{n-m}, \alpha_1, \dots \alpha_m$ identisch verschwinden, so müssen sie es auch, wenn man an Stelle dieser Variablen Functionen von irgend welchen andern, z. B. $f_\mu(x_1 \dots x_n)$ für α_μ und für t_ν seinen Ausdruck in $x_1, \dots x_n$ einsetzt. Dann erhalten aber die Zeichen a_α und $a_{\alpha\beta}$ wieder ihre ursprüngliche Bedeutung, während $\frac{\partial x_\alpha}{\partial t_\nu}$ in eine Function von $x_1, \dots x_n$ übergeht, die wir mit $x_\alpha^{(\nu)}$ bezeichnen wollen. Diese Functionen genügen identisch den Gleichungen

$$(\gamma.)\qquad a_1 x_1^{(\nu)} + \dots + a_n x_n^{(\nu)} = 0,$$

$$(\delta.)\qquad \sum_{\alpha,\beta} a_{\alpha\beta} x_\alpha^{(\varrho)} x_\beta^{(\sigma)} = 0.$$

Da die erste derselben die m Gleichungen

$$a_1^{(\mu)} x_1^{(\nu)} + \dots + a_n^{(\mu)} x_n^{(\nu)} \qquad (\mu = 1, \dots m)$$

repräsentirt, so sind

$$(\gamma.)\qquad x_1^{(\nu)}, \quad \dots \quad x_n^{(\nu)} \qquad (\nu = 1, \dots n-m)$$

$n-m$ Lösungen der Gleichungen (10.). Die Determinanten $(n-m)^{\text{ten}}$ Grades der Grössen $x_\alpha^{(\nu)}$ sind Functionen von $x_1, \dots x_n$. Wären sie identisch Null, so würden sie es auch bleiben, wenn man für $x_1, \dots x_n$ ihre Ausdrücke in $t_1, \dots t_{n-m}, f_1, \dots f_m$ setzen würde. Die Determinanten $(n-m)^{\text{ten}}$ Grades der Ableitungen $\frac{\partial x_\alpha}{\partial t_\nu}$, in welche die Grössen $x_\alpha^{(\nu)}$ durch diese Substitution übergehen, sind aber nicht alle Null. Daher sind die $n-m$ Lösungen ($\gamma.$) unabhängig, und jede andere Lösung der Gleichungen (10.) lässt sich aus ihnen linear zusammensetzen. Sind also $A_1, \dots A_n$; $B_1, \dots B_n$ irgend zwei Lösungen dieser Gleichungen, so ist

$$A_\alpha = \sum_\varrho r_\varrho x_\alpha^{(\varrho)}, \qquad B_\beta = \sum_\sigma s_\sigma x_\beta^{(\sigma)}$$

und daher

$$\sum_{\alpha,\beta} a_{\alpha\beta} A_\alpha B_\beta = \sum_{\varrho,\sigma} r_\varrho s_\sigma \Big(\sum_{\alpha,\beta} a_{\alpha\beta} x_\alpha^{(\varrho)} x_\beta^{(\sigma)}\Big) = 0.$$

Sollen also die Differentialgleichungen (21.) ein vollständiges System bilden, so muss die Covariante

$$W = \Sigma a_{\alpha\beta} u_\alpha v_\beta$$

(welche m bilineare Formen $W_1, \dots W_m$ repräsentirt) verschwinden, wenn für die Variablen irgend zwei Lösungen der Gleichungen (10.) gesetzt werden.

Dass die als nothwendig erkannten Bedingungen auch hinreichend sind, beweist *Deahna* folgendermassen:

Wie oben gezeigt, bleiben diese Bedingungen erfüllt, wenn die gegebenen m Differentialgleichungen (21.) durch m unabhängige lineare Verbindungen derselben ersetzt werden. Sie bleiben aber auch, weil die Formen W nach §. 2 Covarianten sind, bestehen, wenn an Stelle von $x_1, \dots x_n$ neue Variable $x'_1, \dots x'_n$ eingeführt werden. Ich werde nun zeigen, dass es durch Anwendung dieser beiden Umformungen möglich ist, den gegebenen Differentialgleichungen m andere zu substituiren, welche eine Variable weniger enthalten.

Zunächst betrachte ich den speciellen Fall, in welchem das Differential einer bestimmten Variablen, etwa dx_n, in allen Gleichungen (21.) den Coefficienten Null hat. Unter den Determinanten m^{ten} Grades der Grössen $a_\alpha^{(\mu)}$, die nicht alle verschwinden, sei

$$M = \Sigma \pm a_1^{(1)} \dots a_m^{(m)}$$

von Null verschieden. Sind dann $a_1, \dots a_m$ beliebig gegebene Grössen, so kann man stets eine lineare Verbindung der Differentialausdrücke (21.) bilden, in welcher die Coefficienten von $dx_1, \dots dx_m$ die Werthe $a_1, \dots a_m$ haben, da zu dem Ende nur m lineare Gleichungen von nicht verschwindender Determinante M aufzulösen sind. Man kann folglich eine lineare Verbindung der gegebenen Differentialgleichungen

$$(22.) \qquad a_1 dx_1 + \dots + a_m dx_m + a_{m+1} dx_{m+1} + \dots + a_{n-1} dx_{n-1} = 0$$

bilden, in welcher $a_1, \dots a_m$ die Variable x_n nicht enthalten. Dann muss die bilineare Form

$$W = \Sigma a_{\alpha\beta} u_\alpha v_\beta$$

für jedes Paar von Lösungen der Gleichungen (10.) verschwinden. In einer solchen Lösung ist aber der Werth von v_n ganz willkürlich, weil v_n in allen Gleichungen (10.) den Coefficienten Null hat. Daher muss in W

der Factor von v_n

$$(\delta.)\qquad \frac{\partial a_{m+1}}{\partial x_n}u_{m+1}+\cdots+\frac{\partial a_{n-1}}{\partial x_n}u_{n-1}$$

verschwinden, wenn $u_1, \dots u_{n-1}$ den Gleichungen

$$a_1^{(\mu)}u_1+\cdots+a_{n-1}^{(\mu)}u_{n-1}=0 \qquad (\mu=1, \dots m)$$

genügen. Bei der Auflösung dieser Gleichungen kann man aber, da M von Null verschieden ist, den Grössen $u_{m+1}, \dots u_{n-1}$ völlig willkürliche Werthe ertheilen. Daher müssen in der linearen Form (δ.) die Coefficienten $\frac{\partial a_\alpha}{\partial x_n}=0$ sein. In dem Ausdruck (22.) kommt also die Variable x_n überhaupt nicht mehr vor.

Sind nun $b_\varrho^{(\sigma)}$ ($\varrho, \sigma=1, \dots m$) m^2 solche Functionen von $x_1, \dots x_{n-1}$, dass die Determinante $|b_\varrho^{(\sigma)}|$ von Null verschieden ist (z. B. $b_\varrho^{(\sigma)}$ gleich 0 oder -1, je nachdem ϱ und σ verschieden oder gleich sind), so kann man m lineare Verbindungen der Differentialgleichungen (21.) bilden, in deren σ^{ter} der Coefficient von dx_ϱ gleich $b_\varrho^{(\sigma)}$ ist. Dieselben sind unter einander unabhängig, weil $|b_\varrho^{(\sigma)}|$ nicht verschwindet, und enthalten die Variable x_n nicht mehr, weil die Coefficienten der Differentiale $dx_1, \dots dx_m$ von x_n frei sind.

Auf den somit erledigten speciellen Fall lässt sich der allgemeine durch Einführung neuer Variablen zurückführen. Dies ist klar für $m=n-1$. Denn führt man die $n-1$ Integrale an Stelle von $n-1$ Variablen ein, so kommt in den transformirten Differentialausdrücken das Differential der n^{ten} Variablen nicht mehr vor. Den Fall $m<n-1$ führt man auf den Fall $m=n-1$ zurück, indem man zu den gegebenen m Differentialgleichungen noch $n-m-1$ andere (z. B. $dx_{m+2}=0, \dots dx_n=0$) hinzunimmt, mit anderen Worten:

Sei $A_1, \dots A_n$ irgend eine Lösung der Gleichungen (10.), in der etwa A_n von Null verschieden sei. Dann haben die Differentialgleichungen

$$dx_1 : dx_2 : \dots : dx_n = A_1 : A_2 : \dots : A_n$$

$n-1$ Integralgleichungen, die $n-1$ willkürliche Constanten $x_1', \dots x_{n-1}'$ enthalten, und die auf die Form

$$(\varepsilon.)\qquad x_\alpha=\varphi_\alpha(x_n, x_1', \dots x_{n-1}') \qquad (\alpha=1, \dots n-1)$$

gebracht werden können. Da folglich

$$dx_1 : \dots : dx_{n-1} : dx_n = \frac{\partial\varphi_1}{\partial x_n} : \dots : \frac{\partial\varphi_{n-1}}{\partial x_n} : 1$$

ist, so ist auch

$$A_1 : \dots : A_{n-1} : A_n = \frac{\partial \varphi_1}{\partial x_n} : \dots : \frac{\partial \varphi_{n-1}}{\partial x_n} : 1,$$

und da $A_1, \dots A_n$ den Gleichungen (10.) genügen, und

$$a_1 u_1 + \dots + a_n u_n = 0$$

eine lineare Combination derselben ist, so ist

$$a_1 \frac{\partial \varphi_1}{\partial x_n} + \dots + a_{n-1} \frac{\partial \varphi_{n-1}}{\partial x_n} + a_n = 0,$$

falls man in den Functionen $a_1, \dots a_n$ für die Variablen $x_1, \dots x_{n-1}$ die Ausdrücke $\varphi_1, \dots \varphi_{n-1}$ einsetzt. Führt man nun an Stelle von $x_1, \dots x_{n-1}$ mittelst der Gleichungen (ε.) die Grössen $x'_1, \dots x'_{n-1}$ als neue Variable ein, so wird

$$a_1 dx_1 + \dots + a_n dx_n = a'_1 dx'_1 + \dots + a'_{n-1} dx'_{n-1} + a'_n dx'_n,$$

wo

$$a'_n = a_1 \frac{\partial \varphi_1}{\partial x_n} + \dots + a_{n-1} \frac{\partial \varphi_{n-1}}{\partial x_n} + a_n = 0$$

ist. Die neuen Differentialgleichungen enthalten demnach dx_n nicht mehr, lassen sich also durch m unabhängige lineare Verbindungen ersetzen, in denen x_n überhaupt nicht mehr vorkommt.

Durch wiederholte Anwendung dieses Verfahrens führt man die m gegebenen Differentialgleichungen (21.) zwischen n Variablen auf m Differentialgleichungen zwischen m unabhängigen Variablen $f_1, \dots f_m$ zurück,

$$(\zeta.) \qquad h_1^{(\mu)} df_1 + \dots + h_m^{(\mu)} df_m = 0 \quad (\mu = 1, \dots m),$$

welche, wenn $f_1, \dots f_m$ durch $x_1, \dots x_n$ ausgedrückt werden, lineare Combinationen der Gleichungen (21.) sind. Da die m Ausdrücke (ζ.) unabhängig sind, so lassen sich auch umgekehrt $df_1, \dots df_m$ aus ihnen, also auch aus den Ausdrücken (21.) linear zusammensetzen. Es giebt also m unabhängige lineare Verbindungen der Ausdrücke (21.), welche vollständige Differentiale sind, und daher bilden die Differentialgleichungen (21.) ein vollständiges System.

§. 15.

Zweite Form der Integrabilitätsbedingungen.

Wir haben bereits in §. 9 die Bedingungen ermittelt, die nothwendig und hinreichend sind, damit die bilineare Form

$$W = \Sigma a_{\alpha\beta} u_\alpha v_\beta$$

verschwindet, wenn für die Variablen irgend zwei Lösungen der linearen Gleichungen (10.) gesetzt werden. Dieselben lassen sich dahin zusammenfassen, dass in der Determinante

$$(24.)\qquad \begin{vmatrix} a_{11} & \dots & a_{1n} & a_1^{(1)} & \dots & a_1^{(m)} \\ \cdot & \cdot & \cdot & \cdot & \cdot & \cdot \\ a_{n1} & \dots & a_{nn} & a_n^{(1)} & \dots & a_n^{(m)} \\ -a_1^{(1)} & \dots & -a_n^{(1)} & 0 & \dots & 0 \\ \cdot & \cdot & \cdot & \cdot & \cdot & \cdot \\ -a_1^{(m)} & \dots & -a_n^{(m)} & 0 & \dots & 0 \end{vmatrix}$$

alle partialen Determinanten $(2m+1)^{\text{ten}}$ Grades verschwinden.

Zu dieser zweiten Form der Integrabilitätsbedingungen (in der für die Coefficienten von W der Reihe nach die von $W_1, \dots W_m$ zu setzen sind) kann man direct auf folgendem Wege gelangen. Sind $df_1, \dots df_m$ m verschiedene Verbindungen der m Differentialausdrücke (21.), so sind auch umgekehrt letztere m unabhängige Combinationen von $df_1, \dots df_m$,

$$(\alpha.)\qquad a_1^{(\mu)}dx_1+\dots+a_n^{(\mu)}dx_n = g_1^{(\mu)}df_1+\dots+g_m^{(\mu)}df_m.$$

Sollte das gegebene System von Differentialgleichungen ausser den m unabhängigen Gleichungen (21.) noch andere

$$a_1^{(\lambda)}dx_1+\dots+a_n^{(\lambda)}dx_n = 0 \qquad (\lambda = m+1, \dots l)$$

enthalten, die lineare Verbindungen derselben sind, so sollen dieselben *überzählige* genannt werden. (Vgl. *Christoffel*, dieses Journal Bd. 68, p. 247.) Da sich ihre linken Seiten auch aus $df_1, \dots df_m$ linear zusammensetzen lassen, so bestehen auch für $\mu = m+1, \dots l$ Gleichungen von der Form $(\alpha.)$ aus denen folgt, dass

$$a_\alpha^{(\mu)} = g_1^{(\mu)}\frac{\partial f_1}{\partial x_\alpha}+\dots+g_m^{(\mu)}\frac{\partial f_m}{\partial x_\alpha} \qquad (\mu = 1, \dots m, m+1, \dots l)$$

ist. Ist endlich (22.) irgend eine der Differentialgleichungen (21.) oder eine lineare Verbindung derselben, so ist auch a_α von der Form

$$a_\alpha = g_1\frac{\partial f_1}{\partial x_\alpha}+\dots+g_m\frac{\partial f_m}{\partial x_\alpha},$$

und folglich ist

$$(\beta.)\qquad a_{\alpha\beta} = \frac{\partial a_\alpha}{\partial x_\beta}-\frac{\partial a_\beta}{\partial x_\alpha} = \sum_\mu \frac{\partial f_\mu}{\partial x_\alpha}\frac{\partial g_\mu}{\partial x_\beta}-\frac{\partial f_\mu}{\partial x_\beta}\frac{\partial g_\mu}{\partial x_\alpha}.$$

Durch Zusammensetzung der beiden Elementensysteme

$$\begin{array}{ccccccc} \frac{\partial f_1}{\partial x_1} & \dots & \frac{\partial f_m}{\partial x_1} & \frac{\partial g_1}{\partial x_1} & \dots & \frac{\partial g_m}{\partial x_1} \\ \cdot & \cdot & \cdot & \cdot & \cdot & \cdot \\ \frac{\partial f_1}{\partial x_n} & \dots & \frac{\partial f_m}{\partial x_n} & \frac{\partial g_1}{\partial x_n} & \dots & \frac{\partial g_m}{\partial x_n} \\ 0 & \dots & 0 & g_1^{(1)} & \dots & g_m^{(1)} \\ \cdot & \cdot & \cdot & \cdot & \cdot & \cdot \\ 0 & \dots & 0 & g_1^{(l)} & \dots & g_m^{(l)} \end{array} \qquad \begin{array}{cccccc} \frac{\partial g_1}{\partial x_1} & \dots & \frac{\partial g_m}{\partial x_1} & -\frac{\partial f_1}{\partial x_1} & \dots & -\frac{\partial f_m}{\partial x_1} \\ \cdot & \cdot & \cdot & \cdot & \cdot & \cdot \\ \frac{\partial g_1}{\partial x_n} & \dots & \frac{\partial g_m}{\partial x_n} & -\frac{\partial f_1}{\partial x_n} & \dots & -\frac{\partial f_m}{\partial x_n} \\ g_1^{(1)} & \dots & g_m^{(1)} & 0 & \dots & 0 \\ \cdot & \cdot & \cdot & \cdot & \cdot & \cdot \\ g_1^{(l)} & \dots & g_m^{(l)} & 0 & \dots & 0 \end{array}$$

entsteht daher die Determinante

$$(24^*.) \qquad \begin{vmatrix} a_{11} & \dots & a_{1n} & a_1^{(1)} & \dots & a_1^{(l)} \\ \cdot & \cdot & \cdot & \cdot & \cdot & \cdot \\ a_{n1} & \dots & a_{nn} & a_n^{(1)} & \dots & a_n^{(l)} \\ -a_1^{(1)} & \dots & -a_n^{(1)} & 0 & \dots & 0 \\ \cdot & \cdot & \cdot & \cdot & \cdot & \cdot \\ -a_1^{(l)} & \dots & -a_n^{(l)} & 0 & \dots & 0 \end{vmatrix}.$$

Da jedes der beiden Elementensysteme nur $2m$ Colonnen enthält, so müssen in dieser Determinante alle partialen Determinanten $(2m+1)^{\text{ten}}$ Grades verschwinden.

§. 16.

Dritte Form der Integrabilitätsbedingungen.

Unter den Determinanten m^{ten} Grades des Systems $a_\alpha^{(\mu)}$, die nicht alle verschwinden, sei, wie oben

$$M = \Sigma \pm a_1^{(1)} \dots a_m^{(m)}$$

von Null verschieden. Dann ist die partiale Determinante $2m^{\text{ten}}$ Grades der Determinante (24.)

$$\begin{vmatrix} a_{11} & \dots & a_{1m} & a_1^{(1)} & \dots & a_1^{(m)} \\ \cdot & \cdot & \cdot & \cdot & \cdot & \cdot \\ a_{m1} & \dots & a_{mm} & a_m^{(1)} & \dots & a_m^{(m)} \\ -a_1^{(1)} & \dots & -a_m^{(1)} & 0 & \dots & 0 \\ \cdot & \cdot & \cdot & \cdot & \cdot & \cdot \\ -a_1^{(m)} & \dots & -a_m^{(m)} & 0 & \dots & 0 \end{vmatrix} = M^2$$

nicht Null. Damit also alle partialen Determinanten $(2m+1)^{\text{ten}}$ Grades derselben verschwinden, ist nach §. 5 nothwendig und hinreichend, dass die Hauptunterdeterminanten $(2m+2)^{\text{ten}}$ Grades Null sind, die man aus

$$(\alpha.)\quad \begin{vmatrix} a_{11} & \dots & a_{1m} & a_{1\varrho} & a_{1\sigma} & a_1^{(1)} & \dots & a_1^{(m)} \\ \cdot & \cdot & \cdot & \cdot & \cdot & \cdot & \cdot & \cdot \\ a_{m1} & \dots & a_{mm} & a_{m\varrho} & a_{m\sigma} & a_m^{(1)} & \dots & a_m^{(m)} \\ a_{\varrho 1} & \dots & a_{\varrho m} & a_{\varrho\varrho} & a_{\varrho\sigma} & a_\varrho^{(1)} & \dots & a_\varrho^{(m)} \\ a_{\sigma 1} & \dots & a_{\sigma m} & a_{\sigma\varrho} & a_{\sigma\sigma} & a_\sigma^{(1)} & \dots & a_\sigma^{(m)} \\ -a_1^{(1)} & \dots & -a_m^{(1)} & -a_\varrho^{(1)} & -a_\sigma^{(1)} & 0 & \dots & 0 \\ \cdot & \cdot & \cdot & \cdot & \cdot & \cdot & \cdot & \cdot \\ -a_1^{(m)} & \dots & -a_m^{(m)} & -a_\varrho^{(m)} & -a_\sigma^{(m)} & 0 & \dots & 0 \end{vmatrix} = 0$$

erhält, indem man für ϱ und σ alle verschiedenen Paare ungleicher Zahlen von $m+1$ bis n setzt. Daraus geht hervor, dass das System (21.) ein vollständiges ist, wenn die $\frac{(n-m)(n-m-1)}{2}$ Systeme

$$(\beta.)\quad a_1^{(\mu)}dx_1+\dots+a_m^{(\mu)}dx_m+a_\varrho^{(\mu)}dx_\varrho+a_\sigma^{(\mu)}dx_\sigma=0 \qquad (\mu=1,\dots m),$$

wo $x_{m+1},\dots x_n$ mit Ausschluss von x_ϱ, x_σ als Constante zu betrachten sind, vollständige sind. Nun sind aber die Determinanten ($\alpha.$) Quadrate. Anstatt die Ausdrücke, deren Quadrate sie sind, zu berechnen, wollen wir diese dritte Form der Integrabilitätsbedingungen auf einem anderen Wege ableiten.

Wir betrachten zunächst den Fall $m=n-2$, auf welchen sich nach der eben gemachten Bemerkung der allgemeine Fall zurückführen lässt. $n-2$ unabhängige lineare Formen von n Variablen

$$a_1^{(\mu)}u_1+\dots+a_n^{(\mu)}u_n \qquad (\mu=1,\dots n-2)$$

haben eine bilineare zugehörige Form

$$\begin{vmatrix} a_1^{(1)} & \dots & a_n^{(1)} \\ \cdot & \cdot & \cdot \\ a_1^{(n-2)} & \dots & a_n^{(n-2)} \\ U_1 & \dots & U_n \\ V_1 & \dots & V_n \end{vmatrix} = \Sigma A_{\alpha\beta}U_\alpha V_\beta\,{}^{*)},$$

*) Da diese Form das Zeichen wechselt, wenn man $U_1,\dots U_n$ mit $V_1,\dots V_n$ vertauscht, so ist sie eine alternirende, es ist also $A_{\alpha\alpha}=0$ und $A_{\alpha\beta}=-A_{\beta\alpha}$. Wählt man, was möglich ist, die $2n$ Grössen $a_\alpha^{(n-1)}$ und $a_\alpha^{(n)}$ $(\alpha=1,\dots n)$ so, dass die Determinante $N=\Sigma\pm a_1^{(1)}\dots a_n^{(n)}$ nicht verschwindet, so geht jene Form durch die Substitution $U_\alpha=a_\alpha^{(1)}U_1'+\dots+a_\alpha^{(n)}U_n'$ $(\alpha=1,\dots n)$ (und die congruente) in eine andere über $(N(U_{n-1}'V_n'-U_n'V_{n-1}'))$, welche nur zwei Variablenpaare enthält. Daher müssen (§. 12) die partialen Determinanten dritten und höheren Grades des Systems $A_{\alpha\beta}$ verschwinden. Die Quadratwurzeln aus den Hauptunterdeterminanten vierten Grades liefern die bekannte Relation

$$A_{\alpha\beta}A_{\gamma\delta}+A_{\alpha\gamma}A_{\delta\beta}+A_{\alpha\delta}A_{\beta\gamma}=0.$$

wo $U_1, \dots U_n$; $V_1, \dots V_n$ Variable sind, die den Veränderlichen $u_1, \dots u_n$ contragredient, d. h. durch die transponirte Substitution zu transformiren sind. Sind aber $\Sigma A_{\alpha\beta} U_\alpha V_\beta$ und $\Sigma a_{\alpha\beta} u_\alpha v_\beta$ eine Contravariante und eine Covariante eines Formensystems, so ist (Vgl. z. B. *Aronhold,* dieses Journal, Bd. 62, S. 339) $\Sigma A_{\alpha\beta} a_{\alpha\beta}$ eine Invariante desselben. Sind nun

$$f_1 = \alpha_1, \dots f_{n-2} = \alpha_{n-2}$$

$n-2$ unabhängige Integrale der Differentialgleichungen (21.), so geht der Ausdruck (22.) durch die Substitution $f_1 = x_1', \dots f_{n-2} = x_{n-2}'$ in $a_1' dx_1' + \dots + a_{n-2}' dx_{n-2}'$ über, wo $a_{n-1}' = a_n' = 0$ und daher auch $a_{n-1,n}' = \frac{\partial a_{n-1}'}{\partial x_n'} - \frac{\partial a_n'}{\partial x_{n-1}'} = 0$ ist. Folglich verschwindet für die $n-2$ Differentialausdrücke, in welche die Ausdrücke (21.) durch diese Substitution übergehen, die Invariante $\Sigma A_{\alpha\beta}' a_{\alpha\beta}'$, da die Determinanten $A_{\alpha\beta}'$ mit Ausnahme von $A_{n-1,n}'$ verschwinden, diese aber mit $a_{n-1,n}'$ multiplicirt ist. Wenn aber diese Invariante für das transformirte Formensystem verschwindet, so muss auch für das ursprüngliche System

$$(25^*.) \qquad \Sigma A_{\alpha\beta} a_{\alpha\beta} = 0$$

sein *).

Ist $m < n-2$, so ist das System (21.) ein vollständiges, wenn die sämmtlichen Systeme (β.) es sind. Aus dieser Bemerkung ergeben sich (Vgl. *Deahna,* dieses Journal Bd. 20, S. 348) die Integrabilitätsbedingungen in folgender Form: Ist M von Null verschieden, und ist

$$\begin{vmatrix} a_1^{(1)} & \dots & a_m^{(1)} & a_\varrho^{(1)} & a_\sigma^{(1)} \\ \cdot & \cdot & \cdot & \cdot & \cdot \\ a_1^{(m)} & \dots & a_m^{(m)} & a_\varrho^{(m)} & a_\sigma^{(m)} \\ U_1 & \dots & U_m & U_\varrho & U_\sigma \\ V_1 & \dots & V_m & V_\varrho & V_\sigma \end{vmatrix} = \sum_{\alpha,\beta} A_{\alpha\beta}^{(\varrho\sigma)} U_\alpha V_\beta,$$

---

*) Ueber den genauen Sinn der oben gebrauchten Namen bemerke ich noch folgendes: Gehen die Differentialausdrücke (21.) und (22.) durch die Substitutionen (2.) und (3.) in $\sum_\alpha a_\alpha^{(u)\prime} dx_\alpha'$ und $\sum_\alpha a_\alpha' dx_\alpha'$ über, so sind die aus den Coefficienten der ursprünglichen und der transformirten Differentialausdrücke zu berechnenden Functionen $J = \Sigma A_{\alpha\beta} a_{\alpha\beta}$ und $J' = \Sigma A_{\alpha\beta}' a_{\alpha\beta}'$ bis auf eine Potenz der Substitutionsdeterminante $|x_{\alpha\beta}|$ nicht identisch gleich, wie dies in der Algebra der Fall ist, sondern nur vermöge der Gleichungen (2.). Wenn daher $J' = 0$ ist, so kann man nur schliessen, dass J vermöge der Gleichungen (2.) (d. h. als Function von $x_1', \dots x_n'$) gleich Null ist. Da aber diese Gleichungen die Veränderlichkeit von $x_1, \dots x_n$ nicht beschränken, so muss J auch als Function dieser Variablen identisch verschwinden.

so muss

$$(25.)\qquad \sum_{\alpha,\beta} A_{\alpha\beta}^{(\varrho\sigma)} a_{\alpha\beta}^{(\mu)} = 0 \quad (\mu = 1, \dots m)$$

sein, wo für ϱ, σ alle verschiedenen Paare ungleicher Zahlen von $m+1$ bis n zu setzen sind. Die linken Seiten der Gleichungen (25.) sind die Quadratwurzeln aus den alternirenden Determinanten (α.).

§. 17.

Neue Ableitung der Integrabilitätsbedingungen.

Die drei Formen, in denen wir die Integrabilitätsbedingungen aufgestellt haben, können auch in der folgenden, sehr einfachen Weise erhalten werden. Die Differentialgleichungen (21.) bilden ein vollständiges System, wenn sich m unter einander unabhängige lineare Verbindungen ihrer linken Seiten bilden lassen, welche vollständige Differentiale sind,

$$df_\lambda = \sum_\mu G_\mu^{(\lambda)} (a_1^{(\mu)} dx_1 + \dots + a_n^{(\mu)} dx_n) \quad (\lambda = 1, \dots m).$$

Setzt man den sich daraus ergebenden Werth $\frac{\partial f_\lambda}{\partial x_\alpha} = \sum_\mu G_\mu^{(\lambda)} a_\alpha^{(\mu)}$ in die Gleichung (β.) §. 15 ein, so erhält man

$$a_{\alpha\beta} = \sum_{\lambda,\mu} \left(G_\mu^{(\lambda)} a_\alpha^{(\mu)} \frac{\partial g_\lambda}{\partial x_\beta} - G_\mu^{(\lambda)} a_\beta^{(\mu)} \frac{\partial g_\lambda}{\partial x_\alpha} \right),$$

oder wenn man zur Abkürzung $\sum_\lambda G_\mu^{(\lambda)} \frac{\partial g_\lambda}{\partial x_\alpha} = b_\alpha^{(\mu)}$ setzt,

$$(26.)\qquad a_{\alpha\beta} = \sum_\mu (a_\alpha^{(\mu)} b_\beta^{(\mu)} - a_\beta^{(\mu)} b_\alpha^{(\mu)}).$$

Daraus folgt **erstens**, dass die bilineare Form

$$\sum_{\alpha,\beta} a_{\alpha\beta} u_\alpha v_\beta = \sum_\mu [(\sum_\alpha a_\alpha^{(\mu)} u_\alpha)(\sum_\beta b_\beta^{(\mu)} v_\beta) - (\sum_\beta a_\beta^{(\mu)} v_\beta)(\sum_\alpha b_\alpha^{(\mu)} u_\alpha)]$$

verschwindet, wenn man für die Variablen irgend zwei Lösungen der Gleichungen (10.) setzt.

Ist **zweitens** $B_1, \dots B_n$ irgend eine Lösung dieser Gleichungen, ist also

$$(\alpha.)\qquad a_1^{(\mu)} B_1 + \dots + a_n^{(\mu)} B_n = 0, \quad (\mu = 1, \dots m),$$

so ergiebt sich aus (26.) $\sum_\beta a_{\alpha\beta} B_\beta = \sum_\mu a_\alpha^{(\mu)} (\sum_\beta b_\beta^{(\mu)} B_\beta)$, oder wenn man

$\sum\limits_{\beta} b_{\beta}^{(\mu)} B_{\beta} = -B_{n+\mu}$ setzt.

$$(\beta.) \quad \sum_{\beta} a_{\alpha\beta} B_{\beta} + \sum_{\mu} a_{\alpha}^{(\mu)} B_{n+\mu} = 0. \quad (\alpha = 1, \dots n)$$

Aus den Gleichungen (β.) und (α.) lässt sich aber, wie in §. 9, schliessen, dass in der Determinante (24.) alle partialen Determinanten $(2m+1)^{\text{ten}}$ Grades verschwinden.

Der dritten Form der Integrabilitätsbedingungen wollen wir eine mehr symmetrische Gestalt geben. Seien $U_{\alpha}^{(\nu)}$ ($\alpha = 1, \dots n$; $\nu = 1, \dots n-m-2$) willkürliche Grössen und sei

$$\begin{vmatrix} a_1^{(1)} & \dots & a_n^{(1)} \\ \cdot & \cdot & \cdot \\ a_1^{(m)} & \dots & a_n^{(m)} \\ U_1^{(1)} & \dots & U_n^{(1)} \\ \cdot & \cdot & \cdot \\ U_1^{(n-m-2)} & \dots & U_n^{(n-m-2)} \\ U_1 & \dots & U_n \\ V_1 & \dots & V_n \end{vmatrix} = \sum A_{\alpha\beta} U_{\alpha} V_{\beta}.$$

Da diese Determinante verschwindet, wenn man $U_1, \dots U_n$ gleich $a_1^{(\mu)}, \dots a_n^{(\mu)}$ setzt, so ist identisch $\sum\limits_{\alpha,\beta} A_{\alpha\beta} a_{\alpha}^{(\mu)} V_{\beta} = 0$ und daher

$$\sum_{\alpha} A_{\alpha\beta} a_{\alpha}^{(\mu)} = 0 \quad \text{und ebenso} \quad \sum_{\beta} A_{\alpha\beta} a_{\beta}^{(\mu)} = 0.$$

Wenn man daher die Gleichung (26.) mit $A_{\alpha\beta}$ multiplicirt und nach α und β summirt, so erhält man

$$(25^*.) \quad \sum A_{\alpha\beta} a_{\alpha\beta} = 0.$$

Die linke Seite dieser Gleichung ist eine ganze Function der willkürlichen Grössen $U_{\alpha}^{(\nu)}$. Da ihre Coefficienten einzeln verschwinden müssen, so fasst die Gleichung (25*.) die sämmtlichen Gleichungen (25.) in eine zusammen.

Nach §. 3 kann man stets zwei Lösungen der Gleichungen (10.) so bestimmen, dass

$$A_{\alpha\beta} = A_{\alpha} B_{\beta} - A_{\beta} B_{\alpha}$$

ist, eine Bemerkung, mittelst deren sich die dritte Form der Integrabilitätsbedingungen unmittelbar auf die erste zurückführen lässt.

§. 18.

Eigenschaften vollständiger Systeme.

Die Gleichungen

$$(\alpha.)\qquad f_1 = \alpha_1, \quad \ldots \quad f_m = \alpha_m$$

sind m verschiedene Integrale des vollständigen Systems (21.), wenn $df_1, \ldots df_m$ m unabhängige lineare Verbindungen der Differentialausdrücke (21.) oder die letzteren m unabhängige Verbindungen der ersteren sind. Folglich verhalten sich die Determinanten m^{ten} Grades der Coefficienten $a_\alpha^{(\mu)}$, wie die entsprechenden Determinanten m^{ten} Grades der Ableitungen $\frac{\partial f_\mu}{\partial x_\alpha}$, und eine solche Determinante des einen Systems, z. B. $\Sigma \pm \frac{\partial f_1}{\partial x_1} \cdots \frac{\partial f_m}{\partial x_m}$, verschwindet oder nicht, je nachdem die entsprechende des andern $\Sigma \pm a_1^{(1)} \ldots a_m^{(m)}$ Null ist oder nicht. Ist ferner $k < m$, so ist eine aus den Elementen von irgend k Colonnen des einen der beiden Elementensysteme $a_\alpha^{(\mu)}$ oder $\frac{\partial f_\mu}{\partial x_\alpha}$ gebildete partiale Determinante k^{ten} Grades eine homogene lineare Verbindung derjenigen partialen Determinanten k^{ten} Grades, welche sich aus den entsprechenden k Colonnen des andern Systems bilden lassen. Es müssen also alle Determinanten k^{ten} Grades, die sich aus k Colonnen des einen Systems, etwa

$$(\beta.)\qquad \frac{\partial f_\mu}{\partial x_1} \cdots \frac{\partial f_\mu}{\partial x_k} \qquad (\mu = 1, \ldots m)$$

bilden lassen, verschwinden oder nicht, je nachdem alle Determinanten k^{ten} Grades, die sich aus den entsprechenden k Colonnen des andern Systems

$$(\gamma.)\qquad a_1^{(\mu)} \ldots a_k^{(\mu)} \qquad (\mu = 1, \ldots m)$$

bilden lassen, Null sind oder nicht.

Da die Functionen $f_1, \ldots f_m$ der Variablen $x_1, \ldots x_n$ unabhängig sind, so müssen sie auch, als Functionen gewisser m dieser Veränderlichen betrachtet, unabhängig sein. Nach solchen m Variablen lassen sich die Gleichungen (α.) auflösen. Es kann aber sein, dass es Gruppen von m Variablen giebt, in Bezug auf welche jene Functionen nicht unabhängig sind, es kann sogar der Fall eintreten, dass es Gruppen von k ($< m$) Variablen giebt, in Bezug auf welche keine k jener Functionen unabhängig sind, nach welchen sich also die Gleichungen (α.) nicht auflösen lassen. Eine solche Gruppe bilden $x_1, \dots x_k$ oder nicht, je nachdem in dem System (β.), und folglich auch in dem System (γ.), alle Determinanten k^{ten} Grades verschwinden oder nicht. m verschiedene Integrale (α.) der Differentialgleichungen (21.) lassen sich also nach $k(\leqq m)$ Variablen auflösen oder nicht, je nachdem sich die Differentialgleichungen nach den Differentialen dieser k Variablen auflösen lassen oder nicht.

Betrachten wir jetzt $m+k$ unabhängige Differentialgleichungen

$$(\delta.)\qquad b_1^{(\lambda)}dx_1+\cdots+b_{n+k}^{(\lambda)}dx_{n+k}=0\quad(\lambda=1,\dots m+k)$$

zwischen $n+k$ Variablen, die sich nach $dx_{n+1}, \dots dx_{n+k}$ auflösen lassen. Aus ihnen kann man durch Elimination dieser Differentiale genau m unabhängige Differentialgleichungen herleiten, welche $dx_{n+1}, \dots dx_{n+k}$ nicht enthalten. Wir wollen nun annehmen, dass sich aus (δ.) m verschiedene Differentialgleichungen zusammensetzen lassen, welche nicht nur von jenen Differentialen, sondern auch von den Variablen $x_{n+1}, \dots x_{n+k}$ selbst frei sind. Die Gleichungen (δ.) lassen sich dann durch $m+k$ Verbindungen von der Form

$$(\varepsilon.)\qquad a_1^{(\mu)}\;dx_1+\cdots+a_n^{(\mu)}\;dx_n=0\qquad(\mu=1,\dots m),$$

$$(\zeta.)\qquad a_1^{(m+\varkappa)}dx_1+\cdots+a_n^{(m+\varkappa)}dx_n=dx_{n+\varkappa}\quad(\varkappa=1,\dots k)$$

ersetzen, in denen die Coefficienten $a_\alpha^{(\mu)}$ die Variablen $x_{n+1}, \dots x_{n+k}$ nicht mehr enthalten. Ich behaupte nun, dass die m Differentialgleichungen (ε.) für sich ein vollständiges System bilden. Ist

$$a_1 dx_1+\cdots+a_n dx_n\;=\;0$$

irgend eine dieser Gleichungen oder eine von $x_{n+1}, \dots x_{n+k}$ freie lineare Verbindung derselben, so verschwindet ihre bilineare Covariante

$$W\;=\;\Sigma a_{\alpha\beta}u_\alpha v_\beta$$

für jedes Paar von Lösungen der $m+k$ linearen Gleichungen

$$(\eta.)\qquad a_1^{(\mu)}\;u_1+\cdots+a_n^{(\mu)}\;u_n=0\qquad(\mu=1,\dots m),$$

$$(\vartheta.)\qquad a_1^{(m+\varkappa)}u_1+\cdots+a_n^{(m+\varkappa)}u_n=u_{n+\varkappa}\quad(\varkappa=1,\dots k).$$

Nun kommen aber in W nur die ersten n Variablen jeder Reihe vor, und bei der Auflösung der $m+k$ Gleichungen kann man die Werthe der ersten n Unbekannten allein aus den m Gleichungen (η.) entnehmen, da sich aus

(ϑ.) stets passende zugehörige Werthe für $u_{n+1}, \dots u_{n+k}$ ergeben. Da also W für irgend zwei Lösungen der Gleichungen (η.) verschwindet, so bilden die m Differentialgleichungen (ε.) ein vollständiges System. Weil sie von $x_{n+1}, \dots x_{n+k}$ frei sind, brauchen auch ihre Integrale (α.) diese Variablen nicht zu enthalten.

Wenn sich aus einem vollständigen System von $m+k$ unabhängigen Differentialgleichungen m unabhängige Differentialgleichungen ableiten lassen, welche k Variable nicht enthalten, und wenn sich die gegebenen Differentialgleichungen nach den Differentialen dieser k Variablen auflösen lassen, so haben sie m verschiedene Integrale, welche diese k Variablen nicht enthalten.

Machen wir jetzt die weitere Annahme, dass die Coefficienten der Differentialgleichungen (ζ.) die Variablen $x_{n+1}, \dots x_{n+k}$ auch nicht enthalten, so lassen sich nach Integration der Differentialgleichungen (ε.) die Gleichungen (ζ.) einzeln durch Ausführung von Quadraturen integriren. Denn sei x irgend eine der Variablen $x_{n+1}, \dots x_{n+k}$ (oder eine lineare Verbindung derselben mit constanten Coefficienten) und sei

$$(\iota.)\qquad a_1 dx_1 + \cdots + a_n dx_n - dx = 0$$

irgend eine der Differentialgleichungen (ζ.) (oder eine Verbindung). Da (ε.) und (ζ.) zusammen ein vollständiges System bilden, so muss die bilineare Covariante von (ι.)

$$\Sigma a_{\alpha\beta} u_\alpha v_\beta,$$

in welcher die Veränderlichen $u_{n+1}, \dots u_{n+k}$; $v_{n+1}, \dots v_{n+k}$ nicht vorkommen, gleich Null sein, wenn für die Variablen irgend zwei Lösungen der Gleichungen (η.) und (ϑ.), oder, was dasselbe sagt, nur der Gleichungen (η.) gesetzt werden.

Sind $t_1, \dots t_{n-m}$ Functionen von $x_1, \dots x_n$, welche zusammen mit $f_1, \dots f_m$ n unabhängige Functionen von $x_1, \dots x_n$ bilden, so sind auch $x_1, \dots x_n$ Functionen von $t_1, \dots t_{n-m}, f_1, \dots f_m$. Bezeichnet man mit $x_\alpha^{(\nu)}$ das, was aus $\frac{\partial x_\alpha}{\partial t_\nu}$ wird, wenn man darin $x_1, \dots x_n$ als Variable einführt, so sind nach §. 14^a.*)

$$x_1^{(\nu)}, \quad \dots \quad x_n^{(\nu)} \quad (\nu = 1, \dots n-m)$$

$n-m$ Lösungen der Gleichungen (η.). Daher ist

$$\sum_{\alpha,\beta} a_{\alpha\beta} x_\alpha^{(\varrho)} x_\beta^{(\sigma)} = 0,$$

*) pag. 273; in der Ueberschrift des Paragraphen pag. 272 steht fälschlich §. 15 statt §. 14^a.

und folglich ist auch, wenn man $x_1, \dots x_n$ durch $t_1, \dots t_{n-m}, f_1, \dots f_m$ ausdrückt,

$$0 = \sum_{\alpha,\beta} a_{\alpha\beta} \frac{\partial x_\alpha}{\partial t_\varrho} \frac{\partial x_\beta}{\partial t_\sigma} = \frac{\partial}{\partial t_\sigma}\Big(\sum_\alpha a_\alpha \frac{\partial x_\alpha}{\partial t_\varrho}\Big) - \frac{\partial}{\partial t_\varrho}\Big(\sum_\alpha a_\alpha \frac{\partial x_\alpha}{\partial t_\sigma}\Big).$$

Mithin ist

$$\sum_\nu \Big(\sum_\alpha a_\alpha \frac{\partial x_\alpha}{\partial t_\nu}\Big) dt_\nu$$

das vollständige Differential einer Function $\psi(t_1, \dots t_{n-m}, f_1, \dots f_m) = \varphi(x_1, \dots x_n)$, falls bei der Differentiation $f_1, \dots f_m$ als Constante betrachtet werden, also gleich

$$\sum_\nu \frac{\partial \psi}{\partial t_\nu} dt_\nu = d\varphi - \sum_\mu \frac{\partial \psi}{\partial f_\mu} df_\mu,$$

und daher ist

$$a_1 dx_1 + \dots + a_n dx_n - dx = g_1 df_1 + \dots + g_m df_m + d(\varphi - x),$$

wo

$$g_\mu = \sum_\alpha a_\alpha \frac{\partial x_\alpha}{\partial f_\mu} - \frac{\partial \psi}{\partial f_\mu}$$

ist. Folglich ist $x - \varphi = \alpha$ ein Integral der Differentialgleichungen (δ.). Dasselbe wird nach Ermittlung der Integrale (α.) der Differentialgleichungen (ε.) durch eine Quadratur gefunden. (Vgl. *Natani,* dieses Journal, Bd. 58, S. 305.)

§. 19.

Beispiel eines vollständigen Systems.

Sind $a_1, \dots a_n$ irgend n Functionen von $x_1, \dots x_n$ und ist

$$a_{\alpha\beta} = \frac{\partial a_\alpha}{\partial x_\beta} - \frac{\partial a_\beta}{\partial x_\alpha},$$

so bilden die Differentialgleichungen

$$(27.) \qquad a_{\alpha 1} dx_1 + \dots + a_{\alpha n} dx_n = 0 \quad (\alpha = 1, \dots n)$$

ein vollständiges System.

Da dies für den Fall, dass die Determinante n^{ten} Grades $|a_{\alpha\beta}|$ von Null verschieden ist, sich von selbst versteht, so nehmen wir an, in derselben sei m der höchste Grad nicht verschwindender Unterdeterminanten. Dann enthält das System (27.) m unabhängige und $n-m$ überzählige Differentialgleichungen. Sind

$$A_1, \dots A_n;\ B_1, \dots B_n$$

irgend zwei Lösungen der linearen Gleichungen

$$(\alpha.) \qquad a_{\alpha 1} u_1 + \dots + a_{\alpha n} u_n = 0 \quad (\alpha = 1, \dots n),$$

so ergiebt sich durch Differentiation von

$$\sum_\beta a_{\alpha\beta} B_\beta = 0$$

nach x_γ die Gleichung

$$\sum_\beta \left(\frac{\partial a_{\alpha\beta}}{\partial x_\gamma} B_\beta + a_{\alpha\beta} \frac{\partial B_\beta}{\partial x_\gamma} \right) = 0.$$

Durch Multiplication mit A_α und Summation nach α erhält man daraus, weil

$$\sum_\alpha a_{\alpha\beta} A_\alpha = 0$$

ist, die Relation

$$\sum_{\alpha,\beta} \frac{\partial a_{\alpha\beta}}{\partial x_\gamma} A_\alpha B_\beta = 0,$$

welche mit Hülfe der Identität

$$\frac{\partial a_{\alpha\beta}}{\partial x_\gamma} + \frac{\partial a_{\beta\gamma}}{\partial x_\alpha} + \frac{\partial a_{\gamma\alpha}}{\partial x_\beta} = 0$$

auf die Form

$$\sum_{\alpha,\beta} \left(\frac{\partial a_{\gamma\alpha}}{\partial x_\beta} - \frac{\partial a_{\gamma\beta}}{\partial x_\alpha} \right) A_\alpha B_\beta = 0$$

gebracht werden kann. Die bilinearen Covarianten der Differentialgleichungen (27.)

$$W_\gamma = \sum_{\alpha,\beta} \left(\frac{\partial a_{\gamma\alpha}}{\partial x_\beta} - \frac{\partial a_{\gamma\beta}}{\partial x_\alpha} \right) u_\alpha v_\beta \quad (\gamma = 1, \dots n)$$

verschwinden also, wenn für die Variablen irgend zwei Lösungen der Gleichungen (α.) gesetzt werden, und folglich ist das System (27.) ein vollständiges.

Ueber die Beziehungen, in denen die Integrale der Differentialgleichungen (27.) zu der Differentialgleichung (22.) stehen, werden wir später handeln (§. 27).

§. 20.

Ueber unvollständige Systeme linearer Differentialgleichungen erster Ordnung.

Ich schliesse diesen Abschnitt mit einigen Bemerkungen über unvollständige Systeme totaler Differentialgleichungen. Nimmt man zu den Differentialgleichungen (21.), die den Integrabilitätsbedingungen nicht genügen mögen, noch $n-m-1$ Differentialgleichungen hinzu (am einfachsten ist es, die vollständigen Differentiale von $n-m-1$ willkürlichen Functionen gleich Null zu setzen), welche zusammen mit (21.) $n-1$ unabhängige Differentialgleichungen bilden, so ist das so erhaltene System ein vollständiges. Es kann aber sein, dass das System (21.) schon durch weniger als $n-m-1$ Gleichungen zu einem vollständigen ergänzt werden kann. Ist $r-m$ ($r \leqq n-1$) die kleinste Anzahl von Differentialgleichungen, welche dies leisten, so giebt es r Combinationen, $df_1, \dots df_r$ der m Differentialausdrücke (21.)

und der $r-m$ sie ergänzenden, welche vollständige Differentiale sind; folglich lassen sich auch umgekehrt die Differentialausdrücke (21.) aus $df_1, \dots df_r$ linear zusammensetzen

$$a_1^{(\mu)} dx_1 + \dots + a_n^{(\mu)} dx_n = g_1^{(\mu)} df_1 + \dots + g_r^{(\mu)} df_r,$$

und es ist klar, dass sie sich insgesammt nicht aus weniger vollständigen Differentialen zusammensetzen lassen. Die Aufgabe der Integration eines unvollständigen Systems besteht darin, die Integrale eines vollständigen Systems zu ermitteln, zu welchem jenes durch die möglich kleinste Anzahl von Gleichungen ergänzt ist *).

Die Differentialgleichungen (21.) verbunden mit $df_1 = 0, \dots df_r = 0$ bilden ein vollständiges System, welches r unabhängige und m überzählige Gleichungen enthält. Ist daher (22.) irgend einer der Differentialausdrücke (21.) oder eine lineare Verbindung derselben, und ist

$$a_{\alpha\beta} = \frac{\partial a_\alpha}{\partial x_\beta} - \frac{\partial a_\beta}{\partial x_\alpha},$$

so müssen nach (24*.) in der Determinante

$$(28.)\quad \begin{vmatrix} a_{11} & \dots & a_{1n} & a_1^{(1)} & \dots & a_1^{(m)} & \frac{\partial f_1}{\partial x_1} & \dots & \frac{\partial f_r}{\partial x_1} \\ \cdot & \cdot & \cdot & \cdot & \cdot & \cdot & \cdot & \cdot & \cdot \\ a_{n1} & \dots & a_{nn} & a_n^{(1)} & \dots & a_n^{(m)} & \frac{\partial f_1}{\partial x_n} & \dots & \frac{\partial f_r}{\partial x_n} \\ -a_1^{(1)} & \dots & -a_n^{(1)} & 0 & \dots & 0 & 0 & \dots & 0 \\ \cdot & \cdot & \cdot & \cdot & \cdot & \cdot & \cdot & \cdot & \cdot \\ -a_1^{(m)} & \dots & -a_n^{(m)} & 0 & \dots & 0 & 0 & \dots & 0 \\ -\frac{\partial f_1}{\partial x_1} & \dots & -\frac{\partial f_1}{\partial x_n} & 0 & \dots & 0 & 0 & \dots & 0 \\ \cdot & \cdot & \cdot & \cdot & \cdot & \cdot & \cdot & \cdot & \cdot \\ -\frac{\partial f_r}{\partial x_1} & \dots & -\frac{\partial f_r}{\partial x_n} & 0 & \dots & 0 & 0 & \dots & 0 \end{vmatrix}$$

alle partialen Determinanten $(2r+1)^{\text{ten}}$ Grades verschwinden **). Nimmt

---

*) Nach §. 13 heisst $f = \alpha$ ein Integral des (vollständigen oder unvollständigen) Systems (21.), wenn df eine lineare Combination der Differentialausdrücke (21.) ist. Die Integrale (in diesem Sinne) werden als simultane Lösungen der partiellen Differentialgleichungen (23.) gefunden. In einem anderen Sinne von Integralen des unvollständigen Systems (21.) zu sprechen, also etwa jede der Gleichungen $f_1 = \alpha_1, \dots f_r = \alpha_r$ *ein* Integral zu nennen, halte ich nicht für zweckmässig. Dagegen werde ich sagen, die Differentialgleichungen (21.) werden durch die endlichen Gleichungen $f_1 = \alpha_1, \dots f_r = \alpha_r$ integrirt.

**) Die bilinearen Covarianten der Differentialausdrücke (21.) verschwinden in diesem Fallè nur für je zwei von gewissen $n-r$ unabhängigen Lösungen der linearen Gleichungen (10.).

man also für (22.) die allgemeinste Combination der Differentialausdrücke (21.), und ist dann in der Determinante (24.), die eine partiale Determinante von (28.) ist, $2s$ der höchste Grad nicht verschwindender Unterdeterminanten, so kann r nicht kleiner als s sein. Für den Fall $m=1$ wird im folgenden Abschnitte bewiesen werden, dass r wirklich gleich s ist.

Wenn es umgekehrt möglich ist, r unabhängige Functionen $f_1, \dots f_r$ so zu bestimmen, dass in der Determinante (28.) alle partialen Determinanten $(2r+1)^{\text{ten}}$ Grades verschwinden, so sind auch die Hauptunterdeterminanten $(2r+2)^{\text{ten}}$ Grades Null, z. B. ist, wenn $\alpha, \beta, \dots \varepsilon$ irgend $r+1$ der Zahlen von 1 bis n bedeuten,

$$\begin{vmatrix} a_{\alpha\alpha} & \dots & a_{\alpha\varepsilon} & a_\alpha^{(\mu)} & \frac{\partial f_1}{\partial x_\alpha} & \dots & \frac{\partial f_r}{\partial x_\alpha} \\ \cdot & \cdot & \cdot & \cdot & \cdot & \cdot & \cdot \\ a_{\varepsilon\alpha} & \dots & a_{\varepsilon\varepsilon} & a_\varepsilon^{(\mu)} & \frac{\partial f_1}{\partial x_\varepsilon} & \dots & \frac{\partial f_r}{\partial x_\varepsilon} \\ -a_\alpha^{(\mu)} & \dots & -a_\varepsilon^{(\mu)} & 0 & 0 & \dots & 0 \\ -\frac{\partial f_1}{\partial x_\alpha} & \dots & -\frac{\partial f_1}{\partial x_\varepsilon} & 0 & 0 & \dots & 0 \\ \cdot & \cdot & \cdot & \cdot & \cdot & \cdot & \cdot \\ -\frac{\partial f_r}{\partial x_\alpha} & \dots & -\frac{\partial f_r}{\partial x_\varepsilon} & 0 & 0 & \dots & 0 \end{vmatrix} = \begin{vmatrix} a_\alpha^{(\mu)} & \dots & a_\varepsilon^{(\mu)} \\ \frac{\partial f_1}{\partial x_\alpha} & \dots & \frac{\partial f_1}{\partial x_\varepsilon} \\ \cdot & \cdot & \cdot \\ \frac{\partial f_r}{\partial x_\alpha} & \dots & \frac{\partial f_r}{\partial x_\varepsilon} \end{vmatrix}^2 = 0.$$

Es verschwinden also in dem Elementensysteme

$$\begin{matrix} a_1^{(\mu)} & \dots & a_n^{(\mu)} \\ \frac{\partial f_1}{\partial x_1} & \dots & \frac{\partial f_1}{\partial x_n} \\ \cdot & \cdot & \cdot \\ \frac{\partial f_r}{\partial x_1} & \dots & \frac{\partial f_r}{\partial x_n} \end{matrix}$$

alle Determinanten $(r+1)^{\text{ten}}$ Grades, und daher sind die $r+1$ Ausdrücke

$$\sum_\alpha a_\alpha^{(\mu)} dx_\alpha, \quad \sum_\alpha \frac{\partial f_1}{\partial x_\alpha} dx_\alpha, \quad \dots \quad \sum_\alpha \frac{\partial f_r}{\partial x_\alpha} dx_\alpha$$

nicht unabhängig. Da aber die r letzten es sind, so lässt sich der erste aus ihnen linear zusammensetzen *)

$$a_1^{(\mu)} dx_1 + \dots + a_n^{(\mu)} dx_n = g_1^{(\mu)} df_1 + \dots + g_r^{(\mu)} df_r.$$

*) Aus der Annahme, die unabhängigen Functionen $f_1, \dots f_r$ lassen sich so bestimmen, dass in der Determinante (28.) alle partialen Determinanten $(2r+1)^{\text{ten}}$ Grades verschwinden, würde sich diese Folgerung auch dann ziehen lassen, wenn das Zeichen $a_{\alpha\beta}$ nicht die oben vorausgesetzte Bedeutung hätte, sondern eine ganz willkürliche Grösse bezeichnete. Vgl. §. 23, Anm. II.

Ueber die Transformation linearer Differentialausdrücke erster Ordnung.

§. 21.

Die Invariante p.

Nach diesen Vorbereitungen wenden wir uns jetzt zu dem eigentlichen Gegenstande unserer Untersuchung, der Lösung des in §. 1 aufgestellten Problems. Dabei werde ich mich so wenig wie möglich auf die Entwickelungen in den §§. 6—11 stützen, und sie mehr als Parallele denn als Grundlage benutzen.

In §. 2 ist gezeigt, dass zwei Differentialausdrücke (4.) nur dann aequivalent sein können, wenn die Formen (7.) und (8.) aequivalent sind. Dazu ist aber nach §. 7 erforderlich, dass in der Determinante (15.) der bilinearen Covariante W des Differentialausdrucks (1.) der höchste Grad nicht verschwindender Unterdeterminanten m derselbe sei, wie in der Determinante der bilinearen Covariante W' des transformirten Differentialausdrucks (1*.) *).

Wenn der Differentialausdruck (1.) durch die Substitution (2.) in (1.*) übergeht, so verwandelt sich der Differentialausdruck $x_0 \Sigma a_\alpha dx_\alpha$ durch die nämliche Substitution, verbunden mit $x_0 = x'_0$, in $x'_0 \Sigma a'_\alpha dx'_\alpha$. Daher muss auch für die Determinante der bilinearen Covariante dieses Differentialausdrucks

$$\begin{vmatrix} x_0 a_{11} & \dots & x_0 a_{1n} & a_1 \\ \cdot & \dots & \cdot & \cdot \\ x_0 a_{n1} & \dots & x_0 a_{nn} & a_n \\ -a_1 & \dots & -a_n & 0 \end{vmatrix}$$

der höchste Grad nicht verschwindender Unterdeterminanten invariant sein, welches auch der Werth von x_0 sei. Da aber, wie leicht zu sehen, in jeder partialen Determinante eine Potenz von x_0 als Factor heraustritt, so genügt es, die unbestimmte Grösse $x_0 = 1$ zu setzen.

) Zunächst kann man zwar nur schliessen: Unter der Voraussetzung, dass die Variablen $x'_1, \dots x'_n$ mittelst der Gleichungen (2.) durch $x_1, \dots x_n$ ausgedrückt werden, verschwinden in der Determinante $\Sigma \pm a'_{11}, \dots a'_{nn}$ alle partialen Determinanten $(m+1)^{\text{ten}}$ Grades. Eine Function von n unabhängigen Veränderlichen aber, welche verschwindet, wenn für dieselben n neue unabhängige Veränderliche eingeführt werden, muss identisch Null sein.

Die beiden gefundenen Invarianten, die höchsten Grade der in (15.) und (16.) nicht verschwindenden Unterdeterminanten, lassen sich, wie in §. 7, durch eine, ihr arithmetisches Mittel p, ersetzen. Auch hier wird es sich zeigen, dass die Uebereinstimmung der Invariante p nicht nur eine nothwendige, sondern auch die hinreichende Bedingung für die Aequivalenz zweier Differentialausdrücke ist. Nennt man also die Gesammtheit der Differentialausdrücke, in die sich ein bestimmter transformiren lässt, eine *Klasse* von Differentialausdrücken, so können wir alle Ausdrücke von der Invariante p zur p^{ten} Klasse rechnen.

Auch hier wird sich die Nothwendigkeit herausstellen, die Differentialausdrücke von gerader und von ungerader Klasse getrennt zu behandeln. Die Kriterien, mittelst deren man diese beiden Fälle von einander unterscheiden kann, sind in §. 7 ausführlich entwickelt *). Um aber Wiederholungen zu vermeiden, werde ich zunächst die Differentialausdrücke gerader und ungerader Klasse zusammen betrachten, wenngleich die folgenden Untersuchungen nur für den Fall einer geraden Invariante zum Ziele führen.

§. 22.

Die zugehörigen partiellen Differentialgleichungen.

Ich setze voraus, dass in der alternirenden Determinante (16.) $m=2r$ der höchste Grad nicht verschwindender Unterdeterminanten ist. In der Determinante (15.) kann dann nach §. 7 dieser Grad nur einen der beiden Werthe $2r$ oder $2r-2$ haben. Im ersten Fall ist die Invariante p gerade $(2r)$, im anderen ungerade $(2r-1)$.

Wenn die Substitution (2.) gegeben ist, so kann man zu jeder Function $f(x_1, \dots x_n)$ die transformirte Function $f'(x'_1, \dots x'_n)$ berechnen. Umgekehrt kann man aber auch, falls man eine hinreichende Anzahl von Functionen f aufzufinden vermag, zu denen man ohne Kenntniss der Substitution (2.) die transformirten Functionen f' anzugeben im Stande ist, die Gleichungen $f=f'$ zur Ermittlung der Substitution (2.) benutzen. Zu solchen Functionen gelangt man durch folgende Ueberlegung.

Sind $z_1, \dots z_k$ Functionen von $x_1, \dots x_n$, welche durch die Substitution (2.) in $z'_1, \dots z'_k$ übergehen, so verwandelt sich der Differentialausdruck

*) Es sind also diese Kriterien an die Stelle der von *Clebsch* (Bd. 60, S. 218) angegebenen zu setzen, welche nach §. 4, Satz IV nicht richtig sein können.

$$x_0\Sigma a_\alpha dx_\alpha + x_{n+1}dz_1 + \cdots + x_{n+k}dz_k = \Sigma b_\gamma dx_\gamma$$

durch jene Substitution, verbunden mit

$$x_0 = x_0', \quad x_{n+\varkappa} = x_{n+\varkappa}' \quad (\varkappa = 1, \ldots k)$$

in

$$x_0'\Sigma a_\alpha' dx_\alpha' + x_{n+1}' dz_1' + \cdots + x_{n+k}' dz_k'.$$

Setzt man also

$$b_{\alpha\beta} = \frac{\partial b_\alpha}{\partial x_\beta} - \frac{\partial b_\beta}{\partial x_\alpha},$$

so muss in der Determinante

$$(\alpha.) \quad \Sigma \pm b_{00} b_{11} \ldots b_{nn} b_{n+1,n+1} \ldots b_{n+k,n+k}$$

der höchste Grad nicht verschwindender Unterdeterminanten invariant sein.

Nun ist aber, wenn α, β Zahlen von 1 bis n, und $\varkappa, \lambda$ Zahlen von 1 bis k bedeuten,

$$b_0 = 0, \; b_\alpha = x_0 a_\alpha + x_{n+1}\frac{\partial z_1}{\partial x_\alpha} + \cdots + x_{n+k}\frac{\partial z_k}{\partial x_\alpha}, \; b_{n+\varkappa} = 0,$$

und daher

$$(\beta.) \quad b_{\alpha\beta} = x_0 a_{\alpha\beta}, \; b_{\alpha 0} = a_\alpha, \; b_{\alpha,n+\lambda} = \frac{\partial z_\lambda}{\partial x_\alpha}, \; b_{n+\varkappa,0} = b_{n+\varkappa,n+\lambda} = 0.$$

Da folglich in jeder partialen Determinante von (α.) eine Potenz von x_0 als Factor heraustritt, so genügt es, $x_0 = 1$ zu setzen.

Es muss also in der Determinante

$$(\gamma.) \quad \begin{vmatrix} a_{11} & \cdots & a_{1n} & a_1 & \frac{\partial z_1}{\partial x_1} & \cdots & \frac{\partial z_k}{\partial x_1} \\ \cdot & \cdot & \cdot & \cdot & \cdot & \cdot & \cdot \\ a_{n1} & \cdots & a_{nn} & a_n & \frac{\partial z_1}{\partial x_n} & \cdots & \frac{\partial z_k}{\partial x_n} \\ -a_1 & \cdots & -a_n & 0 & 0 & \cdots & 0 \\ -\frac{\partial z_1}{\partial x_1} & \cdots & -\frac{\partial z_1}{\partial x_n} & 0 & 0 & \cdots & 0 \\ \cdot & \cdot & \cdot & \cdot & \cdot & \cdot & \cdot \\ -\frac{\partial z_k}{\partial x_1} & \cdots & -\frac{\partial z_k}{\partial x_n} & 0 & 0 & \cdots & 0 \end{vmatrix}$$

der höchste Grad nicht verschwindender Unterdeterminanten derselbe sein, wie in der aus dem transformirten System analog gebildeten Determinante. Sind $z_1, \ldots z_k$ ganz beliebige Functionen, so wird jener Grad im Allgemeinen eine gewisse Zahl l sein. Für specielle Functionen kann er aber auch kleiner als l sein, und dann ist er für die transformirten Functionen ebenfalls kleiner als l. Genügen also die Functionen $z_1, \dots z_k$ den partiellen Differentialgleichungen, welche ausdrücken, dass jener Grad kleiner als l ist, so genügen $z'_1, \dots z'_k$ partiellen Differentialgleichungen, deren Coefficienten aus den Grössen a'_α und ihren Ableitungen ebenso zusammengesetzt sind, wie die Coefficienten jener Differentialgleichungen aus den Grössen a_α und ihren Ableitungen. Die Anzahl dieser Gleichungen ist um so grösser, je kleiner in (γ.) der höchste Grad nicht verschwindender Unterdeterminanten ist. Da er nicht kleiner als m sein kann, so wollen wir möglichst viele unabhängige Functionen $z_1, \dots z_k$ so zu bestimmen suchen, dass jener Grad gleich m ist. Auf die nämliche Weise, wie in §. 8 ergiebt sich, dass die Anzahl solcher Functionen nicht grösser als r sein kann. Ich werde aber zeigen, dass sich stets r unabhängige Functionen den gestellten Bedingungen gemäss bestimmen lassen.

Wir wollen annehmen, es seien bereits k unabhängige Functionen $z_1, \dots z_k$ (wo $k < r$ ist und auch Null sein kann) so bestimmt, dass in der Determinante (γ.) alle partialen Determinanten $(m+1)^{\text{ten}}$ Grades verschwinden. Damit dann auch in der Determinante

$$(\delta.)\quad \begin{vmatrix} a_{11} & \dots & a_{1n} & a_1 & \frac{\partial z_1}{\partial x_1} & \dots & \frac{\partial z_k}{\partial x_1} & \frac{\partial z_{k+1}}{\partial x_1} \\ \cdot & \cdot & \cdot & \cdot & \cdot & \cdot & \cdot & \cdot \\ a_{n1} & \dots & a_{nn} & a_n & \frac{\partial z_1}{\partial x_n} & \dots & \frac{\partial z_k}{\partial x_n} & \frac{\partial z_{k+1}}{\partial x_n} \\ -a_1 & \dots & -a_n & 0 & 0 & \dots & 0 & 0 \\ -\frac{\partial z_1}{\partial x_1} & \dots & -\frac{\partial z_1}{\partial x_n} & 0 & 0 & \dots & 0 & 0 \\ \cdot & \cdot & \cdot & \cdot & \cdot & \cdot & \cdot & \cdot \\ -\frac{\partial z_k}{\partial x_1} & \dots & -\frac{\partial z_k}{\partial x_n} & 0 & 0 & \dots & 0 & 0 \\ -\frac{\partial z_{k+1}}{\partial x_1} & \dots & -\frac{\partial z_{k+1}}{\partial x_n} & 0 & 0 & \dots & 0 & 0 \end{vmatrix}$$

alle partialen Determinanten $(m+1)^{\text{ten}}$ Grades verschwinden, ist nach der Bemerkung am Ende des §. 5 nothwendig und hinreichend, dass $f = z_{k+1}$ den partiellen Differentialgleichungen genügt, welche man aus

$$(29.)\quad A_1 \frac{\partial f}{\partial x_1} + \dots + A_n \frac{\partial f}{\partial x_n} = 0$$

erhält, indem man für $A_1, \dots A_n$ alle Werthe setzt, die sich für die Unbekannten $u_1, \dots u_n$ aus den Gleichungen

$$(\varepsilon.)\quad\begin{cases} a_{\alpha 1}u_1+\cdots+a_{\alpha n}u_n+a_\alpha u+\dfrac{\partial z_1}{\partial x_\alpha}u_{n+1}+\cdots+\dfrac{\partial z_k}{\partial x_\alpha}u_{n+k}=0 & (\alpha=1,\dots n)\\ a_1\,u_1+\cdots+a_n\,u_n =0 & \\ \dfrac{\partial z_\varkappa}{\partial x_1}u_1+\cdots+\dfrac{\partial z_\varkappa}{\partial x_n}u_n =0 & (\varkappa=1,\dots k)\end{cases}$$

ergeben. Die linken Seiten dieser partiellen Differentialgleichungen, welche bei der hier betrachteten Transformation die Stelle der zugehörigen Formen vertreten, sollen die dem Differentialausdruck (1.) *zugehörigen partiellen Differentialausdrücke* heissen. Zufolge der letzten k Gleichungen (ε.) genügen den Differentialgleichungen (29.) die Functionen $z_1, \dots z_k$. Es fragt sich nun, 1) ob sie noch eine von $z_1, \dots z_k$ unabhängige Lösung z_{k+1} haben, und wenn dies der Fall ist, 2) ob man für z_{k+1} jede beliebige von $z_1, \dots z_k$ unabhängige Lösung nehmen kann*).

Um diese Fragen zu erledigen, betrachte ich das System totaler Differentialgleichungen

$$b_{\alpha 0}dx_0+b_{\alpha 1}dx_1+\cdots+b_{\alpha n}dx_n+b_{\alpha,n+1}dx_{n+1}+\cdots+b_{\alpha,n+k}dx_{n+k}=0$$
$$(\alpha=0,\ 1,\ \dots\ n,\ n+1,\ \dots\ n+k)$$

oder zufolge der Gleichungen (β.) das System (Vgl. *Natani*, dieses Journal Bd. 58, S. 319—321.)

$$(30.)\quad\begin{cases} x_0a_{\alpha 1}dx_1+\cdots+x_0a_{\alpha n}dx_n+a_\alpha\,dx_0+\dfrac{\partial z_1}{\partial x_\alpha}dx_{n+1}+\cdots+\dfrac{\partial z_k}{\partial x_\alpha}dx_{n+k}=0 & \\ \qquad \alpha=(1,\ \dots\ n) & \\ a_1dx_1+\cdots+\quad a_ndx_n =0 & \\ \dfrac{\partial z_\varkappa}{\partial x_1}dx_1+\cdots+\dfrac{\partial z_\varkappa}{\partial x_n}dx_n =0 & (\varkappa=1,\ \dots\ k).\end{cases}$$

Dasselbe ist nach §. 19 ein vollständiges und enthält, da in der Determinante (γ.) m der höchste Grad nicht verschwindender Unterdeterminanten ist, m unabhängige Gleichungen, hat also m verschiedene Integrale.

So lange $k<r$ ist, lassen sich die Differentialgleichungen (30.) nach $dx_0, dx_{n+1}, \dots dx_{n+k}$ auflösen. Denn sonst würden nach §. 18 in dem Elementensystem

$$(\zeta.)\quad a_\alpha,\ \frac{\partial z_1}{\partial x_\alpha},\ \dots\ \frac{\partial z_k}{\partial x_\alpha}\quad(\alpha=1,\ \dots\ n)$$

---

*) Das letztere kommt nur dann in Frage, wenn man nach z_{k+1} noch eine weitere Function z_{k+2} zu bestimmen hat. Denn die Coefficienten der Differentialgleichungen, denen z_{k+2} genügen muss, hängen von dem gewählten Werthe von z_{k+1} ab. Es wäre daher wohl möglich, dass die Differentialgleichungen zur Bestimmung von z_{k+2} nur für specielle Werthe von z_{k+1} eine von $z_1, \dots z_{k+1}$ unabhängige simultane Lösung hätten.

die Determinanten $(k+1)^{\text{ten}}$ Grades verschwinden. Die Ausdrücke

$$\Sigma a_\alpha dx_\alpha, \quad \Sigma \frac{\partial z_1}{\partial x_\alpha} dx_\alpha, \quad \dots \quad \Sigma \frac{\partial z_k}{\partial x_\alpha}$$

würden also nicht unabhängig sein, und da die letzten k es sind, so würden sich die Multiplicatoren $Z_1, \dots Z_k$ so bestimmen lassen, dass

$$(\eta.) \qquad \Sigma a dx = Z_1 dz_1 + \dots + Z_k dz_k$$

wäre. Dies erfordert aber, wie in §. 24 nachgewiesen werden wird, dass in der Determinante (16.) alle partialen Determinanten $(2k+1)^{\text{ten}}$ Grades verschwinden, ist also unmöglich, so lange $k<r$ ist.

Da in der Determinante (16.) m der höchste Grad nicht verschwindender Unterdeterminanten ist, so befinden sich bereits unter den ersten $n+1$ der Differentialgleichungen (30.) m unabhängige, aus denen alle andern linear zusammengesetzt sind. Aus diesen lassen sich $m-k-1$ unabhängige Differentialgleichungen herleiten, welche die $k+1$ Variablen $x_0, x_{n+1}, \dots x_{n+k}$ nicht enthalten. Denn die $k+1$ Gleichungen

$$a_1 v_1 + \dots + a_n v_n = 0$$
$$\frac{\partial z_\varkappa}{\partial x_1} v_1 + \dots + \frac{\partial z_\varkappa}{\partial x_n} v_n = 0 \quad (\varkappa = 1, \dots k)$$

sind, wie eben gezeigt, unter einander unabhängig, haben daher $n-k-1$ verschiedene Lösungen

$$B_1^{(\varrho)} \quad \dots \quad B_n^{(\varrho)} \quad (\varrho = 1, \dots n-k-1),$$

welche die Grössen $x_0, x_{n+1}, \dots x_{n+k}$ nicht enthalten brauchen und sollen. Da die Determinanten $(n-k-1)^{\text{ten}}$ Grades der Grösseu $B_\alpha^{(\varrho)}$ nicht alle verschwinden, so kann man die Grössen

$$B_1^{(\sigma)} \quad \dots \quad B_n^{(\sigma)} \quad (\sigma = n-k, \dots n)$$

so wählen, dass die Determinante n^{ten} Grades $|B_\alpha^{(\beta)}|$ von Null verschieden ist. Multiplicirt man nun die n ersten Gleichungen (30.) der Reihe nach mit

$$B_1^{(\beta)} \quad \dots \quad B_n^{(\beta)}, \quad (\beta = 1, \dots n-k-1, n-k, \dots n),$$

so erhält man n Gleichungen von der Form

$$(\vartheta.) \qquad c_{\varrho 1} dx_1 + \dots + c_{\varrho n} dx_n = 0 \quad (\varrho = 1, \dots n-k-1),$$

$$(\iota.) \qquad \begin{cases} c_{\sigma 1} dx_1 + \dots + c_{\sigma n} dx_n + c_\sigma dx_\sigma + c_{\sigma, n+1} dx_{n+1} + \dots + c_{\sigma, n+k} dx_{n+k} = 0 \\ \qquad\qquad (\sigma = n-k, \dots n), \end{cases}$$

welche verbunden mit

$$(\varkappa.) \qquad a_1 dx_1 + \dots + a_n dx_n = 0$$

die ersten $n+1$ Gleichungen (30.) vollständig ersetzen, da sich auch umgekehrt diese aus jenen linear zusammensetzen lassen. Unter den Gleichungen (ϑ.), (ι.) und ($\varkappa$.) sind daher ebenso viele unabhängig, wie unter den ersten $n+1$ Gleichungen (30.), also m. Lässt man nun die $k+1$ Gleichungen (ι.) weg, so sind unter den übrigen Gleichungen (ϑ.) und ($\varkappa$.), die von x_0, x_{n+1}, ... x_{n+k} frei sind, noch mindestens $m-k-1$ unabhängig.

Wenn sich aber aus einem vollständigen Systeme von m unabhängigen Differentialgleichungen $m-(k+1)$ unabhängige Differentialgleichungen ableiten lassen, welche $k+1$ Variable nicht enthalten, und wenn sich die gegebenen Differentialgleichungen nach den Differentialen dieser $k+1$ Variablen auflösen lassen, so haben sie $m-k-1$ verschiedene Integrale, welche diese $k+1$ Variablen nicht enthalten (§. 18). Ist nun $f=\alpha$ irgend ein Integral der totalen Differentialgleichungen (30.), so ist f eine Lösung der partiellen Differentialgleichungen, die man aus

$$\frac{A_1}{x_0}\frac{\partial f}{\partial x_1}+\cdots+\frac{A_n}{x_0}\frac{\partial f}{\partial x_n}+A\frac{\partial f}{\partial x_0}+A_{n+1}\frac{\partial f}{\partial x_{n+1}}+\cdots+A_{n+k}\frac{\partial f}{\partial x_{n+k}} = 0$$

erhält, indem man für

$$A_1, \quad \ldots \quad A_n, \quad A, \quad A_{n+1}, \quad \ldots \quad A_{n+k}$$

der Reihe nach alle verschiedenen Lösungen der Gleichungen

$$x_0 a_{\alpha 1}\frac{u_1}{x_0}+\cdots+x_0 a_{\alpha n}\frac{u_n}{x_0}+a_\alpha u+\frac{\partial z_1}{\partial x_\alpha}u_{n+1}+\cdots+\frac{\partial z_k}{\partial x_\alpha}u_{n+k} = 0 \quad (\alpha=1, \ldots n),$$

$$a_1\frac{u_1}{x_0}+\cdots+a_n\frac{u_n}{x_0} = 0,$$

$$\frac{\partial z_\varkappa}{\partial x_1}\frac{u_1}{x_0}+\cdots+\frac{\partial z_\varkappa}{\partial x_n}\frac{u_n}{x_0} = 0 \quad (\varkappa=1, \ldots k),$$

d. h. der Gleichungen (ε.), setzt (§. 13). Ist f von x_0, x_{n+1}, ... x_{n+k} unabhängig, ist also

$$\frac{\partial f}{\partial x_0} = 0, \quad \frac{\partial f}{\partial x_{n+1}} = 0, \quad \ldots \quad \frac{\partial f}{\partial x_{n+k}} = 0,$$

so genügt f den partiellen Differentialgleichungen (29.). Dieselben haben folglich $m-k-1$ verschiedene Lösungen *).

---

*) Für den Fall, dass $m=n+1$ ist, also dass n ungerade und die Determinante (16.) von Null verschieden ist, verschwindet für $k=0$ die Determinante (δ.) identisch, und daher bleibt z_1 ganz willkürlich. Dies ist aber auch der *einzige* Fall, in welchem eine der Functionen z_ϱ völlig unbestimmt bleibt. Dass dieser Fall insofern als ein singulärer zu betrachten ist, hat schon *Clebsch* (dieses Journal Bd. 60, S. 228) bemerkt.

Die Gleichungen (ε.), unter denen m unabhängig sind, haben $n+1+k-m$ verschiedene Lösungen. In denselben sind auch die Werthe von $u_1, \dots u_n$ unabhängig, da sonst (§. 3.) in dem Elementensystem (ζ.) die Determinanten $(k+1)^{\text{ten}}$ Grades verschwinden würden. Die Anzahl der Differentialgleichungen (29.) beträgt daher $n+1+k-m$. Da sie $n-(n+1+k-m) = m-k-1$ Lösungen haben, so bilden sie ein vollständiges System. Sie werden, wie schon oben bemerkt, durch die Functionen $z_1, \dots z_k$ befriedigt. Sie haben daher $m-2k-1$ von diesen und von einander unabhängige Lösungen, also mindestens eine, so lange $k<r$ ist.

Bei diesem Beweise wurde über die Functionen $z_1, \dots z_k$ weiter nichts vorausgesetzt, als dass sie unabhängig sind, und dass in der Determinante (γ.) alle partialen Determinanten $(m+1)^{\text{ten}}$ Grades verschwinden. Daher kann man für z_{k+1} eine ganz beliebige jener $m-2k-1$ Lösungen nehmen. Dann sind $z_1, \dots z_{k+1}$ unabhängig, und in der Determinante (δ.) verschwinden alle partialen Determinanten $(m+1)^{\text{ten}}$ Grades. Folglich bilden, falls $k+1<r$ ist, die den Differentialgleichungen (29.) analogen partiellen Differentialgleichungen, denen z_{k+2} genügen muss, wieder ein vollständiges System und haben eine von $z_1, \dots z_{k+1}$ unabhängige Lösung.

§. 23.

Die reducirte Form der Differentialausdrücke erster Ordnung.

Damit ist der Beweis geführt, dass sich r unabhängige Functionen $z_1, \dots z_r$ so bestimmen lassen, dass in der Determinante

$$(31.)\quad \begin{vmatrix} a_{11} & \dots & a_{1n} & a_1 & \frac{\partial z_1}{\partial x_1} & \dots & \frac{\partial z_r}{\partial x_1} \\ \cdot & \cdot & \cdot & \cdot & \cdot & \cdot & \cdot \\ a_{n1} & \dots & a_{nn} & a_n & \frac{\partial z_1}{\partial x_n} & \dots & \frac{\partial z_r}{\partial x_n} \\ -a_1 & \dots & -a_n & 0 & 0 & \dots & 0 \\ -\frac{\partial z_1}{\partial x_1} & \dots & -\frac{\partial z_1}{\partial x_n} & 0 & 0 & \dots & 0 \\ \cdot & \cdot & \cdot & \cdot & \cdot & \cdot & \cdot \\ -\frac{\partial z_r}{\partial x_1} & \dots & -\frac{\partial z_r}{\partial x_n} & 0 & 0 & \dots & 0 \end{vmatrix}$$

alle partialen Determinanten $(m+1)^{\text{ten}}$ Grades verschwinden (S. unten Anm. I). Daher sind auch die Hauptunterdeterminanten $(m+2)^{\text{ten}}$ Grades Null: z. B. ist, wenn $\alpha, \beta \dots \varepsilon$ irgend $r+1$ verschiedene Zahlen von 1 bis n sind:

$$\begin{vmatrix} a_{\alpha\alpha} & \dots & a_{\alpha\varepsilon} & a_\alpha & \frac{\partial z_1}{\partial x_\alpha} & \dots & \frac{\partial z_r}{\partial x_\alpha} \\ \cdot & \cdot & \cdot & \cdot & \cdot & \cdot & \cdot \\ a_{\varepsilon\alpha} & \dots & a_{\varepsilon\varepsilon} & a_\varepsilon & \frac{\partial z_1}{\partial x_\varepsilon} & \dots & \frac{\partial z_r}{\partial x_\varepsilon} \\ -a_\alpha & \dots & -a_\varepsilon & 0 & 0 & \dots & 0 \\ -\frac{\partial z_1}{\partial x_\alpha} & \dots & -\frac{\partial z_1}{\partial x_\varepsilon} & 0 & 0 & \dots & 0 \\ \cdot & \cdot & \cdot & \cdot & \cdot & \cdot & \cdot \\ -\frac{\partial z_r}{\partial x_\alpha} & \dots & -\frac{\partial z_r}{\partial x_\varepsilon} & 0 & 0 & \dots & 0 \end{vmatrix} = \begin{vmatrix} a_\alpha & \dots & a_\varepsilon \\ \frac{\partial z_1}{\partial x_\alpha} & \dots & \frac{\partial z_1}{\partial x_\varepsilon} \\ \cdot & \cdot & \cdot \\ \frac{\partial z_r}{\partial x_\alpha} & \dots & \frac{\partial z_r}{\partial x_\varepsilon} \end{vmatrix}^2 = 0.$$

Es verschwinden also alle Determinanten $(r+1)^{\text{ten}}$ Grades des Systems (S. unten Anm. II)

$$(\alpha.)' \quad \left\{ \begin{matrix} a_1 & \dots & a_n \\ \frac{\partial z_1}{\partial x_1} & \dots & \frac{\partial z_1}{\partial x_n} \\ \cdot & \cdot & \cdot \\ \frac{\partial z_r}{\partial x_1} & \dots & \frac{\partial z_r}{\partial x_n} \end{matrix} \right.$$

und folglich sind die $r+1$ Ausdrücke

$$a_1 dx_1 + \dots + a_n dx_n = \Sigma a\, dx$$

$$\frac{\partial z_\varrho}{\partial x_1} dx_1 + \dots + \frac{\partial z_\varrho}{\partial x_n} dx_n = dz_\varrho \quad (\varrho = 1, \dots r)$$

nicht unabhängig. Da aber die r letzten es sind, so lassen sich (und zwar nur durch Auflösung linearer Gleichungen) die Multiplicatoren $z_{r+1}, \dots z_{2r}$ so bestimmen, dass

$$(32.) \qquad \Sigma a\, dx = z_{r+1} dz_1 + \dots + z_{2r} dz_r$$

ist. Die Functionen $z_1, \dots z_r$, mit deren Hülfe wir die Substitution (2.) abzuleiten gedachten, haben uns also zunächst zu einer eigenthümlichen Umgestaltung des Differentialausdrucks (1.) geführt. Ehe wir daraus weitere Folgerungen ziehen, wollen wir das gefundene Resultat umkehren.

Anm. I. Wenn es sich um die Integration der Differentialgleichung $\Sigma a dx = 0$ handelt, so scheinen mir die beiden folgenden Wege, der eine analytischer, der andere algebraischer Natur, die einfachsten zu sein.

Nach §. 20 besteht die Integration dieser Differentialgleichung darin, dass sie durch die möglich kleinste Anzahl von Gleichungen zu einem vollständigen System ergänzt, und dieses integrirt wird. Sind $z_1 = \gamma_1, \dots z_r = \gamma_r$ die Integrale eines solchen vollständigen Systems, so sind $z_1, \dots z_r$ so zu bestimmen, dass in der Determinante (28.), welche für den Fall *einer* Differentialgleichung in (31.) übergeht, alle partialen Determinanten $(2r+1)^{\text{ten}}$ Grades verschwinden. Dass dies möglich ist, falls $2r$ den höchsten Grad nicht verschwindender Unterdeterminanten in (16.) bedeutet, ist in §. 22 nachgewiesen.

Oder noch einfacher: Die gegebene Differentialgleichung integriren heisst, die kleinste Anzahl vollständiger Differentiale $dz_1, \dots dz_r$ angeben, welche verschwinden müssen, damit $\Sigma a\,dx = 0$ ist. Bedeuten d und δ Differentiale nach zwei Richtungen, so sind also

$$\left.\begin{aligned} \frac{\partial z_\varrho}{\partial x_1} dx_1 + \dots + \frac{\partial z_\varrho}{\partial x_n} dx_n = 0 \\ \frac{\partial z_\varrho}{\partial x_1} \delta x_1 + \dots + \frac{\partial z_\varrho}{\partial x_n} \delta x_n = 0 \end{aligned}\right\} \qquad (\varrho = 1, \dots r)$$

die kleinste Anzahl congruenter linearer Relationen, (deren linke Seiten vollständige Differentiale sind) die zwischen den Differentialen der unabhängigen Veränderlichen bestehen müssen, damit

$$\Sigma a\,dx = 0, \quad \Sigma a\,\delta x = 0$$

und daher auch

$$\delta \Sigma (a\,dx) - d(\Sigma a\,\delta x) = \Sigma a_{\alpha\beta}\, dx_\alpha \,\delta x_\beta = 0$$

ist. Die allgemeinste *algebraische* Lösung dieser Aufgabe (bei der von der Bedingung abgesehen ist, dass die linken Seiten jener Relationen vollständige Differentiale sein sollen) ist in §. 9 entwickelt. Sie kommt auf die Auflösung einer Anzahl linearer Gleichungen (§. 8, (ϑ.)) zurück. Es ist nun merkwürdig, dass sie zugleich die analytische Lösung des *Pfaff*schen Problems in sich schliesst, d. h. dass die partiellen Differentialgleichungen (29.), welche an die Stelle jener algebraischen Gleichungen treten, sämmtlich vollständige Systeme bilden, wie in §. 22 gezeigt ist. Unterlässt man diesen Nachweis, so löst man also nicht das *Pfaff*sche Problem, sondern eine damit verwandte algebraische Aufgabe.

Anm. II. *Clebsch* beweist (dieses Journal Bd. 61, S. 151.) diesen Satz für den Fall $m = n$ durch Multiplication dreier Determinanten und legt grosses Gewicht auf seinen Beweis. Wie man aber sieht, ist jene Multiplication ganz unnöthig.

Uebrigens lässt sich auch die Bemerkung, welche *Clebsch* (dieses

Journal Bd. 61, S. 165) für $m = n$ macht, auf beliebige Werthe von m ausdehnen. Seien $c_{\alpha\beta}$ irgend n^2 Grössen, die der Bedingung genügen, dass in der Determinante

$$\begin{vmatrix} c_{11} & \dots & c_{1n} & a_1 \\ \cdot & \cdot & \cdot & \cdot \\ c_{n1} & \dots & c_{nn} & a_n \\ a_1 & \dots & a_n & 0 \end{vmatrix}$$

m der höchste Grad nicht verschwindender Unterdeterminanten ist, und sei M eine von Null verschiedene partiale Determinante m^{ten} Grades. Es möge ferner möglich sein, $r\left(\geqq \frac{m-1}{2}\right)$ unabhängige Functionen $z_1, \dots z_r$ so zu bestimmen, dass in der Determinante C, die man aus (31.) durch Ersetzung von $a_{\alpha\beta}$ durch $c_{\alpha\beta}$ erhält, alle diejenigen partialen Determinanten $(m+1)^{\text{ten}}$ Grades verschwinden, deren Elemente man erhält, indem man zu denen von M die irgend einer Zeile und Colonne von C hinzusetzt. Nach dem in §. 4 citirten Satze des Herrn *Kronecker* verschwinden dann alle partialen Determinanten $(m+1)^{\text{ten}}$ Grades, also auch die $(2r+2)^{\text{ten}}$ Grades. Daraus folgt dann, wie oben, dass in dem System $(\alpha.)$ alle Determinanten $(r+1)^{\text{ten}}$ Grades verschwinden.

Die hier mit $c_{\alpha\beta}$ bezeichneten Grössen sind für den Fall $m = n$ nicht mit denen identisch, die *Clebsch* l. c. mit $b_{\alpha\beta}$ bezeichnet, sondern sind die Elemente des adjungirten Systems. (*Baltzer*, Det. §. 6.)

§. 24.

Allgemeinste Transformation eines Differentialausdrucks in die reducirte Form.

Seien $z_1, \dots z_m$ irgend $m = 2r$ Functionen von $x_1, \dots x_n$, die nicht unabhängig zu sein brauchen, und sei

$$\sum_{\varrho}{}_1^r z_{r+\varrho}\, dz_\varrho = \sum_{\alpha}{}_1^n a_\alpha dx_\alpha,$$

also

$$a_\alpha = \sum_{\varrho} z_{r+\varrho} \frac{\partial z_\varrho}{\partial x_\alpha}$$

und daher

$$a_{\alpha\beta} = \frac{\partial a_\alpha}{\partial x_\beta} - \frac{\partial a_\beta}{\partial x_\alpha} = \sum_{\varrho} \left(\frac{\partial z_\varrho}{\partial x_\alpha} \frac{\partial z_{r+\varrho}}{\partial x_\beta} - \frac{\partial z_{r+\varrho}}{\partial x_\alpha} \frac{\partial z_\varrho}{\partial x_\beta} \right).$$

Durch Zusammensetzung der beiden Elementensysteme

$$\begin{array}{cccccc}
\frac{\partial z_1}{\partial x_1} & \dots & \frac{\partial z_r}{\partial x_1} & \frac{\partial z_{r+1}}{\partial x_1} & \dots & \frac{\partial z_{2r}}{\partial x_1} \\
\cdot & \cdot & \cdot & \cdot & \cdot & \cdot \\
\frac{\partial z_1}{\partial x_n} & \dots & \frac{\partial z_r}{\partial x_n} & \frac{\partial z_{r+1}}{\partial x_n} & \dots & \frac{\partial z_{2r}}{\partial x_n} \\
0 & \dots & 0 & z_{r+1} & \dots & z_{2r} \\
0 & \dots & 0 & 1 & \dots & 0 \\
\cdot & \cdot & \cdot & \cdot & \cdot & \cdot \\
0 & \dots & 0 & 0 & \dots & 1 \\
-1 & \dots & 0 & 0 & \dots & 0 \\
\cdot & \cdot & \cdot & \cdot & \cdot & \cdot \\
0 & \dots & -1 & 0 & \dots & 0
\end{array}
\qquad
\begin{array}{cccccc}
\frac{\partial z_{r+1}}{\partial x_1} & \dots & \frac{\partial z_{2r}}{\partial x_1} & -\frac{\partial z_1}{\partial x_1} & \dots & -\frac{\partial z_r}{\partial x_1} \\
\cdot & \cdot & \cdot & \cdot & \cdot & \cdot \\
\frac{\partial z_{r+1}}{\partial x_n} & \dots & \frac{\partial z_{2r}}{\partial x_n} & -\frac{\partial z_1}{\partial x_n} & \dots & -\frac{\partial z_r}{\partial x_n} \\
z_{r+1} & \dots & z_{2r} & 0 & \dots & 0 \\
1 & \dots & 0 & 0 & \dots & 0 \\
\cdot & \cdot & \cdot & \cdot & \cdot & \cdot \\
0 & \dots & 1 & 0 & \dots & 0 \\
0 & \dots & 0 & 1 & \dots & 0 \\
\cdot & \cdot & \cdot & \cdot & \cdot & \cdot \\
0 & \dots & 0 & 0 & \dots & 1
\end{array}$$

erhält man daher die Determinante

$$(33.)\quad \left|\begin{array}{cccccccccc}
a_{11} & \dots & a_{1n} & a_1 & \frac{\partial z_1}{\partial x_1} & \dots & \frac{\partial z_r}{\partial x_1} & \frac{\partial z_{r+1}}{\partial x_1} & \dots & \frac{\partial z_{2r}}{\partial x_1} \\
\cdot & \cdot & \cdot & \cdot & \cdot & \cdot & \cdot & \cdot & \cdot & \cdot \\
a_{n1} & \dots & a_{nn} & a_n & \frac{\partial z_1}{\partial x_n} & \dots & \frac{\partial z_r}{\partial x_n} & \frac{\partial z_{r+1}}{\partial x_n} & \dots & \frac{\partial z_{2r}}{\partial x_n} \\
-a_1 & \dots & -a_n & 0 & 0 & \dots & 0 & z_{r+1} & \dots & z_{2r} \\
-\frac{\partial z_1}{\partial x_1} & \dots & -\frac{\partial z_1}{\partial x_n} & 0 & 0 & \dots & 0 & 1 & \dots & 0 \\
\cdot & \cdot & \cdot & \cdot & \cdot & \cdot & \cdot & \cdot & \cdot & \cdot \\
-\frac{\partial z_r}{\partial x_1} & \dots & -\frac{\partial z_r}{\partial x_n} & 0 & 0 & \dots & 0 & 0 & \dots & 1 \\
-\frac{\partial z_{r+1}}{\partial x_1} & \dots & -\frac{\partial z_{r+1}}{\partial x_n} & -z_{r+1} & -1 & \dots & 0 & 0 & \dots & 0 \\
\cdot & \cdot & \cdot & \cdot & \cdot & \cdot & \cdot & \cdot & \cdot & \cdot \\
-\frac{\partial z_{2r}}{\partial x_1} & \dots & -\frac{\partial z_{2r}}{\partial x_n} & -z_{2r} & 0 & \dots & -1 & 0 & \dots & 0
\end{array}\right|.$$

Da von jenen beiden Elementensystemen jedes nur m Colonnen enthält, so müssen in dieser Determinante alle partialen Determinanten $(m+1)^{\text{ten}}$ Grades verschwinden. Daraus ergeben sich die partiellen Differentialgleichungen für $z_{r+1}, \dots z_{2r}$, welche für den Fall $m=n$ von *Clebsch*, dieses Journal Bd. 61, S. 150, angegeben sind. Ferner zeigt sich, dass, wenn in der Determinante (16.), einer Unterdeterminante von (33.), nicht alle partialen Determinanten $(2r+1)^{\text{ten}}$ Grades verschwinden, der Ausdruck (1.) nicht auf die Gestalt (32.) gebracht werden kann, ein Resultat, von dem bereits in §. 22 (Formel η.) Gebrauch gemacht wurde. Endlich folgt, dass, wie auch der Differentialausdruck (1.) auf die Gestalt (32.) gebracht sei, immer $z_1, \dots z_r$

so bestimmt werden müssen, dass in der Determinante (31.), einer Unterdeterminante von (33.), alle partialen Determinanten $(m+1)^{\text{ten}}$ Grades verschwinden. Durch das in §. 22 gelehrte Verfahren werden also *alle* Functionen $z_1, \dots z_r$ gefunden, mittelst deren der Differentialausdruck (1.) auf die Gestalt (32.) reducirt werden kann.

§. 25.

Die Aequivalenz der Differentialausdrücke von gerader Invariante $p = 2r$.

Wir haben den bisherigen Untersuchungen die Annahme zu Grunde gelegt, dass in der Determinante (16.) der höchste Grad nicht verschwindender Unterdeterminanten $m = 2r$ ist. Unter dieser Voraussetzung ist die Invariante p des Differentialausdrucks (1.) entweder $2r$ oder $2r-1$. Diese beiden Fälle wollen wir jetzt genauer discutiren.

Ist $p = m = 2r$, so sind in der Determinante (15.) die partialen Determinanten $2r^{\text{ten}}$ Grades nicht alle Null. Da dieselbe durch Zusammensetzung der beiden Systeme

$$(\alpha.) \quad \frac{\partial z_1}{\partial x_\alpha} \cdots \frac{\partial z_r}{\partial x_\alpha} \quad \frac{\partial z_{r+1}}{\partial x_\alpha} \quad \cdots \quad \frac{\partial z_{2r}}{\partial x_\alpha} \quad (\alpha = 1, \dots n)$$

und

$$\frac{\partial z_{r+1}}{\partial x_\beta} \cdots \frac{\partial z_{2r}}{\partial x_\beta} - \frac{\partial z_1}{\partial x_\beta} \quad \cdots - \frac{\partial z_r}{\partial x_\beta} \quad (\beta = 1, \dots n)$$

entsteht (Vgl. *Clebsch*, Bd. 60, S. 203), so können in keinem derselben alle Determinanten $2r^{\text{ten}}$ Grades verschwinden, und folglich sind die $2r$ Functionen $z_1, \dots z_m$ unabhängig.

Hat nun der Differentialausdruck (1*.) ebenfalls die Invariante $p = 2r$, so muss er sich in derselben Weise, in der sich (1.) auf die Form

$$(32.) \qquad \Sigma a dx = \sum_{\varrho}{}_1^r z_{r+\varrho} dz_\varrho$$

bringen lässt, auf die Gestalt

$$(32^*.) \qquad \Sigma a' dx' = \sum_{\varrho} z'_{r+\varrho} dz'_\varrho$$

reduciren lassen, wo $z'_1, \dots z'_m$ ebenso wie $z_1, \dots z_m$ unter einander unabhängig sind. Die Substitution

$$(34.) \qquad z_\mu = z'_\mu \quad (\mu = 1, \dots m),$$

durch welche weder die Veränderlichkeit von $x_1, \dots x_n$ noch die von $x'_1, \dots x'_n$ beschränkt wird, führt also die beiden Differentialausdrücke (1.) und (1*.) in einander über. Die Uebereinstimmung der Invariante $p = 2r$

ist also die hinreichende Aequivalenzbedingung. Sind $z_1, \ldots z_m$ unabhängige Veränderliche, so ist demnach der Ausdruck

$$(35.)\qquad z_{r+1}dz_1+\cdots+z_{2r}dz_r,$$

in welchen sich alle Differentialausdrücke der Invariante $2r$ transformiren lassen, eine ***reducirte Form*** (im Sinne der Zahlentheorie), insofern er die Aequivalenz aller Formen der Invariante $2r$ in Evidenz setzt, und darf daher mit Recht als ***Repräsentant*** der Differentialausdrücke $2r^{\text{ter}}$ Klasse hingestellt werden.

Bringt man (1*.) in einer bestimmten und (1.) in der allgemeinsten Weise auf die reducirte Form, so stellen die Gleichungen (34.) die allgemeinste Transformation*) der beiden aequivalenten Differentialausdrücke in einander dar, was sich auf die nämliche Weise, wie in §. 11 beweisen lässt. Jede Substitution, welche (1.) in (1*.) überführt, kann daher auf eine solche Form gebracht werden, dass sie nur p nothwendige, dagegen $n-p$ überflüssige Gleichungen enthält.

Nehmen wir aber an, dass die Invariante p des Differentialausdrucks (1.) gleich $m-1=2r-1$ ist, so sind in der Determinante (15.) alle partialen Determinanten $2r^{\text{ten}}$ (und $(2r-1)^{\text{ten}}$) Grades Null. Daher müssen auch in dem Systeme (α.) alle Determinanten $2r^{\text{ten}}$ Grades verschwinden, und folglich besteht zwischen $z_1, \ldots z_m$ eine Relation**). Dieselbe enthält, weil $z_1, \ldots z_r$ unabhängig sind, eine der Grössen $z_{r+1}, \ldots z_m$, etwa z_m, lässt sich also auf die Form

---

*) Von den Transformationen der reducirten Form in sich selbst will ich hier wenigstens eine, der *Legendre*schen Substitution analoge, erwähnen. Ist $\varkappa$ eine bestimmte der Zahlen von 1 bis r und

$$\sum_{\varrho}{}_1^r \frac{z_\varrho z_{r+\varrho}}{z_{r+\varkappa}} = Z_\varkappa,$$

so ist

$$dZ_\varkappa = \Sigma z_\varrho d\frac{z_{r+\varrho}}{z_{r+\varkappa}} + \Sigma \frac{z_{r+\varrho}}{z_{r+\varkappa}} dz_\varrho.$$

Daraus ergiebt sich die Gleichung

$$\Sigma z_{r+\varrho} dz_\varrho = z_{r+\varkappa} dZ_\varkappa - \Sigma z_\varrho z_{r+\varkappa} d\frac{z_{r+\varrho}}{z_{r+\varkappa}},$$

deren rechte Seite, da $d\dfrac{z_{r+\varkappa}}{z_{r+\varkappa}} = 0$ ist, nur aus r Gliedern besteht. In Folge dessen genügen die Quotienten $\dfrac{z_{r+\varrho}}{z_{r+\varkappa}}$ den nämlichen particllen Differentialgleichungen wie die Functionen z_ϱ selber.

**) Bestände zwischen $z_1, \ldots z_m$ mehr als eine Relation, so würden in dem Systeme (α.) alle partialen Determinanten $(2r-1)^{\text{ten}}$ Grades Null sein. Es ver-

$$(\beta.) \qquad z_m = f(z_1, \dots z_{m-1})$$

bringen. Wird nun ein anderer Differentialausdruck (1*.) von der Invariante $2r-1$ auf die Form (32*.) gebracht, wo

$$z'_m = f'(z'_1, \dots z'_{m-1})$$

ist, so wird f' im Allgemeinen eine andere Function als f sein. Dann würden sich aber die Gleichungen (34.) widersprechen und keine Transformation der beiden Differentialausdrücke in einander bilden. Da folglich der eingeschlagene Weg nur für Differentialausdrücke gerader Klasse zum Ziele führt *), so wollen wir versuchen, den Fall einer ungeraden Invariante auf den einer geraden zurückzuführen.

§. 26.

Die Aequivalenz der Differentialausdrücke von ungerader Invariante $p = 2r+1$.

Wir nehmen jetzt an, dass der höchste Grad nicht verschwindender Unterdeterminanten in der Determinante (15.) gleich $m = 2r$, in (16.) aber gleich $m+2$ ist, dass also die Invariante p des Differentialausdrucks (1.) gleich $2r+1$ ist. Um diesen Fall auf den einer geraden Invariante zurückzuführen, wollen wir $a_1, \dots a_n$ so ändern, dass der höchste Grad nicht verschwindender Unterdeterminanten in (15.) gleich m bleibt, in (16.) aber ebenfalls m wird. Die erste Bedingung wäre erfüllt, wenn die Elemente $a_{\alpha\beta}$ der Determinante (15.) ungeändert blieben. Dies ist nur dann der Fall, wenn $a_1, \dots a_n$ um die partiellen Ableitungen einer Function z_0 von $x_1, \dots x_n$ geändert werden, also a_α durch $a_\alpha - \frac{\partial z_0}{\partial x_\alpha}$ ersetzt wird. Wir wollen also

---

schwänden also alle Determinanten $2r^{\text{ten}}$ Grades in den beiden Systemen

$$\begin{matrix} \frac{\partial z_1}{\partial x_1} \dots \frac{\partial z_r}{\partial x_1} & \frac{\partial z_{r+1}}{\partial x_1} \dots \frac{\partial z_{2r}}{\partial x_1} \\ \dots & \dots \\ \frac{\partial z_1}{\partial x_n} \dots \frac{\partial z_r}{\partial x_n} & \frac{\partial z_{r+1}}{\partial x_n} \dots \frac{\partial z_{2r}}{\partial x_n} \\ 0 \;\dots\; 0 & z_{r+1} \quad z_{2r} \end{matrix} \qquad \begin{matrix} \frac{\partial z_{r+1}}{\partial x_1} \dots \frac{\partial z_{2r}}{\partial x_1} & -\frac{\partial z_1}{\partial x_1} \dots -\frac{\partial z_r}{\partial x_1} \\ \dots & \dots \\ \frac{\partial z_{r+1}}{\partial x_n} \dots \frac{\partial z_{2r}}{\partial x_n} & -\frac{\partial z_1}{\partial x_n} \dots -\frac{\partial z_r}{\partial x_n} \\ z_{r+1} \dots z_{2r} & 0 \;\dots\; 0 \end{matrix}$$

und daher auch in der aus ihnen zusammengesetzten Determinante (16.), wider die Voraussetzung. Dieser Beweis ist an die Stelle des unrichtigen Beweises von *Clebsch* (Bd. 60, S. 218) zu setzen.

*) Zur Integration der Differentialgleichung $\Sigma a\,dx = 0$ ist die angegebene Methode auch im Falle $p = 2r-1$ brauchbar, und stimmt mit der zweiten Methode von *Clebsch* (Bd. 60, §. 10, S. 224) überein. *Clebsch* hebt nicht deutlich genug hervor, dass auf diesem Wege der Differentialausdruck (1.) im Allgemeinen n i c h t in der Weise auf die Gestalt (32.) gebracht wird, dass die Relation (β.) die Form $z_m = 1$ hat.

versuchen, eine Function z_0 so zu bestimmen, dass in der Determinante

$$(36.)\quad \begin{vmatrix} a_{11} & \dots & a_{1n} & \left(a_1-\frac{\partial z_0}{\partial x_1}\right) \\ \dots & \dots & \dots & \dots \\ a_{n1} & \dots & a_{nn} & \left(a_n-\frac{\partial z_0}{\partial x_n}\right) \\ -\left(a_1-\frac{\partial z_0}{\partial x_1}\right) & \dots & -\left(a_n-\frac{\partial z_0}{\partial x_n}\right) & 0 \end{vmatrix}$$

alle partialen Determinanten $(m+1)^{\text{ten}}$ Grades verschwinden. Gelingt dies, so ist

$$(\alpha.)\quad \left(a_1-\frac{\partial z_0}{\partial x_1}\right)dx_1+\dots+\left(a_n-\frac{\partial z_0}{\partial x_n}\right)dx_n = \Sigma a\,dx-dz_0$$

ein Differentialausdruck $2r^{\text{ter}}$ Klasse. Es lassen sich also m unabhängige Functionen $z_1, \dots z_m$ so ermitteln, dass

$$(37.)\quad \Sigma a\,dx = dz_0+\Sigma_{\varrho}{}_1^r z_{r+\varrho}\,dz_\varrho$$

ist. Die r Functionen $z_1, \dots z_r$ sind so zu bestimmen, dass in der Determinante

$$(38.)\quad \begin{vmatrix} a_{11} & \dots & a_{1n} & \left(a_1-\frac{\partial z_0}{\partial x_1}\right) & \frac{\partial z_1}{\partial x_1} & \dots & \frac{\partial z_r}{\partial x_1} \\ \dots & \dots & \dots & \dots & \dots & \dots & \dots \\ a_{n1} & \dots & a_{nn} & \left(a_n-\frac{\partial z_0}{\partial x_n}\right) & \frac{\partial z_1}{\partial x_n} & \dots & \frac{\partial z_r}{\partial x_n} \\ -\left(a_1-\frac{\partial z_0}{\partial x_1}\right) & \dots & -\left(a_n-\frac{\partial z_0}{\partial x_n}\right) & 0 & 0 & \dots & 0 \\ -\frac{\partial z_1}{\partial x_1} & \dots & -\frac{\partial z_1}{\partial x_n} & 0 & 0 & \dots & 0 \\ \dots & \dots & \dots & \dots & \dots & \dots & \dots \\ -\frac{\partial z_r}{\partial x_1} & \dots & -\frac{\partial z_r}{\partial x_n} & 0 & 0 & \dots & 0 \end{vmatrix}$$

alle partialen Determinanten $(m+1)^{\text{ten}}$ Grades verschwinden. Die Functionen $z_{r+1}, \dots z_{2r}$ werden dann durch Auflösung linearer Gleichungen gefunden. Dies ist zugleich die allgemeinste Weise den Differentialausdruck (1.) auf die Form (37.) zu reduciren. Denn aus (37.) folgt, dass (α.) ein Differentialausdruck $2r^{\text{ter}}$ Klasse ist. Daher muss z_0 so bestimmt werden, dass in (36.) alle partialen Determinanten $(m+1)^{\text{ten}}$ Grades verschwinden. Ist aber z_0 gefunden, so ergiebt sich die Behauptung aus §. 24. Es kommt also alles darauf an, zu beweisen, dass eine den gestellten Bedingungen genügende Function z_0 existirt, und anzugeben, wie man alle derartigen

Functionen findet. Dabei will ich gleich allgemeiner zu Werke gehen und zeigen, dass sich die $r+1$ Functionen $z_0, z_1, \dots z_r$ in beliebiger Reihenfolge so bestimmen lassen, dass $z_1, \dots z_r$ unabhängig sind und in (38.) alle partialen Determinanten $(m+1)^{\text{ten}}$ Grades verschwinden. Auf dem in §. 22 angegebenen Wege findet man in der allgemeinsten Weise $z_1, \dots z_r$, wenn z_0 bekannt ist, und allgemeiner $z_{k+1}, \dots z_r$ $(k<r)$, nachdem $z_1, \dots z_k$ und dann z_0 ermittelt sind. Daher bleibt nur übrig zu zeigen, 1) dass man auch ohne zuerst z_0 zu ermitteln, die Functionen $z_1, z_2, \dots$ den gestellten Bedingungen gemäss bestimmen kann, und 2) dass man, nachdem k dieser Functionen gefunden sind (wo k eine der Zahlen von 0 bis r ist), immer noch passende Werthe für z_0 anzugeben im Stande ist. Zu dem Ende genügt es offenbar, die folgenden beiden Behauptungen zu beweisen.

Angenommen, k unabhängige Functionen $z_1, \dots z_k$ (wo k auch Null sein kann) seien bereits so bestimmt, dass in der Determinante

$$(\beta.)\qquad \begin{vmatrix} a_{11} & \dots & a_{1n} & \frac{\partial z_1}{\partial x_1} & \dots & \frac{\partial z_k}{\partial x_1} \\ \cdot & \cdot & \cdot & \cdot & \cdot & \cdot \\ a_{n1} & \dots & a_{nn} & \frac{\partial z_1}{\partial x_n} & \dots & \frac{\partial z_k}{\partial x_n} \\ -\frac{\partial z_1}{\partial x_1} & \dots & -\frac{\partial z_1}{\partial x_n} & 0 & \dots & 0 \\ \cdot & \cdot & \cdot & \cdot & \cdot & \cdot \\ -\frac{\partial z_k}{\partial x_1} & \dots & -\frac{\partial z_k}{\partial x_n} & 0 & \dots & 0 \end{vmatrix}$$

alle partialen Determinanten $(m+1)^{\text{ten}}$ Grades verschwinden. Dann kann man 1), so lange $k<r$ ist, eine von $z_1, \dots z_k$ unabhängige Function z_{k+1} so bestimmen, dass auch in der Determinante

$$(\gamma.)\qquad \begin{vmatrix} a_{11} & \dots & a_{1n} & \frac{\partial z_1}{\partial x_1} & \dots & \frac{\partial z_k}{\partial x_1} & \frac{\partial z_{k+1}}{\partial x_1} \\ \cdot & \cdot & \cdot & \cdot & \cdot & \cdot & \cdot \\ a_{n1} & \dots & a_{nn} & \frac{\partial z_1}{\partial x_n} & \dots & \frac{\partial z_k}{\partial x_n} & \frac{\partial z_{k+1}}{\partial x_n} \\ -\frac{\partial z_1}{\partial x_1} & \dots & -\frac{\partial z_1}{\partial x_n} & 0 & \dots & 0 & 0 \\ \cdot & \cdot & \cdot & \cdot & \cdot & \cdot & \cdot \\ -\frac{\partial z_k}{\partial x_1} & \dots & -\frac{\partial z_k}{\partial x_n} & 0 & \dots & 0 & 0 \\ -\frac{\partial z_{k+1}}{\partial x_1} & \dots & -\frac{\partial z_{k+1}}{\partial x_n} & 0 & \dots & 0 & 0 \end{vmatrix}$$

alle partialen Determinanten $(m+1)^{\text{ten}}$ Grades verschwinden, 2) wenn $k \leqq r$ ist, eine Function z_0 so bestimmen, dass in der Determinante

$$(\delta.)\qquad \begin{vmatrix} a_{11} & \dots & a_{1n} & \frac{\partial z_1}{\partial x_1} & \dots & \frac{\partial z_k}{\partial x_1} & \left(a_1 - \frac{\partial z_0}{\partial x_1}\right) \\ \cdot & \cdot & \cdot & \cdot & \cdot & \cdot & \cdot \\ a_{n1} & \dots & a_{nn} & \frac{\partial z_1}{\partial x_n} & \dots & \frac{\partial z_k}{\partial x_n} & \left(a_n - \frac{\partial z_0}{\partial x_n}\right) \\ -\frac{\partial z_1}{\partial x_1} & \dots & -\frac{\partial z_1}{\partial x_n} & 0 & \dots & 0 & 0 \\ \cdot & \cdot & \cdot & \cdot & \cdot & \cdot & \cdot \\ -\frac{\partial z_k}{\partial x_1} & \dots & -\frac{\partial z_k}{\partial x_n} & 0 & \dots & 0 & 0 \\ -\left(a_1 - \frac{\partial z_0}{\partial x_1}\right) & \dots & -\left(a_n - \frac{\partial z_0}{\partial x_n}\right) & 0 & \dots & 0 & 0 \end{vmatrix}$$

alle partialen Determinanten $(m+1)^{\text{ten}}$ Grades verschwinden.

Da in der Determinante $(\beta.)$ m der höchste Grad nicht verschwindender Unterdeterminanten ist, so haben die Gleichungen

$$(\varepsilon.)\qquad \begin{cases} a_{\alpha 1} u_1 + \dots + a_{\alpha n} u_n + \frac{\partial z_1}{\partial x_\alpha} u_{n+1} + \dots + \frac{\partial z_k}{\partial x_\alpha} u_{n+k} = 0 & (\alpha = 1, \dots n) \\ \frac{\partial z_\varkappa}{\partial x_1} u_1 + \dots + \frac{\partial z_\varkappa}{\partial x_n} u_n = 0 & (\varkappa = 1, \dots k) \end{cases}$$

$n+k-m$ verschiedene Lösungen. In denselben sind auch die Werthe von $u_1, \dots u_n$ unabhängig. Denn sonst würden (§. 3) in dem System

$$(\zeta.)\qquad \frac{\partial z_1}{\partial x_\alpha} \dots \frac{\partial z_k}{\partial x_\alpha} \qquad (\alpha = 1, \dots n)$$

alle Determinanten k^{ten} Grades verschwinden, während doch $z_1, \dots z_k$ als unabhängig vorausgesetzt sind.

1) Damit nun auch in $(\gamma.)$ alle partialen Determinanten $(m+1)^{\text{ten}}$ Grades verschwinden, ist nothwendig und hinreichend, dass $f = z_{k+1}$ den $n+k-m$ partiellen Differentialgleichungen genügt, welche man aus

$$(\eta.)\qquad A_1 \frac{\partial f}{\partial x_1} + \dots + A_n \frac{\partial f}{\partial x_n} = 0$$

erhält, indem man für $A_1, \dots A_n$ der Reihe nach alle Werthe setzt, die sich für $u_1, \dots u_n$ aus den Gleichungen $(\varepsilon.)$ ergeben. Diesen Differentialgleichungen genügen aber alle von $x_{n+1}, \dots x_{n+k}$ freien Functionen, welche gleich willkürlichen Constanten gesetzt, Integrale der totalen Differentialgleichungen

$$(\vartheta.)\quad \begin{cases} a_{\alpha 1}dx_1+\cdots+a_{\alpha n}dx_n+\dfrac{\partial z_1}{\partial x_\alpha}dx_{n+1}+\cdots+\dfrac{\partial z_k}{\partial x_\alpha}dx_{n+k}=0 & (\alpha=1,\ldots n) \\ \dfrac{\partial z_\varkappa}{\partial x_1}dx_1+\cdots+\dfrac{\partial z_\varkappa}{\partial x_n}dx_n = 0 & (\varkappa=1,\ldots k) \end{cases}$$

sind. Bedeuten α, β Zahlen von 1 bis n und $\varkappa$, λ Zahlen von 1 bis k, und setzt man

$$b_\alpha = a_\alpha + \frac{\partial z_1}{\partial x_\alpha}x_{n+1}+\cdots+\frac{\partial z_k}{\partial x_\alpha}x_{n+k},\quad b_{n+\varkappa}=0$$

und

$$b_{\alpha\beta} = \frac{\partial b_\alpha}{\partial x_\beta}-\frac{\partial b_\beta}{\partial x_\alpha},$$

so ist

$$b_{\alpha\beta}=a_{\alpha\beta},\quad b_{\alpha,n+\varkappa}=\frac{\partial z_\varkappa}{\partial x_\alpha},\quad b_{n+\varkappa,n+\lambda}=0.$$

Daher können die Differentialgleichungen ($\vartheta.$) in der Form

$$b_{\alpha 1}dx_1+\cdots+b_{\alpha n}dx_n+b_{\alpha,n+1}dx_{n+1}+\cdots+b_{\alpha,n+k}dx_{n+k} = 0$$
$$(\alpha=1,\ldots n,\ n+1,\ldots n+k)$$

geschrieben werden. Nach §. 19 folgt daraus, dass sie ein vollständiges System bilden.

Da in dem System ($\zeta.$) nicht alle Determinanten k^{ten} Grades verschwinden, so lassen sich die Differentialgleichungen ($\vartheta.$) nach $dx_{n+1},\ldots dx_{n+k}$ auflösen. Unter den Differentialgleichungen ($\vartheta.$) und zwar bereits unter den n ersten sind m unabhängig. Aus ihnen lassen sich, wie in §. 22, $m-k$ von den Variablen $x_{n+1},\ldots x_{n+k}$ freie herleiten. Nach §. 18 haben sie daher $m-k$ von diesen Variablen freie Integrale. Da folglich die $n-(m-k)$ partiellen Differentialgleichungen ($\eta.$) $m-k$ unabhängige Lösungen haben, so bilden sie ein vollständiges System. Zu jenen $m-k$ Lösungen gehören nach den letzten k Gleichungen ($\varepsilon.$) die Functionen $z_1,\ldots z_k$. Die Differentialgleichungen ($\eta.$) haben daher $m-2k$ von diesen und unter einander unabhängige Lösungen, also mindestens zwei, so lange $k<r$ ist.

2) Damit in der Determinante ($\delta.$) alle partialen Determinanten $(m+1)^{\text{ten}}$ Grades verschwinden, ist es nothwendig und hinreichend, dass alle Werthe von $u_1,\ldots u_n$, welche den Gleichungen ($\varepsilon.$) genügen, auch die Gleichung

$$\left(a_1-\frac{\partial z_0}{\partial x_1}\right)u_1+\cdots+\left(a_n-\frac{\partial z_0}{\partial x_n}\right)u_n = 0$$

befriedigen, oder wenn man

$$(\iota.)\qquad a_1 u_1 + \cdots + a_n u_n = u$$

setzt, die Gleichung

$$\frac{\partial z_0}{\partial x_1} u_1 + \cdots + \frac{\partial z_0}{\partial x_n} u_n = u.$$

Es muss also $x = z_0$ dem System nicht homogener linearer partieller Differentialgleichungen Genüge leisten, das man aus

$$(\varkappa.)\qquad A_1 \frac{\partial x}{\partial x_1} + \cdots + A_n \frac{\partial x}{\partial x_n} = A$$

erhält, indem man für A, A_1, ... A_n der Reihe nach alle Werthe setzt, die sich aus den Gleichungen (ε.) und (ι.) für u, u_1, ... u_n ergeben. Denkt man sich x als Function von $x_1, \dots x_n$ durch eine Gleichung $f(x, x_1, \dots x_n) = \alpha$ bestimmt, so genügt f dem System homogener partieller Differentialgleichungen

$$A \frac{\partial f}{\partial x} + A_1 \frac{\partial f}{\partial x_1} + \cdots + A_n \frac{\partial f}{\partial x_n} = 0.$$

Man muss also alle Lösungen dieser Differentialgleichungen ermitteln, welche x wirklich enthalten. Setzt man eine solche einer Constanten gleich, so ist sie (§. 13) ein von x_{n+1}, ... x_{n+k} freies Integral des Systems totaler Differentialgleichungen, das von den Gleichungen (ϑ.), verbunden mit

$$(\lambda.)\qquad a_1 dx_1 + \cdots + a_n dx_n - dx = 0$$

gebildet wird. Man erhält also jede Lösung der partiellen Differentialgleichungen ($\varkappa$.), indem man ein Integral der totalen Differentialgleichungen (ϑ.) und (λ.), das die Variable x, nicht aber x_{n+1}, ... x_{n+k} enthält, nach x auflöst.

Die totalen Differentialgleichungen (ϑ.) haben m unabhängige Integrale, von denen $m-k$

$$(\mu.)\qquad f_{k+1} = \alpha_{k+1}, \quad \dots \quad f_m = \alpha_m$$

von x_{n+1}, ... x_{n+k} frei sind. Nachdem sie ermittelt sind, werden nach §. 18 für x_{n+1}, ... x_{n+k} durch Quadraturen Ausdrücke von der Form

$$(\nu.)\qquad x_{n+1} = f_1 + \alpha_1, \quad \dots \quad x_{n+k} = f_k + \alpha_k$$

gefunden, in denen f_1, ... f_k Functionen von x_1, ... x_n sind. Die $m-k$

Gleichungen ($\mu.$) und die k Gleichungen ($\nu.$) bilden m unabhängige Integrale der Differentialgleichungen ($\vartheta.$). Wegen der Unabhängigkeit von $f_{k+1}, \dots f_m$ ist es möglich $n-(m-k)$ Functionen $u, v, \dots$ der Variablen $x_1, \dots x_n$ so zu wählen, dass $f_{k+1}, \dots f_n, u, v, \dots n$ unabhängige Functionen dieser Veränderlichen sind. Dann sind auch umgekehrt $x_1, \dots x_n$ Functionen jener Grössen, oder wegen ($\mu.$) allein von $u, v, \dots$, und mittelst der Gleichungen ($\nu.$) lassen sich auch $x_{n+1}, \dots x_{n+k}$ durch diese Variablen ausdrücken. Die so bestimmten Functionen der Veränderlichen $u, v, \dots$ genügen den Gleichungen

$$a_{\alpha 1}\frac{\partial x_1}{\partial v}+\cdots+a_{\alpha n}\frac{\partial x_n}{\partial v}+\frac{\partial z_1}{\partial x_\alpha}\frac{\partial x_{n+1}}{\partial v}+\cdots+\frac{\partial z_k}{\partial x_\alpha}\frac{\partial x_{n+k}}{\partial v}=0 \quad (\alpha=1, \dots n)$$

$$\frac{\partial z_\varkappa}{\partial x_1}\frac{\partial x_1}{\partial u}+\cdots+\frac{\partial z_\varkappa}{\partial x_n}\frac{\partial x_n}{\partial u}=0 \qquad (\varkappa=1, \dots k).$$

Multiplicirt man die ersten n Gleichungen der Reihe nach mit $\frac{\partial x_1}{\partial u}, \dots \frac{\partial x_n}{\partial u}$ und addirt sie, so erhält man in Folge der letzten k Gleichungen

$$\sum_{\alpha,\beta}{}_1^n a_{\alpha\beta}\frac{\partial x_\alpha}{\partial u}\frac{\partial x_\beta}{\partial v}=0$$

oder

$$\frac{\partial}{\partial v}\Big(\Sigma a_\alpha \frac{\partial x_\alpha}{\partial u}\Big)-\frac{\partial}{\partial u}\Big(\Sigma a_\alpha \frac{\partial x_\alpha}{\partial v}\Big) = 0.$$

Daher wird $a_1 dx_1+\cdots+a_n dx_n$ ein vollständiges Differential, wenn man für $x_1, \dots x_n$ ihre Ausdrücke in $u, v, \dots$ setzt. Durch Integration der Differentialgleichung ($\lambda.$) ergiebt sich also eine Gleichung von der Form

$$x = \psi(u, v, \dots)+\alpha,$$

oder weil $u, v, \dots$ Functionen von $x_1, \dots x_n$ allein sind

$$x = \varphi(x_1, \dots x_n)+\alpha.$$

Die so gefundenen Functionen φ sind die sämmtlichen Lösungen des Systems partieller Differentialgleichungen ($\varkappa.$).

Da nunmehr die obigen Behauptungen beide bewiesen sind, so ist klar, dass man in beliebiger Reihenfolge die Functionen $z_0, z_1, \dots z_r$ so bestimmen kann, dass in (38.) alle partialen Determinanten $(m+1)^{\text{ten}}$ Grades verschwinden. Man kann z. B. erst $z_1, \dots z_r$ bestimmen und findet dann z_0 durch eine Quadratur. Dies ist die von *Clebsch* (Bd. 60, §. 9, S. 222) angegebene Methode.

Aus der Gleichung (37.) ergiebt sich

$$a_\alpha = \frac{\partial z_0}{\partial x_\alpha}+\sum_\varrho z_{r+\varrho}\frac{\partial z_\varrho}{\partial x_\alpha}$$

und daher

$$a_{\alpha\beta} = \sum_{\varrho} \frac{\partial z_\varrho}{\partial x_\alpha}\frac{\partial z_{r+\varrho}}{\partial x_\beta} - \frac{\partial z_{r+\varrho}}{\partial x_\alpha}\frac{\partial z_\varrho}{\partial x_\beta}.$$

Folglich entsteht die Determinante (16.) durch Zusammensetzung der beiden Systeme

$$\begin{array}{cccccccc} 0 & \frac{\partial z_0}{\partial x_1} & \frac{\partial z_1}{\partial x_1} \cdots & \frac{\partial z_r}{\partial x_1} & \frac{\partial z_{r+1}}{\partial x_1} \cdots & \frac{\partial z_{2r}}{\partial x_1} \\ \cdot & \cdot & \cdot & \cdot & \cdot & \cdot \\ 0 & \frac{\partial z_0}{\partial x_n} & \frac{\partial z_1}{\partial x_n} \cdots & \frac{\partial z_r}{\partial x_n} & \frac{\partial z_{r+1}}{\partial x_n} \cdots & \frac{\partial z_{2r}}{\partial x_n} \\ 1 & 0 & 0 \;\ldots & 0 & z_{r+1} \;\ldots & z_{2r} \end{array} \qquad \begin{array}{cccccc} -\frac{\partial z_0}{\partial x_1} & 0 & \frac{\partial z_{r+1}}{\partial x_1} \cdots & \frac{\partial z_{2r}}{\partial x_1} & -\frac{\partial z_1}{\partial x_1} \cdots & -\frac{\partial z_r}{\partial x_1} \\ \cdot & \cdot & \cdot & \cdot & \cdot & \cdot \\ -\frac{\partial z_0}{\partial x_n} & 0 & \frac{\partial z_{r+1}}{\partial x_n} \cdots & \frac{\partial z_{2r}}{\partial x_n} & -\frac{\partial z_1}{\partial x_n} \cdots & -\frac{\partial z_r}{\partial x_n} \\ 0 & 1 & z_{r+1} \;\ldots & z_{2r} & 0 \;\ldots & 0. \end{array}$$

Da in (16.) der höchste Grad nicht verschwindender Unterdeterminanten gleich $m+2$ ist, so können in keinem dieser beiden Systeme alle Determinanten $(m+2)^{\text{ten}}$ Grades gleich Null sein. Demnach können in dem Systeme

$$\frac{\partial z_0}{\partial x_\alpha} \quad \frac{\partial z_1}{\partial x_\alpha} \quad \ldots \quad \frac{\partial z_m}{\partial x_\alpha} \qquad (\alpha = 1, \ldots n)$$

nicht alle Determinanten $(m+1)^{\text{ten}}$ Grades verschwinden und folglich sind die $m+1$ Functionen $z_0, z_1, \ldots z_m$ unter einander unabhängig.

Nunmehr lassen sich aus der Gleichung (37.) die nämlichen Folgerungen ziehen, wie in §. 25 aus der Gleichung (32.). Alle Differentialausdrücke von der Invariante $p = 2r+1$ sind äquivalent. Ihre reducirte Form ist

$$(39.) \qquad dz_0 + z_{r+1}dz_1 + \cdots + z_{2r}dz_r.$$

Sie bilden die $(2r+1)^{\text{te}}$ Klasse, deren ***Repräsentant*** der Ausdruck (39.) ist, wenn in demselben $z_0, z_1, \ldots z_{2r}$ unabhängige Veränderliche bedeuten. Die allgemeinste Transformation zweier Differentialausdrücke p^{ter} Klasse in einander wird gefunden, indem man den einen in einer bestimmten, den andern in der allgemeinsten Weise auf die reducirte Form bringt, und dann die p Variablen der einen reducirten Form denen der anderen der Reihe nach gleichsetzt. Jede Substitution, welche einen Differentialausdruck p^{ter} Klasse in einen anderen überführt, kann auf eine solche Form gebracht werden, dass sie nur p nothwendige, dagegen $n-p$ überflüssige Gleichungen enthält.

Damit ist die Eintheilung der linearen Differentialausdrücke erster Ordnung in Klassen vollendet. Die Differentialausdrücke erster Klasse sind die vollständigen Differentiale; ihr Repräsentant ist dz_0. Die zweiter Klasse können durch einen Factor zu einem vollständigen Differentiale gemacht werden; ihr Repräsentant ist $z_2 dz_1$, wo z_1 und z_2 unabhängig sind. Sind $z_0, z_1, \dots z_{2r}$ unabhängige Veränderliche, so repräsentirt (35.) die Differentialausdrücke $2r^{\text{ter}}$ und (39.) die $(2r+1)^{\text{ter}}$ Klasse.

§. 27.

Transformation eines Differentialausdrucks in einen anderen mit weniger Variablen.

Clebsch hat gezeigt (dieses Journal, Bd. 61, S. 147), dass ein Differentialausdruck $a_1 dx_1 + \dots + a_m dx_m$, für welchen die Determinante $\Sigma \pm a_{11} \dots a_{mm}$ von Null verschieden ist, also m eine gerade Zahl ($= 2r$) ist, auf die Form $z_{r+1} dz_1 + \dots + z_{2r} dz_r$ gebracht werden kann, in der $z_1, \dots z_m$ unabhängige Functionen von $x_1, \dots x_n$ sind. Wenn man dieses Resultat als bekannt voraussetzt, so lässt sich der Beweis des Satzes, dass für irgend zwei Differentialausdrücke die Uebereinstimmung der Invariante p die hinreichende Aequivalenzbedingung ist, leicht in der folgenden Weise führen, die eine Erweiterung der ursprünglichen *Pfaff*schen Methode ist (Vgl. §. 12).

Ist in der Determinante (15.) $m (= 2r)$ der höchste Grad nicht verschwindender Unterdeterminanten, so enthält das nach §. 19 vollständige System

$$(27.) \qquad a_{\alpha 1} dx_1 + \dots + a_{\alpha n} dx_n = 0 \qquad (\alpha = 1, \dots n)$$

m unabhängige Differentialgleichungen, und hat m unabhängige Integrale $y_\mu = \beta_\mu \; (\mu = 1, \dots m)$. Es ist nun möglich die $n-m$ Functionen $y_\nu \; (\nu = m+1, \dots n)$ der Variablen $x_1, \dots x_n$ so zu wählen, dass $y_1, \dots y_n$ n unabhängige Functionen sind. (Ist z. B., was ohne Beschränkung der Allgemeinheit angenommen werden kann, $\Sigma \pm a_{11} \dots a_{mm}$ von Null verschieden, so sind (§. 18) $y_1, \dots y_m$, als Functionen von $x_1, \dots x_m$ betrachtet, unabhängig, und daher kann man $y_\nu = x_\nu \; (\nu = m+1, \dots n)$ setzen.) Dann sind $x_1, \dots x_n$ n unabhängige Functionen von $y_1, \dots y_n$, welche den Gleichungen

$$(\alpha.) \qquad a_{\alpha 1} \frac{\partial x_1}{\partial y_\nu} + \dots + a_{\alpha n} \frac{\partial x_n}{\partial y_\nu} = 0 \quad (\alpha = 1, \dots n; \; \nu = m+1, \dots n)$$

genügen. Nun gehe der Differentialausdruck (1.), wenn $y_1, \dots y_n$ als unabhängige Variable eingeführt werden, in

$$(\beta.) \qquad \Sigma a\, dx = b_1 dy_1 + \dots + b_m dy_m + b_{m+1} dy_{m+1} + \dots + b_n dy_n = \Sigma b_\mu dy_\mu + \Sigma b_\nu dy_\nu$$

über, wo

$$(\gamma.)\qquad b_\gamma = \Sigma a \frac{\partial x}{\partial y_\gamma} \qquad (\gamma = 1, \ldots n)$$

ist, μ (hier wie im Folgenden) die Zahlen von 1 bis m, ν die von $m+1$ bis n durchläuft. Multiplicirt man die Gleichung (α.) mit $\frac{\partial x_\alpha}{\partial y_\gamma}$ und summirt man nach α von 1 bis n, so erhält man

$$\sum_{\alpha,\beta} a_{\alpha\beta} \frac{\partial x_\alpha}{\partial y_\gamma} \frac{\partial x_\beta}{\partial y_\nu} = 0$$

oder

$$\frac{\partial}{\partial y_\nu}\left(\Sigma a \frac{\partial x}{\partial y_\gamma}\right) - \frac{\partial}{\partial y_\gamma}\left(\Sigma a \frac{\partial x}{\partial y_\nu}\right) = 0$$

oder endlich nach (γ.)

$$(\delta.)\qquad b_{\gamma\nu} = \frac{\partial b_\gamma}{\partial y_\nu} - \frac{\partial b_\nu}{\partial y_\gamma} = 0 \qquad (\gamma = 1, \ldots n;\ \nu = m+1, \ldots n).$$

Es verschwindet also $b_{\alpha\beta}$, wenn eine der Zahlen α oder β grösser als m ist. Von den partialen Determinanten m^{ten} Grades der Determinante n^{ten} Grades $|b_{\alpha\beta}|$ kann daher nur $\Sigma \pm b_{11} \ldots b_{mm} = B$ von Null verschieden sein. Da aber (§. 21.) in $|b_{\alpha\beta}|$ der höchste Grad nicht verschwindender Unterdeterminanten ebenso gross ist, wie in $|a_{\alpha\beta}|$, also gleich m, so muss B von Null verschieden sein. Es sind jetzt zwei Fälle zu unterscheiden:

1) Der Ausdruck (1.) lasse sich linear aus den Ausdrücken (27.) zusammensetzen. Dann ist (§. 7) auch in der Determinante (16.) m der höchste Grad nicht verschwindender Unterdeterminanten, und die Invariante p ist gleich $2r$.

Aus den Gleichungen (α.) folgt in diesem Falle

$$b_\nu = a_1 \frac{\partial x_1}{\partial y_\nu} + \cdots + a_n \frac{\partial x_n}{\partial y_\nu} = 0.$$

Nach Formel (δ.) ist daher

$$\frac{\partial b_\gamma}{\partial y_\nu} = 0$$

und nach Gleichung (β.)

$$\Sigma a\, dx = \Sigma b_\mu dy_\mu,$$

wo $b_1, \ldots b_m$ nur die Variablen $y_1, \ldots y_m$ enthalten, und die Determinante B von Null verschieden ist. Nach dem als bekannt vorausgesetztem Satze von *Clebsch* lassen sich daher $m (= 2r)$ unabhängige Functionen $z_1, \ldots z_m$ von

$y_1, \dots y_m$ so bestimmen, dass

$$\Sigma b_\mu dy_\mu = \Sigma_{\varrho}{}_1^r z_{r+\varrho} dz_\varrho$$

ist. Drückt man $y_1, \dots y_m$ durch $x_1, \dots x_n$ aus, so sind $z_1, \dots z_m$ m unabhängige Functionen von $x_1, \dots x_n$, welche der Gleichung

$$(32.) \qquad \Sigma a dx = \Sigma_{\varrho}{}_1^r z_{r+\varrho} dz_\varrho$$

genügen.

2) Der Ausdruck (1.) lasse sich nicht linear aus den Ausdrücken (27.) zusammensetzen. Dann ist in der Determinante (16.) $m+2$ der höchste Grad nicht verschwindender Unterdeterminanten, und die Invariante p ist gleich $2r+1$. Die Gleichungen (δ.) zeigen, dass $\Sigma b_\nu dy_\nu$, wenn $y_1, \dots y_m$ als constant betrachtet werden, das vollständige Differential einer Function z_0 von $y_1, \dots y_n$ ist, dass also

$$(\varepsilon.) \qquad b_\nu = \frac{\partial z_0}{\partial y_\nu}, \qquad (\nu = m+1, \dots n)$$

$$\Sigma b_\nu dy_\nu = \Sigma \frac{\partial z_0}{\partial y_\nu} dy_\nu = dz_0 - \Sigma \frac{\partial z_0}{\partial y_\mu} dy_\mu$$

und daher nach Gleichung (β.)

$$(\zeta.) \qquad \Sigma a dx = dz_0 + \Sigma c_\mu dy_\mu$$

ist, wo

$$(\eta.) \qquad c_\mu = b_\mu - \frac{\partial z_0}{\partial y_\mu} \qquad (\mu = 1, \dots m)$$

gesetzt ist. Da nach den Formeln (ε.) und (η.)

$$\frac{\partial b_\mu}{\partial y_\nu} - \frac{\partial b_\nu}{\partial y_\mu} = \frac{\partial c_\mu}{\partial y_\nu}$$

ist, so ergiebt sich aus Gleichung (δ.)

$$\frac{\partial c_\mu}{\partial y_\nu} = 0.$$

Die Functionen $c_1, \dots c_m$ hängen also nur von $y_1, \dots y_m$ ab. Sind ferner α und β beide kleiner als m, so ist nach Formel (η.)

$$c_{\alpha\beta} = \frac{\partial c_\alpha}{\partial y_\beta} - \frac{\partial c_\beta}{\partial y_\alpha} = b_{\alpha\beta}.$$

Folglich ist die Determinante

$$\Sigma \pm c_{11} \dots c_{mm} = B,$$

also von Null verschieden. Daher lassen sich m unabhängige Functionen $z_1, \dots z_m$ von $y_1, \dots y_m$ so bestimmen, dass

$$\Sigma c_\mu \, dy_\mu = \sum_\varrho {}_1^r z_{r+\varrho} \, dz_\varrho$$

und folglich nach (ζ.)

$$(37.) \qquad \Sigma a\,dx = dz_0 + \sum_\varrho {}_1^r z_{r+\varrho} \, dz_\varrho$$

wird. Die Unabhängigkeit der $m+1$ Functionen $z_0, z_1, \dots z_m$ ist schon in §. 26, S. 311 aus der Voraussetzung bewiesen, dass in der Determinante (16.) $m+2$ der höchste Grad nicht verschwindender Unterdeterminanten ist.

Zürich, im September 1876.

Druckfehler.

S. 250, Z. 15 statt „in einer Determinante" lese man „in einer schiefen Determinante."

12.

Zur Theorie der elliptischen Functionen (mit L. Stickelberger)

Journal für die reine und angewandte Mathematik 83, 175–179 (1877)

Die merkwürdige Formel, welche Herr *Hermite* in einer kürzlich erschienenen Notiz über elliptische Functionen mitgetheilt hat (dieses Journal Bd. 82, S. 343), veranlasst uns, auf den Zusammenhang zwischen einigen verwandten Formeln hinzuweisen. Um von der allgemeinen Gleichung, von der wir ausgehen, zu der specielleren des Herrn *Hermite* und von da zu der noch specielleren zu gelangen, welche Herr *Kiepert* *) seiner Lösung des Multiplicationsproblems zu Grunde gelegt hat, bedienen wir uns eines Grenzüberganges, den wir zunächst allgemein darstellen wollen.

Seien

$$f_0(u),\quad f_1(u),\quad \ldots\quad f_n(u)$$

$n+1$ nach ganzen positiven Potenzen von u geordnete convergente Reihen und

$$u_0,\quad u_1,\quad \ldots\quad u_n$$

irgend welche Werthe innerhalb ihres gemeinsamen Convergenzbereiches. Dann kann die Determinante $(n+1)^{\text{ten}}$ Grades

$$|f_\alpha(u_\beta)| = F(u_0, u_1, \ldots u_n)$$

in eine nach Potenzen von $u_0, u_1, \ldots u_n$ fortschreitende convergente Reihe entwickelt und diese als alternirende Function auf die Form

$$F = G(u_0, u_1, \ldots u_n)\Pi(u_\alpha - u_\beta)$$

gebracht werden, wo die symmetrische Function G ebenfalls eine nach ***positiven*** Potenzen von $u_0, u_1, \ldots u_n$ fortschreitende convergente Reihe ist. (In dem Differenzenproducte sollen hier und im Folgenden α und β die Paare der Zahlen 0, 1, … n so durchlaufen, dass $\alpha > \beta$ ist.) Dann lässt sich der Werth, den die Function $G(u_0, u_1, \ldots u_n)$ annimmt, wenn die

*) *Kiepert,* Wirkliche Ausführung der ganzzahligen Multiplication der elliptischen Functionen, dieses Journal Bd. 76, S. 21. Daselbst findet man die Definition der Functionen $\sigma(u)$ und $\wp(u)$, welche Herr *Weierstrass* in die Theorie der elliptischen Functionen eingeführt hat, sowie eine kurze Zusammenstellung ihrer wichtigsten Eigenschaften. Betreffs der Formeln und Sätze aus dieser Theorie die wir im Folgenden gebrauchen werden, verweisen wir daher auf jene Abhandlung.

$n+1$ Variabeln alle gleich u gesetzt werden, leicht in Form einer Determinante angeben. Setzt man der Einfachheit halber, unter h eine kleine Grösse verstehend,

$$u_\beta = u + \beta h, \quad (\beta = 0, 1, \dots n)$$

und bedient man sich der Bezeichnung

$$\Delta f(u) = f(u+h) - f(u),$$

so ist nach einem bekannten Determinantensatze

$$|f_\alpha(u_\beta)| = |\Delta^\beta f_\alpha(u)|$$

und folglich

$$G = \frac{F}{\Pi(u_\alpha - u_\beta)} = \frac{1}{\Pi(\alpha-\beta)} \left| \frac{\Delta^\beta f_\alpha(u)}{h^\beta} \right|.$$

Daraus erhält man, indem man h sich der Grenze 0 nähern lässt, die gesuchte Relation

$$(1.) \quad \lim \frac{F(u_0, u_1, \dots u_n)}{\Pi(u_\alpha - u_\beta)} = \frac{1}{\Pi(\alpha-\beta)} |f_\alpha^{(\beta)}(u)|.$$

Auf der linken Seite sollen hier erst, nachdem der Quotient in eine nach positiven Potenzen von u_0, u_1, ... u_n fortschreitende Reihe entwickelt ist, die Argumente alle gleich u gesetzt werden.

Ein ähnliches Verfahren wenden wir jetzt auf die Determinante

$$R = \begin{vmatrix} 0 & 1 & \dots & 1 \\ 1 & \psi(u_0+v_0) & \dots & \psi(u_0+v_n) \\ \cdot & \cdot & \dots & \cdot \\ 1 & \psi(u_n+v_0) & \dots & \psi(u_n+v_n) \end{vmatrix},$$

an, wo

$$\psi(u) = \frac{d \log \sigma(u)}{du}$$

ist. Die Differenz $\psi(u+v) - \psi(u)$ ist eine doppelt periodische Function von u. Indem man daher die Elemente der ersten Zeile von R, mit $\psi(u_0)$ multiplicirt, von denen der zweiten Zeile subtrahirt, erkennt man, dass diese Determinante eine doppelt periodische Function von u_0 ist. Da sich der nämliche Schluss auf die übrigen in R eingehenden Variabeln anwenden lässt, so hat also diese Function von $2n+2$ Argumenten die merkwürdige Eigenschaft in Bezug auf jedes derselben doppelt periodisch zu sein.

Die Function $\psi(u)$ wird nur für $u = 0$ (und die congruenten Werthe) unendlich, und ihre Entwickelung nach aufsteigenden Potenzen von u beginnt mit $\frac{1}{u}$. Als Function von u_0 betrachtet, wird daher R nur für die $n+1$ Werthe

$$u_0 = -v_0, \quad -v_1, \quad \dots \quad -v_n$$

und die congruenten unendlich gross von der ersten Ordnung. Dagegen verschwindet R offenbar für

$$u_0 = u_1, \quad \dots \quad u_n.$$

Nun wird aber eine elliptische Function *) für eben so viele Werthe Null wie unendlich, und es ist (nach dem *Abel*schen Theorem) die Summe der Werthe, für welche sie verschwindet, der Summe der Werthe, für welche sie unendlich wird, congruent. (*Briot* et *Bouquet*, Fonctions elliptiques, II. éd., p. 241, Théor. III; p. 242, Théor. V. *Kiepert*, l. c. S. 24 u. 25.) Folglich muss R noch für einen $(n+1)^{\text{ten}}$ Werth von u_0 verschwinden, der aus der Gleichung

$$u_0+v_0+\dots+u_n+v_n = 0$$

zu berechnen ist. Nach einem bekannten Satze (*Briot* et *Bouquet*, p. 242, Théor. IV; p. 243, Théor. VI. *Kiepert*, l. c.) ist daher jene Determinante bis auf einen von u_0 unabhängigen Factor gleich

$$\frac{\sigma(u_0+v_0+\dots+u_n+v_n)\sigma(u_1-u_0)\sigma(u_2-u_0)\dots\sigma(u_n-u_0)}{\sigma(u_0+v_0)\sigma(u_0+v_1)\dots\sigma(u_0+v_n)}.$$

Untersucht man in ähnlicher Weise ihre Abhängigkeit von den übrigen $2n+1$ Argumenten, so ergiebt sich **) bis auf einen constanten Factor

$$(2.)\quad \left\{\begin{aligned} &-\begin{vmatrix} 0 & 1 & \dots & 1 \\ 1 & \frac{\sigma'(u_0+v_0)}{\sigma(u_0+v_0)} & \dots & \frac{\sigma'(u_0+v_n)}{\sigma(u_0+v_n)} \\ \cdot & \cdot & \dots & \cdot \\ 1 & \frac{\sigma'(u_n+v_0)}{\sigma(u_n+v_0)} & \dots & \frac{\sigma'(u_n+v_n)}{\sigma(u_n+v_n)} \end{vmatrix} \\ &= \frac{\sigma(u_0+v_0+\dots+u_n+v_n)\,\Pi\sigma(u_\alpha-u_\beta)\,\Pi\sigma(v_\alpha-v_\beta)}{\Pi\sigma(u_\alpha+v_\beta)}. \end{aligned}\right.$$

Im Nenner der rechten Seite ist das Product auf alle Paare der Zahlen von 0 bis n zu erstrecken, im Zähler nur auf solche, für welche $\alpha > \beta$ ist.

---

*) *Elliptische Function* nennen wir nach Herrn *Weierstrass* jede doppelt periodische Function, welche im Endlichen überall den Charakter einer rationalen hat, d. h. in der Umgebung jedes endlichen Werthes a in eine nach ganzen Potenzen von $u-a$ geordnete convergente Reihe entwickelt werden kann, die negative Potenzen nur in endlicher Anzahl enthält.

**) Für $n = 1$ stimmt diese Formel im wesentlichen mit derjenigen überein, welche *Jacobi* im 15. Bande dieses Journals (S. 204, 13) angegeben hat.

Dass der constante Factor in der Gleichung (2.) richtig angegeben ist, sieht man ohne weiteres für $n=0$, und allgemein leicht durch den Schluss von n auf $n+1$. Multiplicirt man nämlich auf der linken Seite die Elemente der letzten Zeile mit u_n+v_n und setzt dann $u_n=-v_n$, so verschwinden sie mit Ausnahme des letzten, welches gleich 1 wird. Daher geht R in die analog aus den n Argumentenpaaren u_0, v_0, ... u_{n-1}, v_{n-1} gebildete Determinante über. In dem Ausdrucke auf der rechten Seite der Gleichung (1.) ist für $u_n=-v_n$

$$\lim\frac{u_n+v_n}{\sigma(u_n+v_n)} = 1,$$

$$\frac{\sigma(u_n-u_\beta)\sigma(v_n-v_\beta)}{\sigma(v_n+u_\beta)\sigma(u_n+v_\beta)} = 1 \quad (\beta=0,1,\dots n-1).$$

Derselbe geht also ebenfalls in die analog aus den n Argumentenpaaren u_0, v_0, ... u_{n-1}, v_{n-1} gebildete Function über.

In der Gleichung (2.) setzen wir jetzt

$$v_\beta=\beta h \quad (\beta=0,1,\dots n)$$

und formen ihre linke Seite nach der schon oben angewendeten Methode in eine Determinante um, deren $(\alpha+2)^{\text{te}}$ Zeile die Elemente

$$1,\quad \psi(u_\alpha),\quad \Delta\psi(u_\alpha),\quad \Delta^2\psi(u_\alpha),\quad \dots\quad \Delta^n\psi(u_\alpha)$$

enthält. Da bei dieser Transformation die Elemente der ersten Zeile

$$0,\quad 1,\quad 0,\quad 0,\quad \dots\quad 0$$

werden, so reducirt sich die linke Seite auf eine Determinante $(n+1)^{\text{ten}}$ Grades, die wir in leicht verständlicher Weise mit

$$-R = |1,\quad \Delta\psi(u_\alpha),\quad \Delta^2\psi(u_\alpha),\quad \dots\quad \Delta^n\psi(u_\alpha)|$$

bezeichnen. Folglich ist

$$\left|1,\quad \frac{\Delta\psi(u_\alpha)}{h},\quad \frac{\Delta^2\psi(u_\alpha)}{h^2},\quad \dots\quad \frac{\Delta^n\psi(u_\alpha)}{h^n}\right|$$
$$= \frac{\sigma(u_0+v_0+\dots+u_n+v_n)\Pi\sigma(u_\alpha-u_\beta)}{\Pi\sigma(u_\alpha+v_\beta)}\,\Pi\frac{\sigma(v_\alpha-v_\beta)}{h},$$

also, wenn h sich der Grenze Null nähert,

$$|1,\quad \psi'(u_\alpha),\quad \psi''(u_\alpha),\quad \dots\quad \psi^{(n)}(u_\alpha)| = \frac{\sigma(u_0+\dots+u_n)\Pi\sigma(u_\alpha-u_\beta)\Pi(\alpha-\beta)}{(\Pi\sigma(u_\alpha))^{n+1}}.$$

Setzt man nach Herrn *Weierstrass*

$$-\psi'(u) = -\frac{d^2\log\sigma(u)}{du^2} = \wp(u),$$

so lautet diese Formel

$$(3.)\quad \begin{vmatrix} 1 & \wp(u_0) & \wp'(u_0) & \dots & \wp^{(n-1)}(u_0) \\ 1 & \wp(u_1) & \wp'(u_1) & \dots & \wp^{(n-1)}(u_1) \\ \cdot & \cdot & \cdot & \dots & \cdot \\ 1 & \wp(u_n) & \wp'(u_n) & \dots & \wp^{(n-1)}(u_n) \end{vmatrix} = \frac{(-1)^n \Pi(\alpha-\beta)\sigma(u_0+\dots+u_n)\Pi\sigma(u_\alpha-u_\beta)}{(\Pi\sigma(u_\alpha))^{n+1}}.$$

Dies ist im wesentlichen die von Herrn ***Hermite*** in dem oben citirten Schreiben angegebene Gleichung. Auf dieselbe wenden wir jetzt noch einmal den im Eingang auseinandergesetzten Grenzübergang an, indem wir in der Formel (1.)

$$f_0(u) = 1,\quad f_1(u) = \wp(u),\quad \dots\quad f_n(u) = \wp^{(n-1)}(u)$$

wählen. Dann verschwinden in der Determinante $|f_\alpha^{(\beta)}(u)|$ die Elemente der ersten Colonne mit Ausnahme des ersten, und sie reducirt sich auf eine Determinante n^{ten} Grades. Man gelangt daher zu der Formel des Herrn ***Kiepert*** (l. c. S. 31, Formel (29^a.))

$$(4.)\quad \begin{vmatrix} \wp'(u) & \wp''(u) & \dots & \wp^{(n)}(u) \\ \wp''(u) & \wp'''(u) & \dots & \wp^{(n+1)}(u) \\ \cdot & \cdot & \dots & \cdot \\ \wp^{(n)}(u) & \wp^{(n+1)}(u) & \dots & \wp^{(2n-1)}(u) \end{vmatrix} = \frac{(-1)^n(\Pi(\alpha-\beta))^2\sigma((n+1)u)}{\sigma(u)^{(n+1)(n+1)}}.$$

Zürich, den 10. März 1877.

13.

Note sur la théorie des formes quadratiques à un nombre quelconque de variables

C. R. Acad. Sci. Paris 85, 131–133 (1877)

« Vous avez répondu, il y a quelque temps, à une objection qui a été faite par M. Bachmann à vos formules, pour la transformation des formes quadratiques ternaires en elles-mêmes, en montrant que la seule exception possible était contenue dans le type général, lorsqu'on attribuait aux trois paramètres des valeurs qui devenaient infinies suivant une loi déterminée. J'ai réussi à étendre cette recherche au cas de n variables indépendantes, qui me semble offrir des difficultés d'un genre bien différent.

» Pour simplifier, je me sers d'une notation symbolique. Si

$$A = \Sigma\, a_{\alpha\beta}\, x_\alpha y_\beta \quad \text{et} \quad B = \Sigma\, b_{\alpha\beta}\, x_\alpha y_\beta$$

sont deux formes bilinéaires données, je nomme la forme $\Sigma \frac{\partial A}{\partial y_k} \frac{\partial B}{\partial x_k}$ leur produit, et je le désigne par AB. Vous voyez que cette opération n'est autre chose que la composition des substitutions linéaires que vous avez si souvent employée. De plus, je pose $C = \Sigma x_\alpha y_\alpha$ et je désigne par A^{-1} la forme X satisfaisant à l'équation $AX = C$ qui n'a point de solution ou n'en a qu'une seule, suivant que le déterminant de la forme A s'évanouit ou non. Enfin je nomme *forme conjuguée de* A, et je désigne par A' celle que l'on obtient en échangeant les variables $x_1 y_1, \ldots, x_n y_n$.

» En faisant usage de ces symboles, je puis énoncer le problème de la transformation d'une forme quadratique $\Sigma s_{\alpha\beta} x_\alpha x_\beta$ en elle-même, de la manière suivante : « Étant donnée une forme bilinéaire symétrique » $S = \Sigma s_{\alpha\beta} x_\alpha x_\beta$ $(S' = S)$, dont le déterminant est différent de zéro, trou- » ver toutes les formes $U = \Sigma u_{\alpha\beta} x_\alpha y_\beta$ (substitutions) dont le déterminant » ne s'évanouit pas et qui satisfont à l'équation

$$U'SU = S. \text{ »} \tag{1}$$

Lorsque le déterminant de $C + U$ n'est pas nul, on a

$$U = (S + T)^{-1}(S - T), \tag{2}$$

où

$$T = S(C + U)^{-1}(C - U) = (C + U')^{-1}(U'S - SU)(C + U)^{-1} \tag{3}$$

représente une forme alternée $(T' = -T)$ quelconque, à coefficients finis, telle que le déterminant de $S + T$ diffère de zéro.

» En outre, chaque forme U qui satisfait à l'équation (1), et dont le déterminant est $+1$ (substitution propre) peut être réduite à

$$U = \lim(S + T_h)^{-1}(S - T_h), \tag{4}$$

où $T_h = \Sigma t_{\alpha\beta} x_\alpha y_\beta$ désigne une forme alternée, dont les coefficients $t_{\alpha\beta}$ sont des fonctions rationnelles d'un paramètre h et n'ont pas tous des valeurs finies pour $h = 0$ lorsque le déterminant de $C + U$ est nul.

» Considérons d'abord le cas particulier où le déterminant de $C - U$ diffère de zéro. Le nombre n étant nécessairement pair, imaginons une forme alternée quelconque H, dont le déterminant est différent de zéro; on satisfait à l'équation (4) en posant

$$T_h = S[C + U + h(C - U)HS]^{-1}(C - U). \tag{5}$$

» La forme cherchée T_h est encore plus compliquée lorsque le déterminant de $C - U$ s'évanouit en même temps que celui de $C + U$. Supposons que le déterminant de $rC - U$ soit divisible par $(rC + 1)^m$ et nommons A le coefficient de $(r+1)^{-1}$ dans le développement de la forme $(rC - U)^{-1}$ par rapport aux puissances croissantes de $r+1$. On démontre que tous les mineurs de degré $m+1$ du déterminant de A (et de degré

$n - m + 1$ du déterminant de $C - A$) sont égaux à zéro, tandis que ceux du degré m (resp. $n - m$) ne le sont pas tous. Il en résulte que l'on peut transformer ces formes en

$$A = \Sigma(f_{\mu 1} x_1 + \ldots + f_{\mu n} x_n)(g_{\mu 1} y_1 + \ldots + g_{\mu n} y_n) \quad (\mu = 1, 2, \ldots, m),$$
$$C - A = \Sigma(f_{\nu 1} x_1 + \ldots + f_{\nu n} x_n)(g_{\nu 1} y_1 + \ldots + g_{\nu n} y_n) \quad (\nu = m + 1, \ldots, n).$$

» Si l'on pose maintenant

$$G = \Sigma g_{\alpha\beta} x_\alpha y_\beta,$$

on trouve

$$GUG^{-1} = U_1 + U_2, \quad G'^{-1} S G^{-1} = S_1 + S_2,$$

équations dans lesquelles les formes U_1, S_1 ne contiennent que les variables $x_\mu y_\mu (\mu = 1, \ldots, m)$ et U_2 S_2, que les variables $x_\nu y_\nu (\nu = m + 1, \ldots n)$. Le nombre m étant nécessairement pair, imaginons une forme alternée H_1 des variables $x_\mu y_\mu$ dont le déterminant est différent de zéro. Posons enfin

$$C_1 = \Sigma x_\mu y_\mu \quad (\mu = 1, \ldots, m), \quad C_2 = \Sigma x_\nu y_\nu \quad (\nu = m + 1, \ldots, n).$$

La forme cherchée sera

$$(6) \quad \left\{ \begin{aligned} T_h = G' \{ & S_1 [C_1 + U_1 + h(C_1 - U_1) H_1 S_1]^{-1} (C_1 - U_1) \\ & + S_2 (C_2 + U_2)^{-1} (C_2 - U_2) \} G. \end{aligned} \right.$$

» Il est presque inutile d'observer que dans cette formule le signe $(C_2 + U_2)^{-1}$, par exemple, représente la forme X_2, qui satisfait à l'équation $(C_2 + U_2) X_2 = C_2$ (et non pas $= C$).

» Il vous sera facile de vérifier les résultats indiqués. Mes démonstrations, ainsi qu'un grand nombre de développements analogues et de corollaires qui en découlent, se trouveront dans un Mémoire qui sera inséré dans un des prochains numéros du journal de M. Borchardt.

» De peur d'abuser de votre temps, je ne cite parmi les résultats que j'ai obtenus dans la théorie des substitutions linéaires que le suivant :

» *Le nombre des formes linéairement indépendantes* X, *qui sont permutables contre une forme donnée* A, *c'est-à-dire qui satisfont à l'équation* $AX = XA$, *est égal à*

$$n + 2(n_1 + n_2 + n_3 + \ldots),$$

n_k désignant le degré du plus grand commun diviseur des mineurs d'ordre $n - k$ du déterminant de la forme $rC - A$. »

14.

Über lineare Substitutionen und bilineare Formen

Journal für die reine und angewandte Mathematik 84, 1–63 (1878)

In den Untersuchungen über die Transformation der quadratischen Formen in sich selbst hat man sich bisher auf die Betrachtung des allgemeinen Falles beschränkt, während die Ausnahmen, welche die Resultate in gewissen speciellen Fällen erfahren, nur für die ternären Formen erschöpfend behandelt worden sind (***Bachmann,*** dieses Journal Bd. 76, S. 331; ***Hermite,*** dieses Journal Bd. 78, S. 325). Ich habe daher versucht, die Lücke zu ergänzen, die sich sowohl in dem Beweise der Formeln findet, welche die Herren ***Cayley*** (dieses Journal Bd. 32, S. 119) und ***Hermite*** (dieses Journal Bd. 47, S. 309) für die Coefficienten der Substitution gegeben haben, als auch in den Betrachtungen, welche Herr ***Rosanes*** (dieses Journal Bd. 80, S. 52) über den Charakter der Transformation angestellt hat. Indem ich an Stelle der quadratischen Formen symmetrische bilineare Formen behandelte, wurde ich darauf geführt, meine Untersuchungen auch auf alternirende Formen auszudehnen. Ob für die Transformation jeder bilinearen Form mit cogredienten Variabeln in sich selbst ähnliche rationale Darstellungen existiren, ist eine Frage, die noch der Beantwortung harrt. Ist die Form eine allgemeine, d. h. sind die Wurzeln einer gewissen Gleichung alle unter einander verschieden, ist eine solche Darstellung von Herrn ***Christoffel*** angegeben worden (dieses Journal Bd. 68, S. 260.)

Wird zunächst nur die eine Reihe der Variabeln einer bilinearen Form einer linearen Substitution unterworfen, so gehen in die Ausdrücke für die Coefficienten der transformirten Form die Coefficienten der ursprünglichen Form in der nämlichen Weise ein wie die Substitutionscoefficienten. Betrachtet man also die Form als einen Operandus und die Substitution als eine Operation, die mit der Form vorgenommen wird, so erscheint in dem Resultate der Unterschied zwischen Operandus und Operator in derselben Weise verwischt, wie beim Multipliciren der zwischen dem Multiplicandus und dem Multiplicator oder bei der Rechnung mit Quaternionen der zwischen einem System zweier Strecken im Raume und der Operation des Streckens und Drehens, welche ein solches System in ein anderes überführt. Diese Erwägungen leiteten mich darauf, statt der Transformation der bilinearen Formen die Zusammensetzung der linearen Substitutionen zu behandeln.

§. 1. Multiplication.

1. Sind A und B zwei bilineare Formen der Variabeln $x_1, \dots x_n$; $y_1, \dots y_n$, so ist auch

$$P = \Sigma_1^n \frac{\partial A}{\partial y_\varkappa} \frac{\partial B}{\partial x_\varkappa}$$

eine bilineare Form derselben Variabeln. Dieselbe nenne ich aus den Formen A und B (in dieser Reihenfolge) *zusammengesetzt* *). Es werden im Folgenden nur solche Operationen mit bilinearen Formen vorgenommen, bei welchen sie bilineare Formen bleiben**). Ich werde z. B. eine Form mit einer Constanten (von $x_1, y_1; \dots x_n, y_n$ unabhängigen Grösse) multipliciren, zwei Formen addiren, eine Form, deren Coefficienten von einem Parameter abhängen, nach demselben differentiiren. Ich werde aber nicht zwei Formen mit einander multipliciren. Aus diesem Grunde kann kein Missverständniss entstehen, wenn ich die aus A und B zusammengesetzte Form P mit

$$AB = \Sigma \frac{\partial A}{\partial y_\varkappa} \frac{\partial B}{\partial x_\varkappa}$$

bezeichne, und sie das *Product* der Formen A und B, diese die *Factoren* von P nenne. Für diese Bildung gilt

α) das *distributive* Gesetz:

$$A(B+C) = AB+AC, \qquad (A+B)C = AC+BC,$$
$$(A+B)(C+D) = AC+BC+AD+BD.$$

---

*) *Borchardt,* Neue Eigenschaft der Gleichung, mit deren Hülfe man die saeculären Störungen der Planeten bestimmt. Dieses Journal Bd. 30, S. 38.

Cayley, Remarques sur la notation des fonctions algébriques. Dieses Journal Bd. 50, S. 282.

Hesse, Neue Eigenschaften der linearen Substitutionen, welche gegebene homogene Functionen des zweiten Grades in andere transformiren, die nur die Quadrate der Variabeln enthalten. Dieses Journal Bd. 57, S. 175.

Christoffel, Theorie der bilinearen Formen. Dieses Journal Bd. 68, S. 253.

Rosanes, Ueber die Transformation einer quadratischen Form in sich selbst. Dieses Journal Bd. 80, S. 52.

**) Unter dem Bilde einer bilinearen Form fasse ich ein System von n^2 Grössen zusammen, die nach n Zeilen und n Colonnen geordnet sind. Eine Gleichung zwischen zwei bilinearen Formen repräsentirt daher einen Complex von n^2 Gleichungen. Ich werde bisweilen von dem Bilde der Form absehen und unter dem Zeichen A das System der n^2 Grössen $a_{\alpha\beta}$, unter der Gleichung $A = B$ das System der n^2 Gleichungen $a_{\alpha\beta} = b_{\alpha\beta}$ verstehen.

Sind a und b Constanten, so ist

$$(aA)B = A(aB) = a(AB),$$
$$(aA+bB)C = aAC+bBC.$$

β) das *associative* Gesetz:

$$(AB)C = A(BC),$$

daher diese Bildung kurz mit ABC bezeichnet werden kann. Denn AB entsteht, indem in A die Variabeln $y_\varkappa$ durch $\frac{\partial B}{\partial x_\varkappa}$, lineare Functionen von $y_1, \dots y_n$, ersetzt werden, oder indem in B die Variabeln $x_\varkappa$ durch $\frac{\partial A}{\partial y_\varkappa}$, lineare Functionen von $x_1, \dots x_n$, ersetzt werden. Die Form $(AB)C$ wird also gebildet, indem in B erst die Variabeln $x_\varkappa$ durch die linearen Functionen $\frac{\partial A}{\partial y_\varkappa}$ von $x_1, \dots x_n$ und dann die Variabeln $y_\varkappa$ durch die linearen Functionen $\frac{\partial C}{\partial x_\varkappa}$ von $y_1, \dots y_n$ ersetzt werden. Die Reihenfolge dieser beiden Substitutionen ist aber offenbar gleichgültig.

γ) es gilt aber nicht allgemein das *commutative* Gesetz. Die Formen AB und BA sind im allgemeinen von einander verschieden. Ist $AB = BA$, so heissen die Formen A und B mit einander *vertauschbar*. Aus dem distributiven Gesetze folgt:

I. *Ist jede der Formen $A, B, C, \dots$ mit jeder der Formen $P, Q, R, \dots$ vertauschbar, so ist auch die Form $aA+bB+cC+\cdots$ mit der Form $pP+qQ+rR+\cdots$ vertauschbar.*

Sind ferner B und C beide mit A vertauschbar, so folgt aus dem associativen Gesetze

$$A(BC) = (AB)C = (BA)C = B(AC) = B(CA) = (BC)A,$$

es ist also auch BC mit A vertauschbar. (Dies ist ein specieller Fall des *Jacobi-Poisson*schen Satzes aus der Theorie der partiellen Differentialgleichungen erster Ordnung.) Durch wiederholte Anwendung folgt daraus:

II. *Ist jede Form einer Reihe mit jeder Form einer anderen Reihe vertauschbar, so ist auch jede aus den Formen der ersten Reihe zusammengesetzte Form mit jeder aus denen der anderen Reihe zusammengesetzten vertauschbar.*

Eine Form, welche aus mehreren Formen durch die Operationen der Zusammensetzung, Multiplication mit constanten Coefficienten und Addition (in endlicher Anzahl) gebildet ist, soll eine *ganze Function* jener Formen genannt werden. Aus den obigen Sätzen folgt dann:

III. ***Ist jede Form einer Reihe mit jeder Form einer anderen Reihe vertauschbar, so ist auch jede ganze Function der Formen der ersten Reihe mit jeder ganzen Function der Formen der anderen Reihe vertauschbar.***

2. Die Form, welche aus A entsteht, indem die Variabeln $x_1, \dots x_n$ mit $y_1, \dots y_n$ vertauscht werden, heisst die *conjugirte Form* von A (*Jacobi*, dieses Journal Bd. 53, S. 265) und wird im Folgenden stets mit A' bezeichnet werden. Die conjugirte Form von aA ist aA', die von $A+B$ ist $A'+B'$. Die conjugirte Form von

$$AB = \Sigma \frac{\partial A}{\partial y_\varkappa} \frac{\partial B}{\partial x_\varkappa}$$

ist

$$\Sigma \frac{\partial A'}{\partial x_\varkappa} \frac{\partial B'}{\partial y_\varkappa} = B'A'.$$

IV. ***Ist eine Form aus mehreren zusammengesetzt, so ist die conjugirte Form aus den conjugirten in der umgekehrten Reihenfolge zusammengesetzt.***

Ist A mit B vertauschbar, so ist daher auch A' mit B' vertauschbar. Denn nimmt man in der Gleichung $AB = BA$ auf beiden Seiten die conjugirten Formen, so erhält man $B'A' = A'B'$.

Eine Form heisst *symmetrisch*, wenn sie ihrer conjugirten gleich ist, *alternirend*, wenn sie ihr entgegengesetzt gleich ist. Jede Form kann, und zwar nur in einer Weise, als Summe einer symmetrischen und einer alternirenden Form dargestellt werden. Denn ist $A = S + T$, wo S symmetrisch und T alternirend ist, so ist $A' = S - T$, und daher $S = \frac{1}{2}(A + A')$, $T = \frac{1}{2}(A - A')$.

Die Form $A'A$ ist nach Satz II. symmetrisch. Der Coefficient von $x_\alpha y_\alpha$ in derselben ist $a_{1\alpha}^2 + a_{2\alpha}^2 + \dots + a_{n\alpha}^2$. Sind daher die Coefficienten von A reell, so kann $A'A$ nur dann identisch verschwinden, wenn A Null ist. Sind allgemeiner die entsprechenden Coefficienten $a_{\alpha\beta}$ und $b_{\alpha\beta}$ der Formen A und B conjugirte complexe Grössen, so kann AB' nur verschwinden, wenn A Null ist. Denn der Coefficient von $x_\alpha y_\alpha$ ist in dieser Form $a_{\alpha 1} b_{\alpha 1} + a_{\alpha 2} b_{\alpha 2} + \dots + a_{\alpha n} b_{\alpha n}$.

3. Die Gleichung $P = AB$ ist eine symbolische Zusammenfassung der n^2 Gleichungen

$$p_{\alpha\beta} = \sum_\varkappa a_{\alpha\varkappa} b_{\varkappa\beta} \quad (\alpha, \beta = 1, 2, \dots n).$$

Mithin ist die Determinante von P, die ich mit $|P|$ bezeichnen werde, gleich dem Producte der Determinanten $|A|$ und $|B|$. Ferner ist jede partiale Determinante m^{ten} Grades von $|P|$ eine Summe von Producten je einer partialen Determinante m^{ten} Grades von $|A|$ und einer partialen Determinante m^{ten} Grades von $|B|$. Durch wiederholte Anwendung dieser Sätze ergiebt sich:

V. ***Die Determinante eines Productes mehrerer Formen ist gleich dem Producte der Determinanten der Factoren; jede partiale Determinante m^{ten} Grades der Determinante eines Productes ist eine homogene lineare Function der partialen Determinanten m^{ten} Grades jedes einzelnen Factors.***

Daraus ergeben sich die Folgerungen:

VI. ***Wenn die Determinante eines Productes verschwindet, so muss auch die eines Factors verschwinden; wenn in einem Factor eines Productes alle partialen Determinanten m^{ten} Grades verschwinden, so verschwinden sie auch im Producte.***

Speciell ergiebt sich für $m = 2$ und $m = 1$:

VII. ***Wenn ein Factor eines Productes in zwei Linearfactoren zerfällt, so zerfällt auch das Product; wenn ein Factor eines Productes verschwindet, so ist auch das Product Null.***

Letzteres gilt aber nicht umgekehrt. Denn wenn z. B. A die Variabeln $y_1, \dots y_m$ und B die Variabeln $x_{m+1} \dots x_n$ nicht enthält, so ist $AB = 0$.

Die Determinante von aA ist $a^n |A|$.

Die Determinante der conjugirten Form A' ist der von A gleich. Die Gesammtheit der partialen Determinanten m^{ten} Grades von $|A'|$ ist mit der Gesammtheit derer von $|A|$ identisch.

§. 2. Division.

1. Ist $A = \Sigma a_{\alpha\beta} x_\alpha y_\beta$ eine gegebene Form, so stellen wir uns die Aufgabe, alle Formen $X = \Sigma x_{\alpha\beta} x_\alpha y_\beta$ zu bestimmen, welche der Gleichung $AX = 0$ genügen. Dieselbe repräsentirt das System der n^2 Gleichungen

$$a_{\alpha 1} x_{1\beta} + a_{\alpha 2} x_{2\beta} + \cdots + a_{\alpha n} x_{n\beta} = 0.$$

Ist daher die Determinante der Form A von Null verschieden, so müssen die Grössen $x_{\alpha\beta}$ sämmtlich Null sein.

I. ***Ist $AX = 0$ und die Determinante von A nicht Null, so ist $X = 0$.***

Ist also die Determinante von C nicht Null, so folgt aus der Gleichung $AC = BC$, dass $A = B$ ist.

Soll $AX = 0$ sein, so müssen die n Werthereihen

$$x_{1\beta}, \quad x_{2\beta}, \quad \ldots \quad x_{n\beta} \qquad (\beta = 1, 2, \ldots n)$$

Lösungen der n linearen Gleichungen

$$(1.) \qquad a_{\alpha 1}x_1 + a_{\alpha 2}x_2 + \cdots + a_{\alpha n}x_n = 0 \qquad (\alpha = 1, 2 \ldots n)$$

sein. Ist in der Determinante von A der höchste Grad nicht verschwindender Unterdeterminanten gleich m, so haben diese Gleichungen $n-m$ unabhängige Lösungen und nicht mehr. Daher kann in der Determinante von X der höchste Grad nicht verschwindender Unterdeterminanten nicht grösser als $n-m$ sein, und es giebt Lösungen X der Gleichung $AX = 0$, in deren Determinante jener Grad wirklich gleich $n-m$ ist. Ist

$$X = P = \Sigma p_{\alpha\beta} x_\alpha y_\beta$$

eine solche Lösung, so befinden sich unter den Werthereihen

$$p_{1\varkappa}, \quad p_{2\varkappa}, \quad \ldots \quad p_{n\varkappa} \qquad (\varkappa = 1, 2, \ldots n)$$

$n-m$ unabhängige (und m von diesen abhängige) Lösungen der linearen Gleichungen (1.). Daher lässt sich jede andere Lösung aus ihnen linear zusammensetzen. Ist also $x_{1\beta}, x_{2\beta}, \ldots x_{n\beta}$ irgend eine Lösung der Gleichungen (1.), so ist

$$x_{1\beta} = \sum_\varkappa p_{1\varkappa} q_{\varkappa\beta}, \quad \ldots \quad x_{n\beta} = \sum_\varkappa p_{n\varkappa} q_{\varkappa\beta},$$

und folglich ist $X = PQ$.

Ist umgekehrt $X = P$ irgend eine particuläre Lösung der Gleichung $AX = 0$ und Q eine willkürliche Form, so ist $0 = (AP)Q = A(PQ)$, und mithin ist auch $X = PQ$ eine Lösung jener Gleichung.

Wenn die Form $PA = 0$ ist, so ist auch die conjugirte Form $A'P' = 0$. Mithin sind die Lösungen der Gleichung $XA = 0$ die conjugirten Formen von denen der Gleichung $A'X = 0$. Ist also in der Determinante von A der höchste Grad nicht verschwindender Unterdeterminanten gleich m, so ist in keiner Lösung der Gleichung $XA = 0$ jener Grad grösser als $n-m$. Es giebt aber Lösungen, für welche er wirklich gleich $n-m$ ist. Ist P eine solche, und Q eine willkürliche Form, so ist $X = QP$ die allgemeinste Lösung der Gleichung $XA = 0$.

2. Wenn $m = n-1$ ist, wenn also die Determinante von A Null ist, während ihre ersten Unterdeterminanten nicht alle verschwinden, so

zerfällt jede Lösung der Gleichung $AX = 0$ oder $XA = 0$ in zwei Linearfactoren.

Ist $b_{\alpha\beta}$ der Coefficient von $a_{\beta\alpha}$ in der Determinante der Form A, so heisst die Form $B = \Sigma b_{\alpha\beta} x_\alpha y_\beta$ die *adjungirte Form* von A. In dem Producte AB ist der Coefficient von $x_\alpha y_\beta$ gleich $a_{\alpha 1} b_{1\beta} + a_{\alpha 2} b_{2\beta} + \cdots + a_{\alpha n} b_{n\beta}$, also Null oder $|A|$, je nachdem α von β verschieden ist oder nicht; und dasselbe gilt von dem Producte BA. Setzt man also, wie stets im Folgenden geschehen wird,

$$E = \Sigma x_\alpha y_\alpha ,$$

so ist

$$(2.) \qquad AB = BA = |A| E.$$

Ist die Determinante von A Null, während ihre ersten Unterdeterminanten nicht alle verschwinden, so ist daher $AB = BA = 0$, und B ist nicht identisch Null. Mithin zerfällt B in zwei Linearfactoren, und wenn Q eine willkürliche Form ist, so ist $X = BQ$ $(X = QB)$ die allgemeinste Lösung der Gleichung $AX = 0$ $(XA = 0)$.

3. Wenn die Determinante der Form A verschwindet, so ist es nicht möglich, der Gleichung

$$(3.) \qquad AX = E \quad \text{oder} \quad XA = E$$

zu genügen, weil die Determinante von $E (= 1)$ gleich dem Producte der Determinanten von A und X sein muss.

Wenn aber die Determinante von A nicht verschwindet, so folgt aus (2.), dass $X = B : |A|$ beiden Gleichungen genügt. Auch kann es keine andere Form geben, welche eine der beiden Gleichungen (3.) befriedigt. Denn ist $AX = E$ und $AY = E$, so ist $A(X - Y) = 0$ und daher $X - Y = 0$ (I.). Die durch die Determinante dividirte adjungirte Form, oder die durch eine der beiden Gleichungen (3.) eindeutig definirte Form soll die *reciproke Form* von A genannt und mit A^{-1} bezeichnet werden. Aus den Gleichungen

$$(4.) \qquad AA^{-1} = E, \quad A^{-1}A = E$$

folgt, dass die Gleichung $XA^{-1} = E$ durch die Form $X = A$ befriedigt wird. Die reciproke Form von der reciproken Form ist daher wieder die ursprüngliche Form. Die conjugirte Form von $AA^{-1} = E$ ist, da E symmetrisch ist, $(A^{-1})'A' = E$. Mithin ist $(A^{-1})' = (A')^{-1}$.

In Folge der Gleichungen (4.) ist das Product der Determinanten von A und von A^{-1} gleich der Determinante von E, also Eins. Die Determinante von A^{-1} ist demnach gleich $|A|^{-1}$.

Aus der Definition der Zusammensetzung ergiebt sich, dass eine Form ungeändert bleibt, wenn sie mit E oder wenn E mit ihr zusammengesetzt wird, dass also

$$(5.)\qquad AE = EA = A$$

ist.

Sind die Determinanten von A und B von Null verschieden, so ist $(AB)(B^{-1}A^{-1}) = A(BB^{-1})A^{-1} = AEA^{-1} = AA^{-1} = E$, es genügt also $X = B^{-1}A^{-1}$ der Gleichung $(AB)X = E$ und ist folglich die reciproke Form von AB.

II. *Ist eine Form von nicht verschwindender Determinante aus mehreren zusammengesetzt, so ist die reciproke Form aus den reciproken Formen in der umgekehrten Reihenfolge zusammengesetzt.*

4. Ist die Determinante von A nicht Null, so hat die Gleichung $AX = B$ stets eine Lösung $X = A^{-1}B$ und keine andere. Ist aber jene Determinante Null, so hat sie nur unter gewissen Bedingungen eine Lösung, dann aber unzählig viele, die man aus einer erhält, indem man zu ihr die Lösungen der Gleichung $AX = 0$ addirt. Jene Bedingungen lassen sich dahin zusammenfassen, dass alle Lösungen der linearen Gleichungen $\frac{\partial A}{\partial y_1} = 0, \dots \frac{\partial A}{\partial y_n} = 0$ auch die Gleichungen $\frac{\partial B}{\partial y_1} = 0, \dots \frac{\partial B}{\partial y_n} = 0$ befriedigen müssen, oder dass in dem Elementensystem

$$\begin{matrix} a_{11} & \dots & a_{1n} & b_{11} & \dots & b_{1n} \\ \cdot & \dots & \cdot & \cdot & \dots & \cdot \\ a_{n1} & \dots & a_{nn} & b_{n1} & \dots & b_{nn}, \end{matrix}$$

der höchste Grad nicht verschwindender Unterdeterminanten eben so gross sein muss, wie in der Determinante von A.

5. Ist A mit B vertauschbar, und die Determinante von B nicht Null, so ist

$$AB^{-1} = (B^{-1}B)(AB^{-1}) = B^{-1}(BA)B^{-1} = B^{-1}(AB)B^{-1} = B^{-1}A,$$

und mithin ist A auch mit B^{-1} vertauschbar. Daher soll die Form

$$AB^{-1} = B^{-1}A = \frac{A}{B}$$

gesetzt und als der Quotient von A durch B bezeichnet werden. Bei Formen, die nicht vertauschbar sind, werden wir aber das Zeichen des Quotienten nicht anwenden.

Da die Determinante von B^{-1} gleich $|B|^{-1}$ ist, so ist die Determinante eines Quotienten zweier Formen gleich dem Quotienten ihrer Determinanten.

Die conjugirte Form von $\frac{A}{B}$ ist $\frac{A'}{B'}$. Sind die Determinanten von A und B beide von Null verschieden, so ist die reciproke Form von $\frac{A}{B}$ gleich $\frac{B}{A}$. Sind A, B, C irgend drei Formen, B und C von nicht verschwindender Determinante, so ist

$$AB^{-1} = ACC^{-1}B^{-1} = (AC)(BC)^{-1},$$
$$B^{-1}A = B^{-1}C^{-1}CA = (CB)^{-1}(CA).$$

Sind also je zwei dieser Formen vertauschbar, so ist

$$\frac{A}{B} = \frac{AC}{BC} = \frac{AC}{CB} = \frac{CA}{BC} = \frac{CA}{CB}.$$

§. 3. Rationale Functionen.

1. Die Form, welche man erhält, indem man α mal A mit sich selbst zusammensetzt, wird mit A^α bezeichnet und die α^{te} ***Potenz*** von A genannt. Durch wiederholte Anwendung des associativen Gesetzes ergiebt sich (vgl. ***Borchardt***, dieses Journal, Bd. 30, S. 42) die Formel

$$(1.) \qquad A^\alpha A^\beta = A^\beta A^\alpha = A^{\alpha+\beta}.$$

Dieselbe bleibt, wenn man

$$A^0 = E$$

setzt, nach §. 2., Formel (5.) auch richtig, wenn einer der beiden Exponenten oder beide Null sind. Ist die Determinante von A nicht Null, so entsteht, indem α mal A^{-1} mit sich selbst zusammengesetzt wird, eine Form, die mit $A^{-\alpha}$ bezeichnet wird. Dann ist leicht zu zeigen, dass die Gleichung (1.) auch für negative Werthe der Exponenten richtig bleibt. Mithin ist $A^{-\alpha}$ die reciproke Form von A^α. Für positive und negative Werthe des Exponenten ist $E^\alpha = E$. Ist a eine Constante, so ist $(aA)^\alpha = a^\alpha A^\alpha$.

Ist $g(r) = a_0 + a_1 r + \cdots + a_m r^m$ eine ganze Function von r, so heisst die Form $a_0 A^0 + a_1 A^1 + \cdots + a_m A^m$ eine ***ganze Function m^{ten} Grades*** von A und wird mit $g(A)$ bezeichnet. Nach §. 1. Satz III. ist jede ganze Function $g(A)$ von A mit jeder andern ganzen Function $h(A)$ vertauschbar. Ist die Determinante von $h(A)$ von Null verschieden, so heisst der Quotient $\frac{g(A)}{h(A)}$ eine ***rationale Function*** von A, und wird, wenn $\frac{g(r)}{h(r)} = f(r)$ ist, mit $f(A)$ bezeichnet.

Nach §. 1. Satz IV. ist die conjugirte Form von A^α gleich A'^α und daher die von $g(A) = \Sigma a_\alpha A^\alpha$ gleich $g(A')$. Da ferner die conjugirte Form eines Quotienten gleich dem Quotienten der conjugirten Formen ist, so ist die conjugirte Form einer rationalen Function $f(A)$ gleich $f(A')$. Jede rationale Function einer symmetrischen Form ist wieder symmetrisch. Von einer alternirenden Form ist jede gerade Function symmetrisch, jede ungerade alternirend.

Ist A mit B vertauschbar, so ist auch jede ganze Function $g(A)$ mit jeder ganzen Function $G(B)$ vertauschbar (§. 1. Satz III.). Sind ferner die Determinanten der ganzen Functionen $h(A)$ und $H(B)$ von Null verschieden, so ist auch $(h(A))^{-1}$ mit $(H(B))^{-1}$ vertauschbar; folglich ist auch $g(A)\,(h(A))^{-1}$ mit $G(B)(H(B))^{-1}$ vertauschbar.

I. *Sind zwei Formen vertauschbar, so ist auch jede rationale Function der einen mit jeder rationalen Function der andern vertauschbar.*

Je zwei rationale Functionen derselben Form sind mit einander vertauschbar.

Nach §. 1. Satz V. ist die Determinante von A^α gleich $|A|^\alpha$. Da die Determinante von A^{-1} gleich $|A|^{-1}$ ist, so gilt dies auch für negative Werthe des Exponenten. Die Determinante von $rE-A$ ist eine ganze Function n^{ten} Grades von r und soll die *charakteristische Determinante* oder *Function* von A genannt werden (*Cauchy*, Mémoire sur l'intégration des équations linéaires; Exerc. d'analyse et de phys. math. tome I., p. 53.). Ich setze

$$\varphi(r) = |rE-A| = (r-r_1)(r-r_2)\dots(r-r_n),$$

bezeichne also mit $r_1, r_2, \dots r_n$ die Wurzeln der charakteristischen Gleichung von A, jede so oft gezählt, wie ihre Ordnungszahl angiebt. Ist

$$g(r) = a_0 r^m + a_1 r^{m-1} + \dots + a_m = a(s_1-r)\dots(s_m-r)$$

eine ganze Function von r, so ist offenbar

$$g(A) = a_0 A^m + a_1 A^{m-1} + \dots + a_m A^0 = a(s_1 E-A)\dots(s_m E-A).$$

Da die Determinante eines Productes gleich dem Producte der Determinanten der Factoren ist, so ist folglich

$$\begin{aligned}|g(A)| &= a^n |s_1 E-A|\dots|s_m E-A| = a^n \varphi(s_1)\dots\varphi(s_m)\\ &= a(s_1-r_1)\dots(s_m-r_1)\dots a(s_1-r_n)\dots(s_m-r_n) = g(r_1)\dots g(r_n).\end{aligned}$$

Da ferner die Determinante eines Quotienten $f(A) = \frac{g(A)}{h(A)}$ gleich dem Quotienten der Determinanten ist, so ist

$$|f(A)| = \frac{g(r_1)\dots g(r_n)}{h(r_1)\dots h(r_n)} = f(r_1)\dots f(r_n).$$

II. ***Sind $r_1, r_2, \dots r_n$ die Wurzeln der charakteristischen Gleichung einer Form A, so ist die Determinante einer rationalen Function $f(A)$ von A gleich $f(r_1)f(r_2)\dots f(r_n)$.***

Die Determinante einer ganzen Function $g(A)$ ist die Resultante von $g(r)$ und der charakteristischen Function von A.

Wendet man den ersten Satz auf die Form $rE-f(A)$ an, so ergiebt sich (vgl. *Borchardt,* dieses Journal Bd. 30, S. 41), dass die Determinante derselben gleich $(r-f(r_1))\dots(r-f(r_n))$ ist:

III. ***Sind $r_1, r_2, \dots r_n$ die Wurzeln der charakteristischen Gleichung von A, so sind $f(r_1), f(r_2), \dots f(r_n)$ die der charakteristischen Gleichung von $f(A)$.***

2. Mehrere Formen $A, B, C, \dots$ heissen *unabhängig*, wenn die Gleichung $aA+bB+cC+\dots=0$ erfordert, dass die Constanten $a, b, c, \dots$ sämmtlich verschwinden. Da eine Form n^2 Coefficienten hat, so giebt es genau n^2 unabhängige Formen. Daher können die Potenzen einer Form nicht alle unabhängig sein. Seien $A^0, A^1, \dots A^{p-1}$ unabhängig, sei dagegen A^p mit ihnen durch eine Relation

$$(2.)\qquad \psi(A)=a_0A^0+a_1A^1+\dots+a_pA^p=0$$

verbunden, wo a_p von Null verschieden ist, während die übrigen Coefficienten zum Theil oder alle verschwinden können. Setzt man diese (verschwindende) Form mit A^ν zusammen, so erhält man

$$a_0A^\nu+a_1A^{\nu+1}+\dots+a_pA^{\nu+p} = 0.$$

Wenn man daher die für hinreichend grosse Werthe von r convergente Reihe

$$S = \frac{A^0}{r}+\frac{A^1}{r^2}+\frac{A^2}{r^3}+\dots$$

mit der ganzen Function p^{ten} Grades

$$\psi(r) = a_0+a_1r+\dots+a_pr^p$$

multiplicirt, so heben sich die negativen Potenzen von r, und man erhält eine ganze Function $(p-1)^{\text{ten}}$ Grades $G(r)$ (d. h. eine Form, deren Coefficienten ganze Functionen $(p-1)^{\text{ten}}$ Grades von r sind).

Der rationale echte Bruch $\frac{G(r)}{\psi(r)}$, der sich so für die recurrente Reihe S ergiebt, ist irreductibel. Denn wäre er gleich einem anderen, dessen Nenner $\chi(r)$ vom Grade $q<p$ wäre, so würde sich durch Multipli-

cation von S mit $\chi(r)$ und Coefficientenvergleichung ergeben, dass bereits zwischen $A^0, A^1, \dots A^q$ eine Gleichung bestände, wider die Voraussetzung.

Die Reihe S ist leicht zu summiren. Denn es ist

$$S\,A = \qquad \frac{A}{r}+\frac{A^2}{r^2}+\cdots$$

$$SrE = A^0+\frac{A}{r}+\frac{A^2}{r^2}+\cdots$$

und daher (vgl. *Christoffel*, dieses Journal Bd. 68, S. 272.)

$$S(rE-A) = A^0 = E, \quad S = (rE-A)^{-1},$$

also

$$(3.)\quad \frac{A^0}{r}+\frac{A^1}{r^2}+\frac{A^2}{r^3}+\cdots = (rE-A)^{-1} = \frac{F(r)}{\varphi(r)},$$

wo

$$(-1)^n F(r) = \begin{vmatrix} 0 & x_1 & \dots & x_n \\ y_1 & a_{11}-r & \dots & a_{1n} \\ . & . & \dots & . \\ y_n & a_{n1} & \dots & a_{nn}-r \end{vmatrix}, \quad (-1)^n \varphi(r) = \begin{vmatrix} a_{11}-r & \dots & a_{1n} \\ . & \dots & . \\ a_{n1} & \dots & a_{nn}-r \end{vmatrix}$$

ist. Der grösste gemeinsame Theiler des Zählers und des Nenners von S ist der grösste gemeinsame Theiler der ersten Unterdeterminanten von $\varphi(r)$. Ist derselbe eine ganze Function m^{ten} Grades von r, so ist der Nenner $\psi(r)$ des reducirten Bruches vom Grade $n-m=p$. Nach den obigen Erörterungen sind daher unter den Formen $A^0, A^1, A^2, \dots$ die ersten p unabhängig, alle folgenden von diesen abhängig.

Ist $r=a$ eine αfache Wurzel der charakteristischen Gleichung $\varphi(r)=0$ von A, so ist der grösste gemeinsame Divisor der ersten Unterdeterminanten von $\varphi(r)$ entweder nicht durch $r-a$ theilbar, oder durch eine niedrigere Potenz als die α^{te}. Daher verschwindet $\varphi(r)$ für dieselben Werthe, wie $\psi(r)$, nur möglicherweise für einige derselben von höherer Ordnung, und für einen Werth, für welchen $\psi(r)$ nicht Null ist, kann auch $\varphi(r)$ nicht verschwinden.

Ist die Determinante von A nicht Null, so kann das constante Glied von $\psi(r)$ nicht verschwinden. Denn sonst erhielte man durch Zusammensetzung von $\psi(A)$ mit A^{-1} eine ganze Function niedrigeren Grades von A, die Null wäre. In diesem Falle sind unter allen positiven und negativen Potenzen von A irgend $n-m=p$ auf einander folgende unabhängig, alle anderen von diesen abhängig.

3. Nach Formel (2.) genügt jede Form A einer gewissen Gleichung, und der Grad der Gleichung niedrigsten Grades $\psi(A)=0$ ist nicht grösser als n. Ist $f(r)$ eine durch $\psi(r)$ theilbare ganze Function, $f(r)=\psi(r)\chi(r)$, so ist $f(A)=\psi(A)\chi(A)=0$. Da die charakteristische Function $\varphi(r)$ durch $\psi(r)$ theilbar ist, so ist folglich stets $\varphi(A)=0$. Sind $f(r)$ und $g(r)$ irgend zwei ganze Functionen von r, und ist $h(r)$ ihr grösster gemeinsamer Divisor, so lassen sich zwei ganze Functionen $F(r)$ und $G(r)$ so bestimmen, dass $f(r)G(r)-g(r)F(r)=h(r)$ ist. Daher ist auch $f(A)G(A)-g(A)F(A)=h(A)$. Genügt also A den Gleichungen $f(A)=0$ und $g(A)=0$, so muss es auch die Gleichung $h(A)=0$ befriedrigen.

Wenn daher A der Gleichung $f(A)=0$ genügt, so muss $f(r)$ durch $\psi(r)$ theilbar sein. Denn wäre $\chi(r)$ der grösste gemeinsame Divisor von $f(r)$ und $\psi(r)$, so wäre $\chi(A)=0$, während doch $\psi(A)=0$ die Gleichung niedrigsten Grades ist, der A genügt. Wenn eine rationale Function $f(A)=\frac{g(A)}{h(A)}$ verschwindet, so muss $g(A)=0$ sein, weil die Determinante von $(h(A))^{-1}$ von Null verschieden ist. Daher ist $g(r)$ durch $\psi(r)$ theilbar. Für eine αfache Wurzel der Gleichung $\psi(r)=0$ muss folglich $f(r)$ nebst den ersten $\alpha-1$ Ableitungen verschwinden.

Mit Hülfe der Gleichung p^{ten} Grades $\psi(A)=0$ kann jede ganze Function von A als eine ganze Function höchstens $(p-1)^{\text{ten}}$ Grades dargestellt werden. Sei ferner $f(A)=\frac{g(A)}{h(A)}$ irgend eine rationale Function von A. Die Determinante von $h(A)$ ist $h(r_1)h(r_2)\dots h(r_n)$. Da dieselbe von Null verschieden ist, so hat $h(r)$ mit $\varphi(r)$, also auch mit $\psi(r)$ keinen Theiler gemeinsam. Daher lassen sich zwei ganze Functionen $F(r)$ und $G(r)$ so bestimmen, dass $h(r)F(r)-\psi(r)G(r)=g(r)$ ist. Mithin ist auch $h(A)F(A)-\psi(A)G(A)=g(A)$ oder, weil $\psi(A)=0$ ist, $F(A)=\frac{g(A)}{h(A)}$. Jede gebrochene rationale Function von A lässt sich also auch als ganze Function von A darstellen. Trotzdem werden wir uns der rationalen Functionen bedienen, weil in vielen Fällen die gebrochene Form bequemer ist.

Sei $B=h(A)$ eine rationale Function von A. Dieselbe ist gleich einer ganzen Function $f(A)$. Da die rationale Function $h(A)-f(A)$ verschwindet, so ist für jede Wurzel der Gleichung $\psi(r)=0$ auch $h(r)-f(r)=0$, und für eine αfache Wurzel dieser Gleichung stimmen auch die ersten $\alpha-1$ Ableitungen von $h(r)$ und $f(r)$ überein. Ist $\psi(r)=(r-r_1)(r-r_2)\dots(r-r_p)$, so ist $(f(r)-f(r_1))\dots(f(r)-f(r_p))$ durch $\psi(r)$ theilbar, und daher ist $(f(A)-f(r_1)E)\dots(f(A)-f(r_p)E)=0$, oder $(B-h(r_1)E)\dots(B-h(r_p)E)=0$. Daher genügt B ebenfalls einer Gleichung p^{ten} Grades. Wenn nun diese Form nicht einer Gleichung niedrigeren Grades genügt, so lässt sich auch A als rationale Function von B darstellen. Denn $f(A)$, $(f(A))^2$, $(f(A))^3$, ... lassen sich als ganze Functionen höchstens $(p-1)^{\text{ten}}$ Grades $f_1(A), f_2(A), f_3(A), \dots$ darstellen. Betrachtet man in den p Gleichungen $B^0 = A^0, B^1 = f_1(A), \dots B^{p-1} = f_{p-1}(A)$ die Formen A^0, A^1, ... A^{p-1} als die Unbekannten, so ist ihre Determinante nicht Null. Denn sonst würde zwischen ihren rechten Seiten eine Gleichung mit constanten Coefficienten bestehen, während B^0, B^1, ... B^{p-1} als unabhängig vorausgesetzt sind. Durch Auflösung dieser linearen Gleichungen ergiebt sich daher $A = g(B)$, wo $g(r)$ eine ganze Function ist.

Aus dieser Gleichung und aus $B = f(A)$ folgt $g(f(A)) = A$. Daher ist $g(f(r))-r$ durch $\psi(r)$ theilbar. Sind a und b zwei verschiedene Wurzeln der Gleichung $\psi(r)=0$, so sind folglich $f(a)$ und $f(b)$ verschieden, weil sonst auch $g(f(a))=a$ und $g(f(b))=b$ gleich sein würden. Ist ferner r eine mehrfache Wurzel jener Gleichung, so ist für dieselbe $g'(f(r))f'(r)-1=0$ und daher ist $f'(r)$ von Null verschieden. Es lässt sich zeigen, dass diese Bedingungen auch hinreichend sind, dass also der Satz gilt:

IV. *Damit eine ganze Function $g(r)$ so bestimmt werden könne, dass $g(f(r))-r$ durch $\psi(r)$ theilbar ist, wo $f(r)$ und $\psi(r)$ zwei gegebene ganze Functionen sind, ist nothwendig und hinreichend, dass $f(r)$ für je zwei verschiedene Wurzeln der Gleichung $\psi(r)=0$ verschiedene Werthe habe, und $f'(r)$ für keine mehrfache Wurzel jener Gleichung verschwinde.*

Daraus ergiebt sich dann unmittelbar der Satz:

V. *Ist $\psi(A)=0$ die Gleichung niedrigsten Grades, der A genügt, und $B=f(A)$ eine rationale Function von A, so ist stets und nur dann auch A eine rationale Function von B, wenn $f(r)$ für die verschiedenen Wurzeln der Gleichung $\psi(r)=0$ verschiedene Werthe hat und $f'(r)$ für die mehrfachen Wurzeln jener Gleichung nicht verschwindet.*

Für diesen Satz wird sich später (§. 7.) aus der Formentheorie selbst ein einfacher Beweis ergeben. Daher will ich hier auf den Beweis des obigen algebraischen Hülfssatzes nicht näher eingehen.

4. Aus den entwickelten Sätzen ergiebt sich eine Methode, eine Form X zu bestimmen, welche einer gegebenen Gleichung $f(X)=0$ genügt. Wir wollen dieselbe an ein Paar Beispielen erläutern.

Es giebt Formen, die nicht Null sind, von denen aber eine Potenz verschwindet. Ist X^p die niedrigste Potenz von X, welche verschwindet, so ist auch jede höhere Potenz von X gleich Null. Ist $\psi(X)=0$ die Gleichung niedrigsten Grades, der X genügt, so ist $\psi(r)$ ein Divisor von r^p, also eine Potenz von r, folglich gleich r^p; da die charakteristische Function $\varphi(r)$ von X nur für Werthe verschwindet, für die auch $\psi(r)=0$ ist, so muss $\varphi(r)=r^n$ sein. Da umgekehrt stets $\varphi(X)=0$ ist, so ergiebt sich der Satz:

VI. *Damit eine Potenz einer Form verschwinde, ist nothwendig und hinreichend, dass ihre charakteristische Function gleich r^n ist.*

Da $|X|^p=0$ ist, so ist auch $|X|=0$. Wenn auch die ersten Unterdeterminanten von $|X|$ sämmtlich verschwinden, und wenn r^m der grösste gemeinsame Divisor der ersten Unterdeterminanten von $|rE-X|$ ist, so ist $p=n-m$. Je nachdem daher $p<n$ oder $p=n$ ist, sind die ersten Unterdeterminanten von $|X|$ alle oder nicht alle Null. Ist eine Potenz von X gleich Null, und ist $k>1$, so ist von der Form X^k eine niedrigere als die n^{te} Potenz Null. Daher müssen in dieser Form die ersten Unterdeterminanten sämmtlich verschwinden.

Setzt man in der Gleichung $\varphi(r)=r^n$ die Grösse $r=-1$, so erhält man $|X+E|=1$. Ist A eine Form, die mit X vertauschbar ist, und s eine unbestimmte Zahl, so ist auch $(A+sE)^{-1}$ mit X vertauschbar. Setzt man daher $(A+sE)^{-1}X=B$, so ist $B^p=(A+sE)^{-p}X^p=0$, und folglich ist $|B+E|=1$. Nun ist aber $(A+sE)(B+E)=X+A+sE$ und mithin

$$|X+A+sE| = |A+sE|.$$

Beide Seiten dieser Gleichung sind ganze Functionen von s. Setzt man in denselben $s=0$, so erhält man den Satz:

VII. *Ist die Form A mit der Form X vertauschbar, von der eine Potenz verschwindet, so ist die Determinante von $A+X$ der von A gleich.*

Als zweites Beispiel behandle ich die Aufgabe, die Formen zu bestimmen, unter deren Potenzen nur eine endliche Anzahl verschieden sind. Unter den Formen X^0, X^1, ... sei $X^{\varkappa+\lambda}$ die erste, welche einer vorhergehenden gleich ist, und zwar sei $X^{\varkappa+\lambda}=X^\varkappa$ oder $X^\varkappa(X^\lambda-E)=0$. Ist $\psi(X)=0$ die Gleichung niedrigsten Grades, der X genügt, so ist $\psi(r)$ ein Divisor von $r^\varkappa(r^\lambda-1)$, verschwindet also nur für $r=0$ und für Einheitswurzeln und für letztere nur von der ersten Ordnung. Daher verschwindet auch die charakteristische Determinante $\varphi(r)$ von X nur für $r=0$ und für

Einheitswurzeln; und ist a eine Einheitswurzel, für welche $\varphi(r)$ von der α^{ten} Ordnung verschwindet, so müssen die ersten Unterdeterminanten von $\varphi(r)$ für $r=a$ alle von der $(\alpha-1)^{\text{ten}}$ Ordnung verschwinden. Bedient man sich daher des Begriffs der Elementartheiler (§. 6.), so erhält man den Satz:

VIII. *Damit unter den Potenzen einer Form nur eine endliche Anzahl verschieden seien, ist nothwendig und hinreichend, dass ihre charakteristische Determinante nur für den Werth Null und für Einheitswurzeln verschwindet, und dass diejenigen ihrer Elementartheiler, die für letztere verschwinden, sämmtlich einfach seien.*

5. Ist $\varphi(r)$ die charakteristische Function der Form A und

$$\frac{\varphi(r)-\varphi(s)}{r-s} = \varphi_0(r)s^{n-1}+\varphi_1(r)s^{n-2}+\cdots+\varphi_{n-1}(r),$$

so ist

$$\frac{\varphi(r)E-\varphi(A)}{rE-A} = \varphi_0(r)A^{n-1}+\varphi_1(r)A^{n-2}+\cdots+\varphi_{n-1}(r)E,$$

oder weil $\varphi(A)=0$ ist,

$$\text{(4.)}\qquad \frac{E}{rE-A} = \frac{\varphi_0(r)}{\varphi(r)}A^{n-1}+\frac{\varphi_1(r)}{\varphi(r)}A^{n-2}+\cdots+\frac{\varphi_{n-1}(r)}{\varphi(r)}E.$$

Man findet daher die Entwickelung von $(rE-A)^{-1}$ nach Potenzen von $r-a$ oder nach irgend welchen Functionen von r, indem man die Entwickelungen von $\frac{\varphi_0(r)}{\varphi(r)}, \ldots$ in diese Formel einsetzt. Daraus folgt:

IX. *In jeder Entwickelung von $(rE-A)^{-1}$ nach Functionen von r, die nur in einer Weise möglich ist, sind die Coefficienten ganze Functionen von A.*

Aus der Formel

$$\text{(5.)}\qquad \frac{\varphi(r)E}{rE-A} = \varphi_0(A)r^{n-1}+\varphi_1(A)r^{n-2}+\cdots+\varphi_{n-1}(A)$$

ergiebt sich der Satz:

X. *Die adjungirte Form von $rE-A$ ist eine ganze Function $(n-1)^{ten}$ Grades von r, deren Coefficienten ganze Functionen von A sind.*

§. 4. Differentiation.

Wenn die Coefficienten einer Form $A=\Sigma a_{\alpha\beta}x_\alpha y_\beta$ Functionen eines Parameters r sind, so ist das Differential (die Ableitung) der Form $dA=\Sigma(da_{\alpha\beta})x_\alpha y_\beta$ wieder eine bilineare Form. Ferner ist

$$d(AB) = d\Sigma\frac{\partial A}{\partial y_\varkappa}\frac{\partial B}{\partial x_\varkappa} = \Sigma\frac{\partial(dA)}{\partial y_\varkappa}\frac{\partial B}{\partial x_\varkappa}+\frac{\partial A}{\partial y_\varkappa}\frac{\partial(dB)}{\partial x_\varkappa}$$

oder

$$(1.)\qquad d(AB) = (dA)B + A(dB).$$

Daher ist

$$d(A^2) = (dA)A + A(dA).$$

$$d(ABC) = (dA)BC + A(dB)C + AB(dC).$$

$$d(A^\alpha) = (dA)A^{\alpha-1} + A(dA)A^{\alpha-2} + A^2(dA)A^{\alpha-3} + \cdots + A^{\alpha-1}(dA).$$

Ferner ist, da die Coefficienten der Form E von r unabhängig sind,

$$d(A^0) = dE = 0$$

und mithin

$$0 = d(AA^{-1}) = Ad(A^{-1}) + (dA)A^{-1},$$

also

$$(2.)\qquad d(A^{-1}) = -A^{-1}(dA)A^{-1}.$$

(*Weierstrass*, *B. M.**) 1858, S. 214). Z. B. ist, wenn die Coefficienten von A nicht von r abhängen,

$$(3.)\qquad \frac{d(rE-A)^{-1}}{dr} = -(rE-A)^{-1}E(rE-A)^{-1} = -(rE-A)^{-2}.$$

Ferner ist, wenn die Coefficienten von A Functionen von r sind,

$$d(A^{-\alpha}) = -A^{-\alpha}(dA^\alpha)A^{-\alpha},$$

oder

$$-d(A^{-\alpha}) = A^{-\alpha}(dA)A^{-1} + A^{-(\alpha-1)}(dA)A^{-2} + \cdots + A^{-1}(dA)A^{-\alpha}.$$

§. 5. Zerlegbare Formen.

Wenn die Variabeln x_α, x_β, ... in der Form A nicht vorkommen, so fehlen sie auch in AB und folglich auch in $ABCD = A(BCD)$. Wenn die Variabeln $y_\varkappa$, y_λ, ... in D nicht vorkommen, so fehlen sie auch in CD und folglich auch in $ABCD$.

I. *In einem Producte fehlen die Variabeln x, welche im ersten Factor, und die Variabeln y, welche im letzten Factor nicht vorkommen.*

Ist A mit B vertauschbar, so fehlen in $P = AB$ die Variabeln x, und in $P = BA$ die Variabeln y, welche in A nicht vorkommen.

II. *In dem Producte von zwei oder mehreren vertauschbaren Formen kommen alle die Variabeln nicht vor, welche in einem der Factoren fehlen.*

Eine Form heisst *zerlegbar*, wenn sie die Summe mehrerer Formen ist, von denen nicht zwei ein Variabelnpaar gemeinsam haben. Sind also $A_1 + A_2 + A_3 + \cdots$ die *Theile* der zerlegbaren Form A, und kommt das Va-

*) Mit *B. M.* citire ich die Monatsberichte der Berliner Academie.

riabelnpaar x_1, y_1 in A_1 vor (d. h. fehlen diese Veränderlichen nicht beide in A_1), so kommt weder x_1 noch y_1 in einer der Formen A_2, A_3, ... vor. Die Determinante einer zerlegbaren Form ist gleich dem Producte der Determinanten der einzelnen Theile. Die charakteristische Function einer zerlegbaren Form ist gleich dem Producte der charakteristischen Functionen der einzelnen Theile. Ist A in die Theile $A_1+A_2+\cdots$ und B in $B_1+B_2+\cdots$ zerlegbar, enthält B_1 die nämlichen Variabelnpaare wie A_1, B_2 die nämlichen wie A_2, u. s. w., so heisst B in derselben Weise zerlegbar wie A. Dabei ist nicht nothwendig, dass B_ϱ die sämmtlichen Variabelnpaare, welche in A_ϱ vorkommen, wirklich enthalte.

Die Form E ist in jeder beliebigen Weise zerlegbar. Ist A zerlegbar, so ist die conjugirte Form A' in derselben Weise zerlegbar. Sind A und B in gleicher Weise zerlegbar, so ist auch $A+B$ in derselben Weise zerlegbar. Sei $A=\Sigma A_\varrho$ und $B=\Sigma B_\varrho$, wo die entsprechenden Theile (welche die nämlichen Variabelnpaare enthalten) mit demselben Index bezeichnet sind. Dann ist, falls ϱ und σ verschieden sind, $A_\varrho B_\sigma=0$, weil in B_σ alle Variabelnpaare fehlen, die in A_ϱ vorkommen. Mithin ist $AB=\Sigma A_\varrho B_\varrho$. Da das Product $A_\varrho B_\varrho$ nur solche Variabelnpaare enthält, welche in A_ϱ und B_ϱ vorkommen, so folgt daraus:

III. ***Sind mehrere Formen in gleicher Weise zerlegbar, so ist ihr Product in derselben Weise zerlegbar.***

Ist daher eine Form zerlegbar, so ist auch jede Potenz derselben in der nämlichen Weise zerlegbar. Ist die Determinante der Form von Null verschieden, so gilt dieser Satz auch für negative Potenzen. Denn da die Determinante der zerlegbaren Form $A=\Sigma A_\varrho$ gleich dem Producte der Determinanten der einzelnen Theile ist, so ist unter der gemachten Voraussetzung auch die Determinante von A_ϱ nicht Null. Wird die Form E auf dieselbe Weise wie A in ΣE_ϱ zerlegt, so giebt es folglich eine Form B_ϱ, welche der Gleichung $A_\varrho B_\varrho=E_\varrho$ genügt, und dieselben Variabelnpaare enthält wie A_ϱ und E_ϱ. Daher ist, falls ϱ und σ verschieden sind, $A_\varrho B_\sigma=0$ und mithin

$$\Sigma A_\varrho \Sigma B_\varrho = \Sigma A_\varrho B_\varrho = \Sigma E_\varrho = E.$$

Es ist also die Form $\Sigma B_\varrho = A^{-1}$ in derselben Weise wie A zerlegbar.

Sind zwei in derselben Weise zerlegbare Formen $A=\Sigma A_\varrho$ und $B=\Sigma B_\varrho$ vertauschbar, so ist $\Sigma A_\varrho B_\varrho = \Sigma B_\varrho A_\varrho$ und daher $A_\varrho B_\varrho = B_\varrho A_\varrho$. Da ferner $A_\varrho B_\sigma = B_\sigma A_\varrho = 0$ ist, so ist jeder Theil von A mit jedem Theile von B vertauschbar. Ist ferner die Determinante von B von Null verschieden, so ist A auch mit $B^{-1} = \Sigma B_\varrho^{-1}$ vertauschbar, wo unter B_ϱ^{-1} diejenige Form Y_ϱ zu verstehen ist, welche der Gleichung $A_\varrho Y_\varrho = E_\varrho$ (nicht E) genügt. Mithin ist $\frac{A}{B} = \Sigma \frac{A_\varrho}{B_\varrho}$, wo das Zeichen $\frac{A_\varrho}{B_\varrho}$ diejenige Form X_ϱ bezeichnet, welche die Gleichung $A_\varrho = B_\varrho X_\varrho$ befriedigt. Da $A^\alpha = \sum\limits_\varrho A_\varrho^\alpha$ ist, so ist auch $\sum\limits_\alpha a_\alpha A^\alpha = \sum\limits_\varrho (\sum\limits_\alpha a_\alpha A_\varrho^\alpha)$, also, wenn $g(r)$ eine ganze Function ist, $g(A) = \Sigma g(A_\varrho)$. Ist $h(A)$ eine andere ganze Function von nicht verschwindender Determinante, so ist auch $h(A) = \Sigma h(A_\varrho)$ und daher

$$(1.) \qquad f(A) = \frac{g(A)}{h(A)} = \Sigma \frac{g(A_\varrho)}{h(A_\varrho)} = \Sigma f(A_\varrho).$$

Ist also eine Form zerlegbar, so ist jede rationale Function derselben in der nämlichen Weise zerlegbar.

§. 6. Aequivalenz.

Eine Form B heisst einer Form A *äquivalent*, wenn zwei Formen P und Q von nicht verschwindender Determinante bestimmt werden können, welche der Gleichung

$$PAQ = B$$

genügen, und welche ausserdem noch einer weiteren Beschränkung unterworfen sein können. Dieselbe muss aber der Art sein, dass A mit B äquivalent ist, wenn es B mit A ist, und dass zwei Formen, die einer dritten äquivalent sind, es auch unter einander sind. (Mündliche Mittheilung des Herrn *Kronecker*). P und Q heissen die *Substitutionen*, durch welche A in B übergeht. Alle Formen, die einer bestimmten äquivalent sind, bilden eine *Klasse* von Formen.

Jene Beschränkung kann z. B. darin bestehen, dass P gleich Q oder Q' oder Q^{-1} sein soll*), oder dass P und Q einen Parameter nicht enthalten sollen, der in A und B vorkommt. Nachdem so der Begriff der Aequivalenz fixirt ist, heisst eine Form *elementar* oder *irreductibel*, wenn sie weder selbst zerlegbar, noch einer zerlegbaren äquivalent ist, *reductibel* im entgegengesetzten Falle**) (*Kronecker, B. M.* 1874, S. 441). Aus dieser

*) Ist $P = Q'$, so heissen die beiden Substitutionen *cogredient*, ist $P = Q^{-1}$, so heissen sie *contragredient*.

**) Man überzeugt sich leicht, dass es durch eine endliche Anzahl algebraischer Operationen möglich ist zu entscheiden, ob eine numerisch gegebene Form irreductibel ist oder nicht. Ohne diesen Nachweis würden die obigen allgemeinen Definitionen vage sein.

Definition folgt, dass jede Form einer solchen äquivalent ist, die in lauter elementare zerlegt werden kann, oder falls eine solche Form eine *reducirte* genannt wird, dass sich in jeder Klasse reducirte Formen befinden. Ich will nun kurz die Resultate zusammenstellen, welche die Herren *Weierstrass* und *Kronecker* für einige besonders wichtige Arten der Aequivalenz erhalten haben (*B. M.* 1868 und 1874.).

1) Ist r ein veränderlicher Parameter, der in den Formen A und B nicht vorkommt, so heisst die Gesammtheit der Formen $rA-B$ eine *Formenschaar*. Zwei Schaaren $rA-B$ und $rC-D$ heissen äquivalent, wenn zwei von r unabhängige Substitutionen P, Q (von nicht verschwindender Determinante) so bestimmt werden können, dass

$$P(rA-B)Q = rC-D,$$

oder dass gleichzeitig

$$PAQ=C, \quad PBQ=D$$

ist. Giebt es vier von r unabhängige Formen K, L, M, N von nicht verschwindender Determinante, welche die Gleichung

$$K(rA-B)L = M(rC-D)N$$

befriedigen, so ist die Schaar $rA-B$ der Schaar $rC-D$ äquivalent und geht durch die Substitutionen

$$P=M^{-1}K, \quad Q=LN^{-1}$$

in dieselbe über.

Damit zwei Formenschaaren äquivalent sind, ist nothwendig, dass die Elementartheiler ihrer Determinanten übereinstimmen. Diese Bedingung ist auch hinreichend, falls jene Determinanten nicht identisch verschwinden. Ist aber in der Determinante von $rA-B$ der höchste Grad nicht verschwindender Unterdeterminanten gleich m, so muss man je $n-m$ unabhängige Lösungen der Gleichungen $(rA-B)X=0$ und $Y(rA-B)=0$ ermitteln, deren Coefficienten ganze Functionen möglichst niedrigen Grades von r sind. Wenn dann für zwei Formenschaaren ausser den Elementartheilern noch diese Grade übereinstimmen, so sind sie äquivalent.

Damit eine Formenschaar irreductibel sei, ist nothwendig und hinreichend, dass die ersten Unterdeterminanten ihrer Determinante für keinen Werth von r sämmtlich verschwinden, und dass ihre Determinante entweder identisch oder nur für einen einzigen Werth von r Null ist.

Wenn zwei Formenschaaren $rA-B$ und $rC-D$ äquivalent sind, und wenn entweder die Formen A, B, C, D alle symmetrisch oder alle alternirend sind, oder wenn A und C symmetrisch, B und D alternirend sind, oder wenn A und B und ebenso C und D conjugirte Formen sind, so können die beiden Schaaren durch *cogrediente* Substitutionen in einander transformirt werden.

2) Zwei Formen A und B heissen *ähnlich*, wenn sie durch *contragrediente* Substitutionen in einander transformirt werden können, wenn also eine Substitution P so bestimmt werden kann, dass

$$P^{-1}AP = B$$

ist. Z. B. sind CD und DC ähnliche Formen, falls die Determinante von C oder D nicht verschwindet, weil

$$C^{-1}(CD)C = DC$$

ist. Da

$$P^{-1}EP = E$$

ist, so ist auch

$$P^{-1}(rE-A)P = rE-B.$$

Damit also A und B ähnlich seien, ist nothwendig und hinreichend, dass die Schaaren $rE-A$ und $rE-B$ äquivalent sind, oder dass die Elementartheiler der charakteristischen Functionen von A und B übereinstimmen. Mithin sind z. B. zwei conjugirte Formen A und A' stets einander ähnlich.

Die Elementartheiler der charakteristischen Function einer zerlegbaren Form sind die Elementartheiler der charakteristischen Functionen der einzelnen Theile zusammengenommen.

Damit eine Form mit contragredienten Variabeln irreductibel sei, ist nothwendig und hinreichend, dass ihre charakteristische Determinante nur für einen Werth verschwindet, und dass ihre ersten Unterdeterminanten für denselben nicht sämmtlich Null sind.

Wenn zwei symmetrische oder alternirende Formen ähnlich sind, so können sie durch orthogonale Substitutionen in einander transformirt werden.

Es ist möglich, eine Form A zu bilden, deren charakteristische Function beliebig vorgeschriebene Elementartheiler hat, $\varphi(r)=(r-a)^{\alpha}(r-b)^{\beta}\dots$, wo $a, b, \dots$ endliche Zahlen sind, die nicht verschieden zu sein brauchen, und $\alpha+\beta+\cdots=n$ ist. Eine solche ist z. B.

$$\begin{gathered}a(x_1y_1+\cdots+x_{\alpha}y_{\alpha})+(x_1y_2+x_2y_3+\cdots+x_{\alpha-1}y_{\alpha})\\+b(x_{\alpha+1}y_{\alpha+1}+\cdots+x_{\alpha+\beta}y_{\alpha+\beta})+(x_{\alpha+1}y_{\alpha+2}+\cdots+x_{\alpha+\beta-1}y_{\alpha+\beta})+\cdots.\end{gathered}$$

3) Zwei Formen A und B heissen *congruent,* wenn sie durch *cogrediente* Substitutionen in einander transformirt werden können, wenn also eine Substitution P so bestimmt werden kann, dass

$$P'AP = B$$

ist *). Nimmt man auf beiden Seiten dieser Gleichung die conjugirten Formen, so erhält man

$$P'A'P = B'.$$

Daher ist auch

$$P'(rA-A')P = rB-B'.$$

Sind umgekehrt die Formenschaaren $rA-A'$ und $rB-B'$ äquivalent, so sind die Formen A und B congruent. Eine Form A mit cogredienten Variabeln ist stets und nur dann irreductibel, wenn die Determinante von $rA-A'$ 1) identisch oder 2) nur für $r=1$ oder 3) nur für $r=-1$ oder 4) nur für zwei reciproke Werthe, die nicht ± 1 sind, gleich Null ist, und in allen diesen Fällen ihre ersten Unterdeterminanten für keinen Werth von r sämmtlich verschwinden, oder wenn jene Determinante 5) nur für $r=1$ von der Ordnung $4\varkappa$ Null ist, während der grösste gemeinsame Divisor ihrer ersten Unterdeterminanten gleich $(r-1)^{2\varkappa}$ ist, oder 6) nur für $r=-1$ von der Ordnung $4\varkappa+2$ Null ist, während der grösste gemeinsame Divisor ihrer ersten Unterdeterminanten gleich $(r+1)^{2\varkappa+1}$ ist, und wenn in diesen beiden Fällen ihre zweiten Unterdeterminanten für keinen Werth von r sämmtlich verschwinden (*B. M.* 1874, S. 440). Dabei ist zu bemerken, dass die Anzahl der Variabeln in den Fällen 1) und 2) stets ungerade, in den Fällen 3) und 4) aber gerade ist. Damit hängt der für das Folgende wichtige Satz zusammen (*B. M.* 1874, S. 441):

I. *Die Elementartheiler der Determinante der Schaar $uA+vA'$ von der Gestalt $(u+v)^{2\varkappa+1}$ oder $(u-v)^{2\varkappa+1}$ sind immer doppelt vorhanden.*

Es ist möglich, eine Schaar $rA-A'$ mit conjugirten Grundformen zu bilden, deren Determinante vorgeschriebene Elementartheiler hat, vorausgesetzt, dass dieselben paarweise von gleichem Grade sind und für reciproke Werthe verschwinden, mit Ausnahme derjenigen, die für $r=1$ von einer ungeraden oder für $r=-1$ von einer geraden Ordnung Null sind.

*) Beschränkt man sich, wie in der Theorie der algebraischen Gleichungen, auf solche Substitutionen, die Versetzungen sind, oder allgemeiner auf orthogonale Substitutionen, so fällt die Congruenz mit der Aehnlichkeit zusammen.

§. 7. Aehnlichkeit.

Durch wiederholte Anwendung der Identitäten

$$P^{-1}(AB)P=(P^{-1}AP)(P^{-1}BP),\quad P^{-1}(aA+bB)P=aP^{-1}AP+bP^{-1}BP,$$

gelangt man zu dem Satze:

I. *Um eine ganze Function mehrerer Formen durch contragrediente Substitutionen zu transformiren, kann man jede einzelne Form für sich transformiren und dann die ganze Function bilden.*

Sind A und B vertauschbare Formen, so ist

$$(P^{-1}AP)(P^{-1}BP)=P^{-1}(AB)P=P^{-1}(BA)P=(P^{-1}BP)(P^{-1}AP).$$

II. *Wenn man zwei vertauschbare Formen durch die nämlichen contragredienten Substitutionen transformirt, so erhält man wieder zwei vertauschbare Formen.*

Ist $g(A)$ eine ganze Function von A, so ist nach Satz I.

$$P^{-1}g(A)P = g(P^{-1}AP).$$

Ist $h(A)$ eine ganze Function von A mit nicht verschwindender Determinante, und $f(A)=\frac{g(A)}{h(A)}$, so ist (§. 2, II.)

$$P^{-1}f(A)P=(P^{-1}g(A)P)(P^{-1}(h(A))^{-1}P)=(P^{-1}g(A)P)(P^{-1}h(A)P)^{-1}$$
$$=g(P^{-1}AP)(h(P^{-1}AP))^{-1}=f(P^{-1}AP),$$

also

$$(1.)\qquad P^{-1}f(A)P = f(P^{-1}AP).$$

Ist $\psi(A)=0$ eine Gleichung, der A genügt, und ist $B=P^{-1}AP$ eine der Form A ähnliche Form, so ist

$$\psi(B)=P^{-1}\psi(A)P=0.$$

Da auch umgekehrt aus $\psi(B)=0$ wieder $\psi(A)=0$ folgt, so ergiebt sich daraus, dass alle Formen derselben Klasse die nämlichen Gleichungen und speciell dieselbe Gleichung niedrigsten Grades befriedigen. Ist $\psi(r)$ der Quotient der charakteristischen Determinante $\varphi(r)$ der Form A durch den grössten gemeinsamen Divisor ihrer ersten Unterdeterminanten, so ist $\psi(A)=0$ die Gleichung niedrigsten Grades, der A genügt. Ist A eine elementare Form, so ist nach §. 6, 2

$$\varphi(r)=|rE-A|=(r-a)^n,$$

und die ersten Unterdeterminanten von $\varphi(r)$ verschwinden nicht alle für

$r = a$. Mithin ist $\psi(r) = \varphi(r)$, und es ist

$$(A - aE)^n = 0$$

die Gleichung niedrigsten Grades, der A genügt.

III. *Damit eine Form mit contragredienten Variabeln irreductibel sei, ist nothwendig und hinreichend, dass die linke Seite der Gleichung niedrigsten Grades, der sie genügt, die n^{te} Potenz einer linearen Function ist.*

Ist daher $k > 1$, so verschwinden nach §. 3, VI. in der Determinante der Form $(A - aE)^k$ die ersten Unterdeterminanten, und daher ist diese Form keine elementare.

Ist $n = 1$, so ist jede Form A und folglich auch jede rationale Function $f(A)$ eine elementare Form. Sei nun $n > 1$ und sei $f(A)$ eine rationale Function der irreductibeln Form A, also $f(r)$ eine rationale Function von r, deren Nenner für $r = a$ nicht verschwindet (§. 3.). Dann ist (§. 3, II.) die charakteristische Function der Form $f(A)$

$$|rE - f(A)| = (r - f(a))^n.$$

Sei ferner

$$f(r) - f(a) = (r - a)^k g(r),$$

wo die rationale Function $g(r)$ für $r = a$ weder Null noch unendlich wird. Die Zahl k ist grösser als Eins oder gleich Eins, je nachdem $f'(a)$ verschwindet, oder nicht. Dann ist

$$f(A) - f(a)E = (A - aE)^k g(A),$$

wo die Determinante von $g(A)$ gleich $(g(a))^n$, also von Null verschieden ist. Daher ist (§. 1, V.) in der Determinante der Form $f(A) - f(a)E$ der höchste Grad nicht verschwindender Unterdeterminanten ebenso gross, wie in der Determinante von $(A - aE)^k$. In der charakteristischen Function von $f(A)$ verschwinden folglich für $r = f(a)$ die ersten Unterdeterminanten alle oder nicht alle, je nachdem $k > 1$ oder $k = 1$ ist. Im ersten Falle ist also $f(A)$ reductibel, im andern irreductibel.

IV. *Damit eine rationale Function $f(A)$ einer elementaren Form A irreductibel sei, ist nothwendig und hinreichend, dass entweder $n = 1$ ist, oder wenn $n > 1$ ist, $f'(r)$ für die Wurzel der charakteristischen Gleichung von A nicht verschwindet.*

Ist jetzt A eine beliebige Form, so ist sie einer reducirten ähnlich, oder es kann eine Substitution P so bestimmt werden, dass

$$P^{-1}AP = \Sigma A_\varrho$$

ist, wo A_1, A_2, ... elementare Formen sind, von denen nicht zwei ein Variabelnpaar gemeinsam haben. Ist $f(A)$ eine rationale Function von A, so ist folglich nach §. 5, (1.)

$$P^{-1}f(A)P = f(P^{-1}AP) = f(\Sigma A_\varrho) = \Sigma f(A_\varrho).$$

Die Formen $f(A_1)$, $f(A_2)$, ... sind stets und nur dann elementar, wenn $f'(r)$ für keinen Werth Null ist, für den ein mehrfacher Elementartheiler der charakteristischen Function $\varphi(r)$ von A verschwindet. In diesem Falle ist also $\Sigma f(A_\varrho)$ eine reducirte Form von $f(A)$. Aus der Beziehung zwischen den elementaren Formen, in welche die reducirte einer gegebenen Form zerlegbar ist, und den Elementartheilern, in welche die charakteristische Function derselben zerfällt, ergiebt sich daher der Satz:

V. *Sind $(r-a)^\alpha$, $(r-b)^\beta$, ... die Elementartheiler der charakteristischen Function von A, ist $f(A)$ eine rationale Function von A, und ist $f'(r)$ für keinen Werth Null, für welchen ein mehrfacher Elementartheiler verschwindet, so sind $(r-f(a))^\alpha$, $(r-f(b))^\beta$, ... die Elementartheiler der charakteristischen Function von $f(A)$.*

Ist speciell die Determinante von A nicht Null, so sind $(r-a^k)^\alpha$, $(r-b^k)^\beta$, ... die Elementartheiler der charakteristischen Function von A^k, und

$$\left(r-\frac{1}{a}\right)^\alpha, \quad \left(r-\frac{1}{b}\right)^\beta, \quad \ldots$$

die Elementartheiler derjenigen von A^{-1}. Das letztere folgt auch daraus, dass wegen der Gleichung

$$rE-A = -A(E-rA^{-1})$$

die Formenschaaren $rE-A$ und $E-rA^{-1}$ äquivalent sind.

Sei a eine Wurzel der charakteristischen Gleichung $\varphi(r)=0$ der Form A, sei in der Determinante von $aE-A$ der höchste Grad nicht verschwindender Unterdeterminanten gleich $n-k$, und sei $l_\varkappa (\varkappa = 0, 1, \ldots k-1)$ der Exponent der höchsten Potenz von $r-a$, die in allen Unterdeterminanten $(n-\varkappa)^{\text{ten}}$ Grades von $\varphi(r)$ enthalten ist. Dann ist (*Weierstrass, B. M.* 1868, S. 311 und 330)

$$l > l_1 > l_2 > \cdots > l_{k-1} > 0,$$

und es sind

$$(r-a)^{l-l_1}(r-a)^{l_1-l_2}\ldots(r-a)^{l_{k-1}}$$

diejenigen Elementartheiler von $\varphi(r)$, die für $r=a$ verschwinden. Ferner ist

$$l-l_1 \geqq l_1-l_2 \geqq \cdots \geqq l_{k-1}.$$

Sind daher $(r-a)^{\alpha}$, $(r-a)^{\alpha_1}$, ... die Elementartheiler von $\varphi(r)$, die für $r=a$ verschwinden, in irgend einer Reihenfolge, und ist α die grösste der Zahlen α, α_1, ..., so ist $\alpha = l - l_1$. Sei b eine von a verschiedene Wurzel der Gleichung $\varphi(r)=0$, und $(r-b)^{\beta}$ der Elementartheiler höchsten Grades, der für $r=b$ verschwindet u. s. w. Dann ist $\psi(r) = (r-a)^{\alpha}(r-b)^{\beta}\dots$ der Quotient der Determinante $\varphi(r)$ durch den grössten gemeinsamen Divisor ihrer ersten Unterdeterminanten, und folglich ist $\psi(A)=0$ die Gleichung niedrigsten Grades, der A genügt.

VI. *Bestimmt man für jede der verschiedenen Wurzeln der charakteristischen Gleichung einer Form A den Elementartheiler höchsten Grades, der für dieselbe verschwindet, und bezeichnet man das Product dieser Elementartheiler mit $\psi(r)$, so ist $\psi(A)=0$ die Gleichung niedrigsten Grades, der A genügt.*

Beiläufig folgt daraus:

VII. *Ist $f(A)=0$ eine Gleichung, der A genügt, und $f(r)=0$ eine Gleichung ohne mehrfache Wurzeln, so hat die charakteristische Function von A lauter einfache Elementartheiler.*

Denn da $f(r)$ durch $\psi(r)$ theilbar ist, so kann auch die Gleichung $\psi(r)=0$ keine mehrfachen Wurzeln haben. Die Zahlen α, β, ... sind also alle gleich Eins, und daher sind die Exponenten aller Elementartheiler von $\varphi(r)$ gleich Eins. Sei z. B. R eine orthogonale Form (§. 12.), also $RR'=E$. Ist R zugleich symmetrisch, so ist $R'=R$ und daher $R^2=E$. Daher sind die Elementartheiler von R alle einfach und verschwinden für $r=\pm 1$. Ist dagegen R zugleich alternirend, so ist $R'=-E$ und daher $R^2=-E$. Daher sind die Elementartheiler von R alle einfach und verschwinden für $r=\pm i$. Da

$$|rE-R| = |rE-R'| = |rE+R| = (-1)^n|-rE-R|$$

ist, so verschwinden ebenso viele Elementartheiler für $r=i$, wie für $r=-i$.

VIII. *Ist eine Form zugleich orthogonal und symmetrisch, so sind die Elementartheiler ihrer charakteristischen Function alle einfach, und verschwinden für die Werthe* 1 *und* -1.

IX. *Ist eine Form zugleich orthogonal und alternirend, so sind die Elementartheiler ihrer charakteristischen Function alle einfach, und verschwinden zur Hälfte für den Werth i, zur Hälfte für $-i$.*

Sei $\psi(A)=0$ die Gleichung niedrigsten Grades, der eine Form A genügt, und $f(A)$ eine rationale Function von A. Nach den Sätzen V. und VI. ist dann die Gleichung niedrigsten Grades, der $f(A)$ genügt, stets und nur dann von einem niedrigeren Grade als $\psi(A)$, wenn für einen Werth, für den ein mehrfacher Elementartheiler von $\varphi(r)$ verschwindet, d. h. für eine mehrfache Wurzel der Gleichung $\psi(r)=0$, die Ableitung $f'(r)$ von Null verschieden ist, und wenn $f(r)$ nicht für zwei verschiedene Wurzeln der Gleichung $\varphi(r)=0$ (oder $\psi(r)=0$) gleiche Werthe hat. Damit ist der bereits in §. 3. ausgesprochene Satz V. bewiesen.

Die Bedingungen, unter denen zwei Formen A und B ähnlich sind, unter denen also die Gleichung $P^{-1}AP=B$ möglich ist, sind in §. 6, 2. auseinandergesetzt worden. Ich knüpfe daran noch einige Bemerkungen über die Möglichkeit der Gleichung $AP=PB$, falls die Determinante von P verschwindet. Damit zwei bilineare Formen durch zwei Substitutionen in einander transformirt werden können, die weiter keiner Beschränkung unterliegen, als dass ihre Determinanten nicht verschwinden, ist bekanntlich nothwendig und hinreichend, dass in den Determinanten der beiden Formen der höchste Grad nicht verschwindender Unterdeterminanten derselbe ist. Ist also m dieser Grad in der Determinante von P, und setzt man

$$E_1=\Sigma x_\mu y_\mu, \quad E_2=\Sigma x_\nu y_\nu \quad (\mu=1,\dots m;\ \nu=m+1,\dots n),$$

so können die Substitutionen U, V von nicht verschwindender Determinante so bestimmt werden, dass

$$UPV = E_1$$

ist. Nun folgt aber aus $AP=PB$ die Gleichung

$$(UAU^{-1})(UPV)=(UPV)(V^{-1}BV),$$

oder wenn man

$$UAU^{-1}=A_0, \quad V^{-1}BV=B_0$$

setzt,

$$A_0E_1 = E_1B_0.$$

Da $E_1E_2=E_2E_1=0$ und $E_1^2=E_1$ ist, so ergiebt sich daraus

$$E_1A_0E_1=E_1B_0E_1, \quad E_2A_0E_1=0, \quad E_1B_0E_2=0,$$

oder wenn man

$$E_\varrho A_0E_\sigma=A_{\varrho\sigma}, \quad E_\varrho B_0E_\sigma=B_{\varrho\sigma}$$

setzt,

$$A_{11}=B_{11}, \quad A_{21}=0, \quad B_{12}=0.$$

Offenbar bedeutet A_{11} den Theil von A_0, welcher nur die Variabeln x_μ, y_μ $(\mu=1,\dots m)$ enthält, A_{12} den, welcher nur x_μ, y_ν $(\nu=m+1,\dots n)$

enthält u. s. w. Nun zerfällt eine Determinante, in der alle Elemente verschwinden, welche m Colonnen mit $n-m$ Zeilen gemeinsam haben, in das Product einer Determinante m^{ten} und einer $(n-m)^{\text{ten}}$ Grades. Da $A_{21}=0$ ist, so ist folglich

$$|rE-A_0| = |rE_1-A_{11}||rE_2-A_{22}|,$$

also weil A und A_0 ähnlich sind, auch

$$|rE-A| = |rE_1-A_{11}||rE_2-A_{22}|,$$
$$|rE-B| = |rE_1-B_{11}||rE_2-B_{22}|.$$

Da $A_{11}=B_{11}$ ist, so haben folglich die charakteristischen Functionen der Formen A und B einen gemeinsamen Theiler m^{ten} Grades.

X. *Ist $AP=PB$, so kann in der Determinante von P der höchste Grad nicht verschwindender Unterdeterminanten nicht grösser sein, als der Grad des grössten gemeinsamen Theilers der charakteristischen Functionen von A und B.*

XI. *Sind die charakteristischen Functionen von A und B theilerfremd, und ist $AP=PB$, so ist P gleich Null.*

Auf die Bestimmung der Substitutionen, welche eine Form mit contragredienten Variabeln in sich selbst transformiren, oder was auf dasselbe hinauskommt, auf die Ermittelung der Formen, welche mit einer gegebenen vertauschbar sind, gehe ich hier nicht näher ein. Von den Ergebnissen, die ich darüber erhalten habe, führe ich nur die folgenden an:

XII. *Sind die Formen A und B vertauschbar, so können die Wurzeln ihrer charakteristischen Gleichungen einander so zugeordnet werden, dass jede Wurzel der charakteristischen Gleichung von AB das Product von zwei entsprechenden Wurzeln jener Gleichungen ist.*

XIII. *Wenn die ersten Unterdeterminanten der charakteristischen Determinante einer Form keinen Theiler gemeinsam haben, so sind die ganzen Functionen der Form die einzigen Formen, mit denen sie vertauschbar ist.*

XIV. *Ist $\psi(A)=0$ die Gleichung niedrigsten Grades, der A genügt, sind die Wurzeln $r_1, \dots r_p$ der Gleichung $\psi(r)=0$ alle von einander verschieden, ist $\frac{\psi(r)}{r-r_\lambda}=\psi_\lambda(r)$, und sind C_λ $(\lambda=1,\dots p)$ willkürliche Formen, so stellt der Ausdruck*

$$\Sigma\psi_\lambda(A)\,C_\lambda\,\psi_\lambda(A)$$

alle Formen dar, welche mit A vertauschbar sind.

XV. ***Ist in der charakteristischen Determinante einer Form der grösste gemeinsame Theiler der Unterdeterminanten $(n-\varkappa)^{ten}$ Grades vom Grade $n_\varkappa$, so ist***

$$n+2(n_1+n_2+\cdots)$$

die Anzahl der linear unabhängigen Formen, die mit der Form vertauschbar sind.

Für die Form E ist z. B. $n_\varkappa = n-\varkappa$, und daher ist die obige Anzahl gleich

$$n+2((n-1)+(n-2)+\cdots+1) = n^2.$$

§. 8. Transformation der bilinearen Formen in sich selbst.

Sei A eine beliebige Form, und seien P, Q zwei Substitutionen, welche A in sich selbst transformiren, d. h. zwei Formen von nicht verschwindender Determinante, die der Gleichung

$$(1.) \qquad PAQ = A$$

genügen. Transformiren auch P_1 und Q_1 die Form A in sich selbst, so ist

$$(P_1P)A(QQ_1) = P_1(PAQ)Q_1 = P_1AQ_1 = A,$$

und mithin sind auch P_1P, QQ_1 zwei Substitutionen derselben Art. Daher transformiren auch P^ν, Q^ν die Form A in sich selbst, auch wenn ν eine negative Zahl ist, da

$$P^{-1}AQ^{-1} = P^{-1}(PAQ)Q^{-1} = A$$

ist. Aus der Gleichung $P^\nu AQ^\nu = A$ folgt

$$P^\nu A = AQ^{-\nu}, \quad (\Sigma a_\nu P^\nu)A = A(\Sigma a_\nu Q^{-\nu}),$$

also, wenn $g(r)$ eine ganze Function von r ist,

$$g(P)A = Ag(Q^{-1}).$$

Ist $h(r)$ eine andere ganze Function, so ist ebenso

$$h(P)A = Ah(Q^{-1}).$$

Aus diesen beiden Gleichungen folgt

$$h(P)g(P)A = h(P)Ag(Q^{-1}),$$
$$g(P)h(P)A = g(P)Ah(Q^{-1}),$$

also, weil $g(P)$ mit $h(P)$ vertauschbar ist,

$$g(P)Ah(Q^{-1}) = h(P)Ag(Q^{-1}),$$

und daher, wenn die Determinanten von $h(P)$ und $h(Q^{-1})$ von Null verschieden sind,

$$(h(P))^{-1}g(P)A = Ag(Q^{-1})(h(Q^{-1}))^{-1},$$

oder wenn man $\frac{g(r)}{h(r)} = f(r)$ setzt,

$$f(P)A = Af(Q^{-1}), \quad f(P)A(f(Q^{-1}))^{-1} = A.$$

Sind also die Determinanten von $f(P)$ und $f(Q^{-1})$ von Null verschieden, so folgt aus dieser Gleichung der Satz:

I. *Wenn die Form A durch die Substitutionen P, Q in sich selbst übergeht, so wird sie auch durch die Substitutionen $f(P)$, $(f(Q^{-1}))^{-1}$ in sich selbst transformirt.*

Ist also $g(P^{-1})$ irgend eine rationale Function von P, so ist

$$f(P)A = Af(Q^{-1}), \quad Ag(Q) = g(P^{-1})A$$

und daher

$$(2.) \qquad f(P)Ag(Q) = Af(Q^{-1})g(Q) = f(P)g(P^{-1})A.$$

(Vgl. *Rosanes*, dieses Journal Bd. 80, S. 70.)

Da $f(P)$ mit P vertauschbar ist, so folgt aus (1.)

$$P(f(P)Ag(Q))Q = f(P)(PAQ)g(Q) = f(P)Ag(Q).$$

II. *Ist A eine Form, welche durch die Substitutionen P, Q in sich selbst transformirt wird, so ist auch $f(P)Ag(Q)$ eine solche Form.*

Sind U und V zwei Formen von nicht verschwindender Determinante, so folgt aus (1.)

$$(UPU^{-1})(UAV)(V^{-1}QV) = (UAV),$$

oder wenn man

$$UAV = A_1, \quad UPU^{-1} = P_1, \quad V^{-1}QV = Q_1$$

setzt,

$$P_1 A_1 Q_1 = A_1.$$

III. *Wenn eine Form durch zwei Substitutionen in sich selbst übergeht, so wird jede äquivalente Form durch zwei ähnliche Substitutionen in sich selbst transformirt.*

Ich gehe nun dazu über, die gegenseitigen Beziehungen zweier Substitutionen zu ermitteln, welche geeignet sind eine Form A in sich selbst zu transformiren, und nehme dabei zunächst an, dass die Determinante von A nicht Null ist. Dann folgt aus (1.)

$$P = AQ^{-1}A^{-1}.$$

IV. *Damit zwei Substitutionen geeignet seien, eine Form von nicht verschwindender Determinante in sich selbst zu transformiren, ist nothwendig und hinreichend, dass die eine der reciproken der anderen ähnlich ist.*

Ferner folgt aus (1.)

$$(rE-P)AQ = rAQ-PAQ = rAQ-A = A(rQ-E).$$

Die Formenschaaren $rE-P$ und $rQ-E$ sind also äquivalent. Sind umgekehrt diese Schaaren äquivalent, so lassen sich zwei Formen A und B von nicht verschwindender Determinante so bestimmen, dass

$$A(rQ-E)B = rE-P$$

oder

$$AB = P, \quad AQB = E$$

ist. Daraus folgt

$$(PAQ)B = P(AQB) = P = (A)B,$$

also weil die Determinante von B nicht Null ist,

$$PAQ = A.$$

V. *Damit die Substitutionen P, Q geeignet seien, eine Form von nicht verschwindender Determinante in sich selbst zu transformiren, ist nothwendig und hinreichend, dass die Formenschaaren $rE-P$ und $rQ-E$ äquivalent sind.*

Ist also die charakteristische Function von P, in Elementartheiler zerlegt, gleich

$$|rE-P| = (r-a)^\alpha (r-b)^\beta \ldots,$$

so ist

$$|rQ-E| = |Q|(r-a)^\alpha (r-b)^\beta \ldots,$$

oder wenn man r durch $\frac{1}{r}$ ersetzt und mit $(-r)^n$ multiplicirt,

$$|rE-Q| = \left(r-\frac{1}{a}\right)^\alpha \left(r-\frac{1}{b}\right)^\beta \cdots.$$

VI. *Damit zwei Substitutionen geeignet seien, eine Form von nicht verschwindender Determinante in sich selbst zu transformiren, ist nothwendig und hinreichend, dass die Elementartheiler ihrer charakteristischen Functionen einander so zugeordnet werden können, dass die entsprechenden von gleichem Grade sind und für reciproke Werthe verschwinden.*

Ich betrachte nun Substitutionen P, Q, welche eine Form A in sich selbst transformiren, in deren Determinante der höchste Grad nicht verschwindender Unterdeterminanten gleich m ist. Setzt man

$$E_1 = \Sigma x_\mu y_\mu, \quad E_2 = \Sigma x_\nu y_\nu, \qquad (\mu = 1, \ldots m;\ \nu = m+1, \ldots n)$$

so ist

$$E_1 + E_2 = E, \quad E_\varrho^2 = E_\varrho, \quad E_1 E_2 = E_2 E_1 = 0.$$

Da A und E_1 äquivalent sind, so giebt es nach Satz III. zwei den Substitutionen P, Q ähnliche Substitutionen P_0, Q_0, welche E_1 in sich selbst transformiren. Aus der Gleichung

$$P_0 E_1 Q_0 = E_1$$

und den eben erwähnten Relationen folgt aber

$$(E_1 P_0 E_1)(E_1 Q_0 E_1) = E_1, \quad (E_\varrho P_0 E_1)(E_1 Q_0 E_\sigma) = 0,$$

falls ϱ und σ nicht beide gleich Eins sind. Setzt man (Vgl. §. 7, X.)

$$E_\varrho P_0 E_\sigma = P_{\varrho\sigma}, \quad E_\varrho Q_0 E_\sigma = Q_{\varrho\sigma},$$

so ist also

$$P_{11} Q_{11} = E_1, \quad P_{\varrho 1} Q_{1\sigma} = 0.$$

Da folglich das Product aus den Determinanten der Formen P_{11} und Q_{11} der Variabeln x_μ, y_μ $(\mu = 1, \ldots m)$ gleich Eins ist, so verschwindet keine dieser beiden Determinanten. Daher folgt aus der Gleichung $P_{11} Q_{12} = 0$, dass $Q_{12} = 0$ ist, und aus $P_{21} Q_{11} = 0$, dass $P_{21} = 0$ ist.*) Mithin ist

$$|rE - P| = |rE - P_0| = |rE_1 - P_{11}| \cdot |rE_2 - P_{22}|,$$

$$|rE - Q| = |rE - Q_0| = |rE_1 - Q_{11}| \cdot |rE_2 - Q_{22}|.$$

Da P_{11} und Q_{11} reciproke Formen der Variabeln x_μ, y_μ sind, so folgt daraus (§. 3, III.):

VII. *Damit zwei Substitutionen geeignet seien, eine Form in sich selbst zu transformiren, in deren Determinante der höchste Grad nicht verschwindender Unterdeterminanten gleich m ist, müssen ihre charakteristischen Gleichungen m reciproke Wurzeln haben.*

VIII. *Wird eine Form durch zwei Substitutionen in sich selbst transformirt, so kann in ihrer Determinante der höchste Grad nicht verschwindender Unterdeterminanten nicht grösser sein, als die Anzahl der reciproken Wurzeln, welche die charakteristischen Gleichungen der beiden Substitutionen haben.*

---

*) Denn die Gleichung $P_{11} Q_{12} = 0$ repräsentirt das Gleichungssystem

$$p_{\mu 1} q_{1\nu} + \cdots + p_{\mu m} q_{m\nu} = 0.$$

Setzt man $\mu = 1, \ldots m$, so folgt aus diesen m Gleichungen von nicht verschwindender Determinante, dass

$$q_{1\nu}, \ldots q_{m\nu}$$

verschwinden (Vgl. §. 2, I.).

IX. *Wird eine Form durch zwei Substitutionen in sich selbst transformirt, deren charakteristische Gleichungen keine reciproken Wurzeln haben, so muss sie identisch verschwinden.*

Diese Sätze gelten auch für den Fall, dass in der Form A die Anzahl der Variabeln x_α derjenigen der Variabeln y_β nicht gleich ist, und setzen überhaupt keinerlei Entsprechen zwischen den mit demselben Index bezeichneten Variabeln x_α, y_α voraus.

§. 9. Transformation der bilinearen Formen mit cogredienten Variabeln in sich selbst.

Sei A eine Form mit cogredienten Variabeln, P eine Substitution von nicht verschwindender Determinante, welche sie in sich selbst transformirt, also

$$(1.)\quad P'AP = A.$$

Nimmt man auf beiden Seiten die conjugirten Formen, so erhält man

$$(2.)\quad P'A'P = A'.$$

Aus den in §. 8 entwickelten Sätzen ergiebt sich für diesen Fall: Ist A eine Form, welche durch die Substitution P in sich selbst transformirt wird, so ist auch

$$f(P')A\,g(P)+f_1(P')A'g_1(P)$$

eine solche Form, wo $f(r)$, $g(r)$, ... rationale Functionen sind. Wenn mehrere Substitutionen eine Form in sich selbst transformiren, so muss auch jede aus ihnen zusammengesetzte Substitution die Form in sich selbst transformiren. Da z. B. $(-E)A(-E)=A$ ist, so muss, wenn P der Gleichung (1.) genügt, auch $-P$ dieselbe befriedigen.

Ist ferner $g(r)$ eine rationale Function, so ist (§. 8, I.)

$$g(P')A(g(P^{-1}))^{-1} = A.$$

Ist nun

$$g(r) = r^k\frac{f(r)}{f(r^{-1})},$$

so ist

$$(g(P^{-1}))^{-1} = g(P).$$

Da $g(P')$ die conjugirte Form von $g(P)$ ist, so folgt daraus:

I. *Ist P eine Substitution, welche die Form A in sich selbst transformirt, so ist auch*

$$P^k\frac{f(P)}{f(P^{-1})}$$

eine solche Substitution.

Ist G eine Form von nicht verschwindender Determinante, so folgt aus (1.) die Gleichung

$$(G'P'G'^{-1})(G'AG)(G^{-1}PG) = G'AG.$$

Setzt man

$$G'AG = A_0,$$
$$G^{-1}PG = P_0,$$

so ist (§. 1, IV.)

$$G'P'G'^{-1} = P'_0,$$

und daher

$$P'_0 A_0 P_0 = A_0.$$

II. ***Wenn eine Substitution eine Form in sich selbst transformirt, so transformirt jede ähnliche Substitution eine congruente Form in sich selbst.***

Ist die Determinante von A nicht Null, so verschwindet auch die von A_0 nicht. Ist A symmetrisch oder alternirend, so ist es auch A_0.

Ist die Determinante von A nicht Null, so folgt aus der Gleichung (1.)

$$P' = AP^{-1}A^{-1}, \quad (rE-P')AP = A(rP-E).$$

Die Form P' ist also der Form P^{-1} ähnlich, oder die Formenschaaren $rE-P'$ und $rP-E$ sind äquivalent. Nun sind aber (§. 6) P' und P ähnlich, weil die Elementartheiler ihrer charakteristischen Functionen übereinstimmen. Daraus ergiebt sich (Vgl. §. 8, Satz IV., V., VI.):

III. *Damit eine Substitution P geeignet sei, eine Form von nicht verschwindender Determinante in sich selbst zu transformiren, ist nothwendig und hinreichend,*

dass sie der reciproken Substitution ähnlich ist,

oder

dass die Formenschaaren $rE-P$ und $rP-E$ äquivalent sind,

oder

dass die Elementartheiler ihrer charakteristischen Function paarweise von gleichem Grade sind und für reciproke Werthe verschwinden, mit Ausnahme derer, welche für den Werth 1 oder -1 Null sind,

oder

dass ihre charakteristische Determinante und die grössten gemeinsamen Divisoren der Unterdeterminanten gleichen Grades derselben reciproke Functionen sind.

Ist die Determinante von A nicht Null, so folgt aus (1.), dass das Quadrat der Determinante von P gleich Eins ist. Je nachdem diese Determinante, die ich mit ε bezeichne, den Werth $+1$ oder -1 hat, heisst die Transformation eine *eigentliche* oder eine *uneigentliche*. Das Product aller n Wurzeln der Gleichung $|rE-P|=0$ ist gleich ε. Jeder von ± 1 verschiedenen Wurzel a entspricht eine Wurzel $\frac{1}{a}$ und das Product von zwei solchen reciproken Wurzeln ist gleich $+1$. Sind also p Wurzeln dieser Gleichung gleich $+1$ und q gleich -1, so ist das Product aller Wurzeln

$$(3.)\qquad (-1)^q = \varepsilon,$$

und weil $n-p-q$ gleich der Anzahl der Paare reciproker Wurzeln, also gerade ist, so ist auch

$$(4.)\qquad (-1)^{n-p} = \varepsilon.$$

Ist $\varepsilon=-1$, so ist daher q ungerade, also wenigstens Eins. Ist $\varepsilon=-1$ und n gerade, so ist p ungerade.

IV. ***Ist P eine Substitution, welche eine Form von nicht verschwindender Determinante uneigentlich in sich selbst transformirt, so ist die Determinante von*** $E+P$, ***und falls n gerade ist, auch die von*** $E-P$ ***gleich Null.***

Ist n ungerade, so ist, falls $\varepsilon=1$ ist, p ungerade, und falls $\varepsilon=-1$ ist, q ungerade. Daher ist ε eine Wurzel der charakteristischen Gleichung von P, oder die Determinante von $E-\varepsilon P$ ist gleich Null.

Aus §. 8, Satz VII. ergiebt sich ferner (Vgl. *Rosanes*, dieses Journal Bd. 80, S. 64):

V. ***Damit eine Substitution geeignet sei, eine Form in sich selbst zu transformiren, in deren Determinante der höchste Grad nicht verschwindender Unterdeterminanten gleich m ist, muss ihre charakteristische Function durch eine reciproke Function*** m^{ten} ***Grades theilbar sein.***

Daran knüpfe ich noch die folgende Bemerkung, von der ich später Gebrauch machen werde. Sei A irgend eine Form, und P eine Substitution, welche sie in sich selbst transformirt, und welche in die beiden Theile P_1 und P_2 zerlegbar ist, deren erster nur die Variabeln x_μ, y_μ $(\mu=1, \dots m)$ und deren anderer nur x_ν, y_ν $(\nu=m+1, \dots n)$ enthält. Setzt man

$$E_1=\Sigma x_\mu y_\mu, \quad E_2=\Sigma x_\nu y_\nu,$$

so ist dann

$$P_\varrho=E_\varrho P=PE_\varrho=E_\varrho PE_\varrho=E_\varrho P_\varrho=P_\varrho E_\varrho.$$

Aus der Gleichung (1.) folgt daher

$$E_\varrho A E_\sigma = E_\varrho (P' A P) E_\sigma = (E_\varrho P') A (P E_\sigma) = (P'_\varrho E_\varrho) A (E_\sigma P_\sigma),$$

oder wenn man $E_\varrho A E_\sigma = A_{\varrho\sigma}$ setzt,

$$P'_\varrho A_{\varrho\sigma} P_\sigma = A_{\varrho\sigma}.$$

Ich mache nun die weitere Annahme, dass keine Wurzel der charakteristischen Gleichung von P_1 einer Wurzel derjenigen von P_2 reciprok ist. Da P_1 und P'_1, P_2 und P'_2 die nämliche charakteristische Function haben, so folgt aus $P'_1 A_{12} P_2 = 0$ nach §. 8, Satz IX., dass $A_{12} = 0$ ist, und aus $P'_2 A_{21} P_1 = 0$, dass $A_{21} = 0$ ist. Mithin ist die Form A in $A_{11} + A_{22}$ zerlegbar.

VI. *Wird eine Form durch eine zerlegbare Substitution in sich selbst transformirt, und haben die charakteristischen Functionen der beiden Theile dieser Substitution keine reciproken Wurzeln, so ist die Form in der nämlichen Weise zerlegbar, wie die Substitution.*

Wenn die Determinante von A nicht verschwindet, und man auf beiden Seiten der Gleichung (1.) die reciproken Formen nimmt, so erhält man $P^{-1} A^{-1} P'^{-1} = A^{-1}$, also nach Gleichung (2.) $(P^{-1} A^{-1} P'^{-1})(P' A' P) = A^{-1} A'$, oder wenn man

$$(5.) \qquad U = A^{-1} A'$$

setzt,*)

$$P^{-1} U P = U, \quad U P = P U.$$

VII. *Damit eine Substitution geeignet sei, eine Form A von nicht verschwindender Determinante in sich selbst zu transformiren, muss sie mit $A^{-1}A'$ vertauschbar sein.*

U selbst ist eine Substitution, welche A in sich selbst transformirt.**) Denn es ist

$$U = A^{-1} A', \qquad U' = A A'^{-1},$$

$$U' A U = A(A'^{-1}(A A^{-1}) A') = A.$$

VIII. *Eine Form A von nicht verschwindender Determinante wird durch die Substitution $A^{-1}A'$ eigentlich in sich selbst transformirt.*

---

*) Eine Substitution von der Gestalt $\pm A^{-1}A'$ nennt Herr *Rosanes* (dieses Journal Bd. 80, S. 61) *antisymmetrisch*. Da $-U$ aus U und $-E$ zusammengesetzt ist, so ist diese Substitution im folgenden nicht besonders betrachtet worden.

**) Allgemeiner sind, wenn die Determinanten der Formen A und B nicht verschwinden,

$$P = A B^{-1}, \qquad Q = A^{-1} B,$$

zwei Substitutionen, welche die Formenschaar $A - rB$ in sich selbst transformiren.

§. 10. Transformation der symmetrischen und der alternirenden Formen in sich selbst.

Sei A eine Form von nicht verschwindender Determinante, und sei

$$A+A'=2S,\quad A-A'=2T,$$
$$S+T=A,\qquad S-T=A'.$$

Setzt man ferner

$$(1.)\qquad U=A^{-1}A'=(S+T)^{-1}(S-T),$$

so ist

$$A(E+U)=2S,\quad A(E-U)=2T.$$

oder

$$(2.)\qquad (S+T)(E+U)=2S,\quad (S+T)(E-U)=2T.$$

Nach §. 9, Satz VIII. ist nun

$$U'AU=A,\quad U'A'U=A'.$$

Daraus ergiebt sich durch Addition und Subtraction:

$$(3.)\qquad U'SU=S,\quad U'TU=T.$$

I. *Ist S eine gegebene symmetrische Form und T eine beliebige alternirende Form, für welche die Determinante von $S+T$ nicht Null ist, so ist*

$$U=(S+T)^{-1}(S-T)$$

eine Substitution, welche die Form S eigentlich in sich selbst transformirt, und wenn die Determinante von S nicht verschwindet, so ist auch die von $E+U$ nicht Null.

II. *Ist T eine gegebene alternirende Form und S eine beliebige symmetrische Form, für welche die Determinante von $S+T$ nicht Null ist, so ist*

$$U=(S+T)^{-1}(S-T)$$

eine Substitution, welche die Form T eigentlich in sich selbst transformirt, und wenn die Determinante von T nicht verschwindet, so ist auch die von $E-U$ nicht Null.

Diese beiden Sätze lassen sich umkehren.*)

III. *Jede Substitution U, welche eine symmetrische Form S von nicht verschwindender Determinante in sich selbst transformirt, und für welche die*

---

*) Die Sätze I. und III. sind von Herrn *Hermite* entdeckt, dieses Journal, Bd. 47, S. 309. Vgl. auch *Cayley*, dieses Journal, Bd. 50, S. 288 und *Rosanes*, dieses Journal, Bd. 80, S. 66. Betreffs des Satzes II. vgl. *Kronecker*, dieses Journal, Bd. 68, S. 282.

Determinante von $E+U$ nicht Null ist, lässt sich, und zwar nur in einer Weise, auf die Gestalt

$$U = (S+T)^{-1}(S-T)$$

bringen, wo

$$(4.)\qquad T = S\frac{E-U}{E+U}$$

eine (endliche) alternirende Form ist.

IV. *Jede Substitution U, welche eine alternirende Form T von nicht verschwindender Determinante in sich selbst transformirt, und für welche die Determinante von $E-U$ nicht Null ist, lässt sich, und zwar nur in einer Weise, auf die Gestalt*

$$U = (S+T)^{-1}(S-T)$$

bringen, wo

$$(5.)\qquad S = T\frac{E+U}{E-U}$$

eine (endliche) symmetrische Form ist. *)

Seien vorläufig S und T beliebige Formen, die nicht symmetrisch oder alternirend zu sein brauchen, sei die Determinante von $S+T$ nicht Null, und sei U durch die Gleichung (1.) definirt. Daraus ergeben sich die Gleichungen (2.), und folglich kann, wenn die Determinante von S [T] nicht verschwindet, auch die von $E+U$ [$E-U$] nicht Null sein. Ferner folgt aus (1.)

$$(S+T)U = S-T,\quad SU+TU = S-T,\quad T+TU = S-SU,$$

$$(6.)\qquad T(E+U) = S(E-U).$$

Daraus ergiebt sich, wenn die Determinante von S [T], also auch die von $E+U$ [$E-U$] nicht verschwindet, die Gleichung (4.) [(5.)].

Ich behaupte nun, dass der Ausdruck auf der rechten Seite der Gleichung (4.) stets eine alternirende Form ist, wenn S eine symmetrische Form und U eine Substitution ist, welche S in sich selbst transformirt, wenn also

$$U'SU = S$$

---

*) Das Wort *eigentlich*, das in den Sätzen I. und II. vorkommt, fehlt in III. und IV. Vgl. §. 9, Satz IV. Eine alternirende Form von nicht verschwindender Determinante lässt nur eigentliche Substitutionen in sich selbst zu, weil die Quadratwurzel aus der Determinante der Form eine rationale schiefe Invariante derselben ist.

ist. Denn jener Ausdruck hat nur eine Bedeutung, wenn die Determinante von $E+U$ nicht verschwindet. Dann sind aber die Formen T und

$$T_0 = (E+U')T(E+U)$$

congruent. Nun ergiebt sich aber aus (4.) die Gleichung (6.) und daraus

$$T_0 = (E+U')S(E-U) = S+U'S-SU-U'SU = U'S-SU.$$

Die conjugirte Form des letzten Ausdrucks ist $SU-U'S$. Folglich ist T_0 alternirend, und mithin ist es auch die congruente Form T.

In derselben Weise ergiebt sich der Beweis des Satzes IV. aus den Gleichungen

$$S_0 = (E-U')S(E-U) = (E-U')T(E+U) = TU-U'T.$$

Bevor ich die Gleichungen (1.), (4.) und (5.) genauer discutire, will ich sie dazu benutzen, den Charakter der Substitutionen zu ermitteln, welche geeignet sind, symmetrische [alternirende] Formen von nicht verschwindender Determinante in sich selbst zu transformiren. Wenn die Substitution P den Bedingungen des Satzes III., §. 9 genügt, so giebt es eine Form A von nicht verschwindender Determinante, welche die Gleichung

$$P'AP = A$$

befriedigt, also auch die Gleichungen

$$P'A'P = A', \quad P'(A+A')P = A+A', \quad P'(A-A')P = A-A'.$$

Unter der gemachten Voraussetzung giebt es also auch eine symmetrische und eine alternirende Form, welche durch die Substitution P in sich selbst übergehen. Es kann aber die Determinante derselben verschwinden, es kann sogar eine der beiden Formen Null sein. Es fragt sich also, welches der Charakter einer Substitution ist, die eine symmetrische oder alternirende Form von nicht verschwindender Determinante in sich selbst transformirt. (Vgl. *Rosanes*, dieses Journal, Bd. 80, S. 62.)

Ich mache zunächst die specielle Annahme, dass die charakteristische Function von P nur für einen Werth $r=\varepsilon$ verschwindet, dessen Quadrat gleich Eins ist. Die Determinante der Form $\varepsilon E+P$ ist demnach von Null verschieden. Ist nun S [T] eine symmetrische [alternirende] Form von nicht verschwindender Determinante, welche durch die Substitution P in sich selbst transformirt wird, so ist $U=\varepsilon P$ [$-\varepsilon P$] eine Substitution, welche S [T] in sich selbst verwandelt, und für welche die Determinante von $E+U$ [$E-U$]

nicht verschwindet. Folglich ist *)

$$U = (S+T)^{-1}(S-T),$$

oder wenn man $S+T=A$ setzt,

$$\varepsilon P = A^{-1}A', \qquad [-\varepsilon P = A^{-1}A'],$$

$$A(rE-P) = rA-\varepsilon A', \quad [A(rE-P) = rA+\varepsilon A'].$$

In der Determinante der Schaar $rA-\varepsilon A'$, $[rA+\varepsilon A']$ mit conjugirten Grundformen sind aber nach §. 6, I. die Elementartheiler von der Gestalt $(r-\varepsilon)^{2\varkappa}$, $[(r-\varepsilon)^{2\varkappa+1}]$ stets paarweise vorhanden. Dies ist daher auch bei der äquivalenten Schaar $rE-P$ der Fall.

Nunmehr betrachte ich irgend eine Substitution P, welche eine symmetrische Form in sich selbst transformirt. [Für alternirende Formen ist der Beweis derselbe.] Die charakteristische Function von P sei $\varphi(r)=\varphi_1(r).\varphi_2(r)$, wo $\varphi_1(r)$ das Product aller Elementartheiler ist, die für $r=\varepsilon$ verschwinden. $\varphi_2(r)$ verschwindet also nicht für $r=\varepsilon$, kann aber für $r=-\varepsilon$ Null sein. Sei m der Grad von $\varphi_1(r)$, sei P_1 eine Form der Variabeln x_μ, $y_\mu (\mu=1,\dots m)$, deren charakteristische Function gleich $\varphi_1(r)$ ist (und zwar in den Elementartheilern gleich), und sei P_2 eine Form der Variabeln x_ν, y_ν $(\nu=m+1,\dots n)$, deren charakteristische Function gleich $\varphi_2(r)$ ist. Dann ist die charakteristische Function von $P_0=P_1+P_2$ nach §. 5 gleich $\varphi(r)$, und folglich sind die Formen P und P_0 ähnlich. Existirt also eine symmetrische Form S von nicht verschwindender Determinante, welche durch P in sich selbst transformirt wird, so giebt es nach §. 9, II. auch eine congruente Form S_0, welche durch die Substitution P_0 in sich selbst übergeht. Nun ist aber P_0 zerlegbar, und die charakteristische Function des einen Theils verschwindet nur für $r=\varepsilon$, die des anderen aber nicht für $r=\frac{1}{\varepsilon}(=\varepsilon)$. Nach §. 9, VI. ist daher S_0 in derselben Weise wie P_0 in S_1+S_2 zerlegbar. Die Deter-

---

*) Will man diesen Satz nicht benutzen, so kann man den Beweis auch so führen: Sind $(r-\varepsilon)^\alpha(r-\varepsilon)^\beta\dots$ die Elementartheiler der charakteristischen Function von P, so sind $(r-\varepsilon^2)^\alpha(r-\varepsilon^2)^\beta\dots=(r-1)^\alpha(r-1)^\beta\dots$ die Elementartheiler derjenigen von P^2 (§. 7, Satz V.). Nun ist aber

$$P'SP=S, \qquad [P'TP=T],$$

und daher

$$P'S(rE-P^2)=rP'S-SP. \quad [P'T(rE-P^2)=rP'T-TP].$$

Die conjugirte Form von $B=P'S$ $[P'T]$ ist $B'=SP$ $[-TP]$. Folglich ist die Schaar $rE-P^2$ der Schaar $rB-B'$ $[rB+B']$ mit conjugirten Grundformen äquivalent. Unter den Exponenten $\alpha, \beta, \dots$ müssen daher nach §. 6, I. die geraden [ungeraden] stets paarweise vorhanden sein.

minante von S_0 ist mithin das Product der Determinanten von S_1 und S_2. Da die erstere nicht Null ist, so können also auch die letzteren nicht verschwinden. Weil ferner S_0 symmetrisch ist, so sind es auch S_1 und S_2. Endlich zerlegt sich die Gleichung $P'_0 S_0 P_0 = S_0$ in zwei, deren eine $P'_1 S_1 P_1 = S_1$ ist. Die symmetrische Form S_1 von nicht verschwindender Determinante wird also durch die Substitution P_1 in sich selbst transformirt, deren charakteristische Function nur für $r = \varepsilon$ verschwindet. Daher müssen unter den Exponenten der Elementartheiler dieser Function die geraden stets paarweise vorhanden sein.

Ich behaupte nun, dass die gefundenen Bedingungen, zusammen mit denen des Satzes III., §. 9, auch hinreichend sind, dass also der Satz gilt:

V. ***Damit eine Substitution geeignet sei, eine symmetrische*** [***alternirende***] ***Form von nicht verschwindender Determinante in sich selbst zu transformiren, ist nothwendig und hinreichend, dass die Elementartheiler ihrer charakteristischen Function paarweise von gleichem Grade sind und für reciproke Werthe verschwinden, mit Ausnahme derer, welche für den Werth*** $+1$ ***oder*** -1 ***verschwinden und einen ungeraden*** [***geraden***] ***Exponenten haben.***

Beim Beweise beschränke ich mich wieder auf die symmetrischen Formen. Die charakteristische Function von P sei $\varphi(r) = \varphi_1(r)\varphi_2(r)$, wo $\varphi_1(r)$ das Product aller Elementartheiler ist, die für $r = -1$ verschwinden. Unter den gemachten Voraussetzungen giebt es dann nach §. 6, 3 eine Formenschaar $rA_1 + A'_1$ der Variabeln $x_\mu, y_\mu (\mu = 1, \dots m)$, deren Determinante gleich der Function m^{ten} Grades $\varphi_1(r)$ ist (auch in den Elementartheilern gleich), und eine Formenschaar $rA_2 - A'_2$ der Variabeln $x_\nu, y_\nu (\nu = m+1, \dots n)$, deren Determinante gleich $\varphi_2(r)$ ist. Da die Determinante von $rA_1 + A'_1$ nur für $r = -1$ verschwindet, so ist die von $A_1 + A'_1 = S_1$ nicht Null,*) und ebenso die Determinante von $A_2 + A'_2 = S_2$, mithin auch die von $S_1 + S_2 = S_0$. Setzt man ferner

$$-A_1^{-1}A'_1 = P_1, \quad A_2^{-1}A'_2 = P_2,$$

so ist

$$A_1(rE_1 - P_1) = rA_1 + A'_1, \quad A_2(rE_2 - P_2) = rA_2 - A'_2.$$

Daher ist die charakteristische Function von P_1 gleich $\varphi_1(r)$ und die von P_2 gleich $\varphi_2(r)$, also die von $P_1 + P_2 = P_0$ gleich $\varphi(r)$. Nun ist nach §. 9, VIII.

$$P'_1 S_1 P_1 = S_1, \quad P'_2 S_2 P_2 = S_2,$$

*) Ist $m = 0$, so erfährt der obige Beweis eine leicht anzubringende Modification.

mithin nach §. 5, III.

$$P_0'S_0P_0 = S_0.$$

Es giebt demnach eine symmetrische Form S_0 von nicht verschwindender Determinante, welche durch die Substitution P_0 in sich selbst übergeht. Nach §. 9, II. wird folglich auch durch die Substitution P, welche P_0 ähnlich ist, eine der Form S_0 congruente Form S, also eine symmetrische Form von nicht verschwindender Determinante, in sich selbst transformirt.

Ich habe in diesem und dem vorigen Paragraphen die Eigenschaften entwickelt, welche die Elementartheiler der Determinante von $rE-P$ haben, wenn P eine Substitution ist, die eine bilineare Form, speciell eine solche von nicht verschwindender Determinante und noch specieller eine symmetrische oder alternirende in sich selbst transformirt. Alle diese Eigenschaften haben auch die Elementartheiler der Determinante von $rQ-P$, wenn P und Q zwei Substitutionen sind, welche die nämliche Form in sich selbst verwandeln. Dann ist nämlich auch PQ^{-1} eine solche Substitution, mithin haben die Elementartheiler der Determinante der Schaar

$$rE-PQ^{-1} = (rQ-P)Q^{-1}$$

die betreffenden Eigenschaften, also auch die der Determinante der äquivalenten Schaar $rQ-P$.

§. 11. Untersuchung der Grenzfälle.

Dass die Substitution U die gegebene symmetrische Form S von nicht verschwindender Determinante in sich selbst überführt, wird durch ein System von $\frac{1}{2}n(n+1)$ Gleichungen ausgedrückt, welche in Bezug auf die n^2 Coefficienten $u_{\alpha\beta}$ der Form U vom zweiten Grade sind, und welche in die Formel

$$(1.) \quad U'SU = S$$

zusammengefasst sind. Die Lösungen dieser Gleichungen sind durch die Formel

$$(2.) \quad U = (S+T)^{-1}(S-T)$$

gegeben, welche die Unbekannten $u_{\alpha\beta}$ als rationale Functionen von $\frac{1}{2}n(n-1)$ Parametern $t_{\alpha\beta}$, den Coefficienten der willkürlichen Form T, darstellt. Diese Parameter sind nur der Beschränkung unterworfen, endliche Werthe zu haben, und die Determinante von $S+T$, den gemeinsamen Nenner jener rationalen Functionen, nicht zu annulliren; und die Formel (2.) stellt nur endliche Lösungen des Gleichungssystems (1.) dar, für welche die Determinante von $E+U$ nicht verschwindet. Um eine tiefere Einsicht in das Wesen der Beziehungen zu gewinnen, welche zwischen den (durch Gleichung (1.)) beschränkt veränderlichen Grössen $u_{\alpha\beta}$ und den (nahezu) unbeschränkt veränderlichen Grössen $t_{\alpha\beta}$ bestehen, ist es nothwendig die Natur der eben erwähnten Bedingungen genauer zu erwägen.

Die quadratischen Gleichungen (1.) werden identisch erfüllt, wenn für die Grössen $u_{\alpha\beta}$ ihre Werthe aus Formel (2.) eingesetzt werden. Daher müssen sie, als algebraische Gleichungen, auch bestehen bleiben, wenn die Grössen $t_{\alpha\beta}$ sich einem der ausgeschlossenen Werthsysteme nähern. Die unabhängigen Variabeln $t_{\alpha\beta}$ und die abhängigen Variabeln $u_{\alpha\beta}$ sind durch die Gleichung (2.) oder durch die Gleichung

$$(3.)\qquad (S+T)(E+U) = 2S$$

mit einander verbunden. So lange daher die Grössen $t_{\alpha\beta}$ und $u_{\alpha\beta}$ endliche Werthe haben, ist das Product der Determinanten von $S+T$ und $E+U$ nicht Null. Man lasse nun die Veränderlichen $t_{\alpha\beta}$ sich einer Stelle nähern (d. h. man setze für die Grössen $t_{\alpha\beta}$ rationale Functionen *einer* Variabeln und lasse diese gegen einen Werth convergiren), wo die Determinante von $S+T$ verschwindet. Dann kann die Gleichung (3.) nur bestehen bleiben, wenn die Coefficienten von U nicht alle endlich bleiben. Auf diese Weise erhält man also aus der Formel (2.) die unendlichen Lösungen des Gleichungssystems (1.). Man lege ferner in (2.) den Variabeln $t_{\alpha\beta}$ unendlich grosse Werthe bei (d. h. man setze für die Grössen $t_{\alpha\beta}$ rationale Functionen *eines* Parameters h und lasse diesen sich einem Werthe nähern, für welchen einige dieser Functionen oder alle unendlich werden). Dann muss man Substitutionen U erhalten, welche S in sich selbst transformiren, und welche, falls sie endlich sind, die Determinante von $E+U$ annulliren. Denn wäre dieselbe nicht Null, so würden zufolge der Formel (3.) (oder der Formel (4.), §. 10) die Coefficienten von T alle endlich sein. Allein es wird durch diese Ueberlegungen nicht entschieden, ob die Formel (2.), wenn man den Coefficienten $t_{\alpha\beta}$ unendlich grosse Werthe ertheilt, *alle* Substitutionen U darstellt, welche S in sich selbst transformiren, und für welche die Determinante von $E+U$ verschwindet. Diese schwierige Frage wird durch folgenden Satz beantwortet:

I. *Jede Substitution U, welche eine symmetrische Form S von nicht verschwindender Determinante e i g e n t l i c h in sich selbst transformirt, und für* *welche die Determinante von* $E+U$ *verschwindet, lässt sich auf die Gestalt*

$$U = lim(S+T_h)^{-1}(S-T_h), \qquad (h=0)$$

bringen, wo T_h *eine alternirende Form ist, deren Coefficienten rationale Functionen von* h *sind.*

II. *Jede Substitution* U, *welche eine alternirende Form* T *von nicht verschwindender Determinante in sich selbst transformirt, und für welche die Determinante von* $E-U$ *verschwindet, lässt sich auf die Gestalt*

$$U = lim(S_h+T)^{-1}(S_h-T), \qquad (h=0)$$

bringen, wo S_h *eine symmetrische Form ist, deren Coefficienten rationale Functionen von* h *sind.*

Beim Beweise des ersten Satzes betrachte ich zunächst den speciellen Fall, wo die Determinante von $E-U$ nicht verschwindet. Dann ist (Vgl. den Beweis des Satzes III., §. 10)

$$(4.) \qquad T = \frac{E+U}{E-U}S^{-1}$$

eine alternirende Form, wie die Gleichungen

$$(E-U')STS(E-U) = (E-U')S(E+U) = SU-U'S$$

zeigen. In der Gleichung (4.), §. 9

$$(-1)^{n-p} = \varepsilon = |U| = +1$$

ist ferner die Anzahl p der Wurzeln $+1$ der charakteristischen Gleichung von U gleich Null, und daher n gerade. Mithin ist es möglich eine alternirende Form H der n Variabelnpaare x_α, y_α zu bilden, deren Determinante nicht verschwindet. Daher ist die Determinante der alternirenden Form $T+2hH$ eine ganze Function des Parameters h, die nicht identisch verschwindet, weil sie für hinreichend grosse Werthe von h nicht Null ist. Folglich ist auch

$$(5.) \qquad T_h = (T+2hH)^{-1}$$

eine alternirende Form. Nun ist aber

$$(T+2hH)(S+T_h) = TS+2hHS+E = \frac{E+U}{E-U}+E+2hHS$$

$$= \frac{2E}{E-U}+2hHS = 2(E-U)^{-1}(E+h(E-U)HS),$$

und daher

$$(S+T_h)^{-1}(T+2hH)^{-1} = \tfrac{1}{2}(E+h(E-U)HS)^{-1}(E-U).$$

Ferner ist

$$(T+2hH)(S-T_h) = TS+2hHS-E = \frac{E+U}{E-U}-E+2hHS$$

$$= \frac{2U}{E-U}+2hHS = 2(E-U)^{-1}(U+h(E-U)HS).$$

Durch Zusammensetzung beider Gleichungen ergiebt sich

$$(6.)\qquad (S+T_h)^{-1}(S-T_h) = (E+h(E-U)HS)^{-1}(U+h(E-U)HS).$$

Die rechte Seite dieser Formel wird für keinen Werth von h illusorisch, der unter einer gewissen Grenze liegt, weil die Determinante der negativen Potenz, die in ihr vorkommt, für $h=0$ gleich Eins wird. Lässt man nun h sich der Grenze Null nähern, so erhält man

$$\lim(S+T_h)^{-1}(S-T_h) \;=\; U.$$

Ich bemerke noch, dass sich T_h auf die Gestalt

$$(7.)\qquad T_h \;=\; S(E+U+2h(E-U)HS)^{-1}(E-U)$$

bringen lässt, wo die Variation der Formel (4.), §. 10 in Evidenz tritt.

Ich gehe nun zu dem allgemeineren Falle über, wo die charakteristische Function $\varphi(r)$ von U sowohl für $r=1$, als auch für $r=-1$ verschwindet. Nach Gleichung (3.), §. 9

$$(-1)^q = \varepsilon = |U| = +1$$

verschwindet $\varphi(r)$ für $r=-1$ von einer geraden Ordnung q, die ich hier mit m bezeichnen will. Sei $\varphi(r)=\varphi_1(r)\varphi_2(r)$, wo $\varphi_1(r)$ das Product der Elementartheiler von $\varphi(r)$ ist, die für $r=-1$ verschwinden. Sei U_1 eine Form der Variabeln x_μ, y_μ ($\mu = 1, \dots m$), deren charakteristische Function (in den Elementartheilern) gleich $\varphi_1(r)$ ist, und U_2 eine Form der Variabeln x_ν, y_ν ($\nu = m+1, \dots n$), deren charakteristische Function gleich $\varphi_2(r)$ ist. Dann ist (vgl. den Beweis des Satzes V., §. 10.) $U_0 = U_1+U_2$ der Form U ähnlich. Ist

$$GUG^{-1} \;=\; U_0,$$

so ist die Form

$$G'^{-1}SG^{-1} \;=\; S_0$$

in der nämlichen Weise wie U_0 in S_1+S_2 zerlegbar und die Gleichung

$$U_0'S_0U_0 \;=\; S_0$$

zerfällt in die beiden Gleichungen

$$U_1' S_1 U_1 = S_1, \quad U_2' S_2 U_2 = S_2.$$

Da $\varphi_1(r)$ nur für $r = -1$ verschwindet, so ist die Determinante von $E_1 - U_1$ nicht Null, und da m eine gerade Zahl ist, so lässt sich eine alternirende Form H_1 der m Variabelnpaare x_μ, y_μ bilden, deren Determinante nicht verschwindet. Nun sind

$$(8.) \quad T_1 = \frac{E_1 + U_1}{E_1 - U_1} S_1^{-1}, \quad T_2 = S_2 \frac{E_2 - U_2}{E_2 + U_2}$$

alternirende Formen, und folglich ist auch

$$(9.) \quad T_h = G'((T_1 + 2h H_1)^{-1} + T_2) G$$

eine alternirende Form. Ferner ist

$$(S + T_h) = G'(S_1 + (T_1 + 2h H_1)^{-1} + S_2 + T_2) G,$$
$$(S - T_h) = G'(S_1 - (T_1 + 2h H_1)^{-1} + S_2 - T_2) G$$

und mithin (§. 5, III.)

$$(S + T_h)^{-1}(S - T_h)$$
$$= G^{-1}[(S_1 + (T_1 + 2h H_1)^{-1})^{-1}(S_1 - (T_1 + 2h H_1)^{-1}) + (S_2 + T_2)^{-1}(S_2 - T_2)] G,$$

also

$$\lim (S + T_h)^{-1}(S - T_h) = G^{-1}(U_1 + U_2) G = U.$$

Nach Herrn *Kronecker* heisst ein System algebraischer Gleichungen, dessen Lösungen eine $k$fach ausgedehnte Mannigfaltigkeit bilden, *irreductibel*, wenn jedes andere Gleichungssystem, das mit ihm eine $k$fach ausgedehnte Mannigfaltigkeit von Lösungen gemeinsam hat, durch alle seine Lösungen befriedigt wird. Daher kann das erhaltene Resultat auch so ausgesprochen werden:

III. *Das System der* $\frac{1}{2}n(n+1)$ *Gleichungen, dem die* n^2 *Coefficienten einer Substitution genügen, welche eine gegebene symmetrische Form von nicht verschwindender Determinante in sich selbst transformirt, wird irreductibel, wenn ihm der Werth* $+1$ *der Substitutionsdeterminante adjungirt wird.*

Sei, um diese Theorie an einem Beispiel zu erläutern, U eine eigentliche Substitution, deren charakteristische Function $\varphi(r)$ nur für $r = +1$ und -1 verschwindet, und nur einfache Elementartheiler hat. Dann kann man $U_1 = -E_1$, $U_2 = E_2$ wählen, und daher ist nach Formel (8.) $T_1 = 0$ und $T_2 = 0$, also $T_h = G'(2h H_1)^{-1} G$, oder wenn man die von h unabhängige alternirende Form $\frac{1}{2}G'H_1^{-1}G$ mit T bezeichnet, $T_h = h^{-1}T$. Mithin ist

$$U = \lim(S+h^{-1}T)^{-1}(S-h^{-1}T)^{-1} = \lim(hS+T)^{-1}(hS-T).$$

Umgekehrt stellt dieser Ausdruck, falls T irgend eine alternirende Form bedeutet, für welche seine Coefficienten endlich sind, stets eine Substitution U der angegebenen Art dar. Ist die Determinante von T nicht Null, also n gerade, so ist $U = T^{-1}(-T) = -E$. Verschwindet aber die Determinante von T, so sei, nach aufsteigenden Potenzen von h entwickelt,

$$(10.)\qquad (hS+T)^{-1} = Ah^{-\alpha}+Bh^{-\alpha+1}+\cdots,$$

wo A nicht Null und $\alpha \geqq 1$ ist. Dann ist

$$(11.)\qquad E = (Ah^{-\alpha}+Bh^{-\alpha+1}+\cdots)(T+hS) = ATh^{-\alpha}+(AS+BT)h^{-\alpha+1}+\cdots,$$
$$(hS+T)^{-1}(hS-T) = -ATh^{-\alpha}+(AS-BT)h^{-\alpha+1}+\cdots.$$

Damit sich der letztere Ausdruck für $h=0$ einer endlichen Grenze nähert, müssen die Coefficienten der negativen Potenzen von h verschwinden. Wäre also $\alpha > 1$, so müsste $AS-BT = 0$ und infolge von (11.) auch $AS+BT = 0$ sein. Es würde also AS, und weil die Determinante von S nicht verschwindet, auch A Null sein. Mithin ist $\alpha = 1$ und folglich nach (11.)

$$(12.)\qquad AS+BT = E,$$

also

$$U = \lim(hS+T)^{-1}(hS-T) = AS-BT = 2AS-E.$$

Aus der Entwickelung (10.) folgt

$$E = (T+hS)(Ah^{-1}+\cdots) = TAh^{-1}+\cdots.$$

Daher ist $TA = 0$. Nun ist aber nach (12.)

$$(AS+BT)A = A$$

und demnach

$$ASA = A.$$

Folglich ist

$$U^2 = (2AS-E)^2 = 4(AS)^2-4AS+E = 4(ASA-A)S+E = E.$$

Aus der Gleichung $U^2 = E$ folgt aber nach §. 7, VII., dass die Elementartheiler der charakteristischen Function von U sämmtlich einfach sind und für $r = 1$ oder -1 verschwinden.

Wenn man T in der Gleichung (2.) durch $h^{-1}T$ ersetzt, so geht sie in

$$(13.) \qquad U = (hS+T)^{-1}(hS-T)$$

über und stellt die Coefficienten von U als homogene Functionen von $\frac{1}{2}n(n-1)+1$ Grössen $t_{\alpha\beta}$ und h dar. Legt man diesen Variabeln alle möglichen endlichen Werthe bei, so erhält man also auch noch nicht alle eigentlichen Substitutionen U, welche S in sich selbst transformiren, sondern von den endlichen Substitutionen nur solche, deren charakteristische Function entweder nicht für $r=-1$ verschwindet, oder nur einfache für $r=-1$ und $+1$ verschwindende Elementartheiler hat.

Nur bei *ternären* Formen stellt der Ausdruck (13.) bei endlichen Werthen von h, t_{23}, t_{31}, t_{12} alle eigentlichen Substitutionen U dar *). Denn falls die charakteristische Function $\varphi(r)$ von U für $r=-1$ Null ist, verschwindet sie von einer geraden, also von der zweiten Ordnung, und da das Product der drei Wurzeln der Gleichung $\varphi(r)=0$ gleich Eins ist, so ist die dritte Wurzel gleich Eins. Der Doppelwurzel -1 kann nicht ein Elementartheiler zweiten Grades entsprechen, weil nach §. 10, V. die für $r=-1$ verschwindenden Elementartheiler paaren Grades doppelt vorhanden sein müssen.

§. 12. Orthogonale Formen.

Eine Form, die ihrer conjugirten reciprok ist, heisst eine orthogonale Form. Da jede Form mit ihrer reciproken vertauschbar ist, so ist eine orthogonale Form R mit ihrer conjugirten

$$R' = R^{-1}$$

vertauschbar und genügt den Gleichungen

$$R'R = RR' = E, \quad R'ER = E.$$

Da mithin die orthogonalen Substitutionen die symmetrische Form E in sich selbst transformiren, so ergiebt sich aus §. 9 und 10: Das Product mehrerer orthogonalen Formen ist wieder eine orthogonale Form. Ist R eine orthogonale Form und $f(R)$ eine rationale Function von R mit nicht verschwindender Determinante, so ist auch $R^k \dfrac{f(R')}{f(R)}$ eine orthogonale Form. Die Elementartheiler der charakteristischen Function einer orthogonalen Form sind paarweise von gleichem Grade und für reciproke Werthe Null, mit Ausnahme

*) *Bachmann,* dieses Journal, Bd. 76, S. 338; *Hermite,* dieses Journal, Bd. 78, S. 328.

derjenigen, welche für den Werth $+1$ oder -1 verschwinden und einen ungeraden Exponenten haben. Die Elementartheiler von der Form $(r-1)^{2\varkappa}$ oder $(r+1)^{2\varkappa}$ sind also stets paarweise vorhanden. Ist umgekehrt $\varphi(r)$ ein Product von Elementartheilern von der angegebenen Beschaffenheit, so giebt es eine orthogonale Form, deren charakteristische Function in die nämlichen Elementartheiler wie $\varphi(r)$ zerfällt. Denn ist P irgend eine Form, deren charakteristische Function gleich $\varphi(r)$ ist, so giebt es nach §. 10, V. eine symmetrische Form S von nicht verschwindender Determinante, welche durch die Substitution P in sich selbst transformirt wird. Die Form S ist aber der Form E congruent (nach dem Satze, dass jede quadratische Form von nicht verschwindender Determinante als eine Summe von n Quadraten unabhängiger Linearformen dargestellt werden kann). Nach §. 9, II. giebt es daher eine der Substitution P ähnliche Substitution R, welche E in sich selbst transformirt, und da R und P ähnlich sind, so stimmen ihre charakteristischen Functionen in ihren Elementartheilern überein.

I. *Ist A eine Form von nicht verschwindender Determinante, die mit ihrer conjugirten Form vertauschbar ist, so ist*

$$R = \frac{A'}{A}$$

eine eigentliche orthogonale Form.

Denn die conjugirte Form von R ist $R' = \frac{A}{A'}$ und daher ist $RR' = E$.

II. *Ist eine symmetrische Form S mit einer alternirenden T vertauschbar, und ist die Determinante von $S+T$ nicht gleich Null, so ist*

$$R = \frac{S-T}{S+T}$$

eine eigentliche orthogonale Form.

Denn zerfällt man die Form A des Satzes I. in $S+T$, so ist $A' = S-T$, und die Formen A und A' sind vertauschbar, oder nicht, je nachdem es S und T sind.

III. *Ist T eine alternirende Form und $f(T)$ eine rationale Function von T mit nicht verschwindender Determinante, so ist*

$$R = \frac{f(-T)}{f(T)}$$

eine eigentliche orthogonale Form.

Denn die conjugirte Form von $A = f(T)$ ist $A' = f(-T)$, und diese beiden Formen sind mit einander vertauschbar (§. 3, I.).

IV. *Ist T eine alternirende Form, und ist die Determinante von $E+T$ nicht gleich Null, so ist*

$$(1.)\qquad R = \frac{E-T}{E+T}$$

eine eigentliche orthogonale Form, für welche die Determinante von $E+R$ nicht verschwindet.

Dieser Satz des Herrn *Cayley* ergiebt sich aus II., weil E eine symmetrische Form ist, die mit jeder beliebigen Form vertauschbar ist, oder aus III., indem man $f(r) = 1+r$ setzt. Er ist besonders merkwürdig, weil er sich umkehren lässt. (Vgl. §. 10, III.). Denn aus Gleichung (1.) folgt

$$R(E+T) = E-T,$$

$$(2.)\qquad (E+R)(E+T) = 2E.$$

Daher ist die Determinante der Form $E+R$ von Null verschieden. Ferner ist

$$R+RT = E-T,$$

$$T+RT = E-R,$$

$$(E+R)T = E-R,$$

$$(3.)\qquad T = \frac{E-R}{E+R}.$$

Umgekehrt ist die rechte Seite dieser Gleichung, falls R irgend eine orthogonale Form ist, stets eine alternirende Form. Denn die conjugirte Form ist

$$\frac{E-R'}{E+R'} = \frac{(E-R')R}{(E+R')R} = \frac{R-E}{R+E} = -T.$$

V. *Jede orthogonale Form R, für welche die Determinante von $E+R$ nicht verschwindet, lässt sich, und zwar nur in einer Weise, auf die Gestalt*

$$R = \frac{E-T}{E+T}$$

bringen, wo

$$T = \frac{E-R}{E+R}$$

eine alternirende Form ist.

Sind die Coefficienten von T reell, so sind es auch die von R und umgekehrt. Sind die Coefficienten von T rein imaginär, so ist die conjugirte complexe Grösse von T (die Variabeln als reell betrachtet) $-T$ und die von R

$$\frac{E+T}{E-T} = R'.$$

Mithin haben die conjugirten Coefficienten in R, $r_{\alpha\beta}$ und $r_{\beta\alpha}$, conjugirte complexe Werthe, und umgekehrt.

Ist R eine orthogonale Form, und ist die Determinante von $R+iE$ nicht gleich Null, so ist nach §. 9, I. auch

$$(4.)\qquad R_0 = \frac{E+iR}{R+iE}$$

eine solche, und es ist

$$T_0 = \frac{E-R_0}{E+R_0} = \frac{(E-R_0)(R+iE)}{(E+R_0)(R+iE)} = \frac{R+iE-E-iR}{R+iE+E+iR} = \frac{(i-1)(E-R)}{(i+1)(E+R)} = iT.$$

Ist also T reell, so ist T_0 rein imaginär. Jeder orthogonalen Form mit reellen Coefficienten R entspricht also vermöge der Formel (4.) eine orthogonale Form R_0, deren conjugirte Coefficienten conjugirte complexe Grössen sind.

Ich wende mich nun zur Untersuchung des Charakters einer orthogonalen Form mit reellen Coefficienten.

Sei a eine Wurzel der charakteristischen Gleichung von R. Die Form $(rE-R)^{-1}$ ist dann eine gebrochene rationale Function von r, deren Nenner die charakteristische Function ist, und für $r=a$ von einem höheren Grade verschwindet, als der Zähler. Beginnt ihre Entwickelung nach aufsteigenden Potenzen von $r-a$ mit

$$(5.)\qquad (rE-R)^{-1} = A(r-a)^{-\alpha}+\cdots,$$

so hat unter den Elementartheilern der charakteristischen Function von R, die für $r=a$ verschwinden, derjenige vom höchsten Grade den Exponenten α. Setzt man auf beiden Seiten mit $rE-R=(r-a)E-(R-aE)$ zusammen, so erhält man

$$E = -A(R-aE)(r-a)^{-\alpha}+\cdots$$

und daraus durch Coefficientenvergleichung

$$A(R-aE) = 0.$$

Sei b die conjugirte complexe Grösse zu a (also gleich a, wenn a reell ist) und B die conjugirte complexe Form zu A. Dann geht die Gleichung

$$AR = aA$$

durch Vertauschung von i mit $-i$ in

$$BR = bB,$$

und diese durch Uebergang zu den conjugirten Formen in

$$R'B' = bB'$$

über. Daher ist

$$(AR)(R'B') = abAB',$$

oder weil $RR' = E$ ist,

$$AB'(1-ab) = 0.$$

Nun kann aber AB' nicht identisch verschwinden (§. 1., 2.). Daher ist

$$ab = 1.$$

Daraus ergiebt sich der Satz *):

VI. *Die Wurzeln der charakteristischen Gleichung einer reellen orthogonalen Form liegen auf dem mit dem Radius Eins um den Nullpunkt beschriebenen Kreise.*

Sie sind daher complexe Grössen, falls sie nicht gleich ± 1 sind. Bezüglich der Wurzeln $+1$ und -1 gelten die Sätze, welche in §. 9 für irgend welche cogrediente Transformationen einer bilinearen Form in sich selbst entwickelt sind.

Die Reihe (5.) convergirt für die Punkte r innerhalb eines gewissen um a beschriebenen Kreises *(Convergenzkreis)*. a selbst ist ein Punkt auf dem mit dem Radius Eins um den Nullpunkt beschriebenen Kreise *(Einheitskreis)*. Ich beschränke nun die Veränderlichkeit von r auf das Stück der Peripherie des Einheitskreises, welches innerhalb des Convergenzkreises liegt. Aus Gleichung (5.) ergiebt sich, wenn man beide Seiten mit

$$(r^{-1}R^{-1})^{-1} = rR$$

zusammensetzt,

$$(R'-r^{-1}E)^{-1} = rRA(r-a)^{-\alpha}+\cdots,$$

daraus durch Uebergang zu den conjugirten Formen

$$(R-r^{-1}E)^{-1} = rA'R'(r-a)^{-\alpha}+\cdots.$$

Vertauscht man nun i mit $-i$, so erhält man, weil die conjugirte complexe Grösse von r gleich r^{-1} und die von a gleich a^{-1} ist,

$$(R-rE)^{-1} = B'R'r^{-1}(r^{-1}-a^{-1})^{-\alpha}+\cdots,$$
$$(rE-R)^{-1} = B'R'(-1)^{\alpha-1}a^{\alpha}r^{\alpha-1}(r-a)^{-\alpha}+\cdots,$$

---

*) *Brioschi*, Liouv. Journal 19, p. 253. Der Beweis des Herrn *Brioschi* stützt sich auf Satz V., ist also nicht anwendbar, wenn die Determinante von $E+R$ verschwindet. Einen andern Beweis deutet Herr *Schläfli*, dieses Journal, Bd. 65, S. 186 an. Die obige Beweismethode ist diejenige, mit Hülfe deren *Cauchy* den analogen Satz über symmetrische Formen bewiesen hat.

oder wenn man $r^{\alpha-1}$ nach Potenzen von $r-a$ entwickelt und die Constante $(-1)^{\alpha-1}a^{2\alpha-1}$ mit c bezeichnet,

$$(rE-R)^{-1} = cB'R'(r-a)^{-\alpha}+\cdots.$$

Vergleicht man diese Entwickelung mit (5.), so findet man

$$A = cB'R',$$
$$AA = c(AB')R'.$$

Da die Form AB' von Null verschieden ist, und die Determinante von R' nicht verschwindet, so kann folglich A^2 nicht gleich Null sein.

Nun erhält man aber aus der Gleichung (5.), indem man sie nach r differentiirt (§. 4, (3.))

$$-(rE-R)^{-2} = -\alpha A(r-a)^{-\alpha-1}+\cdots,$$

indem man sie aber mit sich selbst zusammensetzt,

$$(rE-R)^{-2} = A^2(r-a)^{-2\alpha}+\cdots.$$

Da A^2 nicht verschwindet, so zeigt die Vergleichung der Exponenten der Anfangsglieder, dass

$$-2\alpha=-\alpha-1, \quad \alpha=1$$

ist (Vgl. *Weierstrass, B. M.* 1858, S. 215).

VII. ***Die charakteristische Function einer reellen orthogonalen Form hat lauter einfache Elementartheiler.***

Alle Sätze, die hier über die charakteristische Function einer orthogonalen Form entwickelt sind, gelten auch von der Determinante der Schaar $rQ-P$, wo P und Q irgend zwei orthogonale Formen bedeuten.

Ist in der Formel (9.), §. 11 die symmetrische Form $S=E$ und die Substitution U eine eigentliche reelle orthogonale Substitution, so kann man, wie ich im nächsten Paragraphen zeigen werde, für G eine reelle orthogonale Form nehmen. Dann sind auch U_1 und U_2 reelle Formen, und mithin ist auch T_2 reell. Da ferner die charakteristische Function der Form U_1 der Variabeln x_μ, y_μ ($\mu=1, \ldots m$) gleich $(r+1)^m$ ist, und in m einfache Elementartheiler zerfällt, so ist U_1 der Form $-E_1$ ähnlich, es giebt also eine Substitution P_1, welche der Gleichung $P_1^{-1}(-E_1)P_1=U_1$ genügt, und daher ist $U_1 = -E_1$ und folglich nach Formel (8.), §. 11. $T_1 = 0$. Demnach ist

$$T_h = G'((2hH_1)^{-1}+T_2)G,$$

wo man für H_1 eine reelle Form wählen kann. Setzt man also

$$G'(2H_1)^{-1}G = H, \quad G'T_2G = T,$$

so sind H und T reelle alternirende Formen, und es ist

$$(6.) \quad R = \lim \frac{h(E-T)-H}{h(E+T)+H}.$$

§. 13. Aehnliche orthogonale Formen.

Sei A eine Form, deren charakteristische Function $\varphi(r)$ für mehr als einen Werth verschwindet, sei a eine m-fache Wurzel der Gleichung $\varphi(r)=0$, sei $(r-a)^m = \varphi_1(r)$ und $\varphi(r) = \varphi_1(r)\varphi_2(r)$. Sei $\psi(A)=0$ die Gleichung niedrigsten Grades, der A genügt, sei a eine k-fache Wurzel der Gleichung $\psi(r)=0$, sei $(r-a)^k = \psi_1(r)$ und $\psi(r) = \psi_1(r)\psi_2(r)$. Dann ist in der Entwickelung nach aufsteigenden Potenzen von $r-a$

$$(1.) \quad (rE-A)^{-1} = \Sigma A_\lambda (r-a)^{\lambda-1}$$

nach §. 3 das Anfangsglied gleich $A_{-k+1}(r-a)^{-k}$. Da die Coefficienten dieser Reihe nach §. 3, IX. ganze Functionen von A sind, so sind sie mit A und unter einander vertauschbar. Setzt man beide Seiten der Gleichung (1.) mit $rE-A = (r-a)E-(A-aE)$ zusammen, so erhält man

$$E = \Sigma(A_\lambda - A_{\lambda+1}(A-aE))(r-a)^\lambda$$

und daher

$$(2.) \quad A_\lambda = A_{\lambda+1}(A-aE) \qquad (\lambda \gtrless 0),$$

$$(3.) \quad A_0 - E = A_1(A-aE).$$

Durch wiederholte Anwendung derselben ergiebt sich, falls λ eine positive Zahl ist,

$$(4.) \quad A_{-\lambda} = A_0(A-aE)^\lambda,$$

$$(5.) \quad A_0 - E = A_\lambda(A-aE)^\lambda$$

und mithin

$$A_\lambda A_{-\lambda} = A_\lambda A_0(A-aE)^\lambda = A_0 A_\lambda (A-aE)^\lambda = A_0(A_0-E).$$

Setzt man $\lambda = k$ (oder $> k$), so ist $A_{-k}=0$ und daher *)

$$(6.) \quad A_0^2 - A_0 = 0.$$

In der Reihe (1.) sind die Coefficienten der negativen Potenzen $A_{-k+1}, \dots A_0$ sämmtlich von Null verschieden. Denn wäre einer derselben Null, so

---

*) Die folgende Untersuchung der Form A_0 lässt sich auch mit Hülfe der Formel (4.) §. 3 sehr einfach durchführen.

müssten nach (2.) auch die vorhergehenden sämmtlich verschwinden. Ist nun $\psi_0(A_0) = 0$ die Gleichung niedrigsten Grades, der A_0 genügt, so ist $\psi_0(r)$ nach Gleichung (6.) ein Divisor von $r(r-1)$. Da nicht $A_0 = 0$ ist, so ist auch nicht $\psi_0(r) = r$. Nach (4.) ist ferner

$$0 = A_{-k} = A_0(A-aE)^k.$$

Wäre also $\psi_0(r) = r-1$, also $A_0 - E = 0$, so wäre $(A-aE)^k = 0$ und folglich wäre nach §. 3, VI. die charakteristische Function von $A-aE$ gleich r^n und die von A gleich $(r-a)^n$, während vorausgesetzt ist, dass $\varphi(r)$ für mehr als einen Werth verschwindet. Mithin ist (6.) die Gleichung niedrigsten Grades, der A_0 genügt.

Da die Coefficienten der Reihe (1.) ganze Functionen von A sind, so sei $A_0 = f(A)$. Dann ist $A_{-k} = f(A)(A-aE)^k = 0$, während für $\varkappa < k$ die Form $A_{-\varkappa} = f(A)(A-aE)^\varkappa$ nicht verschwindet. Es ist also $f(r)(r-a)^k$ durch $\psi(r) = (r-a)^k \psi_2(r)$ theilbar, und folglich $f(r)$ durch $\psi_2(r)$. Dagegen ist $f(a)$ nicht Null, weil sonst auch für $\varkappa < k$ die Function $f(r)(r-a)^\varkappa$ durch $\psi(r)$ theilbar wäre. Da $\varphi_2(r)$ für die nämlichen Werthe Null ist, wie $\psi_2(r)$, so verschwindet $f(r)$ für die Wurzeln der Gleichung $(n-m)^{\text{ten}}$ Grades $\varphi_2(r) = 0$, aber nicht für die Wurzel a der Gleichung m^{ten} Grades $\varphi_1(r) = 0$. Nach §. 3, II. ist daher die charakteristische Function $\varphi_0(r)$ der Form $A_0 = f(A)$ genau durch die $(n-m)^{\text{te}}$ Potenz von r theilbar. Nun verschwindet aber $\varphi_0(r)$ nur für Werthe, für welche auch $\psi_0(r) = 0$ ist, also nur für $r = 0$ und 1. Folglich ist $\varphi_0(r) = (r-1)^m r^{n-m}$, also $f(a) = 1$. Die Determinante der Form $rE - A_0$ ist demnach durch r^{n-m} theilbar, ihre ersten Unterdeterminanten aber nach dem Bildungsgesetze von $\psi_0(r) = (r-1)r$ sämmtlich durch r^{n-m-1}. Mithin sind ihre zweiten Unterdeterminanten alle durch r^{n-m-2} theilbar u. s. w., und folglich ist in der Determinante von A_0 der höchste Grad nicht verschwindender Unterdeterminanten gleich m. Ebenso lässt sich zeigen, dass dieser Grad in der Determinante von $E - A_0$ gleich $n-m$ ist. Daher sind A_0 und $E - A_0$ den Formen

$$E_1 = \Sigma_1^m x_\mu y_\mu, \quad E_2 = \Sigma_{m+1}^n x_\nu y_\nu$$

äquivalent oder lassen sich auf die Gestalt

$$\begin{aligned} A_0 &= \Sigma_1^m (p_{1\mu} x_1 + \cdots + p_{n\mu} x_n)(q_{\mu 1} y_1 + \cdots + q_{\mu n} y_n), \\ E - A_0 &= \Sigma_{m+1}^n (p_{1\nu} x_1 + \cdots + p_{n\nu} x_n)(q_{\nu 1} y_1 + \cdots + q_{\nu n} y_n) \end{aligned}$$

bringen. Durch Addition dieser Gleichungen erhält man, wenn man

$$\Sigma p_{\alpha\beta} x_\alpha y_\beta = P, \quad \Sigma q_{\alpha\beta} x_\alpha y_\beta = Q$$

setzt,

$$E = PQ, \quad Q = P^{-1}.$$

Folglich ist

$$A_0 = PE_1P^{-1}, \quad E - A_0 = PE_2P^{-1}.$$

Da A mit A_0 vertauschbar ist, so ist auch nach §. 7, II.

$$B = P^{-1}AP$$

mit

$$E_1 = P^{-1}A_0P, \quad E_2 = P^{-1}(E-A_0)P$$

vertauschbar. Von den Formen

$$E_1B = B_1, \quad E_2B = B_2$$

enthält daher nach §. 5, II. die erste nur die Variabeln x_μ, y_μ $(\mu = 1, \dots m)$, die andere nur x_ν, y_ν $(\nu = m+1, \dots n)$. Mithin ist

$$B = EB = (E_1 + E_2)B = E_1B + E_2B$$

eine zerlegbare Form. Nun ist aber

$$B_1 = E_1B = P^{-1}A_0PP^{-1}AP = P^{-1}A_0AP,$$

$$B_2 = E_2B = P^{-1}(E-A_0)PP^{-1}AP = P^{-1}(E-A_0)AP.$$

Daher ist die charakteristische Function von B_1 gleich der von $A_0A = Af(A)$. Da $rf(r)$ für die Wurzeln der Gleichung $\varphi_2(r) = 0$ verschwindet, für $r = a$ aber gleich a ist, so ist folglich

$$|rE - B_1| = (r-a)^m r^{n-m}.$$

Da ferner $rE - B_1$ in $(rE_1 - B_1) + rE_2$ zerlegbar ist, so ist

$$|rE - B_1| = |rE_1 - B_1|\,|rE_2| = |rE_1 - B_1|\,r^{n-m}$$

und daher

$$|rE_1 - B_1| = (r-a)^m = \varphi_1(r).$$

Die charakteristische Function von B ist ebenso wie die der ähnlichen Form A gleich $\varphi(r)$. Da nun B in $B_1 + B_2$ zerlegbar ist, so ist

$$\varphi(r) = \varphi_1(r)\,\varphi_2(r) = |rE_1 - B_1|\,|rE_2 - B_2|$$

und daher

$$|rE_2 - B_2| = \varphi_2(r).$$

Ist speciell A_0 eine symmetrische Form, so kann man (nach dem bekannten Satze über die Zerlegung einer quadratischen Form in eine Summe von Quadraten)

$$A_0 = \Sigma(p_{1\mu}x_1 + \dots + p_{n\mu}x_n)(p_{1\mu}y_1 + \dots + p_{n\mu}y_n),$$

$$E - A_0 = \Sigma(p_{1\nu}x_1 + \dots + p_{n\nu}x_n)(p_{1\nu}y_1 + \dots + p_{n\nu}y_n)$$

setzen. Demnach ist $P^{-1} = Q = P'$, also P eine orthogonale Substitution. Ist A_0 reell, so kann man auch P reell wählen. Denn da man eine quadratische Form, in deren Determinante m der höchste Grad nicht verschwindender Unterdeterminanten ist, stets in eine Summe von m reellen positiven oder negativen Quadraten verwandeln kann, so kann man P so wählen, dass

$$p_{1\mu}, \quad p_{2\mu}, \quad \dots \quad p_{n\mu}$$

für die Werthe von μ, für die sie nicht alle reell sind, sämmtlich rein imaginär werden. Da aber P eine orthogonale Form ist, so ist dies unmöglich, weil sonst nicht

$$p_{1\mu}^2 + \cdots + p_{n\mu}^2 = 1$$

sein würde.

Ist A eine orthogonale Form R, für welche die Determinante von $E+R$ verschwindet, und $a = -1$, so folgt aus der Gleichung

$$\text{(7.)} \qquad \frac{E}{rE-R} = \Sigma A_\lambda (r+1)^{\lambda-1}$$

durch Uebergang zu den conjugirten Formen

$$\frac{E}{rE-R'} = \Sigma A'_\lambda (r+1)^{\lambda-1}.$$

Nun kann man r so nahe an -1 nehmen, dass auch $\frac{1}{r}$ in der Umgebung dieser Stelle liegt. Ersetzt man r durch $\frac{1}{r}$ und erweitert links mit R, so erhält man

$$\frac{R}{R-rE} = \Sigma A'_\lambda (r+1)^{\lambda-1} r^{-\lambda}.$$

oder

$$\frac{E}{r} - \frac{E}{rE-R} = \Sigma A'_\lambda (r+1)^{\lambda-1} r^{-\lambda-1}.$$

Ist λ eine negative Zahl $-\varkappa$, oder eine positive Zahl, so kommt in der Entwicklung von $(r+1)^{-\varkappa-1} r^{\varkappa-1}$ oder $(r+1)^{\lambda-1} r^{-\lambda-1}$ nach aufsteigenden Potenzen von $r+1$ die $(-1)^{\text{te}}$ Potenz nicht vor. Ist $\lambda = 0$, so fängt die Entwicklung von $\frac{1}{r(r+1)}$ mit $-\frac{1}{r+1}$ an. Durch Vergleichung der letzten Entwicklung mit (7.) ergiebt sich daher $A'_0 = A_0$. Mithin ist A_0 eine symmetrische Form, und man kann für P eine orthogonale Substitution wählen. Eine orthogonale Form R, deren charakteristische Function für $r = -1$ verschwindet, kann also durch eine orthogonale Substitution P in zwei zerlegt werden, von deren charakteristischen Functionen die eine für $r=-1$ nicht Null ist, die andere nur für $r=-1$ verschwindet. In der Formel (9.), §. 11 kann man daher, falls $S=E$ und $U=R$ ist, für G eine orthogonale Substitution wählen.

Mit Hülfe dieser Entwicklungen will ich nun über zwei ähnliche orthogonale Formen R und S einen Satz herleiten, der für reelle Formen bereits von Herrn *Schläfli* angegeben ist (dieses Journal Bd. 65, S. 185). Ist die Determinante von $E+R$, also auch die von $E+S$ nicht Null, so kann man zwei alternirende Formen T und U so bestimmen, dass

$$R=\frac{E-T}{E+T},\quad S=\frac{E-U}{E+U}$$

ist. Nach der Voraussetzung sind die beiden Schaaren

$$rE-\frac{E-T}{E+T},\quad rE-\frac{E-U}{E+U}$$

und daher auch die ihnen äquivalenten Schaaren

$$r(E+T)-(E-T),\quad r(E+U)-(E-U)$$

einander äquivalent. Da diese Schaaren aber conjugirte Grundformen haben, so können sie nach §. 6, 1. durch cogrediente Substitutionen in einander transformirt werden, oder es kann G so bestimmt werden, dass

$$G'(r(E+T)-(E-T))G \;=\; r(E+U)-(E-U),$$

also für $r=-1$

$$G'G \;=\; E$$

ist. Demnach ist G eine orthogonale Substitution.

Verschwindet aber die Determinante von $rE-R$, also auch die von $rE-U$, für $r=-1$ von der m^{ten} Ordnung, so kann man zwei orthogonale Substitutionen P und Q so bestimmen, dass

$$P'RP=R_1+R_2,\quad Q'SQ=S_1+S_2$$

ist, wo R_1 und S_1 ähnliche orthogonale Formen der Variabeln x_μ, y_μ $(\mu=1,\dots m)$ sind, deren charakteristische Function nur für $r=-1$ verschwindet, R_2 und S_2 aber solche der Variabeln x_ν, y_ν $(\nu=m+1,\dots n)$ sind, deren charakteristische Function nicht für $r=-1$ Null ist. Mithin giebt es zwei orthogonale Substitutionen G_1 und G_2, deren erste $-R_1$ in $-S_1$ und deren andere R_2 in S_2 transformirt. Setzt man also $P(G_1+G_2)Q^{-1}=G$, so ist $G'RG=S$ und G als Product von drei orthogonalen Formen wieder eine solche.

Sind zwei orthogonale Formen ähnlich, so sind sie auch congruent und können durch orthogonale Substitutionen in einander transformirt werden.

§. 14. Complexe Zahlen.

Aus dem Algorithmus der Zusammensetzung von Formen, d. h. von Systemen aus n^2 Grössen, die nach n Zeilen und n Colonnen geordnet sind, kann man unzählig viele andere Algorithmen herleiten. Mehrere unabhängige Formen $E, E_1, \ldots E_m$ bilden ein *Formensystem*, wenn sich die Producte von je zweien derselben aus den Formen des Systems linear zusammensetzen lassen. Ist dann $A = \Sigma a_\varkappa E_\varkappa$ und $B = \Sigma b_\varkappa E_\varkappa$, so lässt sich AB auf die Gestalt $\Sigma c_\varkappa E_\varkappa$ bringen. Besonders bemerkenswerth sind solche Systeme reeller Formen, bei denen die Determinante von $\Sigma a_\varkappa E_\varkappa$ für reelle Werthe *) von $a, a_1, \ldots a_m$ nicht verschwinden kann, ohne dass diese Coefficienten sämmtlich Null sind. In diesem Falle heisst die Form $\Sigma a_\varkappa E_\varkappa$ ein *Zahlencomplex* oder auch eine *complexe Zahl*, $E, E_1, \ldots E_m$ heissen die *Einheiten*, und die Determinante der Form die *Norm* der complexen Zahl. Da die Norm eines Productes gleich dem Producte der Normen der Factoren ist, so kann unter den gemachten Voraussetzungen ein Product nicht verschwinden, ohne dass einer seiner Factoren Null ist.

Umgekehrt kann man auch diese Eigenschaft als Definition eines Systems complexer Zahlen benutzen. Denn sei $A = \Sigma a_\varkappa E_\varkappa$ eine Form des Systems, deren Determinante Null ist. Wenn dann $\psi(A) = 0$ die Gleichung niedrigsten Grades ist, der A genügt, so verschwindet die charakteristische Function dieser Form und daher auch $\psi(r)$ für $r = 0$. Ist $\psi(r) = r\chi(r)$, so gehört $\chi(A)$ als ganze Function von A mit reellen Coefficienten dem betrachteten Formensysteme an, und verschwindet nicht, weil $\chi(r)$ von niedrigerem Grade ist als $\psi(r)$. Dagegen ist $A\chi(A) = \psi(A) = 0$. Hat nun das betrachtete Formensystem die Eigenschaft, dass ein Product nicht verschwinden kann, ohne dass einer der Factoren Null ist, so folgt aus dieser Gleichung, dass $A = 0$ ist. Wenn also die Determinante einer Form des Systems Null ist, so muss die Form selbst verschwinden.

Es ist leicht alle möglichen Systeme complexer Zahlen zu construiren. Seien $E, E_1, \ldots E_m$ die unabhängigen Einheiten eines solchen Systems, sei $A = \Sigma a_\varkappa E_\varkappa$ irgend eine Zahl desselben und sei $\psi(A) = 0$ die Gleichung niedrigsten Grades, der A genügt. Dann muss $\psi(r)$ vom ersten oder

*) Statt der Realitätsbedingung können auch andere Beschränkungen für die Coefficienten aufgestellt werden, z. B., dass sie ganze Zahlen oder ganze, ganzzahlige Functionen gewisser Irrationalitäten sind.

zweiten Grade sein. Denn sonst könnte man $\psi(r)$ und entsprechend $\psi(A)=0$ in (reelle) Factoren des ersten oder zweiten Grades zerlegen, und es würde ein Product verschwinden, ohne dass einer der Factoren Null wäre (*Hoüel, Théorie des quantités complexes, num.* 402). Ist $\psi(r)$ vom ersten Grade, so ist $\psi(A)=A-aE=0$, also $A=aE$. Ist $\psi(r)$ vom zweiten Grade, ohne in (reelle) Factoren ersten Grades zerlegbar zu sein, so ist

$$\psi(A)=A^2-2pA+(p^2+q^2)E=0,$$

also wenn man $A=pE+qJ$ setzt, $J^2=-E$. Man kann daher die Einheiten so ausgewählt denken, dass sie mit Ausnahme von E einzeln der Gleichung

$$(1.)\qquad X^2 = -E$$

genügen. Dann ist das Quadrat der Determinante von X gleich $(-1)^n$, also ist, da die Coefficienten dieser Form als reell vorausgesetzt sind, n eine gerade Zahl, sobald $m>0$ ist.

Ist $m=1$ und J eine der Gleichung (1.) genügende Form, so sind, da E und J vertauschbar sind, auch je zwei der Zahlen $aE+bJ$ vertauschbar *(gewöhnliche complexe Zahlen)*. Ein solches Formensystem ist z. B. für $n=2$

$$E=xy+x'y',\quad J=xy'-x'y.$$

Denn da E eine symmetrische und J eine alternirende Einheit ist, so ist die conjugirte Form von $A=aE+bJ$ gleich $A'=aE-bJ$, und daher ist

$$AA' = (a^2+b^2)E.$$

Mithin ist das Quadrat der Determinante von A gleich $(a^2+b^2)^2$, jene Determinante kann also nur verschwinden, wenn $a=b=0$, also $A=0$ ist. Ist $a^2+b^2=1$, so ist die complexe Zahl $aE+bJ$ eine orthogonale Form.

Sodann ergiebt sich aus Gleichung (1.), dass m nicht gleich 2 sein kann. Denn sonst müsste sich das Product E_1E_2 durch die drei Einheiten E, E_1, E_2 linear ausdrücken lassen,

$$E_1E_2 = aE+bE_1+cE_2.$$

Durch Multiplication mit E_2 würde sich folglich ergeben

$$-E_1 = aE_2+bE_1E_2-cE$$

und daraus durch Elimination von E_1E_2

$$(ab-c)E+(b^2+1)E_1+(bc+a)E_2 = 0,$$

also wegen der Unabhängigkeit der drei Einheiten $b^2+1=0$, während doch b eine reelle Zahl ist.

Sei nun $m > 2$ und seien $E_\varkappa$ und E_λ zwei unter einander und von E unabhängige Einheiten, welche der Gleichung (1.) genügen. Dann befriedigen die complexen Zahlen $E_\varkappa + E_\lambda$ und $E_\varkappa - E_\lambda$ ebenso, wie alle anderen, Gleichungen ersten oder zweiten Grades. Wegen der Unabhängigkeit der drei Einheiten $E, E_\varkappa, E_\lambda$ können aber jene Gleichungen nicht vom ersten Grade sein. Seien daher

$$(E_\varkappa + E_\lambda)^2 + a\,(E_\varkappa + E_\lambda) + b\,E = 0,$$
$$(E_\varkappa - E_\lambda)^2 + a'(E_\varkappa - E_\lambda) + b'E = 0$$

die Gleichungen zweiten Grades, denen diese Formen genügen. Durch Addition derselben ergiebt sich zufolge der Gleichung (1.)

$$(a+a')\,E_\varkappa + (a-a')\,E_\lambda + (b+b'-4)\,E = 0,$$

also wegen der Unabhängigkeit der drei Einheiten $a = a' = 0$. Demnach reducirt sich die erste der obigen Gleichungen auf

$$(E_\varkappa + E_\lambda)^2 + b\,E = 0,$$

oder wenn man $2 - b = 2\,s_{\varkappa\lambda} = 2\,s_{\lambda\varkappa}$ setzt, auf

$$E_\varkappa E_\lambda + E_\lambda E_\varkappa = 2 s_{\varkappa\lambda} E.$$

Diese Gleichung bleibt, falls man $s_{\varkappa\varkappa} = -1$ setzt, auch für $\varkappa = \lambda$ gültig.

Sind nun $u_1, \dots u_m$ unbestimmte (reelle) Zahlen, und ist

$$U = \sum_\varkappa {}_1^m u_\varkappa E_\varkappa$$

eine complexe Zahl, so kann

$$U^2 = \Sigma u_\varkappa u_\lambda E_\varkappa E_\lambda = (\Sigma s_{\varkappa\lambda} u_\varkappa u_\lambda)\,E$$

nicht verschwinden, ohne dass $u_1, \dots u_m$ sämmtlich Null sind. Folglich ist die quadratische Form $\Sigma s_{\varkappa\lambda} u_\varkappa u_\lambda$ eine definite Form von nicht verschwindender Determinante, und weil $s_{\varkappa\varkappa} = -1$ ist, eine negative Form. Sie lässt sich daher durch eine (reelle) lineare Substitution

$$u_\varkappa = \sum_\lambda a_{\varkappa\lambda} v_\lambda$$

in eine Summe von m negativen Quadraten verwandeln,

$$\Sigma s_{\varkappa\lambda} u_\varkappa u_\lambda = -\Sigma v_\lambda^2.$$

Setzt man nun

$$(2.) \qquad J_\lambda = \sum_\varkappa a_{\varkappa\lambda} E_\varkappa,$$

so ist

$$U = \Sigma u_\varkappa E_\varkappa = \Sigma v_\lambda J_\lambda,$$

demnach

$$U^2 = (-\Sigma v_\lambda^2)E = \Sigma v_\varkappa v_\lambda J_\varkappa J_\lambda$$

und folglich

$$(3.)\qquad J_\varkappa^2 = -E,\quad J_\varkappa J_\lambda = -J_\lambda J_\varkappa.$$

Mit Hülfe dieser Gleichungen ist leicht zu zeigen, dass m nicht grösser als 3 sein kann. Denn sind J_1, J_2, $J_\varkappa$ drei verschiedene der Einheiten (2.), so ist

$$\begin{aligned}(J_1 J_2 J_\varkappa)^2 &= J_1 J_2 (J_\varkappa J_1) J_2 J_\varkappa = -J_1 J_2 (J_1 J_\varkappa) J_2 J_\varkappa \\ &= +J_1^2 J_2 J_\varkappa J_2 J_\varkappa = -J_2 J_\varkappa J_2 J_\varkappa = +J_2^2 J_\varkappa^2 = E,\end{aligned}$$

mithin

$$(J_1 J_2 J_\varkappa + E)(J_1 J_2 J_\varkappa - E) = 0,$$

und folglich, weil einer der beiden Factoren verschwinden muss,

$$J_1 J_2 J_\varkappa = \pm E,$$

woraus sich durch Multiplication mit $J_\varkappa$

$$J_1 J_2 = \mp J_\varkappa$$

ergiebt. Die Vorzeichen der Einheiten $J_\varkappa (\varkappa = 3, 4, \dots m)$, über welche noch beliebig verfügt werden kann, mögen so gewählt werden, dass in diesen Gleichungen das obere Vorzeichen gilt. Wäre dann $m > 3$, so würde $J_1 J_2 = -J_3 = -J_4$ sein, während doch J_3 und J_4 unabhängig sein sollen.

Der Fall $m = 3$ ist dagegen möglich. Denn die Einheiten

$$\begin{aligned}E &= xy + x_1 y_1 + x_2 y_2 + x_3 y_3,\\ J_1 &= xy_1 - x_1 y + x_2 y_3 - x_3 y_2,\\ J_2 &= xy_2 - x_2 y + x_3 y_1 - x_1 y_3,\\ J_3 &= xy_3 - x_3 y + x_1 y_2 - x_2 y_1\end{aligned}$$

genügen den Gleichungen

$$\begin{gathered}J_1^2 = -E,\qquad J_2^2 = -E,\qquad J_3^2 = -E,\\ J_2 J_3 = -J_3 J_2 = -J_1,\quad J_3 J_1 = -J_1 J_3 = -J_2,\quad J_1 J_2 = -J_2 J_1 = -J_3,\\ J_1 J_2 J_3 = E.\end{gathered}$$

Da ferner J_1, J_2, J_3 alternirende Formen sind, so ist die conjugirte Form von $A = aE + \Sigma a_\varkappa J_\varkappa$ gleich $A' = aE - \Sigma a_\varkappa J_\varkappa$. Das Product beider ist

$$AA' = (aE)^2 - (\Sigma a_\varkappa J_\varkappa)^2 = a^2 E - a_1^2 J_1^2 - \cdots - a_1 a_2 (J_1 J_2 + J_2 J_1) - \cdots,$$

also

$$AA' = (\Sigma_0^3 a_\mu^2) E.$$

Mithin ist das Quadrat der Determinante von A gleich $(\Sigma a_\mu^2)^4$, jene Determinante kann also nur verschwinden, wenn $a_\mu = 0$ $(\mu = 0, 1, 2, 3)$, also $A = 0$ ist. Ist $\Sigma a_\mu^2 = 1$, so ist $AA' = E$ und daher A eine orthogonale Form.

Wir sind also zu dem Resultate gelangt, dass ausser den reellen Zahlen $(m = 0)$, den imaginären Zahlen $(m = 1)$ und den Quaternionen $(m = 3)$ keine andern complexen Zahlen in dem oben definirten Sinne existiren.

Zürich, im Mai 1877.

15.

Über adjungirte lineare Differentialausdrücke

Journal für die reine und angewandte Mathematik 85, 185–213 (1878)

Bei seinen Untersuchungen über die zweite Variation der einfachen Integrale gelangte *Jacobi* zu einigen Theoremen über lineare Differentialausdrücke, welche ausser von vielen andern namentlich von *Hesse* (dieses Journal Bd. 54 S. 227) abgeleitet und weiter ausgeführt worden sind*). Die zum Theil umständlichen Rechnungen, welche diese Beweise erfordern, lassen sich ganz umgehen, indem man den Differentialausdruck, welchen man nach Herrn *Fuchs* (dieses Journal Bd. 76 S. 183) den *adjungirten* eines andern zu nennen pflegt, nicht durch seine formale Darstellung, sondern durch seine charakteristische Eigenschaft definirt, einen gewissen bilinearen Differentialausdruck zu einem vollständigen Differential zu machen. Auf diesem Wege ergeben sich auch leicht die zuerst von *Clebsch* angegebenen Relationen zwischen den in die reducirte Form der zweiten Variation eingehenden Constanten, Relationen, welche *Hesse* nur in einer wenig entwickelten Form aufgestellt hatte. Ich werde zuerst die erwähnten Sätze für gewöhnliche Differentialausdrücke ableiten, dann ihre Anwendung auf die Umformung der zweiten Variation kurz angeben, endlich einige jener Sätze auf partielle Differentialausdrücke ausdehnen.

§. 1. Ueber die Zusammensetzung linearer Differentialausdrücke.

Sind $A_0, A_1, \dots A_n$ bestimmte (gegebene) Functionen, u aber eine unbestimmte Function von x, so nenne ich den Ausdruck

$$(1.)\qquad A_0 u + A_1 D u + A_2 D^2 u + \cdots + A_n D^n u$$

einen (homogenen) linearen Differentialausdruck und bezeichne ihn mit $A(u)$ oder auch kurz mit A. Im letzteren Falle bedeutet also A den Ausdruck selbst, während es im ersteren ein Operationssymbol ist. Ersetzt man die Function u in dem Ausdruck $A(u)$ durch einen linearen Differentialausdruck $B(u)$, so erhält man wieder einen linearen Differentialausdruck $A(B(u))$,

*) Die ältere Literatur findet man bei *Hesse* (l. c.), die neuere bei Herrn *Mayer*, dieses Journal Bd. 69, S. 238. Vergl. ferner *Horner*, Quarterly Journal No. 55, (1876, Oct.) S. 218.

welchen ich aus A und B (in dieser Reihenfolge) ***zusammengesetzt*** nenne und mit $AB(u)$ oder auch kurz mit AB bezeichne (Vgl. dieses Journal, Bd. 80, S. 321). Seine Ordnung ist die Summe der Ordnungen von A und B.

I. ***Der Coefficient der höchsten Ableitung eines zusammengesetzten Differentialausdrucks ist das Product aus den Coefficienten der höchsten Ableitungen seiner Theile.***

Aus dieser einfachen Bemerkung ergeben sich eine Reihe von Folgerungen. Ein Differentialausdruck heisst (identisch) Null, wenn alle seine Coefficienten Null sind. Setzt man mehrere Differentialausdrücke zusammen, deren keiner Null ist, so erhält man wieder einen Differentialausdruck, der nicht verschwindet. Denn nach dem obigen Satze ist der Coefficient der höchsten Ableitung von Null verschieden. Wenn daher ein zusammengesetzter Differentialausdruck verschwindet, so muss einer seiner Theile Null sein. Ist $AB = 0$ und A nicht Null, so ist $B = 0$. Ist $ABC = 0$, und sind A und C nicht Null, so ist $B = 0$. Ist $AC = BC$ (oder $CA = CB$) und ist C nicht Null, so ist $A = B$. Ist z. B. $DA = DB$ (wo D das Ableitungszeichen ist), so ist $A = B$.

Ein linearer Differentialausdruck der unbestimmten Function u, dessen Coefficienten lineare Differentialausdrücke einer andern unbestimmten Function v sind, heisst ein ***bilinearer Differentialausdruck*** und wird mit $A(u, v)$ bezeichnet. Er heisst ***symmetrisch***, wenn $A(u, v) = A(v, u)$, ***alternirend***, wenn $A(u, v) = -A(v, u)$ ist. Die Summe der Ordnungen der Ableitungen von u und v, die in einem bestimmten Gliede von $A(u, v)$ mit einander multiplicirt sind, wird die ***Dimension*** dieses Gliedes genannt.

§. 2. Definition adjungirter linearer Differentialausdrücke.

Bezeichnet $A(u)$ den Differentialausdruck (1.), so heisst

$$(2.)\qquad (A_0 u) - D(A_1 u) + D^2(A_2 u) - \cdots + (-1)^n D^n (A_n u)$$

der ***adjungirte Differentialausdruck*** von A und wird im Folgenden stets mit $A'(u)$ oder A' bezeichnet werden. Wir werden indessen von dieser Definition wenig Gebrauch machen, sondern den adjungirten Differentialausdruck durch eine charakteristische Eigenschaft desselben definiren, die wir, da sie die Grundlage der folgenden Untersuchungen bildet, kurz ableiten wollen.

Zum Ausgangspunkte nehmen wir die bekannte leicht zu verificirende Formel:

$$(\alpha.)\qquad D\sum_{\lambda}{}_0^{\nu-1}(-1)^{\nu-1-\lambda}D^\lambda u.D^{\nu-1-\lambda}v = vD^\nu u - u(-1)^\nu D^\nu v,$$

auf welcher die Methode der partiellen Integration beruht. Der Differentialausdruck $vD^\nu u-u(-1)^\nu D^\nu v$ ist also das vollständige Differential eines bilinearen Differentialausdrucks

$$(\beta.)\qquad P_\nu(u,v) = \sum_{\lambda}{}_0^{\nu-1}(-1)^{\nu-1-\lambda}D^\lambda u.D^{\nu-1-\lambda}v,$$

dessen Glieder alle von der $(\nu-1)^{\text{ten}}$ Dimension sind und abwechselnd die Coefficienten $+1$ und -1 haben. Ersetzt man v in $(\alpha.)$ durch das Product $A_\nu v$, so erhält man

$$(\gamma.)\qquad v(A_\nu D^\nu u)-u((-1)^\nu D^\nu(A_\nu v)) = DP_\nu(u, A_\nu v).$$

Wird der bilineare Differentialausdruck $P_\nu(u, A_\nu v)$, der sowohl in Bezug auf u, als auch in Bezug auf v von der $(\nu-1)^{\text{ten}}$ Ordnung ist, nach den Ableitungen von u und v geordnet, so ist die höchste vorkommende Dimension die $(\nu-1)^{\text{te}}$ und die Glieder dieser Dimension haben abwechselnd die Coefficienten $+A_\nu$ und $-A_\nu$.

Der Differentialausdruck

$$(3.)\quad \sum_{\nu}{}_1^n P_\nu(u,A_\nu v) = \sum_{\nu}{}_1^n\sum_{\lambda}{}_0^{\nu-1}(-1)^{\nu-1-\lambda}D^\lambda u.D^{\nu-1-\lambda}(A_\nu v) = \sum_{\lambda,\mu}(-1)^\mu D^\lambda u.D^\mu(A_{\lambda+\mu+1}v)$$

soll der den Ausdruck $A(u)$ *begleitende bilineare Differentialausdruck* genannt*) und mit $A(u,v)$ bezeichnet werden. Er ist in Bezug auf u und v von der $(n-1)^{\text{ten}}$ Ordnung und die höchste vorkommende Dimension ist ebenfalls *nur* die $(n-1)^{\text{te}}$. Die Glieder der $(n-1)^{\text{ten}}$ Dimension haben abwechselnd die Coefficienten $+A_n$ und $-A_n$. Die Coefficienten sowohl von $A'(u)$ als auch von $A(u,v)$ sind lineare Differentialausdrücke der Coefficienten von $A(u)$.

---

*) Sind die Coefficienten von A in einem gewissen Bereiche eindeutige Functionen der complexen Variabeln x, so erfahren n unabhängige Integrale $u_0, u_1, \dots u_{n-1}$ der Differentialgleichung $A=0$, wenn x eine innerhalb dieses Bereiches liegende geschlossene Curve durchläuft, eine lineare Substitution mit constanten Coefficienten. Es lassen sich dann n unabhängige Integrale $v_0, v_1, \dots v_{n-1}$ der Differentialgleichung $A'=0$ so bestimmen, dass sie auf diesem Wege die transponirte Substitution erfahren, also den Grössen $u_0, u_1, \dots u_{n-1}$ contragredient sind (dieses Journal Bd. 76 S. 194 und S. 267). Aus diesem Grunde wird A' der zugehörige oder adjungirte Ausdruck von A genannt. (Aus dieser Bemerkung ergeben sich z. B. ohne weiteres die Sätze, welche Herr *Jürgens*, dieses Journal Bd. 80, S. 150 über die Fundamentalsysteme adjungirter Differentialgleichungen abgeleitet hat.) Der Ausdruck $A(u,v)$ ist demnach denjenigen algebraischen Gebilden zu vergleichen, welche Herr *Aronhold* Zwischenformen, Herr *Sylvester* Concomitanten genannt hat. Daher nenne ich ihn den begleitenden bilinearen Differentialausdruck.

Summirt man die Gleichung (γ.) nach ν, so erhält man zwischen den Differentialausdrücken (1.), (2.) und (3.) die Relation*)

$$(4.)\qquad vA(u)-uA'(v) = DA(u,v).$$

Wenn umgekehrt $A(u)$ und $B(u)$ zwei solche Differentialausdrücke sind, dass $vA(u)-uB(v)$ die Ableitung eines bilinearen Differentialausdrucks $C(u,v)$ ist, so ist $B(u)=A'(u)$ und $C(u,v)=A'(u,v)$. Denn subtrahirt man die Gleichung (4.) von der Gleichung

$$vA(u)-uB(v) = DC(u,v),$$

so erhält man

$$(\delta.)\qquad u(A'(v)-B(v)) = D(C(u,v)-A(u,v)).$$

Denkt man sich für v irgend eine bestimmte Function gesetzt, so ist $C(u,v)-A(u,v)$ ein homogener linearer Differentialausdruck von u. Wäre er nicht identisch Null, sondern wäre die höchste Ableitung von u, welche in ihm wirklich vorkommt, die m^{te}, so wäre die höchste Ableitung von u, welche in seiner Ableitung wirklich vorkommt, die $(m+1)^{\text{te}}$, also nach Gleichung (δ.) $m+1=0$, während doch m nicht negativ sein kann.

§. 3. Die Reciprocität adjungirter Differentialausdrücke.

Aus der charakteristischen Eigenschaft (4.), durch welche wir von nun an den adjungirten Differentialausdruck definiren können, lassen sich alle seine Eigenschaften mit Leichtigkeit ablesen. Unmittelbar folgt aus derselben der *Lagrange*sche Satz, dass der adjungirte Ausdruck von A' gleich A ist.

Geht ferner durch Einführung einer neuen unabhängigen Variabeln x' an Stelle von x der Ausdruck A in (den linearen Differentialausdruck) P, A' in Q und $A(u,v)$ in $R(u,v)$ über, so ist

$$vP(u)-uQ(v) = \frac{dR(u,v)}{dx'}\frac{dx'}{dx},$$

oder wenn man mit $\frac{dx}{dx'}$ multiplicirt und v durch $v\frac{dx'}{dx}$ ersetzt:

$$vP(u)-uQ\left(v\frac{dx'}{dx}\right)\frac{dx}{dx'} = \frac{d}{dx'}R\left(u,v\frac{dx'}{dx}\right).$$

Der adjungirte Differentialausdruck von $P(u)$ ist daher $Q\left(u\frac{dx'}{dx}\right)\frac{dx}{dx'}$, der begleitende bilineare Differentialausdruck $R\left(u,v\frac{dx'}{dx}\right)$.

---

*) *Jacobi*, dieses Journal Bd. 32, S. 189.

Ist B ein linearer Differentialausdruck, B' der adjungirte, $B(u, v)$ der begleitende bilineare Ausdruck, so ist

$$vB(u)-uB'(v) = DB(u,v).$$

Ersetzt man v durch $A'(v)$, so erhält man

$$A'(v).B(u)-uB'A'(v) = DB(u, A'(v)).$$

Ersetzt man in der Gleichung (4.) u durch $B(u)$, so findet man

$$vAB(u)-B(u).A'(v) = DA(B(u),v).$$

Durch Addition dieser Gleichungen ergiebt sich

$$vAB(u)-uB'A'(v) = D[A(B(u),v)+B(u, A'(v))].$$

Daraus folgt:

I. *Ist $P = AB$, so ist $P' = B'A'$ und*

$$P(u,v) = A(B(u),v)+B(u, A'(v)).$$

Durch wiederholte Anwendung dieses Satzes findet man das allgemeinere Ergebniss, dass der adjungirte Ausdruck von $ABC\ldots$ gleich $\ldots C'B'A'$ ist.

II. *Ist ein Differentialausdruck aus mehreren zusammengesetzt, so ist der adjungirte Ausdruck aus den adjungirten in der umgekehrten Reihenfolge zusammengesetzt.*

Weil ich mich vielfach auf diesen Satz beziehen werde, will ich ihn den *Reciprocitätssatz* nennen. (Vgl. dieses Journal, Bd. 76, S. 263 und S. 277; Bd. 77, S. 257; Bd. 80, S. 328.)

Sowohl aus der charakteristischen Gleichung (4.) als auch aus der formalen Darstellung (2.) und (3.) ist unmittelbar ersichtlich der Satz von *Hesse* (dieses Journal, Bd. 54, S. 232):

III. *Der adjungirte lineare (und der begleitende bilineare) Differentialausdruck einer Summe ist gleich der Summe der adjungirten linearen (und der begleitenden bilinearen) Differentialausdrücke der einzelnen Summanden.*

Mit Hülfe des Reciprocitätssatzes und des *Hesse*schen Satzes ist es leicht, zu einem Differentialausdruck, in welcher Form er auch gegeben sein mag, den adjungirten zu bestimmen. Der adjungirte Ausdruck von au, wo a eine bestimmte Function von x bedeutet, ist au, der von Du ist $-Du$. Daher ist der adjungirte Ausdruck von $a.A(u)$ gleich $A(au)$ und der von $DA(u)$ gleich $-AD(u)$.

Zu einem bilinearen Differentialausdruck $A(u, v)$ kann man auf zwei verschiedene Weisen den adjungirten bilden, entweder indem man v als unbestimmte Function betrachtet, und für u einen bestimmten Werth gesetzt denkt, oder indem man u als unbestimmt ansieht. In dem ersteren Sinne sei $A'(u,v)$ der adjungirte Ausdruck von $A(u,v)$. Denkt man sich dann in der Gleichung (4.) für u eine bestimmte Function gesetzt, und berechnet zu beiden Seiten die adjungirten Ausdrücke, so erhält man die Formel

$$(5.)\qquad vA(u)-A(uv) = -A'(u,Dv).$$

Nimmt man darin für u ein Integral $\frac{1}{c_0}$ der Differentialgleichung $A(u)=0$, und ersetzt man v durch $c_0 v$, so findet man

$$A(v) = A'\Big(\frac{1}{c_0},\; Dc_0 v\Big),$$

oder wenn man die Bezeichnung

$$A'\Big(\frac{1}{c_0},\; v\Big) = A_1(v)$$

einführt,

$$A(v) = A_1 D(c_0 v).$$

Auf dieselbe Weise kann man den Differentialausdruck $(n-1)^{\text{ter}}$ Ordnung $A_1(v)$ auf die Gestalt

$$A_1(v) = A_2 D(c_1 v)$$

bringen, wo $\frac{1}{c_1}$ ein Integral der Differentialgleichung $A_1(v)=0$ und $A_2(v)$ ein Differentialausdruck $(n-2)^{\text{ter}}$ Ordnung ist. Indem man so fortfährt, bringt man den Ausdruck A schliesslich auf die Form

$$(6.)\qquad A(u) = c_n D c_{n-1} D c_{n-2} \ldots c_2 D c_1 D c_0 u,$$

in welcher er aus lauter Differentialausdrücken erster Ordnung zusammengesetzt ist. Nach dem Reciprocitätssatze ist der adjungirte Ausdruck dazu

$$(7.)\qquad A'(u) = (-1)^n c_0 D c_1 D c_2 \ldots c_{n-2} D c_{n-1} D c_n u.$$

§. 4. Differentialausdrücke, die ihren adjungirten gleich sind.

Nach dem Reciprocitätssatze ist der adjungirte Differentialausdruck von $A'A(u)$ gleich $A'A(u)$, und wenn a eine bestimmte Function von x ist, der von $A'aA(u)$ gleich $A'aA(u)$ *).

Sei umgekehrt $P(u)$ ein beliebiger Differentialausdruck m^{ter} Ordnung, der seinem adjungirten gleich ist. Ist der Coefficient der höchsten Ab-

*) Der adjungirte Differentialausdruck von $A'DA(u)$ ist $-A'DA(u)$.

leitung in P gleich p, so ist er in P' gleich $(-1)^m p$. Soll also $P=P'$ sein, so muss m gerade sein $(=2n)$. Seien $P_0(u)$, $P_1(u)$, ... $P_n(u)$ $n+1$ beliebig gewählte Differentialausdrücke, $P_\nu(u)$ von der ν^{ten} Ordnung. Sei q der Coefficient von $D^n u$ in $P_n(u)$ und p_n durch die Gleichung

$$p = (-1)^n q^2 p_n$$

bestimmt. Dann ist in dem Ausdruck $P'_n p_n P_n(u)$ der Coefficient von $D^{2n}u$ gleich p, und daher ist der Ausdruck

$$P(u) - P'_n p_n P_n(u)$$

höchstens von der $(2n-1)^{\text{ten}}$ Ordnung. Da er aber seinem adjungirten gleich und folglich von gerader Ordnung ist, so kann er höchstens von der $(2n-2)^{\text{ten}}$ Ordnung sein (Vgl. *Hesse*, dieses Journal, Bd. 54, S. 234). Sei p' der Coefficient von $D^{2n-2}u$ in demselben, q' der von $D^{n-1}u$ in P_{n-1} und

$$p' = (-1)^{n-1} q'^2 p_{n-1},$$

so ist

$$P(y) - P'_n p_n P_n(u) - P'_{n-1} p_{n-1} P_{n-1}(u)$$

ein Differentialausdruck der seinem adjungirten gleich und höchstens von der $(2n-4)^{\text{ten}}$ Ordnung ist. Indem man so weiter rechnet, bringt man zuletzt P auf die Form *)

$$(8.) \qquad P(u) = P'_n p_n P_n(u) + P'_{n-1} p_{n-1} P_{n-1}(u) + \cdots + P'_0 p_0 P_0(u).$$

Ist z. B. $P_\nu(u) = D^\nu u$, also $P'_\nu(u) = (-1)^\nu D^\nu u$, so erkennt man daraus, dass jeder Differentialausdruck, der seinem adjungirten gleich ist, auf die Form

$$(9.) \qquad P(u) = p_0 u - D p_1 D u + D^2 p_2 D^2 u - \cdots + (-1)^n D^n p_n D^n u$$

gebracht werden kann (*Jacobi*, dieses Journal, Bd. 17, S. 71).

Seit *Jacobi* hat man nun umgekehrt jeden Ausdruck, von dem man beweisen wollte, dass er seinem adjungirten gleich ist, in dieser Form darzustellen gesucht. Da dies aber meistens nicht ohne weitläuftige Rechnungen möglich ist, und da überdies diese Form, wie schon ihre Verallgemeinerung (8.) zeigt, nur ein unwesentliches Merkmal solcher Differentialausdrücke ist, so werde ich von derselben im folgenden keinen Gebrauch machen.

---

*) In ähnlicher Weise kann man jeden Ausdruck, der seinem adjungirten entgegengesetzt gleich ist, auf die Form

$$\pm P'_n p_n D p_n P_n(u) \pm P'_{n-1} p_{n-1} D p_{n-1} P_{n-1}(u) + \cdots \pm P'_0 p_0 D p_0 P_0(u)$$

bringen (*Jacobi*, dieses Journal, Bd. 32, S. 196).

In der Form (8.) oder (9.) lässt sich ein Differentialausdruck, der seinem adjungirten gleich ist, durch rationale Operationen und durch Differentiation darstellen. Wichtiger dagegen ist die Entdeckung *Jacobis*, dass man jeden solchen Differentialausdruck mit Hülfe von Integrationen auf die Gestalt $A'A(u)$, oder wenn es in reeller Form geschehen soll, auf die Gestalt $A'aA(u)$ bringen kann.

Der *Jacobi*sche Beweis dieses Theorems lässt sich mit Hülfe des Reciprocitätssatzes in folgender einfachen Weise darstellen:

Sei $P(u)$ ein Ausdruck $2n^{\text{ter}}$ Ordnung, der seinem adjungirten gleich ist, $P(u,v)$ der begleitende bilineare Ausdruck. Dann ist

$$(10.)\qquad vP(u)-uP(v) = DP(u,v).$$

Die linke Seite ändert ihr Vorzeichen, wenn man u mit v vertauscht. Daher ist

$$DP(u,v) = D(-P(v,u)),$$

und folglich nach §. 1

$$P(u,v) = -P(v,u).$$

I. *Ist ein Differentialausdruck seinem adjungirten gleich, so ist der begleitende bilineare Differentialausdruck alternirend* *).

Demnach verschwindet $P(u,v)$, wenn $u=v$ ist. Nimmt man in der Gleichung (10.) für v ein Integral $\frac{1}{c_0}$ der Differentialgleichung $P(v)=0$, so erhält man

$$P(u) = c_0 DP\left(u, \frac{1}{c_0}\right).$$

Da der Differentialausdruck $(2n-1)^{\text{ter}}$ Ordnung $P\left(u, \frac{1}{c_0}\right)$ für $u=\frac{1}{c_0}$ verschwindet, so lässt er sich (§. 3.) auf die Form $P_1D(c_0u)$ bringen, wo $P_1(u)$ ein Differentialausdruck $(2n-2)^{\text{ter}}$ Ordnung ist, und folglich ist

$$P(u) = c_0DP_1Dc_0u.$$

Nimmt man auf beiden Seiten den adjungirten Ausdruck, so erhält man nach dem Reciprocitätssatze

$$P(u) = c_0DP_1'Dc_0u,$$

und daher

$$c_0DP_1'Dc_0u = c_0DP_1Dc_0u,$$

*) Ist ein Differentialausdruck seinem adjungirten entgegengesetzt gleich, so ist der begleitende bilineare Differentialausdruck symmetrisch.

also nach §. 1

$$P_1' = P_1.$$

Ist nun $\frac{1}{c_1}$ ein Integral der Differentialgleichung $P_1 = 0$, so ist

$$P_1(u) = c_1 D P_2 D c_1 u,$$

wo P_2 ein Differentialausdruck $(2n-4)^{\text{ten}}$ Grades ist, der seinem adjungirten gleich ist. Indem man so weiter schliesst, bringt man den gegebenen Ausdruck auf die Form

$$P(u) = c_0 D c_1 D c_2 \ldots D c_{n-1} D c D c_{n-1} \ldots c_2 D c_1 D c_0 u.$$

Da der Coefficient p der höchsten Ableitung eines zusammengesetzten Differentialausdrucks P gleich dem Producte aus den Coefficienten der höchsten Ableitungen seiner Theile ist, so ist

$$p = c_0 c_1 \ldots c_{n-1} c c_{n-1} \ldots c_1 c_0 = c(c_0 c_1 \ldots c_{n-1})^2.$$

Wenn daher die Coefficienten von P alle reell sind, und bei der Umformung nur reelle Integrale verwendet sind, so hat c dasselbe Vorzeichen, wie p. Sei a eine beliebige Function, die mit $(-1)^n p$ dasselbe Vorzeichen hat, und

$$c = (-1)^n a c_n^2.$$

Setzt man dann

$$(6.) \qquad c_n D c_{n-1} \ldots c_1 D c_0 u = A(u),$$

so ist

$$(7.) \qquad A'(u) = (-1)^n c_0 D c_1 \ldots c_{n-1} D c_n(u),$$

und daher

$$(11.) \qquad P(u) = A' a A(u).$$

Am einfachsten ist es $a = \pm 1$ zu setzen, oder wenn es sich nicht um reelle Ausdrücke handelt, $a = 1$. Soll aber der Coefficient der höchsten Ableitung in A gleich Eins sein, so muss man

$$(12.) \qquad a = (-1)^n p$$

wählen.

§. 5. Neuer Beweis des *Jacobi*schen Satzes.

Aus der Gleichung (11.) folgt, dass die n Integrale der Differentialgleichung $A = 0$ sämmtlich auch der Differentialgleichung $P = 0$ Genüge leisten. Es wird sich aber zeigen, dass sie nicht n beliebige Integrale von $P = 0$ sind, sondern gewisse Bedingungen erfüllen müssen. Es ist jedoch schwierig, diese Bedingungen in ihrer einfachsten Form auf dem soeben durchgeführten Wege zu finden *). Ich will deshalb den *Jacobi*schen Satz noch auf eine andere Weise ableiten, wobei sich jene Relationen ohne weiteres ergeben.

Ersetzt man in der Gleichung (4.) v durch $aA(v)$, so erhält man, wenn man sich der Bezeichnung (11.) bedient,

$$aA(v)A(u)-uP(v) = DA(u,\ aA(v)).$$

Vertauscht man u mit v und zieht die neue Gleichung von der ursprünglichen ab, so ergiebt sich

$$vP(u)-uP(v) = D(A(u,\ aA(v))-A(v,\ aA(u))).$$

Daraus folgt nicht nur, dass der Differentialausdruck P seinem adjungirten gleich ist, sondern auch, dass der begleitende bilineare Differentialausdruck

$$P(u,\ v) = A(u,\ aA(v))-A(v,\ aA(u))$$

ist. Die rechte Seite dieser Gleichung verschwindet aber, wenn u und v irgend zwei Integrale der Differentialgleichung $A=0$ sind. Folglich muss $P(u,\ v)=0$ sein, wenn u und v beide der Differentialgleichung $A=0$ genügen.

Sei jetzt umgekehrt P irgend ein Differentialausdruck $2n^{\text{ter}}$ Ordnung, der seinem adjungirten gleich ist. Dann ist, wie oben gezeigt, der begleitende bilineare Differentialausdruck $P(u, v)$ alternirend. Ich behaupte nun, dass sich n unabhängige Integrale der Differentialgleichung $P=0$ finden lassen, von denen je zwei den Ausdruck $P(u, v)$ annulliren. Seien nämlich $a_0,\ a_1,\ \dots\ a_{2n-1}$ irgend $2n$ unabhängige Integrale von $P=0$ und sei

$$P(a_\alpha,\ a_\beta) = a_{\alpha\beta}.$$

Da $P(u, v)$ alternirend ist, so ist $a_{\alpha\beta}=-a_{\beta\alpha}$ und $a_{\alpha\alpha}=0$. Da ferner nach Gleichung (10.)

$$DP(a_\alpha,\ a_\beta) = a_\beta P(a_\alpha)-a_\alpha P(a_\beta) = 0$$

ist, so ist $a_{\alpha\beta}$ eine Constante. Seien nun $x_0,\ x_1, \dots x_{2n-1}$ und $y_0,\ y_1, \dots y_{2n-1}$ willkürliche Constante und

$$u = \sum_\alpha{}_0^{2n-1} a_\alpha x_\alpha,\quad v = \sum_\beta{}_0^{2n-1} a_\beta y_\beta,$$

irgend zwei Integrale der Differentialgleichung $P=0$. Dann ist

$$P(u,\ v) = \sum_{\alpha\beta} a_{\alpha\beta} x_\alpha y_\beta = Z$$

eine alternirende bilineare Form. Ich werde im nächsten Paragraphen ver-

*) Ein Mittel dazu ist in der Anmerkung I. zu §. 6 angedeutet.

schiedene Wege angeben, n unabhängige Werthereihen

$$(13.)\qquad x_0^{(\nu)},\quad x_1^{(\nu)},\quad \dots\quad x_{2n-1}^{(\nu)}\qquad (\nu=0,\ 1,\ \dots\ n-1)$$

zu finden, von denen je zwei die Form Z annulliren. Dann sind

$$u_\nu = \sum_\alpha {}_0^{2n-1} x_\alpha^{(\nu)} a_\alpha \qquad (\nu=0,\ 1,\ \dots\ n-1)$$

n unabhängige Integrale der Differentialgleichung $P=0$, welche paarweise der Gleichung $P(u,v)=0$ genügen.*)

Sind aber irgend n unabhängige Functionen $u_0, u_1, \dots u_{n-1}$ gegeben, so kann man eine Differentialgleichung n^{ter} Ordnung $A=0$ bilden, der sie genügen. Soll der Coefficient der höchsten Ableitung von A gleich Eins sein, so ist

$$(14.)\qquad A(u) = \Sigma \pm u_0 u_1' \dots u_{n-1}^{(n-1)} u^{(n)} : \Sigma \pm u_0 u_1' \dots u_{n-1}^{(n-1)}.$$

Wenn ferner alle Integrale einer Differentialgleichung n^{ter} Ordnung $A=0$ eine Differentialgleichung $2n^{\text{ter}}$ Ordnung $P=0$ befriedigen, so kann man P auf die Form

$$P = BA$$

bringen, wo B ein Differentialausdruck n^{ter} Ordnung ist (Vgl. dieses Journal, Bd. 76, S. 257). Ist B' der adjungirte Ausdruck von B und $B(u,v)$ der begleitende bilineare Differentialausdruck, so ist

$$vB(u) - uB'(v) = DB(u,\ v).$$

Ersetzt man u durch $A(u)$, so erhält man

$$vP(u) - A(u)B'(v) = DB(A(u),\ v).$$

Vertauscht man u mit v und zieht die neue Gleichung von der ursprünglichen ab, so ergiebt sich

$$vP(u) - uP(v) - A(u)B'(v) + A(v)B'(u) = D[B(A(u),\ v) - B(A(v),\ u)],$$

oder wegen (10.)

$$A(v)B'(u) - A(u)B'(v) = D[B(A(u),\ v) - B(A(v),\ u) - P(u,\ v)] = DC(u,\ v).$$

Der Ausdruck $C(u,\ v)$ verschwindet seiner Zusammensetzung nach, wenn für u und v irgend zwei der Functionen $u_0, u_1, \dots u_{n-1}$ gesetzt werden, welche einzeln $A(u)$ und paarweise $P(u,v)$ annulliren. Seine Ableitung

*) Um die n unabhängigen Functionen $u_0, u_1, \dots u_{n-1}$ zu definiren, braucht man ausser den $\frac{n(n-1)}{2}$ Gleichungen $P(u_\mu, u_\nu) = 0$ $(\mu,\nu = 0, 1, \dots n-1)$ nicht noch die n Gleichungen $P(u_\nu) = 0$ $(\nu = 0, 1, \dots n-1)$, sondern nur eine derselben, etwa $P(u_0) = 0$.

ist $A(v)B'(u)-A(u)B'(v)$, also in Bezug auf u und v höchstens von der n^{ten} Ordnung. Daher kann $C(u,v)$ in Bezug auf u und v höchstens von der $(n-1)^{\text{ten}}$ Ordnung sein (§. 1). Wenn aber der Differentialausdruck $(n-1)^{\text{ter}}$ Ordnung $C(u_\nu, v)$ für n unabhängige Functionen $v = u_0, u_1, \dots u_{n-1}$ verschwindet, so muss er identisch verschwinden. Folglich muss, welche bestimmte Function auch für v gesetzt wird, der Ausdruck $C(u,v)$, der in Bezug auf u von der $(n-1)^{\text{ten}}$ Ordnung ist, für $u = u_0, u_1, \dots u_{n-1}$ und daher identisch verschwinden. Somit ist

$$A(v)B'(u)-A(u)B'(v) = 0,$$

oder es ist

$$\frac{B'(u)}{A(u)} = \frac{B'(v)}{A(v)}$$

ein von der Wahl der unbestimmten Function u unabhängiger Ausdruck, d. h. eine bestimmte Function a. Ist aber

$$B'(u) = aA(u),$$

so ist nach dem Reciprocitätssatze

$$B(u) = A'(au),$$

und daher

$$P(u) = A'aA(u). \tag{11.}$$

Nimmt man für A den Ausdruck (14.), in dem der Coefficient der höchsten Ableitung Eins ist, so muss man für a die Function (12.) wählen.

§. 6. Hülfssatz über alternirende bilineare Formen.

Zur Vervollständigung des eben geführten Beweises ist noch zu zeigen, wie man n unabhängige Werthereihen (13.) findet, welche paarweise die alternirende bilineare Form

$$Z = \sum_{\alpha,\beta}{}_0^{2n-1} a_{\alpha\beta} x_\alpha y_\beta$$

annulliren. Am einfachsten ist es, sie successive zu ermitteln. Man nehme die Grössen

$$x_0^{(0)}, \quad x_1^{(0)}, \quad \dots \quad x_{2n-1}^{(0)}$$

willkürlich an (aber nicht alle Null). Da Z alternirend ist, so befriedigen sie die lineare Gleichung

$$\sum_\alpha \Big(\sum_\beta a_{\alpha\beta} x_\beta^{(0)}\Big) x_\alpha = 0.$$

Für $x_0^{(1)}, x_1^{(1)}, \dots x_{2n-1}^{(1)}$ nehme man irgend eine zweite, von der vorigen unabhängige Lösung dieser Gleichung u. s. w. Hat man bereits m unabhängige Werthereihen

$$x_0^{(\mu)}, \quad x_1^{(\mu)}, \quad \dots \quad x_{2n-1}^{(\mu)} \qquad (\mu = 0, 1, \dots m-1)$$

bestimmt, welche den m linearen Gleichungen

$$\sum_\alpha (\sum_\beta a_{\alpha\beta} x_\beta^{(\mu)}) x_\alpha = 0$$

genügen, so muss $x_0^{(m)}, x_1^{(m)}, \dots x_{2n-1}^{(m)}$ eine neue, von jenen m unabhängige Lösung dieser Gleichungen sein. Nun haben m homogene lineare Gleichungen zwischen $2n$ Unbekannten mindestens $2n-m$ unabhängige Lösungen, also ausser den m bereits bekannten noch $2n-2m$, demnach wenigstens 2, so lange $m < n$ ist.

Der Auseinandersetzung einer *zweiten* Methode zur Ermittlung der Grössen (13.) schicke ich den Beweis des Satzes voran, dass die Determinante $|a_{\alpha\beta}|$ von Null verschieden ist. Der bilineare Differentialausdruck

$$P(u, v) = \sum p_{\varkappa\lambda} D^\varkappa u D^\lambda v$$

ist in Bezug auf u und v von der $(2n-1)^{\text{ten}}$ Ordnung. Da er kein Glied von einer höheren als der $(2n-1)^{\text{ten}}$ Dimension enthält, so ist $p_{\varkappa\lambda} = 0$, wenn $\varkappa + \lambda > 2n-1$ ist. Daher reducirt sich die Determinante $|p_{\varkappa\lambda}|$ auf ein Glied

$$|p_{\varkappa\lambda}| = (-1)^n p_{2n-1,0} p_{2n-2,1} \dots p_{0,2n-1},$$

oder weil die Glieder der $(2n-1)^{\text{ten}}$ Dimension abwechselnd gleich $+p$ und $-p$ sind, auf

$$|p_{\varkappa\lambda}| = p^{2n}.$$

Ferner ist

$$a_{\alpha\beta} = P(a_\alpha, a_\beta) = \sum_{\varkappa,\lambda} p_{\varkappa\lambda} a_\alpha^{(\varkappa)} a_\beta^{(\lambda)},$$

und daher

$$|a_{\alpha\beta}| = |p_{\alpha\beta}| . |a_\alpha^{(\varkappa)}|^2 = (p^n . |a_\alpha^{(\varkappa)}|)^2.$$

Die Determinante der bilinearen Form Z ist also von Null verschieden.*) Durch lineare Substitutionen kann man folglich Z auf die Form

$$Z = \sum_\nu {}_0^{n-1} X_\nu Y'_\nu - X'_\nu Y_\nu$$

reduciren; wo X_ν, X'_ν $(\nu = 0, 1, \dots n-1)$ $2n$ unabhängige homogene lineare Functionen von $x_0, x_1, \dots x_{2n-1}$ und Y_ν, Y'_ν die nämlichen Functionen von $y_0, y_1, \dots y_{2n-1}$ bedeuten. Die Grössen (13.) genügen daher den gestellten Bedingungen, wenn sie die n linearen Gleichungen $X_\nu = 0$ befriedigen,

*) Daraus folgt, dass es nicht mehr als n unabhängige Werthereihen (13.) giebt, welche paarweise Z annulliren (Vgl. dieses Journal, Bd. 82, S. 256).

welche wirklich $2n-n$ unabhängige Lösungen besitzen, oder allgemeiner (*Clebsch,* dieses Journal, Bd. 55, S. 344), wenn sie aus den n Gleichungen

$$X'_\mu = \sum_{\nu}{}_0^{n-1} c_{\mu\nu} X_\nu \quad (\mu = 0, 1, \dots n-1)$$

bestimmt werden, wo

$$c_{\mu\nu} = c_{\nu\mu}$$

$\frac{n(n+1)}{2}$ willkürliche Constanten sind.

Endlich kann man *drittens* auch auf folgende Weise n Integrale u_0, $u_1, \dots u_{n-1}$ ermitteln, welche paarweise die Gleichung $P(u, v) = 0$ befriedigen. Sei x' ein für die Differentialgleichung $P = 0$ nicht singulärer Punkt und e_α das Integral derselben, dessen Entwicklung in der Umgebung von x' mit

$$e_\alpha = \frac{(x-x')^\alpha}{1.2\dots\alpha} + e_{\alpha,2n}(x-x')^{2n} + \cdots \quad (\alpha = 0, 1, \dots 2n-1)$$

beginnt. Dann ist $e_\alpha^{(\varkappa)}$ $(\alpha, \varkappa = 0, 1, \dots 2n-1)$ für $x = x'$ gleich 0 oder 1, je nachdem α von $\varkappa$ verschieden, oder gleich $\varkappa$ ist. Da der Ausdruck

$$P(e_\alpha, e_\beta) = \sum_{\varkappa,\lambda} p_{\varkappa\lambda} e_\alpha^{(\varkappa)} e_\beta^{(\lambda)}$$

constant ist, so bleibt er ungeändert, wenn der Variabeln x der Werth x' beigelegt wird. Folglich ist er gleich dem Werthe, den $p_{\alpha\beta}$ für $x = x'$ hat, also Null, wenn $\alpha + \beta > 2n-1$ ist.

Daher genügen $e_n, e_{n+1}, \dots e_{2n-1}$ paarweise der Gleichung $P(u, v) = 0$, und ebenso je zwei lineare Verbindungen derselben. Man kann also für $u_0, u_1, \dots u_{n-1}$ irgend n unabhängige Integrale wählen, deren Entwicklungen nach Potenzen von $x-x'$ nicht mit einer niedrigeren als der n^{ten} Potenz anfangen.

Anmerkung I. Die Relationen zwischen den Constanten (13.) sind von *Clebsch* gefunden worden, während ihre einfachste Gestalt *Hesse* entgangen war. Bei der Bedeutung, welche die Arbeit von *Hesse* hat, ist es vielleicht von Interesse, genau den Punkt zu kennen, welchen er übersehen hatte.

Sei $u_0 = \frac{1}{c_0}$ ein Integral, also auch ein Multiplicator der Differentialgleichung $P = 0$. Dann ist $P(u) = c_0 D Q_1(u)$, wo der Differentialausdruck $(2n-1)^{\text{ter}}$ Ordnung $Q_1(u)$ für $u = \frac{1}{c_0}$ verschwindet, also auf die Form $Q_1(u) = P_1 D c_0 u$ gebracht werden kann. Zur weiteren Reduction darf man nicht ein beliebiges zweites Integral u_1 von $P = 0$ benutzen, sondern ein solches, für welches zugleich $Q_1 = 0$ ist. Dann ist $\frac{1}{c_1} = D c_0 u_1$ ein Integral von $P_1 = 0$, also auch (§. 4) ein Multiplicator von P_1 und folglich auch von Q_1. Mithin ist $Q_1 = c_1 D Q_2$, und $Q_2(u) = P_2 D c_1 D c_0 u$. Ist dann u_2 ein solches von u_0 und u_1 unabhängiges Integral von $P = 0$, für welches zugleich $Q_2 = 0$ ist, so ist $\frac{1}{c_2} = D c_1 D c_0 u_2$ ein Integral von $P_2 = 0$, also auch ein Multiplicator von P_2 und folglich auch von Q_2. Mithin ist $Q_2 = c_2 D Q_3$ u. s. w.

Die Gleichung $Q_1(u_1) = 0$ ist eine Relation zwischen u_0 und u_1, die Gleichung $Q_2(u_2) = 0$ zerfällt in zwei Relationen zwischen u_0, u_1, u_2, $Q_3(u_3) = 0$ in drei zwischen u_0, u_1, u_2, u_3, u. s. w. (*Hesse*, Bd. 54, S. 253). Der Grund, wesshalb die Bemühungen *Hesses*, diese wenig durchsichtige Form jener Relationen zu vervollkommnen, scheiterten, lag darin, dass ihm die eigenthümliche Zusammensetzung der Differentialausdrücke Q_1, Q_2, Q_3, ... entging. Der Ausdruck $(2n-m)^{\text{ter}}$ Ordnung Q_m kann nämlich auf die Form

$$Q_m(u) = v_0 P(u, u_0) + v_1 P(u, u_1) + \cdots + v_{m-1} P(u, u_{m-1})$$

gebracht werden, wo die Verhältnisse der Functionen v_0, v_1, ... v_{m-1} schon dadurch bestimmt sind, dass Q_m nur von der $(2n-m)^{\text{ten}}$ Ordnung ist, dass also auf der rechten Seite die Coefficienten von $D^{2n-1}u$, $D^{2n-2}u$, ... $D^{2n-m+1}u$ verschwinden müssen. Bis auf einen Factor ist daher Q_m gleich

$$\begin{vmatrix} P(u, u_0) & P(u, u_1) & \cdots & P(u, u_{m-1}) \\ u_0 & u_1 & \cdots & u_{m-1} \\ u_0^{(1)} & u_1^{(1)} & \cdots & u_{m-1}^{(1)} \\ \cdot & \cdot & \cdots & \cdot \\ u_0^{(m-2)} & u_1^{(m-2)} & \cdots & u_{m-1}^{(m-2)} \end{vmatrix},$$

und v_0, v_1, ... v_{m-1} verhalten sich wie die Functionen, welche ich (dieses Journal, Bd. 77, S. 250) die ***adjungirten*** von u_0, u_1, ... u_{m-1} genannt habe. Dieselben sind folglich (l. c. p. 249) unter einander unabhängig. Nun muss u_m der Gleichung $Q_m(u) = 0$ genügen, oder es muss

$$v_0 P(u_m, u_0) + v_1 P(u_m, u_1) + \cdots + v_{m-1} P(u_m, u_{m-1}) = 0$$

sein. Da aber die Grössen $P(u_m, u_\mu)$ Constante sind, so erfordert diese Gleichung wegen der Unabhängigkeit von v_0, v_1, ... v_{m-1}, dass

$$P(u_m, u_\mu) = 0, \quad (\mu = 0, 1, \ldots m-1;\ m = 0, 1, \ldots n-1)$$

ist. Dies ist die Gestalt, welche *Clebsch* den Relationen gegeben hat.

Anmerkung II. Die Coefficienten der linearen Differentialgleichung m^{ter} Ordnung $P=0$ seien analytische Functionen, welche in der Umgebung einer nicht singulären Stelle x_0 durch convergente nach ganzen positiven Potenzen von $x-x_0$ fortschreitende Reihen definirt seien. Eine von x_0 ausgehende und nach x_0 zurückkehrende Linie L soll im folgenden nur dann eine *geschlossene* genannt werden, wenn die Coefficienten von P durch einen diese Linie umgebenden in sich zurücklaufenden Flächenstreifen (von endlicher Breite) simultan fortgesetzt werden können, ohne den Charakter rationaler Functionen zu verlieren, und auf diesem Wege wieder in die ursprünglichen Functionenelemente übergehen. Durchläuft x eine solche Linie L, so verwandeln sich m unabhängige Integrale $a_0, a_1, \dots a_{m-1}$ der Differentialgleichung $P=0$ in m unabhängige lineare Verbindungen a'_0, $a'_1, \dots a'_{m-1}$ mit constanten Coefficienten, erfahren also eine lineare Substitution $a_\alpha = \sum\limits_\beta k_{\alpha\beta} a'_\beta$, welche ich die der Linie L *entsprechende* Substitution K nenne. Wählt man statt der Functionen $a_0, a_1, \dots a_{m-1}$ irgend m andere unabhängige Integrale, so sind dieselben lineare Verbindungen der ersteren $(h_{\alpha 0} a_0 + \dots + h_{\alpha, m-1} a_{m-1})$ und erfahren folglich auf der Linie L eine der Substitution K *ähnliche* Substitution. ($H^{-1}KH$; vergl. dieses Journal Bd. 84, S. 21 und 23). Einer geschlossenen Linie L entspricht also nicht eine bestimmte Substitution, sondern eine ganze *Klasse* ähnlicher Substitutionen. Eine solche ist aber vollständig bestimmt, wenn ihre charakteristische Determinante, in Elementartheiler zerlegt, gegeben ist. In Bezug auf eine lineare Differentialgleichung entspricht also jeder geschlossenen Linie eine gewisse in bestimmte Elementartheiler zerfallende charakteristische Function.

Sei nun $P(u)$ ein Differentialausdruck, welcher dem adjungirten Ausdruck gleich ist, und bedienen wir uns der nämlichen Bezeichnungen wie oben. Auf der geschlossenen Linie L gehe das Integral $u = \Sigma x_\alpha a_\alpha$ in $u' = \Sigma x'_\alpha a_\alpha$ und das Integral $v = \Sigma y_\alpha a_\alpha$ in $v' = \Sigma y'_\alpha a_\alpha$ über. Dann sind die $2n$ Constanten x'_α lineare Functionen der Constanten x_α und die lineare Substitution, durch welche die Grössen x_α in x'_α übergehen, ist derjenigen contragredient, welche die $2n$ Integrale a_α auf der Linie L erfahren. Ist nämlich $a_\alpha = \sum\limits_\beta k_{\alpha\beta} a'_\beta$, so ist $x'_\beta = \sum\limits_\alpha k_{\alpha\beta} x_\alpha$ und ebenso $y'_\beta = \sum\limits_\alpha k_{\alpha\beta} y_\alpha$. Nun geht der bilineare Ausdruck

$$P(u, v) = \Sigma a_{\alpha\beta} x_\alpha y_\beta = Z \quad \text{in} \quad P(u', v') = \Sigma a_{\alpha\beta} x'_\alpha y'_\beta = Z'$$

über. Da aber $P(u, v)$ eine von x unabhängige Grösse ist, so kann sie auf der Linie L keine Aenderung erfahren, und folglich muss $Z = Z'$ sein. Die lineare Substitution, welche die Grössen x_α in x'_α überführt, hat also die Eigenschaft eine alternirende bilineare Form mit cogredienten Variabeln von nicht verschwindender Determinante in sich selbst zu transformiren. Folglich müssen (dieses Journal Bd. 84, S. 41) die Elementartheiler ihrer charakteristischen Function paarweise von gleichem Grade sein und für reciproke Werthe verschwinden, ausser denen, welche für die Werthe ± 1 Null sind. Unter den letzteren müssen aber die, welche einen ungeraden Exponenten haben, ebenfalls paarweise vorhanden sein. Die nämlichen Eigenschaften muss daher auch die charakteristische Determinante der contragredienten Substitution K haben (l. c. S. 25 und 21). Dies folgt auch daraus, dass durch die Substitution K die reciproke Form von Z in sich selbst transformirt wird.

Die Elementartheiler der charakteristischen Function, welche einem geschlossenen Wege in Bezug auf eine Differentialgleichung entspricht, die ihrer adjungirten gleich [entgegengesetzt gleich] ist, müssen paarweise von gleichem Grade sein und für reciproke Werthe verschwinden, mit Ausnahme derer, welche für die Werthe ± 1 *Null sind und einen geraden [ungeraden] Exponenten haben.*

§. 7. Umformung einer Determinante.

Da die Determinante der Functionen $u_0, u_1, \dots u_{n-1}$ in der Variationsrechnung eine wichtige Rolle spielt, so wollen wir sie etwas eingehender untersuchen.

Sei $b_{\alpha\beta}$ der Coefficient von $a_{\beta\alpha}$ in der nicht verschwindenden Determinante $2n^{\text{ten}}$ Grades $|a_{\alpha\beta}|$, dividirt durch die ganze Determinante, und sei

$$Y = \Sigma b_{\alpha\beta} x_\alpha y_\beta$$

die adjungirte Form von Z, also ebenfalls eine alternirende Form. Seien ferner

$$(15.) \quad y_0^{(\nu)},\ y_1^{(\nu)},\ \dots\ y_{2n-1}^{(\nu)} \quad (\nu = 0, 1, \dots n-1)$$

n unabhängige Werthereihen, welche paarweise Y annulliren. Dann behaupte ich, dass je zwei Lösungen der n unabhängigen linearen Gleichungen

$$(\varrho.) \quad \sum_{\alpha=0}^{2n-1} y_\alpha^{(\nu)} x_\alpha = 0 \quad (\nu = 0, 1, \dots n-1)$$

die Form Z annulliren. Denn vermöge der Gleichungen

$$(\alpha.) \quad \sum_{\alpha,\beta} b_{\alpha\beta} y_\alpha^{(\mu)} y_\beta^{(\nu)} = 0 \quad (\mu, \nu = 0, 1, \dots n-1)$$

sind die Ausdrücke

$$(\sigma.) \quad x_\alpha^{(\mu)} = \sum_\beta b_{\alpha\beta} y_\beta^{(\mu)} \quad (\alpha = 0, 1, \dots 2n-1;\ \mu = 0, 1, \dots n-1)$$

n unabhängige Lösungen der Gleichungen (ϱ.), da

$$(\beta.)\qquad \sum_\alpha x_\alpha^{(\mu)} y_\alpha^{(\nu)} = 0 \quad (\mu,\ \nu = 0,\ 1,\ \dots\ n-1)$$

ist. Durch Auflösung der Gleichungen (σ.) ergiebt sich aber

$$(\tau.)\qquad y_\alpha^{(\nu)} = \sum_\beta a_{\alpha\beta} x_\beta^{(\nu)}.$$

Multiplicirt man diese Gleichung mit $x_\alpha^{(\mu)}$ und summirt nach α, so erhält man wegen (β.)

$$(\gamma.)\qquad \sum_{\alpha,\beta} a_{\alpha\beta} x_\alpha^{(\mu)} x_\beta^{(\nu)} = 0.$$

Da die durch die Gleichungen (σ.) definirten n Werthereihen $x_\alpha^{(\nu)}$ unabhängig sind, und da die n unabhängigen linearen Gleichungen (ϱ.) zwischen $2n$ Unbekannten nicht mehr als $2n-n$ unabhängige Lösungen haben, so ist jede Lösung derselben eine lineare Verbindung der n Lösungen (σ.). Weil aber, wie die Formeln (γ.) zeigen, die n Werthereihen (σ.) paarweise die Form Z annulliren, so müssen auch, da Z alternirend ist, je zwei lineare Verbindungen derselben die nämliche Eigenschaft besitzen. Die n Werthereihen (13.) annulliren also auch dann paarweise die Form Z, wenn sie nicht durch die Formeln (σ.) gegeben, sondern als irgend n unabhängige Lösungen der Gleichungen (ϱ.) definirt werden, d. h. die Gleichungen (α.) und (β.) ziehen stets die Gleichungen (γ.) nach sich (auch ohne Vermittlung der Gleichungen (σ.) oder (τ.)). Ebenso folgen aus den Gleichungen (γ.) und (β.) die Gleichungen (α.) (aber nicht etwa aus (α.) und (γ.) die Gleichungen (β.)). Zwei Grössensysteme (13.) und (15.), welche durch die Gleichungen (β.) mit einander verknüpft sind, habe ich *adjungirte* genannt (dieses Journal, Bd. 82, S. 238) und von denselben gezeigt, dass die Determinanten n^{ten} Grades des einen ($x_\alpha^{(\nu)}$) bis auf einen gemeinschaftlichen von Null verschiedenen Factor den complementären Determinanten n^{ten} Grades des andern ($y_\alpha^{(\nu)}$) gleich sind.

I. *Wenn n unabhängige Werthereihen paarweise eine alternirende bilineare Form von $2n$ Variabelnpaaren mit nicht verschwindender Determinante annulliren, so annulliren die n Reihen der ihnen adjungirten Grössen paarweise die adjungirte Form.*

Die Determinante n^{ten} Grades der Grössen

$$(\delta.)\qquad u_\mu^{(\nu)} = \sum_{\alpha\ 0}^{2n-1} x_\alpha^{(\mu)} a_\alpha^{(\nu)} \quad (\mu,\ \nu = 0,\ 1,\ \dots\ n-1)$$

lässt sich nach dem erweiterten Multiplicationstheorem in eine Summe von Producten je einer Determinante n^{ten} Grades des Systems $a_\alpha^{(\nu)}$ und der entsprechenden des Systems $x_\alpha^{(\nu)}$ zerlegen. Die Determinante

$$
(16.)\quad \begin{vmatrix}
y_0^{(0)} & y_1^{(0)} & \dots & y_{2n-1}^{(0)} \\
\cdot & \cdot & \dots & \cdot \\
y_0^{(n-1)} & y_1^{(n-1)} & \dots & y_{2n-1}^{(n-1)} \\
a_0 & a_1 & \dots & a_{2n-1} \\
\cdot & \cdot & \dots & \cdot \\
a_0^{(n-1)} & a_1^{(n-1)} & \dots & a_{2n-1}^{(n-1)}
\end{vmatrix}
$$

lässt sich nach dem *Laplace*schen Determinantensatze in eine Summe von Producten je einer Determinante n^{ten} Grades des Systems $a_\alpha^{(\nu)}$ und der complementären des Systems $y_\alpha^{(\nu)}$ zerlegen. Da sich aber die Determinanten n^{ten} Grades des Systems $x_\alpha^{(\nu)}$, wie die complementären des Systems $y_\alpha^{(\nu)}$ verhalten, so ist die Determinante n^{ten} Grades $|u_\mu^{(\nu)}|$ bis auf einen constanten Factor gleich der Determinante $2n^{\text{ten}}$ Grades (16.). Zu demselben Resultate gelangt man, indem man (16.) mit einer Determinante $2n^{\text{ten}}$ Grades multiplicirt, deren n erste Zeilen von den Grössen $x_\alpha^{(\nu)}$, und deren n letzte Zeilen von willkürlichen Constanten $c_\alpha^{(\nu)}$ gebildet werden. Besonders bemerkenswerth ist bei dieser Umformung, dass die in (16.) eingehenden Constanten (15.) nicht durch die Gleichungen (β.) auf die Constanten (13.) zurückgeführt zu werden brauchen, sondern selbständig dadurch definirt werden können, dass sie paarweise die alternirende bilineare Form Y annulliren.

In besonders einfacher Weise erhält man ein System von Grössen (15.), wenn man für $u_0, u_1, \dots u_{n-1}$ das am Ende des §. 6 erwähnte specielle System von n unabhängigen Integralen wählt, deren keines in der Entwicklung nach Potenzen von $x-x'$ eine niedrigere als die n^{te} Potenz enthält. Setzt man nämlich in (δ.) $x = x'$, so verschwindet die linke Seite dieser Gleichung, und folglich genügt man den Gleichungen (β.), indem man für $y_\alpha^{(\nu)}$ den Werth nimmt, den $a_\alpha^{(\nu)}$ für $x = x'$ annimmt (*Mayer*, dieses Journal, Bd. 79, S. 257). Die so erhaltenen n Werthereihen sind unabhängig. Denn wenn alle Determinanten n^{ten} Grades dieser Grössen $y_\alpha^{(\nu)}$ verschwänden, so würde die Determinante $2n^{\text{ten}}$ Grades $|a_\alpha^{(\beta)}|$ für $x = x'$ verschwinden, mithin x' ein (wesentlich oder ausserwesentlich) singulärer Werth für die Differentialgleichung $P = 0$ sein.

§. 8. Ueber die zweite Variation der einfachen Integrale.

Sei

$$F = \int_{x_0}^{x_1} f(x, y, y^{(1)}, \dots y^{(m)})\, dx$$

ein bestimmtes Integral, das eine unbekannte Function y und deren Ableitungen bis zur m^{ten} enthält, u eine unbestimmte Function von x, ε eine sehr kleine Zahl, und

$$\int_{x_0}^{x_1} f(x,\ y+\varepsilon u,\ y^{(1)}+\varepsilon u^{(1)},\ \dots\ y^{(m)}+\varepsilon u^{(m)})\,dx = F+\varepsilon G+\frac{\varepsilon^2}{1.2}H+\cdots,$$

also

$$G=\int_{x_0}^{x_1} R(u)\,dx,\quad H=\int_{x_0}^{x_1} S(u,\ u)\,dx,\quad \dots,$$

wo

$$R(u)=\sum_{\nu}\frac{\partial f}{\partial y^{(\nu)}}D^{\nu}u,\quad S(u,\ v)=\sum_{\mu,\nu}\frac{\partial^2 f}{\partial y^{(\mu)}\partial y^{(\nu)}}D^{\mu}u\,D^{\nu}v,\quad \dots$$

ist (Vgl. *Hesse*, l. c. S. 227—229). Ist $R'(u)$ der adjungirte Ausdruck des linearen Differentialausdrucks $R(u)$, und $R(u, v)$ der begleitende bilineare Ausdruck, so ist

$$v R(u)-u R'(v) = D R(u,\ v)$$

und daher für $v=1$

$$R(u) = u R'(1)+D R(u,\ 1),$$

wo

$$(17.)\qquad R'(1) = \Sigma(-1)^{\nu} D^{\nu}\left(\frac{\partial f}{\partial y^{(\nu)}}\right)$$

ist. Mithin ist

$$G=\int_{x_0}^{x_1} R(u)\,dx=\int_{x_0}^{x_1} dR(u,\ 1)+\int_{x_0}^{x_1} u R'(1)\,dx.$$

Daraus folgert man nun in der Variationsrechnung, dass das Integral F nur für solche Functionen y ein Maximum oder Minimum sein kann, welche der Differentialgleichung $R'(1)=0$ oder

$$(17^*.)\qquad \frac{\partial f}{\partial y}-D\frac{\partial f}{\partial y^{(1)}}+D^2\frac{\partial f}{\partial y^{(2)}}-\cdots+(-1)^m D^m\frac{\partial f}{\partial y^{(m)}} = 0$$

Genüge leisten. Unter y soll daher im folgenden die durch diese Differentialgleichung und die Nebenbedingungen des Problems bestimmte Function verstanden werden (*Hesse*, l. c. S. 229).

Betrachten wir in dem ***symmetrischen*** bilinearen Differentialausdruck $S(u, v)$ die Function v als unbestimmt, so sei $S'(u, v)$ der adjungirte Ausdruck, und $S(u;\ v, w)$ der begleitende in v und w bilineare Differentialausdruck. Beide Ausdrücke sind auch in Bezug auf u linear (§. 2). Vertauscht man dann in der Gleichung

$$(\alpha.)\qquad w S(u,\ v)-v S'(u,\ w) = D S(u;\ v,\ w)$$

u mit v und subtrahirt die ursprüngliche Gleichung von der neuen, so erhält man, da $S(u,v) = S(v,u)$ ist,

$$vS'(u,\ w) - uS'(v,\ w) = D[S(v;\ u,\ w) - S(u;\ v,\ w)].$$

Daraus folgt, dass der Ausdruck $S'(u,w)$, wenn man für w eine bestimmte Function setzt und u als unbestimmt betrachtet, mit seinem adjungirten identisch ist*) (Vgl. den mühsamen Beweis von *Hesse*, l. c. S. 233—239).

I. *Ist $S(u,v)$ ein symmetrischer bilinearer Differentialausdruck, $S'(u,v)$ der adjungirte, wenn v als unbestimmt betrachtet wird, so ist der Ausdruck $S'(u,v)$, wenn u als unbestimmt angesehen wird, mit seinem adjungirten identisch.*

Setzt man $w = 1$, so ist demnach der Ausdruck

$$(18.)\qquad S'(u,\ 1) = P(u) = \sum_{\mu,\nu} (-1)^{\nu} D^{\nu}\Big(\frac{\partial^2 f}{\partial y^{(\mu)} \partial y^{(\nu)}} D^{\mu} u\Big)$$

seinem adjungirten gleich.**) Daher ist er von gerader Ordnung ($2n$) und lässt sich (§. 5) auf die Form

$$(11.)\qquad P(u) = A'aA(u)$$

bringen. Setzt man in der Gleichung

$$(4.)\qquad vA(u) - uA'(v) = DA(u,\ v),$$

$v = aA(u)$, so erhält man

$$a(A(u))^2 - uP(u) = DA(u,\ aA(u)).$$

Setzt man ferner in der Gleichung (α.) $u = v$ und $w = 1$, so ergiebt sich, da $S'(u,1)$ mit $P(u)$ bezeichnet ist,

$$S(u,\ u) - uP(u) = DS(u;\ u,\ 1).$$

Durch Subtraction beider Gleichungen findet man endlich

$$S(u,\ u) = D[S(u;\ u,\ 1) - A(u,\ aA(u))] + a(A(u))^2,$$

und daraus *Jacobis* Umformung der zweiten Variation

$$(19.)\qquad H = \int_{x_0}^{x_1} S(u,u)\,dx = \int_{x_0}^{x_1} d[S(u;u,1) - A(u,aA(u))] + \int_{x_0}^{x_1} a(A(u))^2\,dx.$$

---

*) Ist $S(u_1, u_2, \dots u_k)$ ein Differentialausdruck, der in Bezug auf jede der unbestimmten Functionen u_1, u_2, ... u_k linear (und homogen) ist, so kann man zunächst u_α allein als unbestimmt betrachten und den adjungirten Ausdruck $S_\alpha(u_1, \dots u_k)$ berechnen; darin wieder allein u_β als unbestimmt ansehen und den adjungirten Ausdruck $S_{\alpha\beta}$ ermitteln u. s. w. Die Relationen, die zwischen den Differentialausdrücken S_α, $S_{\alpha\beta}$, $S_{\alpha\beta\gamma}$, ... bestehen, lassen sich durch das nämliche Verfahren finden, mittelst dessen der obige specielle Satz abgeleitet worden ist.

**) Da der adjungirte Ausdruck von $D^{\nu}u$ gleich $(-1)^{\nu} D^{\nu} u$ ist, so ist der von $(-1)^{\nu} D^{\nu}(f_{\mu\nu} D^{\mu} u)$ nach dem Reciprocitätssatze gleich $(-1)^{\mu} D^{\mu}(f_{\mu\nu} D^{\nu} u)$. Daraus ergiebt sich von neuem, dass der Ausdruck $\Sigma(-1)^{\nu} D^{\nu}(f_{\mu\nu} D^{\mu} u)$ seinem adjungirten gleich ist, vorausgesetzt, dass $f_{\mu\nu} = f_{\nu\mu}$ ist.

Bedeutet y eine unbestimmte Function, so ist (17.) ein nicht linearer Differentialausdruck, dessen Ordnung höchstens gleich $2m$ ist. Setzt man in demselben für y eine Function zweier unabhängigen Variabeln x und h und differentiirt nach h, so erhält man

$$(20.)\qquad \frac{\partial R'(1)}{\partial h} = \sum_{\mu,\nu}(-1)^{\nu} D^{\nu}\Big(\frac{\partial^2 f}{\partial y^{(\mu)}\partial y^{(\nu)}}\frac{\partial y^{(\mu)}}{\partial h}\Big) = P\Big(\frac{\partial y}{\partial h}\Big).$$

Da die Ordnung des Ausdrucks $P(u)$ gleich $2n$ ist, so folgt daraus, dass auch $R'(1)$ in Bezug auf y von der $2n^{\text{ten}}$ Ordnung ist (Vgl. die Beispiele von *Spitzer*, Sitzungsberichte der Wiener Akademie, 1854, S. 1014 und 1855, S. 41).

II. *Die Ordnung der Differentialgleichung* (17*.) *ist stets eine gerade Zahl.*

Ist y das allgemeine Integral derselben mit den $2n$ willkürlichen Constanten $h_0, h_1, \ldots h_{2n-1}$, so sind die $2n$ Functionen

$$a_\alpha = \frac{\partial y}{\partial h_\alpha} \quad (\alpha = 0, 1, \ldots 2n-1)$$

linear unabhängig (*Jacobi*, dieses Journal, Bd. 23, S. 55 und 56) und befriedigen wegen der Identität (20.) die lineare Differentialgleichung $P(u) = 0$. Setzt man aus ihnen (§. 6) n unabhängige Integrale $u_0, u_1, \ldots u_{n-1}$ zusammen, welche paarweise den begleitenden bilinearen Differentialausdruck $P(u, v)$ $(= S(v; u, 1) - S(u; v, 1))$ annulliren, so ist der Ausdruck $A(u)$ durch die Gleichung (14.) und die Function a durch (12.) gegeben. Ist $\frac{\partial^2 f}{\partial y^{(m)2}}$ von Null verschieden, so ist der Grad der Differentialgleichung (17*.) gleich $2m$ und

$$a = \frac{\partial^2 f}{\partial y^{(m)2}}.$$

§. 9. Ueber adjungirte lineare partielle Differentialausdrücke.

Die Beziehungen zwischen adjungirten linearen gewöhnlichen Differentialgleichungen lassen sich, so weit sie nicht die Integrale betreffen, auf partielle Differentialgleichungen ausdehnen.

Sind u und v zwei Functionen von $x_1, \ldots x_n$, so ist nach §. 2, (α.),

$$v\frac{\partial^{\nu_\alpha} u}{\partial x_\alpha^{\nu_\alpha}} - u(-1)^{\nu_\alpha}\frac{\partial^{\nu_\alpha} v}{\partial x_\alpha^{\nu_\alpha}} = \frac{\partial P}{\partial x_\alpha},$$

wo

$$P = \sum_{\lambda}{}_0^{\nu_\alpha - 1}(-1)^{\nu_\alpha-1-\lambda}\frac{\partial^\lambda u}{\partial x_\alpha^\lambda}\frac{\partial^{\nu_\alpha-1-\lambda} v}{\partial x_\alpha^{\nu_\alpha-1-\lambda}}$$

ein bilinearer Differentialausdruck von u und v ist. Ersetzt man in dieser Gleichung

$$u \quad \text{durch} \quad \frac{\partial^{\nu_{\alpha+1}+\cdots+\nu_n} u}{\partial x_{\alpha+1}^{\nu_{\alpha+1}} \ldots \partial x_n^{\nu_n}},$$

und

$$v \quad \text{durch} \quad (-1)^{\nu_1+\cdots+\nu_{\alpha-1}} \frac{\partial^{\nu_1+\cdots+\nu_{\alpha-1}} v}{\partial x_1^{\nu_1} \ldots \partial x_{\alpha-1}^{\nu_{\alpha-1}}},$$

so erhält man

$$(-1)^{\nu_1+\cdots+\nu_{\alpha-1}} \frac{\partial^{\nu_1+\cdots+\nu_{\alpha-1}} v}{\partial x_1^{\nu_1} \ldots \partial x_{\alpha-1}^{\nu_{\alpha-1}}} \frac{\partial^{\nu_\alpha+\cdots+\nu_n} u}{\partial x_\alpha^{\nu_\alpha} \ldots \partial x_n^{\nu_n}} - (-1)^{\nu_1+\cdots+\nu_\alpha} \frac{\partial^{\nu_1+\cdots+\nu_\alpha} v}{\partial x_1^{\nu_1} \ldots \partial x_\alpha^{\nu_\alpha}} \frac{\partial^{\nu_{\alpha+1}+\cdots+\nu_n} u}{\partial x_{\alpha+1}^{\nu_{\alpha+1}} \ldots \partial x_n^{\nu_n}}$$
$$= \frac{\partial Q_\alpha}{\partial x_\alpha}.$$

Nimmt man für α der Reihe nach die Zahlen 1, 2, ... n und zählt die betreffenden Gleichungen zusammen, so ergiebt sich

$$v \frac{\partial^{\nu_1+\cdots+\nu_n} u}{\partial x_1^{\nu_1} \ldots \partial x_n^{\nu_n}} - u (-1)^{\nu_1+\cdots+\nu_n} \frac{\partial^{\nu_1+\cdots+\nu_n} v}{\partial x_1^{\nu_1} \ldots \partial x_n^{\nu_n}} = \frac{\partial Q_1}{\partial x_1} + \cdots + \frac{\partial Q_n}{\partial x_n}.$$

Ersetzt man endlich noch v durch das Product aus v und einer bestimmten Function $A_{\nu_1 \ldots \nu_n}$, so findet man

$$v\left(A_{\nu_1 \ldots \nu_n} \frac{\partial^{\nu_1+\cdots+\nu_n} u}{\partial x_1^{\nu_1} \ldots \partial x_n^{\nu_n}}\right) - u\left((-1)^{\nu_1+\cdots+\nu_n} \frac{\partial^{\nu_1+\cdots+\nu_n}(A_{\nu_1 \ldots \nu_n} v)}{\partial x_1^{\nu_1} \ldots \partial x_n^{\nu_n}}\right) = \frac{\partial R_1}{\partial x_1} + \cdots + \frac{\partial R_n}{\partial x_n},$$

wo $R_1, \ldots R_n$ bilineare Differentialausdrücke von u und v sind.

Ist

$$A(u) = \Sigma A_{\nu_1 \ldots \nu_n} \frac{\partial^{\nu_1+\cdots+\nu_n} u}{\partial x_1^{\nu_1} \ldots \partial x_n^{\nu_n}}$$

ein linearer (partieller) Differentialausdruck, so heisst

$$A'(u) = \Sigma (-1)^{\nu_1+\cdots+\nu_n} \frac{\partial^{\nu_1+\cdots+\nu_n}(A_{\nu_1 \ldots \nu_n} u)}{\partial x_1^{\nu_1} \ldots \partial x_n^{\nu_n}}$$

der *adjungirte* Differentialausdruck. Zwischen diesen beiden Differentialausdrücken findet man aus der letzten Formel durch Summation die Beziehung

$$(21.) \qquad v A(u) - u A'(v) = \Sigma \frac{\partial A_\nu(u, v)}{\partial x_\nu},$$

wo $A_\nu(u, v)$ $(\nu = 1, 2, \ldots n)$ n bilineare Differentialausdrücke von u und v sind.

Die Bedeutung dieser Gleichung beruht darauf, dass aus ihr umgekehrt geschlossen werden kann, $A'(u)$ sei der adjungirte Ausdruck von $A(u)$.

Dies ist um so merkwürdiger, weil die bilinearen Ausdrücke $A_\nu(u, v)$ durchaus nicht bestimmt sind, sondern mannichfache Formen annehmen können. Der Beweis jener Behauptung beruht auf dem Hülfssatze:

I. *Sind $A_1, A_2, \dots A_n$ lineare Differentialausdrücke von u, so ist in dem adjungirten Ausdruck von*

$$\frac{\partial A_1}{\partial x_1}+\frac{\partial A_2}{\partial x_2}+\dots+\frac{\partial A_n}{\partial x_n}$$

der Coefficient von u gleich Null.

Ist a eine bestimmte Function von $x_1, \dots x_n$, so ist

$$\frac{\partial}{\partial x_1}\left(a\frac{\partial^{\nu_1+\nu_2+\dots+\nu_n}u}{\partial x_1^{\nu_1}\partial x_2^{\nu_2}\dots\partial x_n^{\nu_n}}\right) = \frac{\partial a}{\partial x_1}\frac{\partial^{\nu_1+\nu_2+\dots+\nu_n}u}{\partial x_1^{\nu_1}\partial x_2^{\nu_2}\dots\partial x_n^{\nu_n}}+a\frac{\partial^{\nu_1+1+\nu_2+\dots+\nu_n}u}{\partial x_1^{\nu_1+1}\partial x_2^{\nu_2}\dots\partial x_n^{\nu_n}}.$$

Der adjungirte Differentialausdruck davon ist

$$(-1)^{\nu_1+\dots+\nu_n}\left[\frac{\partial^{\nu_1+\nu_2+\dots+\nu_n}\left(\frac{\partial a}{\partial x_1}u\right)}{\partial x_1^{\nu_1}\partial x_2^{\nu_2}\dots\partial x_n^{\nu_n}}-\frac{\partial^{\nu_1+1+\nu_2+\dots+\nu_n}au}{\partial x_1^{\nu_1+1}\partial x_2^{\nu_2}\dots\partial x_n^{\nu_n}}\right],$$

verschwindet also für $u=1$. Ordnet man ihn daher nach den Ableitungen von u, so ist der Coefficient von u gleich Null. Daraus ergiebt sich die obige Behauptung mittelst der Bemerkung, dass der adjungirte Ausdruck einer Summe gleich der Summe der adjungirten Ausdrücke der Summanden ist.

Seien nun $A(u)$ und $B(u)$ zwei lineare Differentialausdrücke, und seien irgend wie n bilineare Differentialausdrücke $C_\nu(u, v)$ $(\nu = 1, 2, \dots n)$ so bestimmt, dass

$$vA(u)-uB(v) = \Sigma\frac{\partial C_\nu}{\partial x_\nu}$$

ist. Zieht man davon die Gleichung (21.) ab, so erhält man

$$u(A'(v)-B(v)) = \Sigma\frac{\partial(C_\nu-A_\nu)}{\partial x_\nu}.$$

Denkt man sich für v eine bestimmte Function gesetzt, so sind beide Seiten dieser Gleichung lineare Differentialausdrücke von u. Der adjungirte Ausdruck der linken Seite ist $u(A'(v)-B(v))$. Im adjungirten Ausdruck der rechten Seite ist der Coefficient von u gleich Null. Folglich ist $B(v)=A'(v)$.

Wir können daher den adjungirten Ausdruck eines andern von nun an durch die charakteristische Gleichung (21.) definiren. Unmittelbar folgt aus derselben, dass der adjungirte Ausdruck von $A'(u)$ gleich $A(u)$ ist.

§. 10. Der Reciprocitätssatz.

Setzt man in der Gleichung

$$(21.)\qquad vA(u)-uA'(v) = \Sigma\frac{\partial A_\nu(u,v)}{\partial x_\nu}$$

$B(u)$ an Stelle von u, so erhält man

$$vAB(u)-B(u)A'(v) = \Sigma\frac{\partial A_\nu(B(u),v)}{\partial x_\nu}.$$

Setzt man ferner in der Gleichung

$$vB(u)-uB'(v) = \Sigma\frac{\partial B_\nu(u,v)}{\partial x_\nu}$$

$A'(v)$ an Stelle von v, so erhält man

$$A'(v)B(u)-uB'A'(v) = \Sigma\frac{\partial B_\nu(u,A'(v))}{\partial x_\nu}.$$

Durch Addition beider Gleichungen findet man

$$vAB(u)-uB'A'(v) = \Sigma\frac{\partial[A_\nu(B(u),v)+B_\nu(u,A'(v))]}{\partial x_\nu}.$$

Folglich ist $B'A'$ der adjungirte Ausdruck von AB.

I. *Ist ein Differentialausdruck aus mehreren zusammengesetzt, so ist der adjungirte Ausdruck aus den adjungirten in der umgekehrten Reihenfolge zusammengesetzt.*

Der adjungirte Ausdruck von $\frac{\partial A(u)}{\partial x_\alpha}$ ist daher $-A'\left(\frac{\partial u}{\partial x_\alpha}\right)$, woraus ersichtlich ist, dass in demselben der Coefficient von u verschwindet.

In der Gleichung (21.) denke man sich für u eine bestimmte Function gesetzt, und nehme auf beiden Seiten den adjungirten Ausdruck. Bezeichnet man mit $A'_\nu(u,v)$ den adjungirten Ausdruck von $A_\nu(u,v)$, wenn darin v als unbestimmte Function betrachtet wird, so erhält man

$$(22.)\qquad vA(u)-A(uv) = -\Sigma A'_\nu\left(u, \frac{\partial v}{\partial x_\nu}\right).$$

Aus dieser Gleichung lassen sich ähnliche Folgerungen ziehen, wie aus (5.). Hier wollen wir sie nur dazu benutzen, die allgemeinste Form der bilinearen Ausdrücke $A_\nu(u,v)$ zu ermitteln. Ordnet man den bilinearen Differentialausdruck $A(uv)-vA(u)$, der für $v=1$ verschwindet, nach den Ableitungen von v, so möge sich ergeben

$$A(uv)-vA(u) = \sum_\nu P_\nu(u)\frac{\partial v}{\partial x_\nu}+\sum_{\nu,\alpha}P_{\nu\alpha}(u)\frac{\partial^2 v}{\partial x_\nu\,\partial x_\alpha}+\sum_{\nu,\alpha,\beta}P_{\nu\alpha\beta}(u)\frac{\partial^3 v}{\partial x_\nu\partial x_\alpha\partial x_\beta}+\cdots,$$

wo die Coefficienten lineare Differentialausdrücke von u sind. Und zwar bedeute $P_{\nu\alpha}+P_{\alpha\nu}$, wenn ν und α verschieden sind, den auf irgend eine Weise in zwei Summanden zerlegten Coefficienten von $\frac{\partial^2 v}{\partial x_\nu \partial x_\alpha}$, $P_{\alpha\nu\nu}+P_{\nu\alpha\nu}+P_{\nu\nu\alpha}$ den beliebig in drei Theile zerlegten Coefficienten von $\frac{\partial^3 v}{\partial x_\nu^2 \partial x_\alpha}$, u. s. w. Auch braucht man die obige Entwicklung nicht mit den Gliedern der höchsten Ordnung, die wirklich vorkommen, zu schliessen, sondern kann noch beliebig viele Glieder höherer Ordnung hinzufügen, in denen die verschiedenen Coefficienten der nämlichen Ableitung Null zur Summe haben. Dann wird die Gleichung (22.) identisch erfüllt, wenn man

$$(23.)\qquad A_\nu(u, v) = P_\nu(u)v - \sum_\alpha \frac{\partial(P_{\nu\alpha}(u).v)}{\partial x_\alpha} + \sum_{\alpha,\beta} \frac{\partial^2(P_{\nu\alpha\beta}(u)v)}{\partial x_\alpha \partial x_\beta} - \cdots$$

setzt. Nimmt man aber in (22.) auf beiden Seiten die adjungirten Ausdrücke in Bezug auf v, so erhält man wieder die Gleichung (21.). Da ferner jeder beliebige bilineare Differentialausdruck in der Form (23.) geschrieben werden kann, so braucht man nur den angegebenen Weg rückwärts zu durchlaufen, um sich zu überzeugen, dass (23.) die allgemeinste Form der n bilinearen Differentialausdrücke ist, die in die Gleichung (21.) eingehen.

§. 11. Princip des letzten Multiplicators.

Ich wende mich jetzt zur Beantwortung der Frage, wie sich die Beziehungen zwischen adjungirten Differentialausdrücken gestalten, wenn an Stelle der unabhängigen Veränderlichen neue eingeführt werden. Zu dem Zwecke brauche ich die *Jacobi*sche Formel, welche dem Princip des letzten Multiplicators zu Grunde liegt. Ich will daher in einer kurzen Digression eine neue Herleitung jener Formel mittheilen.

Wenn der (totale) lineare Differentialausdruck

$$a_1 dx_1 + \cdots + a_n dx_n = \Sigma a\, dx,$$

dessen Coefficienten Functionen von $x_1, \ldots x_n$ sind, durch Einführung von n neuen unabhängigen Variabeln in $\Sigma a' dx'$ übergeht, so verwandelt sich gleichzeitig der bilineare Differentialausdruck

$$(\alpha.)\qquad \delta(\Sigma a\, dx) - d(\Sigma a\, \delta x) = \sum_{\alpha,\beta} \left(\frac{\partial a_\alpha}{\partial x_\beta} - \frac{\partial a_\beta}{\partial x_\alpha}\right) dx_\alpha\, \delta x_\beta$$

in $\Sigma\left(\frac{\partial a'_\alpha}{\partial x'_\beta} - \frac{\partial a'_\beta}{\partial x'_\alpha}\right) dx'_\alpha\, \delta x'_\beta$, und heisst daher die ***bilineare Covariante*** des linearen Differentialausdrucks (dieses Journal, Bd. 70, S. 73; Bd. 82, S. 235).

Die Differentiale der ursprünglichen Variabeln sind mit denen der neuen durch die linearen Gleichungen

$$dx_\alpha = \sum_\beta \frac{\partial x_\alpha}{\partial x'_\beta} dx'_\beta \quad (\alpha = 1, 2, \dots n)$$

verbunden, deren Determinante

$$\left| \frac{\partial x_\alpha}{\partial x'_\beta} \right| = D$$

sei. Durch jene Substitution mögen (Vgl. Bd. 82, S. 279) die $n-2$ unabhängigen Differentialausdrücke

$$a_{\mu 1} dx_1 + \dots + a_{\mu n} dx_n \quad \text{in} \quad a'_{\mu 1} dx'_1 + \dots + a'_{\mu n} dx'_n \quad (\mu = 1, 2, \dots n-2)$$

übergehen. Seien u und v zwei unbestimmte Functionen von $x_1, \dots x_n$ und sei

$$W = \begin{vmatrix} \frac{\partial u}{\partial x_1} & \dots & \frac{\partial u}{\partial x_n} \\ \frac{\partial v}{\partial x_1} & \dots & \frac{\partial v}{\partial x_n} \\ a_{11} & \dots & a_{1n} \\ \cdot & \dots & \cdot \\ a_{n-2,1} & \dots & a_{n-2,n} \end{vmatrix} = \Sigma A_{\alpha\beta} \frac{\partial u}{\partial x_\alpha} \frac{\partial v}{\partial x_\beta}.$$

Da $A_{\alpha\beta} = -A_{\beta\alpha}$ und $A_{\alpha\alpha} = 0$ ist, so ist W ein alternirender bilinearer partieller Differentialausdruck. Bezeichnet W' die aus den transformirten Functionen u, v und aus den Coefficienten der transformirten Formen analog gebildete Determinante, so ist

$$W' = WD.$$

Daher ist W eine *Contravariante* der $(n-2)$ betrachteten Differentialausdrücke (*Christoffel*, dieses Journal Bd. 70, S. 64). Ist aber $(\alpha.)$ eine Covariante und W eine Contravariante eines Formensystems, so ist (*Aronhold*, dieses Journal Bd. 62 S. 339)

$$(\beta.) \qquad J = \tfrac{1}{2} \sum_{\alpha,\beta} A_{\alpha\beta} \left(\frac{\partial a_\alpha}{\partial x_\beta} - \frac{\partial a_\beta}{\partial x_\alpha} \right) = \Sigma A_{\alpha\beta} \frac{\partial a_\alpha}{\partial x_\beta} = - \Sigma A_{\alpha\beta} \frac{\partial a_\beta}{\partial x_\alpha}$$

eine Invariante desselben; und wenn J' aus den Coefficienten der transformirten Formen ebenso zusammengesetzt ist, wie J aus denen der gegebenen, so ist

$$J' = JD.$$

Betrachten wir jetzt ein System von $n-1$ unabhängigen Differentialausdrücken

$$(\gamma.)\qquad a_{\mu 1}dx_1+\cdots+a_{\mu n}dx_n \qquad (\mu=1,\ 2,\ \dots\ n-1).$$

Dieselben haben eine lineare Contravariante

$$U=\begin{vmatrix} \frac{\partial u}{\partial x_1} & \dots & \frac{\partial u}{\partial x_n} \\ a_{11} & \dots & a_{1n} \\ \cdot & \dots & \cdot \\ a_{n-1,1} & \dots & a_{n-1,n} \end{vmatrix} = \Sigma A_\alpha \frac{\partial u}{\partial x_\alpha},$$

welche der ihnen *adjungirte* partielle Differentialausdruck genannt wird (dieses Journal Bd. 82, S. 268). Mit der analogen Contravariante des transformirten Systems ist sie durch die Gleichung

$$(\delta.)\qquad U' = UD$$

verknüpft. Ferner sind nach $(\beta.)$ die $n-1$ Ausdrücke

$$J_\mu = \sum_{\alpha,\beta} \frac{\partial A_\alpha}{\partial a_{\mu\beta}}\frac{\partial a_{\mu\beta}}{\partial x_\alpha} \qquad (\mu=1,\ 2,\ \dots\ n-1)$$

Invarianten des Formensystems $(\gamma.)$, und folglich ist auch ihre Summe

$$J=\sum_\mu J_\mu = \sum_\alpha\sum_{\mu,\beta} \frac{\partial A_\alpha}{\partial a_{\mu\beta}}\frac{\partial a_{\mu\beta}}{\partial x_\alpha} = \sum_\alpha \frac{\partial A_\alpha}{\partial x_\alpha}$$

eine Invariante desselben, welche mit der nämlichen Invariante des transformirten Systems durch die Gleichung

$$(\varepsilon.)\qquad J' = JD$$

verbunden ist. Ist nun aber vermöge der angewendeten Substitution

$$U=A_1\frac{\partial u}{\partial x_1}+\cdots+A_n\frac{\partial u}{\partial x_n} = A_1'\frac{\partial u}{\partial x_1'}+\cdots+A_n'\frac{\partial u}{\partial x_n'};$$

so ist nach $(\delta.)$

$$U' = (A_1'D)\frac{\partial u}{\partial x_1'}+\cdots+(A_n'D)\frac{\partial u}{\partial x_n'}$$

und daher

$$J' = \Sigma\frac{\partial(A_\alpha' D)}{\partial x_\alpha'},$$

also nach $(\varepsilon.)$

$$(24.)\qquad \Sigma\frac{\partial(A_\alpha' D)}{\partial x_\alpha'} = D\cdot\Sigma\frac{\partial A_\alpha}{\partial x_\alpha}.$$

(*Jacobi,* dieses Journal Bd. 27, S. 243. Die obige Herleitung ist eine Verallgemeinerung der Methode, durch welche *Jacobi,* l. c. S. 203, einen speciellen Fall des obigen Satzes begründet hat.)

Sind $A_1, \ldots A_n$ lineare Differentialausdrücke einer unbestimmten Function, oder mehrfach lineare Differentialausdrücke mehrerer unbestimmten Functionen, so sind auch

$$A'_\alpha = \sum_\beta A_\beta \frac{\partial x'_\alpha}{\partial x_\beta}, \quad (\alpha = 1, 2, \ldots n)$$

lineare Differentialausdrücke.

Es mögen nun die in die Gleichung (21.) eingehenden Differentialausdrücke $A(u)$, $A'(u)$, $A_\nu(u, v)$ durch Einführung der neuen Variabeln in $P(u)$, $Q(u)$ und $R_\nu(u, v)$ übergehen. Dann ist

$$vP(u) - uQ(v) = \Sigma \frac{\partial R_\nu(u, v)}{\partial x_\nu} = \frac{1}{D} \Sigma \frac{\partial (R'_\nu(u, v).D)}{\partial x'_\nu},$$

wo $R'_\nu(u, v)$ bilineare Differentialausdrücke sind, und die Substitutionsdeterminante D eine bestimmte Function von $x'_1, \ldots x'_n$ ist. Multiplicirt man mit D und ersetzt v durch $\frac{v}{D}$, so erhält man

$$vP(u) - u\left(Q\left(\frac{v}{D}\right).D\right) = \Sigma \frac{\partial}{\partial x'_\nu}\left(R'_\nu\left(u, \frac{v}{D}\right).D\right).$$

Folglich ist $Q\left(\frac{u}{D}\right).D$ der adjungirte Ausdruck von $P(u)$.

Zürich, im Februar 1877.

16.

Über homogene totale Differentialgleichungen

Journal für die reine und angewandte Mathematik 86, 1—19 (1879)

§. 1.

Die Integration der totalen Differentialgleichungen zwischen drei Veränderlichen, welche der Integrabilitätsbedingung Genüge leisten, ist von *Euler* an einer Reihe von Beispielen erläutert worden, in denen fast allen die Coefficienten homogene Functionen gleichen Grades sind. (Inst. calc. int. vol. III, 1—26.) Ich stelle mir desshalb hier die Aufgabe, überhaupt die Eigenschaften homogener totaler Differentialgleichungen zwischen n Veränderlichen zu untersuchen. Zu dem Ende schicke ich aus meiner Abhandlung *Ueber das Pfaffsche Problem* (dieses Journal Bd. 82, S. 230), die ich kurz mit *A.* citiren werde, einige allgemeine Sätze voraus.

Jeder lineare Differentialausdruck

$$(1.)\qquad a_1\,dx_1 + a_2\,dx_2 + \cdots + a_n\,dx_n = \Sigma a dx,$$

in welchem $a_1, \ldots a_n$ Functionen von $x_1, \ldots x_n$ sind, kann auf eine der beiden Formen

$$(2.)\qquad z_{r+1}\,dz_1 + \cdots + z_{2r}\,dz_r$$

oder

$$(2^*.)\qquad dz + z_{r+1}\,dz_1 + \cdots + z_{2r}\,dz_r$$

gebracht werden, wo $z, z_1 \ldots z_{2r}$ unabhängige Functionen von $x_1, \ldots x_n$ bedeuten. Im ersten Falle heisst er von der $2r$ten, im andern von der $(2r+1)$ten Klasse. Die Klasse p ist gleich der kleinsten Anzahl unabhängiger Variabeln, mittelst deren sich der Differentialausdruck darstellen lässt. Zu ihrer Berechnung dient die folgende Regel. Wenn in einer Determinante alle Unterdeterminanten $(m+1)$ten Grades verschwinden, die $m$ten Grades aber nicht sämmtlich Null sind, so nenne ich m den *Rang* der Determinante.

Ist nun

$$(3.)\qquad a_{\alpha\beta} = \frac{da_\alpha}{dx_\beta} - \frac{da_\beta}{dx_\alpha},$$

und ist der Rang der schiefen Determinante

$$(4.)\qquad \begin{vmatrix} a_{11} & \dots & a_{1n} \\ \cdot & \dots & \cdot \\ a_{n1} & \dots & a_{nn} \end{vmatrix}$$

gleich $2r$, der Rang der schiefen Determinante

$$(5.)\qquad \begin{vmatrix} a_{11} & \dots & a_{1n} & a_1 \\ \cdot & \dots & \cdot & \cdot \\ a_{n1} & \dots & a_{nn} & a_n \\ -a_1 & \dots & -a_n & 0 \end{vmatrix}$$

aber gleich $2s$, so ist die Klasse des Differentialausdrucks (1.)

$$(6.)\qquad p = r + s.$$

Bei jeder Transformation des Differentialausdrucks sind die Zahlen r, s und daher auch p invariant. Die Invariante r kann auch definirt werden als die kleinste Anzahl cogredienter linearer Relationen, die zwischen den Variabeln $u_1, \dots u_n$; $v_1, \dots v_n$ bestehen müssen, damit die Form

$$W = \Sigma\, a_{\alpha\beta}\, u_\alpha\, v_\beta,$$

welche die *bilineare Covariante* des Differentialausdrucks (1.) heisst, verschwinde. Die Invariante s kann auch erklärt werden als die kleinste Anzahl cogredienter linearer Relationen, die zwischen den nämlichen Veränderlichen bestehen müssen, damit ausser der bilinearen Form W noch die linearen Formen

$$U = \Sigma\, a_\alpha\, u_\alpha, \qquad V = \Sigma\, a_\beta\, v_\beta$$

verschwinden. Zugleich ist s die Anzahl der Integrale der Differentialgleichung

$$(7.)\qquad a_1\, dx_1 + \dots + a_n\, dx_n = 0,$$

d. h. die kleinste Anzahl vollständiger Differentiale, aus denen der Ausdruck (1.) linear zusammengesetzt werden kann.

Zwischen den beiden Zahlen r und s besteht der Zusammenhang, dass s entweder gleich r oder gleich $r+1$ ist. Mithin ergeben sich nach Gleichung (6.) zwischen den Invarianten p, r, s die folgenden Beziehungen:

Ist $s=r$, so ist $p=2r=2s$, also gerade.

Ist $s=r+1$, so ist $p=2r+1=2s-1$, also ungerade.

Ist p gerade, so ist $r=\frac{p}{2}$ und $s=\frac{p}{2}$.

Ist p ungerade, so ist $r=\frac{p-1}{2}$ und $s=\frac{p+1}{2}$.

Nach *A.* §. 7 ist die Klasse p des Differentialausdrucks (1.) gerade oder ungerade, je nachdem sich die Form

$$V=a_1v_1+\cdots+a_nv_n$$

aus den Formen

$$V_\alpha=a_{\alpha 1}v_1+\cdots+a_{\alpha n}v_n \qquad (\alpha=1,\ldots n)$$

linear zusammensetzen lässt oder nicht. Daraus folgt, dass p gerade oder ungerade ist, je nachdem sich die Gleichungen

$$(8.)\qquad a_{\alpha 1}u_1+\cdots+a_{\alpha n}u_n+a_\alpha u=0 \qquad (\alpha=1,\ldots n)$$

durch einen nicht verschwindenden Werth von u oder allein durch den Werth $u=0$ befriedigen lassen. Denn multiplicirt man die Gleichungen (8.) oder, da $a_{\alpha\beta}=-a_{\beta\alpha}$ ist, die Gleichungen

$$a_{1\beta}u_1+\cdots+a_{n\beta}u_n=a_\beta u \qquad (\beta=1,\ldots n)$$

der Reihe nach mit $v_1,\ldots v_n$ und addirt sie, so erhält man

$$(8^*.)\qquad V_1u_1+\cdots+V_nu_n=Vu.$$

Wenn daher den Gleichungen (8.) durch einen von Null verschiedenen Werth von u genügt wird, so lässt sich V aus $V_1,\ldots V_n$ linear zusammensetzen, und p ist gerade; lässt sich umgekehrt V aus $V_1,\ldots V_n$ zusammensetzen, so besteht eine Gleichung von der Form (8*.), in welcher u von Null verschieden ist, und daraus ergeben sich durch Vergleichung der Coefficienten von $v_1,\ldots v_n$ die Gleichungen (8.). Folglich muss, wenn den Gleichungen (8.) nur durch den Werth $u=0$ genügt werden kann, p ungerade sein. (Vgl. *Christoffel*, dieses Journal Bd. 70, S. 242; *Darboux*, *Liouv.* Journ. 1874, p. 361.)

§. 2.

Wenn man den Differentialausdruck (2.) durch $z_{r+\varrho}$ dividirt, so wird seine Klasse um 1 erniedrigt; wenn man aber den Ausdruck (2*.) mit w multiplicirt, und w eine von $z, z_1\ldots z_{2r}$ unabhängige Function von $x_1,\ldots x_n$ ist, so wird seine Klasse um 1 erhöht. Wenn man von dem

Ausdruck (2*.) dz subtrahirt, so wird seine Klasse um 1 vermindert; wenn man aber zu dem Ausdruck (2.) dz addirt und z von $z_1, \dots z_{2r}$ unabhängig ist, so wird seine Klasse um 1 vermehrt. Diese Bemerkungen führen zu der Aufgabe, allgemein die Veränderungen zu untersuchen, welche die Klasse eines Differentialausdrucks erfährt, wenn derselbe mit einem Factor multiplicirt oder um ein vollständiges Differential vermehrt wird.

Sei

$$(9.)\qquad w\,\Sigma\, a dx = \Sigma\, a'\, dx,$$

und mögen die Zahlen p', r', s' für diesen Ausdruck dieselbe Bedeutung haben, wie p, r, s für den Ausdruck (1.). Dann ist s' die kleinste Anzahl congredienter linearer Relationen, die zwischen den Veränderlichen $u_1, \dots u_n$; $v_1, \dots v_n$ bestehen müssen, damit die linearen Formen

$$w\,\Sigma\, a_\alpha u_\alpha = w\, U, \qquad w\,\Sigma\, a_\beta v_\beta = w\, V$$

nebst der bilinearen Form

$$w\,\Sigma a_{\alpha\beta} u_\alpha v_\beta + \left(\Sigma \frac{\partial w}{\partial x_\beta} v_\beta\right)\left(\Sigma\, a_\alpha u_\alpha\right) - \left(\Sigma \frac{\partial w}{\partial x_\alpha} u_\alpha\right)\left(\Sigma a_\beta v_\beta\right)$$

$$= w\, W + \left(\Sigma \frac{\partial w}{\partial x_\beta} v_\beta\right) U - \left(\Sigma \frac{\partial w}{\partial x_\alpha} u_\alpha\right) V$$

verschwinden. Da aber diese Formen genau für die nämlichen Werthe Null sind, wie U, V, W, so ist $s' = s$. Oder:

Die Zahl s ist die kleinste Anzahl vollständiger Differentiale, aus denen der Ausdruck (1.) zusammengesetzt werden kann. Ist aber

$$\Sigma\, a dx = \sum_{\sigma}^{1, s} g_\sigma\, df_\sigma,$$

so ist

$$\Sigma\, a' dx = \sum_{\sigma}^{1, s} w\, g_\sigma\, df_\sigma.$$

Folglich ist die kleinste Anzahl vollständiger Differentiale, aus denen der Ausdruck (9.) zusammengesetzt werden kann, $s' \leqq s$. Da aber (1.) aus (9.) durch Multiplication mit $\frac{1}{w}$ entsteht, so ist auch $s \leqq s'$ und daher $s' = s$. Folglich ist r' entweder gleich s oder gleich $s-1$.

Ist also $s = r$, so ist r' entweder gleich r oder gleich $r-1$ und desshalb nach (6.) p' entweder gleich p oder gleich $p-1$.

Ist aber $s=r+1$, so ist r' entweder gleich $r+1$ oder r, und daher p entweder gleich $p+1$ oder p.

Sei zweitens z eine Function von $x_1, \dots x_n$ und

$$(9^*.) \qquad \Sigma\,(adx) + dz = \Sigma\, a'dx$$

und mögen wieder p', r', s' für diesen Ausdruck dasselbe bedeuten, wie p, r, s für (1.). Dann ist

$$a'_{\alpha\beta} = \frac{\partial a'_\alpha}{\partial x_\beta} - \frac{\partial a'_\beta}{\partial x_\alpha} = \frac{\partial}{\partial x_\beta}\left(a_\alpha + \frac{\partial z}{\partial x_\alpha}\right) - \frac{\partial}{\partial x_\alpha}\left(a_\beta + \frac{\partial z}{\partial x_\beta}\right) = a_{\alpha\beta}.$$

Da $2r$ der Rang der Determinante (4.) ist, so muss demnach $r'=r$ sein. Folglich ist s' entweder gleich r oder gleich $r+1$.

Ist also $r=s$, so ist s' entweder gleich s oder gleich $s+1$, und daher p' entweder gleich p oder gleich $p+1$.

Ist aber $r=s-1$, so ist s' entweder gleich $s-1$ oder gleich s und daher p' entweder gleich $p-1$ oder gleich p. Es ergeben sich also die Sätze:

I. *Wird ein Differentialausdruck mit einem Factor multiplicirt, so bleibt die Invariante s ungeändert; wird er um ein vollständiges Differential vermehrt, so bleibt die Invariante r ungeändert.*

II. *Bleibt die Klasse eines Differentialausdrucks, wenn er mit einem Factor multiplicirt wird, nicht ungeändert, so wird sie, wenn sie gerade ist, um 1 erniedrigt, wenn sie ungerade ist, um 1 erhöht.*

III. *Bleibt die Klasse eines Differentialausdrucks, wenn er um ein vollständiges Differential vermehrt wird, nicht ungeändert, so wird sie, wenn sie gerade ist, um 1 erhöht, wenn sie ungerade ist, um 1 erniedrigt.*

Da p die kleinste Anzahl unabhängiger Variabeln ist, mittelst deren der Ausdruck (1.) dargestellt werden kann, so kann p nicht grösser als n sein. Mithin ergiebt sich aus den Sätzen II. und III. die Folgerung:

IV. *Ist die Klasse eines Differentialausdrucks der Anzahl der unabhängigen Variabeln gleich, so bleibt sie, falls sie gerade ist, bei Vermehrung desselben um ein vollständiges Differential, falls sie ungerade ist, bei Multiplication desselben mit einem Factor ungeändert.*

§. 3.

Ich nehme jetzt an, dass $a_1, \dots a_n$ homogene Functionen des nämlichen Grades g von $x_1, \dots x_n$ sind. Dann ist

$$\frac{\partial a_\alpha}{\partial x_1} x_1 + \cdots + \frac{\partial a_\alpha}{\partial x_n} x_n = g a_\alpha.$$

Setzt man ferner

$$(10.) \qquad a_1 x_1 + \cdots + a_n x_n = a,$$

so ergiebt sich durch Differentiation nach x_α

$$\frac{\partial a_1}{\partial x_\alpha} x_1 + \cdots + \frac{\partial a_n}{\partial x_\alpha} x_n + a_\alpha = \frac{\partial a}{\partial x_\alpha}.$$

Durch Subtraction dieser beiden Gleichungen erhält man unter Anwendung der Bezeichnung (3.)

$$(11.) \qquad a_{\alpha 1} x_1 + \cdots + a_{\alpha n} x_n = (g+1) a_\alpha - \frac{\partial a}{\partial x_\alpha}. \qquad (\alpha = 1, \dots n)$$

Sei nun zunächst $a = 1$ (oder eine von Null verschiedene Constante). Da a eine homogene Function $(g+1)$ten Grades ist, so muss in diesem Falle $g+1=0$ sein. Die Gleichungen (10.) und (11.)

$$a_1 x_1 + \cdots + a_n x_n = 1,$$
$$a_{\alpha 1} x_1 + \cdots + a_{\alpha n} x_n = 0 \qquad (\alpha = 1, \dots n)$$

zeigen, dass die linearen Formen V_α für $v_1 = x_1, \dots v_n = x_n$ verschwinden, während V für dieses Werthsystem nicht verschwindet. Daher lässt sich V nicht aus den Formen $V_1, \dots V_n$ linear zusammensetzen, und folglich ist die Klasse p des Differentialausdrucks (1.) ungerade.

I. *Ist* $a=1$, *also* $g=-1$, *so ist* p *ungerade.*

Ist aber $a=0$ und g nicht gleich -1, so zeigen die Gleichungen (11.)

$$a_{\alpha 1} x_1 + \cdots + a_{\alpha n} x_n = (g+1) a_\alpha,$$

dass den linearen Gleichungen (8.) durch einen von Null verschiedenen Werth $u = g+1$ Genüge geschieht. Daher ist p gerade.

II. *Ist* $a=0$ *und* g *nicht gleich* -1, *so ist* p *gerade.*

Sei p gerade und a von Null verschieden, dann erfüllt der Ausdruck

$$\frac{1}{a}(a_1\,dx_1 + \cdots + a_n\,dx_n)$$

die Voraussetzung des Satzes I. Daher ist seine Klasse ungerade, also, da p gerade ist, nicht gleich p. Nach §. 3, II. ist sie folglich $p-1$.

III. *Die Klasse des Differentialausdrucks* $a_1\,dx_1 + \cdots + a_n\,dx_n$, *dessen Coefficienten homogene Functionen gleichen Grades sind, wird, wenn sie gerade ist, und wenn* $a = a_1\,x_1 + \cdots + a_n\,x_n$ *von Null verschieden ist, um* 1 *erniedrigt, indem derselbe durch* a *dividirt wird.*

Sei p ungerade und g nicht gleich -1, dann kann man eine homogene Function $(g+1)$ten Grades z so bestimmen, dass der (homogene) Differentialausdruck

$$a_1\,dx_1 + \cdots + a_n\,dx_n - dz$$

die Voraussetzungen des Satzes II. erfüllt. Zu dem Ende muss

$$\left(a_1 - \frac{\partial z}{\partial x_1}\right)x_1 + \cdots + \left(a_n - \frac{\partial z}{\partial x_n}\right)x_n = 0$$

oder

$$a = a_1\,x_1 + \cdots + a_n\,x_n = \frac{\partial z}{\partial x_1}x_1 + \cdots + \frac{\partial z}{\partial x_a}x_n = (g+1)\,z$$

sein. Dann ist die Klasse des neuen Differentialausdrucks gerade, also, da p ungerade ist, von p verschieden. Nach §. 2, III. ist sie daher gleich $p-1$.

IV. *Die Klasse des Differentialausdrucks* $a_1\,dx_1 + \cdots + a_n\,dx_n$, *dessen Coefficienten homogene Functionen* g*ten Grades sind, wird, wenn sie ungerade ist, und wenn* g *nicht gleich* -1 *ist, um* 1 *erniedrigt, indem von demselben*

$$d\,\frac{a_1\,x_1 + \cdots + a_n\,x_n}{g+1}$$

subtrahirt wird.

Unter den in den Sätzen III. und IV. gemachten Annahmen kann man also die Klasse des Differentialausdrucks (1.) um 1 reduciren. Die Annahmen sind aber der Art, dass die beiden Reductionen nicht nach einander ausgeführt werden können.

Für $p=1$ ergiebt sich aus Satz IV. die auch unmittelbar aus dem *Euler*schen Satze über die homogenen Functionen ersichtliche Folgerung:

V. *Ist der Differentialausdruck* (1.) *ein vollständiges Differential und ist* g *nicht gleich* -1, *so ist*

$$\int (a_1\,dx_1 + \cdots + a_n\,dx_n) = \frac{1}{g+1}(a_1 x_1 + \cdots + a_n x_n).$$

Daraus fliesst als Corollar der Satz:

VI. *Ist* $a = 0$, *während* $a_1, \ldots a_n$ *nicht alle verschwinden, so kann der Differentialausdruck* (1.) *nur dann ein vollständiges Differential sein, wenn* $g = -1$ *ist.*

Für $p = 2$ ergiebt sich aus dem Satze III. die Folgerung:

VII. *Wird die Differentialgleichung* $a_1\,dx_1 + \cdots + a_n\,dx_n = 0$ *durch eine einzige endliche Gleichung befriedigt, so ist dieselbe*

$$\int \frac{a_1\,dx_1 + \cdots + a_n\,dx_n}{a_1 x_1 + \cdots + a_n x_n} = k,$$

vorausgesetzt, dass $a_1 x_1 + \cdots + a_n x_n$ *von Null verschieden ist.*

Die Klasse p des Differentialausdrucks (1.) kann nicht grösser als n sein. Damit $p = n$ sei, ist erforderlich und hinreichend, dass bei geradem n die Determinante (4.) bei ungeradem n die Determinante (5.) von Null verschieden sei. Ist $a = 0$, so folgt aus den Gleichungen (10.) und (11.)

$$a_{\alpha 1} x_1 + \cdots + a_{\alpha n} x_n = (g+1)\, a_\alpha, \qquad (\alpha = 1, \ldots n)$$

$$a_1\ x_1 + \cdots + a_n\ x_n = 0,$$

dass die Determinante (5.) verschwindet.

VIII. *Ist* $a = 0$ *und* n *ungerade, so ist* $p < n$.

Ist nicht nur $a = 0$, sondern auch $g = -1$, so folgt aus den Gleichungen (11.)

$$a_{\alpha 1} x_1 + \cdots + a_{\alpha n} x_n = 0, \quad (\alpha = 1, \ldots n)$$

dass die Determinante (4.) verschwindet.

IX. *Ist* $a = 0$ *und* $g = -1$, *so ist* $p < n$.

Die beiden Sätze VIII. und IX. können auch leicht aus der Identität

$$a_1\,dx_1 + \cdots + a_n\,dx_n = a\frac{dx_1}{x_1} + x_1\, a_2\, d\frac{x_2}{x_1} + \cdots + x_1\, a_n\, d\frac{x_n}{x_1}$$

geschlossen werden.

Sei $a=0$, g nicht gleich -1 und $p=n$, also nach Satz II. n gerade. Ist dann w irgend eine homogene Function $(g+1)$ten Grades, so erfüllt der Ausdruck

$$\frac{1}{w}(a_1\,dx_1+\cdots+a_n\,dx_n)$$

die Voraussetzungen des Satzes IX. Seine Klasse ist daher kleiner als n, also nach §. 2, II gleich $n-1$.

X. *Ist $a=0$, g nicht gleich -1, und $p=n$, so wird die Klasse des Differentialausdrucks* (1.) *um* 1 *erniedrigt, indem derselbe durch eine beliebige homogene Function* $(g+1)$*ten Grades dividirt wird.*

§. 4.

Die in §. 3 entwickelten Sätze will ich jetzt in einigen Beispielen dazu benutzen, den Ausdruck (1.) auf die reducirte Form (2.) oder (2.*) zu bringen. Sind $a_1,\ldots a_n$ ganze homogene lineare Functionen von $x_1,\ldots x_n$,

$$a_\alpha=c_{1\alpha}x_1+c_{2\alpha}x_2+\cdots+c_{n\alpha}x_n,\qquad(\alpha=1,2,\ldots n)$$

so gelingt dies in vielen Fällen durch eine lineare Substitution.

1) Sei $a_1\,x_1+\cdots+a_n\,x_n=0$, also (§. 3, II.) p gerade $(=2r)$. Dann ist $a_1\,y_1+\cdots+a_n\,y_n$ eine alternirende bilineare Form von $x_1,\ldots x_n$; $y_1,\ldots y_n$, deren Determinante den Rang $2r$ hat. Daher lässt sie sich (*A.* §. 9.) auf die Form

$$a_1\,y_1+\cdots+a_ny_n=\sum_{\varrho}^{r}{}_1\,X_\varrho\,Y_{r+\varrho}-X_{r+\varrho}\,Y_\varrho$$

reduciren, wo die Grössen X_μ $(\mu=1,\ldots 2r)$ unabhängige homogene lineare Functionen von $x_1,\ldots x_n$ und die Grössen Y_μ die nämlichen Functionen von $y_1,\ldots y_n$ bedeuten. Ersetzt man daher y_α durch dx_α, so erhält man

$$\Sigma a dx=\sum_{\varrho}^{r}{}_1\,X_\varrho\,dX_{r+\varrho}-X_{r+\varrho}\,dX_\varrho=\sum_{\varrho}^{r}{}_1\,X_\varrho^2\,d\,\frac{X_{r+\varrho}}{X_\varrho}.$$

(Vgl. *Euler*, Inst. calc. int. vol. III, 13).

2) Sei p ungerade $(=2r+1)$. Dann erfüllt (§. 3, IV.) der Ausdruck

$$a_1\,dx_1+\cdots+a_ndx_n-\tfrac{1}{2}\,da$$

die Voraussetzungen der vorigen Nummer, und daher ist

$$a_1 dx_1 + \cdots + a_n dx_n = \tfrac{1}{2} da + \sum_\varrho X_\varrho^2 \, d \frac{X_{r+\varrho}}{X_\varrho}.$$

Die auf der rechten Seite dieser Gleichung vorkommenden $2r+1$ Functionen sind unter einander unabhängig, weil sich der Ausdruck (1.) nicht durch weniger als $p=2r+1$ unabhängige Variable darstellen lässt. Die Gleichung enthält die bekannte Zerlegung einer bilinearen Form in eine symmetrische und eine alternirende.

3) Sei p gerade $(=2r)$ und kleiner als n. Dann ist der Rang der Determinante (4.) gleich $2r$. Die Bezeichnung der Variabeln sei so gewählt, dass in den $2r$ ersten Zeilen von (4.) eine Unterdeterminante $2r$ten Grades von Null verschieden ist. Dann kann (*A.* §. 27) die Reduction des Differentialausdrucks (1.) mit der Integration des Systems von Differentialgleichungen

$$a_{\alpha 1}\, dx_1 + \cdots + a_{\alpha n} dx_n = 0 \qquad (\alpha = 1, \dots n)$$

begonnen werden, in welchem nur die $2r$ ersten Gleichungen unabhängig sind. Da die Coefficienten $a_{\alpha\beta}$ constant sind, so sind

$$a_{\mu 1}\, x_1 + \cdots + a_{\mu n} x_n = k_\mu \qquad (\mu = 1, \dots 2r)$$

$2r$ unabhängige Integrale desselben. Wenn man daher die Grössen

$$y_\mu = a_{\mu 1}\, x_1 + \cdots + a_{\mu n}\, x_n \quad (\mu = 1, \dots 2r)$$

als neue Variable einführt, so geht der Differentialausdruck (1.) nach *A.* §. 27 in einen andern über, der nur die Variabeln $y_1, \dots y_{2r}$ enthält, und dessen Invariante $p = 2r$ ist. (Vgl. *Kronecker*, Monatsberichte der Berliner Akademie 1874, S. 402.)

4) Sei $p=2r=n$. Dann ist die Determinante (4.) von Null verschieden. Ist also

$$a_1\, y_1 + \cdots + a_n y_n = \Sigma\, c_{\alpha\beta}\, x_\alpha\, y_\beta,$$

so ist die Determinante $|uc_{\alpha\beta} + vc_{\beta\alpha}|$ nicht identisch Null, weil sie für $u=1$, $v=-1$ nicht verschwindet. Wir beschränken uns auf den Fall, dass die Elementartheiler dieser Determinante alle linear sind, dass also ein $k$facher Lineartheiler derselben zugleich ein $(k-1)$facher Lineartheiler aller Unterdeterminanten $(n-1)$ten Grades ist. Dann ist (*Kronecker*, Monatsberichte, 1874, S. 440; d. J. Bd. 68, S. 275.)

$$\Sigma c_{\alpha\beta} x_\alpha y_\beta = \sum_{\varrho}{}_1^r \lambda_\varrho X_\varrho Y_{r+\varrho} + \lambda_{r+\varrho} X_{r+\varrho} Y_\varrho,$$

wo

$$|u c_{\alpha\beta} + v c_{\beta\alpha}| = \prod_{\varrho}{}_1^r (u\lambda_\varrho + v\lambda_{r+\varrho})(u\lambda_{r+\varrho} + v\lambda_\varrho)$$

die in ihre Elementartheiler zerlegte Determinante ist, die Grössen X_α ($\alpha = 1, \dots n$) lineare Functionen von $x_1, \cdots x_n$ und die Grössen Y_α die nämlichen Functionen von $y_1, \dots y_n$ bedeuten. Daher ist

$$\Sigma a dx = \sum_{\varrho}{}_1^r \lambda_\varrho X_\varrho dX_{r+\varrho} + \lambda_{r+\varrho} X_{r+\varrho} dX_\varrho = \sum_{\varrho}{}_1^r X_\varrho^{1-\lambda_{r+\varrho}} X_{r+\varrho}^{1-\lambda_\varrho} d\left(X_\varrho^{\lambda_{r+\varrho}} X_{r+\varrho}^{\lambda_\varrho}\right).$$

§. 5.

Als zweites Beispiel behandle ich die Differentialgleichung

$$(12.)\qquad a_1 dx_1 + a_2 dx_2 + a_3 dx_3 = 0,$$

deren Coefficienten ganze homogene Functionen zweiten Grades sind. Da die Anzahl der unabhängigen Variabeln 3 ist, so kann p nur 1, 2 oder 3 sein. Ist $p = 1$, so ergiebt sich das Integral aus §. 3, V., ist $p = 2$ und a nicht Null, aus §. 3, VII. Auf den somit noch zu erledigenden Fall $p = 2$, $a = 0$ lässt sich auch der Fall $p = 3$ nach §. 3, IV. zurückführen.

Sei also

$$(13.)\qquad a_1 x_1 + a_2 x_2 + a_3 x_3 = 0.$$

Dann ist (§. 3, II, VIII) p gerade, also gleich 2. Mithin ist die Integrabilitätsbedingung

$$(14.)\qquad a_1 a_{23} + a_2 a_{31} + a_3 a_{12} = 0$$

eine Folge der Gleichung (13.). Sei h eine beliebige Constante und

$$A_1 = \tfrac{1}{3} a_{23} + hx_1, \qquad A_2 = \tfrac{1}{3} a_{31} + hx_2, \qquad A_3 = \tfrac{1}{3} a_{12} + hx_3.$$

Dann ist nach Gleichung (11.)

$$3a_1 = a_{11} x_1 + a_{12} x_2 + a_{13} x_3 = 3(x_2 A_3 - x_3 A_2),$$

also

$$(15.)\qquad a_1 = x_2 A_3 - x_3 A_2, \qquad a_2 = x_3 A_1 - x_1 A_3, \qquad a_3 = x_1 A_2 - x_2 A_1,$$

wo die Grössen

$$A_\alpha = c_{1\alpha} x_1 + c_{2\alpha} x_2 + c_{3\alpha} x_3 \qquad (\alpha = 1, 2, 3)$$

lineare homogene Functionen von x_1, x_2, x_3 sind. Sind umgekehrt A_1, A_2, A_3 gegebene lineare Formen, so genügen die durch die Gleichungen (15.)

bestimmten homogenen Functionen zweiten Grades a_1, a_2, a_3 der Gleichung (13.), also auch der Gleichung (14.), und folglich ist die Differentialgleichung (12.) oder

$$(12^*.) \quad \begin{vmatrix} dx_1 & dx_2 & dx_3 \\ x_1 & x_2 & x_3 \\ A_1 & A_2 & A_3 \end{vmatrix} = 0$$

durch eine einzige endliche Gleichung integrabel, oder sie bildet für sich ein *vollständiges System.* (*A.* §. 13.) Mithin bilden auch die ihr *adjungirten* partiellen Differentialgleichungen

$$(16.) \quad \begin{cases} x_1 \dfrac{\partial f}{\partial x_1} + x_2 \dfrac{\partial f}{\partial x_2} + x_3 \dfrac{\partial f}{\partial x_3} = 0, \\ A_1 \dfrac{\partial f}{\partial x_1} + A_2 \dfrac{\partial f}{\partial x_2} + A_3 \dfrac{\partial f}{\partial x_3} = 0 \end{cases}$$

ein vollständiges System, haben also eine gemeinsame Lösung f, und man erhält das Integral der totalen Differentialgleichung (12.), indem man f gleich einer willkürlichen Constanten k setzt. Die erste partielle Differentialgleichung (16.) sagt aus, dass f eine homogene Function nullten Grades ist. Die allgemeine Lösung der zweiten ist eine von t unabhängige Function von x_1, x_2, x_3, welche vermöge der Integralgleichungen des Systems linearer Differentialgleichungen

$$(17.) \quad \frac{dx_\alpha}{dt} = A_\alpha \qquad (\alpha = 1, 2, 3)$$

einer willkürlichen Constanten gleich wird. (Vgl. *Allégret, Comptes rendus tome* 83, p. 1171.) Allgemeiner gilt der Satz:

Sind A_1, A_2, A_3 homogene Functionen gleichen Grades von x_1, x_2, x_3, so giebt es eine von t unabhängige homogene Function nullten Grades $f(x_1, x_2, x_3)$, welche vermöge der Integralgleichungen des Systems von Differentialgleichungen (17.) *einer willkürlichen Constanten gleich wird. Die Gleichung $f = k$ ist zugleich das Integral der totalen Differentialgleichung* (12*.)

Bei der Integration der Differentialgleichungen (17.) beschränken wir uns auf den Fall, wo die Wurzeln $\lambda_1, \lambda_2, \lambda_3$ der Gleichung

$$\varphi(\lambda) = \begin{vmatrix} c_{11}-\lambda & c_{12} & c_{13} \\ c_{21} & c_{22}-\lambda & c_{23} \\ c_{31} & c_{32} & c_{33}-\lambda \end{vmatrix} = 0$$

alle von einander verschieden sind.

Sei

$$F(\lambda) = -\begin{vmatrix} 0 & x_1 & x_2 & x_3 \\ \xi_1 & c_{11}-\lambda & c_{12} & c_{13} \\ \xi_2 & c_{21} & c_{22}-\lambda & c_{23} \\ \xi_3 & c_{31} & c_{32} & c_{33}-\lambda \end{vmatrix},$$

wo ξ_1, ξ_2, ξ_3 und λ constante Parameter sind. Vermöge der Integralgleichungen des Systems (17.) ist $F(\lambda)$ eine Function von t. Ihre Ableitung (nach t) bildet man, indem man in der ersten Zeile x_α durch $\frac{dx_\alpha}{dt} = c_{1\alpha} x_1 + c_{2\alpha} x_2 + c_{3\alpha} x_3$ ersetzt. Nach leichten Reductionen erhält man

$$\frac{dF(\lambda)}{dt} = \lambda F(\lambda) + (x_1 \xi_1 + x_2 \xi_2 + x_3 \xi_3)\,\varphi(\lambda)$$

und daher

$$\frac{dF(\lambda_\alpha)}{dt} = \lambda_\alpha F(\lambda_\alpha),$$

$$F(\lambda_\alpha) = k_\alpha e^{\lambda_\alpha t}. \qquad (\alpha = 1, 2, 3.)$$

Sind μ_1, μ_2, μ_3 Constanten, so ist

$$F(\lambda_1)^{\mu_1} F(\lambda_2)^{\mu_2} F(\lambda_3)^{\mu_3} = ke^{(\lambda_1\mu_1+\lambda_2\mu_2+\lambda_3\mu_3)t}$$

ein allgemeineres Integral des Systems (17.). Damit dasselbe von t unabhängig sei, muss

$$\lambda_1 \mu_1 + \lambda_2 \mu_2 + \lambda_3 \mu_3 = 0$$

sein, und damit die linke Seite eine homogene Function nullten Grades sei, muss

$$\mu_1 + \mu_2 + \mu_3 = 0$$

sein. Beiden Gleichungen genügen die Werthe

$$\mu_1 = \lambda_2 - \lambda_3, \quad \mu_2 = \lambda_3 - \lambda_1, \quad \mu_3 = \lambda_1 - \lambda_2.$$

Folglich ist

$$(18.) \qquad F(\lambda_1)^{\lambda_2-\lambda_3} F(\lambda_2)^{\lambda_3-\lambda_1} F(\lambda_3)^{\lambda_1-\lambda_2} = k$$

das Integral der totalen Differentialgleichung (13.). (Vgl. *Jacobi*, dieses Journ. Bd. 24, S. 1.)

§. 6.

Zum Schluss behandle ich noch eine Verallgemeinerung der *Jacobi*schen Differentialgleichung, zu der die folgenden Betrachtungen führen.

Sind zwei bilineare Formen von n Variabelnpaaren

$$A = \Sigma a_{\alpha\beta} x_\alpha \xi_\beta, \qquad B = \Sigma b_{\alpha\beta} x_\alpha \xi_\beta$$

gegeben, so nenne ich die bilineare Form

$$\Sigma \frac{\partial A}{\partial \xi_\varkappa} \frac{\partial B}{\partial x_\varkappa} = \sum_{\alpha,\beta} (\sum_\varkappa a_{\alpha\varkappa} b_{\varkappa\beta}) x_\alpha \xi_\beta$$

aus A und B zusammengesetzt und bezeichne sie mit (AB). (Vgl. meine Abhandlung: *Ueber lineare Substitutionen und bilineare Formen,* d. J. Bd. 84, S. 1.). Sei nun

$$\frac{\partial A}{\partial \xi_\alpha} = A_\alpha, \qquad \frac{\partial B}{\partial \xi_\alpha} = B_\alpha$$

und sei

$$A(f) = \Sigma A_\alpha \frac{\partial f}{\partial x_\alpha}, \qquad B(f) = \Sigma B_\alpha \frac{\partial f}{\partial x_\alpha},$$

wo jetzt die Zeichen A und B Operationssymbole sind, oder wo der homogene lineare partielle Differentialausdruck $A(f)$ aus der bilinearen Form A entsteht, indem die Variabeln ξ_α durch die Ableitungen $\frac{\partial f}{\partial x_\alpha}$ ersetzt werden. Dann ist

$$A(B_\beta) - B(A_\beta) = \sum_\alpha A_\alpha \frac{\partial B_\beta}{\partial x_\alpha} - B_\alpha \frac{\partial A_\beta}{\partial x_\alpha},$$

$$\sum_\beta (A(B_\beta) - B(A_\beta)) \xi_\beta = \Sigma \frac{\partial A}{\partial \xi_\alpha} \frac{\partial B}{\partial x_\alpha} - \frac{\partial B}{\partial \xi_\alpha} \frac{\partial A}{\partial x_\alpha} = (AB) - (BA).$$

Sind nun die Formen A und B *vertauschbar,* d. h. ist $(AB) = (BA)$, so ist folglich

$$A(B_\beta) - B(A_\beta) = 0$$

$$\sum_\beta (A(B_\beta) - B(A_\beta)) \frac{\partial f}{\partial x_\beta} = A(B(f)) - B(A(f)) = 0.$$

Sind also $A, B, C, \ldots$ mehrere Formen, von denen je zwei vertauschbar sind, so bilden die partiellen Differentialgleichungen

$$A(f) = 0, \quad B(f) = 0, \quad C(f) = 0, \ldots$$

ein *Jacobi*sches System. (*Clebsch,* d. J. Bd. 65, S. 259.)

Sei $A^{(r)}$ die bilineare Form, die man erhält, indem man A mit sich selbst r Mal zusammensetzt, und sei

$$A^{(0)} = x_1 \xi_1 + \cdots + x_n \xi_n = E.$$

Dann sind die Formen $A^{(0)}, A^{(1)}, A^{(2)}, \ldots$ paarweise mit einander vertauschbar. (d. J. Bd. 84, S. 10.) Setzt man also

$$A_\alpha^{(r)} = \frac{\partial A^{(r)}}{\partial \xi_\alpha},$$

so bilden die Differentialgleichungen

$$A_1^{(r)} \frac{\partial f}{\partial x_1} + \cdots + A_n^{(r)} \frac{\partial f}{\partial x_n} = 0 \quad (r = 0, 1, 2 \ldots)$$

ein *Jacobi*sches System. Ist

$$\varphi(\lambda) = \begin{vmatrix} a_{11}-\lambda & \ldots & a_{1n} \\ \cdot & \ldots & \cdot \\ a_{n1} & \ldots & a_{nn}-\lambda \end{vmatrix},$$

so beschränke ich mich der Einfachheit halber auf den Fall, wo die n Wurzeln $\lambda_1, \ldots \lambda_n$ der Gleichung $\varphi(\lambda) = 0$ alle von einander verschieden sind. Dann sind, wie ich unten zeigen werde,

$$A_1^{(r)} \xi_1 + \cdots + A_n^{(r)} \xi_n \quad (r = 0, 1, \ldots n-1)$$

n unabhängige Linearformen von $\xi_1, \ldots \xi_n$.

Wenn aber die $n-1$ unabhängigen partiellen Differentialgleichungen

$$A_1^{(r)} \frac{\partial f}{\partial x_1} + \cdots + A_n^{(r)} \frac{\partial f}{\partial x_n} = 0 \quad (r = 0, 1, \ldots n-2)$$

ein vollständiges System bilden, so ist (*A.* §. 13) die ihnen *adjungirte* totale Differentialgleichung

$$(19.) \quad \begin{vmatrix} dx_1 & \ldots & dx_n \\ A_1^{(0)} & \ldots & A_n^{(0)} \\ \cdot & \ldots & \cdot \\ A_1^{(n-2)} & \ldots & A_n^{(n-2)} \end{vmatrix} = 0$$

durch eine einzige endliche Gleichung zu integriren.

Das Integral dieser Differentialgleichung, einer Verallgemeinerung der *Jacobi*schen, findet man auf folgendem Wege.

Ist

$$F(\lambda) = - \begin{vmatrix} 0 & x_1 & \ldots & x_n \\ \xi_1 & a_{11}-\lambda & \ldots & a_{1n} \\ \cdot & \cdot & \ldots & \cdot \\ \xi_n & a_{n1} & \ldots & a_{nn}-\lambda \end{vmatrix}$$

die *adjungirte* Form von $A - \lambda E$, so ist die aus diesen beiden zusammengesetzte Form

$$\big((A - \lambda E)\, F(\lambda)\big) = \varphi(\lambda)\, E,$$

oder es ist

$$\big(A\, F(\lambda)\big) = \lambda\, F(\lambda) + \varphi(\lambda)\, E$$

und folglich

$$\big(A F(\lambda_\alpha)\big) = \lambda_\alpha\, F(\lambda_\alpha).$$

Setzt man beide Seiten dieser Gleichung mit A zusammen, so erhält man

$$\big(A^2\, F(\lambda_\alpha)\big) = \lambda_\alpha \big(A\, F(\lambda_\alpha)\big) = \lambda_\alpha^2\, F(\lambda_\alpha),$$

und durch wiederholte Anwendung dieses Verfahrens findet man

$$\big(A^{(r)}\, F(\lambda_\alpha)\big) = \lambda_\alpha^r\, F(\lambda_\alpha),$$

oder

$$\Sigma \frac{\partial A^{(r)}}{\partial \xi_\varkappa} \frac{\partial F(\lambda_\alpha)}{\partial x_\varkappa} = \lambda_\alpha^r\, F(\lambda_\alpha).$$

Durch Multiplication der beiden Determinanten

$$\begin{vmatrix} dx_1 & \dots & dx_n \\ A_1^{(0)} & \dots & A_n^{(0)} \\ \cdot & \dots & \cdot \\ A_1^{(n-2)} & \dots & A_n^{(n-2)} \end{vmatrix} \qquad \begin{vmatrix} \frac{\partial F(\lambda_1)}{\partial x_1} & \dots & \frac{\partial F(\lambda_1)}{\partial x_n} \\ \frac{\partial F(\lambda_2)}{\partial x_1} & \dots & \frac{\partial F(\lambda_2)}{\partial x_n} \\ \cdot & \dots & \cdot \\ \frac{\partial F(\lambda_n)}{\partial x_1} & \dots & \frac{\partial F(\lambda_n)}{\partial x_n} \end{vmatrix},$$

deren zweite eine Constante ist, ergiebt sich daher aus der Differentialgleichung (19.)

$$\begin{vmatrix} d\,F(\lambda_1) & \dots & d\,F(\lambda_n) \\ F(\lambda_1) & \dots & F(\lambda_n) \\ \lambda_1 F(\lambda_1) & \dots & \lambda_n F(\lambda_n) \\ \cdot & \dots & \cdot \\ \lambda_1^{n-2}\, F(\lambda_1) & \dots & \lambda_n^{n-2}\, F(\lambda_n) \end{vmatrix} = 0$$

oder bis auf einen constanten Factor

$$F(\lambda_1) \dots F(\lambda_n) \left[\frac{1}{\varphi'(\lambda_1)} \frac{dF(\lambda_1)}{F(\lambda_1)} + \dots + \frac{1}{\varphi'(\lambda_n)} \frac{dF(\lambda_n)}{F(\lambda_n)} \right] = 0.$$

Folglich ist

$$(20.)\qquad F(\lambda_1)^{\frac{1}{\varphi'(\lambda_1)}} \dots F(\lambda_n)^{\frac{1}{\varphi'(\lambda_n)}} = k$$

das Integral der Differentialgleichung (19.) und das Product $F(\lambda_1) \dots F(\lambda_n)$ ihr integrirender Divisor. Derselbe ist (Vgl. *Hermite*, d. J. Bd. 47 S. 314, *Hesse*, d. J. Bd. 57, S. 175.) bis auf einen constanten Factor gleich

$$(21.)\quad M = \begin{vmatrix} A_1^{(0)} & \dots & A_n^{(0)} \\ \cdot & \dots & \cdot \\ A_1^{(n-1)} & \dots & A_n^{(n-1)} \end{vmatrix},$$

wie sich aus der Formel

$$\begin{vmatrix} \frac{\partial A^{(0)}}{\partial \xi_1} & \dots & \frac{\partial A^{(0)}}{\partial \xi_n} \\ \cdot & \dots & \cdot \\ \frac{\partial A^{(n-1)}}{\partial \xi_1} & \dots & \frac{\partial A^{(n-1)}}{\partial \xi_n} \end{vmatrix} \begin{vmatrix} \frac{\partial F(\lambda_1)}{\partial x_1} & \dots & \frac{\partial F(\lambda_1)}{\partial x_n} \\ \cdot & \dots & \cdot \\ \frac{\partial F(\lambda_n)}{\partial x_1} & \dots & \frac{\partial F(\lambda_n)}{\partial x_n} \end{vmatrix} = F(\lambda_1) \dots F(\lambda_n) \begin{vmatrix} 1 & \dots & 1 \\ \cdot & \dots & \cdot \\ \lambda_1^{n-1} & \dots & \lambda_n^{n-1} \end{vmatrix}$$

ergiebt. Aus derselben folgt auch die Unabhängigkeit der Linearformen

$$A_1^{(\nu)} \xi_1 + \dots + A_n^{(\nu)} \xi_n \quad (\nu = 0, 1, \dots n-1),$$

so lange die ersten Unterdeterminanten von $\varphi(\lambda)$ keinen Divisor gemeinsam haben.

Durch Multiplication der beiden Determinanten

$$\begin{vmatrix} \frac{\partial A^{(0)}}{\partial \xi_1} & \dots & \frac{\partial A^{(0)}}{\partial \xi_n} \\ \cdot & \dots & \cdot \\ \frac{\partial A^{(n-1)}}{\partial \xi_1} & \dots & \frac{\partial A^{(n-1)}}{\partial \xi_n} \end{vmatrix} \begin{vmatrix} \frac{\partial A^{(0)}}{\partial x_1} & \dots & \frac{\partial A^{(0)}}{\partial x_n} \\ \cdot & \dots & \cdot \\ \frac{\partial A^{(n-1)}}{\partial x_1} & \dots & \frac{\partial A^{(n-1)}}{\partial x_n} \end{vmatrix},$$

deren erste gleich M und deren zweite eine Constante ist, zeigt sich endlich, dass der integrirende Divisor der Determinante

$$\begin{vmatrix} A^{(0)} & A^{(1)} & \dots & A^{(n-1)} \\ A^{(1)} & A^{(2)} & \dots & A^{(n)} \\ \cdot & \cdot & \dots & \cdot \\ A^{(n-1)} & A^{(n)} & \dots & A^{(2n-2)} \end{vmatrix} = (-1)^{\frac{n(n+1)}{2}} F(\lambda_1) \dots F(\lambda_n)$$

gleich ist.

Dass der Ausdruck (21.) den integrirenden Divisor der Differentialgleichung (19.) darstellt, ist ein specieller Fall des folgenden Satzes, in welchem $A_{\alpha\beta}$ $(\alpha, \beta = 1, 2, \dots n)$ irgend n^2 Functionen von $x_1, \dots x_n$ bedeuten:

Wenn je zwei der n unabhängigen Differentialausdrücke

$$A_\alpha(f) = A_{\alpha 1}\frac{\partial f}{\partial x_1} + \cdots + A_{\alpha n}\frac{\partial f}{\partial x_n} \quad (\alpha = 1, \dots n)$$

der Bedingung

$$A_\alpha(A_\beta(f)) = A_\beta(A_\alpha(f))$$

genügen, so ist

$$(22.)\quad \begin{vmatrix} A_{11} & \dots & A_{1n} \\ \cdot & \dots & \cdot \\ A_{n-1,1} & \dots & A_{n-1,n} \\ dx_1 & \dots & dx_n \end{vmatrix} : \begin{vmatrix} A_{11} & \dots & A_{1n} \\ \cdot & \dots & \cdot \\ \cdot & \dots & \cdot \\ A_{n1} & \dots & A_{nn} \end{vmatrix}$$

ein vollständiges Differential.

Dieser Satz lässt sich, wenn man die Lehre von der Integration eines vollständigen Systems partieller Differentialgleichungen nicht benutzen will, folgendermassen beweisen: Da die n Differentialausdrücke $A_\alpha(f)$ unabhängig sind, so ist die Determinante $n$ten Grades $|A_{\alpha\beta}|$ von Null verschieden. Folglich kann man n Grössen $a_1, \dots a_n$ finden, welche den n Gleichungen

$$A_{\alpha 1}a_1 + \cdots + A_{\alpha n}a_n = 0 \quad (\alpha = 1, 2, \dots n-1)$$
$$A_{n1}a_1 + \cdots + A_{nn}a_n = 1$$

genügen. Dann wird behauptet, dass der Ausdruck

$$a_1 dx_1 + \cdots + a_n dx_n$$

ein vollständiges Differential ist, falls die Relationen

$$\sum_\varkappa A_{\alpha\varkappa}\frac{\partial A_{\beta\lambda}}{\partial x_\varkappa} - A_{\beta\varkappa}\frac{\partial A_{\alpha\lambda}}{\partial x_\varkappa} = 0 \quad (\alpha, \beta, \lambda = 1, \dots n)$$

bestehen. Differentiirt man die Gleichung

$$\sum_\lambda A_{\beta\lambda}a_\lambda = \text{const.} \quad (\beta = 1, \dots n)$$

nach $x_\varkappa$, so ergiebt sich

$$-\sum_\lambda A_{\beta\lambda}\frac{\partial a_\lambda}{\partial x_\varkappa} = \sum_\lambda a_\lambda\frac{\partial A_{\beta\lambda}}{\partial x_\varkappa}.$$

Multiplicirt man mit $A_{\alpha\varkappa}$ und summirt nach $\varkappa$, so findet man

$$-\sum_{\varkappa,\lambda} A_{\alpha\varkappa} A_{\beta\lambda} \frac{\partial a_\lambda}{\partial x_\varkappa} = \sum_{\varkappa,\lambda} a_\lambda A_{\alpha\varkappa} \frac{\partial A_{\beta\lambda}}{\partial x_\varkappa}.$$

Vertauscht man α mit β und zieht die neue Gleichung von der ursprünglichen ab, so erhält man

$$-\sum_{\varkappa,\lambda} (A_{\alpha\varkappa} A_{\beta\lambda} - A_{\alpha\lambda} A_{\beta\varkappa}) \frac{\partial a_\lambda}{\partial x_\varkappa} = \sum_\lambda \left(a_\lambda \sum_\varkappa \left(A_{\alpha\varkappa} \frac{\partial A_{\beta\lambda}}{\partial x_\varkappa} - A_{\beta\varkappa} \frac{\partial A_{\alpha\lambda}}{\partial x_\varkappa}\right)\right).$$

Die rechte Seite dieser Gleichung ist Null. Die linke lässt sich, wenn man nur über die Paare der Zahlen $\varkappa, \lambda$ von 1 bis n summirt, für welche $\varkappa > \lambda$ ist, auf die Gestalt

$$\sum_{\varkappa,\lambda} (A_{\alpha\varkappa} A_{\beta\lambda} - A_{\alpha\lambda} A_{\beta\varkappa}) \left(\frac{\partial a_\varkappa}{\partial x_\lambda} - \frac{\partial a_\lambda}{\partial x_\varkappa}\right) = 0$$

bringen. Die Determinante dieser $\frac{n(n-1)}{2}$ homogenen linearen Gleichungen zwischen den $\frac{n(n-1)}{2}$ Grössen $\frac{\partial a_\varkappa}{\partial x_\lambda} - \frac{\partial a_\lambda}{\partial x_\varkappa}$ ist die $(n-1)$te Potenz der Determinante $n$ten Grades $|A_{\alpha\beta}|$, also von Null verschieden. Daher ist $\frac{\partial a_\varkappa}{\partial x_\lambda} = \frac{\partial a_\lambda}{\partial x_\varkappa}$, also ist der Ausdruck (22.) ein vollständiges Differential.

Zürich, im Juni 1877.

17.

Über die schiefe Invariante einer bilinearen oder quadratischen Form

Journal für die reine und angewandte Mathematik 86, 44–71 (1879)

Zwei bilineare Formen $A = \Sigma a_{\alpha\beta} x_\alpha y_\beta$ und $B = \Sigma b_{\alpha\beta} x_\alpha y_\beta$ heissen *congruent*, wenn A durch cogrediente lineare Substitutionen von nicht verschwindender Determinante in B transformirt werden kann. Da die nämlichen Substitutionen auch die Form $A' = \Sigma a_{\beta\alpha} x_\alpha y_\beta$, welche die *conjugirte* Form von A genannt wird, in die conjugirte Form B' von B überführen, so verwandeln sie auch die Schaar bilinearer Formen $rA - A'$ in die Schaar $rB - B'$ (*Kronecker*, d. J. Bd. 68, S. 276). Bezeichnet man also die Substitutionsdeterminante mit p und allgemein die Determinante einer bilinearen Form G mit $|G|$, so ist

$$(1.) \qquad |rB - B'| = |rA - A'|\, p^2.$$

Wenn die Determinante der Schaar $rA - A'$ identisch (für jeden Werth des Parameters r) Null ist, so ergiebt sich hieraus kein bestimmter Werth von p. Verschwindet sie aber nicht, so folgt daraus die Gleichung

$$(2.) \qquad p^2 = |rB - B'| : |rA - A'|.$$

Folglich muss die rechte Seite dieser Formel von r unabhängig sein, und für alle die unzählig vielen Substitutionen, welche A in B transformiren, muss das Quadrat der Determinante den nämlichen Werth haben. Nun sind zwei Fälle möglich: Die Determinante p kann für alle jene Substitutionen entweder einen und denselben Werth haben, oder bald den einen, bald den andern von zwei entgegengesetzten Werthen. Ich stelle mir daher hier die Aufgabe, zu entscheiden, wann der erste und wann der zweite dieser beiden Fälle eintritt, und ferner im ersten Falle das Vorzeichen des Transformationsmoduls p zu ermitteln, ohne eine Substitution aufzusuchen, die A in B verwandelt.

Ebenso wie bei zwei congruenten bilinearen Formen, kann man auch bei zwei äquivalenten Schaaren quadratischer Formen nach dem Werthe der Substitutionsdeterminante fragen. Denn wird eine solche Formenschaar $rA - B = \Sigma(ra_{\alpha\beta} - b_{\alpha\beta})\,x_\alpha\,x_\beta$, wo $a_{\alpha\beta} = a_{\beta\alpha}$ und $b_{\alpha\beta} = b_{\beta\alpha}$ ist, durch eine lineare Substitution in eine andere transformirt, so gilt auch hier der Satz, dass die Determinante der transformirten Schaar gleich derjenigen der ursprünglichen Schaar ist, multiplicirt mit dem Quadrate der Substitutionsdeterminante. Die Beantwortung dieser Frage erfordert ganz andere Hülfsmittel, wie die der oben aufgeworfenen. Während sich die Lösung der ersten Aufgabe im Wesentlichen auf den Satz stützt, dass eine schiefe Determinante von paarem Grade das Quadrat einer ganzen rationalen Function ihrer Elemente ist, beruht die Lösung der zweiten, die weit tiefer liegt, auf der Duplication einer gewissen in lineare Factoren zerlegbaren Form $n$ten Grades von n Variabeln, welche eine Contravariante der Schaar quadratischer Formen ist.

Ich citire im Folgenden die Abhandlung des Herrn *Kronecker* „*Ueber die congruenten Transformationen der bilinearen Formen*“, Berl. Mon. 1874, April, mit *Kr.*, die vorangehende Abhandlung des Herrn *Stickelberger* „*Ueber Schaaren von bilinearen und quadratischen Formen*“ mit *St.* und meine Abhandlung „*Ueber lineare Substitutionen und bilineare Formen*“, d. J. 84, mit *Fr.*

§. 1.

Die Determinante der Transformation einer Form in sich selbst.

Alle Substitutionen, welche eine bilineare Form A mit cogredienten Variabeln in eine andere B überführen, werden erhalten, indem man mit einer derselben alle Substitutionen zusammensetzt, welche A in sich selbst transformiren. Die Moduln aller Transformationen von A in B haben daher einen und denselben oder zwei entgegengesetzte Werthe, je nachdem alle Substitutionen, welche A in sich selbst verwandeln, die Determinante $+1$ haben (*eigentliche* sind) oder zum Theil die Determinante -1 haben (*uneigentliche* sind).

Wird eine bilineare Form durch eine gewisse Substitution in sich selbst transformirt, so wird jede congruente Form durch eine *ähnliche* Substitution in sich selbst verwandelt (*Fr.* §. 9, II.). Da nun ähnliche Substitutionen gleiche Determinanten haben, so kann man bei der Ermittelung der Determinante der Substitutionen, welche eine Form in sich selbst überführen, die gegebene Form durch irgend eine congruente ersetzen.

1) Wenn die Determinante der Schaar $rA-A'$ identisch verschwindet, so ist A einer *zerlegbaren* (*Fr.*, §. 5) Form A_1+A_2 congruent, wo

$$A_1 = x_1y_2 + x_2y_3 + \cdots + x_{m-1}y_m$$

ist und A_2 nur die Variabeln x_ν, y_ν $(\nu = m+1, \ldots n)$ enthält, und wo m eine ungerade Zahl ist (*Kr.*, §. 3, IV, 1). Letztere Form geht nun in sich selbst über, wenn man

$$x_1, \quad x_2, \quad x_3, \quad x_4, \ldots x_m; \; x_{m+1}, \ldots x_n$$

der Reihe nach durch

$$px_1, \; \frac{1}{p}x_2, \; px_3, \; \frac{1}{p}x_4, \ldots px_m; \; x_{m+1}, \ldots x_n$$

ersetzt (und auf $y_1, y_2, \ldots y_n$ die cogrediente Substitution anwendet). Der Modul dieser Transformation ist, weil m ungerade ist, gleich p.

I. *Wenn die Determinante der Schaar $rA-A'$ mit conjugirten Grundformen identisch verschwindet, so kann die Form A durch eine Substitution in sich selbst transformirt werden, deren Determinante einen beliebig vorgeschriebenen von Null verschiedenen Werth hat*)*.

2) Wenn die Determinante der Schaar $rA-A'$ einen Elementartheiler $(r-1)^m$ hat, wo m eine ungerade Zahl ist, so ist A einer zerlegbaren Form A_1+A_2 congruent, wo A_1 nur die Variabeln x_μ, y_μ $(\mu = 1, \ldots m)$ und A_2 nur die Variabeln x_ν, y_ν $(\nu = m+1, \ldots n)$ enthält, und wo die Determinante von $rA_1 - A'_1$ nur den Elementartheiler $(r-1)^m$ hat (*Kr.* §. 3,

---

*) Besteht zwischen den Ableitungen von $rA-A'$ nach $y_1, \ldots y_n$ eine lineare Relation mit constanten (von r unabhängigen) Coefficienten, so kann auch $p=0$ sein, in allen andern Fällen aber muss p nothwendig von Null verschieden sein (Vgl. *Kr.* §. 3, III).

IV, 2). Diese Form geht in sich selbst über, wenn man die Variabeln x_μ durch $-x_\mu$ ersetzt und die Variabeln x_ν ungeändert lässt. Der Modul dieser Transformation ist $(-1)^m = -1$.

II. *Wenn die Determinante der Schaar $rA-A'$ einen für $r=1$ verschwindenden Elementartheiler mit ungeradem Exponenten hat, so lässt die Form A uneigentliche Transformationen in sich selbst zu.*

3) Wenn die Determinante der Schaar $rA-A'$ den Elementartheiler $(r-a)^\alpha$ hat, und a nicht gleich ± 1 ist, so hat sie auch den Elementartheiler $(r-\frac{1}{a})^\alpha$. (Für $a=0$ muss die Determinante von $uA+vA'$, wenn sie den Elementartheiler u^α hat, auch den Elementartheiler v^α besitzen.) Ferner sind die Elementartheiler, welche für $r=-1$ verschwinden und einen ungeraden Exponenten haben, stets paarweise vorhanden. (*Kr.*, §. 3., IV., 3.) Ist daher F eine der elementaren Formen, in welche die Reducirte von A zerlegbar ist, so kann die Anzahl der Variabelnpaare von F nur dann ungerade sein, wenn die Determinante von $rF-F'$ identisch oder für $r=1$ verschwindet.

Ich nehme nun an, dass die Determinante der Schaar $rA-A'$ weder identisch Null ist, noch einen für $r=1$ verschwindenden Elementartheiler mit ungeradem Exponenten hat. Die Anzahl n der Variabelnpaare von A, welche der Summe der Exponenten aller Elementartheiler von $|rA-A'|$ gleich ist, muss dann eine gerade Zahl sein, und wird A irgendwie in eine zerlegbare Form A_1+A_2 transformirt, so muss auch die Anzahl der Variabelnpaare von A_1 gerade sein. Denn die Elementartheiler von $|rA-A'|$ sind die von $|rA_1-A'_1|$ und $|rA_2-A'_2|$ zusammengenommen. (Vgl. *St.* §. 2.)

Sei nun P eine Substitution, welche A in sich selbst transformirt (der Buchstabe P repräsentirt das System der n^2 Substitutionscoefficienten $p_{\alpha\beta}$), und sei die *charakteristische Function* von P (*Fr.*, §. 3, 1) gleich $\varphi(r) = \varphi_1(r)\varphi_2(r)$, wo $\varphi_1(r) = (r+1)^m$ ist und $\varphi_2(r)$ für $r=-1$ nicht verschwindet (m kann auch Null sein). Dann ist P einer zerlegbaren Substitution $P_0 = P_1 + P_2$ ähnlich, wo P_1 und P_2 bezüglich die charakteristischen Functionen $\varphi_1(r)$ und $\varphi_2(r)$ haben. Da die Form A durch die Substitution P in sich selbst übergeht, so giebt es eine mit A congruente Form A_0, welche durch die ähnliche Substitution P_0 in sich selbst transformirt wird (*Fr.*, §. 9, II.). Weil aber die charakteristische Function $\varphi_1(r)$ von P_1 nur für $r=-1$ verschwindet und die von P_2 für den reciproken Werth von -1 nicht Null ist, so muss die Form A_0 in der nämlichen Weise, wie die Substitution P_0 in zwei Theile A_1+A_2 zerfallen, deren erster m Variabelnpaare enthält und durch P_1 in sich selbst transformirt wird, während der andere die übrigen $n-m$ Variabelnpaare enthält und durch P_2 in sich selbst transformirt wird (*Fr.*, §. 9, VI; §. 8, IX.). Nach den obigen Erörterungen muss daher die Anzahl m der Variabelnpaare von A_1 eine gerade sein. Nun ist aber (*Fr.*, §. 9, (3.)), wenn -1 eine m-fache Wurzel der Gleichung $\varphi(r)=0$ ist, die Determinante p von P gleich $(-1)^m$. Folglich muss $p=+1$ sein.

III. *Wenn die Determinante der Schaar $rA-A'$ weder identisch Null ist, noch einen für $r=1$ verschwindenden Elementartheiler mit ungeradem Exponenten hat, so lässt die Form A nur eigentliche Transformationen in sich selbst zu.*

Unter den Voraussetzungen dieses Satzes sei B eine mit A congruente Form. Dann ist die Determinante einer Substitution P, die A in B transformirt,

$$(1.)\qquad p=\sqrt{(|rB-B'|:|rA-A'|)},$$

und zufolge des eben bewiesenen Satzes muss die Quadratwurzel stets denselben Werth haben, welche der unzählig vielen Substitutionen, die A in B verwandeln, auch für P gewählt werden mag. Diesen Werth der Quadratwurzel kann man finden, ohne dass man nöthig hätte, eine der Substitutionen P zu ermitteln. Ich werde nämlich eine von Null verschiedene rationale Function a der Coefficienten $a_{\alpha\beta}$ angeben, welche mit der aus den Coefficienten $b_{\alpha\beta}$ analog gebildeten Function b durch die Relation

$$(2.)\qquad b=ap$$

verbunden ist. Diesen Ausdruck a nenne ich die *schiefe Invariante* der Form A.

Durch analoge Betrachtungen, wie oben über Schaaren bilinearer Formen mit conjugirten Grundformen angestellt worden sind, ergeben sich über Schaaren quadratischer Formen die Sätze:

IV. *Wenn die Determinante einer Schaar quadratischer Formen identisch verschwindet, so kann die Schaar durch eine Substitution in sich selbst transformirt werden, deren Determinante einen beliebig vorgeschriebenen von Null verschiedenen Werth hat.*

Besteht zwischen den Ableitungen der Formenschaar eine lineare Relation mit constanten Coefficienten, so kann der Transformationsmodul auch Null sein, sonst aber muss er von Null verschieden sein.

V. *Wenn die Determinante einer Schaar quadratischer Formen einen Elementartheiler mit ungeradem Exponenten hat, so lässt die Schaar uneigentliche Transformationen in sich selbst zu.*

VI. *Wenn die Determinante einer Schaar quadratischer Formen nicht identisch Null ist, und wenn alle ihre Elementartheiler gerade Exponenten haben, so lässt die Schaar nur eigentliche Transformationen in sich selbst zu.*

§. 2.

Ermittelung der schiefen Invariante einer bilinearen Form in zwei speciellen Fällen.

Eine bilineare Form A, für welche die Determinante der Schaar $rA-A'$ weder identisch Null ist, noch einen für $r=1$ verschwindenden Elementartheiler mit ungeradem Exponenten hat, möge durch eine willkürliche Substitution P von nicht verschwindender Determinante p in die Form B übergehen. Kann man dann aus den Coefficienten von A einen von Null verschiedenen rationalen Ausdruck a bilden, der mit dem aus den Coefficienten von B analog gebildeten Ausdrucke b durch die Gleichung $b^2=a^2p^2$ verbunden ist, so muss nothwendig $b=+ap$ sein. Denn legt man den Veränderlichen $p_{\alpha\beta}$ die Werthe 0 oder 1 bei, je nachdem α von β verschieden oder gleich β ist, so ist $p=1$ und $b_{\alpha\beta}=a_{\alpha\beta}$, also $b=+ap$. Ferner kann die rationale Function $\frac{b}{ap}$ der n^2 Variabeln $p_{\alpha\beta}$, welche nur der Beschränkung unterworfen sind, eine von Null verschiedene Determinante p zu bilden, nach der Voraussetzung nur gleich $+1$ oder -1 sein, und weil sie sich stetig ändert, von dem Anfangswerthe $+1$ niemals zu dem Werthe -1 überspringen. (Vgl. *Stickelberger „Ueber reelle orthogonale Substitutionen*", §. 4; Programm der eidgenössischen polyt. Schule, 1877.)

In dem einfachsten Falle, wo die Determinante von $rA-A'$ für $r=1$ nicht verschwindet, folgt aus der Gleichung (1.) der Einleitung, indem man $r=1$ setzt,

$$|B-B'| = |A-A'|\,p^2.$$

Nun ist aber die von Null verschiedene schiefe Determinante $|A-A'|$ das Quadrat einer ganzen Function a der Coefficienten $a_{\alpha\beta}$, der *Pfaff*schen Function*) der Grössen $a_{\alpha\beta}-a_{\beta\alpha}$, und die Determinante $|B-B'|$ ist das Quadrat der *Pfaff*schen Function b der Grössen $b_{\alpha\beta}-b_{\beta\alpha}$. Der vorausgeschickten Bemerkung zufolge ist daher $b=ap$, also a eine schiefe Invariante der Form A**).

Verschwindet aber die Determinante der Schaar $rA-A'$ für $r=1$, so werde ich zeigen, dass das Anfangsglied der Entwickelung von $|rA-A'|$ nach aufsteigenden Potenzen von $r-1$ das Quadrat einer rationalen, und zwar gebrochenen, Function a der Coefficienten $a_{\alpha\beta}$ ist, oder genauer ausgedrückt, dass sich eine rationale Function der veränderlichen Grössen $a_{\alpha\beta}$ angeben lässt, deren Quadrat gleich jenem Anfangsgliede wird, falls diese Variabeln solchen Beschränkungen unterworfen werden, dass die Determinante von $rA-A'$ weder identisch Null ist, noch einen für $r=1$ verschwindenden Elementartheiler mit ungeradem Exponenten hat.

Um die eigenthümliche Form, in welcher sich die schiefe Invariante a unter der gemachten Voraussetzung darstellt, deutlicher zur Anschauung zu bringen, schicke ich der allgemeinen Untersuchung die Betrachtung des speciellen Falls voraus, wo die für $r=1$ verschwindenden Elementartheiler von $|rA-A'|$ alle denselben (geraden) Exponenten e haben. Sei also diese

---

*) Unter der *Pfaff*schen Function von $\frac{n(n-1)}{2}$ Variabeln $t_{\alpha\beta}=-t_{\beta\alpha}$, $(t_{\alpha\alpha}=0)$, wo n gerade ist, wird hier immer ein bestimmter Werth der Quadratwurzel aus der Determinante $|t_{\alpha\beta}|$ verstanden, nämlich der, in welchem das Glied $t_{12}\,t_{34}\ldots t_{n-1,n}$ den Coefficienten $+1$ hat.

**) Aus den obigen Betrachtungen folgt, dass eine alternirende Form, falls ihre Determinante nicht Null ist, nur eigentliche Transformationen in sich selbst zulässt. Verschwindet aber ihre Determinante, so kann der Modul einer Transformation der Form in sich selbst jeden beliebigen Werth (auch Null) haben. (Vgl. *Fr.* §. 10, IV.)

Determinante genau durch die emte Potenz von $r-1$ theilbar, der grösste gemeinsame Divisor ihrer ersten Unterdeterminanten durch die $e(m-1)$te, der ihrer zweiten Unterdeterminanten durch die $e(m-2)$te, u. s. w., der ihrer $(m-1)$ten Unterdeterminanten durch die $e$te Potenz, während ihre $m$ten Unterdeterminanten nicht mehr alle für $r=1$ verschwinden. Der Rang $n-m$ einer schiefen Determinante $|A-A'|$ ist stets eine gerade Zahl, und unter den von Null verschiedenen Unterdeterminanten $(n-m)$ten Grades befinden sich auch Hauptunterdeterminanten (d. J. Bd. 82, S. 242, IV.). Daraus folgt erstens, dass m gerade ist, weil nach §. 1, 3 n gerade sein muss. Zweitens aber ergiebt sich daraus, dass sich die nm Grössen

$$(1.)\qquad x_1^{(\mu)},\; x_2^{(\mu)}, \dots x_n^{(\mu)} \qquad (\mu=1,2,\dots m)$$

so wählen lassen, dass die (schiefe) Determinante

$$\begin{vmatrix} a_{11}-a_{11} & \cdots & a_{1n}-a_{n1} & x_1^{(1)} & \cdots & x_1^{(m)} \\ \cdot & \cdots & \cdot & \cdot & \cdots & \cdot \\ a_{n1}-a_{1n} & \cdots & a_{nn}-a_{nn} & x_n^{(1)} & \cdots & x_n^{(m)} \\ -x_1^{(1)} & \cdots & -x_n^{(1)} & 0 & \cdots & 0 \\ \cdot & \cdots & \cdot & \cdot & \cdots & \cdot \\ -x_1^{(m)} & \cdots & -x_n^{(m)} & 0 & \cdots & 0 \end{vmatrix} = h_m = a_m^2$$

von Null verschieden ist. Denn wenn z. B. die Hauptunterdeterminante $(n-m)$ten Grades $|a_{m+\varkappa,\,m+\lambda}-a_{m+\lambda,\,m+\varkappa}|$ $(\varkappa,\lambda=1,2,\dots n-m)$ von Null verschieden ist, so braucht man nur $x_1^{(1)}=x_2^{(2)}=\cdots=x_m^{(m)}=1$ und sonst $x_\alpha^{(\mu)}=0$ zu setzen.

Sei nun $ra_{\alpha\beta}-a_{\beta\alpha}=c_{\alpha\beta}$ und

$$\begin{vmatrix} c_{11} & \cdots & c_{1n} & y_1 \\ \cdot & \cdots & \cdot & \cdot \\ c_{n1} & \cdots & c_{nn} & y_n \\ -x_1 & \cdots & -x_n & 0 \end{vmatrix} = W, \qquad \begin{vmatrix} c_{11} & \cdots & c_{1n} & x_1^{(1)} & \cdots & x_1^{(m)} \\ \cdot & \cdots & \cdot & \cdot & \cdots & \cdot \\ c_{n1} & \cdots & c_{nn} & x_n^{(1)} & \cdots & x_n^{(m)} \\ -x_1^{(1)} & \cdots & -x_n^{(1)} & 0 & \cdots & 0 \\ \cdot & \cdots & \cdot & \cdot & \cdots & \cdot \\ -x_1^{(m)} & \cdots & -x_n^{(m)} & 0 & \cdots & 0 \end{vmatrix} = w_m,$$

also $|c_{\alpha\beta}| = w$. Bezeichnet man den Werth, den eine bilineare Form G annimmt, wenn man den Variabeln

$$x_1, \dots x_n; \quad y_1, \dots y_n$$

die Werthe

$$x_1^{(\varkappa)}, \dots x_n^{(\varkappa)}; \quad x_1^{(\lambda)}, \dots x_n^{(\lambda)}$$

beilegt, mit $G_{\varkappa\lambda}$, so ist zufolge einer Identität, die ich §. 3 ableiten werde, die Determinante $m$ten Grades

$$(2.) \qquad |W_{\varkappa\lambda}| = w_m\, w^{m-1}.$$

Beginnen die Entwickelungen von W und w nach aufsteigenden Potenzen von $r-1$ mit

$$W = H\,(r-1)^{e(m-1)} + \cdots, \quad w = h(r-1)^{em} + \cdots,$$

so fängt die Entwickelung der rechten Seite dieser Gleichung mit

$$h_m\, h^{m-1}\,(r-1)^{em(m-1)}$$

an, und durch die Vergleichung der $em(m-1)$ten Potenzen auf beiden Seiten erhält man die Relation

$$(3.) \qquad |H_{\varkappa\lambda}| = h_m\, h^{m-1},$$

aus welcher folgt, dass $|H_{\varkappa\lambda}|$ von Null verschieden ist. Vertauscht man aber in der Determinante W die Variabeln $x_1, \dots x_n$ mit $y_1, \dots y_n$ und r mit $\frac{1}{r}$, so geht sie, wie man durch Umstellung der Zeilen und Colonnen erkennt, in $\frac{W}{(-r)^{n-1}}$ über, und daher ist

$$\frac{W}{(-r)^{n-1}} = H'\left(\frac{1}{r}-1\right)^{e(m-1)} + \cdots,$$

wo H' die conjugirte Form von H ist, oder weil n und e gerade sind,

$$W = -H'\,(r-1)^{e(m-1)}\, r^{n-1-e(m-1)} + \cdots,$$

und wenn man die rechte Seite nach Potenzen von $r-1$ entwickelt,

$$W = -H'\,(r-1)^{e(m-1)} + \cdots.$$

Demnach ist $H' = -H$, oder H eine alternirende Form, also $H_{\varkappa\lambda} = -H_{\lambda\varkappa}$ und $H_{\varkappa\varkappa} = 0$, und folglich ist $|H_{\varkappa\lambda}|$ das Quadrat der *Pfaff*schen Function A_m der Grössen $H_{\varkappa\lambda}$. Aus der Formel (3.) ergiebt sich daher

$$(4.) \qquad a = \sqrt{h} = h^{\frac{1}{2}m}\, \frac{a_m}{A_m}.$$

Da h der Coefficient des Anfangsgliedes von w ist, so ist dieser Gleichung zufolge $\frac{a_m}{A_m} = \sqrt{\frac{h_m}{|H_{\varkappa\lambda}|}}$ von den Variabeln (1.) unabhängig.

Wenn die Form A durch die Substitution P in B übergeht, und wenn die Grössen (1.) durch die contragrediente Substitution transformirt werden, so ist w eine Invariante und $W_{\varkappa\lambda}$ eine zugehörige Form von A, und folglich ist w_m nach Formel (2.) eine zugehörige Form mit mehreren Reihen unabhängiger Variabeln. Da diese Ausdrücke den Parameter r enthalten, so sind auch die Coefficienten ihrer Entwickelungen nach Potenzen von $r-1$ Invarianten und zugehörige Formen. Auf der rechten Seite der Gleichung (4.) ist daher $h^{\frac{1}{2}m}$ eine (ganze) Potenz einer Invariante, und a_m und A_m sind rationale zugehörige Formen, deren Quotient eine Invariante ist. Wenn man daher für die mit A congruente Form B, für welche die Determinante von $rB-B'$ in die nämlichen Elementartheiler zerfällt, wie die von $rA-A'$, die dem Ausdrucke a analoge Function b bildet, so kann man in derselben den Grössen (1.) ganz beliebige Werthe beilegen, für welche die dem Ausdrucke h_m analoge Function von Null verschieden ist, und braucht nicht die Werthe zu nehmen, welche durch die (unbekannte) contragrediente Substitution von P aus den Grössen (1.) hervorgehen. Da w, also auch h bei der Transformation von A in B mit dem Quadrate der Substitutionsdeterminante multiplicirt wird, so ist $b^2 = a^2 p^2$ und folglich

$$(5.) \qquad p = \frac{b}{a}.$$

§. 3.

Sylvester's Determinantensatz.

Wird in der Determinante w der n^2 Grössen $c_{\alpha\beta}$ der Coefficient von $c_{\beta\alpha}$ mit $w_{\alpha\beta}$ bezeichnet, so ergeben sich, indem man die n linearen Gleichungen

$$w_{\alpha 1} y_1 + w_{\alpha 2} y_2 + \cdots + w_{\alpha n} y_n = Y_\alpha$$

auflöst, die Gleichungen

$$c_{\alpha 1}\,Y_1 + c_{\alpha 2}\,Y_2 + \cdots + c_{\alpha n}\,Y_n = w\,y_\alpha.$$

Sind also $z_{\varkappa\lambda}$ $(\varkappa, \lambda = 1, 2, \ldots m)$ willkürliche Grössen und setzt man

$$X_\alpha^{(\varkappa)} = w_{1\alpha}\,x_1^{(\varkappa)} + w_{2\alpha}\,x_2^{(\varkappa)} + \cdots + w_{n\alpha}\,x_n^{(\varkappa)},$$

$$Y_\alpha^{(\varkappa)} = w_{\alpha 1}\,y_1^{(\varkappa)} + w_{\alpha 2}\,y_2^{(\varkappa)} + \cdots + w_{\alpha n}\,y_n^{(\varkappa)},$$

$$W_{\varkappa\lambda} = z_{\varkappa\lambda}\,w - \sum_{\alpha,\beta} w_{\alpha\beta}\,x_\alpha^{(\varkappa)}\,y_\beta^{(\lambda)} = z_{\varkappa\lambda}\,w - \sum_{\alpha,\beta} x_\alpha^{(\varkappa)}\,Y_\beta^{(\lambda)},$$

so erhält man durch Zusammensetzung der beiden Determinanten

$$\begin{vmatrix} c_{11} & \cdots & c_{1n} & y_1^{(1)} & \cdots & y_1^{(m)} \\ \cdot & \cdots & \cdot & \cdot & \cdots & \cdot \\ c_{n1} & \cdots & c_{nn} & y_n^{(1)} & \cdots & y_n^{(m)} \\ x_1^{(1)} & \cdots & x_n^{(1)} & z_{11} & \cdots & z_{1m} \\ \cdot & \cdots & \cdot & \cdot & \cdots & \cdot \\ x_1^{(m)} & \cdots & x_n^{(m)} & z_{m1} & \cdots & z_{mm} \end{vmatrix} = w_m, \qquad \begin{vmatrix} w_{11} & \cdots & w_{1n} & Y_1^{(1)} & \cdots & Y_1^{(m)} \\ \cdot & \cdots & \cdot & \cdot & \cdots & \cdot \\ w_{n1} & \cdots & w_{nn} & Y_n^{(1)} & \cdots & Y_n^{(m)} \\ 0 & \cdots & 0 & -w & \cdots & 0 \\ \cdot & \cdots & \cdot & \cdot & \cdots & \cdot \\ 0 & \cdots & 0 & 0 & \cdots & -w \end{vmatrix} = (-1)^m w^{n-1+m}$$

die Determinante

$$\begin{vmatrix} w & \cdots & 0 & 0 & \cdots & 0 \\ \cdot & \cdots & \cdot & \cdot & \cdots & \cdot \\ 0 & \cdots & w & 0 & \cdots & 0 \\ X_1^{(1)} & \cdots & X_n^{(1)} & -W_{11} & \cdots & -W_{1m} \\ \cdot & \cdots & \cdot & \cdot & \cdots & \cdot \\ X_1^{(m)} & \cdots & X_n^{(m)} & -W_{m1} & \cdots & -W_{mm} \end{vmatrix} = (-1)^m\,w^n\,|W_{\varkappa\lambda}|,$$

und daher ist

$$|W_{\varkappa\lambda}| = w^{m-1}\,w_m.$$

Diese Formel, welche in vielen Untersuchungen über die Beziehungen zwischen Unterdeterminanten die wichtigsten Dienste leistet, ist von Herrn *Sylvester,* Phil. Mag. 1851, April, gefunden worden. (Vgl. auch *Kronecker,* d. J. Bd. 72, S. 152.)

§. 4.

Allgemeine Darstellung der schiefen Invariante einer bilinearen Form.

Wenn die Determinante der Schaar $rA - A'$ nicht identisch verschwindet, und wenn der Factor $r-1$ in derselben genau in der $l$ten Potenz enthalten ist, in dem grössten gemeinsamen Divisor ihrer ersten, zweiten, ... $(m-1)$ten Unterdeterminanten bezüglich genau in der $l_1$ten, $l_2$ten, ... l_{m-1}ten Potenz, während ihre $m$ten Unterdeterminanten nicht alle für $r=1$ verschwinden, so setze ich voraus, dass die Zahlen

$$l - l_1 = e_1, \quad l_1 - l_2 = e_2, \dots \quad l_{m-1} = e_m$$

gerade sind, oder was auf dasselbe hinauskommt, dass die Zahlen l_μ sämmtlich gerade sind. Da die Elementartheiler von $|rA - A'|$, welche für $r=1$ verschwinden und einen geraden Exponenten haben, paarweise vorhanden sind (*Kr.*, §. 3, IV, 2), so ist

$$e_1 = e_2 \geqq e_3 = e_4 \geqq e_5 \dots \geqq e_{m-1} = e_m,$$

also m eine gerade Zahl.

Sei nun $ra_{\alpha\beta} - a_{\beta\alpha} = c_{\alpha\beta}$, und sei

$$\begin{vmatrix} c_{11} & \cdots & c_{1n} & x_1^{(1)} & \cdots & x_1^{(\mu)} & y_1 \\ \cdot & \cdots & \cdot & \cdot & \cdots & \cdot & \cdot \\ c_{n1} & \cdots & c_{nn} & x_n^{(1)} & \cdots & x_n^{(\mu)} & y_n \\ -x_1^{(1)} & \cdots & -x_n^{(1)} & 0 & \cdots & 0 & 0 \\ \cdot & \cdots & \cdot & \cdot & \cdots & \cdot & \cdot \\ -x_1^{(\mu)} & \cdots & -x_n^{(\mu)} & 0 & \cdots & 0 & 0 \\ -x_1 & \cdots & -x_n & 0 & \cdots & 0 & 0 \end{vmatrix} = W^{(\mu)}, \quad \begin{vmatrix} c_{11} & \cdots & c_{1n} & x_1^{(1)} & \cdots & x_1^{(\mu)} \\ \cdot & \cdots & \cdot & \cdot & \cdots & \cdot \\ c_{n1} & \cdots & c_{nn} & x_n^{(1)} & \cdots & x_n^{(\mu)} \\ -x_1^{(1)} & \cdots & -x_n^{(1)} & 0 & \cdots & 0 \\ \cdot & \cdots & \cdot & \cdot & \cdots & \cdot \\ -x_1^{(\mu)} & \cdots & -x_n^{(\mu)} & 0 & \cdots & 0 \end{vmatrix} = w_\mu,$$

und seien $H^{(\mu)}$ und h_μ die Coefficienten der Anfangsglieder in den Entwickelungen von $W^{(\mu)}$ und w_μ nach aufsteigenden Potenzen von $r-1$. Endlich möge der Werth, den eine bilineare Form G annimmt, wenn man den Variabeln

$$x_1, \dots x_n; \quad y_1, \dots y_n$$

die Werthe

$$x_1^{(\varkappa)}, \dots x_n^{(\varkappa)}; \quad x_1^{(\lambda)}, \dots x_n^{(\lambda)}$$

beilegt, mit $G_{\varkappa\lambda}$ bezeichnet werden.

Nun ergiebt sich, wie in §. 2, dass der Coefficient H des Anfangsgliedes der Entwickelung von W nach aufsteigenden Potenzen von $r-1$ eine alternirende Form ist, dass also $H_{12} = -H_{21}$ und $H_{11} = H_{22} = 0$ ist. Wählt man ferner, was immer möglich ist, die Grössen

$$x_1^{(1)}, \dots x_n^{(1)};\quad x_1^{(2)}, \dots x_n^{(2)}$$

so, dass die Determinante

$$\begin{vmatrix} c_{11} & \dots & c_{1n} & x_1^{(2)} \\ \cdot & \dots & \cdot & \cdot \\ c_{n1} & \dots & c_{nn} & x_n^{(2)} \\ -x_1^{(1)} & \dots & -x_n^{(1)} & 0 \end{vmatrix} = W_{12}$$

nicht durch eine höhere Potenz von $r-1$ als die $l_1$te theilbar ist, so ist H_{12} von Null verschieden. Wenn man daher in der bekannten Relation

$$(1.)\qquad W_{11}\, W_{22} - W_{12}\, W_{21} = w\, w_2$$

die linke Seite nach aufsteigenden Potenzen von $r-1$ entwickelt, so ist

$$(H_{11}\, H_{22} - H_{12}\, H_{21})\,(r-1)^{2l_1} = (H_{12})^2 (r-1)^{2l_1}$$

das wirkliche (von Null verschiedene) Anfangsglied. Da w genau durch die $l$te Potenz von $r-1$ theilbar ist, so ist der Exponent der Potenz von $r-1$, durch welche w_2 theilbar ist, der Gleichung (1.) zufolge genau gleich $2\,l_1 - l$, oder weil $l - l_1 = l_1 - l_2$ ist, gleich l_2, und aus der Formel

$$(H_{12})^2 = h\, h_2\,,$$

die sich durch Coefficientenvergleichung aus (1.) ergiebt, folgt, dass h ein Quadrat ist, falls h_2 ein solches ist.

Auf h_2 lassen sich nun die nämlichen Schlüsse anwenden, wie auf h. Die Grössen

$$x_1^{(3)}, \dots x_n^{(3)};\quad x_1^{(4)}, \dots x_n^{(4)}$$

können so gewählt werden, dass die Determinante

$$-\begin{vmatrix} c_{11} & \dots & c_{1n} & x_1^{(2)} & x_1^{(1)} & x_1^{(4)} \\ \cdot & \dots & \cdot & \cdot & \cdot & \cdot \\ c_{n1} & \dots & c_{nn} & x_n^{(2)} & x_n^{(1)} & x_n^{(4)} \\ -x_1^{(1)} & \dots & -x_n^{(1)} & 0 & 0 & 0 \\ -x_1^{(2)} & \dots & -x_n^{(2)} & 0 & 0 & 0 \\ -x_1^{(3)} & \dots & -x_n^{(3)} & 0 & 0 & 0 \end{vmatrix} = W_{34}^{(2)}$$

nicht durch eine höhere Potenz von $r-1$ als die $l_3$te theilbar ist. Denn unterdrückt man die beiden letzten Zeilen und Colonnen, so erhält man eine Determinante W_{12}, die den Factor $r-1$ genau in der $l_1$ten Potenz enthält; lässt man aber nur die letzte Zeile und Colonne weg, so ist die erhaltene Unterdeterminante, w_2, wie oben gezeigt, genau durch die $l_2$te Potenz von $r-1$ theilbar. Folglich ergiebt sich die Behauptung aus dem Satze *St.*, §. 2, III. Alle weiteren Schlüsse bleiben dieselben und mithin ist

$$\left(H_{34}^{(2)}\right)^2 = h_2\, h_4\,,$$

also h_4 ein Quadrat, falls h_2 es ist. Ebenso ist

$$\left(H_{56}^{(4)}\right)^2 = h_4\, h_6\,, \ldots \left(H_{m-1,m}^{(m-2)}\right)^2 = h_{m-2}\, h_m\,.$$

Da w_m für $r=1$ nicht verschwindet, so wird h_m durch die nämliche Determinante, wie in §. 2 dargestellt, ist also das Quadrat einer *Pfaff*schen Function. Daher ist h das Quadrat eines aus rationalen Contravarianten rational zusammengesetzten Ausdrucks a, welcher von den Variabeln $x_\alpha^{(\mu)}$ unabhängig, also eine Invariante ist, weil h der Coefficient des Anfangsgliedes in der Entwicklung von w nach Potenzen von $r-1$ ist.

Aehnlich wie in §. 2 lässt sich auch hier die Berechnung der schiefen Invariante a dadurch vereinfachen, dass man nicht von h zu h_2, von da zu h_4 u. s. w. übergeht, sondern, falls

$$e_1 = e_2 = \cdots = e_\alpha > e_{\alpha+1} = e_{\alpha+2} = \cdots = e_\beta > e_{\beta+1} = \cdots$$

ist, gleich von h zu h_α, von da zu h_β u. s. w. Indem wir somit die Existenz einer schiefen Invariante unter den gemachten Voraussetzungen allgemein dargethan haben, sind wir zugleich zu einem neuen Beweise für den Satz III. §. 1 gelangt. Das erhaltene Resultat kann als eine Verallgemeinerung des *Cayley*schen Satzes, dass jede schiefe Determinante von paarem Grade das Quadrat einer rationalen Function ihrer Elemente ist, aufgefasst und in einer etwas veränderten Form folgendermassen ausgesprochen werden:

Ist $s_{\alpha\beta} = s_{\beta\alpha}$, $t_{\alpha\beta} = -t_{\beta\alpha}$, $t_{\alpha\alpha} = 0$, ist die Determinante $|r\ s_{\alpha\beta} + t_{\alpha\beta}|$ nicht identisch Null, und haben ihre für $r=0$ verschwindenden Elementartheiler alle einen geraden Exponenten, so ist in der Entwicklung dieser Determinante nach aufsteigenden Potenzen von r der Coefficient des Anfangsgliedes das Quadrat einer rationalen Function der Grössen $s_{\alpha\beta}$ und $t_{\alpha\beta}$.

Ist speciell $s_{\alpha\beta}=0$, falls α von β verschieden ist, und $s_{\alpha\alpha}$ für einige Werthe von α gleich 1, für andere 0, so ist jenes Anfangsglied eine Summe von Hauptunterdeterminanten paaren Grades des Systems $t_{\alpha\beta}$, also eine Summe von Quadraten ganzer Functionen, und diese Summe von Quadraten lässt sich unter den obigen Voraussetzungen als das Quadrat einer einzigen gebrochenen rationalen Function der Grössen $t_{\alpha\beta}$ darstellen.

§. 5.

Ueber die zerlegbare Contravariante $n$ten Grades einer Schaar bilinearer Formen von $2n$ Variabeln.

Die schiefe Invariante einer Schaar quadratischer Formen, deren Determinante nicht identisch verschwindet und lauter Elementartheiler mit geraden Exponenten hat, ergiebt sich aus einer Formel der Lehre von der Composition der in lineare Factoren zerlegbaren Formen $n$ten Grades von n Variabeln. Diese Formel will ich ganz allgemein für eine Schaar von bilinearen Formen

$$C = rA - B = \Sigma\, c_{\alpha\beta}\, x_\alpha\, y_\beta = \Sigma\, (r a_{\alpha\beta} - b_{\alpha\beta})\, x_\alpha\, y_\beta$$

entwickeln, über welche ich nur die Voraussetzung mache, dass die Determinante a der Form A von Null verschieden ist. Ich setze

$$W_\nu = \begin{vmatrix} c_{11} & \dots & c_{1n} & y_1^{(1)} \dots y_1^{(\nu)} & y_1 \\ \cdot & \cdot & \cdot & \cdot & \cdot \\ c_{n1} & \dots & c_{nn} & y_n^{(1)} \dots y_n^{(\nu)} & y_n \\ x_1^{(1)} & \dots & x_n^{(1)} & 0 \dots 0 & 0 \\ \cdot & \cdot & \cdot & \cdot & \cdot \\ x_1^{(\nu)} & \dots & x_n^{(\nu)} & 0 \dots 0 & 0 \\ x_1 & \dots & x_n & 0 \dots 0 & 0 \end{vmatrix}, \quad w_\nu = \begin{vmatrix} c_{11} & \dots & c_{1n} & y_1^{(1)} \dots y_1^{(\nu)} \\ \cdot & \cdot & \cdot & \cdot \\ c_{n1} & \dots & c_{nn} & y_n^{(1)} \dots y_n^{(\nu)} \\ x_1^{(1)} & \dots & x_n^{(1)} & 0 \dots 0 \\ \cdot & \cdot & \cdot & \cdot \\ x_1^{(\nu)} & \dots & x_n^{(\nu)} & 0 \dots 0 \end{vmatrix},$$

wo die Grössen $x_\alpha^{(\varrho)}$, $y_\alpha^{(\varrho)}$ $(\alpha = 1, \dots n;\ \varrho = 1, \dots \nu)$ so gewählt seien, dass w_ν genau durch die $l_\nu$te Potenz von $r-c$ theilbar ist, falls $r-c$ ein $l_\nu$facher Lineartheiler aller νten Unterdeterminanten von w ist. (*St.* §. 2.)

Ist $l_{\nu-1} - l_\nu = e_\nu$ und folglich $l = e_1 + e_2 + \cdots$, so sei, nach aufsteigenden Potenzen von $r-c$ entwickelt,

$$\frac{W}{w} = \frac{Z_1}{(r-c)^{e_1}} + \frac{Z_2}{(r-c)^{e_1-1}} + \cdots + \frac{Z_{e_1}}{r-c} + T_0 + T_1(r-c) + \cdots,$$

$$\frac{W_1}{w_1} = \frac{Z_{e_1+1}}{(r-c)^{e_2}} + \frac{Z_{e_1+2}}{(r-c)^{e_2-1}} + \cdots + \frac{Z_{e_1+e_2}}{r-c} + \cdots,$$

. . . .

seien also $Z_1, Z_2, \ldots Z_l$ (und zwar in irgend einer Reihenfolge) die Coefficienten aller negativen Potenzen in den Entwicklungen der Quotienten $\frac{W_\nu}{w_\nu}$ $(\nu = 1, 2, \ldots)$ nach aufsteigenden Potenzen von $r-c$. Ferner sei H_ν der Coefficient des Anfangsgliedes, also der $-e_\nu$ten Potenz von $r-c$, in der Entwicklung der Differenz $\frac{W_\nu}{w_\nu} - \frac{W_{\nu-1}}{w_{\nu-1}}$.

Ist ferner c' eine von c verschiedene l'fache Wurzel der Gleichung $w = 0$, so mögen die (den Grössen $x_\alpha^{(\nu)}$, $y_\alpha^{(\nu)}$ analogen) Grössen $x_\alpha^{(\nu)\prime}$, $y_\alpha^{(\nu)\prime}$ so gewählt werden, dass die (der Determinante w_ν entsprechende) Determinante w'_ν nicht durch eine höhere Potenz von $r-c'$ theilbar ist, als alle νten Unterdeterminanten von w, und es mögen die Coefficienten der negativen Potenzen von $r-c'$ in den Entwicklungen der Ausdrücke $\frac{W'_\nu}{w'_\nu}$ mit $Z_{l+1}, Z_{l+2}, \ldots Z_{l+l'}$ bezeichnet werden, und die Coefficienten der Anfangsglieder der Differenzen $\frac{W'_\nu}{w'_\nu} - \frac{W'_{\nu-1}}{w'_{\nu-1}}$ mit H'_ν, u. s. w. Auf diese Weise erhält man $l + l' + l'' + \cdots = n$ bilineare Formen $Z_1, Z_2, \ldots Z_n$ der Variabeln x_α, y_α, die Coefficienten der negativen Potenzen von $r-c$, $r-c'$, $r-c''$, ... in den Entwicklungen der Formen

$$\frac{W_\nu}{w_\nu}, \frac{W'_\nu}{w'_\nu}, \frac{W''_\nu}{w''_\nu}, \ldots \qquad (\nu = 1, 2, \ldots)$$

nach aufsteigenden Potenzen, und ferner ein System von Formen $H_1, H_2, \ldots$, $H'_1, H'_2, \ldots$, deren jede einem der Elementartheiler $(r-c)^{e_1}$, $(r-c)^{e_2}, \ldots$ $(r-c')^{e'_1}$, $(r-c')^{e'_2}, \ldots$ der Determinante w zugeordnet ist.

Zwischen diesen Formen werde ich die Beziehung herleiten

$$(1.)\qquad a\left|\frac{\partial Z_\alpha}{\partial y_\beta}\right|\;\left|\frac{\partial Z_\alpha}{\partial x_\beta}\right| = (-1)^{\Sigma\frac{1}{2}e(e-1)}\,\Pi(H^e),$$

wo in dem Producte jede Form H den nämlichen Exponenten e hat, wie der entsprechende Elementartheiler von w. (Vgl. *Hermite,* d. J. Bd. 47, S. 314 und *Hesse,* d. J. Bd. 57, S. 178.) Ich bemerke, dass die linke Seite dieser Formel ungeändert bleibt, wenn die Formen $Z_1, Z_2, \dots Z_n$ unter einander vertauscht werden, oder wenn einer derselben das entgegengesetzte Zeichen ertheilt wird, oder allgemeiner, wenn Z_α durch $k_{\alpha 1} Z_1 + \cdots + k_{\alpha n} Z_n$ ersetzt wird und die Determinante der constanten Grössen $k_{\alpha\beta}$ gleich ± 1 ist.

§. 6.

Ueber einen speciellen Fall des aufgestellten Satzes.

Dem allgemeinen Beweise der Formel (1.), §. 5 schicke ich die Betrachtung des speciellen Falles voraus, wo die ersten Unterdeterminanten von w keinen Divisor gemeinsam haben, also w_1 für $r = c, c', \dots$ nicht verschwindet. Dabei werde ich zur Abkürzung der Darstellung die symbolische Bezeichnung anwenden, welche ich in der oben citirten Abhandlung (*Fr.*) auseinandergesetzt habe.

Aus der Identität

$$(rA-B)\left((rA-B)^{-1}-(sA-B)^{-1}\right)(sA-B) = (sA-B)-(rA-B) = (s-r)A$$

(in welcher die Producte und Potenzen die *Fr.* §. 1 und 2 definirte Bedeutung haben) ergiebt sich

$$(1.)\qquad -\frac{(rA-B)^{-1}-(sA-B)^{-1}}{r-s} = (rA-B)^{-1}A(sA-B)^{-1}.$$

Sind $c, c', \dots$ die verschiedenen Wurzeln der Gleichung $w=0$, ist $w = a(r-c)^e(r-c')^{e'}\dots$, und ist, in Partialbrüche zerlegt,

$$-\frac{W}{w} = (rA-B)^{-1} = \frac{Z_1}{(r-c)^e}+\frac{Z_2}{(r-c)^{e-1}}+\cdots+\frac{Z_e}{r-c}$$
$$+\frac{Z_{e+1}}{(r-c')^{e'}}+\frac{Z_{e+2}}{(r-c')^{e'-1}}+\cdots+\frac{Z_{e+e'}}{r-c'}+\cdots,$$

so erhält man, indem man den Zähler der linken Seite der Formel (1.) nach aufsteigenden Potenzen von $r-c$ und $s-c'$ entwickelt,

$$-\frac{1}{(r-c)-(s-c')+(c-c')}\left(\frac{Z_1}{(r-c)^e}+\cdots+\frac{Z_e}{r-c}+\cdots-\frac{Z_{e+1}}{(s-c')^{e'}}-\cdots\frac{Z_{e+e'}}{s-c'}-\cdots\right).$$

Da in der Entwicklung des ersten Factors nur positive Potenzen von $r-c$ und $s-c'$ vorkommen, so findet sich in der Entwicklung der linken Seite der Formel (1.) keine negative Potenz von $r-c$ mit einer negativen Potenz von $s-c'$ multiplicirt. Da aber in der Entwicklung der rechten Seite dieser Formel

$$\left(\frac{Z_1}{(r-c)^e}+\cdots+\frac{Z_e}{r-c}+\cdots\right)A\left(\frac{Z_{e+1}}{(s-c')^{e'}}+\cdots+\frac{Z_{e+e'}}{s-c'}+\cdots\right)$$

derartige Glieder auftreten, so müssen ihre Coefficienten verschwinden, es muss also

$$(2.)\qquad (Z_\alpha\, A\, Z_{e+\beta})=0$$

sein (wo durch die Klammer der symbolische Charakter des Productes angedeutet werden soll).

Entwickelt man ferner die linke Seite der Formel (1.) nach aufsteigenden Potenzen von $r-c$ und $s-c$, so erhält man

$$\frac{1}{(r-c)(s-c)}\,\frac{1}{(r-c)^{-1}-(s-c)^{-1}}\Big[Z_1\big((r-c)^{-e}-(s-c)^{-e}\big)+\cdots$$

$$+Z_e\big((r-c)^{-1}-(s-c)^{-1}\big)\Big]-\frac{1}{(r-c)-(s-c)}\Big[T_0-T_0+T_1\big((r-c)-(s-c)\big)$$

$$+T_2\big((r-c)^2-(s-c)^2\big)+\cdots\Big]=$$

$$\frac{1}{(r-c)(s-c)}\Big[Z_1\big((r-c)^{-e+1}+(r-c)^{-e+2}(s-c)^{-1}+\cdots+(s-c)^{-e+1}\big)$$

$$+\cdots+Z_e\Big]-T_1-T_2\big((r-c)+(s-c)\big)-\cdots.$$

Hier kommen keine Glieder vor, welche $r-c$ und $s-c$ in einer niedrigeren als der $-(e+1)$ten Dimension enthalten, und die Glieder gleicher Dimension haben alle denselben Coefficienten. Vergleicht man damit die Entwicklung der rechten Seite der Formel (1.), so erkennt man, dass

$$(3.)\qquad (Z_\alpha\, A\, Z_\beta)=0$$

ist, falls $\alpha+\beta<e+1$ ist, dass aber

$$(4.)\qquad (\boldsymbol{Z}_1 A \boldsymbol{Z}_e) = (\boldsymbol{Z}_2 A \boldsymbol{Z}_{e-1}) = \cdots = (\boldsymbol{Z}_e A \boldsymbol{Z}_1) = \boldsymbol{Z}_1 = \boldsymbol{H}$$

ist. Zufolge der Formeln (2.) zerfällt die Determinante $n$ten Grades

$$|(\boldsymbol{Z}_\alpha A \boldsymbol{Z}_\beta)| \qquad (\alpha, \beta = 1, 2, \ldots n)$$

in das Product mehrerer Determinanten von den Graden $e, e', \cdots$. In der ersten derselben vom Grade e sind wegen der Formel (4.) alle Elemente der Nebendiagonale gleich $\boldsymbol{H}$, und wegen (3.) alle Elemente links von dieser Diagonale gleich Null. Daher ist sie gleich $(-1)^{\frac{1}{2}e(e-1)}\, \boldsymbol{H}^e$ (wo die Potenz nicht symbolisch gemeint ist), und folglich ist die betrachtete Determinante $n$ten Grades gleich

$$(-1)^{\Sigma \frac{1}{2} e(e-1)}\, \Pi\, \boldsymbol{H}^e .$$

Weil aber

$$(\boldsymbol{Z}_\alpha A \boldsymbol{Z}_\beta) = \sum_\varkappa \frac{\partial \boldsymbol{Z}_\alpha}{\partial y_\varkappa} \frac{\partial (A \boldsymbol{Z}_\beta)}{\partial x_\varkappa}$$

ist, so ist

$$|(\boldsymbol{Z}_\alpha A \boldsymbol{Z}_\beta)| = \left|\frac{\partial \boldsymbol{Z}_\alpha}{\partial y_\beta}\right| \left|\frac{\partial (A \boldsymbol{Z}_\alpha)}{\partial x_\beta}\right|,$$

und weil

$$(A\boldsymbol{Z}_\alpha) = \sum_\varkappa \frac{\partial A}{\partial y_\varkappa} \frac{\partial \boldsymbol{Z}_\alpha}{\partial x_\varkappa}, \qquad \frac{\partial (A\boldsymbol{Z}_\alpha)}{\partial x_\beta} = \sum_\varkappa a_{\beta\varkappa} \frac{\partial \boldsymbol{Z}_\alpha}{\partial x_\varkappa}$$

ist, so ist

$$\left|\frac{\partial (A\boldsymbol{Z}_\alpha)}{\partial x_\beta}\right| = a \left|\frac{\partial \boldsymbol{Z}_\alpha}{\partial x_\beta}\right|.$$

Damit ist die Formel (1.) §. 5 für den betrachteten speciellen Fall bewiesen.

§. 7.

Beweis des Satzes §. 5.

Bei dem allgemeinen Beweise der Formel (1.) §. 5 will ich die Formen $\boldsymbol{Z}_1, \boldsymbol{Z}_2, \ldots \boldsymbol{Z}_n$ etwas anders wie dort definiren, nämlich durch die Entwicklungen

$$\frac{W_1}{w_1} - \frac{W}{w} = \frac{Z_1}{(r-c)^{e_1}} + \cdots + \frac{Z_{e_1}}{r-c} + \cdots,$$

$$\frac{W_2}{w_2} - \frac{W_1}{w_1} = \frac{Z_{e_1+1}}{(r-c)^{e_2}} + \cdots + \frac{Z_{e_1+e_2}}{r-c} + \cdots, \text{ u. s. w.}$$

Die Abänderung kommt, wie leicht zu sehen, auf eine der am Ende des §. 5 erwähnten Umformungen der linken Seite jener Formel hinaus.

Ist U_ν die lineare Form der Variabeln $x_1, \ldots x_n$, welche man aus $W_{\nu-1}$ erhält, indem man $y_\alpha = y_\alpha^{(\nu)}$ setzt, und V_ν die lineare Form von $y_1, \ldots y_n$, welche man aus $W_{\nu-1}$ erhält, indem man $x_\alpha = x_\alpha^{(\nu)}$ setzt, so ist (*St.* §. 1. (1.))

$$W_\nu w_{\nu-1} = W_{\nu-1} w_\nu - U_\nu V_\nu,$$

also

$$\frac{W_1}{w_1} - \frac{W}{w} = -\frac{U_1 V_1}{w\, w_1}.$$

Sei

$$-w w_1 = (r-c)^{l+l_1} p_1 q_1,$$

wo p_1 und q_1 ganze Functionen von r oder nach ganzen positiven Potenzen von $r-c$ fortschreitende Reihen sind, und sei

$$\frac{U_1}{p_1} = (r-c)^{l_1} (X_1 + X_2 (r-c) + \cdots + X_{l_1} (r-c)^{l_1} + \cdots)$$

$$\frac{V_1}{q_1} = (r-c)^{l_1} (Y_1 + Y_2 (r-c) + \cdots + Y_{l_1} (r-c)^{l_1} + \cdots),$$

wo X_α eine lineare Function von $x_1, \ldots x_n$ und Y_α eine lineare Function von $y_1, \ldots y_n$ ist. Dann ist

$$-\frac{U_1 V_1}{w\, w_1} = \frac{1}{(r-c)^{e_1}} (X_1 + X_2(r-c) + \cdots)(Y_1 + Y_2(r-c) + \cdots) = \frac{Z_1}{(r-c)^{e_1}} + \frac{Z_2}{(r-c)^{e_1-1}} + \cdots,$$

also

$$Z_1 = X_1 Y_1 = H_1, \qquad Z_\alpha = X_1 Y_\alpha + X_2 Y_{\alpha-1} + \cdots + X_\alpha Y_1.$$

Die Coefficienten $Z_1, Z_2, \ldots Z_n$ aller negativen Potenzen von $r-c$, $r-c', \ldots$ in den Entwicklungen der Ausdrücke

$$(1.) \qquad \frac{W_\nu}{w_\nu} - \frac{W_{\nu-1}}{w_{\nu-1}}, \quad \frac{W'_\nu}{w'_\nu} - \frac{W'_{\nu-1}}{w'_{\nu-1}}, \ldots$$

lassen sich also durch n lineare Verbindungen X_α der Variabeln x_α und durch n Verbindungen Y_α der Variabeln y_α darstellen, und es ist (*St.* §. 1) gezeigt worden, dass sowohl $X_1, \ldots X_n$ als auch $Y_1, \ldots Y_n$ unter einander unabhängige Linearformen sind*).

Addirt man alle negativen Potenzen in den sämmtlichen Entwicklungen der Ausdrücke (1.), so erhält man die Partialbruchzerlegung von

$$\left(\frac{W_1}{w_1} - \frac{W}{w}\right) + \left(\frac{W_2}{w_2} - \frac{W_1}{w_1}\right) + \cdots = -\frac{W}{w} = (rA-B)^{-1}.$$

Entwickelt man daher diese Partialbrüche einzeln nach absteigenden Potenzen von r, so setzt sich der Coefficient G von r^{-1} aus den Coefficienten von $(r-c)^{-1}$, $(r-c')^{-1}, \ldots$ in jenen verschiedenen Entwicklungen zusammen, ist also gleich

$$G = \Sigma(X_1 Y_e + X_2 Y_{e-1} + \cdots + X_e Y_1).$$

In der oben benutzten symbolischen Bezeichnung kann man die soeben ausgeführte Umformung folgendermassen ausdrücken: Sei P die Substitution, welche die Variabeln X_α in x_α überführt, und Q die Substitution, welche Y_α in y_α überführt. Dann ist**)

$$(PZ_1 Q) = x_1 y_1, \quad (PZ_\alpha Q) = x_1 y_\alpha + x_2 y_{\alpha-1} + \cdots + x_\alpha y_1,$$
$$(PZ_{e_1+1} Q) = x_{e_1+1}\, y_{e_1+1}, \ldots,$$

endlich ist der Coefficient von r^{-1} in der Entwicklung von $P(rA-B)^{-1}Q$ nach absteigenden Potenzen von r gleich

$$(PGQ) = \Sigma(x_1 y_e + x_2 y_{e-1} + \cdots + x_e y_1).$$

---

*) An der Schwierigkeit, die Unabhängigkeit dieser Linearformen direct zu beweisen, liegt es, dass der allgemeine Beweis der Formel (1.) §. 5 so viel umständlicher ist, als der des §. 6 entwickelten speciellen Falles derselben.

**) Wenn eine bilineare Form $A = \Sigma\, a_{\alpha\beta}\, x_\alpha\, y_\beta$ durch lineare Substitutionen $x_\alpha = p_{1\alpha} x'_1 + \cdots + p_{n\alpha} x'_n$, $y_\beta = q_{\beta 1} y'_1 + \cdots + q_{\beta n} y'_n$ in $B = \Sigma\, b_{\alpha\beta}\, x'_\alpha\, y'_\beta$ übergeht, so ist $b_{\alpha\beta} = \sum_{\varkappa,\lambda} p_{\alpha\varkappa}\, a_{\varkappa\lambda}\, q_{\lambda\beta}$, also entsteht das System der Grössen $b_{\alpha\beta}$ durch Zusammensetzung der drei Systeme $p_{\alpha\beta}$, $a_{\alpha\beta}$, $q_{\alpha\beta}$. [*Weierstrass*, Berl. Mon. 1868, §. 1, (9.)—(12.)] Bezeichnet man also die Systeme der Grössen $a_{\alpha\beta}$, $b_{\alpha\beta}$, $p_{\alpha\beta}$, $q_{\alpha\beta}$ mit den Buchstaben A, B, P, Q, so ist $B = (PAQ)$. Dieselbe Gleichung gilt, wenn diese Buchstaben die bilinearen Formen $\Sigma\, a_{\alpha\beta}\, x_\alpha\, y_\beta$, $\Sigma\, b_{\alpha\beta}\, x_\alpha\, y_\beta$, $\Sigma\, p_{\alpha\beta}\, x_\alpha\, y_\beta$, $\Sigma\, q_{\alpha\beta}\, x_\alpha\, y_\beta$ bedeuten. Denn der Algorithmus der Zusammensetzung von bilinearen Formen, der oben benutzt ist, ist mit dem der Zusammensetzung von linearen Substitutionen identisch.

Setzt man beide Seiten der Gleichung

$$(rA-B)^{-1} = \frac{G}{r} + \frac{G_1}{r^2} + \cdots$$

mit $rA-B$ zusammen, so erhält man (*Fr.* §. 3)

$$E = (rA-B)\left(\frac{G}{r} + \frac{G_1}{r^2} + \cdots\right)$$

und daraus durch Vergleichung der constanten Glieder

$$E = (AG), \quad G = A^{-1},$$

also

$$(PA^{-1}Q) = \Sigma(x_1 y_e + x_2 y_{e-1} + \cdots + x_e y_1).$$

Folglich sind auch die reciproken Formen*)

$$(Q^{-1}AP^{-1}) = \Sigma(x_1 y_e + x_2 y_{e-1} + \cdots + x_e y_1)$$

einander gleich. Da das (symbolische) Product zweier Formen, welche kein Variabelnpaar gemeinsam haben, gleich Null ist, so ist, falls $\varrho \leqq e$ ist,

$$(x_1 y_\varrho + \cdots + x_\varrho y_1)\,\Sigma(x_1 y_e + \cdots + x_e y_1) = (x_1 y_\varrho + \cdots + x_\varrho y_1)(x_1 y_e + \cdots + x_e y_1)$$
$$= x_\varrho y_e + x_{\varrho-1} y_{e-1} + \cdots + x_1 y_{e-\varrho+1}.$$

Wenn nun Z_α und Z_β nicht in derselben Reihenentwicklung als Coefficienten vorkommen, so haben die Formen

$$(PZ_\alpha Q) = x_1 y_\varrho + \cdots + x_\varrho y_1, \quad (PZ_\beta Q) = x_{\varkappa+1} y_{\varkappa+\sigma} + \cdots + x_{\varkappa+\sigma} y_{\varkappa+1}$$

kein Variabelnpaar gemeinsam und folglich ist

$$(PZ_\alpha AZ_\beta Q) = (PZ_\alpha Q)(Q^{-1}AP^{-1})(PZ_\beta Q) =$$

$$(x_1 y_\varrho + \cdots + x_\varrho y_1)(\Sigma(x_1 y_e + \cdots + x_e y_1))(x_{\varkappa+1} y_{\varkappa+\sigma} + \cdots + x_{\varkappa+\sigma} y_{\varkappa+1}) =$$

$$(x_\varrho y_e + x_{\varrho-1} y_{e-1} + \cdots + x_1 y_{e-\varrho+1})(x_{\varkappa+1} y_{\varkappa+\sigma} + \cdots + x_{\varkappa+\sigma} y_{\varkappa+1}) = 0,$$

---

*) Die reciproke Form der zerlegbaren Form $\Sigma(x_1 y_e + \cdots + x_e y_1)$ ist gleich der Summe der reciproken Formen der einzelnen Theile (*Fr.* §. 5). Ist ferner

$$F = x_1 y_n + x_2 y_{n-1} + \cdots + x_n y_1,$$

so ist

$$F^2 = \Sigma \frac{\partial F}{\partial y_\varkappa} \frac{\partial F}{\partial x_\varkappa} = x_1 y_1 + \cdots + x_n y_n = E$$

und folglich $F = F^{-1}$.

also da die Determinanten von P und Q nicht verschwinden (*Fr.* §. 2, I.):

$$(Z_\alpha A Z_\beta) = 0.$$

Wenn aber Z_α und Z_β in derselben Entwicklung als Coefficienten vorkommen, so ist

$$(P Z_\alpha Q) = x_1 y_\alpha + \cdots + x_\alpha y_1, \quad (P Z_\beta Q) = x_1 y_\beta + \cdots + x_\beta y_1$$

und folglich

$$(P Z_\alpha A Z_\beta Q) = (P Z_\alpha Q)\,(Q^{-1} A P^{-1})'\,(P Z_\beta Q) =$$

$$(x_1 y_\alpha + \cdots + x_\alpha y_1)\,(\Sigma\,(x_1 y_e + \cdots + x_e y_1))\,(x_1 y_\beta + \cdots + x_\beta y_1) =$$

$$(x_\alpha y_e + x_{\alpha-1} y_{e-1} + \cdots + x_1 y_{e-\alpha+1})\,(x_1 y_\beta + \cdots + x_\beta y_1).$$

Ist $e-\alpha+1 > \beta$, oder $\alpha+\beta < e+1$, so ist dies Product gleich Null und daher ist auch

$$(Z_\alpha A Z_\beta) = 0.$$

Ist aber $\alpha+\beta = e+1$, so ist jenes Product gleich

$$x_1 y_1 = (P Z_1 Q) = (P H Q),$$

und daher ist

$$(Z_\alpha A Z_\beta) = H \qquad (\alpha+\beta = e+1).$$

Aus den entwickelten Relationen ergiebt sich die Formel (1.) §. 5 ganz in derselben Weise, wie im vorigen Paragraphen.

§. 8.

Die schiefe Invariante einer Schaar quadratischer Formen.

Ich nehme jetzt an, dass $c_{\alpha\beta} = c_{\beta\alpha}$ ist, und verstehe im Folgenden unter W_ν, Z_α, H, A, B die quadratischen Formen, in welche die bisher mit diesen Buchstaben bezeichneten bilinearen Formen übergehen, wenn man $y_\alpha = x_\alpha$ und ausserdem $y_\alpha^{(\nu)} = x_\alpha^{(\nu)}$ setzt (vgl. *St.* §. 5. S. 39, 40). Dann geht die Formel (1.) §. 5 in

$$(-1)^{\Sigma \frac{e(e-1)}{2}}\, a \left| \frac{1}{2} \frac{\partial Z_\alpha}{\partial x_\beta} \right|^2 = \Pi\, H^e$$

über. Setzt man ferner voraus, dass die Zahlen e sämmtlich gerade sind (§. 1, VI.), so ist

$$\frac{e(e-1)}{2} \equiv \frac{e}{2} \pmod 2, \quad \Sigma e = n$$

und daher

$$(1.) \qquad \sqrt{(-1)^{\frac{n}{2}} a} = \prod \left(H^{\frac{e}{2}}\right) : \left| \frac{1}{2} \frac{\partial Z_\alpha}{\partial x_\beta} \right| .$$

Wird die Schaar quadratischer Formen

$$rA - B = \Sigma (r a_{\alpha\beta} - b_{\alpha\beta}) x_\alpha x_\beta$$

durch eine Substitution von der Determinante p in $rL-M$ transformirt, so ist die Determinante von L gleich ap^2. Bildet man daher für die transformirte Schaar, deren Determinante in die nämlichen Elementartheiler wie w zerfällt, den der rechten Seite von Formel (1.) analogen Ausdruck, so ist derselbe gleich dem ursprünglichen Ausdruck, mit $+p$ multiplicirt (§. 2). Dieser Ausdruck, welcher der Gleichung (1.) zufolge von den sämmtlichen Variabeln x_α und $x_\alpha^{(\nu)}$, $x_\alpha^{(\nu)\prime}$, ... unabhängig sein muss, ist also eine schiefe Invariante der Formenschaar $rA-B$.

Sei, um die Formel (1.) an einem Beispiel zu erläutern, $n=2$ und

$$A = ax^2 + 2bxy + cy^2, \qquad B = \alpha x^2 + 2\beta xy + \gamma y^2.$$

Wenn die Determinante von $rA-B$ für $r=0$ verschwinden und nur den Elementartheiler r^2 haben soll, so muss

$$(2.) \qquad \alpha\gamma - \beta^2 = 0, \quad a\gamma + c\alpha - 2b\beta = 0$$

sein, während α, β, γ nicht sämmtlich verschwinden. Mittelst dieser Gleichungen bestätigt man leicht die Relationen

$$(3.) \quad \sqrt{b^2 - ac} = \frac{a\beta - b\alpha}{\alpha} = \frac{a\gamma - c\alpha}{2\beta} = \frac{b\gamma - c\beta}{\gamma} = \frac{(ax+by)(\beta x + \gamma y) - (bx+cy)(\alpha x + \beta y)}{\alpha x^2 + 2\beta xy + \gamma y^2},$$

wo von den ersten drei Quotienten wenigstens einer nicht die unbestimmte Form $\frac{0}{0}$ hat*).

---

*) Nach *Gauss*, Disqu. arithm. S. 244 und 249 (unten) ist, wenn man

$$X = pxx' + p'xy' + p''yx' + p'''yy'$$
$$Y = qxx' + q'xy' + q''yx' + q'''yy'$$

setzt,

Mit Hülfe der Lehre von den mehrfachen Wurzeln und den symmetrischen Functionen lässt sich zeigen, dass sich die schiefe Invariante (1.) durch die Coefficienten der Formen A und B rational ausdrücken lässt, dass also der Satz gilt:

Wenn die Elementartheiler der Determinante einer Schaar quadratischer Formen alle gerade Exponenten haben, so lässt sich die Quadratwurzel aus der Determinante jeder einzelnen Form der Schaar durch die Coefficienten der Grundformen rational ausdrücken.

Anstatt aber auf den allgemeinen Beweis dieses Satzes einzugehen, will ich im nächsten Paragraphen für den speciellen Fall, dass die ersten Unterdeterminanten von w keinen Theiler gemeinsam haben, direct eine von den Wurzeln der Gleichung $w=0$ unabhängige Darstellung der schiefen Invariante entwickeln.

§. 9.

Rationale Darstellung der schiefen Invariante.

Die Resultante der beiden ganzen Functionen $f(x)$ und

$$\varphi(x) = a(x-r_1)(x-r_2)\dots(x-r_n),$$

wo $r_1, r_2, \dots r_n$ nicht alle verschieden zu sein brauchen, oder die Norm

---

$$\begin{vmatrix} \frac{\partial X}{\partial x'} & \frac{\partial X}{\partial y'} \\ \frac{\partial Y}{\partial x'} & \frac{\partial Y}{\partial y'} \end{vmatrix} \begin{vmatrix} \frac{\partial X}{\partial x} & \frac{\partial X}{\partial y} \\ \frac{\partial Y}{\partial x} & \frac{\partial Y}{\partial y} \end{vmatrix} = - \begin{vmatrix} p\,Y - q\,X & p'\,Y - q'\,X \\ p''Y - q''X & p'''Y - q'''X \end{vmatrix}$$

die Identität, welche der Lehre von der Composition der binären quadratischen Formen zu Grunde liegt. Die Formel für die Duplication ergiebt sich daraus, wenn X und Y symmetrische bilineare (oder quadratische) Formen sind (l. c. S. 337). Setzt man für diesen Fall $p=a$, $p'=p''=b$, $p'''=c$; $q=\alpha$, $q'=q''=\beta$, $q'''=\gamma$; $x'=x$, $y'=y$, $X=A$, $Y=B$, so erhält man die Identität

$$\frac{1}{4}\left(\frac{\partial A}{\partial x}\frac{\partial B}{\partial y} - \frac{\partial A}{\partial y}\frac{\partial B}{\partial x}\right)^2 = (b^2-ac)B^2 + (a\gamma + c\alpha - 2b\beta)BA + (\beta^2 - \alpha\gamma)A^2,$$

aus der sich unter den Bedingungen (2.) die Gleichung (3.) ergiebt.

von $f(r)$, lässt sich in folgender Form darstellen: Ist c_ν der Coefficient von $x^{-\nu-1}$ in der Entwicklung von $\frac{f(x)}{\varphi(x)}$ nach absteigenden Potenzen von x und

$$\begin{vmatrix} c_0 & c_1 & \dots & c_{n-1} \\ c_1 & c_2 & \dots & c_n \\ . & . & \dots & . \\ c_{n-1} & c_n & \dots & c_{2n-2} \end{vmatrix} = C,$$

so ist (vgl. *Joachimsthal*, d. J. Bd. 48, S. 393)

$$(1.)\qquad \Pi f(r) = (-1)^{\frac{n(n-1)}{2}} a^n C,$$

wo das Product über alle Wurzeln der Gleichung $\varphi(x) = 0$ auszudehnen ist. Die Grössen c_ν sind ganze Functionen der Coefficienten von $f(x)$ und $\varphi(x)$, dividirt durch eine Potenz von a.

Ist $\varphi(x) = a(\psi(x))^2$ das Quadrat einer ganzen Function, so lassen sich die Coefficienten von $\psi(x)$ durch die von $\varphi(x)$ rational ausdrücken. Ist $n = 2m$, d_ν der Coefficient von $x^{-\nu-1}$ in der Entwicklung von $\frac{f(x)}{\psi(x)}$ nach absteigenden Potenzen von x und

$$\begin{vmatrix} d_0 & d_1 & \dots & d_{m-1} \\ d_1 & d_2 & \dots & d_m \\ . & . & \dots & . \\ d_{m-1} & d_m & \dots & d_{2m-2} \end{vmatrix} = D,$$

so ist

$$\Pi' f(r) = \pm D,$$

wo das Product nur über die Wurzeln der Gleichung $\psi(x) = 0$ zu erstrecken ist, und folglich

$$\Pi f(r) = D^2.$$

Aus Formel (1.) ergiebt sich daher der Satz:

Ist $f(x)$ eine ganze Function und $\varphi(x)$ das Quadrat einer ganzen

Function mten Grades, und ist c_ν der Coefficient von $x^{-\nu-1}$ in der Entwicklung von $\frac{f(x)}{\varphi(x)}$ nach absteigenden Potenzen von x, so lässt sich die Determinante $2m$ten Grades $|c_{\alpha+\beta-2}|$ als das Quadrat einer rationalen Function der Coefficienten von $f(x)$ und $\varphi(x)$ darstellen, deren Nenner eine Potenz des Coefficienten von x^{2m} in $\varphi(x)$ ist.

Wenn in der Determinante $w = \varphi(r)$ der bilinearen Form

$$C = rA - B = \Sigma\,(ra_{\alpha\beta} - b_{\alpha\beta})\, x_\alpha\, y_\beta$$

die ersten Unterdeterminanten keinen Divisor gemeinsam haben, so ist der Bruch

$$-\frac{W}{w} = (rA - B)^{-1}$$

als Function von r irreductibel. Ist Z_ν der Coefficient von $r^{-\nu-1}$ in der Entwicklung derselben nach absteigenden Potenzen von r, so ergiebt sich aus der Formel (1.) §. 6

$$\Sigma(Z_\alpha\, AZ_\beta) r^{-\alpha-1}\, s^{-\beta-1} = \frac{1}{rs}\, \Sigma\, Z_\nu\, \frac{r^{-\nu-1} - s^{-\nu-1}}{r^{-1} - s^{-1}} =$$

$$\frac{1}{rs}\, \Sigma\, Z_\nu\, (r^{-\nu} + r^{-\nu+1}\, s^{-1} + \cdots + s^{-\nu})$$

und daher

$$(Z_\alpha\, AZ_\beta) = Z_{\alpha+\beta}\,.$$

Mithin ist die Determinante

$$Z = \begin{vmatrix} Z_0 & Z_1 & \dots & Z_{n-1} \\ Z_1 & Z_2 & \dots & Z_n \\ . & . & \dots & . \\ Z_{n-1} & Z_n & \dots & Z_{2n-2} \end{vmatrix}$$

gleich der Determinante

$$|(Z_\alpha\, AZ_\beta)| = a \left|\frac{\partial Z_\alpha}{\partial y_\beta}\right| \left|\frac{\partial Z_\alpha}{\partial x_\beta}\right|.$$

Ist nun w ein Quadrat, so ist nach dem obigen Lemma

$$Z = (-1)^{\frac{n}{2}}\, H^2,$$

wo $\boldsymbol{H}$ eine rationale Function der Coefficienten von $\boldsymbol{W}$ und $\boldsymbol{w}$, also der Grössen $a_{\alpha\beta}$, $b_{\alpha\beta}$, x_α, y_β ist. Wenn nun $c_{\alpha\beta}=c_{\beta\alpha}$ ist, und man $y_\alpha=x_\alpha$ setzt, so ergiebt sich aus den entwickelten Formeln

$$(2.)\qquad \sqrt{(-1)^{\frac{n}{2}}a}=\boldsymbol{H}:\left|\frac{1}{2}\,\frac{\partial \boldsymbol{Z}_\alpha}{\partial x_\beta}\right|$$

als rationale schiefe Invariante der Schaar quadratischer Formen $r\boldsymbol{A}-\boldsymbol{B}$.

Zürich, im Februar 1878.

18.

Theorie der linearen Formen mit ganzen Coefficienten

Journal für die reine und angewandte Mathematik 86, 146—208 (1879)

Wenn die beiden bilinearen Formen

$$A' = \Sigma a'_{\alpha\beta}\, x_\alpha\, y_\beta, \qquad A'' = \Sigma a''_{\alpha\beta}\, x_\alpha\, y_\beta$$

der Variabeln $x_1, y_1, \dots x_n, y_n$ durch die linearen Substitutionen

$$(P.) \quad x_\alpha = \sum_\gamma p_{\gamma\alpha}\, x'_\gamma, \qquad (Q.) \quad y_\beta = \sum_\delta q_{\beta\delta}\, y'_\delta$$

in die beiden Formen

$$B' = \Sigma b'_{\gamma\delta}\, x'_\gamma\, y'_\delta, \qquad B'' = \Sigma b''_{\gamma\delta}\, x'_\gamma\, y'_\delta$$

transformirt werden, so geht die Form

$$A = rA' + A'' = \Sigma a_{\alpha\beta}\, x_\alpha\, y_\beta$$

mit dem unbestimmten Parameter r durch die nämlichen Substitutionen in

$$B = rB' + B'' = \Sigma b_{\gamma\delta}\, x'_\gamma\, y'_\delta$$

über. Sind die Determinanten der Substitutionen P, Q von Null verschieden, so verwandeln die inversen Substitutionen

$$(R.) \quad x'_\gamma = \sum_\alpha r_{\alpha\gamma}\, x_\alpha, \qquad (S.) \quad y'_\delta = \sum_\beta s_{\delta\beta}\, y_\beta$$

die Form B wieder in A. Giebt man dem Parameter r alle möglichen Werthe, so heisst die Gesammtheit der Formen $rA' + A''$ eine *Schaar* von Formen, und zwei Formenschaaren, welche in der angegebenen Weise gegenseitig in einander transformirt werden können, werden *äquivalent* genannt. Wenn die Determinanten der Schaaren A und B nicht identisch verschwinden, so besteht nach Herrn *Weierstrass* die nothwendige und hinreichende Bedingung der Aequivalenz darin, dass (für $\lambda = 1, 2, \dots n$) der grösste gemeinsame Divisor d_λ der Determinanten λten Grades von A demjenigen der Determinanten λten Grades von B gleich ist. Da die Gleichung $A = B$ durch die Substitutionen P und S zu einer identischen wird, so ist

$$\sum_\alpha p_{\gamma\alpha}\, a'_{\alpha\beta} = \sum_\delta b'_{\gamma\delta}\, s_{\delta\beta}, \quad \sum_\alpha p_{\gamma\alpha}\, a''_{\alpha\beta} = \sum_\delta b''_{\gamma\delta}\, s_{\delta\beta}.$$

Sind nun A und B äquivalent, so müssen diese $2n^2$ homogenen linearen Gleichungen zwischen den $2n^2$ Unbekannten $p_{\gamma\alpha}$, $s_{\delta\beta}$ eine verschwindende Determinante haben, und man muss den willkürlichen Constanten, welche in ihre allgemeinste Lösung eingehen, solche Werthe beilegen können, dass die Determinanten $n$ten Grades $|p_{\gamma\alpha}|$ und $|s_{\delta\beta}|$ von Null verschieden sind. So erhält man die Substitution P und durch Auflösung der linearen Gleichungen S die Substitution Q.

Durch rationale Operationen kann man also entscheiden, ob zwei gegebene Formen äquivalent sind oder nicht, und durch rationale Operationen kann man im ersteren Falle alle Substitutionen finden, welche die eine in die andere transformiren. Dagegen gehen die Beweise, die mir für den Satz des Herrn *Weierstrass* bekannt sind*), sämmtlich durch irrationale Operationen hindurch; denn sie beruhen auf der Transformation von A in eine reducirte Form, deren Coefficienten von den Wurzeln der Gleichung $|a_{\alpha\beta}| = 0$ abhängen. Ich hatte mir daher schon vor langer Zeit die Aufgabe gestellt, für jenen Satz einen Beweis zu finden, in welchem nur rationale Operationen vorkommen. Die Lösung derselben (§. 13) gelang mir aber erst, nachdem ich das zahlentheoretische Problem behandelt hatte, welches den Gegenstand dieser Abhandlung bildet.

Ich betrachte in derselben die verschiedenen Gestalten, welche eine bilineare Form mit ganzzahligen Coefficienten annimmt, wenn man für beide Reihen von Variabeln (§§. 1—7) oder nur für die eine Reihe (§. 12) neue Variabeln einführt. In den §§. 8—11 mache ich von der ersten Untersuchung Anwendungen auf die Theorie der linearen Gleichungen und Congruenzen, welche die Grundlage der zweiten Untersuchung bildet**).

---

*) *Weierstrass, Monatsber. d. Berl. Ak.* 1868. — *Kronecker, ebenda* 1874. — *Camille Jordan, Compt. rend.* 1871, II. *sém., p.* 787 und *Liouv. Journ.* 1874, *p.* 35. — *Darboux, Liouv. Journ.* 1874, *p.* 347. — *Hamburger,* d. J. Bd. 76, S. 113.

**) Erst nach Vollendung dieser Arbeit kamen mir die Abhandlungen des Herrn *Smith:*

On Systems of Linear Indeterminate Equations and Congruences, Phil. Trans. vol. 151, *p.* 293.

On the Arithmetical Invariants of a Rectangular Matrix, of which the Constituents are Integral Numbers, Proceedings of the London Math. Soc. 1873, *p.* 236.

On Systems of Linear Congruences, ebenda p. 241.

zu Gesicht. Die erste werde ich im folgenden mit *Sm.* citiren.

§. 1. Die Bedingungen der Aequivalenz bilinearer Formen.

Gegeben sei ein endliches System A von Grössen $a_{\alpha\beta}$ ($\alpha = 1, \dots m$; $\beta = 1, \dots n$), die nach Zeilen und Colonnen geordnet sind. Wenn in demselben alle Determinanten $(l+1)$ten Grades verschwinden, die $l$ten Grades aber nicht sämmtlich Null sind, so heisst l der *Rang* des Systems. Sind die Elemente $a_{\alpha\beta}$ reelle ganze Zahlen (oder ganze Functionen eines Parameters r), so sei d_λ der (positive) grösste gemeinsame Divisor aller Determinanten λten Grades von A, falls $\lambda \leqq l$, und $d_\lambda = 0$, falls $\lambda > l$ ist. Da jede Determinante λten Grades eine homogene lineare Function von Determinanten $(\lambda-1)$ten Grades ist, so ist d_λ durch $d_{\lambda-1}$ theilbar. Der Quotient $e_\lambda = \frac{d_\lambda}{d_{\lambda-1}}$ $(e_1 = d_1,\ e_{l+\mu} = 0)$ heisst der λte Elementartheiler des Systems A. Ich werde zeigen, dass e_λ durch $e_{\lambda-1}$ theilbar ist. Wenn daher die Werthe der l Elementartheiler von A in beliebiger Reihenfolge gegeben sind, so braucht man sie nur der Grösse nach zu ordnen, um zu wissen, welcher der λte ist. Um eine bequeme und übersichtliche Vereinigung der Zahlen des Systems, zu welchen man noch beliebig viele Zeilen und Colonnen verschwindender Elemente hinzufügen kann, zu erhalten, will ich die Elemente der αten Zeile mit einer Variabeln x_α und die der βten Colonne mit y_β multipliciren und addiren und so das System A unter dem Bilde einer bilinearen Form

$$A = \Sigma\, a_{\alpha\beta}\, x_\alpha\, y_\beta$$

zusammenfassen, welche mit demselben Buchstaben bezeichnet werden wird, wie das System der Elemente $a_{\alpha\beta}$ und als Repräsentant des Systems ihrer Coefficienten zu betrachten ist. Wenn die Form A durch die Substitutionen

$$(P.)\quad x_\alpha = \sum_\gamma p_{\gamma\alpha}\, x'_\gamma, \qquad (Q.)\quad y_\beta = \sum_\delta q_{\beta\delta}\, y'_\delta,$$

deren Coefficienten ganze Zahlen sind, in die Form

$$B = \Sigma\, b_{\gamma\delta}\, x'_\gamma\, y'_\delta$$

übergeht, so heisst B *unter* A *enthalten.* Dabei kann die Anzahl der neuen Variabeln derjenigen der ursprünglichen gleich oder grösser oder kleiner sein. Werden mit P und Q die Systeme der Substitutionscoefficienten $p_{\alpha\beta}$ und $q_{\alpha\beta}$ oder auch die bilinearen Formen

$$P = \Sigma p_{\alpha\beta}\, x_\alpha\, y_\beta, \qquad Q = \Sigma q_{\alpha\beta}\, x_\alpha\, y_\beta$$

bezeichnet, so sage ich, die Form A geht durch die Substitutionen P, Q in B über. Dann besteht die identische Gleichung

$$\Sigma a_{\alpha\beta} \frac{\partial P}{\partial y_\alpha} \frac{\partial Q}{\partial x_\beta} = \Sigma b_{\alpha\beta}\, x_\alpha\, y_\beta$$

oder in der von mir eingeführten*) symbolischen Bezeichnung

$$PAQ = B.$$

Jede Determinante λten Grades des Systems B der Coefficienten der Form B ist eine homogene lineare Function der Determinanten λten Grades von A, also durch d_λ theilbar. Folglich ist auch der grösste gemeinsame Divisor d'_λ der Determinanten λten Grades von B durch d_λ theilbar, und mithin der Rang von B nicht grösser als der Rang von A. Zwei Formen, die sich gegenseitig enthalten, heissen *äquivalent.* Sind A und B äquivalent, so ist also nicht nur d'_λ durch d_λ, sondern auch d_λ durch d'_λ theilbar, mithin $d_\lambda = d'_\lambda$, daher auch $\frac{d_\lambda}{d_{\lambda-1}} = \frac{d'_\lambda}{d'_{\lambda-1}}$, und demnach der Rang von A gleich dem von B. Ich werde beweisen, dass diese Bedingungen nicht nur erforderlich, sondern auch genügend sind, also der Satz gilt:

I. *Damit zwei bilineare Formen äquivalent seien, ist nothwendig und hinreichend, dass die Elementartheiler der einen denen der andern der Reihe nach gleich sind.*

Ich werde aber im folgenden zunächst den Begriff der Aequivalenz etwas enger fassen. Ist die Anzahl der Variabeln x'_γ derjenigen der Variabeln x_α gleich, so ist $P = \Sigma p_{\alpha\beta}\, x_\alpha\, y_\beta$ eine Form von m^2 Variabeln, deren Determinante ich mit $|P| = |p_{\alpha\beta}|$ bezeichne und die *Substitutionsdeterminante* oder den *Transformationsmodul* nenne. Zwei Formen A und B sollen nun äquivalent heissen, wenn A durch Substitutionen in B übergeht, deren Determinanten gleich ± 1 (*unimodular*) sind. Da dann die

*) „*Ueber lineare Substitutionen und bilineare Formen*" d. J. Bd. 84. Ich werde diese Abhandlung im folgenden mit *Fr.* citiren.

inversen Substitutionen, welche **B** in **A** verwandeln, auch ganze Coefficienten haben, so müssen zwei Formen, welche in diesem Sinne äquivalent sind, es auch in dem früheren sein. Ich werde aber zeigen, dass zwei Formen, die sich gegenseitig enthalten, auch stets durch unimodulare Substitutionen in einander transformirt werden können*), so dass sich die zweite engere Definition vollständig mit der ersten weiteren deckt.

§. 2. Unimodulare Determinanten.

Da im folgenden vielfach von unimodularen Determinanten Gebrauch gemacht wird, so will ich hier kurz diejenige Construction derselben angeben, welche *Gauss* (D. A., §. 279) gelehrt hat. Vier andere sind von *Jacobi* (d. J. Bd. 69) auseinandergesetzt worden.

I. *Ist* $m < n$, *bewegen sich* α *und* β *von* 1 *bis* n, $\varkappa$ *und* λ *von* 1 *bis* m, *ist* $e_{\alpha\beta}$ *gleich* 0 *oder* 1, *je nachdem* α *und* β *gleich oder verschieden sind, sind* $a_{\varkappa\alpha}$ m *Zeilen und* $b_{\alpha\varkappa}$ m *Colonnen von je* n *Zahlen, zwischen denen die Relationen*

$$(1.)\qquad \sum_{\varkappa} a_{\varkappa\alpha}\, b_{\alpha\lambda} = e_{\varkappa\lambda}$$

bestehen, so kann man eine unimodulare Determinante n*ten Grades* $|a_{\alpha\beta}| = 1$ *construiren, in welcher der Coefficient von* $a_{\varkappa\alpha}$ *gleich* $b_{\alpha\varkappa}$ *ist.*

Da $m < n$ ist, so giebt es n ganze Zahlen a_α ohne gemeinsamen Theiler, welche den m homogenen linearen Gleichungen

$$\sum_{\alpha} a_\alpha\, b_{\alpha\lambda} = 0 \qquad (\lambda = 1, 2, \ldots m)$$

genügen (vgl. d. J. Bd. 82, S. 236). Werden dann n Zahlen b_α so bestimmt, dass

$$\sum_{\alpha} a_\alpha\, b_\alpha = 1$$

ist, so sei

$$\sum_{\alpha} a_{\varkappa\alpha}\, b_\alpha = h_\varkappa.$$

---

*) Dabei muss man sich vorstellen, dass beide Formen von gleich vielen Variabeln abhängen, also wenn die eine weniger enthält, zu ihr noch Glieder mit verschwindenden Coefficienten hinzudenken.

Setzt man nun

$$a_{m+1,\alpha} = a_\alpha, \qquad b_{\alpha,m+1} = b_\alpha - \sum_\lambda h_\lambda\, b_{\alpha\lambda},$$

so ist

$$\sum_\alpha a_{m+1,\alpha}\, b_{\alpha\lambda} = 0 = e_{m+1,\lambda},$$

$$\sum_\alpha a_{\varkappa\alpha}\, b_{\alpha,m+1} = \sum_\alpha a_{\varkappa\alpha}\, b_\alpha - \sum_\lambda h_\lambda (\sum_\alpha a_{\varkappa\alpha} b_{\alpha\lambda}) = h_\varkappa - \sum_\lambda h_\lambda\, e_{\varkappa\lambda} = h_\varkappa - h_\varkappa = 0 = e_{\varkappa,m+1}.$$

$$\sum_\alpha a_{m+1,\alpha}\, b_{\alpha,m+1} = \Sigma\, a_\alpha\, b_\alpha - \sum_\lambda h_\lambda (\sum_\alpha a_\alpha\, b_{\alpha\lambda}) = 1 = e_{m+1,m+1}.$$

Es ist also zu den m Zeilen $a_{\varkappa\alpha}$ eine $(m+1)$te Zeile und zu den m Colonnen $b_{\alpha\varkappa}$ eine $(m+1)$te Colonne hinzugefügt, so dass die Gleichungen (1.) für $\varkappa, \lambda = 1, 2, \ldots m, m+1$ gelten. Ist $m+1 < n$, so kann man in derselben Weise eine $(m+2)$te Zeile und Colonne hinzufügen, u. s. w., bis man zwei Systeme von n^2 Grössen hat, zwischen denen für $\varkappa, \lambda = 1, 2 \ldots n$ die Gleichungen (1.) bestehen.

Aus denselben folgt aber

$$|a_{\alpha\beta}|\ |b_{\alpha\beta}| = |e_{\alpha\beta}| = 1,$$

und folglich entweder

$$|a_{\alpha\beta}| = 1, \qquad |b_{\alpha\beta}| = 1$$

oder

$$|a_{\alpha\beta}| = -1, \qquad |b_{\alpha\beta}| = -1.$$

Da die Relationen (1.) ungeändert bleiben, wenn man die Vorzeichen von $a_{n\alpha}$ und $b_{\alpha n}$ in die entgegengesetzten verwandelt, so kann man nach Belieben die einen oder die andern Gleichungen herstellen.

Sind also z. B. a_α, b_α $2n$ Zahlen, zwischen denen die Gleichung $\Sigma\, a_\alpha\, b_\alpha = 1$ besteht, so kann man eine unimodulare Determinante angeben, deren erste Zeile die Zahlen a_α bilden, und in welcher der Coefficient von a_α gleich b_α ist.

§. 3. Auflösung der Gleichung $\Sigma\, a_{\alpha\beta}\, x_\alpha\, y_\beta = f$.

I. *Ist f der grösste gemeinsame Divisor der Coefficienten der bilinearen Form $A = \Sigma\, a_{\alpha\beta}\, x_\alpha\, y_\beta$, so ist die Gleichung $A = f$ in ganzen Zahlen lösbar.*

Der Index α möge die Zahlen von 1 bis m, der Index β die von 1 bis n durchlaufen. Man nehme n beliebige Zahlen ohne gemeinsamen Theiler q_β, für welche die m Ausdrücke

$$\sum_\beta a_{\alpha\beta}\, q_\beta = h\, P_\alpha$$

nicht sämmtlich verschwinden. Sei h der grösste gemeinsame Theiler derselben, also von Null verschieden, positiv und durch f theilbar. Weil dann die Zahlen P_α keinen Divisor gemeinsam haben, so kann man die Zahlen p_α so bestimmen, dass

$$\Sigma P_\alpha p_\alpha = 1, \quad \text{also } \Sigma a_{\alpha\beta} p_\alpha q_\beta = h$$

wird. Ist nun $h = f$, so ist die Aufgabe gelöst. Ist aber $h > f$, und ist h' der grösste gemeinsame Divisor der Zahlen

$$\sum_\alpha a_{\alpha\beta} p_\alpha = h' Q_\beta,$$

so ist

$$h' \Sigma Q_\beta q_\beta = h,$$

also h' ein Divisor von h. Dann bestimme man die Zahlen q'_β so, dass

$$\Sigma Q_\beta q'_\beta = 1, \quad \text{also } \Sigma a_{\alpha\beta} p_\alpha q'_\beta = h'$$

wird. Ist $h' < h$ und h'' der grösste gemeinsame Divisor der Zahlen

$$\sum_\beta a_{\alpha\beta} q'_\beta = h'' P'_\alpha,$$

so ist

$$h'' \Sigma P'_\alpha p_\alpha = h',$$

also h'' ein Divisor von h'. Dann bestimme man die Zahlen p'_α so, dass

$$\Sigma P'_\alpha p'_\alpha = 1, \quad \text{also } \Sigma a_{\alpha\beta} p'_\alpha q'_\beta = h''$$

wird. Ist $h'' < h'$, so fahre man in derselben Weise fort.

Da nun die Zahlen $h \geqq h' \geqq h'' \geqq \cdots$ sämmtlich von Null verschieden, positiv und durch f theilbar sind, so muss einmal $h^{(\nu)} = h^{(\nu+1)}$ werden. Spätestens muss, wenn $h^{(\nu)} = f$ ist, auch $h^{(\nu+1)} = f$ sein. Weil jede der Zahlen $h, h', \ldots$ durch die Form A dargestellt ist, so ist im letzteren Falle bereits die Gleichung $A = f$ gelöst.

Der Beschreibung des Weges, der im Falle $h^{(\nu)} = h^{(\nu+1)}$ einzuschlagen ist, schicke ich folgende Bemerkungen voraus: Geht die Form A, wenn man x_α durch $\sum_\gamma p_{\gamma\alpha} x_\gamma$ und y_β durch $\sum_\delta q_{\beta\delta} y_\delta$ ersetzt, in $B = \Sigma b_{\gamma\delta} x_\gamma y_\delta$ über, und sind beide Substitutionsdeterminanten gleich ± 1, so ist der grösste gemeinsame Divisor der Zahlen $a_{\alpha\beta}$ gleich demjenigen der Zahlen $b_{\gamma\delta}$, und aus jeder Lösung der Gleichung $B = f$ ergiebt sich eine Lösung der Gleichung $A = f$. Enthält ferner $A = y_1 \Sigma a_\alpha x_\alpha$ nur eine Variable der einen Reihe, so löst man die Gleichung $A = f$, indem man $y_1 = 1$ setzt und $\Sigma a_\alpha x_\alpha = f$ macht.

Sei nun der bequemeren Bezeichnung halber $h = h'$, also

$$\sum_\beta a_{\alpha\beta}\, q_\beta = h\, P_\alpha, \quad \sum_\alpha a_{\alpha\beta}\, p_\alpha = h\, Q_\beta, \quad \sum_{\alpha,\beta} a_{\alpha\beta}\, p_\alpha\, q_\beta = h.$$

Da die Zahlen q_β keinen Divisor gemeinsam haben, so kann man eine Determinante $n$ten Grades $|q_{\beta\delta}| = 1$ bestimmen, in welcher die Elemente der ersten Colonne $q_{\beta 1} = q_\beta$ sind, und ebenso eine Determinante $m$ten Grades $|p_{\gamma\alpha}| = 1$, in welcher die Elemente der ersten Zeile $p_{1\alpha} = p_\alpha$ sind. Geht nun A in B über, wenn man x_α durch $\sum_\gamma p_{\gamma\alpha}\, x_\gamma$ und y_β durch $\sum_\delta q_{\beta\delta}\, y_\delta$ ersetzt, so ist

$$b_{11} = \sum_{\alpha,\beta} a_{\alpha\beta}\, p_{1\alpha}\, q_{\beta 1} = h,$$

$$b_{1\delta} = \sum_{\alpha,\beta} a_{\alpha\beta}\, p_{1\alpha}\, q_{\beta\delta} = h \sum_\beta Q_\beta\, q_{\beta\delta} = h c_{1\delta},$$

$$b_{\gamma 1} = \sum_{\alpha,\beta} a_{\alpha\beta}\, p_{\gamma\alpha}\, q_{\beta 1} = h \sum_\alpha P_\alpha\, p_{\gamma\alpha} = h c_{\gamma 1}.$$

Nun ist aber

$$b_{11}\, B = \frac{\partial B}{\partial y_1}\, \frac{\partial B}{\partial x_1} + B_1,$$

wo

$$B_1 = \Sigma (b_{11}\, b_{\gamma\delta} - b_{\gamma 1}\, b_{1\delta})\, x_\gamma\, y_\delta$$

die Variabeln x_1, y_1 nicht enthält. Mithin ist

$$B = h\,(x_1 + c_{21}\, x_2 + \cdots + c_{m1}\, x_m)\,(y_1 + c_{12}\, y_2 + \cdots + c_{1n}\, y_n) + \Sigma (b_{\gamma\delta} - b_{\gamma 1} c_{1\delta})\, x_\gamma\, y_\delta.$$

Ersetzt man also

$$x_1 + c_{21}\, x_2 + \cdots + c_{m1}\, x_m$$

durch x_1 und lässt $x_2, \ldots x_m$ ungeändert (was eine unimodulare Substitution ist), ersetzt man desgleichen

$$y_1 + c_{12}\, y_2 + \cdots + c_{1n}\, y_n$$

durch y_1, so geht B in

$$C = h\, x_1\, y_1 + G$$

über, wo $G = \Sigma g_{\gamma\delta}\, x_\gamma\, y_\delta$ die Variabeln x_1, y_1 nicht enthält. Den Fall, wo G identisch verschwindet, also $h = f$ ist, haben wir bereits erledigt. Ist die Form G nicht gleich Null, so sei g der grösste gemeinsame Divisor ihrer Coefficienten. Nehmen wir nun an, dass für Formen G, welche mindestens eine Variable jeder Reihe weniger enthalten als A, die Aufgabe bereits gelöst ist, so kann man die Zahlen u_γ, v_δ so bestimmen, dass

$$\Sigma\, g_{\gamma\delta}\, u_\gamma\, v_\delta = g$$

wird. Da f der grösste gemeinsame Divisor von g und h ist, so kann man zwei Zahlen z und w finden, welche der Gleichung

$$h z + g w = f \text{ oder } h z + w \Sigma g_{\gamma\delta} u_\gamma v_\delta = f$$

genügen. Zerlegt man nun z irgend wie in zwei Factoren $x_1\, y_1$ und w in uv und setzt $u\, u_\gamma = x_\gamma$, $v\, v_\delta = y_\delta$, so erhält man eine Lösung der Gleichung $C = f$, aus der sich eine Lösung der Gleichung $A = f$ ableiten lässt.

Diese Methode, die Gleichung $A = f$ zu lösen, ist dem Verfahren nachgebildet, welches *Gauss* (D. A. 236) gelehrt hat (Vgl. Anm. 3.). Ich füge dazu noch die folgenden Bemerkungen:

1) Da $\Sigma P_\alpha p_\alpha = 1$ und $\Sigma Q_\beta q_\beta = 1$ ist, so kann man nach §. 2 die Determinante $|p_{\gamma\alpha}| = 1$ so bestimmen, dass nicht nur $p_{1\alpha} = p_\alpha$, sondern auch der Coefficient von $p_{1\alpha}$ in dieser Determinante gleich P_α wird; und analog die Determinante $|q_{\beta\delta}|$. Dann ist $b_{\gamma 1} = b_{1\delta} = 0$ und A geht durch die Substitutionen P, Q direct in $h\, x_1\, y_1 + G$ über, wo G die Variabeln x_1, y_1 nicht enthält.

2) Ebenso wie oben die Form A durch unimodulare Substitutionen in $h_1 x_1 y_1 + A_1$ transformirt worden ist, wo A_1 die Variabeln $x_1\, y_1$ nicht enthält, kann die Form A_1, falls sie nicht Null ist, in $h_2\, x_2\, y_2 + A_2$ umgeformt werden, wo A_2 die Variabeln x_1, y_1, x_2, y_2 nicht enthält u. s. w. Da man endlich zu einer verschwindenden Form gelangen muss, so wird A auf diese Weise schliesslich in

$$H = h_1\, x_1\, y_1 + h_2\, x_2\, y_2 + \cdots + h_l\, x_l\, y_l$$

transformirt. Die Coefficienten dieser der Form A äquivalenten Form H werden in §. 6 genauer untersucht werden.

3) Ist der Rang l der Form A gleich 2, ist $f = 1$, $a_{\alpha\beta} = - a_{\beta\alpha}$, $a_{\alpha\alpha} = 0$, $m = n$, so muss in dem obigen Beweise, falls $h > 1$ ist, bereits $h' = 1$ sein. Denn setzt man zur Abkürzung

$$\Sigma\, a_{\alpha\beta}\, u_\alpha\, v_\beta = (uv), \text{ also } (uu) = 0,\ (uv) = -(vu),$$

so ist die schiefe Determinante vierten Grades

$$\Sigma \pm (x\,x)\ (y\,y)\ (p\,p)\ (q\,q) = 0,$$

als lineare Verbindung von lauter Determinanten vierten Grades von A. Folglich ist auch ihre Quadratwurzel

$$(x\,y)\ (p\,q) + (x\,p)\ (q\,y) + (x\,q)\ (y\,p) = 0,$$

oder es ist

$$h A = (\Sigma h P_\alpha x_\alpha) (\Sigma h' Q_\beta y_\beta) - (\Sigma h P_\beta y_\beta) (\Sigma h' Q_\alpha x_\alpha)$$

und mithin

$$a_{\alpha\beta} = h' (P_\alpha Q_\beta - P_\beta Q_\alpha).$$

Wenn also der grösste gemeinsame Divisor f der Coefficienten $a_{\alpha\beta}$ gleich 1 ist, so muss $h'=1$ sein. Damit $l=2$ sei, also die Determinanten dritten Grades von A sämmtlich Null seien, ist nothwendig und hinreichend, dass die Hauptunterdeterminanten vierten Grades von A, die Quadrate sind, alle verschwinden (d. J. Bd. 82, S. 244). Es ergiebt sich folglich der Satz:

II. *Wenn die n^2 Zahlen $a_{\alpha\beta}$ keinen Theiler gemeinsam haben und den Gleichungen*

$$a_{\alpha\alpha} = 0, \quad a_{\alpha\beta} + a_{\beta\alpha} = 0, \quad a_{\alpha\beta}\, a_{\gamma\delta} + a_{\alpha\gamma}\, a_{\delta\beta} + a_{\alpha\delta}\, a_{\beta\gamma} = 0$$

genügen, so kann man $2n$ Zahlen P_α, Q_β so bestimmen, dass $a_{\alpha\beta} = P_\alpha Q_\beta - P_\beta Q_\alpha$ wird.

Ist $h'=1$, so muss auch $h''=1$ sein. Nun bleibt aber die soeben ausgeführte Rechnung ungeändert, wenn man für die Zahlen q_β die Zahlen q'_β und für die Zahlen P_α die Zahlen P'_α nimmt. Daraus folgt:

III. *Wenn die n^2 Zahlen $a_{\alpha\beta}$ keinen Theiler gemeinsam haben und den Gleichungen*

$$a_{\alpha\alpha} = 0, \quad a_{\alpha\beta} + a_{\beta\alpha} = 0, \quad a_{\alpha\beta}\, a_{\gamma\delta} + a_{\alpha\gamma}\, a_{\delta\beta} + a_{\alpha\delta}\, a_{\beta\gamma} = 0$$

genügen, so kann man $2n$ Zahlen p_α, q_β so bestimmen, dass, falls man $\sum_\beta a_{\alpha\beta}\, q_\beta = P_\alpha$ und $\sum_\alpha a_{\alpha\beta}\, p_\alpha = Q_\beta$ setzt, $a_{\alpha\beta} = P_\alpha Q_\beta - P_\beta Q_\alpha$ wird.

§. 4. Auflösung der Gleichung $\Sigma a_{\alpha\beta} x_\alpha y_\beta = f$ nach einer anderen Methode.

I. *Ist f der grösste gemeinsame Divisor der Zahlen $a_{\alpha\beta}$, so kann man $y_1, y_2, \ldots y_n$ so wählen, dass auch die Zahlen*

$$A_\alpha = a_{\alpha 1}\, y_1 + a_{\alpha 2}\, y_2 + \cdots + a_{\alpha n}\, y_n$$

keinen grösseren Divisor als f gemeinsam haben.

Denn die Zahlen A_α sind sämmtlich durch f theilbar, und wenn

$$\Sigma a_{\alpha\beta}\, x_\alpha\, y_\beta = \Sigma A_\alpha\, x_\alpha = f$$

ist, so können sie nicht alle durch eine grössere Zahl als f theilbar sein.

Unabhängig von §. 3 lässt sich der obige Satz folgendermassen*) beweisen:

Sind a_α, b_α $2m$ Zahlen ohne gemeinsamen Divisor, so kann man x so wählen, dass die m Zahlen $a_\alpha x + b_\alpha$ nicht sämmtlich durch eine beliebig gegebene Primzahl p theilbar sind. Ist nämlich b_α nicht durch p theilbar, und $x \equiv 0$ (mod. p), so ist $a_\alpha x + b_\alpha$ nicht durch p theilbar; haben aber $b_1, \ldots b_m$ alle den Divisor p, so können ihn $a_1, \ldots a_m$ nicht sämmtlich haben; ist a_α nicht durch p theilbar und $x \equiv 1$ (mod. p), so ist $a_\alpha x + b_\alpha$ nicht durch p theilbar. Sind $p, q, \ldots$ mehrere Primzahlen, so kann man x auch so wählen, dass die m Zahlen $a_\alpha x + b_\alpha$ durch keine derselben sämmtlich theilbar sind. Denn mehreren Congruenzen $x \equiv 0$ oder 1 (mod. p), $x \equiv 0$ oder 1 (mod. q), ... kann man gleichzeitig Genüge leisten. Ist daher d eine beliebig gegebene Zahl, so kann man der Grösse x einen solchen Werth ertheilen, dass die $m+1$ Zahlen $a_\alpha x + b_\alpha$ und d keinen Divisor gemeinsam haben. Ein gemeinsamer Theiler der m Zahlen $a_\alpha x + b_\alpha$ geht auch in die Determinanten

$$a_\alpha (a_\beta x + b_\beta) - a_\beta (a_\alpha x + b_\alpha) = a_\alpha b_\beta - a_\beta b_\alpha$$

auf. Sind dieselben nicht alle Null, ist d ihr grösster gemeinsamer Divisor, und haben die $m+1$ Zahlen $a_\alpha x + b_\alpha$ und d keinen Theiler gemeinsam, so können folglich auch die m Zahlen $a_\alpha x + b_\alpha$ für sich keinen Theiler gemeinsam haben. Mithin kann man x und y so wählen (z. B. $y = 1$), dass die m Zahlen $a_\alpha x + b_\alpha y$ keinen Divisor gemeinsam haben.

Sind aber die Determinanten $a_\alpha b_\beta - a_\beta b_\alpha$ sämmtlich Null, so ist $a_\alpha x + b_\alpha y = c_\alpha (ax + by)$, wo c_α der grösste gemeinsame Divisor von a_α und b_α ist. Da die $2m$ Zahlen a_α, b_α theilerfremd sind, so sind es auch die m Zahlen c_α und ebenso die beiden Zahlen a und b. Wählt man also x und y so, dass $ax + by = 1$ wird, so haben die m Zahlen $a_\alpha x + b_\alpha y$ auch in diesem Falle keinen Divisor gemeinsam. Ist allgemeiner f der grösste gemeinsame Divisor der $2m$ Zahlen a_α, b_α, so kann man folglich den Variabeln x, y solche Werthe ertheilen, dass f auch der grösste gemeinsame Divisor der m Zahlen $a_\alpha x + b_\alpha y$ wird.

---

*) Der Fall, dass der Rang des Coefficientensystems gleich $m \leqq n$ ist, bietet hier besondere Vereinfachungen dar, so dass er auch ohne den Schluss von $n-1$ auf n leicht zu erledigen ist. Vgl. *Sm.* p. 314.

Nehmen wir nun an, der zu beweisende Satz sei für lineare Formen von $n-1$ Variabeln richtig. Ist dann g der grösste gemeinsame Theiler der Zahlen $a_{\alpha\delta}(\alpha = 1, 2, \ldots m;\ \delta = 2, 3, \ldots n)$, so kann man $v_2, v_3, \ldots v_n$ so wählen, dass g auch der grösste gemeinsame Theiler der m Zahlen

$$b_\alpha = a_{\alpha 2}\, v_2 + a_{\alpha 3}\, v_3 + \cdots + a_{\alpha n}\, v_n$$

wird. Da dann f der grösste gemeinsame Divisor der $2m$ Zahlen $a_{\alpha 1}$, b_α ist, so kann man y_1, v so wählen, dass auch die m Zahlen $a_{\alpha 1}\, y_1 + b_\alpha\, v$, oder wenn man $v\, v_\delta = y_\delta$ setzt, die m Zahlen

$$A_\alpha = a_{\alpha 1}\, y_1 + a_{\alpha 2}\, y_2 + \cdots + a_{\alpha n}\, y_n$$

keinen grösseren Divisor als f gemeinsam haben.

Alsdann kann man die m Zahlen x_α so bestimmen, dass

$$f = \Sigma A_\alpha\, x_\alpha = \Sigma\, a_{\alpha\beta}\, x_\alpha\, y_\beta$$

wird.

Ist f der grösste gemeinsame Divisor der Zahlen $a_{\alpha\beta\gamma}$, so kann man die Zahlen z_γ so wählen, dass f auch der grösste gemeinsame Divisor der Zahlen $\underset{\gamma}{\Sigma}\, a_{\alpha\beta\gamma}\, z_\gamma = A_{\alpha\beta}$ wird. Alsdann kann man aber die Zahlen x_α, y_β so bestimmen, dass

$$f = \Sigma A_{\alpha\beta}\, x_\alpha\, y_\beta = \Sigma\, a_{\alpha\beta\gamma}\, x_\alpha\, y_\beta\, z_\gamma$$

wird. Durch wiederholte Anwendung dieses Schlusses ergiebt sich der Satz:

II. *Eine Function, welche in Bezug auf mehrere Reihen von Variabeln homogen und linear ist, kann jeden beliebigen Werth annehmen, welcher durch den grössten gemeinsamen Divisor ihrer Coefficienten theilbar ist.*

§. 5. Die Reduction einer bilinearen Form auf die Normalform.

Den Variabeln $x_1, \ldots x_m;\ y_1, \ldots y_n$ der bilinearen Form

$$A = \Sigma\, a_{\alpha\beta}\, x_\alpha\, y_\beta,$$

deren Coefficienten den grössten gemeinsamen Divisor f_1 haben, kann man solche Werthe $x_\alpha = p_{1\alpha}$, $y_\beta = q_{\beta 1}$ ertheilen, dass $A = f_1$, also

$$\Sigma \frac{a_{\alpha\beta}}{f_1}\, p_{1\alpha}\, q_{\beta 1} = 1$$

wird. Daher sind die m Zahlen $p_{1\alpha}$ ohne gemeinsamen Theiler und ebenso die n Zahlen $q_{1\beta}$, und folglich kann man eine Determinante $m$ten Grades $|p_{\alpha\beta}| = 1$ und eine Determinante $n$ten Grades $|q_{\alpha\beta}| = 1$ bilden.

Ist dann

$$P = \Sigma p_{\alpha\beta} x_\alpha y_\beta, \qquad Q = \Sigma q_{\alpha\beta} x_\alpha y_\beta$$

und

$$\Sigma a_{\alpha\beta} \frac{\partial P}{\partial y_\alpha} \frac{\partial Q}{\partial x_\beta} = f_1 \Sigma g_{\alpha\beta} x_\alpha y_\beta = f_1 G,$$

so ist $g_{11} = 1$, und mithin

$$G = \frac{\partial G}{\partial y_1} \frac{\partial G}{\partial x_1} + A_1,$$

wo die Form

$$A_1 = \Sigma (g_{\alpha\beta} - g_{\alpha 1} g_{1\beta}) x_\alpha y_\beta$$

die Variabeln x_1, y_1 nicht enthält. Ersetzt man

$$\frac{\partial G}{\partial y_1} = x_1 + g_{21} x_2 + \cdots + g_{m1} x_m$$

durch x_1 und lässt $x_2, \ldots x_m$ ungeändert (was eine unimodulare Substitution ist), ersetzt man desgleichen $\frac{\partial G}{\partial x_1}$ durch y_1, so erhält man die der Form A äquivalente Form

$$f_1 x_1 y_1 + f_1 A_1.$$

Wenn die Form A_1 nicht identisch verschwindet, und der grösste gemeinsame Divisor ihrer Coefficienten gleich f_2 ist, so kann sie auf die nämliche Weise in

$$f_2 x_2 y_2 + f_2 A_2$$

transformirt werden, wo A_2 die Variabeln x_1, y_1, x_2, y_2 nicht enthält. Setzt man dies Verfahren so lange fort, bis man zu einer identisch verschwindenden Form A_l gelangt, so hat man A durch unimodulare Substitutionen in

$$(1.) \qquad F = f_1 x_1 y_1 + f_1 f_2 x_2 y_2 + f_1 f_2 f_3 x_3 y_3 + \cdots + f_1 f_2 \cdots f_l x_l y_l$$

transformirt, oder wenn man

$$(2.) \qquad e_\lambda = f_1 f_2 \cdots f_\lambda$$

setzt, in

$$(3.) \qquad F = e_1 x_1 y_1 + e_2 x_2 y_2 + e_3 x_3 y_3 + \cdots + e_l x_l y_l.$$

Diese Form, in welcher e_λ von Null verschieden, positiv und durch $e_{\lambda-1}$ theilbar ist, heisst die *Reducirte* der Form A. (Für den Fall $l = m$ vgl. *Sm.* p. 314.) Der Rang von F ist gleich l, und weil e_λ durch $e_{\lambda-1}$ theilbar ist, so ist der grösste gemeinsame Divisor aller Determinanten λten Grades von F gleich

$$(4.) \qquad d_\lambda = e_1 e_2 \cdots e_\lambda = f_1^\lambda f_2^{\lambda-1} \cdots f_\lambda.$$

Folglich ist

$$(5.)\qquad e_\lambda = \frac{d_\lambda}{d_{\lambda-1}}$$

der λte Elementartheiler der Form

$$(6.)\qquad F = d_1 x_1 y_1 + \frac{d_2}{d_1} x_2 y_2 + \frac{d_3}{d_2} x_3 y_3 + \cdots + \frac{d_l}{d_{l-1}} x_l y_l.$$

Da nun A der Form F äquivalent ist, so muss nach §.1 auch der Rang von A gleich l und der λte Elementartheiler von A gleich e_λ sein. Aus der Gleichung

$$(7.)\qquad f_\lambda = \frac{e_\lambda}{e_{\lambda-1}}$$

ergiebt sich daher der Satz:

I. *Ist in einem System von ganzen Zahlen, die nach Zeilen und Colonnen geordnet sind,* d_λ *der grösste gemeinsame Divisor aller Determinanten* λ *ten Grades, so sind nicht nur die Quotienten* $\frac{d_\lambda}{d_{\lambda-1}} = e_\lambda$, *sondern auch die Quotienten* $\frac{e_\lambda}{e_{\lambda-1}} = f_\lambda$ *ganze Zahlen.*

Ist also $d_1 = d_2 = \cdots = d_\varkappa = 1$, mithin $e_1 = e_2 = \cdots = e_\varkappa = 1$ und $f_1 = f_2 = \cdots = f_\varkappa = 1$ und ist $d_{\varkappa+1} = e_{\varkappa+1} = f_{\varkappa+1}$ von 1 verschieden, so ist

$$d_l > d_{l-1} > \cdots > d_{\varkappa+1} > d_\varkappa = d_{\varkappa-1} = \cdots = d_1 = 1,$$

$$e_l \geqq e_{l-1} \geqq \cdots \geqq e_{\varkappa+1} > e_\varkappa = e_{\varkappa-1} = \cdots = e_1 = 1.$$

Zwei äquivalente Formen haben denselben Rang und dieselben Elementartheiler. Der Rang l ist durch die Elementartheiler in so fern mitbestimmt, als $e_{l+1} = 0$ und e_l von Null verschieden ist. Da nun die Coefficienten von F die Elementartheiler von F sind, so können zwei Reducirte, falls sie nicht identisch sind, nicht äquivalent sein. Zwei Formen ferner, welche dieselben Elementartheiler besitzen, können durch unimodulare Substitutionen in die nämliche Reducirte, und folglich auch in einander transformirt werden. Mithin ist die Uebereinstimmung der Elementartheiler die nothwendige und hinreichende Bedingung für die Aequivalenz zweier Formen, oder die Zahlen $e_1, e_2, \ldots e_l$ bilden ein vollständiges System von Invarianten der Form A.

Wenn z. B. zwei Formen denselben Rang l haben, und der grösste gemeinsame Divisor der Determinanten $l$ten Grades für beide das nämliche Product verschiedener Primzahlen ist, so sind sie äquivalent.

Nennt man die Form $A' = \Sigma\, a_{\alpha\beta}\, y_\alpha\, x_\beta$ der Variabeln $x_1, \ldots x_n$; $y_1, \ldots y_m$ die *conjugirte* Form von A, so besitzen A und A' die nämlichen Elementartheiler. Folglich ist jede Form ihrer conjugirten äquivalent.

Wenn zwei Formen sich gegenseitig enthalten, so haben sie nach §. 1 dieselben Elementartheiler, und können mithin durch unimodulare Substitutionen in einander transformirt werden.

Ist der Rang l der Form A kleiner als m oder n, so ist A einer Form von l Variabelnpaaren, deren Determinante von Null verschieden ist, äquivalent (vgl. §. 3, Anm. 2). Ist aber $l = m = n$, enthält also die Form A von jeder Reihe n Variabeln, und ist ihre Determinante $\pm d$ von Null verschieden, so lässt sich A auf die Form

$$F = f_1\, x_1\, y_1 + f_1 f_2\, x_2\, y_2 + \cdots + f_1 f_2 \cdots f_n\, x_n\, y_n$$

reduciren, und es ist

$$d = f_1^n\, f_2^{n-1} \cdots f_n.$$

Die Zahl, welche angiebt, auf wie viele Arten d in dieser Weise dargestellt werden kann, ist daher die Anzahl $h(d)$ der Klassen nicht äquivalenter Formen, in welche die bilinearen Formen der nicht verschwindenden Determinante $n$ten Grades $\pm d$ zerfallen. Zerlegt man d in zwei theilerfremde Factoren $d'\,d''$, so ist, wie leicht zu sehen, $h(d) = h(d') \cdot h(d'')$. Ist a eine Primzahl und $d = a^\alpha$, so kann d auf so viele Arten in der obigen Weise dargestellt werden, wie der Exponent auf die Form

$$\alpha = n\alpha_1 + (n-1)\,\alpha_2 + \cdots + \alpha_n$$

gebracht werden kann. Diese Anzahl ist der Coefficient von x^α in der Reihenentwicklung

$$\frac{1}{(1-x)\,(1-x^2)\cdots(1-x^n)} = h_0 + h_1\, x + h_2\, x^2 + \cdots.$$

Sind folglich $a, b, c, \ldots$ verschiedene Primzahlen, so zerfallen die Formen der Determinante $\pm d = a^\alpha\, b^\beta\, c^\gamma \ldots$ in $h_\alpha\, h_\beta\, h_\gamma \ldots$ Klassen (vgl. *Cayley*, d. J. Bd. 50, S. 315). Diese Zahl ist von den Primzahlen, welche in d aufgehen, unabhängig und nur durch die Grade bestimmt, in welchen diese Primzahlen in d enthalten sind.

Ist die Determinante der Form A von n Variabelnpaaren nicht gleich Null, so heisst

$$A^{-1} = \begin{vmatrix} a_{\alpha\beta} & y_\alpha \\ x_\beta & 0 \end{vmatrix} : |a_{\alpha\beta}|$$

die *reciproke* Form von A (*Fr.* S. 7). Sind P und Q die Substitutionen, welche A in die reducirte Form

$$F = e_1 x_1 y_1 + e_2 x_2 y_2 + \cdots + e_n x_n y_n$$

transformiren, so folgt aus der Gleichung

$$PAQ = F$$

durch Uebergang zu den reciproken Formen und Multiplication mit der Constanten k (*Fr.* §. 2, II)

$$Q^{-1}(kA^{-1})P^{-1} = kF^{-1} = \frac{k}{e_1} x_1 y_1 + \frac{k}{e_2} x_2 y_2 + \cdots + \frac{k}{e_n} x_n y_n.$$

Ist k durch e_n theilbar*), so sind die Coefficienten der Formen kA^{-1} und kF^{-1} ganze Zahlen. Ebenso sind die Coefficienten der unimodularen Substitutionen Q^{-1} und P^{-1} ganze Zahlen. Da ferner $\frac{k}{e_\lambda}$ durch $\frac{k}{e_{\lambda+1}}$ theilbar ist, so ist kF^{-1} die Reducirte von kA^{-1}.

II. *Ist e_λ der λte Elementartheiler einer Form von n Variabelnpaaren mit nicht verschwindender Determinante und k durch e_n theilbar, so ist $\frac{k}{e_{n-\lambda+1}}$ der λte Elementartheiler der mit k multiplicirten reciproken Form.*

§. 6. Einfache Elementartheiler und Systeme zusammengesetzter Elementartheiler.

Aus dem Satze I, §. 5 ergiebt sich die Folgerung (vgl. *Cayley*, d. J. Bd. 50, S. 314):

I. *Ist eine Primzahl in dem grössten gemeinsamen Divisor aller Determinanten λten Grades eines Elementensystems im Grade δ_λ enthalten, so sind*

---

*) Nennt man einen Bruch a durch einen andern b theilbar, wenn der Quotient $\frac{a}{b}$ eine ganze Zahl ist, so kann man den Begriff des grössten gemeinsamen Divisors (Masses) auch auf Brüche ausdehnen. Der Nenner des grössten gemeinsamen Divisors mehrerer Brüche ist der Generalnenner derselben. Demnach ist $e_n e_{n-1} \ldots e_{\lambda+1} = \frac{d_n}{d_\lambda}$ der Generalnenner aller Determinanten $(n-\lambda)$ten Grades von A^{-1}.

nicht nur die ersten, sondern auch die zweiten Differenzen der Zahlen δ_λ *nicht negativ.*

Ist also $\varepsilon_\lambda = \delta_\lambda - \delta_{\lambda-1}$ und ist $\delta_\varkappa = 0$, $\delta_{\varkappa+1}$ nicht Null, so ist

$$\delta_l > \delta_{l-1} > \cdots > \delta_{\varkappa+1} > \delta_\varkappa = \delta_{\varkappa-1} = \cdots = \delta_1 = 0,$$

$$\varepsilon_l \geqq \varepsilon_{l-1} \geqq \cdots \geqq \varepsilon_{\varkappa+1} > \varepsilon_\varkappa = \varepsilon_{\varkappa-1} = \cdots = \varepsilon_1 = 0.$$

Jede Primzahl, welche in d_λ aufgeht, muss daher auch in e_λ enthalten sein, nur möglicherweise in einer niedrigeren Potenz. Ist, in Primfactoren zerlegt,

$$e_\lambda = a^{\alpha_\lambda}\, b^{\beta_\lambda}\, c^{\gamma_\lambda} \cdots,$$

so heissen a^{α_λ}, b^{β_λ}, ... ($\lambda = 1, 2, \ldots l$) die *einfachen Elementartheiler**) des Systems A, und es wird a die Grundzahl, α der Grad des einfachen Elementartheilers a^α genannt. Wenn die einfachen Elementartheiler a^α, $a^{\alpha'}, \ldots b^\beta, \ldots$ in irgend einer Reihenfolge sämmtlich bekannt sind, so kann man aus ihnen zufolge der Ungleichheit $\alpha_\lambda \geqq \alpha_{\lambda-1}$ leicht die Elementartheiler e_λ zusammensetzen. Die höchsten Potenzen von $a, b, \ldots$ sind die Factoren von e_l, die nächsthöchsten die von e_{l-1}, u. s. w. Diese Bemerkung will ich benutzen, um die Elementartheiler der Form

$$H = h_1 x_1 y_1 + h_2 x_2 y_2 + \cdots + h_l x_l y_l$$

vom Range l zu bestimmen, deren Coefficienten h_λ sämmtlich von Null verschieden sind. Eine in $h_1 h_2 \ldots h_l = d_l$ aufgehende Primzahl a sei in h_λ in der Potenz ϱ_λ enthalten, die grösste der Zahlen ϱ_λ sei α_l, die nächstgrösste α_{l-1} u. s. w. Dann enthält d_l die Primzahl a in der Potenz $\alpha_1 + \alpha_2 + \cdots + \alpha_l$. Die Determinanten $(l-1)$ten Grades von H, welche nicht verschwinden, $h_2 h_3, \cdots h_l$, $h_1 h_3 \cdots h_l, \cdots h_1 h_2 \cdots h_{l-1}$ enthalten die Primzahl a alle in der Potenz $\alpha_1 + \alpha_2 + \cdots + \alpha_{l-1}$ und eine enthält sie in keiner höheren. Daher enthält sie der grösste gemeinsame Divisor d_{l-1} der Determinanten $(l-1)$ten Grades von H in der nämlichen Potenz. Folglich ist $\frac{d_l}{d_{l-1}} = e_l$ durch die $\alpha_l$te Potenz von a theilbar, ebenso

*) Herr *Kronecker* (Monatsber. d. Berl. Ak. 1874, März) braucht diesen Namen in einem ganz andern Sinne, nämlich für einen Elementartheiler a^α, dessen Exponent $\alpha = 1$ ist. Dafür kann man aber eben so bequem „Elementartheiler ersten Grades" sagen, also einen besonderen Namen leicht entbehren.

$\frac{d_{l-1}}{d_{l-2}} = e_{l-1}$ durch die α_{l-1}te u. s. w. Mithin sind die Zahlen a^{α_λ} ($\lambda = l, l-1, \dots 1$) oder in anderer Reihenfolge die Zahlen a^{e_λ} die einfachen Elementartheiler von H mit der Grundzahl a. Man findet also die einfachen Elementartheiler von H, indem man jeden Coefficienten h_λ in Factoren zerlegt, die Potenzen verschiedener Primzahlen sind. Dann ist e_l das Product der höchsten Potenzen, in denen die verschiedenen Primzahlen in den Zahlen h_λ enthalten sind, e_{l-1} das Product der nächsthöchsten u. s. w., e_1 das Product der niedrigsten Potenzen. Daher ist e_l das kleinste gemeinschaftliche Vielfache und e_1 der grösste gemeinsame Divisor der Coefficienten h_λ, und man erkennt so, dass der Begriff der Elementartheiler die Verallgemeinerung der Begriffe des kleinsten gemeinschaftlichen Vielfachen und des grössten gemeinsamen Divisors zweier Zahlen auf Systeme von mehr als zwei Zahlen bildet. Nennt man nun l Zahlen h_λ ein *System zusammengesetzter Elementartheiler* der Form A vom Range l, wenn die Potenzen verschiedener Primzahlen, deren Producte sie sind, die sämmtlichen einfachen Elementartheiler von A sind, so erhält man die Sätze:

II. *Wird eine Form* $A = \Sigma\, a_{\alpha\beta}\, x_\alpha\, y_\beta$ *irgendwie durch unimodulare Substitutionen in* $H = \Sigma\, h_\lambda\, x_\lambda\, y_\lambda$ *transformirt, so ist die Anzahl der Variabelnpaare von* H *gleich dem Range von* A, *und die Coefficienten von* H *bilden ein System zusammengesetzter Elementartheiler von* A.

III. *Bilden die Zahlen* h_λ *irgend ein System zusammengesetzter Elementartheiler einer Form, so ist ihr die Form* $\Sigma\, h_\lambda\, x_\lambda\, y_\lambda$ *äquivalent.*

Eine Form heisst *zerlegbar*, wenn sie die Summe von zwei oder mehreren Formen ist, die keine Variable gemeinsam haben. Hängt z. B. A' nur von den Variabeln $x_1, \dots x_r$; $y_1, \dots y_s$ und A'' nur von den Variabeln $x_{r+1}, \dots x_m$; $y_{s+1}, \dots y_n$ ab, so ist $A = A' + A''$ in die beiden Theile A' und A'' zerlegbar. Jede von Null verschiedene Determinante λten Grades von A ist das Product einer Determinante $\varkappa$ten Grades von A' und einer $(\lambda-\varkappa)$ten Grades von A''. Der Rang einer zerlegbaren Form ist gleich der Summe der Rangzahlen der einzelnen Theile. Sind d_λ, d'_λ, d''_λ die grössten gemeinsamen Divisoren der Determinanten λten Grades in den Formen A, A', A'', so ist d_λ der grösste gemeinsame Divisor der Zahlen $d'_\lambda, d'_{\lambda-1}\, d''_1, d'_{\lambda-2}\, d''_2, \cdots d'_1\, d''_{\lambda-1}, d''_\lambda$.

Nach §. 3 kann man, wenn k den Rang von A' und $l-k$ den von A'' bezeichnet, A' durch unimodulare Substitutionen in

$$H' = h_1 x_1 y_1 + h_2 x_2 y_2 + \cdots + h_k x_k y_k$$

und A'' in

$$H'' = h_{k+1} x_{k+1} y_{k+1} + \cdots + h_l x_l y_l$$

transformiren, also $A = A' + A''$ in

$$H = H' + H'' = h_1 x_1 y_1 + h_2 x_2 y_2 + \cdots + h_l x_l y_l.$$

Da äquivalente Formen die nämlichen einfachen Elementartheiler besitzen, so ergiebt sich daraus nach Satz II:

IV. *Die einfachen Elementartheiler einer zerlegbaren Form sind diejenigen ihrer einzelnen Theile zusammengenommen.*

Sind z. B. q_β n beliebige Zahlen ohne gemeinsamen Theiler, für welche die m Ausdrücke $\sum\limits_\beta a_{\alpha\beta} q_\beta = h P_\alpha$ nicht sämmtlich verschwinden, ist h ihr grösster gemeinsamer Divisor und $\Sigma P_\alpha p_\alpha = 1$, so ist der grösste gemeinsame Divisor h' der n Zahlen $\sum\limits_\alpha a_{\alpha\beta} p_\alpha = h' Q_\beta$ entweder gleich h oder ein Divisor von h (§. 3). Ist $h' = h$, so ist A einer zerlegbaren Form $C = h x_1 y_1 + G$ äquivalent, wo G die Variabeln x_1, y_1 nicht enthält. Die einfachen Elementartheiler von C sind daher die von G und die Potenzen verschiedener Primzahlen, welche in h aufgehen. Daraus folgt:

V. *Ist* $h = \sum\limits_{\alpha,\beta} a_{\alpha\beta} p_\alpha q_\beta$ *ein gemeinsamer Divisor der Zahlen* $\sum\limits_\beta a_{\alpha\beta} q_\beta$ *und* $\sum\limits_\alpha a_{\alpha\beta} p_\alpha$, *so sind die Potenzen verschiedener Primzahlen, deren Product* h *ist, einfache Elementartheiler des Systems* $a_{\alpha\beta}$.

Genügt also h dieser Bedingung nicht, so muss nothwendig $h' < h$ sein.

Sei, um für den Satz II. ein Beispiel zu geben, $\varphi(m)$ eine aus der Zahl m nach irgend einer Regel berechnete ganze Zahl, und, wenn d alle Divisoren von m durchläuft,

$$\Sigma \varphi(d) = f(m).$$

Seien a_λ $(\lambda = 1, 2, \ldots n)$ n verschiedene ganze Zahlen, unter denen alle Divisoren von m sind, falls m unter ihnen ist. Ist $p_{\alpha\beta} = 1$, wenn a_α in a_β aufgeht, sonst aber 0, so ist $p_{\alpha\alpha} = 1$, und falls $a_1 < a_2 < \cdots < a_n$ ist, $p_{\alpha\beta} = 0$ für $\alpha > \beta$. Daher ist die Determinante $n$ten Grades $|p_{\alpha\beta}| = 1$, auch dann, wenn die Zahlen a_λ nicht der Grösse nach geordnet sind. Geht nun die quadratische Form $\Sigma \varphi(a_\lambda) y_\lambda^2$ durch die unimodulare Substitution

$y_\lambda = \sum_\gamma p_{\lambda\gamma} x_\gamma$ in $\Sigma b_{\alpha\beta} x_\alpha x_\beta$ über, so ist $b_{\alpha\beta} = \sum_\lambda \varphi(a_\lambda) p_{\lambda\alpha} p_{\lambda\beta}$. Das Product $p_{\lambda\alpha}\, p_{\lambda\beta}$ ist nur dann von Null verschieden und gleich 1, wenn a_λ sowohl in a_α als auch in a_β, also auch in den grössten gemeinsamen Divisor $a_{\alpha\beta}$ der Zahlen a_α und a_β aufgeht. Daher ist $b_{\alpha\beta} = \Sigma\varphi(d)$, wo d alle Divisoren von $a_{\alpha\beta}$ durchläuft, oder $b_{\alpha\beta} = f(a_{\alpha\beta})$. Die quadratische Form $\Sigma f(a_{\alpha\beta}) x_\alpha x_\beta$ ist also der Form $\Sigma\varphi(a_\lambda) y_\lambda^2$ äquivalent (*Smith, Proceedings of the London mathematical society, vol. VII, p.* 208). Ist $a_\lambda = \lambda$ und $\varphi(m)$ die Anzahl der Zahlen eines vollständigen Restsystems (mod. m), die relativ prim zu m sind, so ist $f(m) = m$. Ist also $a_{\alpha\beta}$ der grösste gemeinsame Divisor von α und β, so sind $\varphi(1), \varphi(2), \ldots \varphi(n)$ n zusammengesetzte Elementartheiler des Systems $a_{\alpha\beta}$ und die quadratische Form $\Sigma a_{\alpha\beta} x_\alpha x_\beta$ ist der Form $\Sigma\varphi(\lambda) y_\lambda^2$ äquivalent*).

§. 7. Alternirende bilineare Formen.

Ist $A = \Sigma a_{\alpha\beta} x_\alpha y_\beta$ eine bilineare Form der Variabeln $x_1, \ldots x_m$; $y_1, \ldots y_n$, so stellt die Determinante

$$\begin{vmatrix} A & \frac{\partial A}{\partial y_1} & \cdots & \frac{\partial A}{\partial y_k} \\ \frac{\partial A}{\partial x_1} & a_{11} & \cdots & a_{1k} \\ \cdot & \cdot & \cdots & \cdot \\ \frac{\partial A}{\partial x_k} & a_{k1} & \cdots & a_{kk} \end{vmatrix}$$

eine von $x_1, y_1, \ldots x_k, y_k$ unabhängige bilineare Form dar. Diese Bemerkung will ich benutzen, um für den Fall, dass A eine alternirende Form, also $a_{\alpha\beta} = -a_{\beta\alpha}$, $a_{\alpha\alpha} = 0$, $m = n$ ist, die Normalform F (§. 5) durch eine andere zu ersetzen.

---

*) Ist $a_{\alpha\beta\gamma\ldots\varkappa}$ der grösste gemeinsame Divisor der k ($\leq n$) Zahlen $a_\alpha, a_\beta, a_\gamma, \ldots a_\varkappa$, so ist ebenso die Form $k$ten Grades $\Sigma f(a_{\alpha\beta\gamma\ldots\varkappa}) x_\alpha x_\beta x_\gamma \ldots x_\varkappa$ der Form $\Sigma\varphi(a_\lambda) y_\lambda^k$ äquivalent. Wenn man daher in einer algebraischen Invariante der ersteren Form diejenigen Coefficienten $f(a_{\alpha\beta\gamma\ldots\varkappa})$, deren Indices nicht alle einander gleich sind, durch Null, und diejenigen, deren Indices alle gleich λ sind, durch $\varphi(a_\lambda)$ ersetzt, so bleibt sie ungeändert.

Sei f_1 der grösste gemeinsame Divisor der Coefficienten von A, und seien $x_\alpha = p_{1\alpha}$, $y_\beta = p_{2\beta}$ Werthe, für welche

$$\Sigma\, a_{\alpha\beta}\, p_{1\alpha}\, p_{2\beta} = f_1$$

wird. Schreibt man diese Gleichung in der Gestalt

$$\Sigma \frac{a_{\alpha\beta}}{f_1} (p_{1\alpha}\, p_{2\beta} - p_{1\beta}\, p_{2\alpha}) = 1, \quad (\alpha > \beta)$$

so sieht man, dass die Determinanten $p_{1\alpha}\, p_{2\beta} - p_{1\beta}\, p_{2\alpha}$ nicht sämmtlich einen Divisor gemeinsam haben. Daher kann man (vgl. §. 8, VI.) $n\,(n-2)$ Zahlen $p_{3\alpha}, \ldots p_{n\alpha}$ so bestimmen, dass die Determinante $n$ten Grades $|p_{\alpha\beta}| = 1$ wird. Dann ist

$$\Sigma\, a_{\alpha\beta}\, (p_{1\alpha}\, x_1 + \cdots + p_{n\alpha}\, x_n)\, (p_{1\beta}\, y_1 + \cdots + p_{n\beta}\, y_n) = f_1\, \Sigma\, h_{\gamma\delta}\, x_\gamma\, y_\delta = f_1\, H$$

eine der Form A äquivalente Form, die alternirend ist, weil sie durch cogrediente Substitutionen aus A hervorgeht, und in der $h_{12} = -h_{21} = 1$ ist.

Setzt man nun

$$A_1 = \begin{vmatrix} H & \frac{\partial H}{\partial y_1} & \frac{\partial H}{\partial y_2} \\ \frac{\partial H}{\partial x_1} & h_{11} & h_{12} \\ \frac{\partial H}{\partial x_2} & h_{21} & h_{22} \end{vmatrix} = \begin{vmatrix} H & \frac{\partial H}{\partial y_1} & \frac{\partial H}{\partial y_2} \\ \frac{\partial H}{\partial x_1} & 0 & 1 \\ \frac{\partial H}{\partial x_2} & -1 & 0 \end{vmatrix},$$

so ist

$$H = \frac{\partial H}{\partial y_2} \frac{\partial H}{\partial x_1} - \frac{\partial H}{\partial y_1} \frac{\partial H}{\partial x_2} + A_1,$$

und A_1 nach dem oben erwähnten Satze von x_1, y_1, x_2, y_2 unabhängig. Ersetzt man in der Form H

$$\begin{aligned} \frac{\partial H}{\partial y_2} &= x_1 \qquad + h_{32}\, x_3 + \cdots + h_{n2}\, x_n \text{ durch } x_1, \\ -\frac{\partial H}{\partial y_1} &= \qquad x_2 + h_{13}\, x_3 + \cdots + h_{1n}\, x_n \text{ durch } x_2, \\ -\frac{\partial H}{\partial x_2} &= y_1 \qquad + h_{32}\, y_3 + \cdots + h_{n2}\, y_n \text{ durch } y_1, \\ \frac{\partial H}{\partial x_1} &= \qquad y_2 + h_{13}\, y_3 + \cdots + h_{1n}\, y_n \text{ durch } y_2, \end{aligned}$$

und lässt $x_3, y_3, \ldots x_n, y_n$ ungeändert (was cogrediente unimodulare Substitutionen sind), so geht H in $x_1 y_2 - x_2 y_1 + A_1$ über. Folglich lässt sich A durch cogrediente Substitutionen in

$$f_1\, (x_1\, y_2 - x_2\, y_1) + f_1\, A_1$$

transformiren*), wo die Form A_1 alternirend ist und die Variabeln x_1, y_1, x_2, y_2 nicht enthält. Ist dieselbe nicht Null, und ist f_2 der grösste gemeinsame Divisor ihrer Coefficienten, so kann sie auf die nämliche Weise in

$$f_2(x_3 y_4 - x_4 y_3) + f_2 A_2$$

transformirt werden, wo A_2 die Variabeln $x_1, y_1, \ldots x_4, y_4$ nicht enthält. Setzt man dies Verfahren so lange fort, bis man zu einer verschwindenden Form gelangt, so hat man A durch cogrediente unimodulare Substitutionen in

$$(1.)\quad \begin{aligned} G &= f_1(x_1 y_2 - x_2 y_1) + f_1 f_2(x_3 y_4 - x_4 y_3) + \cdots + f_1 f_2 \cdots f_l(x_{2l-1} y_{2l} - x_{2l} y_{2l-1}) \\ &= e_2(x_1 y_2 - x_2 y_1) + e_4(x_3 y_4 - x_4 y_3) + \cdots + e_{2l}(x_{2l-1} y_{2l} - x_{2l} y_{2l-1}) \end{aligned}$$

transformirt. Der Rang von G ist $2l$. Ist d_λ der grösste gemeinsame Divisor der Determinanten λten Grades von G, so findet man entweder wie in §. 5, oder auch mit Hülfe des Satzes IV, §. 6

$$(2.)\quad d_{2\lambda} = (e_2 e_4 \cdots e_{2\lambda})^2 = (f_1^\lambda f_2^{\lambda-1} \cdots f_\lambda)^2$$

$$(3.)\quad d_{2\lambda} = e_{2\lambda}\, d_{2\lambda-1}, \quad d_{2\lambda-1} = e_{2\lambda}\, d_{2\lambda-2}.$$

Mithin ist

$$(4.)\quad d_{2\lambda}\, d_{2\lambda-2} = d_{2\lambda-1}^2,$$

oder wenn man $\dfrac{d_\lambda}{d_{\lambda-1}} = e_\lambda$ setzt,

$$(5.)\quad e_{2\lambda} = e_{2\lambda-1}.$$

Da die der Form G äquivalente Form A denselben Rang und dieselben Elementartheiler besitzt, so ergeben sich folglich die Sätze:

I. *In einer schiefen Determinante ist der 2λte Elementartheiler dem $(2\lambda-1)$ten gleich, also der Rang stets eine gerade Zahl.*

II. *In einer schiefen Determinante ist der grösste gemeinsame Divisor der Unterdeterminanten desselben paaren Grades ein Quadrat.*

---

*) Man kann die beiden obigen Transformationen in eine zusammenziehen, indem man nach §. 2 die Zahlen $p_{3\alpha}, \ldots p_{n\alpha}$ so bestimmt, dass $\sum\limits_\beta \dfrac{a_{\alpha\beta}}{f_1} p_{2\beta}$ der Coefficient von $p_{1\alpha}$ und $\sum\limits_\alpha \dfrac{a_{\alpha\beta}}{f_1} p_{1\alpha}$ der Coefficient von $p_{2\beta}$ in der Determinante $n$ten Grades $|p_{\alpha\beta}| = 1$ wird.

III. *Sind zwei alternirende Formen äquivalent, so können sie durch cogrediente Substitutionen in einander transformirt werden.*

Die Einfachheit des letzten Satzes scheint um so bemerkenswerther, je complicirter die Bedingungen sind, unter denen zwei symmetrische bilineare Formen durch cogrediente Substitutionen in einander transformirt werden können.

§. 8. Lineare Gleichungen.

Das in den §§. 5 und 6 gewonnene Ergebniss lässt sich auch folgendermassen ausdrücken: Seien

$$A_\alpha = a_{\alpha 1}\, x_1 + a_{\alpha 2}\, x_2 + \cdots + a_{\alpha n}\, x_n \quad (\alpha = 1, 2, \ldots m)$$

m Linearformen der Variabeln $x_1, x_2, \ldots x_n$, und seien A'_α m lineare Verbindungen derselben, durch welche sich auch umgekehrt die Formen A_α (ganzzahlig) ausdrücken lassen

$$A_\alpha = b_{\alpha 1}\, A'_1 + b_{\alpha 2}\, A'_2 + \cdots + b_{\alpha m}\, A'_m.$$

Anstatt der gegebenen Variabeln mögen ferner durch eine unimodulare Substitution

$$x'_\beta = c_{\beta 1}\, x_1 + c_{\beta 2}\, x_2 + \cdots + c_{\beta n}\, x_n \quad (\beta = 1, 2, \ldots n)$$

n neue Variabeln eingeführt werden. Ist nun l der Rang des Systems A der Coefficienten $a_{\alpha\beta}$ und bilden die l Zahlen h_λ irgend ein System zusammengesetzter Elementartheiler von A, so kann man jene beiden Umformungen so wählen, dass

$$A'_\lambda = h_\lambda\, x'_\lambda, \quad A'_{l+\mu} = 0 \quad (\lambda = 1, 2, \ldots l)$$

wird. Man kann sie z. B. so einrichten, dass h_λ der λte Elementartheiler von A wird, also h_λ durch $h_{\lambda-1}$ theilbar. In dem Coefficientensystem der l Linearformen

$$x'_\lambda = c_{\lambda 1}\, x_1 + c_{\lambda 2}\, x_2 + \cdots + c_{\lambda n}\, x_n \quad (\lambda = 1, 2, \ldots l)$$

haben die Determinanten $l$ten Grades keinen Divisor gemeinsam, weil die Determinante $n$ten Grades $|c_{\alpha\beta}| = \pm 1$ eine homogene lineare Function jener Determinanten ist. Ebenso haben in den Gleichungen

$$A_\alpha = b_{\alpha 1}\, A'_1 + b_{\alpha 2}\, A'_2 + \cdots + b_{\alpha l}\, A'_l$$

die Determinanten $l$ten Grades der Coefficienten keinen Divisor gemeinsam. Es ergeben sich also die Sätze:

I. *Ist l der Rang des Systems der m Linearformen*

$$A_\alpha = a_{\alpha 1} x_1 + a_{\alpha 2} x_2 + \cdots + a_{\alpha n} x_n,$$

und sind h_λ irgend l zusammengesetzte Elementartheiler derselben,

1) *so können die Formen durch unimodulare Substitutionen in*

$$A_\alpha = b_{\alpha 1} h_1 x'_1 + b_{\alpha 2} h_2 x'_2 + \cdots + b_{\alpha l} h_l x'_l$$

transformirt werden, wo die Determinanten $l$ten Grades des Coefficientensystems $b_{\alpha\lambda}$ keinen Divisor gemeinsam haben;

2) *so giebt es l lineare Verbindungen dieser Formen*

$$A'_\lambda = h_\lambda (c_{\lambda 1} x_1 + c_{\lambda 2} x_2 + \cdots + c_{\lambda n} x_n),$$

in denen die Determinanten $l$ten Grades der Coefficienten $c_{\lambda\beta}$ keinen Divisor gemeinsam haben, und aus denen sich auch umgekehrt die m Formen A_α linear zusammensetzen lassen.

Diese Sätze bilden die Grundlage für die Theorie der (ganzzahligen) linearen Gleichungen.

Sei zunächst $m > n = l$. Angenommen, die Werthe der m Formen A_α sind ganze Zahlen, während die Variabeln gebrochene Werthe haben $x_\beta = \frac{a_\beta}{a}$, wo $a, a_1, \ldots a_n$ keinen Theiler gemeinsam haben. Dann sind auch die Werthe der n Formen $A'_\beta = h_\beta x'_\beta$ $(\beta = 1, 2, \ldots n)$ ganze Zahlen, während $x'_\beta = \frac{a'_\beta}{a}$ ist, wo $a, a'_1, \ldots a'_n$ keinen Theiler gemeinsam haben. Da (§. 6) der $n$te Elementartheiler e_n von A das kleinste gemeinschaftliche Vielfache der n Zahlen h_β ist, so sind folglich auch die n Zahlen $e_n \frac{a'_\beta}{a}$ ganz, und daher ist a ein Divisor von e_n. Ist $h_\lambda = e_\lambda$, so sind die Werthe der Formen A'_β ganze Zahlen, wenn man $x'_n = \frac{1}{e_n}$ und sonst $x'_\beta = 0$ setzt. Es giebt also wirklich Brüche mit dem Generalnenner e_n, für welche die Formen A_α ganzzahlige Werthe annehmen. Da, falls $l < n$ ist, $e_n = 0$ ist, so gilt allgemein der Satz:

II. *Werden mehrere homogene lineare Functionen von n Variabeln ganzen Zahlen gleich, wenn man für die Variabeln Brüche setzt, so ist der $n$te Elementartheiler ihres Coefficientensystems durch den Generalnenner dieser Brüche theilbar.*

Sei zweitens $n > m = l$, seien also

$$A_\alpha = a_{\alpha 1}\, x_1 + a_{\alpha 2}\, x_2 + \cdots + a_{\alpha n}\, x_n = 0 \quad (\alpha = 1, 2, \ldots m)$$

m unabhängige lineare Gleichungen. Dieselben kann man durch m unabhängige lineare Verbindungen ersetzen, also auf die Form

$$h_\alpha\, (c_{\alpha 1}\, x_1 + c_{\alpha 2}\, x_2 + \cdots + c_{\alpha n}\, x_n) = 0$$

oder

$$C_\alpha = c_{\alpha 1}\, x_1 + c_{\alpha 2}\, x_2 + \cdots + c_{\alpha n}\, x_n = 0$$

bringen, wo die Determinanten $m$ten Grades der Coefficienten $c_{\alpha\beta}$ keinen Divisor gemeinsam haben. Diese Gleichungen haben $n-m$ unabhängige Lösungen

$$x_1 = b_{1\beta}, \quad x_2 = b_{2\beta}, \ldots \quad x_n = b_{n\beta}, \quad (\beta = 1, 2, \ldots n-m)$$

die man als ganze Zahlen voraussetzen kann. Die allgemeinste rationale Lösung ist dann

$$(1.) \qquad x_1 = \Sigma\, b_{1\beta}\, z_\beta, \quad x_2 = \Sigma\, b_{2\beta}\, z_\beta, \ldots\, x_n = \Sigma\, b_{n\beta}\, z_\beta,$$

wo die Grössen z_β beliebige rationale Zahlen sind. Die $n-m$ linearen Gleichungen

$$B_\beta = b_{1\beta}\, x_1 + b_{2\beta}\, x_2 + \cdots + b_{n\beta}\, x_n = 0$$

habe ich (d. J. Bd. 82, S. 236) den m Gleichungen $A_\alpha = 0$ *adjungirt* genannt. In zwei adjungirten Gleichungssystemen bilden die Coefficienten des einen ein vollständiges System unabhängiger Lösungen des andern. Ohne diese Beziehung zu ändern, kann man die Gleichungen $B_\beta = 0$ durch $n-m$ beliebige unabhängige lineare Verbindungen

$$D_\beta = d_{1\beta}\, x_1 + d_{2\beta}\, x_2 + \cdots + d_{n\beta}\, x_n = 0$$

ersetzen, z. B. durch solche, dass die Determinanten $(n-m)$ten Grades der Coefficienten $d_{\alpha\beta}$ keinen Divisor gemeinsam haben. Alle rationalen Lösungen der gegebenen Gleichungen werden dann auch durch die Formeln

$$(2.) \qquad x_1 = \Sigma\, d_{1\beta}\, z_\beta, \quad x_2 = \Sigma\, d_{2\beta}\, z_\beta, \ldots\, x_n = \Sigma\, d_{n\beta}\, z_\beta$$

dargestellt. Sind die Grössen z_β ganze Zahlen, so sind auch die Lösungen (1.) oder (2.) ganze Zahlen. Stellen die Formeln (1.) auch ganzzahlige Lösungen dar, wenn man den Grössen z_β gebrochene Werthe ertheilt, so ist der Generalnenner dieser Brüche ein Divisor des $(n-m)$ten Elementartheilers des Coefficientensystems $b_{\alpha\beta}$. Da der $(n-m)$te Elementartheiler des Coefficientensystems $d_{\alpha\beta}$ gleich eins ist, so müssen die Formeln (2.) sämmtliche ganzzahligen Lösungen für ganzzahlige Werthe der Grössen z_β darstellen. Mehrere ganzzahlige Lösungen bilden ein *Fundamentalsystem,* wenn man jede ganzzahlige Lösung aus ihnen zusammensetzen kann, indem man sie mit ganzen Zahlen multiplicirt und addirt. Demnach ergiebt sich der Satz:

III. *Damit mehrere Lösungen von m unabhängigen homogenen linearen Gleichungen zwischen n Unbekannten ein Fundamentalsystem bilden, ist nothwendig und hinreichend, dass die Determinanten $(n-m)$ten Grades, die sich aus ihnen bilden lassen, keinen Divisor gemeinsam haben.*

Dabei kann die Anzahl der Lösungen gleich $n-m$ oder auch grösser als $n-m$ sein.

Endlich will ich ein Bild von der Gesammtheit der Werthe entwerfen, welche m lineare Formen für ganzzahlige Werthe der Variabeln annehmen können, also die Bedingungen suchen, unter denen die m nicht homogenen linearen Gleichungen

$$(3.) \qquad a_{\alpha 0} + a_{\alpha 1} x_1 + a_{\alpha 2} x_2 + \cdots + a_{\alpha n} x_n = 0$$

durch ganzzahlige Werthe der Unbekannten befriedigt werden. Sei A das System der Coefficienten $a_{\alpha 1}, \ldots a_{\alpha n}$ und C das der Coefficienten $a_{\alpha 0}$, $a_{\alpha 1}, \ldots a_{\alpha n}$ $(\alpha = 1, 2, \ldots m)$. Ich nehme irgend μ der m Gleichungen (3.) und bilde aus ihren Coefficienten alle Determinanten μten Grades. Eine solche Determinante kann dann, wenn sie dem System C und nicht dem System A angehört, wenn sie also Elemente $a_{\alpha 0}$ enthält, vermöge der Gleichungen (3.) als eine lineare Verbindung von Determinanten von A dargestellt werden. In den betrachteten μ Gleichungen ist also der grösste gemeinsame Divisor der Determinanten μten Grades von C ebenso gross (d. h. nicht kleiner) wie derjenige der Determinanten μten Grades von A. Daher ist auch der grösste gemeinsame Divisor aller Determinanten μten Grades von C gleich dem aller Determinanten μten Grades von A, und der Rang von C gleich dem Range l von A. Diese Bedingungen sind aber nicht von einander unabhängig, sondern es gilt der Satz: (Für den Fall $l=m$ vgl. *Sm.* p. 310.)

IV. *Damit mehrere nicht homogene lineare Gleichungen durch ganzzahlige Werthe der Unbekannten befriedigt werden können, ist nothwendig und hinreichend, dass der Rang l und der grösste gemeinsame Divisor der Determinanten lten Grades des Systems der Coefficienten der Unbekannten nicht geändert wird, wenn zu diesem System noch die constanten Glieder der Gleichungen hinzugefügt werden.*

Indem man die gegebenen Gleichungen durch lineare Verbindungen ersetzt und die Variabeln durch eine unimodulare Substitution transformirt, kann man sie auf die Gestalt

$$(4.)\qquad a_1 + h_1 x'_1 = 0, \ldots\ a_l + h_l x'_l = 0,\quad a_{l+1} = 0, \ldots\ a_m = 0$$

bringen, wo die Zahlen a_α lineare Verbindungen der Zahlen $a_{\alpha 0}$ sind. Bei dieser Umformung bleibt (§. 1) der Rang von A und von C, und der grösste gemeinsame Divisor der Determinanten λten Grades von A und von C ungeändert. Da nun der Rang von C gleich l vorausgesetzt ist, so müssen auch in dem transformirten System die Determinanten $(l+1)$ten Grades

$$h_1 h_2 \ldots h_l\, a_{l+1}, \ldots\quad h_1 h_2 \ldots h_l\, a_m$$

verschwinden, also, weil $h_1 h_2 \ldots h_l = d_l$ von Null verschieden ist, $a_{l+1}, \ldots a_m$ gleich Null sein. Demnach enthalten die Gleichungen (4.) keinen Widerspruch, und ihre Auflösung ist in rationalen Zahlen möglich. Die von Null verschiedenen Determinanten $l$ten Grades des transformirten Systems C sind

$$h_1 h_2 h_3 \ldots h_l,\ a_1 h_2 h_3 \ldots h_l,\ h_1 a_2 h_3 \ldots h_l, \ldots h_1 h_2 \ldots h_{l-1}\, a_l.$$

Da nach der Annahme ihr grösster gemeinsamer Divisor gleich $h_1 h_2 \ldots h_l$ sein soll, so muss a_1 durch h_1, a_2 durch $h_2, \ldots\ a_l$ durch h_l theilbar sein. Folglich werden die Gleichungen (4.), also auch die Gleichungen (3.) durch ganzzahlige Werthe der Unbekannten befriedigt. Ist $d_l = 1$, so ergiebt sich die Folgerung:

V. *Mehrere homogene lineare Functionen können, wenn in ihrem Coefficientensystem diejenigen Determinanten keinen Divisor gemeinsam haben, deren Grad gleich dem Range des Systems ist, alle ganzzahligen Werthe, welche den zwischen ihnen bestehenden linearen Relationen genügen, für ganzzahlige Werthe der Variabeln annehmen.*

Ich will den Satz IV. noch auf einem andern Wege beweisen, mich aber dabei auf den Fall beschränken, dass die m Formen A_α unabhängig sind, also $l = m \leqq n$ ist. Geht die Form $A = \Sigma a_{\alpha\beta} x_\alpha y_\beta$ durch die unimodularen Substitutionen

$$x'_\gamma = \sum_\alpha b_{\alpha\gamma} x_\alpha, \quad y'_\gamma = \sum_\beta c_{\gamma\beta} y_\beta$$

in $H = \Sigma h_\gamma x'_\gamma y'_\gamma$ über, so ist $a_{\alpha\beta} = \sum_\gamma b_{\alpha\gamma} h_\gamma c_{\gamma\beta}$, also

$$\begin{vmatrix} a_{11} & \cdots & a_{1n} \\ \cdot & \cdots & \cdot \\ a_{m1} & \cdots & a_{mn} \\ c_{m+1,1} & \cdots & c_{m+1,n} \\ \cdot & \cdots & \cdot \\ c_{n1} & \cdots & c_{nn} \end{vmatrix} = \begin{vmatrix} b_{11}h_1 & \cdots b_{1m}h_m & 0 \cdots 0 \\ \cdot & \cdots\cdot & \cdots\cdots \\ b_{m1}h_1 & \cdots b_{mm}h_m & 0 \cdots 0 \\ 0 & \cdots \; 0 & 1 \cdots 0 \\ \cdot & \cdots \; \cdot & \cdots\cdots \\ 0 & \cdots \; 0 & 0 \cdots 1 \end{vmatrix} \begin{vmatrix} c_{11} & \cdots & c_{1n} \\ \cdot & \cdots & \cdot \\ \cdot & \cdots & \cdot \\ \cdot & \cdots & \cdot \\ \cdot & \cdots & \cdot \\ c_{n1} & \cdots & c_{nn} \end{vmatrix} = h_1 h_2 \cdots h_m = d_m.$$

II. *Sind m Zeilen von je $n (> m)$ ganzen Zahlen gegeben, so kann man zu ihnen $n-m$ Zeilen von je n ganzen Zahlen so hinzufügen, dass die Determinante $n$ten Grades des ganzen Zahlensystems gleich dem grössten gemeinsamen Divisor der Determinanten $m$ten Grades des gegebenen Systems wird.*

Sei nun in den Gleichungen (3.) der Rang von A, also auch der von C, gleich m und der grösste gemeinsame Divisor der Determinanten $m$ten Grades von A sowohl, wie von C, gleich d. Zu den m Zeilen von je n Elementen

$$a_{\alpha 1}, a_{\alpha 2}, \cdots a_{\alpha n} \quad (\alpha = 1, 2, \ldots m)$$

füge man $n-m$ Zeilen von je n Elementen

$$a_{\beta 1}, a_{\beta 2}, \cdots a_{\beta n} \quad (\beta = m+1, \ldots n)$$

so hinzu, dass die Determinante $n$ten Grades $|a_{\alpha\beta}| = d$ wird. Dann bestimme man die Unbekannten x_β aus den m Gleichungen (3.) verbunden mit den $n-m$ Gleichungen

$$a_{\beta 0} + a_{\beta 1} x_1 + a_{\beta 2} x_2 + \cdots + a_{\beta n} x_n = 0 \quad (\beta = m+1, \ldots n),$$

wo $a_{\beta 0}$ willkürliche Zahlen sind. So findet man

$$d\, x_\beta = -|a_{\gamma 1}, \cdots a_{\gamma,\beta-1}, a_{\gamma 0}, a_{\gamma,\beta+1}, \cdots a_{\gamma n}|.$$

Diese Determinante ist aber eine homogene lineare Verbindung von Determinanten $m$ten Grades des Systems C, also durch d theilbar. Mithin ist x_β eine ganze Zahl. Dies ist zugleich die allgemeinste Lösung der Gleichungen (3.) mit den $n-m$ willkürlichen Constanten $a_{m+1,0}, \ldots a_{n0}$, und falls $a_{10} = \cdots = a_{m0} = 0$ ist, die allgemeinste ganzzahlige Lösung der homogenen Gleichungen $A_\alpha = 0$.

§. 9. Moduln.

Wenn in einem System von m unabhängigen Linearformen

$$K_\alpha = k_{\alpha 1} y_1 + k_{\alpha 2} y_2 + \cdots + k_{\alpha p} y_p \quad (\alpha = 1, 2, \ldots, m)$$

der grösste gemeinsame Divisor r der Determinanten $m$ten Grades grösser als 1 ist, so können dieselben nicht alle ganzen Zahlen für ganzzahlige Werthe der Variabeln darstellen. Die Gesammtheit der Werthsysteme, welche durch diese Formen dargestellt werden können, heisst ein Modul*) und wird mit demselben Buchstaben K bezeichnet werden, wie das System der Coefficienten $k_{\alpha\beta}$. Die Zahl m heisst der Rang des Moduls K. Jedes System von m Zahlen, welches durch die Formen K_α dargestellt werden kann, heisst congruent 0 (mod. K). Zwei Zahlensysteme a_α, b_α heissen *congruent* (mod. K), in Zeichen $a_\alpha \equiv b_\alpha$ (mod. K), wenn $a_\alpha - b_\alpha \equiv 0$ (mod. K) ist, wenn also die ganzen Zahlen y_β so bestimmt werden können, dass

$$a_\alpha = b_\alpha + k_{\alpha 1} y_1 + k_{\alpha 2} y_2 + \cdots + k_{\alpha p} y_p$$

ist. Wenn dies nicht möglich ist, so heissen die beiden Zahlensysteme *incongruent* (mod. K). Der Modul K bleibt ungeändert, wenn die Variabeln y_β durch eine unimodulare Substitution transformirt werden. Dadurch kann man stets erreichen, dass die Anzahl p der Variabeln y_β gleich dem Range m des Moduls K wird. Ist $K_\alpha = k y_\alpha$, so bezeichne ich den Modul K einfach mit k, nenne also zwei Zahlensysteme a_α, b_α congruent (mod. k), wenn $a_\alpha \equiv b_\alpha$ (mod. k) ist.

Sei die Determinante $m$ten Grades $|p_{\alpha\beta}| = \pm 1$ und sei K' der von den m Linearformen

$$K'_\alpha = p_{\alpha 1} K_1 + p_{\alpha 2} K_2 + \cdots + p_{\alpha m} K_m$$

gebildete Modul. Lässt man jedem Systeme von m ganzen Zahlen x_α durch die Gleichungen

$$(1.) \qquad x'_\alpha = p_{\alpha 1} x_1 + p_{\alpha 2} x_2 + \cdots + p_{\alpha m} x_m$$

ein System von m ganzen Zahlen x'_α entsprechen, und entsprechen den

*) *Dedekind, Sur la théorie des nombres entiers algébriques, Paris* 1877. §. 1. Ich werde diese Schrift im folgenden mit *Dk.* citiren.

Zahlensystemen a_α, b_α die Systeme a'_α, b'_α, so entspricht dem Systeme $a_\alpha - b_\alpha$ das System $a'_\alpha - b'_\alpha$. Ist $a_\alpha \equiv b_\alpha$ (mod. K), so ist $a'_\alpha \equiv b'_\alpha$ (mod. K') und umgekehrt; folglich müssen auch, wenn a_α und b_α (mod. K) incongruent sind, a'_α und b'_α (mod. K') incongruent sein. Die Anzahl der (mod. K) incongruenten Zahlensysteme ist daher der Anzahl der (mod. K') incongruenten gleich. Nun kann man durch passende Wahl der Formen K'_α und ihrer Variabeln erreichen, dass $K'_\alpha = k_\alpha y'_\alpha$ wird, wo $k_1 k_2 \ldots k_m = r$ der grösste gemeinsame Divisor der Determinanten $m$ten Grades von K ist. Alle (mod. K') incongruenten Zahlensysteme erhält man aber, indem man x'_α ein vollständiges Restsystem mod. k_α durchlaufen lässt. Die Anzahl derselben ist also gleich $k_1 k_2 \ldots k_m = r$.

I. *In Bezug auf einen Modul, der von m unabhängigen Linearformen gebildet wird, ist die Anzahl der incongruenten Zahlensysteme gleich dem grössten gemeinsamen Divisor der Determinanten $m$ten Grades, die sich aus den Coefficienten der Formen bilden lassen.*

Der $m$te Elementartheiler k von K ist das kleinste gemeinschaftliche Vielfache von $k_1, k_2, \ldots k_m$. Entsprechen m beliebigen Zahlen x_α durch die Gleichungen (1.) die Zahlen x'_α, so entsprechen den Zahlen $k x_\alpha$ die Zahlen $k x'_\alpha$. Ist nun $K'_\alpha = k_\alpha y'_\alpha$, so ist $k x'_\alpha \equiv 0$ mod. K' und daher auch $k x_\alpha \equiv 0$ mod. K. Daraus folgt:

II. *Ist k der $m$te Elementartheiler des Moduls K vom Range m, so sind je zwei Zahlensysteme, welche (mod. k) congruent sind, auch (mod. K) congruent.*

Unter den unzählig vielen Zahlensystemen, welche die m linearen Formen

$$A_\alpha = a_{\alpha 1} x_1 + a_{\alpha 2} x_2 + \cdots + a_{\alpha n} x_n$$

darstellen können, sind nur eine endliche Anzahl (mod. K) incongruent, weil es überhaupt nur r (mod. K) incongruente Zahlensysteme giebt. Diese Anzahl wird, wenn A das System der Coefficienten der Formen A_α ist, mit (A, K) bezeichnet. Ebenso wird die Anzahl der (mod. k) incongruenten Zahlensysteme, welche die Formen A_α darstellen können, mit (A, k) bezeichnet. (*Dk.* §. 2, p. 15.) Diese Zahl bleibt ungeändert, wenn für $x_1, \ldots x_n$ durch unimodulare Substitutionen neue Variable eingeführt werden. Ist ferner D das System der Coefficienten der m Formen

$$D_\alpha = a_{\alpha 1}\, x_1 + \cdots + a_{\alpha n}\, x_n + k_{\alpha 1}\, x_{n+1} + \cdots + k_{\alpha p}\, x_{n+p},$$

so ist $(\boldsymbol{A}, \boldsymbol{K}) = (\boldsymbol{D}, \boldsymbol{K})$. [*Dk.* §. 2 : $(\mathfrak{b}, \mathfrak{a}) = (\mathfrak{d}, \mathfrak{a})$]. Denn für jedes Werthsystem der Variabeln stellen die Formen $\boldsymbol{A}_\alpha$ und $\boldsymbol{D}_\alpha$ zwei Zahlensysteme dar, welche (mod. $\boldsymbol{K}$) congruent sind. Ist die Determinante $m$ten Grades $|p_{\alpha\beta}| = \pm 1$ und $\boldsymbol{D}'$ das System der Coefficienten der m Formen

$$D'_\alpha = p_{\alpha 1}\, D_1 + p_{\alpha 2}\, D_2 + \cdots + p_{\alpha m}\, D_m$$

und $\boldsymbol{K}'$ der von den m Formen

$$K'_\alpha = p_{\alpha 1}\, K_1 + p_{\alpha 2}\, K_2 + \cdots + p_{\alpha m}\, K_m$$

gebildete Modul, so ist $(\boldsymbol{A}, \boldsymbol{K}) = (\boldsymbol{A}', \boldsymbol{K}')$. Denn jedem durch die Formen $\boldsymbol{D}_\alpha$ darstellbaren Zahlensysteme entspricht ein durch die Formen $\boldsymbol{D}'_\alpha$ darstellbares und die Differenzen von zwei durch die Formen $\boldsymbol{D}_\alpha$ darstellbaren Zahlensystemen können durch die Formen $\boldsymbol{K}_\alpha$ dargestellt werden, oder nicht, je nachdem die Differenzen der entsprechenden Zahlensysteme durch die Formen $\boldsymbol{K}'_\alpha$ darstellbar sind oder nicht. Nach §. 8, I. kann man aber die Substitutionscoefficienten $p_{\alpha\beta}$ so wählen, dass

$$D'_\alpha = h_\alpha\, (a'_{\alpha 1}\, x_1 + \cdots + a'_{\alpha n}\, x_n + k'_{\alpha 1}\, x_{n+1} + \cdots + k'_{\alpha p}\, x_{n+p}) = h_\alpha\, D''_\alpha,$$

und folglich

$$K'_\alpha = h_\alpha\, (k'_{\alpha 1}\, y_1 + \cdots + k'_{\alpha p}\, y_p) = h_\alpha\, K''_\alpha$$

wird, wo $h_1\, h_2 \ldots h_m = s$ der grösste gemeinsame Divisor der Determinanten $m$ten Grades von $\boldsymbol{D}$ ist, und die Determinanten $m$ten Grades des Coefficientensystems der Formen $\boldsymbol{D}''_\alpha$ keinen Divisor gemeinsam haben. Durch die Formen $\boldsymbol{D}''_\alpha$ kann daher nach §. 8, V. jedes beliebige System von m Zahlen b_α dargestellt werden. Damit folglich die Zahlen c_α durch die Formen $\boldsymbol{D}'_\alpha$ darstellbar seien, ist nothwendig und hinreichend, dass c_α durch h_α theilbar, also $c_\alpha = h_\alpha\, b_\alpha$ sei. Sind ferner a_α und b_α zwei ganz beliebige Zahlensysteme, also $h_\alpha\, a_\alpha$ und $h_\alpha\, b_\alpha$ irgend zwei durch die Formen $\boldsymbol{D}'_\alpha$ darstellbare Zahlensysteme, so sind die Differenzen $h_\alpha\, (a_\alpha - b_\alpha)$ durch die Formen $\boldsymbol{K}'_\alpha = h_\alpha\, \boldsymbol{K}''_\alpha$ darstellbar oder nicht, je nachdem die Zahlen $a_\alpha - b_\alpha$ durch die Formen $\boldsymbol{K}''_\alpha$ dargestellt werden können oder nicht. Folglich ist $(\boldsymbol{D}', \boldsymbol{K}')$ gleich der Anzahl der (mod. $\boldsymbol{K}''$) incongruenten Zahlensysteme, also nach Satz I. gleich dem grössten gemeinsamen Divisor der Determinanten $m$ten Grades des Coefficientensystems der Formen $\boldsymbol{K}''_\alpha$.

Dieser aber ist gleich dem grössten gemeinsamen Divisor r der Determinanten $m$ten Grades von K', dividirt durch $h_1 h_2 \dots h_m = s$. Mithin ist

$$(A, K) = (D, K) = (D', K') = \frac{r}{s}.$$

III. *Ist* K *das System der Coefficienten der* m *unabhängigen Linearformen*

$$K_\alpha = k_{\alpha 1} y_1 + k_{\alpha 2} y_2 + \cdots + k_{\alpha p} y_p$$

und A *das System der Coefficienten der* m *Linearformen*

$$A_\alpha = a_{\alpha 1} x_1 + a_{\alpha 2} x_2 + \cdots + a_{\alpha n} x_n,$$

so wird die Anzahl (A, K) *der (mod.* K*) incongruenten Zahlensysteme, welche die Formen* A_α *darstellen können, gefunden, indem man den grössten gemeinsamen Divisor der Determinanten* m*ten Grades von* K *durch den grössten gemeinsamen Divisor der Determinanten* m*ten Grades des Systems*

$$a_{\alpha 1}, \cdots a_{\alpha n}, k_{\alpha 1}, \cdots k_{\alpha p} \quad (\alpha = 1, 2, \dots m)$$

dividirt.

Zu einer andern Formulirung dieses Resultats gelangt man durch die folgende Betrachtung: Ist $f(u, u_1, \dots u_n)$ eine ganze Function mit ganzzahligen Coefficienten, welche in Bezug auf jede der Variabeln u_α linear ist, so ist der grösste gemeinsame Divisor t aller durch diese Function darstellbaren Zahlen gleich dem grössten gemeinsamen Divisor der Coefficienten von f. Denn ist $f = u\, g(u_1, \dots u_n) + h(u_1, \dots u_n)$ für alle Werthe von u durch t theilbar, so erkennt man, indem man $u = 0$ und 1 setzt, dass g und h durch t theilbar sein müssen. Ist also die Behauptung für Functionen von n Variabeln richtig, so ist sie demnach auch für Functionen von $n + 1$ Variabeln bewiesen.

Man denke sich nun, nöthigenfalls durch Hinzufügung von Gliedern mit verschwindenden Coefficienten, die Anzahl n der Variabeln x_β gleich m oder grösser als m gemacht. Sind die willkürlichen ganzen Zahlen $u_{\alpha\beta}$ $(\alpha = 1, 2, \dots p;\ \beta = 1, 2, \dots n)$ die Elemente des Systems U, so sind $a_{\alpha\beta} + k_{\alpha 1} u_{1\beta} + k_{\alpha 2} u_{2\beta} + \cdots + k_{\alpha p} u_{p\beta}$ die Elemente des Systems $A + KU$. Alle Determinanten $m$ten Grades dieses Systems sind ganze Functionen der Variabeln $u_{\alpha\beta}$, welche in Bezug auf jede derselben linear sind, und deren Coefficienten die sämmtlichen Determinanten $m$ten Grades von D sind. Nach Satz III. folgt daraus:

IV. *Ist U eine willkürliche Form, so wird (A, K) gefunden, indem man den grössten gemeinsamen Divisor der Determinanten $m$ten Grades von K durch denjenigen aller Determinanten $m$ten Grades der sämmtlichen Formen $A + KU$ dividirt.*

Versteht man von nun an unter dem Zeichen (A, K) den Quotienten $\frac{r}{s}$ der grössten gemeinsamen Divisoren der Determinanten $m$ten Grades von K und D, so hat dasselbe auch für den Fall eine Bedeutung, wo die Coefficienten von A und K gebrochene Werthe haben (§. 5, Anm.). Ist G ein System von m^2 ganzen oder gebrochenen Zahlen $g_{\alpha\beta}$, dessen Determinante g von Null verschieden ist, und sind K', A', D' die Coefficientensysteme der linearen Formen

$$K'_\alpha = g_{\alpha 1} K_1 + g_{\alpha 2} K_2 + \cdots + g_{\alpha m} K_m,$$
$$A'_\alpha = g_{\alpha 1} A_1 + g_{\alpha 2} A_2 + \cdots + g_{\alpha m} A_m,$$
$$D'_\alpha = g_{\alpha 1} D_1 + g_{\alpha 2} D_2 + \cdots + g_{\alpha m} D_m,$$

ist also symbolisch

$$K' = GK, \quad A' = GA, \quad D' = GD,$$

so ist jede Determinante $m$ten Grades von K' oder D' gleich der analogen Determinante von K oder D, multiplicirt mit g. Folglich ist

$$(A', K') = \frac{gr}{gs} = \frac{r}{s} = (A, K).$$

V. *Ist die Determinante $m$ten Grades des Systems G, dessen Elemente ganze oder gebrochene Zahlen sind, von Null verschieden, so ist*

$$(A, K) = (GA, GK).$$

Ist in dem Modul K die Anzahl der Variabeln $p = m$, und ist $g_{\alpha\beta}$ der Coefficient von $k_{\beta\alpha}$ in der Determinante r des Systems K, dividirt durch r, also $G = K^{-1}$, und setzt man

$$(2.) \qquad g_{\alpha 1} a_{1\beta} + g_{\alpha 2} a_{2\beta} + \cdots + g_{\alpha m} a_{m\beta} = a'_{\alpha\beta},$$

so besteht das System $D' = K^{-1} D$ aus den Elementen

$$\begin{matrix} a'_{11} & a'_{12} & \cdots & a'_{1n} & 1 & 0 & \cdots & 0 \\ a'_{21} & a'_{22} & \cdots & a'_{2n} & 0 & 1 & \cdots & 0 \\ . & . & \cdots & . & . & . & \cdots & . \\ a'_{m1} & a'_{m2} & \cdots & a'_{mn} & 0 & 0 & \cdots & 1. \end{matrix}$$

Die Determinanten $m$ten Grades dieses Systems sind die Zahl 1 und die Determinanten aller Grade des Systems $A' = K^{-1} A$. Ist q der

Generalnenner dieser Brüche, so ist der grösste gemeinsame Divisor derselben, weil die Zahl 1 darunter ist, gleich $\frac{1}{q}$. Da die Determinante von K' gleich 1 ist, so ist folglich $(A', K') = q$. Es ergiebt sich also der Satz: (*Dk.* §. 4, 4°.)

VI. *Der Generalnenner der Determinanten aller Grade des Systems* $K^{-1}A$ *ist gleich* (A, K).

Ist r' der grösste gemeinsame Divisor der Determinanten $(m-1)$ten Grades und k der $m$te Elementartheiler von K, so ist $r = kr'$. Nimmt man jetzt für $g_{\alpha\beta}$ den Coefficienten von $k_{\beta\alpha}$ in r, dividirt durch r', setzt also $G = kK^{-1}$, so besteht das System D' unter Anwendung der Bezeichnung (2.) aus den Elementen

$$\begin{matrix} a'_{11} & a'_{12} & \cdots & a'_{1n} & k & 0 & \cdots & 0 \\ a'_{21} & a'_{22} & \cdots & a'_{2n} & 0 & k & \cdots & 0 \\ \cdot & \cdot & \cdots & \cdot & \cdot & \cdot & \cdots & \cdot \\ a'_{m1} & a'_{m2} & \cdots & a'_{mn} & 0 & 0 & \cdots & k, \end{matrix}$$

die sämmtlich ganze Zahlen sind.

VII. *Ist* k *der* m*te Elementartheiler des Moduls* K *vom Range* m, *so ist* $(A, K) = (kK^{-1}A, k)$.

Wir können uns daher im folgenden auf die Betrachtung des Moduls k beschränken. Für diesen ergeben sich zunächst aus den obigen allgemeinen Ergebnissen die speciellen Sätze:

VIII. *Der Generalnenner der Determinanten aller Grade, die sich aus den Elementen* $\frac{a_{\alpha\beta}}{k}$ *bilden lassen, ist gleich* (A, k).

IX. *Ist* d_λ *der grösste gemeinsame Divisor der Determinanten* λ*ten Grades von* A, *so ist* (A, k) *der Generalnenner der Brüche* $\frac{d_\lambda}{k^\lambda}$.

X. *Ist* l *der Rang von* A *oder grösser als derselbe, so wird* (A, k) *gefunden, indem man* k^l *durch den grössten gemeinsamen Divisor der Zahlen*

$$k^l,\ k^{l-1}d_1,\ k^{l-2}d_2, \cdots d_l$$

dividirt.

Sei $\frac{d_\lambda}{d_{\lambda-1}} = e_\lambda$ der λte Elementartheiler von A und sei a eine

Primzahl, welche in k und e_λ in den Graden $\varkappa$ und ε_λ enthalten ist. Da $\varepsilon_1 \leqq \varepsilon_2 \leqq \varepsilon_3 \leqq \cdots$ ist, so sei $\varepsilon_\nu < \varkappa \leqq \varepsilon_{\nu+1}$ (wo nöthigenfalls $\varepsilon_1 = 0$ und $\varepsilon_{l+1} = \infty$ gesetzt werden mag). Dann ist a in d_λ in der Potenz $\varepsilon_1 + \varepsilon_2 + \cdots + \varepsilon_\lambda = \delta_\lambda$ und in dem Nenner des reducirten Bruches $\frac{d_\lambda}{k^\lambda}$, falls $\varkappa\lambda > \delta_\lambda$ in der Potenz $(\varkappa-\varepsilon_1) + (\varkappa-\varepsilon_2) + \cdots + (\varkappa-\varepsilon_\lambda)$, sonst aber gar nicht enthalten. Der Exponent der Potenz von a, welche in den Generalnenner der Brüche $\frac{d_\lambda}{k^\lambda}$ aufgeht, ist daher die grösste der Zahlen

$$(\varkappa-\varepsilon_1),\ (\varkappa-\varepsilon_1) + (\varkappa-\varepsilon_2),\ (\varkappa-\varepsilon_1) + (\varkappa-\varepsilon_2) + (\varkappa-\varepsilon_3), \cdots,$$

oder falls diese Zahlen sämmtlich negativ sein sollten, gleich Null. Da aber $\varkappa-\varepsilon_1, \varkappa-\varepsilon_2, \cdots \varkappa-\varepsilon_\nu$ positiv, dagegen $\varkappa-\varepsilon_{\nu+1}, \varkappa-\varepsilon_{\nu+2}$ Null oder negativ sind, so ist $(\varkappa-\varepsilon_1) + (\varkappa-\varepsilon_2) + \cdots + (\varkappa-\varepsilon_\nu)$ die grösste jener Zahlen. Ist s_λ der grösste gemeinsame Divisor von k und e_λ, so ist a in $\frac{k}{s_\lambda}$ in der Potenz $\varkappa-\varepsilon_\lambda$ enthalten, falls $\lambda \leqq \nu$ ist, und gar nicht, falls $\lambda > \nu$ ist, mithin in dem Producte $\prod \left(\frac{k}{s_\lambda}\right)$ in der Potenz $(\varkappa-\varepsilon_1) + (\varkappa-\varepsilon_2) + \cdots + (\varkappa-\varepsilon_\nu)$. Folglich ist $(A, k) = \prod \left(\frac{k}{s_\lambda}\right)$ (vgl. *Sm.* p. 320). Bilden die l Zahlen h_λ irgend ein System zusammengesetzter Elementartheiler von A, und ist a in h_λ in der Potenz ϱ_λ enthalten, so sind die Zahlen ϱ_λ abgesehen von der Reihenfolge mit den Zahlen ε_λ identisch. Ist also p_λ der grösste gemeinsame Divisor von k und h_λ, so ist auch $(A, k) = \prod \left(\frac{k}{p_\lambda}\right)$.

XI. *Bilden die l Zahlen h_λ irgend ein System zusammengesetzter Elementartheiler der Form A vom Range l, und ist p_λ der grösste gemeinsame Divisor, q_λ das kleinste gemeinschaftliche Vielfache von k und h_λ, so ist*

$$(A, k) = \prod \left(\frac{k}{p_\lambda}\right) = \prod \left(\frac{q_\lambda}{h_\lambda}\right).$$

Ist z. B. $k = e_\mu$, so ist $s_\lambda = e_\lambda$, falls $\lambda < \mu$, und $s_\lambda = e_\mu$, falls $\lambda > \mu$, mithin $(A, k) = \frac{k^\mu}{e_1 e_2 \cdots e_\mu}$, also

$$(3.) \qquad (A, e_\mu) = \frac{e_\mu^\mu}{d_\mu} = \frac{e_\mu^{\mu-1}}{d_{\mu-1}}.$$

§. 10. Lineare Congruenzen.

Sei K der Modul, welcher von den m unabhängigen Linearformen

$$K_\alpha = k_{\alpha 1}\, y_1 + k_{\alpha 2}\, y_2 + \cdots + k_{\alpha p}\, y_p$$

gebildet wird. Der Einfachheit halber werde ich meistens voraussetzen, dass die Anzahl der Variabeln p derjenigen der Formen m gleich gemacht worden ist. Die Lösungen der m homogenen linearen Congruenzen

$$A_\alpha = a_{\alpha 1}\, x_1 + a_{\alpha 2}\, x_2 + \cdots + a_{\alpha n}\, x_n \equiv 0 \pmod{K}$$

sind die Werthe der Unbekannten x_β, welche den Gleichungen

$$D_\alpha = a_{\alpha 1}\, x_1 + \cdots + a_{\alpha n}\, x_n + k_{\alpha 1}\, y_1 + \cdots + k_{\alpha p}\, y_p = 0$$

Genüge leisten. Dieselben haben $n+p-m$, also wenn $p=m$ ist, n unabhängige (ganzzahlige) Lösungen

$$x_1 = b_{1\beta}, \cdots x_n = b_{n\beta},\ y_1 = l_{1\beta}, \cdots y_m = l_{m\beta}, \quad (\beta = 1, 2, \ldots n)$$

welche so gewählt werden können, dass die Determinanten $n$ten Grades, die aus ihnen gebildet werden können, keinen Divisor gemeinsam haben. Die Formeln

$$x_1 = \Sigma\, b_{1\beta}\, z_\beta, \cdots x_n = \Sigma\, b_{n\beta}\, z_\beta,\ y_1 = \Sigma\, l_{1\beta}\, z_\beta, \cdots y_m = \Sigma\, l_{m\beta}\, z_\beta$$

stellen dann alle ganzzahligen Lösungen der Gleichungen $D_\alpha = 0$ dar, wenn man für die Variabeln z_β alle möglichen ganzen Zahlen setzt. Mithin sind

$$x_1 = \Sigma\, b_{1\beta}\, z_\beta, \cdots x_n = \Sigma\, b_{n\beta}\, z_\beta$$

alle Lösungen der Congruenzen $A_\alpha \equiv 0$. Die Determinanten $m$ten Grades des Elementensystems

$$(D.) \quad a_{\alpha 1}, \cdots a_{\alpha n},\ k_{\alpha 1}, \cdots k_{\alpha m} \quad (\alpha = 1, \ldots m)$$

verhalten sich (d. J. Bd. 82, S. 237), wie die complementären Determinanten $n$ten Grades des Systems

$$(D'.) \quad b_{1\beta}, \cdots b_{n\beta},\ l_{1\beta}, \cdots l_{m\beta} \quad (\beta = 1, 2, \ldots n).$$

Die letzteren haben keinen Divisor gemeinsam. Ist also der grösste gemeinsame Divisor der ersteren gleich s, so ist jede Determinante $n$ten Grades von D' gleich der complementären Determinante $m$ten Grades von D, dividirt durch s. Ist daher r die Determinante $m$ten Grades des Systems K und q die Determinante $n$ten Grades $|b_{\alpha\beta}|$, so ist (vgl. *Dk.* §. 2 : $(\mathfrak{b}, \mathfrak{a}) = (\mathfrak{b}, \mathfrak{m})$)

$$q = \frac{r}{s} = (A, K).$$

Sind umgekehrt

$$x_1 = b_{1\beta}, \cdots x_n = b_{n\beta}$$

n (oder mehr) Lösungen der Congruenzen $A_\alpha \equiv 0$, deren Determinante (oder für die der grösste gemeinsame Divisor der Determinanten $n$ten Grades) gleich (A, K) ist, und sind

$$y_1 = l_{1\beta}, \cdots y_m = l_{m\beta}$$

die Werthe der Variabeln y_α, welche mit jenen zusammen den Gleichungen $D_\alpha = 0$ genügen, so erkennt man auf die nämliche Weise, dass die Determinanten $n$ten Grades des Systems D' keinen Divisor gemeinsam haben. Daraus folgt:

I. *Ein System homogener linearer Congruenzen zwischen n Unbekannten besitzt n Lösungen, deren Determinante gleich der Anzahl der incongruenten Werthe ist, welche die linken Seiten der Congruenzen annehmen können.*

II. *Damit sich aus mehreren Lösungen eines Systems von homogenen linearen Congruenzen zwischen n Unbekannten alle Lösungen linear zusammensetzen lassen, ist nothwendig und hinreichend, dass ihre Anzahl gleich n oder grösser als n ist, und dass der grösste gemeinsame Divisor der Determinanten n ten Grades, die sich aus ihnen bilden lassen, gleich der Anzahl der incongruenten Werthe ist, welche die linken Seiten der Congruenzen annehmen können.*

Die Lösungen der m nicht homogenen linearen Congruenzen

$$(1.) \qquad a_{\alpha 0} + a_{\alpha 1} x_1 + a_{\alpha 2} x_2 + \cdots + a_{\alpha n} x_n \equiv 0 \pmod{K}$$

sind die Lösungen der Gleichungen

$$(2.) \qquad a_{\alpha 0} + a_{\alpha 1} x_1 + \cdots + a_{\alpha n} x_n + k_{\alpha 1} y_1 + \cdots + k_{\alpha p} y_p = 0.$$

Ich bezeichne das Coefficientensystem der Congruenzen (1.) mit C, der Gleichungen (2.) mit F und behalte die Zeichen A und D in dem oben definirten Sinne bei. Die Systeme D und F haben denselben Rang m. Damit also die Gleichungen (2.) eine ganzzahlige Lösung besitzen, ist (§. 8, IV.) nothwendig und hinreichend, dass der grösste gemeinsame Divisor s der Determinanten $m$ten Grades von D demjenigen der Determinanten $m$ten Grades von F gleich ist. Dann ist $(A,K) = \frac{r}{s}$ und $(C,K) = \frac{r}{s}$, und mithin ist

$$(3.) \qquad (A, K) = (C, K)$$

die für die Lösbarkeit der Congruenzen (1.) erforderliche und genügende Bedingung (vgl. *Sm.* p. 320). Aus einer Lösung findet man alle andern, indem man zu ihr alle Lösungen der homogenen Congruenzen $A_\alpha \equiv 0$ hinzufügt.

III. *Damit das System der nicht homogenen linearen Congruenzen*

$$a_{\alpha 0} + a_{\alpha 1} x_1 + a_{\alpha 2} x_2 + \cdots + a_{\alpha n} x_n \equiv 0 \pmod{K}$$

eine Lösung besitze, ist nothwendig und hinreichend, dass die Anzahl der $(\text{mod.}\, K)$ *incongruenten Zahlensysteme, welche die Formen*

$$A_\alpha = a_{\alpha 1} x_1 + a_{\alpha 2} x_2 + \cdots + a_{\alpha n} x_n$$

darstellen können, ebenso gross ist, wie die Anzahl derer, welche durch die Formen

$$C_\alpha = a_{\alpha 0} x_0 + a_{\alpha 1} x_1 + \cdots + a_{\alpha n} x_n$$

darstellbar sind.

Diesen Satz kann man auch leicht beweisen, ohne die Theorie der linearen Gleichungen zu benutzen. Jedes durch die Formen A_α darstellbare Zahlensystem kann auch durch die Formen C_α dargestellt werden, indem man $x_0 = 0$ setzt. Daher ist $(A, K) \leqq (C, K)$. Haben nun die Congruenzen (1.) eine Lösung $x_\alpha = a_\alpha$, so ist

$$a_{\alpha 1}(x_1 - a_1 x_0) + \cdots + a_{\alpha n}(x_n - a_n x_0) \equiv a_{\alpha 0} x_0 + a_{\alpha 1} x_1 + \cdots + a_{\alpha n} x_n.$$

Jedes durch die Formen C_α darstellbare Zahlensystem ist also einem durch die Formen A_α darstellbaren congruent, und folglich ist $(A, K) = (C, K)$. Ist umgekehrt $(A, K) = (C, K)$, so muss jedes durch die Formen C_α darstellbare Zahlensystem einem durch die Formen A_α darstellbaren congruent sein. Denn sonst würde $(A, K) < (C, K)$ sein. Nun wird $C_\alpha = -a_{\alpha 0}$, wenn man $x_0 = -1$, $x_1 = \cdots = x_n = 0$ setzt. Folglich muss auch $A_\alpha \equiv -a_{\alpha 0}$ werden können.

Ist k der $m$te Elementartheiler von K, und $x_\alpha \equiv 0 \pmod{k}$, so ist auch

$$A_\alpha = a_{\alpha 1} x_1 + a_{\alpha 2} x_2 + \cdots + a_{\alpha n} x_n \equiv 0 \pmod{k}$$

und mithin (§. 9, II) auch $A_\alpha \equiv 0 \pmod{K}$. Man könnte daher zwei Lösungen der Congruenzen (1.), welche $(\text{mod.}\, k)$ congruent sind, nicht als verschieden zählen. Anstatt aber hierauf näher einzugehen, will ich zeigen, wie man überhaupt die Congruenzen (1.), in denen auch $a_{\alpha 0} = 0$ sein kann, auf andere in Bezug auf den Modul k zurückführen kann. Ist r die Determinante von K $(p=m)$, ist r' der grösste gemeinsame Divisor der Determinanten $(m-1)$ten Grades von K, also $r=kr'$, und ist $g_{\alpha\beta}$ der Coefficient von $k_{\beta\alpha}$ in r, dividirt durch r', so erhält man, indem man die Gleichungen (2.) der Reihe nach mit $g_{\alpha 1}, \cdots g_{\alpha m}$ multiplicirt und addirt

$$a'_{\alpha 0} + a'_{\alpha 1}\, x_1 + \cdots + a'_{\alpha n}\, x_n + k\, y_\alpha = 0,$$

wo

$$a'_{\alpha\beta} = g_{\alpha 1}\, a_{1\beta} + \cdots + g_{\alpha m}\, a_{m\beta}$$

ist. Diese Gleichungen oder, was auf dasselbe herauskommt, die Congruenzen

$$a'_{\alpha 0} + a'_{\alpha 1}\, x_1 + \cdots + a'_{\alpha n}\, x_n \equiv 0 \pmod{k}$$

werden, da die Determinante $|g_{\alpha\beta}|$ von Null verschieden ist, genau durch die nämlichen Werthe befriedigt, wie die Gleichungen (2.) oder die Congruenzen (1.). Wir können uns daher im folgenden auf die Betrachtung von Congruenzen (mod. k) beschränken.

Die Anzahl p der (mod. k) incongruenten Lösungen der homogenen linearen Congruenzen

$$A_\alpha = a_{\alpha 1}\, x_1 + a_{\alpha 2}\, x_2 + \cdots + a_{\alpha n}\, x_n \equiv 0 \pmod{k}$$

bezeichne ich mit $|A, k|$. Lässt man jede der n Variabeln x_β ein vollständiges Restsystem (mod. k) durchlaufen, so erhält man k^n Werthsysteme, unter denen immer Gruppen von p einander congruent sind. Die Anzahl der (mod. k) incongruenten Werthsysteme, welche die Formen A_α darstellen können, ist folglich $(A,k) = \frac{k^n}{p}$, oder es ist

$$(4.) \qquad |A, k|\, (A, k) = k^n.$$

Die nicht homogenen Congruenzen

$$(5.) \qquad a_{\alpha 0} + a_{\alpha 1}\, x_1 + \cdots + a_{\alpha n}\, x_n \equiv 0 \pmod{k}$$

haben $|A, k|$ oder 0 Lösungen, je nachdem $(A, k) = (C, k)$ oder $< (C, k)$ ist. Ist l der Rang von A, so ist der von C entweder l oder $l+1$. Sind d_λ und d'_λ die grössten gemeinsamen Divisoren der Determinanten λten Grades von A und C, so ist (A, k) gleich k^l, dividirt durch den grössten gemeinsamen Divisor der Zahlen k^l, $k^{l-1} d_1, \ldots d_l$, und (C, k) gleich k^{l+1}

dividirt durch den grössten gemeinsamen Divisor t der Zahlen k^{l+1}, $k^l d'_1, \cdots k d'_l$, d'_{l+1} (wo auch $d'_{l+1}=0$ sein kann). Nehmen wir jetzt an, dass d_l relativ prim zu k ist, so ist $(A,k)=k^l$. Da das System A einen Theil des Systems C bildet, so ist d'_λ ein Divisor von d_λ, also d'_l relativ prim zu k, und mithin ist t der grösste gemeinsame Divisor von k und d'_{l+1}. Damit nun $(A,k)=(C,k)$, also $k^l=\frac{k^{l+1}}{t}$, $t=k$ sei, ist erforderlich und genügend, dass d'_{l+1} durch k theilbar ist. Da d'_{l+1} durch d_l theilbar, und d_l relativ prim zu k ist, so ist dann schon $\frac{d'_{l+1}}{d_l}$ durch k theilbar. Der Gleichung (4.) zufolge ist für diesen Fall $|A,k|=k^{n-l}$.

IV. *Ist l der Rang des Systems der Coefficienten der Unbekannten in den nicht homogenen linearen Congruenzen*

$$a_{\alpha 0}+a_{\alpha 1}x_1+\cdots+a_{\alpha n}x_n\equiv 0 \pmod{k},$$

haben die Determinanten $l$ten Grades dieses Systems mit k keinen Divisor gemeinsam und sind die Determinanten $(l+1)$ten Grades des Systems aller Coefficienten durch k theilbar, so haben die Congruenzen k^{n-l} incongruente Lösungen.

Obwohl zur Lösung der Congruenzen (5.) die Entwicklungen des §. 3 vollständig ausreichen würden, so scheint es mir doch angemessener, dazu eine analoge Untersuchung zu benutzen, in welcher der Begriff der Gleichheit durchgängig durch den der Congruenz ersetzt ist (§. 11). Hier will ich nur noch die folgende Bemerkung hinzufügen: Ist l der Rang von A, und bilden die l Zahlen h_λ ein System zusammengesetzter Elementartheiler von A, so kann man die Congruenzen (5.) auf die Congruenzen

$$(6.)\qquad a_1+h_1x'_1\equiv 0,\cdots\; a_l+h_lx'_l\equiv 0,\; a_{l+1}\equiv 0,\cdots\; a_m\equiv 0 \pmod{k}$$

zurückführen, wie in §. 8 die Gleichungen (3.) in die Gleichungen (4.) transformirt worden sind. Ist der Rang von C auch gleich l, so ist $a_{l+\mu}=0$. Ist er nicht gleich l, so ist er gleich $l+1$. Der grösste gemeinsame Divisor der Determinanten $l$ten Grades von A ist $d=h_1h_2\cdots h_l$, der grösste gemeinsame Divisor d' der Determinanten $(l+1)$ten Grades von C ist derjenige der Zahlen $h_1\, h_2 \cdots h_l\, a_{l+\mu}$ $(\mu = 1, 2, \cdots m-l)$. Mithin ist $\frac{d'}{d}$ der grösste gemeinsame Theiler der Zahlen $a_{l+\mu}$. Damit nun die Congruenzen (6.) sich nicht widersprechen, müssen die Zahlen $a_{l+\mu}$ sämmtlich durch k theilbar sein, also auch ihr grösster gemeinsamer Divisor $\frac{d'}{d}$.

V. *Ist in einem System von nicht homogenen Congruenzen*

$$a_{\alpha 0} + a_{\alpha 1}\, x_1 + \cdots + a_{\alpha n}\, x_n \equiv 0$$

der Rang des Systems aller Coefficienten gleich $l+1$ *und der grösste gemeinsame Divisor der Determinanten* $(l+1)$*ten Grades gleich* d', *dagegen der Rang des Systems der Coefficienten der Unbekannten gleich* l *und der grösste gemeinsame Divisor der Determinanten* l*ten Grades in diesem Systeme gleich* d, *so haben die Congruenzen keine Lösung, wenn der Modul nicht in* $\frac{d'}{d}$ *aufgeht.*

Diese Bedingung ist, falls k relativ prim zu d ist, nach Satz IV. nicht nur nothwendig, sondern auch hinreichend, wie sich aus der Normalform (6.) leicht bestätigen lässt. Haben z. B. die $m+1$ Zahlen a_α und k keinen Divisor gemeinsam, und sind die Determinanten $a_\alpha\, b_\beta - a_\beta\, b_\alpha$ sämmtlich durch k theilbar, so haben die m Congruenzen $a_\alpha\, x \equiv b_\alpha$ (mod. k) eine und nur eine Lösung. Bestimmt man die Zahlen c_α und j so, dass $\Sigma\, a_\alpha\, c_\alpha + kj = 1$ wird, so ist $x \equiv \Sigma\, b_\alpha\, c_\alpha$. (*Arndt*, d. J. Bd. 56, S. 67). Mit Hülfe dieses Resultats lässt sich der Satz II, §. 3 auch folgendermassen beweisen: Da die Zahlen $a_{\alpha\beta}$ nicht sämmtlich verschwinden sollen, so sei a_{12} von Null verschieden und h der grösste gemeinsame Divisor der Zahlen $a_{11}, a_{12}, \ldots a_{1n}$. Weil nun nach der Voraussetzung jenes Satzes

$$a_{1\alpha}\, a_{2\beta} - a_{1\beta}\, a_{2\alpha} = a_{12}\, a_{\alpha\beta}$$

ist, so sind, wenn man $a_{12} = hk$ setzt, die Determinanten

$$\frac{a_{1\alpha}}{h}\, a_{2\beta} - \frac{a_{1\beta}}{h}\, a_{2\alpha} = k\, a_{\alpha\beta}$$

sämmtlich durch k theilbar. Daher kann man eine Zahl $x = a$ bestimmen, welche den n Congruenzen

$$\frac{a_{1\alpha}}{h}\, x \equiv a_{2\alpha} \pmod{k}$$

genügt.

Setzt man dann

$$a_{1\alpha} = h P_\alpha, \quad a_{2\alpha} h - a_{1\alpha} a = h k Q_\alpha,$$

so ist

$$h^2 k (P_\alpha Q_\beta - P_\beta Q_\alpha) = h (a_{1\alpha} a_{2\beta} - a_{1\beta} a_{2\alpha}) = h^2 k a_{\alpha\beta},$$

also (vgl. *Gauss,* D. A., §. 243)

$$a_{\alpha\beta} = P_\alpha Q_\beta - P_\beta Q_\alpha.$$

§. 11. Die Aequivalenz bilinearer Formen in Bezug auf einen Modul.

Zwei Formen $A = \Sigma a_{\alpha\beta} x_\alpha y_\beta$ und $G = \Sigma g_{\alpha\beta} x_\alpha y_\beta$ der Variabeln $x_1, \dots x_m;\ y_1, \dots y_n$ heissen *congruent* (mod. k), wenn $a_{\alpha\beta} \equiv g_{\alpha\beta}$ (mod. k) ist. Alle mit A congruenten Formen haben die Gestalt $A + kU$, wo $U = \Sigma u_{\alpha\beta} x_\alpha y_\beta$ eine Form mit willkürlichen Coefficienten ist. Wenn A durch die Substitutionen

$$(1.) \qquad x_\alpha = \sum_\gamma p_{\gamma\alpha} x'_\gamma, \quad y_\beta = \sum_\delta q_{\beta\delta} y'_\delta$$

in $B + kD$ übergeht, so wird auch jede mit A congruente Form $A + kU$ durch jene Substitutionen oder durch andere, deren Coefficienten ihren Coefficienten der Reihe nach congruent sind, in eine mit B congruente Form $B + kV$ transformirt. Um dies Verhältniss kurz bezeichnen zu können, will ich sagen, A gehe durch die Substitutionen

$$(2.) \qquad x_\alpha \equiv \sum_\gamma p_{\gamma\alpha} x'_\gamma, \quad y_\beta \equiv \sum_\delta q_{\beta\delta} y'_\delta \ (\text{mod. } k)$$

in B über, indem ich unter dem Zeichen $x_\alpha \equiv \Sigma p_{\gamma\alpha} x'_\gamma$ irgend eine der Substitutionen $x_\alpha = \Sigma (p_{\gamma\alpha} + k w_{\gamma\alpha}) x'_\gamma$ verstehe, deren Coefficienten und Determinanten (mod. k) congruent sind. Sei nun jede der beiden Substitutionsdeterminanten

$$|p_{\gamma\alpha}| = p, \quad |q_{\beta\delta}| = q$$

relativ prim zu k, sei

$$pp' \equiv 1, \quad qq' \equiv 1, \quad pp'qq' = 1 + kj,$$

und sei $r_{\alpha\gamma}$ $[s_{\delta\beta}]$ das Product aus p' $[q']$ in den Coefficienten, mit dem $p_{\gamma\alpha}$ $[q_{\beta\delta}]$ in der Determinante p $[q]$ multiplicirt ist. Dann geht $B + kD$ durch die Substitutionen

$$(3.) \qquad x'_\alpha = \sum_\gamma r_{\gamma\alpha} x_\gamma, \quad y'_\beta = \Sigma s_{\beta\delta} y_\delta,$$

deren Determinanten $p^{n-1}p'^{n}$ und $q^{n-1}q'^{n}$ relativ prim zu k sind, in

$$pp'qq'A = A + k(jA) = A + kC$$

über, oder B wird durch die Substitutionen

$$(4.)\qquad x'_{\alpha} \equiv \sum_{\gamma} r_{\gamma\alpha} x_{\alpha},\quad y'_{\beta} \equiv \sum_{\delta} s_{\beta\delta} y_{\delta}\ (\text{mod. } k)$$

in A transformirt. Die Gleichungen (3.) sind nicht die Lösungen der Gleichungen (1.), aber die Congruenzen (4.) sind, falls die Variabeln ganzzahlige Werthe haben, die Lösungen der Congruenzen (2.).

Zwei Formen, von denen jede in eine der andern congruente Form durch Substitutionen übergeführt werden kann, deren Determinanten relativ prim zum Modul k sind, heissen *äquivalent* (mod. k). Ist $A \equiv B$ (mod. k), so sind die beiden Formen auch (mod. k) äquivalent. Sind zwei Formen äquivalent (im Sinne des §. 1), so sind sie in Bezug auf jeden Modul äquivalent.

Eine Determinante λten Grades von $A+kU$ ist eine ganze Function der Variabeln $u_{\alpha\beta}$, welche in Bezug auf jede derselben linear ist. Der grösste gemeinsame Divisor aller Werthe dieser Function ist daher (§. 9) gleich dem grössten gemeinsamen Divisor ihrer Coefficienten. Diese aber sind 1) eine gewisse Determinante λten Grades d von A, 2) jede erste Unterdeterminante von d, multiplicirt mit k, 3) jede zweite Unterdeterminante von d, multiplicirt mit k^2, u. s. w., $\lambda+1$) die Zahl k^{λ}. Bildet man also für jede mit A congruente Form sämmtliche Determinanten λten Grades, so ist der grösste gemeinsame Divisor r_{λ} aller dieser Determinanten gleich demjenigen der Zahlen

$$(5.)\qquad d_{\lambda},\quad d_{\lambda-1}k,\quad d_{\lambda-2}k^2, \ldots k^{\lambda},$$

wo d_{λ} den grössten gemeinsamen Divisor der Determinanten λten Grades von A bezeichnet. Diese Zahl r_{λ} heisst der grösste gemeinsame Divisor der Determinanten λten Grades von A (mod. k). Da die Determinanten λten Grades aller mit A congruenten Formen sämmtlich durch $r_{\lambda-1}$ theilbar sind, so ist auch r_{λ} durch $r_{\lambda-1}$ theilbar. Der Quotient $\frac{r_{\lambda}}{r_{\lambda-1}} = s_{\lambda}$ heisst der λte Elementartheiler von A (mod. k). Ich werde beweisen, dass s_{λ} durch $s_{\lambda-1}$ theilbar ist. Ist $s_{l+1} \equiv 0$ (mod. k), s_l aber nicht, so heisst l der Rang von A (mod. k).

Sei nun B eine der Form A (mod. k) äquivalente Form und r'_λ der grösste gemeinsame Divisor der Determinanten λten Grades von B (mod. k). Ist U eine willkürliche Form und geht $A+kU$ durch die Substitutionen (1.) in $B+kV$ über, so wird $B+kV$ durch die Substitutionen (3.) in $(1+kj)(A+kU)$ transformirt. Folglich ist jede Determinante λten Grades der letzteren Form eine lineare Verbindung von Determinanten λten Grades der Form $B+kV$, also durch r'_λ theilbar. Daher ist auch der grösste gemeinsame Divisor der Determinanten λten Grades aller Formen $(1+kj)(A+kU)$, also $(1+kj)^\lambda r_\lambda$ durch r'_λ theilbar. Nun ist aber r'_λ ein Divisor von k^λ, also relativ prim zu $1+kj$, und mithin ist r_λ durch r'_λ theilbar. Da sich ebenso zeigen lässt, dass auch r'_λ durch r_λ theilbar ist, so muss folglich $r'_\lambda = r_\lambda$ sein. Die Zahlen r_λ und daher auch die Zahlen s_λ haben also für alle (mod. k) äquivalenten Formen die nämlichen Werthe.

Dass auch umgekehrt zwei Formen (mod. k) äquivalent sind, wenn sie in den Elementartheilern (mod. k) übereinstimmen, lässt sich ganz in der nämlichen Weise, wie in den §§. 3—5 zeigen. Um nicht die ganze Reihe der dort angestellten Betrachtungen noch einmal durchgehen zu müssen, ziehe ich es vor, den betreffenden Beweis auf das dort erhaltene Resultat zurückzuführen. Ist e_μ der μte Elementartheiler von A, so ist A der Form $F = \Sigma e_\mu x_\mu y_\mu$ äquivalent. Da e_μ durch $e_{\mu-1}$ theilbar ist, so sei e_{l+1} durch k theilbar, e_l aber nicht. Dann ist F der Form $G = \Sigma e_\lambda x_\lambda y_\lambda$ congruent, wo sich λ von 1 bis l bewegt. Ist s_λ der grösste gemeinsame Divisor von k und e_λ, so kann man eine Zahl q_λ finden, welche der Congruenz $e_\lambda y \equiv s_\lambda$ (mod. k) genügt und relativ prim zu k ist. Denn ist b irgend eine bestimmte Wurzel der Congruenz $\frac{e_\lambda}{s_\lambda} y \equiv 1 \left(\text{mod.} \frac{k}{s_\lambda}\right)$, so ist $q_\lambda = \frac{k}{s_\lambda} x + b$, und da b und $\frac{k}{s_\lambda}$ theilerfremd sind, so kann man (§. 4) x so wählen, dass q_λ relativ prim zu k ist. Ersetzt man nun in G die Variabeln y_λ durch $q_\lambda y_\lambda$, so führt man eine Substitution aus, deren Determinante $q = q_1 q_2 \dots q_l$ relativ prim zu k ist. Daher ist A der Form $\Sigma e_\lambda q_\lambda x_\lambda y_\lambda$, und folglich auch der ihr congruenten Form

$$(6.) \qquad S = s_1 x_1 y_1 + s_2 x_2 y_2 + \cdots + s_l x_l y_l$$

(mod. k) äquivalent. Da e_λ durch $e_{\lambda-1}$ theilbar ist, so ist der grösste gemeinsame Divisor $s_{\lambda-1}$ von k und $e_{\lambda-1}$ auch ein gemeinsamer Divisor von k und e_λ, und mithin ist s_λ durch $s_{\lambda-1}$ theilbar. Weil ferner s_λ ein Divisor von k ist, so sind die Determinanten λten Grades aller Formen $S+kW$, wo W eine willkürliche Form ist, durch $s_1 s_2 \dots s_\lambda = r_\lambda$ theilbar, und eine bestimmte Determinante λten Grades von S ist gleich r_λ. Da A und S (mod. k) äquivalent sind, so muss folglich r_λ auch der grösste gemeinsame Divisor der Determinanten λten Grades und $s_\lambda = \frac{r_\lambda}{r_{\lambda-1}}$ der λte Elementartheiler von A (mod. k) sein. Daraus folgt zunächst:

I. *Ist in einem System von ganzen Zahlen, die nach Zeilen und Colonnen geordnet sind, r_λ der grösste gemeinsame Divisor der Determinanten λten Grades (mod. k), so sind nicht nur die Quotienten $\frac{r_\lambda}{r_{\lambda-1}} = s_\lambda$, sondern auch die Quotienten $\frac{s_\lambda}{s_{\lambda-1}}$ und $\frac{k}{s_\lambda}$ ganze Zahlen.*

Dieser Satz lässt sich auch aus der Bemerkung schliessen, dass die Zahlen s_λ die Elementartheiler des Systems

$$\begin{matrix} a_{11} & a_{12} & \cdots & a_{1n} & k & 0 & \cdots & 0 \\ a_{21} & a_{22} & \cdots & a_{2n} & 0 & k & \cdots & 0 \\ \cdot & \cdot & \cdots & \cdot & \cdot & \cdot & \cdots & \cdot \\ a_{m1} & a_{m2} & \cdots & a_{mn} & 0 & 0 & \cdots & k \end{matrix}$$

sind. Ferner ergiebt sich:

II. *Ist d_λ der grösste gemeinsame Divisor der Determinanten λten Grades einer Form und r_λ derselbe (mod. k), und ist e_λ der λte Elementartheiler der Form und s_λ derselbe (mod. k), so ist r_λ der grösste gemeinsame Divisor der Zahlen d_λ, $d_{\lambda-1}k$, $d_{\lambda-2}k^2, \dots k^\lambda$ und s_λ der von k und e_λ.*

Die Uebereinstimmung der nach diesen beiden Regeln berechneten Zahlen r_λ und $s_1 s_2 \dots s_\lambda$ ist in §. 9 direct bewiesen worden. Ist l der Rang von A (§. 1), so habe ich $e_{l+\mu} = d_{l+\mu} = 0$ gesetzt. Entsprechend dem eben bewiesenen Satze werde ich, wenn l den Rang von A (mod. k) bezeichnet, $s_{l+\mu} = k$ und $r_{l+\mu} = r_l k^\mu$ setzen.

Aus der Möglichkeit A auf eine Normalform S zu reduciren, deren Coefficienten die Elementartheiler von A (mod. k) sind, ergiebt sich, wie in §. 5, dass die Uebereinstimmung der Elementartheiler (mod. k) die hinreichende Bedingung für die Aequivalenz zweier Formen (mod. k) ist. Die Variabeln x_λ der Form S sind die nämlichen wie die der Form F, gehen also aus den Variabeln x_λ der Form A durch eine unimodulare Substitution hervor. Daraus folgt:

III. *Zwei Formen, welche (mod. k) äquivalent sind, können durch zwei Substitutionen in einander transformirt werden, von deren Determinanten die eine gleich eins, die andere relativ prim zu k ist.*

Ist der Rang von A (im Sinne des §. 1) gleich l und der Modul $k = e_l$, so ist der grösste gemeinsame Divisor s_λ von k und e_λ gleich e_λ. Daraus folgt:

IV. *Haben zwei Formen denselben Rang l und denselben $l$ten Elementartheiler k, und sind sie (mod. k) äquivalent, so sind sie absolut äquivalent.*

V. *Haben zwei Formen denselben Rang l und denselben $l$ten Elementartheiler k, und sind sie (mod. k) congruent, so sind sie äquivalent.*

Geht die Form A durch die Substitutionen (2.) in B und diese durch die Substitutionen (4.) in A über, und setzt man

$$A_\alpha = a_{\alpha 1} y_1 + a_{\alpha 2} y_2 + \cdots + a_{\alpha n} y_n,$$

$$B_\alpha = b_{\alpha 1} y'_1 + b_{\alpha 2} y'_2 + \cdots + b_{\alpha n} y'_n,$$

so ist

$$(7.) \qquad B_\gamma \equiv \sum_\alpha p_{\gamma\alpha} A_\alpha, \qquad A_\alpha \equiv \sum_\gamma r_{\alpha\gamma} B_\gamma,$$

$$(8.) \qquad y_\beta \equiv \sum_\delta q_{\beta\delta} y'_\delta, \qquad y'_\delta \equiv \sum_\beta s_{\delta\beta} y_\beta.$$

Durch diese Congruenzen wird jedem Werthsysteme A_α ein Werthsystem B_α zugeordnet. Zwei congruenten Werthsystemen A_α entsprechen zwei congruente Werthsysteme B_α und umgekehrt. Folglich müssen auch zwei incongruenten Werthsystemen A_α zwei incongruente Werthsysteme B_α entsprechen. Durch die Formen B_α können also ebenso viele (mod. k) incongruente Zahlensysteme dargestellt werden, wie durch die Formen A_α.

VI. *Sind die Formen A und B (mod. k) äquivalent, so ist $(A, k) = (B, k)$.*

Sind also A und B absolut äquivalent, so ist $(A, k) = (B, k)$. Da z. B. A der conjugirten Form $A' = \Sigma\, a_{\beta\alpha} x_\alpha y_\beta$ äquivalent ist (§. 5), so ist $(A, k) = (A', k)$:

VII. *Die Anzahl der (mod. k) incongruenten Zahlensysteme, welche die m Formen*

$$a_{\alpha 1}\, y_1 + a_{\alpha 2}\, y_2 + \cdots + a_{\alpha n}\, y_n$$

darstellen können, ist ebenso gross, wie die Anzahl der (mod. k) incongruenten Zahlensysteme, welche durch die n Formen

$$a_{1\beta}\, x_1 + a_{2\beta}\, x_2 + \cdots + a_{m\beta}\, x_m$$

darstellbar sind.

Aus jeder Lösung der Congruenzen $A_\alpha \equiv 0$ ergiebt sich durch die Formeln (8.) eine Lösung der Congruenzen $B_\alpha \equiv 0$ und umgekehrt. Da zwei congruenten Lösungen des einen Congruenzensystems zwei congruente Lösungen des andern entsprechen, so haben beide Systeme gleich viele Lösungen $|A, k| = |B, k|$. Ist B die Normalform, so ist $B_\lambda = s_\lambda\, y'_\lambda$, $B_{l+\mu} = 0$. Die Anzahl der Lösungen dieser Congruenzen ist aber, weil k durch s_λ theilbar ist, gleich $s_1\, s_2 \ldots s_l\, k^{n-l}$, oder wenn man $s_{l+\mu} = k$ setzt, $s_1\, s_2 \ldots s_n = r_n$. Bemerkt man noch, dass man zu den Congruenzen $A_\alpha \equiv 0$ beliebig viele identische, also zu dem System A beliebig viele Zeilen von Elementen hinzufügen kann, die durch k theilbar sind, so kann man den Satz aussprechen:

VIII. *Die Anzahl der incongruenten Lösungen der homogenen linearen Congruenzen*

$$a_{\alpha 1}\, y_1 + a_{\alpha 2}\, y_2 + \cdots + a_{\alpha n}\, y_n \equiv 0 \quad (\text{mod. } k)$$

ist gleich dem grössten gemeinsamen Divisor der Determinanten n ten Grades aller mit dem System A der Coefficienten $a_{\alpha\beta}$ congruenten Systeme, oder wenn d_λ der grösste gemeinsame Divisor der Determinanten λ ten Grades und e_λ der λ te Elementartheiler von A und s_λ der grösste gemeinsame Divisor von k und e_λ ist, gleich dem grössten gemeinsamen Divisor der Zahlen k^n, $k^{n-1}\, d_1$, $k^{n-2}\, d_2, \ldots d_n$ oder gleich $s_1\, s_2 \ldots s_n$.

Mittelst der Relation (4.), §. 10 ergeben sich daraus die verschiedenen in §. 9 entwickelten Bestimmungen der Zahl (A, k). Die Congruenzen $s_\lambda\, y'_\lambda \equiv 0$ besitzen die n Lösungen

$$y'_1 = 0, \ldots y'_{\beta-1} = 0,\; y'_\beta = \frac{k}{s_\beta},\; y'_{\beta+1} = 0, \ldots y'_n = 0 \quad (\beta = 1, 2, \ldots n),$$

deren Determinante $\prod\left(\frac{k}{s_\beta}\right) = (A, k)$ ist. Da man nach Satz III. annehmen kann, dass die Substitution (8.) unimodular ist, so ergiebt sich daraus wieder der Satz I., §. 10. Ist der Rang von A gleich n und sind e_n und k theilerfremd, so ist $s_n = 1$, $s_\beta = 1$, $r_n = 1$. Da jede Primzahl, welche in e_n aufgeht, auch in d_n enthalten ist, so folgt daraus:

IX. *Ein System homogener linearer Congruenzen zwischen n Unbekannten wird stets und nur dann einzig und allein durch Werthe befriedigt, die congruent Null sind, wenn der grösste gemeinsame Divisor der Determinanten $n$ten Grades des Coefficientensystems zum Modul theilerfremd ist.*

Ist aber $e_n = k$, so ist $s_\beta = e_\beta$, $r_\beta = d_\beta$. In Verbindung mit Satz I, §. 10 und Formel (3.), §. 9 folgt daraus:

X. *Wenn in einem System homogener linearer Congruenzen zwischen n Unbekannten der grösste gemeinsame Divisor der Determinanten $n$ten Grades gleich d und derjenige der Determinanten $(n-1)$ten Grades gleich d' ist, so haben die Congruenzen in Bezug auf den Modul $k = \frac{d}{d'}$ genau d incongruente Lösungen, und besitzen ein System von n Lösungen, deren Determinante gleich $\frac{k^n}{d}$ ist.*

Endlich lässt sich der Satz II, §. 8 auch so aussprechen:

XI. *Damit mehrere homogene lineare Congruenzen zwischen n Unbekannten durch n Zahlen befriedigt werden, welche keinen Theiler gemeinsam haben, ist nothwendig und hinreichend, dass der Modul in den $n$ten Elementartheiler des Coefficientensystems aufgeht.*

Sind mehrere Lösungen der Congruenzen

$$A_\alpha = a_{\alpha 1} y_1 + a_{\alpha 2} y_2 + \cdots + a_{\alpha n} y_n \equiv 0 \pmod{k}$$

gefunden,

$$(9.) \qquad y_1 \equiv b_{1\beta}, \quad y_2 \equiv b_{2\beta}, \cdots y_n \equiv b_{n\beta}, \quad (\beta = 1, 2, 3, \ldots),$$

so kann man aus ihnen neue Lösungen

$$(10.) \qquad y_1 \equiv \Sigma b_{1\beta} z_\beta, \quad y_2 \equiv \Sigma b_{2\beta} z_\beta, \cdots y_n \equiv \Sigma b_{n\beta} z_\beta$$

zusammensetzen. Erhält man auf diese Weise alle incongruenten Lösungen, so heisst das System der Lösungen (9.) ein Fundamentalsystem, und die Congruenzen

$$B_\beta = b_{1\beta}\,x_1 + b_{2\beta}\,x_2 + \cdots + b_{n\beta}\,x_n \equiv 0 \pmod{k}$$

werden den Congruenzen $A_\alpha \equiv 0$ *adjungirt* genannt.

Zwischen den Coefficienten zweier adjungirten Systeme von Congruenzen bestehen die Relationen

$$(11.)\qquad a_{\alpha 1}\,b_{1\beta} + a_{\alpha 2}\,b_{2\beta} + \cdots + a_{\alpha n}\,b_{n\beta} \equiv 0.$$

Ist $\boldsymbol{B}$ das Coefficientensystem der Formen $\boldsymbol{B}_\beta$, so ist nach Satz VII. die Anzahl $(\boldsymbol{B}, k)$ der (mod. k) incongruenten Zahlensysteme, welche die Formen $\boldsymbol{B}_\beta$ darstellen können, gleich der Anzahl derer, welche durch die n Formen (10.) der Variabeln z_β darstellbar sind. Diese Formen stellen für alle Werthe der Variabeln z_β Lösungen der Congruenzen $A_\alpha \equiv 0$ dar. Dieselben besitzen aber $|\boldsymbol{A}, k|$ incongruente Lösungen. Bilden also die Lösungen (9.) ein Fundamentalsystem, so müssen sich durch die Linearformen (10.) $(\boldsymbol{B}, k) = |\boldsymbol{A}, k|$ Zahlensysteme darstellen lassen, welche (mod. k) incongruent sind. Zufolge der Gleichungen (§. 10, (4.))

$$(12.)\qquad |\boldsymbol{A}, k|\,(\boldsymbol{A}, k) = k^n,\quad |\boldsymbol{B}, k|\,(\boldsymbol{B}, k) = k^n$$

wird daher die nothwendige und hinreichende Bedingung dafür, dass die Lösungen (9.) der Congruenzen $A_\alpha \equiv 0$ ein Fundamentalsystem bilden, durch jede der vier Gleichungen

$$(13.)\qquad \begin{array}{ll} |\boldsymbol{A}, k| = (\boldsymbol{B}, k), & (\boldsymbol{A}, k) = |\boldsymbol{B}, k|, \\ |\boldsymbol{A}, k|\,|\boldsymbol{B}, k| = k^n, & (\boldsymbol{A}, k)\,(\boldsymbol{B}, k) = k^n \end{array}$$

ausgedrückt. In Verbindung mit den Relationen (11.) folgt aus der Symmetrie dieser Gleichungen, dass die Zahlen

$$x_1 \equiv a_{\alpha 1},\quad x_2 \equiv a_{\alpha 2},\ \cdots\ x_n \equiv a_{\alpha n}\quad (\alpha = 1, 2, 3, \ldots)$$

ein Fundamentalsystem von Lösungen der Congruenzen $\boldsymbol{B}_\beta \equiv 0$ bilden. Sind also die Formen $\boldsymbol{B}_\beta$ den Formen A_α adjungirt, so sind auch die Formen A_α den Formen $\boldsymbol{B}_\beta$ adjungirt.

§. 12. Aequivalenz von Systemen linearer Formen.

Wenn die m unabhängigen linearen Formen

$$A_\alpha = a_{\alpha 1}\,x_1 + a_{\alpha 2}\,x_2 + \cdots + a_{\alpha n}\,x_n\quad (\alpha = 1, 2, \ldots m)$$

mit ganzzahligen Coefficienten durch die lineare Substitution

$$(P.)\qquad x_\beta = p_{\beta 1}\,y_1 + p_{\beta 2}\,y_2 + \cdots + p_{\beta n}\,y_n\quad (\beta = 1, 2, \ldots n)$$

von der Determinante ± 1, in die m Formen

$$B_\alpha = b_{\alpha 1} y_1 + b_{\alpha 2} y_2 + \cdots + b_{\alpha n} y_n$$

übergehen, so heissen die beiden Formensysteme *äquivalent.* Durch die inverse Substitution

$$(Q.) \qquad y_\beta = q_{\beta 1} x_1 + q_{\beta 2} x_2 + \cdots + q_{\beta n} x_n$$

gehen dann die Formen B_α in die Formen A_α über, und es bestehen die Gleichungen

$$(1.) \qquad b_{\alpha\beta} = a_{\alpha 1} p_{1\beta} + a_{\alpha 2} p_{2\beta} + \cdots + a_{\alpha n} p_{n\beta},$$

$$(2.) \qquad a_{\alpha\beta} = b_{\alpha 1} q_{1\beta} + b_{\alpha 2} q_{2\beta} + \cdots + b_{\alpha n} q_{n\beta}.$$

Das System B der Coefficienten $b_{\alpha\beta}$ ist also aus den Systemen A und P der Coefficienten $a_{\alpha\beta}$ und $p_{\alpha\beta}$ zusammengesetzt, und das System A aus B und Q. Sind die m Formen A_α den m Formen B_α äquivalent, so sind auch irgend μ der Formen A_α den entsprechenden μ Formen B_α äquivalent. Sind A' und B' die Systeme der Coefficienten dieser zwei Mal μ Formen, so ist jede Determinante μten Grades von B' eine lineare Verbindung der Determinanten μten Grades von A' und umgekehrt. Folglich ist der grösste gemeinsame Divisor der Determinanten μten Grades von A' gleich dem der Determinanten μten Grades von B'. Die Gesammtheit dieser Bedingungen ist aber noch nicht hinreichend, damit die Formen A_α und B_α äquivalent seien, wie schon das Beispiel $m = n = 2$, $A_1 = ax$, $A_2 = bx + cx'$ zeigt (vgl. *Gauss,* D. A. 206).

Bezeichnet man das Coefficientensystem

$$a_{\alpha 1}, \cdots a_{\alpha n}, b_{\alpha 1}, \cdots b_{\alpha n} \quad (\alpha = 1, 2, \ldots m)$$

mit D, so lässt sich jede Determinante $m$ten Grades von D als eine lineare Verbindung von Determinanten $m$ten Grades von A [oder B] darstellen. Da ferner das System A [oder B] einen Theil von D bildet, so muss der grösste gemeinsame Divisor h der Determinanten $m$ten Grades in dem System D ebenso gross sein, wie in A [oder B]. Ich behaupte nun:

I. *Damit die Formensysteme A_α und B_α äquivalent seien, ist nothwendig und hinreichend, dass der grösste gemeinsame Divisor der Determinanten $m$ten Grades in den drei Systemen A, B und D den nämlichen Werth habe.*

Mit andern Worten (§. 9, III):

II. *Damit die Formensysteme* A_α *und* B_α *äquivalent seien, ist nothwendig und hinreichend, dass* $(A, B) = (B, A) = 1$ *sei.*

Zu den m Zeilen des Systems A kann man $n-m$ Zeilen von je n Elementen $a_{\nu\beta}$ $(\nu = m+1, \dots n;\ \beta = 1, \dots n)$ und zu den m Zeilen von B noch $n-m$ Zeilen $b_{\nu\beta}$ so hinzufügen, dass die Determinanten $n$ten Grades $|a_{\alpha\beta}|$ und $|b_{\alpha\beta}|$ gleich h werden (§. 8, VI). Wenn sich nun durch Auflösung der n Gleichungen

$$(3.)\qquad a_{\alpha 1} x_1 + a_{\alpha 2} x_2 + \cdots + a_{\alpha n} x_n = b_{\alpha 1} y_1 + b_{\alpha 2} y_2 + \cdots + b_{\alpha n} y_n$$

die Gleichungen

$$(4.)\qquad x_\beta = p_{\beta 1} y_1 + p_{\beta 2} y_2 + \cdots + p_{\beta n} y_n$$

ergeben, so ist die Determinante $|p_{\alpha\beta}|$ gleich dem Quotienten der beiden Determinanten $|a_{\alpha\beta}|$ und $|b_{\alpha\beta}|$, also gleich 1. Setzt man ferner

$$r_{\alpha\beta} = |a_{\gamma 1}, \cdots a_{\gamma,\alpha-1}, b_{\gamma\beta}, a_{\gamma,\alpha+1}, \cdots a_{\gamma n}|,$$

so ist $h\, p_{\alpha\beta} = r_{\alpha\beta}$. Nun ist aber $r_{\alpha\beta}$ eine homogene lineare Function von Determinanten $m$ten Grades des Systems D, also durch h theilbar, und mithin sind die Substitutionscoefficienten $p_{\alpha\beta}$ sämmtlich ganze Zahlen. Endlich ist leicht zu sehen, dass auf dem angegebenen Wege die allgemeinste unimodulare Substitution gefunden wird, welche die Formen A_α in die Formen B_α transformirt.

Wenn eine Aequivalenzbedingung auf die Form $i = j$ gebracht werden kann, wo i eine in bestimmter Weise eindeutig aus den Zahlen $a_{\alpha\beta}$ und j die auf die nämliche Weise aus den Zahlen $b_{\alpha\beta}$ berechnete Grösse bezeichnet, so heisst i eine *Invariante* der Formen A_α. Die oben aufgestellten erforderlichen und genügenden Aequivalenzbedingungen sind nun in so fern unvortheilhaft, als sie nicht die Form $i = j$ haben. Es fragt sich also, ob es möglich ist, ein System von nothwendigen und hinreichenden Aequivalenzbedingungen von der Form $i = j$ zu ermitteln, d. h. ein vollständiges System von Invarianten der Formen A_α aufzustellen.

Ist k irgend eine Zahl, so muss jede Lösung der n linearen Congruenzen

$$(5.)\qquad a_{1\beta} z_1 + a_{2\beta} z_2 + \cdots + a_{m\beta} z_m \equiv 0 \pmod{k} \quad (\beta = 1, 2, \dots n)$$

zufolge der Gleichungen (1.) auch den Congruenzen

$$(6.)\qquad b_{1\beta}z_1+b_{2\beta}z_2+\cdots+b_{m\beta}z_m\equiv 0 \pmod{k}$$

genügen, und jede Lösung der letzteren den Gleichungen (2.) zufolge auch den ersteren. Man kann nun auf verschiedene Weisen solche Systeme von Congruenzen aufstellen, dass, wenn für sie die obige Bedingung erfüllt ist, auch stets die Formensysteme $\boldsymbol{A}_\alpha$ und $\boldsymbol{B}_\alpha$ äquivalent sein müssen. Ich will hier drei solche Systeme von Congruenzen angeben, das eine aus homogenen, die beiden andern aus nicht homogenen Congruenzen bestehend, welche in dem zweiten direct, in dem dritten nur die einen nach den andern aufgestellt werden können.

III. *Damit die Formensysteme $\boldsymbol{A}_\alpha$ und $\boldsymbol{B}_\alpha$ äquivalent seien, ist nothwendig und hinreichend, dass ihre Coefficientensysteme den nämlichen $m$ten Elementartheiler k haben, und dass die Gesammtheit der (incongruenten) Lösungen der Congruenzen* (5.) *mit der Gesammtheit derer der Congruenzen* (6.) *übereinstimme.*

Die Anzahl der Lösungen der Congruenzen (5.) [oder (6.)] ist nach §. 11, X. gleich dem grössten gemeinsamen Divisor h [h'] der Determinanten $m$ten Grades des Systems $\boldsymbol{A}$ [$\boldsymbol{B}$]. Wenn also die Lösungen der Congruenzen (5.) und (6.) der Reihe nach übereinstimmen, so muss auch $h=h'$ sein. Nach §. 11, X. besitzen die Congruenzen (5.) ein System von m Lösungen

$$z_1=g_{\alpha 1},\ z_2=g_{\alpha 2},\cdots z_m=g_{\alpha m},$$

dessen Determinante gleich $(\boldsymbol{A},k)=\frac{k^m}{h}$ ist. Man wähle nun ganz wie oben die Zahlen $a_{\nu\beta}$ und $b_{\nu\beta}$ so, dass die Determinanten $n$ten Grades $|a_{\alpha\beta}|=|b_{\alpha\beta}|=h$ sind, und bestimme die Substitution (4.) durch Auflösung der linearen Gleichungen (3.). Um dann zu zeigen, dass die Substitutionscoefficienten $p_{\alpha\beta}=\frac{r_{\alpha\beta}}{h}$ ganze Zahlen sind, multiplicire ich die Determinante

$$\begin{vmatrix} g_{11} & \cdots & g_{1m} & 0 & \cdots & 0\\ \cdot & \cdots & \cdot & \cdot & \cdots & \cdot\\ g_{m1} & \cdots & g_{mm} & 0 & \cdots & 0\\ 0 & \cdots & 0 & 1 & \cdots & 0\\ \cdot & \cdots & \cdot & \cdot & \cdots & \cdot\\ 0 & \cdots & 0 & 0 & \cdots & 1 \end{vmatrix}=\frac{k^m}{h}$$

mit der Determinante $r_{\alpha\beta}$. In dem Producte ist das νte Element der μten Zeile ($\mu \leqq m$)

$$g_{\mu 1}\, a_{1\nu} + g_{\mu 2}\, a_{2\nu} + \cdots + g_{\mu m}\, a_{m\nu},$$

oder wenn $\nu = \alpha$ ist,

$$g_{\mu 1}\, b_{1\beta} + g_{\mu 2}\, b_{2\beta} + \cdots + g_{\mu m}\, b_{m\beta}.$$

Da diese Zahlen nach der Annahme sämmtlich durch k theilbar sind, so muss die betreffende Determinante, deren Werth $r_{\alpha\beta}\,\frac{k^m}{h}$ ist, durch k^m und folglich $r_{\alpha\beta}$ durch h theilbar sein.

Sei, um zu dem zweiten Congruenzensystem überzugehen, h_λ der grösste gemeinsame Divisor der Determinanten λten Grades, die sich aus den ersten λ Zeilen des Systems A bilden lassen, und sei H_μ das Elementensystem

$$\begin{matrix} a_{11} & a_{12} & \cdots & a_{1n} \\ a_{21}\, h_1 & a_{22}\, h_1 & \cdots & a_{2n}\, h_1 \\ a_{31}\, h_2 & a_{32}\, h_2 & \cdots & a_{3n}\, h_2 \\ \cdot\;\cdot & \cdot\;\cdot & \cdots & \cdot\;\cdot \\ a_{\mu 1}\, h_{\mu-1} & a_{\mu 2}\, h_{\mu-1} & \cdots & a_{\mu n}\, h_{\mu-1}. \end{matrix}$$

Da h_λ durch $h_{\lambda-1}$ theilbar ist, so haben alle Elemente desselben den Divisor h_1, und die Elemente der ersten Zeile keinen grössern Divisor gemeinsam; alle Determinanten zweiten Grades den Divisor $h_1 h_2 = g_2$ und die aus den Elementen der beiden ersten Zeilen gebildeten keinen grösseren Divisor gemeinsam. Betrachten wir allgemein eine Determinante λten Grades, gebildet aus den Elementen der Zeilen $\varrho_1, \varrho_2, \ldots \varrho_\lambda$ ($\varrho_1 < \varrho_2 \ldots < \varrho_\lambda \leqq \mu$). Ist $\varrho_1 > 1$, so enthält sie den Factor $h_{\varrho_1 - 1}\, h_{\varrho_2 - 1} \ldots h_{\varrho_\lambda - 1}$, ist also durch $h_1 h_2 \ldots h_\lambda = g_\lambda$ theilbar. Ist aber $\varrho_1 = 1, \ldots \varrho_\varkappa = \varkappa$, $\varrho_{\varkappa+1} > \varkappa + 1$, so ist die betreffende Determinante nach Absonderung des Factors $h_1 h_2 \ldots h_{\varkappa-1}$ $h_{\varrho_{\varkappa+1}-1} \ldots h_{\varrho_\lambda - 1}$ eine homogene lineare Function von Determinanten $\varkappa$ten Grades, die aus den Elementen der $\varkappa$ ersten Zeilen von A gebildet sind, also durch $h_\varkappa$ theilbar. Mithin ist die Determinante durch $h_1 h_2 \ldots h_{\varkappa-1} h_\varkappa$ $h_{\varkappa+1} \ldots h_\lambda = g_\lambda$ theilbar. Endlich haben die Determinanten λten Grades, die sich aus den Elementen der λ ersten Zeilen bilden lassen, keinen grösseren Divisor als g_λ gemeinsam. Daher ist $\frac{g_\lambda}{g_{\lambda-1}} = h_\lambda$ der λte Elementartheiler des Systems H_μ. Nun ist, wenn s_α den grössten gemeinsamen Divisor von k und dem αten Elementartheiler e_α des Systems A bezeichnet $(A,k) = \prod\left(\frac{k}{s_\alpha}\right)$. Folglich ist

$$(H_\mu, h_\mu) = \frac{h_\mu}{h_1}\,\frac{h_\mu}{h_2}\cdots\frac{h_\mu}{h_{\mu-1}}\,\frac{h_\mu}{h_\mu},$$

$$(H_{\mu-1}, h_\mu) = \frac{h_\mu}{h_1}\,\frac{h_\mu}{h_2}\cdots\frac{h_\mu}{h_{\mu-1}},$$

also

$$(H_\mu, h_\mu) = (H_{\mu-1}, h_\mu).$$

Mithin sind nach §. 10, III die linearen Congruenzen

$$(7.)\quad a_{1\beta}z_1 + a_{2\beta}h_1 z_2 + \cdots + a_{\mu-1,\beta}h_{\mu-2}z_{\mu-1} + a_{\mu\beta}h_{\mu-1} \equiv 0 \pmod{h_\mu} \quad (\beta = 1,2,\ldots n)$$

mit einander verträglich. Sei

$$(8.)\qquad z_1 = h_{\mu 1},\quad z_2 = h_{\mu 2},\quad \cdots\quad z_{\mu-1} = h_{\mu,\mu-1}$$

irgend eine Lösung derselben. Wenn dann h_μ $(\mu = 1, 2, \ldots m)$ auch der grösste gemeinsame Divisor der Determinanten μten Grades ist, die sich aus den Elementen der μ ersten Zeilen des Systems B bilden lassen, und die Zahlen (8.) auch den Congruenzen

$$(9.)\qquad b_{1\beta}\,z_1 + b_{2\beta}\,h_1\,z_2 + \cdots + b_{\mu-1,\beta}\,h_{\mu-2}\,z_{\mu-1} + b_{\mu\beta}\,h_{\mu-1} \equiv 0 \pmod{h_\mu}$$

genügen, so sind die Formensysteme A_α und B_α äquivalent.

Um dies zu beweisen, verfahren wir genau so wie oben. Multiplicirt man dann die Determinante

$$\begin{vmatrix} 1 & 0 & 0 & \cdots & 0 & 0 & \cdots & 0 \\ h_{21} & h_1 & 0 & \cdots & 0 & 0 & \cdots & 0 \\ h_{31} & h_1 h_{32} & h_2 & \cdots & 0 & 0 & \cdots & 0 \\ \cdot & \cdot & \cdot & \cdots & \cdot & \cdot & \cdots & \cdot \\ h_{m1} & h_1 h_{m2} & h_2 h_{m3} & \cdots & h_{m-1} & 0 & \cdots & 0 \\ 0 & 0 & 0 & \cdots & 0 & 1 & \cdots & 0 \\ \cdot & \cdot & \cdot & \cdots & \cdot & \cdot & \cdots & \cdot \\ 0 & 0 & 0 & \cdots & 0 & 0 & \cdots & 1 \end{vmatrix} = h_1 h_2 \ldots h_{m-1}$$

mit $r_{\alpha\beta}$, so ist das νte Element der μten Zeile $(\mu \leqq m)$

$$h_{\mu 1} a_{1\nu} + h_1 h_{\mu 2} a_{2\nu} + h_2 h_{\mu 3} a_{3\nu} + \cdots + h_{\mu-2} h_{\mu,\mu-1} a_{\mu-1,\nu} + h_{\mu-1} a_{\mu\nu}$$

oder für $\nu = \alpha$

$$h_{\mu 1} b_{1\beta} + h_1 h_{\mu 2} b_{2\beta} + h_2 h_{\mu 3} b_{3\beta} + \cdots + h_{\mu-2} h_{\mu,\mu-1} b_{\mu-1,\beta} + h_{\mu-1} b_{\mu\beta}.$$

Die Elemente der μten Zeile sind also sämmtlich durch h_μ theilbar, mithin die ganze Determinante, deren Werth $r_{\alpha\beta} h_1 h_2 \ldots h_{m-1}$ ist, durch $h_1 h_2 \ldots h_m$, und folglich $r_{\alpha\beta}$ durch $h_m = h$.

Das dritte System von Congruenzen, zu welchem ich mich jetzt wende, werde ich dazu benutzen, jedes der beiden gegebenen Formensysteme auf ein drittes zu reduciren, dessen Coefficienten sämmtlich Invarianten sind. Ist $\frac{h_\lambda}{h_{\lambda-1}} = k_\lambda$, und $a_{1\beta} = k_1 c_{1\beta}$, so haben die n Zahlen $c_{1\beta}$ keinen Divisor gemeinsam und die Determinanten zweiten Grades des Systems $c_{1\beta}$, $a_{2\beta}$ den grössten gemeinsamen Divisor k_2. Nach §. 10, IV haben daher die Congruenzen

$$(10.) \qquad c_{1\beta} z \equiv a_{2\beta} \pmod{k_2}$$

eine und nur eine Lösung $z \equiv k_{21} \pmod{k_2}$, wo k_{21} positiv und $< k_2$ sein mag. Setzt man nun

$$a_{2\beta} - k_{21} c_{1\beta} = k_2 c_{2\beta},$$

so haben die Determinanten zweiten Grades des Systems $c_{1\beta}$, $c_{2\beta}$ keinen Divisor gemeinsam und die Determinanten dritten Grades des Systems $c_{1\beta}$, $c_{2\beta}$, $a_{3\beta}$ den grössten gemeinsamen Divisor k_3. Folglich haben die Congruenzen

$$(11.) \qquad c_{1\beta} z + c_{2\beta} z' \equiv a_{3\beta} \pmod{k_3}$$

eine und nur eine Lösung $z \equiv k_{31}$, $z' \equiv k_{32} \pmod{k_3}$, wo k_{31} und k_{32} positiv und $< k_3$ seien. Setzt man dann

$$a_{3\beta} - k_{31} c_{1\beta} - k_{32} c_{2\beta} = k_3 c_{3\beta},$$

so haben die Determinanten dritten Grades des Systems $c_{1\beta}$, $c_{2\beta}$, $c_{3\beta}$ keinen Divisor gemeinsam und die Determinanten vierten Grades des Systems $c_{1\beta}$, $c_{2\beta}$, $c_{3\beta}$, $a_{4\beta}$ den grössten gemeinsamen Divisor k_4. Folglich haben die Congruenzen

$$(12.) \qquad c_{1\beta} z + c_{2\beta} z' + c_{3\beta} z'' \equiv a_{4\beta} \pmod{k_4}$$

eine und nur eine Lösung $z \equiv k_{41}$, $z' \equiv k_{42}$, $z'' \equiv k_{43}$, u. s. w.

Auf diese Weise gelangt man zu den Gleichungen

(13.) $a_{\alpha\beta} = k_{\alpha 1} c_{1\beta} + k_{\alpha 2} c_{2\beta} + \cdots + k_{\alpha,\alpha-1} c_{\alpha-1,\beta} + k_\alpha c_{\alpha\beta}$ $(\alpha = 1, \ldots m;\ \beta = 1, \ldots n)$,

wo die Determinanten $m$ten Grades des Systems $c_{1\beta}, c_{2\beta}, \ldots c_{m\beta}$ keinen Divisor gemeinsam haben. Nach §. 8, VI kann man daher $n-m$ Reihen von je n Elementen $c_{m+1,\beta}, \ldots c_{n\beta}$ so bestimmen, dass die Determinante $n$ten Grades $|c_{\alpha\beta}| = 1$ wird. Durch die Substitution

(14.) $$c_{\alpha 1} x_1 + c_{\alpha 2} x_2 + \cdots + c_{\alpha n} x_n = u_\alpha \quad (\alpha = 1, 2, \ldots n)$$

gehen dann die Formen A_α in

(15.) $$K_\alpha = k_{\alpha 1} u_1 + k_{\alpha 2} u_2 + \cdots + k_{\alpha,\alpha-1} u_{\alpha-1} + k_\alpha u_\alpha \quad (\alpha = 1, 2, \ldots m)$$

über. Ein System von m unabhängigen Linearformen kann also auf ein anderes reducirt werden, in welchem $k_{\alpha\alpha}$ positiv und von Null verschieden, und falls $\beta > \alpha$ ist, $k_{\alpha\beta} = 0$, falls $\beta < \alpha$ ist, $k_{\alpha\beta}$ nicht negativ und $< k_{\alpha\alpha}$ ist.

Sind die m Formen K_α den m Formen

$$L_\alpha = l_{\alpha 1} v_1 + l_{\alpha 2} v_2 + \cdots + l_{\alpha,\alpha-1} v_{\alpha-1} + l_\alpha v_\alpha$$

äquivalent, so muss der grösste gemeinsame Divisor der Determinanten λten Grades, die sich aus den Elementen der λ ersten Zeilen bilden lassen, für beide Formensysteme derselbe, also $k_1 k_2 \ldots k_\lambda = l_1 l_2 \ldots l_\lambda$ und mithin $k_\lambda = l_\lambda$ sein. Aus der Gleichung $k_1 u_1 = k_1 v_1$ folgt daher $u_1 = v_1$; mithin aus der Gleichung

$$k_{21} u_1 + k_2 u_2 = l_{21} u_1 + k_2 v_2,$$

wenn man der Variabeln u_1 den Werth 1 ertheilt, $k_{21} \equiv l_{21} \pmod{k_2}$, also wenn auch l_{21} zwischen 0 und l_2 liegt, $k_{21} = l_{21}$, und daher der obigen Gleichung zufolge $u_2 = v_2$. Aus der Gleichung

$$k_{31} u_1 + k_{32} u_2 + k_3 u_3 = l_{31} u_1 + l_{32} u_2 + k_3 v_3$$

folgt ebenso, indem man $u_1 = 1$, $u_2 = 0$ setzt, $k_{31} = l_{31}$, und indem man $u_1 = 0$, $u_2 = 1$ setzt, $k_{32} = l_{32}$, und daher $u_3 = v_3$, u. s. w. Zwei *reducirte Formensysteme* können also nicht äquivalent sein, ohne in den Coefficienten übereinzustimmen. Folglich bilden die Moduln k_α und die Congruenzwurzeln $k_{\alpha\beta}$ ein vollständiges System von Invarianten der Formen A_α, und diese Invarianten sind in so fern unabhängig, als sie nur gewissen Ungleichheitsbedingungen zu genügen haben, sonst aber beliebig angenommen werden können.

§. 13. Aequivalenz von Schaaren bilinearer Formen.

Die Sätze, welche ich über Systeme A entwickelt habe, deren Elemente $a_{\alpha\beta}$ ganze Zahlen sind, gelten auch für solche, deren Elemente ganze Functionen eines Parameters r sind. Zwei bilineare Formen $A = \Sigma\, a_{\alpha\beta}\, x_\alpha\, y_\beta$ und $B = \Sigma\, b_{\alpha\beta}\, x_\alpha\, y_\beta$ heissen äquivalent, wenn sie durch Substitutionen in einander übergeführt werden können, deren Coefficienten ganze Functionen von r sind, und deren Determinanten von r unabhängig und von Null verschieden sind. Damit zwei Formen äquivalent seien, ist nothwendig und hinreichend, dass sie dieselben Elementartheiler, also auch denselben Rang besitzen. Ist d_λ der grösste gemeinsame Divisor der Determinanten λten Grades von A, so sind nicht nur die Quotienten $\frac{d_\lambda}{d_{\lambda-1}} = e_\lambda$, sondern auch die Quotienten $\frac{e_\lambda}{e_{\lambda-1}} = f_\lambda$ ganze Functionen. Ist l der Rang und e_λ der λte Elementartheiler von A, so lässt sich diese Form in $F = e_1\, x_1\, y_1 + e_2\, x_2\, y_2 + \cdots + e_l\, x_l\, y_l$ transformiren, welche die Reducirte von A heisst. Sind zwei alternirende Formen äquivalent, so können sie durch cogrediente Substitutionen in einander transformirt werden. In einer alternirenden Form ist der 2λte Elementartheiler dem $(2\lambda-1)$ten gleich, der Rang eine gerade Zahl, der grösste gemeinsame Divisor der Determinanten 2λten Grades ein Quadrat.

Die Coefficienten der Substitutionen, welche zwei äquivalente Formen in einander transformiren, werden durch rationale Operationen aus den Coefficienten der Formen gefunden. Sind daher die Coefficienten der einzelnen Potenzen von r in den ganzen Functionen $a_{\alpha\beta}$ und $b_{\alpha\beta}$ algebraische Zahlen eines gewissen Körpers, so kann man A durch Substitutionen in B transformiren, deren Coefficienten demselben Körper angehören. Die Potenzen der irreductibeln Factoren, in welche sich e_λ zerlegen lässt, heissen die einfachen Elementartheiler von A. Unter allen Umständen, d. h. auch wenn die Coefficienten der einzelnen Potenzen von r in

$a_{\alpha\beta}$ keine algebraischen Zahlen sind, kann man die Potenzen der verschiedenen Linearfactoren, deren Product e_λ ist, die einfachen Elementartheiler von A nennen. Die einfachen Elementartheiler einer zerlegbaren Form sind die der einzelnen Theile zusammengenommen.

Sind die Coefficienten der Form A ganze Functionen vom Grade α, so soll α der Grad der Form A genannt werden. Eine Form αten Grades kann auf die Gestalt $A = A_0 r^\alpha + A_1 r^{\alpha-1} + \cdots + A_\alpha$ gebracht werden, wo die bilinearen Formen $A_\varkappa$ den Parameter r nicht enthalten, und die Coefficienten von A_0 nicht sämmtlich verschwinden. Ich nehme jetzt an, dass die Anzahl m der Variabeln x_α der Anzahl n der Variabeln y_β gleich ist. Wenn dann $B = B_0 r^\beta + B_1 r^{\beta-1} + \cdots + B_\beta$ eine Form βten Grades ist und die Determinante $n$ten Grades der Form B_0 nicht verschwindet, so ist das (symbolische) Product $AB = A_0 B_0 r^{\alpha+\beta} + (A_0 B_1 + A_1 B_0) r^{\alpha+\beta-1} + \cdots$ genau vom Grade $\alpha+\beta$. Denn da die Determinante von B_0 nicht verschwindet, so kann nicht $A_0 B_0 = 0$ sein, ohne dass $A_0 = 0$ wäre (*Fr.* §.2, I). Allgemeiner ist der Grad von ABC gleich der Summe der Grade von A, B und C, wenn in zwei der Factoren, z. B. in A und C die Determinanten der Formen, welche mit den höchsten Potenzen von r multiplicirt sind, nicht verschwinden. Ferner gilt der Satz:

I. *Sind die bilinearen Formen A und B in Bezug auf den Parameter r von den Graden α und $\beta \leqq \alpha$, und ist die Determinante der Form, welche den Coefficienten von r^β in B bildet, von Null verschieden, so giebt es eine und nur eine Form Q vom Grade $\alpha - \beta$ und eine Form C von niedrigerem als dem βten Grade, welche der Gleichung*

$$A = QB + C \quad \textit{oder} \quad A = BQ + C$$

Genüge leisten.

Ist $\gamma = \alpha - \beta$, so ist die Form $Q = Q_0 r^\gamma + Q_1 r^{\gamma-1} + \cdots + Q_\gamma$ so zu bestimmen, dass der Grad der Form $A - QB = C$ kleiner als β wird. Daher muss

$$A_0 = Q_0 B_0,\ A_1 = Q_1 B_0 + Q_0 B_1,\ A_2 = Q_2 B_0 + Q_1 B_1 + Q_0 B_2, \ldots$$
$$A_\gamma = Q_\gamma B_0 + Q_{\gamma-1} B_1 + \cdots + Q_0 B_\gamma$$

sein. Da die Determinante von B_0 nicht verschwindet, so ergiebt sich aus diesen Gleichungen successive

$$Q_0 = A_0 B_0^{-1},\ Q_1 = (A_1 - Q_0 B_1) B_0^{-1} = A_1 B_0^{-1} - A_0 B_0^{-1} B_1 B_0^{-1}, \text{ u. s. w.}$$

Ganz analog findet man die Formen Q und C, welche die Gleichung $A = BQ + C$ befriedigen.

Seien nun $A = A_0 r + A_1$ und $B = B_0 r + B_1$ zwei Formen, die in Bezug auf r vom ersten Grade sind, und in denen die Determinanten von A_0 und B_0 nicht verschwinden. Dann ist der Rang von A, wie von B gleich n. Besitzen ferner beide Formen dieselben Elementartheiler, so sind sie äquivalent, und es können durch rationale Operationen zwei Substitutionen P_0, Q_0 so bestimmt werden, dass

$$P_0 A Q_0 = B$$

wird. Die Coefficienten von P_0 und Q_0 sind ganze Functionen von r, ihre Determinanten aber sind von r unabhängig und von Null verschieden. Daher sind auch die Coefficienten der inversen Substitutionen

$$P_0^{-1} = R_0, \quad Q_0^{-1} = S_0$$

ganze Functionen von r, und es bestehen die Gleichungen

$$P_0 A = B S_0, \quad A Q_0 = R_0 B.$$

Man bestimme nun die Formen $P, P_1, \ldots S, S_1$ so, dass

$$P_0 = B P_1 + P, \quad Q_0 = Q_1 B + Q,$$
$$R_0 = A R_1 + R, \quad S_0 = S_1 A + S$$

ist, und dass der Grad z. B. von R kleiner ist, als der von A, also weil A und B vom ersten Grade sind, dass P, Q, R, S den Parameter r nicht enthalten. Dann ist

$$P_0 A = B S_0 = B P_1 A + PA = B S_1 A + BS,$$
$$B(P_1 - S_1) A = BS - PA.$$

Wäre nun $P_1 - S_1$ nicht Null, so wäre der Grad der linken Seite wenigstens gleich 2, während die rechte Seite nur vom ersten Grade sein kann. Daher muss $P_1 = S_1$ und

$$(1.) \qquad BS = PA$$

sein. Die reciproke Form S_0 von Q_0 ist durch die Gleichung

$$Q_0 S_0 = E = x_1 y_1 + x_2 y_2 + \cdots + x_n y_n$$

definirt. Demnach ist

$$E = Q_0 S_1 A + Q_0 S = Q_0 S_1 A + Q_1 BS + QS$$

oder nach Gleichung (1.)

$$E - QS = Q_0 S_1 A + Q_1 PA = (Q_0 S_1 + Q_1 P) A.$$

Wäre nun $Q_0 S_1 + Q_1 P$ nicht Null, so wäre die rechte Seite mindestens vom ersten Grade, während die linke von r unabhängig ist. Mithin ist

$$(2.) \qquad QS = E.$$

S ist also die reciproke Form von Q und beider Determinanten sind von Null verschieden, weil ihr Product gleich eins, der Determinante von E_1 ist. Aus den Gleichungen (1.) und (2.) ergiebt sich

$$(3.) \qquad PAQ = B,$$

und weil die Determinante von B nicht verschwindet, so kann auch die von P nicht Null sein.

II. *Wenn zwei Formen von nicht verschwindender Determinante, welche einen Parameter im ersten Grade enthalten, dieselben Elementartheiler besitzen, so können sie durch Substitutionen in einander transformirt werden, deren Coefficienten von dem Parameter unabhängig sind.*

Dies ist der in der Einleitung besprochene Satz des Herrn *Weierstrass* über die Aequivalenz von Schaaren bilinearer Formen. Sind A und B alternirende Formen, so kann man sie durch cogrediente Substitutionen in einander transformiren, also wenn man die conjugirte Form irgend einer Form C mit C' bezeichnet, $Q_0 = P_0'$ voraussetzen (*Fr.* S. 22). Vertauscht man dann in der Gleichung $P_0 = BP_1 + P$ die Variabeln x_α, y_α mit einander, so erhält man

$$P_0' = P_1'(-B) + P' = (-P_1')B + P' = Q_0 = Q_1 B + Q$$

und daher $Q_1 = -P_1'$ und $Q = P'$. Wenn also zwei Schaaren alternirender Formen, deren Determinanten nicht verschwinden, dieselben Elementartheiler besitzen, so können sie durch cogrediente, von r unabhängige Substitutionen in einander transformirt werden.

Es fragt sich noch, ob es Formen ersten Grades giebt, welche beliebig vorgeschriebene Elementartheiler besitzen. Die Form

$$R = (r-a)(x_1 y_1 + \cdots + x_\varepsilon y_\varepsilon) - (x_1 y_2 + \cdots + x_{\varepsilon-1} y_\varepsilon)$$

hat die Determinante εten Grades $(r-a)^\varepsilon$. Von ihren Determinanten $(\varepsilon-1)$ten Grades ist eine gleich 1, nämlich die der Form $x_1 y_2 + \cdots + x_{\varepsilon-1} y_\varepsilon$.

Daher hat $\boldsymbol{R}$ nur den einen Elementartheiler $(r-a)^{\varepsilon}$. Ebenso hat

$$R' = (r-a')\,(x_{\varepsilon+1}\,y_{\varepsilon+1} + \cdots + x_{\varepsilon+\varepsilon'}\,y_{\varepsilon+\varepsilon'}) - (x_{\varepsilon+1}\,y_{\varepsilon+2} + \cdots + x_{\varepsilon+\varepsilon'-1}\,y_{\varepsilon+\varepsilon'})$$

nur den einen Elementartheiler $(r-a')^{\varepsilon'}$, u. s. w., wo $a, a', \ldots$ nicht alle verschieden zu sein brauchen. Da die einfachen Elementartheiler der zerlegbaren Form $\boldsymbol{R} + \boldsymbol{R}' + \cdots$ die ihrer einzelnen Theile zusammen sind, so kann man folglich eine Form mit vorgeschriebenen einfachen Elementartheilern bilden*).

Sind allgemeiner $\varphi(r), \varphi_1(r), \ldots$ ganze Functionen von r, deren Coefficienten algebraische Zahlen eines gewissen Körpers sind, und welche in diesem Körper irreductibel sind, so fragt es sich, ob es eine Form ersten Grades giebt, deren Coefficienten demselben Körper angehören, und welche die einfachen Elementartheiler $(\varphi(r))^{\varepsilon}, (\varphi_1(r))^{\varepsilon'}, \ldots$ besitzt. Ist $\varphi(r) = r^{\alpha} + a_1 r^{\alpha-1} + \cdots + a_{\alpha}$, so ist

$$\varphi(r) = \begin{vmatrix} r+a_1 & -1 & 0 & 0 & \cdots & 0 \\ a_2 & r & -1 & 0 & \cdots & 0 \\ a_3 & 0 & r & -1 & \cdots & 0 \\ a_4 & 0 & 0 & r & \cdots & 0 \\ \cdot & \cdot & \cdot & \cdot & \cdots & \cdot \\ a_{\alpha} & 0 & 0 & 0 & \cdots & r \end{vmatrix},$$

also gleich der Determinante der Form

$$r\,(x_1 y_1 + \cdots + x_{\alpha} y_{\alpha}) + y_1\,(a_1 x_1 + \cdots + a_{\alpha} x_{\alpha}) - (x_1 y_2 + \cdots + x_{\alpha-1} y_{\alpha}).$$

Mithin hat die Form von $\alpha\varepsilon = \nu$ Variabelnpaaren**)

$$\begin{aligned} S = r\,(x_1 y_1 + \cdots + x_{\alpha} y_{\alpha} + x_{\alpha+1} y_{\alpha+1} + \cdots + x_{\nu} y_{\nu}) + y_1\,(a_1 x_1 + \cdots + a_{\alpha} x_{\alpha}) \\ + y_{\alpha+1}\,(a_{\alpha+1} x_{\alpha+1} + \cdots + x_{2\alpha} y_{2\alpha}) + \cdots + y_{\nu-\alpha+1}\,(a_{\nu-\alpha+1} x_{\nu-\alpha+1} + \cdots + x_{\nu} y_{\nu}) \\ - (x_1 y_2 + \cdots + x_{\alpha-1} y_{\alpha} + x_{\alpha} y_{\alpha+1} + x_{\alpha+1} y_{\alpha+2} + \cdots + x_{\nu-1} y_{\nu}) \end{aligned}$$

---

*) Die alternirende Form $(r-a)\,(x_1 y_{2\varepsilon} - x_2 y_{2\varepsilon-1} + \cdots - x_{2\varepsilon} y_1) - (x_1 y_{2\varepsilon-2} - x_2 y_{2\varepsilon-3} + \cdots - x_{2\varepsilon-2}\, y_1)$ hat die Determinante 2εten Grades $(r-a)^{2\varepsilon}$ und von ihren Determinanten $(2\varepsilon-2)$ten Grades ist eine gleich 1. Nach Formel (4.), §. 7 ist daher der grösste gemeinsame Divisor ihrer Determinanten $(2\varepsilon-1)$ten Grades gleich $(r-a)^{\varepsilon}$. Man kann daher auch eine alternirende Form ersten Grades mit vorgeschriebenen Paaren von Elementartheilern bilden.

**) Die Glieder $x_{\alpha}\, y_{\alpha+1},\ x_{2\alpha}\, y_{2\alpha+1}, \ldots$, welche besonders zu beachten sind, haben nur der Symmetrie halber die Coefficienten -1 erhalten. Man könnte ihnen auch irgend welche andere, von Null verschiedene, Coefficienten geben.

die Determinante νten Grades $(\varphi(r))^\varepsilon$. Da ferner von ihren Determinanten $(\nu-1)$ten Grades eine gleich 1 ist, so besitzt S nur den einen Elementartheiler $(\varphi(r))^\varepsilon$. Ganz wie oben kann man nun eine (zerlegbare) Form $S+S'+\cdots$ bilden, deren einfache Elementartheiler beliebig gegebene Potenzen irreductibler Functionen sind.

Die entwickelten Principien bleiben auch in dem Falle anwendbar, wo die Elemente $a_{\alpha\beta}$ des Systems A ganze Functionen von r mit ganzzahligen Coefficienten sind, und zwei solche Functionen nicht als verschieden betrachtet werden, wenn ihre Coefficienten der Reihe nach in Bezug auf den Primzahlmodul p congruent sind. Haben die Determinanten λten Grades (mod. p) den (primären) grössten gemeinsamen Divisor d_λ, so heisst die durch die Congruenz $d_{\lambda-1}\,e_\lambda \equiv d_\lambda$ (mod. p) bestimmte ganze Function e_λ der λte Elementartheiler von A. Die Potenzen der verschiedenen primären Primfunctionen, deren Producte die Zahlen e_λ sind, heissen die einfachen Elementartheiler von A. Zwei bilineare Formen werden äquivalent genannt, wenn die eine in eine der andern congruente Form durch Substitutionen übergeführt werden kann, deren Coefficienten ganze, ganzzahlige Functionen von r sind, und deren Determinanten (mod. p) nicht verschwindenden Zahlen congruent sind.

Sind die äquivalenten Formen $A = A_0 r + A_1$ und $B = B_0 r + B_1$ vom ersten Grade in r, ist $m=n$, und ist die Determinante $n$ten Grades von A nicht für alle Werthe von r durch p theilbar, so kann A in B durch Substitutionen transformirt werden, deren Coefficienten von r unabhängig sind, und welche daher gleichzeitig A_0 in B_0 und A_1 in B_1 verwandeln. Sind $(\varphi(r))^\varepsilon$, $(\varphi_1(r))^{\varepsilon'}$, . . . die einfachen Elementartheiler von A, also $\varphi(r)$, $\varphi_1(r)$, . . . Primfunctionen (mod. p), so kann A auf eine Normalform von der Gestalt $S+S'+\cdots$ reducirt werden, wo S die oben angegebene Bedeutung hat. Bedient man sich der von *Galois* eingeführten complexen Zahlen, so kann man auch die Potenzen der verschiedenen Linearfactoren $(r-a)^\varepsilon$, $(r-a')^{\varepsilon'}$, . . . , in die sich die Functionen e_λ zerlegen lassen, die complexen einfachen Elementartheiler von A nennen und die bilineare Form A, falls die Determinante von A_0 nicht durch p theilbar ist, in

$$\Sigma\,((r-a)\,(x_1 y_1 + \cdots + x_\varepsilon y_\varepsilon) - (x_1 y_2 + \cdots + x_{\varepsilon-1} y_\varepsilon))$$

transformiren. Mit einer geringen Modification (welche ermöglicht, dass die Determinante von A_1 durch p theilbar sein kann) ist dies die Normalform, auf welche Herr *Camille Jordan* (*traité des substitutions,* p. 114—126) die Form $A_0 r + A_1$ reducirt hat.

Zürich, April 1878.

19.

Über Gruppen von vertauschbaren Elementen (mit L. Stickelberger)

Journal für die reine und angewandte Mathematik 86, 217–262 (1879)

Die Theorie der endlichen Gruppen von vertauschbaren Elementen haben einerseits *Euler* und *Gauss*, andererseits *Lagrange* und *Abel* begründet, jene in ihren zahlentheoretischen Untersuchungen über Potenzreste, diese in ihren algebraischen Arbeiten über die Auflösung der Gleichungen. Nach diesen grundlegenden Untersuchungen haben *Gauss* und Herr *Schering* die Theorie weiter entwickelt. *Gauss* (*Démonstration de quelques théorèmes concernant les périodes des classes des formes binaires du second degré, Werke*, Bd. II, S. 266) lehrt die Zerlegung einer Gruppe in primäre Gruppen, deren Ordnungen relative Primzahlen sind (§. 4), Herr *Schering* (*Die Fundamentalklassen der zusammensetzbaren arithmetischen Formen, Göttinger Abhandlungen, Bd.* 14.) ihre Zerlegung in elementare Gruppen, von deren Ordnungen jede durch die folgende theilbar ist (§. 6). Jene Zerlegung ist eine völlig bestimmte, diese aber kann auf verschiedene Weisen ausgeführt werden. Diese Bemerkung bildete den Ausgangspunkt unserer Untersuchung, indem sie uns zu der Frage führte, ob es gewisse allen diesen Zerlegungen gemeinsame Eigenschaften gäbe. Wir erkannten zunächst, dass die Ordnungen der elementaren Gruppen, in die Herr *Schering* die ganze Gruppe zerlegt, constante von der Wahl der partialen Gruppen unabhängige Zahlen sind. Indem wir dann durch Combination der *Gauss*schen Zerlegung mit der *Schering*schen zu den unzerlegbaren Bestandtheilen der Gruppe vordrangen, gelang es uns weiter, mit Hülfe einer schärferen Fassung des Begriffs der primitiven Wurzeln (§. 3) festzustellen, wie weit die irreductibeln Factoren einer Gruppe von einander unabhängig und wie weit sie abhängig sind.

Die Hauptschwierigkeit bei dieser Untersuchung bestand, ähnlich wie bei der Lehre von den complexen ganzen Zahlen, in der Umformung der Begriffe, welche die elementare Zahlentheorie darbietet. Während man z. B. dort eine Zahl eine Primzahl nennt, wenn sie nur durch 1 und sich selbst theilbar ist, mussten wir hier eine Gruppe irreductibel nennen, wenn sie nicht in zwei Factoren zerfällt werden kann, ohne dass einer derselben gleich der ganzen Gruppe ist (§. 8). Während man dort unter einer primitiven Wurzel der Congruenz $x^n \equiv 1$ eine Zahl versteht, von der keine niedrigere Potenz, als die $n$te, congruent 1 ist, wurden wir hier darauf geführt, nur dann eine Wurzel jener Congruenz primitiv zu nennen, wenn keine niedrigere Potenz derselben, als die $n$te, ein $n$ter Potenzrest ist.

Nachdem wir das in §. 1 entwickelte Problem in den §§. 2—9 erledigt haben, ohne von der Zahlentheorie mehr als ihre ersten Elemente zu benutzen, führen wir in §. 10 die ganze Lehre von den Gruppen auf die Theorie der linearen Formen mit ganzen Cofficienten (*Moduln* im Sinne des Herrn *Dedekind*) zurück. Um die abstracte Entwicklung möglichst bequem und fasslich darstellen zu können, knüpfen wir sie an die Untersuchung der Klassen von Zahlen an, die in Bezug auf einen gegebenen Modul incongruent und relativ prim zu demselben sind, ohne dabei von den speciellen Eigenschaften dieser Elemente Gebrauch zu machen. Die Theorie dieser Zahlenklassen haben wir dann in den §§. 11 und 12 als Anwendung der allgemeinen Untersuchung kurz abgehandelt.

§. 1. Definitionen.

Die Elemente unserer Untersuchung sind die $\varphi(M)$ Klassen von (reellen) ganzen Zahlen, welche in Bezug auf einen Modul M incongruent und relativ prim zu demselben sind. Zwei Elemente heissen gleich, $A = B$, wenn sie durch (mod. M) congruente Zahlen repräsentirt werden. Eine Anzahl dieser Elemente bildet eine (endliche)*) Gruppe, wenn das Product von je zweien derselben wieder unter ihnen enthalten ist. Z. B. bildet

*) Es giebt auch Gruppen von unzählig vielen Elementen, z. B. bilden die Einheiten eines algebraischen Körpers, falls sie nicht sämmtlich Wurzeln aus 1 sind, eine unendliche Gruppe von endlichem Range.

die Gesammtheit der $\varphi(M)$ Zahlen eine endliche Gruppe*). Das Element E (so bezeichnen wir im folgenden die Zahlenklasse, deren Repräsentant 1 ist) heisst das *Hauptelement.* Es bildet für sich eine Gruppe, welche wir mit $\mathfrak{E}$ bezeichnen und die *Hauptgruppe* nennen werden. Die Anzahl der verschiedenen Elemente, aus denen eine Gruppe besteht, heisst die *Ordnung* der Gruppe. Eine Gruppe heisst *primär*, wenn ihre Ordnung eine Potenz einer Primzahl ist.

Ist A ein Element einer Gruppe, so gehören auch alle Potenzen von A der Gruppe an. Dieselben können, da jede Gruppe nur eine endliche Anzahl von Elementen enthält, nicht alle von einander verschieden sein. Ist $A^s = A^{s+t}$, so ist $A^t = E$. Der Exponent der niedrigsten Potenz von A, welche gleich E ist, heisst der Exponent, zu welchem A *gehört.* Ist derselbe gleich e, und setzt man $A^{-1} = A^{e-1}$, so ist $AA^{-1} = E\ (= A^0)$. Ist ferner $A^t = E$, so muss t durch e theilbar sein. Denn ist $t = ef + g$ und $0 \leqq g < e$, so ist $E = (A^e)^f A^g = A^g$ und folglich $g = 0$. Damit also $A^r = A^s$ sei, ist nothwendig und hinreichend, dass $r \equiv s$ (mod. e) ist. Folglich ist die Zahl e die Ordnung der Gruppe, die von den Potenzen von A gebildet wird, und wird daher auch die *Ordnung des Elementes A* genannt. (*Cauchy, Mémoire sur les arrangements etc. p.* 157, *Exerc. d'analyse et de phys. math. tom. III.*)

Sind A, B, C, ... mehrere Elemente einer Gruppe, so gehören auch alle Elemente von der Form $A^x B^y C^z \dots$ der Gruppe an. Mehrere Elemente einer Gruppe bilden eine *Basis* derselben, wenn sich aus ihnen durch Potenziren und Multipliciren alle Elemente der Gruppe zusammensetzen lassen. Besitzt eine Gruppe eine Basis von r Elementen und keine Basis von weniger als r Elementen, so heisst r der *Rang* der Gruppe. Eine Gruppe heisst *elementar*, wenn sie vom ersten Range ist, wenn sich also alle ihre Elemente als Potenzen von einem derselben darstellen lassen. Ein solches Element heisst ein *primitives Element* der Gruppe.

Zwei Gruppen heissen gleich, $\mathfrak{A} = \mathfrak{B}$, wenn sie dieselben Elemente

*) Es giebt auch Systeme von unzählig vielen Elementen, aus denen sich endliche Gruppen bilden lassen, z. B. die Einheitswurzeln aller Grade.

enthalten. — Multiplicirt man jedes Element einer Gruppe $\mathfrak{A}$ mit jedem Elemente einer andern Gruppe $\mathfrak{B}$, so bilden die Producte, soweit sie verschieden sind, wieder eine Gruppe, welche das *Product* der Gruppen $\mathfrak{A}$ und $\mathfrak{B}$ heisst und mit $\mathfrak{A}\mathfrak{B}$ $(=\mathfrak{B}\mathfrak{A})$ bezeichnet wird. Multiplicirt man jedes Element von $\mathfrak{A}\mathfrak{B}$ mit jedem Elemente der Gruppe $\mathfrak{C}$, so bilden die Producte eine Gruppe $(\mathfrak{A}\mathfrak{B})\mathfrak{C} = \mathfrak{A}(\mathfrak{B}\mathfrak{C}) = \mathfrak{A}\mathfrak{B}\mathfrak{C}$. $\mathfrak{A}, \mathfrak{B}, \mathfrak{C}$ heissen die *Factoren* des Productes $\mathfrak{A}\mathfrak{B}\mathfrak{C}$. Offenbar ist $\mathfrak{A}\mathfrak{A} = \mathfrak{A}$.

Wenn alle Elemente der Gruppe $\mathfrak{B}$ auch der Gruppe $\mathfrak{A}$ angehören, so heisst $\mathfrak{A}$ durch $\mathfrak{B}$ *theilbar*, oder $\mathfrak{B}$ in $\mathfrak{A}$ *enthalten*, oder $\mathfrak{B}$ ein *Divisor* von $\mathfrak{A}$. Jede Gruppe ist durch die Hauptgruppe $\mathfrak{E}$ theilbar. Da die Gruppe $\mathfrak{A}\mathfrak{B} = \mathfrak{C}$ das Product aus jedem Elemente von $\mathfrak{A}$ in das Hauptelement $\boldsymbol{E}$ von $\mathfrak{B}$ enthält, so ist $\mathfrak{C}$ durch $\mathfrak{A}$ theilbar. Ist umgekehrt $\mathfrak{C}$ durch $\mathfrak{A}$ theilbar, so kann man, und zwar in der Regel auf verschiedene Weisen, eine Gruppe $\mathfrak{B}$ bestimmen, welche der Gleichung $\mathfrak{A}\mathfrak{B} = \mathfrak{C}$ genügt. Offenbar erfüllt nämlich $\mathfrak{B} = \mathfrak{C}$ diese Bedingung, weil $\mathfrak{A}\mathfrak{C} = \mathfrak{C}$ ist, falls $\mathfrak{A}$ in $\mathfrak{C}$ aufgeht.

Alle Elemente, welche zwei oder mehrere Gruppen gemeinsam haben, bilden eine Gruppe, welche der *grösste gemeinsame Divisor* jener Gruppen heisst. Zwei Gruppen, deren grösster gemeinsamer Divisor die Hauptgruppe ist, heissen *theilerfremd*. Ist $\boldsymbol{A}$ ein Element von $\mathfrak{A}$, und $\boldsymbol{B}$ ein Element von $\mathfrak{B}$, und sind $\mathfrak{A}$ und $\mathfrak{B}$ theilerfremd, so kann die Gleichung $\boldsymbol{AB} = \boldsymbol{E}$ nur bestehen, wenn $\boldsymbol{A} = \boldsymbol{B} = \boldsymbol{E}$ ist, da $\boldsymbol{A} = \boldsymbol{B}^{-1}$ sowohl der Gruppe $\mathfrak{A}$ als auch der Gruppe $\mathfrak{B}$ angehört. Mehrere Gruppen heissen theilerfremd*), wenn das Product aus einem Elemente der ersten, einem der zweiten, einem der dritten, u. s. w., nicht gleich dem Hauptelemente sein kann, ohne dass jeder Factor für sich demselben gleich ist. Sind $\mathfrak{A}$ und $\mathfrak{B}\mathfrak{C}\mathfrak{D}$, $\mathfrak{B}$ und $\mathfrak{C}\mathfrak{D}$, $\mathfrak{C}$ und $\mathfrak{D}$ theilerfremd, so sind auch $\mathfrak{A}, \mathfrak{B}, \mathfrak{C}, \mathfrak{D}$ theilerfremd. Mehrere Elemente $\boldsymbol{A}, \boldsymbol{B}, \boldsymbol{C}, \ldots$ heissen *unabhängig*, wenn die elementaren Gruppen, deren Basen sie bilden, theilerfremd sind, wenn also die Gleichung $\boldsymbol{A}^x \boldsymbol{B}^y \boldsymbol{C}^z \ldots = \boldsymbol{E}$ nur bestehen kann, falls $\boldsymbol{A}^x = \boldsymbol{B}^y = \boldsymbol{C}^z = \cdots = \boldsymbol{E}$ ist.

*) Ist eine Gruppe zu zwei andern theilerfremd, so braucht sie zu ihrem Producte nicht theilerfremd zu sein. Ist z. B. der Modul $M = 8$, und besteht die Gruppe $\mathfrak{A}$ aus den Elementen 1, 3, $\mathfrak{B}$ aus 1, 5, $\mathfrak{C}$ aus 1, 7, so sind je zwei dieser Gruppen theilerfremd, während jede in dem Producte der beiden andern aufgeht.

Eine Gruppe $\mathfrak{H}$ heisst in die Factoren $\mathfrak{A}, \mathfrak{B}, \mathfrak{C}, \ldots$ *zerlegbar,* wenn $\mathfrak{H} = \mathfrak{A}\mathfrak{B}\mathfrak{C}\ldots$ ist und $\mathfrak{A}, \mathfrak{B}, \mathfrak{C}, \ldots$ theilerfremd sind. Kann eine Gruppe nicht in zwei (theilerfremde) Factoren zerlegt werden, so heisst sie *unzerlegbar* oder *irreductibel.* Durch eine endliche Anzahl von Versuchen kann man entweder eine Zerlegung einer gegebenen Gruppe finden, oder sich von ihrer Irreductibilität überzeugen: Man ermittle zunächst alle Divisoren der Gruppe, indem man aus ihren Elementen alle möglichen Combinationen bildet, und aus denselben alle die ausscheidet, welche keine Gruppe bilden. Je zwei dieser Divisoren, die ausser E kein Element gemeinsam haben, multiplicire man mit einander, und sehe zu, ob eins dieser Producte gleich der ganzen Gruppe ist. Erhält man auf diese Weise eine Zerlegung der gegebenen Gruppe in zwei Factoren, so kann man jeden derselben in der nämlichen Art auf seine Zerlegbarkeit untersuchen. Ist $\mathfrak{H}$ in $\mathfrak{A}\mathfrak{B}$ zerlegbar, und ist keiner der beiden Factoren gleich $\mathfrak{H}$, so muss $\mathfrak{A}$ sowohl wie $\mathfrak{B}$ weniger Elemente als $\mathfrak{H}$ enthalten. Mithin muss man auf dem angegebenen Wege durch eine endliche Anzahl von Operationen zu einer Zerlegung der gegebenen Gruppe in lauter irreductible Factoren gelangen.

I. *Eine Gruppe, die nicht irreductibel ist, kann in lauter irreductible Factoren zerlegt werden.*

Eine solche Zerlegung ist in der Regel auf viele verschiedene Weisen möglich. Wie man sie aber auch ausführen mag, man erhält doch stets die gleiche Anzahl von irreductibeln Factoren, und dieselben können einander in zwei verschiedenen Zerlegungen so zugeordnet werden, dass die entsprechenden Factoren von gleicher Ordnung sind. Der Beweis dieser Behauptung (§. 8), sowie die genaue Charakterisirung der irreductibeln Factoren einer zerlegbaren Gruppe (§. 9) bildet den Hauptgegenstand der folgenden Untersuchung.

Die obigen Definitionen und alle folgenden Entwicklungen bleiben auch richtig, wenn der Begriff der Gleichheit zweier Elemente etwas weiter gefasst wird, als bisher geschehen ist (vgl. *Kronecker*, *Auseinandersetzung einiger Eigenschaften der Klassenanzahl idealer complexer Zahlen, Berliner Monatsberichte* 1870, p. 881). Ist nämlich $\mathfrak{M}$ eine bestimmte Gruppe, so wollen wir zwei Elemente in Bezug auf die Gruppe $\mathfrak{M}$ einander gleich nennen, $A = B$, wenn AB^{-1} in $\mathfrak{M}$ enthalten ist. Alle Elemente von $\mathfrak{M}$ selber sind dann gleich E. Daher heisst $\mathfrak{M}$ die Hauptgruppe, weil sie bei dieser Bedeutung des Gleichheitsbegriffes die nämliche Rolle spielt, wie bei der engeren Bedeutung desselben die Gruppe $\mathfrak{E}$. Sind die Elemente A und B der Gruppe $\mathfrak{H}$ in Bezug auf $\mathfrak{M}$ einander gleich, so ist AB^{-1} sowohl in $\mathfrak{H}$ als auch in $\mathfrak{M}$ enthalten, also auch in dem grössten gemeinsamen Divisor von $\mathfrak{H}$ und $\mathfrak{M}$. Bei der Betrachtung der relativen Gleichheit der Elemente einer Gruppe $\mathfrak{H}$ in Bezug auf eine Gruppe $\mathfrak{M}$ kann man sich daher auf den Fall beschränken, wo $\mathfrak{M}$ ein Divisor von $\mathfrak{H}$ ist. Die Elemente einer Gruppe $\mathfrak{H}$ kann man also in Bezug auf jeden Divisor $\mathfrak{M}$ von $\mathfrak{H}$ in *Geschlechter* eintheilen, indem man zwei Elemente zu demselben Geschlechte rechnet oder nicht, je nachdem sie in Bezug auf $\mathfrak{M}$ gleich oder verschieden sind. Unter diesen Geschlechtern bildet nur ein einziges eine Gruppe, nämlich das der Elemente von $\mathfrak{M}$, welches das *Hauptgeschlecht* heisst.

Bestehen in Bezug auf $\mathfrak{M}$ die Gleichungen $A=B$ und $C=D$, so ist auch $AC=BD$, und aus den Gleichungen $AC=BD$ und $A=B$ ergiebt sich umgekehrt $C=D$. Ist daher $A=B$, so ist auch $A^n=B^n$. Der Exponent der niedrigsten Potenz von A, welche ein Element von $\mathfrak{M}$ ist, heisst der Exponent, zu dem A in Bezug auf $\mathfrak{M}$ gehört. Ist $A=B$ in Bezug auf $\mathfrak{M}$, so gehören A und B in Bezug auf $\mathfrak{M}$ zu demselben Exponenten. Gehört A in Bezug auf $\mathfrak{M}$ zum Exponenten e, so ist der Exponent jeder Potenz von A, die in $\mathfrak{M}$ enthalten ist, ein Vielfaches von e. Gehört ein Element H in Bezug auf die Gruppe $\mathfrak{A}$ zum Exponenten a und in Bezug auf $\mathfrak{B}$ zu b, und ist $\mathfrak{A}$ durch $\mathfrak{B}$ theilbar, so ist b durch a theilbar. Denn H^b ist ein Element von $\mathfrak{B}$, also auch von $\mathfrak{A}$, und folglich geht a in b auf. Gehört daher H in Bezug auf $\mathfrak{A}$ zum Exponenten a, so geht a in der Ordnung von H auf.

Der Bequemlichkeit der Darstellung halber werden wir im folgenden die Beweise nur für die engere Bedeutung des Gleichheitsbegriffes führen, dagegen die hauptsächlichsten Sätze auch auf die weitere Bedeutung desselben übertragen.

§. 2. Die Ordnung einer Gruppe.

Seien $a, b, c \dots$ die Ordnungen der Gruppen $\mathfrak{A}, \mathfrak{B}, \mathfrak{C} \dots$, und sei h die Ordnung ihres Productes $\mathfrak{H} = \mathfrak{A}\mathfrak{B}\mathfrak{C} \dots$. Multiplicirt man jedes der a Elemente von $\mathfrak{A}$ mit jedem der b Elemente von $\mathfrak{B}$ und die Producte mit jedem der c Elemente von $\mathfrak{C}$ u. s. w., so erhält man $abc \dots$ Elemente. Findet sich unter diesen Producten ein Element mehrmals, so kommt auch jedes andere gleich oft unter ihnen vor. Denn sind A, A_1, A_2 $[B, B_1, B_2;\ C, C_1, C_2; \dots]$ Elemente von $\mathfrak{A}$ $[\mathfrak{B}, \mathfrak{C} \dots]$, zwischen welchen die Gleichungen

$$A_1^{-1} A_2 = A,\quad B_1^{-1} B_2 = B, \dots \text{ oder } A_2 = A_1 A,\quad B_2 = B_1 B, \dots$$

bestehen, so folgt aus der Gleichung $A_1 B_1 C_1 \dots = A_2 B_2 C_2 \dots$ die Gleichung $ABC \dots = E$, und umgekehrt aus der letzteren Gleichung die erstere. Sind daher g unter jenen Producten gleich E, so kommt auch jedes Element von $\mathfrak{H}$ g mal unter ihnen vor. Mithin ist die Anzahl der wirklich verschiedenen Producte $h = \frac{abc\dots}{g}$, oder es ist

$$abc \dots = gh.$$

I. *Die Ordnung des Productes mehrerer Gruppen geht in dem Producte aus den Ordnungen der einzelnen Factoren auf.*

Sind die Gruppen $\mathfrak{A}, \mathfrak{B}, \mathfrak{C} \dots$ theilerfremd, so kann die Gleichung $ABC \dots = E$ nur bestehen, wenn $A = B = C \dots = E$ ist, und mithin ist $g = 1$. Sind die Gruppen nicht theilerfremd, so ist $g > 1$. Daraus folgt (vgl. *Cauchy*, l. c. p. 229):

I[a]. *Wenn eine Gruppe in mehrere Factoren zerlegbar ist, so ist ihre Ordnung gleich dem Producte der Ordnungen der einzelnen Factoren; und wenn die Ordnung eines Productes gleich dem Producte der Ordnungen der Factoren ist, so sind die Factoren theilerfremd.*

Ist $\mathfrak{A}$ $[\mathfrak{B}, \mathfrak{C}, \dots]$ die Gruppe der Potenzen von A $[B, C, \dots]$, und ist $A^a = E$ $[B^b = E, C^c = E \dots]$, so ist die Ordnung von $\mathfrak{A}$ gleich der Ordnung von A, also ein Divisor von a. Daraus folgt:

I[b]. *Genügen die Elemente* $A, B, C \dots$ *der Basis einer Gruppe den*

Gleichungen $A^a = E$, $B^b = E$, $C^c = E \ldots$, *so ist die Ordnung* h *der Gruppe ein Divisor von* $a\,b\,c \ldots$.

Ist daher p eine Primzahl, welche in der Ordnung h der Gruppe aufgeht, so muss eine der Zahlen $a, b, c \ldots$ durch p theilbar sein. Sind speciell $a, b, c \ldots$ die Exponenten, zu welchen $A, B, C \ldots$ gehören, und ist a durch p theilbar, so gehört $A^{\frac{a}{p}}$ zum Exponenten p. Daraus ergiebt sich der Satz (*Cauchy,* l. c. p. 250):

I^c. *In einer Gruppe, deren Ordnung durch die Primzahl* p *theilbar ist, giebt es Elemente, welche zum Exponenten* p *gehören.*

Aus dem Satze I^b. ergeben sich ferner die Folgerungen:

I^d. *Die Ordnung einer Gruppe* r *ten Ranges, deren Elemente sämmtlich der Gleichung* $X^k = E$ *genügen, ist ein Divisor von* k^r.

I^e. *Die Ordnung einer Gruppe, deren Elemente sämmtlich der Gleichung* $X^k = E$ *genügen, ist durch keine Primzahl theilbar, die nicht in* k *aufgeht.*

Die kleinste Zahl k, welche die Eigenschaft hat, dass alle Elemente einer Gruppe die Gleichung $X^k = E$ befriedigen, heisst die erste Invariante dieser Gruppe.

I^f. *Die Ordnung einer Gruppe ist durch keine Primzahl theilbar, die nicht in der ersten Invariante der Gruppe aufgeht.*

Sind $A_1, A_2, \ldots A_a$ die Elemente der Gruppe $\mathfrak{A}$, ist die Gruppe $\mathfrak{G}$ durch $\mathfrak{A}$ theilbar, und sind $B_1, B_2 \ldots B_b$ die sämmtlichen in Bezug auf $\mathfrak{A}$ verschiedenen Elemente der Gruppe $\mathfrak{G}$, so sind die Producte $A_\alpha B_\beta$ $(\alpha = 1, 2 \ldots a;\ \beta = 1, 2 \ldots b)$ alle (absolut) von einander verschieden und bilden die sämmtlichen Elemente von $\mathfrak{G}$. Denn wäre $A_\alpha B_\beta = A_\gamma B_\delta$, so wäre $B_\beta B_\delta^{-1} = A_\alpha^{-1} A_\gamma = A_\varepsilon$, es wären also B_β und B_δ in Bezug auf die Gruppe $\mathfrak{A}$ einander gleich. Wäre ferner ein Element B der Gruppe $\mathfrak{G}$ keinem der Producte $A_\alpha B_\beta$ gleich, so wäre B keinem der Elemente B_β in Bezug auf $\mathfrak{A}$ gleich; es wären also $B_1, B_2 \ldots B_b$ nicht die sämmtlichen in Bezug auf $\mathfrak{A}$ verschiedenen Elemente von $\mathfrak{G}$. Mithin ist die Ordnung von $\mathfrak{G}$ gleich $a\,b$. Daraus ergiebt sich der Satz von *Lagrange* (*Réflexions sur la résolution algébrique des équations, No. 99. Oeuvres publiées par Serret, t. III.*):

II. *Die Ordnung einer Gruppe ist durch die Ordnung jedes ihrer Divisoren theilbar.*

II[a]. *Jeder Divisor einer primären Gruppe ist wieder eine primäre Gruppe.*

Gehört das Element A der Gruppe $\mathfrak{H}$ zum Exponenten e, so ist die Gruppe der Potenzen von A ein Divisor von $\mathfrak{H}$, dessen Ordnung gleich e ist.

II[b]. *Die Ordnung einer Gruppe ist durch die Ordnung jedes ihrer Elemente theilbar.*

Mehrere Zahlen heissen im Folgenden nur dann relativ prim, wenn je zwei derselben keinen gemeinsamen Theiler haben. Sind die Ordnungen $a, b, c \dots$ der Gruppen $\mathfrak{A}, \mathfrak{B}, \mathfrak{C} \dots$ relative Primzahlen, so ist die Ordnung h ihres Productes durch jede der Zahlen $a, b, c \dots$, also auch durch ihr Product theilbar, und mithin ist $h = abc \dots$, da h nicht grösser als das Product sein kann. Nach Satz I[a] sind daher die Gruppen $\mathfrak{A}, \mathfrak{B}, \mathfrak{C} \dots$ theilerfremd.

III. *Sind die Ordnungen mehrerer Gruppen theilerfremd, so sind die Gruppen theilerfremd.*

Für zwei Gruppen ergiebt sich der Satz auch daraus, dass die Ordnung eines gemeinsamen Divisors zweier Gruppen ein gemeinsamer Divisor der Ordnungen der beiden Gruppen sein muss.

§. 3. Potenzen und primitive Wurzeln.

1. Alle Elemente einer Gruppe $\mathfrak{H}$, welche der Gleichung $X^k = E$ genügen, bilden eine Gruppe $\mathfrak{K}$, die ein Divisor von $\mathfrak{H}$ ist, und deren Ordnung wir mit $|k, \mathfrak{H}|$ bezeichnen. Aus Satz I[e], §. 2 ergiebt sich:

I. *Die Zahl* $|k, \mathfrak{H}|$ *ist durch keine Primzahl theilbar, die nicht in* k *aufgeht.*

Mithin ist $|p^\pi, \mathfrak{H}|$ eine Potenz der Primzahl p, wie auf einem ganz anderen Wege *Gauss* (Werke, Bd. II, S. 266) bewiesen hat. — Ist a durch b theilbar, so genügen alle Wurzeln der Gleichung $X^b = E$ auch der Gleichung $X^a = E$. Daher ist die Gruppe $\mathfrak{A}$ der Wurzeln der Gleichung

$X^a = E$ durch die Gruppe $\mathfrak{B}$ der Wurzeln der Gleichung $X^b = E$ theilbar. Aus Satz II, §. 2 ergiebt sich mithin:

II. *Ist* a *durch* b *theilbar, so ist auch* $|a, \mathfrak{H}|$ *durch* $|b, \mathfrak{H}|$ *theilbar.*

Ist $\mathfrak{H}$ in $\mathfrak{A}\mathfrak{B}\mathfrak{C}\dots$ zerlegbar, so ist jedes Element H von $\mathfrak{H}$ das Product aus einem Elemente A von $\mathfrak{A}$, einem Elemente B von $\mathfrak{B}$, u. s. w., $H = ABC\cdots$. Ist nun $E = H^k = A^k B^k C^k \dots$, so muss $E = A^k = B^k = C^k = \cdots$ sein, weil die Gruppen $\mathfrak{A}, \mathfrak{B}, \mathfrak{C}\dots$ als theilerfremd vorausgesetzt sind.

III. *Ist die Gruppe* $\mathfrak{H}$ *in die Factoren* $\mathfrak{A}\mathfrak{B}\mathfrak{C}\dots$ *zerlegbar, so kann eine Wurzel der Gleichung* $X^k = E$ *in der Gruppe* $\mathfrak{H}$ *stets und nur auf eine Weise als Product einer Wurzel dieser Gleichung in der Gruppe* $\mathfrak{A}$, *einer Wurzel derselben in der Gruppe* $\mathfrak{B}$ *etc. dargestellt werden, und es ist*

$$|k, \mathfrak{H}| = |k, \mathfrak{A}|\ |k, \mathfrak{B}|\ |k, \mathfrak{C}| \cdots.$$

Ist k gleich dem Producte der relativen Primzahlen $a\,b\,c\dots$, und ist $\mathfrak{A}\,[\mathfrak{B}, \mathfrak{C}, \dots]$ die Gruppe der Elemente von $\mathfrak{H}$, welche der Gleichung $X^a = E\,[X^b = E,\ X^c = E, \dots]$ genügen, so sind $\mathfrak{A}, \mathfrak{B}, \mathfrak{C}, \dots$ theilerfremd. Denn ist $ABC\dots = E$, wo $A\,[B, C, \dots]$ ein Element von $\mathfrak{A}\,[\mathfrak{B}, \mathfrak{C}, \dots]$ ist, so ist $E = (ABC\dots)^{\frac{k}{a}} = A^{\frac{k}{a}}$ und mithin auch $(A^a)^x (A^{\frac{k}{a}})^y = E$, also wenn man x und y so bestimmt, dass $ax + \frac{k}{a}y = 1$ wird, $A = E$, und ebenso $B = C = \cdots = E$. (Dies Resultat kann auch aus dem Satze I in Verbindung mit dem Satze III, §. 2 abgeleitet werden.) Das Product $ABC\dots = H$ befriedigt die Gleichung $X^k = E$. Ist umgekehrt H irgend ein Element von $\mathfrak{H}$, das dieser Gleichung genügt, ist, in Partialbrüche zerlegt, $\frac{1}{k} = \frac{x}{a} + \frac{y}{b} + \frac{z}{c} + \cdots$, und setzt man $H^{\frac{kx}{a}} = A$, $H^{\frac{ky}{b}} = B, \dots$, so ist $A^a = E$, $B^b = E, \dots$ und $ABC\dots = H$. Daher ist die Gruppe $\mathfrak{K}$, welche von den Elementen der Gruppe $\mathfrak{H}$ gebildet wird, die der Gleichung $X^k = E$ genügen, in die Gruppen $\mathfrak{A}\mathfrak{B}\mathfrak{C}\dots$ zerlegbar.

IV. *Ist die Zahl* k *gleich dem Producte der relativen Primzahlen* $a\,b\,c\dots$, *so kann eine Wurzel der Gleichung* $X^k = E$ *in der Gruppe* $\mathfrak{H}$ *stets und nur* *auf eine Weise als Product einer Wurzel der Gleichung $X^a = E$, einer Wurzel der Gleichung $X^b = E$, etc. dargestellt werden, und es ist*

$$|k, \mathfrak{H}| = |a, \mathfrak{H}|\ |b, \mathfrak{H}|\ |c, \mathfrak{H}| \cdots .$$

2. Ein Element A von $\mathfrak{H}$ heisst eine $k$te Potenz in der Gruppe $\mathfrak{H}$, wenn es in $\mathfrak{H}$ ein Element U giebt, das der Gleichung $U^k = A$ genügt. Alle $k$ten Potenzen in $\mathfrak{H}$ bilden eine Gruppe $\mathfrak{K}$, die ein Divisor von $\mathfrak{H}$ ist, und deren Ordnung wir mit $(k, \mathfrak{H})$ bezeichnen. Ist $U^k = A$ und $V^k = A$, und ist $U^{-1}V = W$, also $V = UW$, so ist $W^k = E$. Sind daher W_1, $W_2, \ldots W_i$ alle Elemente von $\mathfrak{H}$, die der Gleichung $X^k = E$ genügen, und ist U eine Wurzel der Gleichung $U^k = A$, so sind UW_1, $UW_2, \ldots UW_i$ die sämmtlichen verschiedenen Wurzeln dieser Gleichung. Erhebt man alle h Elemente der Gruppe $\mathfrak{H}$ auf die $k$te Potenz, so sind demnach je i dieser $k$ten Potenzen einander gleich, und mithin giebt es $\frac{h}{i}$ verschiedene $k$te Potenzen in der Gruppe $\mathfrak{H}$*).

V. *Das Product aus der Anzahl der k ten Potenzen in einer Gruppe und der Anzahl der Elemente, deren k te Potenzen gleich dem Hauptelemente sind, ist gleich der Ordnung der Gruppe*:

$$|k, \mathfrak{H}|\ (k, \mathfrak{H}) = h.$$

Ist $\mathfrak{H}$ in $\mathfrak{A}\mathfrak{B}$ zerlegbar, so kann jedes Element $W\,[C]$ von $\mathfrak{H}$ und zwar nur auf eine Weise als Product eines Elementes $U\,[A]$ von $\mathfrak{A}$ und eines Elementes $V\,[B]$ von $\mathfrak{B}$ dargestellt werden. Ist nun $C = W^k$, so ist $AB = U^k V^k$ und folglich gehört das Element $U^{-k}A = V^k B^{-1}$ sowohl der Gruppe $\mathfrak{A}$ als auch der Gruppe $\mathfrak{B}$ an, ist also, weil dieselben theilerfremd sind, gleich E, und mithin ist $A = U^k$ und $B = V^k$.

---

*) Sind die Elemente von $\mathfrak{H}$ Klassen äquivalenter binärer quadratischer Formen derselben Determinante, so nennt *Gauss* die Gruppe der zweiten Potenzen (d. h. der durch Duplication entstehenden Klassen) das Hauptgeschlecht und rechnet zwei Elemente zu demselben Geschlechte oder nicht, je nachdem sie in Bezug auf das Hauptgeschlecht gleich oder verschieden sind (vgl. §. 1). Nach dem Beweise des Satzes II, §. 2 enthält jedes Geschlecht gleich viele Klassen, und daher ist die Anzahl der Geschlechter gleich dem Quotienten der Anzahl h sämmtlicher Klassen durch die Anzahl $(2, \mathfrak{H})$ der Klassen des Hauptgeschlechts. Die Elemente von $\mathfrak{H}$, welche der Gleichung $X^2 = E$ genügen, heissen die ambigen Klassen. Nach dem obigen Satze V ist folglich die Anzahl der Geschlechter der Anzahl der ambigen Klassen gleich (vgl. *Disqu. arithm.* 258, 261, 287).

VI. *Jede $k$te Potenz in dem Producte mehrerer theilerfremden Gruppen ist das Product aus lauter $k$ten Potenzen in den einzelnen Factoren.*

VI[a]. *Sind zwei Gruppen theilerfremd, so ist ein Element der ersten, das eine $k$te Potenz in dem Producte der beiden Gruppen ist, auch eine $k$te Potenz in der ersten Gruppe.*

3. Ein Element der Gruppe $\mathfrak{H}$, welches der Gleichung $X^k = E$ genügt, heisst eine *primitive Wurzel* dieser Gleichung *in der Gruppe* $\mathfrak{H}$, wenn es in Bezug auf die Gruppe, die aus den $k$ten Potenzen in $\mathfrak{H}$ besteht, zum Exponenten k gehört. Demnach darf keine niedrigere Potenz eines solchen Elementes als die $k$te (die gleich E ist) gleich einer $k$ten Potenz in $\mathfrak{H}$ sein, und die Gleichung $A^x = U^k$ nur dann durch ein Element U von $\mathfrak{H}$ befriedigt werden, wenn x durch k theilbar ist.

VII. *Sind $\mathfrak{A}$ und $\mathfrak{B}$ theilerfremd, so ist ein Element von $\mathfrak{A}$, das eine primitive Wurzel der Gleichung $X^k = E$ in der Gruppe $\mathfrak{A}$ ist, auch eine primitive Wurzel dieser Gleichung in der Gruppe $\mathfrak{A}\mathfrak{B}$.*

Denn ist $A^t = W^k$, wo A der Gruppe $\mathfrak{A}$ und W der Gruppe $\mathfrak{A}\mathfrak{B}$ angehört, so ist nach Satz VI[a] auch $A^t = U^k$, wo U ein Element von $\mathfrak{A}$ ist, und mithin ist, wenn A eine primitive Wurzel der Gleichung $X^k = E$ in der Gruppe $\mathfrak{A}$ ist, t durch k theilbar.

VIII. *Ist k das Product der relativen Primzahlen $a\,b\,c\,\dots$, so erhält man jede primitive Wurzel der Gleichung $X^k = E$ in der Gruppe $\mathfrak{H}$, indem man jede primitive Wurzel der Gleichung $X^a = E$ mit jeder der Gleichung $X^b = E$, die Producte mit jeder der Gleichung $X^c = E$ etc. multiplicirt.*

Denn seien $A, B, C, \dots$ primitive Wurzeln der Gleichungen $X^a = E$, $X^b = E$, $X^c = E, \dots$ in der Gruppe $\mathfrak{H}$ und sei $H = ABC\dots$. Ist dann $H^t = U^k$, wo U ein Element von $\mathfrak{H}$ ist, so ist $H^{\frac{tk}{a}} = (ABC\dots)^{\frac{tk}{a}} = A^{\frac{tk}{a}} = \left(U^{\frac{k^2}{a^2}}\right)^a$. Folglich ist $t\frac{k}{a}$ durch a, also t durch a theilbar. Ebenso ist t durch $b, c, \dots$ theilbar, also auch durch $abc\dots = k$, und mithin ist H eine primitive Wurzel der Gleichung $X^k = E$. Ferner kann jede Wurzel H der Gleichung $X^k = E$, und zwar nur auf eine Weise, als ein Product $ABC\dots$ je einer Wurzel der Gleichungen $X^a = E$, $X^b = E$, $X^c = E, \dots$

dargestellt werden. Ist nun H eine primitive Wurzel der Gleichung $X^k = E$, so ist auch A eine primitive Wurzel der Gleichung $X^a = E$. Denn ist $A^x = U^a$, so ist $H^{\frac{xk}{a}} = (ABC\ldots)^{\frac{xk}{a}} = A^{\frac{xk}{a}} = U^k$. Folglich ist $\frac{xk}{a}$ durch k, also x durch a theilbar.

Mehrere primitive Wurzeln $A, B, C, \ldots$ der Gleichung $X^k = E$ in der Gruppe $\mathfrak{H}$ heissen von einander *unabhängig*, wenn die Gruppe der Potenzen von A, die der Potenzen von B, u. s. w., und die Gruppe der $k$ten Potenzen in $\mathfrak{H}$ theilerfremd sind. Demnach kann die Gleichung $A^x B^y C^z \ldots = U^k$ nur dann durch ein Element U der Gruppe $\mathfrak{H}$ befriedigt werden, wenn $x, y, z, \ldots$ sämmtlich durch k theilbar, also die Factoren der linken Seite einzeln gleich E sind. Die Methode, mittelst deren wir soeben den Satz VIII bewiesen haben, führt, auf Systeme unabhängiger primitiver Wurzeln angewendet, zu dem Resultate: Sind $A_1, A_2, \ldots A_\varkappa$ [$B_1, B_2, \ldots B_\varkappa$; $C_1, C_2, \ldots C_\varkappa$; ...] $\varkappa$ unabhängige primitive Wurzeln der Gleichung $X^a = E$ [$X^b = E$, $X^c = E, \ldots$], und sind $a, b, c, \ldots$ relative Primzahlen, so sind $A_1 B_1 C_1 \ldots = H_1$, $A_2 B_2 C_2 \ldots = H_2, \ldots, A_\varkappa B_\varkappa C_\varkappa \ldots = H_\varkappa$ $\varkappa$ unabhängige primitive Wurzeln der Gleichung $X^{abc\ldots} = E$; sind umgekehrt $H_1, H_2, \ldots H_\varkappa$ irgend $\varkappa$ solche Wurzeln, und ist $H_\varrho = A_\varrho B_\varrho C_\varrho \ldots$, so sind $A_1, A_2, \ldots A_\varkappa$ $\varkappa$ unabhängige primitive Wurzeln der Gleichung $X^a = E$.

Ein System unabhängiger primitiver Wurzeln der Gleichung $X^k = E$ in der Gruppe $\mathfrak{H}$ heisst *vollständig*, wenn es in $\mathfrak{H}$ keine primitive Wurzel dieser Gleichung giebt, die von ihnen unabhängig ist. Wählt man für A eine beliebige primitive Wurzel der Gleichung $X^k = E$, für B eine beliebige von A unabhängige, für C eine beliebige von A und B unabhängige, u. s. w., so erhält man in der allgemeinsten Weise ein vollständiges System unabhängiger primitiver Wurzeln der Gleichung $X^k = E$ in der Gruppe $\mathfrak{H}$. Ob jedes solche System aus gleich vielen Elementen besteht oder nicht, bleibt vorläufig dahingestellt (vgl. §. 9, I).

§. 4. Zerlegung einer Gruppe in primäre Factoren.

Sind $A_1, A_2, \ldots A_h$ die Elemente einer Gruppe $h$ter Ordnung $\mathfrak{H}$, so sind auch $A_1 A_\alpha$, $A_2 A_\alpha$, ... $A_h A_\alpha$ die sämmtlichen h verschiedenen Elemente derselben, können sich also nur durch die Anordnung*) von A_1, A_2, ... A_h unterscheiden. Mithin ist $A_1 A_\alpha \dots A_h A_\alpha = A_1 \dots A_h$ und folglich $A_\alpha^h = E$. — Oder: Gehört das Element A der Gruppe $\mathfrak{H}$ zum Exponenten e, so ist nach Satz II[b], §. 2 h durch e theilbar, und mithin folgt aus der Gleichung $A^e = E$ die Gleichung $A^h = E$.

I. *Jedes Element einer Gruppe* h*ter Ordnung genügt der Gleichung* $X^h = E$ (*Fermatscher Satz*).

Daher ist $|h, \mathfrak{H}| = h$. Ist h das Product der relativen Primzahlen ab, so ist nach Satz IV, §. 3 $|a, \mathfrak{H}|\,|b, \mathfrak{H}| = |h, \mathfrak{H}| = h = ab$ und folglich, weil nach Satz I, §. 3 $|a, \mathfrak{H}|$ keine andern Primfactoren wie a, und $|b, \mathfrak{H}|$ keine andern wie b enthält, $|a, \mathfrak{H}| = a$ und $|b, \mathfrak{H}| = b$ (vgl. *Gauss*, Werke, Bd. II, S. 267).

II. *Ist* h *die Ordnung der Gruppe* $\mathfrak{H}$ *und* a *ein Divisor von* h, *der zu seinem complementären Divisor relativ prim ist, so ist* $|a, \mathfrak{H}| = a$.

Ist daher h gleich dem Producte der relativen Primzahlen $abc\dots$, so ist die Gruppe $\mathfrak{A}$ [$\mathfrak{B}$, $\mathfrak{C}$, ...] derjenigen Elemente von $\mathfrak{H}$, welche die Gleichung $X^a = E$ [$X^b = E$, $X^c = E$, ...] befriedigen, genau von der Ordnung a [b, c, ...]. Da ferner jede Wurzel der Gleichung $X^h = E$ und zwar nur auf eine Weise als Product je einer Wurzel der Gleichungen $X^a = E$, $X^b = E$, $X^c = E$ ... dargestellt werden kann, so ist $\mathfrak{H}$ in $\mathfrak{A}\mathfrak{B}\mathfrak{C}\dots$ zerlegbar. Wird umgekehrt die Gruppe $\mathfrak{H}$ der Ordnung $abc\dots$ irgendwie als Product von Gruppen $\mathfrak{A}$, $\mathfrak{B}$, $\mathfrak{C}$, ... der Ordnungen a, b, c ... dargestellt, so müssen alle Elemente von $\mathfrak{A}$ nach Satz I der Gleichung $X^a = E$ genügen.

III. *Sind* $a, b, c,$ ... *relative Primzahlen, so kann eine Gruppe der* $abc\dots$*ten Ordnung stets und nur auf eine Weise in Factoren der* a*ten,* b*ten,* c*ten, ... Ordnung zerlegt werden.*

*) Bezeichnet man die Substitution, welche die Elemente $A_1, \dots A_h$ so unter einander vertauscht, dass sie der Reihe nach gleich $A_1 A_\alpha, \dots A_h A_\alpha$ werden, mit S_α, so ist $S_\alpha S_\beta = S_\beta S_\alpha$, und $S_1 \dots S_h$ bilden eine (transitive) Gruppe $\mathfrak{M}$ von h (vertauschbaren) Substitutionen unter h Buchstaben. Man kann also die Elemente jeder endlichen Gruppe auch als Substitutionen auffassen. (Herr *Camille Jordan* nennt die Gruppen $\mathfrak{H}$ und $\mathfrak{M}$ *isomorph. Traité des substitutions,* p. 56; d. J. Bd. 84, S. 101.)

Nimmt man für $a, b, c, \dots$ die Potenzen verschiedener Primzahlen, deren Product h ist, so ergiebt sich daraus der folgende Satz, durch welchen die allgemeine Theorie der Gruppen auf die der primären Gruppen zurückgeführt wird:

IV. *Eine Gruppe kann stets und nur auf eine Weise in lauter primäre Factoren zerlegt werden, deren Ordnungen relative Primzahlen sind.*

§. 5. Der Rang einer Gruppe.

Bilden $A_1, A_2 \dots A_p$ eine Basis der Gruppe $\mathfrak{A}$ vom Range p und $B_1, B_2 \dots B_q$ eine Basis der Gruppe $\mathfrak{B}$ vom Range q, so bilden diese $p+q$ Elemente zusammen eine Basis des Productes $\mathfrak{A}\mathfrak{B}$. Daher ist der Rang dieser Gruppe $r \overline{\gtrless} p+q$.

I. *Der Rang eines Productes ist nicht grösser als die Summe der Rangzahlen der Factoren.*

Bilden $A_1, A_2 \dots A_n$ eine Basis der Gruppe $\mathfrak{A}$, und durchlaufen $x_1, x_2 \dots x_n$ alle positiven und negativen ganzen Zahlen, so stellt der Ausdruck $A_1^{x_1} A_2^{x_2} \dots A_n^{x_n}$ alle Elemente der Gruppe dar, und jedes einzelne unendlich oft. Um sämmtliche Darstellungen eines gegebenen Elementes aus einer derselben abzuleiten, muss man alle Lösungen der Gleichung

$$(1.) \qquad A_1^{v_1} A_2^{v_2} \dots A_n^{v_n} = E$$

ermitteln. Sei $\mathfrak{A}_\alpha$ die Gruppe mit der Basis $A_1, A_2 \dots A_{\alpha-1}$ ($\mathfrak{A}_1 = \mathfrak{E}$), gehöre A_α in Bezug auf diese Gruppe zum Exponenten $a_{\alpha\alpha}$, und sei

$$(2.) \qquad A_\alpha^{a_{\alpha\alpha}} = A_1^{-a_{\alpha 1}} A_2^{-a_{\alpha 2}} \dots A_{\alpha-1}^{-a_{\alpha,\alpha-1}}.$$

Wenn dann $x_1, x_2 \dots x_n$ unabhängig von einander alle positiven und negativen ganzen Zahlen durchlaufen, so stellen die linearen Formen

$$(3.) \qquad \begin{cases} v_1 = a_{11} x_1 + a_{21} x_2 + \cdots + a_{n1} x_n \\ v_2 = \phantom{a_{11} x_1 + {}} a_{22} x_2 + \cdots + a_{n2} x_n \\ \cdot \quad \cdot \quad \cdot \quad \cdot \quad \cdot \quad \cdot \quad \cdot \quad \cdot \quad \cdot \quad \cdot \\ v_n = \phantom{a_{11} x_1 + a_{22} x_2 + \cdots + {}} a_{nn} x_n \end{cases}$$

alle Lösungen der Gleichung (1.) dar. Denn gehört ein Element A einer Gruppe $\mathfrak{A}$ (absolut oder in Bezug auf eine gegebene Gruppe $\mathfrak{B}$) zum Exponenten a, und ist $A^v = E$ (oder A^v in der Gruppe $\mathfrak{B}$ enthalten), so ist v durch a theilbar, $v = ax$. Damit ist, wenn $n=1$ ist, der obige Satz bereits bewiesen. Zufolge der Gleichung (1.) oder

$$A_n^{v_n} = A_1^{-v_1} A_2^{-v_2} \dots A_{n-1}^{-v_{n-1}}$$

ist $A_n^{v_n}$ in der Gruppe $\mathfrak{A}_n$ enthalten, und folglich muss v_n durch a_{nn} theilbar sein, $v_n = a_{nn} x_n$. Durch Combination der Gleichung (1.) mit der aus (2.) folgenden Relation

$$A_1^{a_{n1}} A_2^{a_{n2}} \dots A_n^{a_{nn}} = E$$

ergiebt sich ferner

$$A_1^{v_1 - a_{n1} x_n} A_2^{v_2 - a_{n2} x_n} \dots A_{n-1}^{v_{n-1} - a_{n,n-1} x_n} = E.$$

Nehmen wir also an, der Satz sei für eine Basis von $n-1$ Elementen bereits bewiesen, so ergiebt sich daraus seine Richtigkeit für eine Basis von n Elementen. Da ferner die Zahlen $a_{11}, a_{22}, \dots a_{nn}$ alle von Null verschieden sind, mithin die n Linearformen (3.) nicht verschwinden können, ohne dass $x_1, x_2 \dots x_n$ sämmtlich gleich Null sind, so stellen sie jede Lösung der Gleichung (1.) nur ein einziges Mal dar (vgl. *Gauss*, Werke, Bd. II, S. 266).

Bedeutet in der obigen Entwicklung das Gleichheitszeichen nicht absolute Gleichheit, sondern nur relative, in Bezug auf eine gewisse Gruppe $\mathfrak{B}$, so stellt, wenn man (absolut) $A_1^{a_{\alpha 1}} A_2^{a_{\alpha 2}} \dots A_\alpha^{a_{\alpha\alpha}} = B_\alpha$ setzt, der Ausdruck $B_1^{x_1} B_2^{x_2} \dots B_n^{x_n}$ alle Elemente von $\mathfrak{A}$ dar, welche in $\mathfrak{B}$ enthalten sind, also, wenn $\mathfrak{B}$ ein Divisor von $\mathfrak{A}$ ist, alle Elemente von $\mathfrak{B}$, und mithin bilden $B_1, B_2 \dots B_n$ eine Basis der Gruppe $\mathfrak{B}$. Ist folglich n der Rang von $\mathfrak{A}$, so kann der Rang von $\mathfrak{B}$ nicht grösser als n sein.

II. *Der Rang eines Divisors einer Gruppe ist nicht grösser als der Rang der ganzen Gruppe.*

II[a]. *Jeder Divisor einer elementaren Gruppe ist wieder eine elementare Gruppe.*

Sind die Ordnungen $a, b, c \dots$ der Gruppen $\mathfrak{A}, \mathfrak{B}, \mathfrak{C} \dots$ relative Primzahlen, so ist die Ordnung ihres Products $\mathfrak{H} = \mathfrak{A}\mathfrak{B}\mathfrak{C} \dots$ gleich $h = abc \dots$. Bilden ferner $A_1, A_2 \dots$ eine Basis von $\mathfrak{A}$, $B_1, B_2 \dots$ eine Basis von $\mathfrak{B}$ u. s. w., so bilden $A_1 B_1 C_1 \dots = H_1$, $A_2 B_2 C_2 \dots = H_2$ eine

Basis von $\mathfrak{H}$. Denn jedes Element H von $\mathfrak{H}$ kann, und zwar nur auf eine Weise, als Product von Elementen

$$A = A_1^{a_1} A_2^{a_2} \ldots, \quad B = B_1^{b_1} B_2^{b_2} \ldots, \quad C = C_1^{c_1} C_2^{c_2} \ldots, \ldots,$$

die respective den Gruppen $\mathfrak{A}, \mathfrak{B}, \mathfrak{C} \ldots$ angehören, dargestellt werden. Da alle Elemente der Gruppe $a$ter Ordnung $\mathfrak{A}$ nach Satz I, §. 4 der Gleichung $A^a = E$ genügen, so ist, wenn $x \equiv y \pmod{a}$ ist, auch $A^x = A^y$. Weil nun $a, b, c \ldots$ relative Primzahlen sind, so kann man eine Zahl x_ϱ bestimmen, welche gleichzeitig die Congruenzen

$$x_\varrho \equiv a_\varrho \pmod{a}, \quad x_\varrho \equiv b_\varrho \pmod{b}, \quad x_\varrho \equiv c_\varrho \pmod{c} \ldots$$

befriedigt. Dann ist

$$A = A_1^{x_1} A_2^{x_2} \ldots, \quad B = B_1^{x_1} B_2^{x_2} \ldots, \quad C = C_1^{x_1} C_2^{x_2} \ldots, \ldots$$

und daher

$$H = ABC \ldots = H_1^{x_1} H_2^{x_2} \ldots.$$

Ist also unter den Gruppen $\mathfrak{A}, \mathfrak{B}, \mathfrak{C}, \ldots$ wenigstens eine vom Range r und keine von höherem Range, so ist der Rang von $\mathfrak{H}$ nicht grösser als r. Nach Satz II ist er aber auch nicht kleiner als r.

III. *Der Rang eines Productes mehrerer Gruppen, deren Ordnungen relative Primzahlen sind, ist gleich dem Range derjenigen Factoren, welche vom höchsten Range sind.*

Sind die Ordnungen der Gruppen $\mathfrak{A}, \mathfrak{B}, \mathfrak{C}, \ldots$ relative Primzahlen, gehören $A_1, A_2 \ldots$ der Gruppe $\mathfrak{A}$, $B_1, B_2 \ldots$ der Gruppe $\mathfrak{B}$ an u. s. w., und bilden $H_1 = A_1 B_1 C_1 \ldots$, $H_2 = A_2 B_2 C_2 \ldots$ u. s. w. eine Basis der Gruppe $\mathfrak{H} = \mathfrak{A}\mathfrak{B}\mathfrak{C} \ldots$, so bilden $A_1, A_2 \ldots$ eine Basis von $\mathfrak{A}$. Denn ist A irgend ein Element von $\mathfrak{A}$, so ist es auch ein Element von $\mathfrak{H}$, kann also auf die Form $A = H_1^{a_1} H_2^{a_2} \ldots$ gebracht werden. Da ferner a und $\frac{h}{a}$ relative Primzahlen sind, so kann man eine Zahl x bestimmen, welche gleichzeitig die Congruenzen $x \equiv 1 \pmod{a}$, $x \equiv 0 \left(\text{mod.}\ \frac{h}{a}\right)$ befriedigt. Dann ist

$$A = A^x = H_1^{a_1 x} H_2^{a_2 x} \ldots = A_1^{a_1 x} A_2^{a_2 x} \ldots,$$

weil die $\frac{h}{a}$ten Potenzen von $B_\varrho, C_\varrho \ldots$ sämmtlich gleich E sind. Aus diesen Entwicklungen ergiebt sich die Folgerung:

III^a. *Das Product mehrerer elementaren Gruppen, deren Ordnungen relative Primzahlen sind, ist wieder eine elementare Gruppe. Das Product aus je einem Elemente jeder dieser Gruppen ist stets und nur dann ein primitives Element der Productgruppe, wenn jeder einzelne Factor ein primitives Element seiner Gruppe ist.*

§. 6. Zerlegung einer Gruppe in elementare Gruppen.

Das kleinste gemeinschaftliche Vielfache e mehrerer Zahlen $a, b, c \ldots$ kann man in Factoren $\alpha, \beta, \gamma, \ldots$ zerlegen, die relative Primzahlen sind, und von denen α in a, β in b, γ in $c \ldots$ aufgeht (*Gauss*, D. A., 73). Gehören nun $A, B, C \ldots$ zu den Exponenten $a, b, c \ldots$, so gehören $A^{\frac{a}{\alpha}}, B^{\frac{b}{\beta}}, C^{\frac{c}{\gamma}} \ldots$ zu den Exponenten $\alpha, \beta, \gamma \ldots$, und da diese relative Primzahlen sind, so gehört nach Satz III^a, §. 5 $A^{\frac{a}{\alpha}} B^{\frac{b}{\beta}} C^{\frac{c}{\gamma}} \ldots$ zu dem Exponenten e.

I. *Ist e das kleinste gemeinschaftliche Vielfache der Exponenten, zu welchen die Basiselemente einer Gruppe gehören, so ist die Ordnung jedes Elementes derselben ein Divisor von e, und es giebt Elemente in der Gruppe, deren Ordnung gleich e ist.*

Daher ist e der grösste unter allen Exponenten, zu welchen Elemente von $\mathfrak{H}$ gehören. Es muss folglich, wenn unter den Ordnungen aller Elemente einer Gruppe e die grösste ist, jede andere in e aufgehen, und mithin muss die $e$te Potenz jedes Elementes von $\mathfrak{H}$ gleich E sein.

Alle diese Sätze gelten auch für die relative Gleichheit der Elemente. Ist unter allen Exponenten, zu welchen die Elemente von $\mathfrak{H}$ in Bezug auf die Gruppe $\mathfrak{A}$ [$\mathfrak{B}$] gehören, a [b] der grösste, und ist $\mathfrak{A}$ durch $\mathfrak{B}$ theilbar, so ist b durch a theilbar. Denn die $b$te Potenz jedes Elementes H von $\mathfrak{H}$ ist in $\mathfrak{B}$, also auch in $\mathfrak{A}$ enthalten; gehört also H in Bezug auf die Gruppe $\mathfrak{A}$ zum Exponenten a, so muss nach §. 1 a in b aufgehen.

Ist e_1 der grösste der Exponenten, zu welchen die Elemente der Gruppe $h$ter Ordnung $\mathfrak{H}$ gehören, so ist nach Satz II^b, §. 2 die Zahl h

durch e_1 theilbar, und die $e_1$te Potenz jedes Elementes ist gleich E. Gehört das Element H_1 der Gruppe $\mathfrak{H}$ zum Exponenten e_1, und ist $\mathfrak{H}_1$ die Gruppe der Potenzen von H_1, so ist, falls $h = e_1$ ist, $\mathfrak{H} = \mathfrak{H}_1$. Ist aber $h > e_1$, und ist e_2 der grösste der Exponenten, zu welchen die Elemente von $\mathfrak{H}$ in Bezug auf $\mathfrak{H}_1$ gehören, so ist $e_2 > 1$ und ein Divisor von e_1, und die $e_2$te Potenz jedes Elementes von $\mathfrak{H}$ ist ein Element von $\mathfrak{H}_1$. Ist A ein Element der Gruppe $\mathfrak{H}$, welches in Bezug auf $\mathfrak{H}_1$ zum Exponenten e_2 gehört, und $A^{e_2} = H_1^a$, so ist

$$E = A^{e_1} = H_1^{ae_1 : e_2},$$

folglich ist $ae_1 : e_2$ durch e_1, also a durch e_2 theilbar. Setzt man daher $AH_1^{-a:e_2} = H_2$, so ist $H_2^{e_2} = E$, und da A und H_2 in Bezug auf $\mathfrak{H}_1$ einander gleich sind, so gehört H_2 in Bezug auf $\mathfrak{H}_1$ zu demselben Exponenten e_2 wie A. Die Gleichung $H_1^{x_1} H_2^{x_2} = E$ oder $H_2^{x_2} = H_1^{-x_1}$ kann daher nur dann bestehen, wenn x_2 durch e_2 theilbar, also $H_2^{x_2} = E$, und folglich auch $H_1^{x_1} = E$, also x_1 durch e_1 theilbar ist. Die Gruppe $\mathfrak{H}_2$ der Potenzen von H_2 ist folglich zur Gruppe $\mathfrak{H}_1$ theilerfremd, und mithin ist die Ordnung der Gruppe $\mathfrak{H}_1\mathfrak{H}_2$ gleich $e_1 e_2$. Da dieselbe ein Divisor von $\mathfrak{H}$ ist, so ist h durch $e_1 e_2$ theilbar. Ist $h = e_1 e_2$, so ist $\mathfrak{H} = \mathfrak{H}_1\mathfrak{H}_2$. Ist aber $h > e_1 e_2$, und ist e_3 der grösste der Exponenten, zu welchen die Elemente von $\mathfrak{H}$ in Bezug auf $\mathfrak{H}_1\mathfrak{H}_2$ gehören, so ist $e_3 > 1$ und ein Divisor von e_2, und die $e_3$te Potenz jedes Elementes von $\mathfrak{H}$ ist ein Element von $\mathfrak{H}_1\mathfrak{H}_2$. Gehört B in Bezug auf $\mathfrak{H}_1\mathfrak{H}_2$ zum Exponenten e_3, und ist $B^{e_3} = H_1^a H_2^b$, so ist

$$H_2^{be_2 : e_3} = B^{e_2} H_1^{-ae_2 : e_3}.$$

Da die $e_2$te Potenz jedes Elementes B der Gruppe $\mathfrak{H}_1$ angehört, so ist daher die $be_2 : e_3$te Potenz von H_2 ein Element von $\mathfrak{H}_1$, und folglich ist, da H_2 in Bezug auf $\mathfrak{H}_1$ zum Exponenten e_2 gehört, $be_2 : e_3$ durch e_2, also b durch e_3 theilbar. Ferner ist

$$E = B^{e_1} = H_1^{ae_1 : e_3} H_2^{be_1 : e_3},$$

und folglich ist $ae_1 : e_3$ durch e_1, also a durch e_3 theilbar. Setzt man daher $BH_1^{-a:e_3} H_2^{-b:e_3} = H_3$, so ist $H_3^{e_3} = E$, und H_3 gehört in Bezug auf $\mathfrak{H}_1\mathfrak{H}_2$ zum Exponenten e_3. Ist $\mathfrak{H}_3$ die Gruppe der Potenzen von H_3, so sind $\mathfrak{H}_1\mathfrak{H}_2$ und $\mathfrak{H}_3$ theilerfremd, und h ist durch die Ordnung $e_1\,e_2\,e_3$ der Gruppe $\mathfrak{H}_1\mathfrak{H}_2\mathfrak{H}_3$ theilbar. Ist $h = e_1 e_2 e_3$, so ist $\mathfrak{H} = \mathfrak{H}_1\mathfrak{H}_2\mathfrak{H}_3$; ist $h > e_1 e_2 e_3$, so setzt man das Verfahren fort. Da die Zahlen $e_1, e_2 \ldots e_\varrho$ alle grösser als 1 sind und h durch ihr Product theilbar ist, so muss das Verfahren nach einer endlichen Anzahl von Schritten abbrechen. Mithin kann $\mathfrak{H}$ in die Factoren $\mathfrak{H}_1\,\mathfrak{H}_2 \ldots \mathfrak{H}_r$ zerlegt werden, wo $\mathfrak{H}_\varrho$ eine elementare Gruppe ist. Es kann also jedes Element von $\mathfrak{H}$ auf die Form $H_1^{x_1}\,H_2^{x_2} \ldots H_r^{x_r}$ gebracht werden, wo die Elemente $H_1, H_2 \ldots H_r$ von einander unabhängig sind. Gehört H_ϱ zum Exponenten e_ϱ, so ist von den Zahlen $e_1, e_2 \ldots e_r$ jede durch die folgende theilbar*).

II. *Jede Gruppe, die nicht elementar ist, kann in Factoren zerlegt werden, die elementare Gruppen sind, und man kann dieselben so wählen und anordnen, dass von ihren Ordnungen jede durch die folgende theilbar ist.*

§. 7. Die Invarianten einer Gruppe.

Ein System $H_1, H_2, \ldots H_r$ von Elementen der Gruppe $\mathfrak{H}$, soll eine *normale Basis* dieser Gruppe heissen, wenn es folgende drei Eigenschaften hat:

1) Jedes Element von $\mathfrak{H}$ kann auf die Form $H_1^{x_1}\,H_2^{x_2} \ldots H_r^{x_r}$ gebracht werden,

2) die Gleichung $H_1^{v_1}\,H_2^{v_2} \ldots H_r^{v_r} = E$ kann nur bestehen, wenn jeder einzelne Factor der linken Seite für sich gleich E ist,

3) gehört H_ϱ zum Exponenten e_ϱ, so ist e_ϱ durch $e_{\varrho+1}$ theilbar, und $e_r > 1$.

Ist dann $H_1^{x_1} \ldots H_r^{x_r} = H_1^{y_1} \ldots H_r^{y_r}$, so ist $H_1^{x_1-y_1} \ldots H_r^{x_r-y_r} = E$ und daher $x_1 \equiv y_1 \pmod{e_1} \ldots x_r \equiv y_r \pmod{e_r}$. Damit also das Element $X = H_1^{x_1} \ldots H_r^{x_r}$ die Gleichung $X^k = E$ befriedige, ist nothwendig und hinreichend, dass $kx_\varrho \equiv 0 \pmod{e_\varrho}$ sei ($\varrho = 1, 2, \ldots r$). Die Anzahl der

*) Die obige Deduction bildet den Hauptinhalt der in der Einleitung citirten Abhandlung des Herrn *Schering* und ist von Herrn *Kronecker* l. c. reproducirt worden. Eine andere Ableitung der obigen Resultate findet man in §. 10.

(mod. e_ϱ) incongruenten Lösungen der Congruenz $k x_\varrho \equiv 0$ (mod. e_ϱ) ist gleich dem grössten gemeinsamen Divisor s_ϱ von k und e_ϱ. Die Anzahl der verschiedenen Elemente von $\mathfrak{H}$, welche der Gleichung $X^k = E$ genügen, ist folglich gleich

$$(1.)\qquad |k, \mathfrak{H}| = s_1\, s_2 \dots s_r.$$

Ist k gleich e_r oder ein Divisor von e_r, so ist $s_\varrho = k$ und daher $|k, \mathfrak{H}| = k^r$. Da die Gruppe $\mathfrak{H}$ eine Basis von r Elementen besitzt, so ist wenn mit q der Rang von $\mathfrak{H}$ bezeichnet wird, $q \overline{\gtrless} r$. Ist ferner p der Rang der Gruppe $\mathfrak{K}$, welche von den Elementen von $\mathfrak{H}$ gebildet wird, die der Gleichung $X^k = E$ genügen, so ist nach Satz II, §. 5 $p \overline{\gtrless} q \overline{\gtrless} r$. Die Ordnung $|k, \mathfrak{H}|$ dieser Gruppe ist nach Satz I^d^, §. 2 ein Divisor von k^p. Ist nun $k = e_r$, so ist $|k, \mathfrak{H}| = k^r$, demnach k^r ein Divisor von k^p, und daher $r \overline{\gtrless} p$. Mithin ist $p = q = r$*). — Ist k kein Divisor von e_r, so ist $s_r < k$ und $s_\varrho \leqq k$ $(\varrho = 1, 2 \dots r-1)$ und daher $|k, \mathfrak{H}| < k^r$. Daraus folgt:

I. *Der Rang r einer Gruppe ist dadurch bestimmt, dass es Zahlen $k > 1$ giebt, für welche $|k, \mathfrak{H}| = k^r$ ist, und keine Zahl k, für welche $|k, \mathfrak{H}| > k^r$ ist.*

Daraus ergiebt sich die Folgerung (*Gauss,* D. A., 84):

I^a^. *Damit eine Gruppe elementar sei, ist nothwendig und hinreichend, dass die Gleichung $X^k = E$ für keinen Werth von k mehr als k Wurzeln in der Gruppe habe.*

Ist $h = a^\alpha$ eine Potenz einer Primzahl a, so ist auch e_r eine Potenz von a, also durch a theilbar.

I^b^. *Der Rang r einer primären Gruppe, deren Ordnung eine Potenz der Primzahl a ist, wird durch die Gleichung $|a, \mathfrak{H}| = a^r$ bestimmt.*

Nach Satz I ist die Zahl r von der Wahl der normalen Basis unabhängig. Dasselbe gilt von der Zahl e_r; denn sie ist die grösste Zahl k, für welche $|k, \mathfrak{H}| = k^r$ ist, und nur wenn k ein Divisor von e_r ist, kann diese Gleichung stattfinden.

Ist k durch e_r theilbar und ein Divisor von e_{r-1}, so ist $s_r = e_r$,

---

*) Dass r der Rang von $\mathfrak{H}$ ist, giebt Herr *Kronecker* (Berl. Mon. Ber. 1877, S. 847) ohne nähere Begründung an.

$s_\varrho = k$ $(\varrho = 1, 2, \ldots r-1)$ und daher $|k, \mathfrak{H}| = e_r k^{r-1}$. Ist k nicht durch e_r theilbar, so ist $s_r < e_r$, $s_\varrho \leqq k$ und folglich $|k, \mathfrak{H}| < e_r k^{r-1}$. Ist k kein Divisor von e_{r-1}, so ist $s_r \leqq e_r$, $s_{r-1} < k$, $s_\varrho \leqq k$ $(\varrho = 1, 2 \ldots r-2)$ und daher $|k, \mathfrak{H}| < e_r k^{r-1}$. Daher ist e_{r-1} die grösste Zahl k, für welche $|k, \mathfrak{H}| = e_r k^{r-1}$ ist, und nur wenn k ein Divisor von e_{r-1} und durch e_r theilbar ist, kann diese Gleichung stattfinden.

Allgemein ergiebt sich, nachdem $e_r, e_{r-1} \ldots e_{\varrho+1}$ unabhängig von der Wahl der normalen Basis definirt sind, e_ϱ durch die folgende Regel: e_ϱ ist die grösste Zahl k, für welche

$$(2.) \qquad |k, \mathfrak{H}| = e_r\, e_{r-1} \ldots e_{\varrho+1} k^\varrho$$

ist, und nur wenn k ein Divisor von e_ϱ und durch $e_{\varrho+1}$ theilbar ist, kann diese Gleichung stattfinden. Daher kann man e_ϱ auch als die grösste durch $e_{\varrho+1}$ theilbare Zahl k definiren, welche der Gleichung (2.) genügt.

Die Zahlen $e_1, e_2 \ldots e_r$, deren Product gleich h ist, sind folglich von der Wahl der normalen Basis unabhängig; sie werden die *Elementartheiler* der Ordnung h oder die *Invarianten* der Gruppe $\mathfrak{H}$ *) genannt, und zwar e_ϱ die ϱte Invariante. Es ist zweckmässig, falls $\varrho > r$ ist, $e_\varrho = 1$ zu setzen.

Wir haben oben zuerst e_r, dann e_{r-1} u. s. w., zuletzt e_1 unabhängig von der Wahl der normalen Basis definirt. Man kann diese Zahlen aber auch in der umgekehrten Reihenfolge charakterisiren: e_1 ist die kleinste Zahl k, für welche $(k, \mathfrak{H}) = 1$ ist, und nur wenn k ein Vielfaches von e_1 ist, kann diese Gleichung bestehen. e_2 ist die kleinste Zahl k, für welche $(k, \mathfrak{H}) = \frac{e_1}{k}$ ist, und nur wenn k ein Vielfaches von e_2 und ein Divisor von e_1 ist, kann diese Gleichung bestehen. Allgemein ist $e_{\varrho+1}$ die kleinste Zahl k, für welche

*) Was wir eine elementare Gruppe nennen, bezeichnet *Gauss* als eine reguläre Gruppe, und er nennt die Zahl $e_2\, e_3 \ldots e_r = \dfrac{h}{e_1}$ den Irregularitätsexponenten. Da indessen nicht nur die Ordnung h und ihr erster Elementartheiler e_1, sondern auch alle übrigen Elementartheiler Invarianten sind, so schien es uns passend, von diesem Namen abzugehen. Das Problem, den Irregularitätsexponenten einer Determinante D zu bestimmen, über welches *Gauss* (D. A. 306) einige Andeutungen giebt, wäre demnach genauer dahin zu präcisiren, die Klassenanzahl der Formen von der Determinante D in ihre Elementartheiler zu zerlegen. Vgl. *Stephen Smith, Report of the 32. meeting of the Brit. Ass. for the adv. of science 1862. p. 524.*

$$(3.)\qquad (k, \mathfrak{H}) = \frac{e_1 e_2 \ldots e_\varrho}{k^\varrho}$$

ist, und nur wenn k ein Vielfaches von $e_{\varrho+1}$ und ein Divisor von e_ϱ ist, kann diese Gleichung stattfinden; $e_{\varrho+1}$ ist also der kleinste Divisor von e_ϱ, welcher der Gleichung (3.) genügt.

Ist $\mathfrak{K}$ die Gruppe der $k$ten Potenzen in $\mathfrak{H}$ und r_k der Rang von $\mathfrak{K}$, also $r_1 = r$, so kann man den Beweis für die Invarianz der Zahlen e_ϱ, anstatt auf die Betrachtung der Ordnung $(k, \mathfrak{H})$ der Gruppe $\mathfrak{K}$, auch auf die Betrachtung ihres Ranges r_k stützen. Ist q_ϱ das kleinste gemeinschaftliche Vielfache von k und e_ϱ, so gehört H_ϱ^k zum Exponenten $q_\varrho : k$. Ist k durch e_{s+1}, aber nicht durch e_s theilbar, so stellt der Ausdruck

$$\left(H_1^{x_1} H_2^{x_2} \ldots H_r^{x_r}\right)^k = \left(H_1^k\right)^{x_1} \left(H_2^k\right)^{x_2} \ldots \left(H_s^k\right)^{x_s}$$

alle Elemente von $\mathfrak{K}$ dar, und folglich bilden $H_1^k, H_2^k, \ldots H_s^k$ eine Basis von $\mathfrak{K}$, und zwar eine normale, weil sie von einander unabhängig sind, $q_\sigma : k$ durch $q_{\sigma+1} : k$ theilbar und $q_s : k > 1$ ist. Nach der obigen Entwicklung ist daher s der Rang von $\mathfrak{K}$.

II. *Ist e_ϱ die ϱte Invariante einer Gruppe $\mathfrak{H}$, und ist k durch e_{s+1}, aber nicht durch e_s theilbar, so ist s der Rang der Gruppe der $k$ten Potenzen in $\mathfrak{H}$.*

II[a]. *Ist der Rang der Gruppe der $k$ten Potenzen in einer Gruppe $\mathfrak{H}$ kleiner als ϱ, so ist k durch die ϱte Invariante der Gruppe theilbar.*

Ist $e_\lambda > e_{\lambda+1} = e_{\lambda+2} = \cdots = e_{\lambda+\mu} > e_{\lambda+\mu+1}$, so ist daher, falls $k = e_{\lambda+1}$ ist, $r_k = \lambda$, falls aber $k < e_{\lambda+1}$ ist, $r_k \geqq \lambda + \mu$, und falls $k = e_{\lambda+\mu+1}$ ist, $r_k = \lambda + \mu$. Daraus folgt:

III. *Ist e_ϱ die ϱte Invariante einer Gruppe $\mathfrak{H}$ und r_k der Rang der Gruppe der $k$ten Potenzen in $\mathfrak{H}$, so sind, falls r_e um μ kleiner ist als die kleinste der Zahlen $r_1, r_2 \ldots r_{e-1}$, genau μ der Zahlen e_ϱ gleich e; ist aber r_e nicht kleiner als jede der Zahlen $r_1, r_2 \ldots r_{e-1}$, so ist keine der Zahlen e_ϱ gleich e.*

Mithin sind die Zahlen e_ϱ von der Wahl der normalen Basis unabhängig.

Ist $k = e_\varrho$, so ist nach Satz II der Rang von $\mathfrak{K}$ kleiner als ϱ. Ist nun $\mathfrak{H}'$ irgend ein Divisor von $\mathfrak{H}$, und ist $\mathfrak{K}'$ die Gruppe der $k$ten Potenzen in $\mathfrak{H}'$, so ist auch $\mathfrak{K}'$ ein Divisor von $\mathfrak{K}$. Mithin ist nach Satz II, §. 5 der Rang von $\mathfrak{K}'$ nicht grösser als der Rang von $\mathfrak{K}$, also ebenfalls kleiner als ϱ. Nach Satz II^a ist folglich k durch die ϱte Invariante e'_ϱ von $\mathfrak{H}'$ theilbar.

IV. *Die ϱte Invariante eines Divisors einer Gruppe geht in der ϱ ten Invariante der Gruppe auf.*

Sind umgekehrt $e'_1, e'_2, \dots e'_s > 1$ irgend s Zahlen, von denen e'_σ in $e'_{\sigma-1}$ und in e_σ aufgeht, so bilden $H_1^{e_1:e'_1}, H_2^{e_2:e'_2}, \dots H_s^{e_s:e'_s}$ eine normale Basis eines Divisors von $\mathfrak{H}$, dessen σte Invariante e'_σ ist.

Anmerkung. Ist $\mathfrak{F}$ die Gruppe derjenigen Elemente von $\mathfrak{H}$, welche der Gleichung $X^2 = E$ genügen, so ist die erste Invariante von $\mathfrak{F}$ gleich 2 (ausser für $\mathfrak{F} = \mathfrak{E}$), und folglich sind auch alle übrigen gleich 2. Ist s der Rang dieser Gruppe, und bilden $F_1, F_2 \dots F_s$ eine normale Basis derselben, so stellt der Ausdruck $F_1^{x_1} F_2^{x_2} \dots F_s^{x_s}$ alle Elemente von $\mathfrak{F}$ und jedes nur einmal dar, wenn man jeder der Variabeln x_σ unabhängig von den andern die Werthe 0 und 1 beilegt. Das Product aller Elemente von $\mathfrak{F}$ ist daher gleich $(F_1 F_2 \dots F_s)\, 2^{s-1}$, also gleich E, wenn $s > 1$ ist, und gleich F_1, wenn $s = 1$ ist. Ist A ein Element von $\mathfrak{H}$, welches nicht der Gleichung $X^2 = E$ genügt, so genügt auch A^{-1} derselben nicht und ist von A verschieden; das Product dieser beiden Elemente ist gleich E. Daraus ergiebt sich leicht der (*Wilson*sche) Satz:

Das Product aller Elemente einer Gruppe ist gleich E, ausser wenn es in dieser Gruppe nur ein einziges von E verschiedenes Element F giebt, das der Gleichung $X^2 = E$ genügt; in diesem Falle ist jenes Product gleich F.

§. 8. Zerlegung einer Gruppe in irreductible Factoren.

Eine Gruppe, deren Ordnung durch mehr als eine Primzahl theilbar ist, kann nach §. 4 in mehrere primäre Gruppen, und eine Gruppe, deren Rang $r > 1$ ist, nach §. 6 in r elementare Gruppen zerlegt werden. Damit also eine Gruppe unzerlegbar sei, ist nothwendig, dass ihre Ordnung eine Potenz einer Primzahl, p^π, und ihr Rang gleich 1 ist. Diese Bedingungen sind aber auch hinreichend, es kann sogar eine Gruppe $\mathfrak{H}$, welche sie erfüllt, nicht einmal als Product von zwei Factoren $\mathfrak{A}$ und $\mathfrak{B}$

dargestellt werden, ohne dass einer derselben gleich der ganzen Gruppe ist. Denn da $\mathfrak{H} = \mathfrak{A}\mathfrak{B}$ durch $\mathfrak{A}$ und $\mathfrak{B}$ theilbar ist, so müssen nach Satz II, §. 2 die Ordnungen von $\mathfrak{A}$ und $\mathfrak{B}$ Potenzen von p, etwa p^α und p^β sein, wo α und β nicht grösser als π sind. Jedes Element $\boldsymbol{H}$ der Gruppe $\mathfrak{H}$ ist das Product aus einem Elemente $\boldsymbol{A}$ von $\mathfrak{A}$ und einem Elemente $\boldsymbol{B}$ von $\mathfrak{B}$. Da nun nach Satz I, §. 4 $\boldsymbol{A}^{p^\alpha} = \boldsymbol{E}$ und $\boldsymbol{B}^{p^\beta} = \boldsymbol{E}$ ist, so ist auch, falls $\alpha \geqq \beta$ ist, $\boldsymbol{H}^{p^\alpha} = \boldsymbol{E}$. In der elementaren Gruppe $\mathfrak{H}$ giebt es aber primitive Elemente, die zum Exponenten p^π gehören; wählt man für $\boldsymbol{H}$ ein solches, so erkennt man, dass α nicht kleiner als π sein kann. Mithin muss $\alpha = \pi$ und folglich $\mathfrak{A} = \mathfrak{H}$ sein. Demzufolge kann man die Definition, welche wir in §. 1 von einer unzerlegbaren Gruppe gegeben haben, auch durch die folgende ersetzen:

Eine Gruppe heisst unzerlegbar oder irreductibel, wenn sie nicht gleich dem Producte zweier Factoren sein kann, ohne dass einer derselben gleich der ganzen Gruppe ist.

I. *Damit eine Gruppe unzerlegbar sei, ist nothwendig und hinreichend, dass sie primär und elementar ist.*

Eine Gruppe $\mathfrak{H}$, die nicht unzerlegbar ist, kann nach §. 1 in lauter irreductible Factoren

(1.) $$\mathfrak{H} = \mathfrak{A}_1 \mathfrak{A}_2 \ldots \mathfrak{B}_1 \mathfrak{B}_2 \ldots \mathfrak{C}_1 \mathfrak{C}_2 \ldots$$

zerlegt werden. Die Ordnungen derselben seien

(2.) $$a^{\alpha_1}, a^{\alpha_2} \ldots b^{\beta_1}, b^{\beta_2} \ldots c^{\gamma_1}, c^{\gamma_2} \ldots,$$

wo $a, b, c \ldots$ verschiedene Primzahlen bedeuten. Sind $\boldsymbol{A}_\varrho, \boldsymbol{B}_\varrho, \boldsymbol{C}_\varrho \ldots$ primitive Elemente der elementaren Gruppen $\mathfrak{A}_\varrho, \mathfrak{B}_\varrho, \mathfrak{C}_\varrho \ldots$, so heissen sie auch primitive Elemente der Gruppe $\mathfrak{H}$, und die von ihnen gebildete Basis

(3.) $$\boldsymbol{A}_1, \boldsymbol{A}_2 \ldots \boldsymbol{B}_1, \boldsymbol{B}_2 \ldots \boldsymbol{C}_1, \boldsymbol{C}_2 \ldots$$

heisst eine *reducirte Basis* der Gruppe $\mathfrak{H}$. Setzt man nun

(4.) $$\mathfrak{A}_1 \mathfrak{A}_2 \ldots = \mathfrak{A},\ \mathfrak{B}_1 \mathfrak{B}_2 \ldots = \mathfrak{B},\ \mathfrak{C}_1 \mathfrak{C}_2 \ldots = \mathfrak{C} \ldots,$$

(5.) $$\alpha_1 + \alpha_2 + \cdots = \alpha,\ \beta_1 + \beta_2 + \cdots = \beta,\ \gamma_1 + \gamma_2 + \cdots = \gamma \ldots,$$

so sind $a^\alpha, b^\beta, c^\gamma \ldots$ die Ordnungen der primären Gruppen $\mathfrak{A}, \mathfrak{B}, \mathfrak{C} \ldots$ und $h = a^\alpha b^\beta c^\gamma \ldots$ die Ordnung ihres Productes $\mathfrak{H} = \mathfrak{A}\mathfrak{B}\mathfrak{C} \ldots$. Wie also auch die Zerlegung (1.) ausgeführt sein möge, so müssen doch nach §. 4 die Gruppen $\mathfrak{A}, \mathfrak{B}, \mathfrak{C} \ldots$ stets die nämlichen sein.

Ist die Anzahl der irreductiblen Factoren $\mathfrak{A}_1, \mathfrak{A}_2 \dots$ von $\mathfrak{A}$ gleich r, und denkt man sich dieselben so geordnet, dass die Zahlen $\alpha_1, \alpha_2 \dots \alpha_r$ eine abnehmende Reihe bilden, so bilden $A_1, A_2 \dots A_r$ eine normale Basis von $\mathfrak{A}$, da $\mathfrak{A}_1, \mathfrak{A}_2 \dots \mathfrak{A}_r$ theilerfremd sind, der Exponent a^{α_ϱ}, zu welchem A_ϱ gehört, durch $a^{\alpha_{\varrho+1}}$ theilbar und $a^{\alpha_r} > 1$ ist. Der Rang r der Gruppe $\mathfrak{A}$ und ihre ϱte Invariante a^{α_ϱ} sind daher nach §.7 unabhängig von der Art, wie $\mathfrak{A}$ in die irreductiblen Factoren $\mathfrak{A}_1, \mathfrak{A}_2 \dots \mathfrak{A}_r$ zerlegt worden ist. Nennt man also die Zahlen (2.) die *einfachen Elementartheiler der Ordnung*

$$h = a^{\alpha_1}\, a^{\alpha_2} \dots b^{\beta_1}\, b^{\beta_2} \dots c^{\gamma_1}\, c^{\gamma_2} \dots$$

oder die *primären Invarianten der Gruppe* $\mathfrak{H}$, so kann man den Satz aussprechen:

II. *Wie auch immer eine Gruppe in irreductible Factoren zerlegt wird, die Ordnungen dieser Factoren und ihre Anzahl haben stets dieselben Werthe.*

Wenn $\mathfrak{H}$ in zwei Factoren $\mathfrak{F}\mathfrak{G}$ zerlegt ist, so kann man, um $\mathfrak{H}$ in irreductible Factoren zu zerlegen, $\mathfrak{F}$ und $\mathfrak{G}$ für sich zerlegen. Daraus folgt:

III. *Die primären Invarianten einer zerlegbaren Gruppe sind die ihrer einzelnen Factoren zusammengenommen.*

Ist $\mathfrak{H}$ in $\mathfrak{F}\mathfrak{G}$ zerlegbar, und ist $\mathfrak{G}$ eine elementare Gruppe der Ordnung $g = pq \dots$, wo $p, q \dots$ Potenzen verschiedener Primzahlen sind, so kann man $\mathfrak{G}$ stets und nur auf eine Weise in primäre Gruppen der Ordnungen $p, q \dots$ zerlegen. Dieselben sind nach Satz II[a], §. 5 elementar und folglich nach Satz I irreductibel. Daher sind $p, q \dots$ primäre Invarianten von $\mathfrak{H}$. Eine Zahl g heisst (im weiteren Sinne) eine *Invariante* der Gruppe $\mathfrak{H}$, wenn die Potenzen verschiedener Primzahlen, deren Product diese Zahl ist, sämmtlich primäre Invarianten von $\mathfrak{H}$ sind. Mithin ergiebt sich der Satz:

IV. *Wird eine Gruppe irgendwie in zwei Factoren zerlegt, deren einer eine elementare Gruppe ist, so ist die Ordnung dieses Factors eine Invariante der Gruppe.*

Mehrere Zahlen $g_1, g_2 \dots g_n$ bilden ein *vollständiges System von Invarianten der Gruppe* $\mathfrak{H}$ (oder ein *vollständiges System zusammengesetzter Elementartheiler von* h), wenn die Potenzen verschiedener Primzahlen, deren Producte diese Zahlen sind, die sämmtlichen primären Invarianten von $\mathfrak{H}$ sind. Demnach gilt ferner der Satz:

V. *Wird eine Gruppe irgendwie in lauter elementare Factoren zerlegt, so bilden ihre Ordnungen ein vollständiges System von Invarianten der Gruppe.*

Ist $g = a^{\alpha_\varrho} b^{\beta_\sigma} c^{\gamma_\tau} \dots$ irgend eine Invariante von $\mathfrak{H}$, und ist $\mathfrak{A}_\varrho \mathfrak{B}_\sigma \mathfrak{C}_\tau \dots = \mathfrak{G}$, und das Product der übrigen irreductibeln Factoren (1.) von $\mathfrak{H}$ gleich $\mathfrak{F}$, so ist $\mathfrak{H}$ in $\mathfrak{F}\mathfrak{G}$ zerlegbar und nach Satz III[a], §. 5 ist $\mathfrak{G}$ eine elementare Gruppe der Ordnung g.

VI. *Eine Gruppe, von der g eine Invariante ist, kann in zwei Factoren zerlegt werden, deren einer eine elementare Gruppe der Ordnung g ist.*

VII. *Bilden $g_1, g_2 \dots g_n$ irgend ein vollständiges System von Invarianten einer Gruppe, so kann dieselbe in n elementare Factoren der Ordnungen $g_1, g_2 \dots g_n$ zerlegt werden.*

Nennt man im weiteren Sinne eine Basis $G_1, G_2 \dots G_n$ von $\mathfrak{H}$ *reducirt,* wenn ihre Elemente von einander unabhängig sind, so bilden also die Ordnungen $g_1, g_2 \dots g_n$ der Elemente jeder reducirten Basis ein vollständiges System von Invarianten der Gruppe, und umgekehrt entspricht jedem vollständigen System von Invarianten $g_1, g_2 \dots g_n$ eine reducirte Basis $G_1, G_2 \dots G_n$.

Da man $\mathfrak{H}$ in die elementaren Gruppen $\mathfrak{H}_1, \mathfrak{H}_2 \dots \mathfrak{H}$ des §. 6 zerlegen kann, so bilden $e_1, e_2 \dots e_r$ ein vollständiges System von Invarianten der Gruppe $\mathfrak{H}$. Zum Unterschiede von andern Systemen mag dasselbe das System der *normalen Invarianten* genannt werden.

VIII. *Zerlegt man die Elementartheiler der Ordnung einer Gruppe in Potenzen verschiedener Primzahlen, so erhält man die sämmtlichen primären Invarianten der Gruppe.*

Aus einem vollständigen System von Invarianten $g_1, g_2 \dots g_n$ berechnet man die normalen Invarianten $e_1, e_2 \dots e_r$ folgendermassen: Man zerlege zunächst jede der Zahlen g_ν in Potenzen verschiedener Primzahlen (2.), die so erhaltenen einfachen Elementartheiler von h ordne man so, dass die Zahlen $\alpha_1, \alpha_2 \dots$ eine abnehmende Reihe bilden (zu der man auch noch einige Nullen hinzufügen kann), ebenso die Zahlen $\beta_1, \beta_2 \dots$;

$\gamma_1, \gamma_2 \dots$. Daraus, dass e_ϱ durch $e_{\varrho+1}$ theilbar sein muss, ergiebt sich dann leicht, dass

$$e_\varrho = a^{\alpha_\varrho} b^{\beta_\varrho} c^{\gamma_\varrho} \dots$$

ist. — Ohne die Zahlen g_ν in Primfactoren zu zerlegen, kann man aus ihnen die Zahlen e_ϱ auch folgendermassen berechnen (vgl. *Frobenius*, dieses Journal Bd. 86, S. 163): Ist d_n der grösste gemeinsame Divisor der Zahlen $g_1, g_2 \dots g_n$, ist d_{n-1} der grösste gemeinsame Divisor der Producte von je zweien derselben, allgemein $d_{n-\lambda+1}$ der grösste gemeinsame Divisor der Producte von je λ derselben, und $d_1 = g_1 g_2 \dots g_n = h$: Dann sind nicht nur die Quotienten $\frac{d_\lambda}{d_{\lambda+1}} = e_\lambda$ $(d_n = e_n)$, sondern auch die Quotienten $\frac{e_\lambda}{e_{\lambda+1}}$ ganze Zahlen, und die Zahlen $e_1, e_2 \dots e_n$ sind, so weit sie grösser als 1 sind, die normalen Invarianten der Gruppe $\mathfrak{H}$. Ist also der grösste gemeinsame Divisor von $g_1, g_2 \dots g_n$ grösser als 1, so ist $r = n$; ist er aber gleich 1, so ist $r < n$.

Dass die Ordnungen (2.) der irreductibeln Factoren, in welche die Gruppe $\mathfrak{H}$ zerlegt werden kann, Invarianten sind, kann man unabhängig von den Entwicklungen des §. 7 auch folgendermassen erkennen. Bilden $G_1, G_2 \dots G_n$ irgend eine reducirte Basis von $\mathfrak{H}$ (z. B. die Basis (3.)), und gehört G_ϱ zum Exponenten g_ϱ, so ergiebt sich wie in §. 7, dass die Anzahl der Wurzeln der Gleichung $X^k = E$ in der Gruppe $\mathfrak{H}$

$$|k, \mathfrak{H}| = s_1 s_2 \dots s_n$$

ist, wo s_ν den grössten gemeinsamen Divisor von k und g_ν bezeichnet. Ist a eine Primzahl, g_ν genau durch a^{α_ν} theilbar, und ist $\alpha_\lambda \geqq \alpha$, $\alpha_\mu < \alpha$, so ist, falls $k = a^\alpha$ gesetzt wird, $s_\lambda = a^\alpha$ und $s_\mu = a^{\alpha_\mu}$, und falls $k = a^{\alpha-1}$ genommen wird, $s_\lambda = a^{\alpha-1}$ und $s_\mu = a^{\alpha_\mu}$. Setzt man also

$$(6.) \qquad \frac{|a^\alpha, \mathfrak{H}|}{|a^{\alpha-1}, \mathfrak{H}|} = a^{\psi(\alpha)},$$

so giebt die Function $\psi(\alpha)$ an, wie viele der Zahlen $g_1, g_2 \dots g_n$ durch a^α theilbar sind, und die Differenz $\psi(\alpha) - \psi(\alpha+1)$ giebt an, wie viele jener Zahlen genau durch a^α theilbar sind. Daraus folgt aber leicht, dass die Potenzen verschiedener Primzahlen (2.), deren Producte die Zahlen

$g_1, g_2 \ldots g_n$ sind, nur von der Constitution der Gruppe $\mathfrak{H}$ und nicht von der Wahl der reducirten Basis $G_1, G_2 \ldots G_n$ abhängen.

IX. *Ist a eine Primzahl und $|a^\alpha, \mathfrak{H}| = f(\alpha)$, so sind in jedem vollständigen Invariantensystem von $\mathfrak{H}$*

$$\frac{\log f(\alpha) - \log f(\alpha - 1)}{\log a}$$

Zahlen durch a^α theilbar, und die Anzahl der primären Invarianten, welche gleich a^α sind, ist

$$\frac{2 \log f(\alpha) - \log f(\alpha + 1) - \log f(\alpha - 1)}{\log a}.$$

Nebenbei ergiebt sich die Folgerung, dass die Differenz $\psi(\alpha) - \psi(\alpha+1)$ niemals negativ ist:

X. *Ist a eine Primzahl, und setzt man $(a^\alpha, \mathfrak{H}) = f(\alpha)$, so ist nicht nur $\dfrac{f(\alpha)}{f(\alpha-1)} = g(\alpha)$, sondern auch $\dfrac{g(\alpha)}{g(\alpha+1)}$ eine ganze Zahl.*

Die Function $\psi(\alpha)$ kann auch als die Anzahl derjenigen Wurzeln der Gleichung $X^a = E$ erklärt werden, welche $a^{\alpha-1}$te Potenzen in der Gruppe $\mathfrak{H}$ sind, oder als die Anzahl der verschiedenen Elemente, welche man erhält, indem man alle Wurzeln der Gleichung $X^{a^\alpha} = E$ in der Gruppe $\mathfrak{H}$ auf die $a^{\alpha-1}$te Potenz erhebt.

Wir knüpfen hieran noch die beiden folgenden leicht zu beweisenden Sätze:

XI. *Die Anzahl der Elemente einer Gruppe $\mathfrak{H}$, welche zum Exponenten $k = a^\alpha b^\beta c^\gamma \ldots$ gehören, ist gleich*

$$|k, \mathfrak{H}| - \Sigma \left|\frac{k}{a}, \mathfrak{H}\right| + \Sigma \left|\frac{k}{ab}, \mathfrak{H}\right| - \Sigma \left|\frac{k}{abc}, \mathfrak{H}\right| + \cdots =$$

$$= \Pi \left\{ |a^\alpha, \mathfrak{H}| - |a^{\alpha-1}, \mathfrak{H}| \right\} = |k, \mathfrak{H}| \, \Pi \left(1 - a^{-\psi(\alpha)}\right).$$

XII. *Ist $k = a^\alpha b^\beta c^\gamma \ldots$, so ist die Anzahl der primitiven Wurzeln der Gleichung $X^k = E$ gleich*

$$\Pi \frac{|a^\alpha, \mathfrak{H}| \; |a^\alpha, \mathfrak{H}| - |a^{\alpha+1}, \mathfrak{H}| \; |a^{\alpha-1}, \mathfrak{H}|}{|a^\alpha, \mathfrak{H}|} = |k, \mathfrak{H}| \, \Pi \left(1 - a^{\psi(\alpha+1) - \psi(\alpha)}\right).$$

§. 9. Primitive Elemente einer Gruppe.

Indem wir zur Charakterisirung der Elemente einer Gruppe übergehen, welche geeignet sind, eine reducirte Basis derselben zu bilden, beschränken wir uns zunächst auf die Betrachtung einer primären Gruppe $\mathfrak{A}$. Ist ihre Ordnung eine Potenz der Primzahl a, so ist nach Satz II^b, §. 2 auch die Ordnung jedes Elementes von $\mathfrak{A}$ eine Potenz von a. Ist a^{α_1} die grösste dieser Ordnungen, so lege man der Zahl α der Reihe nach die Werthe von α_1 bis 1 bei und untersuche für jeden derselben, ob die Gleichung

$$(1.)\qquad X^{a^\alpha} = E$$

primitive Wurzeln hat oder nicht (§. 3, 3). Im ersteren Falle ermittle man irgend ein vollständiges System unabhängiger primitiver Wurzeln derselben. Die Gesammtheit der so erhaltenen Elemente $A_1, A_2 \dots A_r$ nennen wir ein *vollständiges System primitiver Elemente* von $\mathfrak{A}$. Ordnet man dieselben so, dass ihre Ordnungen $a^{\alpha_1}, a^{\alpha_2}, \dots a^{\alpha_r}$ eine abnehmende Reihe bilden, und ist etwa

$$(2.)\qquad \alpha_1 = \alpha_2 = \cdots = \alpha_\xi > \alpha_{\xi+1} = \cdots = \alpha_\eta > \alpha_{\eta+1} = \cdots = \alpha_\zeta > \alpha_{\zeta+1} \dots,$$

so bilden demnach $A_1, A_2, \dots A_\xi$ ein vollständiges System unabhängiger primitiver Wurzeln der Gleichung (1.) für $\alpha = \alpha_\xi$; $A_{\xi+1}, \dots A_\eta$ ein solches für $\alpha = \alpha_\eta$; $A_{\eta+1}, \dots A_\zeta$ für $\alpha = \alpha_\zeta$ u. s. w., und wenn α keiner der Zahlen (2.) gleich ist, so hat die Gleichung (1.) keine primitive Wurzel.

Wir behaupten nun, dass die Gleichung

$$(3.)\qquad A_1^{u_1} A_2^{u_2} \dots A_r^{u_r} = U^{a^\alpha}$$

nicht durch ein Element U der Gruppe $\mathfrak{A}$ befriedigt werden kann, ohne dass die Exponenten der von E verschiedenen Factoren der linken Seite sämmtlich durch a^α theilbar sind. Denn sei, nach Unterdrückung der dem Hauptelemente E gleichen Factoren, a^β die höchste in allen Exponenten u_ϱ aufgehende Potenz von a, sei λ die kleinste Zahl, für welche $u_{\lambda+1}$ genau durch a^β theilbar ist (so dass also $u_1, \dots u_\lambda$ die Primzahl a mindestens in der $(\beta+1)$ten Potenz enthalten), und sei $\alpha_{\lambda+1} = \cdots = \alpha_\mu > \alpha_{\mu+1}$. Da $A_{\lambda+1}^{u_{\lambda+1}}$ von E verschieden vorausgesetzt ist, so ist $u_{\lambda+1}$ nicht durch $a^{\alpha_{\lambda+1}}$

theilbar, also $\alpha_{\lambda+1}$ $(=\alpha_\mu) > \beta$. Erhebt man dann die Gleichung (3.) auf die Potenz $a^{\alpha_\mu-\beta-1}$, so erhält man eine Gleichung von der Form

$$A_1^{v_1} A_2^{v_2} \dots A_r^{v_r} = U^{a^{\alpha_\mu+\alpha-\beta-1}}.$$

In derselben sind die Exponenten v_ϱ der von E verschiedenen Factoren der linken Seite alle durch $a^{\alpha_\mu-1}$ theilbar, und folglich sind $A_{\mu+1}^{v_{\mu+1}}, \dots A_r^{v_r}$ gleich E. Ferner enthalten $v_1, \dots v_\lambda$ die Primzahl a in der $\alpha_\mu$ten Potenz, $v_1 = -a^{\alpha_\mu} w_1, \dots v_\lambda = -a^{\alpha_\mu} w_\lambda$. Endlich sind $v_{\lambda+1}, \dots v_\mu$ durch $a^{\alpha_\mu-1}$ theilbar und $v_{\lambda+1}$ durch keine höhere Potenz von a. Wäre nun $\beta < \alpha$ und setzte man

$$A_1^{w_1} \dots A_\lambda^{w_\lambda} U^{a^{\alpha-\beta-1}} = W,$$

so wäre

$$A_{\lambda+1}^{v_{\lambda+1}} \dots A_\mu^{v_\mu} = W^{a^{\alpha_\mu}}$$

und $A_{\lambda+1}^{v_{\lambda+1}}$ von E verschieden. Folglich wären die primitiven Wurzeln $A_{\lambda+1}, \dots A_\mu$ der Gleichung $X^{a^{\alpha_\mu}} = E$ nicht von einander unabhängig. Mithin muss $\alpha \leqq \beta$ sein.

Da die $\alpha_1$te Potenz jedes Elementes von $\mathfrak{A}$ gleich E ist, so ergiebt sich aus dem erhaltenen Resultate für $\alpha = \alpha_1$ die Folgerung, dass die Gleichung

$$A_1^{u_1} A_2^{u_2} \dots A_r^{u_r} = E$$

nur bestehen kann, wenn jeder Factor der linken Seite für sich gleich E ist.

Die Gruppe $\mathfrak{D}$, deren Basis die unabhängigen Elemente $A_1, A_2 \dots A_r$ bilden, ist ein Divisor von $\mathfrak{A}$. In Bezug auf $\mathfrak{D}$ gehört jedes Element von $\mathfrak{A}$ zu einem gewissen Exponenten, der eine Potenz von a ist. Wenn a^α der grösste dieser Exponenten ist, so ist die a^αte Potenz jedes Elementes von $\mathfrak{A}$ in $\mathfrak{D}$ enthalten. Gehört das Element U von $\mathfrak{A}$ in Bezug auf $\mathfrak{D}$ zum Exponenten a^α, und ist $U^{a^\alpha} = \Pi\,(A_\varrho^{u_\varrho})$, so sind, nach Unterdrückung der dem Hauptelemente gleichen Factoren des Productes, die Exponenten u_ϱ alle durch a^α theilbar, $u_\varrho = -a^\alpha v_\varrho$. Setzt man daher $U\Pi\,(A_\varrho^{v_\varrho}) = V$, so ist $V^{a^\alpha} = E$, und V gehört ebenso wie U in Bezug auf $\mathfrak{D}$ zum Exponenten a^α (Vgl. §. 6). Wäre nun $\alpha > 0$, so wäre V^v für $0 < v < a^\alpha$ nicht in $\mathfrak{D}$ enthalten, also, weil jede a^αte Potenz der

Gruppe $\mathfrak{D}$ angehört, keine a^αte Potenz. Mithin wäre V eine primitive Wurzel der Gleichung (1.), also α gleich einer der Zahlen (2.). Sei $\alpha = \alpha_{\lambda+1} = \cdots = \alpha_\mu$ und $\alpha_\lambda > \alpha > \alpha_{\mu+1}$. Ist dann W irgend ein Element von $\mathfrak{A}$, so sind $A_{\lambda+1}, \dots A_\mu$ und W^{a^α} in $\mathfrak{D}$ enthalten, und folglich kann, da V in Bezug auf $\mathfrak{D}$ zum Exponenten a^α gehört, die Gleichung $V^v = A_{\lambda+1}^{u_{\lambda+1}} \dots A_\mu^{u_\mu} W^{a^\alpha}$ nur bestehen, wenn v durch a^α theilbar ist. Mithin wäre V eine von $A_{\lambda+1}, \dots A_\mu$ unabhängige primitive Wurzel der Gleichung (1.). Da aber nach der Annahme $A_{\lambda+1}, \dots A_\mu$ ein vollständiges System primitiver Wurzeln derselben bilden, so muss $\alpha = 0$ sein, also jedes Element von $\mathfrak{A}$ der Gruppe $\mathfrak{D}$ angehören und folglich $\mathfrak{D} = \mathfrak{A}$ sein. Daher bilden die Elemente $A_1, A_2 \dots A_r$ eine Basis von A, und weil sie von einander unabhängig sind, eine reducirte Basis. Da die Zahlen (2.) für jede reducirte Basis die nämlichen Werthe haben, so besteht jedes vollständige System unabhängiger primitiver Wurzeln aus gleich vielen Elementen.

Seien jetzt umgekehrt $A_1, A_2 \dots A_r$ die Elemente irgend einer reducirten Basis der primären Gruppe $\mathfrak{A}$, so geordnet, dass ihre Ordnungen $a^{\alpha_1}, a^{\alpha_2} \dots a^{\alpha_r}$ eine abnehmende Reihe bilden. Damit dann $X = A_1^{x_1} A_2^{x_2} \dots A_r^{x_r}$ der Gleichung (1.) genüge, ist nothwendig und hinreichend, dass, falls $\alpha_\lambda > \alpha \geqq \alpha_{\lambda+1}$ ist, x_1 durch $a^{\alpha_1 - \alpha}, \dots x_\lambda$ durch $a^{\alpha_\lambda - \alpha}$ theilbar ist. Ist zunächst α keiner der Zahlen (2.) gleich, ist also $\alpha_\lambda > \alpha > \alpha_{\lambda+1}$, so ist, wenn man

$$(4.) \qquad A_1^{\frac{x_1}{a}} A_2^{\frac{x_2}{a}} \dots A_\lambda^{\frac{x_\lambda}{a}} = U$$

setzt, $X^{a^{\alpha-1}} = U^{a^\alpha}$, und mithin hat die Gleichung (1.) keine primitive Wurzel. Ist dagegen $\alpha = \alpha_{\lambda+1} = \cdots = \alpha_\mu$ und $\alpha_\lambda > \alpha > \alpha_{\mu+1}$, so bilden $A_{\lambda+1}, \dots A_\mu$ ein vollständiges System unabhängiger primitiver Wurzeln der Gleichung (1.). Denn ist $A_{\lambda+1}^{x_{\lambda+1}} \dots A_\mu^{x_\mu} = U^{a^\alpha}$ und $U = A_1^{u_1} \dots A_r^{u_r}$, so ist $U^{a^\alpha} = A_1^{u_1 a^\alpha} \dots A_\lambda^{u_\lambda a^\alpha}$, also $A_1^{-u_1 a^\alpha} \dots A_\lambda^{-u_\lambda a^\alpha} A_{\lambda+1}^{x_{\lambda+1}} \dots A_\mu^{x_\mu} = E$. Daher müssen wegen der Unabhängigkeit der Elemente einer reducirten Basis $A_{\lambda+1}^{x_{\lambda+1}}, \dots A_\mu^{x_\mu}$ einzeln gleich E sein. Ist endlich $X = A_1^{x_1} \dots A_r^{x_r}$ irgend eine Wurzel der Gleichung (1.), so ist unter Anwendung der Bezeichnung (4.) $X^{a^{\alpha-1}} A_{\lambda+1}^{-a^{\alpha-1}x_{\lambda+1}} \dots A_{\mu}^{-a^{\alpha-1}x_{\mu}} = U^{a^{\alpha}}$, und folglich ist X von $A_{\lambda+1}, \dots A_{\mu}$ nicht unabhängig. — Man erhält also jede reducirte Basis einer primären Gruppe $\mathfrak{A}$, indem man auf jede mögliche Art ein vollständiges System primitiver Elemente ermittelt.

Eine Gruppe $\mathfrak{H}$ der Ordnung $a^n f$, wo f nicht durch die Primzahl a theilbar ist, kann, und zwar nur auf eine Weise, in zwei Gruppen $\mathfrak{A}$ und $\mathfrak{F}$ der Ordnungen a^n und f zerlegt werden. Eine primitive Wurzel oder ein vollständiges System unabhängiger primitiver Wurzeln der Gleichung (1.) in der Gruppe $\mathfrak{A}$ ist es auch in der Gruppe $\mathfrak{H}$. Demnach ergeben sich aus den obigen Entwicklungen zusammen mit den Erörterungen des §. 3, 3 die folgenden Sätze, in denen a eine Primzahl bedeutet:

I. *Jedes vollständige System unabhängiger primitiver Wurzeln der Gleichung $X^k = E$ in einer Gruppe besteht aus gleich vielen Elementen.*

II. *Ist k keine Invariante der Gruppe $\mathfrak{H}$, so hat die Gleichung $X^k = E$ in derselben keine primitive Wurzel.*

III. *Wenn in einem vollständigen Invariantensystem einer Gruppe $\varkappa$ Invarianten gleich k und in keinem solchen Systeme mehr als $\varkappa$ gleich k sind, so hat die Gleichung $X^k = E$ genau $\varkappa$ unabhängige primitive Wurzeln in der Gruppe.*

IV. *Die zum Exponenten k gehörenden Elemente einer reducirten Basis einer Gruppe sind unabhängige primitive Wurzeln der Gleichung $X^k = E$ in der Gruppe.*

V. *Eine Gruppe, in welcher die Gleichung $X^k = E$ eine oder mehrere unabhängige primitive Wurzeln hat, kann in zwei zerlegt werden, für deren eine jene Wurzeln eine reducirte Basis bilden.*

VI. *Die Anzahl der unabhängigen primitiven Wurzeln der Gleichung $X^{a^\alpha} = E$ ist gleich der Anzahl ihrer primären Invarianten, welche gleich a^α sind.*

VII. *Die zum Exponenten a^α gehörenden Elemente einer reducirten Basis einer primären Gruppe bilden ein vollständiges System unabhängiger primitiver Wurzeln der Gleichung $X^{a^\alpha} = E$ in der Gruppe.*

VIII. *Sind $\alpha_1 = \alpha_2 = \dots = \alpha_\xi > \alpha_{\xi+1} = \dots = \alpha_\eta > \alpha_{\eta+1} = \dots \alpha_\zeta > \alpha_{\zeta+1} \dots$ die Exponenten der Invarianten $a^{\alpha_1}, \dots a^{\alpha_r}$ einer primären Gruppe, und sind*

A_1, A_2, ... A_ξ irgend ξ unabhängige primitive Wurzeln der Gleichung $X^{a^{\alpha_\xi}} = E$, $A_{\xi+1}$, ... A_η irgend $\eta - \xi$ solche Wurzeln der Gleichung $X^{a^{\alpha_\eta}} = E$, u. s. w., so bilden A_1, A_2, ... A_r eine normale Basis der Gruppe.

§. 10. Die zugehörigen bilinearen Formen einer Gruppe.

Bilden die Elemente $A_1, A_2 \dots A_n$ eine Basis der Gruppe $\mathfrak{H}$, sind $s_{\delta\beta}$ $(\delta, \beta = 1, 2 \dots n)$ irgend n^2 ganze Zahlen, deren Determinante gleich ± 1 ist, und ist $q_{\beta\delta}$ der Coefficient von $s_{\delta\beta}$ in der Determinante $\pm|s_{\delta\beta}| = 1$, so ist jedes der beiden Systeme von n Gleichungen

$$(1.) \qquad B_\delta = A_1^{s_{\delta 1}} A_2^{s_{\delta 2}} \dots A_n^{s_{\delta n}}, \quad A_\beta = B_1^{q_{\beta 1}} B_2^{q_{\beta 2}} \dots B_n^{q_{\beta n}}$$

eine Folge des andern, und daher bilden $B_1, B_2 \dots B_n$ ebenfalls eine Basis von $\mathfrak{H}$.

Sind

$$v_1 = a_{\alpha 1}, \; v_2 = a_{\alpha 2} \dots, \; v_n = a_{\alpha n} \quad (\alpha = 1, 2 \dots m)$$

mehrere Lösungen der Gleichung

$$(2.) \qquad A_1^{v_1} A_2^{v_2} \dots A_n^{v_n} = E,$$

so genügen ihr auch alle Zahlen, welche durch die linearen Formen

$$(3.) \qquad v_1 = \Sigma\, a_{\alpha 1}\, x_\alpha, \; v_2 = \Sigma\, a_{\alpha 2}\, x_\alpha \dots v_n = \Sigma\, a_{\alpha n}\, x_\alpha$$

dargestellt werden, indem $x_1, x_2 \dots x_n$ unabhängig von einander alle positiven und negativen ganzen Zahlen durchlaufen; und man kann auf unzählig viele Weisen die Zahlen $a_{\alpha\beta}$ so wählen, dass die linearen Formen (3.) alle Lösungen der Gleichung (2.) darstellen (eine specielle Weise, wo $a_{\alpha\beta}$ für $\alpha = \beta$ von Null verschieden und für $\alpha < \beta$ gleich Null ist, haben wir in §. 5 auseinandergesetzt). Alsdann sagen wir, die n linearen Formen (3.) gehören zur Basis $A_1, A_2 \dots A_n$.

I. *n lineare Formen, welche zu einer Basis von n Elementen gehören, sind von einander unabhängig.*

Denn eine Gleichung $k_1 v_1 + k_2 v_2 + \dots + k_n v_n = 0$ mit constanten Coefficienten kann nicht bestehen, wenn dieselben nicht sämmtlich verschwinden. Gehört nämlich A_β zum Exponenten l_β, so genügt man der

Gleichung (2.), indem man $v_\beta = l_\beta$ und, falls δ von β verschieden ist, $v_\delta = 0$ setzt. Mithin muss $k_\beta\, l_\beta = 0$, und weil l_β von Null verschieden ist, $k_\beta = 0$ sein. Aus der Unabhängigkeit der linearen Formen (3.) folgt, dass $m \geqq n$ ist, und dass die Determinanten $n$ten Grades, die sich aus den Coefficienten der Formen bilden lassen, nicht sämmtlich verschwinden.

Sind $p_{\gamma\alpha}$ $(\gamma, \alpha = 1, 2 \ldots m)$ irgend m^2 ganze Zahlen, deren Determinante gleich ± 1 ist, und ist $r_{\alpha\gamma}$ der Coefficient von $p_{\gamma\alpha}$ in der Determinante $\pm |p_{\gamma\alpha}| = 1$, so ist jedes der beiden Systeme von je m Gleichungen

$$(4.) \qquad x_\alpha = p_{1\alpha} x'_1 + p_{2\alpha} x'_2 + \cdots + p_{m\alpha} x'_m, \quad x'_\gamma = r_{1\gamma} x_1 + r_{2\gamma} x_2 + \cdots + r_{m\gamma} x_m$$

eine Folge des andern. Wenn daher die linearen Formen (3.) durch die Substitutionen (4.) in

$$(5.) \qquad w_1 = \Sigma\, c_{\gamma 1} x'_\gamma, \quad w_2 = \Sigma\, c_{\gamma 2} x'_\gamma \ldots w_n = \Sigma\, c_{\gamma n} x'_\gamma$$

übergehen, so kann jedes Werthsystem, welches durch das eine der beiden Systeme von linearen Formen (3.) und (5.) dargestellt wird, auch durch das andere dargestellt werden. Es lässt sich zeigen, dass auch umgekehrt zwei Systeme von linearen Formen, welche genau die nämlichen Werthsysteme darstellen, stets durch unimodulare Substitutionen in einander transformirt werden können*). Nennt man daher alle Formensysteme, in welche ein gegebenes System durch unimodulare Substitutionen transformirt werden kann, eine *Klasse äquivalenter Formensysteme*, so ergiebt sich der Satz:

II. *Die Systeme von n linearen Formen, welche zu einer Basis von n Elementen gehören, sind die sämmtlichen Individuen einer Klasse äquivalenter Formensysteme.*

Bilden $A_1, A_2 \ldots A_n$ irgend eine Basis der Gruppe $\mathfrak{H}$, und sind (3.) irgend n lineare Formen, welche zu dieser Basis gehören, so heisst die bilineare Form

$$A = \Sigma\, a_{\alpha\beta}\, x_\alpha\, y_\beta$$

der m Variabeln $x_1, x_2 \ldots x_m$ und der n Variabeln $y_1, y_2 \ldots y_n$ eine zur

*) Dabei muss man beide Systeme als von gleich vielen Variabeln abhängig ansehen, also wenn das eine in Wirklichkeit deren weniger enthält, sich vorstellen, dass die Coefficienten der fehlenden Variabeln gleich Null sind.

Gruppe $\mathfrak{H}$ *gehörende* (ihr *zugehörige* oder *adjungirte*) bilineare Form. Die Ableitungen einer solchen Form

$$(6.)\qquad v_1 = \frac{\partial A}{\partial y_1},\quad v_2 = \frac{\partial A}{\partial y_2} \cdots v_n = \frac{\partial A}{\partial y_n}$$

bilden ein System von linearen Formen, das zu einer gewissen aus n Elementen bestehenden Basis der Gruppe $\mathfrak{H}$ gehört. Der Rang der Form A ist nach Satz I gleich n.

III. *Enthält eine zugehörige bilineare Form einer Gruppe m Variabeln der einen Reihe und n der andern Reihe, so ist der Rang der Form gleich der kleineren der beiden Zahlen m und n.*

Sind die Variabeln $x_{m+1}, x_{m+2} \dots [y_{n+1}, y_{n+2} \dots]$ von $x_1, x_2 \dots x_m$ $[y_1, y_2 \dots y_n]$ unabhängig, so ist auch $A + x_{m+1}y_{n+1} + x_{m+2}y_{n+2} + \cdots$ eine zur Gruppe $\mathfrak{H}$ gehörende Form; denn ihre Ableitungen nach den Variabeln y gehören zu der Basis $A_1, A_2 \dots A_n, E, E \dots$ der Gruppe $\mathfrak{H}$.

Die bilineare Form A möge durch die unimodularen Substitutionen*)

$$(7.)\qquad x_\alpha = \sum_\gamma p_{\gamma\alpha} x'_\gamma,\quad y_\beta = \sum_\delta q_{\beta\delta} y'_\delta$$

in die bilineare Form

$$B = \Sigma\, b_{\gamma\delta} x'_\gamma y'_\delta$$

übergehen. Dann hängen die Ableitungen

$$(8.)\qquad v'_1 = \frac{\partial B}{\partial y'_1},\quad v'_2 = \frac{\partial B}{\partial y'_2} \cdots v'_n = \frac{\partial B}{\partial y'_n}$$

der Form B mit den Ableitungen (6.) der Form A durch die Gleichungen

$$v'_1 = \Sigma\, q_{\beta 1} v_\beta,\quad v'_2 = \Sigma\, q_{\beta 2} v_\beta \dots v'_n = \Sigma\, q_{\beta n} v_\beta$$
$$v_1 = \Sigma\, s_{\delta 1} v'_\delta,\quad v_2 = \Sigma\, s_{\delta 2} v'_\delta \dots v_n = \Sigma\, s_{\delta n} v'_\delta$$

zusammen; mithin stellen die linearen Formen (8.) alle Lösungen der Gleichung

$$B_1^{v'_1} B_2^{v'_2} \dots B_n^{v'_n} = E$$

dar, wo die Elemente B_δ durch die Gleichungen (1.) definirt sind, also ebenfalls eine Basis der Gruppe $\mathfrak{H}$ bilden. Nennt man also alle bilinearen

*) Dabei ist es gleichgültig, ob die Variabeln x_α der Substitution (7.) sämmtlich in A vorkommen oder nicht; dagegen dürfen in derselben nicht mehr als n Variabeln y_β vorkommen.

Formen, in welche eine bestimmte Form durch unimodulare Substitutionen transformirt werden kann, eine Klasse äquivalenter Formen, und gehört die (von n Variabeln y abhängende) Form A zur Gruppe $\mathfrak{H}$, so gehört auch jede (von nicht mehr als n Variabeln y abhängende) mit A äquivalente Form B zur Gruppe $\mathfrak{H}$.

Ist nun e_δ der δte Elementartheiler*) der Form A, so kann dieselbe durch unimodulare Substitutionen in

$$H = e_1 x_1 y_1 + e_2 x_2 y_2 + \cdots + e_n x_n y_n$$

übergeführt werden. Ist $H_1, H_2 \ldots H_n$ die correspondirende Basis von $\mathfrak{H}$, so kann die Gleichung

$$(9.) \qquad H_1^{v_1} H_2^{v_2} \ldots H_n^{v_n} = E$$

nur dann und muss stets dann bestehen, wenn $v_1 = e_1 x_1$, $v_2 = e_2 x_2 \ldots v_n = e_n x_n$, also v_1 durch e_1, v_2 durch $e_2 \ldots$, v_n durch e_n theilbar ist. Daher gehört H_δ zum Exponenten e_δ, und die Gleichung (9.) erfordert, dass jeder Factor der linken Seite für sich gleich E ist. Ist $e_r > 1$ und $e_{r+1} = 1$, und ist $r < n$, so ist auch $e_{r+2} = \cdots = e_n = 1$ und $H_{r+1}, H_{r+2} \ldots H_n$ gehören zum Exponenten 1, sind also gleich E. Mithin bilden die Elemente $H_1, H_2 \ldots H_r$ schon für sich eine Basis der Gruppe $\mathfrak{H}$ und zwar, da sie von einander unabhängig sind, und da e_ϱ durch $e_{\varrho+1}$ theilbar und $e_r > 1$ ist, eine normale Basis.

Damit ist der in §. 6 abgeleitete Fundamentalsatz des Herrn *Schering* von Neuem bewiesen. Da ferner in §. 7 gezeigt worden ist, dass die Zahlen $e_1, e_2 \ldots e_r$ für jede normale Basis dieselben Werthe haben, so ergiebt sich der Satz:

IV. *Die Elementartheiler jeder bilinearen Form, die zu einer Gruppe gehört, sind, soweit sie von 1 verschieden sind, die normalen Invarianten der Gruppe.*

Da zwei bilineare Formen, welche denselben Rang und dieselben Elementartheiler haben, stets äquivalent sind, so folgt daraus (*Frobenius*, dieses Journal Bd. 86, S. 159):

---

*) Ist $d_{n-\lambda+1}$ der grösste gemeinsame Divisor der Determinanten λten Grades von A, so heisst $d_\lambda : d_{\lambda+1} = e_\lambda$ der λte Elementartheiler der Form A.

V. *Alle bilinearen Formen desselben Ranges, die zu einer Gruppe gehören, sind äquivalent.*

Die zu einer Gruppe gehörenden bilinearen Formen $n$ten Ranges bilden also die sämmtlichen von n Variabeln y abhängenden Individuen einer Klasse äquivalenter bilinearer Formen.

Aus den auf Seite 177—179 dieses Bandes entwickelten Sätzen ergiebt sich, dass

$$(k, \mathfrak{H}) = (k, A)$$

ist, wenn A irgend eine bilineare Form ist, die zur Gruppe $\mathfrak{H}$ gehört.

§. 11. Die Reste der Potenzen rationaler ganzer Zahlen in Bezug auf einen zusammengesetzten Modul.

Die Theorie der Gruppen wollen wir auf die Lehre von den Potenzresten für einen zusammengesetzten Modul

$$M = 2^{\mu} P P' P'' \ldots$$

anwenden, wo $P, P', P'' \ldots$ gewisse Potenzen verschiedener ungerader Primzahlen sind. Ist die Anzahl derselben gleich π, so sei $n = \pi$, falls $\mu = 0$ oder 1 ist, $n = \pi + 1$, falls $\mu = 2$ ist, und $n = \pi + 2$, falls $\mu > 2$ ist. Seien ferner

$$(1.) \qquad g_1, g_2 \ldots g_n$$

die Zahlen $\varphi(P), \varphi(P'), \varphi(P'') \ldots$ und ausserdem, falls $\mu = 2$ ist, die Zahl $\varphi(4) = 2 (= g_1)$, und falls $\mu > 2$ ist, die beiden Zahlen $2 (= g_1)$ und $2^{\mu-2} (= g_2)$. Ist $g_\varrho = \varphi(P)$, so kann man, da P und $\frac{M}{P}$ relative Primzahlen sind, eine Zahl G_ϱ finden, welche (mod. P) einer primitiven Wurzel von P und $\left(\text{mod. } \frac{M}{P}\right)$ der Zahl 1 congruent ist. Ist $\mu = 2$, so sei $G_1 \equiv 3$ (mod. 4) und $G_1 \equiv 1 \left(\text{mod. } \frac{M}{4}\right)$. Ist $\mu > 2$, so sei $G_2 \equiv 3$ oder 5 (mod. 8) und $G_2 \equiv 1 \left(\text{mod. } \frac{M}{2^{\mu}}\right)$; dann ist $G_2^{2^{\mu-3}} = G$ eine der vier verschiedenen Wurzeln ± 1, $2^{\mu-1} \pm 1$ der Congruenz $X^2 \equiv 1$ (mod. 2^{μ}). (Ist $\mu = 3$, so ist $G \equiv G_2$, ist $\mu > 3$, so ist $G \equiv 2^{\mu-1} + 1$). Ist G' eine der beiden von 1 und G verschiedenen Wurzeln, so sei $G_1 \equiv G'$ (mod. 2^μ) und $G_1 \equiv 1 \left(\text{mod.}\ \frac{M}{2^\mu}\right)$. (Vgl. *Gauss*, D. A. 90).

Da $G_\varrho^{g_\varrho} \equiv 1$ (mod. P) und $G_\varrho \equiv 1 \left(\text{mod.}\ \frac{M}{P}\right)$ ist, so ist $G_\varrho^{g_\varrho} \equiv 1$ (mod. M). Ist umgekehrt $G_\varrho^v \equiv 1$ (mod. M), so ist auch $G_\varrho^v \equiv 1$ (mod. P) und daher ist v durch g_ϱ theilbar. Folglich gehört G_ϱ (mod. M) zum Exponenten g_ϱ. Ebenso gehört, falls $\mu > 1$ ist, G_1 zum Exponenten 2, und falls $\mu > 2$ ist, G_2 zum Exponenten $2^{\mu-2}$.

Wir behaupten ferner, dass die Elemente $G_1, G_2, \dots G_n$ von einander unabhängig sind. Denn ist

$$(2.)\qquad G_1^{v_1} G_2^{v_2} \dots G_n^{v_n} \equiv 1 \ (\text{mod.}\ M),$$

so besteht die nämliche Congruenz (mod. P). Weil aber $G_1, G_2 \dots G_n$ mit Ausnahme von G_ϱ congruent 1 (mod. P) sind, so ist $G_\varrho^{v_\varrho} \equiv 1$ (mod. P), und weil $G_\varrho \equiv 1 \left(\text{mod.}\ \frac{M}{P}\right)$ ist, $G_\varrho^{v_\varrho} \equiv 1$ (mod. M). Mithin reducirt sich die Congruenz (2.), falls $\mu = 2$ ist, auf $G_1^{v_1} \equiv 1$ (mod. M), und falls $\mu > 2$ ist, auf $G_1^{v_1} G_2^{v_2} \equiv 1$ (mod. M). Im letzteren Falle ist auch $G_1^{v_1} G_2^{v_2} \equiv 1$ (mod. 2^μ). Erhebt man beide Seiten ins Quadrat, so erhält man, da $G_1^2 \equiv 1$ (mod. 2^μ) ist, $G_2^{2v_2} \equiv 1$ (mod. 2^μ). Daher ist $2v_2$ durch $2^{\mu-2}$ theilbar, also $v_2 = -2^{\mu-3}v$. Mithin ist $G_1^{v_1} \equiv G^v$ (mod. 2^μ). Wäre nun v_1 ungerade, so wäre $G_1^{v_1} \equiv G_1 \equiv G^v$ (mod. 2^μ). Da aber G^v zufolge der Congruenz $G^2 \equiv 1$ (mod. 2^μ) nur einer der beiden Zahlen 1 oder G congruent sein kann, und G_1 von diesen beiden verschieden vorausgesetzt ist, so kann v_1 nicht ungerade sein. Ist aber v_1 gerade, so ist $G_1^{v_1} \equiv 1$ (mod. 2^μ), also auch (mod. M), und mithin reducirt sich die Congruenz (2.) auf $G_2^{v_2} \equiv 1$ (mod. M).

Da folglich $G_1, G_2 \dots G_n$ unabhängig sind, und da G_ϱ zum Exponenten g_ϱ gehört, so stellt der Ausdruck $X = G_1^{x_1} G_2^{x_2} \dots G_n^{x_n}$, falls $x_1, x_2 \dots x_n$ alle ganzen Zahlen durchlaufen, $g_1 g_2 \dots g_n = \varphi(M) = h$, d. h. alle Klassen von Zahlen dar, die (mod. M) verschieden und relativ prim zu M sind. Daher bilden $G_1, G_2 \dots G_n$ eine reducirte Basis der von diesen h Zahlenklassen gebildeten Gruppe $\mathfrak{H}$, und $g_1, g_2 \dots g_n$ ein vollständiges System von Invarianten dieser Gruppe (§. 8). Da diese Zahlen alle durch 2 theilbar sind, so ist der Rang der Gruppe $\mathfrak{H}$ gleich n. Ist $d_{n-\lambda+1}$ der grösste gemeinsame Divisor der Producte von je λ der Zahlen (1.), so ist nach §. 8 $\frac{d_\lambda}{d_{\lambda+1}} = e_\lambda$ $(d_n = e_n)$ der λte Elementartheiler von h*). Ist s_λ der grösste gemeinsame Divisor von k und g_λ, so ist

$$|k, \mathfrak{H}| = s_1 s_2 \ldots s_n$$

die Anzahl der verschiedenen Wurzeln der Congruenz $X^k \equiv 1$ (mod. M), und

$$(k, \mathfrak{H}) = \frac{h}{s_1 s_2 \ldots s_n}$$

die Anzahl der verschiedenen $k$ten Potenzreste (mod. M), z. B. ist $|2, \mathfrak{H}| = 2^n$. Die Anzahl der Zahlen, die zum Exponenten $k = a^\alpha b^\beta c^\gamma \ldots$ gehören, ist

$$|k, \mathfrak{H}| \, \Pi (1 - a^{-\psi(\alpha)}),$$

wo $\psi(\alpha)$ angiebt, wie viele der Zahlen (1.) durch a^α theilbar sind. Ist z. B. $k = e_1$, so ist, da e_1 das kleinste gemeinschaftliche Vielfache der Zahlen (1.) ist, $|k, \mathfrak{H}| = g_1 g_2 \ldots g_n = h$, und $\psi(\alpha)$ mindestens 1. Daher ist die Anzahl der Zahlen, die zum Exponenten e_1 gehören, $\geqq h\, \Pi\left(1 - \frac{1}{a}\right) = \varphi(h) = \varphi(\varphi(M))$.

Wir wollen endlich noch zeigen, dass es Gruppen giebt, die beliebig vorgeschriebene Invarianten $e_1, e_2 \ldots e_n$ haben. Da sich in einer arithmetischen Reihe, deren Anfangsglied und Differenz theilerfremd sind, unzählig viele Primzahlen finden, so kann man n verschiedene ungerade Primzahlen $p_1, p_2 \ldots p_n$ bestimmen, die den Congruenzen $p_\nu \equiv 1$ (mod. e_ν) $(\nu = 1, 2 \ldots n)$ genügen. Ist dann $M = p_1 p_2 \ldots p_n$, und haben $G_1, G_2 \ldots G_n$ für diesen Modul die nämliche Bedeutung wie oben, und setzt man $H_\nu \equiv G_\nu^{\frac{p-1}{e_\nu}}$ (mod. M), so besitzt die Gruppe mit der Basis $H_1, H_2 \ldots H_n$ die Invarianten $e_1, e_2 \ldots e_n$.

§. 12. Die Reste der Potenzen complexer ganzer Zahlen.

Um die Theorie der Gruppen noch an einem zweiten Beispiele zu erläutern, betrachten wir eine Ordnung $\mathfrak{o}$ der ganzen Zahlen eines alge-

*) Beispiele, an denen man diese Regel bestätigen kann, findet man bei *Cayley*, *Specimen table* $M \equiv a^\alpha b^\beta$ (mod. N) *for any Prime or Composite Modulus*, *Quart. Journ.* X. *p.* 95—96.

braischen Körpers vom $n$ten Grade*). Sei $\mathfrak{p}$ ein Primideal $f$ten Grades in $\mathfrak{o}$, also, wenn p die kleinste durch $\mathfrak{p}$ theilbare rationale ganze Zahl ist, $N(\mathfrak{p}) = p^f$. Wir beschränken uns dabei auf den Fall, dass $p > 2$ und nicht durch $\mathfrak{p}^2$ theilbar ist. (Letzteres tritt nur ein, wenn die Primzahl p in der Discriminante des Körpers aufgeht).

Sind A und B Zahlen der Ordnung $\mathfrak{o}$ und ist $A - B = P$, so ist nach dem binomischen Satze $A^p \equiv B^p + P^p$ (mod. p), also auch (mod. $\mathfrak{p}$). Ist P nicht durch $\mathfrak{p}$ theilbar, so ist auch P^p nicht durch $\mathfrak{p}$ theilbar. Durch wiederholte Anwendung dieses Schlusses ergiebt sich der Satz:

I. *Ist* $A - B$ *nicht durch* $\mathfrak{p}$ *theilbar, so ist auch* $A^{p^\mu} - B^{p^\mu}$ *nicht durch* $\mathfrak{p}$ *theilbar.*

Ist $A - B = P$, so ist

$$A^m = B^m + mB^{m-1}P + \frac{m(m-1)}{1.2}B^{m-2}P^2 + \cdots + P^m.$$

Ist P genau durch $\mathfrak{p}^\lambda$ theilbar (d. h. durch $\mathfrak{p}^\lambda$ und nicht durch $\mathfrak{p}^{\lambda+1}$), wo $\lambda > 0$, und sind A und B nicht durch $\mathfrak{p}$ theilbar, so ist, falls m nicht durch p theilbar ist,

$$A^m \equiv B^m \ (\text{mod.}\ \mathfrak{p}^\lambda) \text{ und } A^m \equiv B^m + mB^{m-1}P \ (\text{mod.}\ \mathfrak{p}^{\lambda+1});$$

daher ist $A^m - B^m$ durch $\mathfrak{p}^\lambda$, aber nicht durch $\mathfrak{p}^{\lambda+1}$ theilbar. Ist dagegen $m = p$, so ist

$$A^p \equiv B^p \ (\text{mod.}\ \mathfrak{p}^{\lambda+1}) \text{ und } A^p \equiv B^p + pB^{p-1}P \ (\text{mod.}\ \mathfrak{p}^{\lambda+2});$$

daher ist $A^p - B^p$ durch $\mathfrak{p}^{\lambda+1}$, aber nicht durch $\mathfrak{p}^{\lambda+2}$ theilbar (dieses würde nicht richtig sein, wenn $p = 2$ oder durch $\mathfrak{p}^2$ theilbar wäre). Indem man diesen Schluss wiederholt anwendet und mit dem vorigen combinirt, erhält man den Satz:

II. *Ist* $A - B$ *genau durch* $\mathfrak{p}^\lambda$ $(\lambda > 0)$ *theilbar, während* A *und* B *nicht durch* $\mathfrak{p}$ *theilbar sind, und ist* m *genau durch* p^μ *theilbar, so ist* $A^m - B^m$ *genau durch* $\mathfrak{p}^{\lambda+\mu}$ *theilbar.*

---

*) Ueber die Begriffe und Sätze, von denen wir hier Gebrauch machen, vergleiche man die Arbeiten des Herrn *Dedekind*:

Vorlesungen über Zahlentheorie von Lejeune-Dirichlet, 2. Aufl., Supplem. 10;

Sur la théorie des nombres entiers algébriques (*Darboux*, bulletin 1re sér. t. XI et 2e sér. t. I);

Ueber die Anzahl der Idealklassen in den verschiedenen Ordnungen eines endlichen Körpers, Braunschweig 1877.

Jede Zahl A der Ordnung $\mathfrak{o}$, welche nicht durch $\mathfrak{p}$ theilbar ist, genügt der Congruenz $A^{p^f-1} \equiv 1 \pmod{\mathfrak{p}}$. Nach Satz II ist daher $A^{(p^f-1)p^{\mu-1}} \equiv 1 \pmod{\mathfrak{p}^\mu}$. Es giebt ferner Zahlen B der Ordnung $\mathfrak{o}$, welche (mod. $\mathfrak{p}$) zum Exponenten $p^f - 1$ gehören, primitive Wurzeln des Primideals $\mathfrak{p}$. Unter den Zahlen A, welche der Congruenz $A \equiv B \pmod{\mathfrak{p}}$ genügen, giebt es auch solche, für welche $A^{p^f-1} - 1$ nicht durch $\mathfrak{p}^2$ theilbar ist. Denn erfüllt B selber diese Bedingung nicht, und ist P durch $\mathfrak{p}$, aber nicht durch $\mathfrak{p}^2$ theilbar, so wird dieselbe durch $A = B + P$ befriedigt. Denn es ist

$$(B + P)^{p^f-1} - 1 = B^{p^f-1} - 1 + (p^f - 1)\, B^{p^f-2} P + \binom{p^f - 1}{2} B^{p^f-3} P^2 + \cdots$$
$$\equiv (p^f - 1)\, B^{p^f-2} P \pmod{\mathfrak{p}^2},$$

und mithin ist diese Zahl nicht durch $\mathfrak{p}^2$ theilbar.

Ist nun A eine primitive Wurzel von $\mathfrak{p}$, für welche $A^{p^f-1} - 1$ genau durch $\mathfrak{p}$ theilbar ist, so ist $A^{(p^f-1)p^\lambda} - 1$ genau durch $p^{\lambda+1}$ theilbar, also nur und stets dann durch $\mathfrak{p}^\mu$, wenn $\lambda \geqq \mu - 1$ ist. Daher ist $(p^f - 1)\, p^{\mu-1}$ durch den Exponenten e, zu welchem A in Bezug auf den Modul $\mathfrak{p}^\mu$ gehört, theilbar. Ferner ist dieser Exponent e, da $A^e \equiv 1 \pmod{\mathfrak{p}^\mu}$, also auch (mod. $\mathfrak{p}$), und da A eine primitive Wurzel von $\mathfrak{p}$ ist, durch $p^f - 1$ theilbar. Mithin ist $e = (p^f - 1)\, d$, wo d ein Divisor von $p^{\mu-1}$, also eine Potenz von p und folglich gleich $p^{\mu-1}$ ist. Demnach gehört A nach dem Modul $\mathfrak{p}^\mu$ zum Exponenten $(p^f - 1)\, p^{\mu-1}$. Umgekehrt muss das Element A, wie leicht zu beweisen, wenn es nach dem Modul $\mathfrak{p}^\mu$ zum Exponenten $(p^f - 1)\, p^{\mu-1}$ gehört, eine solche primitive Wurzel von p sein, für welche $A^{p^f-1} - 1$ nicht durch $\mathfrak{p}^2$ theilbar ist.

Die Anzahl der Klassen von Zahlen, welche (mod. $\mathfrak{p}^\mu$) incongruent und relativ prim zu $\mathfrak{p}^\mu$ sind, ist gleich

$$h = (p^f - 1)\, p^{(\mu-1)f}.$$

Dieselben bilden eine Gruppe $\mathfrak{H}$, deren Rang r und deren normale Invarianten $e_1, e_2 \ldots e_r$ seien. Der grösste Exponent, zu welchem irgend eine Zahl von $\mathfrak{H}$ gehört, ist gleich

$$e_1 = (p^f - 1)\, p^{\mu-1}.$$

Da nun $e_1 e_2 \ldots e_r = h$ ist, so ist folglich

$$e_2\, e_3 \ldots e_r = p^{(\mu-1)(f-1)},$$

also ist e_ϱ ($\varrho > 1$) eine Potenz von p, deren Exponent, weil e_ϱ in e_1 aufgeht, kleiner oder gleich $\mu - 1$ ist.

Ist $X-1$ nicht durch $\mathfrak{p}$ theilbar, so ist auch X^p-1 nicht durch $\mathfrak{p}$ theilbar; ist $X-1$ genau durch $\mathfrak{p}^{\mu-\lambda}$ theilbar ($\mu > \lambda$), so ist X^p-1 genau durch $\mathfrak{p}^{\mu-\lambda+1}$ theilbar; damit daher X^p-1 durch $\mathfrak{p}^\mu$ ($\mu > 1$) theilbar sei, ist nothwendig und hinreichend, dass $X-1$ durch $\mathfrak{p}^{\mu-1}$ theilbar ist. Die Anzahl der Zahlen Y, welche durch $\mathfrak{p}^{\mu-1}$ theilbar und (mod. $\mathfrak{p}^\mu$) incongruent sind, ist gleich

$$(\mathfrak{p}^{\mu-1}, \mathfrak{p}^\mu) = \frac{N(\mathfrak{p}^\mu)}{N(\mathfrak{p}^{\mu-1})} = N(\mathfrak{p}) = p^f.$$

Die Anzahl der (mod. $\mathfrak{p}^\mu$) incongruenten Zahlen, welche $\equiv 1$ (mod. $\mathfrak{p}^{\mu-1}$) sind, ist daher ebenfalls gleich p^f, und folglich hat die Congruenz $X^p - 1 \equiv 0$ (mod. $\mathfrak{p}^\mu$) genau p^f incongruente Wurzeln. Da aber e_r durch p theilbar ist, so muss diese Congruenz nach §. 7 p^r verschiedene Wurzeln haben, und folglich ist $r = f$. Demnach ist

$$e_2 e_3 \ldots e_r = (p^{\mu-1})^{r-1}, \quad e_\varrho \overline{\overline{<}}\, p^{\mu-1} \; (\varrho > 1).$$

Wäre daher auch nur für einen einzigen Werth von ϱ die Invariante $e_\varrho < p^{\mu-1}$, so könnte jene Gleichung nicht stattfinden. Die Gruppe $\mathfrak{H}$ ist also vom Range f und ihre Invarianten sind

$$(1.) \qquad e_1 = (p^f - 1)\, p^{\mu-1}, \quad e_2 = p^{\mu-1} \ldots e_f = p^{\mu-1}.$$

Ohne die allgemeine Theorie der Gruppen zu benutzen, kann man dieses Resultat auch folgendermassen ableiten (vgl. *Lejeune-Dirichlet*, Untersuchungen über die Theorie der complexen Zahlen, §. 2; Abh. der Berl. Akad. 1841). Die Anzahl der Zahlen, welche durch $\mathfrak{p}$ theilbar und (mod. $\mathfrak{p}^2$) incongruent sind, ist gleich $(\mathfrak{p}, \mathfrak{p}^2) = p^f$. Sei P_1 eine solche durch $\mathfrak{p}^2$ nicht theilbare Zahl und x eine rationale ganze Zahl; damit dann xP_1 durch $\mathfrak{p}^2$ theilbar sei, ist nothwendig und hinreichend, dass x durch $\mathfrak{p}$, also auch durch p theilbar ist, weil p die kleinste rationale Zahl ist, in der $\mathfrak{p}$ aufgeht. Die Congruenz $xP_1 \equiv yP_1$ (mod. $\mathfrak{p}^2$) findet folglich nur und stets dann Statt, wenn $x \equiv y$ (mod. p) ist. Durchläuft also x alle rationalen ganzen Zahlen, so stellt xP_1 genau p Zahlen dar, welche (mod. $\mathfrak{p}^2$) incongruent sind, und man erhält dieselben, indem man x ein vollständiges Restsystem (mod. p) durchlaufen lässt. Ist $f = 1$, so sind dies alle Klassen von Zahlen, welche durch $\mathfrak{p}$ theilbar und (mod. $\mathfrak{p}^2$) incongruent sind. Ist aber $f > 1$, so sei P_2 eine weitere Zahl von dieser Beschaffenheit. Dann kann die Congruenz $x_1 P_1 + x_2 P_2 \equiv 0$ (mod. $\mathfrak{p}^2$) nur bestehen, wenn x_1 und x_2 beide durch p theilbar sind. Denn wäre x_2 nicht durch p theilbar und $x_2 a + 1 \equiv 0$ (mod. p), so wäre auch $0 \equiv a x_1 P_1 + a x_2 P_2 \equiv a x_1 P_1 - P_2$ (mod. $\mathfrak{p}^2$), während doch P_2 nicht von der Form xP_1 ist. Mithin ist x_2 durch p theilbar, also $x_1 P_1 \equiv -x_2 P_2 \equiv 0$ (mod. $\mathfrak{p}^2$), und daher auch x_1 durch p theilbar. Wenn also jede der Zahlen x_1, x_2 ein vollständiges Restsystem (mod. p) durchläuft, so stellt der Ausdruck $x_1 P_1 + x_2 P_2$ genau p^2 Zahlen dar, welche durch $\mathfrak{p}$ theilbar und (mod. $\mathfrak{p}^2$) incongruent sind. Ist $f > 2$, so sei P_3 eine weitere solche Zahl, welche nicht in dieser Form enthalten ist, u. s. w. Auf diesem Wege gelangt man zu einem System von f durch $\mathfrak{p}$, aber nicht durch $\mathfrak{p}^2$ theilbaren Zahlen $P_1, P_2 \ldots P_f$, zwischen denen die Relation

$$x_1 P_1 + x_2 P_2 + \ldots + x_f P_f \equiv 0 \text{ (mod. } \mathfrak{p}^2)$$

nur bestehen kann, wenn $x_1, x_2 \ldots x_f$ sämmtlich durch p theilbar sind. Durchläuft also jede der Zahlen $x_1, x_2 \ldots x_f$ ein vollständiges Restsystem nach dem Modul p, so stellt der Ausdruck $x_1 P_1 + x_2 P_2 + \ldots + x_f P_f$ alle p^f durch p theilbaren Zahlen dar, welche (mod. $\mathfrak{p}^2$) incongruent sind*).

Nun ist oben gezeigt worden, dass es eine Zahl H giebt, welche (mod. $\mathfrak{p}^\mu$) zum Exponenten $(p^f - 1)p^{\mu-1}$ gehört. Setzt man $H^{p^f-1} = H_1$,

*) Bilden $A_1, A_2 \ldots A_n$ eine Basis des Moduls $\mathfrak{p}$ und $B_1, B_2 \ldots B_n$ eine Basis des Moduls $\mathfrak{p}^2$, so kann man, weil $\mathfrak{p}^2$ durch $\mathfrak{p}$ theilbar ist, n^2 (völlig bestimmte) rationale ganze Zahlen $a_{\alpha\beta}$ finden, welche den Gleichungen

$$B_\alpha = a_{\alpha 1} A_1 + a_{\alpha 2} A_2 + \cdots + a_{\alpha n} A_n \qquad (\alpha = 1, 2 \ldots n)$$

genügen. Die Determinante dieser Zahlen ist

$$|a_{\alpha\beta}| = \frac{N(\mathfrak{p}^2)}{N(\mathfrak{p})} = p^f.$$

Nach den obigen Erörterungen sind die Elementartheiler dieser Determinante $e_1 = p, \ldots e_f = p$, $e_{f+1} = 1 \ldots e_n = 1$. Man kann daher (*Frobenius* l. c. S. 158.) durch unimodulare Substitutionen die Basis $A_1, A_2 \ldots A_n$ in eine Basis $P_1, P_2 \ldots P_n$ von $\mathfrak{p}$ und die Basis $B_1, B_2 \ldots B_n$ in eine Basis $Q_1, Q_2 \ldots Q_n$ von $\mathfrak{p}^2$ so umformen, dass

$$Q_1 = pP_1, \ldots Q_f = pP_f;\ Q_{f+1} = P_{f+1}, \ldots Q_n = P_n$$

ist.

so ist $H_1 - 1$ durch $\mathfrak{p}$, aber nicht durch $\mathfrak{p}^2$ theilbar, kann also in der obigen Entwicklung für die Zahl P_1 genommen werden. Zu dieser bestimme man die Zahlen $P_2, P_3 \ldots P_f$ so, dass die Congruenz $x_1 P_1 + x_2 P_2 + \cdots + x_f P_f \equiv 0 \pmod{\mathfrak{p}^2}$ nur stattfinden kann, wenn $x_1, x_2 \ldots x_f$ sämmtlich durch p theilbar sind, und setze $H_\varrho = 1 + P_\varrho$. Da $H_\varrho - 1$ genau durch $\mathfrak{p}$ theilbar ist, ist $H_\varrho^{p^\lambda} - 1$ genau durch $\mathfrak{p}^{\lambda+1}$, also nur und stets dann durch $\mathfrak{p}^\mu$ theilbar, wenn $\lambda \geqq \mu - 1$ ist. Daher ist der Exponent, zu welchem $H_\varrho \pmod{\mathfrak{p}^\mu}$ gehört, ein Divisor von $p^{\mu-1}$, also eine Potenz von p, und folglich gleich $p^{\mu-1}$. Wir behaupten ferner, dass die Congruenz

$$(2.)\qquad H^v H_2^{v_2} \ldots H_f^{v_f} \equiv 1 \pmod{\mathfrak{p}^\mu}$$

nur bestehen kann, wenn jeder Factor der linken Seite für sich $\equiv 1$ ist. Denn wenn diese Congruenz $(\mathrm{mod.}\ \mathfrak{p}^\mu)$ besteht, so muss sie auch $(\mathrm{mod.}\ \mathfrak{p})$ gelten, und weil $H_2 \equiv \ldots \equiv H_f \equiv 1 \pmod{\mathfrak{p}}$ ist, so ist folglich $H^v \equiv 1$ $(\mathrm{mod.}\ \mathfrak{p})$, also, da H $(\mathrm{mod.}\ \mathfrak{p})$ zum Exponenten $p^f - 1$ gehört, $v = (p^f - 1)\, v_1$, und mithin

$$(3.)\qquad H_1^{v_1} H_2^{v_2} \ldots H_f^{v_f} \equiv 1 \pmod{\mathfrak{p}^\mu}.$$

Diese Congruenz kann aber nur bestehen, wenn $v_1, v_2 \ldots v_f$ sämmtlich durch $p^{\mu-1}$ theilbar sind. Denn sei $p^{\mu-\lambda}$ die höchste Potenz von p, welche in allen diesen Zahlen aufgeht, und sei v_ϱ gleich $p^{\mu-\lambda} x_\varrho$, wo $x_1, x_2 \ldots x_f$ nicht sämmtlich durch p theilbar sind. Dann muss nach Satz I und II

$$(4.)\qquad H_1^{x_1} H_2^{x_2} \ldots H_f^{x_f} \equiv 1 \pmod{\mathfrak{p}^\lambda}$$

sein. Nun ist aber nach dem binomischen Satze

$$H_\varrho^{x_\varrho} \equiv (1 + P_\varrho)^{x_\varrho} \equiv 1 + x_\varrho P_\varrho \pmod{\mathfrak{p}^2}$$

und daher

$$\begin{aligned} H_1^{x_1} H_2^{x_2} \ldots H_f^{x_f} &\equiv (1 + x_1 P_1)(1 + x_2 P_2) \ldots (1 + x_f P_f) \\ &\equiv 1 + x_1 P_1 + x_2 P_2 + \ldots + x_f P_f \pmod{\mathfrak{p}^2}. \end{aligned}$$

Wäre nun $\lambda > 1$, so wäre zufolge der Congruenz (4.)

$$H_1^{x_1} H_2^{x_2} \ldots H_f^{x_f} \equiv 1 \pmod{\mathfrak{p}^2},$$

und mithin wäre

$$x_1 P_1 + x_2 P_2 + \ldots + x_f P_f \equiv 0 \pmod{\mathfrak{p}^2};$$

das ist aber nicht möglich, wenn $x_1, x_2 \ldots x_f$ nicht sämmtlich durch p theilbar sind.

Da $\boldsymbol{H}$ zum Exponenten $(p^f-1)p^{\mu-1}$ und $\boldsymbol{H}_\varrho$ zum Exponenten $p^{\mu-1}$ gehört, und da die Congruenz (2.) nur bestehen kann, wenn v durch $(p^f-1)p^{\mu-1}$ und v_ϱ durch $p^{\mu-1}$ theilbar ist, so stellt der Ausdruck

$$\boldsymbol{H}^{x}\boldsymbol{H}_2^{x_2}\ldots\boldsymbol{H}_f^{x_f},$$

falls $x_1, x_2, \ldots x_f$ alle rationalen ganzen Zahlen durchlaufen, genau $(p^f-1)\,p^{(\mu-1)f}$, also sämmtliche Klassen von Zahlen dar, welche (mod. $\mathfrak{p}^\mu$) incongruent und durch $\mathfrak{p}$ nicht theilbar sind. Mithin bilden $\boldsymbol{H}, \boldsymbol{H}_2 \ldots \boldsymbol{H}_f$ eine normale Basis der Gruppe $\mathfrak{H}$, und die Zahlen (1.) sind die Invarianten dieser Gruppe.

Zürich, Juli 1878.

20.

Theorie der linearen Formen mit ganzen Coefficienten (Forts.)

Journal für die reine und angewandte Mathematik 88, 96–116 (1880)

Nachdem ich im ersten Theile dieser Arbeit die Theorie der *Aequivalenz* von bilinearen Formen behandelt habe, gehe ich zur Beantwortung der Frage über, welche Bedingungen nothwendig und hinreichend sind, damit eine Form unter einer andern *enthalten* sei. Als Ausgangspunkt nehme ich die Theorie des relativen Enthaltenseins in Bezug auf einen Modul (§. 14—17), von der ich in §. 18 Anwendungen auf die Lehre von den linearen Congruenzen mache, und auf die ich in §. 21 die Theorie des absoluten Enthaltenseins zurückführe.

Ist k eine (positive) ganze Zahl und geht die bilineare Form $A = \Sigma a_{\alpha\beta} x_\alpha y_\beta$ der $m+n$ Variabeln*) $x_1, \dots x_m; y_1, \dots y_n$ durch die linearen Substitutionen

$$(1.)\qquad x_\alpha \equiv \sum_\gamma p_{\gamma\alpha} x'_\gamma, \quad y_\beta \equiv \sum_\delta q_{\beta\delta} y'_\delta \qquad (\text{mod. } k)$$

in $B = \Sigma b_{\gamma\delta} x'_\gamma y'_\delta$ über (die Definition dieser kurzen Redewendung findet man im ersten Theile §. 11), so heisst die Form B (mod. k) unter A *enthalten*. Die Anzahl der neuen Variabeln kann der Anzahl der ursprünglichen gleich, sie kann aber auch kleiner oder grösser sein. Ist (mod. k) B unter A und C unter B enthalten, so ist auch C unter A enthalten. Ist B (mod. k) unter A enthalten, und ist h ein Divisor von k, so ist B auch (mod. h) unter A enthalten. Zwei Formen, die sich gegenseitig (mod. k) enthalten, werden (mod. k) *äquivalent* genannt. Sind zwei Formen einer dritten äquivalent, so sind sie es auch unter einander. Die Gesammtheit der Formen, die einer bestimmten äquivalent sind, heisst eine *Klasse* von Formen. Ist B unter A

*) Enthält A genau μ Variabeln $x_1, x_2, \dots x_\mu$, so kann man für m irgend eine Zahl wählen, die $\geqq \mu$ ist; die Zahlen m und n können also oberhalb gewisser Grenzen willkürlich angenommen werden. Bei jeder Form, mit der im Folgenden operirt wird, ist vorausgesetzt, dass in derselben über die Zahlen m und n eine bestimmte Festsetzung getroffen ist.

enthalten, so ist auch jede mit B äquivalente Form unter jeder mit A äquivalenten enthalten, oder es ist die durch B repräsentirte Formenklasse unter der durch A repräsentirten enthalten.

Sind A und B äquivalent, und geht A durch die Substitutionen (1.) in B, und B durch die Substitutionen

$$(2.)\qquad x'_\gamma \equiv \sum_\alpha r_{\alpha\gamma} x_\alpha,\quad y'_\delta \equiv \sum_\beta s_{\delta\beta} y_\beta \qquad (\text{mod.}\, k)$$

in A über, so brauchen die Congruenzen (2.) nicht die Auflösungen der Congruenzen (1.) zu sein. Ich habe oben (§. 11) zwei Formen A und B nur dann (mod. k) äquivalent genannt, wenn die Anzahl der Variabeln x'_γ $[y'_\delta]$ ebenfalls gleich m $[n]$ ist, d. h. wenn beide Formen als von gleich vielen Variabeln abhängig betrachtet werden, wenn ferner die Determinanten m^{ten} und n^{ten} Grades $|p_{\gamma\alpha}|$ und $|q_{\beta\delta}|$ relativ prim zu k sind, und die Congruenzen (2.) die Auflösungen der Congruenzen (1.) sind. Ich werde zeigen, dass sich diese engere Definition vollständig mit der hier gegebenen weiteren deckt.

§. 14. Die Reduction der bilinearen Formen.

I. ***Ist eine Form in Bezug auf mehrere Reihen von Variabeln linear, so kann man den Variabeln solche Werthe ertheilen, dass die Form dem grössten gemeinsamen Divisor ihrer Coefficienten und des Moduls congruent wird, und dass die Variabeln jeder Reihe mit einer beliebig gegebenen Zahl keinen Divisor gemeinsam haben.***

Gegeben sei z. B. eine trilineare Form $A = \Sigma a_{\alpha\beta\gamma} x_\alpha y_\beta z_\gamma$, welche in Bezug auf die r Variabeln x_α, die s Variabeln y_β und die t Variabeln z_γ homogen und linear ist. Der Modul sei $k = p^\pi p'^{\pi'} \ldots$, wo $p, p', \ldots$ verschiedene Primzahlen sind, der grösste gemeinsame Divisor des Moduls k und der sämmtlichen Coefficienten $a_{\alpha\beta\gamma}$ sei f. Damit dann $A \equiv f$ (mod. k) sei, ist nothwendig und hinreichend, dass diese Congruenz in Bezug auf jeden der Moduln $p^\pi, p'^{\pi'}, \ldots$ erfüllt wird. Sei p^ϱ die höchste Potenz von p, welche in den Coefficienten $a_{\alpha\beta\gamma}$ sämmtlich aufgeht. Ist $\varrho < \pi$, so ist f genau durch p^ϱ theilbar. Ist also $a_{\varkappa\lambda\mu}$ einer derjenigen Coefficienten, die genau durch p^ϱ theilbar sind, und setzt man

$$x_\varkappa \equiv 1,\quad y_\lambda \equiv 1,\quad \frac{a_{\varkappa\lambda\mu}}{p^\varrho} z_\mu \equiv \frac{f}{p^\varrho} \qquad (\text{mod.}\, p^{\pi-\varrho}),$$

und falls α, β, γ von $\varkappa, \lambda, \mu$ verschieden sind,

$$x_\alpha \equiv 0,\quad y_\beta \equiv 0,\quad z_\gamma \equiv 0 \qquad (\text{mod.}\, p^{\pi-\varrho}),$$

so ist $A = f$ (mod. p^π), und keine der drei Zahlen $x_\varkappa$, y_λ, z_μ ist durch p theilbar. Ist aber $\varrho \geqq \pi$, so ist f durch p^π theilbar, und folglich ist für alle Werthe der Unbekannten $A \equiv f$ (mod. p^π). Man kann daher die Unbekannten x_α (mod. p) r Zahlen congruent setzen, die nicht sämmtlich durch p theilbar sind, und ebenso die Unbekannten y_β und die Unbekannten z_γ. Auf dieselbe Weise verfahre man mit den Factoren $p'^{\pi'}$, $p''^{\pi''}$, ... des Moduls k. Sind ferner $q, q', \dots$ beliebig gegebene von $p, p', \dots$ verschiedene Primzahlen, so setze man in jeder Reihe von Variabeln eine congruent 1 (mod. q), eine congruent 1 (mod. q') u. s. w. So erhält man zur Bestimmung jeder einzelnen Variabeln ein System von Congruenzen, deren Moduln relative Primzahlen sind, und denen man daher allen gleichzeitig genügen kann. Die so gefundenen Werthe haben die Eigenschaft, dass die Variabeln jeder Reihe mit $pp' \dots qq' \dots$ keinen Divisor gemeinsam haben.

z. B. ist eine Determinante n^{ten} Grades, in welcher die Elemente der ersten m ($< n$) Zeilen gegebene Zahlen, die der letzten $n-m$ Zeilen Variabeln sind, in Bezug auf die Elemente jeder dieser letzten Zeilen eine homogene lineare Function, und die Coefficienten dieser $(n-m)$fach linearen Function sind die Determinanten m^{ten} Grades, die sich aus den Elementen der ersten m Zeilen bilden lassen. Ist daher f der grösste gemeinsame Divisor dieser Determinanten und des Moduls k, so kann man den Elementen der $n-m$ letzten Zeilen solche Werthe ertheilen, dass die ganze Determinante congruent f (mod. k) wird. Ist speciell $m = 1$, sind also n Zahlen $p_1, p_2, \dots p_n$ gegeben, die mit dem Modul den grössten gemeinsamen Divisor f haben, so kann man eine Determinante n^{ten} Grades $|p_{\alpha\beta}| \equiv f$ (mod. k) bilden, in welcher $p_{1\beta} = p_\beta$ ist. Dieser Satz gilt aber nur unter der Voraussetzung, dass $n > 1$ ist.

Sei jetzt $A = \Sigma a_{\alpha\beta} x_\alpha y_\beta$ eine bilineare Form der m Variabeln $x_1, \dots x_m$ und der n Variabeln $y_1, \dots y_n$, sei f_1 der grösste gemeinsame Divisor des Moduls k und der sämmtlichen Coefficienten $a_{\alpha\beta}$, und seien $x_\alpha \equiv p_{1\alpha}$ und $y_\beta \equiv q_{\beta 1}$ Werthe, die der Congruenz $A \equiv f_1$ (mod. k) genügen, und zwar solche Werthe, dass weder die $m+1$ Zahlen $p_{1\alpha}$ und k, noch die $n+1$ Zahlen $q_{\beta 1}$ und k einen Divisor gemeinsam haben. Dann kann man, falls die Zahlen m und n beide grösser als 1 sind, eine Determinante m^{ten} Grades $|p_{\gamma\alpha}| \equiv 1$ und eine Determinante n^{ten} Grades $|q_{\beta\delta}| \equiv 1$ (mod. k) bilden. Durch die Substitutionen

$$x_\alpha \equiv \sum_\gamma p_{\gamma\alpha} x'_\gamma, \quad y_\beta \equiv \sum_\delta q_{\beta\delta} y'_\delta$$

geht die Form A in

$$f_1 C = f_1 \Sigma c_{\gamma\delta} x'_\gamma y'_\delta$$

über, wo

$$f_1 c_{11} \equiv \sum_{\alpha,\beta} p_{1\alpha} a_{\alpha\beta} q_{\beta 1} \equiv f_1 \quad (\text{mod.} k),$$

also $c_{11} \equiv 1 \left(\text{mod.} \frac{k}{f_1}\right)$ ist. Mithin ist

$$C \equiv (x'_1 + c_{21} x'_2 + \cdots + c_{m1} x'_m)(y'_1 + c_{12} y'_2 + \cdots + c_{1n} y'_n) + A_1 \quad \left(\text{mod.} \frac{k}{f_1}\right),$$

wo

$$A_1 = \Sigma (c_{\gamma\delta} - c_{\gamma 1} c_{1\delta}) x'_\gamma y'_\delta$$

die Variabeln x'_1, y'_1 nicht enthält. Setzt man daher

$$x'_1 + c_{21} x'_2 + \cdots + c_{m1} x'_m = x''_1, \quad y'_1 + c_{12} y'_2 + \cdots + c_{1n} y'_n = y''_1,$$

so geht C in $x''_1 y''_1 + A_1$ über, und folglich lässt sich (wenn man die Striche bei den neuen Variabeln unterdrückt) A durch Substitutionen, deren Determinanten congruent 1 (mod. k) sind, in $f_1 x_1 y_1 + f_1 A_1$ (mod. k) transformiren, wo A_1 nur die Variabeln $x_2, \ldots x_m$; $y_2, \ldots y_n$ enthält.

Ist aber z. B. $m = 1$, also

$$A = x_1 (a_{11} y_1 + a_{12} y_2 + \cdots + a_{1n} y_n),$$

so kann man nach Satz I. die Congruenz

$$a_{11} y_1 + a_{12} y_2 + \cdots + a_{1n} y_n \equiv f_1 \quad (\text{mod.} k)$$

durch n Zahlen $y_\beta \equiv q_{\beta 1}$ befriedigen, die mit k keinen Divisor gemeinsam haben, und dann, falls $n > 1$ ist, ganz wie oben verfahren, also, da $p_{11} = 1$ ist, A durch Substitutionen, deren Determinanten congruent 1 sind, in $f_1 x_1 y_1$ transformiren. Ist aber auch $n = 1$, also q_{11} relativ prim zu k, so geht A durch die Substitutionen $x_1 \equiv x'_1$, $y_1 \equiv q_{11} y'_1$, deren Determinanten relativ prim zu k sind, in $f_1 x'_1 y'_1$ über.

Sind die Coefficienten von $f_1 A_1$ nicht sämmtlich durch k theilbar, und ist $f_1 f_2$ der grösste gemeinsame Divisor dieser Coefficienten und des Moduls k, so kann man $f_1 A_1$ auf die nämliche Weise in

$$f_1 f_2 x_2 y_2 + f_1 f_2 A_2 \quad (\text{mod.} k)$$

transformiren, wo A_2 nur die Variabeln $x_3, \ldots x_m$; $y_3, \ldots y_n$ enthält, und dies Verfahren kann man so lange fortsetzen, bis man zu einer Form $f_1 f_2 \ldots f_r A_{r+1}$ gelangt, deren Coefficienten alle congruent Null (mod. k) sind. Die Zahl r kann nicht grösser sein, als die kleinere der beiden Zahlen m und n. Die Form A lässt sich also durch Substitutionen, deren Determinanten relativ prim zu k sind, in

$$G = f_1 x_1 y_1 + f_1 f_2 x_2 y_2 + f_1 f_2 f_3 x_3 y_3 + \cdots + f_1 f_2 \ldots f_r x_r y_r \quad (\text{mod.}\, k)$$

transformiren, oder wenn man

$$f_1 f_2 \ldots f_\varrho = g_\varrho$$

setzt, in

$$G = g_1 x_1 y_1 + g_2 x_2 y_2 + \cdots + g_r x_r y_r,$$

wo g_ϱ durch $g_{\varrho-1}$ und k durch g_r theilbar und $k > g_r$ ist. Nennt man also eine Form $\Sigma g_{\varrho\sigma} x_\varrho y_\sigma$ der $r+r$ Variabeln $x_1, \ldots x_r;\ y_1, \ldots y_r$, in welcher $g_{\varrho\sigma} = 0$ ist, falls ϱ von σ verschieden ist, $g_{\varrho\varrho} < k$ ein Divisor von k und durch $g_{\varrho-1,\varrho-1}$ theilbar ist, eine ***reducirte Form*** (mod. k), so ist damit der Satz bewiesen:

II. *Jede bilineare Form ist* (*mod.* k) *einer reducirten Form äquivalent.*

Die Untersuchung, ob zwei reducirte Formen äquivalent sein können, stützt sich auf den Begriff des ***Ranges*** einer Form (mod. k).

§. 15. Der Rang einer bilinearen Form in Bezug auf einen Modul.

Zwei Systeme von je m linearen Formen heissen (mod. k) congruent, wenn die Coefficienten des einen der Reihe nach den entsprechenden Coefficienten des andern congruent sind. Sie heissen (mod. k) äquivalent, wenn jedes durch lineare Substitutionen in ein dem andern congruentes System transformirt werden kann.

I. *m lineare Formen von beliebig vielen Variabeln sind* (*mod.* k) *m andern äquivalent, die von höchstens m Variabeln abhängen.*

Sind

$$A_\alpha = a_{\alpha 1} y_1 + a_{\alpha 2} y_2 + \cdots + a_{\alpha n} y_n \qquad (\alpha = 1, 2, \ldots m)$$

m ($< n$) lineare Formen, so kann die bilineare Form

$$A = \Sigma A_\alpha x_\alpha = \Sigma a_{\alpha\beta} x_\alpha y_\beta$$

durch Substitutionen

$$x'_\gamma \equiv \sum_\alpha b_{\alpha\gamma} x_\alpha, \quad y_\beta \equiv \sum_\delta q_{\beta\delta} y'_\delta, \qquad (\alpha, \gamma = 1, \ldots m;\ \beta, \delta = 1, \ldots n),$$

deren Determinanten relativ prim zu k sind, in eine reducirte Form $\sum_\varrho{}_1^r g_\varrho x'_\varrho y'_\varrho$ transformirt werden, wo $r \leqq m$ ist. Demnach ist

$$\sum_\beta a_{\alpha\beta} q_{\beta\delta} \equiv b_{\alpha\delta} g_\delta \quad (\delta = 1, \ldots r), \qquad \sum_\beta a_{\alpha\beta} q_{\beta\delta} \equiv 0 \quad (\delta = r+1, \ldots n),$$

und mithin gehen die m Formen A_α durch die Substitution $y_\beta \equiv \sum_\delta q_{\beta\delta} y'_\delta$ in die m Formen

$$A'_\alpha \equiv b_{\alpha 1} g_1 y'_1 + b_{\alpha 2} g_2 y'_2 + \cdots + b_{\alpha r} g_r y'_r$$

über, welche von $r \leqq m$ Variabeln abhängen.

In einer Klasse (mod. k) äquivalenter bilinearer Formen muss für diejenigen Formen, für welche die Anzahl $m+n$ der Variabeln $x_1, \dots x_m;$ $y_1, \dots y_n$ ein Minimum ist, $m = n$ sein. Denn ist in der Form A z. B. $m < n$, so ist A einer reducirten Form äquivalent, die von höchstens $m+m$, also von weniger als $m+n$ Variabeln abhängt. Enthält eine Form einer Klasse $r+r$ Variabeln und keine weniger als $r+r$ Variabeln, so heisst r der *Rang* der Klasse (mod. k) und auch der Rang jeder einzelnen Form der Klasse.

Sei A eine Form vom Range r (mod. k) und $A' = \Sigma a_{\alpha\beta} x_\alpha y_\beta$ eine ihr (mod. k) äquivalente Form von $r+r$ Variabeln. Enthält A die Form B, so kann auch A' durch lineare Substitutionen

$$(1.) \qquad x_\alpha \equiv \sum_\gamma p_{\gamma\alpha} x'_\gamma, \quad y_\beta \equiv \sum_\delta q_{\beta\delta} y'_\delta \qquad (\alpha, \beta = 1, 2, \dots r)$$

in B transformirt werden. Ist die Anzahl der Variabeln x'_γ $[y'_\delta]$ nicht $\leqq r$, so können die r linearen Formen $x_\alpha [y_\beta]$ durch Substitutionen

$$(2.) \qquad x'_\gamma \equiv \sum_\varkappa r_{\varkappa\gamma} x''_\varkappa, \quad y'_\delta \equiv \sum_\lambda s_{\delta\lambda} y''_\lambda,$$

deren Determinanten relativ prim zu k sind, in r Formen

$$(3.) \qquad x_\alpha \equiv \sum_\varkappa t_{\varkappa\alpha} x''_\varkappa, \quad y_\beta \equiv \sum_\lambda u_{\beta\lambda} y''_\lambda$$

transformirt werden, die von höchstens r Variabeln abhängen. Geht die Form B durch die Substitutionen (2.) in B' über, so wird A' durch die aus (1.) und (2.) zusammengesetzte Substitution (3.) in B' transformirt. Da aber die Congruenzen (3.) höchstens r der Variabeln $x''_\varkappa$ $[y''_\lambda]$ enthalten, die in den Congruenzen (2.) vorkommen, so hängt die Form B' von höchstens $r+r$ Variabeln ab, und mithin ist ihr Rang nicht grösser als r. Da die Determinanten der Substitutionen (2.) relativ prim zu k sind, so sind die Formen B und B' äquivalent, haben also denselben Rang. Daraus folgt:

II. *Ist B (mod. k) unter A enthalten, so ist der Rang von B (mod. k) nicht grösser als der Rang von A.*

Ist h ein Divisor von k, so ist B auch (mod. h) unter A enthalten, und daher ist der Rang von B (mod. h) nicht grösser als der Rang von A (mod. h). Ich werde zeigen (§. 17), dass auch umgekehrt der Satz gilt:

III. *Damit B (mod. k) unter A enthalten sei, ist nothwendig und hinreichend, dass in Bezug auf jeden Divisor von k der Rang von B nicht grösser als der Rang von A ist.*

IV. *Damit zwei Formen (mod. k) äquivalent seien, ist nothwendig und hinreichend, dass sie in Bezug auf jeden Divisor von k denselben Rang haben.*

Ich werde sogar nachweisen, dass diese Bedingung nicht für alle Divisoren von k erfüllt zu sein braucht, sondern nur für gewisse Divisoren von k, welche ich die Invarianten von A (mod. k) nennen werde. Diese Theoreme zeigen, welche Bedeutung der Begriff des Ranges in Bezug auf einen Modul für die Theorie der bilinearen Formen besitzt. Sie folgen unmittelbar aus dem Satze, dass, wenn

$$G = g_1 x_1 y_1 + \cdots + g_r x_r y_r$$

irgend eine der Form A (mod. k) äquivalente reducirte Form ist, die Zahl r gleich dem Range von A ist. Der Beweis desselben (§. 17) beruht auf der folgenden Untersuchung.

§. 16. Die Anzahl der Reste eines Systems linearer Formen in Bezug auf einen Modul.

Zwei Systeme von je n Zahlen $a_1, a_2, \dots a_n$ und $b_1, b_2, \dots b_n$ heissen (mod. k) congruent, wenn gleichzeitig $a_1 \equiv b_1$, $a_2 \equiv b_2, \dots a_n \equiv b_n$ ist. Ist $A = \Sigma a_{\alpha\beta} x_\alpha y_\beta$, so bezeichne ich die Anzahl der (mod. k) incongruenten Werthsysteme, welche die m linearen Formen

$$(1.) \qquad \frac{\partial A}{\partial x_\alpha} = A_\alpha = a_{\alpha 1} y_1 + a_{\alpha 2} y_2 + \cdots + a_{\alpha n} y_n$$

darstellen können, mit (A, k). Geht A durch die Substitutionen

$$\begin{aligned} x_\alpha &\equiv p_{1\alpha} x'_1 + p_{2\alpha} x'_2 + \cdots + p_{r\alpha} x'_r, \\ (2.) \qquad y_\beta &\equiv q_{\beta 1} y'_1 + q_{\beta 2} y'_2 + \cdots + q_{\beta s} y'_s \qquad (\text{mod. } k) \end{aligned}$$

in $B = \Sigma b_{\gamma\delta} x'_\gamma y'_\delta$ über, und setzt man

$$\frac{\partial B}{\partial x'_\gamma} = B_\gamma = b_{\gamma 1} y'_1 + b_{\gamma 2} y'_2 + \cdots + b_{\gamma s} y'_s,$$

so ist vermöge der Congruenzen (2.)

$$(3.) \qquad B_\gamma \equiv p_{\gamma 1} A_1 + p_{\gamma 2} A_2 + \cdots + p_{\gamma m} A_m.$$

Sind nun $b_1, b_2, \dots b_r$ irgend r Zahlen, welche durch die r Formen B_γ (mod. k) dargestellt werden, so giebt es Zahlen $y'_1, y'_2, \dots y'_s$, die den Congruenzen

$$b_{\gamma 1} y'_1 + b_{\gamma 2} y'_2 + \cdots + b_{\gamma s} y'_s \equiv b_\gamma \qquad (\gamma = 1, 2, \dots r)$$

Genüge leisten. Jedem dieser Werthsysteme entspricht durch die Formeln (2.) ein bestimmtes Werthsystem $y_1, y_2, \dots y_n$ und mithin durch die Formeln (1.) ein Werthsystem $A_1 \equiv a_1, A_2 \equiv a_2, \dots A_m \equiv a_m$. Jedem Werthsysteme, das durch die Formen B_γ dargestellt wird, entsprechen also ein oder mehrere Werthsysteme, die durch die Formen A_α dargestellt werden (aber nicht umgekehrt). Sind b_γ und b'_γ zwei verschiedene Restsysteme der linearen Formen B_γ, ist a_α ein dem Systeme b_γ entsprechendes Restsystem der Formen A_α, a'_α eins der dem Systeme b'_γ entsprechenden, so können die beiden Systeme von je m Zahlen a_α und a'_α nicht congruent sein. Denn sonst wäre zufolge der Relationen (3.)

$$b_\gamma \equiv p_{\gamma 1}\, a_1 + \cdots + p_{\gamma m}\, a_m \equiv p_{\gamma 1}\, a'_1 + \cdots + p_{\gamma m}\, a'_m \equiv b'_\gamma.$$

Mithin ist die Anzahl der incongruenten Werthsysteme, die durch die Formen B_γ dargestellt werden können, $(B, k) \leqq (A, k)$. Es lässt sich zeigen, dass sogar der Satz gilt:

I. *Ist B (mod. k) unter A enthalten, so ist (A, k) durch (B, k) theilbar.*

Enthalten A und B sich gegenseitig, so ist nicht nur $(B, k) \leqq (A, k)$, sondern auch $(A, k) \leqq (B, k)$.

II. *Sind A und B (mod. k) äquivalent, so ist $(A, k) = (B, k)$.*

Ist daher h ein Divisor von k, so ist auch $(A, h) = (B, h)$. Ich werde beweisen, dass auch umgekehrt der Satz gilt:

III. *Damit A und B (mod. k) äquivalent seien, ist nothwendig und hinreichend, dass für jeden Divisor h von k die Zahl $(A, h) = (B, h)$ ist.*

Ist $G = \Sigma g_\varrho x_\varrho y_\varrho$ eine reducirte Form, der A äquivalent ist, so ist $(A, k) = (G, k)$. Da G symmetrisch ist, so unterscheiden sich die Formen $\frac{\partial G}{\partial x_\varrho}$ von den Formen $\frac{\partial G}{\partial y_\varrho}$ nur durch die Bezeichnung der Variabeln, und mithin stellen die einen ebenso viele (mod. k) incongruente Zahlensysteme dar, wie die andern. Daraus folgt:

IV. *Die Anzahl der (mod. k) incongruenten Zahlensysteme, welche die m Formen*

$$a_{\alpha 1} y_1 + a_{\alpha 2} y_2 + \cdots + a_{\alpha n} y_n \qquad (\alpha = 1, 2, \dots m)$$

darstellen können, ist eben so gross wie die Anzahl der (mod. k) incongruenten Zahlensysteme, welche die n Formen

$$a_{1\beta} x_1 + a_{2\beta} x_2 + \cdots + a_{m\beta} x_m \qquad (\beta = 1, 2, \dots n)$$

darstellen können.

Da k durch g_ϱ theilbar ist, so ist die Anzahl der (mod. k) incongruenten Zahlensysteme, welche die r Formen $\frac{\partial G}{\partial x_\varrho} = g_\varrho y_\varrho$ darstellen können, gleich

$$(G, k) = \frac{k}{g_1}\frac{k}{g_2}\cdots\frac{k}{g_r},$$

und folglich ist auch

$$(A, k) = \Pi\left(\frac{k}{g_\varrho}\right).$$

Ist allgemeiner h ein Divisor von k, und ist p_ϱ der grösste gemeinsame Divisor von h und g_ϱ, so ist

$$(G, h) = \frac{h}{p_1}\frac{h}{p_2}\cdots\frac{h}{p_r}$$

und folglich, da A und G auch (mod. h) äquivalent sind,

$$(A, h) = \Pi\left(\frac{h}{p_\varrho}\right).$$

§. 17. Enthaltensein und Aequivalenz (mod. k).

Sei s der Rang der Form A (mod. k), C eine der Form A äquivalente Form von $s+s$ Variabeln, und

$$G = g_1 x_1 y_1 + g_2 x_2 y_2 + \cdots + g_r x_r y_r$$

eine reducirte Form von A, also auch von C. Ist h ein Divisor von k, so können die s linearen Formen $C_\sigma = \frac{\partial C}{\partial x_\sigma}$ ein Werthsystem $c_1, c_2, \ldots c_s$, welches sie (mod. k) darstellen können, auch (mod. h) darstellen. Einem Reste (mod. h) entsprechen $\frac{k}{h}$ Reste, die (mod. k) verschieden sind. Einem Restsystem $c_1, c_2, \ldots c_s$ (mod. h) entsprechen daher $\left(\frac{k}{h}\right)^s$ Restsysteme, die (mod. k) verschieden sind. Einem Werthsysteme $c_1, c_2, \ldots c_s$, welches die Formen C_σ (mod. h) darstellen, können folglich höchstens $\left(\frac{k}{h}\right)^s$ (mod. k) verschiedener Werthsysteme entsprechen, welche diese Formen (mod. k) darstellen, und mithin ist

$$\frac{(C, k)}{(C, h)} \leqq \left(\frac{k}{h}\right)^s.$$

Ist $h = g_r$, so ist

$$(C, k) = \Pi\left(\frac{k}{g_\varrho}\right), \quad (C, h) = \Pi\left(\frac{h}{g_\varrho}\right),$$

und folglich

$$\frac{(C, k)}{(C, h)} = \left(\frac{k}{h}\right)^r.$$

Daraus ergiebt sich, dass $r \leqq s$ ist. Da aber s der Rang von A, also auch von G ist, und G von $r+r$ Variabeln abhängt, so ist $s \leqq r$. Mithin ist $r = s$ und folglich hat die Zahl r für jede reducirte Form von A den nämlichen Werth. Aus diesen Betrachtungen folgt:

I. *Der Rang r einer Form A (mod. k) ist dadurch bestimmt, dass es Divisoren h von k giebt, die kleiner als k sind und für welche*

$$\frac{(A,k)}{(A,h)} = \left(\frac{k}{h}\right)^r$$

ist, aber keinen Divisor h von k, für welchen

$$\frac{(A,k)}{(A,h)} > \left(\frac{k}{h}\right)^r$$

ist.

Ist h ein Divisor von k, ist p_ϱ der grösste gemeinsame Divisor von h und g_ϱ und ist $y \equiv q_\varrho$ eine Wurzel der Congruenz $g_\varrho y \equiv p_\varrho$ (mod. h), so geht G durch die Substitution $x_\varrho \equiv x'_\varrho$, $y_\varrho \equiv q_\varrho y'_\varrho$ (mod. h) in

$$Q \equiv p_1 x'_1 y'_1 + \cdots + p_r x'_r y'_r \pmod{h}$$

über. Da umgekehrt Q durch die Substitution

$$x'_\varrho \equiv x_\varrho, \quad y'_\varrho \equiv \frac{g_\varrho}{p_\varrho} y_\varrho$$

in G transformirt wird, so sind G und Q (mod. h) äquivalent. Da g_ϱ durch $g_{\varrho-1}$ theilbar ist, so ist auch p_ϱ durch $p_{\varrho-1}$ theilbar. Da ferner h durch p_ϱ theilbar ist, so muss, falls $p_{s+1} = h$ ist, auch

$$p_{s+2} = p_{s+3} = \cdots = p_r = h$$

sein. Ist nun $p_s < h$, so ist Q (wenn man die Striche bei den neuen Variabeln unterdrückt) der Form

$$P = p_1 x_1 y_1 + p_2 x_2 y_2 + \cdots + p_s x_s y_s \pmod{h}$$

congruent. Diese aber ist, weil p_ϱ durch $p_{\varrho-1}$ und h durch p_s theilbar und $h > p_s$ ist, eine reducirte Form von A (mod. h). Die Zahl s ist folglich der Rang von A (mod. h), hat also für jede reducirte Form von A (mod. h) denselben Werth. Sie ist dadurch bestimmt, dass g_{s+1} durch h theilbar ist, g_s aber nicht. Der Rang von A (mod. h) ist also $\geqq \varrho$, falls g_ϱ nicht durch h theilbar ist und $< \varrho$, falls g_ϱ durch h theilbar ist, und umgekehrt, wenn der Rang von A (mod. h) $< \varrho$ ist, so sind $g_\varrho, g_{\varrho+1}, \ldots$ durch h theilbar, und wenn er $\geqq \varrho$ ist, so sind $g_\varrho, g_{\varrho-1}, \ldots$ nicht durch h theilbar.

Sei A' (mod. k) unter A enthalten und

$$G' = g'_1 x'_1 y'_1 + g'_2 x'_2 y'_2 + \cdots + g'_s x'_s y'_s$$

eine reducirte Form von A'. Ist dann h ein Divisor von k, so ist G' (mod. h) unter G enthalten und folglich ist nach Satz II, §. 15 der Rang von G' (mod. h) nicht grösser als der Rang von G. Ist $h = g_\varrho$, so ist der Rang von A (mod. h) $< \varrho$, und mithin ist auch der Rang von A' (mod. h) $< \varrho$. Daraus folgt aber, dass g'_ϱ durch $h = g_\varrho$ theilbar ist. Ist umgekehrt g'_ϱ durch g_ϱ theilbar, so geht G durch die Substitutionen

$$(1.)\qquad x_\varrho \equiv x'_\varrho \quad (\varrho = 1, 2, \dots r) \quad (\text{mod.}\, k),$$
$$y_\sigma \equiv \frac{g'_\varrho}{g_\varrho} y'_\sigma \quad (\sigma = 1, 2, \dots s), \qquad y_\tau \equiv 0 . y'_\tau \quad (\tau = s+1, \dots r)$$

in G' über, und folglich ist A' unter A enthalten.

Ist speciell $A = A'$, sind also G und G' zwei reducirte Formen von A, so ist $r = s$, und es ist nicht nur g'_ϱ durch g_ϱ, sondern auch g_ϱ durch g'_ϱ theilbar und mithin ist $g_\varrho = g'_\varrho$. Es giebt also in jeder Klasse nur eine reducirte Form, oder eine Klasse wird durch die Coefficienten der sie repräsentirenden Reducirten vollständig charakterisirt. Daher soll g_ϱ die ϱ^{te} *Invariante von A (mod. k)* genannt werden. Ich setze fest, dass, falls $\varrho > r$ ist, $g_\varrho = k$ sein soll.

Aus den obigen Erörterungen ergeben sich zunächst die Sätze III und IV, §. 15, I und III, §. 16. Ferner folgt aus ihnen:

II. *Damit eine Form B (mod. k) unter A enthalten sei, ist nothwendig und hinreichend, dass die ϱ^{te} Invariante von B (mod. k) durch die ϱ^{te} Invariante von A (mod. k) theilbar ist.*

III. *Damit zwei Formen (mod. k) äquivalent seien, ist nothwendig und hinreichend, dass die Invarianten der einen (mod. k) der Reihe nach den Invarianten der andern gleich sind.*

IV. *Ist g_ϱ die ϱ^{te} Invariante von A (mod. k) und ist h ein Divisor von g_{s+1}, der nicht in g_s aufgeht, so ist s der Rang von A (mod. h).*

Aus dem letzten Satze ergiebt sich die Folgerung:

V. *Ist g_ϱ die ϱ^{te} Invariante von A (mod. k), durchläuft h der Reihe nach alle Divisoren von k vom grössten bis zum kleinsten, ist r_h der Rang von A (mod. h), so ist, falls in der Reihe r_h ($h = k, \dots 1$) die Zahl r_g nicht kleiner ist, als alle vorangehenden Zahlen, keine der Invarianten g_ϱ gleich g; falls aber r_g um μ kleiner ist, als die kleinste der vorangehenden Zahlen, so sind genau μ der Invarianten g_ϱ gleich g.*

Nach §. 14 kann die Form A in ihre reducirte Form G durch Substitutionen transformirt werden, deren Determinanten relativ prim zu k sind, und durch die inversen Substitutionen, deren Determinanten ebenfalls relativ prim zu k sind, geht G in A über. Sind nun A und B zwei äquivalente Formen und betrachtet man sie als von gleich vielen Variabeln x_α und gleich vielen Variabeln y_β abhängig, so kann man A in G und G in B und folglich auch A in B durch Substitutionen transformiren, deren Determinanten relativ prim zu k sind.

VI. *Sind zwei Formen* (*mod.* k) *äquivalent, so können sie durch Substitutionen in einander transformirt werden, deren Determinanten relativ prim zu k sind.*

§. 18. Adjungirte Systeme linearer Formen in Bezug auf einen Modul.

Sei $A = \Sigma a_{\alpha\beta} x_\alpha y_\beta$ eine bilineare Form und seien

$$(1.)\qquad y_1 \equiv b_{1\beta},\quad y_2 \equiv b_{2\beta},\quad \ldots\quad y_n \equiv b_{n\beta}\pmod{k}\qquad (\beta = 1, 2, 3, \ldots)$$

mehrere Lösungen der m homogenen linearen Congruenzen

$$(2.)\qquad A_\mu = a_{\mu 1} y_1 + a_{\mu 2} y_2 + \cdots + a_{\mu n} y_n \equiv 0 \pmod{k}\qquad (\mu = 1, 2, \ldots m).$$

Seien $h_1,\ h_2,\ \ldots\ h_n$ die Invarianten der Form $B = \Sigma b_{\alpha\beta} x_\alpha y_\beta$, also $h_\nu = k$, falls ν grösser als der Rang von B ist. Dann kann B durch Substitutionen

$$x'_\nu \equiv \sum_\alpha r_{\alpha\nu} x_\alpha,\quad y_\beta \equiv \sum_\nu q_{\beta\nu} y'_\nu,$$

deren Determinanten relativ prim zu k sind, in die der reducirten Form congruente Form

$$H = \Sigma h_\nu x'_\nu y'_\nu$$

transformirt werden, so dass also

$$\sum_\beta b_{\alpha\beta} q_{\beta\nu} \equiv r_{\alpha\nu} h_\nu$$

ist. Weil nun nach der Voraussetzung

$$\sum_\alpha a_{\mu\alpha} b_{\alpha\beta} \equiv 0$$

ist, so ist folglich auch

$$0 \equiv \sum_{\alpha,\beta} a_{\mu\alpha} b_{\alpha\beta} q_{\beta\nu} \equiv \sum_\alpha a_{\mu\alpha} r_{\alpha\nu} h_\nu,$$

oder wenn man

$$\sum_\alpha a_{\mu\alpha} r_{\alpha\nu} \equiv a'_{\mu\nu}$$

setzt,

$$a'_{\mu\nu} h_\nu \equiv 0 \pmod{k}.$$

Weil k durch h_ν theilbar ist, so ist daher

$$a'_{\mu\nu} = \frac{k}{h_\nu} t_{\mu\nu},$$

wo die Grössen $t_{\mu\nu}$ ganze Zahlen sind. Die Form

$$G' = \Sigma \frac{k}{h_\nu} x_\nu y_\nu$$

geht mithin durch die Substitutionen

$$x_\nu \equiv \sum_\mu t_{\mu\nu} x'_\mu, \quad y_\nu \equiv y'_\nu$$

in

$$A' \equiv \Sigma t_{\mu\nu} \frac{k}{h_\nu} x'_\mu y'_\nu \equiv \Sigma a'_{\mu\nu} x'_\mu y'_\nu$$

über. Diese aber geht aus der Form $A = \Sigma a_{\mu\beta} x_\mu y_\beta$ durch die Substitutionen

$$x_\mu \equiv x'_\mu, \quad y_\beta \equiv \sum_\nu r_{\beta\nu} y'_\nu$$

hervor, deren Determinanten relativ prim zu k sind, ist also äquivalent mit A. Da $\frac{k}{h_\nu}$ durch $\frac{k}{h_{\nu+1}}$ theilbar ist, so ist G', falls man die Glieder mit den Coefficienten k weglässt, eine reducirte Form, und folglich ist $\frac{k}{h_{n-\nu+1}}$ die ν^{te} Invariante von G'. Seien $g_1, g_2, \dots g_n$ die Invarianten von A, also $g_\nu = k$, falls ν grösser als der Rang von A ist. Da A', also auch A, unter G' enthalten ist, so ist nach Satz II, §. 17 g_ν durch $\frac{k}{h_{n-\nu+1}}$ oder $g_\nu h_{n-\nu+1}$ durch k theilbar.

I. *Sind* $g_1, g_2, \dots g_n$ *die Invarianten* (*mod.* k) *des Coefficientensystems*

$$a_{\alpha 1}, \quad a_{\alpha 2}, \quad \dots \quad a_{\alpha n} \qquad (\alpha = 1, 2, 3, \dots)$$

und $h_1, h_2, \dots h_n$ *die des Coefficientensystems*

$$b_{1\beta}, \quad b_{2\beta}, \quad \dots \quad b_{n\beta} \qquad (\beta = 1, 2, 3, \dots)$$

und ist

$$a_{\alpha 1} b_{1\beta} + a_{\alpha 2} b_{2\beta} + \dots + a_{\alpha n} b_{n\beta} \equiv 0 \quad (\textit{mod.}\ k),$$

so ist $g_\nu h_{n-\nu+1}$ *durch* k *theilbar.*

Die homogenen linearen Congruenzen (2.) werden, falls ihnen die Werthe (1.) genügen, auch durch alle Werthe befriedigt, welche die linearen Formen

$$(3.) \qquad y_1 \equiv \Sigma b_{1\beta} z_\beta, \quad y_2 \equiv \Sigma b_{2\beta} z_\beta, \quad \dots \quad y_n \equiv \Sigma b_{n\beta} z_\beta$$

annehmen können. Stellen diese Formen alle (mod. k) incongruenten Lösungen der Congruenzen (2.) dar, so heisst das System der Lösungen (1.) ein ***Fundamentalsystem*** und die linearen Formen

$$B_\beta = b_{1\beta} x_1 + b_{2\beta} x_2 + \dots + b_{n\beta} x_n$$

heissen den Formen A_α (*mod.* k) ***adjungirt***. Die Anzahl der incongruenten

Lösungen der Congruenzen (2.) ist (§. 11, VIII) gleich Πg_ν, die Anzahl der incongruenten Reste der Formen (3.) gleich $\Pi \frac{k}{h_\nu}$. Damit also die Lösungen (1.) ein Fundamentalsystem bilden, ist (§. 11) nothwendig und hinreichend, dass $\Pi g_\nu = \Pi \frac{k}{h_\nu}$ oder

$$(g_1 h_n)(g_2 h_{n-1}) \dots (g_n h_1) = k^n$$

ist. Da aber $g_\nu h_{n-\nu+1}$ durch k theilbar, also $\geqq k$ ist, so kann diese Gleichung nicht anders bestehen, als wenn für alle Werthe von ν $g_\nu h_{n-\nu+1} = k$ ist.

II. *Sind $g_1, g_2, \dots g_n$ die Invarianten eines Systems linearer Formen von n Variabeln (mod. k), so sind $\frac{k}{g_1}, \frac{k}{g_2}, \dots \frac{k}{g_n}$ die Invarianten der ihnen (mod. k) adjungirten Formen.*

Aus den obigen Erörterungen ergiebt sich leicht, dass die kleinste Anzahl von Lösungen, aus denen sich alle andern zusammensetzen lassen, gleich dem Range von B ist. Ist $g_s = 1$ und $g_{s+1} > 1$, also $\frac{k}{g_s} = k$ und $\frac{k}{g_{s+1}} < k$, so ist der Rang von B gleich $n-s$. Mit Hülfe des Satzes II, §. 19 ergiebt sich daraus:

III. *Wenn in einem System homogener linearer Congruenzen (mod. k) zwischen n Unbekannten die Determinanten $(s+1)^{ten}$ Grades und der Modul einen Divisor gemeinsam haben, die Determinanten s^{ten} Grades aber nicht, so besitzen die Congruenzen ein Fundamentalsystem von $n-s$ Lösungen, aber kein Fundamentalsystem von weniger als $n-s$ Lösungen.*

§. 19. Die Beziehungen zwischen den Invarianten (mod. k) und den Elementartheilern.

Ist d_λ der grösste gemeinsame Divisor der Determinanten λ^{ten} Grades der Form A vom Range l (§. 1), und ist $\frac{d_\lambda}{d_{\lambda-1}} = e_\lambda$ der λ^{te} Elementartheiler von A (also $e_\lambda = 0$, falls $\lambda > l$ ist), so kann A durch unimodulare Substitutionen in die Normalform

$$F = e_1 x_1 y_1 + e_2 x_2 y_2 + \dots + e_l x_l y_l$$

transformirt werden. Ist e_{r+1} durch k theilbar, e_r aber nicht, und ist g_ϱ der grösste gemeinsame Divisor von k und e_ϱ, so ergiebt sich auf demselben Wege, auf dem in §. 17 die Aequivalenz der Formen G und P bewiesen ist, dass F der Form

$$G = g_1 x_1 y_1 + g_2 x_2 y_2 + \dots + g_r x_r y_r \quad (\text{mod. } k)$$

äquivalent ist. Diese aber ist, weil g_ϱ durch $g_{\varrho-1}$ und k durch g_r theilbar und $k > g_r$ ist, die Reducirte von F, also auch von A (mod. k), und mithin ist r der Rang und g_ϱ die ϱ^{te} Invariante von A (mod. k). Daraus folgt:

I. *Ist der* $(r+1)^{\text{te}}$ *Elementartheiler einer Form durch* k *theilbar, der* r^{te} *aber nicht, so ist* r *der Rang der Form* (*mod.* k).

II. *Die* ϱ^{te} *Invariante einer Form* (*mod.* k) *ist der grösste gemeinsame Divisor von* k *und dem* ϱ^{ten} *Elementartheiler der Form.*

Ist $A' = A + kU$ eine der Form A congruente Form und ist e'_ϱ der ϱ^{te} Elementartheiler von A', so ist folglich g_ϱ auch der grösste gemeinsame Divisor von k und e'_ϱ, und daher geht g_ϱ in die ϱ^{ten} Elementartheiler aller mit A congruenten Formen auf. Da $\frac{e_\lambda}{g_\lambda}$ und $\frac{k}{g_\lambda}$ relative Primzahlen sind, so kann man eine Zahl v_λ so bestimmen, dass $\frac{e_\lambda + kv_\lambda}{g_\lambda}$ relativ prim zu e_l ist. Geht durch die unimodularen Substitutionen, welche F in A transformiren, die Form

$$V = v_1 x_1 y_1 + v_2 x_2 y_2 + \cdots + v_l x_l y_l$$

in U über, so ist die Form $A + kU = A'$ der Form $F + kV$ äquivalent, und daher bilden die l Zahlen $e_\lambda + kv_\lambda$ ein System zusammengesetzter Elementartheiler von A' (§. 6). Zufolge der Regel, wie man aus einem solchen System die normalen Elementartheiler berechnet, ergiebt sich daraus, dass der λ^{te} Elementartheiler e'_λ von A' das Product aus g_λ in eine Zahl ist, die relativ prim zu e_l, also auch zu e_λ ist. Daher ist g_λ der grösste gemeinsame Divisor von e_λ und e'_λ.

III. *Die* ϱ^{te} *Invariante einer Form* A (*mod.* k) *ist der grösste gemeinsame Divisor der* ϱ^{ten} *Elementartheiler aller mit* A (*mod.* k) *congruenten Formen.*

Desshalb habe ich die Zahl g_ϱ auch den ϱ^{ten} *Elementartheiler* (*mod.* k) von A genannt. In §. 11 bin ich von der folgenden Definition ausgegangen:

IV. *Der grösste gemeinsame Divisor* (*mod.* k) *der Determinanten* λ^{ten} *Grades einer Form* A *ist der grösste gemeinsame Divisor der Determinanten* λ^{ten} *Grades aller mit* A (*mod.* k) *congruenten Formen.*

Daraus habe ich den Satz abgeleitet:

V. *Der grösste gemeinsame Divisor* h_λ *der Determinanten* λ^{ten} *Grades von* A (*mod.* k) *ist der grösste gemeinsame Divisor der Zahlen*

$$(1.)\quad d_\lambda,\quad d_{\lambda-1}k,\quad d_{\lambda-2}k^2,\quad \ldots\quad k^\lambda.$$

Mithin ist h_λ auch der grösste gemeinsame Divisor der Zahlen

$$(2.)\quad kd_{\lambda-1},\quad kd_{\lambda-2}k,\quad kd_{\lambda-3}k^2,\quad \ldots\quad kd_1k^{\lambda-2},\quad kk^{\lambda-1},$$

$$(3.)\quad e_\lambda d_{\lambda-1},\quad e_\lambda d_{\lambda-2}k,\quad e_\lambda d_{\lambda-3}k^2,\quad \ldots\quad e_\lambda d_1 k^{\lambda-2},\quad e_\lambda k^{\lambda-1}.$$

Denn die Zahlen (2.) und die erste der Zahlen (3.) sind zusammen die Zahlen (1.), und jede der übrigen Zahlen (3.), $e_\lambda d_{\lambda-\varrho} k^{\varrho-1}$ ist ein Vielfaches einer der Zahlen (2.), $d_{\lambda-\varrho+1} k^{\varrho-1} = e_{\lambda-\varrho+1} d_{\lambda-\varrho} k^{\varrho-1}$, weil e_λ durch $e_{\lambda-\varrho+1}$ theilbar ist. Der grösste gemeinsame Divisor von den Zahlen (2.) ist $k h_{\lambda-1}$, der von den Zahlen (3.) $e_\lambda h_{\lambda-1}$, der von k und e_λ ist g_λ, also ist der von den Zahlen (2.) und (3.) $h_\lambda = g_\lambda h_{\lambda-1}$. Daraus folgt:

VI. *Ist (mod. k) g_λ der λ^{te} Elementartheiler und h_λ der grösste gemeinsame Divisor der Determinanten λ^{ten} Grades einer Form, so ist*

$$g_\lambda = \frac{h_\lambda}{h_{\lambda-1}}, \quad h_\lambda = g_1 g_2 \dots g_\lambda.$$

§. 20. Transformation durch unimodulare Substitutionen.

I. *Wenn die n Zahlen $a_1, a_2, \dots a_n$ und der Modul k keinen Divisor gemeinsam haben, und wenn $n > 1$ ist, so kann man n ihnen (mod. k) congruente Zahlen finden, die unter sich keinen Divisor gemeinsam haben.*

In §. 4 habe ich bewiesen, dass man, wenn die $2n$ Zahlen a_α, b_α keinen Divisor gemeinsam haben und die Determinanten $a_\alpha b_\beta - a_\beta b_\alpha$ nicht sämmtlich verschwinden, eine Zahl x so bestimmen kann, dass die n Zahlen $a_\alpha + b_\alpha x$ keinen Theiler gemeinsam haben. Sind also die n Zahlen a_α nicht alle einander gleich, so kann man x so wählen, dass die n Zahlen $a_\alpha + kx$ keinen Divisor gemeinsam haben. Sind sie aber alle gleich, so ersetze man sie zunächst durch n ihnen (mod. k) congruente Zahlen, die nicht alle gleich sind.

Beiläufig bemerke ich, dass sich der eben benutzte Satz folgendermassen verallgemeinern lässt:

II. *Wenn in einem System nicht homogener linearer Functionen die Determinanten zweiten Grades nicht sämmtlich verschwinden, so kann man den Variabeln solche Werthe ertheilen, dass die Werthe der Functionen keinen grösseren Divisor gemeinsam haben, als ihre Coefficienten.*

Die in §. 14 ausgeführte Umformung beruht darauf, dass man m Zahlen p_α, die mit k keinen Divisor gemeinsam haben, und n Zahlen q_β, die mit k keinen Divisor gemeinsam haben, so bestimmen kann, dass $\Sigma a_{\alpha\beta} p_\alpha q_\beta \equiv f$ (mod. k) wird, wo f der grösste gemeinsame Divisor von k und den Coefficienten $a_{\alpha\beta}$ ist. Dabei kann man, falls $m = 1$ ist, $p_1 = 1$ setzen. Ist nun $m \geqq 1$ und $n > 1$, so kann man nach Satz I die m Zahlen p_α für sich ohne gemeinsamen Theiler voraussetzen und ebenso die n Zahlen q_β. Ist aber $m = n = 1$, so kann man $p_1 = 1$ und q_1 relativ prim zu k wählen. Die Zahl q_1 wird aus der Congruenz $\frac{a_{11}}{f} y \equiv 1 \left(\text{mod.} \frac{k}{f}\right)$ gefunden, ist also nur $\left(\text{mod.} \frac{k}{f}\right)$ bestimmt.

Wenn aber die in §. 14 benutzten m Zahlen $p_{1\alpha}$ keinen Divisor gemeinsam haben, so kann man die dort construirte Determinante m^{ten} Grades $|p_{\gamma\alpha}|$ nicht nur $\equiv 1$, sondern nach Satz I, §. 2 sogar $= \pm 1$ wählen und folglich die ganze Umformung in §. 14 mittelst unimodularer Substitutionen ausführen, ausgenommen, wenn man einmal auf eine Form A_ϱ von $1+1$ Variabeln kommt. Dies kann aber, da A_ϱ als von $(m-\varrho)+(n-\varrho)$ Variabeln abhängig zu betrachten ist, nur bei dem letzten Schritte eintreten und auch dann nur, wenn $m = n = r$ ist, also der n^{te} Elementartheiler von A nicht durch k theilbar ist. Dann kann man nur die eine der beiden Substitutionen unimodular machen. Wendet man auch in diesem Falle nur unimodulare Substitutionen an, so geht A in eine der Form

$$H = g_1 x_1 y_1 + \cdots + g_{n-1} x_{n-1} y_{n-1} + g_n g x_n y_n \quad (\text{mod.} k)$$

congruente Form $H + kV$ über, wo g_ν die ν^{te} Invariante von A (mod. k) ist. Die Zahl g ist nicht (mod. k), sondern nur $\left(\text{mod.} \frac{k}{g_n}\right)$ bestimmt. Ist die Determinante (n^{ten} Grades) von A gleich a, so ist auch die von $H + kV$ gleich a, weil diese Form durch unimodulare Substitutionen aus A hervorgeht. Entwickelt man die Determinante von $H + kV$ nach aufsteigenden Potenzen von k, so ist das Anfangsglied $g_1 g_2 \ldots g_n g$, und alle folgenden Glieder sind, weil k durch g_n und g_ν durch $g_{\nu-1}$ theilbar ist, durch $g_1 g_2 \ldots g_{n-1} k$ theilbar. Mithin ist $a \equiv g_1 g_2 \ldots g_n g$ (mod. $g_1 g_2 \ldots g_{n-1} k$) oder

$$g \equiv \frac{a}{g_1 \cdots g_{n-1} g_n} \quad \left(\text{mod.} \frac{k}{g_n}\right).$$

Es ergeben sich also die Sätze:

III. *Sind zwei bilineare Formen (mod. k) äquivalent, so kann die eine durch unimodulare Substitutionen in eine der andern congruente transformirt werden, ausser wenn in ihnen die Anzahl der Variabeln jeder Reihe dem Range gleich ist.*

IV. *Ist in zwei (mod. k) äquivalenten bilinearen Formen die Anzahl der Variabeln jeder Reihe gleich dem Range n, und ist h der grösste gemeinsame Divisor ihrer Determinanten $(n-1)^{\text{ten}}$ Grades (mod. k), so ist, damit die eine durch unimodulare Substitutionen in eine der andern congruente trans-*

formirt werden könne, nothwendig und hinreichend, dass ihre Determinanten n^{ten} *Grades* (*mod.* hk) *congruent sind.*

Ferner ergiebt sich, dass, wenn A und B (mod. k) äquivalent sind, stets A in eine der Form B congruente Form durch zwei Substitutionen transformirt werden kann, deren eine unimodular ist. Dieser Satz lässt sich (vgl. §. 17 (1.)) so verallgemeinern:

V. *Ist* B (*mod.* k) *unter* A *enthalten, so kann* A *in eine der Form* B *congruente Form durch zwei Substitutionen transformirt werden, deren eine unimodular ist.*

Der Satz IV hat auch in der Theorie der absoluten Aequivalenz ein Analogon. Während man nämlich zwei äquivalente Formen im Allgemeinen durch zwei Substitutionen in einander transformiren kann, deren Determinanten beliebig gleich $+1$ oder -1 sind, muss in dem Falle, wo in beiden Formen die Anzahl der Variabeln jeder Reihe dem Range gleich ist, das Product der beiden Substitutionsdeterminanten gleich dem Quotienten aus den Determinanten beider Formen sein.

Ist $A = \Sigma a_{\alpha\beta} x_\alpha y_\beta$ eine Form von $n+n$ Variabeln, deren Determinante $|a_{\alpha\beta}| \equiv 1$ (mod. k) ist, so sind ihre Invarianten (mod. k) g_ν sämmtlich 1, und ebenso ist die Zahl $g = 1$. Daher lässt sich A durch unimodulare Substitutionen in $H + kV$ transformiren, wo $H = x_1 y_1 + \cdots + x_n y_n$ ist. Wenn durch die inversen Substitutionen, die ebenfalls unimodular sind, $-V$ in U übergeht, so wird durch dieselbe H in $A + kU$ transformirt, und folglich ist die Determinante $|a_{\alpha\beta} + k u_{\alpha\beta}| = 1$, weil sie aus drei unimodularen Determinanten zusammengesetzt ist.

VI. *Ist eine Determinante congruent* 1 (*mod.* k), *so kann man eine unimodulare Determinante construiren, deren Elemente denen der gegebenen Determinante der Reihe nach* (*mod.* k) *congruent sind.*

§. 21. Enthaltensein einer Form unter einer andern.

Wenn die Form $A = \Sigma a_{\alpha\beta} x_\alpha y_\beta$ durch die Substitutionen

$$x_\alpha = \sum_\gamma p_{\gamma\alpha} x'_\gamma, \quad y_\beta = \sum_\delta q_{\beta\delta} y'_\delta$$

in $A' = \Sigma a'_{\gamma\delta} x'_\gamma y'_\delta$ übergeht, so heisst A' (absolut) unter A enthalten. Zwei Formen, die sich gegenseitig enthalten, heissen äquivalent. In einer Klasse äquivalenter Formen enthalten diejenigen, welche die wenigsten Variabeln enthalten, von jeder Reihe gleich viele. Ist die Anzahl derselben gleich

$l+l$, so heisst l der Rang der Klasse und auch der Rang jeder Form der Klasse. Der Rang l einer Form A ist dadurch bestimmt, dass ihre Determinanten $(l+1)^{\text{ten}}$ Grades sämmtlich verschwinden, die l^{ten} Grades aber nicht sämmtlich. Ist A' unter A enthalten, so ist (§. 1) der Rang l' von A' nicht grösser als der Rang l von A, und da dann A' auch in Bezug auf jeden Modul k unter A enthalten ist, nach Satz II, §. 15, auch der Rang von A' (mod. k) nicht grösser als der von A. Sind e_λ und e'_λ die λ^{ten} Elementartheiler, also

$$F = \Sigma e_\lambda x_\lambda y_\lambda \quad \text{und} \quad F' = \Sigma e'_\lambda x'_\lambda y'_\lambda$$

die Normalformen von A und A', so ist nach Satz I, §. 19 der Rang von A (mod. e_λ) kleiner als λ, mithin auch der von A', und folglich ist nach demselben Satze e'_λ durch e_λ theilbar. Ist umgekehrt $l' \leqq l$ und e'_λ durch e_λ theilbar, so geht F durch die Substitutionen

$$(1.) \qquad x_\lambda = x'_\lambda \quad (\lambda = 1, 2, \dots l),$$
$$y_\mu = \frac{e'_\mu}{e_\mu} y'_\mu \quad (\mu = 1, 2, \dots l'), \qquad y_\nu = 0 . y'_\nu \quad (\nu = l'+1, \dots l)$$

in F' über. Daraus ergiebt sich der Satz (Einen speciellen Fall desselben giebt Herr *Stephen Smith,* Phil. Trans. vol. 151, p. 320; Proc. of the Lond. math. soc., 1873 vol. IV, p. 244.):

I. ***Damit eine bilineare Form B unter einer andern A enthalten sei, ist nothwendig und hinreichend, dass der Rang von B nicht grösser ist als der Rang von A, und dass der λ^{te} Elementartheiler von B durch den λ^{ten} Elementartheiler von A theilbar ist.***

Da man A in F und F' in A' durch unimodulare Substitutionen transformiren kann (§. 5), so ergiebt sich aus den Gleichungen (1.) der Satz:

II. ***Ist B unter A enthalten, so kann A durch zwei Substitutionen in B transformirt werden, deren eine unimodular ist.***

Aus den Sätzen II, §. 17 und II, §. 19 folgt ferner:

III. ***Ist der Rang l der Form B nicht grösser als der von A, ist der l^{te} Elementartheiler k von B durch den l^{ten} Elementartheiler von A theilbar, und ist B (mod. k) unter A enthalten, so ist B auch absolut unter A enthalten.***

Sind A und B zwei bilineare Formen, so habe ich die Form

$$P = \Sigma \frac{\partial A}{\partial y_\varkappa} \frac{\partial B}{\partial x_\varkappa}$$

aus A und B zusammengesetzt genannt (dieses Journal Bd. 84 S. 2). Dieselbe wird aus A [B] erhalten, indem man die Variabeln x_α [y_β] ungeändert lässt und die Variabeln y_β $[x_\alpha]$ durch $\frac{\partial B}{\partial x_\beta}$ $\left[\frac{\partial A}{\partial y_\alpha}\right]$ ersetzt, ist also sowohl unter A als auch unter B enthalten. Sind daher e_λ, e'_λ, e''_λ die λ^{ten} Elementartheiler von P, A, B, so ist e_λ sowohl durch e'_λ, als auch durch e''_λ theilbar. Ferner ist jede Determinante λ^{ten} Grades von P eine Summe von Producten je einer Determinante λ^{ten} Grades von A und einer von B. Sind daher d_λ, d'_λ, d''_λ die grössten gemeinsamen Divisoren der Determinanten λ^{ten} Grades von P, A, B, so ist d_λ durch $d'_\lambda d''_\lambda$ theilbar. Daraus folgt:

IV. ***Der grösste gemeinsame Divisor der Determinanten λ^{ten} Grades einer Form, die aus mehreren zusammengesetzt ist, ist durch das Product aus den grössten gemeinsamen Divisoren der Determinanten λ^{ten} Grades dieser Formen theilbar; und der λ^{te} Elementartheiler jener Form ist durch das kleinste gemeinschaftliche Vielfache der λ^{ten} Elementartheiler dieser Formen theilbar.***

Ist f eine bestimmte Unterdeterminante λ^{ten} Grades von A, so wird die Form B von $\lambda+\lambda$ Variabeln, deren Determinante f ist, aus A erhalten, indem man λ Variabeln jeder Reihe ungeändert lässt, die übrigen gleich 0 setzt, und mithin ist B unter A enthalten. Ist also g der grösste gemeinsame Divisor der Determinanten $(\lambda-1)^{\text{ten}}$ Grades von B, so ist nach Satz I der λ^{te} Elementartheiler $\frac{f}{g}$ von B durch den λ^{ten} Elementartheiler e_λ von A theilbar. Sind die Unterdeterminanten λ^{ten} Grades von A in irgend einer Reihenfolge (dem absoluten Werthe nach) gleich $f_1, f_2, f_3, \ldots$, ist g_α der grösste gemeinsame Divisor der Unterdeterminanten $(\lambda-1)^{\text{ten}}$ Grades von f_α und $\frac{f_\alpha}{g_\alpha} = h_\alpha$, so sind demnach die Zahlen $h_1, h_2, h_3, \ldots$, alle, und mithin auch ihr grösster gemeinsamer Divisor h, durch e_λ theilbar.

Sind d_λ und $d_{\lambda-1}$ die grössten gemeinsamen Divisoren der Determinanten λ^{ten} und $(\lambda-1)^{\text{ten}}$ Grades von A, so ist g_α durch $d_{\lambda-1}$ und folglich $\frac{f_\alpha}{d_{\lambda-1}}$ durch $\frac{f_\alpha}{g_\alpha} = h_\alpha$, also auch durch h theilbar. Mithin geht h auch in dem grössten gemeinsamen Divisor aller Zahlen $\frac{f_\alpha}{d_{\lambda-1}}$, in $\frac{d_\lambda}{d_{\lambda-1}} = e_\lambda$ auf. Da demnach e_λ durch h und h durch e_λ theilbar ist, so ist $h = e_\lambda$. (***Stephen Smith***, Phil. Trans. vol. 151, p. 318; Proc. of the Lond. math. soc. 1873, vol. IV, p. 237.)

V. ***Dividirt man jede Determinante λ^{ten} Grades einer Form durch den grössten gemeinsamen Divisor ihrer ersten Unterdeterminanten, so ist der grösste gemeinsame Divisor aller dieser Quotienten gleich dem λ^{ten} Elementartheiler der Form.***

Ist eine Primzahl p in d_λ, $d_{\lambda-1}$, f_α, g_α in den Graden δ, δ', $\delta+\varkappa$, $\delta'+\varkappa'$ enthalten, so ist sie in e_λ und h_α in den Graden $\delta-\delta'$ und $\delta-\delta'+\varkappa-\varkappa'$ enthalten. Da h_α durch e_λ theilbar ist, so ist folglich $\varkappa \geqq \varkappa'$. Da $\varkappa$ und $\varkappa'$ nicht negativ sind, so muss daher, falls $\varkappa = 0$ ist, auch $\varkappa' = 0$ sein. Durch wiederholte Anwendung dieses Satzes ergiebt sich (*Stephen Smith* l. c.)

II. *Ist f eine Unterdeterminante λ^{ten} Grades einer Form A, welche die Primzahl p in keiner höheren Potenz enthält, als sämmtliche Unterdeterminanten λ^{ten} Grades von A, so giebt es auch unter den Unterdeterminanten μ^{ten} Grades von f solche, die p in keiner höheren Potenz enthalten, als sämmtliche Unterdeterminanten μ^{ten} Grades von A.*

Die hier entwickelten Sätze lassen sich mit geringen Abänderungen (die namentlich den Ausdruck (A, k) betreffen), auf den Fall übertragen, wo die Coefficienten $a_{\alpha\beta}$ von A anstatt ganze Zahlen ganze Functionen eines Parameters s sind. Alsdann ergeben sich aus dem letzten Satze leicht die Resultate, welche Herr *Stickelberger* in seiner Abhandlung *Ueber Schaaren von bilinearen und quadratischen Formen,* dieses Journal Bd. 86, S. 20 gefunden hat.

Zürich, Januar 1879.

21.

Über die Addition und Multiplication der elliptischen Functionen (mit L. Stickelberger)

Journal für die reine und angewandte Mathematik 88, 146–184 (1880)

Die Entwickelung der Quadratwurzel aus einer ganzen Function vierten Grades in einen Kettenbruch ist von *Jacobi* (dieses Journal Bd. 7, S. 41) mit Hülfe der Multiplication der elliptischen Functionen ausgeführt worden, nachdem schon vorher *Abel* (dieses Journal Bd. 1, S. 185) auf den Zusammenhang dieser Kettenbruchentwickelung mit den elliptischen Integralen aufmerksam gemacht hatte. Die von *Jacobi* ohne Beweis mitgetheilten Formeln sind von Herrn *Borchardt* aus dem *Abel*schen Theorem abgeleitet und auf die Kettenbruchentwickelung der Quadratwurzel aus einer beliebigen ganzen Function ausgedehnt worden (dieses Journal Bd. 48, S. 69). Nun sind aber andererseits von *Jacobi* allgemeine Formeln für die Umwandlung einer Potenzreihe in einen Kettenbruch aufgestellt worden (dieses Journal Bd. 15, S. 119—124; Bd. 30, S. 148—156; vgl. auch *Joachimsthal*, dieses Journal Bd. 48, S. 397). Um daher die Formeln für die Multiplication der elliptischen Functionen zu erhalten, haben wir einfach diese algebraischen und jene transcendenten Ausdrücke für die Elemente der Kettenbruchentwickelung der Quadratwurzel aus einer Function vierten Grades zusammengestellt. Auf diese Weise finden wir die Multiplicationsformeln sowohl in der Gestalt, wie sie Herr *Brioschi* (Compt. Rend. t. 59, p. 770) angegeben hat, als auch in der wesentlich davon verschiedenen Form, in der sie Herr *Kiepert* (dieses Journal Bd. 76, S. 21) entwickelt hat.

Die genaue Untersuchung des Falles, wo der Kettenbruch periodisch ist, hat uns auf eine merkwürdige Beziehung seiner Näherungsbrüche zur umgekehrten Transformation der elliptischen Functionen geführt. Bekanntlich lässt sich die Function *) $\wp(u) = \wp(u; \omega, \omega')$ durch die Function $\bar{\wp}(u) = \wp(u; \omega, n\omega')$

*) Ueber die im Folgenden benutzten Bezeichnungen des Herrn *Weierstrass* vgl. *Kiepert*, dieses Journal Bd. 76, S. 22.

rational ausdrücken, und es ist umgekehrt $\bar{\wp}(u)$ eine durch Wurzelgrössen ausdrückbare algebraische Function von $\wp(u)$. Die von Herrn *Kiepert* (dieses Journal Bd. 76, S. 40) gegebene Darstellung dieser Function leidet an dem Uebelstande, welchen *Gauss* (Werke II, S. 249) an der *Lagrange*schen Darstellung seiner Methode für die Auflösung der Kreistheilungsgleichungen gerügt hat. Herr *Kiepert* findet den Ausdruck von $\bar{\wp}(u)$ durch $\wp(u)$ durch Differentiation einer Gleichung von der Gestalt

$$n\frac{\sigma'}{\sigma}(u;\,\omega,\,n\omega') = \frac{\sigma'}{\sigma}(u;\,\omega,\,\omega')+cu+R_1+R_2+\cdots+R_{n-1},$$

wo c eine Constante und R_ν^n eine ganze Function von $\wp(u)$ und $\wp'(u)$ ist, für welche er einen sehr eleganten Ausdruck in Determinantenform ableitet. Nun lassen sich aber jene n^{ten} Wurzeln alle rational durch eine unter ihnen, etwa $R_{n-1}=R$ ausdrücken, wie schon *Jacobi* (dieses Journal Bd. 4, S. 191) angedeutet und Herr *Sylow* (Forhandlingar i Vid. Selsk. i Christiania, 1864, S. 80) näher ausgeführt hat. Setzt man

$$R_\nu R^\nu = V_\nu = T_\nu - \tfrac{1}{2}\wp'(u)\,U_\nu, \quad R_{n-1}^n = V_{n-1},$$

so sind T_ν und U_ν ganze Functionen von $\wp(u)$, und zwar ist $\frac{T_\nu}{U_\nu}$ der ν^{te} Näherungsbruch des Kettenbruches, in welchen sich die Reihe umwandeln lässt, die man durch Entwickelung von $\frac{1}{2}\wp'(u)$ nach Potenzen von $\wp(u)-\wp\left(\frac{2\omega}{n}\right)$ erhält.

Für den Zweck, welchem der hier betrachtete Kettenbruch dient, ist es gleichgültig, ob er convergent ist oder nicht; derselbe hat nur die Bedeutung einer symbolischen Zusammenfassung seiner sämmtlichen Näherungswerthe (vgl. *Abel,* l. c. S. 198). Der n^{te} Näherungsbruch des Kettenbruches, den *Abel* und *Jacobi* für die Quadratwurzel aus einer ganzen Function vierten Grades von x entwickelt haben, kann a priori dadurch definirt werden, dass seine Entwickelung nach absteigenden Potenzen von x in den ersten $2n+1$ Gliedern mit der entsprechenden Entwickelung der Wurzel übereinkommt. Man erhält also aus demselben keinen Näherungsbruch, dessen Entwickelung auf genau $2n$ Glieder mit der Entwickelung der Wurzel übereinstimmt. Indem wir den Kettenbruch so umwandelten, dass er beide Arten von Näherungsbrüchen liefert, erreichten wir zugleich eine bedeutende formale Vereinfachung. Um von einem vollständigen Quotienten q zum folgenden q' zu gelangen, setzt *Abel* $q=v+\frac{1}{q'}$, wo q' für $x=\infty$

unendlich gross wird, v also das Aggregat derjenigen Glieder in der Entwickelung von q nach absteigenden Potenzen von x ist, welche positive Potenzen von x enthalten, das constante Glied inbegriffen. Wir aber wählen für v nur das Glied der Entwickelung von q, welches die höchste nicht negative Potenz von x enthält (also Null, wenn q für $x=\infty$ verschwindet). Im Allgemeinen ist v bei *Abel* von der Form $ax+b$, bei uns abwechselnd von der Form ax oder b.

Nach einer ähnlichen Methode wie die Multiplicationsformeln lassen sich auch die Additionsformeln für die elliptischen Functionen ableiten, indem man statt des Kettenbruches für $y=\frac{1}{2}\wp'(u)$, d. h. statt der rationalen Functionen, deren Entwickelungen sich so enge als möglich an die Entwickelung von y anschliessen, solche rationale Functionen betrachtet, welche für möglichst viele verschiedene gegebene Werthe mit y übereinstimmen.

§. 1.

Umwandlung einer Potenzreihe in einen Kettenbruch.

Ist $y=a_0+a_1x+a_2x^2+\cdots$ eine nach steigenden Potenzen von x geordnete Reihe, so kann man im Allgemeinen eine rationale Function $\frac{T}{U}$ bestimmen, deren Zähler vom m^{ten} und deren Nenner vom $(n-1)^{\text{ten}}$ Grade ist, und deren Entwickelung nach steigenden Potenzen von x bis zur $(m+n-1)^{\text{ten}}$ Potenz mit y übereinstimmt, so dass also die Reihenentwickelung von $\frac{T}{U}-y=\frac{V}{U}$ mit x^{m+n} beginnt; und es ist leicht zu sehen, dass es nie mehr als einen diesen Bedingungen genügenden Bruch geben kann. Ist

$$(1.)\qquad T=t_0+t_1x+\cdots+t_mx^m,\quad U=u_0+u_1x+\cdots+u_{n-1}x^{n-1},$$

so ergeben sich aus der Voraussetzung

$$t_0+t_1x+\cdots+t_mx^m$$
$$=(a_0+a_1x+\cdots+a_{m+n-1}x^{m+n-1}+a'_{m+n}x^{m+n}+\cdots)(u_0+u_1x+\cdots+u_{n-1}x^{n-1})$$

die Gleichungen

$$(2.)\qquad t_\mu = a_0u_\mu+a_1u_{\mu-1}+\cdots+a_\mu u_0\qquad(\mu=0,\ 1,\ \ldots\ m),$$

$$(3.)\qquad 0 = a_0u_\nu+a_1u_{\nu-1}+\cdots+a_\nu u_0\qquad(\nu=m+1,\ \ldots\ m+n-1),$$

in denen $u_\lambda=0$ zu setzen ist, falls $\lambda>n-1$ ist. Diesen $m+n$ homogenen linearen Gleichungen zwischen den $m+n+1$ zu bestimmenden Coefficienten kann man stets durch Werthe der Unbekannten genügen, die nicht sämmtlich Null sind. Für besondere Werthe der Coefficienten a_α kann der so gefundene Bruch $\frac{T}{U}$ reductibel sein, oder es können die Coefficienten t_m oder u_{n-1} Null sein. Indessen können die Grössen u_ν nicht alle Null sein, weil sonst den Gleichungen (2.) zufolge auch die Grössen t_μ sämmtlich verschwinden würden.

Die Functionen T und U bezeichnen wir für den Fall $m=n$ mit T_{2n} und U_{2n}, für den Fall $m=n+1$ mit T_{2n+1} und U_{2n+1}. Aus den Gleichungen (1.), (2.) und (3.) ergiebt sich

$$(4.)\quad \begin{cases} (-1)^n c_{2n} U_{2n} = \begin{vmatrix} x^{n-1} & a_2 & \dots & a_n \\ x^{n-2} & a_3 & \dots & a_{n+1} \\ \cdot & \cdot & \dots & \cdot \\ 1 & a_{n+1} & \dots & a_{2n-1} \end{vmatrix}, \\ (-1)^n c_{2n} T_{2n} = \begin{vmatrix} a_0 x^{n-1} + a_1 x^n & a_2 & \dots & a_n \\ a_0 x^{n-2} + a_1 x^{n-1} + a_2 x^n & a_3 & \dots & a_{n+1} \\ \cdot & \cdot & \dots & \cdot \\ a_0 + a_1 x + \dots + a_n x^n & a_{n+1} & \dots & a_{2n-1} \end{vmatrix}, \\ c_{2n+1} U_{2n+1} = \begin{vmatrix} x^{n-1} & a_3 & \dots & a_{n+1} \\ x^{n-2} & a_4 & \dots & a_{n+2} \\ \cdot & \cdot & \dots & \cdot \\ 1 & a_{n+2} & \dots & a_{2n} \end{vmatrix}, \\ c_{2n+1} T_{2n+1} = \begin{vmatrix} a_0 x^{n-1} + a_1 x^n + a_2 x^{n+1} & a_3 & \dots & a_{n+1} \\ a_0 x^{n-2} + \dots + a_3 x^{n+1} & a_4 & \dots & a_{n+2} \\ \cdot & \cdot & \dots & \cdot \\ a_0 + a_1 x + \dots + a_{n+1} x^{n+1} & a_{n+2} & \dots & a_{2n} \end{vmatrix}, \end{cases}$$

wo c_{2n} und c_{2n+1} unbestimmte Constanten sind. Ueber dieselben verfügen wir so, dass der Coefficient von x^{n-1} in U_{2n} und der Coefficient von x^{n+1} in T_{2n+1} gleich 1 wird, wir setzen also

$$(5.)\quad (-1)^n c_{2n} = \begin{vmatrix} a_3 & \dots & a_{n+1} \\ \cdot & \dots & \cdot \\ a_{n+1} & \dots & a_{2n-1} \end{vmatrix}, \quad c_{2n+1} = \begin{vmatrix} a_2 & \dots & a_{n+1} \\ \cdot & \dots & \cdot \\ a_{n+1} & \dots & a_{2n} \end{vmatrix},$$

und damit jene Verfügung statthaft sei, nehmen wir an, dass die Determinanten (5.), soweit sie in die Rechnung eingehen, sämmtlich von Null verschieden sind. Da den Formeln (4.) zufolge

$$(6.)\quad U_n(0) = -\frac{c_{n-1}}{c_n}$$

ist, so kann alsdann U_n für $x=0$ nicht verschwinden. Setzt man ferner

$$(7.)\quad T_n - y\,U_n = V_n,$$

so ergeben sich aus den Formeln (4.) die Gleichungen

$$(8.)\quad \begin{cases} (-1)^{n+1} c_{2n} V_{2n} = \begin{vmatrix} a_2 x^{n+1} + & a_3 x^{n+2} + \cdots & a_2 & \ldots a_n \\ a_3 x^{n+1} + & a_4 x^{n+2} + \cdots & a_3 & \ldots a_{n+1} \\ \cdot & & \cdot & \ldots \cdot \\ a_{n+1} x^{n+1} + & a_{n+2} x^{n+2} + \cdots & a_{n+1} & \ldots a_{2n-1} \end{vmatrix} \\ = \begin{vmatrix} a_{n+1} x^{2n} & + a_{n+2} x^{2n+1} + \cdots & a_2 & \ldots a_n \\ a_{n+2} x^{2n} & + a_{n+3} x^{2n+1} + \cdots & a_3 & \ldots a_{n+1} \\ \cdot & & \cdot & \ldots \cdot \\ a_{2n} x^{2n} & + a_{2n+1} x^{2n+1} + \cdots & a_{n+1} & \ldots a_{2n-1} \end{vmatrix}, \\ -c_{2n+1} V_{2n+1} = \begin{vmatrix} a_3 x^{n+2} + & a_4 x^{n+3} + \cdots & a_3 & \ldots a_{n+1} \\ a_4 x^{n+2} + & a_5 x^{n+3} + \cdots & a_4 & \ldots a_{n+2} \\ \cdot & & \cdot & \ldots \cdot \\ a_{n+2} x^{n+2} + & a_{n+3} x^{n+3} + \cdots & a_{n+2} & \ldots a_{2n} \end{vmatrix} \\ = \begin{vmatrix} a_{n+2} x^{2n+1} + & a_{n+3} x^{2n+2} + \cdots & a_3 & \ldots a_{n+1} \\ a_{n+3} x^{2n+1} + & a_{n+4} x^{2n+2} + \cdots & a_4 & \ldots a_{n+2} \\ \cdot & & \cdot & \ldots \cdot \\ a_{2n+1} x^{2n+1} + & a_{2n+2} x^{2n+2} + \cdots & a_{n+2} & \ldots a_{2n} \end{vmatrix}. \end{cases}$$

Mithin fängt die Entwickelung von V_n mit $(-1)^n \frac{c_{n+1}}{c_n} x^n$ an. Ist endlich

$$(9.)\quad (-1)^n b_{2n} = \begin{vmatrix} a_1 & \ldots & a_n \\ \cdot & \ldots & \cdot \\ a_n & \ldots & a_{2n-1} \end{vmatrix}, \quad b_{2n+1} = \begin{vmatrix} a_4 & \ldots & a_{n+2} \\ \cdot & \ldots & \cdot \\ a_{n+2} & \ldots & a_{2n} \end{vmatrix},$$

so ist der Coefficient von x^n in T_{2n} gleich $\frac{b_{2n}}{c_{2n}}$ und der Coefficient von x^{n-1} in U_{2n+1} gleich $\frac{b_{2n+1}}{c_{2n+1}}$. Speciell ist

$$U_1 = 0, \quad U_2 = 1, \quad U_3 = \frac{1}{a_2},$$

$$T_1 = x, \quad T_2 = a_0 + a_1 x, \quad T_3 = \frac{a_0 + a_1 x + a_2 x^2}{a_2},$$

$$V_1 = x, \quad V_2 = -a_2 x^2 - a_3 x^3 - \cdots, \quad V_3 = -\frac{a_3 x^3 + a_4 x^4 + \cdots}{a_2},$$

$$c_1 = 1, \quad c_2 = -1, \quad c_3 = a_2, \quad c_4 = a_3,$$

$$b_1 = 0, \quad b_2 = -a_1, \quad b_3 = 1, \quad b_5 = a_4.$$

Aus den beiden Gleichungen $T_n - y\,U_n = V_n$, $T_{n+1} - y\,U_{n+1} = V_{n+1}$ folgt $T_n U_{n+1} - T_{n+1} U_n = V_n U_{n+1} - V_{n+1} U_n$. Die Entwickelung der linken Seite nach steigenden Potenzen von x hört mit dem Gliede $(-1)^{n+1} x^n$ auf, während die der rechten Seite mit $(-1)^{n+1} x^n$ anfängt. Folglich ist

$$(10.)\quad T_n U_{n+1} - T_{n+1} U_n = (-1)^{n+1} x^n.$$

Daher kann der grösste gemeinsame Divisor von T_n und U_n nur eine Potenz von x sein, also ist, da U_n für $x=0$ nicht verschwindet, der Bruch $\frac{T_n}{U_n}$ irreductibel. Aus der Gleichung (10.) und der analogen Gleichung $T_{n-1}U_n-T_nU_{n-1}=(-1)^n x^{n-1}$ ergiebt sich $T_n(U_{n+1}-xU_{n-1})=U_n(T_{n+1}-xT_{n-1})$. Folglich ist die linke Seite durch U_n theilbar, und mithin ist, weil T_n und U_n theilerfremd sind, $U_{n+1}-xU_{n-1}$ durch U_n theilbar, und weil jene Function nicht von höherem Grade ist als diese, so ist ihr Quotient eine Constante, die wir mit k_n bezeichnen werden. Demnach ist

$$(11.)\qquad T_{n+1} = k_n T_n + x T_{n-1},$$

$$(12.)\qquad U_{n+1} = k_n U_n + x U_{n-1},$$

$$(13.)\qquad V_{n+1} = k_n V_n + x V_{n-1}.$$

Setzt man in der Formel (12.) $x=0$, so erhält man zufolge der Gleichung (6.)

$$(14.)\qquad k_n = \frac{c_n^2}{c_{n-1}c_{n+1}}, \quad k_1 = a_1, \quad k_2 = \frac{1}{a_2}.$$

Vergleicht man, falls n ungerade ist, in der Formel (11.), und falls n gerade ist, in der Formel (12.) die Coefficienten der höchsten Potenzen von x, so findet man

$$(15.)\qquad k_n = \frac{b_{n+1}}{c_{n+1}} - \frac{b_{n-1}}{c_{n-1}}, \quad k_1 = \frac{b_2}{c_2}, \quad k_2 = \frac{b_3}{c_3},$$

und mithin

$$(16.)\qquad \frac{b_{n+1}}{c_{n+1}} = k_n + k_{n-2} + k_{n-4} + \cdots,$$

wo die Reihe mit k_2 oder k_1 schliesst, je nachdem n gerade oder ungerade ist. Durch Vergleichung der beiden Werthe von k_n ergiebt sich die bekannte Determinantenrelation

$$(17.)\qquad b_{n+1}c_{n-1} - b_{n-1}c_{n+1} = c_n^2.$$

Setzt man

$$(18.)\qquad W_n = -\frac{V_{n+1}}{V_n}, \quad W_1 = \frac{y-a_0-a_1x}{x},$$

so ergiebt sich aus Formel (13.)

$$(19.)\qquad W_{n-1} = \frac{x}{k_n + W_n},$$

und mithin die Kettenbruchentwickelung

$$(20.)\qquad \frac{y-a_0}{x} = k_1 + \cfrac{x}{k_2 + \cfrac{x}{k_3 + \ddots + \cfrac{x}{k_n + W_n}}}.$$

Der n^{te} Näherungswerth des für y abgeleiteten Kettenbruchs ist den Recursionsformeln (11.) und (12.) zufolge

$$(21.)\qquad \frac{T_n}{U_n} = a_0 + a_1 x + \cfrac{x^2}{k_2 + \cfrac{x}{k_3 + \cdots + \cfrac{x}{k_{n-1}}}}.$$

Für die Anwendung, die wir von dieser Untersuchung machen wollen, ist es von Wichtigkeit, einen speciellen Fall zu betrachten, in welchem die Grössen c_n nicht sämmtlich von Null verschieden sind. Die Coefficienten a_n seien Functionen einer Variabeln, und diese möge sich einem Werthe nähern, für welchen c_m verschwindet, c_{m-1} und c_{m+1} aber nicht, und für welchen die Grössen a_n, so weit sie in Betracht kommen, alle endlich bleiben. Zufolge der Relationen (17.)

$$b_{m+2}c_m - b_m c_{m+2} = c_{m+1}^2, \quad b_m c_{m-2} - b_{m-2} c_m = c_{m-1}^2,$$

also, da $c_m = 0$ ist,

$$(22.)\qquad -b_m c_{m+2} = c_{m+1}^2, \quad b_m c_{m-2} = c_{m-1}^2,$$

sind unter dieser Annahme auch c_{m+2} und c_{m-2} von Null verschieden. Da die Functionen T_m, U_m, V_m Brüche mit dem Nenner c_m sind, so betrachten wir statt derselben ihre Zähler $(c_m T_m)$, $(c_m U_m)$, $(c_m V_m)$. Aus den Formeln (13.) und (14.) ergiebt sich

$$(c_m V_m) = \frac{c_{m-1}^2}{c_{m-2}} V_{m-1} + c_m x V_{m-2}, \quad V_{m+1} = \frac{c_m}{c_{m-1}c_{m+1}} (c_m V_m) + x V_{m-1},$$

also für $c_m = 0$ nach (22.)

$$(23.)\qquad \begin{cases} (c_m V_m) = b_m V_{m-1}, & V_{m+1} = x V_{m-1}, \\ (c_m U_m) = b_m U_{m-1}, & U_{m+1} = x U_{m-1}, \\ (c_m T_m) = b_m T_{m-1}, & T_{m+1} = x T_{m-1} \end{cases}$$

und mithin

$$(24.)\qquad \frac{T_{m-1}}{U_{m-1}} = \frac{(c_m T_m)}{(c_m U_m)} = \frac{T_{m+1}}{U_{m+1}},$$

$$(25.)\qquad T_{m-1}U_{m+2} - T_{m+2}U_{m-1} = (-1)^m x^m,$$

$$(26.)\qquad V_{m+3} = k_{m+2} V_{m+2} + x^2 V_{m-1}.$$

Die Formel (23.) zeigt, dass $(c_m V_m)$ nicht identisch Null ist. Aus der Formel (25.) schliesst man mit Hülfe der Relationen

$$U_{m-1}(0) = -\frac{c_{m-2}}{c_{m-1}}, \quad U_{m+2}(0) = -\frac{c_{m+1}}{c_{m+2}}$$

in derselben Weise wie oben, dass die Brüche $\frac{T_{m-1}}{U_{m-1}}$ und $\frac{T_{m+2}}{U_{m+2}}$ irreductibel sind.

Setzt man in Formel (13.) für n der Reihe nach $m-1, m$ und $m+1$ und eliminirt aus diesen drei Gleichungen V_m und V_{m+1}, so erhält man

$$V_{m+2} = (k_{m-1} k_m k_{m+1} + (k_{m-1} + k_{m+1}) x) V_{m-1} + (k_m k_{m+1} + x) x V_{m-2},$$

oder nach (14.) und (15.)

$$V_{m+2} = \left(\frac{c_{m-1} c_{m+1}}{c_{m-2} c_{m+2}} + \left(\frac{b_{m+2}}{c_{m+2}} - \frac{b_{m-2}}{c_{m-2}}\right) x\right) V_{m-1} + \left(\frac{c_m c_{m+1}}{c_{m-1} c_{m+2}} + x\right) x V_{m-2}.$$

Setzt man

$$(27.) \qquad \frac{c_{m-1} c_{m+1}}{c_{m-2} c_{m+2}} = k'_{m-1}, \qquad \frac{b_{m+2}}{c_{m+2}} - \frac{b_{m-2}}{c_{m-2}} = k'_{m+1},$$

so ergiebt sich für $c_m = 0$

$$(28.) \qquad V_{m+2} = (k'_{m-1} + k'_{m+1} x) V_{m-1} + x^2 V_{m-2}$$

und mithin

$$(29.) \qquad W_{m-2} = \frac{x^2}{k'_{m-1} + k'_{m+1} x + x W_{m+1}} = \frac{x^2}{k'_{m-1} + k'_{m+1} x + \frac{x^2}{k_{m+2} + W_{m+2}}}.$$

Aus den Formeln (23.) und (28.) ergiebt sich die Gleichung

$$k'_{m-1} V_{m-1} + x^2 V_{m-2} = V_{m+2} - k'_{m+1} V_{m+1}.$$

Bezeichnet man den gemeinsamen Werth dieser beiden Ausdrücke mit

$$(30.) \qquad V'_m = T'_m - y U'_m,$$

so ist, da $k_m = 0$ ist,

$$(31.) \qquad V'_m = k'_{m-1} V_{m-1} + x^2 V_{m-2}, \quad V_{m+1} = k_m V'_m + x V_{m-1}, \quad V_{m+2} = k'_{m+1} V_{m+1} + V'_m,$$

$$(32.) \qquad T_{m-1} U'_m - T'_m U_{m-1} = (-1)^m x^m, \quad T'_m U_{m+1} - T_{m+1} U'_m = (-1)^{m+1} x^{m+1}.$$

Setzt man also

$$(33.) \qquad W'_{m-1} = -\frac{V'_m}{V_{m-1}}, \quad W'_m = -\frac{V_{m+1}}{V'_m},$$

so ist

$$(34.) \qquad W_{m-2} = \frac{x^2}{k'_{m-1} + W'_{m-1}}, \quad W'_{m-1} = \frac{x}{k_m + W'_m}, \quad W'_m = \frac{1}{k'_{m+1} + W_{m+1}},$$

$$(35.) \qquad W_{m-2} = \cfrac{x^2}{k'_{m-1} + \cfrac{x}{k_m + \cfrac{1}{k'_{m+1} + W_{m+1}}}}.$$

§. 2.

Hülfssätze aus der Theorie der elliptischen Functionen.

Unter einer *elliptischen Function* verstehen wir jede doppelt periodische Function, die im Endlichen überall den Charakter einer rationalen hat (vgl. dieses Journal Bd. 83, S. 177). Die wichtigsten Formen, unter denen sich jede elliptische Function $\varphi(u)$ darstellen lässt, sind die folgenden:

1. Wird $\varphi(u)$ für $u=v_1, \dots v_n$ und die congruenten Werthe Null und für $u=u_1, \dots u_m$ unendlich (jeder Werth so oft gezählt, wie seine Ordnungszahl angiebt), so ist $m=n>1$ und $\Sigma u_\alpha - \Sigma v_\alpha$ gleich einer Periode. Man kann daher die $2n$ Grössen u_α und v_α durch congruente ersetzen, so dass

$$(1.)\qquad u_1+u_2+\dots+u_n = v_1+v_2+\dots+v_n$$

ist. Dann ist

$$(2.)\qquad \varphi(u) = C\frac{\sigma(u-v_1)\sigma(u-v_2)\dots\sigma(u-v_n)}{\sigma(u-u_1)\sigma(u-u_2)\dots\sigma(u-u_n)},$$

wo C eine Constante ist (*Hermite,* dieses Journal Bd. 32, S. 289). Z. B. ist

$$(3.)\qquad \wp(u)-\wp(v) = \frac{\sigma(v+u)\sigma(v-u)}{\sigma(u)^2\sigma(v)^2}.$$

Die Zahl n heisst der *Grad* der elliptischen Function $\varphi(u)$.

2. Sind α der Grössen $u_1, \dots u_n$ congruent a, β derselben congruent b, u. s. w., und sind in den Entwickelungen von $\varphi(u)$ nach Potenzen von $u-a$, $u-b$, ...

$$A\frac{1}{u-a}-A_0D\frac{1}{u-a}-\dots-A_{\alpha-2}D^{\alpha-1}\frac{1}{u-a},$$
$$B\frac{1}{u-b}-B_0D\frac{1}{u-b}-\dots-B_{\beta-2}D^{\beta-1}\frac{1}{u-b},\quad\dots$$

die Aggregate der negativen Potenzen, so ist

$$(4.)\qquad A+B+C+\dots=0$$

und

$$(5.)\qquad \begin{cases}\varphi(u) = H+A\frac{\sigma'}{\sigma}(u-a)+A_0\wp(u-a)+\dots+A_{\alpha-2}\wp^{(\alpha-2)}(u-a)\\ \qquad +B\frac{\sigma'}{\sigma}(u-b)+B_0\wp(u-b)+\dots+B_{\beta-2}\wp^{(\beta-2)}(u-b)+\dots,\end{cases}$$

wo H eine Constante ist. Sind die n Werthe $u_1, \dots u_n$ alle incongruent, so ist der Coefficient von $\frac{1}{u-u_1}$ in der Entwickelung von $\varphi(u)$ gleich $C\frac{\sigma(u_1-v_1)\dots\sigma(u_1-v_n)}{\sigma(u_1-u_2)\dots\sigma(u_1-u_n)}$, oder wenn man

$$f(u)=\sigma(u-u_1)\dots\sigma(u-u_n),\quad g(u)=\sigma(u-v_1)\dots\sigma(u-v_n)$$

setzt, gleich $\frac{g(u_1)}{f'(u_1)}$. Aus der Formel (4.) ergiebt sich daher, dass unter der Voraussetzung (1.) die Relation

$$(6.)\qquad \frac{g(u_1)}{f'(u_1)}+\frac{g(u_2)}{f'(u_2)}+\cdots+\frac{g(u_n)}{f'(u_n)} = 0$$

besteht. Z. B. ist für $n=3$

$$(7.)\qquad \begin{cases} \sigma(u+v)\,\sigma(u-v)\,\sigma(v'+v'')\,\sigma(v'-v'') \\ +\sigma(u+v')\,\sigma(u-v')\,\sigma(v''+v)\,\sigma(v''-v)+\sigma(u+v'')\,\sigma(u-v'')\,\sigma(v+v')\,\sigma(v-v') = 0. \end{cases}$$

Sind $u_1, \dots u_n$ sämmtlich Null, wird also $\varphi(u)$ nur für $u=0$ unendlich gross von der n^{ten} Ordnung, so ist den Gleichungen (4.) und (5.) zufolge

$$(8.)\qquad \varphi(u) = H+A_0\wp(u)+A_1\wp'(u)+\cdots+A_{n-2}\wp^{(n-2)}(u).$$

Daher kann man die Potenzen von $\wp(u)$ durch die geraden Ableitungen linear ausdrücken, und durch Auflösung dieser linearen Gleichungen $\wp^{(2n-2)}(u)$ $\Big($und durch Differentiation auch $\frac{\wp^{(2n-1)}(u)}{\wp'(u)}\Big)$ als ganze Functionen n^{ten} Grades von $\wp(u)$ darstellen. Mithin ist auch $\varphi(u)$ eine ganze Function von $\wp(u)$ und $\wp'(u)$.

3. Jede elliptische Function $\varphi(u)$ lässt sich als rationale Function von $\wp(u)$ und $\wp'(u)$, und wenn sie gerade ist, als rationale Function von $\wp(u)$ allein darstellen. Denn nach Gleichung (2.) ist $\frac{\varphi(u)}{C}$ gleich dem Quotienten der beiden elliptischen Functionen

$$\frac{\sigma(u-v_1)\dots\sigma(u-v_n)\,\sigma(u+v_1+\cdots+v_n)}{\sigma(u)^{n+1}},\qquad \frac{\sigma(u-u_1)\dots\sigma(u-u_n)\,\sigma(u+u_1+\cdots+u_n)}{\sigma(u)^{n+1}},$$

welche nur für $u=0$ unendlich werden, und sich daher, wie eben gezeigt, als ganze Functionen von $\wp(u)$ und $\wp'(u)$ darstellen lassen. Dasselbe Resultat ergiebt sich aus der Formel (5.) mit Hülfe der Additionstheoreme der Functionen $\frac{\sigma'}{\sigma}(u)$, $\wp(u)$ und $\wp'(u)$, welche sich in den Satz zusammenfassen lassen: Ist $u+v+w=0$, so ist

$$(9.)\qquad \begin{cases} \frac{\sigma'}{\sigma}(u)+\frac{\sigma'}{\sigma}(v)+\frac{\sigma'}{\sigma}(w) = \sqrt{\wp(u)+\wp(v)+\wp(w)} \\ = -\frac{1}{2}\,\frac{\wp'(v)-\wp'(w)}{\wp(v)-\wp(w)} = -\frac{1}{2}\,\frac{\wp'(w)-\wp'(u)}{\wp(w)-\wp(u)} = -\frac{1}{2}\,\frac{\wp'(u)-\wp'(v)}{\wp(u)-\wp(v)}. \end{cases}$$

Wir wenden uns jetzt zur Untersuchung der speciellen Function

$$(10.)\qquad P(u,v,w) = \frac{\sigma'}{\sigma}(u)+\frac{\sigma'}{\sigma}(v)+\frac{\sigma'}{\sigma}(w)-\frac{\sigma'}{\sigma}(u+v+w),$$

welche in Bezug auf jedes der Argumente u, v, w eine elliptische Function zweiten Grades ist und das Zeichen wechselt, wenn u, v, w alle drei das Zeichen wechseln. Setzt man

$$(11.)\qquad u+v+w+s = 0,$$

so ist

$$(12.)\qquad P(u,v,w) = \frac{\sigma'}{\sigma}(u)+\frac{\sigma'}{\sigma}(v)+\frac{\sigma'}{\sigma}(w)+\frac{\sigma'}{\sigma}(s),$$

und bleibt daher ungeändert, falls die drei Variabeln u, v, w durch irgend drei der vier Veränderlichen u, v, w, s ersetzt werden; wir werden sie daher auch bisweilen mit $P(u,v,w,s)$ bezeichnen. Als Function von u betrachtet wird P nur für $u=0$ und für $u=-v-w$ unendlich gross von der ersten Ordnung, und verschwindet, wie leicht zu sehen, für $u=-v$ und $u=-w$, und für keinen andern Werth, da sie nur für zwei Werthe unendlich gross wird. Da endlich die Entwickelung von P nach Potenzen von u mit dem Gliede $\frac{1}{u}$ anfängt, so ist nach Formel (2.) (vgl. *Jacobi*, dieses Journal Bd. 15, S. 204; *Hermite*, Compt. rend. tom. 85, p. 731; *Enneper*, Götting. Nachr. 1878, S. 550; *Halphen*, Compt. rend. tom. 88, p. 416; vgl. auch dieses Journal Bd. 83, S. 177)

$$(13.)\qquad P(u,v,w) = \frac{\sigma(v+w)\sigma(w+u)\sigma(u+v)}{\sigma(u)\sigma(v)\sigma(w)\sigma(u+v+w)}.$$

Aus der Gleichung (10.) folgt

$$\frac{dP(u,v,w)}{du} = \wp(u+v+w)-\wp(u),$$

und mithin

$$P(u,v,w) = \int_{-v}^{u}(\wp(u+v+w)-\wp(u))\,du = \int_{-w}^{u}(\wp(u+v+w)-\wp(u))\,du.$$

Subtrahirt man von der Formel (12.) die Gleichung

$$0 = \frac{\sigma'}{\sigma}(u+v)+\frac{\sigma'}{\sigma}(w+s),$$

so erhält man vermöge der in (9.) enthaltenen Formel

$$(14.)\qquad \frac{\sigma'}{\sigma}(u+v) = \frac{\sigma'}{\sigma}(u)+\frac{\sigma'}{\sigma}(v)+\tfrac{1}{2}\,\frac{\wp'(u)-\wp'(v)}{\wp(u)-\wp(v)},$$

$$(15.)\qquad \left\{\begin{aligned} -2P(u,v,w) &= \frac{\wp'(u)-\wp'(v)}{\wp(u)-\wp(v)}+\frac{\wp'(w)-\wp'(s)}{\wp(w)-\wp(s)}\\ &= \frac{\wp'(u)-\wp'(w)}{\wp(u)-\wp(w)}+\frac{\wp'(v)-\wp'(s)}{\wp(v)-\wp(s)} = \frac{\wp'(u)-\wp'(s)}{\wp(u)-\wp(s)}+\frac{\wp'(v)-\wp'(w)}{\wp(v)-\wp(w)}.\end{aligned}\right.$$

Der Ausdruck $\frac{1}{P}$ wird, als Function von u betrachtet, für $u=-v$ und

$u=-w$ unendlich gross von der ersten Ordnung, und der Coefficient von $\frac{1}{u+v}$ in der Entwickelung nach Potenzen von $u+v$ ist nach Formel (3.) und (13.) gleich $\frac{1}{\wp(w)-\wp(v)}$. Daher ist

$$\frac{1}{P} = \frac{1}{\wp(w)-\wp(v)}\Big(\frac{\sigma'}{\sigma}(u+v)-\frac{\sigma'}{\sigma}(u+w)\Big)+H,$$

wo H von u unabhängig ist. Da $\frac{1}{P}$ für $u=0$ verschwindet, so ist

$$-H = \frac{1}{\wp(w)-\wp(v)}\Big(\frac{\sigma'}{\sigma}(v)-\frac{\sigma'}{\sigma}(w)\Big),$$

und man erhält folglich mit Hülfe der Formel (14.)

$$(16.)\qquad -\frac{2}{P} = \frac{1}{\wp(v)-\wp(w)}\Big(\frac{\wp'(u)-\wp'(v)}{\wp(u)-\wp(v)}-\frac{\wp'(u)-\wp'(w)}{\wp(u)-\wp(w)}\Big),$$

$$(17.)\qquad \left\{\begin{aligned} -\frac{2}{P} &= \frac{\wp'(u)}{(\wp(u)-\wp(v))(\wp(u)-\wp(w))}\\ &+\frac{\wp'(v)}{(\wp(v)-\wp(w))(\wp(v)-\wp(u))}+\frac{\wp'(w)}{(\wp(w)-\wp(u))(\wp(w)-\wp(v))}.\end{aligned}\right.$$

Aus dieser Darstellung ergeben sich noch drei andere, indem man die Variabeln u, v, w durch irgend drei der vier Grössen u, v, w, s ersetzt.

Nachdem wir so die Function P auf verschiedene Arten dargestellt haben, gehen wir zur Untersuchung der Relationen über, welche zwischen mehreren Functionen P mit verschiedenen Argumenten bestehen. Aus der Formel (12.) ergiebt sich, wenn

$$u+u' = v+v' = w+w'$$

ist, die Gleichung

$$(18.)\qquad P(v,v',-w,-w')+P(w,w',-u,-u')+P(u,u',-v,-v') = 0.$$

Allgemeiner besteht, wenn

$$t+t' = u+u' = v+v' = w+w'$$

ist, die Relation

$$(19.)\qquad \left\{\begin{aligned} &P(t,t',-u,-u')P(v,v',-w,-w')+P(t,t',-v,-v')P(w,w',-u,-u')\\ &\qquad +P(t,t',-w,-w')P(u,u',-v,-v') = 0.\end{aligned}\right.$$

Denn betrachten wir in dem Ausdrucke links allein t und $t'=a-t$ als variabel, dagegen alle andern Grössen, mithin auch a, als constant, so stellt derselbe eine elliptische Function von t dar, welche nur für $t=0$ und $t=a$, d. h. $t'=0$, unendlich gross von der ersten Ordnung werden kann. Da aber nach Formel (18.) der Coefficient von $\frac{1}{t}$ $\left(\text{resp. } \frac{1}{t'}\right)$ in der Entwickelung nach Potenzen von t (resp. t') gleich Null ist, und da eine elliptische Function, welche nicht unendlich gross wird, sich auf eine Constante reducirt, so ist der betrachtete Ausdruck von t unabhängig. Da derselbe überdies, wie leicht zu sehen, für $t = u$ verschwindet, so ist er identisch gleich Null. Dasselbe Resultat lässt sich auch aus der Relation (7.) ableiten.

Aus den Formeln (3.) und (13.) findet man ferner die Relationen

$$(20.)\quad P(u, v, w)P(u, -v, v+w) = \wp(u)-\wp(v),$$

$$(21.)\quad \frac{P(u, v+w, v-w)}{P(u, v, v)} = \frac{\wp(u+v)-\wp(w)}{\wp(v)-\wp(w)}.$$

Durch Combination der Gleichungen (18.) und (20.) erhält man endlich

$$(22.)\quad P(u, a, b)-P(v, a, b) = \frac{\wp(u)-\wp(v)}{P(u, v, a+b)}.$$

§. 3.

Die Multiplication der elliptischen Functionen.

Ist y die Reihe, welche sich durch die Entwickelung der Function $\frac{1}{2}\sqrt{4s^3-g_2 s-g_3}$ nach Potenzen von $s-s_0 = x$ ergiebt, so lässt sich der in §. 1 definirte Ausdruck V_n mit Hülfe der Theorie der elliptischen Functionen a priori angeben. s_0 bedeutet hier einen constanten Werth, für welchen die Quadratwurzel nicht gleich Null ist, und die Reihe y ist durch eine bestimmte Verfügung über ihr Anfangsglied a_0, d. h. über das Zeichen der Quadratwurzel für $s = s_0$, eindeutig definirt. Setzt man

$$s = \wp(u),\quad \sqrt{4s^3-g_2 s-g_3} = \wp'(u),$$
$$s_0 = \wp(v),\quad \sqrt{4s_0^3-g_2 s_0-g_3} = \wp'(v),$$
$$x = \wp(u)-\wp(v),\quad y = \tfrac{1}{2}\wp'(u),$$

also

$$(1.)\quad a_n = \frac{1}{2}\cdot\frac{1}{n!}\frac{d^n\wp'(v)}{d\wp(v)^n},$$

so liegt für kleine Werthe von x die Grösse u nahe bei v (und nicht bei $-v$).

Wir werden unten zeigen, dass für diesen Fall die Determinanten (5.) §. 1 nicht identisch verschwinden, und beschränken daher vorläufig s_0 auf Werthe, für die keine der in Betracht kommenden Grössen c_n Null ist.

Unter diesen Voraussetzungen ist $V_n = T_n-\frac{1}{2}\wp'(u)U_n$ eine ganze Function von $\wp(u)$ und $\wp'(u)$, deren Entwickelung nach aufsteigenden

Potenzen von u den Festsetzungen zufolge, die wir über die Coefficienten der höchsten Potenzen von x in T_n und U_n getroffen haben, mit $+\frac{1}{u^{n+1}}$ beginnt. Da also V_n nur für $u=0$ (und die congruenten Werthe) unendlich gross von der $(n+1)^{\text{ten}}$ Ordnung wird, so verschwindet es auch für genau $n+1$ incongruente Werthe, deren Summe Null ist. Falls u hinreichend nahe bei v liegt, fängt die Entwickelung von V_n nach Potenzen von $\wp(u)-\wp(v)$ mit der n^{ten} Potenz an. Daher sind n jener Werthe gleich v, und mithin ist der $(n+1)^{\text{te}}$ gleich $-nv$. Nach §. 2, 1 ist folglich

$$(2.)\qquad V_n(u) = \frac{\sigma(v-u)^n\sigma(u+nv)}{\sigma(u)^{n+1}\sigma(v)^n\sigma(nv)}$$

und demnach

$$(3.)\qquad V_n(-u) = (-1)^n\frac{\sigma(v+u)^n\sigma(u-nv)}{\sigma(u)^{n+1}\sigma(v)^n\sigma(nv)},$$

$$(4.)\qquad V_n(u)V_n(-u) = (\wp(v)-\wp(u))^n(\wp(nv)-\wp(u)).$$

Da $\wp(u)$ gerade und $\wp'(u)$ ungerade ist, so ist

$$(5.)\qquad V_n(u) = T_n - \tfrac{1}{2}\wp'(u)U_n,\quad V_n(-u) = T_n + \tfrac{1}{2}\wp'(u)U_n,$$

$$(6.)\qquad T_n = \tfrac{1}{2}(V_n(u)+V_n(-u)),\quad U_n = \frac{1}{\wp'(u)}(V_n(-u)-V_n(u)).$$

Ferner ist nach Gleichung (18.), §. 1

$$(7.)\qquad W_n = \frac{\sigma(u-v)\sigma(u+(n+1)v)\sigma(nv)}{\sigma(u)\sigma(u+nv)\sigma(v)\sigma(n+1)v},$$

also nach §. 2

$$(8.)\qquad \begin{cases} W_n = -P(u,-v,(n+1)v) = -\dfrac{\wp(u)-\wp(v)}{P(u,v,nv)} \\[2mm] \quad = \dfrac{\sigma'}{\sigma}(u+nv) - \dfrac{\sigma'}{\sigma}(u) - \dfrac{\sigma'}{\sigma}(n+1)v + \dfrac{\sigma'}{\sigma}(v) \\[2mm] \quad = \displaystyle\int_v^u (\wp(u)-\wp(u+nv))\,du \\[2mm] \quad = \tfrac{1}{2}\dfrac{\wp'(u)-\wp'(nv)}{\wp(u)-\wp(nv)} - \tfrac{1}{2}\dfrac{\wp'(v)-\wp'(nv)}{\wp(v)-\wp(nv)}, \\[2mm] W_1 = \tfrac{1}{2}\dfrac{\wp'(u)-\wp'(v)}{\wp(u)-\wp(v)} - \tfrac{1}{2}\dfrac{\wp''(v)}{\wp'(v)}. \end{cases}$$

Nach Formel (19.), §. 1 ist

$$(9.)\qquad k_n + W_n(u) = \frac{\wp(u)-\wp(v)}{W_{n-1}(u)},$$

wo k_n eine Constante ist. Daraus ergiebt sich für $u=\pm v$

$$(10.)\qquad k_n = -W_n(-v) = \frac{\wp'(v)}{W'_{n-1}(v)},$$

also

$$(11.)\quad \begin{cases} k_n = -P(v, v, (n-1)v) = -\dfrac{\sigma(nv)^2\sigma(2v)}{\sigma(n-1)v\,\sigma(n+1)v\,\sigma(v)^2} \\ \quad = \dfrac{\sigma'}{\sigma}(n+1)v - \dfrac{\sigma'}{\sigma}(n-1)v - 2\dfrac{\sigma'}{\sigma}(v) = \dfrac{\wp'(v)}{\wp(v)-\wp(nv)}, \\ k_1 = \dfrac{\sigma'}{\sigma}(2v) - 2\dfrac{\sigma'}{\sigma}(v) = \frac{1}{2}\dfrac{\wp''(v)}{\wp'(v)}. \end{cases}$$

Da

$$(12.)\quad \wp'(v) = -\frac{\sigma(2v)}{\sigma(v)^4}$$

ist, so ist folglich, falls man

$$(13.)\quad \varphi_n(v) = \frac{\sigma(nv)}{\sigma(v)^{n^2}}$$

setzt,

$$(14.)\quad k_n = \frac{\wp'(v)\varphi_n(v)^2}{\varphi_{n-1}(v)\varphi_{n+1}(v)}.$$

Vergleicht man damit die Formel (14.), §. 1, so erkennt man, dass die Gleichung

$$(15.)\quad c_n = \frac{\varphi_n(v)}{\wp'(v)^{\frac{n(n-1)}{2}}}$$

für den Werth n des Index richtig ist, falls sie für alle kleineren Werthe desselben gilt, also allgemein gültig ist, weil $c_1 = 1$, $c_2 = -1$, $\varphi_1 = 1$, $\varphi_2 = -\wp'(v)$ ist. Nach Formel (11.) ist

$$k_n + k_{n-2} + k_{n-4} + \cdots = \frac{\sigma'}{\sigma}(n+1)v - (n+1)\frac{\sigma'}{\sigma}v.$$

Durch Vergleichung dieser Formel mit (16.), §. 1, ergiebt sich

$$(16.)\quad \frac{b_n}{c_n} = \frac{\sigma'}{\sigma}(nv) - n\frac{\sigma'}{\sigma}(v),\quad b_n = \frac{\varphi_n(v)}{\wp'(v)^{\frac{n(n-1)}{2}}}\Big(\frac{\sigma'}{\sigma}(nv) - n\frac{\sigma'}{\sigma}(v)\Big).$$

Setzt man für b_n und c_n ihre Werthe ein, so erhält man demnach die folgenden Gleichungen: (vgl. *Jacobi*, dieses Journal Bd. 4, S. 187; *Abel*, Oeuvr. tom. II, p. 144; *Cayley*, Phil. Trans. vol. 151, p. 225; *Brioschi*, Rendiconti d. Ist. Lombardo, 1864, p. 344; Compt. rend. tom. 59, p. 770)

$$(17.)\quad \frac{\sigma(2n+1)u}{\sigma(u)^{(2n+1)^2}} = \left|\frac{1}{2}\frac{\wp'(u)^{2\alpha+2\beta-1}}{(\alpha+\beta)!}\frac{d^{\alpha+\beta}\wp'(u)}{d\wp(u)^{\alpha+\beta}}\right| \quad (\alpha, \beta = 1, \dots n),$$

$$(18.)\quad (-1)^n\frac{\sigma(2nu)}{\sigma(u)^{4n^2}\wp'(u)} = \left|\frac{1}{2}\frac{\wp'(u)^{2\alpha+2\beta+1}}{(\alpha+\beta+1)!}\frac{d^{\alpha+\beta+1}\wp'(u)}{d\wp(u)^{\alpha+\beta+1}}\right| \quad (\alpha, \beta = 1, \dots n-1),$$

$$(19.)\quad \begin{cases} \dfrac{\sigma(2n+1)u}{\sigma(u)^{(2n+1)^2}\wp'(u)^3}\Big(\dfrac{\sigma'}{\sigma}(2n+1)u - (2n+1)\dfrac{\sigma'}{\sigma}(u)\Big) \\ = \left|\dfrac{1}{2}\dfrac{\wp'(u)^{2\alpha+2\beta-1}}{(\alpha+\beta)!}\dfrac{d^{\alpha+\beta}\wp'(u)}{d\wp(u)^{\alpha+\beta}}\right| \quad (\alpha, \beta = 2, \dots n), \end{cases}$$

$$(20.)\quad \left\{\begin{array}{l}(-1)^n \frac{\sigma(2nu)}{\sigma(u)^{4n^2}}\left(\frac{\sigma'}{\sigma}(2nu)-2n\frac{\sigma'}{\sigma}(u)\right)\\ = \left|\frac{1}{2}\frac{\wp'(u)^{2\alpha+2\beta-3}}{(\alpha+\beta-1)!}\frac{d^{\alpha+\beta-1}\wp'(u)}{d\wp(u)^{\alpha+\beta-1}}\right| \quad (\alpha,\beta=1,\dots n).\end{array}\right.$$

Specielle Fälle dieser Formeln sind

$$\frac{\sigma(3u)}{\sigma(u)^9} = \frac{\wp'(u)^3}{4}\frac{d^2\wp'(u)}{d\wp(u)^2}, \quad \frac{\sigma(4u)}{\sigma(u)^{16}} = \frac{\wp'(u)^6}{12}\frac{d^3\wp'(u)}{d\wp(u)^3},$$

$$\frac{\sigma(3u)}{\sigma(u)^9}\left(\frac{\sigma'}{\sigma}(3u)-3\frac{\sigma'}{\sigma}(u)\right) = \wp'(u)^3,$$

$$\frac{\sigma(5u)}{\sigma(u)^5}\left(\frac{\sigma'}{\sigma}(5u)-5\frac{\sigma'}{\sigma}(u)\right) = \frac{\wp'(u)^{10}}{48}\frac{d^4\wp'(u)}{d\wp(u)^4}.$$

Es bleibt noch nachzuweisen, dass die Determinanten (5.), §. 1 nicht identisch verschwinden. Dies kann geschehen mit Hülfe der folgenden Betrachtungen. Ist $f_\varkappa(x)$ eine ganze Function $\varkappa^{\text{ten}}$ Grades von x, in welcher $x^\varkappa$ den Coefficienten $h_\varkappa$ hat, so ist die Determinante n^{ten} Grades

$$|f_\varkappa(x_\lambda)| = \Pi h_\varkappa . \Pi(x_\alpha - x_\beta), \quad (\varkappa, \lambda = 0, 1, \dots n-1),$$

wo sich das zweite Product auf alle Paare der Zahlen von 0 bis $n-1$ erstreckt, für welche $\alpha > \beta$ ist. Setzt man in dieser Formel

$$f_\varkappa(x) = \binom{x}{m+\varkappa} : \binom{x}{m},$$

wo

$$\binom{x}{m} = \frac{x(x-1)\dots(x-m+1)}{1.2\dots m}$$

ist, so erhält man

$$\left|\binom{x_\lambda}{m+\varkappa}\right| = \Pi\binom{x_\lambda}{m}.\Pi\frac{x_\alpha - x_\beta}{m+\alpha-\beta}.$$

Ist speciell

$$x_\lambda = x+\lambda,$$

so wird

$$\left|\binom{x+\lambda}{m+\varkappa}\right| = \Pi\binom{x+\lambda}{m}.\Pi\frac{\alpha-\beta}{m+\alpha-\beta}.$$

Die linke Seite dieser Gleichung lässt sich durch Einführung der Bezeichnung

$$\Delta f(x) = f(x+1) - f(x)$$

in bekannter Weise auf die Gestalt $\left|\Delta^\lambda\binom{x}{m+\varkappa}\right|$ bringen; und weil

$$\Delta\binom{x}{m} = \binom{x}{m-1}$$

ist, so ist folglich

$$\left|\binom{x}{m+\varkappa-\lambda}\right| = \Pi\binom{x+\lambda}{m}\Pi\frac{\alpha-\beta}{m+\alpha-\beta}.$$

Ersetzt man endlich m durch $m+n-1$, und vertauscht dann die Colonnen der Determinante so, dass die letzte zur ersten, die vorletzte zur zweiten u. s. w. wird, so erhält man

$$(21.)\qquad \left|\binom{x}{m+\varkappa+\lambda}\right| = (-1)^{\frac{n(n-1)}{2}}\,\Pi\binom{x+\lambda}{m+n-1}.\,\Pi\frac{\alpha-\beta}{m+\alpha-\beta};$$

diese Determinante verschwindet also für die ganzzahligen Werthe von x von $-(n-1)$ an bis $+(m+n-2)$, und ist für alle andern Werthe von x von Null verschieden.

Setzt man nun $\wp(v)=s$, so fängt die Entwickelung des Ausdruckes $\frac{1}{2}\wp'(v)=\sqrt{s^3-\frac{1}{4}g_2s-\frac{1}{4}g_3}$ nach fallenden Potenzen von s mit $s^{\frac{3}{2}}$ an, also die von

$$\frac{1}{\mu!}\frac{d^\mu\wp'(v)}{2d\wp(v)^\mu}\quad\text{mit}\quad\binom{\frac{3}{2}}{\mu}s^{\frac{3}{2}-\mu},$$

und mithin z. B. diejenige der Determinante

$$c_{2n+1}=\left|a_{\varkappa+\lambda+2}\right|=\left|\frac{1}{(\varkappa+\lambda+2)!}\frac{d^{\varkappa+\lambda+2}\wp'(v)}{2d\wp(v)^{\varkappa+\lambda+2}}\right|\quad\text{mit}\quad\left|\binom{\frac{3}{2}}{\varkappa+\lambda+2}\right|s^{-\frac{n}{2}-n(n-1)}.$$

Der Coefficient dieses Gliedes ist daher gleich der Determinante (21.) für $x=\frac{3}{2}$, $m=2$, und ist folglich von Null verschieden.

§. 4.

Ueber die Näherungswerthe des Kettenbruches für die Function $\wp'(u)$.

Die Determinanten, welche wir in §. 1 für die Functionen V_n, T_n, U_n entwickelt haben, lassen sich nach *Jacobi* (dieses Journal Bd. 30, S. 150) in der folgenden eleganten Weise umformen. Setzt man

$$(1.)\qquad R_0=\frac{1}{2}\frac{\wp'(u)-\wp'(v)}{\wp(u)-\wp(v)},\qquad P_0=\frac{1}{2}\frac{\wp'(v)}{\wp(u)-\wp(v)},\qquad Q_0=\frac{1}{2}\wp'(v)(\wp(u)-\wp(v)),$$

$$(2.)\qquad R_n=\frac{1}{n!}\frac{d^nR_0}{d\wp(v)^n},\qquad P_n=\frac{1}{n!}\frac{d^nP_0}{d\wp(v)^n},\qquad Q_n=\frac{1}{n!}\frac{d^nQ_0}{d\wp(v)^n},$$

so ergeben sich durch n-malige Differentiation der Gleichungen

$$\tfrac{1}{2}\wp'(v)=\tfrac{1}{2}\wp'(u)-(\wp(u)-\wp(v))R_0,\ \tfrac{1}{2}\wp'(v)=(\wp(u)-\wp(v))P_0,\ \tfrac{1}{2}\wp'(v)(\wp(u)-\wp(v))=Q_0$$

nach $\wp(v)$ die Relationen

$$(3.)\qquad\begin{cases} a_n=R_{n-1}-(\wp(u)-\wp(v))R_n, & a_0=\frac{1}{2}\wp'(u)-(\wp(u)-\wp(v))R_0,\\ a_n=(\wp(u)-\wp(v))P_n-P_{n-1}, & a_0=(\wp(u)-\wp(v))P_0,\\ a_n(\wp(u)-\wp(v))-a_{n-1}=Q_n, & a_0(\wp(u)-\wp(v))=Q_0.\end{cases}$$

Daraus folgt, wenn man wieder $\wp(u)-\wp(v)=x$ setzt,

$$(4.)\qquad a_0+a_1x+\cdots+a_nx^n-\tfrac{1}{2}\wp'(u) = -x^{n+1}R_n,$$

$$(5.)\qquad a_0+a_1x+\cdots+a_nx^n = x^{n+1}P_n.$$

Indem man daher die Ausdrücke R_n, P_n, Q_n in die Determinanten (4.) und (8.), §. 1 einführt, erhält man die Formeln:

$$(6.)\qquad (-1)^{n-1}\frac{c_{2n}V_{2n}}{x^{n+1}} = \begin{vmatrix} R_1 & a_2 & \dots & a_n \\ \cdot & \cdot & \cdot & \cdot \\ R_n & a_{n+1} & \dots & a_{2n-1} \end{vmatrix}, \quad -\frac{c_{2n+1}V_{2n+1}}{x^{n+2}} = \begin{vmatrix} R_2 & a_3 & \dots & a_{n+1} \\ \cdot & \cdot & \cdot & \cdot \\ R_{n+1} & a_{n+2} & \dots & a_{2n} \end{vmatrix},$$

$$(7.)\qquad \frac{c_{2n}V_{2n}}{x^{2n}} = \begin{vmatrix} R_1 & \dots & R_n \\ \cdot & \cdot & \cdot \\ R_n & \dots & R_{2n-1} \end{vmatrix}, \quad (-1)^n\frac{c_{2n+1}V_{2n+1}}{x^{2n+1}} = \begin{vmatrix} R_2 & \dots & R_{n+1} \\ \cdot & \cdot & \cdot \\ R_{n+1} & \dots & R_{2n} \end{vmatrix},$$

$$(8.)\qquad (-1)^{n}\frac{c_{2n}T_{2n}}{x^{n+1}} = \begin{vmatrix} P_1 & a_2 & \dots & a_n \\ \cdot & \cdot & \cdot & \cdot \\ P_n & a_{n+1} & \dots & a_{2n-1} \end{vmatrix}, \quad \frac{c_{2n+1}T_{2n+1}}{x^{n+2}} = \begin{vmatrix} P_2 & a_3 & \dots & a_{n+1} \\ \cdot & \cdot & \cdot & \cdot \\ P_{n+1} & a_{n+2} & \dots & a_{2n} \end{vmatrix},$$

$$(9.)\qquad (-1)^n\frac{c_{2n}T_{2n}}{x^{2n}} = \begin{vmatrix} P_1 & \dots & P_n \\ \cdot & \cdot & \cdot \\ P_n & \dots & P_{2n-1} \end{vmatrix}, \quad \frac{c_{2n+1}T_{2n+1}}{x^{2n+1}} = \begin{vmatrix} P_2 & \dots & P_{n+1} \\ \cdot & \cdot & \cdot \\ P_{n+1} & \dots & P_{2n} \end{vmatrix},$$

$$(10.)\qquad (-1)^n c_{2n}U_{2n} = \begin{vmatrix} Q_3 & \dots & Q_{n+1} \\ \cdot & \cdot & \cdot \\ Q_{n+1} & \dots & Q_{2n-1} \end{vmatrix}, \quad c_{2n+1}U_{2n+1} = \begin{vmatrix} Q_4 & \dots & Q_{n+2} \\ \cdot & \cdot & \cdot \\ Q_{n+2} & \dots & Q_{2n} \end{vmatrix}.$$

Dass die Determinanten (7.) für $u=-2nv$, respective $u=-(2n+1)v$ verschwinden, hat bereits Herr *Brioschi* (Comptes Rendus t. 59, S. 771) angegeben.

Zu einer anderen Darstellung der Function V_n in Determinantenform gelangt man durch die folgenden Betrachtungen. Da V_n eine elliptische Function ist, welche nur für $u=0$ und die congruenten Werthe unendlich gross von der $(n+1)^{\text{ten}}$ Ordnung wird, so lässt sie sich nach §. 2, 2 auf die Form

$$V_n = H+A_0\wp(u)+A_1\wp'(u)+\cdots+A_{n-1}\wp^{(n-1)}(u)$$

bringen. Weil sie für $u=v$ verschwindet, ist

$$0 = H+A_0\wp(v)+A_1\wp'(v)+\cdots+A_{n-1}\wp^{(n-1)}(v)$$

und folglich

$$V_n = A_0(\wp(u)-\wp(v))+A_1(\wp'(u)-\wp'(v))+\cdots+A_{n-1}(\wp^{(n-1)}(u)-\wp^{(n-1)}(v)).$$

Da überdies V_n für unendlich kleine Werthe von $u-v$ unendlich klein von der n^{ten} Ordnung wird, so ist

$$0 = A\wp^{(\nu)}(v)+A_1\wp^{(\nu+1)}(v)+\cdots+A_{n-1}\wp^{(\nu+n-1)}(v)\quad (\nu=1,2,\dots n-1).$$

Endlich ist, weil die Entwickelung von V_n nach aufsteigenden Potenzen von u mit $\frac{1}{u^{n+1}}$ anfängt,

$$A_{n-1} = \frac{(-1)^{n-1}}{n!}.$$

Aus diesen Gleichungen ergiebt sich

$$(11.)\quad \left\{\begin{aligned} & n!\,\frac{\sigma(v-u)^n\sigma(u+nv)}{\sigma(u)^{n+1}\sigma(v)^n\sigma(nv)} \\ = & \begin{vmatrix} \wp(u)-\wp(v) & \wp'(v) & \dots & \wp^{(n-1)}(v) \\ \wp'(u)-\wp'(v) & \wp''(v) & \dots & \wp^{(n)}(v) \\ \cdot & \cdot & \cdot & \cdot \\ \wp^{(n-1)}(u)-\wp^{(n-1)}(v) & \wp^{(n)}(v) & \dots & \wp^{(2n-2)}(v) \end{vmatrix} : \begin{vmatrix} \wp'(v) & \dots & \wp^{(n-1)}(v) \\ \cdot & \cdot & \cdot \\ \wp^{(n-1)}(v) & \dots & \wp^{(2n-3)}(v) \end{vmatrix}. \end{aligned}\right.$$

Für den Fall, dass v der $(n+1)^{\text{te}}$ Theil einer Periode ist, ist diese Formel von Herrn *Kiepert* (dieses Journal Bd. 76, S. 35) angegeben worden.

Entwickelt man beide Seiten dieser Gleichung nach Potenzen von $u-v$, und vergleicht die Coefficienten von $(u-v)^n$, so erhält man

$$-(n!)^2\frac{\sigma(n+1)v}{\sigma(v)^{(n+1)^2}}:\frac{\sigma(nv)}{\sigma(v)^{n^2}} = \begin{vmatrix} \wp'(v) & \dots & \wp^{(n)}(v) \\ \cdot & \cdot & \cdot \\ \wp^{(n)}(v) & \dots & \wp^{(2n-1)}(v) \end{vmatrix} : \begin{vmatrix} \wp'(v) & \dots & \wp^{(n-1)}(v) \\ \cdot & \cdot & \cdot \\ \wp^{(n-1)}(v) & \dots & \wp^{(2n-3)}(v) \end{vmatrix}.$$

Setzt man in dieser Formel für n der Reihe nach $1, 2, \dots n-1$, und multiplicirt die so erhaltenen Gleichungen mit einander, so ergiebt sich (*Kiepert*, l. c. S. 31; vgl. dieses Journal Bd. 83, S. 179)

$$(12.)\quad (-1)^{n-1}(1!\,2!\dots(n-1)!)^2\frac{\sigma(nu)}{\sigma(u)^{n^2}} = \begin{vmatrix} \wp'(u) & \dots & \wp^{(n-1)}(u) \\ \cdot & \cdot & \cdot \\ \wp^{(n-1)}(u) & \dots & \wp^{(2n-3)}(u) \end{vmatrix}.$$

Zwischen den verschiedenen Näherungswerthen des für $\wp'(u)$ entwickelten Kettenbruches bestehen zahlreiche Relationen, von denen wir die hauptsächlichsten hier zusammenstellen wollen. Zu dem Ende ist es zweckmässig, auch für negative Werthe von n

$$(13.)\quad V_n = \frac{\sigma(v-u)^n\sigma(u+nv)}{\sigma(u)^{n+1}\sigma(v)^n\sigma(nv)}$$

zu setzen. Aus dieser Definition ergeben sich sofort die Relationen

$$(14.)\quad V_{-n-1}(u) = \frac{\varphi_n(v)}{\varphi_{n+1}(v)}V_n(v-u),$$

$$(15.)\quad V_n(u)V_{-n}(u) = \wp(u)-\wp(nv).$$

Nach Formel (4.), §. 3 ist folglich

$$(16.)\quad V_n(-u) = -(\wp(v)-\wp(u))^n V_{-n}(u).$$

Bedient man sich ferner der Bezeichnung, die wir in §. 2 eingeführt haben, so erhält man die Formel

$$(17.)\qquad \frac{V_m V_n}{V_{m+n}} = P(u, mv, nv).$$

Da $V_{-1} = 1$ und $V_1 = \wp(u) - \wp(v)$ ist, so folgt hieraus für $m = \pm 1$

$$\frac{V_{n+1}}{V_n} = P(u, -v, (n+1)v) = \frac{\wp(u)-\wp(v)}{P(u, v, nv)},$$

und mithin

$$(18.)\qquad V_n = (\wp(u)-\wp(v)) P(u, -v, 2v) P(u, -v, 3v) \dots P(u, -v, nv),$$

$$(19.)\qquad \frac{(\wp(u)-\wp(v))^n}{V_n} = P(u, v, v) P(u, v, 2v) \dots P(u, v, (n-1)v).$$

Aus den Formeln (18.) und (19.), §. 2 ergiebt sich, wenn

$$a+a' = b+b' = c+c' = n$$

ist,

$$(20.)\qquad \begin{cases} P(bv, b'v, -cv, -c'v) V_a V_{a'} + P(cv, c'v, -av, -a'v) V_b V_{b'} \\ \qquad + P(av, a'v, -bv, -b'v) V_c V_{c'} = 0, \end{cases}$$

$$(21.)\qquad V_a V_{a'} - V_b V_{b'} = P(av, a'v, -bv, -b'v) V_n.$$

Ersetzt man in der letzten Formel n durch $n+m$, so geht sie für $a = m$, $a' = n$, $b = m+n+1$, $b' = -1$ in

$$(22.)\qquad V_m V_n = P(v, mv, nv) V_{m+n} + V_{m+n+1}$$

über. Es lässt sich also das Product je zweier Functionen V_n mit positiven Indices als lineare Verbindung solcher Grössen mit constanten Coefficienten darstellen*). Speciell ergiebt sich für $m = 1$ die Recursionsformel (vgl. §. 1, (13.))

$$(23.)\qquad V_{n+1} = -P(v, v, (n-1)v) V_n + (\wp(u)-\wp(v)) V_{n-1}.$$

---

*) Da die Function $V_n(u)$ nur für $u = 0$ unendlich wird und ihre Entwickelung nach Potenzen von u mit dem Gliede $\frac{1}{u^{n+1}}$ anfängt, so lässt sich jede elliptische Function $\varphi(u)$, die nur für $u = 0$ unendlich gross von der ν^{ten} Ordnung wird, auf die Gestalt

$$\varphi(u) = A_0 + A_1 V_1(u) + \dots + A_{\nu-1} V_{\nu-1}(u)$$

bringen. Durchläuft u einen hinreichend kleinen um den Nullpunkt beschriebenen Kreis, so ist für positive Werthe von m und n

$$\int V_n(u) V_{-n-1}(u)\, du = 2i\pi, \quad \int V_m(u) V_{-n-1}(u)\, du = 0, \quad (m \gtrless n)$$

und mithin ist

$$2i\pi A_n = \int \varphi(u) V_{-n-1}(u)\, du, \quad A_0 = \varphi(v).$$

Ersetzt man in der Formel (22.) n durch $-n$, so erhält man mit Benutzung von (16.)

$$(24.)\quad -V_m(u)V_n(-u) = (\wp(v)-\wp(u))^n(P(v, mv, -nv)V_{m-n}+V_{m-n+1}),$$

$$(25.)\quad 2V_{n+1}(u)V_n(-u) = (\wp(v)-\wp(u))^n\Big(\wp'(u)-\wp'(v)-\frac{\wp'(v)-\wp'(nv)}{\wp(v)-\wp(nv)}(\wp(u)-\wp(v))\Big).$$

Nun ist

$$V_n(u) = T_n-\tfrac{1}{2}\wp'(u)U_n,\quad V_n(-u) = T_n+\tfrac{1}{2}\wp'(u)U_n;$$

es zerfallen daher die beiden vorangehenden Gleichungen in die folgenden vier:

$$(26.)\quad \tfrac{1}{4}\wp'(u)^2U_mU_n-T_mT_n = (\wp(v)-\wp(u))^n(P(v, mv, -nv)T_{m-n}+T_{m-n+1}),$$

$$(27.)\quad T_mU_n-U_mT_n = (\wp(v)-\wp(u))^n(P(v, mv, -nv)U_{m-n}+U_{m-n+1}),$$

$$(28.)\quad \begin{cases} 2\left(\tfrac{1}{4}\wp'(u)^2U_nU_{n+1}-T_nT_{n+1}\right) \\ = (\wp(v)-\wp(u))^n\Big(\wp'(v)+\dfrac{\wp'(v)-\wp'(nv)}{\wp(v)-\wp(nv)}(\wp(u)-\wp(v))\Big), \end{cases}$$

$$(29.)\quad U_nT_{n+1}-U_{n+1}T_n = (\wp(v)-\wp(u))^n.$$

Aus der Gleichung (27.) ergiebt sich

$$(30.)\quad \frac{U_{m-n+1}+P(v, mv, -nv)U_{m-n}}{U_{m-n}+P(v, mv, -(n+1)v)U_{m-n-1}} = k_{n+1}+\cfrac{x}{k_{n+2}+\cdots+\cfrac{x}{k_{m-1}}}.$$

Aus den Formeln (21.), §. 2 und (17.) folgt

$$(31.)\quad \frac{V_{m+n}V_{m-n}}{V_m^2} = \frac{\wp(u+mv)-\wp(nv)}{\wp(mv)-\wp(nv)},\quad \frac{V_{2n}}{V_n^2} = \frac{\wp(u+nv)-\wp(nv)}{\wp'(nv)}.$$

Z. B. ist für $m=1$ und $m=-1$

$$V_{1+n}V_{1-n} = (\wp(u)-\wp(v))^2\frac{\wp(u+v)-\wp(nv)}{\wp(v)-\wp(nv)},\quad V_{n-1}V_{-n-1} = \frac{\wp(u-v)-\wp(nv)}{\wp(v)-\wp(nv)},$$

und mithin ist in Folge der Gleichung (15.)

$$(32.)\quad \begin{cases} \dfrac{V_{n+1}}{V_{n-1}} = (\wp(u)-\wp(v))^2\dfrac{\wp(u+v)-\wp(nv)}{(\wp(u)-\wp(n-1)v)(\wp(v)-\wp(nv))} \\ \qquad = \dfrac{(\wp(u)-\wp(n+1)v)(\wp(v)-\wp(nv))}{\wp(u-v)-\wp(nv)}. \end{cases}$$

Aus diesen Recursionsformeln erhält man die Darstellungen (vgl. *Jacobi*, dieses Journal Bd. 4, S. 190; *Hermite*, dieses Journal Bd. 32, S. 287)

$$(33.)\quad \begin{cases} V_{2n} = (\wp(u)-\wp(v))^{2n}\dfrac{\wp(u+v)-\wp(v)}{\wp'(v)}\prod\limits_{1}^{n-1}\dfrac{\wp(u+v)-\wp(2\lambda+1)v}{(\wp(v)-\wp(2\lambda+1)v)(\wp(u)-\wp(2\lambda v))} \\ \qquad = -\dfrac{(\wp(u)-\wp(2v))\wp'(v)}{\wp(u-v)-\wp(v)}\prod\limits_{2}^{n}\dfrac{(\wp(u)-\wp(2\lambda v))(\wp(v)-\wp(2\lambda-1)v)}{\wp(u-v)-\wp(2\lambda-1)v}, \\ V_{2n+1} = (\wp(u)-\wp(v))^{2n+1}\prod\limits_{1}^{n}\dfrac{\wp(u+v)-\wp(2\lambda v)}{(\wp(v)-\wp(2\lambda v))(\wp(u)-\wp(2\lambda-1)v)} \\ \qquad = (\wp(u)-\wp(v))\prod\limits_{1}^{n}\dfrac{(\wp(u)-\wp(2\lambda+1)v)(\wp(v)-\wp(2\lambda v))}{\wp(u-v)-\wp(2\lambda v)}. \end{cases}$$

§. 5.

Ueber den Fall, wo der Kettenbruch periodisch wird.

Wir gehen nun dazu über, die Modificationen zu untersuchen, welche die in §. 3 abgeleitete Kettenbruchentwickelung

$$(1.)\quad \tfrac{1}{2}\frac{\wp'(u)-\wp'(v)}{\wp(u)-\wp(v)} = \tfrac{1}{2}\frac{\wp''(v)}{\wp'(v)} + \cfrac{\wp(u)-\wp(v)}{\cfrac{\wp'(v)}{\wp(v)-\wp(2v)} + \cfrac{\wp(u)-\wp(v)}{\cfrac{\wp'(v)}{\wp(v)-\wp(3v)} + \cdots + \cfrac{\wp(u)-\wp(v)}{\cfrac{\wp'(v)}{\wp(v)-\wp(\lambda v)} + W_\lambda}}}$$

erfährt, wenn die Grössen c_μ nicht sämmtlich von Null verschieden sind. Nach Formel (15.) §. 3 kann c_m nur dann Null sein, wenn mv eine Periode, d. h. gleich $2\alpha\omega+2\beta\omega'$ ist, wo 2ω und $2\omega'$ zwei Fundamentalperioden von $\wp(u)$, und α und β ganze Zahlen sind. Ist

$$(2.)\qquad v = \frac{2\omega}{n}$$

der genaue n^{te} Theil einer Periode *), so ist mithin c_m stets und nur dann Null, wenn m durch n theilbar ist, und dann sind c_{m-1} und c_{m+1} von Null verschieden. In diesem Falle ist nach Formel (8.), §. 3 $W_\lambda = W_\mu$, falls $\lambda \equiv \mu \pmod{n}$ ist, und nach Formel (11.), §. 3 $k_\lambda = k_\mu$, falls $\lambda \equiv \pm\mu \pmod{n}$ ist. Die in §. 1 für $c_m = 0$ zwischen W_{m-1} und $W_{m+1} = W_1$ abgeleitete Relation kann man hier einfacher in folgender Weise erhalten. Da

$$W_1(u) = \tfrac{1}{2}\frac{\wp'(u)-\wp'(v)}{\wp(u)-\wp(v)} - \tfrac{1}{2}\frac{\wp''(v)}{\wp'(v)} \qquad . \qquad = \frac{\sigma(u-v)\sigma(u+2v)}{\sigma(u)\sigma(u+v)\sigma(2v)},$$

$$W_{m-2}(u) = \frac{\sigma(u-v)\sigma(u+(m-1)v)\sigma(m-2)v}{\sigma(u)\sigma(v)\sigma(u+(m-2)v)\sigma(m-1)v} = \frac{\sigma(u-v)^2\sigma(2v)}{\sigma(u)\sigma(v)^2\sigma(u-2v)}$$

ist, so ist

$$(3.)\qquad W_1(-u)\,W_{m-2}(u) = \frac{\sigma(u+v)\sigma(u-v)}{\sigma(u)^2\sigma(v)^2} = \wp(v)-\wp(u) = -x.$$

---

*) Eine Grösse v heisst ein *genauer* n^{ter} Theil einer Periode, wenn nicht schon ein kleineres Vielfaches derselben als das n-fache einer Periode gleich ist. Nennt man eine Periode eine Fundamentalperiode, wenn kein Bruchtheil derselben gleich einer Periode ist, so ist jeder genaue n^{te} Theil einer Periode dem n^{ten} Theile einer Fundamentalperiode 2ω congruent, wie leicht aus dem Satze folgt: Wenn die Zahlen a, b, n keinen Divisor gemeinsam haben, so giebt es zwei den Zahlen $a, b \pmod{n}$ congruente Zahlen, die schon unter sich keinen Divisor gemeinsam haben. (Vgl. p. 111 dieses Bandes.)

Setzt man ferner

$$(4.)\qquad k = \tfrac{1}{2}\frac{\wp'(v)}{\wp(u)-\wp(v)}+\tfrac{1}{2}\frac{\wp''(v)}{\wp'(v)},$$

so ist

$$k+W_1(u) = \tfrac{1}{2}\frac{\wp'(u)}{\wp(u)-\wp(v)}.$$

Vertauscht man hier u mit $-u$ und addirt die neue Formel zur ursprünglichen, so erhält man

$$2k+W_1(u)+W_1(-u) = 0$$

und folglich nach (3.)

$$(5.)\qquad W_{m-2} = \frac{x}{2k+W_{m+1}},$$

also

$$(6.)\qquad \tfrac{1}{2}\frac{\wp'(u)}{\wp(u)-\wp(v)} = k+\cfrac{x}{k_2+\cdots+\cfrac{x}{k_{n-2}+\cfrac{x}{2k+\cfrac{x}{k_2+\cdots}}}}$$

oder

$$(7.)\qquad \tfrac{1}{2}\frac{\wp'(u)-\wp'(v)}{\wp(u)-\wp(v)} = \tfrac{1}{2}k'_1+\cfrac{x}{k_2+\cdots+\cfrac{x}{k_{n-2}+\cfrac{x^2}{k'_{n-1}+\cfrac{x}{k_n+\cfrac{1}{k'_{n+1}+\cfrac{x}{k_{n+2}+\cdots}}}}}},$$

wenn man, falls m durch n theilbar ist,

$$(8.)\qquad k'_{m-1} = \wp'(v),\quad k_m = 0,\quad k'_{m+1} = \frac{\wp''(v)}{\wp'(v)}$$

setzt. Speciell ist für $n=3$

$$\tfrac{1}{2}\frac{\wp'(u)}{\wp(u)-\wp(v)} = k+\cfrac{x}{2k+\cfrac{x}{2k+\cdots}} = \sqrt{k^2+x}.$$

Mit Hülfe der Formel

$$(9.)\qquad \sigma(u+2\alpha\omega+2\beta\omega') = (-1)^{\alpha\beta+\alpha+\beta}e^{2(\alpha\eta+\beta\eta')(u+\alpha\omega+\beta\omega')}\sigma(u)$$

ergiebt sich aus der Gleichung (2.), §. 3 unter der Annahme (2.)

$$(10.)\qquad V_{n-1} = \left(\frac{\sigma(v-u)}{\sigma(u)\sigma(v)}e^{\frac{2\eta u}{n}}\right)^n,\quad V_{\mu n+\nu} = V_{n-1}^{\mu}V_{\nu}.$$

Damit der Kettenbruch (1.) convergent sei, ist nothwendig und hinreichend, dass sich $\frac{T_\lambda}{U_\lambda}-y = \frac{V_\lambda}{U_\lambda}$ oder nach Formel (6.), §. 3 $\frac{V_\lambda(u)}{V_\lambda(-u)-V_\lambda(u)}$ bei wachsendem λ der Grenze Null nähert, oder dass

$$\lim \frac{V_\lambda(u)}{V_\lambda(-u)} = 0 \quad \text{oder} \quad \lim\left(\frac{\sigma(v-u)}{\sigma(v+u)}\right)^\lambda \frac{\sigma(\lambda v+u)}{\sigma(\lambda v-u)} = 0$$

ist. Unter der Voraussetzung (2.) reducirt sich diese Bedingung mit Hülfe der Formel (10.) darauf, dass

$$(11.) \qquad \frac{V_{n-1}(u)}{V_{n-1}(-u)} = \frac{T_{n-1}-\frac{1}{2}\wp'(u)U_{n-1}}{T_{n-1}+\frac{1}{2}\wp'(u)U_{n-1}}$$

dem absoluten Werthe nach kleiner als 1 ist. Ist dieser Quotient für einen bestimmten Werth $u=u'$ grösser als 1, so ist er für $u=-u'$ kleiner als 1. Da nun die Elemente des für $\wp'(u)$ erhaltenen Kettenbruchs nur von $s=\wp(u)$ abhängen, und da $\wp(u)$ eine gerade und $\wp'(u)$ eine ungerade Function ist, so ist folglich der Kettenbruch (6.) für alle Werthe von s convergent, für welche der Quotient (11.) nicht dem absoluten Werthe nach gleich 1 ist, und zwar ist er gleich demjenigen der beiden Werthe der Quadratwurzel

$$(12.) \qquad \tfrac{1}{2}\wp'(u) = \tfrac{1}{2}\sqrt{4s^3-g_2 s-g_3} = \sqrt{(s-e_1)(s-e_2)(s-e_3)},$$

welcher dem bestimmten Näherungsbruche $\frac{T_{n-1}}{U_{n-1}}$ näher liegt, als der andere. Da der Ausdruck (11.) eine rationale Function von s und der Quadratwurzel (12.) ist, so bilden die Werthe, für welche er dem absoluten Betrage nach gleich 1 ist, einen Zweig einer algebraischen Curve, auf welcher die Stellen e_1, e_2, e_3 und der unendlich ferne Punkt liegen.

§. 6.

Die umgekehrte Transformation der elliptischen Functionen.

Die berühmte *Jacobi*sche Formel für die umgekehrte Transformation n^{ten} Grades der elliptischen Functionen (dieses Journal Bd. 4, S. 190) ist von Herrn *Hermite* (dieses Journal Bd. 32, S. 287) und neuerdings von Herrn *Kiepert* (dieses Journal Bd. 76, S. 40) abgeleitet worden. Wir reproduciren hier kurz die letztere Darstellung, legen aber zur Vereinfachung der Constantenbestimmungen statt der Function $\frac{\sigma'}{\sigma}(u)$ die Function

$$(1.) \qquad \psi(u) = \psi(u;\omega,\omega') = \frac{\sigma'}{\sigma}(u;\omega,\omega') - \frac{\eta' u}{\omega'}$$

zu Grunde. Dieselbe wird nur für die Werthe $w = 2\alpha\omega+2\beta\omega'$ unendlich gross von der ersten Ordnung, und ihre Entwickelung nach Potenzen von

$u-w$ beginnt mit $\frac{1}{u-w}\cdot$ Sie ist nicht, wie $\frac{\sigma'}{\sigma}(u)$ in Bezug auf ω und ω' symmetrisch, sondern hat die Periode $2\omega'$,

$$(2.)\qquad \psi(u+2\omega') = \psi(u).$$

Setzt man ferner

$$(3.)\qquad R_\nu(u) = \frac{\sigma\left(u+\frac{2\nu\omega}{n}\right)}{\sigma(u)\sigma\left(\frac{2\nu\omega}{n}\right)} e^{-\frac{2\nu\eta u}{n}}, \quad (\nu = 1, 2, \dots n-1),$$

so ist

$$(4.)\qquad R_\nu(u+2\omega) = R_\nu(u), \quad R_\nu(u+2\omega') = \varrho^{-\nu} R_\nu(u), \quad \varrho = e^{\frac{2\pi i}{n}}.$$

Die Function $R_\nu(u)$ hat also die Perioden 2ω und $2n\omega'$; sie wird ferner nur für die n Werthe

$$(5.)\qquad u = 2\mu\omega' \quad (\mu = 0, 1, \dots n-1)$$

und die (mod. 2ω, $2n\omega'$) congruenten Werthe unendlich gross von der ersten Ordnung. Setzt man also

$$(6.)\qquad \bar{\wp}(u) = \wp(u;\omega, n\omega'), \quad \frac{\bar{\sigma}'}{\sigma}(u) = \frac{\sigma'}{\sigma}(u;\omega, n\omega'), \quad \bar{\psi}(u) = \psi(u;\omega, n\omega'),$$

so ist nach §. 2, 2

$$R_\nu(u) = A+\Sigma A_\mu \frac{\bar{\sigma}'}{\sigma}(u-2\mu\omega'), \quad \Sigma A_\mu = 0$$

und folglich

$$R_\nu(u) = B+\Sigma A_\mu \bar{\psi}(u-2\mu\omega'),$$

wo zufolge der Formel (2.) μ statt der Zahlen 0, 1, ... $n-1$ irgend ein vollständiges Restsystem (mod. n) durchlaufen kann. Durch Vergleichung der Coefficienten von $\frac{1}{u}$ ergiebt sich $A_0 = 1$. Vermehrt man ferner u um $2\omega'$, so erhält man

$$\varrho^{-\nu}(B+\Sigma A_\mu \bar{\psi}(u-2\mu\omega') = B+\Sigma A_\mu \psi(u+2\omega'-2\mu\omega') = B+\Sigma A_{\mu+1}\psi(u-2\mu\omega'),$$

und mithin

$$B = 0, \quad A_{\mu+1} = \varrho^{-\nu} A_\mu,$$

und folglich

$$(7.)\qquad R_\nu(u) = \sum_\mu \varrho^{-\mu\nu} \bar{\psi}(u-2\mu\omega').$$

In der nämlichen Weise findet man die Relation

$$\wp(u) = -C+\Sigma\bar{\wp}(u-2\mu\omega'),$$

und daraus durch Integration

$$\frac{\sigma'}{\sigma}(u) = Cu+D+\Sigma\frac{\bar{\sigma}'}{\sigma}(u-2\mu\omega').$$

Folglich ist

$$\psi(u) = Au+B+\Sigma\bar{\psi}(u-2\mu\omega').$$

Zufolge der Relation

$$\bar{\psi}(-u-2\mu\omega') = -\bar{\psi}(u+2\mu\omega') = -\bar{\psi}(u-2(n-\mu)\omega')$$

wechselt die in dieser Formel vorkommende Summe ihr Zeichen, wenn u in $-u$ übergeht, und da dasselbe mit $\psi(u)$ und u der Fall ist, so muss $B = 0$ sein. Da ferner $\psi(u)$ und $\bar{\psi}(u)$ die Periode $2n\omega'$ haben, so findet man, indem man u um $2n\omega'$ vermehrt, dass auch $A = 0$ ist. Mithin ist

$$(8.)\qquad \psi(u) = \Sigma\bar{\psi}(u-2\mu\omega').$$

Durch Auflösung der n Gleichungen (7.) und (8.) ergiebt sich nun die gesuchte Formel

$$(9.)\qquad n\bar{\psi}(u-2\mu\omega') = \psi(u)+\sum_\nu \varrho^{\mu\nu}R_\nu(u).$$

Setzt man

$$(10.)\qquad v = \frac{2\omega}{n},$$

so ist der Gleichung (10.), §. 5 zufolge

$$(11.)\qquad R = R_{n-1}(u) = \frac{\sigma(v-u)}{\sigma(u)\sigma(v)}e^{\frac{2\eta u}{n}},$$

und mithin nach Formel

$$(12.)\qquad \begin{cases} V_{n-1} = R^n, & V_\nu = R_\nu R^\nu, \\ R = V_{n-1}^{\frac{1}{n}}, & R_\nu = V_\nu R^{-\nu}. \end{cases}$$

Demnach ist

$$(13.)\qquad n\bar{\psi}(u-2\mu\omega') = \psi(u)+\sum_\nu \varrho^{\mu\nu}V_\nu R^{-\nu},$$

wo $V_\nu = T_\nu - \frac{1}{2}\wp'(u)U_\nu$ eine ganze Function von $\wp(u) = s$ und $\wp'(u) = \sqrt{4s^3-g_2s-g_3}$ und R die n^{te} Wurzel aus einer ganzen Function dieser Grössen ist. Anstatt die verschiedenen n^{ten} Wurzeln R_ν, welche in die Formel (9.) eingehen, durch eine unter ihnen rational auszudrücken, kann man auch die $n-1$ Functionen R_ν in der Umgebung der Stelle $s = \infty$ simultan definiren. $R_\nu^n = S_\nu$ ist nämlich eine ganze Function von s und $\sqrt{4s^3-g_2s-g_3}$, deren Entwickelung nach absteigenden Potenzen von $t = -\frac{\sqrt{4s^3-g_2s-g_3}}{2s}$ mit t^n anfängt; mithin beginnt die Entwickelung von $S_\nu^{\frac{1}{n}}$ mit $\varrho_\nu t$, wo ϱ_ν eine n^{te} Wurzel der Einheit ist. Damit nun der Ausdruck $\Sigma S_\nu^{\frac{1}{n}}$ gleich einem der n Werthe $n\bar{\psi}(u-2\mu\omega')-\psi(u)$ sei, muss $\varrho_\nu = \varrho_1^\nu$ sein.

Aus den in §. 4 zwischen den Functionen V_ν entwickelten Relationen ergeben sich ebenso viele Beziehungen zwischen den Wurzeln R_ν:

$$(14.)\quad R_\nu(u)R_\nu(-u) = \wp(\nu v)-\wp(u),\quad R_\nu(u)R_{n-\nu}(u) = \wp(u)-\wp(\nu v),$$

$$(15.)\quad R_\nu(-u) = -R_{n-\nu}(u),$$

$$(16.)\quad \frac{R_\alpha R_\beta}{R_{\alpha+\beta}} = P(u, \alpha v, \beta v),$$

$$(17.)\quad R_\alpha R_\beta = P(v, \alpha v, \beta v)R_{\alpha+\beta}+RR_{\alpha+\beta+1},$$

$$(18.)\quad R_\alpha R_\beta = \Big(\frac{\sigma'}{\sigma}(\alpha v)-\frac{2\alpha\eta}{n}+\frac{\sigma'}{\sigma}(\beta v)-\frac{2\beta\eta}{n}\Big)R_{\alpha+\beta}-\frac{dR_{\alpha+\beta}}{du},$$

$$(19.)\quad RR_{\alpha+1} = \Big(\frac{\sigma'}{\sigma}(\alpha+1)v-\frac{\sigma'}{\sigma}(v)-\frac{2\alpha\eta}{n}\Big)R_\alpha-\frac{dR_\alpha}{du}.$$

Die Formel (17.) wird illusorisch, wenn $\alpha+\beta = n$ oder $n-1$ ist, die Formel (18.) nur, wenn $\alpha+\beta = n$ ist. Ist endlich

$$\alpha+\alpha' = \beta+\beta' = \gamma+\gamma' = \nu,$$

so ist

$$(20.)\quad \begin{cases} P(\beta v, \beta' v, -\gamma v, -\gamma' v)R_\alpha R_{\alpha'}+P(\gamma v, \gamma' v, -\alpha v, -\alpha' v)R_\beta R_{\beta'} \\ \qquad +P(\alpha v, \alpha' v, -\beta v, -\beta' v)R_\gamma R_{\gamma'} = 0, \end{cases}$$

$$(21.)\quad R_\alpha R_{\alpha'}-R_\beta R_{\beta'} = P(\alpha v, \alpha' v, -\beta v, -\beta' v)R_\nu.$$

§. 7.

Transformation der Kettenbruchentwickelung durch Einführung neuer Variabeln.

Zwischen den Variabeln $s = \wp(u)$ und $t = \wp'(u)$ besteht die Gleichung $t^2 = 4s^3-g_2s-g_3$. Damit sich nun zwei durch eine algebraische Gleichung $f(x, y) = 0$ mit einander verbundene Grössen x, y (bei passender Wahl der Invarianten g_2 und g_3) rational durch s, t und umgekehrt s, t rational durch x, y ausdrücken lassen, ist bekanntlich nothwendig und hinreichend, dass das Geschlecht der Gleichung $f(x, y) = 0$ gleich Eins ist. Ist diese Bedingung erfüllt, so kann man eine rationale Function $H(x, y;\, x', y')$ von x, y bilden, welche nur für zwei Werthepaare x', y' und x_0, y_0 unendlich gross von der ersten Ordnung wird (von diesen Werthepaaren werden wir x_0, y_0 als constant, x', y' aber als variabel betrachten)*). Fügt man noch hinzu, dass diese Function für das Werthepaar a, b verschwindet, und dass ihre Entwickelung nach aufsteigenden Potenzen von $x-x'$ mit $\frac{1}{x'-x}$ anfangen soll, so ist sie durch diese Bedingungen vollständig bestimmt, also

*) Die im Folgenden benutzten Sätze sind den Vorlesungen des Herrn *Weierstrass* über *Abel*sche Functionen entnommen.

auch in Bezug auf x', y' rational. Ist t eine rationale Function von x, y, welche in der Umgebung des Werthepaares x_0, y_0 unendlich klein von der ersten Ordnung wird, so lassen sich x und y, also auch jede rationale Function von x, y, nach aufsteigenden Potenzen von t in Reihen entwickeln, welche nur ganze Potenzen enthalten. Beginnt die Entwickelung von $H(x, y;\ x', y')$ mit $H(x', y')t^{-1}$, so lässt sich zeigen, dass

$$(1.)\quad u = \int_{(x_0, y_0)}^{(x,y)} H(x, y)\,dx$$

das Integral erster Gattung ist, und dass die Entwickelung desselben nach Potenzen von t mit t selbst anfängt. Wählt man diese Grösse u als Argument der elliptischen Function $\wp(u, g_2, g_3)$, so kann man deren Invarianten g_2 und g_3, und zwar nur auf eine Weise, so bestimmen, dass sich x, y rational durch s, t und diese rational durch x, y ausdrücken lassen.

Vermöge dieser wechselseitigen Beziehung mögen den Werthen:

$$u, \qquad u', \qquad v, \qquad 0, \qquad -nv$$

die Werthepaare

$$x, y, \qquad x', y', \qquad a, b, \qquad x_0, y_0, \qquad x_n, y_n$$

entsprechen; dann sind x_n, y_n rational durch $\wp(nv)$, $\wp'(nv)$, diese rational durch $\wp(v)$, $\wp'(v)$, und diese wiederum rational durch a, b ausdrückbar, und folglich sind x_n, y_n rationale Functionen von a, b (und x_0, y_0). Ferner wird $H(x, y;\ x', y')$ eine elliptische Function, für welche man mit Hülfe ihrer charakteristischen Eigenschaften den Ausdruck

$$(2.)\quad \frac{H(x, y;\ x', y')}{H(x', y')} = \frac{\sigma'}{\sigma}(u) - \frac{\sigma'}{\sigma}(u-u') - \frac{\sigma'}{\sigma}v + \frac{\sigma'}{\sigma}(v-u') = P(u, -v, v-u')$$

erhält. Aus der Formel (8.), §. 3 ergiebt sich demnach

$$(3.)\quad W_n = -\frac{H(x, y;\ x_n, y_n)}{H(x_n, y_n)},$$

und folglich nach Gleichung (11.), §. 3

$$(4.)\quad k_n = \frac{H(x_1, y_1;\ x_n, y_n)}{H(x_n, y_n)}, \quad k_1 = \left[\frac{H(x, y;\ x_1, y_1)}{H(x_1, y_1)}\right]_{u_0}.$$

In der Entwickelung der rechten Seite der Gleichung (2.) nach Potenzen von u' ist der Coefficient von u' gleich $-(\wp(u)-\wp(v)) = -V_1$; indem man mit Benutzung der Gleichung (1.) auch die linke Seite nach Potenzen von u' entwickelt, erhält man also V_1 rational durch x, y ausgedrückt. Ist z. B. das Werthepaar x_0, y_0 nicht singulär, und bedeutet

$H'(x, y;\, x', y')$ die Ableitung von $H(x, y;\, x', y')$ nach x', so wird

$$(5.)\qquad V_1 = \wp(u) - \wp(v) = -\frac{H'(x, y;\, x_0, y_0)}{H(x_0, y_0)^2}.$$

Nachdem V_1 bestimmt ist, findet man nach Formel (3.) für V_n den Ausdruck

$$(6.)\qquad V_n = V_1 \prod_{1}^{n-1}{}_{\nu} \frac{H(x, y;\, x_\nu, y_\nu)}{H(x_\nu, y_\nu)}.$$

Wir wenden jetzt die vorigen Entwickelungen auf den Fall an, wo die Gleichung zwischen x und y die Form

$$y^2 = Ax^4 + 4Bx^3 + 6Cx^2 + 4Dx + E = F(x)$$

hat. Dann ist

$$(7.)\qquad H(x, y;\, x', y') = -\frac{1}{2y'}\left(\frac{y+y'}{x-x'} - \frac{y+y_0}{x-x_0} - \frac{b+y'}{a-x'} + \frac{b+y_0}{a-x_0}\right).$$

Für $t = \dfrac{2(x-x_0)}{y+y_0}$ wird $H(x', y') = \dfrac{1}{y'}$ und mithin

$$(8.)\qquad u = \int_{(x_0, y_0)}^{(x,y)} \frac{dx}{y}.$$

Die Invarianten dieses Integrales sind

$$(9.)\qquad g_2 = AE - 4BD + 3C^2,\quad g_3 = ACE + 2BCD - AD^2 - C^3 - EB^2.$$

Aus den obigen allgemeinen Formeln ergiebt sich also für diesen Fall, wenn zunächst x_0 nicht eine Wurzel der Gleichung $F(x) = 0$ ist,

$$(10.)\quad \begin{cases} W_n = \tfrac{1}{2}\left(\dfrac{y+y_n}{x-x_n} - \dfrac{y+y_0}{x-x_0} - \dfrac{b+y_n}{a-x_n} + \dfrac{b+y_0}{a-x_0}\right), \\[2ex] k_n = -\tfrac{1}{2}\left(\dfrac{y_1+y_n}{x_1-x_n} - \dfrac{y_1+y_0}{x_1-x_0} - \dfrac{b+y_n}{a-x_n} + \dfrac{b+y_0}{a-x_0}\right), \\[2ex] k_1 = -\tfrac{1}{2}\left(\qquad - \dfrac{y_1+y_0}{x_1-x_0} - \dfrac{b+y_1}{a-x_1} + \dfrac{b+y_0}{a-x_0}\right), \\[2ex] \wp(u) - \wp(v) = \tfrac{1}{2} y_0\left(\dfrac{y+y_0}{(x-x_0)^2} - \dfrac{b+y_0}{(a-x_0)^2}\right) + \tfrac{1}{4}F'(x_0)\left(\dfrac{1}{x-x_0} - \dfrac{1}{a-x_0}\right). \end{cases}$$

Ist aber x_0 eine Wurzel der Gleichung $F(x) = 0$, so ist x eine gerade und y eine ungerade Function von u; folglich ist $x_1 = a$, $y_1 = -b$ und daher

$$(11.)\quad \begin{cases} W_n = \tfrac{1}{2}\left(\dfrac{y+y_n}{x-x_n} - \dfrac{y}{x-x_0} - \dfrac{b+y_n}{a-x_n} + \dfrac{b}{a-x_0}\right), \\[2ex] W_1 = \tfrac{1}{2}\left(\dfrac{y-b}{x-a} - \dfrac{y}{x-x_0} - \dfrac{db}{da} + \dfrac{b}{a-x_0}\right), \\[2ex] k_n = \dfrac{b}{a-x_n} - \dfrac{b}{a-x_0},\quad k_1 = \tfrac{1}{2}\dfrac{db}{da} - \dfrac{b}{a-x_0}, \\[2ex] \wp(u) - \wp(v) = \tfrac{1}{4}F'(x_0)\left(\dfrac{1}{x-x_0} - \dfrac{1}{a-x_0}\right). \end{cases}$$

Entwickelt man in diesen Formeln b nach absteigenden Potenzen von a:

$$b = \sqrt{A}\, a^2 + \frac{2B}{\sqrt{A}} a + \cdots$$

und lässt hierauf a unendlich gross werden, so erhält man

$$(12.) \quad \begin{cases} W_n = \frac{1}{2}\left(\frac{y+y_n}{x-x_n} - \frac{y}{x-x_0} - \sqrt{A}(x_n - x_0)\right), \\ W_1 = \frac{1}{2}\left(\sqrt{A}(x+x_0) + \frac{2B}{\sqrt{A}} - \frac{y}{x-x_0}\right), \\ k_n = \sqrt{A}(x_n - x_0), \quad k_1 = -\frac{B}{\sqrt{A}} - \sqrt{A}\, x_0, \\ \wp(u) - \wp(v) = \frac{1}{4} \frac{F'(x_0)}{x-x_0}. \end{cases}$$

Ist speciell $\sqrt{A} = 1$, $D = 1$, $E = 0$, $x_0 = 0$, so ergiebt sich die Kettenbruchentwickelung

$$(13.) \quad \frac{1}{2x}\sqrt{x^4 + 4Bx^3 + 6Cx^2 + 4x} = \frac{1}{2}x + B - \cfrac{1:x}{k_2 + \cfrac{1:x}{k_3} + \cdots + \cfrac{1:x}{k_n + W_n}},$$

in welcher $k_n = x_n$ durch die Gleichung

$$(14.) \quad \int_0^{k_n} \frac{dx}{y} = n \int_0^{\infty} \frac{dx}{y}$$

bestimmt ist. Ist V_n der n^{te} Rest dieses Kettenbruches, so ist

$$x V_{n+1} = k_n x V_n + V_{n-1}.$$

Setzt man in dieser Relation für n der Reihe nach $n+1$, n, $n-1$, und eliminirt aus den drei so erhaltenen Gleichungen V_{n+1} und V_{n-1}, so erhält man (vgl. *Möbius*, dieses Journal Bd. 6, S. 228)

$$k_{n-1} x^2 V_{n+2} = (k_{n-1} k_n k_{n+1} x + k_{n-1} + k_{n+1}) x V_n - k_{n+1} V_{n-2}$$

oder

$$x \frac{V_n}{V_{n-2}} = \frac{k_{n+1}}{(k_{n-1} k_n k_{n+1} x + k_{n-1} + k_{n+1}) - k_{n-1} x \frac{V_{n+2}}{V_n}}.$$

Ferner ist

$$x \frac{V_3}{V_1} = k_2 x \frac{V_2}{V_1} + 1 = k_2\left(\frac{1}{2}y - \frac{1}{2}x^2 - Bx + \frac{1}{k_2}\right)$$

und, wie sich aus der Reihenentwickelung von y leicht ergiebt,

$$\frac{1}{k_2} = B^2 - \frac{3}{2}C.$$

Daher ist

$$
(15.)\quad \left\{\begin{aligned}
&\sqrt{x^4+4Bx^3+6Cx^2+4x}-(x^2+2Bx+3C-2B^2)\\
&=\cfrac{2k_4:k_2}{(k_2k_3k_4x+k_2+k_4)-\cfrac{k_2k_6}{k_4k_5k_6x+k_4+k_6-\cfrac{k_4k_8}{k_6k_7k_8x+k_6+k_8}-\cdots}}\\
&\qquad\cdots-\cfrac{k_{2n-4}k_{2n}}{k_{2n-2}k_{2n-1}k_{2n}x+k_{2n-2}+k_{2n}-k_{2n-2}x\dfrac{V_{2n+1}}{V_{2n-1}}},
\end{aligned}\right.
$$

wo

$$x\frac{V_{2n+1}}{V_{2n-1}} = -k_{2n}xW_{2n}+1 = 1-\tfrac{1}{2}k_{2n}\Big(\frac{k_{2n}y}{x-k_{2n}}-k_{2n}x+\frac{y_{2n}x}{x-k_{2n}}\Big)$$

ist. Dies ist der Kettenbruch, welchen *Jacobi* in diesem Journal, Bd. 7, S. 41 angegeben hat.

§. 8.

Ueber Interpolation durch rationale Functionen.

Ist y eine Function der Variabeln x, und ist y_λ ihr Werth für $x=x_\lambda$, so kann man im Allgemeinen eine, aber nie mehr als eine rationale Function

$$(1.)\qquad \frac{T}{U} = \frac{t_0+t_1x+\cdots+t_mx^m}{u_0+u_1x+\cdots+u_{n-1}x^{n-1}}$$

bestimmen, deren Zähler vom m^{ten} und deren Nenner vom $(n-1)^{\text{ten}}$ Grade ist, und welche für $x=x_1,\ x_2,\ \dots\ x_{m+n}$ der Reihe nach die Werthe $y_1,\ y_2,\ \dots\ y_{m+n}$ annimmt. Zur Bestimmung der $m+n+1$ Coefficienten von T und U dienen die $m+n$ homogenen linearen Gleichungen

$$(2.)\quad t_0+t_1x_\lambda+\cdots+t_mx_\lambda^m = y_\lambda(u_0+u_1x_\lambda+\cdots+u_{n-1}x_\lambda^{n-1})\qquad (\lambda=1,\,2,\,\dots\,m+n).$$

Wenn y keine rationale Function von x ist, so sind in diesem Gleichungssystem für unbestimmte Werthe der Grössen x_λ alle Determinanten aller Grade von Null verschieden. Denn wäre D eine verschwindende Determinante niedrigsten Grades, so erhielte man, indem man D nach den Elementen einer Zeile entwickelte, eine Gleichung von der Form

$$(3.)\qquad A_\alpha x_\lambda^\alpha+\cdots+A_\beta x_\lambda^\beta = 0$$

oder von der Form

$$(4.)\qquad A_\alpha x_\lambda^\alpha+\cdots+A_\beta x_\lambda^\beta = y_\lambda(B_\gamma x_\lambda^\gamma+\cdots+B_\delta x_\lambda^\delta).$$

In derselben sind $A_\alpha\dots A_\beta,\ B_\gamma\dots B_\delta$ Determinanten niedrigeren Grades als D, also von Null verschieden. Da sie ferner von x_λ unabhängig sind, so kann man, ohne die Veränderlichkeit von x_λ zu beschränken, den in ihnen vorkommenden Variabeln bestimmte Werthe ertheilen, für welche keiner jener Coefficienten verschwindet. Die Gleichung (3.) könnte dann nur für specielle Werthe von x_λ bestehen, die Gleichung (4.) nur dann für alle Werthe von x_λ, wenn y eine rationale Function von x wäre. — Ferner kann U für $x = x_\lambda$ nicht verschwinden. Denn sonst würde zufolge der Gleichungen (2.) auch T für denselben Werth Null sein, also eine dieser $m+n$ Gleichungen in zwei zerfallen. Man erhielte daher $m+n+1$ Gleichungen zwischen ebenso vielen Unbekannten, und folglich müsste die Determinante dieser Gleichungen verschwinden. In derselben Weise wie vorhin zeigt man aber, dass dies nur dann für beliebige Werthe der Grössen x_λ eintreten kann, wenn y eine rationale Function von x ist.

Wir bezeichnen die Functionen T, U, falls $m = n$ ist, mit T_{2n}, U_{2n}, falls $m = n+1$ ist, mit T_{2n+1}, U_{2n+1}. Die ganzen Functionen T, U sind bis auf einen constanten Factor genau bestimmt; wir verfügen über denselben so, dass der Coefficient von x^{n-1} in U_{2n} und der Coefficient von x^{n+1} in T_{2n+1} gleich 1 ist. Den Coefficienten von x^n in T_{2n} bezeichnen wir mit $\frac{b_{2n}}{c_{2n}}$, den von x^{n-1} in U_{2n+1} mit $\frac{b_{2n+1}}{c_{2n+1}}$. Speciell setzen wir

$$(5.)\qquad U_1 = 0,\quad U_2 = 1,\quad T_1 = x - x_1,\quad T_2 = \frac{(x-x_1)y_2-(x-x_2)y_1}{x_2-x_1}.$$

Nach den getroffenen Festsetzungen verschwindet

$$(6.)\qquad T_n - y\,U_n = V_n$$

für $x = x_1, x_2, \dots x_n$, und mithin verschwindet auch

$$T_n U_{n+1} - T_{n+1} U_n = V_n U_{n+1} - V_{n+1} U_n$$

für dieselben Werthe. Da aber dieser Ausdruck eine ganze Function n^{ten} Grades von x ist, in welcher x^n den Coefficienten $(-1)^{n+1}$ hat, so ist

$$(7.)\qquad T_n U_{n+1} - T_{n+1} U_n = (-1)^{n+1}(x-x_1)(x-x_2)\dots(x-x_n),$$

und folglich haben, da U_n für $x = x_\lambda$ nicht verschwindet, T_n und U_n keinen Factor gemeinsam. Aus der letzten Formel und der analogen Gleichung

$$T_{n-1} U_n - T_n U_{n-1} = (-1)^n (x-x_1)(x-x_2)\dots(x-x_{n-1})$$

folgt

$$T_n(U_{n+1} - (x-x_n)U_{n-1}) = U_n(T_{n+1} - (x-x_n)T_{n-1}).$$

Daraus ergeben sich, wie in §. 1, die Recursionsformeln:

$$(8.)\quad \begin{cases} T_{n+1} = k_n T_n + (x-x_n)\, T_{n-1}, \\ U_{n+1} = k_n U_n + (x-x_n)\, U_{n-1}, \qquad (n=2,\ 3,\ \ldots) \\ V_{n+1} = k_n V_n + (x-x_n)\, V_{n-1}. \end{cases}$$

Setzt man in der zweiten Formel (8.) $x = x_n$, so erhält man

$$(9.)\quad k_n = \frac{U_{n+1}(x_n)}{U_n(x_n)}, \quad k_1 = \frac{y_2-y_1}{x_2-x_1}.$$

Vergleicht man, falls n gerade ist, in der zweiten, und falls n ungerade ist, in der ersten Formel (8.) die Coefficienten der höchsten Potenzen von x, so erhält man

$$(10.)\quad k_n = \frac{b_{n+1}}{c_{n+1}} - \frac{b_{n-1}}{c_{n-1}}, \quad k_1 = \frac{b_2}{c_2}, \quad k_2 = \frac{b_3}{c_3},$$

und daher

$$(11.)\quad \frac{b_{n+1}}{c_{n+1}} = k_n + k_{n-2} + k_{n-4} + \cdots.$$

Setzt man

$$(12.)\quad W_n = -\frac{V_{n+1}}{V_n}, \quad W_1 = \frac{y-y_1}{x-x_1} - k_1,$$

so ist nach der dritten Formel (8.)

$$(13.)\quad W_{n-1} = \frac{x-x_n}{k_n + W_n},$$

$$(14.)\quad \frac{y-y_1}{x-x_1} = k_1 + \cfrac{x-x_2}{k_2 + \cfrac{x-x_3}{k_3 + \cdots + \cfrac{x-x_n}{k_n + W_n}}}.$$

Die im Eingange dieses Paragraphen definirte rationale Function ist nach *Cauchy* gleich

$$(15.)\quad \frac{T}{U} = \frac{\Sigma y_1 \ldots y_n \dfrac{(x-x_{n+1})\ldots(x-x_{n+m})}{[x_1, \ldots x_n, -x_{n+1}, \ldots x_{n+m}]}}{\Sigma y_1 \ldots y_{n-1} \dfrac{(x_1-x)\ldots(x_{n-1}-x)}{[x_1, \ldots x_{n-1}, -x_n, \ldots x_{n+m}]}},$$

wo wir zur Abkürzung mit $[a_1, \ldots a_r, -b_1, \ldots b_s]$ das Product aller Differenzen $a_\varrho - b_\sigma$ bezeichnet haben. Nach den oben getroffenen Festsetzungen ist daher:

$$(16.)\quad (-1)^{\frac{n(n-1)}{2}} c_{2n}\, U_{2n} = \Sigma y_1 \ldots y_{n-1} \frac{(x_1-x)\ldots(x_{n-1}-x)}{[x_1, \ldots x_{n-1}, -x_n, \ldots x_{2n}]},$$

$$(17.)\quad (-1)^{\frac{n(n-1)}{2}} c_{2n}\, T_{2n} = \Sigma y_1 \ldots y_n \frac{(x-x_{n+1})\ldots(x-x_{2n})}{[x_1, \ldots x_n, -x_{n+1}, \ldots x_{2n}]},$$

$$(18.)\quad (-1)^{\frac{n(n+1)}{2}} c_{2n+1} U_{2n+1} = \Sigma y_1 \ldots y_{n-1} \frac{(x_1-x)\ldots(x_{n-1}-x)}{[x_1, \ldots x_{n-1}, -x_n, \ldots x_{2n+1}]},$$

$$(19.)\quad (-1)^{\frac{n(n+1)}{2}} c_{2n+1} T_{2n+1} = \Sigma y_1 \ldots y_n \frac{(x-x_{n+1})\ldots(x-x_{2n+1})}{[x_1, \ldots x_n, -x_{n+1}, \ldots x_{2n+1}]}.$$

$$(20.)\quad (-1)^{\frac{(n-1)(n-2)}{2}} c_{2n} = \Sigma \frac{y_1 \dots y_{n-1}}{[x_1, \dots x_{n-1}, -x_n, \dots x_{2n}]},$$

$$(21.)\quad (-1)^{\frac{n(n+1)}{2}} c_{2n+1} = \Sigma \frac{y_1 \dots y_n}{[x_1, \dots x_n, -x_{n+1}, \dots x_{2n+1}]},$$

$$(22.)\quad (-1)^{\frac{n(n-1)}{2}} b_{2n} = \Sigma \frac{y_1 \dots y_n}{[x_1, \dots x_n, -x_{n+1}, \dots x_{2n}]},$$

$$(23.)\quad (-1)^{\frac{(n+1)(n+2)}{2}} b_{2n+1} = \Sigma \frac{y_1 \dots y_{n-1}}{[x_1, \dots x_{n-1}, -x_n, \dots x_{2n+1}]}.$$

Demnach ist

$$(24.)\quad U_n(x_n) = (-1)^n \frac{c_{n-1}}{c_n}, \quad U_n(x_{n-1}) = (-1)^n \frac{c'_{n-1}}{c_n},$$

wo c'_{n-1} aus c_{n-1} hervorgeht, indem man das Werthepaar x_{n-1}, y_{n-1} durch x_n, y_n ersetzt. Zufolge der Formel (9.) ist daher

$$(25.)\quad k_n = -\frac{c_n c'_n}{c_{n-1} c_{n+1}}.$$

Durch Vergleichung dieses Ausdruckes mit (10.) ergiebt sich die Relation

$$(26.)\quad b_{n-1} c_{n+1} - b_{n+1} c_{n-1} = c_n c'_n.$$

§. 9.

Die allgemeinen Additionstheoreme der elliptischen Functionen.

Wir wenden jetzt die entwickelten Formeln auf den Fall an, wo

$$(1.)\quad x = \wp(u), \quad y = \tfrac{1}{2}\wp'(u), \quad x_\alpha = \wp(u_\alpha), \quad y_\alpha = \tfrac{1}{2}\wp'(u_\alpha)$$

ist. Dann ist (vgl. §. 3) V_n eine elliptische Function von u, welche nur für $u = 0$ (und die congruenten Werthe) unendlich gross wird von der $(n+1)^{\text{ten}}$ Ordnung, und deren Entwickelung nach aufsteigenden Potenzen von u mit $\frac{1}{u^{n+1}}$ anfängt. Folglich muss V_n auch genau für $n+1$ incongruente Werthe verschwinden, deren Summe gleich Null ist; n derselben sind $u_1, u_2, \dots u_n$, der $(n+1)^{\text{te}}$ ist daher gleich $-(u_1+u_2+\dots+u_n)$; folglich ist

$$(2.)\quad V_n(u) = \frac{\sigma(u_1-u)\sigma(u_2-u)\dots\sigma(u_n-u)\sigma(u+u_1+\dots+u_n)}{\sigma(u)^{n+1}\sigma(u_1)\sigma(u_2)\dots\sigma(u_n)\sigma(u_1+u_2+\dots+u_n)},$$

$$(3.)\quad V_n(-u) = (-1)^n \frac{\sigma(u_1+u)\sigma(u_2+u)\dots\sigma(u_n+u)\sigma(u-u_1-\dots-u_n)}{\sigma(u)^{n+1}\sigma(u_1)\sigma(u_2)\dots\sigma(u_n)\sigma(u_1+u_2+\dots+u_n)},$$

$$(4.)\quad V_n(u)V_n(-u) = (\wp(u_1)-\wp(u))(\wp(u_2)-\wp(u))\dots(\wp(u_1+\dots+u_n)-\wp(u)),$$

$$(5.)\quad T_n = \tfrac{1}{2}(V_n(u)+V_n(-u)), \quad U_n = \frac{1}{\wp'(u)}(V_n(-u)-V_n(u)).$$

Ferner ist

$$(6.)\quad \begin{cases} W_n = -\frac{V_{n+1}}{V_n} = -P(u, -u_{n+1}, u_1+u_2+\cdots+u_{n+1}) \\ \qquad = -\frac{\wp(u)-\wp(u_{n+1})}{P(u, u_{n+1}, u_1+u_2+\cdots+u_n)}. \end{cases}$$

Aus der Formel

$$k_n + W_n(u) = \frac{\wp(u)-\wp(u_n)}{W_{n-1}(u)}$$

ergiebt sich ferner

$$(7.)\quad k_n = -W_n(-u_n) = -P(u_n, u_{n+1}, u_1+u_2+\cdots+u_{n-1}),$$

$$(8.)\quad k_1 = \frac{1}{2}\frac{\wp'(u_1)-\wp'(u_2)}{\wp(u_1)-\wp(u_2)} = \frac{\sigma'}{\sigma}(u_1+u_2) - \frac{\sigma'}{\sigma}(u_1) - \frac{\sigma'}{\sigma}(u_2).$$

Setzt man

$$(9.)\quad \varphi(u_1, u_2, \ldots u_n) = \frac{\sigma(u_1+u_2+\cdots+u_n)\,\Pi\,\sigma(u_\alpha)^{n-2}}{\Pi\,\sigma(u_\alpha+u_\beta)}, \quad \varphi(u_1)=1, \quad \varphi(u_1, u_2)=1,$$

wo sich das Product im Nenner auf alle Combinationen von zwei verschiedenen der Zahlen 1, 2, ... n bezieht, so ist folglich

$$(10.)\quad k_n = -\frac{\varphi(u_1 \ldots u_{n-1}, u_n)\,\varphi(u_1 \ldots u_{n-1}, u_{n+1})}{\varphi(u_1 \ldots u_{n-1})\,\varphi(u_1 \ldots u_{n-1}, u_n, u_{n+1})}.$$

Angenommen nun, es sei für einen bestimmten Werth von n

$$(11.)\quad c_n = \varphi(u_1, u_2, \ldots u_n)$$

und

$$c_{n-1} = \varphi(u_1, u_2, \ldots u_{n-1});$$

da c_n' aus c_n hervorgeht, indem man das Werthepaar x_n, y_n durch x_{n+1}, y_{n+1}, also u_n durch u_{n+1} ersetzt, so ist dann auch

$$c_n' = \varphi(u_1 \ldots u_{n-1}, u_{n+1}),$$

und aus der Formel (25.) §. 8 ergiebt sich dann, dass auch

$$c_{n+1} = \varphi(u_1, u_2, \ldots u_{n+1})$$

ist. Da nun $c_1 = \varphi(u_1) = 1$, $c_2 = \varphi(u_1, u_2) = 1$ ist, so ist folglich die Formel (11.) allgemein richtig. Aus der Gleichung

$$k_n = \frac{\sigma'}{\sigma}(u_1+u_2+\cdots+u_{n+1}) - \frac{\sigma'}{\sigma}(u_1+\cdots+u_{n-1}) - \frac{\sigma'}{\sigma}(u_n) - \frac{\sigma'}{\sigma}(u_{n+1})$$

folgt

$$k_n + k_{n-2} + k_{n-4} + \cdots = \frac{\sigma'}{\sigma}(u_1+\cdots+u_{n+1}) - \frac{\sigma'}{\sigma}(u_1) - \cdots - \frac{\sigma'}{\sigma}(u_{n+1}),$$

und durch Vergleichung dieser Formel mit (11.), §. 8 findet man somit

$$(12.)\qquad \frac{b_n}{c_n} = \frac{\sigma'}{\sigma}(u_1+\cdots+u_n) - \frac{\sigma'}{\sigma}(u_1) - \cdots - \frac{\sigma'}{\sigma}(u_n).$$

Aus den Gleichungen (20.)—(23.), §. 8 ergiebt sich demnach

$$(13.)\qquad \begin{cases} (-1)^{\frac{(n-1)(n-2)}{2}} 2^{n-1} \dfrac{\Pi\sigma(u_\alpha)^{2n-2}\sigma(u_1+\cdots+u_{2n})}{\Pi\sigma(u_\alpha+u_\beta)} \\ = \Sigma \dfrac{\wp'(u_1)\ldots\wp'(u_{n-1})}{[\wp(u_1),\ldots \wp(u_{n-1}), -\wp(u_n),\ldots \wp(u_{2n})]}, \end{cases}$$

$$(14.)\qquad \begin{cases} (-1)^{\frac{n(n+1)}{2}} 2^{n} \dfrac{\Pi\sigma(u_\alpha)^{2n-1}\sigma(u_1+\cdots+u_{2n+1})}{\Pi\sigma(u_\alpha+u_\beta)} \\ = \Sigma \dfrac{\wp'(u_1)\ldots\wp'(u_n)}{[\wp(u_1),\ldots \wp(u_n), -\wp(u_{n+1}),\ldots \wp(u_{2n+1})]}, \end{cases}$$

$$(15.)\qquad \begin{cases} (-1)^{\frac{n(n-1)}{2}} 2^{n} \dfrac{\Pi\sigma(u_\alpha)^{2n-2}\sigma(u_1+\cdots+u_{2n})}{\Pi\sigma(u_\alpha+u_\beta)} \Big(\dfrac{\sigma'}{\sigma}(u_1+\cdots+u_{2n}) \\ -\dfrac{\sigma'}{\sigma}(u_1)-\cdots-\dfrac{\sigma'}{\sigma}(u_{2n})\Big) = \Sigma \dfrac{\wp'(u_1)\ldots\wp'(u_n)}{[\wp(u_1),\ldots \wp(u_n), -\wp(u_{n+1}),\ldots \wp(u_{2n})]}, \end{cases}$$

$$(16.)\qquad \begin{cases} (-1)^{\frac{(n+1)(n+2)}{2}} 2^{n-1} \dfrac{\Pi\sigma(u_\alpha)^{2n-1}\sigma(u_1+\cdots+u_{2n+1})}{\Pi\sigma(u_\alpha+u_\beta)} \Big(\dfrac{\sigma'}{\sigma}(u_1+\cdots+u_{2n+1}) \\ -\dfrac{\sigma'}{\sigma}(u_1)-\cdots-\dfrac{\sigma'}{\sigma}(u_{2n+1})\Big) = \Sigma \dfrac{\wp'(u_1)\ldots\wp'(u_{n-1})}{[\wp(u_1),\ldots \wp(u_{n-1}), -\wp(u_n),\ldots \wp(u_{2n+1})]}. \end{cases}$$

Specielle Fälle dieser Formeln sind (vgl. *Abel,* Oeuvres publ. par *Holmboe,* t. II, p. 132, 133)

$$-2\frac{\sigma(u_1+u_2+u_3)\sigma(u_1)\sigma(u_2)\sigma(u_3)}{\sigma(u_2+u_3)\sigma(u_3+u_1)\sigma(u_1+u_2)} = \frac{\wp'(u_1)}{(\wp(u_1)-\wp(u_2))(\wp(u_1)-\wp(u_3))}$$
$$+\frac{\wp'(u_2)}{(\wp(u_2)-\wp(u_3))(\wp(u_2)-\wp(u_1))}+\frac{\wp'(u_3)}{(\wp(u_3)-\wp(u_1))(\wp(u_3)-\wp(u_2))},$$

$$2\frac{\sigma(u_1+u_2+u_3+u_4)\sigma(u_1)^2\sigma(u_2)^2\sigma(u_3)^2\sigma(u_4)^2}{\sigma(u_1+u_2)\sigma(u_1+u_3)\ldots\sigma(u_3+u_4)}$$
$$=\frac{\wp'(u_1)}{(\wp(u_1)-\wp(u_2))(\wp(u_1)-\wp(u_3))(\wp(u_1)-\wp(u_4))}+\cdots$$
$$\cdots+\frac{\wp'(u_4)}{(\wp(u_4)-\wp(u_1))(\wp(u_4)-\wp(u_2))(\wp(u_4)-\wp(u_3))},$$

$$2\frac{\sigma(u_1+\cdots+u_5)\sigma(u_1)^3\ldots\sigma(u_5)^3}{\sigma(u_1+u_2)\sigma(u_1+u_3)\ldots\sigma(u_4+u_5)}\Big(\frac{\sigma'}{\sigma}(u_1+\cdots+u_5)-\frac{\sigma'}{\sigma}(u_1)-\cdots-\frac{\sigma'}{\sigma}(u_5)\Big)$$
$$=\frac{\wp'(u_1)}{(\wp(u_1)-\wp(u_2))\ldots(\wp(u_1)-\wp(u_5))}+\cdots+\frac{\wp'(u_5)}{(\wp(u_5)-\wp(u_1))\ldots(\wp(u_5)-\wp(u_4))}.$$

§. 10.

Andere Formen des Additionstheorems.

Für die in §. 8 definirte rationale Function $\frac{T}{U}$ hat *Jacobi* (dieses Journal Bd. 30, S. 127) mehrere sehr elegante Darstellungen in Determinantenform gegeben. Mittelst der Rechnungen, die wir soeben an der *Cauchy*schen Interpolationsformel durchgeführt haben, erhält man aus jenen Darstellungen ebensoviele Formen für das Additionstheorem der elliptischen Functionen. Wir ziehen indessen vor, diese Formeln auf einem anderen Wege direct abzuleiten.

Herr *Hermite* hat (dieses Journal Bd. 82, S. 343; vgl. dieses Journal Bd. 83, S. 179) die Formel gegeben

$$(1.)\quad |1, \wp(u_\alpha), \wp'(u_\alpha), \dots \wp^{(n-2)}(u_\alpha)| = \frac{(-1)^{n-1}\Pi(\alpha-\beta)\Pi\sigma(u_\alpha-u_\beta)\sigma(u_1+\dots+u_n)}{\Pi\sigma(u_\alpha)^n}.$$

Die Determinante auf der linken Seite ist aus der einen hingeschriebenen Zeile zu bilden, indem man für α der Reihe nach die Werthe 1, 2, ... n setzt. Die Producte im Zähler der rechten Seite sind auf alle Paare der Zahlen von 1 bis n zu erstrecken, für welche $\alpha > \beta$ ist. Ersetzt man in dieser Formel $u_1, \dots u_n$ der Reihe nach durch $u_1+v, \dots u_n+v$, differentiirt dann nach v und setzt in der so erhaltenen Gleichung $v=0$, so erhält man

$$(2.)\quad \left\{\begin{aligned} &|1, \wp(u_\alpha), \wp'(u_\alpha), \dots \wp^{(n-3)}(u_\alpha), \wp^{(n-1)}(u_\alpha)| \\ &= \frac{(-1)^{n-1} n\,\Pi(\alpha-\beta)\Pi\sigma(u_\alpha-u_\beta)\sigma(u_1+\dots+u_n)}{\Pi\sigma(u_\alpha)^n} \\ &\times\Big(\frac{\sigma'}{\sigma}(u_1+\dots+u_n)-\frac{\sigma'}{\sigma}(u_1)-\dots-\frac{\sigma'}{\sigma}(u_n)\Big). \end{aligned}\right.$$

Nun ist $\wp^{(2n)}(u)$ eine ganze Function $(n+1)^{\text{ten}}$ Grades von $x=\wp(u)$, in welcher der Coefficient von x^{n+1} gleich $(2n+1)!$ ist $\big($weil die Entwickelung von $\wp(u)$ mit $\frac{1}{u^2}$ anfängt$\big)$; und $\frac{\wp^{(2n+1)}(u)}{\wp'(u)}$ ist eine ganze Function n^{ten} Grades von x, in welcher x^n den Coefficienten $\frac{(2n+2)!}{2}$ hat. Ersetzt man in den Determinanten (1.) und (2.) die Ableitungen von $\wp(u)$ durch diese Ausdrücke, so ergeben sich die folgenden Formeln, welche sich auch leicht unmittelbar aus dem *Abel*schen Theorem ableiten lassen:

$$(3.)\quad \left\{\begin{aligned} &|1, \wp(u_\alpha), \dots \wp(u_\alpha)^n, \wp'(u_\alpha), \wp(u_\alpha)\wp'(u_\alpha), \dots \wp(u_\alpha)^{n-2}\wp'(u_\alpha)| \\ &= (-1)^{\frac{(n+1)(n+2)}{2}} 2^{n-1}\frac{\Pi\sigma(u_\alpha-u_\beta)\sigma(u_1+\dots+u_{2n})}{\Pi\sigma(u_\alpha)^{2n}}, \end{aligned}\right.$$

$$(4.)\quad \begin{cases} |1,\ \wp(u_\alpha),\ \dots\ \wp(u_\alpha)^n,\ \wp'(u_\alpha),\ \wp(u_\alpha)\wp'(u_\alpha),\ \dots\ \wp(u_\alpha)^{n-1}\wp'(u_\alpha)| \\ \quad = (-1)^{\frac{n(n-1)}{2}} 2^n \dfrac{\Pi\sigma(u_\alpha-u_\beta)\sigma(u_1+\dots+u_{2n+1})}{\Pi\sigma(u_\alpha)^{2n+1}}, \end{cases}$$

$$(5.)\quad \begin{cases} |1,\ \wp(u_\alpha),\ \dots\ \wp(u_\alpha)^{n-1},\ \wp'(u_\alpha),\ \wp(u_\alpha)\wp'(u_\alpha),\ \dots\ \wp(u_\alpha)^{n-1}\wp'(u_\alpha)| \\ \quad = (-1)^{\frac{n(n+1)}{2}} 2^n \dfrac{\Pi\sigma(u_\alpha-u_\beta)\sigma(u_1+\dots+u_{2n})}{\Pi\sigma(u_\alpha)^{2n}} \\ \quad \times\left(\dfrac{\sigma'}{\sigma}(u_1+\dots+u_{2n})-\dfrac{\sigma'}{\sigma}(u_1)-\dots-\dfrac{\sigma'}{\sigma}(u_{2n})\right), \end{cases}$$

$$(6.)\quad \begin{cases} |1,\ \wp(u_\alpha),\ \dots\ \wp(u_\alpha)^{n+1},\ \wp'(u_\alpha),\ \wp(u_\alpha)\wp'(u_\alpha),\ \dots\ \wp(u_\alpha)^{n-2}\wp'(u_\alpha)| \\ \quad = (-1)^{\frac{(n-1)(n-2)}{2}} 2^{n-1} \dfrac{\Pi\sigma(u_\alpha-u_\beta)\sigma(u_1+\dots+u_{2n+1})}{\Pi\sigma(u_\alpha)^{2n+1}} \\ \quad \times\left(\dfrac{\sigma'}{\sigma}(u_1+\dots+u_{2n+1})-\dfrac{\sigma'}{\sigma}(u_1)-\dots-\dfrac{\sigma'}{\sigma}(u_{2n+1})\right). \end{cases}$$

Wir multipliciren die Determinante (3.) mit der Determinante $2n^{\text{ten}}$ Grades

$$\left|\frac{x_\alpha^{\beta-1}}{(x_\alpha-x_1)\dots(x_\alpha-x_{2n})}\right| = \frac{(-1)^n}{\Pi(x_\alpha-x_\beta)} = \frac{\Pi(\sigma u_\alpha)^{4n-2}}{\Pi\sigma(u_\alpha+u_\beta)\sigma(u_\alpha-u_\beta)}$$

und verfahren ähnlich mit den folgenden Determinanten. Mit Hülfe der *Euler*schen Formeln ergeben sich so die Gleichungen:

$$(7.)\quad \begin{cases} \left|\dfrac{\wp(u_1)^{\varkappa+\lambda}\wp'(u_1)}{(\wp(u_1)-\wp(u_2))\dots(\wp(u_1)-\wp(u_{2n}))}+\dots+\dfrac{\wp(u_{2n})^{\varkappa+\lambda}\wp'(u_{2n})}{(\wp(u_{2n})-\wp(u_1))\dots(\wp(u_{2n})-\wp(u_{2n-1}))}\right| \\ \quad (\varkappa,\ \lambda=0,\ 1,\ \dots\ n-2) \\ \quad = 2^{n-1}\dfrac{\Pi\sigma(u_\alpha)^{2n-2}\sigma(u_1+\dots+u_{2n})}{\Pi\sigma(u_\alpha+u_\beta)}, \end{cases}$$

$$(8.)\quad \begin{cases} \left|\dfrac{\wp(u_1)^{\varkappa+\lambda}\wp'(u_1)}{(\wp(u_1)-\wp(u_2))\dots(\wp(u_1)-\wp(u_{2n+1}))}+\dots+\dfrac{\wp(u_{2n+1})^{\varkappa+\lambda}\wp'(u_{2n+1})}{(\wp(u_{2n+1})-\wp(u_1))\dots(\wp(u_{2n+1})-\wp(u_{2n}))}\right| \\ \quad (\varkappa,\ \lambda=0,\ 1,\ \dots\ n-1) \\ \quad = (-1)^n 2^n\dfrac{\Pi(\sigma u_\alpha)^{2n-1}\sigma(u_1+\dots+u_{2n+1})}{\Pi\sigma(u_\alpha+u_\beta)}, \end{cases}$$

$$(9.)\quad \begin{cases} \left|\dfrac{\wp(u_1)^{\varkappa+\lambda}\wp'(u_1)}{(\wp(u_1)-\wp(u_2))\dots(\wp(u_1)-\wp(u_{2n}))}+\dots+\dfrac{\wp(u_{2n})^{\varkappa+\lambda}\wp'(u_{2n})}{(\wp(u_{2n})-\wp(u_1))\dots(\wp(u_{2n})-\wp(u_{2n-1}))}\right| \\ \quad (\varkappa,\ \lambda=0,\ 1,\ \dots\ n-1) \\ \quad = 2^n\dfrac{\Pi\sigma(u_\alpha)^{2n-2}\sigma(u_1+\dots+u_{2n})}{\Pi\sigma(u_\alpha+u_\beta)} \\ \quad \times\left(\dfrac{\sigma'}{\sigma}(u_1+\dots+u_{2n})-\dfrac{\sigma'}{\sigma}(u_1)-\dots-\dfrac{\sigma'}{\sigma}(u_{2n})\right), \end{cases}$$

$$(10.)\quad \left\{\begin{array}{c} \left| \frac{\wp(u_1)^{\varkappa+\lambda}\wp'(u_1)}{(\wp(u_1)-\wp(u_2))\dots(\wp(u_1)-\wp(u_{2n+1}))} + \dots + \frac{\wp(u_{2n+1})^{\varkappa+\lambda}\wp'(u_{2n+1})}{(\wp(u_{2n+1})-\wp(u_1))\dots(\wp(u_{2n+1})-\wp(u_{2n}))} \right| \\ (\varkappa,\ \lambda = 0,\ 1,\ \dots\ n-2) \\ = (-1)^n 2^{n-1} \frac{\Pi\sigma(u_\alpha)^{2n-1}\sigma(u_1+\dots+u_{2n+1})}{\Pi\sigma(u_\alpha+u_\beta)} \\ \times\left(\frac{\sigma'}{\sigma}(u_1+\dots+u_{2n+1}) - \frac{\sigma'}{\sigma}(u_1) - \dots - \frac{\sigma'}{\sigma}(u_{2n+1})\right). \end{array}\right.$$

Aus diesen Additionsformeln kann man auch wieder die Multiplicationsformeln (17.)–(20.), §. 3 ableiten. Zu dem Zwecke muss man, ehe man die Variabeln u_α alle gleich u werden lässt, entweder die Determinanten (7.)–(10.) in der Weise umformen, wie es *Jacobi* (dieses Journal Bd. 30, S. 133) ausgeführt hat, oder (*Cayley*, Phil. Trans., vol. 151, p. 230) in (3.)–(6.) die Elemente der α^{ten} Zeile nach Potenzen von $\wp(u_\alpha)-\wp(u)$ entwickeln und die Determinanten dann durch das Differenzenproduct der Grössen $\wp(u_\alpha)$ dividiren.

Zürich, März 1879.

Vollständige Liste aller Titel

Band I

1. De functionum analyticarum unius variabilis per series infinitas repraesentatione 1
   Dissertation, Berlin (1870)
2. Über die Entwicklung analytischer Functionen in Reihen, die nach gegebenen Functionen fortschreiten 35
   Journal für die reine und angewandte Mathematik 73, 1—30 (1871)
3. Über die algebraische Auflösbarkeit der Gleichungen, deren Coefficienten rationale Functionen einer Variablen sind 65
   Journal für die reine und angewandte Mathematik 74, 254—272 (1872)
4. Über die Integration der linearen Differentialgleichungen durch Reihen . 84
   Journal für die reine und angewandte Mathematik 76, 214—235 (1873)
5. Über den Begriff der Irreductibilität in der Theorie der linearen Differentialgleichungen 106
   Journal für die reine und angewandte Mathematik 76, 236—270 (1873)
6. Über die Determinante mehrerer Functionen einer Variabeln 141
   Journal für die reine und angewandte Mathematik 77, 245—257 (1874)
7. Über die Vertauschung von Argument und Parameter in den Integralen der linearen Differentialgleichungen 154
   Journal für die reine und angewandte Mathematik 78, 93—96 (1874)
8. Anwendungen der Determinantentheorie auf die Geometrie des Maaßes . 158
   Journal für die reine und angewandte Mathematik 79, 185—247 (1875)
9. Über algebraisch integrirbare lineare Differentialgleichungen 221
   Journal für die reine und angewandte Mathematik 80, 183—193 (1875)
10. Über die regulären Integrale der linearen Differentialgleichungen 232
    Journal für die reine und angewandte Mathematik 80, 317—333 (1875)
11. Über das Pfaffsche Problem 249
    Journal für die reine und angewandte Mathematik 82, 230—315 (1875)
12. Zur Theorie der elliptischen Functionen (mit L. Stickelberger) 335
    Journal für die reine und angewandte Mathematik 83, 175—179 (1877)
13. Note sur la théorie des formes quadratiques à un nombre quelconque de variables 340
    C. R. Acad. Sci. Paris 85, 131—133 (1877)
14. Über lineare Substitutionen und bilineare Formen 343
    Journal für die reine und angewandte Mathematik 84, 1—63 (1878)
15. Über adjungirte lineare Differentialausdrücke 406
    Journal für die reine und angewandte Mathematik 85, 185—213 (1878)
16. Über homogene totale Differentialgleichungen 435
    Journal für die reine und angewandte Mathematik 86, 1—19 (1879)
17. Über die schiefe Invariante einer bilinearen oder quadratischen Form. . . 454
    Journal für die reine und angewandte Mathematik 86, 44—71 (1879)

18. Theorie der linearen Formen mit ganzen Coefficienten 482
Journal für die reine und angewandte Mathematik 86, 146—208 (1879)

19. Über Gruppen von vertauschbaren Elementen (mit L. Stickelberger) . . 545
Journal für die reine und angewandte Mathematik 86, 217—262 (1879)

20. Theorie der linearen Formen mit ganzen Coefficienten (Forts.) 591
Journal für die reine und angewandte Mathematik 88, 96—116 (1880)

21. Über die Addition und Multiplication der elliptischen Functionen (mit L. Stickelberger) 612
Journal für die reine und angewandte Mathematik 88, 146—184 (1880)

Band II

22. Zur Theorie der Transformation der Thetafunctionen 1
Journal für die reine und angewandte Mathematik 89, 40—46 (1880)

23. Über die Leibnitzsche Reihe 8
Journal für die reine und angewandte Mathematik 89, 262—264 (1880)

24. Über das Additionstheorem der Thetafunctionen mehrerer Variabeln . . 11
Journal für die reine und angewandte Mathematik 89, 185—220 (1880)

25. Über Relationen zwischen den Näherungsbrüchen von Potenzreihen . . 47
Journal für die reine und angewandte Mathematik 90, 1—17 (1881)

26. Über die Differentiation der elliptischen Functionen nach den Perioden und Invarianten (mit L. Stickelberger). 64
Journal für die reine und angewandte Mathematik 92, 311—327 (1882)

27. Über die elliptischen Functionen zweiter Art. 81
Journal für die reine und angewandte Mathematik 93, 53—68 (1882)

28. Über die principale Transformation der Thetafunctionen mehrerer Variabeln 97
Journal für die reine und angewandte Mathematik 95, 264—296 (1883)

29. Über Gruppen von Thetacharakteristiken 130
Journal für die reine und angewandte Mathematik 96, 81—99 (1884)

30. Über Thetafunctionen mehrerer Variabeln 149
Journal für die reine und angewandte Mathematik 96, 100—122 (1884)

31. Über die Grundlagen der Theorie der Jacobischen Functionen 172
Journal für die reine und angewandte Mathematik 97, 16—48 (1884)

32. Über die Grundlagen der Theorie der Jacobischen Functionen (Abh. II) . 205
Journal für die reine und angewandte Mathematik 97, 188—223 (1884)

33. Über die constanten Factoren der Thetareihen 241
Journal für die reine und angewandte Mathematik 98, 244—263 (1885)

34. Über die Beziehungen zwischen den 28 Doppeltangenten einer ebenen Curve vierter Ordnung 261
Journal für die reine und angewandte Mathematik 99, 275—314 (1886)

35. Neuer Beweis des Sylowschen Satzes 301
Journal für die reine und angewandte Mathematik 100, 179—181 (1887)

36. Über die Congruenz nach einem aus zwei endlichen Gruppen gebildeten Doppelmodul 304
Journal für die reine und angewandte Mathematik 101, 273—299 (1887)

37. Über die Jacobischen Covarianten der Systeme von Berührungskegelschnitten einer Curve vierter Ordnung 331
Journal für die reine und angewandte Mathematik 103, 139—183 (1888)

38. Über das Verschwinden der geraden Thetafunctionen 376
Nachrichten von der Königlichen Gesellschaft der Wissenschaften und der Georg-Augusts-Universität zu Göttingen 5, 67—74 (1888)

39. Über die Jacobischen Functionen dreier Variabeln 383
Journal für die reine und angewandte Mathematik 105, 35—100 (1889)

40. Theorie der biquadratischen Formen 449
Journal für die reine und angewandte Mathematik 106, 125—188 (1890)

41. Über Potentialfunctionen, deren Hessesche Determinante verschwindet . 513
Nachrichten von der Königlichen Gesellschaft der Wissenschaften und der Georg-Augusts-Universität zu Göttingen 10, 323—338 (1891)

42. Über die in der Theorie der Flächen auftretenden Differentialparameter . . 529
Journal für die reine und angewandte Mathematik 110, 1—36 (1893)

43. Über auflösbare Gruppen 565
Sitzungsberichte der Königlich Preußischen Akademie der Wissenschaften zu Berlin 337—345 (1893)

44. Antrittsrede (bei der Berliner Akademie) 574
Sitzungsberichte der Königlich Preußischen Akademie der Wissenschaften zu Berlin 368—370 (1893)

45. Über die Elementarteiler der Determinanten 577
Sitzungsberichte der Königlich Preußischen Akademie der Wissenschaften zu Berlin 7—20 (1894)

46. Über das Trägheitsgesetz der quadratischen Formen 591
Sitzungsberichte der Königlich Preußischen Akademie der Wissenschaften zu Berlin 241—256 und 407—431 (1894)
Journal für die reine und angewandte Mathematik 114, 187—230 (1895)

47. Über endliche Gruppen 632
Sitzungsberichte der Königlich Preußischen Akademie der Wissenschaften zu Berlin 81—112 (1895)

48. Verallgemeinerung des Sylowschen Satzes 664
Sitzungsberichte der Königlich Preußischen Akademie der Wissenschaften zu Berlin 981—993 (1895)

49. Über auflösbare Gruppen II 677
Sitzungsberichte der Königlich Preußischen Akademie der Wissenschaften zu Berlin 1027—1044 (1895)

50. Über die cogredienten Transformationen der bilinearen Formen 695
Sitzungsberichte der Königlich Preußischen Akademie der Wissenschaften zu Berlin 7—16 (1896)

51. Über vertauschbare Matrizen. 705
Sitzungsberichte der Königlich Preußischen Akademie der Wissenschaften zu Berlin 601—614 (1896)

52. Über Beziehungen zwischen den Primidealen eines algebraischen Körpers und den Substitutionen seiner Gruppe 719
Sitzungsberichte der Königlich Preußischen Akademie der Wissenschaften zu Berlin 689—703 (1896)

Band III

53. Über Gruppencharaktere 1
Sitzungsberichte der Königlich Preußischen Akademie der Wissenschaften zu Berlin 985—1021 (1896)

54. Über die Primfactoren der Gruppendeterminante 38
Sitzungsberichte der Königlich Preußischen Akademie der Wissenschaften zu Berlin 1343—1382 (1896)

55. Zur Theorie der Scharen bilinearer Formen 78
Vierteljahrsschrift der Naturforschenden Gesellschaft in Zürich. Jahrgang 41, 20—23 (1896)

56. Über die Darstellung der endlichen Gruppen durch lineare Substitutionen 82
Sitzungsberichte der Königlich Preußischen Akademie der Wissenschaften zu Berlin 944—1015 (1897)

57. Über Relationen zwischen den Charakteren einer Gruppe und denen ihrer Untergruppen 104
Sitzungsberichte der Königlich Preußischen Akademie der Wissenschafttten zu Berlin 501—515 (1898)

58. Über die Composition der Charaktere einer Gruppe 119
Sitzungsberichte der Königlich Preußischen Akademie der Wissenschaften zu Berlin 330—339 (1899)

59. Über die Darstellung der endlichen Gruppen durch lineare Substitutionen II 129
Sitzungsberichte der Königlich Preußischen Akademie der Wissenschaften zu Berlin 482—500 (1899)

60. Über die Charaktere der symmetrischen Gruppe 148
Sitzungsberichte der Königlich Preußischen Akademie der Wissenschaften zu Berlin 516—534 (1900)

61. Über die Charaktere der alternirenden Gruppe 167
Sitzungsberichte der Königlich Preußischen Akademie der Wissenschaften zu Berlin 303—315 (1901)

62. Über auflösbare Gruppen III 180
Sitzungsberichte der Königlich Preußischen Akademie der Wissenschaften zu Berlin 849—875 (1901)

63. Über auflösbare Gruppen IV 189
Sitzungsberichte der Königlich Preußischen Akademie der Wissenschaften zu Berlin 1216—1230 (1901)

64. Über auflösbare Gruppen V 204
Sitzungsberichte der Königlich Preußischen Akademie der Wissenschaften zu Berlin 1324—1329 (1901)

65. Über Gruppen der Ordnung $p^\alpha q^\beta$ 210
Acta mathematica 26, 189—198 (1902)

66. Über Gruppen des Grades p oder $p+1$ 220
Sitzungsberichte der Königlich Preußischen Akademie der Wissenschaften zu Berlin 351—369 (1902)

67. Über primitive Gruppen des Grades n und der Classe $n-1$ 239
Sitzungsberichte der Königlich Preußischen Akademie der Wissenschaften zu Berlin 455—459 (1902)

68. Über die charakteristischen Einheiten der symmetrischen Gruppe 244
Sitzungsberichte der Königlich Preußischen Akademie der Wissenschaften zu Berlin 328—358 (1903)

69. Über die Primfactoren der Gruppendeterminante II 275
Sitzungsberichte der Königlich Preußischen Akademie der Wissenschaften zu Berlin 401—409 (1903)

70. Theorie der hyperkomplexen Größen 284
Sitzungsberichte der Königlich Preußischen Akademie der Wissenschaften zu Berlin 504—537 (1903)

71. Theorie der hyperkomplexen Größen II 318
Sitzungsberichte der Königlich Preußischen Akademie der Wissenschaften zu Berlin 634—645 (1903)

72. Über einen Fundamentalsatz der Gruppentheorie 330
Sitzungsberichte der Königlich Preußischen Akademie der Wissenschaften zu Berlin 987—991 (1903)

73. Über die Charaktere der mehrfach transitiven Gruppen 335
Sitzungsberichte der Königlich Preußischen Akademie der Wissenschaften zu Berlin 558—571 (1904)

74. Zur Theorie der linearen Gleichungen 349
Journal für die reine und angewandte Mathematik 129, 175—180 (1905)

75. Über die reellen Darstellungen der endlichen Gruppen (mit I. Schur) . . 355
Sitzungsberichte der Königlich Preußischen Akademie der Wissenschaften zu Berlin 186—208 (1906)

76. Über die Äquivalenz der Gruppen linearer Substitutionen (mit I. Schur) . 378
Sitzungsberichte der Königlich Preußischen Akademie der Wissenschaften zu Berlin 209—217 (1906)

77. Über das Trägheitsgesetz der quadratischen Formen II 387
Sitzungsberichte der Königlich Preußischen Akademie der Wissenschaften zu Berlin 657—663 (1906)

78. Über einen Fundamentalsatz der Gruppentheorie II 394
Sitzungsberichte der Königlich Preußischen Akademie der Wissenschaften zu Berlin 428—437 (1907)

79. Über Matrizen aus positiven Elementen 404
Sitzungsberichte der Königlich Preußischen Akademie der Wissenschaften zu Berlin 471—476 (1908)

80. Über Matrizen aus positiven Elementen II 410
Sitzungsberichte der Königlich Preußischen Akademie der Wissenschaften zu Berlin 514—518 (1909)

81. Über die mit einer Matrix vertauschbaren Matrizen 415
Sitzungsberichte der Königlich Preußischen Akademie der Wissenschaften zu Berlin 3—15 (1910)

82. Über den Fermatschen Satz 428
Sitzungsberichte der Königlich Preußischen Akademie der Wissenschaften zu Berlin 1222—1224 (1909)
Journal für die reine und angewandte Mathematik 137, 314—316 (1910)

83. Über den Fermatschen Satz II 431
Sitzungsberichte der Königlich Preußischen Akademie der Wissenschaften zu Berlin 200—208 (1910)

84. Über die Bernoullischen Zahlen und die Eulerschen Polynome 440
Sitzungsberichte der Königlich Preußischen Akademie der Wissenschaften zu Berlin 809—847 (1910)

85. Über den Rang einer Matrix 479
Sitzungsberichte der Königlich Preußischen Akademie der Wissenschaften zu Berlin 20—29 und 128—129 (1911)

86. Gegenseitige Reduktion algebraischer Körper 491
Mathematische Annalen 70, 457—458 (1911)

87. Über den von L. Bieberbach gefundenen Beweis eines Satzes von C. Jordan 493
Sitzungsberichte der Königlich Preußischen Akademie der Wissenschaften zu Berlin 241—248 (1911)

88. Über unitäre Matrizen 501
Sitzungsberichte der Königlich Preußischen Akademie der Wissenschaften zu Berlin 373—378 (1911)

89. Über die unzerlegbaren diskreten Bewegungsgruppen 507
Sitzungsberichte der Königlich Preußischen Akademie der Wissenschaften zu Berlin 654—665 (1911)

90. Gruppentheoretische Ableitung der 32 Kristallklassen 519
Sitzungsberichte der Königlich Preußischen Akademie der Wissenschaften zu Berlin 681—691 (1911)

91. Ableitung eines Satzes von Carathéodory aus einer Formel von Kronecker 530
Sitzungsberichte der Königlich Preußischen Akademie der Wissenschaften zu Berlin 16—31 (1912)

92. Über Matrizen aus nicht negativen Elementen 546
Sitzungsberichte der Königlich Preußischen Akademie der Wissenschaften zu Berlin 456—477 (1912)

93. Über den Stridsbergschen Beweis des Waringschen Satzes 568
Sitzungsberichte der Königlich Preußischen Akademie der Wissenschaften zu Berlin 666—670 (1912)

94. Über quadratische Formen, die viele Primzahlen darstellen 573
Sitzungsberichte der Königlich Preußischen Akademie der Wissenschaften zu Berlin 966—980 (1912)

95. Über die Reduktion der indefiniten binären quadratischen Formen . . . 588
Sitzungsberichte der Königlich Preußischen Akademie der Wissenschaften zu Berlin 202—211 (1913)

96. Über die Markoffschen Zahlen 598
Sitzungsberichte der Königlich Preußischen Akademie der Wissenschaften zu Berlin 458—487 (1913)

97. Über das quadratische Reziprozitätsgesetz 628
Sitzungsberichte der Königlich Preußischen Akademie der Wissenschaften zu Berlin 335—349 (1914)

98. Über das quadratische Reziprozitätsgesetz II 643
Sitzungsberichte der Königlich Preußischen Akademie der Wissenschaften zu Berlin 484—488 (1914)

99. Über den Fermatschen Satz III 648
Sitzungsberichte der Königlich Preußischen Akademie der Wissenschaften zu Berlin 653—681 (1914)

100. Über den gemischten Flächeninhalt zweier Ovale 677
Sitzungsberichte der Königlich Preußischen Akademie der Wissenschaften zu Berlin 387—404 (1915)

101. Über die Kompositionsreihe einer Gruppe 695
Sitzungsberichte der Königlich Preußischen Akademie der Wissenschaften zu Berlin 542—547 (1916)

102. Über zerlegbare Determinanten 701
Sitzungsberichte der Königlich Preußischen Akademie der Wissenschaften zu Berlin 274—277 (1917)

103. Gedächtnisrede auf Leopold Kronecker 705
Abhandlungen der Königlich Preußischen Akademie der Wissenschaften zu Berlin 3—22 (1893)

104. Adresse an Herrn Richard Dedekind zum fünfzigjährigen Doktorjubiläum am 18. März 1902 725
Sitzungsberichte der Königlich Preußischen Akademie der Wissenschaften zu Berlin 329—331 (1902)

105. Adresse an Herrn Heinrich Weber zum fünfzigjährigen Doktorjubiläum am 19. Februar 1913 728
Sitzungsberichte der Königlich Preußischen Akademie der Wissenschaften zu Berlin 248—249 (1913)

106. Adresse an Herrn Franz Mertens zum fünfzigjährigen Doktorjubiläum am 7. November 1914. 730
Sitzungsberichte der Königlich Preußischen Akademie der Wissenschaften zu Berlin 1028—1029 (1914)

107. Rede auf L. Euler 732
Vierteljahrsschrift der Zürcher Naturforschenden Gesellschaft, Jahrgang 62, 720—722 (1917)

Offsetdruck: Julius Beltz, Weinheim/Bergstr.